中国计算机学会文集

China Computer
Federation Proceedings
CCFP 0032

CCF
2020-2021中国计算机科学技术发展报告

中国计算机学会　编

机械工业出版社
China Machine Press

图书在版编目（CIP）数据

CCF 2020-2021 中国计算机科学技术发展报告 / 中国计算机学会编. —北京：机械工业出版社，2021.10（2022.1 重印）
（中国计算机学会文集）
ISBN 978-7-111-69379-6

Ⅰ.①C… Ⅱ.①中… Ⅲ.①计算机科学–发展–研究报告–中国–2020–2021 Ⅳ.①TP3-12

中国版本图书馆 CIP 数据核字（2021）第 208831 号

机械工业出版社（北京市百万庄大街 22 号 邮政编码 100037）
策划编辑：梁 伟 责任编辑：梁 伟 游 静
责任校对：李 岛 封面设计：陈子平
责任印制：李 昂
北京捷迅佳彩印刷有限公司印刷
2022 年 1 月第 1 版第 2 次印刷
184mm×260mm · 41 印张 · 915 千字
标准书号：ISBN 978-7-111-69379-6
定价：199.00 元

电话服务 网络服务
客服电话：010- 88361066 机 工 官 网：www.cmpbook.com
　　　　　010- 88379833 机 工 官 博：weibo.com/cmp1952
　　　　　010- 68326294 金 书 网：www.golden-book.com
封底无防伪标均为盗版 机工教育服务网：www.cmpedu.com

前　　言

　　计算机及其相关网络基础设施已经成为人类社会的重要基石，相应的计算技术发展水平也成为信息社会背景下衡量国家发展水平和竞争力的重要指标。《中国计算机科学技术发展报告》（以下简称《发展报告》）记录和见证了中国计算机领域的发展，所涉及的内容涵盖计算技术的诸多重要领域，展现了我国计算技术及相关领域的研究进展，帮助我们更完整地认识新时期面临的挑战和机遇，并指引我们展望学科的发展趋势，因此受到计算机学会广大会员和相关领域人士的广泛关注。

　　计算机科学与技术发展的突出特点就是现有方向不断发展、深化，同时新兴方向不断涌现。今年的《发展报告》充分反映了这一趋势，这里面既有经典方向上的新挑战和新进展，也有新兴方向上的新问题，充分体现了中国计算机学会对计算技术发展中的新问题、前沿技术的思考。

　　智能技术近年来的发展引起了空前的关注，多个方向的各类报告也反映了这一现象。本《发展报告》包含体系结构、计算机视觉、理论计算机科学、信息系统、网络与数据通信等方向的报告，从碳中和体系结构、视觉-语言交互技术、生物信息学组合优化、新一代知识图谱信息系统、Sketch 驱动的网络测量等多角度阐述了不断创新的主题，详细介绍了相应研究方向的现状、国内研究进展、国内外研究进展对比、发展趋势以及各自的创新见解等。

　　本年度《发展报告》的组织和策划工作得到了中国计算机学会各专业委员会和广大会员的大力支持与积极响应，共收到 23 份反映不同方向进展的报告申请。中国计算机学会学术工作委员会组织评审，遴选出具有代表性的高水平报告共 14 篇。在此，特别向本年度所有发展报告的执笔人表示感谢，也衷心感谢各专业委员会的主任和秘书长付出的辛苦劳动。中国计算机学会梅宏理事长、唐卫清秘书长等对本报告的整理和出版给予了许多指导和支持，中国计算机学会学术工作委员会的各位委员在选题、组织、评审等方面做了大量的工作，学会秘书处协助处理了烦杂的事务性工作，在此一并表示感谢。

唐杰

中国计算机学会学术工作委员会主任

2021 年 8 月

目　　录

众测理论与方法的研究进展与趋势 ········· CCF 容错计算专业委员会

安全攸关系统的领域建模与形式化验证方法的研究进展与趋势

Sketch 驱动的网络被动测量研究进展与趋势 ··········· CCF 网络与数据通信专业委员会

边缘计算的研究进展与发展趋势 ···················· CCF 分布式计算与系统专业委员会

跨媒体智能关联分析与语义理解理论和技术的研究进展

‥‥‥‥‥‥‥‥‥‥‥‥‥‥‥‥‥‥‥‥‥‥ CCF 多媒体专业委员会

碳中和体系结构关键技术与系统研究发展报告

CCF 体系结构专业委员会

徐子晨[1] 李 超[2] 刘方明[3] 陈 全[2] 冷静文[2]
郑文立[2] 杜子东[4] 沈 立[5] 王玉皞[1]

[1]南昌大学，南昌
[2]上海交通大学，上海
[3]华中科技大学，武汉
[4]中国科学院计算技术研究所，北京
[5]国防科技大学，长沙

摘　要

　　"碳中和"战略是影响我国未来 40 年经济发展的重要战略。如何有效地降低信息产业中的碳排量，并利用计算任务的敏捷性，达成计算方法赋能其他产业碳中和的目标，是亟待解决的计算关键技术。为解决这个问题，本文对面向碳中和的体系结构关键技术与系统研究进行分析与综述。通过对碳足迹量化方法、低碳体系结构设计与实现，以及面向碳中和的基础系统软件与装备等方向的调研，凸显了过去十年，特别是近三年碳中和计算领域中的突出工作和主要攻关方向。在众多科研成果中，着重描述、分析和研究了相关方向内的典型案例，并提出该方向的愿景、挑战与趋势。经调研发现，中国在碳中和计算的整体基础软件及器件研究方面方兴未艾，亟须进一步扩大在碳中和计算上的相关研究支持，向碳中和的产业目标加速迈进。

　　关键词：碳中和，体系结构，碳量化模型，低碳芯片系统，碳中和软件系统，碳中和装备

Abstract

　　Towards carbon neutral is a 40-year long term strategy, impacting Chinese national economy. For computer scientist, the real challenge is to find agile methodology on computing, in order to effectively reduce the carbon emission from IT industry, or even enable carbon neutral for other industries with IT industry combined. Carbon neutral technique is the key technique to achieve this goal. To address this challenge, we propose a survey on key techniques and systems of computer architecture towards carbon neutral. By piling high and digging deeper in research topics, like carbon footprint modeling, low-carbon architecture, and carbon-based software systems/equipments, we have studied research paper in the past decade, with a focus on booming research papers in the recent three years. Not only we have described the research work, but also we have discussed explicitly several cases in the related fields, and shared our questions and visions, respectively. In all, through all domestic and global research work，we argue that it shall be right moment to start working on research of carbon neutral software and systems，from bottom to top，and support more relative on-going work，such that we could achieve the 30·60 goal within our expectation.

Keywords：carbon neutral，computer architecture，carbon footprint，low-carbon architecture，carbon neutral system，carbon neutral equipment

1　引言

"碳中和"战略是影响我国未来40年经济发展的重要战略。2019年9月，习近平主席在联合国大会宣布中国的"30·60"碳目标，即中国二氧化碳的排放力争2030年前达到峰值，努力争取2060年前实现"碳中和"。同时，我国全面推进的信息技术"新基建"发展即将遭遇严峻碳许可壁垒。计算服务的碳足迹逐渐占据各个产业链碳排量的主角地位。据统计，服务年能耗增长值已越万亿千瓦小时大关，并或将以每五年翻一番的速率增长。由此可见，面向"绿水青山"的碳中和美好意愿与信息产业快速增长导致碳排量指数级递增的后果矛盾。计算机体系结构决定信息产业计算基础，定义其碳排量界限。在计算机科学与技术领域，亟须"集众思，广众益"，总结碳中和领域独特的体系结构研究成果，结合我国实际国情及发展预期，从计算机体系结构方向提出碳中和体系结构关键技术与系统研究发展报告。

碳中和体系结构关键技术与系统研究是一项具有挑战性的非平凡工作。碳中和是指通过低碳手段，抵消实体自身直接或间接产生的温室气体（如二氧化碳）排放量，实现正负抵消，达到相对"零排放"。国外早期研究只关注以传统数据中心为代表的大规模计算机系统，关注的有限的几项碳中和关键技术如下：

1）提升数据中心基础设施（主要包括IT设备和供电设备），降低能耗，继而减少碳足迹，在碳许可内最大化经济效益，即"节流"。

2）收集新能源（如风能、太阳能、生物质能等）进行碳削峰来部分实现绿色低碳，即"开源"。

在中国，大部分数据中心是中小型（A级，$n<3\,000$）数据中心，随场景及区域而建，管理更加广阔的边缘终端及网联设备，与实际场景互补形成电补偿，呈地域稀疏不均匀态势，是我国"新基建"中一体化大数据中心协同创新体系中的重要组成部分，也是待解决的对象。基于我国国情，调研碳中和体系结构关键技术与系统，总结与分析碳中和领域独特的体系结构研究挑战和技术现状，有助于我国产业信息化、智能化升级的良性转型，从计算机科学角度阐述并解决中国难题，形成具有中国特色的碳中和体系结构关键技术及系统。

碳中和计算不是绿色计算。绿色计算主要指以绿色能源供给为基础，通过计算方法（如数学建模、软件调度等方法），达成最大化绿色能用效用或使用占比的优化目标。与之相反，碳中和计算虽然考虑绿色能源因素，但更多的是以均衡、补偿为目的的算法优化与系统设计相关工作。另一方面，碳中和计算不仅只考虑计算发生当时的相关碳排量因素，更多地需要考虑计算机、人及行为事件全生命周期的碳足迹。例如，碳中和计算不仅计算某一服务器运行时的碳排量，还需要计算该服务器的制造、运输及人工安装等活动与事件产生的碳排量。全生命周期的多模态、大尺度、多颗粒度的碳中和计算方法，超脱了传统绿色计算的范畴，更贴近广义的可持续计算范畴，是达成我国"30·60"碳目标的关键技术路线之一。

计算机体系结构决定了信息产业碳排量基础，信息产业决定了上层产业信息化及智能化基础。在过去的十几年里，计算机体系结构领域涌现了大量关于低碳计算、可持续计算、碳中和系统架构设计与优化等方面的研究成果，并在部分大型数据中心中得到了有效应用。为解决碳中和与信息产业发展桎梏的矛盾，作为计算机体系结构研究者，我们提议总结、归纳、预测、展望碳中和体系结构关键技术，助力实现可持续的碳中和发展，完成碳中和指标贯穿基础芯片、基础软件、基础系统以及装备等体系结构关键技术的发展报告，以响应国家重大发展战略。

本文从面向体系结构的碳足迹量化模型出发，统计概括了近十年在谷歌学术中收录的有关能耗预估、绿色能源预估及碳排量预估的数学建模模型。不仅从芯片、系统、服务器乃至数据中心本身讨论碳足迹相关模型，还从产业的全生命周期对碳排量相关因素进行了完整的建模，并对一些碳建模工作案例进行了阐述。最后，对国内外相关建模数学方法及未来趋势进行了讨论。基于这些模型及建模方法，我们进一步讨论了领域独特的低碳体系结构研究进展，深度刻画了在芯片系统上考量 SoC 设计的低功耗及绿色供应技术，并从芯片设计的物理层开始，逐层向上，讨论相关技术细节，进行案例分析，并归纳了未来可行的技术发展路线。由考虑低碳设计的芯片系统组成，我们进一步调研了面向碳中和的基础系统软件和装备相关研究。与以往相关综述不同，我们特别讨论了面向碳中和的数据中心中，非计算设备和装备的碳排量问题，并分析、讨论了从新器件、新算法、新软件等各个层面进一步解决相关问题的研究与成果。最后，我们从不同层面总结了截至 2021 年的相关工作，分析了我国"30·60"碳目标的可达成度、可行性与不足。从参考文献的发表年限与数量可见，我国在碳中和计算的整体基础软件及期间研究上还略有不足，亟须进一步扩大在碳中和计算上的相关研究支持，向碳中和的产业目标加速迈进。

2　面向体系结构的碳足迹量化模型

本章以面向体系结构的碳足迹量化模型为主线，分别介绍了能耗预估、绿色能源与负载协同、碳足迹和碳补偿相关的研究工作。同时，对比欧盟与国内的排放交易体系，对国内碳排放交易市场以及我国实现碳中和的愿景、趋势与挑战做出了分析。

2.1　综述

我们统计了近十年（2011—2021 年）谷歌学术中收录的与能耗预估、绿色能源、碳足迹和碳补偿这四个方面相关的中英文文献，结果如图 1 所示。图中，2021 年虚线部分是根据 2021 年上半年已发表文献数量预估的下半年文献发表数据。可以看出，近三年的文献数量一直在下降，说明关注度一直在下降。

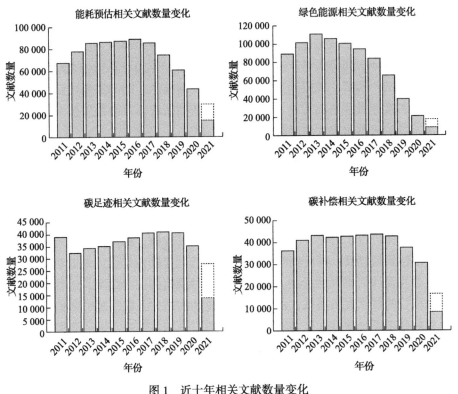

图 1　近十年相关文献数量变化

2.1.1　计算能耗预估模型

随着各个行业对能源危机重视程度的提高，计算能源消耗逐渐成为研究重点。早期，人们通过使用额外的物理仪器，如功率表、电流计和电压计、智能电源块实现能耗估算。之后，通过建立模型实现能耗预测，人们采用基于性能计数事件、云计算数据中心建模等方法实现对电力、燃油、燃气、水等其他用能类型能耗估计。

（1）面向生活建筑的电力能耗估算模型　采用仿真技术对生活建筑、农业、计算机应用、嵌入式系统进行能耗估算，引起相关技术人员的关注。能耗是无线传感器网络的核心问题，Zhou 等人[1]提出研究不同节点状态下和状态转换内组件的能量消耗，对节点构件的能量模型进行仿真，并基于该节点能量模型对网络协议的能量消耗进行评估。

Haas 等人[2]分析利用 Avrora 仿真工具能否更准确地评估无线传感器网络的能量消耗。近年来在网络功耗计算中，有人采用 BA（Bat Algorithm）算法[3]通过选择最优的监测节点和路径，达到计算网络功耗和降低功耗的目的。在居住建筑中，居民行为和居住状态对能耗变化有显著影响。Li 等人[4]采用家庭能耗模拟器，通过优化粒子游或启发式方法获得需求响应机制，将家庭能耗模拟器和 MATLAB 结合起来计算家庭能耗和动态电价方案。Diao 等人[5]提出利用直接能源消耗结果和能源使用时间数据，通过无监督聚类方法识别和分类使用者行为，该方法整合了 k-模式聚类和基于人口统计学的概率神经网络，根据行为分类和仿真结果自动估计更大的地理尺度上的能源消耗。在家庭建筑方面有很多模拟软件工具，如 Energy Plus、ESP-r、TRNSYS[6]等，它们具有不同复杂程度和不同变量影响的能源预测模型。Thabet 等人[7]提出了一种基于可编程逻辑控制器（PLC）技术的智能监控系统的仿真，该系统可以监控工业、住宅或者商业场所的电力消耗，用户可以通过人机交互界面在本地观察能源消耗。由于 COVID-19 流行期间的城市封锁，家庭能源消耗增加，为了限制碳足迹，其中一种方法是通过检测家用电器来分析市民的行为模式，提出一种基于深度神经网络的有监督学习算法深度残差网络（ResNet），从能耗数据中对家电产品进行分类[8]。

（2）面向化石燃料的能耗预测模型 采用化石燃料能源消耗准确预测发电是电力行业合理规划电力能源的重要基础。Sun 等人[9]基于最小二乘支持向量机（LSSVM）提出一种新的基于混合量子和谐搜索算法（QHSA-LSSAM）的能量预测模型，通过对我国年度发电化石燃料能源消耗的实例分析表明，该模型在预测精度和预测风险方面均优于回归模型、灰色模型、反向传播模型（BP）和 LSSVM。Song 等人[10]针对智能交通系统中的排放和油耗建立模型，通过基于便捷式排放测量系统（PEMS）采集的排放数据，建立了轻型汽油车和重型柴油车的细观模型，解释变量采用车辆排放和燃油消耗模型以平均路段速度作为解释变量。Perrotta 等人[11]介绍了三种机器学习技术在大型数据集铰接式卡车燃油消耗建模中的应用，特别是，对支持向量机（SVM）、随机森林（RF）和人工神经网络（ANN）模型进行性能比较，最终利用远程数据和英国高速公路管理局路面管理系统（HAPMS）中的信息实现模拟燃料消耗。

（3）基于性能计数事件的能耗估算模型 基于系统运行时的性能计数事件，应用机器学习理论分析性能事件与功耗关系，建立的多核计算机系统实时能耗估算模型具有精度高、通用性好的特点。Wang 等人[12]基于贪婪的动态功率提出一种动态功率预算方法，该算法找到了次优的有源核心分布，从而使功率预算最大化，发现计算机系统硬件性能计数器与系统功耗存在密切联系。Gelenbe[13]采用基于计算机系统使用率实现功耗建模，通过研究无线通信、计算服务器和网络路由，以在能耗和 ICT 系统服务质量之间取得最佳平衡。Ugurdag 等人[14]基于计算机系统使用率实现系统主要硬件性能计数事件的能耗建模技术，能耗建模基本流程如图 2 所示。

（4）面向云计算数据中心的能耗测量 基于系统使用率的建模，通过把服务器分为处理器、硬盘等加上系统环境温度、总线活动作为影响因子来表述能耗模型[15]。为了提高能耗模型的精度，提出了基于性能计数器的能耗建模[16]。针对特定环境建模，有人提

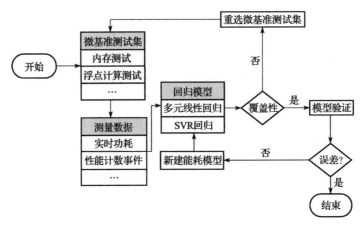

图 2　能耗建模流程

出针对 MapReduced 数据中心建立以应用为中心的能耗模型[17]。虽然数据中心的能源使用最近受到了很大的关注,而传输和交换网络是连接用户到云的关键。人们提出一个云计算的能源消耗分析,分析考虑了公共云和私有云[18],包括传输和交换的能源消耗,以及数据处理和数据存储[19]。

2.1.2　绿色能源与负载协同模型

(1)分布式发电　区别于传统中央式基于化石燃料的火力发电(从碳排放角度讲是最被诟病的发电方式),如今存在许多非传统的新能源发电技术。这类发电技术的一个共性特征是易于分布式部署,以分布式发电系统(Distributed Generation,DG)的形态存在。如何将这些分布式发电系统整合起来,则是智能电网(Smart Grid)的重要关注点之一。下面介绍 DG 的两大主要类别。

1)间歇性能源(Intermittent Energy Source):一些常见的可再生能源,如太阳能、风能、潮汐能等,其输出功率受外部环境(如太阳辐射、风速等)的影响而变化,呈现间歇特性。此类能源的储备一般受地理特征影响较明显。例如,美国中部和我国内蒙古地区往往是风力发电比较充沛的区域,适合设计风力驱动的数据中心。

在直接利用间歇性能源为计算机系统提供清洁电力时,往往需要高度动态地预测和调控电力供需。例如,对于太阳能光伏板来说,其输出存在一个动态变化的最大功率输出点。许多研究旨在追踪这一最大功率输出点(MPP)。在 SolarCore[20] 工作中,研究人员将光伏板的 MPP 模型和多核处理器的电压频率调节模型进行整合,从而优化整体系统的能效和成本。又如,对于风能发电来说,其理论输出同样是风速等参数的非线性函数,并在实际生产过程中呈现多个区间性特征(分段函数)。在 iSwitch[21] 工作中,研究人员指出结合风力发电区间特性实施负载调度,能够优化系统整体性能,降低开销。

2)可调配能源(Dispatchable Energy Source):区别于间歇性能源,可调配能源是另一大类绿色,其供电设备的特点是借助清洁燃料发电,只要其燃料得以持续供应,其输出就是稳定可控的。这类供电设备包括燃料电池、生物质能等。目前,这类发电系统可大致分为基于化学反应的燃料电池（Fuel Cell）和基于物理过程的热机（Heat Engine）。

使用可调配的能源虽然相对容易，但也存在一些设计挑战。例如，燃料电池的输出功率能够快速调节，比热机要快几个数量级，但受燃料特征的影响，比一般电池还是要慢一些；从成本上讲，燃料电池的单位成本要比燃烧清洁能源的热机贵许多。微软的研究人员指出，尽管燃料电池的输出响应时间很短，但还是不足以跟踪服务器能耗的瞬时波动。这种情况下，往往就需要借助混合式的设计模式，从而满足整体设计成本以及波动负载的需求。目前，已经有一些代表性工作采用燃料电池为数据中心提供最优供电[22,23]。

（2）负载匹配方法　借助绿色能源供电是降低计算基础设施碳排放的一个直接途径。研究人员很早就开始利用太阳能为传感器和嵌入式设备发电。在大规模计算系统，如数据中心层面，绿色能源自 2008 年起得到研究人员的重视，在软件、硬件、基础设施等层面开展了一系列工作。当使用上述绿色能源时，需要对其输出进行建模和预测，并在使用过程中确保可计算负载的需求实现匹配。计算机基础设施实现能耗供需匹配（Supply-Load Matching）主要可借助以下三类手段。

1）借助储能设备。储能设备能够短暂地弥补绿色能源发电量和实际用电量的不足。借助储能设备不仅能处理新能源造成的供需波动，还能够在一般数据中心中管理峰值能耗。当借助储能设备时，需要考虑储能设备引发的额外能耗和设备自身的碳足迹。一般来讲，传统化学电池充放电带来的能耗开销约占 5%~25%。

2）智能负载调控。一些研究旨在尽量避免储能设备的使用，以降低成本、节约空间，但其实际可利用的新能源发电量往往无法达到最高，系统的可用性也会受到影响。常见的负载调度模型包括借助虚拟机迁移实现负载匹配，或者借助负载延迟来达到供需匹配等。

3）借助电网设施。这是时下较常用的手段，通过将可再生能源接入电网，降低电网中的绿色能源比重。对于计算负载而言，使用电能的方式和传统的没有任何不同，但对于电网而言，需要加大对线网的管控，以避免供电质量下降。也有研究表明，数据中心作为用电大户或可以参与到电网的频率调节（Frequency Regulation）中来，并因此获得成本收益。

2.1.3　碳排量模型

碳足迹的计算对碳减排有着重要的指导意义。确定碳足迹是减少碳排放行为的第一步，根据碳足迹的分析结果，可以预测拟采用的减排措施会对目前的温室气体排放情况的影响，从而实现对不同拟减排措施的择优与改进。

（1）碳足迹的概念　"碳足迹"的概念缘于"生态足迹"[24,25]，Wackernagel 和 Rees 采用生态足迹来描述人类生产消费活动造成的生态影响[25]，以生态生产性土地面积表示；而碳足迹关注的是某项活动或某个组织所排放的温室气体量，以质量或面积表示。

碳排放因子（Emission Factor）指的是某个事件所产生的等价二氧化碳的排放量。互联网上目前存在许多关于碳排放量的统计白皮书。有的组织计算二氧化碳的排放量，有的组织则计算碳的排放量。二者之间的换算可以从分子量得出，即差44/12倍。

（2）通用的碳足迹量化方法　从20世纪90年代发展至今，对碳足迹的量化的研究已经较为成熟。下面介绍生命周期分析法、投入产出分析法和能源矿物燃烧排放量计算法这三种常用的碳足迹量化方法。

1）生命周期分析法（LCA法）。生命周期分析以过程分析为基本出发点，是评估一个产品、一项服务在生命过程中的投入和产出对环境造成潜在影响的方法，又称LCA（Life Cycle Assessment）法[26]。这种方法主要采用的是"自上而下"的计算模型，通过获取产品或服务在生命周期内所有的输入及输出数据得出总的碳排量，即碳足迹。一般适用于对微观层面碳足迹的计算，目前相对集中地应用于产品和服务方面[27]。该方法以节碳基金（Carbon Trust）[28]基于生命周期评价理论提出的产品碳足迹计算方法最有代表性。

根据ISO 14040[29]和ISO 14044[30]标准，生命周期评估包括以下四个阶段：

①目的与范围确定（Goal and Scope Definition）。确定生命周期评估研究的目的及范围，使其与预期的应用一致。

②清单分析（Imventory Anaysis）。清单分析是对产品、工艺过程或活动等系统整个生命周期阶段，资源和能源的使用及向环境排放废物进行定量的技术过程。

③影响评估（lmpact Assessment）。采用生命周期清单分析的结果评估与这些投入产出相关的潜在环境影响。

④解释说明（Interpretation）。将清单分析及影响评估所发现的与研究目的有关的结果合并在一起，形成结论与建议。

在整个LCA流程中，清单分析是关键性步骤，需要对产品的潜在环境影响做出定量分析。通常，在计算碳足迹之前需要建立质量平衡方程，以确保物质的输入、累积和输出达到平衡，也就是，输入=累积+输出。然后，根据质量平衡方程，计算产品生命周期各阶段的碳足迹，基本公式为

$$E = \sum_{i=1} Q_i \cdot C_i \tag{1}$$

其中，E为产品的碳足迹，Q_i为i物质或活动的数量或强度数据（质量/体积/长度/能耗），C_i为单位碳排放因子。

生命周期分析适用于不同尺度的碳足迹核算，如产品、个人、家庭、组织机构、城市、区域乃至国家等，但该评估方法受生命周期确定的复杂性等因素影响，缺乏完整性，并且该方法允许在无法获取原始数据的情况下采用次级数据，这可能使估算结果产生误差。生命周期分析也没有对原材料的生产及产品供应链中非重要环节进行分析，无法获得产品零售过程中的碳排放情况，只能取均值，这也影响了结果的可信度。

2）投入产出分析法（I-O法）。投入产出分析法又称I-O法，最早由美国经济学家Wassily Leontief于1986年提出[31]。I-O法主要采用的是"自下而上"的计算模型，主要适用于宏观层面的计算。该法主要通过编制投入产出表及建立相应的数学模型，反映经济系统各个部门或产业间的关系。结合各部门的温室气体排放数据，投入产出分析法可

用于计算各部门为终端用户生产产品或提供服务而在整个生产链上引起的温室气体排放量。计算公式为

$$B = b \cdot (I - A)^{-1} \cdot Y \tag{2}$$

其中，B 为各部门为满足最终需求 Y 而引起的温室气体排放量，包括直接排放和间接排放；b 为直接排放系数矩阵，其元素代表某部门每单位货币产出直接排放的温室气体量；I 为单位矩阵；A 为直接消耗系数矩阵；Y 为最终需求向量。

Matthews 等人[31]在此方法的基础上，结合生命周期评价法建立了经济投入-生命周期评价（EIO-LCA）模型。该模型将碳足迹的计算分为三个层面，以计算机系统为例：第一层面是来自硬件生产及运输过程中的直接碳排放；第二层面将第一层面的碳排放边界扩大到硬件生产厂商所消耗的能源，如电力等，具体指各能源生产的全生命周期碳排放；第三层面涵盖了以上两个层面，是指所有涉及计算机系统生产链的直接和间接碳排放，也就是从"摇篮"到"坟墓"的整个过程。

投入产出分析的一个突出的优点是它能利用投入产出表提供的信息计算经济变化对环境产生的直接和间接影响，即用 Leontief 逆矩阵[32]得到产品与其物质投入之间的物理转换关系。但该方法是分部门计算 CO_2 排放量，而同一部门内部存在很多不同的产品，这些产品的 CO_2 排放量可能千差万别，因此在计算时采用平均化方法进行处理很容易产生误差。除此之外，投入产出分析只能获得行业数据，无法获取产品的情况，因而不能计算单一产品的碳足迹，不适用于微观的评估。

3）能源矿物燃烧排放量计算法（IPCC 法）。IPCC（Intergovernmental Panel on Climate Change）方法由联合国气候变化委员会编写，提供了计算温室气体的详细方法[33]，其研究区域主要为能源部门、工业部门、农林和土地利用变化部门、废弃物部门四大部门。不同部门的计算方法不同，较为通用的计算公式是：碳排放量 = 活动数据×排放因子。例如[34]：

$$E_{CO_2} = \sum_i \sum_j \frac{A_{ij} \cdot NCV \cdot C_{ij} \cdot O_{ij} \cdot 44}{12} \tag{3}$$

其中，E_{CO_2} 为能源消耗产生的 CO_2 排放量（吨）；A_{ij} 为 i 区域消耗的 j 燃料吨数，NCV 为净热值（kJ/kg 或 kcal/kg），$A_{ij} \cdot NCV$ 为活动数据；$C_{ij} \cdot O_{ij} \cdot 44/12$ 为排放因子，C_{ij} 为 i 区域 j 燃料的排放因子，O_{ij} 为 i 区域 j 燃料的碳氧化速率，44/12 为二氧化碳与碳的分子量之比。

由于区域差异，排放因子有很大区别，该计算方法相对全面地考虑了这些因素及几乎所有温室气体排放，根据具体情况给出了不同工艺、不同国家的排放因子，避免了笼统分析可能产生的不准确性。但是这种方法一般只能计算生产中产生的直接碳足迹，无法计算消费过程中隐含的碳足迹。

（3）面向体系结构的碳足迹量化方法 面向体系结构的碳足迹量化方法是在通用的碳足迹量化方法的基础上结合计算机领域的特点发展而来的。面向体系结构的碳足迹可以从产业层面和系统层面这两个层面的碳足迹来源进行具体分析。面向体系结构的碳足迹主要有以下两个来源：由于操作消耗能源导致的碳排放；硬件制造和基础设施产生的

碳排放[35]。

1）产业层面的碳足迹分析。量化产业层面碳足迹的一种常用方法是温室气体协议[36]，这是许多公司报告其碳足迹的标准。例如，AMD、苹果、Facebook、谷歌、华为、英特尔、微软等公司使用温室气体协议[36]发布年度可持续发展报告。温室气体协议将排放分为三个范围：直接碳排放；使用能源产生的间接碳排放；上游和下游供应链碳排放。

①直接碳排放量化方法。直接碳排放来自柴油、天然气和汽油等燃料的燃烧，办公室和数据中心的制冷剂，运输以及半导体制造中化学物质和气体的使用。尽管直接碳排放只占移动设备供应商和数据中心运营商碳排放总量的一小部分，但对于芯片制造商来说，它占了很大一部分。格芯、英特尔和中国台湾积体电路制造公司（台积电）的责任报告显示，直接碳排放占了这三家公司运营碳排放量的一半以上[37-39]。这些排放大部分来自燃烧全氟碳化物、化学物质和气体。台积电报告称，在 12in（1in = 2.54cm）晶圆的制造过程中，近 30%的碳排放是由全氟碳化物、化学物质和气体造成的[39]。上述芯片制造而不是硬件使用和能源消耗产生的碳排放，可归因于硬件制造产生的碳排放。

②使用能源产生的间接碳排放量化方法。使用能源产生的间接碳排放来自半导体厂、办公室和数据中心运营提供能源和热量。它们取决于两个参数：运行消耗的能量和产生所消耗能量的温室气体输出（根据碳足迹，即每千瓦时能量排放的二氧化碳克数）。使用能源产生的间接碳排放量化方法对于半导体晶圆厂和数据中心尤为重要。

半导体公司需要消耗大量能源来制造芯片。例如，在台积电[39]生产 12in 晶圆的过程中，63%的碳排放来自能源消耗，并且它们的能源需求还会持续上升。据台积电的报告显示，下一代 3nm 晶圆厂预计每年消耗 77 亿 kW·h[39,40]。台积电使用绿色能源降低其平均碳足迹，绿色能源占其晶圆厂年用电量的 20%，绿色能源与污染能源的比例为 1∶4，还未实现碳中和。这表明硬件制造占碳足迹的很大一部分。

使用能源产生的间接碳排放对于数据中心也特别重要。数据中心的碳排放有两个参数：来自多个服务器的总体能源消耗和该能源的碳足迹。碳足迹随能源来源和电网效率而变化。与来自煤炭或天然气的污染能源相比，来自太阳能、风能、核能或水电的绿色能源产生的温室气体排放量是其 1/30[41,42]。因此，数据中心的碳排放取决于地理位置和能源网格。现在已经有一些数据仓库正在购买绿色能源，如太阳能和风能，以减少温室气体的排放，达到降低数据中心碳足迹的目的。

③上游和下游供应链碳排放量化方法。上游和下游供应链碳排放通常包括员工的商务旅行、通勤、物流和资本货物。对科技公司来说，碳足迹分析的一个关键是计算硬件买卖的排放。例如，数据中心可能包含数千个服务器级 CPU，它们的生产会释放来自半导体晶圆厂的温室气体，建造这些设施也会产生温室气体排放。类似地，移动设备供应商必须同时考虑制造硬件（上游供应链）和硬件使用（下游供应链）产生的温室气体。要准确计算上游和下游供应链的碳排放，需要深入分析建筑、硬件制造、设备使用频率以及工作负载的混合所产生的温室气体。这些特征必须考虑系统的生命周期，例如，数据中心的服务器级 CPU 通常维护 3~4 年[43]。

2) 系统层面的碳足迹分析。除了使用温室气体协议进行产业层面的分析外，还可以计算单个硬件系统和组件的碳排放量，了解单个硬件系统，如服务器级 CPU、移动电话、可穿戴设备和台式计算机的碳足迹。这不仅能让消费者了解个人碳影响，也能让设计师根据环境可持续性来描述和优化设计系统。通常，评估单个硬件系统的碳足迹涉及生命周期分析（LCA）[26]，包括生产、运输、使用和使用周期结束处理，如图 3 所示。

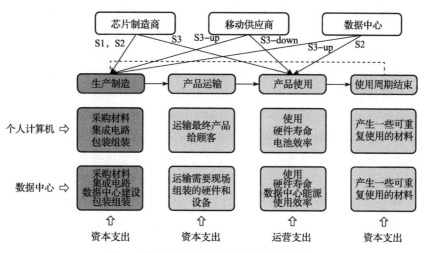

图 3 单个硬件系统碳足迹生命周期分析

个人计算机和数据中心设备集成了来自不同组织的组件和 IP。单个组件，例如 CPU、SoC、DRAM 和 HDD/SSD 存储的设计、测试和制造跨越了几十家公司。此外，个人计算机由显示器、电池、传感器和外壳组成，这些都会有碳排放。类似地，数据中心包括机架基础设施、网络和冷却系统，而数据中心的建设又是另一个因素。对单个系统进行量化时，需要对芯片制造商、移动供应商和数据中心运营商的温室气体排放进行量化。图 3 将技术公司的直接碳排放（S1）、购买能源的间接碳排放量（S2）、上游和下游供应链碳排放的上游（S3-up）和下游（S3-down）与硬件制造和运营使用联系起来。计算机系统有四个 LCA 阶段[35]：

①生产，采购或提取原材料、制造、组装和包装过程中产生的碳排放。

②运输，从硬件移动到其使用点，包括消费者和数据中心的碳排放。

③使用，硬件运行中的碳排放，包括静态和动态功耗、数据中心的 PUE 开销、移动平台的电池效率开销。

④使用周期结束，硬件报废处理和回收过程中的碳排放。一些材料，例如移动设备中的钴就可以回收再利用。

关于碳足迹的计算现在已经有了较为完善的模型，不论是定量分析还是定性分析都有较为完善的研究成果，并且已经在工业界得到应用。虽然面向体系结构的碳足迹量化模型是基于通用的碳足迹计算模型发展而来的，但是现在这方面的研究工作主要还是定性分析，对于碳足迹量化的定量分析相关的研究工作还有很大的空白需要填补。

2.1.4　碳补偿方法

碳补偿,以吨二氧化碳当量 (tCO₂e) 计量,定义为二氧化碳的减排量和其他温室气体的二氧化碳当量和/或封存额外的碳以补偿其他地方产生的排放[44]。加利福尼亚州空气资源委员会 (ARB) 已批准了六类项目的碳补偿协议:森林、城市森林、牲畜、矿山甲烷、消耗臭氧层的物质和水稻种植。下面介绍几种典型的碳补偿方法。

(1) 在规定市场或者自由市场中进行碳交易　碳市场指的是在预防或减少温室气体的既定标准下获得并出售碳信用额 (即碳证书) 的市场。这个市场惩罚了排放量超过限额的企业,同时奖励了排放量少于限额的企业。因此,碳市场在资源利用方面提高了环境效率。碳市场是早期排放交易系统的基础。排放交易是一种基于市场的方法,为减少污染提供了经济诱因。例如美国的"酸雨计划",该计划从 1990 年到 2007 年成功利用排放交易减少了引起酸雨的发电厂的排放。碳市场类似于该计划,该计划对二氧化硫和氮氧化物的排放定价,旨在通过为温室气体排放分配价格来实现碳补偿。碳市场中的碳补偿价格会实时调整,例如,加利福尼亚州 2011—2018 年自由市场补偿项目的碳补偿价格[45]如图 4 所示。自 20 世纪 90 年代中期以来,碳市场已成为国际公认的一种为气候友好型投资方案提供额外财政激励措施的方式。碳市场的主要框架是《联合国气候变化框架公约》 (UNFCCC) 及其 1997 年《京都议定书》;其次是其他计划,包括欧盟排放交易计划 (EUETS)、区域温室气体倡议 (RGGI)、西方气候倡议 (WCI) 和新西兰排放交易方案等。

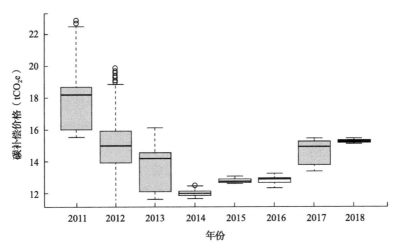

图 4　加利福尼亚州 2011—2018 年碳补偿价格

在规定的排放交易系统下,监管机构对将允许的排放总量设定"上限",碳排放者必须获得涵盖其产生的每吨温室气体的许可证。在公开市场上交换许可证可以使排放者选择以市场价格购买这些许可证,或者通过改造其设施内部减少其自身的排放。这些排放交易计划统称为碳市场。当前,碳市场由合规性市场组成,由依法有义务减少其排放的排放者和自愿性市场组成。在自愿性市场中,组织自愿减少其排放量以遵守公司股东或董事会成员支持的可持续发展计划[46]。自愿市场的发展主要归功于私营部门公司减少温室气体排放的行动，以减少公司的碳足迹。

此外，《国际航空碳补偿和减少计划》（CORSIA），增加了航空二氧化碳排放量的新概念，这可能有助于扩大碳市场，从而增加自愿碳补偿的需求。新的补偿项目满足自愿碳市场不断增长的需求，不断增长的碳市场也将进一步拓展产生碳补偿的方法。

碳市场的主要目标是将温室气体排放的环境影响内化为经济决策的成本，并为低排放投资提供激励措施。在理想情况下，碳市场价格能反映温室气体排放的环境成本。碳交易是1997年《京都议定书》在国际上采用的，包含对工业化国家（2008—2012年）的量化的减排/限制承诺。各国可以通过在发展中国家（清洁发展机制（CDM））或其他工业化国家（联合实施（JI））的项目购买碳信用额来部分履行这些承诺。最终，全球碳信用额市场出现。在全球碳市场的调节下可逐渐实现更为有序的全球碳补偿体系。

（2）森林碳补偿 林业部门的碳补偿已经建立，并在合规性和自愿性碳市场下交易[47]。森林每年吸收了全球约12%的碳排放量[48]和欧洲约13%的碳排放量[49]。从20世纪90年代到2010年，美国森林的碳汇增加了33%[48]。目前已被确定的五类森林补偿项目包括：

1）造林（在以前不存在的地方植树）。

2）重新造林。

3）森林管理（对现有森林进行管理以实现特定的碳吸收目标，同时保持森林生产力）。

4）森林保护（管理现有森林，以防止其转换为其他用途）。

5）森林保护（管理森林以防止其退化）。

管理森林及其碳被认为是控制温室气体排放的一种低成本手段。研究表明，通过广泛使用森林来存储碳，可以有针对性地在全球范围内减少温室气体排放的成本，降低大约40%[50]。在识别与不同森林活动相关的碳通量时需要建立一个森林模型，森林碳补偿的产生也对所采用的时间框架以及碳通量发生时的权重速率很敏感[51]。基于森林的碳固存是一种公认的具有成本效益的手段，可以抵消人为的碳排放，减轻全球气候变化，并向林地所有者提供金钱激励[52]，林地所有者愿意根据收入来参与碳补偿计划[53]。

林业部门的碳补偿可以减少排放者遵守减排目标的成本，同时还可以花些时间使他们能够开发和采用减排技术。不利的一面是，抵消措施减少了投资于减排技术的动力，因为它们降低了二氧化碳的排放成本。此外，碳补偿充斥着与不确定性和腐败相关的问题[54]。除林业部门外，已经批准了从森林和废物副产品中产生碳补偿的方法（如生物炭）。隔离在生物质中的碳（森林或通过废物转移）可以通过热解转化为生物炭，这可以防止分解并存储数百至数千年的碳。在土壤中使用生物炭可以减少亚硝酸气体的排放，也减少了在农业中使用化肥的需求。发展中国家关于林业和农业的碳补偿计划主要是在《京都议定书》的清洁发展机制（CDM）下实施的[55]。

尽管从概念上讲森林固碳可能很容易，但实施起来却不太容易。问题的焦点集中在是否可以测量、监测、报告和验证碳固存上，以及是否允许碳固存作为抵消公用事业、运输部门和其他污染者温室气体排放的一种手段。大多数对森林保护项目潜在碳补偿额的分析都没有使用优化方法，这主要是因为它们难以实施且昂贵。也就是说，对森林碳补偿项目的评估大大增加了交易成本[56]。此外，尽管多元化的能耗模型和碳排量模型已经进一步完善了碳补偿方法中的测量工作，要衡量可能合法产生的碳补偿量也将是很困难的。值得注意的是，监测和验证碳补偿的成本可能非常高，因此目前需要更多先进的技术来测量森林碳[51,57]。

（3）蓝碳补偿与湿地补偿　在植被繁茂的沿海生态系统中固存的碳被称为"蓝色碳"[58]（简称蓝碳）。在路易斯安那州沿海地区，蓝碳还指被潮汐影响的柏柏木森林和淡水沼泽中的土壤和树木中的碳固存。盐沼、红树林和海草草甸是主要的沿海湿地和水生生境，提供各种生态系统服务，包括碳固存和蓝碳的储存，面积约为 $50 \sim 8\,000$ 万 hm^2[59]。湿地上一般有五个碳储存池：①地上树木；②地上草本植物；③垃圾；④枯木；⑤地下有机土壤，包括地下生产力产生的所有有机物和一些地下产生的有机物，这些有机物被作为碎屑掩埋。尽管沿海生境的全球面积小于陆地森林，但单位面积对碳固存和封存的贡献要高得多[58]。这些沿海生态系统是碳储存的热点，并显示出参与碳市场的巨大潜力[59]。沿海生态系统中的大多数碳都被困在土壤中，这使得蓝碳生态系统与其他许多避免森林砍伐所致排放的森林生态系统（如热带雨林）不同[60]。湿地恢复技术可通过增加植物的生产力、掩埋碳和避免碳释放来增强碳固存。生产力和吸积率的提高使地上生物量和根系产量的增加，从而导致有机土壤沉积和碳固存增加[58]。2012 年，美国碳注册局（ACR）认证了首个湿地补偿方法，即"密西西比三角洲退化的三角洲湿地的恢复"，打开了碳市场投资在湿地恢复项目中的希望[61]，基准情景与湿地恢复项目之间的净差额可以作为湿地碳补偿交易。尽管沿海湿地非常重要，但由于海平面上升、局部沉降、边缘侵蚀、飓风和人类发展，沿海湿地系统面临越来越严重的威胁[62,63]。此外，湿地恢复的高昂成本，激励土地所有者将湿地转换为其他用途的动机不断增加，政府无力或不愿执行环境法规[64]，沿海地区的人为活动以及自然灾害是导致沿海生境减少的主要原因。在过去的几十年中，全球近 1/3 的沿海生态系统已经丧失[65]。据估计，全球沿海生境的年损失在 340 000 至 980 000hm² 之间[64]。在 1998 年至 2004 年间，美国 160 万 hm² 的盐和咸淡沼泽中，有近 13 450hm² 的土地流失，大部分在路易斯安那州沿海地区变成了开阔水域[66]。特拉华河口的湿地流失率为 $1.03km^2/$年[60]。然而，在路易斯安那州，湿地流失率几乎为 $48km^2/$年，从 1932 年到 2010 年，其近沿海总湿地面积的近 25%（$4\,833km^2$）转化为开放水域[67]。沿海湿地系统的丧失使得湿地面积不再适用于每年累积到土壤中的碳固存率，受到侵蚀的湿地系统也可能会失去过去 100 到 1 000 年以前保存的湿地土壤中的碳存量[68]。因此，蓝碳补偿虽然在碳固存和碳补偿上具有巨大潜力，但急需加强对沿海湿地系统的保护。

2.2　案例分析

2.2.1　欧盟排放交易体系

欧盟排放交易体系（European Union Emission Trading Scheme，EUETS），欧盟气候变

化政策的一个基石，是应对气候变化、以符合成本效益原则减低温室气体排放的关键工具。该体系是世界首个主要的、也是目前最大的碳排放交易市场[69]。该体系是欧盟为了实现《京都议定书》[70]确立的减少二氧化碳排放的目标，而于 2005 年建立的气候政策体系，旨在应对全球变暖。它是欧盟能源政策的主要支柱。ETS 运行于所有欧盟成员国以及冰岛、列支敦士登和挪威（后三者为欧洲经济区和欧洲自由贸易区 EEA-EFTA 国家），限制上述国家电力部门和制造业大约 1 万个设施的排放，以及在这些国家间运营的航空公司，涵盖约 40% 的欧盟温室气体排放。截至 2013 年，欧盟碳排放交易体系覆盖 31 个国家和地区的 11 000 多家工厂、发电站和其他设施，其净热量超过 20MW[71]。2008 年，受欧盟碳排放交易体系监管的设施总共承担了欧盟近一半的人为二氧化碳排放和 40% 的温室气体排放[72,73]。欧盟希望到 2020 年温室气体排放量比 1990 年减少 20%，能源效率提高 20%。一项 2020 年的研究估计，欧盟排放交易体系在 2008 年至 2016 年间减少了超过 10 亿吨的二氧化碳排放，占整个欧盟总排放量的 3.8%[74]。

　　欧盟排放交易体系采用"总量管制和交易"（Cap-and-trade Rules）规则。所谓"总量管制和交易"，是指在限制温室气体排放总量的基础上，通过买卖行政许可的方式来进行排放。欧盟排放交易体系涵盖的设施所排放的一些温室气体排放总量设有一个上限，该上限随着时间的推移而降低，排放总量因此得到降低。在该上限内，企业可以购买或获派排放配额，并可以按需要在企业间进行排放配额交易。限制排放配额的总量确保了配额的价值。企业每年必须缴纳足够的配额以涵盖该年度的所有排放，否则将面临高额罚款。如果一家企业排放量减少，则可以储起剩余的配额以备未来之需，或将剩余配额售卖给一家缺乏配额的企业。碳交易带来的灵活性可确保在减排成本最低时减排。稳健的碳价格还可促进创新的低碳技术投资。

　　该计划已分为多个"交易时段"。欧盟排放交易体系的第一个交易期为 2005 年 1 月至 2007 年 12 月，为期三年。欧盟将这个阶段定位为"从实践中学习"（Learning-by-doing）阶段，不仅成员国与被规范企业可借此机会实际操练，欧盟亦可从中发觉制度上的缺失并加以改正，逐步达成欧盟对《京都议定书》的承诺。此阶段主要目的并不在于实现温室气体的大幅减排，而是获得运行总量交易的经验，为后续阶段正式履行《京都议定书》[70]奠定基础。在选择所交易的温室气体上，第一阶段仅涉及对气候变化影响最大的二氧化碳的排放权的交易，而不是全部包括《京都议定书》[70]提出的六种温室气体。在选择所覆盖的产业方面，欧盟要求第一阶段只包括能源产业、内燃机功率在 20MW 以上的企业、石油冶炼业、钢铁行业、水泥行业、玻璃行业、陶瓷以及造纸业等，并设置了被纳入体系的企业的门槛。这样，ETS 大约覆盖 11 500 家企业，其二氧化碳排量占欧盟的 50%。而其他温室气体和产业将在第二阶段后逐渐加入。

　　第二个阶段设定为 2008 年 1 月 1 日至 2012 年 12 月 31 日，为期五年，与《京都议定书》[70]的第一个承诺期一致。欧盟借助所设计的排放交易体系，正式履行对《京都议定书》[70]的承诺。各成员国在获得欧盟委员会批准的条件下，可以单方面将排放交易机制扩大到其他温室气体种类和涉及的其他部门。第二阶段后，以五年为一期作为执行阶段。

第三个交易阶段始于 2013 年 1 月，一直持续到 2020 年 12 月。与首次实施欧盟 ETS 的 2005 年相比，拟议的 2020 年排放上限限制了 21% 的温室气体排放量。随着 ETS 的排放量在 2014 年降至 18.12 亿 t，该目标已提前六年实现。

目前进入第四个交易阶段。第四阶段于 2021 年 1 月 1 日开始，到 2030 年 12 月 31 日结束[75]。欧盟委员会计划在 2026 年前对该指令进行全面审查。2014 年 1 月 22 日，欧盟委员会对 2008 年气候一揽子计划的 ETS 指令（2003/87/EC）提出了两项结构性改革修正案，并在 2014 年 3 月 20 日至 21 日的欧洲理事会会议上由欧盟成员国元首在理事会结论[76]中达成一致[77]：

1）从 2021 年到 2030 年，总排放上限从每年（2013—2020 年）1.74% 降低到 2.2%，从而使欧盟 ETS 部门的二氧化碳排放量比 2005 年减少 43%[78]。

2）在 2021 年至 2030 年的第四个 ETS 期间，建立 12% 的"自动预留"储备机制，以核实年排放量（至少 1 亿二氧化碳许可储备），从而建立准碳税或碳价格下限，其价格范围由欧盟委员会气候变化总局每年确定[79]。

欧盟气候变化专员 Connie Hedegaard 以澳大利亚为例，希望将碳排放交易体系与世界各地的兼容系统连接起来，形成全球碳市场的支柱。然而，2013 年，第 19 次 COP 气候会议再次结束，没有达成具有约束力的新国际协议，澳大利亚废除了其碳排放交易体系。2014 年 3 月 20 日欧洲理事会峰会之前[80]，欧盟委员会决定提议改变碳市场（CO_2 许可）的运作方式，提交关于市场稳定储备（Market Stability Reserve，MSR）系统的立法将根据流通中的二氧化碳许可量改为每年拍卖的二氧化碳许可量[81]。2014 年 10 月 24 日，在欧洲理事会会议上，欧盟成员国政府首脑通过在理事会结论文本中批准该政治项目，为拟议的市场稳定储备（MSR）提供了法律确定性[82]。这将通过调整拍卖量来解决欧洲碳市场供需失衡的问题。储备金（Reserve）将按照预先确定的规则运作，委员会或会员国没有酌情权。欧洲议会和欧盟理事会非正式同意这个提议的改编版本，MSR 的开始日期设置为 2019 年（因此已经在第三阶段），将 9 亿美元的后备配额放入储备金中，并使 MSR 的反应时间缩短至一年。经过修改的提案已通过欧洲议会，于 2015 年 9 月由部长会议批准[83]。欧盟排放交易体系虽然并非完美无缺，但是作为一项重要的公共政策，不仅使欧盟国家的碳交易走在了时代的前列，同时也启发并推动了其他国家和地区的碳排放交易。

2.2.2　中国排放交易体系

从 2011 年底开始，中国先后在深圳、上海、北京、广东、天津、湖北、重庆和福建启动了 8 个地方碳排放交易试点，为中央政府推出全国碳交易机制提供了宝贵经验。这些地方碳交易试点采用了以排放强度为基础的设计，而不是绝对排放限额。以强度为基础的碳交易系统在英国早期的碳交易体系和加拿大阿尔伯塔等地区也得到采用，这种方式比较能兼顾中国经济增长和碳减排的双重需求。

2012 年，国家发改委颁布了《温室气体自愿减排交易管理暂行办法》[84]，以备案管理的方式鼓励国内外机构、企业、团体和个人均参与温室气体自愿减排量交易。

2013 年 6 月 18 日，我国碳交易市场首单交易在深圳市碳排放权交易试点的启动仪式上达成，深圳市能源集团有限公司向广东中石油国际事业有限公司和汉能控股集团有限公司各售出 1 万吨碳排放配额。自此，中国碳排放权交易拉开序幕。

2014 年，国家发改委颁布了《碳排放权交易管理暂行办法》[85]，拟建立以国家发改委作为主管部门、交易主体参与的、以排放总量控制下的排放权额度和自愿减排项目产生的核证资源减排量为交易目标的碳排放交易市场。

2017 年，国家发改委颁布了《全国碳排放权交易市场建设方案（发电行业）》[86]，这标志着我国碳排放交易体系完成了总体设计，已正式启动全国发电行业碳排放交易体系。

2018 年，国务院机构重组，建设全国碳交易市场的职责由发改委转到了生态环境部。

2020 年 10 月 20 日，生态环境部、国家发展和改革委员会、中国人民银行、中国银行保险监督管理委员会、中国证券监督管理委员会等五部门联合发布《关于促进应对气候变化投融资的指导意见》[87]。该意见指出，要逐步扩大碳排放权交易主体范围，适时增加符合交易规则的投资机构和个人参与碳排放权交易。

2020 年 12 月 30 日，生态环境部发布《2019—2020 年全国碳排放权交易配额总量设定与分配实施方案（发电行业)》[88]，确定纳入 2019—2020 年全国碳交易市场配额管理的重点排放单位的标准，即发电行业（含其他行业自备电厂）2013—2019 年任一年排放达到 2.6 万 t 二氧化碳的企业，将被纳入全国碳交易市场。

全国碳市场原预计 2020 年左右开始模拟运行期，并在大约一年后进入正式运行。然而，这一进程却因受新冠肺炎疫情等因素影响而有所推迟。不过，2020 下半年出台的几项重大政策和草案最终推动《碳排放权交易管理办法（试行)》[89]等关键的规范性文件在 2021 年 1 月出台，全国碳交易市场得以于 2021 年 2 月 1 日正式拉开大幕。

目前，我国碳排放权交易市场主要有两种交易类型，即总量控制配额交易和项目减排量交易。前者的交易对象主要是控排企业获配的碳排放配额，后者的交易对象主要是通过实施项目削减温室气体而取得的减排凭证（经国家生态环境主管部门备案的自愿减排量即为"国家核证自愿减排量"（CCER)）。对碳交易主管部门确定的控排企业（温室气体重点排放单位）而言，碳排放配额交易属于强制交易，在生态环境部确定的国家及各省、自治区和直辖市的排放配额总量的基础上，由地方生态环境主管部门分配给控排企业一定碳排放额度。碳排放配额应当在碳排放权交易机构进行交易。

碳排放交易是低成本减少碳排放的有效工具之一。碳排放权交易不仅能够促进控排企业的优胜劣汰，还能够逐步影响市场投资的倾向性，使未来投资更倾向于清洁低碳。从中长期角度看，可将建立的排放交易体系联网，以提高整体效率。此举将扩大排放源覆盖面，以此找到成本效益更高的减排措施。依靠市场导向，碳交易将在全社会范围内形成碳价信号，为整个社会的低碳转型奠定坚实的基础[90]，最终助力实现"2030 年前碳达峰、2060 年前碳中和"的中国承诺。

2.3 愿景、趋势与挑战

气候变化的后果使全球很多国家更加认识到加强环境保护的必要性。2020年9月，在第75届联合国大会一般性辩论上，中国向全世界宣布将提高国家自主贡献力度，采取更加有力的政策和措施，CO_2 排放力争于2030年前达到峰值，努力争取2060年前实现碳中和。近年来，碳足迹量化模型不断增多，现有模型及未来模型将会为碳排放相关问题提供更多的解决方案。但是由于碳足迹相关计算发展时间短，所以仍然存在一些挑战。

（1）愿景　随着气候变化的现象越来越明显，人们对生态环境的关注度越来越高，转向清洁经济增长是这个时代最大的工业机遇，我们不仅要保护环境，还要改善经济成功所依赖的环境。简而言之，我们需要更高的增长和更低的碳排放。全国各地的人民和企业都面临着更大的机遇和挑战，具体体现在：将低成本、低碳的发电机更高效地应用于农场；创新者发明更好的电池装进汽车工厂使其产生更低的碳排放；建筑商改善人们的住房以降低运营成本，并帮助企业提高生产效率；等等。通过对碳足迹量化模型的创建和分析，实现经济的清洁增长。在增加国民收入的同时减少温室气体排放，同时确保为企业和消费者提供负担得起的能源供应。目前，我国存在的低碳技术成本在下降，在我国太阳能和风能等可再生能源的成本与煤炭和天然气之间相比优势更大，这推动了我国产生更高价值的"低碳"新技术创新。在工业战略白皮书《新时代的中国能源发展》中集中介绍了新时代中国能源的发展战略和政策理念，推动能源技术革命，以绿色低碳为方向，推动技术创新、产业创新、商业模式创新，带动产业升级。牢固树立创新、协调、绿色、开放、共享的新发展理念，深化全球能源治理合作，加快全球能源绿色低碳转型，共建清洁美丽世界。

（2）趋势　从提出"我国二氧化碳排放力争2030年前达到峰值，力争2060年前实现碳中和"具体目标，到党的十九届五中全会、中央经济工作会议相继做出部署，再到将碳达峰、碳中和首次写入政府工作报告，碳中和挑动了各行各业的神经，环保产业也不例外。基于碳达峰、碳中和目标对环保产业未来发展做出的三个趋势性判断，即从末端治理向源头控制转变、从过去的单因子控制向协同控制转变、从常规污染物控制向特殊污染物控制转变。未来数字经济将会与环保产业深入融合。围绕碳排放监测与核算，绿色低碳技术、节能减排、减污降碳协同治理等领域的产学研探索和数字化管理将成为产业趋势。在工业领域，园区产业结构低碳化、加快推动低碳园区建设和数字化管理也将给产业带来新机会。欧盟在2019年年底发布《欧洲绿色新政》，承诺于2050年前实现碳中和，并出台了关于能源、工业、建筑、交通、食品、生态、环保这七个方面的政策和措施路线图，坚持绿色复苏。新任欧盟理事会主席国的德国在提议的新冠肺炎疫情复苏计划中提出大力支持绿色增长，并将应对气候变化列为三大优先事项之一。美国众议院在2020年6月发布的《气候危机行动计划》报告也提出要为全球控制温升1.5℃的目标努力，将应对气候变化作为国家的首要任务，要实现2050年温室气体排放比2010年减少88%、CO_2 净零排放目标，并从经济、就业、基础设施建设、公共健康、投资等各个领域详细阐述了未来拟采取的措施。

我国始终高度重视应对气候变化，坚持绿色发展、循环发展、低碳发展，一直将其作为促进高质量可持续发展的重要战略举措。我国将应对气候变化融入社会经济发展全局，从"十二五"起，以单位 GDP 碳排放强度下降这一系统性、约束性目标为抓手，促进低碳发展，2015 年提出了碳排放在 2030 年左右达峰并尽早达峰等自主贡献目标，采取了调整产业结构、节约能源和资源、提高能源资源利用效率、优化能源结构、发展非化石能源、发展循环经济、增加森林碳汇、建立运行碳市场、开展南南合作等各方面政策措施，推动全社会加速向绿色低碳转型。与 2005 年相比，2019 年我国单位 GDP 二氧化碳排放下降了 48%，相当于减少二氧化碳排放约 56.2 亿 t，相应减少二氧化硫排放约 1 192万 t、氮氧化物排放约 1 130 万 t。同期，GDP 增长超 4 倍，实现 95% 的贫困人口脱贫，第三产业占比从 41.3% 增长到 53.9%，煤炭消费比重从 72.4% 下降到 57.7%，非化石能源占一次能源比重从 7.4% 提高到 15.3%，居民人均预期寿命由 72.9 岁提高到 77.3 岁。由此可见，应对气候变化的政策行动，不但不会阻碍经济发展，而且有利于提高经济增长，培育并带动新的产业和市场，扩大就业，改善民生，保护环境，提高人们的健康水平，发挥协同增效的综合效益。

（3）挑战　碳足迹分析方法从全新视角计算与评价碳排放，对正确而全面地评估温室气体效应具有十分重要的现实意义。国内外学者从不同角度研究了碳足迹的定义、计算方法以及案例，研究取得了一定的进展。我国的碳足迹研究还处于萌芽阶段，与国外的研究体系相比存在较大差距。目前，针对碳足迹相关研究仍存在的挑战如下：

1）针对碳足迹的相关概念。目前还未提出针对碳足迹相对明确且统一的定义。由于在计算边界中碳足迹的概念占有举足轻重的地位，应该在今后研究中继续加强构建碳足迹理论体系，针对碳足迹的概念与内涵不断完善和充实。

2）现有碳足迹的研究在产品、个人、家庭相对集中，但对于组织、机构、城市、区域及国家的碳足迹研究还较为欠缺。针对目前全球气候变化的问题，仅着眼于本区域或本国家的碳排放，可能导致仅转移相关碳排放源，却存在碳排放总量并无减少的假象。因此，应该研究大尺度的碳足迹，不断扩展宏观尺度上的碳足迹研究，使碳足迹的相关研究在全球气候变化中更具现实意义。

3）在碳足迹的相关计算方法上，人们经常采用过程分析法，而过程分析法的碳排放系数、计算边界、数据甄选等方面需要不断的改进和提高。而对于投入产出法，由于数据获取困难，使得在现实的碳足迹计算中应用实物投入产出表示法难以实现。因此，需要不断完善、实践碳足迹的投入产出核算，将碳足迹的研究与相关部门、产业、区域和国家进行联系。此外，还需要针对碳足迹的分析方法不断进行修正和改进，不断提出新的碳中和计算方法。

4）在研究内容上，应加强工业、交通、建筑等重点碳排放部门与行业的碳足迹分析，应开展碳足迹与可持续发展、生态安全、环境伦理等方面相关研究，还应继续深入分析碳足迹的影响机制和驱动因子，加强研究碳足迹区际转移与责任区域扩散在国内贸易和国际贸易中扮演的角色。同时，应该更具体地比较与分析不同的消费水平、消费模式、消费文化背景下的碳足迹量化。

我国的低碳发展转型还存在巨大的发展空间和发展潜力，表1展示了1990—2021年碳排放变化。但是，我国目前碳排放发展也面临着巨大挑战：一是制造业在国际产业价值链中仍处于中低端，产品能耗、物耗高，增加值率低，经济结构调整和产业升级任务艰巨；二是煤炭消费占比较高，仍超过50%，单位能源消费的 CO_2 排放强度比世界平均水平高约30%，能源结构优化任务艰巨；三是单位 GDP 的能耗仍然较高，为世界平均水平的 1.5 倍、发达国家的 2.3 倍，建立绿色低碳的经济体系任务艰巨。

表1　1990—2021年部门碳排放变化

部门	1990年碳排放（单位：亿t）	2021年碳排放（单位：亿t）	1990—2021变化百分比
商业和工业	231	123	−47%
交通	122	120	−2%
电力	204	104	−49%
自然资源	152	77	−50%
家庭	80	64	−20%
公共部门	13	8	−40%
总计	803	496	−38%

3　领域独特的低碳体系结构研究进展

当代计算机技术的研究方向正向着高性能、高效率、低能耗的目标发展。为实现高效低耗的目标，碳优化技术已逐步走向成熟并在许多研究领域得到应用。碳优化技术为低碳体系结构的发展奠定了基础。本章从低碳体系结构主要研究领域的三个技术层次（物理层、电路层、系统层）出发，展开介绍了各个层次中的低碳优化研究发展进程。

3.1　综述

随着深度学习技术的发展，特定领域的计算机应用正在向高功耗、高能耗、计算密集的方向发展。针对这类应用，领域独特的低碳体系结构研究取得了突出的低碳优化效果，并正在获得越来越多的研究关注[91-93]。例如，2014年提出的神经网络处理器DianNao，其性能与 Nvidia K20M GPU 相当，但能效更高[94]；2015年提出的多核神经网络处理器 DaDianNao 相比 K20M GPU，性能有 20 倍的提升，而能效有 330.56 倍的提升[92]。为了进一步提高深度学习等计算密集领域任务的性能和能效，也出现了许多其他领域独特的体系结构低碳研究工作[95-109]。

从应用领域上看，领域独特的低碳体系结构研究主要集中在三个领域：高性能计算及科学计算、AI 方向、数据密集计算。从技术路线上看，领域独特的低碳体系结构研究主要分为两条路线：一是低功耗技术，二是绿色供应技术。其中，低功耗技术主要包括两个方面：一是设计低功耗芯片达到低碳的效果；二是提高芯片利用率，提高能效，在相同能耗开销下完成更多的计算任务。绿色供应技术包括 Green SoC 与 SoC Utilization 等。

对于具体的领域独特的低碳体系结构优化技术，可以按照其技术层次垂直地分为三类：物理层、电路层、系统层。在物理层，优化技术要在特定的约束下，通过调整不同的物理参数，如电压、频率和保持时间来保证低碳[101,110-114]。在电路层，优化技术使用不同的逻辑和设备实现高效率计算或访存，带来了更加积极的、细粒度的优化可能[115-120]。在系统层，以数据为中心总结各类优化技术，按照不同的数据属性（包括数据值、数据精度、数据流和数据分布）对优化技术进行分类调研[105,115]。本章按照垂直的层次化分类，依次展开介绍目前的领域独特的低碳体系结构研究进展。

3.1.1 领域独特的物理层低碳优化研究

调研物理层的低碳优化技术时，我们主要关注电压、频率、温度和保持时间等物理参数。

与电路层侧重于逻辑级别优化（例如，如何实现更高效的乘法器）区分，物理层侧重于门级物理结构的优化，例如，如何用模拟元器件（或晶体管）实现数字逻辑（如 OR/AND 门）。相比于电路层、系统层次的间接优化，物理层技术可以直接降低电路系统的能耗，并长期在学术界和工业界得到广泛研究，目前包括门控功率、门控时钟和动态电压频率缩放（DVFS）等技术。物理层优化方法通常通过观测电路的行为（如故障率、错误率、功率和性能），从而在特定的目标约束下调整电路物理实现中的物理参数，如电压和频率，达到低功耗设计的效果。

Truffle[110]采用双电压设计，其中高电压用于精确运算，低电压用于近似运算。这个工作通过使用指令集扩展，决定哪个时刻使用哪个电压进行计算，直接通过程序控制降低功耗。Relax[111]是一个利用软件恢复硬件错误的架构，可以利用软件恢复电压缩放、超频等物理层优化过程中引入的硬件故障，从而降低物理层优化技术的应用限制。Razor[112]通过监控电路运行期间的错误率来调整供电电压，从而消除对电压裕度的需求，以及电路延迟带来的数据依赖。AxNN[113]采用了一种系统的方法来生成近似的神经网络设计，产生的近似设计可以由一个计算质量（物理参数）可配置的神经形态处理引擎执行。RANA[101]使用了优化刷新的 eDRAM 以节省系统的总能耗，该工作为 CNN 加速器提出了一个保留感知的神经加速框架。Wang 等人[114]提出了一种基于迭代重训练的方法，结合时序分析来确定神经网络加速器的最高可接收频率。

一些基于容错的物理层低碳优化技术需要在精确设备上完成对神经网络模型的重训练或重复推理，以获得优化后的物理参数。AxNN[113]对网络进行再训练，以找到合适的近似配置，将找到的神经元替换为经济有效的近似版本。RANA[101]重新训练网络，根据预定义的失败率调整权值。

3.1.2 领域独特的电路层低碳优化研究

调研电路层的低碳优化技术时，我们主要关注硬件电路的实现，主要包括利用逻辑层的设计优化或源于新器件构造的更高效电路的实现。

对于逻辑级别的优化,其基本原则是使用较少的逻辑门来近似原始硬件模块的功能,如基本运算符的计算和数据的存储。例如,AI 计算中复杂的激活函数,如 Sigmoidal 函数和双曲正切函数,如果在硬件上实现成本很高。为了降低硬件开销,分段线性近似被广泛使用[91-93,119,121]。分段近似法的硬件实现仅使用一个乘法器和一个带有存储系数的小查找表(LUT)的加法器,就能替代复杂的超越函数计算逻辑。Du 等人[119]利用近似算子[122]设计了一个不精确 NN 加速器,能够降低约 50% 的整体能耗。该工作通过使用非精确逻辑最小化(ILM)来减少逻辑门,可以得到更简单的近似运算器。例如,去掉 kogge-stone 加法器中的低位逻辑门,可以得到一个非精确的 kogge-stone 加法器。Fang 等人[123]提出了近似写入的方案:在写入 PCM 操作时,只写产生了较大改变的数据。这样既可以降低 PCM 工作时的能耗,又可以提高 PCM 的使用寿命。

另一类电路层的优化方案,是在电路中引入新的器件或改进的器件来取代原来的器件,如存储器。例如,引入 8-T 或 10-T cell-based 的 SRAM,可以通过隔离读/写路径的方法来提供更鲁棒、更可靠的存储性能[116,117]。Probabilistic CMOS[118]技术提出了一种新的开关机制(当电压调整到极低水平时产生概率行为),作为潜在低功耗电路设计的新器件。此外,由于神经网络计算本身内蕴地可以容忍一定数量的错误,许多非精确技术或近似技术在人工智能领域得以应用,可以达到降低计算能耗和功耗的作用。同时,系统层次的重训练技术也被广泛应用于恢复神经网络系统的精度,以容忍更多的误差,拓展这类非精确优化技术的应用范围。例如,Du 等人[119]可以通过重训练将不精确的加速器在不同数据集上的计算精度恢复到与相比原始精度几乎没有区别。Han 等人[115]对神经网络进行重训练,将需要计算的神经网络迭代修剪成稀疏神经网络,而只带来可以忽略的精度损失。Deng 等人[120]通过对硬件网络进行重训练,以减少参数变化引起的时序误差。

虽然新的逻辑设计或器件能够为领域特定的计算任务带来低碳优化,但是相比系统层来说,目前电路层低碳优化研究还处于一个初级的阶段。例如,在文献[91]中,像 Sigmoid 这样的非线性运算是被直接提取处理的,在运行时直接用线性近似代替。通过更深入的研究,可以考虑利用更合适的逻辑或设备,以更小的近似代价开销完成更广泛、更细粒度的优化。一个潜在的例子是使用不同的近似逻辑计算典型的神经网络操作(如卷积操作、激活操作等)的不同部分,将计算过程中更重要的数据用更精确的逻辑来计算。

3.1.3 领域独特的系统层低碳优化研究

我们从以数据为中心(而不是以基本计算操作为中心)的角度分析系统层的低碳优化技术。在领域特定的计算任务,尤其是人工智能应用中,关键的低碳设计目标(如功耗、能耗和利用率)主要由不同的数据属性决定,包括数据值、数据精度、数据流和数据分布。一个明显的例子是稀疏神经网络,对于零值神经元和权值,性能和能量效率可以显著提高,但精度损失可以忽略不计。

在系统层,与数据值相关的三种基本技术是利用相似值数据或相似值数据的结果、跳过零值数据和通过直接将数据近似设置为零的方式提高稀疏度。与数据精度相关的三种基本技术是使用低位宽运算、在存储和传输过程中压缩数据,以及使用串行计算单元。与数据流相关的主要技术是动态改变数据流。与数据分布有关的主要技术是对数据分布进行预修改。系统层的优化技术主要通过降低特定领域计算任务的运算和访存量的方法达到低碳优化的效果。

在神经网络计算任务中,目前绝大多数工作都应用于神经网络推理计算中,只有少数研究可以应用于训练,它们使用了跳过零值数据技术[124]和低位宽运算技术[125,126]。下面分别展开介绍数据值、数据精度、数据流和数据分布四个方面的低碳优化技术。

(1) 数据值　在特定领域的计算应用中,数据的值(包括输入数据和中间数据)可以用来实现各种设计目标,包括提高计算性能和提高能效。

1) 输入数据。具有顺序输入的应用程序,如计算机视觉应用程序和与语音相关的应用程序。在连续输入之间通常包含临时冗余。临时冗余意味着两个连续的输入,如两个视频帧或两个音频帧之间的变化不大。因此,计算系统可以通过在后一个输入中跳过相同的部分来利用这种临时冗余。由于一些领域特定的应用,例如神经网络算法对于数据和计算过程都能够容忍一定程度的非精确,对于这一类任务,在输入数据处理时不仅可以跳过相同的部分,还可以跳过相似的部分,从而进一步利用临时冗余。为了更好地实现非精确处理,研究人员提出了多种不同的方法,包括直接利用输入相似度、差分计算和激活运动补偿等。在文献 [92] 中提出的 DNN 加速器直接利用输入相似性,跳过与相邻输入相似的计算,而此过程带来的最终精度变化可以忽略不计。该研究结合量化技术来增加帧间的相似度,实际计算过程中减少了 60% 的数据计算,带来平均 63% 的能耗降低。Diffy[127]利用关键帧进行当前帧的近似,每一个计算过程只计算当前帧和关键帧之间的差,可以将片上存储请求降低 32%,从而提高计算性能,降低总的计算和访存量。在文献 [93] 中提出的加速器使用基于运动估计的技术处理输入,即激活运动补偿。它检测图像输入之间的变化,并逐步更新先前计算的特征图。对于 3 个卷积神经网络计算任务,加速器分别降低了每帧平均能耗 54%、62% 和 87%,而精度损失不到 1%。

2) 中间数据。中间数据包括突触权值、神经元输出,或其他中间输出结果。对于中间结果的研究主要集中在零值数据(稀疏性)和同值数据两种特殊情况。一般来说,中间数据的研究主要针对的是零值突触特殊情况,即神经网络权值的稀疏性。Song 等人[99]提出从网络拓扑中删除相对不重要的突触(权重较小的突触)以降低运算量。整个过程分为三步,三个步骤使用相同的输入迭代训练稀疏网络。第一步训练找到哪些突触权重是重要的——权值较大的突触被认为是重要的突触。根据学习到的突触权重,"不重要"的突触将在第二步中从网络中删除。最后一步是重新训练剪枝之后的网络,得到用于推理的最终权值。这样的过程可以重复多次,以获得尽可能稀疏的网络结构,同时具有可接受的准确性。注意,如果一个神经元没有输入连接或输出连接,则它对输出结果是没有影响的,因此,在上述的三步突触剪枝过程中,它会被隐式地从网络中去除。此外,神经元也可以直接从网络拓扑结构中被修剪掉。上述提到的剪枝方法都改变了神经网络的拓扑结构，但在不改变网络拓扑的情况下，神经元激活（即 ReLU）导致的稀疏性也会带来神经网络计算的稀疏性。总的来说，神经元网络的稀疏性可以分为静态和动态两大类。静态稀疏性是指突触稀疏性和神经元稀疏性（主要来自剪枝操作）；动态稀疏性只包含神经元稀疏性，主要是由不同的输入通过神经元时，随激活结果不同而变化引起的。许多最近的工作致力于支持神经元数据中的稀疏性，以减少计算和内存访问。EIE[115] 支持稀疏矩阵向量乘法，并特别针对神经网络的全连接层使用静态稀疏性压缩稀疏列（CSC）格式，更方便利用神经网络的稀疏性。实验结果表明，在典型的深度学习应用中，通过稀疏索引利用动态的数据稀疏可以节省超过一半（65.16%）的能耗。SCNN[128] 对计算元素进行二维索引，其硬件结构既支持稀疏数据流，又支持数据的稀疏化索引。二维的数据组织使得 SCNN 能够同时利用神经网络计算静态和动态稀疏性。Cnvlutin[129] 利用了动态神经元的稀疏性，但不能利用突触的稀疏性。它还将近似为 0 的权值直接视为 0，以降低神经网络的计算量。Cambricon-X[105] 采用了一种完全不同的稀疏数据表示，即二进制掩码格式，并采用了专门设计的 IM 来过滤突触存储紧凑的神经元。由于压缩后的突触权值减小到相差不大的数值，二进制掩码格式可以使用 1bit 数据（而不是 CSC 或 CSR 中的两个数据），达到用更小的开销表示稀疏突触的效果，从而产生更高的压缩能效。Compressing DMA engine[124] 将 CPU 和运算器之间传输的数据压缩成更加紧凑的数据表示格式，以利用输出神经元的稀疏性（这部分稀疏性来自动态的激活数据），这项工作尤其适合神经网络的训练过程。此外，研究人员还探索了直接将神经元设置为 0 以增加网络稀疏度的可能性。文献［98］中提出的 DNN 模型可以预测无效神经元，从而完全避免与无效神经元相关的计算量。SnaPEA[102] 对权值进行重新排序，并在计算完成之前先预测神经元输出。对于部分相对不重要的神经元，利用预测值作为结果，而不进行计算，从而通过预测的方法降低整体计算量。虽然上述工作都侧重于在网络中使用零值数据进行计算，但领域特定的低碳优化也存在复用计算数据（利用不同数据的相同数值）的可能性。UCNN[130] 利用重复的权值数据来减少内部产生计算和权值内存访问的开销，并通过重用卷积操作的子运算结果（如点积、和的积以及和和前向部分）来减少计算量。Shortcut mining[131] 提出了一种新的中间结果复用可能，即剩余网络中相同的数据结构或特征图，以减少芯片内外的访存量。利用神经网络计算容忍部分错误的能力，"同值"技术也可以扩展到"相似值"技术，即重用相似数据的计算结果，而不仅仅是相同数据，如 UCNN 中的权重重复结构[130] 可以利用更多具有相似权值数据的可能（例如，数据量化可以生成更多的相似权值数据）。

（2）数据精度　针对不同的设计目标（主要是高精度要求与高能效），可以采用两种不同的数据精度完成计算：在需要更高能效、计算效率时，使用计算能效更高的数据类型（例如，从浮点型改为定点型，或从更高位宽改为更低位宽），以及使用量化等技术压缩数据都可以取得较好的效果。前者（改变数据类型）主要依赖单个数据，后者（引入数据压缩）需要考虑对一组数据的统一处理。

1）数据类型。领域特定的计算任务中对数据一般有两种表示：定点数据和浮点数据。浮点数据对于训练神经网络至关重要，因为它能够表示非常小的数字，这是定点数据无法替代的。然而，float32 在硬件实现中在面积和能力方面代价昂贵，而且 float16 的范围有限。目前在特定的计算领域，各种其他的格式被提出，包括 bfloat16，它使用 8 位表示指数，7 位表示尾数[132]。与传统的 float16 数据类型相比，bfloat16 提供了更大的数据表示范围，从而能够避免大型网络中的溢出问题。对于纯推理的神经网络系统，低位宽定点数计算被证明是充分的。16 位定点数计算被广泛应用于许多神经网络加速器中，如 DianNao Family[133]。由于 8 位定点数已被证明能够处理大多数网络的推理，不仅在学术工作中，在许多商业产品中也都实现了 8 位的定点计算部件。例如，TPU v1[134]，一种领域特定的脉动阵列加速器，在每个运算单元（PE）中使用 8 位定点数，达到 92TOPs 的峰值性能。NVIDIA 在其最新产品，如 Tesla v100 中集成了配置 8 位定点运算单元的张量核，实现了 125TOPs 的峰值性能[125]。Cambricon 为服务器发布了两张加速卡，集成了 8 位定点运算功能（INT8），以实现最大 128TOPs 峰值性能[135]。

2）数据压缩。数据压缩通常需要对一组数据进行处理，这些数据通过压缩技术转化为较小的数据量。最常见的压缩技术是量化，它将原始数据映射到少量有限的量化级别。这样的量化级别反映了数据精度，其中的数据通常使用较少位宽的索引来索引量化级别。许多研究工作使用了全局量化，即对整个权值矩阵[109]执行量化[136]。Cambricon-S[106] 采用局部量化，即对局部权值区域进行量化，从而获得更高的压缩比。OLAccel[96] 执行离群感知量化，其中低精度部分（如占比 97% 的部分）使用较低的位宽（如 4 位）进行量化，而高精度部分（如占比 3% 的部分）执行更精确的 16 位量化。使用编码技术，如熵编码（包括霍夫曼编码)[115]，可以进一步减少每一条数据的索引位宽。

3）动态精度变化。Stripes[109] 利用位串行计算来探索降低的位精度，动态适应不同层中不同的位宽。Bit-pragmatic[136] 进一步探讨了比特串行计算过程中的动态稀疏性。Bit-prudent[137] 和 Neural Cache[138] 研究了 SRAM 结构中的比特串行计算。Bit-tactical[139] 在神经网络中引入了比特级别的动态融合/分解，并设计了一种新的加速器——它由一组比特级运算单元组成，对运算单元进行动态融合，以匹配神经网络各个部分的比特位宽。

（3）数据流　由于神经网络算法中存在许多访存密集型操作，因此可以通过在神经网络体系结构中设计合适的数据流（即数据处理机制）来考虑解决伴随而来的昂贵的数据移动问题。数据流的结构必须由计算部件的结构决定，而最常见的计算部件是乘加运算器（MAC），包括向量 MAC 和标量 MAC。向量 MAC 对两个输入向量执行内积，并计算局部累加和。向量 MAC 可以用不同的拓扑进一步组织。例如，DianNao[91] 使用 16 个 int16 向量乘加运算器，神经元数据被广播到这些乘加运算器中，分别执行与权值的内积。一个标量 MAC 执行两个输入标量的乘法，并能够在内部进行累加和。标量 MAC 可以被组织成一维、二维甚至三维拓扑结构（如脉动阵列）来处理不同的计算流。例如，ShiDianNao[93]、TPU[132]、Eyeriss[140] 采用 $N \times N$ 标量 MAC 构成的二维网格拓扑，允许一个区域的 MAC 之间共享数据。基于 MAC 的向量和标量体系结构之间的关键区别在于它们支持不同的基本操作。更具体地说，基于 MAC 的向量体系结构通常处理所有向量操作，如向量内积和向量元素操作（如向量加法）。基于标量 MAC 的体系结构专门用于处理空间数据流（如卷积运算），以便在相邻的乘加运算器之间复用输入神经元或突触权值。基于 MAC 的向量和标量架构都能够映射不同的数据流。从数据重用的角度来看，根据文献［140］的结果，数据流可以分为输出数据流、权值数据流和无本地复用（NLR）数据流。除了前述的传统静态数据流，还可以利用动态数据流机制来实现数据流。动态数据流可以部署到不同的神经网络，甚至同一神经网络的不同层。动态数据流是通过监控处理的网络/网络层的参数/拓扑来实现的，然后在执行过程中动态地选择映射到硬件上的最佳数据流。FlexFlow[141] 展示了一种动态数据流结构加速器设计——通过跨运算阵列行和列的不同映射策略，对一个神经网络层提供特征映射、神经元和突触权值级别的并行实现。MAERI[104] 提出使用可重构的片上网络（NoC）来支持不同的数据流，特别是神经网络计算中的跨层数据流。更详细地说，MAERI 利用可重构的增强约简树（ART）拓扑来重构具有不同功能的虚拟神经元，以支持不同的数据流结构。Morph[95] 为加速三维的卷积神经网络（3D CNNs）提供了一种设计空间探索机制和相应的灵活架构。

（4）数据分布（Data Distribution）　相对于前面提到的主要关注数据表示的工作，还有一些工作是在数据分布上，即神经元和权值的聚类特性，以提高计算过程的能效。在神经网络训练时可以控制和改变权值等数据的分布，通过设计适当的硬件部件，利用精心修剪的模型进一步降低总体运算量。例如，Han 等人[115] 和 Hegde 等人[130] 都利用权重共享技术训练数据权值受限的神经网络。Cambricon-S[106] 提出了一种粗粒度的剪枝技术，以获得更规则的输入、输出神经元之间的连接。因此，Cambricon-S 能够通过共享 IM 结构利用规则的数据稀疏性。Scalpel[107] 研究了一种新的剪枝方法，SIMD-aware 权值剪枝和节点剪枝，使稀疏网络更规则，对硬件更加友好。因此，这种利用神经网络稀疏性的方法也可以使传统的 CPU 和 GPU 获得高效率。ADMM-NN[142] 利用 ADMM 对神经网络中的权值进行裁剪，计算数据量在 LeNet-5 和 AlexNet 上分别减少到 1/1910 和 1/231。PERMDNN[143] 利用排列对角矩阵来生成和执行硬件友好的结构化稀疏深度学习模型，相比其他方法消除了来自索引开销、非启发式压缩效果和重训练开销等缺点。

3.2　案例分析

3.2.1　面向人工智能的低碳芯片——寒武纪

虽然目前人工智能芯片仍多是传统型芯片，并以昂贵的图形处理器（GPU），或以现场可编程门阵列芯片配合中央处理器（FPGA+CPU）为主，来用在云端数据中心的深度学习训练和推理，但通用/专用型 AI 芯片，也就是张量处理器或特定用途集成电路（ASIC），主要是针对具体应用场景、固定算法及相同模型的 AI 将在样式类似、数量庞大的云、边缘运算及终端所需推理及训练设备遍地开花，及逐步渗透部分传统型 AI 芯片在云端、边缘运算及终端的市场，成为人工智能芯片未来的成长动能。我们预估全球人工智能云端半导体市场于 2019—2024 年复合成长率将有 36%，边缘运算及设备端半导体市场于 2019—2024 年复合成长率将有 55%，远超全球半导体市场在同时间的复合成长率的 7%，整体约占全球半导体市场的份额从 2019 年的 3% 提升到 2024 年的 11%。

寒武纪的主营业务是应用于各类云服务器、边缘计算设备、终端设备中人工智能核心芯片的设计,为客户提供丰富的芯片产品与系统软件解决方案。公司的主要产品包括终端智能处理器(IP)、云端训练及推理智能芯片和加速卡、边缘智能芯片及加速卡,以及与上述产品配套的基础系统软件平台。自 2016 年 3 月成立以来,公司先后推出了用于终端场景的寒武纪 1A、1H、1M 系列芯片,还有基于台积电 16nm 制程工艺的思元 100 云端推理和思元 270 云端推理训练芯片及其 AI 加速卡系列产品、云端训练 AI290 芯片及加速卡,以及基于思元 220 芯片的边缘智能加速卡。其中,寒武纪 1A、寒武纪 1H 应用于华为的麒麟手机芯片中,已集成于超过 1 亿台智能手机及其他智能终端设备中;思元系列产品也已应用于浪潮、联想、中科曙光、滴滴及海康威视等多家服务器及其相关厂商的产品中。边缘智能芯片及加速卡的发布标志着公司已形成全面覆盖云端、边缘端和终端场景的系列化智能芯片产品布局,并广泛应用于手机、IOT、数据中心、云计算等诸多场景。

寒武纪虽然在使用台积电的制程工艺上,明显落后于海思最高档 AI 昇腾 910 的 7nm+EUV、AMD(超威)Radeon Instinct MI50 及 NVIDIA(英伟达)最新推出的 A100 的 7nm,但寒武纪 16nm 的思元 270 主要对标产品是英伟达价值 2 500~2 600 美元 12nm 的 Tesla T4,而不是上万美元的 7nm A100,思元 270 可支持 INT16/INT8/INT4 等多种定点精度计算。INT16 的峰值性能为 64TOPS1(64 万亿次运算),INT8 为 128TOPS,INT4 为 256TOPS。对比 Tesla T4,FP16 的理论峰值性能为 65TFLOPS,INT8 为 130TOPS,INT4 为 260TOPS。思元 270 的功耗为 75W,与 Tesla T4 类似。但所谓的理论峰值在实测后通常有一定的缩水。阿里云早期核心技术研发人员曾经表示,T4 在实测过程中,75W 功耗维持不了多久就降一半频率,而思元 270 就能维持相当长的频率。我们估计在相同的效能下持续运作,T4 的耗能是思元 270 的 2 倍以上,在思元 270 的性能参数展示上,可以看到寒武纪有意强调其定点计算性能方面的优势,这应该是寒武纪在 AI 领域的低精度定点运算有突破,因为低精度计算的速度和能耗比优势一直受到业界密切关注。而寒武纪 7nm 的思元 290,跟英伟达 V100 比较应该也具备 2 倍以上高效能、50% 低耗能的优势。

3.2.2 通用芯片电压调节关键技术

现代大规模计算系统(数据中心、超级计算机、云和边缘设置以及高端网络物理系统)采用异构架构,包括多核 CPU、通用多核 GPU 和可编程 FPGA[144,145]。有效利用这些架构带来了一些挑战,其中一个主要的挑战是功耗。降低电压是降低芯片功耗的最有效方法之一,因为动态功率是电压的二次方,而微处理器的电压水平包含了大量的余量,以处理工艺变化、系统电源变化、工作负载引起的热和电压变化、老化、随机不确定性和测试不准确性[146-148]。这种余量允许微处理器在最坏的情况下正常运行,但在典型情况下,它大于必要的范围,并浪费了能量。目前,已经有一些工作提出了一些系统级的方法来预测和有效利用微处理器的安全操作极限(即 V_{min})[149-152]。这些研究中的能效优化来自同一工作负载在不同内核上运行时的 V_{min} 变化(内核与内核之间的变化)或同一内核上运行的不同工作负载(工作负载与工作负载的变化)。随着硬件加速器(即 GPU

和 FPGA）在大型数据中心和其他大规模计算基础设施中的迅速采用，对每个不同芯片的安全电压降低水平的综合评估可以被用于有效降低总功率。在本小节中，我们将对现代 CPU、GPU 和 FPGA 在系统层面上降低电压余量的研究情况进行分析与总结。

对于现代多核 CPU，我们以典型的符合 ARMv8 的微处理器、Applied Micro（现为 Ampere Computing）的 X-Gene 2[153]为例对结果进行分析说明。通过对典型的多核微处理器芯片进行总结，我们可以提出一些有可能在未来设计中提高能效的意见。X-Gene 2 多核 CPU 由 8 个符合 ARMv8 的 64 位核心组成。X-Gene 2 微处理器有一个主电源域，包括 CPU 内核，L1、L2 和 L3 高速缓存存储器以及存储器控制器。主电源域的工作电压在 X-Gene 2 中可以从 980mV 向下变化。虽然所有的 CPU 内核在相同的电压下工作，但每对内核（处理器模块）可以在不同的频率下工作。现在有测试表明，在单核测试中，对于相当数量的基准测试，不同程序和不同芯片之间存在差异变化[154-156]。以三个典型的 X-Gene 2 芯片 TTT、TFF、TSS 为例，对于不同的基准测试程序，TTT 的 V_{min} 从 885mV 到 865mV，TFF 从 885mV 到 860mV，TSS 从 900mV 到 870mV，在不等的范围内波动[157]。考虑到 X-Gene 2 的额定电压是 980mV，在不影响程序正确执行（单核运行）的情况下，电压有了明显的降低，TTT 和 TFF 至少降低了 9.7%，TSS 降低了 8.2%。相应地，TTT 和 TFF 芯片的功率（和相应的能量）节省了 18.4%，而 TSS 芯片则节省了 15.7%[158]。我们还注意到，在同一架构的三个芯片中，工作负载之间的变化（3%）保持不变；但是，芯片之间的变化存在一定的差异[159,160]。这意味着在所有的芯片中，V_{min} 行为都存在程序依赖性。在多核测试中，尽管工作负载的变化对多核执行中的 V_{min} 影响不大，但内核分配和时钟频率是影响 V_{min} 的主要因素。其原因是，频率和不同的核心分配是影响紧急电压下降幅度的主要因素。最大的电压降幅是在特定的时钟频率下进行时钟划分的结果，而只要进一步降低频率（由于时钟跳过），就能进一步降低 3% 的电压。此外，将运行中的线程分配到不同的内核中，就可以实现多 3% 的电压降低。结合对单核和多核特性的观察，可以得到运行实际工作负载时的微处理器的最佳方案，与微处理器的默认电压和频率条件相比，在 X-Gene 2 上可以平均节省 25.2% 的能源[158]。

对于 GPU 而言，我们以跨越两代（Fermi[161]和 Kepler[162]）的 NVIDIA GPU 为例进行分析。使用了和 CPU 类似的分析方法，观察不同程序执行时的 V_{min}，结果在这些 GPU 上显示了高达 20% 的电压保护带；通过降低电压，能源效率的提高可以达到 25%[163]。与多核 CPU 类似，多核 GPU 架构也需要一个大的电压保护带，以便在所有类型的变化下可靠运行[164]。然而，它们的大规模性质以及它们独特的微架构特征使传统的以 CPU 为中心的分析框架和解决方案不适用于 GPU。这里，主要介绍两种类型的 GPU 的电压保护带优化。第一种优化，电压平滑，减轻了最坏情况下的电压下降幅度，因此能够实现更严格的操作余量[165]。第二种优化，预测性保护带，动态地适应电压波动，以节省更多能源[166]。

平滑化：为了平滑 GPU 的电压噪声，引入了层次化的电压平滑化，其中每个层次具体针对一种类型的电压下降。对于一阶下拉，可以训练一个预测模型（离线训练），使用基于寄存器文件和调度单元活动的根源分析数据来预测本地一阶下拉。这些模型为平滑工作提供了足够的响应时间。对于由隐性同步引起的二阶下降，平滑机制利用现有的硬件通信机制，延迟执行，以破坏当前和未来的同步模式。分层机制将最坏情况下的下降降低了31%，这使得一个更小的电压保护带可以提高能效。实验结果可观察到平均有7.8%的节省[163]。

适应性：除了降低最低电压，还提出了一种新的动态电压适应方法，以节省更多的能源。研究表明，可以使用内核的微架构性能计数器来准确预测其 V_{min} 值。基于 V_{min} 的预测，建议使用 CPU 在内核的粒度上管理 GPU 的保护带，这是 CPU 最小的控制和调度单元。该方案收集每个内核的性能计数器并使用 V_{min} 预测器来减少操作余量。此外，以更细的颗粒度管理保护带不太可能带来更多的好处。原因是，在内核执行过程中，极有可能出现大的电压下降的重复模式。虽然不能从硬件上测量，但先前基于仿真的研究表明，由于吞吐量优化的 GPU 架构，在内核执行过程中经常出现大的电压下降。如果大的电压下降经常发生，用更精细的粒度管理电压不太可能带来更多好处[167]。

由于 FPGA 具有大规模并行结构以及流式计算和数据处理的能力，它作为加速平台越来越受欢迎[168]。然而，它的功耗仍然是一个关键问题，特别是与同等的 ASIC 设计相比。在 FPGA 中也存在着积极的电压欠标现象[169]。目前，有工作对于 FPGA 中积极降压的试验评估，通过在真实的 FPGA 上进行试验，结果显示了这种技术的显著效果，通过消除平均39%的电压保护带，可以实现平均降低90%的功耗[170]。

在本小节中，对当前的多核 CPU、多核 GPU 和 FPGA 的电压调节技术进行了分析与总结。在过去的几年中，提高微处理器的能源效率，同时降低其电源电压是许多科学研究的主要关注点，这些研究探究了不同硬件平台对于电压的调节策略。通过对这些工作进行总结，旨在分析异构混合架构的硬件余量的一致结果和观察，以此探究能源效率的新趋势。

3.3 愿景、趋势与挑战

计算机的基础设施正在从单纯追求性能转型为追求高效低耗、节能环保、可持续发展等绿色目标。绿色消耗和绿色计算这类交叉领域对碳中和愿景的实现也越来越重要。相关愿景、趋势与挑战包括：

随着卷积神经网络（CNNs）规模的不断壮大，计算机上需要大量的片上存储。在大多数的 CNN 加速器中，由于片上内存容量的有限特性导致大量的片外内存访问，从而导致了非常高的系统能源消耗。计算机相关人员发现，嵌入式的 DRAM（eDRAM）具有比 SRAM 更高的密度，可以用来提高片内缓存容量和减少片外访存。然而，eDRAM 需要定期刷新以保持数据保留，这消耗了大量的能量。如果数据在 eDRAM 中的生存期比 eDRAM 的保留时间短，则不需要刷新。目前采用 CNN 加速器的保持感知神经加速（RANA）框架，通过刷新优化的 eDRAM 节省系统总能量消耗。但是系统能耗的节省效果并不明显，依然需要相关人员不断探索和创新，减少片上内存和片外内存访问之间的能源消耗。

　　计算机领域中神经网络快速发展的同时，仍然存在一些问题。例如，大型神经网络往往过度参数化，大量的神经元和突触严重阻碍了神经网络的高效处理。上述问题将会导致神经网络处理慢、内存消耗增加等相关问题。为了解决这一具有挑战性的问题，已经开发了一些有效的算法。目前，有人利用稀疏分解来减少神经网络的权值冗余和计算复杂度，提出了一种使用"哈希技巧"的网络架构，根据一些特定的标准，即静态神经元稀疏性，直接修剪神经元等方法。虽然上述方法在一定程度上缓解了神经网络相关计算对绿色生态的负面影响，由于针对神经网络处理需要考虑到高性能以及准确性等因素，并未完全消除针对环境产生的负面影响，未来还需要设计出性能和能源效率方面更好的处理神经网络的加速器。

4　面向碳中和的基础系统软件与装备研究进展

　　上一章介绍了在计算机独特领域的低碳体系结构，本章将重点介绍在计算机系统软件领域相关的研究进展，通过分析面向碳中和的数据中心相关调度、资源分配、负载均衡等代表性研究成果介绍相关能耗，之后分析具体面向电力系统、能源回收利用等方面的具体优化方法，最后通过案例分析具体介绍近年来在系统软件上做出的努力。

4.1　综述

4.1.1　面向碳中和的数据中心

　　《中国数据中心可再生能源应用发展报（2020）》指出："数据中心作为一个用能快速增长的行业，其能源消耗和绿色发展进程正在不断获得社会关注"。随着大数据、云计算等技术服务的蓬勃发展，数据中心的规模和运维成本也随之迅猛增加，其巨大的能耗问题也日益突出。建设面向碳中和的数据中心的需求迫在眉睫，也成为近年来学术界和工业界关注的热点，不少优秀的研究成果业已发表[171-176]。这些研究可分为两类：一类为能耗优化的研究，另一类为可再生能源利用的研究。前一类研究开展的主要目的是减少数据中心的能耗，或在同等能耗下进一步提高数据中心的资源利用率，以达到更高效能比。后一类研究认为如果持续使用传统能源供电，碳排放量的减少依旧有限，因而提出充分利用可再生能源、降低可再生能源的使用成本等。下面介绍若干代表性研究成果。

　　（1）调度　数据中心的调度包括任务调度和虚拟机/容器调度。在任务调度层面，GreenSwitch[177]以降低数据中心能源使用量为目标，通过感知可再生能源的可用量和当前数据中心负载，对任务进行适当调度，以减少能源消耗。此外，数据中心不同的任务调度算法也会导致节点的峰值温度不同，因此好的调度算法可以减少冷却设备的使用量，从而降低整体能耗。MinHR[178]根据每个节点的热传递系数，以降低冷却设备能耗为目标进行任务调度。在虚拟机/容器调度层面，iSwitch[21]利用可再生能源的时变性对服务器进行轻量级的能源管理，不同组的服务器将采用不同的供电方式。当可再生能源充足时，将虚拟机迁移到使用可再生能源供电的服务器上；反之，则迁移至使用不可再生能源供电的服务器上。

（2）资源分配　数据中心运行时的能耗在一定程度上取决于任务的负载与其分配的计算资源种类与数量。通过合理的资源分配，可以提高效能比。ePower[179]在异构计算资源环境中对任务资源分配进行优化，在所有可能的资源组合中快速搜索最优的资源分配方案，在减少任务的计算时间的基础上能耗。

（3）负载均衡　基于可再生能源感知的负载均衡策略可以有效降低总电价和总冷却成本。负载均衡策略可分为任务负载均衡和虚拟机/容器负载均衡两类。在任务负载均衡方面，文献［6］考虑了跨地域数据中心的供能情况与负载均衡，以最小化任务迁移代价为约束，设计了在线控制算法来提高可再生绿色能源的使用率。文献［180］考虑了跨地域数据中心的 Web 请求分布，根据各地数据中心的能源可用量、能源成本等参数进行任务负载均衡。在虚拟机/容器放置与迁移方面，文献［181］考虑了太阳能、风能等能源的使用成本与可用量，以最小化虚拟机最大响应时间为约束，构建了基于贪心的在线放置算法。文献［182］考虑了数据中心的碳排放值，构建预测模型以寻找虚拟机最佳迁移路径。

（4）功率控制　设备功率控制是降低数据中心能耗的有效方式之一。一般功率控制的方法为对 CPU 的动态电压与主频调整（DVFS）机制与休眠唤醒机制。SolarCore[183]使用 DVFS 对多核服务器进行功率控制。Blinking[184]设计一个能源管理中间件，使 CPU 在低功耗非活跃状态和高功耗活跃状态间合理切换。GreenGear[185]则将上述两大机制结合，允许任务在启用两类机制的服务器间进行迁移。

（5）绿色节能基础设施　传统 IT 巨头以及大型服务器制造商致力开发绿色节能基础设施用于减少数据中心的能耗。惠普提出了刀片服务器集合层能耗管理技术[186]，IBM 在机架级别设计了硬件能耗监控与优化方案[187]。此外，iLoad[188]提出了一种可编程交换机，依据服务器的可用能源情况为服务器分配负载。Thermocast[189]通过时间序列方法估计未来 5min 内数据中心节点温度的变化情况，以合理调整冷却设备的使用情况。

4.1.2　面向碳中和的数据中心装备

数据中心巨大的耗电量不只来源于成千上万台服务器，其配套设施（如制冷系统和电力系统）也在消耗大量能源。如图 5 所示，将近 48% 的电能被非 IT 设施消耗，而非 IT 设施中能耗最大的是制冷系统，占总能耗的 38%[171]。电能使用效率（Power Usage Effectiveness，PUE）是由绿色网格（The Green Grid）组织提出的一项

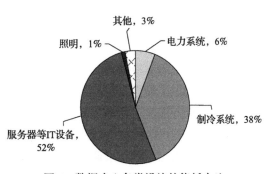

图 5　数据中心各类设施的能耗占比

衡量数据中心能效的重要指标[172]。PUE 的计算方法是数据中心的总能耗除以 IT 设备能耗。PUE 数值越接近 1，表明 IT 设备能耗在总能耗中所占比例越大，该数据中心能效越高。不论是数据中心运营商本身，还是社会各界，都在寻求数据中心的能效优化以及绿色转型升级。一方面，全球的数据处理需求还在飞速增长，数据中心也有不断扩张的趋势，但巨额的能耗成本却制约了数据中心的发展。另一方面，数据中心巨大的能源消耗和碳排放量越来越引起公众的关注，也给数据中心的运营商带来了一定的舆论压力。例如，谷歌公司等超大规模数据中心运营商已承诺为减少能源消耗做出努力，并每年向公众报告，且目前已取得了巨大的进展。谷歌通过采用风力发电和太阳能发电等可再生清洁能源将平均 PUE 值降至 1.11。

　　相比发达国家，我国在数据中心节能降耗方面的研究起步较晚[173]。为了敦促我国的数据中心节能减排，各地相关部门制定了一系列针对数据中心能效的政策。例如，北京市规定从 2018 年开始不允许新建 PUE 超过 1.4 以上的数据中心；而上海市更加严格，要求改造已建数据中心，使 PUE 降至 1.4 以下，新建数据中心的 PUE 不能超过 1.3。我国工业和信息化部也于 2019 年联合国家机关事务管理局、国家能源局发布了《关于加强绿色数据中心建设的指导意见》，该意见提出，到 2022 年，我国新建的大型和超大型数据中心的 PUE 都要控制在 1.4 以下。

　　（1）面向制冷系统的优化　　温度和散热问题一直以来是计算机发展中绕不开的问题。计算机芯片性能提升主要通过提升晶体管的密度来实现，但是随之而来的散热问题却大大限制了计算机芯片能力的进一步提升。目前，已有众多工作研究如何在微体系结构中解决温度问题，如明尼苏达大学的 Karen 等人[174]针对 CPU 芯片中不同的物理核心使用程度的不同，设计了以降低 CPU 内部温度梯度为目标的 CPU 管理部件，使 CPU 不同物理核心的温度达到均衡，不会因为局部过热导致性能受限。类似地，还有针对内存芯片温度管理的相关工作，如伊利诺伊大学厄巴纳-香槟分校的 Aditya 等人[175]在 3D 堆栈内存架构中解决温度问题，来提高系统性能；以及美国西北大学的 Majed 等人[176]通过分析管理新型的电阻式随机存取存储器（ReRAM 内存芯片）的温度，来提高仿神经计算系统（Neuromorphic Computing Systems）的性能。这类工作的主要目标是解决芯片温度过高导致性能受到限制的问题，而能耗问题并非主要优化目标。数据中心温度管理则更注重在宏观层面进行[177]，通常以制冷系统的能耗优化作为主要目标。美国杜克大学的 Moore 等人[178]通过对数据中心的温度进行建模并依据模型来判定数据中心的温度分布（如温度热点等），从而通过任务放置优化数据中心的制冷效率。惠普实验室的 Bash 等人[179]通过真实的测量对一个数据中心内不同服务器的制冷效率进行排名，并通过任务的合理放置来节省数据中心的制冷能耗。美国罗格斯大学的 Le 等人[180]通过研究任务放置对制冷能耗的影响，提出了最大化数据中心的运行温度的任务放置策略，减少制冷系统的工作频率从而节省制冷能耗。和电力系统类似，数据中心的制冷需求会随着服务器负载的高低而发生变化。美国密歇根大学的 Skatch 等人[181]为了减少数据中心制冷系统的建设开销，提出了一种使用相变材料来调整数据中心制冷峰值的方法。相变材料是一种通过状态变化（如固态到液态）来吸热的材料，通过将这些材料部署在服务器中来吸收服务器在高负载时候的热量，然后在服务器负载低时将热量释放，从而使整个数据中心的制冷需求变得平缓，降低了制冷系统的峰值负载，减少了制冷系统的开销。由于相变材料是靠融化来吸热，只能在超过熔点时工作。为了克服该缺点，Skatch 等人进一步提出了通过任务放置来改变服务器内部温度的方法，从而达到主动控制相变材料吸热的目的[182]。为了减少制冷开销，直接用室外空气进行制冷的方法逐渐兴起，但是该方法要求数据中心处在温度较低的地区。为了克服室外空气制冷的局限性，美国罗格斯大学的 Manousakis 等人[183]提出了通过降低性能来减少制冷需求，同时让服务器保持在较高温度的策略，使室外空气制冷的方法可以在较热的地区也能使用。室外空气制冷方法还存在温度波动大的问题。美国罗格斯大学的 Goiri 等人[184]研究认为持续的温度变化会引起磁盘系统的不稳定，因此针对采用室外空气制冷的数据中心提出了一种基于温度预测的管理方法，以减少数据中心的温度变化，提高磁盘系统的稳定性。最近，华中科技大学的刘方明教授等人[185,186]提出了一种数据中心负载感知的温水制冷系统，热点较少时利用 TEC（半导体制冷片）对 CPU 单独制冷，热点较多时开启制冷机，该方法既降低了能耗，又解决了温水制冷策略带来的局部热点问题，使局部 PUE 降至 1.04～1.05 的国际先进水平。

（2）面向电力系统的优化　电力系统的优化主要研究如何降低电力设施的建设成本。数据中心在建设时，通常根据服务器负载峰值来提供电力设施，而且电力设施一旦建成就不容易更改。数据中心的负载高低随着时间而不断发生变化，而且大部分时间都无法达到峰值，这造成了电力设施的极大浪费和不必要的建设成本。因此"超额使用"的策略，即在同一电力系统中增加更多的服务器来提高电力设施的利用率，可以有效减少电力设施的浪费。然而，这种方法具有一定的风险，即服务器峰值来临时会造成电力系统的过载问题。加利福尼亚大学圣迭戈分校的 Kontorinis 等人[187]利用电力系统中的 UPS 来应对电力设施"超额使用"的策略风险。UPS 的作用是在断电时，将服务器的电源供给切换成电池，实现电源不间断，从而保证服务器的正常运行。通常断电事件较为罕见，因此电池中的电量可以在"超额使用"的电力设施中作为一种电力补充。在负载较高时，电池放电提高电力系统的电力供给；在负载较低时，对电池进行充电。但是电池在充放电的过程中，会产生能耗损失。对此，西安交通大学的刘龙军等人[188]提出了一种电池和超级电容（Super Capacitor）相结合的混合式电力缓冲系统。超级电容具有充放电快且能耗损失低的特点，但缺点是成本较高，因此刘龙军等人提出了根据负载变化的两级充放电控制策略。其中，超级电容作为常用的充放电缓冲系统，而电池作为超级电容不足量时的备用充放电缓冲系统，两者结合可以同时降低能耗损失和成本。由于数据中心电力系统是一个多级的电力传输系统，从电网到服务器之间还有 PDU 等电力分配设施，每一级都有各自的负载上限而且负载各异。为了提高各级的电力设施利用率，宾夕法尼亚州立大学的 Wang 等人[189]仿照计算机内存中数据按需换入/换出的特点，提出了一种按需分配的电力虚拟化管理系统，根据每个应用程序对能耗的需求，寻找合适的服务器来放置应用程序，同时还结合了 CPU 频率调控、UPS 电池等手段对电力需求和供给进行调整，从而实现整个电力系统的利用率最大化。电力系统的浪费主要是在负载较低时产生，美国密歇根大学的 Hsu 等人[190]通过研究发现数据中心的某些任务负载具有周期变化性，提出了根据任务负载周期变化，将同一时刻低负载和高负载的任务放置在同一级电力设施供电的服务器中，形成负载叠加可以避免该级的电力设施利用率时高时低的现象，提高电力系统利用率的同时，还提高了电力系统的稳定性。

（3）面向能源回收利用的优化　为了鼓励数据中心进一步优化能效，绿色网格组织又提出了一项新的指标——能源回收效率（Energy Reuse Effectiveness，ERE）[172]，该指标用以衡量数据中心在能源回收方面的工作。ERE 的定义是数据中心总能耗减去回收能量，再除以 IT 设备能耗。回收的能量越多，ERE 越小。因此，数据中心运营商开始将注意力放至能源回收方面，大量的热能不再被视为无用的废热，而是通过回收再利用的方式成为一种新的能源。废热回收再利用是节能的新方向，目前包括为建筑物供暖、将热量转化为电能等方法。

供暖是业界最普遍采用的热能回收利用方式。微软研究院的 Liu 等人[191]提出了"数据炉"方法，该方法是在居民住宅中运行服务器并直接利用服务器的散热为住宅供暖。华中科技大学的刘方明教授等人[192]提出了一种在线反向拍卖机制，可帮助数据中心向区域供暖系统出售热能，从而鼓励数据中心加入城市供暖环节。供暖方式尚存在一些局限性：一方面，数据中心的产热是全年稳定且持续的，但是不同地区对于供暖的需求则表现出了季节性和地理性的差异。因此，不论是从空间维度还是从时间维度来看，都存在供需不匹配的问题。供暖最适用于常年寒冷的高纬度地区，全年中有大部分时间都有很大的供暖需求[193]，也往往只有这些地区的城市原本就配备成熟的供暖系统，例如位于北欧的斯德哥尔摩、哥本哈根等城市。而大部分数据中心分布在温带，一年中只有冬季的供暖需求较大。从春季到秋季，一年中有长达 7~9 个月的时间，数据中心的产热都大于该地区的供暖需求，例如美国的洛杉矶、休斯敦等城市[192]。在新加坡等热带地区，常年炎热，几乎没有供暖的需求，数据中心的产热毫无用武之地。温带和热带地区往往原本就不具备成熟的供暖体系，也缺乏足够的动力斥巨资打造数据中心与城市联动的供暖系统。由于热能难以存储和远距离运输，不论是想要将温带地区春季到秋季的产热存储起来以备冬季使用，还是将温带地区的产热远距离运输至寒带地区，这两条解决供需不匹配问题的思路，在技术上都难以实现，成本又过于高昂。此外，热能用途单一及难以储存的特点，导致回收后的热能也难以直接在数据中心内部得到有效利用。

热能有供需不平衡、作用较为局限、难以存储和运输等缺点，且回收的废热难以直接回馈给数据中心本身。而电能比热能具有更多的优势，数据中心对电能的需求非常巨大，如果能将热能转化为电能，那么电能在数据中心可以发挥更广泛的用途。最近，华中科技大学的刘方明教授等人在数据中心温水制冷体系下提出了利用半导体温差发电片（Thermoelectric Generator，TEG）将热能转化为电能的数据中心废热回收发电系统，其原理是塞贝克效应（Seebeck Effect）[195]。塞贝克效应是指当两种不同的半导体或导体有温差时，载流子会从热端扩散到冷端，从而形成电势差。一块 TEG 由多组 N 型半导体和 P 型半导体组成的 PN 对串联而成。因此，只要在 TEG 两端制造温差，即可发电。塞贝克效应的反面是帕尔贴效应（Peltier Effect）[196]，即给半导体片通电可在其两面产生温差。帕尔贴效应的应用是半导体制冷片（TEC）。在热电转化方面的其他相关工作还包括：日本索尼公司的 Yazawa 等人[197]提出了针对个人计算机微处理器的热电驱动的对流冷却方案，并进行了理论分析和验证实验；美国凯斯西储大学的 Zhou 等人[198]提出了一种可以准确地估计 TEG 效率的模型，并在处理器工作负载变化时测量发电功率；美国亚利桑那州立大学的 Wu 等人[199]提出了一种集成 TEG 的架构，以收集计算设备产生的废热并将其转化为电能，以便直接在计算机内使用，试验证明，三个 TEG 模块所收集的电能足够为计算机内部的风扇供电。通过考虑处理器温度分布，美国亚利桑那州立大学的 Lee 等人[200,201]提出了一种细粒度且能自我维持的微体系结构级热点冷却机制，该机制将多个小型 TEC 和 TEG 贴到 CPU 上，不需要额外为 TEC 供电。

4.1.3 面向碳中和的支持设备

作为当代最主要的大规模计算平台，数据中心的能耗和碳排放不仅取决于以服务器集群为代表的 IT 设备，还与为保证集群的运行性能和可用性而配备的专用供电、制冷等支持设备等密切相关。自 2008 年以来，学术界与工业界普遍关注数据中心的能耗与碳排放问题，着力改进这些支持设备并发挥其在绿色计算中的作用。

（1）制冷设备 Power Usage Effectiveness(PUE) 被公认为判断数据中心能耗效率的最重要指标。它定量描述了数据中心的整体能耗与其 IT 设备能耗的比值，而这个比值大于 1 的部分通常主要来自制冷设备的能耗。在过去的很长一段时间里，制冷能耗都在数据中心的总能耗中占据重要比重，制冷设备消耗的能量与可能服务器相当，甚至更多。因此，对于缺乏精细能耗管理的数据中心来说，PUE 超过 2.0 是十分普遍的。为了减少制冷系统的能耗，现代数据中心（尤其是大型与超大型数据中心）采取了多种方案，并取得了显著的效果。在 2014 年前后，美国中小型数据中心的 PUE 通常在 1.7 左右，而超大规模数据中心的 PUE 可以低至 1.2 甚至 1.1 以下[190]。后者能将 PUE 大幅降低的一个主要原是采取了一系列针对支持设备（尤其是制冷设备）的技术和策略。例如，惠普在柯林斯堡的数据中心给每排机架的上方安置了塑料膜，把机架两侧的热空气和冷空气隔离开来，以提高 CRAC(Computer Room Air Conditioner，机房空调) 的能效。Facebook 的数据中心对服务器和机架采取专用化设计，以使它们能严丝合缝地安装在一起并分隔开机架两侧的空气，甚至将 CRAC 的送风风扇与服务器的风扇直接配对连接，以防冷空气流失。Google 将数据中心建造在芬兰湾北岸的小镇哈米纳，将低温的海水作为机房制冷系统中的冷却液，从而基本完全节省了冷水机组的能耗。阿里巴巴在千岛湖的数据中心采用了类似的方案，抽取千岛湖深层的低温湖水来给机房降温。这些大型 IT 企业通过降低制冷能耗，不仅节省了大量电费开支，还因有效减少碳排放而赢得口碑。许多大规模数据中心还为制冷系统配置一种特殊的储能设备——TES(Thermal Energy Storage，热能存储装置)，也称为"蓄冷罐"，可以利用气温的昼夜变化来节能。当白天外界气温较高时，TES 中的低温冷却液可以用来给服务器集群制冷，而压缩机组在这时就可以休息了。当夜晚气温降低，压缩机组能以较高的能效制冷并产生超过所需量的低温冷却液，过量部分就可以重新储存回 TES 中。如此昼夜循环操作，可以有效降低数据中心的平均制冷能耗。2020 年，浸没式相变液冷技术从理论走向实践并受到行业认可，采用这一技术的中科曙光硅立方机柜、阿里巴巴云计算仁和数据中心等将 PUE 分别降至 1.04、1.09，远低于风冷数据中心普遍超过 1.4 的 PUE 值（2019 年统计）。

（2）供电设备　供电设备是除了制冷设备以外另一主要的数据中心非 IT 耗能设备。由于 IT 设备往往对供电质量要求较高，供电系统通常需要经过多级调节才能把电网中的电能传递给服务器，而在此过程中损失的电能可达总量的 10%～20%。在这部分电能损失中，因使用双变换（Double Conversion）UPS 而导致的能耗占据了相当大的一部分。这是因为 UPS 内的电池只能使用直流电，而其外部供电系统使用交流电，电能在传输经过 UPS 的过程中总要先从交流转换为直流，然后再从直流转换为交流，从而产生大量能量损耗。解决这一问题通常有两种思路。其一是改变供电设备和服务器的电源结构，使电池外部的环境中也使用直流电，从而避免了 AC-DC-AC 的双变换。由于当前市场上的供电设备和服务器大多使用交流电，这种方案需要数据中心整体都采用特制的设备来实现，因此存在一定困难。另一种方式是采用分布式 UPS，并将每个 UPS 单元内置入服务器中，连接在服务器的电源模块与其他部件之间。由于服务器内部使用直流电，且其电源模块会将交流电转换为直流电，因此 UPS 电池也可以脱离 AC-DC-AC 的双变换工作。相比第一种方式，第二种方式的实现难度较小，目前已经有谷歌等公司在其运营的数据中心里将之投入实践。

4.2　案例分析

4.2.1　天河

超级计算机是世界高新技术领域的战略制高点，是体现科技竞争力和综合国力的重要标志。各国均将其视为国家科技创新的重要基础设施，投入巨资进行研制与开发。我国首台千兆次超级计算机系统的成功问世，是我国高性能计算机技术发展的又一重大突破，是国家和军队信息化建设的又一重要成果，为解决我国经济、科技等领域重大挑战性问题提供了重要手段，为早日实现碳中和、碳达峰提供了有利技术保障，对提升综合国力具有重要的战略意义。

2008 年，我国首台千兆次超级计算机系统"天河一号"由国防科学技术大学研制成功，"天河一号"超级计算机使用由我国自行研发的"龙"芯片。每秒钟 1206 兆次的峰值速度和每秒钟 563.1 兆次运行速度的 Linpack 实测性能使这台被命名为"天河一号"的超级计算机位居同日公布的中国超级计算机前 100 强之首，也使我国成为继美国之后世界上第二个能够自主研制千兆次超级计算机的国家。天河一号不仅为国内首台达到千兆次运行速度的超级计算机，而且在架构设计上采用了创新的系统架构设计，CPU+GPU 异构计算设计不但使理论计算性能得到大幅提升，而且达到了很高的能效比，能效达 431.7Mflops/W。天河一号系统由五个子系统组成：服务子系统、计算子系统、通信子系统、I/O 存储子系统、监控诊断子系统。其软件系统由操作系统、编译器系统和并行开发环境组成。天河一号的通信网络是国防科技大学自主设计的高速网络。天河一号经过多项优化，提高计算效率，降低功耗。基准测试和并行应用程序执行表明，天河一号开辟了一种构建高能效、高性能超级计算机的新方法价格比。天河一号系统已安装在NSCC-TJ提供服务，并成功应用于石油勘探、高端装备开发、生物医学研究、动画设计、新能源开发等多个领域。

2013 年"天河二号"问世，以峰值速度（Rpeak）每秒 54 902.4TFLOPS（万亿次浮点运算）、持续速度（Rmax）33 862.7TFLOPS，超越"泰坦"超级计算机，成为当今世界上最快的超级计算机。这个成绩于 2013 年 6 月 17 日提交至国际 TOP500 组织。实际上，在早前的运行测试中，仅使用 16 000 个运算节点中的 90%，即 14 336 个节点，LINPACK 运算速度就达到 30.65PFLOPS 的性能水准。国际 TOP500 组织于 2013 年 11 月18 日公布了最新全球超级计算机 500 强排行榜榜单，"天河二号"登上榜首。天河二号超级计算机系统由 170 个机柜组成，包括 125 个计算机柜、8 个服务机柜、13 个通信机柜和 24 个存储机柜，占地面积 720m^2，内存总容量 1 400TB，存储总容量 12 400TB，最大运行功耗 17.8MW。天河二号运算 1h，相当于 13 亿人同时用计算器计算 1 000 年，其存储总容量相当于存储每册 10 万字的图书 600 亿册。相比此前排名世界第一的美国"泰坦"超级计算机，天河二号的计算速度是"泰坦"的 2 倍，计算密度是"泰坦"的 2.5倍，能效比相当。与天河一号相比，二者占地面积相当，天河二号的计算性能和计算密度均提升了 10 倍以上，能效比提升了 2 倍，执行相同计算任务的耗电量只有天河一号的1/3。天河二号系统采用专有的高速互联网络，主要由两种 ASIC 芯片构成：高速网络接口芯片（NIC）和高基数网络路由芯片（NRC）。天河二号系统有五大特点：一是高性能，峰值速度和持续速度都创造了新的世界纪录；二是低能耗，能效比为 19 亿次/W，达到了世界先进水平；三是应用广，主打科学工程计算，兼顾了云计算；四是易使用，创新发展了异构融合体系结构，提高了软件的兼容性和易编程性；五是性价比高。高性能、低能耗的突出特点使其成为碳中和体系结构的重要支撑。

4.2.2 面向碳中和的数据中心装备范例

近年来，新型的水冷系统越来越受到数据中心运营商的关注。与传统风冷系统相比，水冷系统具有更高的制冷效率，不但可以提高数据中心内服务器的密度，更重要的是水冷系统可以通过自然蒸发进行散热，从而有效降低制冷系统的能耗，提高数据中心的能效[202]。如图 6 所示，数据中心水冷系统结构主要包含两个循环：内部制冷液循环和外部水循环。内部循环的制冷液主要由去离子水构成，防止对管道造成腐蚀而泄露。制冷液通过管道流入每个服务器，在服务器内部通过制冷头吸收 CPU 的热量，再将热量带到热交换模块。外部循环一般采用普通自来水，通过热交换模块吸收制冷液的热量，再将热量带到冷却塔。冷却塔通过自然蒸发等手段将热量散到室外空气中。在这个过程中，热量交换主要通过自然的热传导完成，几乎不消耗能量。水在冷却塔中散去一部分热量后，还需要通过制冷机进一步降低温度。根据主流数据中心水冷方案提供商的报告显示[203]，上述常见结构的水冷系统可以同时为数千台服务器提供制冷，并且和空调制冷相比，可以节约 21%～22% 的制冷能耗。

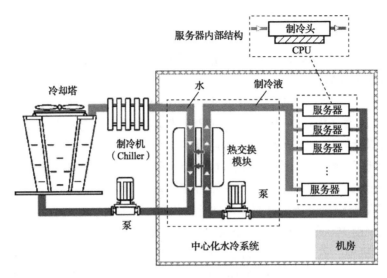

图 6　数据中心水冷系统结构示例

然而，当前数据中心采用的水冷策略非常保守，一般采用 7℃～10℃ 的低水温来对服务器进行制冷[204]。而且，成熟的商业数据中心普遍存在服务器利用率较低的现象，如 2017 年阿里巴巴数据中心服务器平均利用率不超过 27%[205]。这些因素往往使得水冷系统存在大量冗余的制冷能力。另一方面，冷却塔散热能力有限，需要如图 6 所示的制冷机进一步降低水温，而制冷机和空调原理类似，是通过消耗电力进行制冷，这使得数据中心水冷系统的能耗大大增加，尤其是在高温天气和地区。因此，如能充分利用冗余的制冷能力所提供的可调节空间，通过提高水温来减少制冷机的使用（即温水制冷），使 CPU 的运行温度在安全范围内适当提高，将是一种有效的节能手段。据施耐德公司报告显示[204]，将水温要求从 7℃～10℃ 提高到 18℃～20℃ 可以使水冷系统节能 49% 左右。图 7 所示为基于谷歌公司数据中心的能耗数据[188]，冷水和温水策略的优缺点比较。如果采用能够提供峰值制冷能力的冷水，会在大部分时间存在冗余的制冷能力，而维持冷水会浪费大量能耗；相比而言，温水虽然减少了冗余制冷能力和能耗浪费，但是存在制冷失败的风险。虽然数据中心平均利用率较低，但是仍然会出现短时间内负载较高的现象。尤其是当服务器负载突然升高时，CPU 温度会在数秒内迅速上升，而水冷系统需要较长时间才能降低水温，并把冷水输送到对应的服务器，这使得温水制冷存在风险和挑战。

另外，出于工程复杂度和成本考虑，当前数据中心水冷系统大都采用中心化控制，即通过控制全局水温来调控制冷能力。由于无法提供细粒度的制冷能力，大大制约了水冷系统的效率，导致温水制冷中存在局部热点现象，即一部分服务器超过了安全温度阈值，而另一部分服务器并没有超过安全温度范围。当前，中心化控制的水冷系统必须按照局部热点来降低全局水温，而此时其他的非热点服务器并不需要额外制冷，这就会产生不必要的制冷，从而造成能耗浪费。因此，如果能解决温水制冷下突发负载时温度过高的风险，以及局部热点制冷效率的问题，数据中心的制冷能耗将大幅降低。

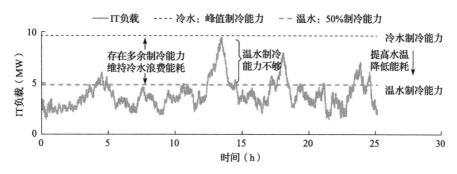

图 7　冷水和温水制冷策略的优缺点比较

（1）"温水制冷"：结合 IT 负载感知的细粒度水冷控制　围绕上述挑战，下面介绍我们的一系列实践[185]，抛砖引玉。与传统 7℃~10℃ 的冷水制冷相比，我们尝试将水温提高到 40℃~50℃ 的温水制冷策略，以减少制冷机工作，降低数据中心制冷系统的能耗。该策略的难点在于：如何设计软、硬协同的细粒度冷却方法以克服局部热点和冷却失败风险，并根据数据中心的负载变化进行自适应的全局制冷与局部冷却混合控制，从而实现兼顾安全可靠与节能降耗的温水制冷方案。

在硬件方面，为了降低系统成本和改造复杂性，我们在原有水冷系统的基础上，按图 8 所示的简易方式将可靠而廉价的半导体制冷片（Thermoelectric Cooler，TEC，其原理是热电效应，即在直流电的作用下，热能从一面被带到另外一面，从而产生冷面和热面，冷面可用来进行制冷）集成到每个服务器中，为每个服务器提供实时、细粒度的冷却功能。在这种水冷结合半导体制冷片的混合系统结构下，当数据中心中的服务器温度普遍较低时，只采用半导体制冷片应对局部热点，仅当大量服务器温度普遍较高时，才启用制冷机降低水温。该方法能够为数据中心服务器提供精确制冷，避免集中粗放式制冷控制的能耗浪费。

在软件方面，配套上述混合系统结构设计了自适应的细粒度制冷控制方法。可根据数据中心 IT 负载的波动在水冷（全局制冷）和 TEC 制冷（局部热点制冷）之间无缝切换，以达到最佳能效。如图 9 所示，只有当局部热点数量超过一个预先设定的热点比例阈值 P_{ct} 时（例如 80%，可供数据中心运维人员根据实际情况灵活设定），才使用制冷机，此外则按如下步骤应对温水制冷中的局部热点：①在第一个出现热点比例高于 P_{ct} 的制冷控制周期时（如 t_1），只采用 TEC 作为制冷手段，TEC 可以提供实时的制冷需求响应，避免中心化控制水冷的延迟所产生的制冷需求不匹配；②在下一个制冷控制周期开始时（如 t_2），如果热点的比例在前一个时间控制周期内（即 t_1）大于 P_{ct}，那么制冷机将根据前一个时间控制周期内的最低制冷需求提供制冷量；否则，转步骤③；③如果热点的比例在前一个时间控制周期内（如 t_5）小于 P_{ct}，那么在该时间控制周期内只用 TEC 进行制冷（如 t_6）。考虑到实际数据中心系统往往更倾向于简单实用的原则，因此我们实现的上述控制方法主要依据前一个制冷控制周期的制冷需求，来制定下一个周期内的制冷策略。通过不断重复上述步骤，即可根据服务器的负载变化来实现动态和细粒度的制冷控制，无须负载预测等复杂手段，更加具有通用性，简便有效。当然，未来也可根据

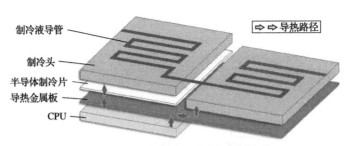

a）水冷系统结合半导体制冷片的混合结构设计

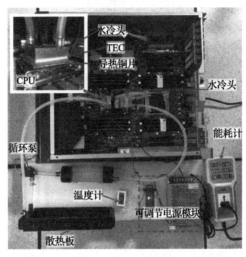

b）水冷系统结合半导体制冷片的混合系统硬件原型

图 8　水冷系统结合半导体制冷片的混合结构设计和混合系统硬件原型

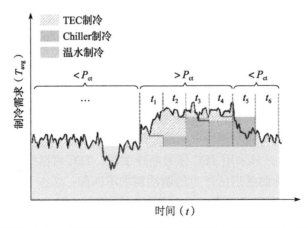

图 9　自适应数据中心 IT 负载波动的混合制冷（水冷结合 TEC 制冷）细粒度控制方法

发展需要而结合更为高级、复杂的智能预测方法，欢迎广大研究人员在上述系统结构和控制框架上集思广益。

通过阿里巴巴和谷歌公开的真实数据中心负载[206,207]驱动的实验测试，我们初步验证了所构建的混合结构温水制冷系统以及自适应 IT 负载波动的细粒度控制方法，能够以高性价比将 CPU 等主要耗能部件的局部能效比指标 pPUE（Partial Power Usage Effectiveness）降至 1.04~1.05（根据 CPU 的 IT 能耗和制冷能耗，我们定义了局部能效比为 CPU 的 IT 能耗与制冷能耗之和除以 CPU 的 IT 能耗，该比值越接近 1，则意味着能效越优），因此有望帮助数据中心节能降耗。

（2）"变废为宝"：基于数据中心温水制冷的热能回收发电 数据中心温水制冷策略下的制冷液温度得到提升，这不仅节省了制冷能耗，而且提升了热能品位，这激发我们进一步挖掘热能回收的新机会。目前，大部分数据中心服务器产生的散热由于品位低且难以回收利用，而被视作废热直接排放到环境中去了，不利于节能环保和可持续发展。当前，业界尝试在局部地区的数据中心采取热能回收供暖的方式，但该方式也存在诸多局限性：一方面，此类方案仅适用于常年寒冷的高纬度地区，而大部分数据中心分布于温带地区，全年只有冬季供暖需求较大，因此这些地区往往缺乏足够的商业动机去花费巨资打造数据中心与城市联动的供暖系统；另一方面，此类方案的用途单一，再加之热能难以储存，导致回收后的热能难以在数据中心内部得到有效利用[202]。面向"新基建"的绿色数据中心，我们探索将这些热能转化为电能的方法，在数据中心发挥更广泛的用途。

为此，我们构建了数据中心温水制冷环境下的热能回收发电系统（Heat to Power, H2P）[194]，如图 10 所示。该系统将可靠而廉价的半导体温差发电片（Thermoelectric Generators, TEG，其原理是"塞贝克效应"，即由于两种不同半导体的温度差异而引起电压差的热电现象）集成到原有水冷系统中。其中，一个 TEG 模块由多片 TEG 串联而成，两面各配一个水冷头，分别接入到温水循环和冷水循环中，通过两面的温差产生电压，如图 11 所示。温水（40℃~55℃）是吸收了 CPU 热量的制冷液，冷水（20℃左右）来自自然水源。由于 TEG 产生的电压与温差呈正相关，而贴近 CPU 的出水口是整个温水循环中水温最高的位置，因此我们将 TEG 模块放置在每块 CPU 所对应的出水口位置。

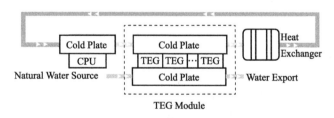

图 10 水冷散热结合热能回收发电系统结构设计

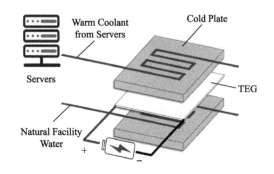

图 11 水冷系统结合半导体温差发电片的发电原理

　　图12展示了水冷散热结合热能回收发电系统的硬件原型,通过在该硬件原型上开展测量试验,我们发现了如下一系列规律:①TEG的最大输出功率与冷热水温差成二次函数关系;②CPU所处的出水口与入水口的温差主要受CPU利用率、CPU所处入水口温度、流量三个因素的影响,例如,CPU利用率越高,CPU所处入水口温度越高、流量越小,则温差越大,但由于该温差仅在3℃以内波动,因此提升出水口温度从而提升发电量的关键在于提升入水口温度;③CPU利用率越高,CPU所处入水口温度越高、流量越小,则CPU温度越高,CPU制冷失败的风险也越大。

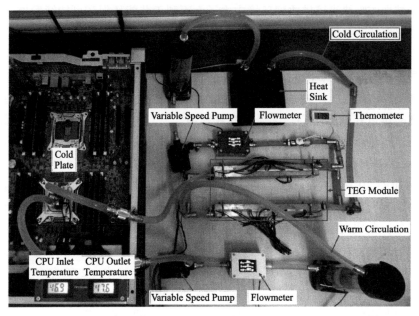

图12　水冷散热结合热能回收发电系统(Heat to Power,H2P)的硬件原型

　　为了在保证CPU温度安全的情况下最大限度地提升发电量,我们在软件上配套提出了根据CPU利用率变化来动态调节水温和流量的制冷策略,并通过负载均衡进一步提升废热发电量。如图13a所示,CPU温度的实测结果可形成一个三维的离散空间:空间中每个点所处的坐标由CPU利用率、CPU所处入水口温度、流量所决定,每个点的颜色深浅代表的是CPU温度的高低。由于CPU的温度和相关变量都呈线性关系,该离散空间可拓展成为连续空间。如图13b所示,在有n台服务器的水路中,我们可按如下步骤确定每个时间槽t内的入水口温度和流量:①在t的初始时刻,找出n台服务器中最高的CPU利用率$U_{\max}$,并做一个垂直于CPU利用率轴的平面$u=U_{\max}$;②设置CPU的安全温度T_{safe},在离散空间中找出邻近T_{safe}($[T_{\mathrm{safe}}-1,T_{\mathrm{safe}}+1]$)的点,并形成一个新的空间$X$;③让平面$U_{\max}$和空间$X$相交得到一个区域$A_{\max}$,获得该区域中每个点所对应的{CPU所处入水口温度,流量}值,并计算TEG的最大功率,从而确定一组最优值。由于入水口温度的上限总是由该水路中CPU温度的最大值所决定,我们利用负载均衡策略可将所有服务器的制冷需求曲线拉平,此时入水口温度由该水路中CPU温度的平均值所决定。由于该平均值小于或等于上述最大值,因此在该策略下的入水口温度可以设置得更高,从

而提升发电量。

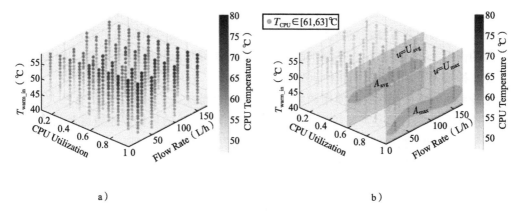

a)

b)

图 13 根据 CPU 利用率变化动态调节水温和流量的制冷策略

通过阿里巴巴和谷歌公开的数据中心负载[206,207]进行实验验证,结果显示,我们为每一块 CPU 所配备的废热发电模块平均可产生 4.177W 电能,针对 CPU 产生的热能,该系统的热电转化效率可达 11.9%~13.8%,经优化后可升至 12.8%~16.2%。这为数据中心提供了"变废为宝"的新途径,有望使其有更广泛的用途,如数据中心部分设备的备用电源,或用于环境照明等。

4.3 愿景、趋势与挑战

数据中心等大型信息基础设施正在从单纯追求性能可靠性转型为追求高效低耗、节能环保、可持续发展等共赢目标。数据中心作为综合性的系统工程,其 IT 系统运维(如负载调度)与非 IT 设施管理(如制冷控制)越来越需要联动考虑与结合优化,绿色数据中心和绿色计算这类交叉领域对于碳中和愿景的实现也越来越重要。相关的趋势和挑战包括以下几方面。

(1)基于机器学习的数据中心综合系统优化 鉴于数据中心结构的复杂性和监测数据的丰富性,机器学习非常适合数据中心环境。现代大型数据中心有各种机械和电气设备,以及对应的设置和控制方案。这些系统与各种反馈回路之间的相互作用使得使用传统工程公式难以准确地预测数据中心效率。例如,冷通道温度设定的简单改变将在冷却设施(如冷却器、冷却塔、热交换器等)中产生负载变化,这反过来导致设备效率的非线性变化。此外,环境天气条件也会影响最终的制冷效率。使用标准公式进行预测建模通常会产生较大误差,因为它们无法捕获这种复杂的相互依赖性。如何应用机器学习来对数据中心能耗行为建模,并给出合理的能效优化指导建议是一个值得研究的问题。

(2)TEG 在数据中心各系统中的应用 ①电力系统。目前,数据中心的电能存储结构主要有两种:集中式和分布式[188]。由于集中式 UPS 系统中有交流-直流-交流的双重转化过程,这个过程会带来电能的损耗。许多 IT 巨头公司,如谷歌、Facebook 等,已经采用 12V 或 48V 的直流分布式电池给服务器供电。一个柜子的电池可以同时给一个或多个机柜供电。分布式直流供电能降低总耗电量、提升电能利用效率，将会是未来数据中心电力系统的发展趋势[208]。TEG正是一种直流发电方式，非常适用于这些直流供电的数据中心。如果配备有良好的储能设备，TEG可以作为原电力系统的一个补充，发挥备用电源的作用。②制冷系统。在温水制冷系统中，局部热点问题非常突出。华中科技大学的姜炜祥等人[185,186]提出了一种新型混合水冷结构，利用TEC应对局部热点。尽管该混合水冷系统能降低制冷机的使用频率，从而达到降低能耗的目标，但仍有巨大的节能空间，这是因为TEC也是需要耗电的。此外，TEC将CPU的热量快速搬运至制冷液中，这不仅是在给CPU制冷，同时也在给制冷液升温。因此，相比TEC不工作的情况，当TEC工作时，CPU出水口的温度会更高。这意味着，相比传统的集中式水冷系统，H2P系统与该混合水冷系统配合工作时能发挥更大的优势，TEG不仅可以产更多电能，还有可能用来给TEC供电。③照明系统。虽然IT设备和制冷系统的耗电量在数据中心总能耗中占了绝大部分的比重，但是其他部分的耗电仍然不可小觑。照明系统的耗电量只占了1%的比重，但在全球数据中心庞大的体量面前，这仍然是一个极为可观的数字。数据中心的照明系统对以下几个方面提出了要求：照明度、打光的均匀度、稳定性、抑制炫目的程度等。因此，发光二极管（Light-Emitting Diode，LED）是一个满足各方面要求的良好的照明方式[209]。一个普通LED灯的功率大约为0.05W，工作电流为20mA，即便是较高功率的LED灯，相比传统照明方式也可节约80%的电量[210]。根据本文中的试验结果，H2P系统中一台服务器配备的TEG输出功率在3W以上，足以给一定数量的LED灯供电。

（3）为TEG研发性能良好的储能设备　　TEG的输出功率是随温差实时波动变化的，如果将TEG模块与用电器直接连接，TEG的输出功率与用电器的需求通常无法刚好匹配。一般情况下，中午到傍晚是用电高峰期[211]，该时间段内CPU负载较高，温度也较高，需要温度较低的制冷液给CPU制冷，TEG的发电功率也会因为水温较低而变低。夜晚到第二天早上是用电低谷期，该时间段内大部分用户都处在睡眠中，CPU负载较低，温度也较低，因此可以将CPU入水口温度提升到一定程度以增加TEG发电量。此外，不同用电器的电力需求也是不相同的。因此，为了处理这种不规则的电力供需不匹配问题，需要储能设备作为中间媒介，收集TEG输出的电量从而为用电器供电，例如电池和超级电容器。与电池相比，超级电容器具有高能效的优势，其能效可达90%～95%，但是它也具有成本高的劣势[188]。西安交通大学的Liu等人[188]研发了一种将电池和超级电容器配合工作的混合储能系统，以此应对用电高峰期可再生能源和服务器之间的供需不匹配问题。类似地，也可以为H2P系统量身订做小规模储能系统，解决TEG的储能问题。

目前存在诸多有节能潜力的技术或硬件，如数据依赖型低功耗传输技术、移动端大小核异构计算平台等。然而，在数据中心云计算、分布式计算等复杂的场景下，这些技术或设备的应用场景与配套调度方案尚待进一步挖掘。

（1）数据依赖型低功耗传输技术　　数据在DRAM的存储中表现为两种不同的电压电平，而数据传输过程中电容的频繁充放电导致了能量消耗。然而，研究表明，将"0"和"1"两种不同的数据进行传输消耗的能量也不同。具体而言，传输"1"需要比传输"0"多消耗37%的能量。有研究者因而开发了基于异或的数据优化编码机制，即对于

"1"较多的数据段的传输，考虑将其重编码为"1"数量更少的数据段再进行传输，而在传输完毕后再相应解码。然而，这些方法需要引入额外开销，如需要额外的存储空间记录数据的重排信息。在真实的应用场景下，数据的"0"和"1"的存储情况并非均匀，也很难找到一个最优的编码方案；对重排数据进行解码需要消耗额外时间，很难满足在线云服务的实时性。因此，这一类方法目前只适用于降低一些特殊的计算任务的传输能耗，例如，稀疏矩阵乘法以及神经网络的推理。

（2）大小核异构计算平台　研究表明，大多数据中心的服务器平均利用率处于较低的水平，仅在10%～50%。而造成服务器低利用率的一大原因在于数据中心承载的面向用户的在线服务的负载是动态变化的，即在使用服务的人数较少时负载降低，进而导致服务器利用率较低。一种有效提升服务器利用率的方式是采用异构多核平台，这一技术已经在手机等移动设备上得到了充分应用。异构多核即在一台服务器上部署异构的CPU，包含高计算性能、高能耗的大核以及低性能、高效能比的小核。在服务负载降低时，可以将在线服务应用迁移到小核上以降低能耗；而当负载升高时，将计算任务重新迁回大核，以保证服务质量。目前研究者已经提出了一些针对大小核异构计算平台的调度技术。例如，基于有限状态自动机的切换策略，其设置了由一组状态和状态间切换条件的有限状态机作为调度的依据。每个状态代表了一个可用的CPU配置。应用在任意时刻只能处于状态机的一个状态上（使用某种CPU配置），而当状态切换条件满足时（负载升高与降低），迁移到另一个状态（使用另一种CPU配置）。由于不同特征的应用对配置切换的条件与时机要求不同，这种方案在应用种类繁多的场景中难以使用。另一种调度方案是使用基于自动控制原理设计的反馈式调度器，这种控制器在运行时将应用的实时性能与基准值进行比较，并通过不断调整输入的CPU配置使得应用输出性能和基准值接近。然而这一类方法在运行时开销较大，很难达到最终稳态，容易出现输入值频繁调整的情形，导致应用的性能剧烈震荡，不适用于实时服务场景。

综上所述，一些现有的有节能潜力的技术或硬件存在实时性差、可拓展性差等问题，使其只能在特定的、小范围的领域场景中发挥作用，而难以在数据中心云计算、分布式计算等复杂的场景中充分发挥作用，需要设计更适配的调度方案以扩展其效用范围。

5　结束语

随着气候环境的变化，实现碳中和成为全球环境治理的发展趋势。本文首先主要介绍了国内外以碳中和为目标的相关体系结构，分析了关键技术的发展历程。目前，全球基本采用"开源节流"的低碳手段，抵消自身产生的温室气体排放，达到相对"零排放"。本文从计算机科学角度，阐述并分析了碳中和体系结构关键技术。之后，针对不同体系结构下碳足迹量化模型进行全方位的分析和探讨，发现更多的绿色能源被重构，并应用于碳补偿模型。探讨贯穿芯片设计全过程的低功耗高能效功能方法、芯片优化及电路设计，发现由应用驱动、与绿色能源共置的混合功能芯片设计成为目前发展的重要方向。分析与调研国际上面向碳中和的基础系统软件与装备研究，重点分析了低碳或碳中和数据中心与重排量工业共置形成区域补偿的是时空调度方法与相关理论。由于我国的低碳发展转型还存在巨大的发展空间和发展潜力，通过国内外研究对比，分析 Blink 系统、Net-Zero 系统等，能在高效能计算和绿色计算领域做有益探索。本文最后通过目前碳中和结构的关键技术与系统设计趋势和展望，从能源、工业、建筑、交通、环保等层面，分析未来碳中和体系结构所面临的机遇和挑战。目前，关于采用碳中和相关技术实现低碳生活迅猛发展，随着碳中和相关技术与模型的不断成熟，它在自然环境中的应用将更加广泛。

参考文献

[1] ZHOU H, LUO D, YAN G, et al. Modeling of node energy consumption for wireless sensor networks[J]. WirelessSensor Network, 2011, 3(1): 18-23.

[2] HAAS C, WILKE J, STöHR V. Realistic simulation of energy consumption in wireless sensor networks[C]// European conference on wireless sensor networks. [S. l. : s. n.], 2012.

[3] SANGAIAH A K, HOSSEINABADI A, SADEGHILALIMI M, et al. Energy consumption in point-coverage wirelesssensor networks via bat algorithm[J]. IEEE Access, 2019, PP(99): 1-1.

[4] LI S, ZHANG D, ROGET A B, et al. Integrating home energy simulation and dynamic electricity price for demandresponse study[J/OL]. IEEE Transactions on Smart Grid, 2014, 5(2): 779-788. DOI:10. 1109/TSG. 2013. 2279110.

[5] DIAO L, SUN Y, CHEN Z, et al. Modeling energy consumption in residential buildings: A bottom-up analysis basedon occupant behavior pattern clustering and stochastic simulation [J]. Energy and Buildings, 2017, 147(7): 47-66.

[6] SOUSA J. Energy simulation software for buildings: Review and comparison[J]. 2014.

[7] THABET H. Design and simulation of a monitoring electrical energy consumption system based on PLC techniques[C]//International Scientific Conference of Engineering Sciences[S. l. : s. n.].

[8] UKIL A, JARA A J, MARIN L. On analyzing the household energy consumption detection for citizen behavioralanalysis carbon footprint awareness by deep residual networks [C]//CEUR Workshop Proceedings: volume 2699. [S. l. :s. n.], 2020.

[9] SUN Y J, CHANG, HONG. Forecasting fossil fuel energy consumption for power generation using qhsa-based lssvmmodel[J].

[10] SONG Y Y, YAO E J, ZUO T, et al. Emissions and fuel consumption modeling for evaluating environmental effectivenessof its strategies[J]. Discrete Dynamics in Nature and Society,2013,2(2): 139-160.

[11] PERROTTA F, PARRY T, NEVES L C. Application of machine learning for fuel consumption modelling of trucks[C]//2017 IEEE International Conference on Big Data. New York: IEEE, 2018.

[12] WANG H, TANG D, ZHANG M, et al. Gdp: A greedy based dynamic power budgeting method for multi/many-coresystems in dark silicon[J]. IEEE Transactions on Computers, 2019, 68(4): 526-541.

[13] GELENBE E. Energy consumption and quality of service in computer systems and networks[C]//2019 IEEE/ACM 23rd International Symposium on Distributed Simulation and Real Time Applications (DS-RT). [S. l. : s. n.], 2019.

[14] UGURDAG H F, DINECHIN F D, GENER Y S, et al. Hardware division by small integer constants[J]. IEEE Transactionson Computers, 2017, PP(12): 1-1.

[15] ALDHUBAIB H A, KASHEF R. Optimizing the utilization rate for electric power generation systems: A discrete-eventsimulation model[J]. IEEE Access, 2020, 8: 82078-82084.

[16] EVER E, SHAH P, MOSTARDA L, et al. On the performance, availability and energy consumption modelling ofclustered iot systems[J]. Computing, 2019.

[17] ROISIN C. 19th ACM symposium on operating systems principles[J]. 2003.

[18] SAOVAPAKHIRAN B, DEVETSIKIOTIS M, MICHAILIDIS G, et al. Average delay slas in cloud computing[C]//IEEE. [S. l. : s. n.], 2012.

[19] MARC, X, MAKKES, et al. A decision framework for placement of applications in clouds that minimizes their carbonfootprint[J]. Journal of Cloud Computing, 2013.

[20] LI C, ZHANG W, BURM CHO C, et al. SolarCore: Solar energy driven multi-core architecture power management[C]//In HPCA. [S. l. : s. n.], 2011.

[21] CHAO L, QOUNEH A, TAO L. iSwitch: Coordinating and optimizing renewable energy powered server clusters[J]. Acm Sigarch Computer Architecture News, 2012, 40.

[22] HUA Y, LI C, TANG W, et al. Building fuel powered supercomputing data center at low cost[C]//ICS' 15: Proceedings of the 29th ACM on International Conference on Supercomputing. [S. l. : s. n.], 2015: 241-250.

[23] LI Y, WANG D, GHOSE S, et al. Sizecap: Efficiently handling power surges in fuel cell powered data centers[C/OL]//2016 IEEE International Symposium on High Performance Computer Architecture (HPCA). 2016: 444-456. DOI: 10. 1109/HPCA. 2016. 7446085.

[24] REES W E. Ecological footprints and appropriated carrying capacity: What urban economics leaves out[M]. [S. l.]:Routledge, 2018.

[25] WACKERNAGEL M, REES W E. Our ecological footprints: Reducing human impact on the earth volume 9[M]. [S. l.]:New society publishers, 1998.

[26] AYRES R U. Life cycle analysis: A critique[J]. Resources, conservation and recycling, 1995, 14(3-4): 199-223.

[27] 耿涌,董会娟,郗凤明,等.应对气候变化的碳足迹研究综述[J]. 中国人口·资源与环境, 2010, 20 (10): 6-12.

[28] TRUST C. Carbon footprint measurement methodology[R]. [S. l.]: Carbon Trust, 2007.

[29] ISO. ISO 14040:2006[EB/OL]. (2006-07-30)[2021-08-20]. https://www. iso. org/standard/37456. html.

[30] ISO. ISO 14044:2006[EB/OL]. (2006-07-30)[2021-08-20]. https://www. iso. org/standard/38498. html.

[31] MATTHEWS H S, HENDRICKSON C T, WEBER C L. The importance of carbon footprint estimation boundaries[M]. [S. l.]: ACS Publications, 2008.

[32] LEONTIEF W. Input-output economics[M]. [S. l.]: Oxford University Press, 1986.

[33] IPCC. 2006 年 IPCC 国家温室气体清单指南[EB/OL]. [2012-08-20]. https://www. ipcc-nggip. iges.

or. jp/public/2006gl/chinese/index. html.

[34] GENG Y, TIAN M, ZHU Q, et al. Quantification of provincial-level carbon emissions from energy consumption inchina[J]. Renewable and Sustainable Energy Reviews, 2011, 15(8): 3658-3668.

[35] GUPTA U, KIM Y G, LEE S, et al. Chasing carbon: The elusive environmental footprint of computing[J]. arXiv-CS-Computers and Society, 2020(10). DIO:arxiv-2011. 02839.

[36] PROTOCOL G G. The greenhouse gas protocol: A corporate accounting and reporting standard[M]. [S. l. : s. n.], 2001.

[37] Global Founderies. Global Founderies corporate responsibility report[R]. [S.l.]: Global Founderies, 2019.

[38] Intel. Corporate responsibility at Intel[R]. [S.l.]: Intel, 2020.

[39] TSMC. TSMC corporate social responsibility report[R]. [S.l.]: TSMC, 2018.

[40] LEE J. TSMC's 3nm fab passed the environmental impact assessment[R]. [S.l.]: TSMC, 2018.

[41] WEISSBACH D, RUPRECHT G, HUKE A, et al. Energy intensities, erois (energy returned on invested), and energypayback times of electricity generating power plants [J]. Energy, 2013, 52: 210-221.

[42] BONOU A, LAURENT A, OLSEN S I. Life cycle assessment of onshore and offshore wind energy-from theory toapplication[J]. Applied Energy, 2016, 180: 327-337.

[43] BARROSO L A, HÖLZLE U. The datacenter as a computer: An introduction to the design of warehouse-scale machines[J]. Synthesis lectures on computer architecture, 2009, 4(1): 1-108.

[44] LANE R R, MACK S K, DAY J W, et al. Fate of soil organic carbon during wetland loss[J]. Wetlands, 2016, 36(6): 1167-1181.

[45] SAPKOTA Y, WHITE J R. Carbon offset market methodologies applicable for coastal wetland restoration and conser-vation in the united states: A review [J]. Science of The Total Environment, 2020, 701: 134497.

[46] MACK S, YANKEL C, LANE R, et al. Carbon market opportunities for louisiana's coastal wetlands[R]. New Orleans,Louisiana: Entergy, Tierra Resources and the Climate Trust Report, 2015.

[47] VACCHIANO G, BERRETTI R, ROMANO R, et al. Voluntary carbon credits from improved forest management:policy guidelines and case study[J/OL]. iForest - Biogeosciences and Forestry, 2018, 11 (1): 1-10. https://doi. org/10. 3832%2Fifor2431-010. DOI: 10. 3832/ifor2431-010.

[48] PAN Y, BIRDSEY R A, FANG J, et al. A large and persistent carbon sink in the world's forests[J/OL]. Science, 2011, 333(6045). https://www. osti. gov/biblio/1022698. DOI: 10. 1126/science. 1201609.

[49] NABUURS G J, DELACOTE P, ELLISON D, et al. A new role for forests and the forest sector in the eu post-2020 climate targets[M]. [S. l.]: European Forest Institute, 2015.

[50] MALMSHEIMER R W, BOWYER J L, FRIED J S, et al. Managing forests because carbon matters: integrating energy, products, and land management policy [J]. Journal of Forestry. 109 (7S): S7-S50, 2011.

[51] VAN KOOTEN G C, JOHNSTON C M. The economics of forest carbon offsets[J]. Annual Review of ResourceEconomics, 2016, 8: 227-246.

[52] SOTO J R, ADAMS D C, ESCOBEDO F J. Landowner attitudes and willingness to accept compensation from forestcarbon offsets: Application of best-worst choice modeling in florida usa[J]. Forest Policy and Economics, 2016, 63: 35-42.

[53] KELLY E C, GOLD G J, DI TOMMASO J. The willingness of non-industrial private forest owners to enter

california's carbon offset market[J]. Environmental management, 2017, 60(5): 882-895.

[54] HELM D. Government failure, rent-seeking, and capture: the design of climate change policy[J]. Oxford Review ofEconomic Policy, 2010, 26(2): 182-196.

[55] YAMIN F. Climate change and carbon markets: A handbook of emissions reduction mechanisms [M]. [S. l.]: Routledge,2012.

[56] VAN KOOTEN G C, BOGLE T N, DE VRIES F P. Forest carbon offsets revisited: Shedding light on darkwoods[J]. Forest Science, 2015, 61(2): 370-380.

[57] SEDJO R, MACAULEY M, HARMON M E, et al. Forest carbon offsets: possibilities and limitations[J]. Journal ofForestry, 2011, 109(8): 470.

[58] MCLEOD E, CHMURA G L, BOUILLON S, et al. A blueprint for blue carbon: toward an improved understanding ofthe role of vegetated coastal habitats in sequestering co_2[J]. Frontiers in Ecology and the Environment, 2011, 9(10): 552-560.

[59] CARR E W, SHIRAZI Y, PARSONS G R, et al. Modeling the economic value of blue carbon in delaware estuarywetlands: historic estimates and future projections[J]. Journal of environmental management, 2018, 206: 40-50.

[60] DONATO D C, KAUFFMAN J B, MURDIYARSO D, et al. Mangroves among the most carbon-rich forests in thetropics[J]. Nature geoscience, 2011, 4(5): 293-297.

[61] MACK S, LANE R, DAY J. Restoration of degraded deltaic wetlands of the mississippi delta v2. 0[Z]. American CarbonRegistry (ACR). Arlington, VA: Winrock International, 2012.

[62] THEUERKAUF E J, STEPHENS J D, RIDGE J T, et al. Carbon export from fringing saltmarsh shoreline erosionoverwhelms carbon storage across a critical width threshold[J]. Estuarine, Coastal and Shelf Science, 2015, 164: 367-378.

[63] DELAUNE R, WHITE J R. Will coastal wetlands continue to sequester carbon in response to an increase in global sealevel?: a case study of the rapidly subsiding mississippi river deltaic plain[J]. Climatic Change, 2012, 110(1): 297-314.

[64] MURRAY B C, PENDLETON L, JENKINS W A, et al. Green payments for blue carbon: economic incentives forprotecting threatened coastal habitats. [J]. Green payments for blue carbon: economic incentives for protecting threatenedcoastal habitats. , 2011.

[65] PENDLETON L, DONATO D C, MURRAY B C, et al. Estimating global"blue carbon"emissions from conversionand degradation of vegetated coastal ecosystems[J]. PLoS One, 2012, 7(9):e43542.

[66] DAHL T E. Status and trends of wetlands in the conterminous united states 1998 to 2004[M]. [S. l.]: US Department of the Interior, 2005.

[67] COUVILLION B R, BARRAS J A, STEYER G D, et al. Land area change in coastal louisiana from 1932 to 2010[J]. 2011.

[68] SAPKOTA Y, WHITE J R. Marsh edge erosion and associated carbon dynamics in coastal louisiana: A proxy for futurewetland-dominated coastlines world-wide[J]. Estuarine, Coastal and Shelf Science, 2019, 226: 106289.

[69] ELLERMAN A D, BUCHNER B K. The european union emissions trading scheme: origins, allocation, and earlyresults[J]. Review of environmental economics and policy, 2007, 1(1): 66-87.

[70] 联合国.《联合国气候变化框架公约》京都议定书[EB/OL]. (1997-12-11). https://unfccc. int/resource/docs/convkp/kpchinese. pdf.

[71] European Commission. Climate action[EB/OL]. [2021-08-21]. https://ec. europa. eu/clima/index_en.

[72] WAGNER M, et al. Firms, the framework convention on climate change & the eu emission trading system[C]. Corporate Energy Management Strategies to Address Climate Change and GHG Emissions in the European Union. Lüneburg: Centre for Sustainability Management, 2004.

[73] European Commission. Questions and answers on the commission's proposal to revise the eu emissions trading system[EB/OL]. (2008-01-23)[2021-08-21]. https://ec. europa. eu/commission/presscorner/detail/en/MEMO_08_35.

[74] BAYER P, AKLIN M. The european union emissions trading system reduced co₂ emissions despite low prices[J]. Proceedings of the National Academy of Sciences, 2020, 117(16): 8804-8812.

[75] Climate Action-European Commission. Retrieved 5 november 2019 [EB/OL]. [2021-8-21]. https://ec. europa. eu/clima/policies/ets_en.

[76] Giglietto F, Lee Y. To Be or Not to Be Charlie: Twitter hashtags as a discourse and counter-discourse in the aftermath of the 2015 Charlie Hebdo shooting in France[C]//Proceedings of the 5th Workshop on Making Sense of Microposts co-located with the 24th International World Wide Web Conference. CEUR, 2015.

[77] European Council. Communication from the commission[EB/OL]. (2014-01-20)[2021-08-21]. https://www. consilium. europa. eu/uedocs/cms_data/docs/pressdata/en/ec/140671. pdf.

[78] PIGNOLET P, THIERRY F. A policy framework for climate and energy in the period from 2020 up to 2030 Impact Analysis [EB/OL]. (2015-05-04)[2021-08-21]. https://difusion. uln. ac. be/vufind/Record/ULB-DIPOT:oai:dipot. ulb. ac. be:2013/258732/TOC.

[79] Galdi G, Verde S F, Borghesi S, et al. Emissions trading systems with different price control mechanisms: implications for linking-Report for the Carbon Market Policy Dialogue[R]. European University Institute, 2020.

[80] [EB/OL]. http://www. fmprc. gov. cn/mfa_chn/gjhdq_603914/gj_603916/oz_606480/1206_607640/.

[81] Com/2014/0020[EB/OL]. http://www. tanpaifang. com/tanjiaoyi/2018/1130/62539_6. html.

[82] European Council (23 and 24 October 2014) conclusions [EB/OL]. (2014-10-24)[2021-08-21]. http://data. consilium. europa. eu/doc/document/ST-169-2014-INIT/en/pdf.

[83] Parliament adopts co₂ market stability reserve [EB/OL]. (2015-07-03)[2021-08-21]. https://www. europarl. europa. eu/news/en/press-room/20150703IPR73913/Parliament-adopts-co2-market-stability-reserve.

[84] 中华人民共和国国家发展和改革委员会. 温室气体自愿减排交易管理暂行办法[EB/OL]. (2012-06-13)[2021-8-21]. http://www. forestry. gov. cn/uploadfile/thw/2016-11/file/2016-11-15-42b6d05e08f84be19adfd07e35842878. pdf.

[85] 中华人民共和国国家发展和改革委员会. 碳排放权交易管理暂行办法[EB/OL]. (2014-12-10)[2021-08-21]. http://extwprlegs1. fao. org/docs/pdf/chn163081. pdf.

[86] 中华人民共和国国家发展和改革委员会. 全国碳排放权交易市场建设方案(发电行业)[EB/OL]. (2017-12-18)[2021-08-21]. https://www. ndrc. gov. cn/xxgk/zcfb/ghxwj/201712/t20171220_960930. html.

[87] 中华人民共和国生态环境部. 关于促进应对气候变化投融资的指导意见[EB/OL]. (2020-10-21)[2021-08-21]. http://www. mee. gov. cn/xxgk2018/xxgk/xxgk03/202010/t20201026_804792. html.

[88] 中华人民共和国生态环境部. 2019-2020 年全国碳排放权交易配额总量设定与分配实施方案(发电行业)[EB/OL]. (2020-12-30)[2021-08-21]. https://www. mee. gov. cn/xxgk2018/xxgk/xxgk03/

202012/t20201230_815546. html.

[89] 中华人民共和国生态环境部. 碳排放权交易管理办法（试行）[EB/OL]. （2021-01-12）[2021-08-21]. http://www. mee. gov. cn/xxgk2018/xxgk/xxgk02/202101/t20210105_816131. html.

[90] 张建宇. 在全社会范围内形成碳价信号[EB/OL]. （2021-01-21）[2021-08-21]. https://www. cenews. com. cn/public/ydal/202101/t20210112_967642. html.

[91] CHEN T, DU Z, SUN N, et al. DianNao: A small-footprint high-throughput accelerator for ubiquitous machine-learning[J]. ACM SIGARCH Computer Architecture News, 2014, 42(1): 269-284.

[92] CHEN Y, LUO T, LIU S, et al. DaDianNao: A machine-learning supercomputer[C]//2014 the 47th Annual IEEE/ACM International Symposium on Microarchitecture. New York: IEEE, 2014.

[93] DU Z, FASTHUBER R, CHEN T, et al. ShiDianNao: Shifting vision processing closer to the sensor[C]//Proceedings of the 42nd Annual International Symposium on Computer Architecture. [S. l. : s. n.], 2015.

[94] CHEN T, ZHANG S, LIU S, et al. A small-footprint accelerator for large-scale neural networks[J]. ACM Transactionson Computer Systems (TOCS), 2015, 33(2): 1-27.

[95] HEGDE K, AGRAWAL R, YAO Y, et al. Morph: Flexible acceleration for 3D CNN-based video understanding [C]//2018 IEEE/ACM 51st Annual International Symposium on Microarchitecture (MICRO). New York: IEEE, 2018.

[96] PARK E, KIM D, YOO S. Energy-efficient neural network accelerator based on outlier-aware low-precision computation [C]//2018 ACM/IEEE 45th Annual International Symposium on Computer Architecture (ISCA). New York: IEEE, 2018.

[97] RIERA M, ARNAU J M, GONZÁLEZ A. Computation reuse in dnns by exploiting input similarity[C]//2018 ACM/IEEE 45th Annual International Symposium on Computer Architecture (ISCA). New York: IEEE, 2018.

[98] BUCKLER M, BEDOUKIAN P, JAYASURIYA S, et al. EVA2: Exploiting temporal redundancy in live computer vision[C]//2018 ACM/IEEE 45th Annual International Symposium on Computer Architecture (ISCA). New York: IEEE, 2018.

[99] SONG M, ZHAO J, HU Y, et al. Prediction based execution on deep neural networks[C]//2018 ACM/IEEE 45th Annual International Symposium on Computer Architecture (ISCA). New York: IEEE, 2018: 752-763.

[100] FOWERS J, OVTCHAROV K, PAPAMICHAEL M, et al. A configurable cloud-scale DNN processor for real-time ai[C]//2018 ACM/IEEE 45th Annual International Symposium on Computer Architecture (ISCA). New York: IEEE, 2018.

[101] TU F, WU W, YIN S, et al. RANA: Towards efficient neural acceleration with refresh-optimized embedded dram[C]//2018 ACM/IEEE 45th Annual International Symposium on Computer Architecture (ISCA). New York: IEEE, 2018.

[102] AKHLAGHI V, YAZDANBAKHSH A, SAMADI K, et al. SnaPEA: Predictive early activation for reducing computa-tion in deep convolutional neural networks [C]//2018 ACM/IEEE 45th Annual International Symposium on ComputerArchitecture (ISCA). New York: IEEE, 2018.

[103] SHARMA H, PARK J, SUDA N, et al. Bit fusion: Bit-level dynamically composable architecture for accelerating deepneural network [C]//2018 ACM/IEEE 45th Annual International Symposium on Computer Architecture (ISCA). New York:IEEE, 2018.

[104] KWON H, SAMAJDAR A, KRISHNA T. MAERI: Enabling flexible dataflow mapping over DNN accelerators viareconfigurable interconnects[J]. ACM SIGPLAN Notices, 2018, 53(2): 461-475.

[105] ZHANG S, DU Z, ZHANG L, et al. Cambricon-X: An accelerator for sparse neural networks[C]//2016 49th IEEE/ACM Annual International Symposium on Microarchitecture (MICRO). New York: IEEE, 2016.

[106] ZHOU X, DU Z, GUO Q, et al. Cambricon-S: Addressing irregularity in sparse neural networks through a coop-erative software/hardware approach[C]//2018 IEEE/ACM 51st Annual International Symposium on Microarchitecture(MICRO). New York: IEEE, 2018.

[107] YU J, LUKEFAHR A, PALFRAMAN D, et al. Scalpel: Customizing dnn pruning to the underlying hardware parallelism[J]. ACM SIGARCH Computer Architecture News, 2017, 45(2): 548-560.

[108] SHEN Y, FERDMAN M, MILDER P. Maximizing CNN accelerator efficiency through resource partitioning[C]//2017 ACM/IEEE 44th Annual International Symposium on Computer Architecture (ISCA). New York: IEEE, 2017: 535-547.

[109] JUDD P, ALBERICIO J, HETHERINGTON T, et al. Stripes: Bit-serial deep neural network computing [C]//2016 IEEE/ACM 49th Annual International Symposium on Microarchitecture (MICRO). New York: IEEE, 2016.

[110] ESMAEILZADEH H, SAMPSON A, CEZE L, et al. Neural acceleration for general-purpose approximate programs[C]//2012 IEEE/ACM 45th Annual International Symposium on Microarchitecture. New York: IEEE, 2012.

[111] DE KRUIJF M, NOMURA S, SANKARALINGAM K. Relax: An architectural framework for software recovery ofhardware faults[J]. ACM SIGARCH Computer Architecture News, 2010, 38(3): 497-508.

[112] ERNST D, KIM N S, DAS S, et al. Razor: A low-power pipeline based on circuit-level timing speculation[C]//2003 IEEE/ACM 36th Annual International Symposium on Microarchitecture. New York: IEEE, 2003.

[113] VENKATARAMANI S, RANJAN A, ROY K, et al. AxNN: Energy-efficient neuromorphic systems using approximatecomputing[C]//2014 IEEE/ACM International Symposium on Low Power Electronics and Design (ISLPED). New York: IEEE, 2014.

[114] WANG Y, DENG J, FANG Y, et al. Resilience-aware frequency tuning for neural-network-based approximate computing hips[J]. IEEE Transactions on Very Large Scale Integration (VLSI) Systems, 2017, 25(10): 2736-2748.

[115] HAN S, LIU X, MAO H, et al. EIE: Efficient inference engine on compressed deep neural network[J]. ACM SIGARCH Computer Architecture News, 2016, 44(3): 243-254.

[116] BISWAS A, CHANDRAKASAN A P. Conv-RAM: An energy-efficient SRAM with embedded convolution computationfor low-power CNN-based machine learning applications [C]//2018 IEEE International Solid-State Circuits Conference(ISSCC). New York: IEEE, 2018.

[117] CHOI S, LEE J, LEE K, et al. A 9. 02MW CNN-stereo-based real-time 3D hand-gesture recognition processor for smartmobile devices [C]//2018 IEEE International Solid-State Circuits Conference-(ISSCC). New York: IEEE, 2018.

[118] CHAKRAPANI L N, GEORGE J, MARR B, et al. Probabilistic design: A survey of Probabilistic CMOS technology andfuture directions for terascale IC design[M]. VLSI-SoC: Research Trends in VLSI and Systems on Chip. New York: Springer, 2008: 101-118.

[119] DU Z, LINGAMNENI A, CHEN Y, et al. Leveraging the error resilience of neural networks for designing highly energyefficient accelerators [J]. IEEE Transactions on Computer-Aided Design of Integrated Circuits and Systems, 2015, 34(8): 1223-1235.

[120] DENG J, RANG Y, DU Z, et al. Retraining-based timing error mitigation for hardware neural networks[C]//2015 Design, Automation & Test in Europe Conference & Exhibition (DATE). New York: IEEE, 2015.

[121] TEMAM O. A defect-tolerant accelerator for emerging high-performance applications[C]//2012 Annual 39th Interna-tional Symposium on Computer Architecture (ISCA). New York: IEEE, 2012.

[122] LINGAMNENI A, ENZ C, NAGEL J L, et al. Energy parsimonious circuit design through probabilistic pruning[C]//2011 Design, Automation & Test in Europe. New York: IEEE, 2011.

[123] FANG Y, LI H, LI X. SoftPCM: Enhancing energy efficiency and lifetime of phase change memory in video applicationsvia approximate write[C]//2012 IEEE 21st Asian Test Symposium. New York: IEEE, 2012.

[124] RHU M, O'CONNOR M, CHATTERJEE N, et al. Compressing DMA engine: Leveraging activation sparsity for trainingdeep neural networks[C]//2018 IEEE International Symposium on High Performance Computer Architecture (HPCA). New York: IEEE, 2018.

[125] https://images.nvidia.com/content/volta-architecture/pdf/volta-architecture-whitepaper.pdf.

[126] LEE J, LEE J, HAN D, et al. 7.7 lnpu: A 25.3 TFLOPS/W sparse deep-neural-network learning processor with fine-grainedmixed precision of fp8-fp16[C]//2019 IEEE International Solid-State Circuits Conference (ISSCC). New York: IEEE, 2019.

[127] MAHMOUD M, SIU K, MOSHOVOS A. Diffy: A déjà vu-free differential deep neural network accelerator [C]//2018 IEEE/ACM 51st Annual International Symposium on Microarchitecture (MICRO). New York: IEEE, 2018.

[128] PARASHAR A, RHU M, MUKKARA A, et al. SCNN: An accelerator for compressed-sparse convolutional neural networks[J]. ACM SIGARCH Computer Architecture News, 2017, 45(2): 27-40.

[129] ALBERICIO J, JUDD P, HETHERINGTON T, et al. Cnvlutin: Ineffectual-neuron-free deep neural network computing[J]. ACM SIGARCH Computer Architecture News, 2016, 44(3): 1-13.

[130] HEGDE K, YU J, AGRAWAL R, et al. UCNN: Exploiting computational reuse in deep neural networks via weight repetition [C]//2018 ACM/IEEE 45th Annual International Symposium on Computer Architecture (ISCA). New York: IEEE,2018.

[131] AZIZIMAZREAH A, CHEN L. Shortcut mining: Exploiting cross-layer shortcut reuse in DCNN accelerators [C]//2019 IEEE International Symposium on High Performance Computer Architecture (HPCA). New York: IEEE, 2019.

[132] Google. Using bfloat16 with tensorflow models[J]. 2019.

[133] CHEN Y, CHEN T, XU Z, et al. DianNao family: energy-efficient hardware accelerators for machine learning[J]. Communications of the ACM, 2016, 59(11): 105-112.

[134] JOUPPI N P, YOUNG C, PATIL N, et al. In-datacenter performance analysis of a tensor processing unit[C]//The 44th annual international symposium on computer architecture. [S.l.: s.n.], 2017.

[135] Cambricon. Mlu100—Cambricon [J]. 2019. 34.

[136] ALBERICIO J, DELMÁS A, JUDD P, et al. Bit-pragmatic: Deep neural network computing[C]// IEEE/ACM 50th Annual International Symposium on Microarchitecture. New York: IEEE, 2017.

[137]　WANG X, YU J, AUGUSTINE C, et al. Bit prudent: In-cache acceleration of deep convolutional neural networks [C]//2019 IEEE International Symposium on High Performance Computer Architecture (HPCA). New York: IEEE, 2019.

[138]　ECKERT C, WANG X, WANG J, et al. Neural cache: Bit-serial in-cache acceleration of deep neural networks [C]//2018 ACM/IEEE 45th Annual International Symposium on Computer Architecture (ISCA). New York: IEEE, 2018.

[139]　DELMAS LASCORZ A, JUDD P, STUART D M, et al. Bit-tactical: A software/hardware approach to exploiting valueand bit sparsity in neural networks [C]//The 24th International Conference on ArchitecturalSupport for Programming Languages and Operating Systems. [S. l. : s. n.], 2019.

[140]　CHEN Y H, EMER J, SZE V. Eyeriss: A spatial architecture for energy-efficient dataflow for convolutional neural networks [J]. ACM SIGARCH Computer Architecture News, 2016, 44(3): 367-379.

[141]　LU W, YAN G, LI J, et al. FlexFlow: A flexible dataflow accelerator architecture for convolutional neural networks[C]//2017 IEEE International Symposium on High Performance Computer Architecture (HPCA). New York: IEEE, 2017.

[142]　REN A, ZHANG T, YE S, et al. ADMM-NN: An algorithm-hardware co-design framework of DNNs using alternating di-rection methods of multipliers [C]//The 24th International Conference on Architectural Support for Programming Languages and Operating Systems. [S. l. : s. n.], 2019.

[143]　DENG C, LIAO S, XIE Y, et al. PERMDNN: Efficient compressed DNN architecture with permuted diagonal matrices [C]//2018 IEEE/ACM 51st Annual International Symposium on Microarchitecture (MICRO). New York: IEEE, 2018.

[144]　NURVITADHI E, SIM J, SHEFFIELD D, et al. Accelerating recurrent neural networks in analytics servers: Comparisonof FPGA, CPU, GPU, and ASIC[C]//2016 26th International Conference on Field Programmable Logic and Applications (FPL). New York: IEEE, 2016.

[145]　VESTIAS M, NETO H. Trends of CPU, GPU and FPGA for high-performance computing[C]//2014 24th International Conference on Field Programmable Logic and Applications (FPL). New York: IEEE, 2014.

[146]　WANG Z, WANG J. Review on implementation and assessment of conservation voltage reduction[J]. IEEE Transactionson Power Systems, 2013, 29(3): 1306-1315.

[147]　MACKEN P, DEGRAUWE M, VAN PAEMEL M, et al. A voltage reduction technique for digital systems [C]//1990 IEEE 37th International Conference on Solid-State Circuits. New York: IEEE, 1990.

[148]　SEN P K, LEE K H. Conservation voltage reduction technique: An application guideline for smarter grid[C]//2014 IEEE Rural Electric Power Conference (REPC). New York: IEEE, 2014.

[149]　REDDI V J, GUPTA M S, HOLLOWAY G, et al. Voltage emergency prediction: Using signatures to reduce operating margins[C]//2009 IEEE 15th International Symposium on High Performance Computer Architecture. New York: IEEE,2009.

[150]　GUPTA M S, REDDI V J, HOLLOWAY G, et al. An event-guided approach to reducing voltage noise in processors[C]//2009 Design, Automation & Test in Europe Conference & Exhibition. New York: IEEE, 2009.

[151]　BACHA A, TEODORESCU R. Dynamic reduction of voltage margins by leveraging on-chip ECC in

Itanium Ⅱ processors[C]//The 40th annual international symposium on computer architecture. [S. l. : s. n.], 2013.

[152] BACHA A, TEODORESCU R. Using ECC feedback to guide voltage speculation in low-voltage processors[C]//2014 IEEE/ACM 47th Annual International Symposium on Microarchitecture. New York: IEEE, 2014.

[153] SINGH G, FAVOR G, YEUNG A. Applied Micro X-Gene2[C]//2014 IEEE Hot Chips 26 Symposium (HCS). New York: IEEE, 2014.

[154] KALIORAKIS M, CHATZIDIMITRIOU A, PAPADIMITRIOU G, et al. Statistical analysis of multicore CPUs operationin scaled voltage conditions[J]. IEEE Computer Architecture Letters, 2018, 17(2): 109-112.

[155] TOVLETOGLOU K, MUKHANOV L, KARAKONSTANTIS G, et al. Measuring and exploiting guardbands of server-grade ARMv8 CPU cores and drams[C]//2018 IEEE/IFIP 48th Annual International Conference on Dependable Systemsand Networks Workshops (DSN-W). New York: IEEE, 2018.

[156] KARAKONSTANTIS G, TOVLETOGLOU K, MUKHANOV L, et al. An energy-efficient and error-resilient server ecosystem exceeding conservative scaling limits[C]//2018 Design, Automation & Test in Europe Conference & Exhibi-tion (DATE). New York: IEEE, 2018.

[157] PAPADIMITRIOU G, KALIORAKIS M, CHATZIDIMITRIOU A, et al. Harnessing voltage margins for energy efficiency in multicore CPUs[C]//2017 IEEE/ACM 50th Annual International Symposium on Microarchitecture. New York: IEEE, 2017.

[158] GIZOPOULOS D, PAPADIMITRIOU G, CHATZIDIMITRIOU A, et al. Modern hardware margins: CPUs, GPUs, FPGAs recent system-level studies[C]//2019 IEEE 25th International Symposium on On-Line Testing and Robust System Design(IOLTS). New York: IEEE, 2019.

[159] PAPADIMITRIOU G, KALIORAKIS M, CHATZIDIMITRIOU A, et al. A system-level voltage/frequency scaling characterization framework for multicore CPUs[J]. IEEE Silicon Errors in Logic-System Effects (SELSE 2017), 2017.

[160] PAPADIMITRIOU G, CHATZIDIMITRIOU A, KALIORAKIS M, et al. Micro-viruses for fast system-level voltagemargins characterization in multicore CPUs[C]//2018 IEEE International Symposium on Performance Analysis of Systemsand Software (ISPASS). New York: IEEE, 2018.

[161] GLASKOWSKY P N. NVIDIA's Fermi: The first complete GPU computing architecture[J]. White paper, 2009, 18.

[162] NVIDIA. NVIDIA GeForce GTX 680: The fastest, most efficient GPU ever built[EB/OL]. [2012-08-21]. https://www. nvidia. com/content/PDF/product specifications/GeForce GTX 680 White paper FINAL. pdf.

[163] PAPADIMITRIOU G, CHATZIDIMITRIOU A, GIZOPOULOS D, et al. Exceeding conservative limits: A consolidatedanalysis on modern hardware margins[J]. IEEE Transactions on Device and Materials Reliability, 2020, 20(2): 341-350.

[164] ZOU A, LENG J, ZU Y, et al. Ivory: Early-stage design space exploration tool for integrated voltage regulators[C]//The 54th Annual Design Automation Conference 2017. [S. l. : s. n.], 2017.

[165] LENG J, ZU Y, REDDI V J. GPU voltage noise: Characterization and hierarchical smoothing of spatial and temporal voltage noise interference in GPU architectures[C]//2015 IEEE 21st International Symposium on High PerformanceComputer Architecture (HPCA). New York: IEEE, 2015.

［166］ LENG J, BUYUKTOSUNOGLU A, BERTRAN R, et al. Safe limits on voltage reduction efficiency in GPUs: a directmeasurement approach［C］//2015 IEEE/ACM 48th Annual International Symposium on Microarchitecture (MICRO). New York: IEEE, 2015.

［167］ BACHA A, TEODORESCU R. Authenticache: Harnessing cache ECC for system authentication［C］// The 48th International Symposium on Microarchitecture. ［S. l. : s. n. ］, 2015.

［168］ KUON I, TESSIER R, ROSE J. FPGA architecture: Survey and challenges［M］. ［S. l. ］: Now Publishers Inc, 2008.

［169］ SALAMI B. Aggressive undervolting of FPGAs: power & reliability trade-offs［J］. 2018.

［170］ SALAMI B, UNSAL O S, KESTELMAN A C. Comprehensive evaluation of supply voltage underscaling in FPGAon-chip memories ［C］//2018 IEEE/ACM 51st Annual International Symposium on Microarchitecture (MICRO). New York: IEEE, 2018.

［171］ Nadjahi C, Louahlia H, Lemasson S. A review of thermal management and innovative cooling strategies for data center［J］. Sustainable Computing: Informatics and Systems, 2018.

［172］ Tschudi B, Vangeet O, Cooley J, et al. ERE: A metric for measuring the benefit of reuse energy from a data center［J］. White Paper, 2010, 29.

［173］ 邓维, 刘方明, 金海, 等. 云计算数据中心的新能源应用: 研究现状与趋势［D］. 2013.

［174］ Khatamifard, S. Karen, et al. ThermoGater: Thermally-aware on-chip voltage regulation. 2017 ACM/ IEEE 44th Annual International Symposium on Computer Architecture (ISCA). New York: IEEE, 2017.

［175］ Agrawal A, Torrellas J, Idgunji S. Xylem: Enhancing vertical thermal conduction in 3D processor-memory stacks［C］//2017 50th Annual IEEE/ACM International Symposium on Microarchitecture (MICRO). New York:IEEE, 2017.

［176］ Beigi M V, Memik G. Thermal-aware optimizations of ReRAM-based neuromorphic computing systems［C］//Proceedings of the 55th Annual Design Automation Conference. 2018.

［177］ 李翔, 姜晓红, 吴朝晖, 等. 绿色数据中心的热量管理方法研究［J］. 计算机学报, 2015, 38(10): 1976-1996.

［178］ Moore J D, Chase J S, Ranganathan P, et al. Making Scheduling "Cool": Temperature-Aware Workload Placement in Data Centers［C］//USENIX annual technical conference, General Track. 2005.

［179］ Bash C, Forman G. Cool Job Allocation: Measuring the Power Savings of Placing Jobs at Cooling-Efficient Locations in the Data Center［C］//USENIX Annual Technical Conference. 2007.

［180］ Le K, Bianchini R, Zhang J, et al. Reducing electricity cost through virtual machine placement in high performance computing clouds［C］//Proceedings of 2011 international conference for high performance computing, networking, storage and analysis. 2011.

［181］ Skach M, Arora M, Hsu C H, et al. Thermal time shifting: Leveraging phase change materials to reduce cooling costs in warehouse-scale computers ［C］//Proceedings of the 42nd Annual International Symposium on Computer Architecture. 2015.

［182］ Skach M, Arora M, Tullsen D, et al. Virtual melting temperature: Managing server load to minimize cooling overhead with phase change materials ［C］//2018 ACM/IEEE 45th Annual International Symposium on Computer Architecture (ISCA). New York:IEEE, 2018.

［183］ Manousakis I, Goiri Í, Sankar S, et al. Coolprovision: Underprovisioning datacenter cooling［C］// Proceedings of the Sixth ACM Symposium on Cloud Computing. 2015.

［184］ Goiri Í, Nguyen T D, Bianchini R. Coolair: Temperature-and variation-aware management for freecooled datacenters[J]. ACM SIGPLAN Notices, 2015, 50(4): 253-265.

[185] Jiang W, Jia Z, Feng S, et al. Fine-grained warm water cooling for improving datacenter economy[C]// 2019 ACM/IEEE 46th Annual International Symposium on Computer Architecture (ISCA). New York: IEEE, 2019.

[186] 姜炜祥. 云数据中心的能效计量与系统优化[D]. 华中科技大学, 2019.

[187] Kontorinis V, Zhang L E, Aksanli B, et al. Managing distributed ups energy for effective power capping in data centers[C]//2012 39th Annual International Symposium on Computer Architecture (ISCA). New York:IEEE, 2012: 488-499.

[188] Liu L, Li C, Sun H, et al. HEB: Deploying and managing hybrid energy buffers for improving datacenter efficiency and economy[J]. ACM SIGARCH Computer Architecture News, 2015, 43(3S): 463-475.

[189] Wang D, Ren C, Sivasubramaniam A. Virtualizing power distribution in datacenters[C]//Proceedings of the 40th Annual International Symposium on Computer Architecture. 2013: 595-606.

[190] Hsu C H, Deng Q, Mars J, et al. Smoothoperator: Reducing power fragmentation and improving power utilization in large-scale datacenters[C]//Proceedings of the Twenty-Third International Conference on Architectural Support for Programming Languages and Operating Systems. 2018: 535-548.

[191] Liu J, Goraczko M, James S, et al. The Data Furnace: Heating Up with Cloud Computing[C]// HotCloud. 2011.

[192] Chen S, Zhou Z, Liu F, et al. Cloudheat: An efficient online market mechanism for datacenter heat harvesting[J]. ACM Transactions on Modeling and Performance Evaluation of Computing Systems (TOMPECS), 2018, 3(3): 1-31.

[193] Ebrahimi K, Jones G F, Fleischer A S. A review of data center cooling technology, operating conditions and the corresponding low-grade waste heat recovery opportunities[J]. Renewable and Sustainable Energy Reviews, 2014, 31: 622-638.

[194] Zhu X, Jiang W, Liu F, et al. Heat to power: thermal energy harvesting and recycling for warm water-cooled datacenters[C]//2020 ACM/IEEE 47th Annual International Symposium on Computer Architecture (ISCA). New York:IEEE, 2020.

[195] Champier D. Thermoelectric generators: A review of applications[J]. Energy Conversion and Management, 2017, 140: 167-181.

[196] Dai Y, Li T, Liu B, et al. Exploiting dynamic thermal energy harvesting for reusing in smartphone with mobile applications[C]//Proceedings of the Twenty-Third International Conference on Architectural Support for Programming Languages and Operating Systems. 2018: 243-256.

[197] Yazawa K, Solbrekken G L, Bar-Cohen A. Thermoelectric-powered convective cooling of microprocessors[J]. IEEE transactions on advanced packaging, 2005, 28(2): 231-239.

[198] Zhou Y, Paul S, Bhunia S. Harvesting wasted heat in a microprocessor using thermoelectric generators: modeling, analysis and measurement[C]//2008 Design, Automation and Test in Europe. New York: IEEE, 2008.

[199] Wu C J. Architectural thermal energy harvesting opportunities for sustainable computing[J]. IEEE Computer Architecture Letters, 2013.

[200] Lee S, Phelan P E, Wu C J. Hot spot cooling and harvesting central processing unit waste heat using thermoelectric modules[J]. Journal of Electronic Packaging, 2015, 137(3): 031010.

[201] Lee S, Pandiyan D, Seo J, et al. Thermoelectric-based sustainable self-cooling for fine-grained processor

hot spots[C]//2016 15th IEEE Intersociety Conference on Thermal and Thermomechanical Phenomena in Electronic Systems (ITherm). New York: IEEE, 2016: 847-856.

[202] 刘方明, 姜炜祥. 绿色数据中心"新基建"如何更"cool"[J/OL]. https://dl.ccf.org.cn/article/articleDetail.html? type=xhtx_thesis&_ack=1&id=4971336111851520. 2020.

[203] Puvvadi U, Desu A, Stachecki T, et al. Flow Disruptions and Mitigation in Virtualized Water-Cooled Data Centers[C]//2019 IEEE 17th International Conference on Industrial Informatics (INDIN). New York: IEEE, 2019.

[204] Jiang W, Jia Z, Feng S, et al. Fine-grained warm water cooling for improving datacenter economy[C]// 2019 ACM/IEEE 46th Annual International Symposium on Computer Architecture (ISCA). New York: IEEE, 2019.

[205] Shan Y, Huang Y, Chen Y, et al. Legoos: A disseminated, distributed {OS} for hardware resource disaggregation[C]//13th {USENIX} Symposium on Operating Systems Design and Implementation ({OSDI} 18). 2018: 69-87.

[206] Google cluster workload traces [DB/OL]. https://github.com/google/cluster-data.

[207] Alibaba cluster workload traces [DB/OL]. https://github.com/alibaba/clusterdata.

[208] Deng W, Liu F, Jin H, et al. Harnessing renewable energy in cloud datacenters: opportunities and challenges[J]. IEEE Network, 2014, 28(1): 48-55.

[209] White A J. Evaluation of layer-by-layer assembly of polyelectrolyte multilayers in cell patterning technology[D]. Massachusetts Institute of Technology, 2002.

[210] Holonyak Jr N. Is the light emitting diode (LED) an ultimate lamp? [J]. American Journal of Physics, 2000, 68(9): 864-866.

[211] Skach M, Arora M, Tullsen D, et al. Virtual melting temperature: Managing server load to minimize cooling overhead with phase change materials [C]//2018 ACM/IEEE 45th Annual International Symposium on Computer Architecture (ISCA). New York: IEEE, 2018.

作者简介

徐子晨 南昌大学, 教授, 主要研究方向为可持续数据服务系统, CCF 高级会员, CCF 体系结构专委会常务委员。

李 超 上海交通大学, 副教授, 主要研究方向为高效能可扩展的计算机体系结构, CCF 体系结构专委会副主任。

刘方明 华中科技大学，教授，博士生导师，主要研究方向为分布式系统与网络（包括云计算与边缘计算、数据中心与绿色计算、5G与网络虚拟化等），CCF高级会员，CCF互联网专委会委员，CCF分布式计算与系统专委会委员。

陈　全 上海交通大学，副教授，主要研究方向为云计算、分布式计算系统，CCF高级会员。

冷静文 上海交通大学，副教授，主要研究方向为面向人工智能的新型计算系统的设计，CCF体系结构专委会委员，CCF分布式计算与系统专委会委员。

郑文立 上海交通大学，特别副研究员，主要研究方向为云计算、分布式计算、高能效计算等计算机系统结构，CCF体系结构专委会委员。

杜子东 中国科学院计算技术研究所，副研究员，CCF体系结构专委会委员，CCCF动态编委。

沈　立 国防科技大学计算机学院，教授，博士生导师，主要研究方向为高性能处理器体系结构和性能优化技术，CCF高级会员，CCF体系结构专委会秘书长。

王玉皞 南昌大学，教授，主要研究方向为绿色光通信系统，CCF会员。

智能感知的边缘计算芯片的研究进展与发展趋势

CCF 集成电路设计专业组

余　浩[1]　乔　飞[2]　毛　伟[1]　刘哲宇[2]　李　钦[2]　许　晗[2]　刘定邦[1]　李书玮[1]

[1]南方科技大学，深圳
[2]清华大学，北京

摘　要

近年来，人工智能逐渐从一场技术革命走向产业落地，而边缘智能一直是实现人工智能落地应用的关键。当前边缘计算芯片研究的三个主要问题是：感算共融架构的一体化处理问题、深度神经网络的简化优化问题与深度神经网络加速器架构低能效问题。本文将从这三个问题入手进行阐述，总结近年来国内外相关研究进展，并对国内外研究现状进行分析与比较，针对目前业内可行性方向给出发展趋势的总结与展望。

关键词：人工智能，感算共融，神经网络，边缘计算，硬件加速

Abstract

In recent years, artificial intelligence has gradually developed from a technological revolution to industrial landing, and edge intelligence has always been the key to realizing artificial intelligence landing applications. The three main problems of current edge computing chip research are: the integrated processing problem of the in-sensor computing architecture, the simplification and optimization of the deep neural network, and the energy-efficient improvement of the deep neural network accelerator architecture. This article will start with these three issues to elaborate, summarize the relevant domestic and foreign research progress in recent years, and analyze and compare the current research status. Finally, a summary and prospect of the development trend according to the current feasibility of the industry is given.

Keywords: artificial intelligence, sensing with computing, neural networks, edge computing, hardware acceleration

1　引言

近年来，我国科学技术以前所未有的速度高速发展，特别是在人工智能方向。人工智能从一场技术革命逐渐走向了产业落地，成为当今举足轻重的领域，相关产业也已经走进了人们的生活中。而作为人工智能技术的硬件支持，智能芯片的研发毫无疑问备受关注。

边缘智能一直是实现人工智能落地应用的瓶颈，主要包括边缘感知和边缘计算。边缘

感知主要指的是物联网应用场景下能够长时间感受物理世界信息，并且具有一定程度的智能处理能力的物联网终端系统，需要满足实时性、高能效和安全性等需求。边缘计算的需求源于传统集中式云计算处理架构无法处理大量物联网（IoT）设备的实时处理计算任务，边缘计算可以在端侧对数据进行实时处理和推理分析，但它受限于复杂度不断提升的深度学习神经网络数据处理框架以及有限的硬件处理资源和功耗，因此，如何在终端通过边缘计算，高通量、低功耗地实时处理深度学习运算需求，是学术和工业界一直的研究重点。

　　面向智能感知的边缘计算芯片设计，要针对优化感知功耗、降低接口代价和提升处理效率进行系统优化，同时基于传统通用架构的边缘设备受到硬件资源限制，计算性能劣势明显。这是因为大量数据迁移和低效浮点运算分别造成的"通量墙"和"功耗墙"，传统架构无法高效处理大量数据的深度学习计算。因此如何实现高通量、低功耗、面向智能感知的边缘计算芯片成为迫切需求。本文将针对以下几个方面对边缘计算芯片设计当前研究现状和行业进展中遇到的主要瓶颈问题进行分析和解读，对相关解决方案进行深入比较：

- 感算共融架构的一体化处理问题：针对感知和计算的分立设计方案存在的输出和数据转换接口代价，国内外提出了多种感算共融智能架构，包括多维度可扩展的"传感–计算"系统，高能效"传感+存算一体"混合信号集成实现。并且针对共融架构，需要深入探讨面向硬件部署的算法优化、容错架构设计、模拟电路可靠性设计和感知校准方法，从而解决混合信号共融架构和电路的多种非理想因素，提升低功耗智能芯片的性能和可靠性。

- 深度神经网络的简化优化问题：在许多机器学习的应用场景中，深度神经网络的部署受到延迟、能量消耗和模型大小的约束，特别是在一些计算能力相对较弱的边缘设备上。为了解决这个问题，国内外提出多种针对神经网络压缩和加速的方法，包括神经网络剪枝、权重矩阵低秩分解、权重量化等。并且最新研究趋势是基于面向神经网络结构搜索（NAS）的优化方案，通过对自定义搜索空间内的网络结构和超参数进行寻优，使得自动生成的网络模型比人工设计的模型性能更佳。

- 深度神经网络加速器架构低能效问题：卷积神经网络（CNN）的组成部分有卷积（conv）层和全连接（FC）层，在训练和推理过程中，这两个层主要需要的运算操作是乘加运算和数据存取，这些运算操作决定了硬件消耗和延迟。为了实现芯片的高通量和低能耗，国内外研究通过数据流优化，在系统架构和多精度支持等方面提出可行性方案。数据流方案中通过多种数据复用方式，包括权重复用、输入复用和输出复用等，根据不同网络的特性选用不同的复用方式进行数据流的功耗优化和通量提升；在系统架构方面，特定于 AI 的计算系统（即 AI 加速器）通常由大量高度并行的计算和存储单元构成，这些单元以二维方式组织，支持神经网络相关运算，片上网络（NoC）、脉动阵列、张量运算单元以及存内计算等方案分别从网络适配、数据复用和降低数据传输延迟功耗等方向对加速器进行定制化性能优化；在多精度支持方面，为了支持逐层比特优化的神经网络，目前已经有多种采用串行累加、并行组合以及一体化运算等方案，从运算单元或阵列系统的角度进行多精度运算支持，从而实现软硬件的协同优化设计。

    本文从一体化处理的感算共融架构、简化优化的深度神经网络、高能效深度神经网络加速器架构等方面对相关解决方案进行深入比较，并针对目前的业内可行性方向给出发展趋势的总结与展望。

2   国际研究现状

2.1   一体化处理的感算共融架构

    随着物联网在智能制造、自动驾驶、智能家居和智慧城市等领域的不断拓展和延伸，终端感知设备所生产的数据量也在迅速膨胀。根据国际数据公司（IDC）的一项研究预测[1]：到2025年，全球物联网设备数量将达到416亿台，产生的数据量将高达78.4ZB（$1ZB \approx 10^{21}B$）。针对如此庞大的数据量，如何实现高效的传感数据收集和智能处理是物联网技术进一步迈向智能化所面临的新挑战。

    从目前主流的技术体系来看，物联网架构主要分为三个层次[2]：感知节点层、网络传输层和应用层。其中，感知节点层是整个物联网体系中海量数据的源头，也是促进物联网产业高速发展的核心要素。人们通过感知节点层内的传感器技术和终端预处理设备对物理世界进行实时感知，再通过网络层进行互联传输，进一步到应用层进行信息处理和知识挖掘，最终实现对物理世界的准确认知、科学决策和实时控制。近年来，人工智能和机器学习技术的快速发展在很大程度上推动了感知技术的进步。然而，随着物联网设备的大规模部署，数据膨胀的问题日益严峻，智能处理能力从云端下沉到终端的趋势越来越明显[3]。鉴于终端感知设备受限于资源、能源和带宽的天然特点，人们对于感知终端设备的智能化、安全性以及持续工作时长提出了更严苛的要求。因此，具有智能处理能力、可长时间工作的持续感知系统及相关芯片设计技术[4]已经成为物联网研究领域的热点话题。

    智能持续感知系统指的是在各类物联网应用场景下能够长时间感受物理世界信息，并且具有一定程度的智能处理能力的物联网终端系统[4]。此类智能持续感知系统中，超低功耗感知集成电路芯片是核心部件。持续感知芯片主要有以下三个设计需求。①实时性需求：要求智能传感终端需要具备本地智能化处理能力，做到既能"快速感"又能"快速知"。②高能效需求：高能效、本地化的传感信息处理以"提取有效信息"的方式，显著降低"通信带宽需求和能量需求"，成为持续感知系统的核心技术。③安全性需求：终端设备需要具备一定的本地化处理能力，仅传输经过处理和加密后的非敏感信息，从而在源端增强整个物联网体系的安全性。基于以上需求，尝试将传感器技术和近传感器智能处理技术融合设计的思路是实现超低功耗集成智能感知芯片的一种非常有潜力和前景的思路。

    "感算共融"的初始概念最早可以追溯到20世纪90年代。1994年，瑞典林雪平大学的研究者 Robert Forchheimer 等人提出了"近传感计算（near-sensor computing）"图像
处理新范式[5]。在新的传感器形态、多样化的智能感知任务高算力需求和先进集成电路
制造工艺等条件下，此类芯片设计也会面临以下各种新的需求和挑战。①高效的传感数
据采集：为了满足日益多元化的应用需求，新一代智能型传感器需要具备多模态信息传
感能力。②数据转换代价和接口代价问题：虽然"感算共融"计算技术能够减少传感器
向后续处理设备的数据传输量，但基于数字信号处理的传统方案仍需要将传感器采集到
的大量原始信息通过模数转换器（ADC）转换到数字域，再进行后处理。这种不必要的
数据转换带来了大量硬件开销并限制了能效的提升。③访存瓶颈问题："感算共融"计
算系统虽然能够减少系统访问外部存储的需求，但是运算过程中仍然需要存取大量权值
数据和中间结果，因此访存瓶颈依然存在。④电路非理想因素的限制：由于各种传感器
本身的模拟信号输出特性，"感算共融"计算系统通常是模数混合处理系统，此类系统
在可扩展性、可配置性和可编程性等方面与数字系统存在差距，限制了"感算共融"计
算系统的处理规模和应用范围。另外，混合信号运算单元存在的电路噪声、线性度和工
艺偏差等各种非理想因素导致其计算精度有限，噪声和计算误差会沿着信号传播的路径
不断累积，最终可能对输出质量造成显著影响。"感算共融"计算芯片设计中的这些问
题和挑战使得在现有物联网终端设备上进一步提升感知处理能效和复杂度变得十分困难，
对于大量有限电池供电的物联网智能节点和新兴的穿戴式智能感知设备尤其显著。可以
看到，上述芯片系统设计的挑战不仅体现在电路设计层面，在传感器器件、信号处理架
构、应用算法设计以及应用需求定义等各方面都有所体现。随着摩尔定律和邓纳德缩放
（Dennard scaling）定律的逐渐失效[6,7]，智能感知集成电路能效的提升越来越依赖于跨
层次的联合设计方法[8]。

　　"感算共融"首先要研究高效"传感"的技术，新型传感器器件和阵列化设计的研
究是一个非常活跃的研究领域。近年来，数篇文献报道了应用于软机器人学和可穿戴设
备的一体化传感器。例如，Din 和其合作者开发了一种基于电容传感的机器人皮肤[9]，
可同时探测表面的剪切应力、拉伸应力以及法向压力。

　　计算电路设计层次主要包括高能效传感-计算接口电路设计、模拟域特征提取和混合
信号神经网络计算电路设计。针对传感-计算接口的电路设计通常是在像素级或像素阵列
级对传统模数转换器（ADC）进行简化或替换，从而降低接口代价，提升处理能效。
2017 年，美国华盛顿大学的 Luis Ceze 研究组提出了一种模拟-随机序列转换接口[10]，直
接在传感器端实现图像识别。在特征提取电路方面，在模拟域直接进行特征提取是"感
算共融"技术的一个值得探索的方案。2016 年，鲁汶大学（KU Leuven）的研究人员提
出了一种在模拟域直接提取语音特征的电路设计[11]，进行语音活动检测（Voice Activity
Detection，VAD）。在视觉感知领域，斯坦福大学研究组于 2019 年提出了一种可配置精
度的梯度特征提取电路[12]。混合信号计算电路在近传感神经网络处理器中应用广泛。
2019 年，斯坦福大学和鲁汶大学合作研究的常开型二值神经网络终端处理器[13]利用开关
电容神经元在模拟信号域实现高度并行的乘累加操作。总的来说，模拟和混合信号电路
因为能够在运算精度和电路功耗之间获得更好的折中，并且天然地能够直接处理传感器

输出的各类模拟信号,因而成为提升"感算共融"电路处理能效的一个具有前景的方案。

在体系架构层次,需要在比电路拓扑设计更抽象的层次上综合考虑运算模型和存储访问模型。为了拉近"传感器"和"处理器"的距离,研究者探索新型感知处理架构,以降低"感算"数据转换代价。2016 年,莱斯(Rice)大学的研究人员提出了面向移动端视觉感知的 Redeye 架构[14]。该架构设计了一种与传感器直接相连的模拟信号处理模式,通过在传感器端集成模拟计算电路直接实现神经网络运算,降低传感器输出数据量,从而降低接口代价。麻省理工学院(MIT)的研究人员分别在 2016 年和 2019 年提出了 Eyeriss[15] 和 Eyeriss v2[16] 架构。这些基于更靠近运算单元的局部数据组织的"近数据"处理架构并没有在本质上解决访存瓶颈。作为一种有着广阔前景的解决方案,存算一体或存内计算(computing-in-memory 或 process-in-memory)技术以并行处理在内存中计算作为操作方式,突破新型计算模型在冯·诺依曼架构中的能效性能瓶颈。

在应用系统层次,设计小型化、智能化和高能效的智能感知集成电路系统是物联网技术发展的终极目标。从工业界需求和学术研究的角度,亟须研发高效的"感算共融"架构和芯片技术,完成对于典型的阵列信号感知、时序信号感知和时空域信号感知等多模态智能处理任务的验证实现。2018~2021 年,全球范围内,索尼、意法半导体、博世传感和楼氏电子等传统传感器巨头纷纷尝试智能传感器产品的研发,不断推出将传感器和各种形式 AI 处理器集成的解决方案。

2.2　简化优化的深度神经网络

深度学习在计算机视觉(CV)、自然语言处理(NLP)、机器人学等领域有着突出的性能表现[17]。然而,一个深度学习模型通常包含数以百万计甚至千万计的参数和十几层甚至几十层的网络,通常需要非常大的计算代价和存储空间。例如,VGG-16[18] 网络含有约 1.4 亿个浮点数参数,假设每个参数存储为 32 位浮点数格式,则整个网络需要占用超过 500MB 存储空间。在运算时,单张测试图片共需要大约 3.13×10^8 次浮点数运算。这样的计算在目前只能通过高性能并行设备进行,且仍不具备很好的实时性。高性能并行计算设备具有体积大、能耗大、价格高的特点,在许多场合都不能使用。因此,深度学习的实际应用往往受限于其存储和运算规模,特别是在如手机、平板电脑、无人机、摄像头等各种嵌入式和便携式设备上运行神经网络,是深度学习走向日常生活必须解决的关键一步[19]。

为了解决这一问题,许多针对神经网络的压缩和优化的解决方案被提出。神经网络的压缩不但具有必要性,也具有可能性。首先,尽管神经网络通常是深度越深,效果越好,但针对具体的应用场景和需求,适当深度和参数数目的网络即能够满足。盲目加大网络复杂度而带来的微弱性能提升在许多应用场合意义并不大[20]。其次,神经网络常常存在过参数化的问题,网络神经元的功能具有较大的重复性,即使在网络性能敏感的场景,大部分网络也可以被"安全地"压缩而不影响其性能。

神经网络结构的优化是另一个重要的研究方向[21]。目前被大量使用的神经网络结构主要由人为设计得到。这样的方式不仅消耗大量的人力和试错成本，而且有限的网络结构也无法覆盖复杂程度和形式多种多样的任务与数据集，因此需要对自动优化网络结构甚至自动生成合适网络结构的方法进行研究。

神经网络压缩的基本思想是在保证对神经网络性能影响不大的前提下，通过一些方法来减少神经网络模型的参数数量或降低参数精度来降低模型的空间复杂度和存储空间。目前常用神经网络压缩方法可以分为权值共享、量化、模型剪枝、张量分解、知识蒸馏和神经网络结构搜索等方法。

2.2.1 权值共享

网络简化的最简单形式包括在层之间或层内结构之间共享权重（例如，中枢神经系统中的滤波器）。

权值共享减小了网络规模，避免了网络稀疏性。对于给定的网络体系结构和任务，在出现不可接受的性能下降之前，应该共享多少权值和哪一组权值并不总是很清楚[21]。此外，这种方法共享的是嵌入矩阵，而不是共享单个矩阵或矩阵的子块。

权值共享的其他方法比如权值聚类，使其质心在每个聚类中共享，并在目标中使用权值惩罚项，以使用更易于共享权值的方式对权重进行分组[22]。这种方法也可以称为软权值共享。通过这种方法，在 Ullrich 的实验中[23]，17 个高斯分量被合并成 6 个量化分量，同时仍能接近在 MNIST 上使用的原始 LeNet 分类器的性能。

2.2.2 量化

量化是用减少的位数来表示原始值的过程。在神经网络中，它对应于权重、激活和梯度值。通常，在 GPU 上训练时，数据以 32 位浮点（FP）单精度存储，有时也使用半精度浮点（FP-16）和半精度整数（INT-16）。与 FP-16 相比，INT-16 精度更高，但动态范围低。在 FP-16 中，乘法的结果被累加到 FP-32 中，然后变换到 FP-16。

为了加快训练速度、加快推理速度和降低带宽内存要求，主流研究[24]侧重于使用整数精度（IP）低至 INT-8、INT-4、INT-2 或 1 位表示的低精度网络来训练和执行推理。设计这样的网络使得在中央处理器（CPU）、现场可编程门阵列（FPGA）、专用集成电路（ASIC）和图形处理器（GPU）上训练这样的网络更加容易。权重量化的方法比稀疏分解效果更好。

2.2.3 模型剪枝

剪枝即挑选出模型中不重要的参数，将其剔除而不会对模型的效果造成太大的影响，且能大大降低存储和模型运行时间[25]。在剔除不重要的参数之后，可以通过重训练的过程来恢复模型的性能[26]。到目前为止，模型剪枝仍是最为简单有效的神经网络压缩方式。

模型剪枝技术可以分为结构化修剪技术和非结构化修剪技术[27]。其中前者旨在通过移除权重来保持网络密度以提高计算效率（以降低灵活性为代价的更快计算），而非结构化不受移除权重和激活的约束，但是导致网络连接不规整，需要通过稀疏表达来减少内存占用，稀疏性意味着层的维度不变，进而导致在前向传播时，需要大量条件判断和额外空间来标明 0 或非 0 参数的位置，因此不适合并行计算，需要使用专门的软件计算库或者计算硬件。

2.2.4　张量分解

另一个神经网络压缩的有效方法是张量分解，其基本思想是将网络的参数重新表达为小张量的组合[28]，即将权重张量（在矩阵的情况下是 2 阶张量）分解成近似低秩矩阵。这也可以去除参数中的冗余，从而获得网络压缩的效果。张量分解可以通过标准奇异值分解（SVD）的方法来实现[29]。

将张量分解为低秩矩阵的方法很适合模型压缩和加速。但是，相较于其他方法，张量分解的实现并不容易，因为它涉及计算成本高昂的分解操作。目前的方法逐层执行低秩近似，无法执行非常重要的全局参数压缩，因为不同的层含有不同的信息。分解需要大量的重新训练来达到收敛。

2.2.5　知识蒸馏

知识蒸馏指的是从一个较大的神经网络中，学习出一个性能基本不变的较小的网络[30]。较大的网络被称为教师网络，学习出的较小的网络被称为学生网络[31]。

虽然神经网络模型越复杂，理论搜索空间越大，但是当假设较小的网络也能实现相同或者相似的收敛时，教师网络的收敛空间应该与学生网络的解空间重叠。Bucilu 等人的实验证明，在性能接近原始网络的前提下，学生网络的大小可以仅是其 1/1 000[32]。

2.2.6　神经网络结构搜索

目前大部分的神经网络结构是人工设计的。大量专家基于经验和猜想设计出了一些经典网络结构，如 VGG、ResNet、MobileNet 等。虽然这些网络性能优秀，但一方面基于猜想的网络设计方法不具有明确方向性，需要消耗大量的人力与试错成本，另一方面有限且固定的网络结构无法适用于各种各样的任务和数据集。通常情况下，对于越复杂的任务和越大的数据集，所需要的网络结构越复杂，网络参数越多；反之，相对简单的任务则不需要太复杂的结构。像 VGG、ResNet 等网络在设计时的目标数据集都是包含 1 000 个物体类别的 ImageNet 大型数据集，所以结构会相对复杂。对于大部分任务，使用这些网络结构可能造成计算资源的浪费。为了克服人工设计网络结构的缺点，关于如何自动获取针对某一任务和数据集的合适的神经网络结构的研究越来越受到关注，也就是神经网络结构搜索（NAS）。

网络的结构可以由一些参数进行定义，如层数、卷积核数量与大小、步长等，这些参数称为网络超参数。在 NAS 问题中，由不同超参数组合组成的集合称为搜索空间。搜索空间包含所有可能的网络结构。之后从搜索空间中选择（或者说搜索），多组超参数生成对应网络结构，将这些网络结构在目标数据集上进行训练并评估效果，评估结果可以为后续搜索过程提供参考，最终选择效果最好的一组超参数作为最终网络结构。因此

NAS 方法和超参数优化问题有较强关联性。NAS 方法的研究主要包括三个要素：搜索空间的设计、搜索策略以及生成网络性能的评估方式。

2016 年，由谷歌研究团队开创性地提出了基于强化学习（reinforcement learning）的方法[33]。该方法使用循环神经网络（Recursive Neural Network，RNN）作为控制器（controller）产生子网络（child network），再对子网络进行训练和评估，得到其网络性能（如准确率），最后更新控制器的参数。然而，子网络的性能对于网络结构超参数是不可微的，无法直接对控制器进行优化，所以作者引入了强化学习，采用策略梯度的方法直接更新控制器参数。在 PTB 语言建模任务上，使用该 NAS 搜索出来的循环神经网络（RNN）模型击败了当时最先进的红帽网络（RHN）。

Real 等于 2017 年将进化算法引入 NAS[34]。该方法受生物种群进化启发，通过选择、重组和变异这三种操作实现优化问题的求解。首先对网络结构进行编码，维护结构的集合（种群），从种群中挑选结构训练并评估，留下高性能网络而淘汰低性能网络。接下来通过预设定的结构变异操作形成新的候选，通过训练和评估后加入种群中，迭代该过程直到满足终止条件（如达到最大迭代次数或变异后的网络性能不再上升）。后续工作对这一方法进行了改进，为候选结构引入年代的概念（aging），即将整个种群放在一个队列中，新加入一个元素，就移除掉队首的元素，这样使得进化更趋于年轻化，也取得了网络性能上的突破。

Liu 和 Wu 等于 2019 年定义了对神经网络超参数可微的目标损失函数，使得对目标函数关于超参数求梯度并利用梯度直接训练生成结构超参数的网络（如前面提到的 RNN）成为可能，避免了使用强化学习方法[35,36]。这些方法都在极大程度上加快了网络结构的搜索速度，并在一定程度上提高了最终搜索结果的准确度。

2.3 深度神经网络加速器架构

2.3.1 系统架构方面

随着无线移动通信技术与物联网技术的飞速发展，"云计算"与其伴生的"边缘计算"愈发频繁出现在人们的视野中。与云计算不同的是，边缘技术强调靠近数据源的本地实时处理。据统计，2020 年有超过 500 亿台边缘设备通过无线移动通信网络与云终端联网，由于网络带宽等因素的限制，其中超过 40% 的数据不得不在数据源头进行运算、分析、处理和存储。预计在不远的将来，边缘计算将会成长为一个与云计算市场体量相当的新兴市场。与此同时，边缘计算广阔的发展前景也吸引了不少来自产业界和学术界的关注，如英伟达、谷歌、英特尔、华为等公司相继推出了针对边缘场景的深度网络加速芯片[37,38]，麻省理工学院研发了低功耗芯片 Eyeriss[15] 等。结合当下蓬勃发展的深度学习技术，边缘计算可以有针对性地实现对某类特定应用场景的高效部署。然而尽管边缘计算有广阔的发展前景，其仍面临许多亟待解决的技术瓶颈，首当其冲的问题就是深度神经网络运算时的低能效问题。由于摩尔定律已经接近其物理界限，通用处理器（如

CPU 和 GPU）无法在短时间内取得巨大的性能提升。再者说来，即便通用处理器可以在短时间内取得巨大的性能提升，处理器频率和各级片上、片外缓存频率存在数量级上的差异，也决定了其很难实现高能效的计算方式。因此，当下对于高能效深度网络加速的研究，主要集中于解决深度神经网络计算时数据搬运能耗过高的问题，以及通过优化存算架构来降低甚至消除系统间的数据搬运，最终实现高能效的计算方式。

构建一个快速的计算机系统的两种方式是使用更快速的器件或者采用并发，也即高度并行的计算范式。伴随着摩尔定律的发展，计算机的成本以及尺寸已经下降到了瓶颈，但是器件的速度并没有非常大的提升，因此计算速度的任何重大改进都必须来自许多处理元素的并发使用。而对于深度神经网络来说，主要是卷积层和全连接层，在训练和推理的过程主要需要的运算是乘加运算，这种计算方式的特点是控制流程十分简单，非常适合采用高度并行的计算架构来加速计算。高度并行的计算架构主要包括了时域计算架构、空域计算架构[39]以及可重构计算架构以及基于阻变存储器（RRAM）、相变存储器（PCM）等新型存储器的存内计算架构等。

所谓时域架构就是基于指令流对于大量的逻辑计算单元（Arithmetic Logic Unit，ALU）和存储资源进行集中的控制，这些 ALU 只能从存储器层次中提取数据，计算完成后再写回到存储器中。ALU 之间不能够进行直接的通信。时域计算架构主要存在于 CPU 和 GPU 中，采用单指令多数据流（SIMD）或单指令多线程（SIMT）来实现高度并行的计算架构。但是由于 CPU 和 GPU 的通用性需要应对包括分支跳转、中断等复杂的指令处理，需要消耗大量的逻辑资源，使用 CPU 或者 GPU 来处理神经网络的效率较低。因此，研究者们考虑对于时域计算架构的进一步优化。

Cadence 公司于 2017 年发布的 Tensilica Vision C5 DSP[40]采用的正是时域计算架构。它可以实现包括卷积层、全连接层、池化层以及归一化层在内的全神经网络层的计算加速。在不到 1mm² 的芯片面积可以实现 1TMAC/s 的计算能力，为深度学习内核提供极高的计算吞吐量。基于业界知名的 AlexNet CNN Benchmark，Vision C5 DSP 的计算速度较业界的 GPU 提高了 6 倍；Inception V3 CNN benchmark 则有 9 倍的性能提升。

空域计算架构使用数据流处理，也即所有的 ALU 之间形成处理链的关系，数据能够直接在 ALU 之间进行传递。每一个 ALU 都可以有独立的本地控制逻辑和存储器。带有本地存储器的 ALU 也被称之为计算单元处理元件（PE）。

处理的瓶颈在于内存访问。如图 1 所示，在进行计算时，每一个 MAC 操作需要对于内存进行三次读取和一次写入操作，分别为权重数据的读取、输入数据的读取、部分和数据的读取，以及部分和数据的写入。在最坏的情况下，所有的操作都需要访问片外的 DRAM。

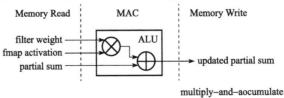

图 1　MAC 的读写操作[39]

构建多级存储系统是一个降低片外存储读取功耗的重要方法之一，例如设置包含 PE 本地寄存器、片上全局缓存以及片外 DRAM 的三级存储系统，由图 2 可知，使用本地寄存器和片上全局缓存的方式相较于使用片外 DRAM 存储能够节省几十至上百倍的能量消耗。

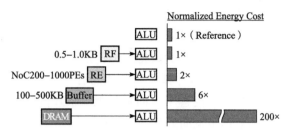

图 2 不同存储结构对应的数据移动消耗的能量[39]

谷歌公司推出的张量处理单元[38]（Tensor Processing Unit，TPU）是空域计算架构的典型代表。图 3 所示是 TPU 的整体架构图，矩阵计算单元（Matrix Multiply Unit，MMU）是 TPU 的核心，它由 256×256 个 ALU 组成，每个 MAC 可以执行 8 位整型相乘相加操作。二维矩阵乘法阵列的输入缓存共有 24MB，包括权重缓存和提供输入特征数据的统一缓存，其输出由位于 MMU 下方的 6MB 大小的累加器存储。TPU 的计算核心采用了脉动阵列的架构，在每一个 ALU 中都有一个寄存器，用于存储权重数据。权重数据由片外加载到阵列中后固定在每一个 ALU 中并保持不动，在计算时，输入数据从左侧依次脉动进入阵列中，在前一个 ALU 使用完成后进入右侧的 ALU 中，计算所得到的部分和数据则向下流入到下一个 ALU 中。采用这种脉动数据流，输入数据与部分和数据在 ALU 之间通过直

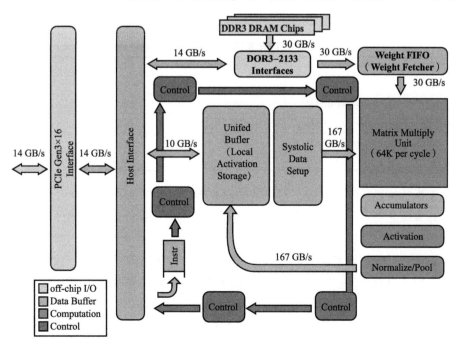

图 3 TPU 的整体架构[38]

接传递实现了复用，权重数据固定在 ALU 中实现了复用。因此 TPU 通过各种数据复用，最小化了与片外存储以及片上全局存储器的交互，降低了数据读写产生的功耗。TPU 与同期的 GPU 或 CPU 相比，处理速度快了 15~30 倍，TOPS/W[⊖]高出了 30~80 倍。

上述采用多级存储的空域计算架构可以在一定程度上减少片上系统间的数据搬运并优化计算能效。但是其存算分离的设计方式导致的能耗仍然在系统能耗中占比较高。因此，如何在上述技术的基础上进一步减少数据搬运，是实现真正意义上的高能效深度网络加速器设计的关键，也是助力边缘计算应用落地的有力保障。为了进一步优化能效，研究者提出了通过缩小存储模块与处理单元的物理距离来降低数据访问功耗和延迟，并通过减少数据访问周期增加数据带宽的近存计算技术。

当下比较主流的近存计算实现路径分为两种：片上嵌入式高密度存储和 3-D 堆栈技术。受数据总线的位宽限制、I/O 的数量、片外布局布线导致的有限频率等因素的影响，片外存储会极大地恶化系统能效比。国内外的研究者发现使用片上嵌入式的存储模块可以有效解决此问题，如嵌入式的 eDRAM[41]、嵌入式 eNVM[42]（包括嵌入式 eFlash[43]）、MARM[44]、RRAM[45,46]以及 PCM[47]。

另一类近存计算通过 Through-Silicon Vias(TSV) 技术实现 DRAM、SRAM 以及 eNVM 在处理器正上方的 3-D 堆栈[48,49]。TSV 技术的优势在于相比常规方式，其连接方式具有更低的电容。因此基于 TSV 的 3-D DRAM 对比常规 2-D DRAM 可以实现更高的访问位宽和 5 倍以上的访问能效优化[52]。与 TSV 类似的 3-D 堆栈技术还有 ThruChip Interface (TCI)[50]和 InterLater Vias(ILV)[51]，两者对比 TSV，特点分别在于更低的生产成本和更高密度的垂直连接。值得注意的是，ILV 具有直接连接内存和处理器的功能。几种基于近存计算架构的深度神经网络加速器性能统计见表 1。

表 1　基于近存计算深度神经网络加速器性能

加速器名称	技术	大小	I/O	位宽
DaDianNao[7]	eDRAM	32MB	On-chip	5580GB/s
Neurocube[22]	Stacked DRAM	2GB	TSV	160GB/s
Tetris[23]	Stacked DRAM	2GB	TSV	128GB/s
Quest[23]	Stacked SRAM	96MB	TCI	28.8GB/s
N3XT[24]	Monolithic 3-D	4GB	ILV	768GB/s

受益于生物神经科学的发展，硬件架构研究者也提出了类似生物神经元存算一体功能的存内计算概念[53,54]。由于传统的冯·诺依曼结构将数据处理和存储分离，深度学习运算过程中输入特征图谱和权重数据均需要从其对应的存储单元读出，频繁的内存数据交互不可避免，因此需要消耗大量能量，如图 4a 所示。根据研究显示，数据搬运的能耗是浮点计算的 4~1 000 倍。随着半导体工艺的进步，虽说总体功耗下降，但数据搬运的功耗占比却越来越大。区别于传统架构，存内计算，即存储和计算融合的方式，在存储器颗粒本身进行模拟运算电路嵌套，使得数据在进入存储模块后可以直接实现数据的运

⊖　评价处理器运算能力的一个性能指标，TOPS/W 用于度量在 1W 功耗的情况下，处理器能进行多少万亿次操作。

算和存储，实现运算的高能效高速率性能，如图 4b 所示。

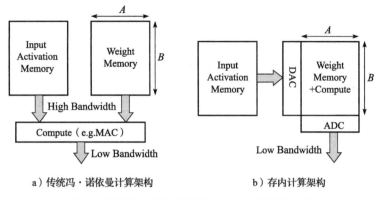

a）传统冯·诺依曼计算架构　　　　　　　b）存内计算架构

图 4　传统冯·诺依曼计算架构和存内计算架构

　　而基于存内计算架构的加速器，因为处理单元兼具逻辑和存储数据的功能，可以有效解决此类问题。当下流行的存内计算架构普遍采用具有非易失特性的器件，如Flash[55,56]、SRAM[57]、DRAM[58] 等充电式内存和 RRAM[46,59]、PCM[60]、STT-RAM[61] 等阻抗式器件。作为存内计算卷积阵列的基础单元，基于基尔霍夫定理，每一列的电流累加等同于一次向量的累加，如图 5 所示。存内计算架构的特点在于利用简单的模拟电路原理实现了复杂的数字 MAC 操作，以及将权重数据以电导的形式直接存入非易失性器件中。相比传统架构，这样的优势在于可以有效减少计算延迟和 I/O 操作。目前，不少存内计算架构的都表现出比较优异的设计性能。

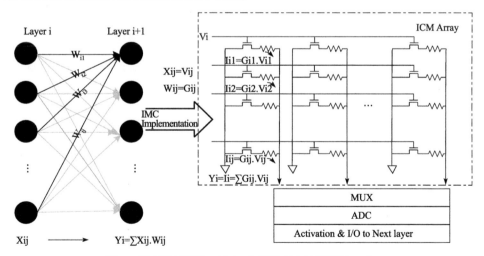

图 5　深度神经网络（左）和等效存内计算设计（右）

　　在国际上，美国 Mythic 公司也推出了首款基于 Flash 的存内计算芯片，其测试的能效比可以达到 4TOPS/W，完整运算一次残差神经网络的功耗仅为 5W。2020 年，佐治亚理工大学的 Shimeng Yu 教授团队实现了基于 3-D NAND Flash 的存算一体，在提高读取速度的同时提高了能效比[55]。

由于新型非易失性器件的性能对于存内计算架构起到决定的作用，预计其市场规模在2025年可能增到40亿美元左右。国外许多公司也展开了对于非易失性器件的研究，其中松下、美光、海力士、Crossbar等厂商很就早开展了ReRAM的研究和生产，其中专注IP授权的Crossbar对ReRAM的基础技术研究走在了前列。在代工方面，中芯国际（SMIC）、台积电（TSMC）和联电（UMC）都已经将ReRAM纳入自己的未来发展版图中。

2.3.2　数据流优化方面

在数据流优化方面，常常采用数据复用来减少对于存储器进行访问，从而达到降低访存功耗的目的。常见的三种数据复用的模式分别为权重数据复用、输出数据复用和输入数据复用，对应地也可以称为权重固定、输出固定和输入固定。

权重数据复用的目的是能够减少反复读取权重数据所导致的功耗。如图6a所示，权重数据读取到每一个PE的寄存器中固定不动，输入数据被广播进入每一个PE中，部分和数据则在PE中流动并进行累加。谷歌的TPU就是采用权重固定数据流模式。

输出数据复用的目的是最小化读取和写入部分和的能量消耗。如图6b所示，具有相同输出激活值的部分和保持在PE中并进行累加操作，输入数据和权重数据则需要广播到每一个PE中。

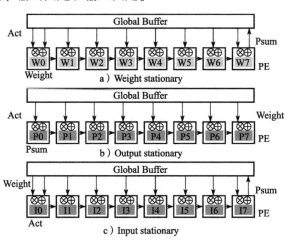

图6　三种数据复用的数据流[39]

输入数据复用的目的是最小化读取输入激活值的能量消耗。如图6c所示，输入激活值被读取到PE内部的寄存器中并保持不动，权重数据被广播进入每一个PE中，部分和数据在PE中流动并进行累加操作。

在美国麻省理工学院Eyeriss[15]芯片架构中，也探索了多种数据复用方式，包括权重固定（Weight Stationary，WS）、输出固定（Output Stationary，OS）以及非本地缓存复用（No Local Reuse，NLR）等，提高数据流复用效率，可以有效节能1.4~2.5倍。

3　国内研究现状

3.1　一体化处理的感算共融架构

在新型传感器器件和阵列化设计的研究领域。清华大学的张莹莹课题组发明了一种可以印制在皮肤表面的电学涂鸦[62]，能够同时检测体表的应力、温度和湿度变化。

在体系架构层次，2019 年，清华大学提出一种混合信号近传感处理架构（Processing Near Sensor Architecture，PNSA）和芯片设计[63]，通过对传感器输出接口进行重新设计，实现了高能效连续时间信号的处理芯片。清华大学还持续构建了面向视觉[64,65]、听觉[66,67]和触觉[68,69]的"感算共融"体系架构[70-72]，包括近传感处理架构和传感内处理架构[73,74]。进一步，针对各类支持神经网络任务的感知处理系统访存代价问题，2015 年，中国科学院计算技术研究所提出的 ShiDianNao 架构是一种典型的近传感计算架构[75]。该架构通过将传感器和处理系统紧密集成，消除了外部访存代价。面向"感算共融"技术体系，清华大学于 2020 年提出近传感存算一体架构（Near Sensor Computing in Memory，NS-CIM），直接将传感器的模拟输出和存算一体阵列的输入连接，并完成信号处理，消除接口代价，提升能量效率。

在应用系统层次，国内，诸如华为公司 HoloSens 智能监控等产品，将 CMOS 图像传感器与终端人工智能芯片结合，可以不间断地进行视野内的人脸或车辆检测、属性识别和比对等业务，并且能够在需要的时候向用户发送报警信息。

3.2 简化优化的深度神经网络

北京邮电大学郭秋山等人[76]通过使用一个门单元，在梯度消失或梯度爆炸发生之前为给定块选择自循环的个数，来处理递归卷积块中的梯度消失问题。他们使用 Gumbel Softmax 技术，对整个训练过程中给定的递归块应该存在的自循环数量做出确定性预测。他们还发现，批归一化是梯度爆炸的根源，因为在训练过程中有不同数量的自循环导致了 11 个统计偏差，影响了移动平均的计算。这可以通过根据依赖于门控单元的自环路的数量对输入进行归一化来解决。当在 Resnet-53 体系结构中使用时，动态递归性能优于较大的 ResNet-101，同时减少了 47% 的参数。

清华大学高等研究院的戴彬等人[77]研究了基于变分信息瓶颈的剪枝技术，他们最小化了变分下限（VLB），通过惩罚其互信息来减少相邻层之间的冗余，以确保每一层包含有用和独特的信息。一个神经元子集被保留，而其余的神经元则被强制使用稀疏正则化（作为其变分信息瓶颈（VIB）框架的一部分）趋向于 0。结果表明，与以往的稀疏正则化方法相比，稀疏诱导正则化方法具有更大的优势。

神经网络架构搜索方面，如由华为诺亚实验室与清华大学合作的 DARTS+方法将早停机制（early stopping）引入到原始的 DARTS（基于梯度的 NAS 代表算法）中，加快搜索速度的同时极大地提升了性能；由中国科学院提出的基于直接稀疏优化的方法 DSO-NAS，在搜索过程中只需要训练一个模型，在很大程度上加快了搜索的速度。

3.3 深度神经网络加速器架构

3.3.1 系统架构方面

中国科学院计算技术研究所设计的专用于深度神经网络处理加速的芯片 DianNao[78]

系列芯片是典型的时域计算架构。DianNao 的整体架构如图 7 所示，包含三个部分：

1）神经计算单元（Neutral Functional Unit，NFU），NFU 整体分为三个部分：NFU-1、NFU-2 以及 NFU-3，它们分别是乘法器阵列、加法或最大值树以及非线性函数部分。

2）按功能分裂的三个缓存，其中 NBin 用于存储输入数据、NBout 用于存储输出数据、SB 用于存储网络参数。

3）控制模块（CP），每个指令分为四个部分，分别是 NBin 指令、NBout 指令、SB 指令和 NFU 指令。

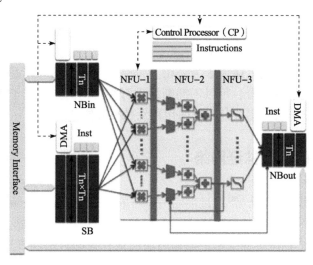

图 7　DianNao 的整体架构[78]

在 DianNao 中，每一条指令可以实现一次矩阵-向量乘法运算。每个指令被解耦后会被发送给四个部分，因此存储器的 load 指令不需要等待 NFU 运算完成，对于三个缓存，执行完当前步骤后立刻执行下一个指令中对应部分的指令，可以实现数据的预取，但是考虑计算正确性，NFU 必须等待运算所需要的数据预存完成后才能执行。相比较于一个 128bit 的 2GHz 的 SIMD 处理器，DianNao 在达到 117.8 倍加速的同时实现 21.08 倍的功耗降低。

清华大学于 2017 年推出了多粒度可重构智能计算架构芯片 Thinker。该架构支持核心运算单元、处理单元（PE）、PE 阵列以及计算模式四个层次的硬件动态重构。在 200MHz 的频率和 1.2V 的电压下，Thinker 的峰值吞吐量达到 409.6GOP，功耗为 386mW。当电压缩小到 0.67V 时，在 10MHz 频率下，吞吐量为 20.4GOP，功耗为 4mW。

在存算一体架构方面，在寒武纪的 DaDianNao[80] 中采用了 eDRAM 来代替 SRAM 作为片上存储来近存计算。例如，在 28nm 的工艺节点下，10MB 的 SRAM 存储器需要 20.73mm^2 的面积，而相同大小和相同技术节点的 eDRAM 存储器需要的面积为 7.27mm^2，即存储密度是其 2.85 倍。在 DaDianNao 中片上集成的 eDRAM 总存储容量达到了 36MB。其中 16×2MB 的 eDRAM 负责存储权重数据，2×2MB 的 eDARM 负责存储输入和输出特征数据，并且每个 tile（2MB 共 4096 列）可以被并行访问，这样的设计使得 DaDiaoNao 的系统访问带宽达到 5580GB/s。

国内知存科技的存算一体技术也已广泛用于持续运行的物联网设备，比如智能家居、可穿戴设备、移动终端以及智慧城市所需要的低功耗边缘计算设备中。

在代工方面，中芯国际（SMIC）、台积电（TSMC）都已经将 ReRAM 纳入自己的未来发展版图中。

3.3.2　数据流优化方面

中国科学院计算技术研究所提出的 DianNao 采用了输出数据复用的计算架构，在 DianNao 的计算架构中，SB 用来存储权重数据，NBin 用来存储输入数据，NFU 用来进行乘加运算，NBout 用来存储输出值，在计算过程中，输出值会暂时存放在寄存器中，直到所有的部分和累加运算完成后才会输出。

清华大学的 Thinker[79] 芯片采用了混合数据复用的数据流。该模式会根据每一层单独分配针对该层最优的数据复用模式。相比于输入数据复用、输出数据复用、权重数据复用，混合模式分别降低了 23.7%、86.9% 和 84.0% 的能耗。

4　国内外研究进展比较

在学术界，本文所提到感算共融架构的一体化处理问题、深度神经网络的简化优化问题以及深度神经网络加速器低能效等问题的研究中都有国内研究者的身影出现。

4.1　一体化处理的感算共融架构

对于感算共融一体化处理问题，国外相对于国内起步较早，但是仅在简单功能实现上有初步工作；而在近年进入后摩尔时代后，国内研究者如清华大学和中国科学院的相关研究团队，逐渐将目光投向感算共融一体化处理问题，并在传感器器件和阵列层次、计算电路层次、处理架构层次，以及应用系统优化层次取得了创新性的研究成果，在短短的几年时间里研究出新的技术体系和感知计算范式，完成的创新研究工作已经达到国际前沿水平。

4.2　简化优化的深度神经网络

神经网络压缩和优化方面，目前国内研究进展不逊色于国外，特别是各种神经网络压缩技术有众多成果相继涌现，清华大学、复旦大学以及微软中国等高校和机构均保持较为火热的研究热情，在各大会议期刊中占有不小的成果产出，腾讯、百度等大型互联网企业也有所涉及，国内整体研究进展已经达到国际前沿水平。神经网络架构搜索技术也是研究的热门方向，早期的开创性工作主要由国外研究学者主导，如谷歌公司最早提出了基于强化学习的方法。之后 NAS 研究受到越来越多的关注，国内企业和高校研究团队也迅速投入，目前已经取得了一些突破性的进展，不仅在加快搜索速度和提高模型准确率方面有较多成果，也提出了不少搜索的基本算法原理。

4.3　深度神经网络加速器架构

目前对于深度神经网络相关人工智能应用的加速器研究主要集中于 GPU、FPGA、ASIC 这三种传统 CMOS 平台中。其中，GPU 这类通用处理器占据市场主要份额，目前英伟达公司是 GPU 加速深度神经网络架构研究领域的佼佼者。英伟达旗下的产品线覆盖自动驾驶、高性能计算、云计算、游戏视觉等多个领域，其发布的针对自动驾驶的车载芯片 Xavier 能效比更是可以达到惊人的 10000TOPS/W，并将被搭载在国内电动汽车品牌小鹏汽车的新一代产品中。目前，长沙景嘉微公司是国内 GPU 市场的主要参与者也是唯一自主研发 GPU 并商用的中国公司。但是受限于代工和发展水平，景嘉微公司生产的 GPU 落后于英伟达同类竞品数代。GPU 加速深度神经网络的应用主要集中于云端训练，采用 CPU 调配+GPU 加速的模式。由于半导体节点工艺正在接近其物理极限，通用处理器的性能增长也愈发缓慢。时至今日，无线移动网络技术的不断成熟带来了数据的爆炸式增加，社会生产生活对于高性能计算的需求并没有随着摩尔定律的终结而减缓。恰恰相反，人工智能、物联网等新兴应用对芯片算力、能耗、成本等方面提出了更高的要求。因此，从长远角度来看，随着计算场景的不断细化，支持特定领域架构（Domain- Specific Architecture，DAS）的异构计算系统如 FPGA、ASIC 等平台更具发展前景。谷歌公司研发的 TPU 便是此类特定领域架构在深度神经网络应用落地的有力佐证。于 2016 年发布的 TPU 是针对 TensorFlow 等机器学习平台打造的，对比 GPU 可以在相同时间内处理更加复杂和强大的深度神经网络模型，并实现 15~30 倍的速度提升和 30~80 倍的能效比提升。在国内，致力于类似专用芯片（AISC）研究的寒武纪公司，其基于 DianNao NFU 开发的 Cambricon 系类芯片也被广泛关注，DiaoNao NFU 同时也被华为海思麒麟 980 所搭载。FPGA 平台在深度神经网络加速器架构研究上具有大算力、低功耗、高灵活度和低成本的特点。FPGA 可以同时进行数据并行和任务并行计算，在特定领域架构下优势显著；同时相比 X86 架构，FPGA 可以规避指令和译码操作，大幅减少功耗和开销；得益于其可重构特性，FPGA 芯片可以灵活控制下层硬件设备，并为深度神经网络的迭代优化提供了巨大的空间。因为上述优点，FPGA 被广泛应用于人工智能应用云端和终端的推理中，国外的亚马逊和微软都推出了基于 FPGA 的云端计算服务，国内的腾讯和阿里巴巴也在 2017 推出了各自的 FPGA 服务。从整个 FPGA 市场来看，国外公司处于垄断地位，其中以赛灵思和英特尔为代表，二者合计占总市场份额的 90% 以上。国内 FPGA 公司的代表有高云半导体、紫光同创等，由于起步较晚，和国外差距明显。值得注意的是，随着新型指令集 RISC- V 的不断发展，FPGA 平台在整体片上系统设计以及深度神经网络优化的作用越来越重要。

国外公司或科研机构的技术在传统 CMOS 平台加速器研究领域中遥遥领先，与此情况不同的是，基于新型非易失性器件的加速器架构研究国内外目前处于同一起跑线。在国内，清华大学的吴华强教授团队与台湾"清华大学"的张孟凡教授团队合作实现了基于 ReRAM 器件的存算一体加速器架构，达到了 78.4TOPS/W 的能效比（超过大部分通用加速器）[89]，并于 2020 在 ISSCC 联合发表论文。在产业界，知存科技设计的基于 NOR Flash 存算一体加速器架构，可以完成毫瓦级的大规模网络计算性能，目前最优性能可以达到 20TOPS/W 的能效比，可以支持健康检测、语音识别等深度神经网络模型在边缘设备的落地。昕原半导体在 ReRAM Crossbar 的基础上实现了技术核心升级和工艺制程的改进，实现 28nm 量产，并且已建成自己的首条量产线，拥有了垂直一体化存储器设计加制造的能力。兆易创新和 Rambus 宣布合作建立合资企业合肥睿科微（Reliance Memory），进行 ReRAM 技术的商业化，但目前还无量产消息。在国际上，Mythic 公司也推出了基于 NOR Flash 器件的存算一体架构，其峰值能效比能达到 4TOPS/W 左右。IBM 公司是较早开始存算一体研究的公司，其对于 PCM 器件在存算一体加速器架构的领域处于国际领先地位。IBM 公司设计的 PCM 存算一体加速器架构可以达到 12TOPS/W 的能效比，其成果于 2020 年发表于 *Nature* 杂志[90]。在国内，学术界和工业界在深度神经网络加速器低能耗问题上取得了不错的研究成果，希望有更多的研究者加入进来，共同参与到智能感知边缘智能芯片的研究工作中。

5　发展趋势与展望

5.1　一体化处理的感算共融架构

随着物联网和人工智能技术的发展，具有智能感知能力的终端边缘设备逐渐走进人们的日常生活。边缘感知系统的应用领域主要包括安防监控、自动驾驶、智能制造，以及生活娱乐的便携式和穿戴式设备等多个方面，市场潜力巨大。

在国家战略层面，智能传感器技术已经成为支撑"中国制造 2025"等重大国家战略的基础技术，对于促进产业机构升级和经济社会绿色可持续发展具有重要意义[81]。边缘感知系统作为物联网基础设施具有重要的研究价值。工业和信息化部发布的《信息通信行业发展规划》[82]中明确指出，要进一步推动物联网感知设施规划布局，制定感知技术和设备标准，推动感知技术与智能制造融合等。在"十四五"信息光子与微纳电子技术研究计划中，包括"存算融合、模拟计算、传感计算融合"的新架构新系统核心芯片也是重点研究课题。2020 年 10 月，美国 SRC 与 SIA 也在同一时期联合发布半导体技术未来 10 年发展预测（Decadal Plan for Semiconductor）[83]，其中提到的 5 项关键技术中排名第一位的即为基于模拟硬件的智能感知技术。集成智能感知技术已经成为商业市场关注的热点，也是大国竞争中的核心技术之一。

5.2   简化优化的深度神经网络

随着神经网络规模的不断扩大，神经网络压缩技术也不断吸引研究人员的注意，在神经网络的权值共享、模型剪枝、量化、张量分解、知识蒸馏和网络结构搜索等多方面已经进行了大量的工作。但是，以上的提到的许多方法，特别是模型剪枝，仍然是多年前提出的技术[84]，神经网络压缩技术仍然处在相对早期的发展阶段。

未来神经网络压缩的发展趋势可以概述为以下几个方向。第一是不同压缩技术的组合。Han 等人结合量化、模型剪枝和霍夫曼编码做了一定的探索[85]，但是没有明确该使用什么技术组合和什么顺序来获得期望的压缩效果。从实用的角度出发，明确组合关系和顺序十分必要的。第二是基于神经网络压缩的元学习[86]。在知识蒸馏方向，通过元学习这些更大的教师网络是如何学习的，将有助于提高学生网络的性能和收敛性[87,88]，这一方向的研究尚且较少。第三是提高对神经网络压缩技术的泛化性的认识。与随机初始化的训练模型不同，研究压缩技术的泛化性需要一个新的概括范式来理解压缩在不同类型下的工作原理，这对于统筹提高压缩技术是十分有价值的。

神经网络结构搜索的未来发展方向可能有以下几方面：一是将 NAS 应用于更多类型的任务。目前很多工作主要关注针对图像分类问题的网络结构搜索，这主要是因为分类网络的搜索空间相对容易定义，且很多高质量的分类数据集常常作为网络评估的基准。目前已经有一些将 NAS 应用于语义分割[89]、迁移学习[90]、机器翻译[91]、强化学习[92]等领域的工作。二是将 NAS 扩展为多任务或多目标问题。目前 NAS 的主要目标是网络的准确率表现，而网络的计算消耗和泛化能力同样是重要的因素，可以一起作为 NAS 的目标。多目标 NAS 与网络压缩问题具有很高的相关性，两者都是为了寻找更优的网络结构，某些压缩方法可以看作特殊的 NAS 方法[93,94]。多目标 NAS 能够从更多的角度对网络结构进行优化。

5.3   深度神经网络加速器架构

随着网络模型的复杂度增加，对于芯片计算能力的要求越来越高，CPU/GPU 的通用性虽然更好，但是其计算效率低下。目前专用于深度神经网络处理的芯片虽然在计算效率上更有优势，但是其通用性不够强，因此，在未来的人工智能芯片设计的发展上，可重构智能将会是一个重要的趋势。

由于在处理深度神经网络的过程中需要大量的数据迁移，传统的冯·诺依曼架构"内存墙"的问题日益突出，因此未来存算一体也将会是智能芯片设计的一大趋势。在国家"十四五"规划纲要中，在加强原创性引领性科技攻关方面，"先进存储技术"被列入"科技前沿领域公关"重点领域。传统存储器邻域，先进技术长期掌握在美国、韩国和日本等国家；而在 ReRAM 等新型存储器的发展上，中国与其他国家站在同一起跑线上，有机会诞生下一个海力士和美光。

6　结束语

中美经贸摩擦爆发以来，我国在核心基础零部件、先进基础工艺、基础软件产品、高端通用芯片以及高端制造装备等关键领域的核心技术受制于人的问题日益凸显。随着世界格局进入大调整、大变革的新阶段，出现以科技竞争为核心的全面竞争态势，我国发展将面临更加复杂严峻的政治经济环境。关键核心技术受制于人是影响我国经济高质量发展和国家安全的最大隐患，必须要把攻克关键核心技术作为重中之重，从根本上改变受制于人的局面，掌握竞争和发展的主动权。解决国家关键核心技术"卡脖子"问题、提升自主创新能力、掌握关键核心技术是我国建设世界科技强国的必由之路，也是在国际产业竞争中实现弯道超越的必然选择。

致谢

感谢南方科技大学深港微电子学院杜来民、周浩翔以及清华大学电子工程系贾尼别克·阿达力别克等同学在本文撰写过程中给予的帮助和支持。

参考文献

[1]　International Data Corporation. IDC's IoT Growth Expection[EB/OL]. (2019-06-18)[2021-07-15]. https://www.idc.com/getdoc.jsp? containerId=prUS45213219.

[2]　SETHI P, SARANGI S R. Internet of Things：Architectures, Protocols, and Applications[J]. Journal of Electrical and Computer Engineering, 2017, Article ID 9324035, doi：10.1155/2017/9324035.

[3]　SHI W, CAO J, ZHANG Q, et al. Edge Computing：Vision and Challenges[J]. IEEE Internet of Things Journal, 2016, 3(5)：637-646, doi：10.1109/JIOT. 2016. 2579198.

[4]　李桂宏，乔飞. 面向边缘智能设备的持续感知集成电路与系统[J]. 微纳电子与智能制造, 2019 (1)：47-61.

[5]　FORCHHEIMER R, ASTROM A. Near-sensor image processing：a new para-digm[J]. IEEE Transactions on Image Processing, 1994,3(6)：736-746, doi：10.1109/83. 336244.

[6]　WALDROP MM. The chips are down for Moore's law[J]. Nature, 2016, 530(7589)：144-147, doi：10. 1038/530144a. PMID：26863965.

[7]　ESMAEILZADEH H, BLEM E, AMANT R S, et al. Dark silicon and the end of multicore scaling[C]. 2011 38th Annual International Symposium on Computer Architecture (ISCA), San Jose, CA, USA, 2011：365-376.

[8]　YIN X. Cross-Layer Integrated Designs for Energy Efficient Computing[D]. South Bend：University of Notre Dame, 2019.

[9]　DIN S, XU W, CHENG L K, et al. A Stretchable Multimodal Sensor for Soft Robotic Applications[J]. IEEE Sensors Journal, 2017, 17(17): 5678-5686. doi: 10. 1109/JSEN. 2017. 2726099.

[10]　LEE V T, ALAGHI A, HAYES A, et al. Energy-efficient hybrid stochastic-binary neural networks for near-sensor computing[C]. Design, Automation & Test in Europe Conference & Exhibition (DATE), Lausanne, Switzerland, 2017: 13-18, doi: 10. 23919/DATE. 2017. 7926951.

[11]　BADAMI K M H, LAUWEREINS S, MEERT W, et al. A 90 nm CMOS, 6μW Power-Proportional Acoustic Sensing Frontend for Voice Activity Detection[J]. IEEE Journal of Solid-State Circuits, 2016, 51(1): 291-302, doi: 10. 1109/JS-SC. 2015. 2487276.

[12]　YOUNG C, OMID-ZOHOOR A, LAJEV-ARDI P, et al. A Data-Comp-ressive 1. 5/2. 75-bit Log-Gradient QV-GA Image Sensor With Multi-Scale Readout for Always-On Object Detection[J]. IEEE Journal of Solid-State Circuits, 2019, 54(11): 2932-2946, doi: 10. 1109/JSSC. 2019. 2937437.

[13]　BANKMAN D, YANG L, MOONS B, et al. An alwayson 3. 8μJ/86% CIFAR-10 mixed-signal binary CNN processor with all memory on chip in 28nm CMOS[C]. 2018 IEEE International Solid-State Circuits Conference-(ISSCC), San Francisco, CA, USA, 2018: 222-224, doi: 10. 1109/ISSCC. 2018. 8310264.

[14]　LIKAMWA R, HOU Y, GAO Y, et al. RedEye: Analog ConvNet Image Sensor Architecture for Continuous Mobile Vision[C]. 2016 ACM/IEEE 43rd Annual International Symposium on Computer Architecture (ISCA), Seoul, Korea (South), 2016: 255-266, doi: 10. 1109/ISCA. 2016. 31.

[15]　CHEN Y, KRISHNA T, EMER J S, et al. Eyeriss: An Energy-Efficient Reconfigurable Accelerator for Deep Convolutional Neural Networks[J]. IEEE Journal of Solid-State Circuits, 2017, 52(1): 127-138, doi: 10. 1109/JSSC. 2016. 2616357.

[16]　CHEN Y, YANG T, EMER J, et al. Eyeriss v2: A Flexible Accelerator for Emerging Deep Neural Networks on Mobile Devices[J]. IEEE Journal on Emerging and Selected Topics in Circuits and Systems, 2019, 9(2): 292-308, doi: 10. 1109/JETCAS. 2019. 2910232.

[17]　M R, G H, D T. A Survey on Deep Neural Network Compression: Challenges, Overview, and Solutions [J]. arXiv preprint arXiv: 2010. 03954.

[18]　KAUR T, GANDHI T K. Automated Brain Image Classification Based on VGG-16 and Transfer Learning[C]. 2019 International Conference on Information Technology (ICIT), 2019: 94-98, doi: 10. 1109/ICIT48102. 2019. 00023.

[19]　ALIPPI C, DISABATO S, ROVERI M. Moving Convolutional Neural Networks to Embedded Systems: The AlexNet and VGG-16 Case [C]. 2018 17th ACM/IEEE International Conference on Information Processing in Sensor Networks (IPSN), 2018: 212-223, doi: 10. 1109/IPSN. 2018. 00049.

[20]　OZTEL I. Human Detection System using Different Depths of the Resnet-50 in Faster RCNN[C]. 2020 4th International Symposium on Multidisciplinary Studies and Innovative Technologies (ISMSIT), 2020: 1-5, doi: 10. 1109/ISMSIT50672. 2020. 9255109.

[21]　INAN H, KHOSRAVI K, SOCHER R. Tying word vectors and word classifiers: A loss framework for language modeling[J]. arXiv preprint arXiv:1611. 01462, 2016.

[22]　J NOWLAN S, HINTON G E. Simplifying neural networks by soft weight-sharing[J]. Neural computation, 1992,4(4):473-493.

[23]　ULLRICH K, MEEDS E, WELLING M. Soft weight-sharing for neural network compression[J]. arXiv preprint arXiv:1702. 04008, 2017.

[24]　DALLY-W. High-performance hardware for machine learning[C]. NIPS Tutorial, 2015.

[25]　YU R, LI A, CHEN C F, et al. Nisp: Pruning networks using neuron importance score propagation[C].

Proceedings of the IEEE Conference on Computer Vision and Pattern Recognition, 2018: 9194-9203.

[26] LEE N, AJANTHAN T, TORR P HS. Snip: Single-shot network pruning based on connection sensitivity[J]. arXiv preprint arXiv:1810.02340, 2018.

[27] LI H, KADAV A, DURDANOVIC I, et al. Pruning filters for efficient convnets[J]. arXiv preprint arXiv:1608.08710, 2016b.

[28] NOVIKOV A, PODOPRIKHIN D, OSOKIN A, et al. Tensorizing neural networks[C]. Advances in neural information processing systems, 2015: 442-450.

[29] XUE J, LI J, GONG Y. Restructuring of deep neural network acoustic models with singular value decomposition[C]. Interspeech, 2013: 2365-2369.

[30] MIRZADEH S I, FARAJTABAR M, LI A, et al. Improved knowledge distillation via teacher assistant: Bridging the gap between student and teacher[J]. arXiv preprint arXiv:1902.03393, 2019.

[31] HINTON G, VINYALS O, DEAN J. Distilling the knowledge in a neural network[J]. arXiv preprint arXiv:1503.02531, 2015.

[32] BUCILU Ã C, CARUANA R, NICULESCU-MIZI A. Model compression[C]. Proceedings of the 12th ACM SIGKDD international conference on knowledge discovery and data mining, ACM, 2006:535-541.

[33] ZOPH B, LE Q V. Neural architecture search with reinforcement learning[J]. arXiv preprint arXiv:1611.01578, 2016.

[34] REAL E, MOORE S, SELLE A, et al. Large-scale evolution of image classifiers[C]. International Conference on Machine Learning, PMLR,2017:2902-2911.

[35] LIU H, SIMONYAN K, YANG Y. Darts: Differentiable architecture search[J]. arXiv preprint arXiv:1806.09055,2018.

[36] WU B, DAI X, ZHANG P, et al. Fbnet: Hardware-aware efficient convnet design via differentiable neural architecture search[C]. Proceedings of the IEEE/CVF Conference on Computer Vision and Pattern Recognition,2019: 10734-10742.

[37] MITTAL S. A Survey on optimized implementation of deep learning models on the NVIDIA Jetson platform, Journal of Systems Architecture, 2019, 97: 428-442.

[38] JOUPPI N P. et al. In-datacenter performance analysis of a tensor processing unit[C]. Proceedings of the 44th annual international symposium on computer architecture, 2017: 1-12.

[39] SZE V, CHEN Y H, YANG T J, et al. Efficient processing of deep neural networks: A tutorial and survey[J]. Proceedings of the IEEE, 2017, 105(12): 2295-2329.

[40] MCLELLAN P. Vision C5 DSP for standalone neutral network processing[EB/OL]. (2017-05-01) [2021-07-15]. https://community.cadence.com/cadence_blogs_8/b/breakfast-bytes/posts/vision-c5.

[41] KEITEL-SCHULZ D, WEHN N. Embedded DRAM development: Technology, physical design, and application issues[J]. IEEE Design & Test of Computers, 2001, 18(3): 7-15.

[42] CHEN A. A review of emerging nonvolatile memory (NVM) technologies and applications[J]. Solid-State Electronics, 2016, 125: 25-38.

[43] CAPPELLETTI P, GOLLA C, OLIVO P, et al. Flash memories[M]. Berlin: Springer Science & Business Media, 2013.

[44] GOLONZKA O, et al. MRAM as embedded nonvolatile memory solution for 22FFL FinFET technology[C]. 2018 IEEE International Electron Devices Meeting (IEDM), 2018: 18.1.1-18.1.4.

[45] GOLONZKA O, et al. Nonvolatile RRAM embedded into 22FFL FinFET technology[C]. 2019 Symposium on VLSI Technology, 2019: T230-T231.

[46] XUE C X. et al. Embedded 1Mb ReRAM-Based Computing-in-Memory Macro With Multibit Input and Weight for CNN-Based AI Edge Processors[J]. IEEE Journal of Solid-State Circuits, 2020, 55(1): 203-215.

[47] DE SANDRE G, et al. A 90nm 4Mb embedded phase-change memory with 1.2V 12ns read access time and 1MB/s write throughput[C]. 2010 IEEE International Solid-State Circuits Conference (ISSCC), 2010: 268-269

[48] HUANG H T, ZHUO C, REN F B, et al. A Compressive-sensing based Testing Vehicle for 3D TSV Pre-bond and Post-bond Testing Data[C]. ACM International Symposium on Physical Design, 2016: 19-25, doi: 10.1145/2872334.2872351.

[49] CHUA S L, RAZZAQ A, WEE K H, et al. 3D CMOS-MEMS Stacking with TSV-less and Face-to-Face Direct Metal Bonding [C]. IEEE Symposium on VLSI Technology, 2014, doi: 10.1109/VLSIT. 2014.6894410.

[50] STANFORD E. Low-Cost 3D Chip Stacking with ThruChip Wireless Connections[C]. 2014 IEEE HCS, 2014(1): 1-37.

[51] KIM D, KUNG J, CHAI S, et al. Neurocube: A programmable digital neuromorphic architecture with high-density 3D memory [C]. 2016 ACM/IEEE 43rd Annual ISCA, 2016, 44(3): 380-392.

[52] SZE V, CHEN Y H, YANG T J, et al. Efficient processing of deep neural networks[J]. Synthesis Lectures on Computer Architecture, 2020, 15(2): 1-341.

[53] SEBASTIAN A, M Le GALLO, KHADDAM-ALJAMEH R, et al. Memory devices and applications for in-memory computing[J]. Nature Nanotechnol, 2020, 15(7): 529-544.

[54] CHEN Y, et al. Neuromorphic computing's yesterday, today, and tomorrowan evolutional view[J]. Integration, 2018(61): 49-61.

[55] SHIM W, JIANG H, PENG X, et al. Architectural design of 3D NAND flash based compute-in-memory for inference engine[C]. The International Symposium on Memory Systems, 2020: 77-85.

[56] HAN R, et al. A Novel Convolution Computing Paradigm Based on NOR Flash Array With High Computing Speed and Energy Efficiency [J]. IEEE Transactions on Circuits and Systems I: Regular Papers, 2019, 66(5): 1692-1703.

[57] SINANGIL M E, et al. A 7nm Compute-in-Memory SRAM Macro Supporting Multi-Bit Input, Weight and Output and Achieving 351 TOPS/W and 372.4 GOPS[J]. IEEE Journal of Solid-State Circuits, 2021, 56(1): 188-198.

[58] LI S, NIU D, MALLADI K T, et al. DRISA: A DRAM-based Reconfigurable In-Situ Accelerator[C]. 2017 50th Annual IEEE/ACM International Symposium on Microarchitecture (MICRO), 2017.

[59] CHENG Y, WANG C, CHEN H B, et al. A large-scale in-memory computing for deep neural network with trained quantization [J]. Integration, 2019, 69: 345-355.

[60] KIM S, et al. NVM neuromorphic core with 64kcell (256-by-256) phase change memory synaptic array with on-chip neuron circuits for continuous in-situ learning [C]. 2015 IEEE International Electron Devices Meeting (IEDM), 2015: 17.1.1-17.1.4.

[61] MAHMOUDI H, WINDBACHER T, SVERDLOV V, et al. Implication logic gates using spin-transfer-torque-operated magnetic tunnel junctions for intrinsic logic-in-memory [J]. Solid-State Electronics, 2013, 84: 191-197.

[62] WANG, SHENGJIE & LIANG S, WANG X, et al. Self-Healable Multifunctional Electronic Tattoos Based on Silk and Graphene[J]. Advanced Functional Materials. 2019(16): 1808695.1-8, doi: 10.1002/

adfm. 201808695.

[63] CHEN Z, et al. Processing Near Sensor Architecture in Mixed-Signal Do-main With CMOS Image Sensor of Convolutional-Kernel-Readout Method [J]. IEEE Transactions on Circuits and Systems I: Regular Papers, 2020,67(2): 389-400, doi: 10. 1109/TCSI. 2019. 2937227.

[64] CHEN Z, ZHU H F, REN E, et al. Processing Near Sensor Architecture in Mixed-Signal Domain With CMOS Image Sensor of Convolutional-Kernel-Readout Method [J]. IEEE TRANSACTIONS ON CIRCUITS AND SYSTEMS-I: REG-ULAR PAPERS, 2020, 67(2): 389-400, doi: 10. 1109/TCSI. 2019. 2937227.

[65] FAN Z, LIU Z, QU Z, et al. ASP-SIFT: Using Analog Signal Processing Architecture to Accelerate Keypoint Detection of SIFT Algorithm [J]. IEEE TRANSACTIONS ON VERY LARGE SCALE INTEGRATION (VLSI) SYSTEMS. 2020, 28(1): 198-211, doi: 10. 1109/TVLSI. 2019. 2936818.

[66] LI Q, LIU C, DONG P, et al. NS-FDN: Near-Sensor processing ar-chitecture of Feature-configurable Dist-ributed Network for beyond-real-time always-on keyword spotting [J]. IEEE TRANSACTIONS ON CIRCUITS AND SYSTEMS-I: REGULAR PAPERS, 2021,5(68): 1892-1905, doi: 10. 1109/TCSI. 2021. 3059649.

[67] LI Q, LIN S, LIU C, et al. NS-KWS: Joint Optimization of Near-Sensor Processing Architecture and Low-Precision GRU for Always-On Keyword Spotting [C]. Proceedings of the ACM/IEEE International Symposium on Low Power Electronics and Design (ISLPED' 20). Association for Computing Machinery, New York, NY, USA, 2020: 97-102. doi: https://doi. org/10. 1145/3370748. 3407001.

[68] FAN T, LIU Z, LUO Z, et al. Analog Sensing and Computing Systems with Low Power Consumption for Gesture Recognition [C]. Advanced Intelligent Systems, 2020 (invited paper).

[69] TIAN X, LIU Z, WU X, et al. Dualmode Sensor and Actuator to Learn Human Hand Tracking and Grasping [J]. IEEE Transactions on Electron Devices, 2019, 66(12): 5407-5410, doi: 10. 1109/TED. 2019. 2949583.

[70] JIA K, LIU Z, WEI Q, et al. Calibrating Process Variation at System Level with In-Situ Low-Precision Tra-nsfer Learning for Analog Neural Ne-twork Processors [C]. 2018 55th ACM/ESDA/IEEE Design Automation Conference (DAC), San Francisco, CA, 2018: 1-6, doi: 10. 1109/DAC. 2018. 8465796.

[71] LIU Z, JIA K, LIU W, et al. INA: Incremental Network Approximation Algorithm for Limited Precision Deep Neural Networks [C]. 2019 International Conference On Computer-Aided Design (ICCAD), Westminster, CO, USA, 2019: 1-7, doi: 10. 1109/IC-CAD45719. 2019. 8942054.

[72] LI Q, DONG P, YU Z, et al. Puncturing the memory wall: Joint optimization of network compression with approximate memory for ASR application [C]. Proceedings of the 26th Asia and South Pacific Design Automation Conference (ASPDAC' 21). Association for Computing Machinery, New York, NY, USA, 2021: 505-511, doi:https://doi. org/10. 1145/3394885. 3431512.

[73] XU H, LI Z, LIN N, et al. MACSen: A Processing-In-Sensor Architecture Integrating MAC Operations into Image Sensor for Ultra-Low-Power BNN-Based Intelligent Visual Perception [J]. IEEE Transactions on Circuits and Systems II: Express Briefs (Early Access), 2021, 68(2): 627-631, doi: 10. 1109/ TCSII. 2020. 3015902.

[74] XU H, NAZHAMAITI M, LIU Y, et al. Utilizing Direct Photocurrent Computation and 2D Kernel Scheduling to Improve In-Sensor-Processing Efficiency [C]. 2020 57th ACM/IEEE Design Automation Conference (DAC), San Francisco, CA, USA, 2020: 1-6, doi: 10. 1109/DAC18072. 2020. 9218622.

[75] DU Z, et al. ShiDianNao: Shifting vision processing closer to the sensor [C]. 2015 ACM/IEEE 42nd

Annual International Symposium on Computer Architecture (ISCA), Portland, OR, USA, 2015: 92-104, doi: 10. 1145/2749469. 2750389.

[76] GUO Q, YU Z, WU Y, et al. Dynamic recursive neural network [C]. Proceedings of the IEEE Conference on Computer Vision and Pattern Recognition, 2019a: 5147-5156.

[77] DAI B, ZHU C, WIPF D. Compressing neural networks using the variational information bottleneck [J]. arXiv preprint arXiv:1802. 10399, 2018.

[78] CHEN T, et al. Diannao: A small-footprint high-throughput accelerator for ubiquitous machine-learning [J]. ACM SIGARCH Computer Architecture News, 2014, 42(1): 269-284.

[79] YIN S, OUYANG P, TANG S, et al. A 1. 06-to-5. 09 TOPS/W reconfigurable hybrid-neural-network processor for deep learning applications[C]// Symposium on Vlsi Circuits. IEEE, 2017:C26-C27.

[80] CHEN Y, et al. Dadiannao: A machine-learning supercomputer[C]. 2014 47th Annual IEEE/ACM International Symposium on Microarchitecture, 2014: 609-622.

[81] 工业和信息化部. 中国制造 2025 [EB/OL]. (2015-05-19) [2021-07-15]. https://www. miit. gov. cn/ ztzl/lszt/zgzz2025/index. html.

[82] 工业和信息化部. 信息通信行业发展规划物联网分册 (2016—2020 年) [EB/OL]. (2017-01-19) [2021-07-15]. http://www. cac. gov. cn/1120346943-14848195603981n. doc.

[83] SRC, SIA Decadal Plan for Semiconductors[EB/OL]. (2020-10-15) [2021-07-15]. https://community. cadence. com/cadence-blogs_8/b/breakfast-bytes/posts/src-sia-decadal-plan-for-semiconductors.

[84] CLEARY J, WITTEN I. Data compression using adaptive coding and partial string matching[J]. IEEE transactions on Communications, 1984, 32(4):396-402.

[85] HAN S, MAO H, DALLY W J. Deep compression: Compressing deep neural networks with pruning, trained quantization and huffman coding[J]. arXiv preprint arXiv:1510. 00149, 2015.

[86] SCHMIDHUBER U. Evolutionary principles in self-referential learning, or on learning how to learn: the meta-meta-... hook[D]. München: Technische Universitat Munchen, 1987.

[87] ANDRYCHOWICZ M, DENIL M, GOMEZ S, et al. Learning to learn by gradient descent by gradient descent[J]. Advances in neural information processing systems, 2016: 3981-3989.

[88] SAXE A M, BANSAL Y, DAPELLO J, et al. On the information bottleneck theory of deep learning. Journal of Statistical Mechanics: Theory and Experiment, 2019(12):124020.

[89] CHENG Y, WANG D, ZHOU P, et al. Model compression and acceleration for deep neural networks: The principles, progress, and challenges[J]. IEEE Signal Process. Mag. , 2018, 35(1):126-136.

[90] WONG C, HOULSBY N, LU Y, et al. Transfer learning with neural automl[J]. Advances in Neural Information Processing Systems 31, 2018: 8366-8375.

[91] SO D R, LIANG C, LE Q V. The evolved transformer[J]. arXiv preprint, 2019.

[92] RUNGE F, STOLL D, FALKNER S, et al. Learning to design RNA[C]. International Conference on Learning Representations, 2019.

[93] LIU Z, LI J, SHEN Z, et al. Learning efficient convolutional networks through network slimming[C]. 2017 IEEE International Conference on Computer Vision (ICCV), 2017: 2755-2763.

[94] GORDON A, EBAN E, NACHUM O, et al. Morphnet: Fast and simple resource-constrained structure learning of deep networks [C]. The IEEE Conference on Computer Vision and Pattern Recognition (CVPR), 2018.

作者简介

余　浩　南方科技大学深港微电子学院，长聘教授，副院长。研究方向为高性能集成电路设计，包括人工智能芯片、传感器 SOC 芯片、太赫兹通信芯片等的设计。现任 CCF 高级会员。

乔　飞　清华大学电子工程系，副研究员，研究方向为低功耗集成电路设计、"感算共融"智能感知集成电路和系统。现任 CCF 高级会员，嵌入式系统专委会委员，集成电路设计专业组委员和智能机器人专业组委员。

毛　伟　南方科技大学深港微电子学院，研究助理教授，副研究员，研究方向为人工智能芯片和模数转换芯片。现任 CCF 会员。

刘哲宇　清华大学电子工程系博士后，研究方向为近传感计算架构和芯片设计。

李　钦　清华大学电子工程系博士生，研究方向为低功耗声学感知芯片设计。

许　晗　清华大学电子工程系博士生，研究方向为低功耗视觉感知芯片设计。

刘定邦　南方科技大学深港微电子学院博士生，研究方向为存算一体芯片设计。

李书玮　南方科技大学深港微电子学院博士生，研究方向为深度学习算法。

众测理论与方法的研究进展与趋势

CCF 容错计算专业委员会

黄　松[1]　王崇骏[2]　陈振宇[2]　史涯晴[1]　刘　雯[3]　郑长友[1]　吴开舜[1]　陈　浩[1]
刘　哲[4]　张　杰[2]　李玉莹[2]　蒋　力[5]　孙金磊[1]　阳　真[1]　黄一帆[6]

[1]陆军工程大学，南京
[2]南京大学，南京
[3]航天中认软件测评科技（北京）有限责任公司，北京
[4]中国科学院软件研究所，北京
[5]上海交通大学，上海
[6]伊利诺伊理工大学，芝加哥

摘　　要

众测是一种基于众包模式进行信息产品测试的新型服务模式，其依托互联网，采用分布、协作的方式开展测试，可协同测试需求和测试资源，聚合形成规模效益，具有典型的共享经济特征，其变革了传统的测试服务模式，得到了学术界和工业界广泛的关注。本文系统地讲述了近年来软件众测领域国内外研究的学术文献以及工业界实践进展：①从学术研究主题演变、众测的基本工作流程与服务模式，给出众测的基本概念；②围绕众测理论与方法，从众测的激励机制、协同机制、信任机制、质量评估技术和测试技术五个方面分析并总结了学术界国内外研究现状；③从测试领域、测试类型、测试对象、交付时间、众测人员的招募方式、报酬计算机制、能力提升机制等方面分析对比了当前应用最广泛的 10 个众测服务平台；④探讨了众测的未来发展趋势、机遇和挑战。

关键词：众测，激励，协同，信任，质量评估，服务模式，众测平台

Abstract

Crowdsourced testing, based on crowdsourcing, is a newest service mode to conduct a test on information products. Relying on the Internet, crowdsourced testing carries out test tasks in a distributed and collaborative manner. Crowdsourced testing collaborative testing requirements and testing resources, aggregate to form economies of scale and ensures a wide range of characteristics of sharing economy. It changes the traditional test service mode and gets the wide attention among academia and industry. Summarizing recent academic literature and industrial practice progress in the field of software crowdsourced testing systematically, this paper ① describes the basic concept of crowdsourced testing from the evolution of academic research theme, basic workflow, and service mode of crowdsourced testing; ② analyzes and summarizes the research status of domestic and international academia based on crowdsourced testing concepts and methods in five aspects: incentive mechanism,

collaboration mechanism, trust mechanism, quality evaluation technology, and testing technology;
③ makes the comparison among the current ten most widely used crowdsourced testing platforms in test
field, test type, test object, delivery period, recruitment method of crowdsourced testing personnel,
crowdsourced testing reward mechanism, testing ability promotion mechanism and so on; ④ discusses
the future development trends, opportunities, and challenges of crowdsourced testing.

Keywords: crowdsourced testing, incentive, collaboration, trust, quality evaluation, service
mode, crowdsourced testing platform

1 引言

正如著名的李纳斯定律所述 "只要有足够多的眼球关注, 就可让所有 bug 浮现"[1]。
在软件产品的测试过程中, 软件产品的管理者希望能够快速获得大量反馈, 以尽快修复
软件产品缺陷并改进软件产品质量。然而, 招募和训练测试人员的巨大成本往往使召集
大量专业测试人员变得困难。此外, 软件产品的快速更迭, 特别是移动应用产品紧凑的
生命周期, 导致软件测试的周期被急剧压缩。因此, 如何快速获得测试反馈, 特别是大
量真实用户的反馈, 以帮助产品的改进, 同时以较低成本高效地完成测试任务, 是当前
软件测试领域的困难之一。

众包技术 (Crowdsourcing) 可以在极大程度上有效解决软件测试领域的这一难题。
众包是互联网带来的一种分布式问题解决和生产组织模式[2], 通过整合互联网上未知大
众和机器来解决难题。众包这一概念自 2006 年提出后, 已经成功应用在人机交互、数据
库、自然语言处理、机器学习和人工智能、信息检索、计算机理论等学科领域[3-9]。在软
件工程领域, 众包技术也逐步应用于软件工程的各个环节中[10-13], 特别是在软件测试方
面, 大量在线工人参与完成测试任务, 可以提供对真实应用场景和真实用户表现的良好
模拟, 测试周期短且测试成本相对较低[14]。这些优点使得众包测试技术得到了学术界和
工业界的广泛关注, 广大研究人员密切关注众包软件测试的理论和方法, 同时也涌现了
许多众包软件测试的商业平台。

1.1 众测背景

1.1.1 众包

2006 年, Howe 首次提出众包的概念[2], 定义 "众包" 是 "一个公司或机构把过去
由专职员工执行的工作任务, 通过公开的 Web 平台, 以自由自愿的形式外包给非特定的
解决方案提供者群体, 共同来完成的分布式问题求解模式"。随后, 众多学者从不同的角
度给出了众包的定义[15]。总体而言, 众包的基本特征包括: 采用公开的方式召集互联网
大众; 众包任务通常是计算机单独很难处理的问题; 大众通过协作或独立的方式完成任

务；众包是一种分布式的问题解决机制。

众包的主要参与者包括任务请求者和任务完成者（也称众包工人），他们通过任务（Task）联系到一起。众包的工作流程包括任务准备、任务执行和任务答案整合这三个阶段。其中，

- 任务准备阶段包括任务请求者设计任务、发布任务，工人选择任务；
- 任务执行阶段包括工人接收任务、解答任务、提交答案；
- 任务答案整合阶段则包括任务请求者接收或拒绝答案、整合答案[3]。

在众包工作流程中，众包任务的发布和答案的收集通常借助众包平台来完成。众包平台主要分为两大类：一类是商用的众包平台；另一类是社交网络、论坛等社交平台。已有研究数据表明，商用众包平台的应用明显多于社交平台[3]。早期的众包平台通常是指"问答系统"平台，如维基百科、百度知道等。近年来，由于早期众包平台所支持的任务类型较为单一，已经无法适应当前数据类型的多样化与任务的复杂化，因此涌现了一批大型的在线工作招募与任务分包管理平台，例如 Amazon Mechanical Turk（Mturk）、CrowdFlower 等。这些商用众包平台根据任务请求者和任务完成者的不同需求提供相应的服务，这不但带来了新的技术革命，更创造了巨大的市场经济价值。

1.1.2　众包软件测试

在众包软件工程领域，研究人员已经提出了大量的相关应用技术和应用场景。2017年，Mao 等人[11]对众包软件工程领域进行了全面概述，涵盖了大量众包软件工程的文献和相关平台介绍，并给出了众包软件工程的定义，"众包软件工程是指由大量潜在的、未定义的在线工人以公开召集的形式，承担外部软件工程任务的行为。"基于 Mao 等人[11]的综述，章晓芳等人以众包软件工程的定义派生出众包软件测试的定义，使用术语"众包软件测试"来表示"支持软件测试的所有众包活动"[16]。也就是说，所有支持软件测试的众包方法、技术、工具和平台都属于众包软件测试领域。

在众包软件测试活动中，主要参与者包括任务请求者（Requester）、众包工人（Crowd Worker）和众包平台方（Platform）[11]。众包测试平台作为第三方，为任务请求者和众包工人提供在线系统。任务请求者首先提交待测软件和测试任务至众测平台；众测平台将测试任务分发给合适的众包工人，或者众包工人通过众测平台选择感兴趣的任务来完成；众包工人完成测试任务后，将测试结果以测试报告的形式提交至众测平台。与传统的软件测试报告类似，众包测试报告通常已事先定义好格式，包括状态、报告者、测试环境、测试输入、预期输出、错误描述、建立时间、优先级、严重程度等字段。此外，众包测试报告往往还要求众包工人提供相应的使用截图以帮助后期错误定位和调试。众测平台的工作人员（质量审核人员）将对收集到的大量测试报告进行审查和整理，并将测试结论反馈给任务请求者。通常，将由任务请求者对测试报告进行最终确认，并决定是否支付给相应的众包工人一定的酬金。

较之其他众包任务，众包软件测试任务对三方参与者都提出了新的要求：测试任务请求者需要精心设计测试任务，以吸引众包工人并获得理想的测试结果；众包工人通常

需要对待测对象有一定的了解，并具备相应的软件操作和测试技能；众包平台则面临着大量测试报告的质量审核和汇总的困难。众包软件测试作为一种新兴的软件测试手段，在很大程度上解决了传统软件测试所面临的用户多样性不足、反馈较少、应用场景不够真实等问题，但也对传统的测试技术提出了新的挑战。

自 2009 年众包技术首次被应用于 QoE(Quality of Experience) 测试以来，如何使用众包技术来解决传统软件测试技术面临的困难并提高现有软件测试技术的效率，逐渐成为软件测试领域的研究热点之一。众包技术先后在 QoE 测试、可用性（Usability）测试、GUI 测试、性能测试、测试用例生成等测试子领域中得到普遍应用。同时，针对众包软件测试技术所带来的新问题和相应的解决方案也引发了众多研究学者的持续关注。

1.2　众测的基本工作流程与服务模式

众包软件测试（简称众测）的本质是利用共享经济的特征，通过众包的方式协同测试需求方和测试资源，聚合形成规模效益。但出于其开放性，存在资源不可见、过程不可控、结果不可靠的难题。

1.2.1　众测的基本工作流程

图 1 所示为典型众测的工作流程[17-20]。Alyahya 等人[20]通过选取现有 15 个众包软件测试平台，研究众测的基本流程，同时邀请了两位众测平台的代表和一位专业测试员进行访谈，总结得出了几乎所有众测平台都遵循的众测基本工作流程。从整体上可以分为四个阶段，即众测任务设计阶段、众测任务发布阶段、众测任务执行阶段和众测结果整合阶段。

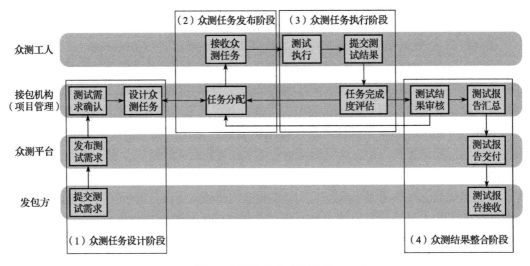

图 1　众测的基本工作流程

（1）众测任务设计　　众测任务设计是指项目管理在接收到发包方的测试需求和被测件之后，根据被测件的实际运行情况，综合考虑测试预算、测试持续时间、平台现有众测工人等因素，对测试需求进行分解扩充，将其设计成为适合众测工人开展测试活动的众测任务。由于发包方提供的测试需求倾向于专业的测试人员，通常而言是一个串行化的指导流程，不便于利用众测的优势进行并行化的测试，众测任务的设计将面向专业测试人员的测试需求转换为适合于普通众测工人的众测任务，同时完成测试需求的分解，分配给众测工人的不再是一个冗长的被测件和测试需求，而是多个适用于平行测试的众测任务。优秀的众测任务设计能很大程度地提升测试的质量，对提升 bug 的检测率和降低误报率都有积极作用。因此，将这一个阶段称为众测任务设计阶段，即从发包方提交测试需求给众测平台开始，到众测任务设计完成结束。一开始，众测平台会根据测试环境、测试类型、测试持续时间、测试预算等对发包方提交的测试需求进行评估，在众测平台与客户达成协议后，根据测试类型、测试领域的知识和项目经验，将测试需求发布给众测项目管理，众测项目管理一般由众测平台中已注册的测试机构担任，为该众测项目的主要负责人，而后由项目管理对众测任务进行设计。一个完整的众测任务应该清晰地描述待测的具体功能和模块、测试范围、报告提交截止时间、前置操作和活动、必需的测试工具、对众测工人的能力要求等。

（2）众测任务发布　　众测任务发布是众测项目管理在完成众测任务设计后，帮助众测工人挑选众测任务的过程。通常而言，众测任务有两种发布方式：一是直接公布于众测平台的任务广场上，由众测工人在任务广场上自由选择；二是根据众测工人的擅长领域、历史测试记录、拥有的软/硬件测试资源、地理位置等情况，将任务推送至有限的众测工人。这一阶段从众测任务设计完成后开始，到众测工人确认接受众测任务结束。当众测工人收到众测任务推送时，他们将可以选择接受或拒绝。在接受完成该任务后，众测工人可针对众测任务的具体描述开始其测试活动；如果众测工人无法进行测试，或者他们对特定的众测任务不感兴趣，他们可以选择拒绝邀请。但如果众测任务推送被众测工人忽略，将对众测工人的个人评分产生负面影响。

（3）众测任务执行　　众测任务执行是众测工人通过在任务广场接受众测任务，或者由项目管理推送具体的众测任务后，根据众测任务描述开展具体的测试活动，完成后向众测平台提交测试结果这一过程。众测工人在开始测试时，应当仔细阅读任务描述，包括诸如说明文档和测试范围，以免出现超出测试范围或者因为理解不清而导致的错误，这些因素都有可能降低众测工人的个人评分。这一阶段从众测工人确认接收众测任务开始，到所有众测任务关闭（任务完成度到达指定阈值或被项目管理关闭）时结束。在众测工人完成既定众测任务后，需要向众测平台提交测试结果，通常众测平台的测试结果均是以问题报告的形式进行提交，部分平台（如 BugFinders 和 TestIO）对众测中缺陷的提交有更高要求。当众测工人能提交完整的测试用例（如所执行的操作和步骤、bug 的定位情况、被测件的运行环境和相关截图录屏等）时，众测工人的评分会相应增加。

（4）众测结果整合　　众测结果整合是测试活动截止后，众测项目管理收集众测工人提交的测试结果，对测试结果进行分析，完成测试结果的去重和去假工作，整合测试结果并形成最终报告，交付于众测客户，客户确定接受和拒绝，完成确认并支付酬劳这一过程。众测工人提交的测试结果通常具有局限性，存在重复、误报等情况，由项目管理将众测报告进行去重、去假和归类工作，提升最终报告的质量，便于发包方定位和修改缺陷。这一阶段从众测任务关闭时开始，伴随众测项目而结束。在这一阶段中，众测项目管理也会在最终报告的基础上更新众测工人的个人评分，通常是以众测工人个人报告在汇总报告中的贡献度为参考依据，辅助以 bug 的严重程度（如"致命缺陷""严重错误""一般错误"和"建议修改"）和 bug 的唯一性。这些方面都会对众测工人的个人评分产生积极影响。同时，根据事先约定的金额分配标准对众测工人和项目管理进行酬劳结算。项目管理还需要对整个众测项目进行总结，包括探索的缺陷、众测工人的反馈、测试的质量等。

1.2.2 众测服务模式的探索

探索众测的服务模式是为解决众测难题提供一套理论基础。基于服务科学的思想，探索出一套用于构建规模化、协同化、可持续发展的众测服务模式，汇集社会可共享资源，聚合产生高效可靠的信息产品检测能力，并能创造良好的规模效益。

研究众测的服务模式是基于众测开放环境，研究促进资源聚集、智能涌现、质量提升的人员激励机制、智能汇聚模式，以及涉及众测业务各方信息安全、隐私保护、知识产权保护、交易可信的信任机制等，主要表现为以下四个方面：

- 服务于众测发包方，研究面向效率优化的任务服务机制，优化任务的测试效率；
- 服务于众测接包方，研究面向群智汇聚的资源服务机制，增进测试资源群体效能的发挥；
- 针对众测过程和数据，研究面向质量保障的过程和数据管理模型，保障过程质量；
- 研究面向过程和交易可靠的安全服务技术，保证整个众测服务的管理安全、数据安全和交易安全。

1.3 本文内容和组织结构

本文围绕众测领域的共性理论与关键技术两个层面，从众测的激励机制，协同机制、信任机制、质量评估技术和测试适应性技术五个众测主要研究方向进行叙述，对比了近年来国内外的相关研究进展，同时分析了当前应用最广泛的众测平台的一些特征，并对众测领域未来的发展趋势和研究方向进行了展望。本文内容和组织结构如下：

1）第 1 章：引言。本章从学术研究的角度介绍了众测的背景，给出了众测的基本概念，并详细分析了众测的工作流程与服务模式。

2）第 2 章：国内外研究现状。本章聚焦于服务众测的基础理论与关键技术，主要从众测的激励机制、协同机制、信任机制、质量评估技术和测试适应性技术五个方面分析并总结了学术界国内外研究现状；从测试领域、测试类型、测试对象、交付时间、众测人员的招募方式、报酬计算机制、能力提升机制等方面分析对比了当前应用最广泛的 10

个众测服务平台。

3）第3章：发展趋势与展望。本章探讨了众测在共性理论、可信方面的挑战与机遇，并提出了未来众测研究的新领域与新技术。

希望通过本文能够向社会各界更加详细地介绍众测理论与方法的研究与发展；同时，也呼吁更多的企业、工程师和专家学者投身到众测理论与方法的研究和众测基础设施的建设中来，推动群智驱动的众测服务行业的发展。

2 国内外研究现状

2.1 众测的激励机制

随着众包测试的发展，越来越多的众测平台为软件开发人员提供所需的服务。如何有效地激励众测人员参与任务并提供高质量的测试服务一直是该领域的关键问题。然而，在真实的众测场景下，存在众测工人参与度低、协作性弱、测试报告质量差的问题。因此，如何设计合理的众测激励机制是当前研究的一个热点。

2.1.1 众测激励机制的设计

对于众测激励机制的设计，现有的工作主要是通过分析详细众测工人与任务的所有信息，如众测工人的能力、偏好、报价等，设计相对应的系统模型以及激励机制，并且根据在线和离线两种模式进行激励机制的设置。通过对已有国内外众测平台的调研，目前众测平台平均的注册用户数大致为 20 万人，这对于日益增长的众测任务需求是远远不够的。如何使众测平台吸引到更多的众测工人是现阶段研究的一个重点。如何提高众测工人的热情也是研究的重点。

从系统的角度进行分析。Yang 等人[21]考虑两种系统模型，运用 Stackelberg 博弈设计了一种激励机制，最大化用户的效用。Peng 等人[22]从提高传感数据质量的角度上设计激励机制，将数据质量的考虑纳入众测激励机制的设计中，提出按参与者的表现给予报酬，以激励理性的参与者有效地执行众测任务。对于众包工人在线的场景，Zhao 等人[23]基于在线竞价模型，研究在指定预算下的服务价值最大化问题；基于在线拍卖模型，设计了 OMZ 和 OMG 两种在线机制。同时，Zhao 等人[24]在新的研究工作中研究了基于在线拍卖模型的节俭在线激励问题，设计了 Frugal-OMZ 和 Frugal-OMG 在线机制。Wu 等人[25]通过背景（即外在能力和内在能力）和成本来评估工人的服务质量。基于提出的 C-MAB 激励机制和质量评价设计，开发了一种改进的 Thompson 抽样工人选择（MTS-WS）算法，以强化学习的方式选择工人。Muller 等人[26]提出了一种上下文感知的分层在线学习算法，以解决 MCS 中的性能最大化问题。通过工人移动设备中的本地控制器（LC）定期观察工人的上下文、他/她接受或拒绝任务的决定以及完成任务的质量。然后，众包平台根据从 LC 收到的绩效评估来选择员工。

针对如何提升平台的引客能力，Wang 等人[27]提出了利用社会网络来招聘完成任务的员工，并扩展员工资源库。为此，提出了一种动态激励机制 SocialRecruiter，鼓励 MCS 平台上的员工通过社交网络传播任务，从而邀请朋友加入 MCS 平台，进一步传播和完成任务。Hamrouni 等人[28]提出了一个新的 SMCS 招聘公式，其中任务匹配和工人调度是联合优化的，通过迭代求解一个加权二部图问题来实现次优匹配和招募。Shahsavari 等人[29]提出了一个智能病毒式营销框架（IVMF），同时提出的基于内容的改进贪心（CBIG）算法通过减少贪心算法所需的总计算量来增强基本贪心算法。

针对提升众测平台的工人参与度，Nie 等人[30]提出了一种多领导者和多追随者的 Stackelberg 博弈模型，将用户的社会影响和服务提供商的战略关联共同地、正式地集成到博弈模型中。游戏化也被广泛应用于众包人员激励场景中，Chou[31]提出游戏化八大核心驱动力。Geiger 和 Schader[32]根据最终成果是否从工人总体贡献中提取和每个工人的贡献是否相同将众包分为四类。Choi 等人[33]在一项实验中发现，在 Crowdsolving 类型众包任务开始前告知工人将采用游戏化的激励方式，可提高工人的参与度和完成质量。当前研究中，在 Crowdcreating 类型中运用游戏化的激励机制较少，但 Morschheuser 等人[34]指出，在该类型的众包中使用游戏化可以激发工人的协作性和创造性，促进协作也有利于共同目标的高质量完成。

针对如何利用拍卖机制来激励众测人员，Wen 等人[35]提出一种基于质量驱动的拍卖激励机制，并提出一种概率方案来评估数据的准确性。工人的工资是基于传感数据的质量，而不是文献中采用的工作时间。Wen 等人也从理论上证明了该机制是真实的、个体理性的、平台盈利的、社会福利最优的。上述研究的主要研究点是基于线下场景下的众包人员激励机制的设计方法，针对工人实时在线的在线应用场景无法适用。

对于众包工人在线的场景，国内的研究关注点主要是基于激励算法的设计。Han 等人[36]提出了一个新的框架，预算有限鲁棒众感知（BLISS），通过在线学习方法来处理这个问题。该方法旨在最小化实现的总感知收益和（未知的）最优感知收益之间在平均意义上的差异。Gao 等人[37]研究如何在预算和覆盖约束条件下招聘未知众包工人，研究了异构情况并设计了一个启发式算法。

针对提升平台的工人数量，国内的研究主要针对新算法的提出。Zhang 等人[38]提出了一种上下文感知的参与者招募机制，其中移动众包系统根据移动用户数与请求者数的比例动态调整参与者招募机制。上下文感知的参与者招募包括两个主要部分：①基于贪婪策略的启发式算法来确定获胜参与者；②关键支付方案，保证了所提机制的合理性。Han 等人[39]研究了一个参与者招募问题，在这个问题中，一组被招募的节点需要对招募哪些节点来执行众包任务做出最优决策，基于此提出了一个动态规划算法。

近年来国内也开始从游戏角度对众测平台的活客机制展开研究。针对当前众测平台存在的工人参与度低、协作性弱、测试报告质量差的问题，南京大学何铁科团队详细设计了积分生成规则、协作评审机制与排行榜排名方式。合理的奖惩会使工人对评审更加慎重，提高协作评审结果的准确性。为了解决人工评审所带来的延迟性，何铁科团队训练了一个输出 bug 报告类标签（好或坏）的 bug 报告分类器。该分类器的输入为认为 bug 报告质量好的工人个数、认为 bug 报告质量差的工人个数、提交 bug 报告工人的能力值、参与评审的工人能力值等。

目前，国内外对众测激励机制设计的研究主要处于初级研究阶段，国内研究的重点多从人员的角度进行分析，国外研究人员更关注平台。同时，以上的研究都假设了工人的数据质量或贡献可以直接得到。在引客机制的设计方面，国外主要从平台的角度出发进行一系列分析，国内研究人员更关注新方法的提出，从博弈论等角度进行了相关的分析。针对众测平台的活客机制的研究内容较少，对众包平台的相关研究也较少。国外主要研究的是从博弈论等理论角度来对测试工人进行激励。国内的研究主要从游戏领域获取灵感，并结合众测工人的人员能力进行有针对性的激励措施。目前，国内外研究的数据来自多主体、多维度、多阶段、噪声大、质量低、结构多样，没有形成数据智能，也难以直接提供众测服务的有效决策支持。已有研究绝大多数是基于研究人员各自收集的小样本数据进行的，缺少由大规模数据形成的群体智能⊖的研究。

2.1.2 众测工人绩效评估机制

众测由于其开放性，吸引了群体智能的汇聚。群智的多样性和互补性带来了缺陷发现效率的提升，变革了传统软件测试实践；但也由于其开放性，现有众测实践遇到了资源不协同、过程不可见、数据不智能、结果不可用等一系列严峻的挑战。由于众测人员大多没有专业的软件测试背景、能力参差不齐，不同人员在众测任务上的表现差别明显。不合适的众测人员可能会遗漏缺陷或者提交重复缺陷，导致资源浪费。选择合适的众测人员被列为促进众测成功的前十大要素[40]之一。这是因为众测人员有着不同的测试能力和经验，在不同任务上的表现差异显著。因此如何为众测任务找到一组合适的众测人员，对众测工人绩效评估，减少重复缺陷，提高缺陷检测率，更好地发挥人员的效能是至关重要的。与此同时，如何对复杂众测任务进行规划与管理是众测实践的重要工作。

国外的研究主要在于众测的任务管理方面。Tung 等人[41]认为众测任务规划的约束在于，每个测试的执行时间、被测程序之间的依赖关系、人员可用性、人员对于测试的可信度等。他们将该问题定义成 NP 完全的任务规划问题，并转化为线性规划问题，用含有四个假设策略的贪心算法来解决，结果表明该方法能够有效地提升缺陷发现数目。Alyahya 等人[18]研究众测过程改进，指出现有研究中缺少对于众测任务执行和人员表现的监控机制。Zogaj 等人[42]建议在任务执行过程中融合自动化的决策机制从而保证众测过程的质量和效率。

国内对于众测工人绩效评估的研究相对较少。Wang 等人[43]研究众测管理方法，通过增量采样技术处理到达的众测报告，预测缺陷数目和所需成本，提供自动化的任务关

⊖ 群体智能的定义和研究至少有三个方面：①涌现智能（Swarm Intelligent），一般是研究注入蚁群、鸟群、鱼群这样的生物群体，多个很简单的个体通过某种机制实现（涌现）群体智慧；②集体智能（Collective Intelligent 或 Group Intelligent），一般是指将一个个体完成不了的任务，由多个个体通过某种机制进行合作求解；③群体智能（Crowd Inteeligent），一般指依托互联网平台，实现分布式合作求解（集体智能）。

闭决策和半自动化的任务关闭权衡分析。想要了解众测工人的具体情况，首先要对众测人员进行刻画。Wang 等人[43]对百度众测平台的历史数据进行分析，探索众测人员不同维度的活动模式。分别从活跃性、偏好、专长三个维度对众测工人进行刻画。在完成众测工人的画像后，需要对众测工人的特征进行建模。同时，还将众测人员的设备考虑在内，因为已有研究表明测试环境对于缺陷检测结果也有影响。

如何将合适的测试任务推荐给最合适的测试人员也是近年来研究的一个重点。国外研究的主要关注点在于缺陷报告。Jeong 等人[44]研究如何为一个新的缺陷报告推荐可能修复该缺陷的开发者，他们引入了基于马尔科夫链的图模型来建模缺陷报告在人员之间的转移历史。Tamrawi 等人[45]提出一种新的方法进行缺陷修复人的推荐，即通过缓存开发者的缺陷修复历史以及基于模糊集的方法。Canfora 等人通过挖掘邮件列表和版本控制系统的数据，为开源社区中的新成员推荐导师。Ma 等人[46]提出了使用专长的概念，并且通过评估专家推荐的效果说明该概念的可行性。

国内对于众测人员的推荐方法主要采用了特征工程的方法。Cui 等人[47,48]研究众测人员推荐方法。该方法从历史众测报告中自动抽取每个众测人员的活跃性、偏好和专长这三个因素，提出基于多因素组合的众测人员推荐方法。进一步，Wang 和 Cui 等人提出了多目标优化的众测人员推荐方法[43,49]，通过最大化众测人员缺陷检测概率、最大化人员和测试任务相关性、最大化人员多样性、最小化测试成本进行人员推荐。Xie 等人[50]除了考虑众测人员的经验，还考虑了测试设备，提出了满足测试情境覆盖的测试质量最大化优化方法，对于给定的众测任务，该方法能够推荐一组众测人员，满足该任务对于测试情境的覆盖，同时达到最优的测试质量。Wang 等人[51]提出了一种上下文感知的过程中众测人员推荐方法，简称 iRec，能够在众测过程中的某个时间节点，自动化根据当时的上下文信息，为众测任务推荐一组多样化且有能力的人员。

综上所述，众测人员有着高度多样化的活跃性、偏好和专长，这显著影响他们在平台上的可用性、任务选择和提交报告的质量。为了保证众测任务的完成效率，众测人员应该是活跃在平台且具备了对于给定任务相应的偏好和专长。因此，所有这些因素都需要准确记录和共同考虑。针对众测工人推荐模型的研究，国内研究人员主要关注了对众测工人的刻画，通过特征工程结合机器学习方法进行众测人员的推荐，更加关注每个众测工人的特点以及他们具有的能力。而国外的主要关注点是根据测试报告或者相关文本内容选择更合适的众测工人或软件修复人员，对于人员本身的关注度较少。并且，目前的绩效考核以发现缺陷的有效性、真实缺陷数量、任务类型（难易程度）和测试时间为主。众测平台的参与度、服务对象和测试领域是目前影响绩效考核的重要因素。未来，研究人员可以探索更多的考核方式和更加丰富的激励制度，激励众包测试工人更加高效地完成测试任务。

2.1.3 定价机制

在过去的若干年中，许多学者对于软件成本的估算已经进行了大量的研究，其目的是确定软件开发过程中所需的资源。这些研究人员基于经验或者机器学习等方法建立了众多成本估算方法。众包的兴起改变了软件开发过程中的许多流程，例如，在测试阶段中采用众包模式，可以更加高效地对软件进行测试。在众包模式中，需要对任务进行定价来吸引众测工人，一个合适的定价往往能够使众测任务吸引足够的测试人员并产出高质量的测试报告。以往的软件成本估算方法也能部分使用在众包任务定价上，但是都存在一些局限性，因此一些研究人员又将目光转向了众包任务的估算模型上。

国外的研究重点主要在于众测的历史数据。Mao 等人[52]基于 TopCoder 的历史数据对软件众包定价进行了探究，在其研究里提出了 16 种影响软件众包定价的价格驱动因素，之后按照数据特定将 16 个因素分为了 4 类：开发类型、输入质量、输入复杂度以及上一阶段的决定。Alelyani 等人[53]认为 Mao 等人的研究需要接收一些早期的组件设计任务信息，但是这类信息在前期的众包规划阶段普遍缺乏，并且在众包的发展过程中此类设计的开发模式被一些众包流程所舍弃，因此其定价模型存在很大的局限性。所以，针对这一情况，Alelyani 等人[53]提出了一种以上下文为中心的定价方法，该方法可以仅使用众包早期规划阶段有限的信息进行任务定价，该模型在预测时会采用多种自然语言处理技术，并通过主题模型派生出相似的任务作为相关上下文，以此来对众包定价进行预测。

针对众包的冷启动问题，国外的研究人员主要对众包市场进行了详细研究。Singer[54]提出了一种预算–可行机制，其中讨论了一类受支付约束的新型机制的设计问题，并对已有的一些机制进行了分析，从而提出了一种定价机制。其后，Singer 等人[55]再一次在研究中介绍了一个在众包市场中具有保障性的定价框架。从结果来看，这一框架具有较强的理论保障和良好的效果，且能够进一步扩展于核查计划或者自动质量控制相结合。Singla 等人[56]在其研究中指出了众包平台在定价策略的设计上给需求者提供的能力有限，大多为固定价格模型，提出了一种基于遗憾最小化的定价机制，基于众包平台上的人员交互来对众包工人的真实成本做最小的假设，从而达到效用最优的预算机制设计。

针对收益分配机制，国外的相关研究主要集中在收益分配机制中关于绩效的评估。Hao 等人[57]发现，在众包平台上，报酬和最终设计质量之间的关系尚未确定，因此不能确定应该提供多少报酬来确保一个特定的结果标准。为了调查众包报酬和创新质量之间的联系，作者通过一个排名过程来评估产出的质量，并且收集了对于单个众测工人的各类信息。结果表明，平均设计质量和任务报酬水平没有很大的相关，但是报酬增加能够增加众测工人中个体产生优秀解决方案的机会。Matsubara 等人[58]则是提出了一种基于绩效的支付系统，用于防止众测工人中出现不真诚参与任务的情况。Straub 等人[59]观察到，目前的众多众包平台主要有两类收益分配机制，即计件工资和工人之间的等级竞争，其中等级竞争常见的有锦标赛的形式。

国内的研究主要在于现有定价机制的局限性。Wang 等人[60]发现对于软件众包领域，缺乏任务激励与员工绩效之间的相关性研究，为了弥补这一缺陷，其研究拓展了 Mao 等人[52]的研究，开发出了特定的模型和方法来表征、检测和评估软件众包中的不同定价策略，想以此概念化软件众包的定价策略并调查其与众包工人绩效之间的关系。Shen 等人[61]则认为已有的众包任务定价仍然存在许多局限性，提出了一种基于主题模型的新方法——PTMA 来支持基于文本任务需求的软件众包早期任务定价。

国内针对冷启动下的定价方法研究相对较少。Luo 等人[62]设计了一种基于 all-pay 和感知激励的定价机制，他们将众包问题进行了建模，表明委托人的目的是吸引参与的工人进行大量的贡献，同时降低支付的费用，从而将问题转换为利润最大化问题。作者之后设计一个基于贡献的奖励函数，推导了在满足一些参与动机的前提下，由工人所带来的利益在不固定报酬的场景下要高于固定报酬时工人所带来的效益。

国内针对收益分配机制研究的关注点主要是激励机制的研究。Liu 等人[63]针对众包市场设计了四种激励机制来选择工人组成一个有效的团队和决定每个工人的报酬，并检验了四种机制的盈利能力、个人合理性、计算效率和真实性。所提出的四种机制分别是：OPT、GREEDY、VCG 以及 TruTeam。分析结果表明了 OPT 在真实场景下难以实现，GREEDY 和 VCG 在真实性和计算效率上分别都具有局限性，而 TruTeam 则是在众包市场中较有效和满足真实性的机制，证明了在 TruTeam 这一机制下不需要对工人支付过高的报酬。

综上所述，目前针对众测任务定价方面国内外的研究相对较少，其主要原因是难以获得大量的定价数据，以及制订一套合理可行的定价方案。国外收益分配机制的相关研究主要是对大量的众包平台进行分析，结合工业界现有邮件议价的机制进行改进，从而对工人绩效进行考核。国内的研究更倾向于利用不同激励机制之间的优势来激励众测工人，对于众测任务的定价研究相对较少。以上国内外研究的主要痛点是大部分数据采用的是开源数据，缺少对真实的定价数据进行研究。

2.2　众测的协同机制

众测的本质是将任务发布者在众测平台上发布的测试任务按照某种策略分配给潜在工作者，众测平台根据任务发布者和工人不同的需求提供相应的服务，同时向任务发布者收取相关费用，也可以通过社交平台嵌入自己的应用来完成任务。作为互联网平台群体智能的典型应用，众测得到工业界和学术界的普遍关注。本节围绕众测任务设计、任务分配、任务执行、报告整合这个四个主要环节综述群智协同技术在其中的应用和面临的挑战。具体而言，包括四类重要的协同技术，分别是：任务协同技术、人人协同技术、人机协同技术、报告整合技术。

2.2.1　任务协同技术

任务设计阶段是任务众包的第一个环节，众包平台作为联系任务发布者和工人的纽带，将任务发布者提交的原始任务进行规范和规划，然后发布到众包平台。任务设计与任务本身、任务所需的资源以及资源的保有量和成本均有紧密的联系。目前的研究工作主要集中在以下两类。

（1）任务预处理　任务预处理的目的是将大的任务分解为小粒度的任务或者将粒度过小的任务合并成相对大的任务。任务分解是基于众包更适合于"微"任务的假设，将任务分而治之，通过提高任务并行度来提高众包效率[64]。Wang 等人[65]针对如何利用众包来提高重复数据删除的准确性的问题，提出了一种新的基于众包重复数据删除算法 ACD，其基本思想是在众包环境下采用关联聚类（一种经典的基于机器的重复数据删除算法），来减少与人群进行相关聚类所需的时间，并设计了一些方法来对相关聚类的结果进行后处理，以提高重复数据删除的准确性。

（2）策划与进度规划　策划与进度规划主要对任务的时间进度、成本消耗进行提前规划，其中最重要的就是任务的定价。任务的定价不仅关乎成本控制，也影响着任务的完成质量，已有的研究[66,67]表明定价的高低与任务的完成质量是相关的。Khetan 等人[68]关注如何在给定一个固定预算的情况下，最大化在众包系统上收集反馈的准确性，作者在广义的 Dawids-Skene 模型下描述了预算（发布者总共可以收集多少答案）和估计标签的准确性之间的基本权衡，引入了一种新的自适应方案来匹配这个基本极限。

近年来，关于如何更可视化地同参与到众测中的人们交互与智能的任务设计是一项既新颖又有意义的工作。文章［67］针对如何提出相关和有趣的请求来鼓励众测人员的参与，利用社会心理学中基于机器学习的请求策略来扩充问题。此外，在任务设计中，平台方发布任务时，基于自然语言处理和计算机视觉等技术的面向众测任务设计的图文生成技术也为更智能化的交互提供了新的思路。对于复杂的任务文档，使用深度学习等技术提取出简洁的任务摘要，使用跨模态检索等技术获取更合适的任务图片，使得任务设计过程可以更加智能。

源自实际应用场景的领域特征和约束也会给任务设计带来挑战。例如，传统的众包研究一般聚焦于将大任务切分为若干小任务分别完成然后合并，但是在软件众包测试下，许多测试任务是无法任意分解的，甚至有些任务必须是多个人合作完成的，进一步讲，测试任务之间存在着潜在的时序要求和前提条件约束，这给众测环境下的任务预处理带来了较大的挑战。任务设计是对原始任务的再设计过程，在众测中发挥着重要的作用，无论是对任务的处理与合并或者是对任务的时间、成本等预估与定价，与实际应用场景相结合，对领域的适应域约束尤为重要，围绕众测应用驱动的任务规范化表示、约束任务关系表示及任务排序也是任务设计研究的重点。其次，对于同众测工人更交互化的任务设计与发布也是一个新颖且有意义的研究方向。

2.2.2　人人协同技术

任务分配是众包流程中的关键一环，其目标是按照某种策略将任务分配给具体的工人。见表 1，众包任务分配大致可分为四类：基于自动推荐、基于优化、基于规划、基于机制设计。

表 1　不同任务分配算法的区别

算法	特点
自动推荐	在有完备数据支撑的情况下，通过有效的数据建模和推荐算法往往能获得不同目标驱动的任务分配结果

（续）

算法	特点
优化	基于某个模型，围绕某个（些）指标进行优化，从而达到不同目标驱动的任务分配结果，但是模型往往需要先验知识或者完备的数据支撑
规划	基于领域知识和某个规划模型，根据一些启发式规则完成不同目标驱动的任务分配
机制设计	假定每个工人都是个体理性和自利的，通过设计一个激励相容的机制，使得每个工人都把如实汇报私有信息作为占优策略，从而完成任务的分配。这种方法特别适合冷启动阶段

下面简述表1中提及的四类任务分配算法。

1) 基于自动推荐的研究。这类研究一般从数据研究的角度建立任务到工人的映射。文献［69］基于信任传播和低阶矩阵近似提出了一种成本最优的任务分配算法对任务进行分配并根据工人的答案推测任务的最优结果，从而对工人的可靠性进行评估。文献［70］提出了一个工人模型，并设计了一个增量推测机制来精准地评估工人的质量。

2) 基于优化的研究。这类研究一般是以最优化某个指标的方式将任务分配给工人。文献［71］提出了一种任务分配算法以解决对工作时间不同的工人的调度优化；文献［72］针对工人按顺序到达的问题，从任务发布者的视角研究了在线分配算法，优化目标是在预算受限情况下完成尽可能多的任务。

3) 基于规划的研究。这类研究一般是从任务发布者的角度出发，在任务难度、工人能力不确定的情况下，探讨如何进行众包任务的控制。文献［41］使用动态规划算法，将任务分配问题建模为贝叶斯马尔科夫过程，在给定预算的情况下找到一个最优的预算分配。

4) 基于机制设计的研究。这类研究一般是将工人建模为理性且信息私有的个体，从机制设计⊖的角度研究任务的分配和定价。例如，文献［73］针对工人动态在线到达的特点，提出了一种多臂老虎机（Multi-Armed Bandit，MAB）机制用于预算约束下的任务分配，该机制可以最大化成功完成任务的预期数量，并确保预算可行性、激励兼容性和个体理性。文献［74］围绕移动群智感知（Mobile Crowd Sensing，MCS）场景的目标要求和约束，基于在线拍卖模型，针对工人随机顺序在线的特点，设计了两种在线机制OMZ（Online Mechanism Under Zero Arrival-Departure Interval Case）和OMG（Online Mechanism Under General Case），用于在给定时间内选择用户子集以最大化服务的价值。具体而言，基于机制设计的任务分配又可细分为：根据任务的微属性和复杂性，可分为同构众包任务分配机制和异构众包任务分配机制；根据工人的动态性和多平台性，又可分为在线众包任务分配机制和跨平台众包任务分配机制。

总而言之，任务分配与具体的任务类型、规模以及资源的保有量均有紧密的联系。在实际应用中，源自实际应用场景的领域特征和约束也会给任务分配带来挑战。例如，

⊖　机制设计是当代计算经济学和博弈论所衍生出的一个重要分支，算法机制设计往往也被称作反博弈论。其中假定每位工作者都是个体理性和自利的，通过设计一个激励相容的机制使得每个工作者都把如实汇报私有信息作为占优策略，从而完成任务的分配。机制设计是任务分配中的一项重要技术，其在响应不确定性和信息不完全下的分配问题最为有效[75]。

传统的众包研究一般是将任务分配给单独的个体，各个个体之间是在"竞争式"环境下完成众包任务的合作求解。而在众测环境下的任务分配许多是基于"协作式"的任务求解，即将测试任务分配给多个个体，由这些个体通过协作完成任务求解。这给众测环境下的任务预处理带来了极大的挑战。

另一方面，还需要注意的是，大量优质众包测试工人的召集和有效管理是开展众包测试任务的前提。已有文献研究了在众包测试中，众包测试工人的规模及其测试时间约束对于测试效果的影响[76]。研究结果表明，有时间压力的个人与无时间压力的个人相比，可以获得更好的缺陷检测有效性。在软件测试任务中，众包测试工人的规模应根据人群生成的重复和无效报告的份额以及重复处理机制的有效性来确定。因此，如何召集到更多的众测工人来参与完成测试任务，是当前众包测试平台需要解决的关键问题之一。已有大量的研究工作关注于如何实现任务发布者和众测工人的双赢，从而最大限度地提高任务完成效率和众测工人的利益[56,77,78]。目前，众测工人的召集方式（Open Call Forms）主要包括：①按需匹配（On-demand Matching）；②在线竞标（Online Bidding）；③自由市场（Free Market）；④游戏/竞赛（Game/Competition）[79]。总体而言，按需匹配方式作为效率最高的召集方式被绝大多数平台所采用。少量平台采用了自由市场的方式，给予任务发布者和众测工人更高的自由度。在线竞标和游戏/竞赛这两种召集方式目前使用得相对较少。

数据驱动是指利用大数据技术寻找和建立特征之间的关系，以解决目标问题。众包测试场景下的数据驱动方法，是以人人协同为目标，解决众测工人之间的协同关系。用户推荐是数据驱动的常用方式，主要可分为：通过众测工人信息进行建模；通过社交网络进行建模。

1）通过众测工人信息进行建模。用户信息在个性化推荐系统中扮演着核心角色，在大多数情况下，这些信息可通过与项目的交互来获取。国内外有大量相关文献利用用户信息建模，以数据驱动的方式进行个性化推荐。在众测场景下，用户与项目的交互形式主要是众测工人对于不同众测任务的完成情况。文献［80］探讨了在众包市场中向具有不同未知技能的工人如何在线分配异构任务的问题，目标是找到以最大化发布者从完成的工作中获得的总收益的任务分配方式。

2）通过社交网络进行建模。很多复杂任务要求具有互补技能和专业知识的工人组成小组并进行协作。因为此类任务要求将任务分配给一组工人或者一个团队，同时希望他们可以形成很好的协作关系，所以众测工人的社交属性将变得十分重要。社交网络的团队众包（SN）中，发布者可以雇佣一组具有社交关系的专业人员来协同工作，但是工人可能会不诚实行动，文献［81］则研究了如何设计机制来激励工人诚实工作。

总体来说，数据驱动方法在众包测试人人协同的场景下已经有了较为深入的研究进展，多角度的数据驱动方法对于众测工人的召集与管理也有着推动作用。

2.2.3 人机协同技术

任务执行阶段是指工人获得任务后以独自或者协同的方式开展工作，因此任务执行阶段是众测任务质量管理的重要环节。总体而言，质量保证涉及质量保证模式的设计、质量评估及流程优化。在任务执行过程中的质量保证往往与工人的工作能力、任务的难度息息相关。在实际应用中，源自实际应用场景的领域特征和约束也会给任务设计带来挑战，例如传统的众包研究一般是假设工人都具备胜任任务的基本技能。由于测试本身需要专业技能，而在众测环境下无法保障工人具有完全胜任任务的专业能力，这就给众测任务完成质量带来了极大挑战。

文献［11］提出了通过监控工人在完成任务中的交互以及行为来评估他们的工作质量。文献［82］提出了反复人机合作的方式来训练工人，从而提高工人的能力。就目前研究进展来看，一个趋势是利用人机协同技术，构建融合领域特征的自动化测试和众测人员测试模型，并进一步实现人机协同-反馈机制，形成兼具机器高效性和人工领域特性的人机协同测试技术，深层次泛化和延伸众包测试的内涵，从而为获得高质量测试结果提供全面支持。

众测中的人机协同问题研究主要涉及三个问题。

1）构建统一化人机可理解信息表示模型，为人机可理解信息融合提供基础。目前，通常的做法是构建人机对话系统（智能助理），实现人和机器的语义交互。又可细分为任务型机器人和问答型机器人，前者使用尽可能少的对话轮数帮助众测工人完成预定任务或动作；后者主要回答众测工人一些具体的问题，帮助测试人员省去了从搜索引擎的大量候选结果中筛选的过程。

2）通过对众测工人任务执行中的态势评估和行为画像，构建面向众测工人的过程引导模型，实现基于机器引导人的协作式任务众包。

3）构建人机协同反馈的混合智能模型，利用工人领域知识引导机器自动完成测试任务，从而将协作式众包从群体智能延伸为人机混合智能，达到提高任务完成质量及效率的目的。

2.2.4　报告整合技术

测试报告整合的目标是融合众测工人提交的任务结果实现任务结果的自动整合。需要考虑的问题有报告预处理（去重等）和报告整合。

（1）报告预处理　软件 bug 的文本描述是缺陷报告的主体，其蕴含了丰富的信息。重复缺陷报告检测方法中包含了大量的报告预处理方法。目前，已经提出了许多通过识别报告的相似文本或者重复句子进行重复缺陷报告检测的方法。这些方法可以分为三个方面[83-87]：①基于信息检索（Information Retrieval，IR）的方法[88-91]；②基于机器学习（Machine Learning，ML）的方法；③基于深度学习（Deep Learning，DL）的方法。虽然已有的方法都在一定程度上解决了基于文本分析的重复缺陷报告检测问题，但是这些方法仍然存在一些不足。最早基于 IR 的方法一般用 TF-IDF 特征表示文本，该方法会导致文本特征稀疏，同时，没有考虑文本的深层语义信息。基于机器学习的方法通过手动提取文本特征，虽然一方面克服了文本特征稀疏的问题，同时模型在准确率上也有所提升，但是这类方法需要人工设计选择特征，模型性能的好坏依赖于特征的选择，因此如何设计提取更好的特征是基于机器学习方法的一个主要问题。

（2）报告整合　在众测场景中，不同的众测工人提交的重复的缺陷报告虽然描述的是同一个软件 bug，但是由于众测工人自身使用的设备（如手机型号）、环境（如操作系统）和测试方法的不同，这些重复的缺陷报告中存在着互补的信息，因此如何在重复的报告中去除冗余的信息，提取有效的信息成为一个亟须解决的问题。

目前，通过从重复的报告中挑选出包含不同信息的句子来生成缺陷报告的摘要，是在重复缺陷报告融合方面被广泛使用的方法。Rastkar 等人[92]设计句子特征的方法是在报告摘要中的一个最具代表性的方法，后面的学者们在 Rastkar 的基础上对其设计的特征进行评估，发现句子的长度特征以及词法特征是最重要的特征，同时还发现仅使用句子的长度特征不足以得到所有有用的句子，因为选择较长的句子会导致快速达到 bug 摘要长度的阈值。

虽然已有的方法都在一定程度上解决了重复缺陷报告的融合问题，但是这些方法仍然存在一些不足。例如，Rastkar 等人设计句子特征的方法存在一定的局限性，需要对于不同类型的缺陷报告进行特定的特征设计；对于选择主报告的方法，例如 CTRAS 以及 TRAF，这些方法基于 pageRank 算法通过衡量报告中句子的重要程度来选择主报告，然而难以保证主报告选取的合理性；通过将重复缺陷报告融合问题建模为句子分类问题（即句子是否为摘要句）的方法，如 DeepSum、BugSum 等模型，使用神经网络输出每个句子成为摘要句的概率，但是这类方法没有考虑到报告内容的主题，仅仅对句子选择容易偏离报告原本想要表达的内容。此外，这些方法在最终句子选择时通过衡量报告中每个句子的重要程度对句子进行排序，最后根据句子的排序选取排名较高的句子生成摘要，但是一个句子的重要性高（排名较高），与其相似的句子同样排名较高，因此这些方法会造成 bug 摘要的冗余性。

2.3　众测的信任机制

众包测试是众包的一个应用方向，往往涉及发包方、接包方和平台等多方参与，各方之间存在不同的交易行为，同时会产生不同的交易数据。而由于众包的开放特性，众包测试过程中往往存在一些安全隐患。完善的安全机制可以有效防范安全威胁，同时能够增强用户信心，对众测的推广应用具有重要的促进意义。众测的信任机制主要可以分为众包用户的交易安全保护机制和数据隐私保护机制。

2.3.1　众测交易安全保护机制

众测交易安全保护的主要目标是在众包测试交易过程中抵御安全攻击，保护众测数据不泄露给未授权的人，同时能够保证众测平台的正常运行，维护众测平台的正常功能。因此，众测交易安全保护机制的研究范围较为广泛。

针对众包过程的整体安全性，Halder[93]提出了通过众包过程的指标即众包指数（CI）来衡量众包过程中的安全水平。在抵御安全攻击研究方面，Feng 等人[94]列出了在移动众包（MCS）中窃听（Eavesdropping）、搭便车攻击（Free Riding Attack）、错误数据上传（Fasle Data Uploading）、追踪（Tracking）、错误个人信息上传（False Personal Information Uploading）、模拟攻击（Impersonation Attack）、伪造工人选择（Worker Selection Forging）、伪造工人奖励（Worker Reward Forging）等 11 种安全威胁，并提出了众包系统应对上述威胁的安全性需求，包括系统的机密性、完整性、真实性、可用性、可靠性、不可否认性和可验证性等。

工人的选择对后续交易过程的安全性具有重要影响，使用恰当的方法能够对交易行为起到保护作用。An 等人[95]综合考虑了链路可靠性、服务质量、区域热度等影响数据可信性的属性来计算工人得分进而选择工人，但是该方案缺乏对工人计算能力和历史行为的考量。Amintoosi 等人[96]提出了一种基于排名的方案，将信任和工人能力引入到工人分数的计算中，在选择工人时既考虑了能力因素，又考虑了工人的可信赖性。Zhang 等人[97]基于博弈论提出了一种旨在打击搭便车攻击和虚假报道的激励方案，该方案能够保证发包方和工人都不能违背承诺从而获得更多的利益。

针对众包交易过程中平台的违约监管行为和参与者的违约控制行为，刘伟等人[98]提出了基于微分博弈的网络众包违约风险控制机制，研究了双方在独立决策的情形下，平台激励下的 Stackelberg 博弈情形，以及双方一致决策情形下的不同博弈策略，结果表明，众包平台可以通过设计激励机制和监管机制影响双方收益率来降低参与者的违约风险，合理选择最优的策略行为，实现帕累托改进。在交易数据安全方面，Varshney 和 Jin 等人[99,100]研究通过在数据中添加随机扰动来增强数据的安全性。攻击者只有获取大量的数据报告，才能获得真实的数据报告。同时，即使有大量的数据报告，攻击者也只能获得聚合结果的内容，而不能获得工作人员上传的单个报告的具体内容。Fang 等人[101]证明了众包容易受到数据中毒攻击（Data Poisoning Attacks），即恶意客户端可以通过提供精心设计的数据来破坏聚合数据，他们将该类攻击表述为一个优化问题，并提出了两种防御措施来减少恶意客户端的影响。

2.3.2 众测数据隐私保护机制

隐私保护与安全保护有所不同，隐私通常意味着一个实体能够确定关于该实体的信息是否、何时以及向谁发布或披露。与安全相比，隐私更注重对私人信息的保护。在众包测试过程中，需要收集和维护大量的数据，其中通常包含敏感的个人识别信息，这些信息的保密性必须得到维护。众测平台在存储、处理和共享数据时需要对敏感信息提供隐私保护。目前，已经提出了许多隐私保护方法，这些方法可以分为三个方面：基于加密技术的方法；基于差分隐私的方法；基于区块链的方法。

（1）基于加密技术的隐私保护 保护数据隐私性的传统方法是加密，保证数据集合隐私性的一个直接方法就是加密所有数据。北京邮电大学的贺玥[102]提出了一种基于重加密的任务加密分发机制。首先，由任务发布者加密任务数据，将密文发布给众包服务器，服务器利用任务执行者的身份重加密此密文，再将重加密后的密文分发给这些任务执行者。在此过程中，可保证任务数据被保护而不被泄露。

国外学者 Damiani 等人[103]提出了一种简单而健壮的单服务器方案，用于在不可信服务器上远程查询加密数据库，但处理加密数据会导致查询处理的代价很高。因为在这样一个加密包装的方法之下的假设是所有数据都有相同的敏感度，而实际情况是很多数据本身并不是敏感的，真正敏感的是数据间的联系。基于此问题，意大利学者 Sara Foresti[104]提出了一种结合数据分裂（Data Fragmentation）与加密以保护数据隐私的方法。将隐私性要求建模成保密性限制，来描述单一属性以及它们之间的关联的敏感性。分裂与加密给数据存储提供保护，或者当传播数据时，确保没有敏感的信息直接地（即出现在数据库）或是间接地（即来自数据库的其他信息）泄露。有了这个方法，在众测过程中，数据可以被发布或存储在一个不受信任的服务器上，特别地，可以实现更低消耗、更高可用性和更有效的分布式访问。只让小部分数据加密的优势在于，将会更有效与更安全地管理那些不需要重构机密信息的查询[105]。

（2）基于差分隐私的隐私保护 差分隐私技术是 Dwork 在 2006 年针对统计数据库的隐私泄露问题提出的一种新的隐私定义。在该定义下，对数据集的计算处理结果对于具体某个记录的变化是不敏感的，单个记录在数据集中或者不在数据集中，对计算结果的影响微乎其微。所以，一个记录因其加入到数据集中所产生的隐私泄露风险被控制在极小的、可接受的范围内，攻击者无法通过观察计算结果而获取准确的个体信息。文献［106］描述的是一种较为通用的隐私保护方法，Apple 公司在 WWDC2016 上提出了采用差分隐私这种基于统计学的方法可以有效保护用户个体的隐私，同时能够良好地学习用户行为。

为保护众包偏好数据的隐私，北京交通大学的闫子淇[107]提出了一种基于本地化差分隐私模型的集合相似度估算协议，可使个体通过 Laplace 机制或 GRR 机制在本地扰动其排序偏好形成 WTAHash 签名，而后由数据接管者根据扰动签名估算出排序的 pairwise-order 相似度，保护了偏好数据中元素排序位置的隐私。电子科技大学的安莹[108]提出了 SDP-Grids 算法保护众包环境下用户的隐私，通过满足差分隐私的伯努利采样技术对原始数据进行采样，实现差分隐私空间分解。

美国林肯大学的学者 Hu 等人[109]提出了一种基于差分隐私保护模型的隐私保护方案 PSCluster。该方案的关键组件包括一个用于建模差分隐私数据的假设检验框架，以及一个联合进行基于期望最大化（EM）的参数估计和自由形式空间聚类检测的混合算法，该方案可在不同隐私模型下为服务提供数据保护。

差分隐私保护是目前信息安全领域的研究热点之一，也取得了丰富的研究成果，将其应用于众包测试的隐私保护，是较为前沿的研究方向。

（3）基于区块链的隐私保护 区块链是一种分布式的数据库，是比特币等数字货币的核心技术，受到学术界和产业界广泛关注和研究。区块链具有去中心化、高信任度、高度透明等特点，在金融、医疗、政府、军事等领域有重要的应用价值。目前有较多学者将区块链应用到众包的隐私保护中。

南京邮电大学孙国梓团队[110]提出了使用区块链解决众包代码隐私问题以及身份隐私问题，设计了一个代码和身份隐私漏洞众包检测系统 ConGradetect，在用户身份隐私方面，提出了一种动态伪造身份生成算法，能够有效防止恶意取证跟踪，避免身份隐私泄露；在代码隐私方面，使用本地代码粒化工具，对代码分割加密，防止代码被完全泄露给普通用户、工作人员和众包平台。西安电子科技大学的崔文璇[111]提出基于区块链的隐私保护数据众包方案安全框架（BPCF），以去中心化的方式保证众包过程的公平进行，使用同态加密算法保证数据的隐私性和完整性。四川师范大学的肖欢[112]提出一种基于区块链的众包可信服务机制，无第三方支付机构的参与，解决了用户的资金安全隐患；基于双线性映射，提出了一种高效的无临时密钥泄露的双密钥隐匿地址协议，可达到交易双方不泄露交易的临时密钥、保护众包用户的隐私安全的目的。

2.4　众测的质量评估技术

众测质量评估是检验众测服务质量的重要手段，也是众测是否能够成为主流服务形态的关键所在。众测质量评估研究主要聚焦于众测服务质量评估、众测接包方质量评估和众测产品质量评估三个关键技术问题。

2.4.1　众测服务的质量评估

服务质量评估是众测质量评估的基础，其难点在于参与众测服务的利益相关方对于众测服务质量的需求多样化，造成传统的单一评估结果不可信。而研究人员常常将众测的质量评估规约为一个分类问题，故常常使用评估分类算法性能的分类准确性来对众测报告整合进行质量评估，如 Liu 等人[113]针对屏幕的移动众测的截图自动描述，Mok 等人[114]对于低质量的众测工人的检测，Wang 等人[51]对于上下文感知中的众测工人推荐，等等。

此外，Jiang 等人[115]通过调查软件存储库中用于属性构建的现有方法，提出了一种 Logistic 回归算法——LRCA 进行众测报告的摘要整合，除了使用了准确度、召回率、F1 值以外，还使用了 Pyramid 精度，从众测报告注释者的角度对摘要准确度进行衡量。

在分类准确性评估之外，不少研究基于众测过程或者数据中提取相关评价指标。例如，Guo 等人[116]在其设计的众测多任务匹配协作方法 PM2CT 中，提出了一套针对 Web 众测的评价方法，由测试任务匹配结果的质量、测试任务的分配数量、平均执行时间、平均能力匹配度这四个指标来评估 Web 众测中的任务分配质量。

另一种思路是沿用传统的测试质量评价方法，或者在众测环境中进行自适应优化，用于众测的服务质量评价。例如，Xie 等人[50]在 App 众测的任务分配质量优化上，基于传统的测试覆盖率定义了一种新的测试上下文覆盖率评价指标；Cui 等人[49]则是直接采用了传统测试质量评价中的 bug 检测率来评价众测工人的多目标选择方法；Chen 等人[117]在其研究的 GUI 众测的覆盖提升方法中，使用了状态覆盖率[118]进行评估；Wang 等人[119]其研究的基于感知的测试管理方法 iSENSE 中，对传统的代码覆盖率进行优化，使用了术语覆盖率评估测试报告对于测试需求的覆盖程度。

2.4.2 众测接包方的质量评估

与传统测试不同的是，众测因其测试人员自由的特点影响着接包方的测试服务质量，因此对接包方进行评价尤为重要。众测接包方可以分为独立测试人员和专业测评机构，这意味着针对不同的测试接包方，质量评估方法需要设计特定的评价体系。

（1）对测试人员的评估　刘莹等人[120]针对移动应用众包测试人员评价问题，应用层次分析法构建了基于众包测试能力的综合评价模型。该研究定义了移动应用众包测试人员评价指标体系，分为个人活跃度、测试能力和个人诚信度 3 个一级指标，并细分出 11 个二级指标。然后，构建测试人员多因素判断矩阵，并进行一致性检验，获得组合指标的权重。接着，引入测试任务对测试人员的需求列表 $RL = \{R_1, R_2, \cdots, R_n\}$，和测试人员身份特征、设备特征和任务偏好构建的描述表 $DL = \{D_1, D_2, \cdots, D_n\}$，设计了二阶评估指标。最后，对两阶指标的评分进行加权得到最终的人员评价得分。

另一项研究是建立在测试报告质量评估的基础上对测试人员的能效进行评价。一轮众包测试结束后，需要依据测试人员在本轮众测中的实际贡献对其奖励，研究人员将测试人员在众包测试平台上提交和评论测试报告的行为视为一种社交网络行为并提出一种对测试人员影响力的排序方法，用于评估测试人员在软件测试工作中贡献度的大小。排序得分由两部分内容计算得到，分别是 bug 权重得分和测试报告质量得分。研究人员聚类分析测试报告并获得 bug 类别，然后设计了一种 bug 打分策略用于计算各类别 bug 的权重得分。Chen 等人[121,122]针对测试报告文本质量设计了众测报告的理想特性和评价指标。研究人员自动化分析测试人员提交的测试报告文本，综合众测报告揭露的 bug 权重得分与众测报告的文本质量得分计算测试人员的贡献度，并依据本轮众测贡献度对测试人员进行排序。

（2）对测评机构的评估　针对专业测评机构作为众测接包方的评价方法研究尚少，目前已立项的《信息技术　众包测试　接包方机构评价》团体标准可作为当前用于评价专业测评机构的标准与方法的依据。该标准中为专业测评机构划分了三类评估指标，分别是静态指标、技术能力和众测指标。图 2 展示了研究人员设定的更为详细的 13 个评价指标，研究人员依据量化的指标对接包方测评机构进行打分与等级划分，最后依据等级区间对接包方机构做出合理评价。

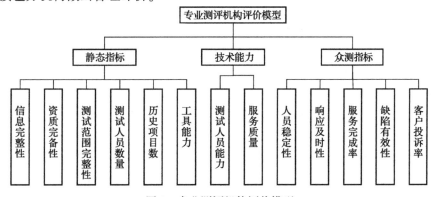

图 2　专业测评机构评价模型

2.4.3 众测产品的质量评估

由于低成本、高缺陷发现效率等特点，众测得到了业界和学术界的广泛关注。在工业界，很多提供可用性、兼容性、稳定性、安全性等各类测试的众测商业平台（例如Applause、baiduMTC、MoocTest、Synack、HackerOne、Testin 等）不断涌现。但是众测的质量参差不齐，波动很大，需要依赖专家团队进行质量评估。在学术研究方面，Wu 等人[10]首先从软件质量、成本、解决方案多样性和众包的竞争性等方面提出了一个评价软件众包项目的评估框架。具体来说，该文定义了一个博弈论模型来分析这些最小最大竞争规则中影响参与性质和软件质量的主要因素，然后提出了评估框架。Blanco 等人[123]为基于关键字的临时对象检索的语义搜索任务创建一个评估活动，证明了众包评估活动可以随时间重复，并且仍然保持可靠的结果。此外，在对系统进行排名时，这些结果与专家评估具有可比性，并且这些结果在不同的评估和相关性指标上也很有价值。Sherief 等人[124]研究了基于运行时用户反馈对软件进行评估，其研究重点是在运行时为用户的评估反馈建立模型和启发框架。此外，Sherief 等人[125]研究了一种基于众包的软件评估解决方案的系统开发，主要关注与用户互动并获得他们对软件质量的反馈活动。该研究采用经验方法，进行多阶段的焦点小组研究，提出了利用众包来评估软件应考虑的因素，包括人/人群因素、被评估的需求和功能、评估属性和特性之间的相互依赖关系以及表达人群评估反馈的界面和结构。以上研究为基于众包的软件评估活动的开展提供了理论支持，但是现今的研究仍缺乏一个系统性的评估模型和方法。

（1）软件可信及证据模型　现代质量理论认为，质量形成于过程，可信作为一种对质量的要求，也必然不可能脱离过程而孤立存在。一些研究者提出面向过程的可信管理方法，来保障交付产品的可信性。软件可信性，是指在一定的用户场景下，软件系统通过与其环境多次交互揭示出的与预期的一个符合程度，是客观存在的系统属性，具有领域特征。如何将可信评估向更专有的领域、更特定的应用去发展，并适用于不同软件形态和不同的运行环境，是未来可信评估的重要发展方向之一[126]。针对软件过程的某一阶段或某个特定过程，研究者们也提出了不同的评价和分析方法。文献［127］使用贝叶斯网络来对故障树分析进行建模，并基于贝叶斯网络对软件的测试过程进行评价和分析。Boehm 教授提出的 ODC COQUALMO 模型也被研究者用来对软件质量过程，如测试、评审等进行评价[128]。除组织级软件过程评估外，个人软件过程也是过程评估的关注和研究点之一[129,130]。此外，虽然近年来对软件可信评估方法和评估体系的研究，主要涉及软件众包和云服务的可信评价体系[131-134]，以及在实际应用环境下如何保证和改进软件可信。陈仪香等人[135,136]提出了一种软件可信的度量模型及分级评价方法。并且在介绍软件可信度量及其验证的研究背景和发展现状的基础上，重点介绍软件可信属性量化关系模型、软件可信度量模型的公理化方法与度量结构方法、航天嵌入式软件可信度量与评估体系与可信性增强规范，以及基于属性与过程的软件可信度量与评估[137]。在可信计算方面，Lin 等人[138]提出一种可量化的多目标指标体系，将可信属性分为不同等级，以此建立可信分析模型和服务状态转换模型，在大规模网络环境下实现多目标优化问题的解决。Wang 等人[139]提出了软件组件可信度的更新模型,根据用户的反馈计算软件组件的可信度,并根据用户数量确定更新权重。

对于软件证据,研究者认为它是软件所具有的能够反映其某种属性的数据、文档或其他信息[140]。另外,有研究者认为它是应该能反映有关软件资源的知识[141]。文献[142]指出证据是知识和经验的一部分,是对评价目标对象有关问题所做的观察和研究的结果。软件度量是获取评估证据的基础。开放的互联网环境对于软件证据的建模提出了新的问题,许多研究人员对于互联网软件资源的可信性[143-148]做了很多深入的研究。例如,卢刚等人[143]提出了一个支持评估的分层证据模型。证据模型的第一层是声誉可信、交互可信、机理可信三个可信剖面。在可信剖面下一层是可信目标,而在可信目标下是为了实现目标的第三方证据、用户证据、提供者证据等。这些研究主要用于评估互联网软件资源,对众测这种新兴服务模式的支持比较薄弱,不支持对众测产品质量的评价。

王青研究团队提出了支持软件过程可信评估的可信证据、可信度模型及评价方法研究[149,150],并牵头制定了国家标准 GB/T 37970—2019《软件过程及制品可信度评估》。该标准参考 TSM、CMMI、GB/T 25000 等标准,从实体、行为、结果三个维度来评估软件过程及制品的可信,是我国可信性评估领域的一个重要标准。该标准为基于证据的软件质量评估提供了参考。但是在众测模式下,由于诸多社会行为因素的介入,证据依赖的数据来源和方式都有很大的变化。一方面,弱结构的过程和行为控制会导致测试数据的质量参差不齐、数据重复或者缺失;另一方面,群体参与的测试又可能突破单一测试中主观偏倚和资源限制,获得更加真实、多样和互补的测试数据,这为全面、客观、准确地生成质量证据提供了有效的途径。

(2)软件产品质量评估　随着信息技术的进步,软件已经应用到各个行业,成为其不可或缺的一部分。但是伴随而来的"软件危机"严重阻碍了软件产业的发展。面对软件产品质量进行客观、全面地度量和评价、不断提高软件产品的质量,始终是计算机科学领域研究的重要方向之一。

CMMI、SEE-CMM 以及国际标准 ISO/IEC 15504、ISO 9001 和 GB/T 25000 系列标准等,作为业界最为广泛采用的过程模型和标准,为软件产品质量评估研究创造了良好的基础。其中,CMMI 是被业界广泛采用的软件过程管理框架,定义了过程管理、项目管理、支持过程和工程过程 4 类共 22 个软件过程域,在每个过程域中定义了一组过程实践来支持过程域的实现,并强调通过持续的过程改进来提高产品的质量。ISO 9001 是工业界采用最为广泛的质量管理标准,强调基于过程的质量管理。GB/T 25000 系列标准则是软件产品的质量标准,定义了 8 类质量属性。

2.5　众测的测试适应性技术

面向众测服务的测试适应性技术主要研究面向复杂多样的测试资源需求,对众测平台汇聚的异构测试资源进行柔性建模,基于测试需求信息构建在线众测环境,为测试人员提供及时、精准且与需求一致的测试资源支撑，并向选定的众测工人自动推送，以适应软/硬件全过程不同阶段的测试要求。本研究可以赋予众测更好的测试能力，解决在传统测试环境中受到制约、众测环境尚不能测或不敢测的问题。

2.5.1 众测平台云资源构建

众测平台资源构建主要基于计算、存储、应用和各种其他资源的按需交付的思想。用户无须购买、拥有和维护物理数据中心和服务器，而是可以根据需要从众测平台资源提供商那里访问技术服务，如计算能力、存储和数据库。然而，众测平台资源构建的发展面临着包括安全性和调度在内的许多挑战。

云基础设施用于构建众测平台资源池，遵循按使用量付费的业务策略[151-153]。云资源被利用来实现测试成本节约、可伸缩性和测试资源的有效利用，同时根据协商的服务水平协议（SLA）保证服务质量（QoS）水平[154]。为了最大限度地利用测试资源，实现测试资源之间的负载均衡，研究人员提出了高效的资源分配方法和测试调度解决方案[155-157]。此外，参考文献［158］研究了使用分层虚拟机分支来优化系统测试中的云资源的可能性，并通过允许并发执行测试用例之间的磁盘共享来节省系统配置工作量和内存需求。

文献［159-161］集中在任务分解方法和任务调度算法上，以减少测试时间，他们提出了不同的策略：①测试任务的划分；②将它们分配到不同的云处理器并发执行；③收集结果。这样的目标是平衡每个分解任务中的测试用例或测试套件的数量，或者执行每个任务所需的执行时间。

通过利用巨大的计算资源，云资源池使得众测可以进行大规模的组合测试，这在传统测试系统中是不可能的。大量处理器被用来执行并行测试，并通过并行测试代数执行和分析来识别错误的交互[162,163]。例如，在文献［164，165］中给出的最大的组合测试实验中，分析了 250 个组件的所有 2-wise 到 6-wise 配置。

有的研究人员提出了基于云的测试基础设施，以有效地执行互操作性和兼容性测试。例如，文献［166］通过检查通信协议和交换消息类型的一致性来验证支持 SOA 系统之间的互操作性。而文献［161］的作者提出了一种方法，将兼容性测试套件划分为在一组 Android 设备上执行的并发测试任务。

动态资源适应策略是指根据云测试平台的工作负载和可用设备数量来管理云资源，动态添加或删除虚拟机[167]。其目的是平衡多个类似设备之间的工作负载，以提高它们的使用率并减少测试时间。

文献［168］提出了云资源池的计算能力随着代码大小和测试用例数量的维度扩大的 Android 应用程序的模糊测试。像 Cloud Crawler[169]这样的平台允许测试人员更好地控制云配置和资源分配的成本（例如，在每次单独测试后关闭 VM）。最后，云资源用于大型测试技术，如使用遗传算法进行基于搜索的软件测试。MapReduce 是多台计算机上处理分布式数据最常用的模型[170,172]。目标是利用易于使用的并行化机制来扩大基于顺序搜索技术的解决方案空间，并实现更高的效率和可伸缩性，从而提高这些方法[170]的成本效益。

2.5.2 众测平台测试技术

众测有别于传统测试，众测工人可以借助平台的基础设施搭建测试环境，借助平台的测试工具进行软件测试。经过调研，在该领域的一百多项研究成果中，主要包括了测试工具或服务、测试基础设施或平台、云实例的配置，以及涉及虚拟化等方面。

目前的许多技术和工具都用于测试生成，采用并行化来缓解数据值爆炸问题[173]。Apache Hadoop MapReduce 范例用于支持测试数据生成技术的并行化[170,171-174]。为了生成测试用例，定义了并行执行[175]和符号执行算法[176]。Cloud9 是一个自动化测试平台，它通过利用商品集群[177]的资源，采用并行化来扩展符号执行。

基于模型的测试允许从 SUT 的抽象开始在云中生成大量要执行的测试用例。不同的基于模型的测试框架已经被开发出来[168,178-180]，以及 ATCloud，基于 API 模型生成测试用例[181]。MIDAS[182]是一个基于模型的可扩展测试平台，它利用了基于统一建模语言（UML）和 UML 测试概要文件（UTP）的领域特定语言（DSL）。EvoDroid[183]是另一个基于模型的框架，它分析应用程序的源代码，并自动提取行为模型和外部引用应用程序的 API。随后，EvoDroid 利用这些模型自动生成测试，这些测试在云中的多个 Android 模拟器上并发执行。

不同的测试框架利用组合测试技术，并使用识别错误交互的测试代数和自适应测试配置生成算法[184-187]。特别是，由于测试代数规则，不同处理器的测试结果被组合在一起，这些规则识别了那些不需要测试的交互。不同的解决方案解决了识别要在云平台上部署和测试的配置问题，目的是减少配置的数量并节省测试工作。

许多方法处理基于云的测试基础设施的架构设计[155,172,188,189]。其中一些通常是针对特定的应用领域，包括移动和 Web 应用。在移动测试的背景下，文献［188］和［189］提出了基于云的基础设施作为一种服务（称为 MTaaS）的设计和实现，试图解决测试移动应用程序最重要的问题。而文献［172］提出了一个可伸缩平台的体系结构，用于移动系统的云测试，允许添加新的测试功能，如非功能测试或测试计划。

关于 Web 应用程序测试，文献［190-192］描述了用于分析 Web 应用程序或 Web 服务组合的测试服务体系结构。一个开放和可扩展的基于云的测试平台是 MIDAS，它支持服务编排的功能、安全性和基于使用的测试。文献［166］提出了一个基于云的多层架构，用于分布式自动化系统之间的互操作性测试，实现了从协议到系统级的可配置的兼容性测试。文献［193］介绍了 Vee@ Cloud 的架构，它"作为构建在云基础设施服务上的可伸缩虚拟测试实验室"。资源管理器分配虚拟机实例，并从可用资源池跨不同的云部署测试任务。另一个平台是 Cloud Crawler[169]，它提供了一种声明性语言，支持在云中执行的许多不同的性能评估场景的描述。

许多解决方案提供了实现 TaaS 模型的框架和工具[154,156,166,171,194-196]。这些工具的共同特性是并行执行的自动化测试、计算扩展和配置测试设置。其中许多是针对主要部署在 Android 设备上的移动应用程序，目的是执行性能和兼容性测试。它们共享一些特性，如测试脚本生成、云中真实或模拟设备的配置、分布式测试的自动执行，或包括错误位置和错误快照在内的测试报告生成。很少有解决方案提出针对其他领域的框架和工具，如 GUI 测试、安全测试、压力测试、Web 浏览器测试或性能测试。

一些论文讨论了试验台的设置[197-200]。文献［198］提出了一个实现 sCloud 的测试平台，该平台可以自适应地将可用资源分配给分布式数据中心中的异构工作负载，考虑到了 QoS 需求以及真实的绿色电力和工作负载跟踪。文献［199］提供了一个测试环境，可以在不同的智能设备和移动平台上测试移动应用程序，提供比模拟器更真实的结果。文献［200］解决了云中的基准测试的新目标，而文献［197］中提出了新的基准测试解决方案，其中受控实验在共享一个公共协调器接口的多个云上运行，并且多个多层应用程序被完全自动部署。

2.5.3　针对特定类型的测试技术

在测试领域方面，众包测试主要应用于用户体验测试、可用性测试，GUI 测试和性能测试等领域。功能测试、可用性测试的应用更为广泛，这是因为：众测工人可以在使用软件的过程中较为自然地完成功能测试；众包所蕴含的群体智能可以帮助安全性测试的开展；众包带来的用户多样性有利于完成可用性测试。

QoE（Quality of Experience）是一种以用户主观感受及认可程度为衡量标准的服务评价体系[201]。传统的 QoE 测试以人工测试为主，成本高且耗时久，因此基于众测技术的 QoE 测试得到了广泛研究[16]。众包 QoE 测试主要应用于多媒体和网站服务的 QoE 评估。Hossfeld 等人[202]提出两阶段 QoE 众测设计框架，并在视频质量评估试验中证实了其可靠性与优越性。Wang 等人[203]开发了自动众测工具，以更加准确、快速且低成本的方式对网页特性进行评估。Schmidt 等人[204]则提出了一项衡量游戏 QoE 影响因素的众测框架，以弥补游戏服务质量评估的研究匮乏。QoE 测试结果主要依赖于测试工人的素质，并受其使用环境、设备及所受训练课程等因素影响。为了提高 QoE 评估的可靠性，Mok 等人[205]提出了一种通过分析行为以检测低质量工人的预测模型。该模型采用监督式机器学习算法训练，有效提高众测工人的准确性，并在与 CrowdMOS[206] 的比对实验中得到了更优的精度和查全率。此外，Mok 等人[207]在进一步研究中设计了一个游戏化众包实验框架 QUINCE，并在亚马逊"土耳其机器人"MTurk 上验证了其在 QoE 评估成本效益上的贡献。

可用性测试是一种帮助设计和研发团队及时修正问题的测试方法。众包可用性测试研究集中于传统实验室测试与众包测试的性能对比。Liu 等人[208]通过与传统实验室测试的比对，发现了众包测试和可用性测试可并行执行并有效降低测试成本，证实了众包测试在可用性测试领域的适用性与价值。但实验结果表明，其反馈数量和质量较传统测试方法仍有不足。在此基础上，Meier 等人[209]提出了基于 Web 且采用众包平台（如 MTurk）招募测试人群的网站评估工具，得到了与传统实验室测试相似的结果，并证实了众包测试在节约成本和提高灵活性上的优越性。早期的众包可用性测试结果受专家对相关指导任务设计的影响。为摆脱众测工具 uTest[208] 和 CrowdStudy[210] 对测试文稿及教程任务的依赖，Garrido 等人[211]提出了一种基于数据驱动重构概念的众测方法，使提取不同地区及文化群体的用户体验信息成为可能，进而有助于融合软件测试中的可用性评估和改进实践。众包可用性测试也逐步运用于移动学习应用的质量检测研究。Khan 等人[212,213]先后提出解决移动学习应用测试难题的众包测试方案和针对应用质量评估的众包测试流程，研究结果表明，众包测试虽存在一定的局限性，但在功能可用性测试中具有一定的实际价值，能够克服传统测试中的耗时高、成本高及用户参与度低等难题。

GUI(Graphical User Interface) 测试是保证软件交互质量的重要方法。传统的 GUI 自动化测试需要大量前置条件，导致测试效率和自动化水平不足[214]。众包技术以其便捷、高性价比的优势在 GUI 测试领域得到深入研究。Dolstra 等人[215]通过实例化运行待测系统的虚拟机，使众测人员可通过浏览器访问这些虚拟机来完成测试，从而使 GUI 自动连续测试和可用性试验能低成本地众包给大量测试人员。研究人员在 MTurk 上进行了多项大规模实验，实验结果均表明该方法是可行且可靠的。众包 GUI 测试通常会导致较高的测试用例重复，从而降低测试效率或增加成本。为克服该局限性，Chen 等人[117]提出了交互式事件流图和 GUI 级别指导两种技术来增加众测覆盖率，并在 11 个测试页面上对 30 名众测工人进行评估，实验结果证实该技术可有效帮助众测工人避免多余工作，且显著提高未受训练测试人员的覆盖率。

性能测试通过自动化测试工具模拟各种条件来测试系统的各项性能指标。基于众测模拟系统实际运行中用户行为和执行环境的多样性，该技术在性能测试领域有较好的应用前景。Yan 等人[216]提出了一种结合移动众包技术和网络服务测试的框架 iTest，该框架将开发商所提交的网站服务众包给测试人员，从而更高效地支持网站服务的性能测试。Musson 等人[217]以微软通信工具 Lync 为研究对象，将该软件以受控的方式部署给一组用户，收集性能数据，通过动态的代码插桩来检测感兴趣的场景，并在与传统实验室模拟测试的比对中，证实了众测收集到的数据更能反映用户的实际经验且更加多样化。相关研究表明，众测数据的多样性有助于分析性能测试中其他非技术因素[218]。众包性能测试能帮助研究人员建立更加完善的数据库。Lee 等人[219]在众包网络宽带性能测试数据的基础上建立了 IP 地理定位数据库，并证实众包性能测试数据较传统数据具有更广泛的覆盖范围和优秀的精细度。此外，Chrome 和 Firefox 通过内置遥感装置进行性能众测，也取得了良好的结果[220,221]。

此外，不少众包测试平台仍然提供了自动化测试入口。首先，这为测试任务发布方提供了更全面的测试服务，能够在一定程度上提升测试效率。其次，这反映了自动化测试的不可替代性，测试成本也低于人工测试，将自动化测试和人工测试相结合，优化测试流程，也是未来的研究方向之一。

2.5.4　面向测试流程的优化技术

考虑到众测人员多样性的特征，众测面向测试流程的优化技术主要集中在测试用例生成和程序调试与修复方面，其目的是辅助众测工人执行测试过程，提高众测的测试效率。

　　测试用例生成是软件测试的重要任务之一，也是保证软件质量的关键，众包作为一种新兴技术也广泛应用于该研究领域。Chen 等人[222]构建了一种基于谜题的自动测试环境，该环境将对象突变和复杂性约束求解问题分解成多个小谜题供众包测试人员解决，试验结果证实，大量的小谜题能在短时间内得到有效解决，且该方法在与其他测试用例生成技术的比较中得到了更高的代码覆盖率。Mao 等人[223]提出了一种基于众测的测试文稿生成方法，该方法能提取可重复利用的跨应用高级事件序列，研究人员通过 MTurk 招募众测工人就该方法对谷歌应用进行测试试验，结果证实该方法能得到更高的覆盖率，是传统测试用例生成方法的有效补充。深圳慕智科技有限公司的王晓冰等人[224]发明了一种基于测试需求的语音识别系统众包测试用例生成方法，该方法对输入测试需求进行基于用户需求的文本特征提取，并在测试参数库的交叉组合下生成测试用例，在有效降低众包工人测试参与门槛的同时满足了软件测试的充分性和多样性。自动化测试用例生成工具通常注重良好代码覆盖率的实现，而忽视了鲁棒性和清晰的目的。为克服该局限性，Rojas 等人[225]提出了一种基于游戏化和众包技术的测试用例生成方法，该方法将测试工人分为攻击者和防御者，通过竞争制游戏的方式来调动众测工人的积极性，并在应用开源 Java 类的试验中证实了该方法能生成更加强健的测试用例，且进一步提高代码覆盖率。此外，自动化测试用例生成还存在测试预期输出问题（Oracle Problem），生成的测试用例极大程度上依赖于决定正确性的测试断言。为此，Pastore 等人[226]引入了反映程序当前行为的断言 CrowdOracles，并将断言众包给测试人员，由众测工人决定该断言是否与代码文档所描述的行为匹配。该方法经试验证实在解决 Oracle 问题上有一定的可行性，但存在众包反馈质量的问题。

　　在程序调试工作中，错误（bug）报告至关重要。鉴于众包测试信息的多样性，研究人员正尝试将众测技术运用于 bug 报告生成中，以辅助开发人员进行程序调试。Chen 等人[227]深入挖掘 Stack Overflow 社区中的 QA 信息，通过克隆检测与匹配分析识别源代码中 bug 的潜在位置，再通过无关语句识别及相似性分析等方法过滤误报信息，最终有效除去大量无关重复的错误信息，生成包含源文件名称、错误潜在范围、错误修复说明等信息的 bug 报告，并在与其他错误数据分析工具的比较试验中，证实了该方法的显著优越性。类似地，Zhang 等人[228]对错误严重性和群众属性二者间的相关性进行研究，进一步证实了众测可以用于优化 bug 严重性评估。Jiang 等人[115]提出了一个从众包生成数据中推断新有效属性的方法，并开发了一个众包软件工程平台来执行此方法。实验结果表明，该方法成功构建了 11 个新属性，使 bug 报告摘要得到细化，从而节省了开发人员在报告收集与筛选上的时间耗费。在对错误报告信息进行筛选整理后，程序修复工作得以进行。在此过程中，众包测试技术可为开发人员提供合理的解决方案。Al-Batlaa 等人[229]设计了一个探寻潜在解决方案的模型，该模型通过衡量 Stack Overflow 上编程问答帖与实际操作中遇到的错误信息之间的相似性，对相关问答帖进行筛选与排序，引入群众知识的概念，为开发人员提供程序修复建议。刘艳芳[230]开发了一个基于众包模式的代码纠错系统，该系统支持任务请求者自愿添加 Java 代码纠错题和管理历史发布任务，利用以往工作人员对历史发布任务的反馈信息，为任务请求者提供一个更优的解决方案。

此外，众测还可以运用于错误检测后的修复人员推荐。Badashian 等人[231]通过衡量开发人员在 Stack Overflow 及其他软件 QA 平台上的贡献来评估该人员是否适合进行相关程序修复。经试验证实，这种基于众包平台信息的评估方法在开发人员专业技能与任务适合度的预测准确率上都有显著提升。

2.6　众测服务平台

平台和工具作为软件测试领域的关键部分，受到了工业界和学术界的广泛关注。自 2006 年，众包概念[2]被首次提出以来，众包测试领域出现了大量商业众包测试平台。

2.6.1　平台基础信息

本文调研了 10 个广泛应用的众包测试平台，从注册用户数、成立时间、覆盖国家数量等多个方面进行了分析对比。首先简要介绍 10 个众测平台的基础信息。

在调研的平台中，Crowdsourced Testing 是最早出现的众测平台，诞生于 2006 年，其余平台则集中成立于 2011—2013 年。作为一种新兴的软件测试手段，众包测试平台的覆盖国家数量、注册用户数量都非常庞大，在很大程度上解决了传统测试中面临用户多样性不足、反馈较少和应用场景不真实的问题。

表 2 展示了众包测试平台的调研结果。简介主要介绍了众包测试平台的基本情况、支持的操作系统等信息，大部分众包测试平台都提供 Android 端和 Web 端的测试服务。众包测试平台的注册人数通常在几千至几万不等，只有个别平台的注册人数较少，例如 Testlio，这是因为该平台主要招募专业的测试人员完成众包测试，因此受到专业人数的限制。对于成立时间，大部分众包测试平台成立于 2011—2013 年，这也是众包测试平台的爆发期，近几年这些平台一直快速发展，得到广泛应用，成为主流的众测平台。最后，本文还统计了众包测试平台所覆盖的国家，针对这一点，大部分平台没有给出详尽的信息，因此没有做详细分析，但是可以看出，众包测试平台往往覆盖众多国家，以提升测试环境的多样性。此外，表中所示的注册人数是指测试人员的数量，包括非专业的测试人员和测试专家数量。

表 2　众包测试平台调研

应用名称	简介	注册人数	成立时间	覆盖国家
Global App Testing	全球一级工程和 QA 团队的信任合作伙伴，提供 24/7/365 的按需测试资源的访问权，以进行连续测试	5 万	2013 年	189
Digivante	全球领先的众包测试公司，提供敏捷测试的众包测试。Digivante 旨在提高网站或应用程序的数字性能，有助于在发布前检测 bug，提供全面的回归测试	55 000	2012 年	160
Test IO	软件测试服务提供商，辅助能够提高应用程序质量。为网站、移动设备、可穿戴设备和物联网设备提供各种质量保证解决方案	N/A	2011 年	N/A

（续）

应用名称	简介	注册人数	成立时间	覆盖国家
Testlio	拥有行业领先的平台和 QA 专家，专注于在实践中进行测试，提升修复率	数千	2012 年	150+
Crowdsprint	由 Ampion 开发，致力于提升用户体验。测试 Web 网站、移动应用和云应用程序的质量，并提高产品的参与度，支持 Android、iOS、黑莓和 Windows 平台进行测试	20 000+	2006 年	100+
Crowdsourced Testing	通过众包测试服务对移动应用、基于 Web 的应用和基于云的应用进行测试。拥有超过 30 年的组合软件测试经验，支持 Android、iOS、黑莓和 Windows 平台进行测试	20 000+	2006 年	100+
Rainforest	由 Simon Papineau 成立，与多家软件开发公司合作并提供软件测试服务，该平台的优势是短时间内使用不同的环境测试产品，获得更多关于系统的见解和缺陷。测试网站、iOS 和 Android 应用程序、视频游戏、软件和 Windows 平台	56 000	2012 年	182
Testbirds	成立于德国，提供众包测试解决方案，帮助优化用户的数字产品。测试网站或 Web 应用程序、手机应用程序、游戏、物联网等	200 000	2011 年	193
Testin	以人工智能技术驱动的企业服务平台，为全球超过百万的企业及开发者提供云测试服务、AI 数据标注服务、安全及 RPA 服务	N/A	2011 年	190+
Baidu MTC	移动应用一站式测试服务平台，为广大开发者在移动应用开发测试过程中面临的成本、技术和效率问题提供解决方案，覆盖移动应用从开发、测试到上线、运营的整个生命周期	10 000+	2012 年	1

在基础信息的调研过程中，有如下发现：Baidu MTC 和 Testin 是我国的众包测试平台，其余则来自不同的国家。虽然 Testin 的覆盖国家数量较多，但是主要还是为国内的软件产品服务，而 Baidu MTC 官方网站则没有提供覆盖国家的详细信息。我国众包测试平台向全球推广的道路还相对漫长。

2.6.2　资源服务模式

本节分析了 10 个应用广泛的众包测试平台的资源服务模式（见表 3），包括交付时间、众测工人的招募方式、报酬计算机制、人员能力提升机制和众包平台能够进行的测试类型。

表 3　众包测试平台资源服务模式

应用名称	交付时间	众测工人招募方式	报酬计算	人员能力提升机制	测试类型
Global App Testing	48 小时	算法选择符合条件的众测工人进行邀请	N/A（只招募专业的测试人员）	测试学院课程	探索性测试，本地化测试
Digivante	72 小时	众测专家制订测试计划后，算法选择符合条件的众测工人进行邀请	获得报酬的金额取决于提交的有效缺陷、验证或复现缺陷	社区中的教学文档和信息，熟悉平台功能	回归测试，跨浏览器测试，探索性测试，敏捷测试，可用性测试，本地化测试
Test IO	N/A	算法选择符合条件的众测工人进行邀请	获得报酬的金额取决于有效缺陷	社区中的教学文档和信息，熟悉平台功能	功能测试，回归测试，可用性测试，Beta 测试

（续）

应用名称	交付时间	众测工人招募方式	报酬计算	人员能力提升机制	测试类型
Testlio	N/A	算法选择符合条件的众测工人进行邀请	获得报酬的金额取决于测试时间	测试学院课程	功能测试，自动化测试，回归测试，可用性测试，实时监控测试，本地化测试
Crowdsprint	数天	算法选择符合条件的众测工人进行邀请	获得报酬的金额取决于提交的有效缺陷	每个众测任务会开启一个论坛，进行讨论	功能测试，跨浏览器测试，安全性测试，Beta 测试，本地化测试，QoE 测试
Crowdsourced Testing	数天	算法选择符合条件的众测工人进行邀请	获得报酬的金额取决于提交的有效缺陷数量和类型	社区中的教学文档和信息，熟悉平台功能	功能测试，跨浏览器测试，安全性测试，Beta 测试，本地化测试，QoE 测试
Rainforest	N/A	众测专家筛选	N/A（只招募专业的测试人员）	N/A	功能测试，可用性测试，本地化测试，安全性测试
Testbirds	数天	算法选择符合条件的众测工人进行邀请	获得报酬的金额取决于测试类型、缺陷数量	测试学院课程	性能测试，本地化测试，回归测试，探索性测试
Testin	N/A	众测专家筛选	获得报酬的金额取决于任务复杂性、缺陷价值、人员等级等	测试学院课程	自动化测试，兼容测试，安全性测试
Baidu MTC	1~5 天	算法选择符合条件的众测工人进行邀请	N/A	测试学院课程	自动化测试，QoE 测试，可用性测试

对于交付时间，大量众包测试平台并未给出具体信息，这是因为交付时间很大程度上取决于测试任务的属性。调研发现，大部分测试任务的交付时间在 1 天至数天不等，如果是有特殊需求的测试任务，交付时间可能更长。大量测试平台提供用户订制服务，即为不同的测试任务提供不同的测试方案，包括不同的测试内容、测试完成条件、测试参与人数和测试时间，如 Digivante 和 Baidu MTC 等。如何对复杂的测试任务进行分解和设计，是众包任务准备阶段的重要工作之一，在众包测试的已有相关研究中，研究人员将众包环境中的协作测试问题看作一个关于众测工人工作分配的 NP 完全问题，并将该问题转化为一个整数线性规划问题来解决[41]。在此基础上，基于划分的多任务匹配的协同测试方法则试图使用众包技术来解决大规模的协同测试，并将测试用例或任务组分配给适当的测试人员[232]。综上，尽管工业界中的交付时间受到很多因素的影响，但手动设计测试方案仍然是一项复杂而耗时的工作，对交付时间的确定也起到关键作用，因此，学术界认为对自动化任务方案设计的研究能够很大程度上减少节约人工设计的时间成本，提升测试效率。

对于众测工人，调研发现，尽管大部分众包测试平台都在互联网上招募测试人员执行测试任务，但是专业测试人员仍然必不可少，有些测试平台招募大量专业测试人员直接参与测试任务，如 Baidu MTC 和 Testlio 等，也有的测试平台聘请专业测试人员担任测试经理、交付经理或管理测试项目，如 Digivante 和 Crowdsprint 等。由此可见，众包测试过程仍需要专家参与，研究相关工具和技术以降低众包测试的技术门槛，提高众包测试的整体效率是重要的研究方向之一。例如，任务推荐技术可以根据历史信息为工人推荐测试任务，减少测试专家的任务分配时间[233,234]，测试报告优先级排序技术[235]和测试报告融合技术[236]，节约了测试报告审核时间。综上，工业界众包测试过程仍然需要大量专家参与，而学术界对众包测试过程中需要人工参与的部分进行了大量的研究和优化，希望通过自动化技术节约成本。遗憾的是，众包测试平台并没有给出具体的相关信息。

对于众测人员的招募方式，绝大部分的测试平台都由使用各自的算法为测试任务匹配合适的众测工人，并招募工人进行测试。同样地，不少测试平台都为任务发布方提供订制服务，包括使用自动化工具测试、招募专家团队进行测试和招募海量真实用户进行测试，例如 Baidu MTC 和 Rainforest 等。此外，不少测试平台为每个任务分配专业测试人员进行监督和审查，二次审核测试报告质量、调整任务分配情况等，如 Crowdsourced Testing 和 Crowdsprint 等。如何召集更多的众测工人参与众包任务，一直是众包领域的热点研究课题之一，也是众包技术在实际应用中能否成功的关键因素。已有大量的研究工作关注于如何实现任务请求者和众测工人的双赢，从而最大限度地提高任务完成效率和众测工人的利益[81]。调研过程中发现，已有大量商业众包测试平台借助算法招募更加合适的众测工人，学术界也有大量相关研究，相信在未来会有更多相关学术成果应用于工业界。

对于报酬计算方式，常见的方式是根据有效 bug 数量、测试任务的复杂程度和测试类型等指标计算报酬。特别地，有平台根据测试时间进行计算，还有一些平台没有公开报酬计算方式，甚至没有开放测试人员申请入口，这些平台往往只招募专业的测试专家，需要通过平台考核成为众测工人，例如 Rainforest 和 Global App Testing 等。合理的报酬计算方式与奖励机制直接决定了众包任务对众测工人的吸引力，能够更好地激励众测工人高质量地完成任务。在众包测试领域，学术界中，当前主要采用的考核机制的根据是 bug 的严重程度，然而在实际运营中，根据 bug 的严重程度来考核的方式并不能适用于所有的情况。例如，在可用性测试中，界定可用性缺陷的错误等级较为困难，在这种情况下，有学者采用动态定价的激励机制来引导众测工人的行为[58]。针对目前的调研结果可以发现，工业界的计算方式都相对单一，对学术成果的应用相对较少。

对于众测工人的能力提升机制，大多数众包测试平台会提供文档、视频或课程供众测工人学习。倾向于招募测试专家的众测平台则会开设一些测试课程，并设置考核机制。众包测试的优势之一在于众测工人的人数众多，然而部分工人在测试专业技能和业务领域知识方面可能还存在着欠缺。因此，任务请求者和众包测试平台应合力建立良好的培训机制，构建相关平台并提供对应资源，这对于众包测试生态环境的维护具有非常积极的意义。尽管目前已有一些对众测工人能力自动评估的相关研究，但是对能力提升的学术研究则相对薄弱。

对于测试类型，不同的测试平台提供的测试类型差异较大。功能测试是众包平台都会提供的测试类型。值得注意的是，不少众包测试平台都提供了自动化测试功能，可见众包测试平台将逐步发展为集多功能测试于一体的综合测试平台，为测试任务发布方提供全方位服务。同样地，不少测试平台提供自动化测试、专家测试和终端用户测试多种测试群体，满足不同测试任务的不同需求。学术界已有不少针对众包测试平台适用测试类型的相关研究，基本与工业界中的应用情况一致。

3 发展趋势与展望

3.1 众测的共性理论

众测服务理论通过研究激励群体参与、促进群体智慧的汇聚，进而提升众测服务效益。针对众测激励机制，如何激发社会闲散测试人员的参与积极性，是提高平台活跃性和人员留存率的关键。在现有实践中，测试人员在众测过程中得不到有效的正向反馈和激励，参与积极性受到影响；管理人员大多采用基于专家经验的任务定价方法，经常导致测试人员积极性不足、抑或发包方投入过量开销。因此，未来的研究重点主要在内在激励和外在激励两个维度。针对众测拍卖机制，现有的机制设计和拍卖方法应用于众测任务分配会有诸多的局限性，例如考虑工作者属性单一、未充分利用数据等。未来需要更多的相关研究与实践满足众测任务分配的应用性，使用更多的数据进行赋能。

（1）面向内在激励的任务设计策略　通过研究任务趣味性、反馈机制等因素和任务执行效率的关系，推荐任务设计策略，从内在激励角度激发人员的参与意愿。未来主要的研究点有：研究面向内在激励的任务设计策略；研究任务的趣味性、反馈机制等和任务执行效率的关系研究；研究面向协作效率优化的众测群体推荐，优化众测工人群体协同效率，促进群体智能的发挥；对大规模众测数据的研究；基于游戏领域的激励策略研究；研究面向群智汇聚的资源服务机制，增进测试资源群体效能的发挥。

（2）面向外在激励的任务定价方法　基于众测数据，建立任务定价的学习模型，推荐合适的定价方案，从外在激励的角度激发人员的参与积极性。未来主要的研究点有：研究定价策略的优化；研究定价对竞争人员的影响；研究工人绩效与定价激励相互作用的因素；研究面向效率优化的任务服务机制，优化任务的测试效率；研究任务动态定价模型。

（3）众测拍卖机制设计　基于众测平台任务数据，设计不同情况下的众测拍卖机制。未来主要的研究点有：

1）多属性（参数）的众测拍卖机制设计。众测平台任务的报价会存在更复杂的形式。如果每个众测工人执行多种任务，那么众测工人的私有信息包括所有他能供应的组合任务的代价值，这实际上是一个组合反拍卖问题。该类问题的解决在计算机科学领域尚未见系统的研究，面临许多深刻的挑战。卖家的私有信息包含许多参数，最优分配和支付的设计牵涉复杂的组合优化和数学规划问题，问题的计算复杂性难免很高。针对上述难题，未来将根据不同类型的需求函数、成本函数与参数空间，系统地研究投标语言的设计、最优机制的表示和计算、近似机制的设计和分析。

2）基于机器学习的众测拍卖机制设计。由于众测平台中存在大量众测工人的历史信息，可以考虑使用基于历史数据和机器学习模型进行激励机制的构建。面临的挑战是函数空间巨大，问题的计算复杂度过高。针对此难题，在未来试图将函数空间近似地缩小到一个较小参数空间，转化为此参数空间里的优化问题。

3）基于社交网络的众测拍卖机制设计。众测平台兼具的社交属性以及众测工人本质的社会性特点，可考虑从信息传播激励机制设计和多播网络拍卖两个角度展开研究。将候选发布任务池中的任务信息以某种策略或寻优指标在具有社交属性的众测平台或社交平台上进行发布，期望在限定时间内有更多数量的高质量众测工人感知到任务信息，从而使得众测任务更高质量地完成。

3.2　可信众测

众测的开放环境虽然提供了大量的资源，但开放性导致人们对过程的漠视，人员、技术、资源、环境都具有极大的不确定性，测试结果质量参差不齐，缺乏可信成为制约其成为主流服务模式的障碍。此外，环境的开放性给平台信息和交易安全带来的挑战，也影响了众测服务的发展。

可信众测的研究主要包括：①面向过程和交易可靠的安全服务技术，保证整个众测服务的管理安全、数据安全和交易安全。安全保障是众测平台吸引供需各边资源汇聚、提高众测平台执行效率及竞争力的重要因素。确保提交到众测平台上的信息产品的知识产权不被侵害，确保众测平台上的测试工作产品可信，涉及众测业务各方信息安全、隐私保护、知识产权保护、交易可信的信任机制等基础理论。②众测服务质量和产品质量评估技术，是众测这样一种新型的测试服务模式是否能够成为主流服务形态的关键所在。如何构建面向全生命周期的质量判定和综合评估、评价、认证模型？如何围绕质量提升，建立在线众测质量保障体系？这些问题涉及众测服务提供方、行为和结果等多维度数据的众测质量评价技术。解决众测服务模式中不确定要素条件下的质量判定，可以开展如下具体课题研究。

（1）基于信任管理的众测工人选择和任务分配机制　对众测工人进行信任的评估和管理，基于工人历史行为和历史数据等建立工人的信任度模型，对于不同类型的软件根据其特性选取不同信任度的工人进行测试任务的分配。

（2）基于区块链的众测平台构建　众测平台是众测各参与方完成众测项目的枢纽，其安全性也至关重要。区块链具有去中心化、可溯源等特点。其中，中心化的特点可以很好地预防单点攻击等安全威胁；可溯源特点能够保证众测过程中各方行为和数据能够被追溯，增强众测过程的可控性。因此，研究基于区块链的众测平台构建可以更好地保证众测过程的安全性。基于区块链构建众测平台时,需要考虑众包测试的开放性,开展所构建区块链的智能合约、数据存储、历史溯源等安全性研究。

(3) 基于访问控制的众测交易安全保护技术 在众包测试中,测试工人在参与众测任务时往往需要请求获取任务信息,但是发包方可能不愿意公开提供其任务信息,在这样的场景下,可以通过访问控制支持发包方允许部分工人访问任务信息,这样可以有效地防止对任务信息的非法访问,保证众测任务的安全开展。

(4) 众测数据保护技术 数据来源认证可以验证数据的有效性和可信度,对于发包方选择数据能够提供便利性。然而,考虑到众包测试中的隐私问题,提供数据来源的同时还需要有效保护众测工人的身份隐私等。如何在能够进行身份验证的同时对众测工人提供的各项信息进行隐私保护也是一个值得研究的方向。

(5) 众测知识产权保护技术 在众测知识产权方面,现有的众测平台缺乏对众测知识产权的保护,导致测试发包方不愿在众测平台发布代码,众测报告与众包测试脚本也无法存证。区块链技术具有去中心化、不可篡改、可追溯、分布共享的特性,可用于解决众测平台存在的存证、信息追溯和信任问题,实现众测知识产权的可靠认证与安全存证。基于区块链的众测知识产权保护与确权是值得研究的问题。

(6) 基于先验知识的众测质量评估技术 众测的实质是一个"众包+测试"的应用场景,在讨论其中关于测试层面的评价体系时,不仅要针对原有传统测试质量的层面开展评估、评价与判定工作,还应该跳出测试思维,以众包和管理的视角去审视众测质量,从全局的角度去评价众测活动。增加众测质量评的先验知识,将能够从"元层面"看待整个众测的质量评估工作,包括但不限于对于众测基本流程与众测执行情况的审核、众测工人本身的素质能力和众测任务测试情况、各个众测相关方的权责及其在众测过程中的参与情况、测试报告交付汇总的影响情况等。现有的众测质量评估少有通过增加被测领域的先验知识,以求通盘考虑非测试直接相关的评价因素,这在未来将是全方位评估众测质量的一个重要发展趋势。

(7) 众测的"后效应"作用 众测作为一个现代化服务,向企业、互联网等提供支持,被服务方的反馈和反响与服务本身的质量直接相关,但这种反馈实际上是滞后于众测全过程的,即众测活动结束之后才能得到反馈,这种"后效应"的作用不容忽视。因此,在针对众测的平台设计时,提供回访的机制相当必要。然而,现阶段研究种这种质量评估的"后效应"作用尚未纳入整个评价体系中,在整个众测活动结束之后的数据还少有被利用,诸如众测需求方对问题报告清单的确认情况、众测工人对众测任务的理解程度与测试执行中遇到的困难等。

(8) 差异化众测质量综合评价体系的构建 不同的众测需求方可能存在不同的众测质量诉求。例如,有的需求方可能资金非常充裕,而对于测试质量有较高要求,有着非常明确的测试时间限定;有的测试需求方可能资金稍微紧张,但测试时间充裕,对测试质量的要求不高。针对上述两类众测需求方的评价体系应当有所差异。因此,在开展众测质量的综合评价时,还要结合需求方的实际情况,提出差异化的综合评价体系,以适应不同的众测应用场景。

（9）众测质量评价指标的优化　在设计众测质量评价体系时，部分指标往往难以量化，如众测任务难度、众测工人的工作量等。针对这类难以直接量化的质量评价因素，可以将历史积累的众测项目、众测任务与现有应测试活动的执行情况进行全面比较，并辅以众测活动完成后的反馈，以定性的角度来优化这部分众测质量评价指标，从而达到提升众测可信度的目的。

3.3　众测的新领域与新技术

众测本身兼具的测试资源无限性、测试环境多样性以及测试人员的创新性，其特有的开放环境和无限时空资源，使得在原本封闭环境下依靠仿真环境很难实现的测试，具备了在真实环境下快速、高效、低廉地构建测试环境并执行测试的可能性。然而，面对一些复杂应用场景（例如，集成电路、智能传感器、VR、AR 等）和全过程（例如，设计开发、生产制造等）测试服务类型时，如何在众测环境下解决复杂测试需求对于环境、工具和人员的依赖性是未来亟须解决的问题。

（1）众测云资源平台构建　近些年来，国内外开始探索测试资源云化，以汇聚闲置的测试资源，拓宽环境配置，提升测试效率。但是，由于众测云环境下所要求的异构性、分布式、安全性、负载平衡性等特性对于现有的技术难以适用，尤其是：

1）针对异构的测试需求进行柔性建模。重点是围绕众测任务和测试资源数据，研究分析众测任务的测试资源需求，构建高效、安全的在线众测环境，提供自适应的测试资源精准推送服务，为后续的测试任务执行提供支撑。

2）针对测试资源云环境进行良好的抽象表示。重点是利用高效的分布式计算架构（如 Apache Hadoop MapReduce）在公共云上分发测试生成任务，减轻事件序列爆炸和数据价值爆炸，识别不断发展的云环境的抽象表示，采用模型驱动工程和生成式编程技术可以帮助应用程序开发人员识别测试场景的抽象表示，并为部署和测试的应用程序定义正确的配置选项组合。

3）针对云化资源的安全管理与测试云数据的审查。重点是监控云资源的使用，以防止过度使用和过度支付的成本，采用适当的安全策略，规定向第三方提供机密或生产数据，与此同时，还应该研究在云中测试之前过滤或审查数据的一些策略。

4）针对云环境下众测测试任务分配优化和测试资源调度优化。重点是关注在云中进行具有成本效益的测试执行，降低由于在云中所有机器上设置测试环境而产生的成本，将测试任务分解为可以同时执行的更多测试子任务，从而提高资源利用率。

（2）集成电路的众测实施　集成电路测试流程长，各阶段专业性与自动化程度高，依赖专用软/硬件测试设备，测试成本占据整个集成电路制造成本的一半以上。随着摩尔定律逐渐失效，AI、数据中心、智能 IoT 硬件等领域的快速发展，对传统集成电路设计、封装、部署与应用等环节呈现新的挑战，也对测试能力提出了新的要求：

1）建立一个众测环境感知专家诊断系统。重点是利用众测平台所提供的复杂多变的测试环境，构建众测通路设计，自适应地统一异质的测试数据（包括工艺、类型、工作环境、负载、厂家、批次等)[237]；其次，搭建专家诊断系统与优化框架，利用线上不断采集的数据自我进化[238]，辅助线上运维决策。给出失效硬件的测试环境信息，便于失效分析（Failure Analysis），复现失效场景，改进测试条件[237]。

2）研究面向下一代智能设备的测试优化技术。重点是针对集成电路芯片在数据中心、IoT等场景的部署密度增加（如内存容量不断翻倍），异构硬件的引入，复杂多变的运行环境和负载变化（电商数据中心双十一等负载洪峰）等复杂即时性场景的测试优化技术。

3）面向软件定义芯片的众测技术研究。重点是利用众测模式集结各个设计层次的开发人员，以安全、高效、敏捷的方式完成软件定义芯片之后的软件定义验证能力，同时，提供更为专业的训练集众包平台，为未来AI的入场做好准备。

（3）开放协作下的代码保护 程序代码作为一种敏感的知识产权是软件所有者重要的资产。测试发包方并不愿意将自己的产品代码投放到众包软件测试环境中一个非常重要的原因是很少有众包测试平台给出关于代码安全的解决方案。在众包环境中进行单元测试，测试工人可以轻易获取发包方的代码，但难以判断工人是否可靠，代码是否会被工人们泄露。更有甚者攻击者直接伪装成工人进行代码盗取。这些攻击者会导致整个众包测试环境的协作信任的崩塌。发包方对自身知识产权的强烈保护意愿与众包软件测试平台缺乏代码安全保护方案之间的矛盾，成为阻碍单元测试向众包平台迁移的主要原因。为了解决该矛盾，未来应研究众包模式下的代码保护技术，以开展众包单元测试等白盒。主要研究方向包括：

1）研究基于代码分割众包任务设计方法。重点是将单元众包软件测试环境中的整体项目，通过代码分割技术进行模块化的分解，再将这些分解后的模块封装为多个独立的任务包分发给众包环境下的测试工人，以抵抗单一攻击者的直接盗取。

2）基于代码混淆的被测源码保护技术。单元众包软件测试的代码混淆可建立在代码分割的基础上，以增强代码保护效果。分割后不同的片段可以使用不同的混淆手段。混淆后的代码会被发布到测试场景中，为了保证测试收集的测试用例的可复用性，需要使用可逆的技术进行混淆。通过斩断线索，增加还原难度，制造错误还原结果等方法形成一种特有的抵御攻击者还原分析的保护手段，从而使得单元众包软件测试环境更加安全可靠。

3）研究代码抗还原技术。在众测环境下，每个测试工人拿到一部分代码，对代码的盗取需要还原代码全貌。研究代码抗还原技术可防止发包方的代码被非法还原，从而起到代码保护的作用。具体技术包括：利用线索隐藏方法抵抗基于线索的程序还原技术；利用基于代码变换的任务包克隆技术，增大还原算法的开销；利用扩充和误导的方式，将原本不属于待测程序的代码植入任务包中，使得还原算法的结果与实际结果产生偏差等。

4　结束语

随着信息技术的发展和信息服务环境的日益开放，信息产品的兼容性、易用性、可靠性、安全性、性能效率，甚至功能完备性等质量问题都面临新的挑战和考验。传统、相对封闭，或依靠单一测评机构的方式已难以满足这些产品的质量检验要求；众测以开放、分布式方法提供了解决问题的途径。但众测技术还处在发展的初期，面临一系列严峻的挑战。表现为：

（1）测试资源多、散、无法协同利用　由于供需信息不透明，一些拥有测试设备的专业机构常常业务不饱和、资源闲置，而具备多样性特征的小微机构或个体缺乏工具资源和标准引导，难以提供专业服务。现有的一些众测平台，大多也是构建比较丰富的测试环境，招募自由人员，通过平台的环境提供法律问题，这不仅需要管理制度的完善，更需要从技术角度提供方法和手段的保障。而且，这样的平台也不能有效地构建各类测试资源的协同服务，解决中小机构测试资源汇聚的问题，无法形成完整的众测服务产业链，难以形成规模效益。

（2）测试技术障碍　硬件测试由于实物依赖性、测试专业性，以及测试数据采集和传输限制，一直是众测领域的难题。软件测试虽然是催生众测技术的源头，但诸如科技服务平台等系统，要面对异构多样的接入设备和交互环境、庞杂的涉众需求和高并发的互联网接入，在测试覆盖、故障诊断等方面依然面临挑战。

（3）测试服务缺乏可信　开放环境虽然提供了大量的资源，但开放性导致人们对过程的漠视，人员、技术、资源、环境都具有极大的不确定性，测试结果质量参差不齐且冗余，缺乏可信，成为制约其成为主流服务模式的障碍。此外，环境的开放性给平台信息和交易安全带来的挑战，也影响了众测服务的发展。

（4）群体智能汇聚的机制尚不成熟　任何生态系统的发展都需要社群的多样性协同和竞争演化，开放环境下成员的社会自治性导致人们趋于盲目选择，而缺乏有效的群体协作。缺乏良好的引导机制和技术保障，往往导致"劣币驱逐良币"的恶性智能集聚效应。

因此，众测理论与方法的研究必将对信息产品的测试服务行业产生深远的影响。

致谢

本文是在 CCF 容错计算专委会的组织与指导下完成的，同时，本文得到了国家重点研发计划项目"信息产品及科技服务集成化众测服务平台研发与应用"（No. 2018YFB1403400）项目组的大力支持，特别感谢国内从事众测研究的主要团队和众测运营平台在本文撰写过程中提供的帮助，致谢中国科学院软件所、陆军工程大学、南京大学、航天软件评测中心、广东拓思软件科学园有限公司，上海计算机软件技术开发中心、南京慕测信息科技有限公司、航天中认软件测评科技（北京）有限责任公司等单位参与撰写工作和提供资料的老师和同学，受作者数量的限制，有些没有列入作者名单，感谢你们的理解和支持。

参考文献

[1] RAYMOND E. The cathedral and the bazaar[J]. Knowledge, Technology & Policy, 1999, 12(3): 23-49.

[2] HOWE J. The rise of crowdsourcing[J]. Wired magazine, 2006, 14(6): 1-4.

[3] FENG J H, LI G L, FENG J H. A survey on crowdsourcing[J]. Chinese journal of computers, 2015, 38 (9): 1713-1726.

[4] HEER J, BOSTOCK M. Crowdsourcing graphical perception: Using mechanical Turk to assess visualization design[C]. Proc. of the SIGCHI Conf. on Human Factors in Computing Systems. Atlanta: The SIGGHI Conf. on Human Factors in Computing Systems, 2010.

[5] FRANKLIN M J, KOSSMANN D, KRASKA T, et al. CrowdDB: Answering queries with crowdsourcing[C]. The ACM SIGMOD Int'l Conf. on Management of Data. [S.l:s.n.], 2011.

[6] NEGRI M, BENTIVONGLI L, MEHDAD Y, et al. Divide and conquer: Crowdsourcing the creation of cross-lingual textual entailment corpora[C]. Proc. of the Conf. on Empirical Methods in Natural Language Processing. Edinburgh: The Conf. on Empirical Methods in Natural Language Processing, 2011.

[7] YAN Y, ROSALES R, FUNG G, et al. Active learning from crowds[C]. Proc. of the 28th Int'l Conf. on Machine Learning. Bellevue: The 28th Int'l Conf. on Machine Learning, 2011.

[8] ZUCCON G, LEELANUPAB T, WHITING S, et al. Crowdsourcing interactions: Using crowdsourcing for evaluating interactive information retrieval systems[J]. Information Retrieval Journal, 2013, 16(2): 267-305.

[9] CINALLI D, MARTI L, SANCHEZPI N, et al. Using collective intelligence to support multi-objective decisions: Collaborative and online preferences[C]// IEEE/ACM Int'l Conf. on Automated Software Engineering Workshops. New Yock: IEEE, 2015.

[10] WU W, TSAI WT, LI W. An evaluation framework for software crowdsourcing[J]. Frontiers of Computer Science, 2013, 7(5):694-709.

[11] MAO K, CAPRA L, HARMAN M, et al. A survey of the use of crowdsourcing in software engineering[J]. Journal of Systems and Software, 2017, 126: 57-84.

[12] STOLEE K T, ELBAUM S. Exploring the use of crowdsourcing to support empirical studies in software engineering[C]. The ACM/IEEE Int'l Symp. on Empirical Software Engineering and Measurement. New Yock: IEEE, 2010.

[13] BARI E, JOHNSTON M, TSAI W, et al. Software crowdsourcing practices and research directions[C]. The IEEE Symp. On Service-Oriented System Engineering. New Yock: IEEE, 2016.

[14] LATOZA T, HOEK A. Crowdsourcing in software engineering: Models, motivations, and challenges[J]. IEEE Software, 2016, 33(1):74-80.

[15] ESTELLÉSAROLAS E. Towards an integrated crowdsourcing definition [J]. Journal of Information Science, 2012, 38(2):189-200.

[16] 章晓芳, 冯洋, 刘颀, 等. 众包软件测试技术研究进展[J]. Journal of Software, 2018, 29(1).

[17] ALSAYYARI M, ALYAHYA S. Supporting coordination in crowdsourced software testing services[C]// 2018 IEEE Symposium on Service-Oriented System Engineering (SOSE). New Yock: IEEE, 2018.

[18] ALYAHYA S, ALRUGEBH D. Process improvements for crowdsourced software testing[J]. International Journal of Advanced Computer Science and Applications, 2017.

[19] ALYAHYA S, ALSAYYARI M. Towards better crowdsourced software testing process[J]. International Journal of Cooperative Information Systems, 2020, 29(01n02): 2040009.

[20] ALYAHYA S. Crowdsourced software testing: A systematic literature review[J]. Information and Software Technology, 2020: 106363.

[21] YANG D, XUE G, FANG X, et al. Incentive mechanisms for crowdsensing: crowdsourcing with smartphones [J]. IEEE/ACM Transactions on Networking, 2016, 24(3): 1732-1744.

[22] PENG D, WU F, CHEN G. Data quality guided incentive mechanism design for crowdsensing [J]. IEEE Transactions on Mobile Computing, 2018, 17(2): 307-319.

[23] ZHAO D, LI X, MA H. Budget-feasible online incentive mechanisms for crowdsourcing tasks truthfully [J]. IEEE/ACM Transactions on Networking, 2016, 24(2): 647-661.

[24] ZHAO D, MA H, LIU L. Frugal online incentive mechanisms for mobile crowdsensing [J]. IEEE Transactions on Vehicular Technology, 2017, 66(4): 3319- 3330.

[25] WU Y, LI F, MA L, et al. A context-aware multi-armed bandit incentive mechanism for mobile crowd sensing systems [J]. IEEE Internet of Things Journal, 2019, 6(5): 7648-7658.

[26] MULLER S, TEKIN C, SCHAAR M, et al. Context-aware hierarchical online learning for performance maximization in mobile crowdsourcing [J]. IEEE/ACM Transactions on Networking, 2018, 26(3): 1334-1347.

[27] WANG Z, HUANG Y, WANG X, et al. SocialRecruiter: dynamic incentive mechanism for mobile crowdsourcing worker recruitment with social networks[J]. IEEE Transactions on Mobile Computing, 2020, PP(99):1-1.

[28] HAMROUNI A, GHAZZAI H, MASSOUD Y. Many-to-many recruitment and scheduling in spatial mobile crowdsourcing[J]. IEEE Access, 2020, PP(99):1-1.

[29] SHAHSAVARI M, GOLPAYEGANI A H, SABERI M, et al. Recruiting the K-most influential prospective workers for crowdsourcing platforms[EB/OL]. (2018-11-10) [2021-08-24]. https://doi.org/10. 1007/s11761-018-0247-z.

[30] NIE J, LUO J, XIONG Z, et al. A multi-leader multi-follower game-based analysis for incentive mechanisms in socially-aware mobile crowdsensing[J]. IEEE Transactions on Wireless Communications, 2020.

[31] CHOUY. Actionable gamification-beyond points, badges, and leaderboards [M]. Fremont: Octalysis Media, 2015.

[32] GEIGER D, SCHADER M. Personalized task recommendation in crowdsourcing information systems — Current state of the art[J]. Decision Support Systems, 2014, 65:3-16.

[33] CHOI J, CHOI H, SO W, et al. A study about designing reward for gamified crowdsourcing system[C]// International Conference of Design, User Experience, and Usability. Cham: Springer, 2014.

[34] MORSCHHEUSER B, HAMARI J, KOIVISTO J. Gamification in Crowdsourcing: A Review [C]// 2016

49th Hawaii International Conference on System Sciences (HICSS). New York: IEEE, 2016.

[35] WEN Y, SHI J, ZHANG Q, et al. Quality-drivenauction based incentive mechanism for mobile crowd sensing [J]. IEEE Transactions on Vehicular Technology, 2015, 64(9): 4203-4214.

[36] HAN K, ZHANG C, LUO J. Taming the uncertainty: Budget limited robust crowdsensing through online learning [J]. IEEE/ACM Transactions on Networking, 2016, 24(3): 1462-1475.

[37] GAO G, WU J, YAN Z, et al. Unknown worker recruitment with budget and covering constraints for mobile crowdsensing [C] //IEEE 25th International Conference on Parallel and Distributed Systems. New York: IEEE, 2019.

[38] ZHANG H, XU Z, DU X, et al. CAPR: context-aware participant recruitment mechanism in mobile crowdsourcing[J]. Wireless Communications and Mobile Computing, 2016.

[39] HNA Y, LUO T, LI D, et al. Competition-based participant recruitment for delay-sensitive crowdsourcing applications in D2D networks[J]. IEEE Transactions on Mobile Computing, 2016, 15(12):1-1.

[40] MOIZUDDIN K. Components of the selenium automation tool[EB/OL]. (2018-06-07) [2021-8-24]. https://dzone. com/articles/components-of-selenium-automation-tool.

[41] TUNG Y H, TSENG S S. A novel approach to collaborative testing in a crowdsourcing environment[J]. Journal of Systems and Software, 2013, 86(8): 2143-2153.

[42] ZOGAJ S, BRETSCHNEIDER U, LEIMEISTER J M. Managing crowdsourced software testing: A case study based insight on the challenges of a crowdsourcing intermediary[J]. Journal of Business Economics, 2014, 84(3): 375-405.

[43] WANG J, YANG Y, KRISHNA R, et al. iSENSE: Completion-aware crowdtesting management[C]//2019 IEEE/ACM 41st International Conference on Software Engineering (ICSE). New Yock: IEEE, 2019.

[44] JEONG G, KIM S, ZIMMERMANN T. Improving bugtriage with bug tossing graphs[C]. The 7th Joint Meeting of the European Software Engineering Conf. and the ACM SIGSOFT Symp. on The Foundations of Software Engineering (ESEC/FSE 2009). New York: ACM Press, 2009.

[45] TAMRAWI A, NGUYEN T T, AI-KOFAHI J M, et al. Fuzzy set and cache-based approach for bug triaging[C]. The 19th ACM SIGSOFT Symp. and the 13th European Conf. on Foundations of Software Engineering (ESEC/FSE 2011). New York: ACM Press, 2011.

[46] MA D, SCHULER D, ZIMMERMANN T, et al. Expertrecommendation with usage expertise[C]. The IEEE Int'l Conf. on Software Maintenance (ICSM 2009). New York: IEEE, 2009.

[47] CUI Q, WANG J, YANG G, et al. Who should be selected to perform a task in crowdsourcedtesting? [C]// 2017 IEEE 41st Annual Computer Software and Applications Conference (COMPSAC). New York: IEEE, 2017.

[48] 崔强, 王俊杰, 谢淼, 等. 众测中的工作者选择方法研究[J]. 软件学报, 2018, 29(12), 1-18.

[49] CUI Q, WANG S, WANG J, et al. Multi-Objective Crowd Worker Selection in Crowdsourced Testing[C]//SEKE. [S. l. : s. n.], 2017.

[50] XIE M, WANG Q, YANG G, et al. Cocoon: Crowdsourced testing quality maximization under context coverage constraint[C]//2017 IEEE 28th International Symposium on Software Reliability Engineering (ISSRE). New York: IEEE, 2017.

[51] WANG J, YANG Y, WANG S, et al. Context-aware in-processcrowdworker recommendation[C]//The IEEE/ACM 42nd International Conference on Software Engineering. New York: IEEE, 2020.

[52] MAO K, YE Y, LI M, et al. Pricing crowdsourcing-based software development tasks[C]//2013 35th

International Conference on Software Engineering (ICSE). [S. l. :s. n.],2013.

[53] ALELYANI T, MAO K, YE Y. Context-Centric Pricing: Early Pricing Models for Software Crowdsourcing Tasks[C]// The 13th International Conference. New York: ACM, 2017.

[54] SINGER Y. Budget Feasible Mechanisms[J]. Foundations of Computer Science, 1975.

[55] SINGER Y, MITTAL M. Pricing mechanisms for crowdsourcing markets[C]// The 22nd international conference on World Wide Web. [S. l. :s. n.] ,2013.

[56] SINGLA A, KRAUSE A. Truthful incentives in crowdsourcing tasks using regret minimization mechanisms[C]// The 22nd international conference on World Wide Web. [S. l. :s. n.], 2013.

[57] HAO W, CORNEY J, GRANT M. Relationship between quality and payment in crowdsourced design[C]// IEEE International Conference on Computer Supported Cooperative Work in Design. New York: IEEE, 2014.

[58] MATSUBARA S, WANG M . Preventing Participation of Insincere Workers in Crowdsourcing by Using Pay-for-Performance Payments[J]. Ieice Trans. inf. & Syst, 2014, 97(9):2415-2422.

[59] STRAUB T, GIMPEL H, TESCHNER F, et al. How (not) to Incent Crowd Workers-Payment Schemes and Feedback in Crowdsourcing[J]. 2015.

[60] WANG L, YANG Y, WANG Y . Do Higher Incentives Lead to Better Performance? -An Exploratory Study on Software Crowdsourcing[C]// 2019 ACM/IEEE International Symposium on Empirical Software Engineering and Measurement (ESEM). New York: ACM, 2019.

[61] SHEN Y S, YANG Y, WANG Y, et al. Software crowdsourcing task pricing based on topic model analysis[J]. IET Software, 2020, 14(6).

[62] LUO T, TAN H P, XIA L. Profit-maximizing incentive for participatory sensing[C]// IEEE Infocomieee Conference on Computer Communications. New York: IEEE, 2014.

[63] LIU Q, LUO T, TANG R, et al. An efficient and truthful pricing mechanism for team formation in crowdsourcing markets[C]// IEEE International Conference on Communications. New York: IEEE, 2015.

[64] KITTUR A, SMUS B, KHAMKAR S, et al. Crowdforge: Crowdsourcing complex work[C]// The 24th ACM Annual Symposium on User Interface Software and Technology. New York: ACM, 2011.

[65] WANG S, XIAO X, LEE C H. Crowd-based deduplication: An adaptive approach[C]// The 2015 ACM SIGMOD International Conference on Management of Data. New York: ACM, 2015.

[66] MASON W, WATTS D J. Financial incentives and the "performance of crowds"[C]// The ACM SIGKDD Workshop on Human Computation. New York: ACM, 2009.

[67] GAO X, BACHRACH Y, KEY P, et al. Quality expectation-variance tradeoffs in crowdsourcing contests[C]// The AAAI Conference on Artificial Intelligence. [S. l. : s. n.], 2012.

[68] KHETAN A, OH S. Achieving budget-optimality with adaptive schemes in crowdsourcing[J]. arXiv preprint arXiv:1602. 03481, 2016.

[69] NAGHIZADEH P, LIU M. Perceptions and truth: A mechanism design approach to crowd-sourcing reputation[J]. IEEE/ACM Transactions on Networking, 2014, 24(1): 163-176.

[70] KARGER D R, OH S, SHAH D. Budget-optimal task allocation for reliable crowdsourcing systems[J]. Operations Research, 2014, 62(1): 1-24.

[71] ZHOU A, CABREROS I, SINGH K. Dynamic task allocation for crowdsourcing settings[J]. arXiv preprint arXiv:1701. 08795, 2017.

[72] HADANO M, NNKATSUJI M, TODA H, et al. Assigning tasks to workers by referring to their schedules

in mobile crowdsourcing[C]// The AAAI Conference on Human Computation and Crowdsourcing. . [S. l. : s. n.], 2015.

[73] BISWAS A, JAIN S, MANDAL D, et al. A truthful budget feasible multi-armed bandit mechanism for crowdsourcing time critical tasks [C]// 2015 International Conference on Autonomous Agents and Multiagent Systems. [S. l. : s. n.], 2015.

[74] ZHAO D, LI X Y, MA H. Budget-feasible online incentive mechanisms for crowdsourcing tasks truthfully[J]. IEEE/ACM Transactions on Networking, 2014, 24(2): 647-661.

[75] CHANDRA P, NARAHARI Y, MANDAL D, et al. Novel mechanisms for online crowdsourcing with unreliable, strategic agents [C]// The AAAI Conference on Artificial Intelligence. [S. l. : s. n.], 2015.

[76] SUZUKI R, SALEHI N, LAM M S, et al. Atelier: Repurposing expert crowdsourcing tasks as micro-internships[C]//2016 CHI conference on human factors in computing systems. [S. l. : s. n.], 2016.

[77] ABAD A, NABI M, MOSCHITTI A. Autonomous crowdsourcing through human-machine collaborative learning [C]//2017 40th International ACM SIGIR Conference on Research and Development in Information Retrieval. New York: ACM, 2017.

[78] MÄNTYLÄ M V, ITKONEN J. More testers-The effect of crowd size and time restriction in software testing[J]. Information and Software Technology, 2013, 55(6): 986-1003.

[79] KITTUR A, CHI E H, SUH B. Crowdsourcing user studies with mechanical turk[C]// The SIGCHI conference on human factors in computing systems. [S. l. : s. n.], 2008.

[80] ZHANG Z Q, FENG J S, XIE X Q, et al. Research on Crowdsourcing Quality Control Strategies and Evaluation Algorithm[J]. Chinese Journal of Computers, 2013, 36(8): 1636-1649.

[81] ZHAO D, LI X Y, MA H. How to crowdsource tasks truthfully without sacrificing utility: Online incentive mechanisms with budget constraint [C]// 2014 IEEE Conference on Computer Communications. New York: IEEE, 2014.

[82] 周侨, 方明. 基于多 Agent 的众包任务分配算法的研究[J]. 智能计算机与应用, 2019, 9 (1):107-110.

[83] JIANG J, AN B, JIANG Y, et al. Group-oriented task allocation for crowdsourcing in social networks[J]. IEEE Transactions on Systems, Man, and Cybernetics, 2019.

[84] 邓美飞, 蔡琼, 梁紫薇, 等. 众包平台的多任务打包模型[J]. 计算机产品与流通, 2019(5):136.

[85] ZHU X, AN J, YANG M, et al. A fair incentive mechanism for crowdsourcing in crowd sensing[J]. IEEE Internet of Things Journal, 2016, 3(6): 1364-1372.

[86] GERSHKOV A, MOLDOVANU B. Dynamic allocation and pricing: A mechanism design approach[M]. Cambridge: MIT Press, 2014.

[87] ANARI N, GOEL G, NIKZAD A. Mechanism design for crowdsourcing: An optimal 1-1/e competitive budget-feasible mechanism for large markets[C]//2014 IEEE 55th Annual Symposium on Foundations of Computer Science. New York: IEEE, 2014.

[88] JAIN S, NARAYANASWAMY B, NARAHARI Y. A multiarmed bandit incentive mechanism for crowdsourcing demand response in smart grids[C]// The AAAI Conference on Artificial Intelligence. [S. l. : s. n.], 2014.

[89] ZHAO D, MA H, LIU L. Frugal online incentive mechanisms for mobile crowd sensing[J]. IEEE Transactions on Vehicular Technology, 2016, 66(4): 3319-3330.

［90］ MYERSON R B. Optimal auction design［J］. Mathematics of operations research, 1981, 6(1): 58-73.

［91］ SANDHOLM T. Algorithm for optimal winner determination in combinatorial auctions［J］. Artificial intelligence, 2002, 135(1-2): 1-54.

［92］ RASTKAR S, MURPHY G C, MURRAY G. Automatic summarization of bug reports［J］. IEEE Transactions on Software Engineering, 2014, 40(4): 366-380.

［93］ HALDER B. Measuring security, privacy and data protection in crowdsourcing［J］. Social Science Electronic Publishing, 2015.

［94］ FENG W, Yan Z, ZHANG H, et al. A survey on security, privacy, and trust in mobile crowdsourcing［J］. IEEE Internet of Things Journal, 2017.

［95］ AN J, GUI X, WANG Z, et al. A Crowdsourcing Assignment Model Based on Mobile Crowd Sensing in the Internet of Things［J］. IEEE Internet of Things Journal, 2015, 2(5):358-369.

［96］ AMINTOOSI H. Privacy-aware trust-based recruitment in social participatory sensing［C］// International Conference on Mobile and Ubiquitous Systems: Computing, Networking, and Services. ［S. l.: s. n.］, 2013.

［97］ ZHANG X, XUE G, YU R, et al. Keep your promise: Mechanism design against free-riding and false-reporting in crowdsourcing［J］. IEEE Internet of Things Journal, 2017, 2(6):562-572.

［98］ 刘伟, 丁凯文, 刘德海. 基于微分博弈的网络众包违约风险控制机制研究［J］. 系统工程理论与实践, 2019(10): 2559-2568.

［99］ VARSHNEY L R, VEMPATY A, VARSHNEY P K. Assuring privacy and reliability in crowdsourcing with coding［C］// Information Theory and Applications Workshop. New York: IEEE, 2014.

［100］ Jin H, Lu S, Xiao H, et al. Inception: Incentivizing privacy-preserving data aggregation for mobile crowd sensing systems［C］// ACM International Symposium. New York: ACM, 2016.

［101］ FANG M, SUN M, LI Q, et al. Data Poisoning Attacks and Defenses to Crowdsourcing Systems ［J］. 2021.

［102］ 贺玥. 移动众包数据安全和隐私保护研究［D］. 北京:北京邮电大学, 2020.

［103］ DAMIANI E, VIMERCATI S D C, JAJODIA S, et al. Balancing confidentiality and efficiency in untrusted relational DBMSs［C］// The 10th ACM conference on Computer and communications security. New York: ACM, 2003.

［104］ FORESTI S. Preserving Privacy in Data Outsourcing［M］. Boston: Springer, 2011.

［105］ 福雷斯蒂. 数据外包中的隐私保护［M］. 唐春明, 姚正安, 盛刚, 译. 北京:电子工业出版社, 2018.

［106］ 熊平, 朱天清, 王晓峰. 差分隐私保护及其应用［J］. 计算机学报, 2014, 37(01):101-122.

［107］ 闫子淇. 众包偏好数据利用中的差分隐私保护机制研究［D］. 北京:北京交通大学, 2020.

［108］ 安莹. 基于空间众包的用户隐私保护算法的研究与实现［D］. 成都:电子科技大学, 2018.

［109］ HU B, ZHOU B, YAN Q, et al. PSCluster: Differentially Private Spatial Cluster Detection for Mobile Crowdsourcing Applications［C］//2018 IEEE Conference on Communications and Network Security (CNS). New York: IEEE, 2018.

［110］ WANG J, SUN G Z, GU Y, et al. ConGradetect: Blockchain-based detection of code and identity privacy vulnerabilities in crowdsourcing［J］. Journal of Systems Architecture, 2021, 114: 1383-7621.

［111］ 崔文璇. 基于区块链的隐私保护数据众包方案［D］. 西安:西安电子科技大学, 2020.

［112］ 肖欢. 基于区块链的众包系统可信服务机制研究［D］. 成都:四川师范大学, 2020.

[113] LIU D, ZHANG X, FENG Y, et al. Generating descriptions for screenshots to assist crowdsourced testing [C]//2018 IEEE 25th International Conference on Software Analysis, Evolution and Reengineering (SANER). New York: IEEE, 2018.

[114] MOK R K P, LI W, CHANG R K C. Detecting low-quality crowdtesting workers[C]//2015 IEEE 23rd International Symposium on Quality of Service (IWQoS). New York: IEEE, 2015.

[115] JIANG H, LI X, REN Z, et al. Toward better summarizing bug reports with crowdsourcing elicited attributes[J]. IEEE Transactions on Reliability, 2018, 68(1): 2-22.

[116] GUO S, CHEN R, LI H, et al. Crowdsourced Web application testing under real-time constraints[J]. International Journal of Software Engineering and Knowledge Engineering, 2018, 28(06): 751-779.

[117] CHEN Y, PANDEY M, SONG J Y, et al. Improving crowd-supported GUI testing with structural guidance[C]// 2020 CHI Conference on Human Factors in Computing Systems. [S. l. :s. n.], 2020.

[118] KOSTER K, KAO D C. State coverage: A structural test adequacy criterion for behavior checking[C]// The 6th joint meeting of the European software engineering conference and the ACM SIGSOFT symposium on The foundations of software engineering. [S. l. : s. n.], 2007.

[119] WANG J, YANG Y, MENZIES T, et al. iSENSE2. 0: Improving completion-awareCrowdtesting management with duplicate tagger and sanity checker[J]. ACM Transactions on Software Engineering and Methodology (TOSEM), 2020, 29(4): 1-27.

[120] 刘莹, 张涛, 李坤, 等. 移动应用众包测试人员评价模型[J]. 计算机应用, 2017, 37(012): 3569-3573.

[121] CHEN X, JIANG H, LI X, et al. Automated quality assessment for crowdsourced test reports of mobile applications[C]// 2018 IEEE 25th International Conference on Software Analysis, Evolution and Reengineering (SANER). New York: IEEE, 2018.

[122] CHEN X, JIANG H, LI X, et al. A systemic framework for crowdsourced test report quality assessment[J]. Empirical Software Engineering, 2020, 25(2): 1382-1418.

[123] BLANCO R, HALPIN H, HERZIG D M, et al. Repeatable and reliable search system evaluation using crowdsourcing[C]// The 34th international ACM SIGIR conference on Research and development in Information Retrieval. [S. l. : s. n.], 2011.

[124] SHERIEF N. Software evaluation via users feedback at runtime[C]// The 18th International Conference on Evaluation and Assessment in Software Engineering. [S. l. : s. n.], 2014.

[125] SHERIEF N, JIANG N, HOSSEINI M, et al. Crowdsourcing software evaluation [C]// The 18th International Conference on Evaluation and Assessment in Software Engineering. [S. l. : s. n.], 2014.

[126] 沈国华, 黄志球, 谢冰, 等. 软件可信评估研究综述: 标准, 模型与工具[J]. 软件学报, 2016 (4): 955-968.

[127] HAN L. Evaluation of software testing process based on Bayesian networks[C]//2010 2nd International Conference on Computer Engineering and Technology. New York: IEEE, 2010.

[128] MADACHY R, BOEHM B. Assessing quality processes with ODC COQUALMO [C]//International Conference on Software Process. Berlin: Springer, 2008.

[129] DING L, YANG Q, SUN L, et al. Evaluation of the capability of personal software process based on data envelopment analysis[C]//Software Process Workshop. Berlin: Springer, 2005.

[130] ZHANG S, WANG Y, YANG Y, et al. Capability assessment of individual software development processes using software repositories and dea [C]//International Conference on Software Process.

Berlin：Springer, 2008.

[131] PRANDI C, MIRRI S, SALOMONI P. Trustworthiness assessment in mapping urban accessibility via sensing and crowdsourcing[C]//1st International Conference on IoT in Urban Space. [S. l. ：s. n.], 2014.

[132] ALMANEA M I M. Cloud advisor-a framework towards assessing the trustworthiness and transparency of cloud providers[C]//2014 IEEE/ACM 7th International Conference on Utility and Cloud Computing. New York：IEEE, 2014.

[133] WU Z, ZHOU Y. Customized cloud service trustworthiness evaluation and comparison using fuzzy neural networks[C]//2016 IEEE 40th Annual Computer Software and Applications Conference (COMPSAC). New York：IEEE, 2016.

[134] MUKHERJEE S, WEIKUM G, DANESCU-NICULESCU-MIZIL C. People on drugs：credibility of user statements in health communities[C]//The 20th ACM SIGKDD International Conference on Knowledge Discovery and Data Mining. New York：ACM, 2014.

[135] 王婧, 陈仪香, 顾斌, 等. 航天嵌入式软件可信性度量方法及应用研究[J]. 中国科学:技术科学, 2015, 45(2)：221-228.

[136] TAO H, CHEN Y. A new metric model for trustworthiness of softwares[J]. Telecommunication Systems, 2012, 51(2)：95-105.

[137] 陈仪香, 陶红伟. 软件可信性度量评估与增强规范[M]. 北京：科学出版社, 2018.

[138] LIN C, XUE C. Multi-objective evaluation and optimization on trustworthy computing[J]. Sci. China (Inf. Sci.), 2016, 10.

[139] WANG B, CHEN Y, ZHANG S, et al. Updating model of software component trustworthiness based onusers feedback[J]. IEEE Access, 2019, 7：60199-60205.

[140] 杨善林, 丁帅, 诸伟. 一种基于效用和证据理论的可信软件评估方法[J]. 计算机研究与发展, 2009, 46(7)：1152-1159.

[141] 丁学雷, 王怀民, 王元元, 等. 面向验证的软件可信证据与可信评估[J]. 计算机科学与技术前沿, 2010, 4(1)：46-53.

[142] 于本海. 基于全生命周期的软件可信评价模型研究[R]//中国科学院软件研究所博士后研究工作报告. 北京：中国科学院软件研究所, 2010.

[143] 卢刚, 王怀民, 毛晓光. 基于认知的软件可信评估证据模型[J]. 南京大学学报（自然科学版）, 2015, 46(4)：456-463.

[144] BOEHM B, LANE J A. Incremental commitment model guide, version 0. 5[J]. Center for Systems and Software Engineering Technical Report, 2008, 4：2009.

[145] BOEHM B, LANE J A. Evidence-based software processes[C]//International Conference on Software Process. Berlin：Springer, 2010.

[146] 郎波, 刘旭东, 王怀民, 等. 一种软件可信分级模型[J]. 计算机科学与探索, 2010, 4(3)：231-239.

[147] WANG H. Trustie：towards software production based on crowd wisdom[C]//The 20th International Systems and Software Product Line Conference. [S. l. ；s. n.], 2016.

[148] 百度百科. Trustie[EB/OL]. [2021-08-25]. https：//baike. baidu. com/item/Trustie/3978110.

[149] 王德鑫, 王青. 支持软件过程可信评估的可信证据[J]. Journal of Software, 2018, 11：3412-3434.

[150] 王德鑫, 王青, 贺劼. 基于证据的软件过程可信度模型及评估方法[J]. 软件学报, 2017, 7：1713-

1731.

[151]   GAO J, BAI X, TSAI W T, et al. Testing as a service (TaaS) on clouds[C]//2013 IEEE 7th
         International Symposium on Service-Oriented System Engineering. New York: IEEE, 2013.

[152]   GAO J, TSAI W T, PAUL R, et al. Mobile Testing-as-a-service (MTaaS)——infrastructures, issues,
         solutions and needs [C]//2014 IEEE 15th International Symposium on High-Assurance Systems
         Engineering. New York: IEEE, 2014.

[153]   RIUNGU-KALLIOSAARI L, TAIPALE O, SMOLANDER K, et al. Adoption and use of cloud-based
         testing in practice[J]. Software Quality Journal, 2016, 24(2): 337-364.

[154]   MICHAEL N, RAMANNAVAR N, SHEN Y, et al. Cloudperf: A performance test framework for
         distributed and dynamic multi-tenant environments [C]//The 8th ACM/SPEC on International
         Conference on Performance Engineering. [S. l. :s. n.], 2017.

[155]   ALI A, BADR N. Performance testing as a service for web applications [C]//2015 IEEE 7th
         International Conference on Intelligent Computing and Information Systems (ICICIS). New York: IEEE,
         2015.

[156]   GAMBI A, GORLA A, ZELLER A. O! Snap: Cost-efficient testing in the cloud[C]//2017 IEEE
         International Conference on Software Testing, Verification and Validation (ICST). New York: IEEE, 2017.

[157]   HILLAH L M, MAESANO A P, DE ROSA F, et al. Automation and intelligent scheduling of distributed
         system functional testing[J]. International Journal on Software Tools for Technology Transfer, 2017, 19
         (3): 281-308.

[158]   MAMBRETTI J, CHEN J, YEH F. Next generation clouds, the chameleon cloud testbed, and software
         defined networking (SDN) [C]//2015 International Conference on Cloud Computing Research and
         Innovation (ICCCRI). New York: IEEE, 2015.

[159]   LIU C H, CHEN S L. Evaluation of cloud testing strategies based on task decomposition and allocation
         for improving test efficiency [C]//2016 International Conference on Applied System Innovation
         (ICASI). New York: IEEE, 2016.

[160]   LIU C H, CHEN S L, CHEN W K. Cost-benefit evaluation on parallel execution for improving test
         efficiency over cloud[C]//2017 International Conference on Applied System Innovation (ICASI). New
         York: IEEE, 2017.

[161]   LIU C H, CHEN W K, CHEN S L. A concurrent approach for improving the efficiency of Android CTS
         testing[C]//2016 International Computer Symposium (ICS). New York: IEEE, 2016.

[162]   TSAI W T, LUO J, QI G, et al. Concurrent test algebra execution with combinatorial testing[C]//2014
         IEEE 8th International Symposium on Service Oriented System Engineering. New York: IEEE, 2014.

[163]   WU W, TSAI W T, JIN C, et al. Test-algebra execution in a cloud environment[C]//2014 IEEE 8th
         International Symposium on Service Oriented System Engineering. New York: IEEE, 2014.

[164]   TSAI W T, QI G. Integrated fault detection and test algebra for combinatorial testing in TaaS (testing-as-
         a-service)[J]. Simulation Modelling Practice and Theory, 2016, 68: 108-124.

[165]   TSAI W T, QI G, HU K. Autonomous decentralized combinatorial testing[C]//2015 IEEE Twelfth
         International Symposium on Autonomous Decentralized Systems. New York: IEEE, 2015.

[166]   DAI W W, RILISKIS L, VYATKIN V, et al. A configurable cloud-based testing infrastructure for
         interoperable distributed automation systems[C]//IECON 2014-40th Annual Conference of the IEEE
         Industrial Electronics Society. New York: IEEE, 2014.

［167］ LIU C H, CHEN S L, CHEN W K. Improving resource utilization of a cloud-based testing platform for Android applications ［C］//2015 IEEE International Conference on Mobile Services. New York: IEEE, 2015.

［168］ MAHMOOD R, ESFAHANI N, KACEM T, et al. A whitebox approach for automated security testing of Android applications on the cloud［C］//2012 7th International Workshop on Automation of Software Test (AST). New York: IEEE, 2012.

［169］ CUNHA M, MENDONÇA N C, SAMPAIO A. Cloud Crawler: A declarative performance evaluation environment for infrastructure as a service clouds［J］. Concurrency and Computation: Practice and Experience, 2017, 29(1): e3825.

［170］ DI MARTINO S, FERRUCCI F, MAGGIO V, et al. Towards migrating genetic algorithms for test data generation to the cloud［M］//Software Testing in the Cloud: Perspectives on an Emerging Discipline. Hershey: IGI Global, 2013: 113-135.

［171］ HWANG G H, WU-LEE C, TUNG Y H, et al. Implementing TaaS-based stress testing by MapReduce computing model［C］//2014 IEEE 5th International Conference on Software Engineering and Service Science. New York: IEEE, 2014.

［172］ STAROV O, VILKOMIR S. Integrated TaaS platform for mobile development: Architecture solutions［C］//2013 8th International Workshop on Automation of Software Test (AST). New York: IEEE, 2013.

［173］ KOONG C S, SHIH C H, WU C C, et al. The architecture of parallelized cloud-based automatic testing system［C］//2013 7th international conference on complex, intelligent, and software intensive systems. New York: IEEE, 2013.

［174］ CHAWLA P, CHANA I, RANA A. Cloud-based automatic test data generation framework［J］. Journal of Computer and System Sciences, 2016, 82(5): 712-738.

［175］ CHENG L, CHANG J, YANG Z, et al. GUICat: GUI testing as a service［C］//2016 31st IEEE/ACM International Conference on Automated Software Engineering. New York: IEEE, 2016.

［176］ ALEB N, KECHID S. Path coverage testing in the cloud［C］//2012 International Conference on Communications and Information Technology (ICCIT). New York: IEEE, 2012.

［177］ CHANA I, CHAWLA P. Testing perspectives for cloud-based applications［M］//Software Engineering Frameworks for the Cloud Computing Paradigm. London: Springer, 2013: 145-164.

［178］ AN K, KURODA T, GOKHALE A, et al. Model-driven generative framework for automated OMG DDS performance testing in the cloud［J］. ACM Sigplan Notices, 2013, 49(3): 179-182.

［179］ KIRAN M, FRIESEN A, Simons A J H, et al. Model-based testing in cloud brokerage scenarios［C］// International Conference on Service-Oriented Computing. Berlin: Springer, 2013.

［180］ KIRAN M, SIMONS A J H. Model-based testing for composite web services in cloud brokerage scenarios［C］//European Conference on Service-Oriented and Cloud Computing. Berlin: Springer, 2014.

［181］ WANG J, BAI X, LI L, et al. A model-based framework for cloud API testing［C］//2017 IEEE 41st Annual Computer Software andApplications Conference (COMPSAC). New York: IEEE, 2017.

［182］ HERBOLD S, DE FRANCESCO A, GRABOWSKI J, et al. The MIDAS cloud platform for testing SOA applications［C］//2015 IEEE 8th International Conference on Software Testing, Verification and Validation (ICST). New York: IEEE, 2015.

［183］ MAHMOOD R, MIRZAEI N, MALEK S. EvoDroid: Segmented evolutionary testing of android

Apps[C]// 22nd ACM SIGSOFT International Symposium on Foundations of Software Engineering. [S. l.：s. n.], 2014.

[184] TSAI W T, QI G. Integrated adaptive reasoning testing framework with automated fault detection[C]// 2015 IEEE Symposium on Service-Oriented System Engineering. New York：IEEE, 2015.

[185] TSAI W T, QI G. Adaptive fault detection in multi-tenancy SaaS systems[M]//Combinatorial Testing in Cloud Computing. Singapore：Springer, 2017：25-36.

[186] TSAI W T, QI G. Integrated TaaS with fault detection and test algebra[M]//Combinatorial Testing in Cloud Computing. Singapore：Springer, 2017：115-128.

[187] TSAI W T, QI G, YU L, et al. Taas (testing-as-a-service) design for combinatorial testing[C]//2014 8th International Conference on Software Security and Reliability (SERE). New York：IEEE, 2014.

[188] TAO C, GAO J. On building a cloud-based mobile testing infrastructure service system[J]. Journal of systems and software, 2017, 124：39-55.

[189] TAO C, GAO J, LI B. Cloud-based infrastructure for mobile testing as a service[C]//2015 3rd International Conference on Advanced Cloud and Big Data. New York：IEEE, 2015.

[190] MUNGEKAR S, TORADMALLE D. W TaaS：An architecture of website analysis in a cloud environment[C]//2015 1st International Conference on Next Generation Computing Technologies (NGCT). New York：IEEE, 2015.

[191] PETROVA-ANTONOVA D, IlIEVA S, MANOVA D. Automated Web service composition testing as a service[C]//International Conference on Model-Driven Engineering and Software Development. Berlin：Springer, 2016.

[192] VASAR M, SRIRAMA S N, DUMAS M. Framework for monitoring and testing Web application scalability on the cloud[M]// WICSA/ECSA 2012 Companion Volume. [S. l.：s. n.], 2012.

[193] BAI X, LI M, HUANG X, et al. Vee@ Cloud：The virtual test lab on the cloud[C]//2013 8th International Workshop on Automation of Software Test (AST). New York：IEEE, 2013.

[194] ROJAS I K V, MEIRELES S, DIAS-NETO A C. Cloud-based mobile App testing framework：Architecture, implementation and execution[C]// 1st Brazilian Symposium on Systematic and Automated Software Testing. [S. l.：s. n.], 2016.

[195] TUNG Y H, LIN CC, SHAN H L. Test as a service：A framework for Web security TaaS service in cloud environment[C]//2014 IEEE 8th International Symposium on Service Oriented System Engineering. New York：IEEE, 2014.

[196] VILLANES I K, COSTA E A B, DIAS-NETO A C. Automated mobile testing as a service (AM-TaaS)[C]//2015 IEEE World Congress on Services. New York：IEEE, 2015.

[197] ABAR S, LEMARINIER P, THEODOROPOULOS G K, et al. Automated dynamic resource provisioning and monitoring in virtualized large-scale datacenter[C]//2014 IEEE 28th International Conference on Advanced Information Networking and Applications. New York：IEEE, 2014.

[198] CHENG D, JIANG C, ZHOU X. Heterogeneity-aware workload placement and migration in distributed sustainable datacenters [C]//2014 IEEE 28th International Parallel and Distributed Processing Symposium. New York：IEEE, 2014.

[199] MALINI A, VENKATESH N, SUNDARAKANTHAM K, et al. Mobile application testing on smart devices using MTAAS framework in cloud [C]//International Conference on Computing and Communication Technologies. New York：IEEE, 2014.

［200］ FOLKERTS E, ALEXANDROV A, SACHS K, et al. Benchmarking in the cloud: What it should, can, and cannot be［C］//Technology Conference on Performance Evaluation and Benchmarking. Berlin: Springer, 2012.

［201］ 林闯, 胡杰, 孔祥震. 用户体验质量(QoE)的模型与评价方法综述［J］. 计算机学报, 2012, 35 (1):1-15.

［202］ HOSSFELD T, KEIMEL C, HIRTH M, et al. Best practices for QoE crowdtesting: QoE assessment with crowdsourcing［J］. IEEE Transactions on Multimedia, 2013, 16(2): 541-558.

［203］ WANG P, VARVELLO M, KUZMANOVIC A. Kaleidoscope: A crowdsourcing testing tool for web quality of experience［C］//2019 IEEE 39th International Conference on Distributed Computing Systems (ICDCS). New York: IEEE, 2019.

［204］ SCHMIDT S, NADERI B, SABET S S, et al. Assessing interactive gaming quality of experience using a crowdsourcing approach［C］//2020 12th International Conference on Quality of Multimedia Experience (QoMEX). New York: IEEE, 2020.

［205］ MOK R K P, CHANG R K C, LI W. Detecting low-quality workers in QoE crowdtesting: A worker behavior-based approach［J］. IEEE Transactions on Multimedia, 2016, 19(3): 530-543.

［206］ RIBEIRO F, FLORÊNCIO D, ZHANG C, et al. CrowdMOS: An approach for crowdsourcing mean opinion score studies［C］//2011 IEEE International Conference on Acoustics, Speech and Signal Processing (ICASSP). New York: IEEE, 2011: 2416-2419.

［207］ MOK R K P, KAWAGUTI G, OKAMOTO J. Improving the efficiency of QoE crowdtesting［C］// 1st Workshop on Quality of Experience (QoE) in Visual Multimedia Applications. ［S. l. : s. n. ］,2020.

［208］ LIU D, BIAS R G, LEASE M, et al. Crowdsourcing for usability testing［J］. American Society for Information Science and Technology, 2012, 49(1): 1-10.

［209］ MEIER F, BAZO A, BURGHARDT M, et al. Evaluating a web-based tool for crowdsourced navigation stress tests［C］//International Conference of Design, User Experience, and Usability. Berlin: Springer, 2013.

［210］ NEBELING M, SPEICHER M, NORIE M C. CrowdStudy: General toolkit for crowdsourced evaluation of Web interfaces［C］// 5th ACM SIGCHI symposium on Engineering interactive computing systems. New York: ACM, 2013.

［211］ GARRIDO A, FIRMENICH S, GRIGERA J, et al. Data-driven usability refactoring: tools and challenges［C］//2017 6th International Workshop on Software Mining (Software Mining). New York: IEEE, 2017.

［212］ KHAN A I, Al-KHANJARI Z, SARRAB M. Crowd sourced testing through end users for mobile learning application in the context of bring your own device［C］//2016 IEEE 7th Annual Information Technology, Electronics and Mobile Communication Conference (IEMCON). New York: IEEE, 2016.

［213］ KHAN A I, Al-KHANJARI Z, SARRAB M. Crowd sourced evaluation process for mobile learning application quality ［C］//2017 2nd International Conference on Information Systems Engineering (ICISE). New York: IEEE, 2017.

［214］ 佘学文, 陈向宇, 刘东启. 基于行为树模型的 Android 应用 GUI 自动随机测试方法［J］. 计算机应用与软件, 2021, 38(05):21-25, 48.

［215］ DOLSTRA E, VLIEGENDHART R, POUWELSE J. Crowdsourcing GUI tests ［C］//2013 IEEE 6th International Conference on Software Testing, Verification and Validation. New York: IEEE, 2013.

[216] YAN M, SUN H, LIU X. Efficient testing of Web services with mobile crowdsourcing[C]// 7th Asia-Pacific Symposium onInternetware. [S. l. :s. n.], 2015.

[217] MUSSON R, RICHARDS J, FISHER D, et al. Leveraging the crowd: How 48, 000 users helped improvelync performance[J]. IEEE software, 2013, 30(4): 38-45.

[218] HIRTH M, BORCHERT K, ALLENDORF F, et al. Crowd-based study of gameplay impairments and player performance in DOTA 2 [C]// 4th Internet-QoE Workshop on QoE-based Analysis and Management of Data Communication Networks. [S. l. : s. n.], 2019.

[219] LEE Y, PARK H, LEE Y. IP geolocation with a crowd-sourcing broadband performance tool[J]. ACM SIGCOMM Computer Communication Review, 2016, 46(1): 12-20.

[220] Chrome. Telemetry portal[EB/OL]. [2021-08-25]. http://www. chromium. org/developers/telemetry.

[221] Firefox. Telemetry. portal[EB/OL]. [2021-08-25]. https://telemetry. mozilla. org.

[222] CHEN N, KIM S. Puzzle-based automatic testing: Bringing humans into the loop by solving puzzles[C]// 2012 27th IEEE/ACM International Conference on Automated Software Engineering. New York: IEEE, 2012.

[223] MAO K, HARMAN M, JIA Y. Crowd intelligence enhances automated mobile testing[C]//2017 32nd IEEE/ACM International Conference on Automated Software Engineering (ASE). New York: IEEE, 2017.

[224] 深圳慕智科技有限公司. 一种基于测试需求的语音识别系统众包测试用例生成方法: 111899740A[P]. 2020-11-06.

[225] ROJAS J M, WHITE T D, CLEGG B S, et al. Code defenders: crowdsourcing effective tests and subtle mutants with a mutation testing game[C]//2017 IEEE/ACM 39th International Conference on Software Engineering (ICSE). New York: IEEE, 2017.

[226] PASTORE F, MARIANI L, FRASER G. CrowDoracles: Can the crowd solve the oracle problem? [C]// 2013 IEEE 6th International Conference on Software Testing, Verification and Validation. New York: IEEE, 2013.

[227] CHEN F, KIM S. Crowd debugging [C]// 2015 10th Joint Meeting on Foundations of Software Engineering. [S. l. : s. n.], 2015.

[228] ZHANG Y, YIN G, WANG T, et al. Evaluating bugseverity using crowd-based knowledge: An exploratory study[C]// 7th Asia-Pacific Symposium on Internetware. [S. l. : s. n.], 2015.

[229] AL-BATLAA A, ABDULLAH-AL-WADUD M, Anwar M. A method to suggest solutions for software bugs[C]//2019 8th International Conference on Informatics, Electronics & Vision (ICIEV) and 2019 3rd International Conference on Imaging, Vision & Pattern Recognition (icIVPR). New York: IEEE, 2019.

[230] 刘艳芳. 基于众包反馈的学生程序错误认知诊断研究[D]. 大连: 大连海事大学, 2018.

[231] BADASHIAN A S, HINDLE A, STROULIA E. Crowdsourced bug triaging: Leveraging q&a platforms for bug assignment[C]//International Conference on Fundamental Approaches to Software Engineering. Berlin: Springer, 2016.

[232] GUO S, CHEN R, LI H. A real-time collaborative testing approach for Web application: Via multi-tasks matching[C]//2016 IEEE International Conference on Software Quality, Reliability and Security Companion (QRS-C). New York: IEEE, 2016.

[233] SHARMA M, PADMANABAN R. Leveraging the wisdom of the crowd in software testing[M]. Boca Raton: CRC Press, 2014.

[234] PONZANELLI L. Exploiting crowd knowledge in the IDE[D]. Lugano：University of Lugano, 2012.

[235] FENG Y, JONES J A, CHEN Z, et al. Multi-objective test report prioritization using image understanding[C]//2016 31st IEEE/ACM International Conference on Automated Software Engineering (ASE). New York：IEEE, 2016.

[236] HAO R, FENG Y, JONES J A, et al. Ctras：Crowdsourced test report aggregation and summarization[C]// 2019 IEEE/ACM 41st International Conference on Software Engineering (ICSE). New York：IEEE, 2019.

[237] Wang X, Li Y, Chen Y, et al. On workload-aware DRAM failure prediction in large-scale data centers[C]//2021 IEEE 39th VLSI TestSymposium (VTS). New York：IEEE, 2021.

[238] WANG X, JIANG L, CHAKRABARTY K. LSTM-based analysis of temporally-and spatially-correlated signatures for intermittent fault detection[C]//2020 IEEE 38th VLSI TestSymposium (VTS). New York：IEEE, 2020.

作者简介

黄　松　陆军工程大学，教授、博士生导师，主要研究方向为软件测试与质量评价、众测理论与方法、装备软件试验鉴定等，CCF 高级会员，CCF 容错计算专委会副主任，CCF 软件工程专委会委员。

王崇骏　南京大学，教授、博士生导师，主要研究方向为自主智能与群体智能、复杂网络分析、大数据分析及智能系统等，CCF 高级会员。

陈振宇　南京大学，教授、博士生导师，主要研究方向为智能软件工程，CCF 高级会员、杰出讲者，江苏省计算机学会产业工委执行主任。

史涯晴　陆军工程大学，教授、硕士生导师，主要研究方向为智能软件测试、智能数据管理等，CCF 会员。

刘　雯　航天中认软件测评科技（北京）有限责任公司，博士，主要研究方向为众测云资源构建。

郑长友　陆军工程大学，副教授，主要研究方向为软件测试、众包测试、区块链等。

吴开舜　陆军工程大学，在读博士研究生，主要研究方向为众包测试、测试行为分析等。

陈　浩　陆军工程大学，在读硕士研究生，主要研究方向为软件测试、众包测试等。

刘　哲　中国科学院软件研究所，在读博士研究生，主要研究方向为众包测试、移动测试、人工智能等。

张　杰　南京大学，在读博士研究生，主要研究方向为多智能体系统、众包、博弈论等。

李玉莹　南京大学，在读博士研究生，主要研究方向为智能软件测试，CCF 学生会员。

蒋　力　上海交通大学，副教授，主要研究方向为计算机体系结构与芯片设计自动化，CCF YOCSEF 上海学术委员会主席（2021—2022 年）。

孙金磊　陆军工程大学，在读博士研究生，主要研究方向为区块链智能合约测试、众包测试等。

阳　真　陆军工程大学，在读硕士研究生，主要研究方向为软件测试、众包测试、区块链等。

黄一帆　伊利诺伊理工大学，本科在读，主要研究方向为软件测试。

安全攸关系统的领域建模与形式化验证方法的研究进展与趋势

CCF 抗恶劣环境计算机专业委员会

马殿富[1]　牛文生[2]　程　胜[3]　马　中[4]　宋　富[5]　罗　杰[1]　葛　宁[1]

陆　平[1]　牟　明[2]　王　闯[2]　邱化强[3]　唐忆滨[4]　戴新发[4]

[1]北京航空航天大学，北京

[2]中航机载共性技术工程中心，扬州

[3]北京神舟航天软件技术有限公司，北京

[4]武汉数字工程研究所，武汉

[5]上海科技大学，上海

摘　要

本文从安全攸关软件系统的领域建模方法和形式化验证两个方面出发，对领域建模语言设计，安全攸关软件系统的需求、架构设计和详细设计建模的研究和应用进展进行了分析，对形式化验证方法在操作系统、CPU、编译器和软件模型四个层面上的研究进展和发展趋势进行了分析，并提出了未来可能的研究方向。同时，本文也对领域建模和形式化验证方法在我国航空、航天、航海三个领域的应用现状进行了调研分析，整理了这些领域未来的需求，并提出了发展建议。

关键词：安全攸关系统，领域模型，形式化验证，航空，航天，航海

Abstract

This paper analyzes the research and application progress of domain modeling and formal verification of safety critical software system. The designing of domain modeling language, and requirements, architecture design and detailed design modeling of safety critical software system is analyzed first. Then, the research progress and development trend of formal verification methods in operating system, CPU, compiler and software model are analyzed, and the possible future research directions are proposed. At the same time, this paper also investigated and analyzed the application status of domain modeling and formal verification methods in the fields of aviation, aerospace and navigation in China, summarized the future needs of these fields, and put forward development suggestions.

Keywords：safety critical system, domain model, formal verification, aviation, aerospace, navigation

1 安全攸关软件系统的领域建模方法

1.1 安全攸关软件系统的领域建模研究进展

特定领域语言（Domain-Specific Language，DSL）是指专用于某个特定应用领域的计算机语言，包括特定领域的标记语言 HTML、特定领域的建模语言 MATLAB 和特定领域的编程语言 Make 等。用户可以根据特定的应用领域需求自定义 DSL。与 DSL 相对的是适用于多类应用领域的通用语言（General-Purpose Language，GPL），如标记语言 XML、建模语言 UML 以及编程语言 C 和 Java 等。特定领域建模语言（Domain-Specific Modeling Language，DSML）用于建立更为抽象的领域模型。

本文主要针对安全攸关软件领域的建模语言进行调研，总结其研究和应用进展，并展望未来发展趋势。如图 1 所示，对于软件开发而言，建模方法可以支撑系统分析设计及软件配置项定义、需求分析、架构设计、详细设计等各个开发阶段，其中前两个阶段为问题域，解决"做什么"的问题，后两个阶段为方案域，融合领域设计经验，解决"怎么做"的问题。本文将重点调研其中的领域建模语言定义方法、软件需求建模语言、软件架构设计建模语言以及软件详细设计建模语言的研究进展。

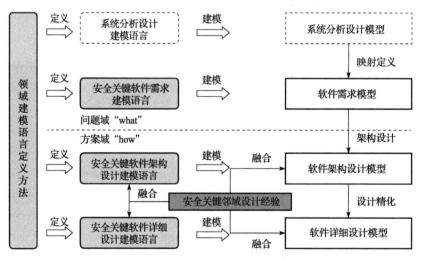

图 1 安全攸关软件的建模方法与建模语言的逻辑关系

1.1.1 领域建模语言的定义方法

定义特定领域语言的难点在于需要深入理解领域知识和领域开发需求，因此往往需要专业领域人员与语言开发人员共同参与，在语言中融合领域知识和经验，经过多轮迭代改进，最终完成满足领域要求的语言定义。2005 年，Mernik 等人总结了什么情况下适合采用特定领域语言，以及定义特定领域语言的通用方法[1]。他们将 DSL 的开发过程划分为决策、分析、设计、实现、部署等五个阶段。决策阶段考虑开发 DSL 的成本和收益，提出了基于任务自动化程度、产品线、数据结构、GUI 构建等评估指标的 DSL 开发决策模式。分析阶段收集多源的领域数据，如文档、专家经验、存量代码等，应用知识工程和数据挖掘方法捕获领域知识、表征领域知识以及建立领域知识的本体模型，进而采用非形式化或形式化的 FAST(Family- oriented Abstraction, Specification, Translation)[2] 等方法分析领域知识，得到领域范围定义、领域本体、领域概念描述以及领域概念的特征模型。在设计阶段，主要梳理目标 DSL 与现有语言的关系，以及描述内容的形式化本质。DSL 的实现阶段主要关心语言开发环境和编译器的设计与实现。这些阶段并非按照严格的串行顺序执行，而是往往需要反复迭代，逐渐改进 DSL。

针对领域建模语言，Frank 于 2013 年总结了元模型语言的选择方法和特定领域建模语言的开发方法，并提出了语言需求分析和设计原则，用于指导涵盖语言定义的需求分析、建模场景分析、元语言建立等步骤的特定领域建模语言的定义过程[3]。由于 DSML 的开发成本较高，Tolvanen 等人[4]通过实证研究评估了典型领域建模语言的开发成本，发现相比于 DSML 对软件开发的收益，其成本并不算高。北航的张莉教授等人于 2013 年、2016 年提出了基于 GCVL(modeling Goal, domain- specific Conceptual model, architecture Viewpoint, and architecture description Language) 的领域软件架构设计建模方法的元方法，建立了定义领域大型软件密集型系统的架构设计语言的通用框架[5][6]。软件密集型系统是指那些软件对其设计、开发、部署及演化有着重要影响的复杂系统。软件架构设计对大型软件密集型系统整个生命周期有着重要影响，因此，该领域的架构设计建模的研究也一直备受关注。为了满足该领域软件的架构设计建模需求，需要定制领域架构设计建模方法，包括建模语言和建模过程。该工作应用所提出的领域建模元方法和框架，定制了面向船舶指控系统可靠性风险分析的领域软件架构设计建模方法，并验证了所提方法的可扩展性。

1.1.2　安全攸关软件的需求建模

目前需求建模主要聚焦四个方向：一是基于需求的自然语言描述，研究需求的条目化、结构化、需求抽取、需求质量检查和分析[8,9]等问题，严格意义上不能称为需求建模，可以理解为需求描述规范化；二是将自然语言描述的需求条目形式化或半形式化，基于需求模型检查需求中的不一致、冲突、冗余等质量问题[10,11]；三是建立需求的形式化或半形式化模型，定义执行语义，通过仿真等手段帮助用户快速确认需求，主要适用于人机交互等逻辑复杂但功能简单的系统，或是业务流程的逻辑较为简单的信息系统；四是对需求性质进行定性或定量的形式化描述，表达为线性时序逻辑（LTL）[12]等逻辑公式或性质观测器[13]，应用于形式化验证系统设计是否满足需求性质[14]。

目前针对特定领域软件的需求建模方法和建模语言的研究还比较少，主要原因在于：领域软件的特性往往体现在设计中，各类软件的功能需求和非功能需求往往在数量和复杂度方面具有差异，但总体来说具有相似的需求描述模式。因此，该方向主要研究如何建立和管理领域软件需求的概念模型，更有效地提供需求信息，支撑领域设计建模。由于人机交互软件的需求描述往往体现交互行为，并且其功能需求的描述模式比较固定，因此在安全攸关人机交互软件的需求建模方面，目前已开展了一些研究工作。法国的 Lecrubier 等提出了 LIDL 人机交互需求建模语言[15]，并基于 LIDL 语言提出了安全攸关人机交互软件的模型驱动开发过程，包括设计建模与形式验证、代码生成与形式验证等方法[16]。

1.1.3　安全攸关软件的架构设计建模

安全攸关软件的架构设计建模语言主要采用 SysML、AutoSAR 以及 AADL 等。SysML 是由 OMG 组织提出的一种工程领域的描述语言，目前已成为开放国际标准，适用于系统工程和软件工程，支持对嵌入式系统进行建模，包括需求模型、架构的模块定义模型、活动图等详细设计模型[17]。在 SysML 的基础上，可以自定义体现领域特征的 Profile 配置文件，形成面向特定领域的 SysML 建模语言，如：Ge 通过配置 UML 的 Profile，定义了面向实时性质评估的安全攸关软件架构建模语言[14]。AUTOSAR 适用于定义和设计汽车电子控制单元（ECU）软件的建模语言，描述组件、接口、通信、功能分布等架构设计信息[18]。SAE 组织在 MetaH 和 UML 建模语言的基础上，提出了嵌入式实时系统体系结构分析与设计语言 AADL(Architecture Analysis and Design Language)[19]，能够以标准化的方式对嵌入式安全攸关软件进行架构设计建模，其语法简单、可扩展，广泛应用于航空航天领域[19]。基于安全攸关软件的架构模型，能够对架构中的实时性质、组件接口定义正确性、组件交互时序性等进行分析验证；能够生成代码框架，再通过调用代码库实现组件行为逻辑，确保安全攸关软件的架构设计可靠、可控。

1.1.4　安全攸关软件的详细设计建模

工业单位普遍采用 SCADE 和 Simulink 作为安全攸关软件的详细设计建模语言。SCADE(Safety-Critical Application Development Environment) 是法国 Esterel Technologies 公司研制的安全攸关软件集成开发环境，其建模语义基于 Lustre 同步语言实现[20]。SCADE 中的详细设计建模环境融合了航空任务软件的设计模式和特点，其代码生成器 KCG 已通过航空 A 级软件认证，满足适航认证要求，主要用于欧洲的航空领域[21]。相比于 SCADE 而言，Simulink 提供了更丰富的模型资源库，普遍应用于美国的航空领域[22]以及国内外的汽车电子领域[23]。

此外，还有众多工作致力于定制特定安全攸关软件的详细设计建模语言，满足特定的分析和验证需求，如 Wang 等人提出了面向周期化控制领域软件的详细设计建模语言 SPARDL，能够描述控制软件的周期化行为和状态模式之间的转移机制，以及描述周期驱动行为、过程启动、时间条件等领域特征行为，可应用于航天器和汽车的控制软件建模开发[7]。Tariq 等基于 Simulink 提出了面向物理信息系统（Cyber Physical Systems，CPS）的领域设计建模语言，定义物理模块、信息系统模块以及两者间的接口模块等系统架构组成，也能够描述功能模块的详细设计[24]。这些语言更为定制化，并在 Simulink 等语言的子集上附加了领域特征和领域设计经验，对于特定应用群体来说更为实用和简洁。

1.2　国外安全攸关软件的建模应用进展

国外研究机构和工业单位对安全攸关软件的建模基础理论、建模机制、建模方法进行了广泛的应用探索。本文选取航空领域最具代表性的波音公司和空客公司、航天领域最具代表的美国国家航空航天局（NASA）和欧洲航天局（ESA）等机构进行调研。这些机构均在新型号或新产品的软件设计中采用了模型驱动软件工程方法，涉及系统任务和需求定义及管理、系统功能和内外部接口设计、电子设备和软件的生产及测试、系统架构设计和系统综合等各个阶段，提出或应用了特定领域建模语言，结合形式化验证方法，取得了显著成效。

1.2.1　国外航空航天软件开发方法的发展历程概述

国外航空航天软件从传统的软件工程化方法发展到当前普遍被认可的基于模型的软件开发方法经历了近40年的时间，期间的发展过程大致可以划分为三个阶段。

（1）起步阶段（解决开发方法和开发环境问题）　该阶段中，以空客为代表的航空企业早在20世纪80年代开始尝试在飞控和告警系统的开发中采用图形化和形式化的设计模型来替代直接开发软件代码。在产生良好的示范效应后开始将这种开发方法大规模应用于多个系统，并采用集成开发环境SCADE。与此同时，国外研究机构对基于模型的基础理论、建模机制等进行了深入研究及应用探索，研制了Simulink、Modelica等典型集成开发环境。

（2）发展阶段（解决应用问题）　该阶段最具代表性的波音公司、空客公司、NASA、ESA等单位均在新型号或新产品的软件设计中全面采用基于模型的开发方法，涉及系统任务和需求定义及管理、系统功能和内外部接口设计、电子设备和软件的生产及测试、系统架构设计和系统综合等各个领域，并形成了以DO-178为代表的机载软件开发过程标准和以AUTOSAR为代表的汽车电子系统软件开发标准。

（3）成熟阶段（解决工具链问题）　2005年左右，国外航空、航天、汽车等行业的龙头企业开始建立一批基于模型的预研项目，围绕着安全攸关软件开发，联合多家工业单位、高校研究所以及工具开发单位，在先进开发方法和工具链研制方面持续投入，形成了一批有示范效应的科研和应用项目，建立了较为稳定的生态。

1.2.2　空客

空客早在20世纪80年代开始尝试在飞控和告警系统的开发中采用基于模型的软件开发方法。在产生良好的示范效应后开始将该方法大规模应用于多个系统。在空客的模型驱动开发需求拉动下，法国Esterel Technologies公司研制了集成开发环境SCADE。目前，空客在需求到概要设计阶段主要采用半模型方式，基于SysML/AADL等建模语言定义各系统的功能及系统间的交互接口；而在详细设计阶段已经实现了全模型开发，形成了服务于设计过程的电气/机械/机电/电液全模型和环境模型（流体、动力学），以及服务于集成过程的 Iron Bird 中的系统模型。

在开发工具方面，空客主要依赖于 SCADE 集成开发环境，它针对采用传统嵌入式软件开发方法在开发安全攸关应用时遇到的软件开发各阶段描述不一致、语义不精确、手工编码引入的潜在错误、需求与设计错误较晚才能发现、软件更新复杂、验证开销大等问题，提出模型驱动的正确构造（Model-driven development, Correct-by-Construction）软件开发方法，支持 DO-178B 软件开发过程从需求到源代码生成的全生命开发周期。SCADE 为整个软件开发过程提供统一的建模机制，包括描述连续控制系统的数据流图和描述离散控制系统的层次化安全状态机，提供满足 DO-178B/C 的 A 级安全标准的代码产生器 KCG，可以替代生成源代码的 DO-178 标准的 A 级认证测试，省去源代码生成时间和认证时间，使得软件开发生命周期从传统的 V 形演变成 Y 形。空客使用 SCADE 已使软件开发时间与成本比传统开发方法减少 25%~30%。

在开发标准方面，空客遵循美国联邦航空管理局（FAA）制定的 DO-178B/C《机载系统和设备合格审定中的软件考虑》标准。大部分航空机载安全攸关大规模复杂软件的安全等级需要达到 10^{-9}。DO-178B/C 标准用以规范机载软件的开发验证过程，从而确保机载软件满足高安全性需求。DO-178B/C 根据软件所具有的不同功能，分析其失效后所带来的后果，来确定软件的安全等级，然后根据不同等级的软件匹配不同程度的过程要求和交付件要求，从工程方法论上实现成本、质量、效率上的有机平衡。DO-178B 标准用于规范机载系统和设备的软件开发过程，确保开发的软件在功能上正确，在安全上可信，并指导软件认证到相应的安全级别，达到适航要求。DO-178B 自 1992 年推出以来，已成为所有新的航空软件认证的事实标准。自 DO-178B 发布以来，航空电子软件开发已有了显著的改变，最明显的改变是软件程序变得越来越庞大和复杂。在 DO-178B 的基础上，航空无线电技术委员会（RTCA）针对管理现代航空电子设备所必需的大量扩增的软件，于 2012 年发布了新的 DO-178C 标准。其中定义了 71 个目标（即针对每个需求的文档和测试）来满足不同的软件信任等级的量化评估。例如，软件等级 A 要满足 71 个目标（含 30 个需要独立的目标）。DO-178C 继承了 DO-178B 的核心文件、原则和过程，消除了一些 DO-178B 中的二义性，同时增加了与当前行业发展和验证实践密切相关的补充文档，包括 DO-330（软件工具鉴定考虑）、DO-331（基于模型的开发和验证）、DO-332（面向对象及相关技术）及 DO-333（形式化方法）。DO-178C 引入前向和后向的追踪，设计人员可以采用先进技术，使软件开发更容易。

空客已实现在航空机载软件方面的全模型驱动开发，在方法和标准方面已经处于成熟阶段，在各个系统的开发中取得了经济效益：在领域建模方面，继续采用 SCADE 集成开发环境，在需求分析中采用 SysML 建模工具，在架构设计中采用 AADL 建模工具；在软件验证方面，在某些系统上实践了 Caveat、Frama-C、Astrée、aiT 等形式化分析和验证工具；在关键技术研究方面，与法国 CEA、LAAS-CNRS、IRIT、ENAC、ONERA、INRIA 等长期合作，联合攻关抽象建模方法和验证技术的瓶颈问题，持续投入基于模型的安全攸关软件开发方法和工具链研制，在长期的合作项目中为安全攸关软件的模型驱动开发模式和工具链建立了稳定的生态。

1.2.3 波音

波音早在 2005 年开始采用基于模型的方法和工具进行民机设计与开发，早期采用 V 模型进行基于模型的安全攸关系统开发与验证。第一个标志性的系统始于 2016 年波音的 2nd 世纪企业系统（2CES）计划，这也是波音全面数字转型的标志。2020 年波音提出了 Diamond 模型，包含了建模、模拟、设计、交付四个方面的融合。在工具方面，主体采用 Cameo Enterprise Archiecture 工具和 SysML 语言来进行系统建模、模拟和验证，同时开发一系列的 Cameo 插件如 Custom/C. O. T. S/JPL OpenMBEE 等来扩展 Cameo 的建模、模拟和验证能力，并将统一的模型存放于云端服务器。波音采用基于模型的系统工程将有关 777X 系统的所有信息集中在统一的模型中（通常称为"单一事实来源"）。该模型可以支撑系统开发的完整生命周期，覆盖需求分析建模、系统设计和验证。采用统一的模型，使得决策者和供应商等利益相关者以及开发团队可以从不同的视角和粒度级别访问模型，同时确保信息的一致性。基于领域模型的软件开发能够在加快航空系统开发的同时，保证软件的高安全可靠质量。目前波音的生产线只需 11 天就可以生产一架飞机，所需时间较从前的 22 天大幅减少，同时 777X 的 ADRF 项目证明，基于模型的方法可提高系统质量和沟通效率，大幅减少开发成本和时间与风险。同时可以在程序的早期阶段验证确认，避免歧义，减少错误信息和其他规范缺陷。

波音在方法和标准方面已经处于成熟阶段；在工具方面，继续采用成熟的集成开发环境 Cameo Enterprise Architecture，采用 SysML 进行需求与系统设计建模，在某些系统上实践了 IKOS、Coq、Ivory 等形式化分析和验证工具。同时开发一系列插件来满足实际开发的需要。在研究方面，波音与美国东北大学、佐治亚理工学院等研究所和高校长期合作，联合攻关方法和技术瓶颈问题，探索更先进的领域建模开发和形式验证方法，研制适用于航空机载软件模型驱动开发的工具系统。

1.2.4 NASA

2011 年，NASA 指出当前复杂工程系统开发中存在的一些常见问题，如系统的规模和复杂度增速过快，基于文档的系统描述不易于理解系统各部分间的交互，文档存在数量众多、缺乏逻辑性、难以实现知识继承等问题。为此，NASA 各中心纷纷使用基于模型的开发方法进行系统开发，如格林研究中心（GRC）从 2007 年到 2016 年实现了基于模型的开发方法，喷气推进实验室（JPL）也花了 7 年时间初步实现该方法。基于模型的开发方法已用于 NASA 多个主要的项目中，如空间通信网、欧罗巴项目以及火星任务等。

通过使用模型，可以有效地降低项目的总开支。首先，增加系统设计阶段的投资，可以有效地降低项目总成本。NASA 成本和经济分析处（Cost and Economic Analysis Branch）主任分析了 NASA 历史上各个项目的超支情况后，指出大部分超支的原因都在于没有很好地对项目进行定义，导致需求变更，使得开销增加。

美国国防部资助的 Cougaar 子项目应用了模型技术，该项目提供了一个 Agent [⊖]开发和运行环境，可以实现任务协同中的关键模型和算法。模型还用于 NASA 的一个概念任务——ANT(Autonomous Nano-Technology Swarm)。具体的开发流程是：首先定义 3 个平台无关模型（M-RAAF、AOM 和 SOM）和一个平台相关模型；然后定义这些模型之间的转换，从 M-RAAF 到 AOM，再到 SOM，再转化为平台现骨干模型；最后，将平台相关模型转化为代码。

目前，NASA 已在火星任务软件中使用基于模型的开发方法，通过模型，能够更好地理解技术基线、改善系统设计过程的交流和理解问题、聚焦于历史设计的偏差、帮助飞行系统工程师实现所需模块。NASA 在新一代火星探测器"毅力号"的设计过程中使用了以下模型技术：①进行模型化的翻译，将设计数据文档转化为基于标准 SysML 语言的设计模型，以进行设计数据的正确性验证、交付物的自动生成和复杂模型自动排版布局（供不同人员查阅）；②采用标准 BPMN 语言描述探测器与地面控制人员的各种行为，也使团队对设计的完整性更有信心；③采用模型集成的方式，针对不同设计团队或领域之间的设计，自动生成文档和报告，并进行一致性检查，确保文档之间数据一致性；④使用基于模型的设计方法，自动生成项目交付所需的文档，节省项目评审的准备时间；⑤选择基于模型的设计方式，自动生成设计文档，确保设计数据的复用，能对设计模型的完整性进行校核；⑥基于 SysML 模型，借助第三方工具的数据过滤和自动排版功能，完成设计信息的选择性展示，促进设计交流。NASA 通过应用基于模型的开发方法，使火星任务的总开支节省了 3.27 亿美元。

在基于模型的开发过程中，NASA 使用 MagicDraw 实现系统建模，使用 IBM Rational Rhapsody 为工程师及开发者提供可视化开发环境。NASA 还用到了如下开源技术：Ecore/Eclipse EMF+OCL 用于建模领域知识，Henshin 或 VIATRA 描述探测或转换规则、Java 实现分析或适应性函数，MOMoT、MOEA 和 VIATRA DSE 利用遗传算法进行优化。

1.2.5　ESA

ESA 在 2019 年 12 月成功发射的系外行星特征探测卫星 CHEOPS 研制中成功应用了基于模型的开发方法，来自十余个国家的二十多个单位参与研制，使用 UML 等模型对领域概念、状态机、流程、时序行为、可重用组件、接口等进行建模并实现基于模型的 C 语言代码自动生成。基于模型的开发模式帮助 CHEOPS 在花费不到 5 000 万欧元、研制周期不超过 4 年的情况下研制成功。

ESA 在 2020 年 9 月公开披露的文档中显示，它在最新的多用途载人航天器 ESM 子系统的研发中成功采用了基于模型的开发方法。该子系统集成了超过 2 万个模块，包含推进、电源、压力、太阳帆板、热能、流体控制等。通过基于模型的开发方法有效地管理多模块之间的信息以及自动生成接口文档，从而解决了大量模块之间的接口控制文档（Interface Control Document，ICD）和信息（Information）之间的不一致问题。ESM 标准

⊖　Agent，一般译为智能体、主体。

化了模块之间的设计修改流程，避免了信息冗余和不一致问题，极大降低了人工维护和验证的成本。

以上两个典型案例体现出安全攸关软件的模型开发方法适用于多方参与研制、大规模系统集成的一致性管理以及协作信息和流程的标准化设计。相比于基于文档的开发模式，基于模型的开发优势体现在降低成本和研制周期、标准化流程和高度一致性、模型的自动维护和验证等方面。

2 安全攸关软件系统的形式化验证方法

安全攸关软件的可靠性不仅依赖于软件本身，还依赖于运行该软件的 CPU 和操作系统的安全性，以及编译该软件的安全性。因此，为提高安全攸关软件的安全性和可靠性，有必要研究 CPU、操作系统以及编译器的形式化验证问题。

计算机系统的信息安全是当前信息技术领域极其重要的研究方向。由于系统软件结构复杂、并发度高，开发与调试都十分困难，一些隐藏的错误很难用通常的软件测试技术发现，而这些错误可能会造成灾难性的后果。形式化方法可以通过数学推理的方法，检测系统描述不一致性或不完整性，以提早发现这些隐藏的错误。因此，形式化方法是提高软件系统，特别是高等级安全攸关系统的安全性和可靠性的重要手段。目前，欧美国家已在相关安全标准和软件认证上规定必须使用形式化方法。RTCA 的 DO-178B[25]《机载系统和设备认证中的软件要求》用于规范机载系统和设备软件开发过程，指导软件安全级别认证。2012 年发布的 DO-178C[26] 增加了形式化验证要求，强调采用形式化方法，开展基于模型的开发和验证。国际信息技术安全评估通用标准 Common Criteria(ISO/IEC 15408)[27] 定义了计算机系统的安全等级；其中，最高等级 EAL 7 要求系统开发必须采用经形式化验证的设计和测试。英国国防部发布了安全攸关标准 Def Stan 00-55 和 Def Stan 00-56 标准，要求安全攸关软件开发必须采用形式化方法。

2.1 操作系统的形式化验证方法

采用形式化方法进行操作系统（OS）验证，需要对 OS 建立模型，将非形式化的概念转化为模型中形式化的部分，然后再进行设计和验证。目前对 OS 的验证主要进行系统模型、代码实现的一致性验证（即功能正确性）和系统安全性验证。

CertiKOS 是一款经过严格验证的系统操作。2016 年耶鲁大学的 Flint 团队采用 Coq 定理证明器，验证 CertiKOS 的功能正确性[28][29][30]和安全性相关属性[31]。Leroy 等人验证了 CompCert 编译器[32]，从而奠定了 CertiKOS 项目的基础，因为 CertiKOS 的底层机器模型是 CompCert X86 汇编模型。2019 年 FLINT 小组以 CertiKOS 为基础，构建了一个经过验证的实时 OS 内核 RT-CertiKOS[33]。

安全嵌入式 L4(secure embedded L4，seL4) 是一款嵌入式系统微内核[34][35]。2004

年澳大利亚国家 CT 实验室对 seL4 进行了功能正确性验证；用于形式化规范定义以及证明 seL4 内核的 C 代码（共 8 700 多行）的 Isabelle/HOL 代码共有 20 多万行[36]；该设计与验证工作花费了共 20 人·年的时间。为了提升操作系统形式化验证的程度，近几年 Klein 带领的项目组又在多核系统验证[37]、缓存验证[38]、实时性验证[39]等方向进行了探索。

华盛顿大学 UNSAT 小组的宗旨是提高计算机系统的正确性和性能。Hyperkernel[40]是由该小组设计、实现并形式化验证的 OS 内核。此外，他们还设计了一种 push-button 方法，用于构建可证明正确的 OS 内核以及文件系统[41]。

PikeOS[42]是一种用于航空电子和汽车环境的工业操作系统，包含一个微内核和一个 PikeOS 系统组件。文献［43］给出 PikeOS 的 Isabelle/HOL 形式化规范，涵盖了分区间通信、内存、文件提供程序、端口和事件等功能，共包含超过 4000 行的 Isabelle/HOL 代码。

实时操作系统 INTEGRITY-178B[44]主要用在 B-2 和 F-35 等军用飞机以及空客 A380 等民用飞机。美国国家信息安全保障合作组织联合国家标准和技术研究院于 2005 年对 INTEGRITY-178B 进行认证。Green Hills 公司宣布 INTEGRITY-178B 是第一个通过通用标准评估分级 6+级（EAL 6+）的操作系统。

LynxOS[45][46]是一款完全符合 POSIX 标准的强实时操作系统，被广泛用于航空电子、航天系统、电信等领域。LynxOS 的其中一个版本 LynxOS-178 是最早获得 DO-178 认证的实时操作系统。

ARINC 653 是航空电子应用程序接口标准。Zhao 等使用 EventB 对该标准进行了形式化验证[47]，发现 ARINC 653 第 1 部分中的三个错误，并检测到了三种规范不完整的情况。

Zephyr[48]是 Linux 基金会的一个开源物联网操作系统。Zhao 等在 Isabelle/HOL 中开发了并发 C 代码的建模语言及验证方法，并对 Zephyr 的内存管理模块进行建模[49]，最终从 Zephyr 的内存管理中发现 3 个严重 Bug，包括系统调用死循环等。

μC/OS-II[50]是一个商用抢占式实时多任务内核。冯新宇等提出了一种内核验证框架[51]，用 5.5 人·年的时间验证了 μC/OS-II 的关键模块，包括定时器中断处理程序和四种同步机制等。

用于汽车应用的 ORIENTAIS 是一个基于 OSEK/VDX 标准的实时操作系统。华东师范大学的何积丰院士团队[52]采用面向目标代码的验证方法，对 ORIENTAIS 进行建模与验证，证明了 ORIENTAIS 的接口实现遵循 OSEK/VDX 规范。

2.2　CPU 的形式化验证方法

CPU 是计算机系统的核心，其正确性和安全性直接关系到应用系统是否安全，尤其是在航空航天领域，安全攸关的机载软件系统对于 CPU 的安全性要求更是高于普通系统。随着计算机技术的发展，CPU 的性能得到了不断提升，但与此同时其复杂程度也越来越高。一旦 CPU 设计流程中出现错误，可能会引起严重的后果。因此，针对 CPU 设计的正确性验证变得十分重要。

首先，介绍 CPU 验证方面的工作。IBM 在 POWER7 处理器的设计过程中，使用断言工具 SixthSense 和 RuleBase[53][54]对处理器进行验证；仅对浮点运算部件的验证，便发现了数百个错误。美国犹他（Utah）大学 MPV 研究小组与 Intel 合作[55]，对 Murphi 语言进行扩充，并对层次化存储系统的一致性协议进行验证。Lamport 提出了一种基于 Clock 时间戳的证明机制，证明了 Origin2000 的存储一致性协议设计的正确性，即该协议符合存储顺序一致性的要求[55]。AAMP[56]是美国 Rockwell Collins 公司开发的航电微处理器系列，其指令集属于 CISC 类型，有超过 200 条指令；AAMP 的验证使用了 ACL2 定理证明器[56]。

其次，为了验证处理器，需要对处理器的指令集和架构等进行建模。2010 年，Fox 等针对 ARMv7 指令集，提出了一个基于 HOL4 逻辑的指令集抽象模型[57]。2017 年，Goel 等人利用 ACL2 建模工具，对 32 位的 X86 指令集架构进行了建模，并对 X86 汇编程序进行形式证明[58]。澳大利亚新南威尔士大学的 Syeda 和 Klein 对 ARMv7 架构的内存地址映射管理单元做了抽象化的建模[59]。Zhe Hou 等人采用 Isabelle/HOL 对 SPARCv8 架构进行了建模，包含 SPARCv8 架构的寄存器模型等[60]；该模型还包含可执行指令的抽象状态机，用以执行二进制的 SPARCv8 汇编代码，并对二进制汇编代码进行验证。

再次，指令流水线是处理器的一个重要功能，其正确性对处理器的安全性有重要的影响。流水线技术首次出现在 Intel 的 486 芯片中[61]。Makiko 等人在 2000 年提出了一个流水线自动生成系统——PEASS-Ⅲ[62-64]，实现了针对 MIPS 架构的 5 级流水线的自动生成。Daniel 等人[65-67]在 2001 年提出了一种流水线微处理器的自动设计和验证的方法，并通过使用定理证明对流水线的转换过程进行了形式验证。Burch 则提出了一个流水线自动验证方法[68]；该方法基于模型检测和等价性检验，以非流水线 CPU 结构为参考，证明流水线结构在功能上实现了非流水线的参考模型。

最后，介绍国内有关 CPU 验证的研究工作。龙芯处理器是中国科学院计算技术研究所自主研发的通用 CPU。在龙芯 1 号处理器的验证中，首先采用了模拟验证的方法，随后采用遗传算法对测试用例的生成过程进行改进，提高了验证的效率[69]。龙芯 2 号则采用了等价性检验和模型检测两种方法。为此，开发了用于浮点加法部件的模型检验器 ArithSMV[70]；该系统采用了基于 *PHDD 的模型检验方法，实现了 *PHDD 的加法、减法和乘法等操作以及 *PHDD 的大小比较指令；增加了对条件模型检验方法的支持，并集成了基于可满足性判定的验证方法。

2.3 编译器的形式化验证方法

编译作为整个计算机系统中的重要环节之一，所有高级语言都必须通过编译才能成为计算平台可执行的程序。编译的正确性和安全性对于整个计算机系统具有非常关键的意义——如果编译不正确，整个安全攸关系统的安全性无从谈及。在安全攸关领域，特别是航天航空机载软件系统，符合安全规范的软件编译架构是一项具有挑战的项目。一方面，现代的编译体系构成复杂，开源的编译器如 GCC 和 LLVM，很难被机载软件系统所使用；另一方面，现在的软件编译系统没有按照航天航空机载软件 DO-178C 的标准进行架构，无法保证高安全性。

由于安全攸关系统功能和非功能性需求不断提高，软件编译的复杂度也随之急剧增加。一个 A 级安全关键软件必须是由 A 级编译产生代码。因此，安全攸关编译是安全攸关系统的重要保证，如何设计满足 DO-178C 规范标准的高质量安全攸关编译，是工业界共同面临的新需求，也是学术界面临的新难题。

针对编译设计正确性验证技术，主要分为两大类：一类是集成安全规则的静态校验技术，形成安全校验编译；另一类是形式化验证技术，形成验证编译[71]。

1967 年，John McCarthy 和 James Painter 通过研究编译器的正确性问题，证明了从一些简单数学逻辑表达式映射到机器语言的编译算法的正确性[72]。1972 年，Milner 和 Weyhrauch 提出了一种用于证明编译正确性的机器实现方法[73]。Hoare 和何积丰用语义制导的方式，研究正确性编译器的生成[74]。Stepney 等人在文献［75］中描述了如何从语言的形式化定义出发构造编译器，并使用 Prolog 语言定义源语言和目标语言的指称语义，通过遍历语言的树结构来构造正确性证明。Gaul 等人[76]通过把编译器的证明过程和开发流程结合起来，减少证明工作量的同时，也使开发过程符合软件工程规范。

目前最具有里程碑意义的工作是 Leroy 带领 CompCert 项目组首次完成了对一个完整且实际的编译过程的正确性验证；整个证明过程完全形式化，并且都是机器自动生成的[77-79]。为了支撑形式化证明的自动化，CompCert 采用辅助定理证明工具 Coq 对编译过程进行重构；在编译过程中，完成了从函数式语言 Clight 到汇编代码 Power PC 的编译（整个过程由八种中间语言间的编译构成），然后使用 Coq 对整个编译过程的正确性进行证明。

在国内，中国科学技术大学苏州高等研究院安全实验室的葛琳、刘诚、华保健等人设计并实现了一个校验编译器的原型系统——PLCC，并设计断言语言 PAL 来描述安全规范[80,81]。关于复杂嵌入式系统的架构语言 AADL[82,83]的编译，北京航空航天大学计算机学院赵永望老师团队对 AADL 进行了分析，并基于模板技术研究了从 AADL 到 C 代码的自动生成技术[84,85]，还在神舟公司的 GNC 应用模型项目上进行验证工作。另外，赵老师团队完成了将 AADL 模型转换到 CSP 模型的形式化验证工作[84]。

目前支持编译器测试的工具有 PV-Suite[86]和 CV-Suite[87]。PV-Suite 是 Perennial 公司开发的商用编译器和操作系统测试套件；它利用断言对 C、C++和 Java 等语言进行一致性测试。CV-Suite 是 Plum Hall 公司开发的商用编译器测试程序包。

在安全攸关领域中，结合模型检测技术对编译流程进行验证，通过遍历所有的状态空间，自动检测具有有穷状态的系统，并构造不满足性质定理的反例；这种技术的优势在于能够实现全自动化，需要人工操作的工作比较少，所以工业界已经有了广泛的应用。在对 C 语言编译器的模型检测技术中，支持对 C 语言代码验证的典型工具有 SLAM[88]、BLAST[89]、MAGIC[90]等。其中，MAGIC 工具是基于"语义弱模拟"理论来验证程序与规范是否一致；简单来说，其验证过程是程序标号变迁系统与程序规范标号变迁系统是否为弱模拟的判定过程。BLAST 是一个对谓词抽象、模型检验等计算进行优化以提高验证效率的工具，它使用了惰性抽象技术，包括 On-the-Fly 的抽象方法和 On-Demand 的精细化方法[89]；BLAST 成功验证了 13 万行源代码的 C 程序[89]。SLAM 被应用于验证微软开发包中的驱动程序的安全性，由 C2BP、BEBOP、NEWTON 三种工具组成：C2BP 是一个将 C 代码抽象成布尔程序的谓词抽象工具，BEBOP 是一个检验布尔程序的工具，NEWTON 用于精化布尔程序到其他谓词的工具。另外，对于 Java 程序编译的模型检验工具也有很多，例如 ESC/Java[91]、Java Path Finder[92] 和 Bandera[93] 等，前两个是基于谓词抽象技术，最后一个则基于程序切片方法。

近年来国内也开展了安全攸关软件研究的立项和研究工作。中国科学院软件研究所林惠民院士等组织立项和形式化技术方面有关的研究[94]，其成果主要在模型检测的形式化验证方向上。国防科大陈火旺院士等讨论了高安全可信软件工程技术的现状和面临的主要挑战[95]，并指出基于形式化方法的高安全可信软件技术的发展趋势和突破点。

2.4 安全攸关任务软件模型的形式化验证方法

与面向领域的建模方法一致，机载任务软件模型的形式化验证需要面向任务软件的三个模型层次：需求模型、架构设计模型和软件模型。

在需求模型的验证方面，大部分工作仍然是验证需求与设计或软件模型的一致性问题，仅针对需求层模型存在的问题进行验证的工作还比较少，主要用于检查需求模型中的冲突问题，如陈小红等针对铁路互锁软件的安全性需求定义了领域需求建模语言，采用模型检测技术检查安全需求模型间的一致性，发现需求间的冲突等问题[96]。

在架构设计模型的验证方面，针对嵌入式软件架构的构件建模、组合性质、构件间组合验证的问题，Kopetz 等人提出了实时嵌入式软件组合构建理论，明确了构件化设计、组合构造的思想和原则[97]。白晓颖和贺飞等将组合构件模型的验证方法总结为基于契约和基于不变量、基于模型检查等三类[98]。IA 模型、BIP 模型、PA 模型、HRC 模型等都是基于契约的模型，均可使用基于契约的方法进行验证。Verimag 实验室在 BIP 模型的可组合性验证中引入了不变量验证技术，用以验证软件架构中的构件不变量、交互不变量、系统不变量以及时间约束[99]。基于模型检查的软件架构设计验证技术主要用于评估架构设计模型的实时形式、进行软件安全性评估和缺陷检测等[100]。通常将 AADL、SysML、UML 等描述的架构模型通过模型转化生成 BIP 等验证层模型，完成时序逻辑等表达的架构性质验证[101,102]。

在软件模型的验证方面，由于国内外工业单位普遍采用 SCADE 和 Simulink 对软件建模，因此一直以来都有大量工作研究这两类建模语言的验证问题。SCADE 集成环境早在 2004 年整合了基于可满足性求解的 Prover 验证插件[103]，Walde 等人在真实通航飞行器上验证了两个版本的飞控软件实现是否一致[104]，Shi 等人将 SCADE 模型转化为 NuSMV，用于验证安全性需求[105]，Basold 等人在 SCADE 和 SMT 之间引入了一种中间语言，用于证明语言转换过程中的正确性问题[106]。针对 Simulink 模型的验证问题，Simulink 集成环境中已整合形式化验证插件 Simulink Design Verifier，用于自动验证和检测软件模型中的整数溢出、死逻辑、数组访问越界、被零除等问题，其验证技术与 SCADE Prover 类似，均基于可满足性求解技术[107]；Reicherdt 等人将 Simulink 的模型转化为 Boogie 模型，用于验证汽车控制器的功能[108]；中国科学院的詹乃军老师等提出了基于混成霍尔逻辑（Hybrid Hoare Logic）的 Simulink/Stateflow 模型验证方法，并成功验证了高铁列控系统模型[109]。

2.5   未来研究方向

针对操作系统、CPU 以及编译器验证的研究，有以下几个方面的机遇和挑战：

（1）多核 OS 以及分布式 OS 的高效测试验证   目前，多核并发底层软件的形式化验证技术研究刚起步，仍然面临极大的挑战。此外，近些年随着大数据时代的到来，分布式计算成了从海量数据中挖掘数据价值的必然选择。而支持分布式计算的分布式 OS 的安全性问题也成为目前研究的一个热点。

（2）操作系统自动化验证方法   虽然形式化方法在保证软件安全性、正确性及可靠性方面得到认可，但是受限于其验证效率，至今未能广泛应用于工业界。操作系统的形式化验证仍然是困难和费时的。自动化验证解决方案通过最大限度地减少对人力资源的需求，缩短验证软件系统所需的时间，提高生产率。如何运用自动化验证技术形式化验证操作系统也是值得探索的课题。

（3）多发射机制的 CPU 数据通路的自动综合方法   CPU 的形式验证与其设计方法密切相关，而自动综合方法则是后续形式验证的基础。现代 CPU 采用多发射机制来提高 CPU 的指令执行效率。然而，目前针对 CPU 模型自动综合的研究，都是针对流水线结构的 CPU 数据通路。因此，需要重点关注多发射机制 CPU 数据通路的自动综合方法，以及多发射机制的正确性和安全性验证方法，以进一步提高 CPU 的设计效率。

（4）保持代码可追踪性的编译器优化技术   优化技术是提高编译效率的常用手段，但使用优化会造成细节缺失，给源代码和目标码之间的可追踪性验证带来困难。如何既保证安全攸关领域的可追踪性需求，又能把优化技术加入安全攸关软件编译中，是未来编译器验证研究中值得关注的问题。

（5）机器学习技术与形式验证方法的结合   机器学习方法在很多领域都取得了令人瞩目的成果。然而，因其缺乏可解释性，在安全攸关软件领域较少得到应用。因此，如何利用机器学习提高软件的形式验证的性能，是未来的一个研究方向。有研究表明，即使是通过形式化验证的软件，仍然可以在其中找到漏洞（bug）[110]。这是因为很多系统软件因其复杂性，几乎不可能形式化验证所有的可能性。因此，可以利用机器学习的方法，处理一些例外事件，提高系统的鲁棒性[111]。

3 领域模型和形式化验证方法在航空领域的应用和需求

3.1 应用现状与成果

3.1.1 领域模型应用现状

领域模型是领域知识各组成部分的抽象形式，同时也表示了领域内各系统的一些共同特征。领域模型可用于软件复用活动，能为领域内新系统的开发提供可复用的软件需求规约，以及指导领域设计阶段和实现阶段可复用软件资产的生产。面向领域的特点使得一般的需求建模方法不再适用于领域模型的建模过程。因此，采用何种形式的领域模型，如何实施对领域的建模活动，成为领域工程研究和实践中的重要问题。

领域模型在机载系统，尤其是安全攸关系统的实际应用中，可以使用模型来描述部分或全部软件需求、部分或全部设计，或者使用模型同时表达软件需求和设计。根据文字描述的软件需求进行建模，以模型的方式表达软件功能，再通过专用的工具直接生成源代码，这是基于模型最常见的应用场景之一。在航空领域，目前国内外航空工业场所针对基于模型的开发和验证大多采用 SCADE 工具来完成[112,113]。在国外，空客、欧洲直升机（Eurocopter）、泰雷兹（Thales）、达索（Dassault）等公司都将 SCADE 应用在领域的安全关键软件开发中[114,115]。如空客已经成功使用 SCADE/KCG 工具开发出了 A340/500-600 机型飞行控制系统软件，取得了令人满意的效果[116]。SCADE 工具在国内航空领域应用相对较少，其中成都飞机设计研究所最早将 SCADE 成功应用在某型号飞机的飞行控制系统软件研制过程中，加快了项目研制进度。另外由 615 所研制的 C919 大型客机的显示系统软件、平显系统软件中均使用了 SCADE 进行软件设计建模[117]。

3.1.2 形式化验证方法应用现状

形式化方法通过严谨的语义对系统进行建模，借助计算机以及严格的数学方法对系统及其软硬件相关特性进行验证，削减人因因素影响，提高了验证结果的可靠性，是解决复杂系统以及软硬件验证的关键，因此逐渐成为国际上的研究热点。

形式化验证方法中最常用的是定理证明和模型检验。定理证明方法可以有效地避免空间爆炸问题，虽然尚存在自动化程度较低等不足，但在工业界也得到了初步的应用，如罗克韦尔柯林斯公司用 PVS 工具验证了导航模块的可靠性[118]。空客和达索公司尝试使用定理证明来替代原本的机载代码单元测试[119]等。目前定理证明方法的研究方向主要集中在如何提高证明的自动化程度，以及如何较好地实现从软件代码到待证明定理的抽象转化[120,121]。

模型检验方法基于状态搜索的原理，它针对较小的有穷状态系统进行状态空间的遍历，检查有无缺陷从而完成对系统的验证。模型检查技术因为自动化程度较高，因此在航空航天、轨道交通、核能等工业领域有着相对广泛的应用。如 Havelund 等人使用 SPIN 工具对某航天器的计划执行模块进行了形式化验证[122]。Bochot 等人对 A380 客机的地面扰流功能进行了形式化验证[123]。在国内，中国民航大学的金志威等人提出了一种基于模型检验的机载电子硬件验证方法[124]。上海航天控制技术研究所构建了一种基于 SCADE 状态机的形式化验证框架，提高系统的安全性和可靠性[125]。然而在验证一些状态量较为复杂的系统时，模型检验方法会出现空间爆炸的问题，因此目前该方法的主要研究方向就在于如何减弱空间爆炸带来的影响[126-128]。

3.2　领域未来需求及建议

现今，国产自主可控的航空机载设计软件，尤其是安全攸关系统的设计软件由于国际技术壁垒，始终是遏制以民机为代表的国产航空器研制和发展的重要卡脖子技术。随着科技的进步与国家航空产业的不断升级，现代航空器的性能愈加先进、功能日益复杂。作为承担和实现功能的核心载体，机载软件的规模、类型、交互性和复杂度也不可避免地持续增长，这导致了机载软件在不同程度上出现由于人为、硬件、协作等因素引起安全问题的可能性变大，软件设计和行为更难控制，导致系统脆弱性难以定位和预测，使安全性和可靠性显著降低。

由于航空器的特殊性，机载软件的安全性问题可能导致严重的事故和后果。典型的案例如波音 787，在使用现有的机载软件设计及安全性分析方法进行研制后，还是因为电源着火导致停飞，波音 737 Max 飞机更是因为 MCAS 系统设计和安全性分析问题导致印度尼西亚狮航的空难事件。这些机毁人亡的空难事故对民众生命财产和科技快速换代造成了严重的伤害，提出了严峻的挑战。

上述安全攸关系统软件设计的宝贵经验和惨痛教训均预示着在航空器领域，尤其是民机研制中，为攻克高安全、高可靠的航空机载设计软件瓶颈问题，满足国产大飞机适航符合性重大需求，领域模型和形式化验证在未来需要进行深刻的变革和持续的改进，尤其在先进的高可靠、高安全复杂系统形式化验证方法推进，和 SCADE、Simulink、Modelica 等先进支持工具优化方面，未来需解决好下述技术问题。

3.2.1　复杂系统形式化验证方法推进

（1）高可靠、高安全复杂系统形式化验证方法建设　对于复杂系统的形式化验证方法的研究未来需着重突破自然语言处理技术和基于模型的形式化验证方法。在理论层面，这是对于大规模状态空间运用数学推演完成穷举测试形式化方法引发空间爆炸问题，改善复杂逻辑系统高可靠、高安全验证自动化的有效途径。

（2）形式化验证的智能工具链建设　未来形式化验证中定理证明和模型检验方法的研究方向应主要集中在如何提高证明的自动化程度，以及如何较好地实现从软件代码到待证明定理的抽象转化，研究、部署和调度围绕形式化验证的工具链建设，支持面向机载安全攸关系统安全性分析相关的形式化验证落地更为智能化、完备化、平台化。

3.2.2 支持工具优化

（1）程序多核化 近年来，为解决单核处理器的局限性，多核处理器以其更高能效逐渐被更多应用于安全攸关系统的研制中。为满足多核相关需求，未来与 SCADE、Simulink、Modelica 等工具紧耦合的领域建模和形式化验证研究应聚焦于多核目标上可执行代码的生成的优化研究，在追求高效性的基础上需仍能保留原有的精确、无歧义的、确定性语义和平台无关性，提升多核下程序处理的能力。

（2）多语言融合化 在形式化验证方面，未来考虑将软件研制领域市场中的诸如 HLL 等多种语言融入 SCADE 等模型验证及代码自动生成工具的新型形式化流程中，以提升安全攸关系统领域使用模型检查技术进行形式化验证的便利程度和有效性。

（3）基于模型的开发验证流程智能化 未来主要的研究目标可在人工智能领域，将诸如 Simulink 和 SCADE 的工具中传统的基于模型的开发验证流程与新型 AI 研发流程相结合，运用前沿的深度学习、自然语言处理和人因脑机接口等先进科技，提升建模、验证和代码生成的自动化、智能化和效率，并在无人自主航空器的机载系统设计和实现中落地验证，为其在载人航空器的机载系统中的应用奠定基础。

3.3 充分利用现有成果的建议

（1）推动技术创新和成果落地转化 在复杂航空系统中，软件系统越来越多地采用多供应商集成方式，安全攸关软件系统的设计、开发与验证成为航空领域面临的巨大挑战，而基于形式化模型的解决方案已在业界逐渐应用。目前国内外在形式化理论研究方面取得了许多令人满意的成果，如针对系统特性开发了 PVS、HOL4、KeYmaera 等众多的定理证明器。然而，面对航空工程项目及系统的日渐复杂，以及系统安全性分析难度的指数增长，未来应进一步探索形式化方法与航空系统全生命周期过程的深度融合。同时，应在现有成果基础上瞄准领域前沿发展，大力促进形式化理论在实际工业领域的落地，为高安全高可靠的系统研制提供保障。

（2）提升工具自主可控水平 目前国内的航空软件开发验证环境和工具链的研究处于起步阶段，各航空单位使用的环境工具大多来自国外，面临着被国外垄断的局面，存在断供的风险，无法满足国内日益增长的航空安全攸关软件验证需求，也无法满足国家对核心技术自主可控的要求。例如美国政府曾将 58 家中国航空航天及其他领域的公司列入"军事终端用户"（Military End User，MEU）的实体清单，限制其购买一系列美国商品和技术，对其产业链供应链安全造成严重威胁。因此，可将现有成果整合成技术成熟度高、实用的工具系统，提供国产化的软件开发验证环境，解决由 MEU 产生的自主可控风险。

（3）促进军民融合推广应用 基于模型的研制流程在民机领域中已经有较为广泛的应用，但在装备型号研制中尚处于初期阶段。将成熟的领域模型和形式化方法及相关产品向装备领域推广，系统性地从研制整体框架出发，从根本上将建模技术与过程管理关联起来，对装备研制全周期内所有存在及潜在过程进行归纳与分析，完成从项目管理、技术实现低耦合的松散架构，到统一规范、模型与方法的集成解决方案的转变，能为装备研制提供技术层面的可行革新，进而提升装备质量和性能指标。

（4）提升领域模型跨阶段的管理能力　现有研究的领域模型大多分布于系统不同研发阶段，而它所包含的不同阶段建模要素存在着内在的关联关系。因此，在现有阶段模型的基础上，必须针对领域内不同类型的产品，研究切实有效的方法，建立完整的逻辑信息架构，与不同阶段的信息相对应，并对不同阶段的模型和信息架构中的各个元素进行追踪，以对不同阶段的模型进行有效管理。

（5）增强领域模型复用性　现阶段，系统建模工具中的大部分图形均由人工完成，尚未能自动生成。事实上，需求模型、结构模型、行为模型可重用元素较多。因此如何通过重用已有的系统设计模型来提高系统建模与设计效率，将是模型驱动复杂产品系统建模与设计下一步值得研究与探索的重要问题。针对此问题，可在软件的研制流程中，开展柔性建模工作，建立准确柔性的领域模型，更好地响应需求变更，极大地提高软件的复用率，使软件具有较好的可扩展性。

（6）完善形式化验证工作的充分性　目前航空领域系统形式化验证的工作通常是对已有代码的"设计后验证"，所验证的模型仅仅是实际系统的一个抽象，只能体现系统的可能行为，而不是全部行为。这种方法最大的问题在于必须保证抽象出来的形式化模型与原来的源代码的行为是一致的，而事实上，无论这个抽象过程是自动的还是人工的，都无法避免不一致性。因此，这些验证工作是不充分的，需进一步完善。

（7）改进建模与验证方法的单一性　目前已有的系统建模及验证方法主要侧重于建模或者验证系统的某个方面的属性，很少能够完整地覆盖多个方面的属性建模和验证需求。因此需研究可覆盖多方面属性的建模和验证方法，改进其单一性，提升形式化验证的完备性。

4　领域模型和形式化验证方法在航天领域的应用和需求

在航天装备系列化、信息化、体系化的发展趋势下，控制系统已从早期的任务单一、以硬件控制为主转变为多任务、复杂应用场景、以软件控制为主、采用大量新技术、软硬件深度耦合的大规模复杂系统。复杂系统带来的涌现性问题，给控制系统研发带来如下困难：

（1）系统需求分析不充分，系统方案缺少系统原型验证手段，导致后续各环节变更频繁。智能化与信息化发展提升了控制系统的复杂性，系统需求识别越来越困难，系统需求分析往往不够充分，甚至在控制系统研制早期还存在想当然的情况，加之系统原型验证的能力不足，使得控制系统方案设计正确性更多依赖于设计者本身的经验以及评审专家的经验，方案合理性、正确性的确认严重滞后，通常要等到软件、单机的验证环节才能确定系统设计及软件、单机功能分解正确与否；同时也会导致部分方案设计的问题只有系统试验过程中才能发现，且技术状态在后期变更频繁；研制过程头轻尾重，在分析设计环节投入较少，过于依赖在实现环节不断试错、在系统试验中以量保质。

（2）各专业间缺少协同设计的有效手段，存在部分工作重复的情况，导致项目研发时间难以缩减。当前的研制模式各专业设计相对独立，没有形成合力，资产分散在各个专业，没有形成重用资产，缺少协同工具平台及组织资产基础；研制过程中各专业通常串行工作，且相互传递的设计依据基本为文档形式，在流程末端的专业不能最大限度地使用前序专业的工作成果；同时各专业工作间有一定的交叉，致使各专业人员存在一定的重复工作且不能相互借鉴使用；在项目工作不断增多、研制周期不断压缩的情况下，留给开发及验证的时间越来越紧张，产品质量保证的时间不断被压缩，进度和质量越发难以保证。

（3）新任务形势下系统的复杂性带来了团队规模的增大，各专业间、不同人员间工作的一致性与完备性保证难度加大，导致实现环节存在理解上的偏差。为适应目前国内外越来越严峻的形势，型号研制任务的难度越来越大，这也导致了控制系统的复杂性急剧增加，以及型号研制团队规模的增大。在目前的工作模式下，协调会越开越多，协调文档越写越厚，协调问题时有发生，尤其是软件项目，系统或架构设计后过渡到软件设计时前期成果很少能重用，且基于文档任务要求传递方式往往导致在实现环节存在理解上的偏差。

4.1　应用现状与成果

基于模型的系统工程、模型驱动软件开发方法在航天领域正在开展研究，并形成了部分成果。

基于模型的系统工程方面，空间站系统初步形成了基于模型的需求管理、系统设计、仿真验证及制造测试能力。

通过条目化需求管理，空间站建立了需求管理系统，包含总体-舱段-分系统需求体系，形成了条目化的型号技术要求管控模式；多学科集成仿真，面向空间站研制阶段设计仿真方案验证需求，空间站系统总体、电总体、数管、GNC、机械臂等分系统联合建立了空间站能源、环热控、信息、姿轨控、推进等专业的系统级模型，开展了空间站三舱组合体飞行过程仿真、机械臂转位仿真等；全三维协同设计，已实现了全三维设计、三维下厂，并以三维设计模型为主线，将结构设计、热设计、总装设计以及所有单机模型纳入统一模型架构，保障机械接口设计的正确性。相关情况如图2~图5所示。

初步建立了MBSE相关工具链，模型驱动系统研发平台由Rhapsody或MagicDraw（模型体制相同）构成，模型驱动软件研发平台由RTCASE软件需求建模工具、SCADE软件设计工具集（主要包括SCADE Architect、SCADE Suite、SCADE Test）以及LDRA测试验证工具集构成，形成从架构到设计到实现的双向追踪与联合仿真。

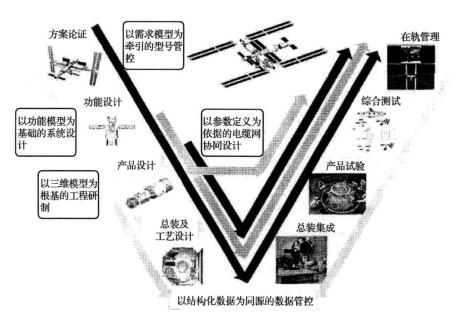

图2　空间站基于模型的系统工程研制模式

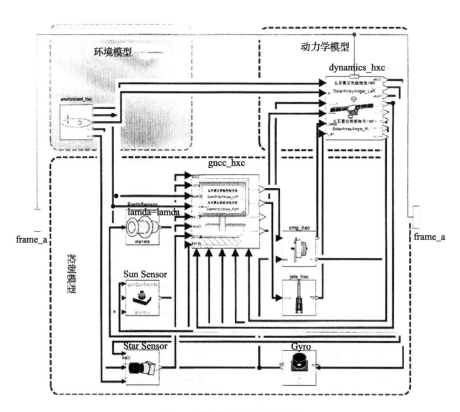

图3　姿轨控专业仿真模型

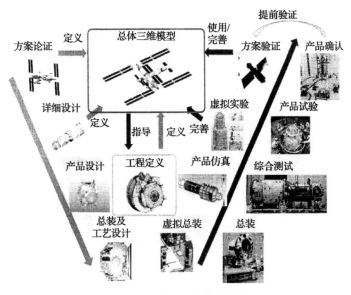

图 4 空间站全三维协同设计

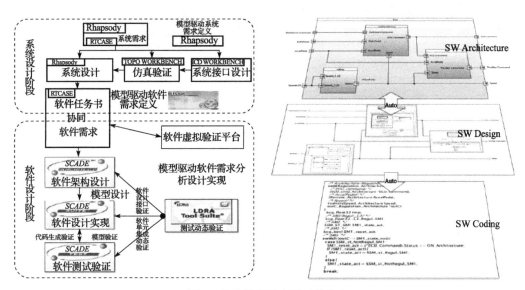

图 5 基于模型的商用工具整合

模型驱动软件开发方法方面，航天目前的研究不如 MBSE 较为成熟，当前基于 SCADE 工具和 MATLAB/Simulink，初步形成了基于模型的软件研制方法，并已经在部分型号论证和模样阶段初步应用，利用 Simulink 建立的模型，进行软件设计、开发、验证、人机交互设计与仿真等工作。基于模型的软件系统工程实践如图 6 所示。

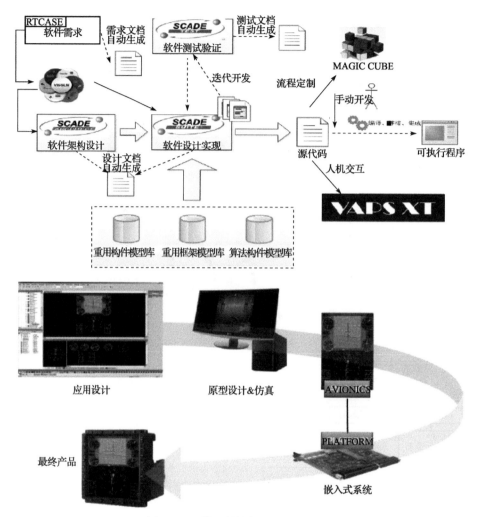

图6　基于模型的软件系统工程实践

4.2　领域未来需求及建议

　　从航天飞行器和运载火箭等型号的未来发展趋势来看，智能化和网络化是大势所趋，软件定义装备将是主要技术途径，软件的地位和作用将更加突出，软件将更加复杂、难度更高，软件研制难度的快速增长亟需与时俱进的模型驱动软件开发及形式化验证等新技术、方法和工具的研究和应用，切实保障航天工程未来发展需要。

　　针对航天后续任务，研究和推广基于模型的系统工程和模型驱动软件开发模式，制定模型驱动开发流程、领域模型、基础构件、软件架构等方面的规范和标准，研发领域建模语言、领域软件参考架构、领域基础模型、领域软件构件库、模型驱动软件工具集，建立自主可控的载人航天模型驱动软件产品线，实现软件的工业化生产，大幅提升软件研制效率和质量保证水平，整体软件研制能力达到同行业国际先进水平。模型驱动的软件研制流程如图 7 所示。

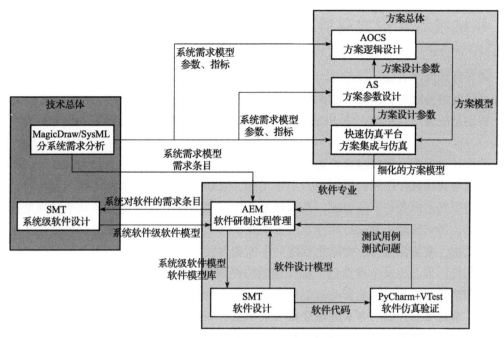

图 7　模型驱动的软件研制流程

建议从以下几方面开展工作：

（1）建立基于模型的研制体系，优化系统及软件研制流程。形成多专业并行的工作模式，提供可协同设计的载体与平台；提前进行方案验证，避免把验证工作都放在集成测试或系统试验阶段，提前发现问题，从而降低缺陷发现和修复的成本。依托基于模型的系统工程可以建立覆盖从系统需求分析到单机设计、软件编码阶段全流程协同设计体系，同时模型可以在生命周期较早阶段提供分析、设计、验证的手段，将研制环节和质量保证环节前移。

（2）建立基于模型的研发平台，提升各专业间协同工作的水平。基于目前国内外通用的支撑平台，针对控制系统型号研制的特点，研究其在控制系统研制全生命周期各阶段中，不同专业间在平台辅助下协同工作的方法，提升各专业间协同工作的水平。目前成熟的商用模型驱动平台可以解决多人协作进行分析和设计产品传递面临的一系列问题。

（3）建立模型的组织资产库，提供可视化、可配置的重用模式。依托统一的平台，将目前各专业可重用的资产进行建模，形成模型组织资产库，并研究可视化、可配置的重用模式，提高重用资产的利用率。基于模型可以进行可视化的组织资产复用，同时文档自动生成可以确保与原有质量评审体系依旧可以实施。

综上所述，开展基于模型的系统工程能够改进现有控制系统研发流程，有效提升系统研制能力；从开发人员来看，能够提升研制效率和质量；从型号全生命周期来看，能够明晰需求、控制变更、促进协调、提升效率；从一个组织来看，能够积累组织资产、规范流程。

5　领域模型和形式化验证方法在航海领域的应用和需求

随着我国海洋装备从以近海为主逐步发展为远近海协同发展，错综复杂的海洋环境促使军民各型号舰船研制需求逐渐体现出智能化、信息化的发展特性，当前舰船设计领域，特别是舰载综合处理计算机的设计呈现出了与传统舰载计算机设计不同的特点和方法。

在设计过程中，舰载综合处理计算机作为安全攸关系统所面临的挑战正在不断增加。首先，随着我国远洋舰船的研制能力不断增强，舰艇及其核心的舰载计算机系统及其他电子装备受到远海条件下高湿度、高震动型和极端恶劣天气条件考验的频率和强度都在不断增加，影响舰船正常航行和作业的各类软硬件故障的出现概率和严重程度也在不断攀升。其次，舰船信息化、智能化程度的不断提升使一些舰船航行、作业相关控制系统的设计和使用理念也发生着变迁。现代舰船的控制非常复杂，物理结构、舰载货物、环境天气和航行状态都有可能影响舰船的姿态和作业动作。在需要解析的信息指数级增长的同时，舰船姿态控制的方式逐渐变得更加精细和繁杂，对面向相关操作的舰载综合处理计算机的实时性要求进一步提升。最后，与复杂海洋航行、作战环境一起发展的，还有舰载综合处理计算机所面临的安全挑战。舰载综合处理计算机不仅需要为不断增加的各类电子设备获取的信息的及时处理和分析提供保障，还需要为不断增加的各类端侧计算平台提供灵活合理的计算服务。端侧设备和用户的大量加入对维护舰载综合处理计算机的信息安全而言是新的考验。与此同时，远近海复杂多变的国际局势和错综复杂的环境也对舰载综合处理计算机的安全防护能力提出了高要求，安全可信操作系统保护技术、虚拟化技术、访问控制技术逐渐成为舰载综合处理计算机设计中的关键技术之一。

这些新设计思路和新技术的引入，使得舰载综合处理计算机的设计任务变得更加复杂和艰巨。在新形势下，为了解决复杂的抗恶劣环境安全关键计算机系统的设计和验证，形式化方法成为舰载综合处理计算机设计的核心方法，而形式化验证也为舰载综合处理计算机中面向上述可靠性、实时性和安全性的设计方案论证提供了重要保障。

5.1　应用现状与成果

5.1.1　面向可靠性的舰载综合处理计算机的形式化验证

对舰载综合处理计算机这一安全攸关系统而言，首先被关注的特性是可靠性。一方面，舰载综合处理计算机在其应用场景下很容易受到各类软硬件故障的影响和干扰。这是因为远海、深海中高湿度、高温差、强酸性和极端天气不利于电子设备的正常工作运转；而舰船运行过程中往往会产生和遭遇较高频率和较高强度的震动，这一因素也会对计算机系统的运行和维护构成威胁。尽管可以采用容错性能较高的工业级器件构建舰载综合处理计算机系统，但是上述因素还是不可避免会对其造成一定的影响，导致舰载综合处理计算机系统不得不进行一系列可靠性设计。

针对这一情况，舰载综合处理计算机在所采用的基于模型的系统工程方法设计中引入了多模冗余等方法对每个组件进行容错处理，从而确保整体系统的可靠性。对于多模冗余设计中单个组件和整体系统硬件设计的正确性，则是依赖形式化验证手段来实现的。

目前，舰载综合处理计算机设计中主要是引入商业化的成套硬件辅助与设计形式化验证工具链实现上述功能。该工具链在组件设计方案确定、组件硬件结构设计完成后的组件验证和虚拟仿真阶段引入。工具链中包含的主要功能模块分为抽象问题表示模块、问题编码模块和问题推理引擎三个部分。与系统硬件设计紧密相关的数据结构首先由抽象问题表示模块抽象为形式化的模型；然后，问题编码模块负责将抽象出的问题表示转换为满足特定推理引擎要求的数据结构；最后，问题推理引擎针对问题编码模块移交的问题进行具体的推理和验证，从而确定舰载综合处理计算机中各个组件可靠性容错设计的覆盖情况。根据基于模型的系统工程方法的设计流程，经过验证后的组件经过必要的设计修正和重验证后，可以被视为具有符合要求可靠性的系统组件进行系统集成验证。通过虚拟集成技术和上述形式化验证工具链，舰载综合处理计算机设计者能够对其系统硬件可靠性进行完备的整体验证。

在软件设计方面，在当前的舰载综合处理计算机的设计中，也开始考虑通过引入STPA，实现对软件需求缺陷、系统交互等潜在的软件安全性问题归因的量化分析。在舰载综合处理计算机的软件系统研制过程中，首先根据整个系统的功能组成，构建系统的分层控制结构模型；通过对历史系统级事故的归因和危险分析，确定潜在的非安全行为，从而确定软件的安全性需求。然后，将安全性需求进一步形式化。接着，使用 Simulink Stateflow[129] 等工具针对系统中软件的安全控制过程进行抽象，构建出软件安全控制行为逻辑的状态图模型及其对应的形式化表示。最后，按照形式化方法依托模型检查工具完成对软件安全属性的验证。

5.1.2　面向实时性的舰载综合处理计算机的形式化验证

智能化是现代舰船的发展趋势。近年来，自动化技术和计算机技术的发展为舰船的自动化提供了强大的助力。舰船的自动化对提高舰船运行效率和作业效率、改善舰船工作人员和乘员的工作生活条件、提高舰船的可靠性有重要的意义。

当前，我国智能舰船的设计和制造正处在迅猛发展之中。在智能化舰船这一复杂的集成系统中，既存在动力系统、电力系统和导航系统这样早已有之，而今则融合了新技术、新方法的主要航行作业系统，还增加了偏航系统、电站配电系统等伴随其他门类新技术产生、能有效助力舰船航行和作业的新生辅助机械控制系统。这些系统结构复杂，运行环境恶劣，对精确控制的要求非常高，传统的人类经验与简单机械结构辅助的方式几乎不可能满足当前智能舰船航行作业过程中的实时性控制要求。

因此，将 PLC 等专为面向工业控制而设计的特殊计算机系统引入舰船机电控制及相关辅助系统中的设计思路，已经成为近来智能舰船设计的潮流。PLC 具有可接驳多种类型信号数据接口的特性，采用了接近控制电路的编程语言进行描述，典型的编程语言包括了功能块图（FBD）、梯形图（LD）、指令表（IL）、结构化文本（ST）和功能顺序图（SFC）五种国际标准指定的语言[130]。其基本结构与功能包括了存储器、各类逻辑运算、控制指令等。随着 PLC 技术研究的深入，PLC 的性能，尤其是冗余技术和可靠性等方面的性能，已经获得了长足的发展。因此，美军在实施开放架构的机电控制系统（OAMCS）计划中就大量采用了 PLC 及其相关编程软件。我国在当前的智能舰船设计中，也在逐步进行将 PLC 等相关技术融入舰载综合处理计算机的尝试，以利于舰船的模块化、系统化设计。

舰船控制系统对实时性的要求很高，除了要求系统对指令做出正确反馈之外，还需要系统满足对应的时间约束。在这种情况下，即使对普通计算机系统影响有限的延迟攻击等攻击方式，也会对舰载综合处理计算机中面向舰船控制的软硬件功能部件造成巨大影响，从而影响舰船正常的航行和作业，严重的甚至会对舰船工作人员和乘员、舰船和舰船负载造成人员伤亡和经济损失。考虑到实时性因素，需要依托形式化验证工具链建立时间自动机模型，模拟系统中各个组件传递信息、处理数据、判决输出等全流程机制，从而对系统进行可达性判定，分析系统的安全性，并针对该形式化验证分析设计优化策略，然后对多种优化策略再次进行时间自动机建模分析。通过反复的优化-迭代过程，实现对舰船控制系统的实时性设计与分析。

除此之外，如 Petri 网、贝叶斯网络、自动机等其他模型检测方法也能将给定舰船控制系统程序转化为形式化的模型，实现基于状态迁移系统的自动验证技术，检查给定的系统在功能和时效上是否满足规范，从而确保舰船控制系统的安全可信。

5.1.3　面向安全性的舰载综合处理计算机的形式化验证

目前，面向信息处理的舰载综合处理计算机的算力需求正处于爆炸式增长之中。早期的舰载综合处理计算机只需要为核心显控台提供服务，仅需要处理少数传感器获取和通信设备收发的信息，用户少、进程可控、数据安全可信，计算机系统的安全保障较为简单。然而，面对信息化时代的海洋，舰船装备亟待处理的信息量和需要服务交流的用户数量指数式增加。特别是进入智能化时代以来，舰载综合处理计算机广泛面临着提供更加复杂的智能化服务需求，舰艇内、舰艇间以及舰艇和无人舰船之间多个信息源和信息处理终端之间需要频繁密集地通过舰载综合处理计算机进行数据协同处理和交互，不同层级、拥有不同权限、对计算资源需求各不相同的大量用户接入舰载综合处理计算机，要求提供数据访问/共享、协同处理等服务。此外，当前也出现了将 PLC 等舰船控制系统融入舰载综合处理计算机的设计潮流。

这种现状推动了当前舰载综合处理计算机以"将网络作为高性能计算机"作为主要实现架构，通过网络连接对庞大的计算资源进行统一管理和调度。然而，舰载综合处理计算机与舰船控制系统密切结合，具有对安全性高度敏感的特点。将舰船控制系统融入舰载综合处理计算机的设计思路，虽然有利于提高控制系统的互操作性、互联性、开放性，有利于利用标准化的通信协议，能够降低开发成本、提高生产效率，但同时也带来了一定的安全隐患，使得系统和设备更易受到外部网络的攻击。在民用云计算领域中暴露的数据安全管理问题促使舰载综合处理计算机设计者必须提出对应的解决方案。

　　为了保证舰载综合处理计算机的数据存取和传输的安全性，当前舰载综合处理计算机的设计中引入了多种访问控制模型。结合身份验证、授权和访问控制模型，舰载综合处理计算机能够依据不同用户的身份对特定系统、资源和应用程序的访问进行允许、限制或拒绝的判定和控制。由于舰艇、乘员和负载之间通常需要灵活组合，舰载综合处理计算机中的用户和数据拥有者往往也不在同一个安全域中，系统通常是通过用户的属性或特征而不是通过预定义的身份来表示用户。因此，舰载综合处理计算机中通常采用了针对云计算复杂环境的存取访问控制模型保证数据安全性。典型的存取访问控制模型包括基于角色的存取访问控制模型（RBAC）、基于使用控制的存取访问模型（UCONAC）、基于属性的访问控制模型（ABAC）、高时效安全访问控制（TESAC）等。当舰艇信息处理终端需要从舰载综合处理计算机中获取数据或其他云资源时，需要向舰载综合处理计算机提出请求。舰载综合处理计算机根据采用的访问控制模型对用户进行一系列访问控制，通过验证用户从数据拥有者处得到的相关密钥和证书确定用户的访问权限。

　　为了确保舰载综合处理计算机访问控制模型的安全性，计算机系统设计者引入了形式化方法验证该访问控制系统的可信性。具体地，诸如模型检测器 PAT（Process Analysis Toolkit）[131] 在内的成熟模型检测工具已经被介绍和使用到了舰载综合处理计算机访问控制模型的形式化验证阶段。该工具此前已经被广泛应用于并发实时系统、概率模型和传感器网络等多个领域的仿真推理和验证，它可通过不同的功能模块将多种模型检测方法嵌入工具中，能有效检验系统的死锁、可到达性和 LTL 的各种属性，进而顺利发现系统的各类错误和漏洞。针对访问控制的形式化验证就是利用了该工具的特点，通过对访问控制模型的无死锁性，验证证明访问控制模型能够正常运转；通过形式化入侵者可能造成的影响检测系统的反应，验证访问控制模型的顺序性、完备性和安全性；通过与其他典型应用模块的联合仿真，验证访问控制模型的性能开销对实时性指控系统的影响在可控范围之内。

5.2　领域未来需求及建议

　　尽管形式化验证技术已经在舰载综合处理计算机的设计中有了初步的应用和尝试，然而目前仍然有大量问题和挑战，亟须解决。

　　首先，现代舰船设计是一个典型的复杂系统设计问题，其基本特点是非线性、多目标、多约束、多耦合和并行。因此，单一设计模式很难解决对象、约束和规程之间的关系。这一问题对于舰载综合处理计算机而言也同样成立，与其设计紧密相关的物理特性、数据获取方式、通信协议、决策博弈理论等问题，很多并不是舰载综合处理计算机设计单位之所长，需要结合各学科、各领域的专业理论进行协同设计，才能确保舰载综合处理计算机的安全性。然而，由于历史原因，各学科各自有独立的形式化方法，目前尚未形成能够统一综合集成进行形式化验证的平台。因此，当前的舰载综合处理计算机中，涉及跨学科、跨领域的问题只能依赖测试仿真和经验范式等传统设计方法。这一问题已经成为我国舰载综合处理计算机领域亟须突破的问题之一。

其次，出于安全性方面的考虑，当前舰载综合处理计算机的形式化验证主要依赖经过行业实践检验的工具链，该工具链主要由国外工业软件构成。这一形势对我国发展自主可控的海洋装备构成了严重的威胁。而随着国际局势的波动，舰载综合处理计算机所需的形式化验证工具后续使用的安全性成为一个问题。因此，需要构建自主可控的计算机系统形式化验证工具，为可持续的智能化舰船设计和发展奠定基础。

最后，我国海洋装备的发展史见证了舰载综合处理计算机不断前进的历程。随着舰载综合处理计算机复杂程度的逐渐提高，形式化验证技术逐渐成为舰载计算机领域甚至是舰船设计领域的关键技术之一。智能化时代的到来和舰船控制系统的融入更加凸显了形式化验证技术的重要性和复杂性，成为保障舰船航行、作业必不可少的关键设计环节。

6　结束语

总之，当前面向安全攸关软件系统的领域建模和形式化验证方法已经取得了较大的进步，在国际上一些大型的航空航天企业和研究机构也已经进行了一些成功的应用尝试，然而国内在这方面还处于起步阶段，将领域建模和形式化验证真正用于安全攸关软件系统的开发还存在一些有待解决的问题，但在多个领域中现有的软件开发模式已经开始不能适应当前领域的发展要求，采用领域建模和形式化验证等增强软件开发质量的新手段已经成为未来发展的一种趋势。因此，探索如何将领域建模和形式化验证等方法用于我国航空、航天和航海领域的安全攸关软件系统开发，是保障我国安全攸关软件生产安全的重要途径。

参考文献

[1]　MERNIK M, HEERING J, SLOANE A M. When and how to develop domain-specific languages[J]. ACM computing surveys (CSUR), 2005, 37(4):316-344.

[2]　WEISS D M, LAI C T R. Software product-line engineering: a family-based software development process[M]. Upper Saddle River: Addison-Wesley Longman Publishing Co., Inc., 1999.

[3]　FRANK U. Domain-specific modeling languages: requirements analysis and design guidelines[M]. Berlin: Springer, 2013.

[4]　TOLVANEN J-P, KELLY S. Effort used to create domain-specific modeling languages[C]// Proceedings of the 21th ACM/IEEE International Conference on Model Driven Engineering Languages and Systems. 2018.

[5]　FAN ZQ, YUE T, ZHANG L. A generic framework for deriving architecture modeling methods for large-scale software-intensive systems[C]// Proceedings of the 28th Annual ACM Symposium on Applied

Computing. 2013.

[6] FAN ZQ, YUE T, ZHANG L. SAMM: an architecture modeling methodology for ship command and control systems[J]. Software & systems modeling, 2016, 15(1): 71-118.

[7] WANG Z, et al. Spardl: a requirement modeling language for periodic control system[C]// International Symposium On Leveraging Applications of Formal Methods, Verification and Validation. Berlin: Springer, 2010.

[8] GUO WZ, ZHANG L, LIAN X L. Automatically detecting the conflicts between software requirements based on finer semantic analysis[Z]. arXiv 2021:2103. 02255.

[9] EZZINI S, et al. Using domain-specific corpora for improved handling of ambiguity in requirements[C]// 2021 IEEE/ACM 43rd International Conference on Software Engineering (ICSE). New York: IEEE, 2021.

[10] WESTON N, CHITCHYAN R, RASHID A. Formal semantic conflict detection in aspect-oriented requirements[J]. Requirements engineering, 2009, 14(4): 247.

[11] DEGIOVANNI R, et al. Goal-conflict detection based on temporal satisfiability checking[C]// 2016 31st IEEE/ACM International Conference on Automated Software Engineering (ASE). New York: IEEE, 2016.

[12] PNUELI A. The temporal logic of programs[C]// 18th Annual Symposium on Foundations of Computer Science (SFCS 1977). New York: IEEE, 1977.

[13] GE N, et al. RT-MOBS: a compositional observer semantics of time Petri net for real-time property specification language based on μ-calculus[J]. Science of computer programming, 2021,206: 102624.

[14] GE N. Property driven verification framework: application to real time property for UML MARTE software design[D]. Toulouse: Université Paul Sabatier, 2014.

[15] LECRUBIER V, D'AUSBOURG B, AIT-AMEUR Y. The LIDL Interaction Description Language [C]// EICS. 2015.

[16] GE N, et al. Formal development process of safety-critical embedded human machine interface systems[C]// 2017 International Symposium on Theoretical Aspects of Software Engineering (TASE). New York: IEEE, 2017.

[17] HAUSE M. The SysML modelling language[C]// Fifteenth European Systems Engineering Conference. 2006.

[18] FÜRST S, et al. AUTOSAR-A Worldwide Standard is on the Road[C]// 14th International VDI Congress Electronic Systems for Vehicles, Baden-Baden. 2009.

[19] FEILER P H, GLUCH D P, HUDAK J J. The architecture analysis & design language (AADL): An introduction[R]. Pittsburgh: Carnegie-Mellon University, 2006.

[20] HALBWACHS N, et al. The synchronous data flow programming language LUSTRE[C]// Proceedings of the IEEE. 1991.

[21] DORMOY F-X. SCADE 6: a model based solution for safety critical software development [C]// Proceedings of the 4th European Congress on Embedded Real Time Software (ERTS'08). 2008.

[22] DAJANI-BROWN S, et al. Formal modeling and analysis of an avionics triplex sensor voter[C]// International SPIN Workshop on Model Checking of Software. Berlin: Springer, 2003.

[23] MARKEL T, et al. ADVISOR: a systems analysis tool for advanced vehicle modeling[J]. Journal of power sources, 2002,10(2): 255-266.

[24] TARIQ M U, FLORENCE J, WOLF M. Design Specification of Cyber-Physical Systems: towards a Domain-Specific Modeling Language based on Simulink, Eclipse Modeling Framework, and Giotto[C]//

ACESMB@ MoDELS. 2014.

［25］ RTCA. Software Considerations in Airborne Systems and Equipment Certification：DO-178B ［S］. Washington：RTCA Inc. , 1992.

［26］ RTCA. Software Considerations in Airborne Systems and Equipment Certification：DO-178B ［S］. Washington：RTCA Inc. , 2011.

［27］ Common Criteria for Information Technology Security Evaluation (v3. 1, Release 5) ［EB/OL］. https：// www. commoncriteriaportal. org.

［28］ GU T, KOENIG J, RAMANANANDRO T, et al. Deep specifications and certified abstraction layers［J］. ACM SIGPLAN Notices, 2015, 50(1)：595-608.

［29］ GU T, SHAO Z, CHEN H, et al. CertiKOS：An extensible architecture for building certified Concurrent OS Kernels ［C］// Symposium on Operating Systems Design and Implementation (OSDI 16), Savannah. 2016.

［30］ CHEN HN, WU X, SHAO Z, et al. Toward compositional verification of interruptible OS kernels and device drivers［C］// Proceedings of the 37th ACM SIGPLAN Conference on Programming Language Design and Implementation, Santa Barbara. 2016.

［31］ COSTANZO D, SHAO Z, GU R. End-to-end verification of information-flow security for C and assembly programs［J］. ACM SIGPLAN notices. 2016, 51(6)：648-664.

［32］ KREBBERS R, LEROY X, WIEDIJK F. Formal C semantics：CompCert and the C standard［C］// International Conference on Interactive Theorem Proving. 2014.

［33］ LIU M, et al. Compositional verification of preemptive OS kernels with temporal and spatial isolation： technical report, YALEU/DCS/TR-1549［R］. New Haven：Department of Computer Science, Yale University, 2019.

［34］ LIEDTKE J. On micro-kernel construction［J］. ACM SIGOPS operating systems review, 1995, 29(5)： 237-250.

［35］ GIEN M. Micro-kernel architecture key to modern operating systems design［J］. UNIX review, 1990, 8 (11)：58-60.

［36］ KLEIN G, ELPHINSTONE K, HEISER G, et al. seL4：formal verification of an OS kernel［C］// Proceedings of the ACM SIGOPS 22nd Symposium on Operating Systems Principles, New York. 2009.

［37］ ANDRONICK, MORGAN C, KLEIN G. Formal Model of a Multi Core Kernel-based System［R］. Sydney： National ICT Australia Limited, 2018.

［38］ SYEDA H T, KLEIN G. Formal reasoning under cached address translation［J］. Journal of automated reasoning, 2020：1-35.

［39］ HEISER G, KLEIN G, MURRAY T. Can we prove time protection? ［C］// Proceedings of the Workshop on Hot Topics in Operating Systems, New York. 2019.

［40］ NELSON L, SIGURBJARNARSON H, ZHANG K, et al. Hyperkernel：push-button verification of an OS kernel［C］// The 26th Symposium on Operating Systems Principles, Shanghai. 2017.

［41］ SIGURBJARNARSON H, BORNHOLT J, TORLAK E, et al. Push-button verification of file systems via crash refinement［C］//12th USENIX Symposium on Operating Systems Design and Implementation (OSDI 16). 2016.

［42］ KAISER R, WAGNER S. Evolution of the PikeOS microkernel［C］//First International Workshop on Microkernels for Embedded Systems. 2007.

[43] VERBEEK F, HAVLE O, SCHMALTZ J, et al. Formal API specification of the PikeOS separation kernel[C]// NASA Formal Methods Symposium. Cham: Springer, 2015.

[44] Green Hills Software, Inc. INTEGRITY real-time operating system[EB/OL]. http://www. ghs. com/products/rtos/integrity. html.

[45] Lynx. LynxOS-178 RTOS [EB/OL]. [2015-07-21]. http://www. lynx. com/products/real-time-operating systems/lynxos-178rtos-for-do-178bsoftware-certification.

[46] Lynx. LynxSecure Separation Kernel Hypervisor[EB/OL]. http://www. lynx. com/products/hypervisors/lynxsecure-separationkernel-hypervisor/.

[47] ZHAO Y, YANG Z, SANÁN D, et al. Event-based formalization of safety-critical operating system standards: an experience report on ARINC 653 using Event-B [C]//2015 IEEE 26th International Symposium on Software Reliability Engineering (ISSRE). New York: IEEE, 2015: 281-292.

[48] The Zephyr Project[EB/OL]. [2018-12-31]. https://www. zephyrproject. org/.

[49] FENG Z, YONGWANG Z, DIANFU M, et al. Fine-grained Formal Specification and analysis of buddy memory allocation in Zephyr RTOS [C]//2019 IEEE 22nd International Symposium on Real-time Distributed Computing (ISORC). New York: IEEE, 2019: 10-17.

[50] The real-time kernel: μC/OS-II[EB/OL]. http://micrium. com/rtos/ucosii/overview.

[51] XU F, FU M, FENG X, et al. A practical verification framework for preemptive OS kernels[C]// International Conference on Computer Aided Verification. Cham: Springer, 2016: 59-79.

[52] SHI J, HE J, ZHU H, et al. ORIENTAIS:formal verified OSEK/VDX real-time operating system[C]// IEEE 17th International Conference on Engineering of Complex Computer Systems, Paris. 2012.

[53] LEROY X. The CompCert C verified compiler: documentation and user's manual [R/OL]. Rocquencourt: INRIA Paris-Rocquencourt, 2012. http://compcert. inria. fr/man/manual. pdf/.

[54] AHARON A, GOODMAN D, LEVINGER M, et al. Test program generation for functional verification of PowerPC processors in IBM[C]// Design Automation Conference. San Francisco, CA:IEEE, 2005: 279-285.

[55] INGO S. System modeling and design refinement in ForSyDe [J]. Handbook of hardware/software codesign, 2017, 23(1): 99-140.

[56] WILDING M M, GREVE D A, RICHARDS R J, et al. Formal verification of partition management for the AAMP7G Microprocessor[M]. New York: Springer US, 2010: 30-40.

[57] FOX A C J, M O MYREEN. A trustworthy monadic formalization of the ARMv7 instruction set architecture[C]// International Conference on Interactive Theorem Proving. Edinburgh, UK: Springer, 2010: 243-258.

[58] GOEL S, HUNT W A, KAUFMANN M. Engineering a formal, executable x86 ISA simulator for software verification[J]. Provably correct systems, 2017, 4(8): 173-209.

[59] SYEDA H T, KLEIN G. Program verification in the presence of cached address translation [C]// Interactive Theorem Proving-9th International Conference. Oxford, UK: Springer, 2018: 542-559.

[60] HOU Z, SANAN D, TIU A, et al. An executable formalisation of the SPARCv8 instruction set architecture: a Case Study for the LEON3 Processor[C]// International Symposium on Formal Methods. Limassol, Cyprus:Springer International Publishing, 2016: 388-405.

[61] BEERS R. Pre-RTL formal verification: an Intel experience [C]// ACM/IEEE Design Automation Conference. Anaheim, CA, USA: IEEE, 2008: 806-811.

[62] ITOH M et al. PEAS-III: an ASIP Design Environment[C]// International Conference on Computer Design, Austin, TX, USA: IEEE, 2000: 430-436.

[63] KITAJIMA A, ITOH M, SATO J, et al. Effectiveness of the ASIP design system PEAS-III in design of pipelined processors[C]// Asia and South Pacific Design Automation Conference. Yokohama, Japan: IEEE, 2001: 649-654

[64] ALOMARY A, NAKATA T, HONMA Y, et al. PEAS-I: A hardware/software co-design system for ASIPs[C]// European Design Automation Conference. Hamburg, Germany: IEEE, 1993: 2-7.

[65] KROCNING D, PAUL J W. Automated pipeline design[C]// Design Automation Conference(DAC). Las Vegas, NV, USA: IEEE, 2001: 810-815.

[66] KROCNING D, PAUL J W. Proving the correctness of pipelined micro-architectures[C]// Formal Methods in Computer-Aided Design. Austin, TX, USA: IEEE, 2000: 161-178.

[67] VELEV M N, Formal verification of pipelined microprocessors with delayed branches[C]// International Symposium on Quality Electronic Design (ISQED'06). San Jose, CA: IEEE, 2006: 4-299.

[68] BRYANT R E, O'HALLARON D R. Computer systems: a programmer's perspective[M]. New York: Pearson, 2015: 391-446.

[69] ALGLAVE J, MARANGET L, TAUTSCHNIG M. Herding cats: modelling, simulation, testing, and data mining for weak memory[J]. ACM transactions on programming languages and systems, 2014, 36(2):7.

[70] 吴瑞阳, 汪文祥, 王焕东. 龙芯 GS464E 处理器核架构设计[J]. 中国科学, 2015, 45(4): 480-500.

[71] HOARE T. The verifying compiler: a grand challenge for computing research[C]//Joint Modular Languages Conference. Berlin: Springer, 2003: 25-35.

[72] MCCARTHY J, PAINTER J. Correctness of a compiler for arithmetic expressions[J]. Proc. sympos. appl. math, 1967, XIX:33-41.

[73] MILNER R, WEYHRAUCH R. Proving compiler correctness in a mechanized logic[C]. 1972.

[74] HOARE C A R, HE J F. Refinement algebra proves correctness of compilation[M]//Programming and Mathematical Method. Berlin: Springer, 1992: 245-269.

[75] STEPNEY S, WHITLEY D, COOPER D, et al. A demonstrably correct compiler[J]. Formal aspects of computing, 1991, 3(1): 58-101.

[76] GAUL T, GOOS G, HEBERLE A, et al. An architecture for verified compiler construction[C]//Joint Modular Languages Conference. 1996.

[77] BLAZY S, DARGAYE Z, LEROY X. Formal verification of a C compiler front-end[M]// FM 2006: Formal Methods. Berlin: Springer, 2006:460-475.

[78] LEROY X. Formal certification of a compiler back-end[J]. Principles of programming languages, 2005, 41(1):42-54.

[79] LEROY X. Formal Verification of an Optimizing Compiler[M]// Term Rewriting and Applications. 2007:1-1.

[80] 刘诚,陈意云,葛琳,等. 一个出具证明的编译器原型系统的实现[J]. 计算机工程与应用,2007,43 (21):99-102.

[81] 葛林,陈意云,华保健等. 汇编代码验证中的形式规范自动生成[J]. 小型微型计算机系统,2008 (7):1219-1224.

[82] SAE. Architecture Analysis & Design Language: standard SAE AS5506[S]. Warrendale: SAE, 2004.

[83] SAE. Architecture Analysis & Design Language: standard SAE AS5506A[S]. Warrendale: SAE, 2009.

[84] WANG Y, MA D, ZHAO Y W, et al. An AADL-based modeling method for ARINC653-based avionics software[C]// IEEE, Computer Software and Applications Conference. New York: IEEE Computer Society, 2011:224-229.

[85] YANG Z, HU K, ZHAO Y W, Ma D, et al. From AADL to timed abstract state machines: a verified model transformation[J]. Journal of systems & software, 2014, 93(2):42-68.

[86] 何群. C 编译器自动测试工具的剖析与移植[J]. 计算机工程, 2004(20):95-97.

[87] Plum Hall Inc.. The Plum Hall Validation Suite For CTM[Z/OL]. [2021-08-21]. http://www. plumhall. com/stecl. html.

[88] Ball T, Rajamani S K. The S LAM project: debugging system software via static analysis[C]//ACM SIGPLAN Notices. ACM, 2002, 37(1): 1-3.

[89] Henzinger T A, Jhala R, Majumdar R, et al. Lazy abstraction[J]. ACM SIGPLAN Notices, 2002, 37 (1): 58-70.

[90] Chaki S, Clarke E M, Groce A, et al. Modular verification of software components in C[J]. IEEE Transactions on Software Engineering, 2004, 30(6): 388-402.

[91] Nelson G. Extended static checking for java[C]//International Conference on Mathematics of Program Construction. Springer Berlin Heidelberg, 2004: 1-1.

[92] Havelund K, Pressburger T. Model checking java programs using java pathfinder[J]. International Journal on Software Tools for Technology Transfer (STTT), 2000, 2(4): 366-381.

[93] Corbett J C, Dwyer M B, Hatcliff J, et al. Bandera: Extracting finite-state models from Java source code[C]//Software Engineering, 2000. Proceedings of the 2000 International Conference on. IEEE, 2000: 439-448.

[94] Huimin L. Research on High Reliability Software: Investing into the Future of Information Technology [J]. Bulletin of the Chinese Academy of Sciences, 2002, 6: 001.

[95] Chen H W, Wang J, Dong W. High confidence software engineering technologies[J]. Acta Electronica Sinica, 2003, 31(12A): 1933-1938.

[96] CHEN X H, et al. Automating consistency verification of safety requirements for railway interlocking systems[C]// 2019 IEEE 27th International Requirements Engineering Conference (RE). New York: IEEE, 2019.

[97] KOPETZ H. Software engineering for real-time: a roadmap[C]// Proceedings of the Conference on the Future of Software Engineering. 2000.

[98] 王博, 白晓颖, 贺飞, 等. 可组合嵌入式软件建模与验证技术研究综述[J]. 软件学报, 2014, (2): 234-253.

[99] MOUELHI S, CHOUALI S, MOUNTASSIR H. Invariant preservation by component composition using semantical interface automata[C]// Proceedings of the Sixth International Conference on Software Engineering Advances ICSEA. 2011.

[100] GRUNSKE L, COLVIN R, WINTER K. Probabilistic model-checking support for FMEA[C]// Fourth International Conference on the Quantitative Evaluation of Systems (QEST 2007). New York: IEEE, 2007.

[101] CHKOURI M Y, et al. Translating AADL into BIP-application to the verification of real-time systems[C]// International Conference on Model Driven Engineering Languages and Systems. Berlin: Springer, 2008.

[102] BERTHOMIEU B, et al. Formal verification of AADL specifications in the topcased environment[C]//

International Conference on Reliable Software Technologies. Berlin：Springer, Heidelberg, 2009.

[103] ABDULLA P A, et al. Designing safe, reliable systems using scade[C]// International Symposium on Leveraging Applications of Formal Methods, Verification and Validation. Berlin：Springer, 2004.

[104] WALDE G, LUCKNER R. Bridging the tool gap for model-based design from flight control function design in Simulink to software design in SCADE[C]// 2016 IEEE/AIAA 35th Digital Avionics Systems Conference (DASC). New York：IEEE, 2016.

[105] SHI J, et al. SCADE2Nu: a tool for verifying safety requirements of SCADE models with temporal specifications[C]// REFSQ Workshops. 2019.

[106] BASOLD H, et al. An open alternative for SMT-based verification of SCADE models[C]// International Workshop on Formal Methods for Industrial Critical Systems. Cham：Springer, 2014.

[107] HAMON G, et al. Simulink design verifier-applying automated formal methods to Simulink and Stateflow[C]// Third Workshop on Automated Formal Methods. 2008.

[108] REICHERDT R, GLESNER S. Formal verification of discrete-time MATLAB/Simulink models using Boogie [C]// International Conference on Software Engineering and Formal Methods. Cham：Springer, 2014.

[109] ZHAN N J, WANG S L, ZHAO H J. Formal verification of Simulink/Stateflow diagrams[M]. Cham：Springer, 2017.

[110] FONSECA P, ZHANG K, XI W, et al. An empirical study on the correctness of formally verified distributed systems[C]// the Twelfth European Conference. New York：ACM, 2017.

[111] FULTON N, PLATZER A. Safe reinforcement learning via formal methods: toward safe control through proof and learning[C]// AAAI Conference on Artificial Intelligence. 2018.

[112] COLACO J-L, PAGANO B, et al. SCADE 6: from a Kahn Semantics to a Kahn Implementation for multicore[C]// 2018 Forum on specification & Design Languages (FDL). 2018.

[113] LOPES M K, FRANÇA R B, et al. Enhancing range analysis in software design models by detecting floating-point absorption and cancellation [M]// Information Technology New Generations. Berlin：Springer, 2018.

[114] 方伟, 周彰毅. SCADE 在航空发动机 FADEC 软件开发中的应用[J]. 航空发动机, 2016, 42(5)：43-47.

[115] 王亮亮, 薛芳芳, 曹琳, 等. 机载 FMS 航路管理磁航向角计算方法研究及 SCADE 建模实现[J]. 航空计算技术, 2018, 48(5)：14-17.

[116] 程黎. SCADE 在无人机飞行控制软件设计中的应用[D]. 西安：西安电子科技大学, 2011.

[117] 吴康. 机载安全关键软件模型验证技术研究[D]. 天津：中国民航大学, 2020.

[118] COFER D, MILLER S. DO-333 certification case studies[C]// Internation Symposium on NASA Formal Methods. Berlin：Springer, 2014, 1-15.

[119] MOY Y, LEDINOT E, et al. Testing or formal verifcation: DO-178C alternatives and industrial experience[J]. IEEE software, 2013, 13(6)：50-57.

[120] PETOT G, BOTELLA B, et al. Instrumentation of annotated C programs for test generation[C]// 14th IEEE International Working Conference on Source Code Analysis & Manipulation. 2014.

[121] KOSMATOV N, PETIOT G, et al. How testing helps to diagnose proof failures[J]. Formal aspects of computing, 2018, 30：629-657.

[122] HAVELUND K, LOWRY M, PENIX J. Formal analysis of a space-craft controller using SPIN[J].

IEEE transactions on software engineering, 2001, 27(8): 749-765.

[123] BOCHOT T, VIRELIZIER P, et al. Model checking flight control systems: the Airbus experience[C]//
International Conference on Software Engineering-companion Volume. IEEE. 2009.

[124] 金志威, 田毅, 芦浩, 等. 基于模型检测的机载电子硬件验证方法研究[J]. 现代电子技术, 2019,
42(16): 6-9.

[125] 林荣峰, 施健, 朱晏庆, 等. 基于 STP 方法的 SCADE 模型形式化验证框架[J]. 计算机工程,
2019, 45(10): 70-77.

[126] 侯刚, 周宽久, 勇嘉伟, 等. 模型检测中状态爆炸问题研究综述[J]. 计算机科学, 2013(6A):
77-86.

[127] 王瑞. 基于 SAT 的符号化模型检验技术研究[D]. 长沙:国防科技大学, 2014.

[128] 张程灏. 机载软件建模及其形式化验证方法研究[D]. 成都:电子科技大学, 2017.

[129] ZOU L, ZHAN N, WANG S, et al. Formal verification of Simulink/Stateflow diagrams [C]//
Proceedings of the International Symposium on Automated Technology for Verification and Analysis.
Berlin: Springer, 2015.

[130] JOHN K-H, TIEGELKAMP M. IEC 61131-3: programming industrial automation systems[M]. Berlin:
Springer, 2010.

[131] SUN J, LIU Y, DONG J S. Model checking CSP revisited: introducing a process analysis toolkit[C]//
Proceedings of the International symposium on leveraging applications of formal methods, verification and
validation[C]. Beriln: Springer, 2008.

作者简介

马殿富 北京航空航天大学，教授，安全关键软件、服务计算、非结构化数据组织与处理，CCF 会士、监事、CCF 抗恶劣环境计算机专业委员会常务委员。

牛文生 中航机载共性技术工程中心，研究员，计算机技术，软件技术，CCF 抗恶劣环境专业委员会副主任。

程 胜 北京神舟航天软件技术有限公司，研究员，实时操作系统、数据库管理系统、装备计算机系统。

马　中　武汉数字工程研究所，研究员，舰载嵌入式计算机技术，CCF 抗恶劣环境专业委员会委员。

宋　富　上海科技大学，长聘副教授，形式化验证，系统安全和人工智能安全，CCF 形式化方法专业委员会委员，CCF 系统软件专业委员会委员，CCF 高级会员。

罗　杰　北京航空航天大学，副教授，形式化验证，知识推理和群体智能。

葛　宁　北京航空航天大学，副教授，形式化方法、模型驱动工程，CCF 形式化方法专业委员会、CCF 软件工程专业委员会委员。

陆　平　北京航空航天大学，副教授，形式化方法、大数据、并行计算。

牟　明　中航机载共性技术工程中心，研究员，计算机技术，软件技术。

王　闯　中航机载共性技术工程中心，高级工程师，计算机技术，虚拟集成与仿真验证技术。

邱化强　北京神舟航天软件技术有限公司，工程师，嵌入式操作系统、装备嵌入式系统。

唐忆滨　武汉数字工程研究所，工程师，计算机系统结构、舰载嵌入式计算机技术。

戴新发　武汉数字工程研究所，研究员，舰载嵌入式计算机技术。

视觉–语言交互技术的研究进展与发展趋势

CCF 计算机视觉专业委员会

牛 凯[1] 黄 岩[2] 王 鹏[1] ⊖

[1]西北工业大学，西安
[2]中国科学院自动化研究所，北京

摘　要

　　视觉–语言交互技术研究是近年来蓬勃发展的新兴交叉研究方向，主要关注在对视觉领域的目标、行为、关系等基础内容识别理解的基础上，将其与语言模态数据进行跨模态的语义对齐、转换、检索等交互行为的研究，属于人工智能领域的前沿方向，在智能安防、智能家居、自动驾驶、娱乐和教育等诸多领域均具有广阔的应用前景，吸引了学术界和工业界的广泛关注。本文旨在针对视觉–语言交互技术的发展进行研究综述及未来趋势分析。首先，介绍视觉–语言交互研究中近年来值得关注的若干关键技术方向，主要包括注意机制方法、特征融合方法、图方法、模块化方法、迁移学习方法、生成式方法、因果分析方法等，重点论述其方法特点和适用场景。其次，对该领域中代表性的研究任务进行介绍，主要包括跨模态检索、指称表达、视觉推理、视觉问答与对话、视觉–语言导航、视觉–语言跨模态生成、大规模视觉–语言预训练任务等，对其任务定义及特点、数据集、评测指标、国内外研究进展等进行论述及概括总结。最后，对视觉–语言交互技术的国内外研究进展进行深入比较分析，并对该方向未来发展的趋势进行讨论和展望。

　　关键词：视觉–语言交互，深度学习，计算机视觉

Abstract

　　Vision-language interaction technology is an emerging research field in the recent years, which mainly studies the cross-modal semantic alignment, conversion, retrieval, and other interactive behaviors between the vision and language data, based on the recognition and understanding of the basic contents such as objects, behaviors and relationships in the vision field. As a frontier field in the research of artificial intelligence, vision-language interaction technology has broad applications such as video surveillance, smart home, automatic driving, entertainment, education, and so on. And this technology has attracted extensive attention from academia and industry. The goal of this survey is to summarize the development of the vision-language interaction technology in the past three years and to analyze its future development trend. Firstly, several key technical directions in the vision-language interaction field are introduced, including attention mechanism, feature fusion, graph, modular network, transfer learning, generative method, causal analysis, and so on. And we mainly focus on the

---

⊖　通讯作者：王鹏（邮箱为 peng. wang@ nwpu. edu. cn）。

characteristics and application scenarios of the above key technical directions. Secondly, several typical application tasks in this field are explained, such as cross-modal retrieval, referring expression, visual reasoning, visual question answering and dialogue, vision- and- language navigation, vision-language cross- modal generation and vision-language pretraining. We provide a detailed summary of the definition, characteristics, datasets, evaluation protocols and research progress for these application tasks. Finally, this survey offers a thorough comparison analysis between the domestic and foreign research in this field, and look forward to the future development trend.

Keywords：vision-language interaction, deep learning, computer vision

1　引言

近年来，深度学习技术的迅猛发展以及硬件算力的显著提升，给计算机视觉（Computer Vision，CV）和自然语言处理（Natural Language Processing，NLP）两大研究领域注入了新的活力，其中所含的众多典型任务获得了学术界和工业界的广泛关注，并取得了长足的进展。具体而言，计算机视觉领域经历了由底层纹理到高层语义的视觉内容理解过程，在图像分类、目标检测、语义分割、三维重建等基础任务效果获得显著提升的基础上，在诸如安防监控、自动驾驶、智慧医疗等现实场景中已获得实际应用。而自然语言处理领域也由单词出发演化至整个词序列的高质量建模，通过对词性标注、命名实体识别、共指消解、句法分析等基础任务的深入探索，有效提升了机器翻译、情感分析、机器问答等涉及高层语义理解任务的效果。

在早期的研究中，计算机视觉与自然语言处理两个领域由于在数据类型、研究目标、应用场景等若干方面的显著差异，相关研究进展大多独立进行，分别演化形成各自完备的视觉理解或语言建模体系。随着研究的不断深入，研究者们考虑赋予计算机"类人"的多模态数据感知与理解能力，开始聚焦于计算机视觉和自然语言处理的交叉领域。2014年，图像描述生成（Image Captioning）任务[1]的出现打破了视觉与语言之间的壁垒，凭借着机器翻译中经典的编码器-解码器（Encoder-Decoder）结构贯通了从视觉内容到语言表达的转换，为计算机视觉和自然语言处理领域打开了一个多模态交叉融合的"新世界"。随后视觉-语言交互领域的研究经历了对齐—推理—交互的发展路径，其语义信息层次则沿着属性-关系-结构的路线不断深入，通过两个模态的深度交互，实现了更深层次的感知与理解，并基于相关研究成果产生了诸多与人类生产生活紧密相关的应用场景。因此，对于该领域中技术及应用的发展现状进行调研、分析并展望具有重要的意义，有利于在对现有研究进展深入理解的基础上，探索其未来的发展方向。

综上所述，本文关注视觉-语言交互技术，旨在通过对该领域近年来的研究进展进行概括总结，深入对比分析国内外的研究现状，并展望其未来的发展趋势。本文的主要贡献可概括如下：

- 本文综述了视觉-语言交互技术的最新研究进展。主要关注近三年来具备重要影响力的国内外研究工作，并对其进行了深入的分析和梳理，有利于初学者快速了解和熟悉该领域，同时能够帮助资深研究者有效感知本领域前沿。

- 本文对视觉−语言交互领域的最新方法和任务发展进行了分类总结，介绍了不同类别下的代表性方法及其发展脉络，并重点阐述了同类下不同方法以及不同类方法之间的差异，有助于该领域研究者更好地理解最新的技术特点。

- 本文对视觉−语言交互领域国内外的研究进展进行了深入对比分析，着重论述了国内研究的优势和不足，有助于帮助国内研究者未来进行完善。

- 本文对视觉−语言交互领域所面临的机遇和挑战进行了梳理，并总结了未来该领域的发展方向，具备启发性并有助于研究者做出更有价值的工作。

本文的整体组织结构如下：第 2 章对国内外当前的研究现状（主要关注近三年）进行概括、总结并深入分析，主要包含方法研究进展以及应用研究现状两个方面；第 3 章对国内外的研究现状进行对比，着重分析国内研究的优势和不足；第 4 章对视觉−语言交互领域的未来发展进行展望；最后，第 5 章对本文进行总结。

视觉−语言交互技术发展背景及其应用如图 1 所示。

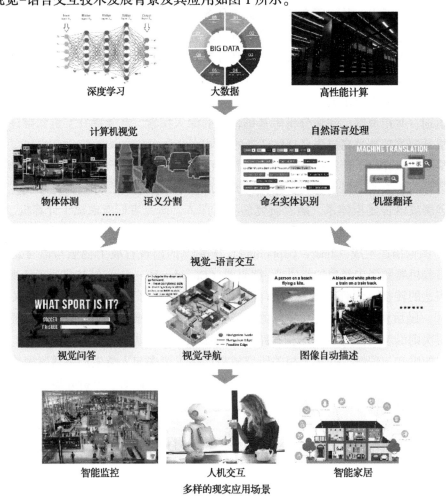

图 1　视觉−语言交互技术发展背景及其应用

2 国内外研究现状

本章中，首先介绍视觉-语言交互领域中近年来常用的典型方法，而后介绍本领域中多种不同的应用任务及其最新的研究进展，如图 2 所示。

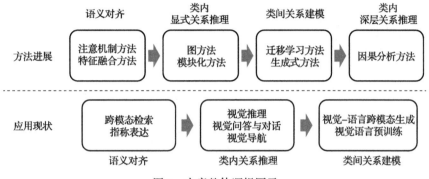

图 2 本章整体逻辑图示

2.1 方法研究进展

通过对相关领域的国际研究工作的深入调研、分析，本节对视觉-语言交互领域的关键技术进行介绍，为之后的应用研究进展介绍提供便利。

2.1.1 注意机制方法

当人类在观察某张图片的时候，视觉系统倾向于自动忽略无关紧要的信息，而选择性地专注于图像的某些关键部分。当目光移动的时候，注意力随着目光的移动也在转移。这意味着我们注意到某个目标时，我们对视野空间中每个位置的注意分布是不同的。这样的机制能够帮助大脑着重于我们所关心的问题，进而减少大脑需要处理的信息量，避免信息过载，提高了大脑对重要信息的理解力。

基于此，学界[2]针对长输入序列情境下模型难以学到合理的向量表示的问题，开发出了注意力（Attention）模型。该模型打破了传统编码器-解码器结构在编解码时都受到其内部固定长度向量的限制，保留了长短时记忆网络（Long Short Term Memory，LSTM）对于输入序列的中间输出结果，然后根据模型来对这些输入进行选择性地学习，并给出输入输出序列之间的关联，从而达到有选择性地考虑输入中的相关信息的目的。这种方法被广泛实践在文本翻译和语言识别等任务上，并获得显著成效；因此，也被很快引入视觉语言任务中。注意力函数（Attention）可以描述为将查询（Query）与一系列键（Key）进行相似度（Similarity）计算得到权重系数，然后将权重和相应的键值（Value）加权求和得到最后的输出。其公式如下：

$$\text{Attention}(\text{Query}, \text{ Key}, \text{ Value}) = \sum_{i=1}^{L_x} \text{Similarity}(\text{Query}, \text{ Key}_i) * \text{Value}_i$$

注意力机制可以分为独立注意力（Distinctive Attention）机制、自注意力（Self-attention）机制和互注意力（Co-attention，CoAtt[3]，又称"协同注意力"）机制。

1. 独立注意力机制

独立注意力机制[4]一般用于输入和输出序列分别属于两个不同序列的情形中。例如机器翻译输入一段英文序列，输出序列则为中文。它常用于机器翻译、语音识别、图像标注等应用场景中。

注意力机制的基本方法如图 3 所示。

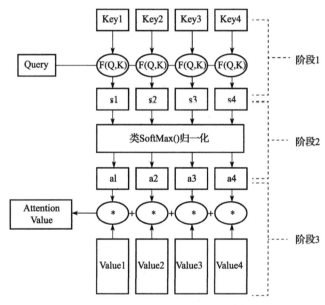

图 3　注意力机制的基本方法[5]

2. 互注意力机制

互注意力机制[6]构建了"查询到内容"和"内容到查询"的双向机制。它主要存在两种范式：平行互注意力（Parallel Co-attention）机制和交替互注意力（Alternating Co-attention）机制[7]。前者结合所有数据源的信息生成注意力，再基于所有信息生成数据源对应的注意力；后者先基于一个数据源产生另一个数据源的注意力，再基于加入注意力的另一数据源的信息生成迁移数据源的注意力，并交替往复。互注意力机制一般用于输入序列多于两个的问题。例如在视觉问答中，给定一张图片和一个问题，需要生成相应的答案，这时，就可以用图片、问题和答案三者联合学习注意力权重。

3. 自注意力机制

自注意力机制[8]又被称作内部注意（Intra-attention），自注意力机制是注意力机制的改进，它通过查询（Query）、键（Key）、值（Value）的三元组提供了一种有效的捕捉全局上下文信息的建模方式，减少了对外部信息的依赖，由此来决定应该更多地关注什么，它更擅长捕捉数据或特征的内部相关性。自注意力机制一般用于输入是一个序列，但输出并不是一个序列的问题。例如情感分析的文本分类问题，输出为一个情感倾向或者某个类别，因此可以将其视为单个序列参与注意力计算。

综上所述，独立注意力机制、互注意力机制和自注意力机制分别指学习独立的两组输入–输出序列、多组输入序列间和同一输入序列间关系的机制。此外，学界还常在上述各类模型的基础上，混合使用多层注意力（Multi-layer Attention）机制[7]和多头注意力（Multi-head Attention）机制[9]等方法解决较复杂的视觉–语言交互问题。

2.1.2 特征融合方法

传统的线性特征融合，例如拼接，按元素相加或相乘等，不能很好地融合多模态特征。双线性池化方法相比于线性池化方法能够取得更好的效果，但它面临参数量过大导致计算和存储代价较高的问题，因此研究者们提出了几种降维的双线性池化方法。

1. 双线性池化方法

Lin 等人[10]认为计算特征向量的外积能得到更具表达力的融合特征，但是这种外积计算会引起维度的急剧增加，因此需要一种降维的计算向量外积的方法。其中，Akira Fukui 等人[11]借鉴单模态下的紧凑型双线性池化（Compact Bilinear Pooling，CBP）方法[12]，提出了多模态紧凑型双线性（Multimodal Compact Bilinear，MCB）池化方法[11]，来降低计算复杂度，这种方法被后续许多视觉–语言方面的工作[13-15]引用。

具体来说，双线性模型使用两个特征向量 x 和 q 的外积并对其进行线性映射，得到融合后的特征 z，公式表示为

$$z = W[x \otimes q],$$

式中，$\otimes$ 表示外积操作。该方法利用 Count Sketch 投影函数 $\Psi(x, h, s)$ 将特征向量映射到一个低维空间上，而这种投影函数的外积计算可以转化为卷积计算，即

$$\Psi(x \otimes q, h, s) = \Psi(x, h, s) * \Psi(q, h, s),$$

式中，$*$ 表示卷积计算，投影后的向量分别表示为 x' 和 q'。而时间域上的卷积操作等价于频域上的点积，因此对其进行快速傅里叶变换（Fast Fourier Transaction，FFT），在频域上计算点积，最后通过傅里叶逆变换将其重新转换到时间域上，公式表示为

$$x' * q' = FFT^{-1}(FFT(x') \odot FFT(q')),$$

式中，$\odot$ 表示按元素相乘（Hadamard Product，哈达玛积）操作。

这种方法利用投影函数和傅里叶变换，不需要直接计算向量外积，以一种近似的方法大大降低了计算复杂度。方法的流程图如图 4 所示。

然而，MCB 方法仅降低了外积的计算复杂度，仍然需要一个高维的特征向量来得到最终的融合向量。

2. 双线性模型方法

随着神经网络的发展，学者们开始探索利用神经网络来学习这种双线性池化[16]，提出了用神经网络参数表示双线性特征融合变量的思路，并基于此提出了一系列多模态池

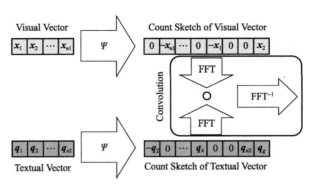

图 4　多模态紧凑型双线性池化[11]

化模型方法，包括低秩矩阵双线性方法[17]、矩阵分解双线性方法[18,19]和矩阵分解高阶池化方法[20,21]等。

（1）低秩矩阵双线性模型　为了降低变量维度，Kim 等人[17]提出了多模态低秩矩阵双线性（Multimodal Low-rank Bilinear，MLB）[17]模型方法，将一个高维的权重矩阵分解为两个低秩的矩阵。

具体而言，假如两个输入的模态分别用 x 和 y 表示，则双线性融合就可以表示为

$$z_i = x^{\mathrm{T}} W_i y + b_i$$

式中，W_i 是投影矩阵。为了降低参数量，将 W 分解为两个低秩的 U 和 V 矩阵，则

$$z_i = x^{\mathrm{T}} U_i V_i^{\mathrm{T}} y + b_i$$
$$= I^{\mathrm{T}} (U_i^{\mathrm{T}} x \odot V_i^{\mathrm{T}} y) + b_i$$

式中，I 表示全 1 的向量；$\odot$ 表示点积操作；这里的 U 和 V 是三阶的张量，为了将它们的阶数（Order）减 1，该方法用矩阵 P 代替向量 I，得到

$$z = P^{\mathrm{T}} (\widetilde{U}^{\mathrm{T}} x \odot \widetilde{V}^{\mathrm{T}} y) + b$$

然后用神经网络的方式学习这种双线性池化，即

$$z = P^{\mathrm{T}} (\sigma(\widetilde{U}^{\mathrm{T}} x) \odot \sigma(\widetilde{V}^{\mathrm{T}} y)) + b$$

式中，σ 表示一种非线性激活函数；P、U、V 和 b 为可学习的参数，这样就实现了用神经网络学习的方式进行双线性特征融合。

（2）矩阵分解双线性模型　之后，Yu 等人[18]提出了多模态矩阵分解双线性（Multimodal Factorized Bilinear，MFB）池化方法，该方法与 MLB 不同的是，没有用矩阵 P 代替向量 I，而是采用求和池化（Sum Pooling）操作，得到池化后的向量，如下式所示：

$$z_i = x^{\mathrm{T}} U_i V_i^{\mathrm{T}} y + b_i$$
$$= \sum_{d=1}^{k} x^{\mathrm{T}} U_d V_d^{\mathrm{T}} y + b_i$$
$$= I^{\mathrm{T}} (U_i^{\mathrm{T}} x \odot V_i^{\mathrm{T}} y) + b_i$$

式中，k 是分解矩阵的维度。U 和 V 本身为三维张量，不失一般性，可以将其表示为二维矩阵 $\widetilde{U}$ 和 $\widetilde{V}$，因此上式可以写作：

$$z = \mathrm{SumPooling}(\widetilde{\boldsymbol{U}}^{\mathrm{T}}\boldsymbol{x} \odot \widetilde{\boldsymbol{V}}^{\mathrm{T}}\boldsymbol{y},\ k),$$

即在点积的结果上使用求和池化，池化窗口的大小为 k。MFB 的具体细节如图 5 所示。

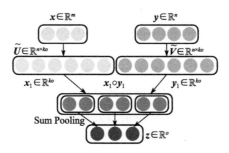

图 5　多模态矩阵分解双线性池化[18]

这种方法通过矩阵分解将一个高维矩阵分解为两个低秩的矩阵，大大降低了计算复杂度。

（3）矩阵分解高阶池化模型　发现上述双线性池化模型比传统的线性池化方法有更大的表达能力后，Yu 等人[20]进一步探索多模态矩阵分解高阶（Multimodal Factorized High-order，MFH）池化模型，通过扩展二阶双线性池化生成高阶池化向量，进一步增强融合特征向量的表达能力。用公式可以表示为

$$\boldsymbol{z}_{\mathrm{exp}}^{i} = \boldsymbol{z}_{\mathrm{exp}}^{i-1} \odot (\widetilde{\boldsymbol{U}}^{i\mathrm{T}}\boldsymbol{x} \odot \widetilde{\boldsymbol{V}}^{i\mathrm{T}}\boldsymbol{y}),$$

式中，$i \in \{1,\ 2,\ \cdots,\ p\}$。方法的流程如图 6 所示。其中，MFB 是 MFH 模型中 $p=1$ 的特殊情况。

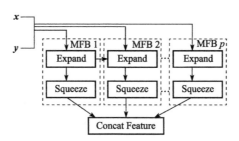

图 6　多模态矩阵分解高阶池化模型[20]

2.1.3　图方法

许多学习任务需要处理图结构数据，图数据包含元素之间的丰富关系信息。例如对物理系统进行建模、学习分子指纹、预测蛋白质界面以及对疾病进行分类等，都需要一个模型来从图形输入中学习。在诸如从文本和图像之类的非结构数据中学习的其他领域中，对提取结构的推理（例如句子的依存关系树和图像的场景图）是一个重要的研究课题，它也需要图推理模型。图神经网络（Graph Neural Network，GNN）[22]是一种神经模型，可通过在图的节点之间传递消息来捕获图的依赖性。

图神经网络的概念首先由 Gori 等人[23]提出，并由 Scarselli 等人[24]进一步阐明。这些早期的研究以迭代的方式通过循环神经网络架构传播邻近信息来学习目标节点的表示，直

到达到稳定的固定点。该过程所需计算量庞大，近年来有许多研究致力于解决这个难题。

图神经网络可以划分为五大类别，分别是图卷积网络（Graph Convolution Network，GCN）、图注意力网络（Graph Attention Network，GAT）、图自编码器（Graph Autoencoder，GAE）、图生成网络（Graph Generative Network）以及图时空网络（Graph Spatial-temporal Network）。

1. 图卷积网络方法

图卷积网络是很多复杂图神经网络模型的基础，又可以分为两大类，基于谱的和基于空间的图卷积网络。基于谱的方法从图信号处理的角度引入滤波器来定义图卷积，其中图卷积操作被解释为从图信号中去除噪声。基于空间的方法将图卷积表示为从邻域聚合特征信息，当图卷积网络的算法在节点层次运行时，图池化模块可以与图卷积层交错，将图粗化为高级子结构。

对于一批图结构数据，包含 N 个节点，每个节点都有自己的特征，这些节点的特征组成一个 $N×D$ 维的矩阵 X，各个节点之间的关系也会形成一个 $N×N$ 维的矩阵 A（称为邻接矩阵），X 和 A 是模型的输入。在图神经网络中，层与层之间的传播方式为

$$H^{(l+1)} = \sigma\left(\widetilde{D}^{-\frac{1}{2}} \widetilde{A} \widetilde{D}^{-\frac{1}{2}} H^{(l)} W^{(l)}\right)$$

式中，$\widetilde{A} = A + I_N$，I_N 是单位矩阵，$D_{ii} = \sum_j \widetilde{A}_{ij}$ 和 $W^{(l)}$ 是特定层的可训练权重矩阵，$\sigma(\cdot)$ 是激活函数；$H^{(l)} \in \mathbb{R}^{N×D}$ 是第 i 层的激活矩阵，$H^{(0)} = X$。

图卷积网络结构示意图如图 7 所示。

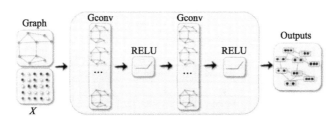

图 7　图卷积网络结构示意图[25]

图卷积层通过聚合其相邻节点的特征来封装每个节点的隐含表示，在特征聚合之后，对结果输出进行非线性转换。通过堆叠多个图卷积层，每个节点的最终隐含表征会收到来自更多相邻节点的信息。

2. 图注意力网络方法

图注意力网络结合了图结构和注意力机制，通过注意力机制来对相邻节点做聚合操作，实现对不同邻居权重的自适应分配，从而大大提高了图神经网络模型的表达能力。

图注意力层是构成整个图注意力网络的唯一种类的层。该层的输入是多个节点的特征：

$$h = \{\vec{h_1}, \vec{h_2}, \cdots, \vec{h_N}\}, \qquad \vec{h_i} \in \mathbb{R}^F,$$

式中，N 是节点的数量；F 是每个节点的特征的维度。

该层的输出是这些节点的新特征：

$$h' = \{\vec{h_1'}, \vec{h_2'}, \cdots, \vec{h_N'}\}, \qquad \vec{h_i'} \in \mathbb{R}^{F'},$$

式中，F' 是新特征的维度。

注意力机制的核心是计算各个部分对最终目标的贡献程度，这个贡献程度就是注意力系数。在图结构中，注意力系数是指某个节点对当前节点的贡献程度。具体来说，在图注意力网络中，节点 j 特征对节点 i 特征的贡献程度表示为 e_{ij}，其计算公式为

$$e_{ij} = a(\boldsymbol{W}\vec{h_i}, \ \boldsymbol{W}\vec{h_j})$$

式中，$\boldsymbol{W} \in \mathbb{R}^{F' \times F}$；$a$ 是计算两个向量相似度的函数。

图注意力网络结构示意图如图 8 所示。

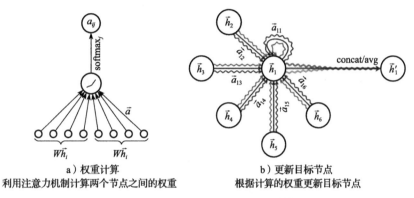

a）权重计算
利用注意力机制计算两个节点之间的权重

b）更新目标节点
根据计算的权重更新目标节点

图 8　图注意力网络结构示意图[26]

3. 图自编码器方法

图自编码器方法是一类图嵌入方法，其目的是利用神经网络结构将图的顶点表示为低维向量。该方法使用一个简单的解码器来重构邻接矩阵，并根据原始邻接矩阵与重构矩阵之间的相似度来计算损失。

图自编码器采用图卷积网络（GCN）作为编码器来获得节点的潜在表示。用公式表示为

$$\boldsymbol{Z} = \mathrm{GCN}(\boldsymbol{X}, \ \boldsymbol{A})$$

与图卷积网络中的定义相同，$\boldsymbol{X}$ 是节点的特征矩阵，$\boldsymbol{A}$ 是邻接矩阵，输出的 $\boldsymbol{Z}$ 是所有节点的潜在表示。

图自编码器采用内积的方式作为解码器来重构原始的图，如图 9 所示。公式表示为

$$\hat{\boldsymbol{A}} = \sigma(\boldsymbol{Z}\boldsymbol{Z}^{\mathrm{T}})$$

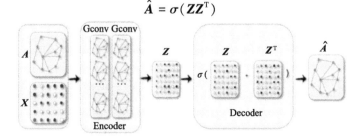

图 9　图自编码器结构示意图[25]

编码器使用图卷积层来获得每个节点的网络嵌入，解码器计算给定网络嵌入的对等距离，应用非线性激活函数后，解码器重建图邻接矩阵。通过最小化原始邻接矩阵和重建的邻接矩阵之间的差异来训练网络。

4. 图生成网络方法

图生成网络的目标是基于一组可观察图来生成图。Wang 等人提出的 GraphGAN[27] 是具有代表性的图生成网络，它包含两个重要的部分，即生成器（Generator）$G(v \mid v_c; \boldsymbol{\theta}_G)$ 和判别器（Discriminator）$D(v \mid v_c; \boldsymbol{\theta}_D)$。生成器为每一个节点维护一个向量，这些向量组合在一起构成 $\boldsymbol{\theta}_G$。$G(v \mid v_c; \boldsymbol{\theta}_G)$ 表示生成器认为给定节点 v_c 和参数 $\boldsymbol{\theta}_G$ 下，v 与 v_c 之间**有一条边的概率**。判别器也为每一个节点维护一个向量，这些向量组合在一起构成 $\boldsymbol{\theta}_D$。$D(v \mid v_c; \boldsymbol{\theta}_D)$ 通过向量 $\boldsymbol{\theta}_D$ 来判断 v 与 v_c 之间**是否有一条边**。

对于生成器来说，它的目标是生成与 v_c 真实连接的邻居节点相似的点，来骗过判别器。而对于判别器，它的目标是判别这些节点哪些是 v_c 的真实邻居，哪些是它的对手生成的节点。因此，两个对手的游戏的目标函数为

$$\min_{\boldsymbol{\theta}_G} \max_{\boldsymbol{\theta}_D} V(G, D) = \sum_{c=1}^{V} \left\{ E_{v \sim p_{\text{true}}(\cdot \mid v_c)} \left[\log D(v, v_c; \boldsymbol{\theta}_D) \right] + E_{v \sim G(\cdot \mid v_c; \boldsymbol{\theta}_G)} \left[\log(1 - D(v, v_c; \boldsymbol{\theta}_D)) \right] \right\}$$

Graph GAN 框架结构图如图 10 所示。

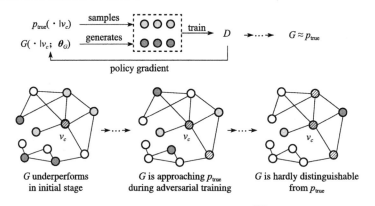

图 10　GraphGAN 框架结构图[27]

生成器和判别器的参数是不断地交替训练进行更新的。每一次迭代，判别器 D 通过来自 $p_{\text{true}}(v \mid v_c)$ 的正样本（图中所示的浅灰色节点）和来自 G 的负样本（图中所示的深灰色节点）进行训练；生成器 G 则通过 D 的指导，按照梯度策略进行更新。

5. 图时空网络方法

图时空网络同时捕捉时空图的时间和空间依赖。例如，在视频中捕获姿势的空间和时间信息，隐藏层中的节点表示取决于空间和时间方向上的相邻节点。通过检查时空图，可以对视频中人类动作的类型进行分类。时空图的其他应用包括交通流量和驾驶人机动预期。

为了捕获时间信息，在最后一个时间步中将 RNN 与当前输入和隐藏状态一起应用，如下式所示：

$$\boldsymbol{H}^{(t)} = \sigma(\boldsymbol{W} \boldsymbol{X}^{(t)} + \boldsymbol{U} \boldsymbol{H}^{(t-1)} + \boldsymbol{b})$$

式中，$\boldsymbol{X}^{(t)}$ 是节点在时间步 t 时的特征矩阵。为了合并空间依赖性，接下来插入图卷积 Gconv：

$$H^{(t)} = \sigma\big(\mathrm{Gconv}(X^{(t)},\ A;\ W) + \mathrm{Gconv}(H^{(t-1)},\ A;\ U) + b\big)$$

图时空网络示意图如图 11 所示。

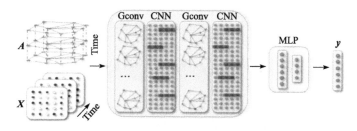

图 11　图时空网络示意图[25]

图卷积层之后是 CNN 层，图卷积层对 A 和 X（t）进行操作以捕捉空间依赖性，而 CNN 层沿着时间
轴在 X 上滑动以捕捉时间依赖性。输出层利用线性变换，为每个节点生成一个预测，例如它在下一个时
间步的值。

2.1.4　模块化方法

不同于传统神经网络结构固定，模块化网络由一系列功能简单的模块（Module）组合在一起，形成多种布局（Layout）以适用于不同任务的需要。该网络具有很强的推理性和可解释性，因此被广泛用于跨模态交互及推理任务中。以下我们从模块设计、布局生成及模块化网络训练三个方面进行阐述。

模块设计：神经模块 m 由具有参数化结构的函数构成，其输入为一组张量 a_1，a_2，…，在视觉语言任务中该输入通常是图像、语言特征向量或注意力权重分布。具体可表述为：$y = f_m(a_1,\ a_2,\ a_3\cdots;\ \theta_m)$，其中 θ_m 是模块 m 的参数，y 为相应的输出张量。常见的功能模块如处理图像的卷积网络模块、处理序列的递归神经模块等。

布局生成：给定学习任务 q，模块化网络基于该任务选择相应的布局，以将各功能模块组织起来。一类方法是借助现成的语法解析器[28][29]得到网络布局，其结构通常固定，网络难以适应复杂多变的推理任务。另一类方法基于生成器可以端到端动态生成布局[30][31]。具体地，该策略通过计算 $p(l\mid q;\ \theta)$ 得到布局 l 的概率分布，并基于此分布在布局选择空间中采样得到相应的布局，进而转换为由功能模块组成的序列 $l = \{m^t\}$，由此完成了复杂学习任务到模块序列问题的转换，即

$$P(l\mid q) = \prod_{m^{(t)}\in l} p(m^{(t)}\mid m^{(1)},\ \cdots,\ m^{(t-1)},\ q)$$

模块化网络训练：给定模块化网络布局 l，执行器基于该布局组装神经模块，从而执行模型的推理。在模块化网络训练时，一种情况是基于真实标注（Ground Truth）的布局对生成器和执行器以有监督的方式训练，该方法可使用反向传播直接计算相应的梯度。然而针对不同任务的人工布局标注十分昂贵，难以应用到实际场景中。另一种是在缺少相应布局标注的情况下，根据布局生成是离散过程还是连续过程，可将模块化神经网络的训练方法大致分为基于强化学习的模块化方法和基于软布局选择的模块化方法。

1. 模块硬选择的策略梯度方法

模块化网络执行模块的硬选择过程是离散不可导的[30,31]，通常做法是基于强化学

习[32,33] 进行训练。具体地，将生成器预测模块的过程看作一系列动作 $a_{1:T}$，而模型相应的输出作为奖励（Reward）信号 R。为了找到最优的模型结构，需要最大限度地提高奖励期望。具体表述为：$J(\theta) = E_{p(a_{1:T;\theta})}[R]$，由于 R 是不可微的，通常采用策略梯度[34]迭代的更新 θ，即

$$\nabla_\theta J(\theta) = \sum_{t=1}^{T} E_{p(a_1;\ T;\ \theta)}\big[\nabla_\theta \log P(a_t \mid a_{(t-1):\ 1};\ \theta)R\big]$$

并基于蒙特卡罗采样近似上述公式得

$$\frac{1}{M}\sum_{m=1}^{M}\sum_{t=1}^{T}\nabla_\theta \log P(a_t \mid a_{(t-1):\ 1};\ \theta)R_m$$

式中，M 是采样的不同布局的数量；T 是生成器生成网络布局需要预测的模块数量。基于上述公式可将模块选择的不可微过程转换为近似采样过程来得到最佳的模型布局和模块参数。

基于硬决策的强化学习方法如图 12 所示。

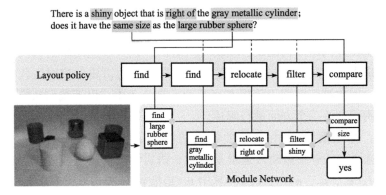

图 12　基于硬决策的强化学习方法[31]

该方法通过预测一系列神经模块，如 find、relocate 模块来执行模型的推理。由于模块的硬选择过程无法求导，因此基于强化学习的策略梯度进行训练。

2. 模块软融合的反向传播方法

基于强化学习的方法同时学习模型的结构和参数往往是困难的，需要依赖一定的布局监督信息来保证模型的收敛和准确性。为解决上述问题，研究者提出了另一类不需专家监督（Expert Supervision），并通过连续的布局选择过程实现模块化网络完全可微的端到端训练[31][35]。该方法为每个模块提供一个连续值的权重参数，并根据其权重对所有模块的输出求加权平均，基于此软布局选择过程是完全可微的，因此可以直接使用反向传播训练此类模块化网络。

基于软融合的模块化网络如图 13 所示。

2.1.5　迁移学习方法

迁移学习是机器学习中解决训练数据不足问题的重要工具之一。迁移学习通过松弛训练数据必须与测试数据独立且同分布的假设，将知识从源域迁移到目标域。这将对许多因为数据不足而导致进展缓慢的领域产生巨大的积极影响。

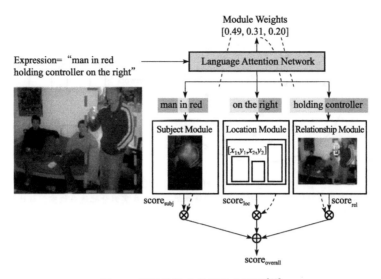

图 13　基于软融合的模块化网络[35]

图中包含三种不同的模块：Subject、Location 和 Relationship。模型为每一个模块计算注意力权重，最后加权所有模块输出得到最终的预测分数。

首先，我们将给出域和任务的定义。一个域可以表示成 $D = \{\chi, P(X)\}$，包括两部分：特征空间 χ 和边缘概率分布 $P(X)$，其中 $X = \{x_1, \cdots, x_n\} \in \chi$。一个任务可以被表示成 $T = \{y, f(x)\}$。它包括两部分，标签空间 y 和目标预测函数 $f(x)$。$f(x)$ 也可以被当作一个条件概率函数 $P(y \mid x)$。基于以上定义，迁移学习可以被表示成如下形式：

给定一个基于 D_t 的学习任务 T_t，期望从基于 D_s 的学习任务 T_s 中获得帮助。迁移学习的目标是通过迁移从 D_s 和 T_s 获取的隐式知识，改进学习任务 T_t 的预测函数 $f_T(\cdot)$，其中 $D_s \neq D_t$。此外，在大部分情况下，D_s 的数据规模远远大于 D_t，即 $N_s \gg N_t$。

基于使用的不同方法，迁移学习主要可以分为以下四类：基于实例划分的迁移学习，基于空间映射的迁移学习，基于网络复用的迁移学习和基于对抗的迁移学习。

1. 基于实例划分的迁移学习方法

基于实例划分的迁移学习方法是指使用特定的权重调整策略，从源域中选择部分实例作为目标域数据集的补充，并为选定的实例分配适当的权重值。一个比较经典的方法是 TrAdaBoost[36]，该方法使用基于 AdaBoost 的技术来筛选掉源域中与目标域不相似的实例。最后，使用来自源域中重新加权的实例和目标域中的实例训练模型。这样做可以减小不同分布域上的加权训练误差，从而保留 AdaBoost 的特性。

基于实例划分的迁移学习方法示意图如图 14 所示。

2. 基于空间映射的迁移学习方法

基于空间映射的迁移学习是指将实例从源域和目标域中映射到新的数据空间中。在这个新的数据空间中，来自两个域的实例类似，因此可以将新数据空间中的所有实例视为神经网络的训练集。一个比较经典的方法是[38]，用联合最大平均差异（Join Maximum Mean Discrepancy，JMMD）测量联合分布的关系，以提升深度神经网络的迁移学习能力，适应不同域中的数据分布。

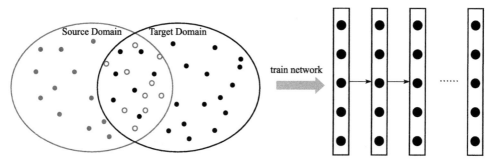

图 14　基于实例划分的迁移学习方法示意图[37]

左边源域中的白色圆圈的实例，其语义与目标域相近。给这些实例分配适当权重，与目标域实例一起作为训练数据集训练右边的网络。

基于空间映射的迁移学习方法示意图如图 15 所示。

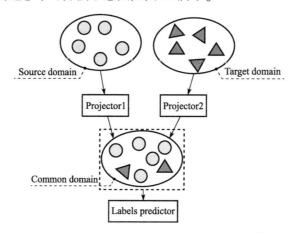

图 15　基于空间映射的迁移学习方法示意图[39]

源域和目标域的实例被映射到一个更相近的数据空间中，将该数据空间中的所有实例当作训练数据。

3. 基于网络复用的迁移学习方法

基于网络复用的迁移学习是指对在源域中经过预训练的部分或者全部网络（包括网络结构及其参数权重）进行复用，将其转变为目标域中使用的神经网络的一部分。具体来说，首先设计代理任务，让网络在源域中的大规模训练数据集上进行预训练。之后，将针对源域进行预训练的部分网络迁移为针对目标域设计的新网络的一部分。最终，迁移的子网络能够以微调的方式进行更新。一个经典的方法是[40]，复用 CNN 在 ImageNet 数据集上训练的浅层来计算在其他数据集的中间图像特征，这些图像特征可以在训练数据量有限的情况下有效迁移到其他视觉识别任务中。

基于网络复用的迁移学习方法示意图如图 16 所示。

4. 基于对抗的迁移学习方法

基于对抗的迁移学习是指将对抗学习策略引入可迁移的表征形式中。该技术既适用于源域，也适用于目标域。具体来说，在源域的大规模数据上进行训练的过程中，网络的浅层被当作特征提取器，它从源域和目标域提取特征并输入到判别器。判别器尝试区

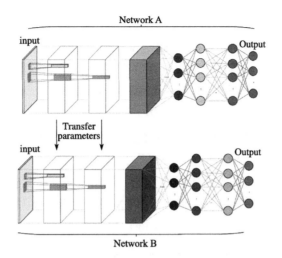

图 16 基于网络复用的迁移学习方法示意图[41]

首先，网络 A 在大量源域数据上进行预训练，学习到强大的特征提取能力。然后，将网络 A 的浅层（A 和 B 颜色相同的层）复用到为目标域设计的网络 B 中。最后网络 B 在目标域数据上进行微调，更新其全部参数或只更新深层（A 和 B 中颜色不同的层）的参数。

分特征的来源，而特征提取器尝试让判别器产生混淆。如果判别器难以准确判断特征的来源，则意味着来自两个域的特征区别较小，具有良好的可迁移性；反之则不具有良好的可迁移性。在之后的训练中，将考虑判别器的性能，以迫使特征提取器提取更具有迁移性的通用特征。一个比较经典方法是[42]，引入对抗技术，通过在损失函数中引入域适应正则项来迁移学习以实现领域适应。

基于对抗的迁移学习方法如图 17 所示。

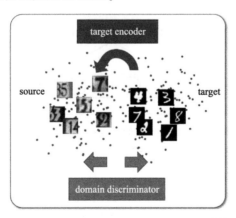

图 17 基于对抗的迁移学习方法示意图[43]

目标域编码器通过欺骗试图区分目标域实例和源域实例编码特征的域判别器，来学习从目标域实例到源域特征空间的有区分性的映射（Discriminative Mapping）。

2.1.6 生成式方法

1. 生成对抗网络方法

生成对抗网络（Generative Adversarial Net，GAN）[44] 于 2014 年由 Goodfellow 等人受

到博弈论中的二人零和博弈的启发而被提出。GAN 模型中的两位博弈方分别由生成器（Generative Model）和判别器（Discriminative Model）充当。生成器 G 捕捉样本数据的分布，判别器 D 则估计样本来自训练数据（而非生成数据）的概率。GAN 模型的优化过程是一个二元极小极大博弈（Minimax Two-player Game）问题：

$$\min_{G} \max_{D} V(D,\ G) = E_{x \sim p_{\text{data}(x)}} \left[\log D(x) \right] + E_{z \sim p_z(z)} \left[\log(1 - D(G(z))) \right]$$

由于 GAN 方法不需要预先建模，拥有较高的自由度，因此 Mirza 等人提出了一种带条件约束的 GAN（conditional GAN，cGAN）[45]，如图 18 所示，在生成器和判别器中均引入了条件变量，使用额外信息指导数据的生成，使模型能同时根据类标签或其他任何辅助信息，甚至样本本身的信息等进行训练。cGAN 的二元极小极大博弈的目标函数为

$$\min_{G} \max_{D} V(D,\ G) = E_{x \sim p_{\text{data}(x)}} \left[\log D(x \mid y) \right] + E_{z \sim p_z(z)} \left[\log(1 - D(G(z \mid y))) \right]$$

目前，关于生成式任务大多采用该结构，例如文献［46］与文献［47］。

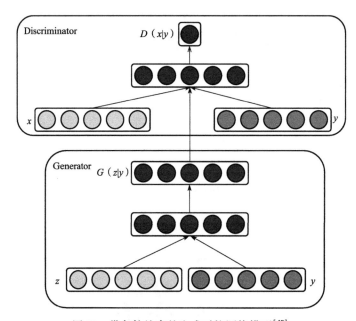

图 18　带条件约束的生成对抗网络模型[45]

在生成器中，先验输入噪声 $p_z(z)$ 和条件变量 y 在联合隐性表征中被结合起来；在判别器中，x 和 y 被作为输入并呈现给一个判别函数。

Alec Radford 等人提出了深度卷积生成对抗网络（Deep Convolutional Generative Adversarial Network，DCGAN）[48]方法，该方法将深度卷积神经网络 CNN 与 GAN 结合用于无监督学习领域。DCGAN 的主要目的并不是优化目标函数，而是直接对网络结构加以限制从而实现更为强大的生成模型。细节的改动主要包含以下几个方面：①将空间池化层用卷积层替代，让下采样过程不再是固定的抛弃某些位置的像素值，而是可以让网络自己去学习下采样方式；②生成器和判别器中均采用批归一化（Batch Normalization）层；③去除全连接层；④生成器除过输出层采用 Tanh 外，全部使用 ReLU 作为激活函数，而判别器所有层都使用 LeakyReLU 作为激活函数。在此基础上，为了生成更清晰的图像，

考虑与 Multi-stage GAN 结合，例如文献［49］和文献［50］。

2. 变分自编码器方法

变分自编码器（Variational Auto-encoder，VAE）是一类重要的生成式模型，于 2014 年由 Diederik P. Kingma 和 Max Welling 提出[51]，融合了贝叶斯方法和深度学习的优势，并且可以用随机梯度下降法进行训练。VAE 方法采用了编码器-解码器结构，对输入信息进行高效编码，然后由解码器解码，生成输入数据中不包含的数据作为输出。区别于传统的自编码器，VAE 的主要特点是限制编码器生成的隐变量都服从正态分布，且尽可能逼近标准正态分布。首先编码器阶段，输入 X 生成一个正态分布 $q_\varphi(z \mid X_i)$，再对其进行采样，得到隐变量 z_i。将隐变量 z 作为解码器的输入，通过先验分布 $P_\theta(z)$ 和条件生成数据分布 $P_\theta(X \mid z)$，得到与 X 相同分布的观察变量 $\hat{X}$。同时为了保证解码器的鲁棒性，z 需要服从标准正态分布 $N(0, I)$（I 为单位矩阵）。VAE 是在自动编码器的基础上让图像编码的潜在向量服从高斯分布从而实现图像的生成，优化了数据对数似然的下界。VAE 在图像生成上是可并行的，但是存在着生成图像模糊的问题。VAE-GAN 则将 VAE 部分的解码器与 GAN 部分的生成器进行复用，通过判别器使得 VAE 产生的图片变得清晰，提升图像质量。这类方法主要应用在文本到图像的合成任务中，例如文献［52］和文献［53］。

VAE 的基本原理和结构如图 19 所示。

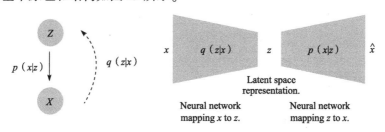

图 19　VAE 的基本原理和结构[54]

2.1.7　因果分析方法

1. 图结构推理方法

因果关系[55]是对问题更本质的认识，是对变量以及事件之间直接作用关系的描述。而因果推断的图模型方法研究，又是因果推断领域的主流方法之一。图形化因果推理正是借助图来更清晰地展现变量以及事件之间的因果关系，并可以把因果推断和概率独立性理论联系起来。由此，基于有向无环图的因果模型通常被视为一种条件独立性或者数据生成机制的模型，后者又被称为贝叶斯网络。在贝叶斯网络中节点代表随机变量，节点间的边代表变量之间的因果关系，每个节点都附有一个概率分布。

典型图结构推理模型示例如图 20 所示。

更一般的基于有向无环图的结构因果模型（SCM）[57]是对于具有相互连接关系的变量 X_1，X_2，$\cdots$，X_n，在外部变量 U_1，U_2，$\cdots$，U_n 的作用下，满足 $X_i = f_i(\mathrm{PA}(X_i), U_i)$

的函数模型。其中 U_i 表示对 X_i 有影响，但没有体现在有向无环图中的那些变量，且 U_i 可以是一个包含多个元素的向量，表示为 $U_i = (y_1, y_2, \cdots, y_j)$，而 $\mathrm{PA}(X_i)$ 表示有向无环图中 X_i 的所有父亲节点。当 U 满足概率独立性时，有向无环图中的变量，将会满足相应的马尔可夫条件，也就是 $P(X_1, X_2, \cdots, X_n) = \prod P(X_i \mid \mathrm{PA}(X_i))$。

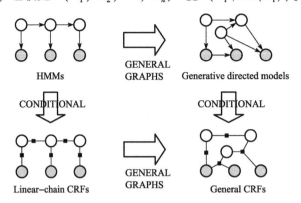

图 20　典型图结构推理模型示例[56]

例如隐马尔可夫模型、线性条件随机场、生成式有向模型、条件随机场。

2. 常识因果及事件因果推理方法

引入因果知识推理实例图如图 21 所示。

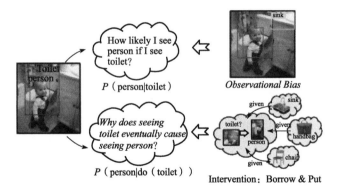

图 21　引入因果知识推理实例图[58]

$P(person \mid do(toilet))$ 中 $do(toilet)$ 借助其他物体和 person 之间的先验因果联系辅助推理当前图片实体之间的相关关系，解决只有图片似然作为推理条件时导致的推理偏置问题。

　　计算机视觉中也会把因果应用到自己的数据、任务、模型和方法中[59][60]。通常被使用的因果有常识因果和事件因果。

　　常识因果是物体之间联系的普遍规律，例如书架上摆放的有很大概率是书本，盘子里摆放的有很大可能是食物等。常识因果用先验知识构建图模型，来建模因果关系，图模型作为物体之间信息交互的结构涵盖了物体之间可能的方向性关系。为了引入常识因果联系来指导推理任务，在一些描述视觉–语言交互的模型中，使用极大化相应区域对于区域描述与文本关系的相关性模型来刻画任务，式 $x^* = \underset{x_i \in I}{\arg\max} S(x_i, L)$ 中的 S 表达了图像区域和文本两者之间的相关关系，而 $x^* = \underset{x_i \in I}{\arg\max} \log \sum p(x, z \mid L)$ 则体现了对相应因果模型的利用。

事件因果是分析结果的出现有多大程度是所关注对象造成的影响，通常会用算法抽象出研究对象，保留研究对象之间相互影响的因果关系，保留其对结果的影响，并去除其他因素，由此构造出抽象因果图。例如对于一个构建在多个区域作为变量节点的图 (V, ε) 上，节点为 $V = \{v_1, v_2, \cdots, v_N\}$ 代表了需要产生相互依赖的区域或实体，而边 $\varepsilon = \{e_{ij} \mid i, j = 1, 2, \cdots, N\}$ 代表了区域或实体之间的相关关联，这种描述自然地引入了变量间的因果关系，同时对边函数 $e_{ij} = f_{ij}(\{v_1, v_2, \cdots, v_N\}, L)$ 的增加以及外部文本变量的引入都辅助构建了更完整的因果模型，它帮助模型具有更好的推理能力，在这个基础上进行因果分析显然会获得更好的效果。

本质上，两种因果的使用都是对表示因果推断的图模型方法的构建和运用，只在对象节点的选择和边所代表的含义上有区别。

2.2 应用研究现状

本节将总结视觉–语言交互技术领域中的若干代表性应用研究进展，并对其特点进行总结分析。

2.2.1 跨模态检索

1. 任务介绍、数据集及评价指标

视觉–语言跨模态检索是指给定文本描述检索对应的图像/视频，或者相反的方向，即利用给定图像/视频检索对应的文本描述。视觉–语言跨模态检索的挑战在于如何度量不同模态数据之间的语义相似性。近年来，研究者提出了一系列基于深度学习跨模态检索方法，结合大规模的数据支持，目前取得了较为良好的检索性能。跨模态检索任务示意图如图 22 所示。

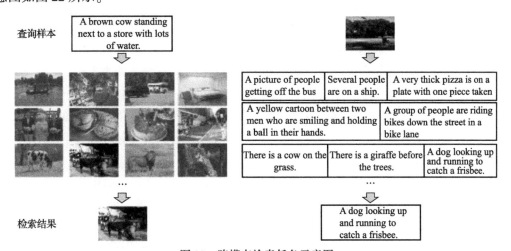

图 22　跨模态检索任务示意图

为量化评估跨模态检索的性能，该领域的研究者提出了若干基准数据集及评价指标，

表 1 中给出了一些代表性的跨模态检索数据集。Flickr30k[61] 和 MSCOCO[62] 数据集中每一张图像对应 5 个独立的语句进行描述。而 NUS-WIDE[63] 和 Pascal-VOC[64] 数据集则是以短语进行标注。CUHK-PEDES[65]、CUB[66]、Flowers[66] 和 Fashion-Gen[67] 数据集是针对细粒度的视觉-语言跨模态检索任务。其中，CUHK-PEDES 数据集是针对行人的细粒度检索，其每张行人图像对应 2 个描述语句；CUB 和 Flowers 数据集分别包含 200 类鸟和 102 种花卉的图像，每张图像对应 10 句语句标注；Fashion-Gen 数据集则是针对时尚单品收集的图像-语句大规模数据集。

检索结果一般可通过 Recall @ K（K = 1，5，10），或平均精度（mean Average Precision，mAP）指标进行评估。其中：Recall@ K 是指在前 K 个检索结果中包含至少一个正确检索结果的查询样本在查询样本集合中所占的百分比；而 mAP 指标则是每个查询样本对应正确结果位置的加权平均，在查询样本集中的整体平均值。

表 1　代表性的跨模态检索数据集

数据库	模态	样本量	类别数
Flickr30k	图像-语句	31 000	—
MSCOCO	图像-语句	123 287	—
NUS-WIDE	图像-短语	186 577	81
Pascal-VOC	图像-短语	9 963	20
CUHK-PEDES	图像-语句	40 206	13 003
CUB	图像-语句	11 788	200
Flowers	图像-语句	8 189	102
Fashion-Gen	图像-语句	293 008	67 666

2. 特征学习

特征学习是跨模态检索任务中重要的研究内容之一，它以文本和图像编码为特征向量，映射到一个公共空间中，作为后续相似度评估的基础，因此一个好的特征学习方法需要具备有效提取不同数据中语义相关信息的能力。按照特征提取的粒度，基于特征学习的跨模态检索主要分为全局共享空间映射和局部细粒度特征增强两类方法。

（1）全局共享空间映射　全局共享空间映射旨在提取文本、图像的有效全局特征表示并将其映射到公共空间，以进行后续相似度评估。该任务中存在以下两方面主要问题：其一是如何提取更具表达能力的全局特征，二是如何消除文本、图像间的模态差异，以在公共空间中更好地进行跨模态语义对齐。

针对第一个问题，Frome 等人[68] 在 2013 年提出了一个视觉-语义深度嵌入模型，使用卷积神经网络（Convolutional Neural Networks，CNN）编码图像，使用 Skip-Gram[69] 结构编码语句。然而受到自身表达能力的限制，Skip-Gram 结构难以有效捕捉语言描述所包含的语义信息。针对这一问题，Kiros 等人[70] 用长短时记忆网络[71] 代替 Skip-Gram 进行语句特征学习，提升了语言模型的特征提取能力。以上两种方法有效地提取了图像和文本的全局特征，然而，文本-图像间的模态差异限制了检索模型的性能。针对这一问题，

Zheng 等人[72]提出了一种用于视觉–文本嵌入学习的双路 CNN 模型,通过统一视觉特征提取和语言特征提取的网络结构,缓解了由特征提取网络结构不同所带来的模态差异。进一步地,Sarafianos 等人[73]使用模态间的对抗损失函数,有效降低了模态差异带来的影响,学习到了模态一致的全局特征。类似地,Duan 等人[74]在公共映射空间上使用一个模态分类器来预测特征的模态,利用对抗学习的思想使得特征在模态上不可分。

(2)局部细粒度特征增强　对图像和文本进行全局特征提取在一定程度上能够获得跨模态的语义相关信息,但是全局特征是多个局部特征的复杂组合,仅考虑全局的匹配不可避免地会导致局部信息难以准确地对齐,进而影响最终获得特征向量的质量。针对这一问题,许多工作采用局部细粒度特征增强的方法从局部特征提取和增强的角度提升特征向量的表达能力。而局部细粒度特征增强主要采用基于注意力机制的方法,目标是实现局部特征的显式有效关注、准确特征提取以及跨模态语义对齐。具体而言,用目标检测等方法获取图像中的物体,而后通过注意力机制实现视觉局部特征和语言局部特征的对齐,最终聚合得到图像和语句整体的相似度。局部细粒度特征增强相关方法一般可以分为三类:基于自注意力机制的模态内增强方法、基于跨模态注意力机制的增强方法和同时使用模态内–跨模态注意力机制的增强方法。

基于自注意力机制的模态内局部细粒度特征增强是指在模态内的局部细粒度特征提取模块上引入自注意力机制。与全局特征提取模型相比,其目的是加强局部细粒度特征的关键信息提取和特征增强。Song 等人[75]认为全局特征提取的特征向量是多个局部信息的简单聚合,这种聚合造成了一定的特征模糊,影响跨模态语义对齐,因此在图像和语言局部特征提取模块中使用多头自注意力机制,关注和提取更具辨别力的局部细粒度特征,消除传统全局特征提取面临的语义模糊问题。相似地,为了增强视觉和语言的局部细粒度特征提取,Wu 等人[76]使用模态内自注意力机制分别对图像和文本中的局部细粒度片段的相关性进行建模,识别图像和语句中的语义显著区域,进而获得在语义上更为一致的图像和文本特征。

仅使用基于自注意力机制的模态内局部细粒度特征增强,尽管可以关注更为重要的局部细粒度特征,但是仍然难以捕捉跨模态语义信息的对齐和匹配关系。**基于跨模态注意力机制的局部细粒度特征增强方法**是指通过视觉和文本之间的跨模态注意力机制关注在语义上一致的图像区域–单词之间局部细粒度的匹配对,利用跨模态的细粒度语义相似性提取更准确的局部特征表示,对局部细粒度特征建模进行增强。

早期,Li 等人[77]使用单词–视觉空间注意力机制在跨模态检索任务上进行了尝试,将每个单词与相应的图像区域相关联,挖掘局部细粒度特征的语义相关性。而后,Lee 等人[78]提出了一种堆叠的跨模态双向注意力网络,通过计算单词–图像区域,以及物体–单词之间的双向局部相似性,获得用相似性加权的文本描述和图像特征向量,增强了局部细粒度特征表示。相似地,Huang 等人[79]提出了一个双向的空间语义注意力网络,包括单词–区域注意力模块和物体–单词注意力模块,分别学习与特定单词更相关的图像区域,和与图像中物体更相关的单词,从而提取更具判别力的局部细粒度图像和文本特征。在这种跨模态注意力机制下,相似度高的图像区域–单词的局部细粒度匹配对会对学习共享语义产生有益的影响,但是不相关的局部细粒度匹配对将或多或少地干扰共享语义的学习。为了降低这种干扰,Liu 等人[80]提出了双向焦点关注网络,用集中注意力(Focal Attention)机制将注意力集中到相关的跨模态局部细粒度关联上,同时消除错误匹配对,进一步关注有价值的局部细粒度特征。另外,不同于上述的两步双向注意机制方法,Chen 等人[81]为了捕捉多样的文本表达和图像之间复杂的对应关系,提出了一种带有记忆的循环注意力多步迭代特征增强方法,分步逐渐捕获图像和文本之间的局部细粒度语义对应关系,并更新视觉和文本特征。

近年来,许多学者结合上述两种方法,提出了**同时使用模态内-跨模态注意力机制的局部细粒度特征增强方法**,既能对模态内的局部细粒度特征进行关注和增强,又能挖掘跨模态局部细粒度特征之间的关联,同时考虑模态内和模态间两方面的局部语义一致性,有效实现视觉和文本局部细粒度特征的增强。

一类方法是通过两种注意力机制的并联形式进行局部细粒度特征增强,如 Wei 等人[82]采用三个不同的 Transformer 模块[83]作为模态内和模态间的注意力模块进行局部细粒度特征增强。一方面对图像区域特征和单词特征分别使用模态内自注意力机制增强每种模态的特征;另一方面拼接图像区域特征和单词特征作为跨模态 Transformer 的输入,对两种特征进行跨模态注意力学习,利用模态间关系进行局部细粒度特征的补充和增强。该方法中两种注意力机制之间没有直接关联,针对每种模态同时进行了由自注意力模块和跨模态注意力模块生成的局部细粒度特征增强。

另一类方法是通过两种注意力机制的串联形式进行局部细粒度特征增强,这种方法融合了模态内和模态间的注意力机制,能够提取更为丰富和一致的特征表示。如 Ji 等人[84]提出了堆叠多模态注意力网络(Stacked Multi-modal Attention Network,SMAN)进行局部细粒度特征增强,先分别在两个模态内使用基于自注意力机制的局部细粒度特征增强方法,然后将生成的两种模态的特征进行融合,再进行基于多模态注意力机制的特征学习,得到最终的特征向量。与之相反,Zhang 等人[85]先进行基于跨模态注意力机制的局部细粒度特征学习,在此基础上进行基于模态内的自注意力机制的局部特征学习,增强了跨模态特征之间的语义一致性。这两种方法均采用对称的网络框架,另外,也有方法突破了这种限制,受图像中的位置和显著性信息启发,设计非对称的网络结构。例如,Wang 等人[86]认为图像中物体的相对位置体现了物体的重要程度,由此针对图像提出了一种基于位置的自注意力网络,进行模态内的细粒度特征学习,融合物体的空间相对位置信息对图像区块特征进行建模并生成包含位置信息的图像特征;然后采用相关方法[78]中的单词对图像区域的基于跨模态注意力机制的局部细粒度特征增强策略,进一步提升视觉特征表达并为图像与文本之间的相似度计算提供语义已知的特征。同时,Ji 等人[87]认为图像的显著性检测可以反映图像中的关键区域,进而提出了图像显著性区域引导的基于模态内注意力机制的局部细粒度特征增强,以及对文本的跨模态注意力局部特征增强方法,得到与显著性区域在语义上一致的图像和文本特征。

总体来说,特征学习是跨模态检索中的重要研究内容,它由粗粒度的全局特征学习和公共空间映射,逐步发展到细粒度的局部特征提取和基于注意力机制的特征增强,特征表示粒度逐步细化，质量获得显著提升。

3. 关系建模

上述基于局部细粒度特征增强的方法致力于寻找图像区域和单词之间的对应关系。但是实际上，除了上述图像物体和语句片段之间具体的对齐之外，还有一些复杂的语义相关性是这种显式的局部细粒度匹配难以捕捉和表达的，比如图像物体之间的关系和一些抽象的动作。因此，近年来也有一些方法将这种抽象的关系考虑在内，提出基于关系的建模方法。其中 Hu 等人[88]设计了一个视觉–语义关系 CNN 模型来发掘潜在的视觉–语义对齐关系，为图像和文本的特征表示提供了补充信息，进一步促进了跨模态特征之间的对齐学习。进一步，Wang 等人[89]分别利用视觉场景图（Scene Graph）和文本场景图网络表示和学习物体之间的空间关系，将图像–文本匹配问题转换为跨模态的场景图匹配问题，并同时捕获对象级别和关系级别的跨模态特征，学习更加丰富的语义一致性关系。

尽管近年来特征学习和关系建模方面的研究取得了显著进展，特征表示逐渐细化并越发准确，但是跨模态的准确检索仍然面临很大挑战。研究者们在关注特征学习之外，对度量学习同样开展了一定程度的探索。

4. 度量学习

度量学习是广泛应用于跨模态检索领域的一种方法，该方法旨在促使网络提取的样本特征满足以下要求：正样本对（Positive Pairs）之间的距离小于负样本对（Negative Pairs）之间的距离。在跨模态检索问题中，以文本–图像检索（Text to Image Retrieval）为例，它表现为语言描述特征与其对应的图像特征间的距离应小于非对应图像特征，即

$$D(f(T), \varphi(I_p)) < D(f(T), \varphi(I_n))$$

式中，D 是距离计算公式，如欧氏距离、余弦距离、马氏距离等；T 是文本描述；I_p 和 I_n 分别是对应和非对应的图像特征；$f(\cdot)$ 和 $\varphi(\cdot)$ 则分别表示语言、图像特征提取网络。

发展至今，度量学习的目标在于设计损失函数引导网络提取的特征满足上述公式的要求。下面将介绍几种被广泛应用于跨模态检索领域的损失函数。

早期 Frome 等人[68]提出了一种三元组排序损失（Triplet Ranking Loss）函数用以训练度量学习模型。该函数将检索问题视为一个排序问题，其目标是获得一个度量准则，使得负样本对和正样本对间的距离差值大于一个阈值（Threshold）。虽然三元组排序损失函数促使网络学习达到上述要求，然而它存在着几点缺陷。第一个问题是，它仅考虑了不同模态样本间的相似性约束，而忽略了同模态样本间的相似性约束对检索问题起到的促进作用。第二个问题是，在训练阶段，它使用随机采样算法获取所需的正、负样本对，这种方式不可避免地采样到大量简单样本对，而没有特别关注到难样本对。

近年来，大量研究工作针对以上两个问题提出相应的解决方案。针对第一个问题，Wang 等人[90]通过同时在模态内、模态间使用三元组排序损失函数对正负样本对之间的相似性程度进行约束，借助同模态样本间的相似性约束进一步提升了检索模型效果。针对第二个问题，Faghri 等人[91]提出了一种基于三元组排序损失函数的难样本选择策略，即针对训练过程中每个样本，通过选择与其距离最远的正样本和距离最近的负样本构成

训练三元组，通过这种方式减小简单样例对训练产生的影响。然而这种方式虽然有效缓解了简单样例对模型训练的干扰，但是该采样策略使得训练过程大量"非最困难"的样本并未参与训练，数据利用并不充分。进一步地，Wei 等人[92]通过设计正负样本对的权重函数，为全部正样本对以及负样本对间分配权重系数，并通过加权平均的方式获得最终的正、负样本对距离用于损失计算。该方法的优势在于不仅充分利用全部训练数据，同时有效地缓解了简单样本带来的干扰。

此外，Zhang 等人[93]摒弃了以往的过于依赖人为设定的阈值和采样策略的三元组训练模式，转而使用了投影分类策略。该策略通过将一种模态的特征向量投影到另一种模态的向量上，利用改进的正则化 Softmax（Norm-Softmax）函数进行正负样本对间相似度的分类训练，为跨模态检索的度量学习提供了一个新的思路。

5. 快速检索

全局特征提取仅考虑全局特征，难以准确实现局部信息的语义对齐；局部特征增强方法和关系建模方法则考虑了更为细粒度的图像、文本局部细粒度对齐；但是其中的局部跨模态匹配，尤其是多步跨模态匹配，会在测试集较大时面临计算复杂度过高进而影响搜索效率的问题。为了提高在大规模数据集下的检索效率，研究者们对快速检索方法展开了探索，其中代表性的一类是基于哈希变换的快速检索方法，目的是加快检索速度，节省存储空间。基于哈希变换的跨模态检索方法的基本思想是利用不同模态的样本对特征，学习各自模态上的哈希变换，然后将视觉和语言特征映射到一个汉明（Hamming）二值空间中，最终在汉明空间中实现快速的跨模态匹配和搜索。

早期，Cao 等人[94]提出了一种端到端的基于深度学习的视觉-语义哈希编码快速检索模型，分别利用图像哈希网络和语句哈希网络在公共空间上生成图像哈希编码和语句哈希编码，通过损失函数促使两种模态下的哈希编码在语义尽可能保持一致。该方法将哈希编码引入了深度学习框架中，加快了检索速度，并取得了可接受的检索性能，验证了哈希编码与深度学习相结合的可行性。进一步地，为了减小跨模态差异对哈希编码的影响，Yang 等人[95]在相似的深度学习框架下，加入了成对约束，克服模态差异性，挖掘不同模态之间的异质关联和语义相关性，取得了一定的效果，并提升了检索速度。Zhang 等人[96]提出了一种使用注意力机制的对抗哈希网络方法，通过注意力模块和哈希模块的对抗学习，促使哈希模块更好地关注跨模态特征中的语义相关性，生成模态无关的哈希编码特征。该方法降低了模态差异带来的影响，提升了获得哈希特征的质量，在提高检索速度的同时实现了较好的检索准确度。

除了上述主要研究图像与文本间跨模态检索的工作，近年来也有一些研究者关注视频-文本检索。例如 Dong 等人[97]将视频和文本描述分别看作视频帧和单词的序列，并用两个 GRU 网络分别提取视频和描述的多级特征。Yu 等人[98]提出了一个联合序列融合（Joint Sequence Fusion）模型，进行视频和描述序列的特征交互，从而提取语义一致的跨模态特征表示。Song 等人[99]利用融合的全局特征和局部特征分别对视频和描述进行更为丰富和针对性的特征学习，并通过多样例学习（Multiple Instance Learning，MIL）损失函数[100]进行训练，达到了全局和局部多粒度的匹配效果。除上述学习文本和整个视频语义对齐关系的相关工作之外，也存在关注细粒度的视频帧级别的跨模态检索任务研究，这又被称为基于自然语言描述的视频帧定位任务，可参考文献［101-103］。

2.2.2　指称表达

1. 任务介绍、数据集及评价指标

指称表达（Referring Expression）是用来确认或识别某些特定目标或物体的自然语言描述。指称表达理解（Referring Expression Comprehension，REC）任务旨在基于该语言描述来定位图像中的指定物体或区域。由于它在诸多视觉-语言任务中作为潜在的第一步，如视觉问答、图像检索、视觉对话等领域，因此受到了广泛的关注。与传统目标检测任务所不同的是，REC 不仅需要识别图像中的物体，还需要充分理解自然语言中的属性、位置、关系等上下文信息帮助模型区分相似区域以得到正确的指称对象（Referent）。

常见的数据集包括 ReferItGame[104]、RefCOCO[105]、RefCOCO+[105]、RefCOCOg[106]等，如图 23 所示。ReferItGame 是第一个大规模的指称表达数据集，该数据集通过一款两人互动游戏并基于 SAIAPR-12[107]自然场景图像收集而来。RefCOCO 和 RefCOCO+的收集方式与此类似，并且它们的图像来源于 MSCOCO[62]，但后者由于禁止使用绝对位置描述词，因此更关注目标对象的属性。RefCOCOg 不同于其他三种数据集，其指称表达是基于非交互场景生成的，因此语言描述更为丰富且长度更长。各数据集包含的图像、指称对象和指称表达数量见表 2。

RefCOCO:
1.giraffe on left
2.first giraffe on left

RefCOCO+:
1.giraffe with lowered head
2.giraffe head down

RefCOCOg:
1.an adult giraffe scratching its
back with its horn
2.giraffe hugging another giraffe

图 23　指称表达任务[28]

该任务要求基于右侧的自然语言描述定位出图中方框区域。

表 2　指称表达代表性数据集

数据集	图像数量	指称对象数量	指称表达数量
ReferItGame	19 894	96 654	130 525
RefCOCO	19 994	50 000	142 209
RefCOCO+	19 992	49 856	141 564
RefCOCOg	26 711	54 822	104 560

指称表达理解在测试阶段通过计算真实边界框（Ground-truth Bounding Box）与预测框之间的交并比（Intersection Over Union，IOU）来评估定位的准确率[108]。如果 IoU 值大于 0.5，则该预测被认为正确，最终准确率是在所有指称表达上计算平均值得出的。

2. 两阶段框架

近年来，解决指称表达理解任务的方法主要分为两阶段和一阶段两大类。两阶段方法的解决思路可描述为：给定输入图像，利用预训练好的检测器生成一系列候选区域建议框（Region Proposal），然后训练模型根据多模态图像和语言特征，在候选区域集合中选择最符合描述的目标区域。具体可表述为给定图像 I 和指称表达 S，计算目标区域 R 的最大概率，即

$$R^* = \underset{R \in C}{\mathrm{argmax}}\, p(R \mid S, I)$$

式中，C 为检测器生成的候选区域集合。

本文将两阶段的方法分为三类进行阐述，分别是基于注意机制的方法、基于模块化网络的方法和基于图的方法。以下分别介绍每类方法的基本思想。

（1）基于注意机制的方法　早期解决指称表达理解任务的方法通常是将 CNN 得到的视觉特征和 LSTM 得到的语言特征经过多层感知器（Multilayer Perceptron，MLP）直接映射到同一向量空间，通过度量它们之间的距离对图像区域进行排序，以此得到最符合指称表达的目标区域[109][110]。然而这类方法只能粗略地结合视觉和语言特征，因此当模型在处理包含多个物体的复杂图像或较长的语言描述时，此类方法因难以排除冗余信息的干扰而导致模型定位准确性降低。因此，国内的研究者提出了很多基于注意机制的方法来增强多模态图像和语言特征表示。

文献［111］关注到属性在区分指称对象和其他对象方面起到关键作用，提出一种基于属性引导的注意方法。该方法借助语法解析器[112]提取指称表达中的属性词，让模型学习从指称对象到属性的映射，并将其作为视觉对象和指称表达的注意引导信号。该工作验证了在相关模型[110]的基础上加入该属性注意模块能够有效提升模型的准确性。

Deng 等人[113]提出将 REC 问题分解为三个注意相关的子任务：提取关键单词、理解图像中的重要区域和定位最相关的物体。然后采用三种注意模块分别对语言、图像和候选区域计算各自的注意权重，进而通过一种迭代式的累积注意方法，来促进三种模态注意之间的对齐交互。Liu 等则提出一种知识引导的重构网络 KPRN[114]，该网络在先验知识指导下对主语和对象执行注意，以构建主语对象建议对。另外，为了帮助模型建立图像和指称表达之间丰富的上下文信息，Liu 等人[115]进一步提出了一种跨模态注意擦除方法，以全面发现文本和视觉语义之间潜在的对应关系。该方法通过擦除两种模态中具有高注意权重的信息而生成更为困难的训练样本，从而驱使模型寻找最主要对应关系以外的补充线索。

此外，为了更好地学习视觉–语言之间的交互，Yu 等人提出跨模态全交互模型 COINet[116]，该模型基于 Transformer 构建，由相邻交互模块、全局交互模块、跨模态交互模块和多级对齐模块组成，有效地建立了模态内与模态间的相互关系。

国外的 Zhuang 等人提出 PLAN 网络[117]，该网络包含两个注意机制，使部分语言表达与全局图像以及候选目标直接相关联，最后将来自两个注意的信息合并在一起以推理出指称对象。

（2）基于模块化网络的方法　模块化网络是解决指称表达理解的另一重要手段，该方法受脑科学研究的启发[118]，它并不像传统神经网络一样结构固定，而是由一个个模

块动态组合而成。这种方法已经被成功应用到视觉问答[31]、视觉推理[30]等多个该领域代表性的任务中。

较早将模块化网络应用在 REC 任务上的是[29]。先前的工作侧重于将指称表达当作一个整体进行编码[106]，从而无法建立文本组件与图像实体之间的对应关系。为解决该问题，Hu 等人提出组合模块化网络 CMN[29]、端到端的学习语言分析和视觉推理。CMN 由定位模块和关系模块组成，定位模块返回表达式中的主语或对象与每个图像区域的匹配分数，而关系模块则在区域对上计算关系匹配分数。最终将两个模块组合在一起使网络充分学习文本与图像间的相互关系。

CMN 模型主要解决相对简单的文本表达理解，在此基础上 Yu 等人进一步提出一种模块化注意方法 MattNet[35]，该方法能够灵活地处理包含不同类型信息的表达式。该方法利用了两种类型的注意：基于语言的注意和基于视觉的注意。首先由语言注意模型将指称表达分解为主语、位置、关系三种短语表征，然后分别触发不同的视觉注意模块进行处理。各视觉注意模块只根据对应的短语表征去关注图像中相应的区域。在推理时，模型综合各模块的匹配分数选出具有最高置信度的区域。

（3）基于图的方法 虽然基于模块化网络的方法在一定程度上提高了模型对指称表达的理解和推理能力，但此类方法仅通过分解语言描述不同的模块，并计算各模块的匹配分数完成单级推理过程。当面对复杂的指称表达时，模型因无法建立相应的多级对象关系而导致效果面临局限。因此研究者们提出了基于图[119,120]的方法，该方法一方面可以显式地建立对象与对象之间的联系，帮助模型进行理解和定位，另一方面则提高了模型的可解释性。

较早的研究是 Wang 等人提出的一种语言引导的图注意网络 LGRAN[121]。该有向图注意网络由两部分构成：基于节点的注意用于突出相关对象，基于边的注意用于识别具有相同和不同类别的对象关系。与此同时，Yang 等人提出一种跨模态关系推理方法 CMRIN[122]，该方法将提取的跨模态信息自适应地表示为语言引导的多模态关系图。为得到具有多阶关系的上下文，该方法提出一种门控图卷积网络，对关系图进行多次图卷积运算。相关文献［123］提出了动态图注意（DGA）网络，设计了一种分析器用于预测语言引导的视觉推理过程，并在构建的对象关系图上执行多步推理以更新每个节点的对象表示。同时对模型的逐步定位和推理过程生成可视化结果，为模型可解释性提供有效依据。为了对指称表达和图像区域进行更全面的相似度匹配，Liu 等人提出一种模块化图神经网络 CMCC[124]。该网络通过消息传播机制分别计算短语和候选区域的上下文感知表示，最后基于图匹配模块计算短语和候选对象之间的相似性分数。

除此之外，也有不少研究者引入外部语言解释器，用于挖掘自然语言中隐含的语法结构信息，帮助模型建立目标物体和上下文对象的联系。最先将句法分析引入计算图构建的方法是 Cirik 等人提出的 GroundNet 网络[125]，该网络依据输入的语言描述构造语法分析树，然后将树中的语法成分和关系显式地映射到由神经模块构建的计算图中。文献［126］提出一种递归定位方法，该方法采用二叉树结构对语言进行解析，并沿着二叉树执行相应的视觉推理。与此方法相类似，Liu 等人提出神经模块树模型 NMTree[127]，该方法引入细节更为丰富的依赖性语法分析树,并以自底向上的方向累积计算出得分最高的区域。此外,为更好地对齐和理解图像与指称表达,Yang 等人提出场景图导向的模块化网络[128],该网络同时构建语义一致的语言场景图和图像场景图,并使用神经模块执行结构化推理。

综上所述,虽然现存的两阶段方法已经取得了较为显著的进展,但是该解决思路存在着两个主要的问题。首先两阶段方法依赖于第一阶段检测器的性能(如果目标区域不能在第一阶段识别出,则两阶段方法将会失效)。其次,两阶段方法存在巨大的计算成本[129],对于每一个候选区域都不得不进行特征提取和跨模态的相似性计算。针对上述问题,研究者提出了一阶段的解决思路。

3. 一阶段框架

不同于两阶段方法,一阶段方法可以直接根据指称表达从图像中定位相应的目标区域。具体可描述为:给定图像 I 和指称表达 S,直接生成预测框(Bounding Box)。

$$B = F(S, I)$$

式中,B 代表生成的预测框,F 代表相应的模型。文献 [129] 最早提出用一阶段方法解决指称表达理解任务,该方法将文本编码后融合到成熟的目标检测器中,并通过添加位置信息解决表达中的空间定位问题。尽管该方法思路简单,但它实现了更高的推理速度,同时也避免了两阶段方法中的错误累积问题。为解决长文本定位问题,Yang 提出一种递归子查询构造方法 Sub-query[130],该方法通过构造子查询学习器和调制网络对图像和表达进行多轮推理,逐步减少指称表达理解的歧义。

近几年,国内有不少研究者也对一阶段方法开展了大量研究。Liao 等人提出一种实时跨模态相关滤波的方法 RCCF[131]。该方法将指称表达理解过程看作相关滤波的过程,首先将文本表达从语言域映射到图像域,然后对图像特征进行相关滤波最终生成目标定位框。

另外,现有一阶段方法通常使用矩形对目标特征进行表示,这种方式忽略了图像中大量的细粒度信息,如对象形状和姿势,同时也包含了背景内容和不相关的特征从而影响了定位的准确度。为解决此问题,Qiu 等人提出了语言感知的可变形方法[132],该方法基于可形变卷积,实现对图像对象的细粒度特征表示,并通过建立一种双向多模态交互模型进一步改善语言和对象表示,以帮助模型进行推理。此外,Luo 等人提出一种多任务协作网络(MCN)[133],该网络可以同时实现指称表达理解任务中的检测与分割。为解决两种任务的冲突,该网络提出一致性能量最大化和自适应非定位抑制方法。该方法充分考虑了两种任务之间的内在差异,避免了任务之间的性能干扰,以实现两种任务的协同处理。

另外一点值得讨论的是,当前一阶段方法大多借助于预先定义的锚点(Anchor)[134]帮助模型定位目标区域[130],此类方法一方面引入了大量的超参数,另一方面不同的数据集需要设置不同类型的锚点,为模型的实际应用带来了困难。Suo 等人为解决此问题提出一种跨模态交叉注意模型 PFOS[136],通过学习图像中的密集格点与表达中单词之间的细粒度交互关系,帮助模型直接定位图像中的目标区域中心点。同时,对目标大小进行回归生成目标定位框,而无须借助预定义的锚框,该方法在准确性和速度上均获得了良好的表现。

现有的一阶段方法虽然在模型准确性和实时性方面有了极大的提升，但大多数模型更关注预测对象本身而忽略了指称表达和图像中丰富的上下文信息。此外，现有的一阶段方法对指称表达的显式推理不足，无法从模型中获取相应的推理过程，为后续的研究和改进带来困难。在一阶段场景下，如何更好地提取多模态上下文信息和显式地构建模型推理过程，将成为未来研究的重点。

2.2.3 视觉推理

1. 任务介绍、数据集及评价指标

视觉推理[137,138]是利用视觉、语言信息进行多步推理的一类方法，它属于深度推理任务之一，主要的形式是对图像、视频的逻辑信息进行提取，并根据提出的问题或任务产生相应的答案，进行相应的回应。涵盖的任务类型包括 VQA、video QA 以及 Physical Reasoning 等。视觉推理任务示例如图 24 所示。

A1.Is the tray on top of the table black or light brown? light brown
A2.Are the napkin and the cup the same color? yes
A3.Is the small table both oval and wooden? yes
A4.Is there any fruit to the left of the tray the cup is on top of? yes
A5.Are there any cups to the left of the tray on top of the table? no
B1.What is the brown animal sitting inside of? box
B2.What is the large container made of? cardboard
B3.What animal is in the box? bear
B4.Is there a bag to the right of the green door? no
B5.Is there a box inside the plastic bag? no

a）自然场景视觉推理问答

Q: Are there an equal number of large things and metal spheres?
Q: What size is the cylinder that is left of the brown metal thing that is left of the big sphere?
Q: There is a sphere with the same size as the metal cube; is it made of the same material as the small red sphere?
Q: How many objects are either small ceylinders or metal things?

b）三维几何构造场景推理问答

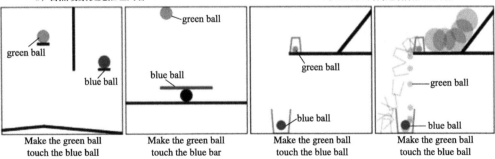

| Make the green ball touch the blue ball | Make the green ball touch the blue bar | Make the green ball touch the blue ball | Make the green ball touch the blue ball |

c）物理场景问答：通过加入新球体使得绿色球和蓝色球在仿真开始后相撞

图 24　视觉推理任务示例[139-141]

视觉推理数据集包括 CLEVR[140]、GQA[141]、PHYRE[139] 等。其中 CLEVR 使用简单 3D 几何图形构建图像，包括 10 万张图像和 100 万个自动生成的问题，去除了数据集中可被挖掘的偏置，让模型不能绕开推理步骤进行学习，同时增加了每种问题的推理类型，便于研究模型学习的效果。GQA 利用了现实图像构造数据集，有超过 1.1 万张图像，并使用场景图生成 2 200 万个内容广泛、具有复杂逻辑的问题，让数据集在保证丰富的现实场景同时，更好地体现了语义信息。PHYRE 在 2D 的仿真物理空间上生成物体所在的图像场景，有 50 个任务集合，每个任务集合有 100 个任务。

在评测指标上，有准确率、一致性、合法性等。准确率指标是指对每个问题如果产生的答案和标注符合记为 1，否则记为 0，再将所得分取平均。一致性指标是指对每一个模型回答正确的问题，在数据集中额外提出一些能由这个问题的答案推出的结论，针对这些结论，再提出新的问题，组成一个集合，让模型继续回答这些新的问题，在新问题上的准确率，反映了模型依据的猜测是否前后一致。合法性指标则是为了检测某个答案是否在问题所问的类型范围内而设置的指标。对一个问题定义这个问题对应的答案类型，例如询问颜色的问题，对应的答案类型应该是颜色，询问动物的问题对应的答案类型应该是动物等，这样如果产生的答案在问题对应的类型中就记为 1，否则记为 0，再对所有问题的得分进行平均。

2. 时空注意机制

时空注意机制，是对视觉的空间尺度上或者文本序列的时间尺度上调整关注区域，从而改变每一步推理时所要注意的视觉或文本范围的方法。而视觉推理任务在分析的过程中，根据相应的文本逻辑和视觉结构进行推理非常重要，反映到时空尺度上就是注意区域的移动。

Nam 等人[142]使用了在每个时间步利用语言注意和视觉注意相互调整关注区域的方式，并使用一个内存向量来存储当前生成的混合注意，作为下一步生成各自视觉、语言上下文注意的输入，以达到更好地联合视觉、语言中重要区域的目的，在指导每步的关注区域上取得了成效。Yang 等人[143]使用一个控制器控制在每一步用视觉信号经过多层感知机生成对固定语义信息的权重，再由语义权重利用注意生成对视觉信号的特征空间权重，从而完成时空交互。Hudson 等人[144]使用了视觉、文本特征分离的构造，控制单元在每一步都从独立不变的文本特征和变化的循环内存值生成对图像的控制信号，再利用控制信号生成新的视觉特征提取信号和循环内存值。而 Ben-Younes 等人[145]为了更好地生成图像上被检测物体特征上的显著性得分，使用了问题作为上下文向量与物体特征进行块双线性融合的方式生成完整的注意，在使用问句作为指导的注意生成上进行了有益的创新。Jang 等人[146]则利用处理文本的长短时记忆网络配合多层感知机，获得每一帧的特征图空间权重，再使用相同的 LSTM 权重和多层感知机权重继续获得不同帧的权重值，从而获得对时序和空间的感知，达成了对于视频进行视觉推理的任务。Cooray 等人[147]也是遵循了对每个角色的特征进行聚合，以此产生文本注意，进而用文本注意作输入产生图像区域的注意的理念。Tan 等人[148]使用了 Transformer 作为融合时空特征的有效工具，在提出的 LXMERT 模型中，构建了具备三个编码器的 Transformer，分别进行物体关系建模、语义分析以及跨模态交互，同时通过 5 个预训练任务让模型在联系时空语义的能力上有了进一步的增强，获得了很好的效果。而 Zheng 等人[149]区别于常规的注意模型，利用 Transformer 从跨模态关联的角度寻找不同模态之间高一层关联的表征。他们利用 BERT 处理文本，形成文本内部的关系，类似地，采用单模态的 Transformer 获得图像中物体间的关系，而后对单模态的输出进行对齐获得更高层的物体关系的交互，由此得到关联得分，从而得到跨模态交互的模型。

基于时空注意力的方法在特征融合、时序推理控制和多步推理上有非常多的应用，在生成推理信号、表示语义之间的隐含逻辑上有着广泛的应用前景，如何更好地借助时空注意将该逻辑显式建模为推理过程也有很多值得挖掘的空间。

3. 图结构建模

基于图结构的方法，是利用图像的结构信息或者文本的语法结构，构造场景图、概率图等图模型或结构，以生成先验，辅助每一步的时序推理的一类方法。这种方法用严谨的数学结构更好地将不同视觉、文本的内涵和推理逻辑包容在了先验知识中，具备很好的理论支持。

在使用图结构的模型中，Chen 等人[150]提出的 Graph Module 将图像构建成了一个关于被检测区域的抽象图结构，每一步通过按照边的类型、权重聚合不同类型节点编码获得对区域的特征，再与使用卷积模块获得的局部特征进行融合，获得输出。Lee 等人[151]只使用了标签类型作为节点构造的抽象图结构，只在最初生成节点编码使用了相应的特征，之后依据类型关系作为边进行更新。Shi 等人[152]用被检测的物体构造场景图，图的节点编码为物体的特征，有向边的编码则使用节点编码生成，并在场景图上运行相应模块获得结果，在可解释性、扩展性等方面取得了很好的效果。Hu 等人[153]也是将图上被检测物体或区域当成节点，根据节点包含的本地特征以及区域特征生成每对节点之间的连接权重，在语言输入的参与下通过多次信息传递更新节点的区域特征，从而生成最后的节点特征。Yang 等人[123]先以图像上的被检测物体作为节点构造代表物体联系的有向图，再根据有向图和文本、视觉特征构造另一个跨模态图，接着对跨模态图进行推理获得结果。Haurilet 等人[154]是将被检测物体或区域作为节点，提取的特征作为节点的编码，值得注意的是，该工作引入了马尔可夫链，使用软路径生成概率的方式，以输入问句的方向编码为指导用迭代的方式获得固定长度的路径在所有可能路径下出现的概率，并将其反映到每个节点成为路径最后一个节点的概率上，以此作为注意对视觉特征进行聚合，达到了很好的效果。Li 等人[155]在按照被检测区域的特征，构造图和邻接矩阵后，使用图卷积神经网络的方式先对节点的特征进行更新，获得增强的节点特征后，在增强后的图上进行全局语义推理，得出图像的描述。Tang 等人[156]先用被检测的物体特征，生成一个包含所有物体对之间正当性得分的矩阵，依据矩阵用构造生成树的普利姆（Prim）算法生成一个最大生成树，再将最大生成树每个节点最左子树的兄弟节点串在一起得到一个二叉树结构，再利用该二叉树结构进行 Bi-Tree LSTM 建模得到针对下游任务生成的特征，取得了较好的效果。Zareian 等人[157]把原本场景图中作为边的谓语动词也作为和实体一样的节点来表示，用谓语动词和实体之间关系（主语、宾语等）作为新的边，使用动态、基于注意的信息传递来生成图中的节点和边，并最终得到相应的场景图。Liu 等人[158]利用定义的语法来解释场景，将人类的先验常识带入语法之中，并将属于相同描述的物体放入同一组中，再对图像中属于同一组的物体进行处理得到描述的序列。Hudson 等人[159]先根据输入图像，构建一个代表图像内部语义的概率图，这个概率图就充当了一个结构模型，之后再在图上进行顺序推理，通过迭代图的节点来给出答案或得出预测。

当前对如何引入图结构辅助逻辑推理有很多解释和应用，未来多种引入图结构的方式可能会使用得更加频繁，在比较多种图构建方式后选择最适合下游任务的方式，作为增强模型效果的一种可行的方式值得未来进一步探索。

4. 模块化网络

模块化网络是在视觉推理中通过设计模块布局，设计单个模块的结构或者研究推理任务如何分配到具体模块的一类方法。对序列到序列的模块代理的执行序列进行生成，对模块完整的执行布局直接产生，对模块的通用执行链接进行描绘以及对单个模块的任务设计进行优化等是其通常采用的一些具体方式。

用函数表示一个模块，并生成函数的执行序列，是有效的模块使用手段。Johnson 等人[30]利用一个序列到序列的函数程序生成器，来生成对于推理过程进行表达的函数执行过程，而执行器用一个单独的网络模块对应函数程序中每一个具体的函数，函数程序可以映射为由执行流构成的树结构，生成器和网络模块使用强化学习进行训练。Yi 等人[160]也使用序列到序列的方式，用输入问句序列产生函数程序，在图像特征上，采用了对每个单独的被检测区域使用一个独立特征的方式，用函数模块对多个被检测区域进行遍历执行，达到了很高的准确率。Hu 等人[31]使用序列到序列的方式，用输入问句作为后验概率，生成函数模块执行流程树以一段序列表达的形式，并且序列用逆波兰表达式（Reverse Polish notation）进行描述，然后再把逆波兰表达式序列还原为树结构，由树结构得到执行的模块布局。Liu 等人[161]使用 LSTM 作为序列到序列的生成器，生成有结构的模块执行方式。Tian 等人[162]先对描绘三维图像的语法格式进行定义，接着用 LSTM 模块构建三维图像的语法描述，然后用另一个 LSTM 模块执行相应的语法描述，从而生成和原始图像相近的图像。Mascharka 等人[163]提出了一系列视觉推理的新模块，这些模块被强制加入了注意机制，用 Johnson 等人[30]中提到的函数程序组织这些模块，每个模块被映射到一个函数，经过改进后，提升了在视觉问答任务上的效果。Mao 等人[164]使用了视觉模块构建物体的表征，再用语义分析模块将问句翻译成可执行的函数程序，最后使用程序执行模块基于视觉表征执行生成的函数程序。

模块布局的自动选择和生成是此类方法普遍采用的手段之一。Kim 等人[165]利用了一个分治法的思想，将大问题分解成多个小问题，对每个模块事先设计好可能调用的子模块列表，子模块设计好自己的模块列表，并设计终止模块，子模块输出通过软权重的方式进行合并，该工作通过设计不同模块将这个框架运用到了多种视觉推理任务中，获得了更好的效果。Eyzaguirre 等人[166]对可以被分解成子模块的任何模型，提出了可微自适应计算控制机制，这一机制节省了模型的计算量，能够有效减少模型的计算复杂度。

模块的优化和手工设计是另一个重要的方面。Zellers 等人[167]提出了 R2C（Recognition to Cognition）模型，这个模型被分成三个模块，学习模块会学习一个图像、语言的联合表征，上下文模块学习表征之间的交互和影响，最后推理模块使用双向 LSTM 获得结果。Hu 等人[168]设计了一个栈内存，用来反映所有模块在每步执行过程中，对前面各个模块输出的结果的综合需要，同时可以用梯度更新的方式对模型参数进行更新，取得了很好的效果。Mao 等人[169]提出了由三个模块组成的模型对图像进行处理，一个检测图像中重复模式的神经网络模块，一个描述程序生成器，一个生成式模型，通过检测重复特征、推测特征的内在描述，再由描述指导图像的处理。Qi 等人[170]提出了推测物体未来时刻位置的卷积交互网络，这个模块由物体推理、关系推理、联合评价等子任务构成，每个子任务用卷积模块进行处理，最终获得多步后的输出。Na 等人[171]使用了读神经网络和写神经网络，通过每一步不同网络的内存读写完成推理，以获得对抽象信息的理解。Yao 等人[172]改进 Perez 等人[173]的线性调制，引入了两个新的模块——视觉调制模块、语言调制模块，再用两个模块在每一步的交互推理中获得答案。Santoro 等人[174]引入了关系网络作为一个即插即用的模块，来辅助需要关系推理去解决的视觉推理任务，例如视觉问答等，取得了很好的效果。Baradel 等人[175]提出了推理不同时空的被检测物体实例的神经网络模块，这个模块可以对交互过程进行推理来得出活动的认知，并且能够对不同时刻物体之间的成对关系进行预测。Perez 等人[176]提出了条件批归一化网络层，这一模块在没有强先验知识的情况下，可以直接从图像和文本学习到推理内部的逻辑结构，从而学得一个以输入问句为根据的多步处理过程。Perez 等人[173]提出了特征线性调制网络，这一模块通过输入条件信息的特征仿射变换，使得卷积神经网络能够更好地定位当前指示的物体，并且可以让模型更好地迁移到训练中未曾见过的数据上。Han 等人[177]将问题转化为最大化问句和答案联合分布的对数函数，提出了在隐空间上将推理过程模拟为顺序规划的框架，展示了可解释推理过程的三个基本模块，即状态转移、状态推理和生成重建。Kim 等人[178]利用神经常微分方程，构造了可以正则化基于注意推理的模块，这个模块可以用于任何使用注意的时序推理模型。Aditya 等人[179]提出了可以从不同信息类型中推测答案的推理模块，这一模块可以进行显式推理，同时对背景信息和结构信息有良好的提取能力，也提供了可解释的接口。

人工设计和建模的模块化方法在各项任务中获得了较好的效果；而自动化生成模块布局的方法目前仍要引入相应的先验知识来提升效果，未来存在改进的空间。

2.2.4　视觉问答与对话

1. 任务介绍、数据集及评价指标

视觉问答与对话是视觉语言领域的基本任务之一。在视觉问答（Visual Question Answering，VQA）[180]任务中，计算机基于图像中的视觉元素与一般知识，对输入的自然语言问题推断并输出正确的自然语言答案。视觉对话（Visual Dialog）[181]在视觉问答的基础上，需要计算机结合图像、问题，并从历史对话内容中获取上下文，以输出合理的自然语言内容。视觉问答与视觉对话任务示意图如图 25 所示。

VQA

Q：How many people on wheelchairs?
A：Two

Q：How many wheelchairs?
A：One

Visual Dialog

Q：How many people are on wheelchairs?
A：Two
Q：What are their genders?
A：One male and one female
Q：Which one is holding a racket?
A：The woman

图 25　视觉问答与视觉对话任务示意图[181]

视觉问答任务使用的数据集至少包含由图像、问题及其正确答案组成的三元组,有时也会提供其他的注释以提示答案的图像区域或提示多项选择答案。多数视觉问答数据集中的图像取自 MSCOCO 数据集[62],视觉问答数据集可以分为三类,分别为自然场景图像数据集、合成场景图像数据集以及外部知识数据集。

如表 3 所示,较为典型的自然场景图像数据集包括 DAQUAR[182]、COCO-QA[183]、FM-IQA[184]、Visual Genome QA[185]、Visual7W[186]、Visual Madlibs[187]、VQA-real[14] 等。除 DAQUAR 数据集的图像来源于 NYU-Depth v2 数据集[188]外,其余数据集的图像均来源于 MSCOCO 数据集。DAQUAR 数据集是最早的,同时也是最小的视觉问答数据集。COCO-QA 数据集[183]只有物体、数量、颜色和地点 4 类问题,所有问题的答案都是一个单词。FM-IQA 数据集的问题和答案均是人为生成的,答案可以是一个句子。Visual Genome QA 数据集没有对训练和测试数据进行切分。Visual7W 数据集是 Visual Genome QA 数据集的一个子集,回答是多选式的,这两个数据集都不包含二值问题。Visual Madlibs 数据集与其余数据集不同,是一个完形填空形式的数据集,需要计算机对被挖空的句子进行填空补充。VQA-real 数据集分为 VQA-real v1 和 VQA-real v2 两个版本,这类数据集又称 VQA 数据集,也是视觉问答任务中最常用的数据集,v2 版本是对 v1 版本的更完善版本,相较 v1 版本的问答数据规模扩充近一倍。

合成场景图像数据集有 Balanced 数据集[189]和 CLEVR 数据集。Balanced 数据集是为了解决数据偏见而设计的,一共包含了 10 295 张训练图像和 5 328 张测试图像。CLEVR 数据集为合成数据集,是由一些简单的几何形状构成的视觉场景。

表 3　视觉问答与对话代表性数据集

数据集	图像来源	图像数量	问答对数量	平均问题长度
DAQUAR	NYU-Depth v2	1 449	12 468	11.5
COCO-QA	MSCOCO	117 684	117 684	9.7
FM-IQA	MSCOCO	158 392	316 193	7.4
Visual Genome QA	MSCOCO	108 000	1 445 322	5.7
Visual7W	MSCOCO	47 300	327 939	6.9
Visual Madlibs	MSCOCO	10 738	360 001	6.9
VQA-real v1	MSCOCO	240 721	614 163	6.2
VQA-real v2	MSCOCO	240 721	1 105 904	6.4

外部知识数据集包括 KB-VQA[190]、FVQA[191]。其中,KB-VQA 数据集知识库基于 DBpedia[192],图片来源于 MSCOCO 数据集,每张图会有 3~5 个问答对,总计有 2 402 个问题,每个问题都是从 23 种模板里面选择的。FVQA 数据集不仅有图像和问答对,还有外部知识,问题总共可以分成 32 类。

视觉对话任务中最常用的数据集是 VisDial[181],该数据集共包含 12 万张图像,均收集于 MSCOCO 数据集,每张图像都有一组对话,每一组对话含有 10 个问答对。该数据集已分为训练集、验证集和测试集,三部分包含的图像数量分别为 123 287 张、2 064 张和

8 000 张。

视觉问答的大多数据集都可以通过将答案限制为单个词语或短语来绕过评价时的语法和语义问题，这一方法使得视觉问答的任务在评价时可以使用计算机自动进行。Wu 等人[193]提出了视觉问答任务的两个评价指标，第一种是使用字符串匹配来简单地测量输出答案相对于真实答案精度，只有完全匹配才认为是正确的；第二种是使用 Wu-Palmer 相似度（Wu-Palmer Similarity，WUPS）来评估，根据两个单词在一个分类树中的最长公共子序列来计算相似性，如果预测单词和标准答案单词的相似性低于设定的阈值，则候选答案的评分为 0。VQA-real 数据集内包含开放式问题，其准确率的计算方式为

$$准确率 = \min\left\{\frac{标注此答案的人数}{3}, 1\right\}$$

也就是说，如果至少 3 个标注者将一个答案标注为正确答案，那么这个答案就认为是正确的。

视觉对话任务通过检索或多次评估每个问答回合上的单个响应来进行评估。具体来说，在测试时，会向 VisDial 系统提供图像、"真实情况"对话历史记录（包括图像标题）、问题和 100 个候选答案的列表，其中有且只有 1 个标准答案，并要求返回候选答案的排序。常用的评测指标包括：①标准答案的平均排序；②标准答案在前 K 个排序中的比例（Recall@K）；③平均倒数排序（Mean Reciprocal Rank，MRR）。

2. 视觉问答

（1）注意力机制　注意力机制是视觉问答任务中的主流方法之一。早期较为典型的方法包括 SMem[194]和 SAN[195]。其中，SMem 模拟多次注意力寻找答案的推理过程，在第一次注意力操作时，用每一个单词计算与图像的相关性，从而实现一次相关性权重的计算。随后堆叠多次注意力操作，很好地结合每次计算的结果用于答案的预测，从而实现模拟推理的过程。SAN 与 SMem 类似，也提出了一种堆叠的注意力网络，使用多层注意力机制，多次查询图像以定位相关的视觉区域并逐步推断答案。随后，Lu 等人提出了一种分层注意力（Hierarchical Question-Image Co-Attention，HieCoAtt）[7]模型，进一步细化了问题，基于词、短语、语句三个层级分别构建注意力权重，最终的答案通过由低到高依次融合三个层级的特征来预测。

此外，国内也有一些研究者对基于注意力机制的视觉问答任务展开相关研究。由于协同注意力在图像和文本表示中有着不错的表现，模块协同注意力网络（Modular Co-Attention Network，MCAN）[196]进一步将协同注意力拓展到了深层模型中，MCAN 的设计灵感来自 Transformer 模型[83]，每一个模块协同注意力（Modular Co-Attention，MCA）层都能够对图像和问题的自注意力进行建模，以及对图像问题的引导注意力进行建模，再将模块协同注意力进行级联获得 MCAN。再注意力（Re-Attention）模型[197]在注意力机制的基础上，强调了问题答案中的信息对于任务预测的重要影响，利用答案计算图像的注意力权重，通过最大限度地减少一致性损失来引导基于问题的视觉注意力学习。

尽管基于注意力机制的模型已经取得了很大的进展，但大多数工作仅对图像中单个区域与问题中的单词之间的关系进行建模。对于图像与问题之间的全局注意力的研究仍

是一个值得探索的方向。

（2）特征融合　对于视觉问答这样的多模态任务，需要融合不同模态的向量，以获得联合特征表示。考虑到双线性池化（Bilinear Pooling）[12]方法在细粒度的视觉识别任务中取得的成功，一些研究工作着手将双线性池化方法应用到视觉问答任务中。常用的融合方法包括拼接、按位乘和按位加，但上述简单的操作与外积相比效果较差。多模态紧凑型双线性池化（MCB）[11]将外积的结果映射到低维空间中，并且不需要显式计算外积，避免了外积计算复杂度过高的问题。多模态低秩矩阵双线性（MLB）融合注意力网络[17]提出使用哈达玛积的方式进行矩阵运算以融合特征，进而降低了输出特征的维数，相较于MCB大幅减少了参数量，提升了性能。多模态矩阵分解双线性（Multi-modal Factorized Bilinear，MFB）池化[198]进一步采用了矩阵分解的方式，并结合了协同注意力机制，结合了MLB输出特性紧凑和MCB表达能力强的双重优势，并且缓解了前述两类方法参数过多、收敛速度过慢及对超参数过于敏感的缺点。此外，MUTAN框架[199]基于多模态张量塔克（Tucker）分解，能够有效地在视觉和文本的双线性交互模型中进行参数化，具有更强的表现力。BLOCK[145]可以认为是MUTAN的改进版，结合了塔克分解的优势，定义了一种新的方式，用于优化融合模型的表达性和复杂性之间的平衡，能够表示模态间的精确交互，同时保留强大的单模态特征表示。

多模态数据的融合可以提供丰富的信息，并且可以提高总体结果决策的准确性，有助于视觉问答模型获得更高的预测精度。但由于该类方法的参数量级较大，对于内存的要求较高，目前视觉问答任务的研究已倾向于其他类型的方法。

（3）模块化网络　由于视觉问答任务具有明显的分步执行特性，即视觉问答任务可以被拆解为若干步骤，研究人员开始尝试将神经网络进行模块化的工作。神经模块网络（Neural Module Network，NMN）[28]是最早将模块化神经网络引入视觉问答任务的方法，NMN将"查找"（Find）、"转换"（Transform）、"结合"（Combine）、"描述"（Describe）等基本功能划分为若干个子模块，使用自然语言解析器解析每个问题，以此分析出回答问题所需的基础组成单元以及组成单元之间的联系，并依据这一联系进行模块的组合。在NMN的基础上，大量基于模块化网络的方法涌现出来。例如，N2NMN[31]利用了端到端的训练方式，提出一种新的学习布局策略的方法，可以在测试时不借助外部语言资源，动态预测每个实例的网络结构。Stack-NMN[168]使用栈的方法将多个不同的模块输出组合起来，并按照确定的步骤，根据权重组合每个模块的栈和栈指针，使得整个模型都可以使用梯度下降进行训练。TbD-net[163]提出的方法中的程序生成器与模块化网络中的布局策略相似，程序执行模块也采用了模块化神经网络。NS-VQA方法[160]将用于视觉识别和语言理解的深度表征学习和用于推理的符号程序执行相结合。Prob-NMN[200]也采用了神经网络和符号操作相结合的方法，并结合了概率模型构建模块化神经网络。MMN[201]设计了一个抽象的元模块，该模块可以根据一组预定义的指定函数属性的键值对动态转换为各种实例模块。

基于模块化网络的方法提供了一个通用框架，将网络抽象成多个独立的子模块，这些子模块可以动态组合成任意深度的网络，对于不同视觉问答场景的任务，可以灵活组合网络结构，针对特定问题形成特定网络。

（4）图结构建模 随着图结构和图神经网络相关研究的不断深入，基于图的方法也应用到了视觉问答任务中。Teney 等人提出的图结构表示法（Graph- Structured Representation）[202]在视觉和文本两个模态上分别建立场景图，使用视觉和文本的结构化表示提升了视觉问答任务的效果。Narasimhan 等人[203]将用深度网络筛选事实的训练过程用图神经网络代替，构建了一个端到端的推理系统，用于具有知识库的视觉问题解答。语言条件图网络（Language- Conditioned Graph Network，LCGN）[153]使用了每个节点表示一个物体，基于输入的文本信息，通过迭代的消息传递，最终得到物体的上下文表示。中国科学院计算技术研究所提出的多模态图神经网络（Multi-Modal Graph Neural Network，MM- GNN）[204]通过构造三个不同的图，聚集不同图之间的信息，学习更好的特征用于下游的视觉问答任务，与其他用于视觉问答的图神经网络不同，这项工作使用了多模态图上的信息聚集。

使用图结构或图神经网络可以在一个图像中显式地对多个对象之间的交互关系进行建模，从而在图像节点之间有效地传递信息。图神经网络可以在语言中构建单词之间的句法依赖关系，并在视觉中构建对象之间的依赖关系，借助上述依赖关系可以提升视觉问答任务输出结果的准确性。

（5）大规模预训练 近年来，基于 Transformer 结构的预训练模型在自然语言处理领域取得了突破性的进展，研究人员开始探索将该方法引入计算机视觉的各项任务中，视觉问答也是其中一环。最具代表性的工作包括 ViLBERT[205]、VLBERT[206]、LXMERT[148]、UNITER[207]、Oscar[208]、12- in- 1[209]、VisualBERT[210]等。VLBERT 与 VisualBERT 和 BERT 类似，在结构上采用了堆叠的 Transformer，在一开始就将文字和图片信息通过 Transformer 的自注意力机制进行对齐融合。ViLBERT 和 LXMERT 在一开始并未直接对语言信息和图片信息进行融合，而是先各自经过 Transformer 的编码器进行编码，当两种模态各自进行编码后，其输出会经过一个共注意力机制模块。该模块也是基于 Transformer 的结构，只是在自注意力机制中每个模块都用自己的查询去和另一模块的键和值计算注意力，由此来融合不同模块间的信息。12- in- 1 是在 ViLBERT 上的拓展，可以避免视觉信息泄露并有效地降低负样本带来的噪声。UNITER 和 Oscar 仅使用了一个 Transformer，就能完成跨越两个模态的任务。

预训练提供了更好的模型初始化，这通常会带来更好的泛化性能，并加速对目标任务的收敛。在大规模数据集上训练获得的模型，经过微调以迁移到下游任务上，模型的性能可以得到显著提升。

3. 视觉对话

（1）注意力机制 视觉对话中的注意力机制主要基于对提出的问题和历史对话的理解，并为图像的每个区域分配权重，找到与问题最相关的区域，并对这些区域编码多模态信息，是后续多模态信息融合的基础。基于注意力机制的方法包括基于注意力的层次递归编码模型（Hierarchical Recurrent Encoder with Attention，HREA）[181]、记忆网络（Memory Network，MN）[181]、基于历史的图像注意力编码模型（History-Conditioned Image Attentive Encoder，HCIAE）[211]、协同注意力模型和协同网络（Synergistic Network）[212]。

其中，HREA 包含一个对话框级的循环神经网络（Recurrent Neural Network，RNN），位于问答级的递归块的顶部。在每个问答的循环模块中，还包括一个"关注历史记录"机制，用于选择和关注与当前问题相关的历史记录。MN 算法将每个先前的问答对在其存储库中视为"事实"，并学会了"轮询"存储的事实和图像以学习上下文。HCIAE 首先提取问题特征，然后根据问题对每个图像区域进行注意加权计算，最后根据问题和图像对每条对话历史进行注意加权计算。CoAtt 旨在确保注意力可以有效地传递到图像、问题和对话历史记录上，依据其中两个输入计算第三个输入的注意力。协同网络将联合注意力模型的步骤分为两个阶段，先根据候选答案与图像和问题对之间的相关性，对候选答案进行粗略的评分，再通过图像与问题的协同作用，对具有较高正确性的答案进行重新排序。

相比于视觉问答，视觉对话是一个更高层次的任务，更需要考虑图像、问题和对话历史之间，或者对话历史中的多个问答对之间的交互。如何更好地基于注意力机制解决这些因素间的交互问题仍有许多值得研究的空间。

（2）视觉共指解析　视觉共指解析（Visual Co-reference Resolution）问题涉及确定哪些词（通常是名词短语和代词）共同指代图像中的相同实体或对象实例。为了解决视觉共指解析问题，Seo 等人提出了一种注意力存储器（AMEM）[213]，将序列级别的先前视觉注意力存储在存储器字典中，通过在所有内存字典上施加软注意力来检索之前的视觉注意力图，并将其与当前的视觉注意力联系起来。Kottur 等人提出的共指解析神经模块化网络（Coreference Resolution Neural Module Network，CoreNMN）[214] 尝试依靠现成的解析器在单词级别解析视觉共引。双重注意力网络（Dual Attention Network）[215] 是一种使用语言线索识别共同指示代词的方法，由两种注意模块组成，参考（Refer）模块采用多头注意机制来学习给定问题和对话历史记录之间的潜在关系，查找（Find）模块使用图像特征并集中说明文字的文本表示来计算图像的对应区域。

国内也有研究者对此类方法开展了研究。递归视觉注意力模型（Recursive Visual Attention，RVA）[216] 是 Niu 等人于 2019 年发表的一项工作，通过使用递归方法来查找最匹配的历史问题，有效解决了模型难以识别历史对话中由共同指代代词表示的实体的困难，改进了信息融合编码器。

基于视觉共指解析问题的方法提供了关于视觉共指的内省性推理，它并非在隐式或句子级别上，而是在更精细的单词级别上执行显式的共指解析，在视觉问答任务中取得了新的高精度效果，同时在构造上更易于解释，也更扎实和一致。

（3）图结构建模　近年来，图结构和图神经网络在视觉–语言交互领域得到了较为广泛的应用与发展。基于图的视觉对话任务也展现出了较好的效果，比较具有代表性的方法有因子图注意力（Factor Graph Attention，FGA）模型[217]、图神经网络、对偶编码视觉对话（Dual Encoding Visual Dialogue，DualVD）[218] 等模型。FGA 是基于图结构的注意力框架，其中节点对应于各类应用，而因子则对各应用中的多源数据的相互作用进行建模，这些多源数据通过图中的边进行连接。GNN 将标题和先前的问答视为可观察到的节点，而当前答案被视为使用期望最大化（Expectation Maximum）算法在文本上下文中推断出的未观察到的节点。来自中国科学院信息工程研究所和北京航空航天大学的研究工作 DualVD[218] 从语义和视觉两个维度刻画视觉对话任务中的图像信息：语义模块描述图像的局部以及全局的高层语义信息，视觉模块描述图像中的对象以及对象之间的视觉关系。

基于图结构的视觉对话任务解决方法致力于寻找到对图像、问题和对话历史进行关系建模的高效方法，将对话表示为图结构，其中节点是对话实体，边是节点之间的语义相关性。给定对话历史记录作为输入，可以通过观察图结构推断出未知节点的值。基于图的方法使得图结构模型与视觉对话任务获得更深度的结合。

（4）大规模预训练 随着预训练方法在其他深度学习任务上的成功应用，近期的视觉对话任务也引入了基于预训练的相关方法。较为典型的两项工作是 VisDial-BERT[219] 和 VD-BERT[220]。VisDial-BERT 是基于 ViLBERT 的改进版模型，先在 Conceptual Captions 数据集[221] 和 VQA 数据集上进行大规模预训练以学习强大的基于视觉的表示形式，而后在 VisDial 数据集[181] 上进行微调。香港中文大学的 Wang 等人提出的 VD-BERT 使用预训练的 BERT 作为视觉对话模型，联合编码视觉信息和文本信息，既适用于判别式方法，也适用于生成式方法，在 VisDial 数据集上实现了单个模型和集成模型二者的最优结果。

与视觉问答任务类似，采用一些在视觉对话任务中微调后的预训练模型能够为视觉对话任务的输出结果带来巨大提升，而且具有较好的泛化能力，是未来可行的探索方向之一。

2.2.5 视觉–语言导航

1. 任务介绍、数据集及评价指标

视觉–语言导航（Vision-and-Language Navigation，VLN）需要模型根据自然语言指令结合视觉信息在真实场景中执行导航任务，如图 26 所示。

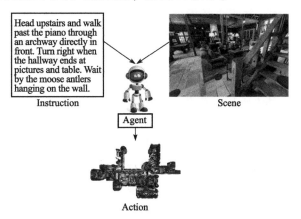

图 26 视觉语言导航任务[222]

要求智能体根据语音指令结合场景图像信息在未知环境中导航形成动作。

常见的数据集包括 Room-to-Room（R2R）[222]、Room-for-Room（R4R）[223] 和 Room-across-Room（RxR）[224]等。其中 R2R 数据集是该任务被提出时的第一个测试数据集，它以 Matterport3D 数据集[225]为基础，构建了导航图（Navigation Graph）并进行了语义数据标注，形成了包含超过 2 200 条平均长度为 29 个单词的语义指令。R4R 数据集在 R2R 数据集的基础上，增加了更多的轨迹，并同时增加了多轮导航（Multi-round Navigation）任务。RxR 数据集是由 Google 公司提出的多语言（含英语、印地语和泰卢固语）的大型（10 倍于 R2R 数据集）的视觉-语言导航任务数据集。

常见的模型评价指标包括导航成功率、导航误差、路径长度和逆路径长度加权成功率（Success rate weighted by inverse Path Length，SPL）等。其中，导航误差是指智能体（Agent）的最终预测位置与真实值之间的最短路径距离；导航成功率是指智能体预测的最终位置在真实值 3m 以内的百分比；逆路径长度加权成功率是权衡了成功率和路径长度后的综合指标，是度量智能体性能的主要指标。

2. 模仿学习

模仿学习是解决视觉-语言导航任务的主要方法之一，其主要逻辑为：智能体根据人类专家提供的决策/行为数据学习相关策略，这一过程也被叫作行为克隆（Behavior Cloning）。在视觉-语言导航任务中，智能体根据人类专家的决策数据（状态和动作序列）进行特征提取和回归，进而得到最优的策略模型。

视觉-语言导航任务最早由 Anderson 等人[222]于 2017 年提出，旨在提升机器人利用第一人称视角理解人类语言并进行积极环境探索的主动学习能力。它将真实环境简化为导航图，模仿专家演示进行"序列到序列"（Seq2Seq）模型训练，并提出了该任务的首个数据集 R2R。

在紧随其后的 2018 年，Fried 等人[226]提出了基于视觉的 Speaker-Follower 模型，有效提高了智能体对于高阶决策和界标（Landmark）的理解程度，显著提升了智能体对专家决策的模仿能力。Vasudevan 等人[227]在模仿学习的框架下引入了基于软注意力（Soft Attention）机制的智能体，并将语音指令分为识别界标和确定当前方向两个子任务，提升了智能体模仿专家的能力。Zhang 等人[228]提出了利用两个互补的注意力机制的组合来提高智能体在模仿（训练）和探索（工作）之间的差距。2020 年，Hong 等人[229]在之前工作的基础上，发现减小视觉和语言序列的粒度和指令执行的可追溯性可以有效提高导航成功率，进而开发了基于子指令注意力模块的模型，显著提升了智能体对专家决策的理解能力。中科大的 Mao 等人[230]将多头注意力机制引入文本和视觉信息提取中，让模型关注指令和环境中更重要的部分，有效提升了智能体对专家行为的模仿能力。Parvaneh 等人[231]提出了利用现有环境的线性组合形成反事实（Counterfactual）场景进行模型训练，显著提高了智能体在不可见（Unseen）环境中的泛化能力。随后，Qi 等人[232]又进一步采用 BERT 模型促进细粒度视觉和指令的匹配和理解，提高了模型在多轮视觉-语言导航任务中的有效性。

面向视觉-语言导航任务的模仿学习框架是完成该任务的较为简单和直接的解决方案，它强烈依赖数据集和智能体所用模型。该框架需要大量数据样本进行模仿学习训练，且只能收集到正向示范数据，无负向示范数据。

3. 强化学习

强化学习（Reinforcement Learning，RL）是解决视觉-语言导航任务的主要方法之一，其主要逻辑为：在与环境交互的过程中，不断试错获得奖赏（Reward）实现收益最大化。在视觉-语言导航任务中，智能体根据预先设定的奖赏体系，在真实场景中进行自主探索，通过建立恰当的奖赏系统，自我学习导航策略，从而得到最优的策略模型。

2018 年，Wang 等人[233]提出了一种结合无模型和基于模型的混合强化学习方法来进行视觉-语言导航训练，通过建立奖励系统构建模型的自我学习能力。该方法可以有效提高模型在真实场景中的导航成功率和模型泛化能力。2019 年，Lansing 等人[234]实现了基于强化学习框架的、面向对话指令的视觉-语言导航模型，成功实现了模型的轻量化并将其应用于室内导航场景。

面向视觉-语言导航任务的强化学习框架为该任务的完成提供了"机器人"视角，该框架的引入为该任务的完成增加了"进化思维"。强化学习框架虽然有效提高了模型的泛化能力和成功率，但是其训练效率较低。随着自监督强化学习框架的提出，后者逐渐成为解决该问题的主流方法。

4. 自监督学习

自监督学习是目前解决视觉-语言导航任务的最主要的一类方法，其主要逻辑为：由特定算法得到"准人类专家行为"并进行学习，在不断进化中得到最优策略。在视觉-语言导航任务中，智能体在根据对人类专家行为的分析与模仿的基础上，根据环境和指令做出动作；建立的奖励系统对所做出的动作进行评价，将得分较高的动作存储并用于智能体的训练。

2019 年，Wang 等人[235]将一种多奖励机制的强化学习与自监督模仿学习相结合，给予智能体更细粒度的奖励信号使得轨迹与指令更加匹配，同时也优化了在未知环境下的泛化问题。此后，该方法成为解决 VLN 问题的主要方法。Nguyen 等人[236]利用该模型训练了可以从以往错误中学习并预测自己未来发展机会的层次化模型，提高了智能体在未知环境下基于以往经验的导航能力。Ma 等人[237]提出了 Self-Monitoring Agent 方法，加入了评价（Critic）模块对动作进行反思（Reflect），以此提高模型在陌生环境下的导航成功率。进一步地，Zhu 等人[238]提出了基于自监督框架的包含解释先前动作、评估轨迹一致性、估计进度和预测下一方向等在内共四个子目标的推理模型，提高了导航的成功率。2020 年，美国杜克大学的 Hao 等人[239]提出了利用预训练和微调的方式提升智能体的泛化能力，并在 R2R 数据集上将成功率提升了 4%。Wang 等人[240]提出了用结构化场景记忆的方式对已知场景进行结构化表示，以捕获其中的视觉线索，有效提高了智能体基于过往经验进行未知环境探索的能力。日本国家信息通信技术研究所的 Magassouba 等人[241]利用了基于 Transformer 的 Speaker 模型对语言和视觉特征进行编码和路径生成，并进行"路径-指令"相互转换来实现数据增强，有效提升了智能体对未知环境的探索能力，成为 Transformer 在该领域较早的有效尝试。

面向视觉-语言导航任务的自监督框架综合了模仿学习和强化学习的优点，其中专家行为模仿有效提升了模型训练的速度；自监督框架则能够显著增强模型对未知环境

（Unseen Environment）的导航能力，是解决该任务的较为现实（Practical）的方法。为了进一步提高导航准确度，预训练方法、BERT 模型、Transformer 模型等用于提高模型跨模态识别能力和泛化能力的方法值得未来进一步研究。

5. 新时代：连续环境

有里程碑意义的是 2020 年 5 月，Facebook AI 的 Krantz 等人[242]提出的连续环境语音导航任务数据集，摒弃了传统的离散的导航图的范式，在连续的 3D 重构环境中构建了动作空间；作为代价，该模型只能胜任短距离导航且成功率较低。2021 年，佐治亚理工学院的 Irshad 等人[243]提出的 Robotics Vision- and- Language Navigation（Robo- VLN）则在 Krantz 等人的基础上通过分层决策方法，在关键指标上与传统导航图方法的指标基本保持一致，甚至小幅超越。

面向连续环境的视觉语音导航任务更加接近真实情况，但对于智能体也更具有挑战性。其研究范式延续了前述的自监督学习框架，因此在导航速度上有所局限。未来，更快速的导航策略值得进行深入探索。

2.2.6 视觉-语言跨模态生成

视觉-语言跨模态生成任务通过学习一个复杂的生成函数，实现从一个模态空间到另一个模态空间的映射，生成准确且有意义的结果。这主要包含两个方面：一是基于视觉信息的语言信息生成；二是基于语言信息的视觉信息生成。本节将以这两个方面作为切入点，简述视觉-语言跨模态生成领域的相关进展。视觉-语言跨模态生成典型任务如图 27 所示。

The man at bat readies to swing at the pitch while the umpire looks on.　A large bus is sitting next to a very tall building.

a）图像描述自动生成任务

this small bird has a pink breast and crown, and black primaries and secondaries.　this magnificent fellow is almost all black with a red crest, and white cheek patch.

b）根据语言自动生成图像任务

图 27　视觉-语言跨模态生成典型任务[244][245]

1. 视觉到语言的跨模态生成

（1）任务介绍、数据集及评价指标　视觉到语言跨模态生成任务的主要目的是用准确且有意义的语言描述视觉传达的最显著信息。其应用领域十分广泛，包括为视觉障碍人士描述图像和视频，自动创建关于图像和视频的元数据（索引）用于搜索，人机交互的实现等。视觉描述生成任务是视觉到语言跨模态生成任务中的研究重点，本节将以该任务为线索，讲述应用在视觉到语言的跨模态生成任务中的典型研究方法成果。

视觉描述生成是结合计算机视觉、自然语言处理和机器学习的综合性任务。其输入是一幅图像或者一段视频，输出则是对输入的视觉信息的文字性描述。这要求模型不仅需要去识别视觉信息中的物体并且理解物体之间的关系，还需要用自然语言去描述它们之间的关系，生成有意义的语句。

视觉描述生成任务的视觉信息类别主要包含两种，一是图像信息，二是视频信息。其中图像描述生成任务主要包含以下典型数据集，分别是 Pascal 1k[246]、Flickr8k[247]、Flickr30k[248] 和 MSCOCO Caption[244]。Pascal 1k 是 Pascal VOC challenge 图像数据集的一个子集。它从 Pascal VOC 数据集的 20 个类别中随机选择 50 张图像，并为每张图像人工标注了 5 个描述性语句。Flickr8k 和 Flickr30k 的图像数据都来源于雅虎的相册网站 Flickr，分别包含 8 000 张和 31 783 张图像。这些图像大多是描述人们参与某项活动的情景，每张图像也对应了 5 个人工标注的描述性语句。MSCOCO Caption 是微软在 MSCOCO 数据集的基础上建立的，对于原 COCO 数据集中的 330 000 张图像都人为地标注了至少 5 个描述性语句。值得注意的是，MSCOCO Caption 数据集提供了现成的评价标准计算服务器和代码，因此该数据集越来越成为研究人员在图像描述生成任务的首选。而视频描述生成任务的主流数据集是 MSR-VTT[249]、MSVD[250] 及 ActivityNet[251]。MSR-VTT 数据集有 2016 和 2017 两个版本。其中 2016 版本被广泛使用，它包含 10 000 个视频片段，均有音频信息，并被标注了 20 条语句。MSVD 数据集含有 2 089 个视频片段的 85 000 条英文描述，以及另外十几种语言的各 1 000 余条描述。ActivityNet 数据集主要用于密集视频描述（Dense Video Captioning）任务，即一个视频片段有多个事件需要描述。该数据集包含 20 000 个视频片段，共被标注了 100 000 个带有时间注释的语句，每个语句描述了视频的一个片段。

视觉描述生成任务的主要评估方法有 BLEU（Bilingual Evaluation Understudy）[252]、METEOR（Metric for Evaluation of Translation with Explicit Ordering）[253]、CIDEr（Consensus-based Image Description Evaluation）[254] 和 ROUGE（Recall-Oriented Understudy for Gisting Evaluation）-L[255]。BLEU 方法的核心思想是机器生成的语句与人工标注的语句越接近越好，因此该方法通过计算生成文字与参考文字之间的 n-gram 重合度来进行评估。METEOR 方法通过计算最佳候选文本和参考文本之间的准确率和召回率的调和平均，判断文本的相似性。而 CIDEr 方法将每条语句视为一段文字，通过计算词频–逆文本频率（Term Frequency-Inverse Document Frequency，TF-IDF）向量的余弦夹角，得到输出文本和参考文本的相似度。ROUGE-L 方法是将机器生成的语句与人工标注的语句进行最长的公共子序列（Longest Common Subsequence，LCS）评估来确定其生成的质量。

　　近三年关于图像描述生成任务的算法主要采用了基于注意力机制的编码器-解码器结构。上述架构的关键点在于如何从静态图像中编码有代表性的视觉线索，并将图像表示解码为有意义的语句。由于图像中存在杂乱的背景、多个物体以及物体之间的复杂关系，要把所有必要的信息提炼成一个单一的向量并不容易。因此，需要根据上下文关注不同的图像区域，进而帮助描述语句的生成。鉴于注意力机制已被广泛用于视觉描述，接下来将通过图像描述任务中两种常见的注意机制——空间注意增强和语义注意增强，与针对视频特性的时序信息注意增强机制来对视觉描述任务相关方法进行梳理。

　　（2）空间注意增强　空间注意增强的视觉描述结构中，CNN 的最后一个卷积层被用于图像编码器，而不是使用全连接层，指导 RNN 解码器在注意机制下关注不同的空间位置。文献 [256] 提出回头看（Look Back，LB）方法，将前一个时间步的注意力值引入当前的注意力生成中来嵌入过去的视觉信息，并提出向前预测（Predict Forward，PF）方法在一个时间步骤中预测下两个词，并共同采用它们的概率进行推理。将这两种方法组合使用，进一步整合了过去的视觉信息和未来的语言信息。文献 [257] 提出了一个上下文感知视觉策略网络（Context-Aware Visual Policy，CAVP），与传统的视觉注意机制相比，CAVP 在每一步只关注一个视觉区域，它可以在一段时间内注意复杂的视觉组合。文献 [258] 提出了语境序列记忆网络（Context Sequence Memory Network，CSMN），使用图像描述和来自查询用户以前帖子的频繁词汇构建情境记忆，并将根据记忆状态生成一个输出词插入到词输出记忆中以捕捉长期信息。文献 [259] 提出了一个关于注意力的注意力（Attention on Attention，AoA）模块，它首先利用注意结果和当前的上下文生成一个信息向量和一个注意门，然后通过对它们进行元素级乘法来增加另一个注意，最后获得被注意的信息，即预期的有用知识，它扩展了传统的注意力机制以确定注意力结果和查询之间的相关性。文献 [260] 提出了一种基于高层次图像特征的新型图像字幕模型，实现在复杂的背景中选择适当的物体并在高层次的视觉任务中生成理想的描述。文献 [261] 提出了在自我注意内部的隐藏激活上进行归一化并对输入物体的几何结构进行建模的方法。文献 [262] 提出了 M^2 转换器，一种用于图像描述的带内存的网状转换器，该架构改善了图像编码和语言生成的步骤：学习图像区域之间关系的多层次表示，整合了先验知识，并在解码阶段使用网状连接来利用低级和高级特征。文献 [263] 提出了用图神经网络隐含地建模图像中感兴趣的区域之间的关系，并通过充分记忆之前的视觉内容来指导注意力的选择。文献 [264] 提出了基于自我注意的图像特征的多级表示法的编码器来利用低级和高级特征将图像区域对之间的相关性充分建模；解码器通过在注意力矩阵的每一行明确选择最相关的片段来提高多头自我注意力在全局上的集中度。文献 [265] 提出了 MT（Multimodal Transformer）模型在一个统一的注意力区块中同时捕捉到了模式内和模式间的相互作用。文献 [266] 将心理学中的注意力理论引入图像描述生成任务中。文献 [267] 提出了一个由三种类型的抽象节点（对象、属性、关系）组成的有向图结构（抽象场景图），以细粒度的方式表示用户的意图，并控制生成的描述的内容及其详细程度。文献 [268] 针对超声图像描述提出了一种基于区域检测的新方法。该方法同时检测并编码超声图像中的焦点区域，然后利用 LSTM 解码编码向量并生成注释文本信息来描述超声图像中的疾病内容信息。文献［269］提出了一个名为Attend-GAN 的图像描述模型，引入对抗性训练机制，协助语句生成器生成不同风格的描述。

（3）语义注意增强　语义注意增强的视觉描述结构通常将编码后的图像内容和检测到的视觉属性（即用词嵌入表示的语义信息）都反馈给文本解码器，指导 RNN 解码器在注意机制下应该关注什么。文献［270］通过预测一个有意义的图像摘要，然后根据该摘要生成描述。文献［271］在此基础上，通过最后一个输出词的 PoS（Part of Speech）标签确定是否有必要将图像表示输入到单词生成器。文献［272］提出了 Seq-CVAE 方法，它为每个词学习一个潜势空间（Latent Space），通过模仿总结未来的表达捕捉关于如何完成语句的"意图"。文献［273］提出了一种无监督的特征对齐方法，在没有任何配对数据的情况下将场景图特征从图像模态映射到语句模态。文献［274］提出了场景图自动编码器（Scene Graph Auto-Encoder，SGAE），使用归纳偏见（Inductive Bias）来构成话语中的搭配和上下文推理。文献［275］提出在强化学习框架中用自监督奖励的方式来生成图像描述，以减轻语言不流畅和视觉不相关的错误。文献［276］提出了层次化的长短期记忆（phi-LSTM）架构，从短语到语句对图像描述进行解码；在后续的推理阶段，通过将生成的短语与语句相结合，形成一个完整的描述语句。文献［277］将属性预测阶段和图像特征提取阶段紧密结合起来，增强了属性预测任务和图像特征提取任务之间的相关性。文献［278］引入了两个端到端的可训练模块，将属性检测与图像描述紧密结合起来，并通过预测每个时间步骤中的适当属性来提示属性的使用。文献［279］提出了递归关系记忆网络，该网络通过融合和递归记忆，将常见的视觉概念和生成的词之间的关系推理长期关联起来。文献［46］在 cGAN 模型的基础上，提出了一个上下文感知的 LSTM 描述生成器和共同关注的判别器，在图像和语句之间执行语义对齐。文献［47］为 cGAN 引入了两种鉴别器架构，以自动逐步确定生成的语句是人类描述还是机器生成。

（4）时序信息注意增强　不同于静态的图像信息，视频还额外包含时序信息，针对这一特性，对视频的视觉编码方式大致可分为两类，LSTM 或空间-时间 CNN。

基于 LSTM 的编码方法一般将视频视为视觉特征的序列，并试图在最后一步将序列数据的上下文信息嵌入 LSTM 层的隐藏状态。文献［280］提出了利用潜在的主题引导与主题相关的语言模型的主题感知解码器与灵活的话题引导的多模式组合框架，并使用话题门控网络来确定关注权重。文献［281］摒弃了传统的 LSTM，利用了根据全卷积结构的特点设计的从粗到细的全卷积网络和继承注意力。文献［282］通过改进的空间-时间兴趣点（Spatio-Temporal Interest Point，STIP）检测算法，检测出长视频的运动范围进行超帧分割（Superframe Segmentation），获得长视频的有效片段；在选择关键帧时构建感兴趣区域，并利用这些区域的突出性检测来筛选出视频关键帧。文献［283］提出的协同注意力模型（Co-Attention Model，CAM）通过自适应地关注每一帧中的突出区域和与字幕最相关的帧和之前生成的最相关的词或短语，设计了一个平衡门来调节生成语句时视觉特征和文字特征的影响，最终生成较为准确的语句。文献［284］提出了多模态转换网络（Multimodal Transformer Network，MTN）来对视频进行编码，并考虑不同模态的信息。文

献 [285] 通过在语句解码器生成后对图像中的每个词进行定位，然后从定位的图像区域重建语句。文献 [286] 利用视频描述中的语义信息来生成一个通用的摘要，然后结合查询的信息来生成一个以查询为中心的摘要。文献 [287] 在生成过程中的每个时间戳对当前词语进行视频特征编码。文献 [288] 提出了一个标签指导模块，以学习一种可以更好地在视觉内容和文本语句之间建立跨模态的互动表示。文献 [289] 引入了 GAN，在推理过程中应用对抗策略，通过判别器鼓励模型更好地进行多句描述。

而采用空间-时间 CNN 的方法主要是通过三维卷积网络（3D Convolutional Network，C3D）来捕捉编码过程中的时间信息。文献 [290] 提出了通过对整个视频的 CNN 特征分层应用短傅里叶变换（Short Fourier Transform），将丰富的时间动态嵌入视觉特征中，并用物体检测器检测到的物体的空间动态来表示获得高层的语义信息。文献 [291] 提出了用于视频字幕的"记忆辅助递归网络"（Memory-Attended Recurrent Network，MARN），其中的记忆结构被设计用来探索训练数据中一个词和它的各种类似视觉语境之间的全谱对应关系。文献 [292] 所提出的 MGSA 通过一个特殊的 CNN 模型从堆叠的光流图像中利用视频帧之间的运动信息来学习空间注意力，并设计了一个门控注意力递归单元（Gated Attention Recurrent Unit，GARU）来自适应地结合以前的注意力图。文献 [293] 介绍了一种通用的、有效的时空转换模块（Temporal Shift Module，TSM），它可以达到 3D-CNN 的性能，但保持 2D-CNN 的复杂性，同时具备高效率和高性能。文献 [294] 介绍了一种基于门控策略，动态自适应地将全局句法 PoS 信息纳入生成每个词的解码器。文献 [295] 所提出的 STAT 成功地考虑到了视频中的空间和时间结构，使解码器能自动选择最相关的时间段中的重要区域进行单词预测。文献 [296] 提出了一个基于对象关系图（Object Relational Graph，ORG）的编码器，以捕捉到更详细的互动特征，丰富视觉表现。同时，我们设计了一种教师推荐学习（Teacher-Recommended Learning，TRL）的方法，以充分利用成功的外部语言模型，将丰富的语言知识整合到描述模型中，产生了更多语义相似的单词建议，这些建议扩展了用于训练的基础真实单词，能够一定程度上处理长尾（Long Tail）问题。

由于深度学习技术的发展，在视觉描述生成任务中，除了要求生成的语句准确之外，还引入 GAN 等生成式模型能够使生成的描述语句更加自然多样，甚至能够进行多句描述。

2. 语言到视觉的跨模态生成

（1）任务介绍、数据集及评价指标　狭义的语言到视觉的跨模态生成任务主要是指文本到图像的合成任务。这项任务的主要目的是通过文本信息生成一个能正确反映文本描述语义的高质量图像，也可以认为是图像描述生成的逆向任务。这对计算机辅助设计、图像编辑、艺术图像生成、虚拟现实等应用领域都有重要作用。

文本到图像的生成任务中的典型数据集有 MSCOCO Caption、CUB（Caltech-UCSD Birds）[297] 和 Oxford 102 Flowers[298]。MSCOCO Caption 在上文已经有了详细介绍，这里不再赘述。CUB-200-2011 数据集是 CUB-200 数据集的一个扩展版本，每类图像的数量大约扩展为原来的两倍，并且有了新的局部位置注释。该数据集共有鸟类图像 11 788 张，每张图像含有 15 个局部位置，312 位二进制属性，一个边界框，真实图像分割的注释。Oxford 102 Flowers 数据集共含有 102 类，共 8 189 张花卉图像数据，这些图像有很大的尺度、姿势和光线变化，并且每个图像有 10 个描述性语句。

文本信息生成图像主要有两个度量标准，一是生成图像的质量，二是生成图像和文本描述之间的语义一致性。生成图像质量评估有 IS（Inception Score）[299]、FID（Fréchet Inception Distance）[300] 等指标。IS 方法通过粗糙地衡量每张图像在分类方面的特点和变化的多样性来进行评估，但它不能检测出过拟合与类内变化，不适合复杂的数据集。FID 方法通过计算真实图像的分布和生成图像的分布在预先训练的网络所提取的特征方面的距离来进行评估，能更好地捕捉各种干扰因素。关于语义评估指标有 R-precision[301]、VS Similarity（Visual-Semantic Similarity）[302] 和 SOA（Semantic Object Accuracy）[303]。R-precision 通过对提取的图像和文本特征的检索结果进行排序，衡量生成图像和文本描述之间的视觉–语义相似度。VS Similarity 通过一个预先训练好的视觉语义嵌入模型（Visual-Semantic Embedding Model）计算图像和文本之间的距离来衡量合成图像和文本的一致性。SOA 使用预先训练好的物体检测器来评估图像中含有的在描述中具体提到的单个物体来评价合成结果。

最近关于文本到图像合成任务的研究基本都采用了带条件约束的生成对抗网络（cGAN），因为它为原始 GAN 模型引入了一个或多个额外的输入，允许模型在诸如类别标签或其他条件变量以及样本本身的信息上同时进行训练。在此基础上，以 cGAN 框架作为切入点进行更精细的划分，本节将从 VAE-GAN、语义增强型 GAN、分辨率增强型 GAN、多样性增强型 GAN 和运动增强型 GAN 五种结构对相关文本到图像生成方法进行梳理。

（2）VAE-GAN 传统的文本到图像合成任务采用了 VAE 方法，但 VAE 解码产生的图像往往都比较模糊，需要判别器来帮助 VAE 提高真实性。将 VAE 的解码器部分与 GAN 的生成器部分复用之后，不仅可以采用对抗机制增强 VAE 方法，还可以通过 VAE 的重要性加权方法改善 GAN 的学习。文献 [304] 提出了上下文感知的条件性 VAE 来捕捉图像的基本布局和基于文本的颜色，它对图像的背景和前景给予了不同的关注，然后 cGAN 被用于完善 VAE 的生成，它恢复了丢失的细节并纠正了图像生成的缺陷。文献 [305] 提出了一个多视图特征提取策略，以提取有效的图像表征。文献 [52] 提出了 Zero-VAE-GAN，以生成高质量的未见过的特征，通过两种自我训练策略，来增加未标记的未见特征，用于模型的过渡性扩展，在很大程度上解决了领域转移问题。文献 [53] 引入了一种新的基于补丁的 VAE，允许生成更大的多样性。文献 [306] 采用了将文本和图像标记为单一数据流的自回归变换器，在训练阶段为模型提供对象部分的标签或分割掩码。

（3）语义增强型 GAN 语义增强型 GAN（Semantic Enhancement GAN）主要是通过将文本使用神经网络编码为密集的特征来实现的，这些特征被进一步输入第二个网络中，以确保生成的图像与输入文本在语义上相关。文献 [307] 通过设计辨别器中的连体机制（Siamese Mechanism）来学习一致的高层语义，并使用语义条件批量规范化的视觉–语义嵌入策略以寻找多样化的低层语义。文献［308］提出了使用基于自我注意的混合嵌入来有效提取描述特征的模型，该模型会进一步处理分歧的特征，然后利用多标题的注意力生成对抗网络，从这些特征中合成图像。

（4）分辨率增强型 GAN　分辨率增强型 GAN（Resolution Enhancement GAN）一般使用 multi-stage GAN 结构，将上一阶段的 GAN 的输出作为输入传送到后续的 GAN 结构中来生成更高质量的图像。文献［309］在多个先验学习阶段采用文本-视觉共同嵌入（Textual-Visual co-Embedding，TVE），包括一个用于学习语义、纹理和颜色先验的文本-图像编码器和一个用于学习形状和布局先验的文本-掩模编码器；然后通过结合这些互补的先验并加入噪声以实现多样性。文献［310］在传统注意力驱动的、多阶段的细化的 GAN 基础上，引入了语义一致性模块（Semantic Consistency Module，SCM）和注意力竞争模块（Attention Competition Module，ACM），其中 SCM 将图像层面的语义一致性纳入生成对抗网络的训练中，使生成的图像多样化，提高结构的一致性。ACM 构建了自适应的注意力权重来区分关键词和不重要的词，并提高了模型的稳定性和准确性。文献［311］则使用了一个具有双重注意力机制的序列到序列网络，并引入了一个正则化策略。文献［312］通过关注文本描述中最相关的词和预先生成的类别标签来合成显著的对象。文献［313］提出了动态记忆生成对抗网络（Dynamic Memory-GAN，DM-GAN）来生成高质量图像。DM-GAN 引入了一个动态记忆模块，在初始图像没有很好地生成时，对模糊的图像内容进行细化。另外，DM-GAN 还可以根据初始图像内容选择重要的文本信息，让模型能够准确地从文本描述中生成图像，并且将记忆信息与图像特征进行适应性融合。文献［314］引入了一个词级空间和频道注意驱动的生成器，它可以分解不同的视觉属性，允许模型专注于生成和操作与最相关的词相对应的子区域；提出了一个词级判别器，通过将词与图像区域相关联来提供细粒度的监督反馈，操纵特定的视觉属性而不影响其他内容的生成；同时采用了感知损失来减少图像生成中的随机性。文献［315］设计了包含一个金字塔形的生成器和三个独立的判别器的网络结构，生成器采用感知损失来增强合成图像和真实图像之间的语义相似性，而多用途判别器则鼓励语义一致性、图像保真度和类别不变性。文献［49］则在 AttnGAN[301] 的基础上，利用额外的分割信息完成文本到图像的合成任务。文献［316］提出了一种新的端到端方法，通过挖掘物体的空间位置和形状信息来实现具有空间约束的文本到图像合成。文献［50］模仿了因果关系链中的视觉效果，保留了细粒度的细节，并逐步提高图像的采样率。文献［317］提出了一种基于双生成器注意力的 GAN（Dual Generator attentional GAN，DGattGAN）结构，建立了两个具有单独生成目的的生成器，以解耦对象和背景的生成。

（5）多样性增强型 GAN　多样性增强型 GAN（Diversity Enhancement GAN）主要通过一个额外的部分来评估生成图像和文本的语义相关性，以达到最大化生成图像多样性的目的。文献［318］根据对类内的正面实例的语义距离进行负面抽样，形成与给定图像的类别标签有关的正面和负面的训练样例，使生成的图像不限于某些类别。文献［319］通过重新描述来学习文本到图像生成的想法，提出了一个新颖的全局-局部注意力和语义保留的文本-图像-文本框架，其中，语义文本再生和对齐模块（Semantic Text Regeneration and Alignment Module，STREAM）实现从生成的图像中重新生成文本描述。

（6）运动增强型 GAN　运动增强型 GAN（Motion Enhancement GAN）则主要针对通过描述生成视频，一般的基本步骤是先生成与文本动作匹配的图像，再通过映射过程确保时间顺序的一致性。文献［320］提出了一个新的故事-图像-序列生成模型 StoryGAN，它基于顺序条件 GAN 框架，包括一个动态跟踪故事流的深度上下文编码器，以及故事和图像层面的两个判别器，以提高图像质量和生成序列的一致性。

文本到图像的合成任务不再局限于生成语义层面上匹配文本的图像，目前主要的研究重点在于如何提升生成图像的分辨率和质量。随着技术的发展，之后如何生成多样化的图像以及时间顺序上一致的图像序列，也会得到更多的关注。

2.2.7　视觉-语言预训练

1. 任务介绍、数据集及评价指标

视觉-语言预训练（Vision-Language Pretraining，VLP）是指设计代理任务作为训练目标，在大规模视觉-语言数据集上进行训练，之后在下游任务（Downstream Task）进行微调的方法。BERT[321] 凭借 Transformer[83] 强大的特征学习能力、预训练加下游任务微调的多阶段结构、基于随机掩码构建的自动编码机制，在自然语言处理（Natural Language Process，NLP）领域取得了巨大的成功。从 2019 年开始，视觉-语言交互领域开始借鉴 BERT 方法在 NLP 领域的成功经验，由此诞生了诸如 VilBERT[205]、VideoBERT[322] 等一系列基于预训练架构和 Transformer 方法的视觉-语言交互模型，取得了良好的效果。视觉-语言预训练方法示意图如图 28 所示。

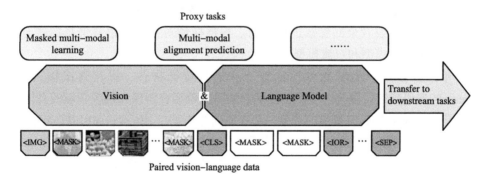

图 28　视觉-语言预训练方法示意图[205]

首先设计基于 Transformer 的视觉-语言模型和预训练任务，并在大规模成对的视觉-语言数据上进行训练。之后，在下游任务上进行微调。

常见的视觉-语言预训练数据集包括：MSCOCO[62]、Conceptual Captions[221]、SBU Captions[323]、LAIT（Large-scale Weak-supervised Image-text）[324]、HowTo100M[325] 等。MSCOCO 数据集由微软发布，通过在 Flicker 上搜索 80 个对象的类别和各种场景来收集图片。SBU Captions 数据集在 Flicker 上进行大量的搜索，根据抽取出的对象、场景等信息进行重排序，得到最相关的图像中的文本描述，同时过滤掉一些带噪声的描述。Conceptual Captions 与 LAIT 都是从互联网中收集网页信息之后进行过滤。HowTo100M 从大量的教学视频中进行收集，这些视频记录了人类执行超过 23 000 种不同的视觉任务的过程。具体总结比较见表 4。

表 4　视觉-语言预训练代表性数据集

数据集	样本量
MSCOCO	330 000
Conceptual Captions	3 300 000
SBU Captions	19 992
LAIT	1 000 000
HowTo100M	1 220 000

　　视觉-语言预训练任务的评估方法可分为以下两种：①零样本学习评估。零样本学习就是识别过去从未见过的数据类别，即预训练的模型在不经过微调的情况下，不仅能够识别出已知的数据类别，还能够在未知的数据类别上有良好的表现，具体指标取决于下游任务。②预训练加下游任务评估。这是针对下游任务的评估，是在产生的通用特征的基础上针对具体的下游任务进行微调，以模型在下游任务微调的表现作为评估标准，具体指标取决于下游任务。

2. 预训练-微调框架

　　视觉-语言预训练的方法包括预训练-微调和零样本学习两种。顾名思义，预训练-微调的方法包括两个阶段，分别是预训练和微调。预训练具体是指使用基于 Transformer 的模型和大规模的视觉-语言数据，通过在代理任务（Proxy Task）进行训练，来学习视觉-语言的联合表征能力。微调是指将预训练的模型在具体下游任务的数据上进行训练，对预训练模型的部分或者全部参数进行更新。根据模型对视觉和语言信息的融合方式，可以将模型分为单流模型和双流模型。

　　（1）单流模型　单流模型将视觉特征和语言特征拼接，将其直接输入到基于 Transformer 的编码器进行融合。下面将分别介绍单流模型在图像和视频领域的具体方法。

　　下面是单流模型在基于图像的视觉-语言预训练中的应用。VisualBERT 是第一个将 BERT 应用到基于图像的视觉-语言预训练任务的方法。VisualBERT 由层叠的 Transformer 模块组成，设计了掩码（Mask）文本预测和文本-图像匹配两个代理任务，能自动使输入的文本令牌（Token）和输入的图像中区域隐式对齐。除了以上两个代理任务，Unicoder-VL[326]还另外设计了掩码对象检测的代理任务，从而学习到基于视觉和语言的、上下文感知的表示输入令牌的能力。B2T2[327]认为文本令牌和视觉特征相互关联部分的早期融合是提升预训练效果的关键因素，因此它利用参照信息显式地将单词绑定到图像的各个部分。在 VL-BERT[206]中，将视觉和语言特征都以嵌入的方式进行输入，这样的设计能够满足大部分视觉-语言的下游任务。VLP[328]使用了一个编码阶段和解码阶段共享的多层 Transformer，从而能够同时应用于视觉-语言生成任务和理解任务。为了缓解图像和文本之间的不对齐问题，UNITER 中采用基于对图像/文本完全可见上的掩码语言/区域的建模，而不是随机地对两个模态进行联合掩码。同样为了简化图像和文本之间的语义对齐问题，Oscar[329]引入图像中检测到的对象标签作为锚点。ICMLM[330]设计了一种基于图像的掩码语言建模的代理任务，依靠视觉提示来预测描述中的被掩码词。VirText[331]提出了使用富含语义信息的描述来学习视觉表示的预训练方法，并从头开始训练整个模型，在下游的图像分类、目标检测等任务上取得了较好的效果，从而说明自然语言可以为学习可迁移的视觉特征提供效果更好的监督。ImageBERT[324]使用从网上收集的 LAIT 进行训练，说明了数据质量和数据规模的重要性。通过打破视觉−语言预训练中成对的图像−描述数据的依赖性，VIVO[332]利用大量成对的图像标签数据来学习视觉词汇表，具体是通过预训练一个多层的 Transformer 模型来学习图像级标签及其对应的图像区域特征的对齐。在 Kaleido- BERT[333] 中，为了专注于细粒度的特征学习，并缩小文本和图像之间的语义差异，它设计了图像块敏感的预训练方法并应用注意力机制在图像块和文本令牌之间建立预对齐。SOHO[334]通过视觉字典来学习提取全面而紧凑的图像特征，以促进跨模态的准确语义理解。

以下是单流模型在基于视频的视觉−语言预训练中的应用。VideoBERT[322]是首个将 BERT 应用到基于视频的视觉−语言预训练任务的模型。对于单独的文本和视频，VideoBERT 使用标准的掩码补全任务对模型进行训练，对于文本−视频的输入，VideoBERT 设计的训练任务则是语言−视觉对齐任务。Le 等人[335]提出将基于视频的对话任务建模为序列到序列的任务，将视觉和文本特征结合到一个结构化的序列中，并对一个经过预先训练的大型 GPT-2[336]进行微调，从而能够捕捉多种模态在不同级别信息之间的依赖关系。为了利用视频丰富的上下文信息，并利用细粒度的关系进行视频−文本联合建模，ActBERT[337]学习一个联合的视频−文本特征，从而能够从成对的视频序列和文本描述中发现全局和局部的视觉线索。此外，全局和局部的视觉信号均与语义流进行交互。

单流模型假定视觉和语言背后的基本语义是简单明了的，因此可以直接将视觉特征和语言特征拼接起来作为单个 Transformer 网络的输入，以直接的方式进行早期融合。该方法通过使用自注意机制从底层特征级别学习跨模态的语义对齐。但是，单流结构的方法将两种模态输入同等对待，而每种模态固有的不同特性并未得到充分考虑。

（2）双流模型 双流模型分别处理视觉和语言信息，然后通过另外的 Transformer 层将其进行融合。双流模型同样在基于图像和基于视频的视觉−语言预训练中有着广泛的应用。

下面是双流模型在基于图像的视觉−语言预训练中的应用。LXMERT 设计了由三个编码器组成的大型 Transformer 模型，视觉和语言输入分别经过两个不同的编码器进行编码，通过采用协同注意力的 Transformer 对来自视觉流的输入和文本流的输入进行交互，提升了模型的特征表达能力。12-in-1 设计单一的模型在来自 4 个不同任务的 12 个数据集上进行预训练，验证了多任务预训练的有效性。对于视觉−语言导航（VLN）任务，VLN-BERT[338]设计了一个基于 Transformer 的兼容性模型，用于评估文本指令与智能体沿着轨迹的观察信息之间的对齐准确性。为了解决跨域视觉−语言预训练问题，DeVLBERT[339]借鉴因果关系研究领域中的后门调整（Backdoor Adjustment）的想法，为具有因果关系的 BERT 式预训练任务进行针对性的设计，缓解了基于上下文的代理任务所引起的虚假相关性。TDEN[340]采用双流解耦的编码器–解码器结构，其中两个解耦的跨模态编码器和解码器可以分别执行不同类型的代理任务，这样的设计使得 TDEN 可以进行视觉–语言理解与生成的预训练。

下面介绍双流模型在基于视频的视觉–语言预训练中的若干典型应用。CBT[341]将 softmax 损失函数替换为噪声对比估计（Noise Contrastive Estimation，NCE），能够将文本序列的 BERT 模型拓展到实值特征向量序列中。UniViLM[342]提出了在大规模教学视频数据集上训练的多模态视频语言预训练模型，可以灵活地应用于视频–语言理解和生成任务。HERO[343]分层地对多模态输入进行编码，此外还设计了两个新的预训练任务，即视频描述匹配和视频帧顺序建模，以改善特征学习。

双流模型使用单独的 Transformer 编码器分别学习视觉和语言的高级特征，然后使用跨模态的 Transformer 将这两种模态组合在一起。这种设计可以明确区分不同的模态输入，并在更高的语义级别上对齐跨模态特征。但其存在的问题是通常参数冗余，并且可能会忽略某些更基本的特征级关联。

3. 零样本学习

零样本学习是视频–语言预训练领域最近兴起的研究方向。深度学习方法较为依赖大量人工标注的训练数据，然而在现实问题中，很多任务只有较少甚至没有标注数据。为了解决缺乏标注数据的问题，从而提出了零样本学习的方法。其研究目标是经过视觉–语言预训练后，无须在下游任务的数据上进行微调，便能在下游任务上拥有良好的性能表现。

ConVIRT[344]是一个通过利用图像和文本数据的自然配对来学习视觉特征的框架，通过图像和文本模态之间的双向对比损失函数，最大化真实图像–文本对与随机对之间的一致性，从而改善了视觉特征。Clip[345]使用简化版的 ConVIRT，利用从互联网上收集的 4 亿对图像–文本数据从头开始学习图像特征，在零样本迁移任务上，取得了比使用图像描述基准更好的效果。DALL·E 方法[306]在 2.5 亿个图像–文本对数据上训练包含 120 亿参数的自回归 Transformer 结构，在按照零样本方式进行评估时取得了与特定领域模型相当的结果，验证了数据规模和模型大小的重要性。Huang 等人[346]提出了一种多语言多模态预训练策略，并收集了一个新的多语言教学视频训练集 Multi-HowTo100M 进行预训练。利用模态内、模态间和条件性跨语言对比目标（Conditional Cross-Lingual Contrastive Objective）来对齐视频和多语言描述，从而有效学习了上下文多语言多模态的特征形式。

最近的 Clip 和 DALL·E 方法无须在下游任务数据上进行微调，便能取得与有监督训练（Supervised Learning）相当的结果，因此值得未来进一步挖掘和探索。美中不足的是，此类方法面临模型过大、无法处理更抽象复杂的任务等问题，期待在未来研究中能够得到有效改进。

3 国内研究进展

视觉–语言交互技术领域近年来涌现出了大量的科研进展与应用成果。在该视觉–语言交互技术高速发展的过程中，国内的研究团队起到了非常重要的推动作用，取得了一系列非常重要的研究成果。

1. 高校

高校的研究成果如下：北京航空航天大学在跨模态注意力机制[79]、跨模态交互[116]和实时推理[131]方面，西北工业大学在细粒度交互[136]、关键信息提取[260][282][283]和摘要指导生成[271]方面，北京大学在基于属性引导的注意力[111][347]、视觉推理综合诊断数据集构建[161]、预训练代理任务设计[326]、关键信息提取[285][304]和内在联系提取[296]方面，中国科学院在模态内自注意力机制[76]、跨模态注意力机制[80]、模态内-模态间注意力机制[85]、关系场景图[89]、知识引导的注意力[114]、多步推理结构设计[172]、隐空间顺序规划[177]、多模态图神经网络[204]、视觉对话的自适应双向编码[218]、输入信息联系提取[261][263]方面，华南理工大学在局部注意力机制和关系建模[88]、跨模态注意力对齐[113]方面，电子科技大学在对抗策略公共空间构造[74]、度量学习[92]、标签指导输出[288]和细粒度特征表示[132]方面，合肥工业大学在基于语法解析的树结构[126]方面，厦门大学在多任务协作[133]方面，上海科技大学在模块化图神经网络[124]方面，北京理工大学在跨模态场景图[348]方面，香港大学在多模态关系图[122][349]、场景图[128]和动态图注意力[123]方面，清华大学在跨模态注意力机制[81]、哈希编码[94]、图结构视觉推理[152]、输入信息关键部分提取[278]和自然语言生成[47]方面，杭州电子科技大学在视觉问答模块化协同注意力机制[196]、多模态特征融合[198]方面，南开大学在视觉问答再注意力模式[197]方面，中国人民大学在输入信息内在联系提取[267]、关键信息提取[275]、主题生成[280]、属性预测和表征提取紧密集合[277]、自然化输出[350]、视觉共指解析[216]方面，香港中文大学在视觉语言任务的预训练[220]、跨模态行人检索数据集构建[65]方面，中国科学技术大学在模态内-模态间注意力机制[82]、输入信息关键部分提取[257][295]、多样化输出[307]、视觉-语言特征表示[206]、基于模仿学习框架和注意力机制的视觉语言导航任务[228][230]方面，北京科技大学在场景结构化表示学习[240]、跨模态理解[334]方面，大连理工大学在度量学习[351]方面，西安电子科技大学在哈希编码[95]方面，中山大学在哈希编码[96]方面，天津大学在模态内-模态间注意力机制[84]、视频特征编码[287]方面，复旦大学在关键信息提取[292][281]方面，浙江大学在先验学习[309]、逐步学习[313][319]、域外视觉-语言预训练方面[339]方面，上海大学在自注意机制建模[264]方面，杭州电子科技大学在预测和表征提取结合[265]方面，西安邮电大学在输入信息关键部分提取[266]方面，重庆邮电大学在关键信息提取[268]方面，杭州电子科技大学在主题生成[271]方面，西安交通大学在零样本学习[52]方面，深圳大学在图像特征提取[305]方面，大连科技学院在多样化输出[310]方面，华东理工大学在解耦物体和背景[317]方面，西南交通大学在视觉-语言理解和生成[342]方面。

2. 企业

企业的研究成果如下：腾讯在模态内-模态间注意力机制[86]、辅助记忆[291]方面，字节跳动 AI Lab 在结合过去信息和预测[256]方面，阿里巴巴在细粒度的表征学习[333]方面，百度在视觉和语言信息交互[337]方面，京东在通用的编码器-解码器[340]方面。

可以看到国内团队已在视觉-语言交互领域产出了大量的研究成果，在该领域具备深入的研究积累；然而总体来说上述研究仍大多聚焦在应用方法修改的层面，整体仍然处于跟随和改善的阶段，在新任务、新思路、新方法的创新层面依然有所欠缺，开创性的成果较为缺乏。因此，仍需要同仁们共同的努力来继续推动这一充满未来愿景的研究方向，做出拥有国内独立知识产权的具有引领性、开拓性、原创性特点的研究成果。

4　发展趋势与展望

得益于近年来深度学习技术的迅猛发展、海量数据的有力驱动以及硬件算力的显著提升，计算机视觉和自然语言处理两大研究领域获得了长足的发展。在此基础上，上述两个领域交叉融合产生的、更接近于实际的、更加复杂的视觉-语言交互技术，获得了学术界和工业界的广泛关注，并且涌现了大量的研究成果，成为当前研究的热点领域之一。

该领域目前的研究现状主要可以概括为如下几个方面：①主要借鉴计算机视觉或自然语言处理领域中已经得到应用并验证有效的方法论，同时考虑异构的视觉和语言数据的特点进行适应性改进。②关注从生产生活实践的应用场景中抽象出新的研究任务，并且由简单语义对齐逐渐发展到着重关注复杂交互行为及深层次的语义理解，同时可能需要借鉴外部的先验知识进而实现准确的交互行为。③大规模预训练方法成为研究的一个热点问题。研究者希望从海量的视觉和语言数据中学习到各种各样内在的语义关联，并且主要关注不完全标注、无标注等不需要投入大量人力资源进行标注的预训练方法。④可解释性在视觉-语言交互领域同样受到关注，因为在实际的实时交互过程中，需要对机器做出的反应进行有效的预判和评价，需要关注内在的推理逻辑链以及获得结论的具体步骤和模块方法的作用。

我们尝试阐述视觉-语言交互技术未来可能的几个发展趋势：

1）形成新的学习模式。目前视觉-语言交互领域的研究大多同样遵循在单一数据集上进行训练和测试的模式，其基本假设是训练与测试数据具备相同的分布特性。而在现实应用场景中，视觉-语言交互技术由于大多涉及人机交互的情形，需要适应随时间显著变化的输入分布，以及具备实时性要求的交互特点，因此未来应尝试探索大规模预训练、在线学习等方向，实现更加准确高效的交互行为。

2）构建新的应用工具。深度学习类方法在计算机视觉和自然语言处理领域高速发展应用且得到学术界和工业界大量投入的原因之一是其拥有例如 PyTorch、TensorFlow、Caffe 等众多成熟的框架及工具包，极大地降低了开发和应用的难度，缩短了研究和工程的周期，降低了入门者的学习代价。因此，未来视觉-语言交互领域同样需要更加灵活方便的具备高效处理异构多模态数据能力的软件框架平台及工具包，这有助于进一步提升研究者对该领域的关注，进而促进领域的蓬勃发展。

3）拓展新的应用领域。视觉-语言交互领域研究的显著特点之一在于其具备现实的应用背景，但由于目前该领域研究时间较短，相关研究任务的抽象程度较高，导致其与实际应用仍然存在较大的距离。目前大多数研究任务局限在基于语义对齐与匹配即可获得解决的层次，缺乏较为深度的推理、联想并借助外部知识实现"类人"的深度交互。因此，未来需要探索要求深度认知与智能的应用场景，拓展更复杂的、更接近实际的应用领域，促使视觉-语言交互技术的研究成果真正造福人类生产生活的方方面面。

5 结束语

基于本文论述的视觉-语言交互技术领域的方法论现状和应用研究进展，主要具备"领域新颖，应用多样，成果丰富"的特点。**领域新颖**是指该视觉-语言交互技术是由计算机视觉与自然语言处理两大领域高速发展而产生的新兴交叉的研究领域，在结合了前述两个研究领域特点的基础上，同时具备自身独有的特性和困难，需要不断挖掘新的方法论来进行解决和处理。得益于深度学习技术的迅猛发展、海量数据的有力驱动以及硬件算力的显著提升，该领域虽然较为"年轻"，但是已经引起了国内外研究者的广泛关注，具备巨大的发展潜力和应用前景。**应用多样**是指在视觉-语言交互技术中涉及多种不同的应用场景和任务。例如上述应用研究进展部分详细论述的典型的应用场景，可以看到该领域不仅包含跨模态检索这样的基础跨模态语义匹配任务，同时也会涉及问答和对话等要求实时性和交互性的更加复杂但更接近实际的应用场景，因此对该领域中的多样性应用开展深入研究，有助于促进研究成果的实际落地，能够帮助提升人类的生产生活质量，具备非常重要的实际意义。**成果丰富**则是指该领域是国内外目前研究火热的领域之一，大量的研究成果不断涌现，在数据集、方法论、评测指标、应用创新和改进等方面均迅速发展。本文主要调研视觉-语言交互技术领域近三年来的国内外顶级学术期刊或会议上发表的研究成果，引用达300余篇，这从一个侧面说反映了该研究领域的受关注程度和发展速度。

基于这样的现状，本文希望起到抛砖引玉的作用，主要目的是帮助读者尽可能快速掌握视觉-语言交互技术研究的发展前沿、应用前景以及当前存在的问题，启发对视觉-语言交互技术研究未来趋势进行思考。期待未来能够有更多研究者对这一新方向产生兴趣并投入其中，共同推动其未来的发展。

参考文献

[1] KARPATHY A, LI F F. Deep Visual-semantic alignments for generating image descriptions[C]// CVPR. 2015

[2] MNIH V, HEESS N, GRAVES A, et al. Recurrent models of visual attention[C]// NeurIPS. 2014.

[3] WU Q, WANG P, SHEN C, et al. Are you talking to me? Reasoned visual dialog generation through adversarial learning[C]// CVPR. 2018.

[4] CHAUDHARI S, POLATKAN G, RAMANATH R, et al. An attentive survey of attention models[Z]. arXiv, 2019:1904. 02874.

[5] 张博 208. 深度学习之注意力机制(Attention Mechanism)和 Seq2Seq[EB/OL]. (2020-04-08)[2021-08-23]. https://blog. csdn. net/bbbeoy/article/details/105381870.

[6] XIONG C, ZHONG V, SOCHER R. Dynamic coattention networks for question answering [C]// ICLR. 2017.

[7] LU J, YANG J, BATRA D, et al. Hierarchical question-image co-attention for visual question answering[C]// NeurIPS. 2016.

[8] LIN Z, et al. A structured self-attentive sentence embedding[C]// ICLR. 2017.

[9] Li J, Tu Z, Yang B, et al. Multi–Head Attention with Disagreement Regularization [C]//EMNLP. 2018: 2897-2903.

[10] LIN T Y, ROYCHOWDHURY A, MAJI S. Bilinear CNN models for fine-grained visual recognition[C]// ICCV. 2015.

[11] FUKUI A, PARK D H, YANG D, et al. Multimodal compact bilinear pooling for visual question answering and visual grounding[C]// EMNLP. 2016.

[12] GAO Y, BEIJBOM O, ZHANG N, et al. Compact bilinear pooling[C]// CVPR. 2016.

[13] AGRAWAL A, KEMBHAVI A, BATRA D, et al. C-VQA: a Compositional split of the visual question answering (VQA) v1. 0 Dataset[Z]. arXiv, 2017:1704. 08243.

[14] GOYAL Y, KHOT T, AGRAWAL A, et al. Making the V in VQA matter: elevating the role of image understanding in visual question answering[C]// CVPR. 2017.

[15] FANG Z, KONG S, FOWLKES C, et al. Modularized textual grounding for counterfactual resilience[C]// CVPR. 2019.

[16] LI Y, WANG N, LIU J, et al. Factorized bilinear models for image recognition[C]// ICCV. 2017.

[17] KIM J H, ON K W, LIM W, et al. Hadamard product for low-rank bilinear pooling[C]// ICLR. 2017.

[18] YU Z, YU J, FAN J, et al. Multi-modal factorized bilinear pooling with co-Attention learning for visual question answering key laboratory of complex systems modeling and simulation[C]// ICCV. 2017.

[19] VERMA H K, RAMACHANDRAN S. HARENDRAKV at VQA-Med 2020: sequential VQA with attention for medical visual question answering[C]// CEUR Workshop. 2020.

[20] YU Z, YU J, XIANG C, et al. Beyond bilinear: generalized multimodal factorized high-order pooling for visual question answering[J]. IEEE transactions on neural networks and learning systems, 2018(29): 5947-5959.

[21] PENG Y, LIU F, ROSEN M P. UMass at ImageCLEF medical Visual Question Answering(Med-VQA) 2018 task[C]// CEUR Workshop. 2018.

[22] ZHENG Z, WANG W, QI S, et al. Reasoning visual dialogs with structural and partial observations[C]// CVPR. 2019.

[23] GORI M, INGEGNERIA D, MONFARDINI G. A new model for learning in graph domains [C]// IJCNN. 2005.

[24] SCARSELLI F, GORI M, TSOI A C, et al. The graph neural network model[J]. IEEE Transactions on Neural Networks, 2009, 20(1): 61-80.

[25] WU Z, PAN S, CHEN F, et al. A comprehensive survey on graph neural networks [J]. IEEE transactions on neural networks and learning systems, 2021, 32(1): 4-24.

[26] VELIČKOVIĆ P, CASANOVA A, LIÒ P, et al. Graph attention networks[C]// ICLR. 2018.

[27] WANG H et al. GraphGAN: graph representation learning with generative adversarial nets [C]// AAAI. 2018.

[28] ANDREAS J, ROHRBACH M, DARRELL T, et al. Neural module networks[C]// CVPR, 2016.

[29] HU R, ROHRBACH M, ANDREAS J, et al. Modeling relationships in referential expressions with compositional modular networks[C]// CVPR. 2017.

[30] JOHNSON J, et al. Inferring and Executing programs for visual reasoning[C]// ICCV. 2017.

[31] HU R, ANDREAS J, ROHRBACH M, et al. Learning to reason: end-to-end module networks for visual question answering[C]// ICCV. 2017.

[32] Mnih V, Badia A P, Mirza M, et al. Asynchronous methods for deep reinforcement learning[C]//ICML, 2016: 1928-1937.

[33] Hessel M, Modayil J, Van Hasselt H, et al. Rainbow: Combining improvements in deep reinforcement learning[C]//AAAI. 2018.

[34] Haarnoja T, Zhou A, Abbeel P, et al. Soft actor-critic: Off-policy maximum entropy deep reinforcement learning with a stochastic actor[C]//ICML, 2018: 1861-1870.

[35] YU L, et al. MAttNet: modular attention network for referring expression comprehension [C]// CVPR. 2018.

[36] DAI W, YANG Q, XUE G R, et al. Boosting for transfer learning[C]// ICML. 2007.

[37] TAN C, SUN F, KONG T. A survey on deep transfer learning[C]// ICANN. 2018.

[38] LONG M, ZHU H, WANG J, et al. Deep transfer learning with joint adaptation networks [C]// ICML. 2017.

[39] HAN X, XUE L, XU Y, et al. A Two-phase transfer learning-based power spectrum maps reconstruction algorithm for underlay cognitive radio networks. IEEE Access, 2020(8): 81232-81245.

[40] OQUAB M, BOTTOU L, LAPTEV I, et al. Learning and transferring mid-level image representations using convolutional neural networks[C]// CVPR. 2014.

[41] LEMLEY J, BAZRAFKAN S, CORCORAN P. Transfer learning of temporal information for driver action classification[C]// Modern Artificial Intelligence and Cognitive Science Conference (MAICS), 2017.

[42] AJAKAN J, GERMAIN P, LAROCHELLE H, et al. Domain-adversarial neural networks[Z]. arXiv, 2015:1412. 4446v2.

[43] TZENG E, HOFFMAN J, SAENKO K, et al. Adversarial discriminative domain adaptation [C]// CVPR. 2017.

[44] GOODFELLOW I, et al. Generative adversarial networks[C]// NeurIPS. 2014.

[45] MIRZA M, OSINDERO S. Conditional generative adversarial nets[Z]. arXiv, 2014:1411. 1784.

[46] DOGNIN P, MELNYK I, MROUEH Y, et al. Adversarial semantic alignment for improved image captions[C]// CVPR. 2019.

[47] CHEN C, MU S, XIAO W, et al. Improving image captioning with conditional generative adversarial nets[C]// AAAI. 2019.

[48] RADFORD A, METZ I, CHINTALA S, Unsupervised representation learning with deep convolutional generative adversarial networks[C]// ICLR. 2016.

[49] GOU Y, WU Q, LI M, et al. SegAttnGAN: text to image generation with segmentation attention[Z]. arXiv, 2020:2005. 12444.

[50]　ZHU B, NGO C W. CookGAN: causality based text-to-image synthesis[C]// CVPR. 2020.

[51]　KINGMA D P, WELLING M. Auto-encoding variational bayes[C]// ICLR. 2014.

[52]　Gao R, et al. Zero-VAE-GAN: generating unseen features for generalized and transductive zero-shot Learning[J]. IEEE Transactions on Image Processing, 2020(29): 3665-3680.

[53]　GUR S, BENAIM S, WOLF L. Hierarchical patch VAE-GAN: generating diverse videos from a single sample[Z]. arXiv, 2020:2006. 12226.

[54]　JEREMY J. Variational auto-encoders[C]// ICLR. 2018.

[55]　CEICER D, PEARL J. On the logic of causal models[J]. Machine intelligence and pattern recognition, 1990,(9):3-14.

[56]　SUTTON A M C. An introduction to conditional random fields[Z]. arXiv, 2010:1011. 4088.

[57]　SCHÖLKOPF B. Causality for machine learning[Z]. arXiv, 2019:1911. 10500.

[58]　WANG T, HUANG J, ZHANG H, et al. Visual commonsense R-CNN[C]// CVPR. 2020.

[59]　LOPEZ-PAZ D, NISHIHARA R, CHINTALA S, et al. Discovering causal signals in images [C]// CVPR. 2017.

[60]　SHEN Z, CUI P, KUANG K, et al. Causally regularized learning with agnostic data selection bias[C]// ACM MM. 2018.

[61]　YOUNG P, LAI A, HODOSH M, et al. From image descriptions to visual denotations: new similarity metrics for semantic inference over event descriptions. Transactions of the association of computational linguistics, 2014(2): 67-78.

[62]　LIN T Y, et al. Microsoft COCO: common objects in context [C]// Lecture Notes in Computer Science. 2014.

[63]　CHUA T S, TANG J, HONG R, et al. NUS-WIDE: a real-world web image database from National University of Singapore[C]// CIVR. 2009.

[64]　HWANG S J, GRAUMAN K. Reading between the lines: object localization using implicit cues from image tags[C]// CVPR. 2010.

[65]　LI S, XIAO T, LI H, et al. Person search with natural language description[C]// CVPR. 2017.

[66]　REED S, AKATA Z, LEE H, et al. Learning deep representations of fine-grained visual descriptions[C]// CVPR. 2016.

[67]　GAO D, et al. FashionBERT: text and image matching with adaptive loss for cross-modal retrieval[C]// ACM SIGIR. 2020.

[68]　FROME A, CORRADO G S, SHLENS J, et al. DeViSE: a deep visual–semantic embedding model [C]// Proceedings of the 26th International Conference on Neural Information Processing Systems. 2013.

[69]　DEMEESTER T, ROCKTÄSCHEL T, RIEDEL S. Lifted rule injection for relation embeddings[C]// EMNLP, 2016.

[70]　KIROS R, SALAKHUTDINOV R, ZEMEL R S. Unifying visual-semantic embeddings with multimodal neural language models[Z]. arXiv, 2014:1411. 2539.

[71]　HOCHREITER S, SCHMIDHUBER J. Long short-term memory[J]. Neural computation, 1997 (9): 1735-1780.

[72]　ZHENG Z, ZHENG L, GARRETT M, et al. Dual-path convolutional image-text embeddings with instance loss[J]. ACM transactions on multimedia computing, communications, and applications, 2020 (16): 1-23.

［73］ SARAFIANOS N, XU X, KAKADIARIS I A. Adversarial representation learning for text-to-image matching［C］// ICCV. 2019.

［74］ DUAN Y, ZHENG W, LIN X, et al. Deep adversarial metric learning［C］// CVPR. 2018.

［75］ SONG Y, SOLEYMANI M. Polysemous visual-semantic embedding for cross-modal retrieval［C］// CVPR. 2019.

［76］ WU Y, WANG S, SONG G, et al. Learning fragment self-attention embeddings for image-text matching［C］// ACM MM. 2019.

［77］ LI S, XIAO T, LI H, et al. Identity-aware textual-visual matching with latent co-attention［C］// ICCV. 2017.

［78］ LEE K H, CHEN X, HUA G, et al. Stacked cross attention for image-text matching［C］// Lecture Notes in Computer Science. 2018.

［79］ HUANG F, ZHANG X, ZHAO Z, et al. Bi-Directional spatial-semantic attention networks for image-text matching［J］. IEEE transactions on image processing, 2019(28)：2008-2020.

［80］ LIU C, MAO Z, LIU A A, et al. Focus your attention：a bidirectional focal attention network for image-text matching［C］//ACM MM. 2019.

［81］ CHEN H, DING G, LIU X, et al. IMRAM：iterative matching with recurrent attention memory for cross-modal image-text retrieval［C］// CVPR. 2020.

［82］ WEI X, ZHANG T, LI Y, et al. Multi-modality cross attention network for image and sentence matching［C］// CVPR. 2020.

［83］ VASWANI A, et al. Attention is all you need［C］// NeurIPS. 2017.

［84］ JI Z, WANG H, HAN J, et al. SMAN：stacked multimodal attention network for cross-modal image-text retrieval［J］. IEEE transactions on cybernetics, 2020,pp(99)：1-12.

［85］ ZHANG Q, LEI Z, ZHANG Z, et al. Context-aware attention network for image-text retrieval［C］// CVPR. 2020.

［86］ WANG Y, et al. Position focused attention network for image-text matching［C］// IJCAI. 2019.

［87］ JI Z, WANG H. Saliency-guided attention network for image-sentence matching［C］// ICCV, 2019.

［88］ HU Z, LUO Y, LIN J, et al. Multi-level visual-semantic alignments with relation-wise dual attention network for image and text matching［C］// IJCAI. 2019.

［89］ WANG S, WANG R, YAO Z, et al. Cross-modal scene graph matching for relationship-aware image-text retrieval［C］// WACV. 2020.

［90］ WANG L, LI Y, LAZEBNIK S. Learning deep structure-preserving image-text embeddings［C］//CVPR. 2016：5005-5013.

［91］ FAGHRI F, FLEET D J, KIROS J R, et al. VSE++：improving visual-semantic embeddings with hard negatives［C］// BMVC. 2018.

［92］ WEI J, XU X, YANG Y, et al. Universal weighting metric learning for cross-modal matching［C］// CVPR. 2020.

［93］ ZHANG Y, LU H. Deep cross-modal projection learning for image-text matching［C］// Lecture Notes in Computer Science. 2018.

［94］ CAO Y, LONG M, WANG J, et al. Deep visual-semantic hashing for cross-modal retrieval［C］// KDD. 2016.

［95］ YANG E, DENG C, LIU W, et al. Pairwise relationship guided deep hashing for cross-modal retrieval[C]// AAAI. 2017.

[96] ZHANG X, LAI H, FENG J. Attention-aware deep adversarial hashing for cross-modal retrieval[C]// Lecture Notes in Computer Science. 2018.

[97] DONG J, et al. Dual encoding for zero-example video retrieval[C]// CVPR. 2019.

[98] YU Y, KIM J, KIM G. A joint sequence fusion model for video question answering and retrieval[C]// ECCV. 2018.

[99] SONG Y, SOLEYMANI M. Polysemous visual-semantic embedding for cross-modal retrieval[C]// CVPR. 2019.

[100] DIETTERICH T G, LATHROP R H, LOZANO-PÉREZ T. Solving the multiple instance problem with axis-parallel rectangles[J]. Artificial intelligence, 1997, 89: 31-71.

[101] CHEN S, ZHAO Y, JIN Q, et al. Fine-grained video-text retrieval with hierarchical graph reasoning[C]// CVPR. 2020.

[102] LIN Z, ZHAO Z, ZHANG Z, et al. Weakly-supervised video moment retrieval via semantic completion network[C]// AAAI. 2020.

[103] LIU D, QU X, LIU X Y, et al. Jointly cross- and self-modal graph attention network for query-based moment localization[C]// AAAI. 2020.

[104] KAZEMZADEH S, ORDONEZ V, MATTEN M, et al. ReferitGame: referring to objects in photographs of natural scenes[C]// EMNLP. 2014.

[105] YU L, POIRSON P, YANG S, et al. Modeling context in referring expressions[C]// ECCV. 2016.

[106] MAO J, HUANG J, TOSHEV A, et al. Generation and comprehension of unambiguous object descriptions[C]// CVPR. 2016.

[107] ESCALANTE H J, et al. The segmented and annotated IAPR TC-12 benchmark[J]. Computer vision and image understanding, 2010(114): 419-428.

[108] LIU L, OUYANG W, WANG X, et al. Deep learning for generic object detection: A survey[J]. International journal of computer vision, 2020, 128(2): 261-318.

[109] LUO R, SHAKHNAROVICH G. Comprehension-guided referring expressions[C]// CVPR. 2017.

[110] YU L, TAN H, BANSAL M, et al. A joint speaker-listener-reinforcer model for referring expressions[C]// CVPR. 2017.

[111] LIU J, WANG W, WANG L, et al. Attribute-guided attention for referring expression generation and comprehension[J]. IEEE transactions on image processing, 2020(29): 5244-5258.

[112] MANNING C D, SURDEANU M, BAUER J, et al. The Stanford CoreNLP natural language processing toolkit[C]// Proceedings of 52nd annual meeting of the association for computational linguistics: system demonstrations. 2014: 55 60.

[113] DENG C, WU Q, WU Q, et al. Visual grounding via accumulated attention[C]// CVPR. 2018.

[114] LIU X, LI L, WANG S, et al. Knowledge-guided pairwise reconstruction network for weakly supervised referring expression grounding[C]// ACM MM. 2019.

[115] LIU X, WANG Z, SHAO J, et al. Improving referring expression grounding with cross-modal attention-guided erasing[C]// CVPR. 2019.

[116] Yu T, et al. Cross-modal omni interaction modeling for phrase grounding[C]// ACM MM. 2020.

[117] ZHUANG R, WU Q, SHEN C, et al. Parallel attention: a unified framework for visual object discovery through dialogs and queries[C]// CVPR. 2018.

[118] YUE Q, MARTIN R C, FISCHER-BAUM S, et al. Brain modularity mediates the relation between task complexity and performance[J]. Journal of cognitive neuroscience, 2017, 29(9): 1532-1546.

[119] CAI H, ZHENG V W, CHANG K C C. A comprehensive survey of graph embedding: Problems, techniques, and applications[J]. IEEE Transactions on Knowledge and Data Engineering, 2018, 30 (9): 1616-1637.

[120] LIU Y, SAFAVI T, DIGHE A, et al. Graph summarization methods and applications: A survey[J]. ACM Computing Surveys, 2018, 51(3): 1-34.

[121] WANG P, WU Q, CAO J, et al. Neighbourhood watch: referring expression comprehension via language-guided graph attention networks[C]// CVPR. 2019.

[122] YANG S, LI G, YU Y. Cross-modal relationship inference for grounding referring expressions[C]// CVPR. 2019.

[123] YANG S, LI G, YU Y. Dynamic graph attention for referring expression comprehension[C]// ICCV. 2019.

[124] LIU Y, WAN B, ZHU X. et al. Learning cross-modal context graph for visual grounding[C]// AAAI. 2020.

[125] CIRIK V, BERG-KIRKPATRICK T, MORENCY I P. Using syntax to ground referring expressions in natural images[C]// ICCV. 2018.

[126] HONG R, LIU D, MO X, et al. Learning to compose and reason with language tree structures for visual grounding[J]. IEEE transactions on pattern analysis and machine intelligence, 2019(14): 1-14.

[127] LIU D, ZHANG H, WU F, et al. Learning to assemble neural module tree networks for visual grounding[C]// ICCV. 2019.

[128] YANG S, LI G, YU Y. Graph-structured referring Expression reasoning in the wild[C]// CVPR. 2020.

[129] YANG Z, GONG R, WANG L, et al. A fast and accurate one-stage approach to visual grounding[C]// ICCV. 2019.

[130] YANG Z, CHEN T, WANG L, et al. Improving one-stage visual grounding by recursive sub-query construction[C]// ECCV. 2020.

[131] LIAO Y, et al. A real-time cross-modality correlation filtering method for referring expression comprehension[C]// CVPR. 2020.

[132] QIU H, et al. Language-aware fine-grained object representation for referring expression comprehension[C]// ACM MM. 2020.

[133] LUO G, et al. Multi-task collaborative network for joint referring expression comprehension and segmentation[C]// CVPR. 2020.

[134] REN S, HE K, GIRSHICK R, et al. Faster r-cnn: Towards real-time object detection with region proposal networks[J]. Advances in neural information processing systems, 2015, 28: 91-99.

[135] YANG Z, CHEN T, WANG L, and LUO J. Improving One-Stage Visual Grounding by Recursive Sub-query Construction[C]// ECCV. 2020.

[136] SUO W, SUN M, WANG P, et al. Proposal-free one-stage referring expression via grid-word cross-attention[Z]. arXiv, 2021:2105.02061.

[137] LIU Z, STASKO J. Mental models, visual reasoning and interaction in information visualization: A top-down perspective [J]. IEEE transactions on visualization and computer graphics, 2010, 16(6): 999-1008.

[138] SUHR A, LEWIS M, YEH J, et al. A corpus of natural language for visual reasoning[C]//Proceedings

of the 55th Annual Meeting of the Association for Computational Linguistics（Volume 2：Short Papers）. 2017：217-223.

[139] BAKHTIN A, VAN DER MAATEN L, JOHNSON J, et al. PHYRE：a new benchmark for physical reasoning[C]// NeurIPS. 2019.

[140] JOHNSON J, LI F F, Hariharan B, et al. CLEVR：A diagnostic dataset for compositional language and elementary visual reasoning[C]//CVPR. 2017.

[141] HUDSON D A, MANNING C D, GQA：A new dataset for real-world visual reasoning and compositional question answering[C]//CVPR. 2019

[142] NAM H, HA J W, KIM J. Dual attention networks for multimodal reasoning and matching[C]// CVPR. 2017.

[143] YANG G R, GANICHEV I, WANG X J, et al. A dataset and architecture for visual reasoning with a working memory[C]// Lecture Notes in Computer Science. 2018.

[144] HUDSON D A, MANNING C D. Compositional attention networks for machine reasoning[Z]. arXiv, 2018：1803. 03067.

[145] BEN-YOUNES H, CADENE R, THOME N, et al. BLOCK：Bilinear superdiagonal fusion for visual question answering and visual relationship detection[C]// AAAI. 2019.

[146] JANG Y, SONG Y, YU Y, et al. TGIF-QA：toward spatio-temporal reasoning in visual question answering[C]// CVPR. 2017.

[147] COORAY T, CHEUNG N, LU W. Attention-based context aware reasoning for situation recognition[C]// CVPR. 2020.

[148] TAN H, BANSAL M. LXMERT：Learning cross-modality encoder representations from transformers[C]// EMNLP. 2019.

[149] ZHENG C, GUO Q, KORDJAMSHIDI P. Cross-modality relevance for reasoning on language and vision[Z]. arXiv, 2020：2005. 06035.

[150] CHEN X, LI L J, LI F F. et al. Iterative visual reasoning beyond convolutions[C]// CVPR. 2018.

[151] LEE C W, FANG W, YEH C K, et al. Multi-label zero-shot learning with structured knowledge graphs[C]// CVPR. 2018.

[152] SHI J, ZHANG H, LI J. Explainable and explicit visual reasoning over scene graphs[C]// CVPR. 2019.

[153] HU R, ROHRBACH A, DARRELL T, et al. Language-conditioned graph networks for relational reasoning[C]// ICCV. 2019.

[154] HAURILET M, ROITBERG A, STIEFELHAGEN R. It's not about the journey；it's about the destination：following soft paths under question-guidance for visual reasoning[C]// CVPR. 2019.

[155] LI K, ZHANG Y, LI K, et al. Visual semantic reasoning for image-text matching[C]// ICCV. 2019.

[156] TANG K, ZHANG H, WU B, et al. Learning to compose dynamic tree structures for visual contexts[C]// CVPR. 2019.

[157] ZAREIAN A, KARAMAN S, CHANG S F. Weakly supervised visual semantic parsing[C]// CVPR. 2020.

[158] LIU Y, WU Z. Learning to describe scenes with programs[C]// ICLR. 2019.

[159] HUDSON D A, MANNING C D. Learning by abstraction：the neural state machine[Z]. arXiv, 2019： 1907. 03950.

［160］ YI K, TORRALBA A, WU J, et al. Neural-symbolic VQA: disentangling reasoning from vision and language understanding［C］// NeurIPS. 2018.

［161］ LIU R, LIU C, BAI Y, et al. CLEVR-ref +: diagnosing visual reasoning with referring expressions［C］// CVPR. 2019.

［162］ TIAN Y, et al. Learning to infer and execute 3D shape programs［Z］. arXiv, 2019:1901. 02875.

［163］ MASCHARKA D, TRAN P, SOKLASKI R, et al. Transparency by design: closing the gap between performance and Interpretability in visual reasoning［C］// CVPR. 2018.

［164］ MAO J, GAN C, KOHLI P, et al. The neuro-symbolic concept learner: interpreting scenes, words, and sentences from natural supervision［Z］. arXiv, 2019:1904. 12584.

［165］ KIM S W, TAPASWI M, FIDLER S. Visual reasoning by progressive module networks［Z］. arXiv, 2018:1806. 02453.

［166］ EYZAGUIRRE C, SOTO A. Differentiable adaptive computation time for visual reasoning［C］// CVPR. 2020.

［167］ ZELLERS R, BISK Y, FARHADI A, et al. From recognition to cognition: visual commonsense reasoning［C］// CVPR. 2019.

［168］ HU R, ANDREAS J, DARRELL T, et al. Explainable neural computation via stack neural module networks［C］// Lecture Notes in Computer Science. 2018.

［169］ MAO J, ZHANG X, LI Y, et al. Program-guided image manipulators［C］// ICCV. 2019.

［170］ QI H, WANG X, PATHAK D, et al. Learning long-term visual dynamics with region proposal interaction networks［Z］. arXiv, 2020:2008. 02265.

［171］ NA S, LEE S, KIM J, et al. A read-write memory network for movie story understanding［C］// ICCV. 2017.

［172］ YAO Y, XU J, WANG F, et al. Cascaded mutual modulation for visual reasoning ［C］// EMNLP. 2018.

［173］ PEREZ E, STRUB F, DE VRIES H, et al. Film: visual reasoning with a general conditioning layer［C］// AAAI. 2018.

［174］ SANTORO A, et al. A simple neural network module for relational reasoning［Z］. arXiv, 2017: 1706. 01427.

［175］ BARADEL F, NEVEROVA N, WOLF C, et al. Object level visual reasoning in videos ［C］// ECCV. 2018.

［176］ PEREZ E, DE VRIES H, STRUB F, et al. Learning visual reasoning without strong priors［Z］. arXiv, 2017: 1707. 03017.

［177］ HAN X, WANG S, SU C, et al. Interpretable visual reasoning via probabilistic formulation under natural supervision［C］// ECCV. 2020.

［178］ KIM W, LEE Y. Learning dynamics of attention: human prior for interpretable machine reasoning［Z］. arXiv, 2019:1905. 11666.

［179］ ADITYA S, YANG Y, BARAL C. Explicit reasoning over end-to-end neural architectures for visual question answering［C］// AAAI. 2018.

［180］ ANTOL S, et al. VQA: Visual question answering［C］// ICCV. 2015.

［181］ DAS A, et al. Visual Dialog［C］// CVPR. 2017.

［182］ MALINOWSKI M, FRITZ M. A multi-world approach to question answering about real-world scenes based on uncertain input[C]// NeurIPS. 2014.

[183] REN M, KIROS B, ZEMEL R S. Exploring models and data for image question answering [C]// NeurIPS. 2015.

[184] GAO H, MAO J, ZHOU J, et al. Are you talking to a machine? Dataset and methods for multilingual image question answering[C]// NeurIPS. 2015.

[185] KRISHNA R, et al. Visual genome: connecting language and vision using crowdsourced dense image annotations[J]. International journal of computer vision, 2017,123: 32-73.

[186] ZHU Y, GROTH O, BERNSTEIN M, et al. Visual7W: Grounded question answering in images[C]// CVPR. 2016.

[187] YU L, PARK E, BERG A C, et al. Visual Madlibs: fill in the blank description generation and question answering[C]// ICCV. 2015.

[188] SILBERMAN N, HOIEM D, KOHLI P, et al. Indoor segmentation and support inference from RGBD images[C]// ECCV. 2012.

[189] ZHANG P, GOYAL Y, SUMMERS-STAY D, et al. Yin and Yang: balancing and answering binary visual questions[C]// CVPR. 2016.

[190] WANG P, WU Q, SHEN C, et al. Explicit knowledge-based reasoning for visual question answering[C]// IJCAI. 2017.

[191] WANG P, WU Q, SHEN C, et al. FVQA: fact-based visual question answering[J]. IEEE transactions on pattern analysis and machine intelligence, 2018(40): 2413-2427.

[192] AUER S, BIZER C, KOBILAROV G, et al. DBpedia: a nucleus for a web of open data[C]// Lecture Notes in Computer Science. 2007.

[193] WU Q, TENEY D, WANG P, et al. Visual question answering: a survey of methods and datasets[J]. Computer vision and image understanding, 2017,163: 21-40.

[194] XU H, SAENKO K. Ask, attend and answer: exploring question-guided spatial attention for visual question answering[C]// ECCV. 2016.

[195] YANG Z, HE X, GAO J, et al. Stacked attention networks for image question answering[C]// CVPR. 2016.

[196] YU Z, YU J, CUI Y, et al. Deep modular co-attention networks for visual question answering[C]// CVPR. 2019.

[197] GUO W, ZHANG Y, WU X, et al. Re-Attention for visual question answering[C]// AAAI. 2020.

[198] YU Z, YU J, FAN J, et al. Multi-modal factorized bilinear pooling with co-attention learning for visual question answering[C]// ICCV. 2017.

[199] BEN-YOUNES H, CADENE R, CORD M, et al. MUTAN: multimodal tucker fusion for visual question answering[C]// ICCV. 2017.

[200] VEDANTAM R, DESAI K, LEE S, et al. Probabilistic neural-symbolic models for interpretable visual question answering[C]// ICML. 2019.

[201] CHEN W, GAN Z, LI L, et al. Meta module network for compositional visual reasoning[C]// WACV. 2021.

[202] TENEY D, LIU L, VAN DEN HENGEL A. Graph-structured representations for visual question answering[C]//Proceedings of the IEEE conference on computer vision and pattern recognition. 2017: 1-9.

[203] NARASIMHAN M, LAZEBNIK S, SCHWING A G. Out of the Box: Reasoning with Graph Convolution

Nets for Factual Visual Question Answering[C]//NeurIPS. 2018.

[204] GAO D, LI K, WANG R, et al. Multi-modal graph neural network for joint reasoning on vision and scene text[C]// CVPR. 2020.

[205] LU J, BATRA D, PARIKH D, et al. ViLBERT: pretraining task-agnostic visiolinguistic representations for vision-and-language tasks[C]// NeurIPS. 2019.

[206] SU W, et al. VL-BERT: Pre-training of generic visual-linguistic representations[C]// ICLR. 2020.

[207] CHEN Y C, et al. UNITER: UNiversal Image-TExt Representation Learning[C]// Lecture Notes in Computer Science. 2020.

[208] LI X, et al. Oscar: object-semantics aligned pre-training for vision-language tasks[C]// Lecture Notes in Computer Science. 2020.

[209] LU J, GOSWAMI V, ROHRBACH M, et al. 12-in-1: multi-task vision and language representation learning[C]// CVPR. 2020.

[210] LI L H, YATSKAR M, YIN D, et al. VisualBERT: a simple and performant baseline for vision and language[Z]. arXiv, 2019:1908.03557.

[211] LU J, KANNAN A, YANG J, et al. Best of both worlds: Transferring knowledge from discriminative learning to a generative visual dialog model[C]// NeurIPS. 2017.

[212] GUO D, XU C, TAO D. Image-question-answer synergistic network for visual dialog [C]// CVPR. 2019.

[213] SEO P H, LEHRMANN A, HAN B, et al. Visual reference resolution using attention memory for visual dialog[C]// NeurIPS. 2017.

[214] KOTTUR S, MOURA J M F, PARIKH D, et al. Visual coreference resolution in visual dialog using neural module networks[C]// Lecture Notes in Computer Science. 2018.

[215] KANG G C, LIM J, ZHANG B T, Dual attention networks for visual reference resolution in visual dialog[C]// EMNLP. 2020.

[216] NIU Y, ZHANG H, ZHANG M, et al. Recursive visual attention in visual dialog[C]// CVPR. 2019.

[217] SCHWARTZ L, YU S, HAZAN T, et al. Factor graph attention[C]// CVPR. 2019.

[218] JIANG X, et al. DualVD: an adaptive dual encoding model for deep visual understanding in visual dialogue[C]// AAAI. 2019.

[219] MURAHARI V, BATRA D, PARIKH D, et al. Large-scale pretraining for visual dialog: a simple state-of-the-art baseline[C]// ECCV. 2020.

[220] WANG Y, JOTY S, LYU M R, et al. VD-BERT: a unified vision and dialog transformer with BERT[C]// EMNLP. 2020.

[221] SHARMA P, DING N, GOODMAN S, et al. Conceptual captions: a cleaned, hypernymed, image alt-text dataset for automatic image captioning[C]// ACL. 2018.

[222] ANDERSON P, et al. Vision-and-language navigation: interpreting visually-grounded navigation instructions in real environments[C]// CVPR. 2018.

[223] JAIN V, MAGALHAES G, KU A, et al. Stay on the path: instruction fidelity in vision-and-language navigation[C]// ACL. 2020.

[224] KU A, ANDERSON P, PATEL R, et al. Room-across-Room: multilingual vision-and-language navigation with dense spatiotemporal grounding[C]// EMNLP. 2020.

[225] CHANG A, et al. Matterport3D: learning from RGB-D data in indoor environments[C]// 3DV, 2018.

［226］ FRIED D, et al. Speaker-follower models for vision-and-language navigation[C]// NeurIPS. 2018.

［227］ VASUDEVAN A B, DAI D, VAN GOOL L. Talk2Nav: long-range vision-and-language navigation with dual attention and spatial memory[J]. International journal of computer vision, 129 (2021): 246-266.

［228］ ZHANG W X, MA C, WU Q, et al. Language-guided navigation via cross-modal grounding and alternate adversarial learning[J]. IEEE transactions on circuits and systems for video technology, 2020, pp(99): 1-12.

［229］ HONG Y, RODRIGUEZ-OPAZO C, WU Q, et al. Sub-instruction aware vision-and-language navigation[C]// EMNLP. 2020.

［230］ MAO S, WU J, HONG S. Vision and language navigation using multi-head attention mechanism[C]// BigDIA. 2020.

［231］ PARVANEH A, ABBASNEJAD E, TENEY D, et al. Counterfactual vision-and-language navigation: unravelling the unseen[C]// NeurIPS. 2020.

［232］ QI Y, PAN Z, HONG Y, et al. Know what and know where: an object-and-room informed sequential BERT for indoor vision-language navigation[Z]. arXiv, 2021:2104. 04167.

［233］ WANG X, XIONG W, WANG H, et al. Look before you leap: bridging model-free and model-based reinforcement learning for planned-ahead vision-and-language navigation [C]// Lecture Notes in Computer Science. 2018.

［234］ LANSING L, JAIN V, MEHTA H, et al. VALAN: vision and language agent navigation[Z]. arXiv, 2019:1912. 03241.

［235］ WANG X, et al. Reinforced cross-modal matching and self-supervised imitation learning for vision-language navigation[C]// CVPR. 2019.

［236］ NGUYEN K, DAUMÉ H. Help, Anna! Visual navigation with natural multimodal assistance via retrospective curiosity-encouraging imitation learning[C]// EMNLP. 2019.

［237］ MA C Y, et al. Self-monitoring navigation agent via auxiliary progress estimation[Z]. arXiv, 2019: 1901. 03035.

［238］ ZHU F, ZHU Y, CHANG X, et al. Vision-language navigation with self-supervised auxiliary reasoning tasks[C]// CVPR. 2020.

［239］ HAO W, LI C, LI X, et al. Towards learning a generic agent for vision-and-language navigation via pre-training[C]// CVPR. 2020.

［240］ WANG H, WANG W, LIANG W, et al. Structured scene memory for vision-language navigation[Z]. arXiv, 2021:2103. 03454.

［241］ MAGASSOUBA A, SUGIURA K, KAWAI H. CrossMap transformer: a crossmodal masked path transformer using double back-translation for vision-and-language navigation [Z]. arXiv, 2021: 2103. 00852.

［242］ KRANTZ J, WIJMANS E, MAJUMDAR A, et al. Beyond the Nav-Graph: vision-and-language navigation in continuous environments[C]// Lecture Notes in Computer Science. 2020.

［243］ IRSHAD M Z, MA C Y, KIRA Z. Hierarchical cross-modal agent for robotics vision-and-language navigation[Z]. arXiv, 2021:2104. 10674.

［244］ CHEN X, et al. Microsoft COCO captions: data collection and evaluation server[Z]. arXiv, 2015: 1504. 00325.

［245］ REED S, AKATA Z, YAN X, et al. Generative adversarial text to image synthesis[C]// ICML, 2016.

[246] RASHTCHIAN C, YOUNG P, HODOSH M, et al. Collecting image annotations using Amazon's mechanical turk[C]// NAACL HLT Workshop. 2010.

[247] HODOSH M, YOUNG P, HOCKENMAIER J. Framing image description as a ranking task: data, models and evaluation metrics[C]// IJCAI. 2015.

[248] PLUMMER B A, WANG L, CERVANTES C M, et al. Flickr30k Entities: collecting region-to-phrase correspondences for richer image-to-sentence models[J]. International journal of computer vision, 2017, 123: 74-93.

[249] XU J, MEI T, YAO T, et al. MSR-VTT: a large video description dataset for bridging video and language[C]// CVPR. 2016.

[250] GUADARRAMA S, et al. Youtube2text: recognizing and describing arbitrary activities using semantic hierarchies and zero-shot recognition[C]// ICCV. 2013.

[251] HEILBRON F C, ESCORCIA V, GHANEM B, et al. ActivityNet: a Large-scale video benchmark for human activity understanding[C]// CVPR. 2015.

[252] PAPINENI K, ROUKOS S, WARD T, et al. BLEU: a method for automatic evaluation of machine translation[C]// ACL. 2002.

[253] BANERJEE S, LAVIE A. METEOR: an automatic metric for MT evaluation with improved correlation with human judgments[C]// ACL Workshop. 2005.

[254] VEDANTAM R, ZITNICK C L, PARIKH D. CIDEr: Consensus-based image description evaluation[C]// CVPR. 2015.

[255] TSUCHIYA G. ROUGE: a package for automatic evaluation of summaries[J]. Japanese circulation journal 1971(34): 1213-1220.

[256] QIN Y, DU J, ZHANG Y, et al. Look back and predict forward in image captioning[C]// CVPR. 2019.

[257] ZHA Z, LIU L D, ZHANG H. Context-aware visual policy network for fine-grained image captioning[J]. IEEE transactions on pattern analysis and machine intelligence, 2019, Apr 9: 1-13.

[258] PARK C C, KIM B, KIM G. Towards personalized image captioning via multimodal memory networks[J]. IEEE transactions on pattern analysis and machine intelligence, 2019(41): 999-1012.

[259] HUANG L, WANG W, CHEN J, et al. Attention on attention for image captioning[C]// ICCV. 2019.

[260] DING S, QU S, XI Y, et al. Image caption generation with high-level image features[J]. Pattern recognition letters, 2019, 123: 89-95.

[261] GUO L, LIU J, ZHU X, et al. Normalized and geometry-aware self-attention network for image captioning[C]// CVPR. 2020.

[262] CORNIA M, STEFANINI M, BARALDI L, et al. Meshed-memory transformer for image captioning[C]// CVPR. 2020.

[263] WANG J, WANG W, WANG L, et al. Learning visual relationship and context-aware attention for image captioning[J]. Pattern recognition, 2020, 98: 107075.

[264] LEI Z, ZHOU C, CHEN S, et al. A sparse transformer-based approach for image captioning[J]. IEEE access, 2020(8): 213437-213446.

[265] YU J, LI J, YU Z, et al. Multimodal transformer with multi-view visual representation for image captioning[J]. IEEE transactions on circuits and systems for video technology, 2020(30): 4467-4480.

[266] DING S, QU S, XI Y, et al. Stimulus-driven and concept-driven analysis for image caption generation[J]. Neurocomputing, 2020, 398: 520-530.

[267] CHEN S, JIN Q, WANG P, et al. Say as you wish: fine-grained control of image caption generation with abstract scene graphs[C]// CVPR. 2020.

[268] ZENG X, WEN L, LIU B, et al. Deep learning for ultrasound image caption generation based on object detection[J]. Neurocomputing, 2020, 392: 132-141.

[269] NEZAMI O M, DRAS M, WAN S. Towards generating stylized image captions via adversarial training[C]// PRICAI. 2019.

[270] DESHPANDE A, ANEJA J, WANG L, et al. Fast, diverse and accurate image captioning guided by part-of-speech[C]// CVPR. 2019.

[271] HE X, SHI B, BAI X, et al. Image caption generation with part of speech guidance[J]. Pattern recognition letters 2019, 119: 229-237.

[272] ANEJA J, AGRAWAL H, BATRA D, et al. Sequential latent spaces for modeling the intention during diverse image captioning[C]// ICCV. 2019.

[273] GU J, JOTY S, CAI J, et al. Unpaired image captioning via scene graph alignments[C]// ICCV. 2019.

[274] YANG X, TANG K, ZHANG H, et al. Auto-encoding scene graphs for image captioning[C]// CVPR. 2019.

[275] SONG Y, CHEN S. Unpaired cross-iingual image caption generation with self-supervised rewards[C]// ACM MM. 2019.

[276] TAN Y H, CHAN C S. Phrase-based image caption generator with hierarchical LSTM network[J]. Neurocomputing, 2019, 333: 86-100.

[277] HE X, YANG Y, SHI B, et al. VD-SAN: visual-densely semantic attention network for image caption generation[J]. Neurocomputing, 2019, 328: 48-55.

[278] HUANG Y, CHEN J, OUYANG W, et al. Image captioning with end-to-end attribute detection and subsequent attributes prediction[J]. IEEE transactions on image processing, 2020(29): 4013-4026.

[279] GUO D, WANG Y, SONG P, et al. Recurrent relational memory network for unsupervised image captioning[C]// IJCAI. 2019.

[280] CHEN S, JIN Q, CHEN J, et al. Generating video descriptions with latent topic guidance[J]. IEEE transactions on multimedia, 2019, 21(9): 2407-2418.

[281] FANG K, et al. Fully convolutional video captioning with coarse-to-fine and inherited attention[C]// AAAI. 2019.

[282] DING S, QU S, XI Y, et al. A long video caption generation algorithm for big video data retrieval[J]. Future fgeneration computer systems, 2019, 93: 583-595.

[283] ZHAO B, LI X, LU X. CAM-RNN: co-attention model based RNN for video captioning[J]. IEEE transactions on image processing, 2019, 28: 5552-5565.

[284] LE H, SAHOO D, CHEN N F, et al. Multimodal transformer networks for end-to-end video-grounded dialogue systems[C]// ACL. 2019.

[285] MA C Y, KALANTIDIS Y, ALREGIB G, et al. Learning to generate grounded visual captions without localization supervision[C]// ECCV. 2020.

[286] XIAO S W, ZHAO Z, ZHANG Z J, et al. Query-biased self-attentive network for query-focused video summarization[J]. IEEE transactions on image processing, 2020, 29: 5889-5899.

[287] WANG H, GAO C, HAN Y. Sequence in sequence for video captioning[J]. Pattern recognition letters,

2020, 130: 327-334.

[288] KARTAWIDJAJA J. Multi-stage tag guidance network in video caption[J]. Orphanet journal of rare diseases, 2020(21): 1-9.

[289] PARK J S, ROHRBACH M, DARRELL T, et al. Adversarial inference for multi-sentence video description[C]//CVPR. 2019.

[290] AAFAQ N, AKHTAR N, LIU W, et al. Spatio-temporal dynamics and semantic attribute enriched visual encoding for video captioning[C]// CVPR. 2019.

[291] PEI W, ZHANG J, WANG X, et al. Memory-attended recurrent network for video captioning[C]// CVPR. 2019.

[292] CHEN S, JIANG Y G. Motion guided spatial attention for video captioning[C]// AAAI. 2019.

[293] LIN J, GAN C, HAN S. TSM: temporal shift module for efficient video understanding[C]// ICCV. 2019.

[294] WANG B, MA L, ZHANG W, et al. Controllable video captioning with POS sequence guidance based on gated fusion network[C]// ICCV. 2019.

[295] YAN C, et al. STAT: spatial-temporal attention mechanism for video captioning[J]. IEEE transactions on multimedia, 2020, 22: 229-241.

[296] ZHANG Z, et al. Object relational graph with teacher-recommended learning for video captioning[C]// CVPR. 2020.

[297] ENGLERT B, LAM S. The Caltech-UCSD Birds-200-2011 Dataset[C]// IFAC. 2009.

[298] NILSBACK M E, ZISSERMAN A. Automated flower classification over a large number of classes[C]// ICVGIP. 2008.

[299] SALIMANS T, GOODFELLOW I, ZAREMBA W, et al. Improved techniques for training GANs[C]// NeurIPS. 2016.

[300] HEUSEL M, RAMSAUER H, UNTERTHINER T, et al. GANs trained by a two time-scale update rule converge to a local Nash equilibrium[C]// NeurIPS. 2017.

[301] XU T, et al. AttnGAN: fine-grained text to image generation with attentional generative adversarial networks[C]// CVPR. 2018.

[302] ZHANG Z, XIE Y, YANG L. Photographic text-to-image synthesis with a hierarchically-nested adversarial network[C]// CVPR. 2018.

[303] HINZ T, HEINRICH S, WERMTER S. Semantic object accuracy for generative text-to-image synthesis[Z]. arXiv, 2020:1910. 13321.

[304] ZHANG C, PENG Y. Stacking VAE and GAN for context-aware text-to-image generation[C]// BigMM. 2018.

[305] HOU X, SUN K, SHEN L, et al. Improving variational autoencoder with deep feature consistent and generative adversarial training[J]. Neurocomputing, 2019, 341: 183-194.

[306] RAMESH A, et al. Zero-shot text-to-image generation[Z]. arXiv, 2021:2102. 12092.

[307] YIN G, LIU B, SHENG L, et al. Semantics disentangling for text-to-image generation [C]// CVPR. 2019.

[308] CHENG J, WU F, TIAN Y, et al. RiFeGAN: rich feature generation for text-to-image synthesis from prior knowledge[C]// CVPR. 2020.

[309] QIAO T, ZHANG J, XU D, et al. Learn, imagine and create: text-to-image generation from prior knowledge[C]// NeurIPS. 2019.

［310］ TAN H, LIU X, LI X, et al. Semantics-enhanced adversarial nets for text-to-image synthesis［C］// ICCV. 2019.

［311］ TAN F, FENG S, ORDONEZ V. Text2Scene: generating compositional scenes from textual descriptions［C］// CVPR. 2019.

［312］ LI W, et al. Object-driven text-to-image synthesis via adversarial training［C］// CVPR, 2019.

［313］ ZHU M, PAN P, CHEN W, et al. DM-GAN: dynamic memory generative adversarial networks for text-to-image synthesis［C］// CVPR. 2019.

［314］ LI B, QI X, LUKASIEWICZ T, et al. Controllable text-to-image generation［Z］. arXiv, 2019: 1909. 07083.

［315］ GAO L, CHEN D, SONG J, et al. Perceptual pyramid adversarial networks for text-to-image synthesis［C］// AAAI. 2019.

［316］ WANG M, LANG C, LIANG L, et al. End-to-end text-to-image synthesis with spatial constrains［J］. ACM transactions on intelligent systems and technology, 2020, 11:1-19.

［317］ ZHANG H, ZHU H, YANG S, et al. DGattGAN: cooperative up-sampling based dual generator attentional gan on text-to-image synthesis［J］. IEEE access, 2021, 9: 29584-29598.

［318］ CHA M, GWON Y L, KUNG H T, Adversarial learning of semantic relevance in text to image synthesis［C］// AAAI. 2019.

［319］ QIAO T, ZHANG J, XU D, et al. MirrorGAN: learning text-to-image generation by redescription［C］// CVPR. 2019.

［320］ LI Y, et al. StoryGAN: a sequential conditional gan for story visualization［C］// CVPR. 2019.

［321］ DEVLIN J, CHANG M W, LEE K, et al. BERT: Pre-training of deep bidirectional transformers for language understanding［C］// NAACL. 2019.

［322］ SUN C, MYERS A, VONDRICK C, et al. VideoBERT: a joint model for video and language representation learning［C］// ICCV. 2019.

［323］ ORDONEZ V, KULKARNI G, BERG T L. Im2Text: describing images using 1 million captioned photographs［C］// NeurIPS. 2011.

［324］ QI D, SU L, SONG J, et al. ImageBERT: cross-modal pre-training with large-scale weak-supervised image-text data［Z］. arXiv, 2020:2001. 07966.

［325］ MIECH A, ZHUKOV D, ALAYRAC J B, et al. HowTo100M: learning a text-video embedding by watching hundred million narrated video clips［C］// ICCV, 2019.

［326］ LI G, DUAN N, FANG Y, et al. Unicoder-VL: a universal encoder for vision and language by cross-modal pre-training［C］// AAAI. 2020.

［327］ ALBERTI C, LING J, COLLINS M, et al. Fusion of detected objects in text for visual question answering［C］// EMNLP-IJCNLP. 2020.

［328］ ZHOU L, PALANGI H, ZHANG L, et al. Unified vision-language pre-training for image captioning and VQA［C］// AAAI. 2020.

［329］ LI X J, YIN X, LI C Y, et al. Oscar: object-semantics aligned pre-training for vision-language tasks［C］// ECCV. 2020.

［330］ SARIYILDIZ M B, PEREZ J, LARLUS D. Learning visual representations with caption annotations［C］// Lecture Notes in Computer Science. 2020.

［331］ JOHNSON J, DESAI K. VirTex: learning visual representations from textual annotations［Z］. arXiv,

2020:2006. 06666.

[332] HU X W, YIN X, LIN K, et al. VIVO: Visual Vocabulary Pre-Training for Novel Object Captioning[C]// AAAI. 2021.

[333] ZHUGE M, et al. Kaleido-BERT: vision-language pre-training on fashion domain[C]// CVPR, 2021.

[334] HUANG Z, ZENG Z, HUANG Y, et al. Seeing out of tHe bOx: end-to-end pre-training for vision-language representation learning[C]// CVPR. 2021.

[335] LE H, HOI S C H. Video-grounded dialogues with pretrained generation language models[Z]. arXiv, 2020:2006. 15319.

[336] WU X, LODE M. Language models are unsupervised multitask learners (Summarization) [EB/OL]. https://openai. com/blog/better-language-models/.

[337] ZHU L, YANG Y. ActBERT: learning global-local video-text representations[C]// CVPR. 2020.

[338] MAJUMDAR A, SHRIVASTAVA A, LEE S, et al. Improving vision-and-language navigation with image-text pairs from the web[C]// Lecture Notes in Computer Science. 2020.

[339] ZHANG S, et al. DeVLBERT: learning deconfounded Visio-linguistic representations[C]// ACM MM. 2020.

[340] LI Y, PAN Y, YAO T, et al. Scheduled sampling in vision-language pretraining with decoupled encoder-decoder network[C]// AAAI. 2021.

[341] SUN C, BARADEL F, MURPHY K. Learning video representations using contrastive bidirectional transformer[Z]. arXiv, 2019:1906. 05743.

[342] LUO H, et al. UniViLM: a unified video and language pre-training model for multimodal understanding and generation[Z]. arXiv, 2020:2002. 06353.

[343] LI L, CHEN Y, CHENG Y, et al. HERO: Hierarchical Encoder for Video + Language [C]// ACL. 2020.

[344] ZHANG Y, JIANG H, MIURA Y, et al. Contrastive learning of medical visual representations from paired images and text[Z]. arXiv, 2020:2010. 00747.

[345] RADFORD A, et al. Learning transferable visual models from natural language supervision[Z]. arXiv, 2021:2103. 00020.

[346] HUANG P Y, PATRICK M, HU J, et al. Multilingual multimodal pre-training for zero-shot cross-lingual transfer of vision-language models[Z]. arXiv, 2021:2103. 08849.

[347] LIU J, WANG L, YANG M H. Referring Expression Generation and Comprehension via attributes[C]// ICCV. 2017.

[348] JING C, WU Y, PEI M, et al. Visual-semantic graph matching for visual grounding [C]// ACM MM. 2020.

[349] YANG S, LI G, YU Y. Relationship-embedded representation learning for grounding referring expressions[J]. IEEE transactions on pattern analysis and machine intelligence, 2021, 43:2765-2779.

[350] TAN Y H, CHAN C S. Phrase-based image caption generator with hierarchical LSTM network[J]. Neurocomputing, 2019, 333: 86-100.

[351] ZHANG Y, LU H. Deep cross-modal projection learning for image-text matching[C]// ECCV. 2018.

作者简介

牛　凯　西北工业大学计算机学院副教授。长期关注多模态数据分析、计算机视觉、模式识别等相关领域的科学研究工作，特别是在视觉–语言交互前沿领域。近三年以第一作者发表包括 TIP、ACM MM、PR 等在内的多篇国际高水平学术论文。

黄　岩　中国科学院自动化研究所副研究员。主要从事视觉–语言交互、深度学习新模型等领域的研究工作。近三年来在 TPAMI、TIP、NIPS、CVPR、ICCV、AAAI 等 CCF A 类顶尖国际期刊及会议发表论文 20 余篇，Google Scholar 引用 2200 余次。担任中国计算机学会计算机视觉专业委员会委员副秘书长。

王　鹏　西北工业大学计算机学院教授。主要从事计算机视觉、机器学习及人工智能前沿方向的科学研究。近三年来在 TPAMI、IJCV、TIP、CVPR、ICCV、AAAI、IJCAI、ACM MM 等 CCF A 类顶尖国际期刊及会议发表论文 20 余篇，Google Scholar 引用 2200 余次。担任中国模式识别与计算机视觉大会（PRCV 2019）组织委员会主席，中国计算机学会青年计算机科技论坛（CCF YOCSEF）西安论坛主席（2020 年—2021 年），中国计算机学会计算机视觉专业委员会委员，中国图象图形学学会机器视觉专业委员会、文档图像分析与识别专委会、成像探测与感知专委会委员。

中国计算机教育发展报告

CCF 教育专业委员会

蒋宗礼[1]　魏晓辉[2]　秦磊华[3]　张　莉[4]　黄　岚[2]　董开坤[5]

[1]北京工业大学，北京

[2]吉林大学，长春

[3]华中科技大学，武汉

[4]北京航空航天大学，北京

[5]哈尔滨工业大学，哈尔滨

摘　　要

本文分综述、计算机类专业教育、计算机学科建设与研究生教育、社会团体及教学研究与交流 4 篇，分析了当前我国计算机教育的发展现状与趋势。具体讨论了本科专业的内涵、设置、专业点布局和人才培养国家标准，以及校企协同、卓越工程师培养、拔尖创新人才培养、新工科建设、一流专业建设、工程教育专业认证对专业建设的推动作用、本科生解决复杂工程问题能力、系统能力的培养、优秀教材与一流课程建设、教学方法改革；研究生培养基本目标、学科划分、学科授权点布局和建设成效，博士研究生、工学硕士研究生和工程硕士研究生的社会需求、培养模式、培养规模和新形势下的新要求；以及计算机教育相关的组织和社会活动；强调了本科生和研究生培养走内涵式发展之路的基本趋势，展现了我国计算机相关的教育组织和社会团体对推动我国计算机教育发展的作用。

关键词：计算机教育，本科生教育，研究生教育，质量提升，社会团体

Abstract

This report analyzes the current development and the trend of computer education in China in four parts: the overview, the undergraduate education in the major of computer, the computer discipline construction and the post-graduate education, the related social organizations and the academic communication. It starts for the undergraduate major in computer on the connotation, the settings, the program distributions and the national standards, as well as the university-enterprise cooperation on the development of outstanding and top creative talents, new engineering construction, first-class major construction, the promotion by the engineering education professional certification, the development of undergraduates' ability to solve complex engineering problems and system ability, the excellent teaching materials and first-class course construction, teaching method reform, and so on. Secondly for the post-graduate study in computer, it analyzes the basic goals, the division of disciplines, the distribution and constructions of the degree programs, and discusses the social requirements, the development mode and scale, and the new requirements from the future situation for the doctoral, academic master and engineering master students. Finally, it describes the organizations and social activities related to computer education. The report emphasizes on the basic tendency of the development of the undergraduates and the post- graduates. It shows the role of computer related educational organizations and social groups to promote the development of the computer education in China.

Keywords：computer education, undergraduate education, post-graduate education, quality improvement, social organizations

1 引言

1.1 本科学位教育

1.1.1 计算机类专业

计算机科学与技术、软件工程、网络空间安全等计算机类学科，统称为计算学科，该学科通过在计算机上建立模型和系统，模拟实际过程进行科学调查和研究，通过数据搜集、存储、传输与处理等进行问题求解，包括科学、工程、技术和应用。其科学部分的核心在于通过建立抽象模型实现对计算规律的研究；其工程部分的核心在于根据规律低成本地构建从基本计算系统到大规模复杂计算应用系统的各类系统；其技术部分的核心在于研究和发明通过计算进行的科学调查和研究中使用的基本手段和方法；其应用部分的核心在于通过构建、维护和使用计算系统实现特定问题的求解。

按照教育部颁布的普通高等学校本科专业目录[1]，计算机类专业包括计算机科学与技术、软件工程、网络工程、信息安全、物联网工程、数字媒体技术6个基本专业，以及智能科学与技术、空间信息与数字技术、电子与计算机工程、数据科学与大数据技术、网络空间安全、新媒体技术、电影制作、保密技术、服务科学与工程、虚拟现实技术、区块链工程、密码科学与技术12个特设专业，其中信息安全、网络空间安全和保密技术为国控专业。相关专业包括电子信息工程、电子科学与技术、通信工程、信息工程等电子信息类专业，以及自动化专业等。

计算学科已经成为基础技术学科。随着计算机和软件技术的发展，继理论和实验后，计算成为第三大科学研究范型，从而使得计算思维成为现代人类重要的思维方式之一。信息产业成为世界第一大产业，信息技术的发展正在改变着人们的生产和生活方式，离开信息技术与产品的应用，人们将无法正常生活和工作。所以，没有信息化，就没有国家现代化；没有信息安全，就没有国家安全。计算技术是信息化的核心技术，其应用已经深入到各行各业，计算学科、计算机类专业人才在经济建设与社会发展中占有重要地位[2,3]。

1.1.2 专业设置

社会需求和技术进步促进计算机类专业快速发展，物联网、人工智能和大数据等一批战略性新兴产业的相关专业逐步设立。截至 2021 年，教育部设置了 18 个计算机类专业（含基本专业 6 个、特设专业 12 个），总布点数达到 4132。其中计算机科学与技术专业由最早建立的计算机专业演化而来，在 20 世纪 90 年代前曾被分为计算机软件专业和计算机及应用专业。目前该专业布点最多，达到了 1 017 个。数据科学与大数据技术是近几年发展最快的专业，虽然设立仅仅 5 年，目前的专业布点数已达到了 681 个，成为专业布点数仅次于计算机科学与技术的专业。随着近 3 年人们对人工智能的重视，智能科学与技术专业在近 3 年增加了 159 个布点，占该专业布点总数的 80.7%。同期，教育部在电子信息类专业中，增设了人工智能专业，3 年内共设立 345 个专业点，几乎是智能科学与技术专业布点数的两倍。具体情况见表 1。

表 1　2021 年计算机类专业设置状况

序号	专业名称	专业代码	专业布点
1	计算机科学与技术	080901	1017
2	软件工程	080902	653
3	网络工程	080903	428
4	信息安全	080904K	139
5	物联网工程	080905	568
6	数字媒体技术	080906	286
7	智能科学与技术	080907T	197
8	空间信息与数字技术	080908T	21
9	电子与计算机工程	080909T	10
10	数据科学与大数据技术	080910T	681
11	网络空间安全	080911TK	83
12	新媒体技术	080912T	5
13	电影制作	080913T	3
14	保密技术	080914TK	4
15	服务科学与工程	080915T	1
16	虚拟现实技术	080916T	14
17	区块链工程	080917T	15
18	密码科学与技术	080918TK	7

1.1.3 教学指导委员会

目前教育部为计算机类专业设有 3 个教学指导委员会[4]，包括计算机类专业教学指导委员会、软件工程专业教学指导委员会和网络空间安全专业教学指导委员会。此外，还设有面向非计算机类专业人才培养的，俗称计算机公共课程建设的大学计算机课程教学指导委员会。

计算机类专业教学指导委员会主要面向软件工程专业、信息安全专业、网络空间安全专业和数字媒体技术专业以外的其他计算机类专业的建设和人才培养来开展研究、咨询、指导、评估、服务等工作。

软件工程专业教学指导委员会主要面向软件工程专业的建设和人才培养来开展研究、咨询、指导、评估、服务等工作。

网络空间安全专业教学指导委员会主要面向信息安全专业和网络空间安全专业的专业建设和人才培养来开展研究、咨询、指导、评估、服务等工作。

与数字媒体技术专业的建设和人才培养相关的研究、咨询、指导、评估、服务等工作由教育部特别设立的数字媒体相关专业的教学指导委员会负责。

1.2　研究生学位教育

1.2.1　授权点设置

计算机类的学术型研究生教育按照计算机科学与技术、软件工程、网络空间安全三个一级学科进行；原来的计算机技术和软件工程两个专业领域与电子和通信专业领域合并为一个统一的电子信息专业领域，其研究生培养全部归入电子信息领域。

截至 2021 年 6 月，全国具有计算机科学与技术学术学位授予权的高校 275 所，其中具有一级学科博士学位授予权的高校 83 所，具有一级学科硕士学位授予权的高校 192 所。全国具有软件工程学术学位授予权的高校 163 所，其中具有一级学科博士学位授予权的高校 48 所，具有一级学科硕士学位授予权的高校 115 所。全国具有网络空间安全学术学位授予权的高校 75 所，其中具有一级学科博士学位授予权的高校 38 所，具有一级学科硕士学位授予权的高校 42 所。全国具有电子信息专业学位授予权的高校 343 所，其中具有博士专业学位授予权的高校 24 所，具有硕士专业学位授予权的高校 319 所。

1.2.2　培养目标

计算机科学与技术一级学科的人才培养目标为：掌握坚实/宽广的计算机科学与技术的基础理论和系统/深入的专门知识，深入了解学科的发展现状、趋势及研究前沿，熟练掌握一门外国语；具有严谨求实的科学态度和作风；对本学科相关领域的重要理论、方法与技术有透彻了解和把握，有学术研究的感悟力，善于发现学科的前沿性问题，并能对之进行深入研究和探索；能运用计算机科学与技术学科的理论、方法、技术和工具开展该领域高水平基础研究和应用基础研究，进行关键技术创新，开展大型复杂系统的设计、开发和管理工作，做出创造性成果；在本学科和相关学科领域具有独立从事科学研究的能力[5]。

软件工程一级学科的人才培养目标为：掌握坚实/宽广的软件理论基础和系统/深入的专门知识，熟练掌握一门外国语；对于相关的重要理论、方法与技术有透彻了解和把握，有学术研究的领悟力，理解学术研究的真谛；善于发现学科的前沿性问题，并对之进行深入的原创性研究，不断开拓新的领域；具有严谨求实的科学态度和作风，能独立从事基础研究、应用基础研究和关键技术创新等软件工程高水平研究；可在高等院校和研究单位从事教学和研究工作，也可在相关部门从事专业性研究和技术开发等工作[6]。

网络空间安全一级学科的人才培养目标为：掌握网络空间安全坚实/宽广的理论基础和系统/深入的专门知识，熟悉相关领域发展动态，熟练掌握一门外国语；具有较强的工程实践和系统开发能力，具有独立从事网络与信息系统的安全分析、设计、集成、开发、测试、维护等的能力，能够独立地解决工程应用领域的技术难题，具备较强的工程实践创新能力；具有较强的工程项目的组织与管理能力、技术创新和系统集成能力；成为具备网络空间安全领域科学研究、技术开发和工程应用服务工作能力的行业骨干和领军人才[7]。

电子信息专业学位培养目标为：掌握本工程领域坚实/宽广的基础理论、系统/深入的专门知识和工程技术基础知识；熟悉相关工程领域的发展趋势与前沿，掌握相关的人文社科及工程管理知识；熟练掌握一门外国语；具备解决复杂工程技术问题、进行工程技术创新、组织工程技术研究开发工作的能力及良好的沟通协调能力，具备国际视野和跨文化交流能力[8]。

1.2.3　学科评议组与教学管理指导委员会

国务院学位委员会学科评议组（以下简称学科评议组）是中华人民共和国国务院学位委员会领导下的学术性工作组织。其主要任务如下：贯彻实施《中华人民共和国学位条例》及其暂行实施办法；对调整与修订学位授予和人才培养的学科目录进行研究，提出意见或建议；对新增、调整和撤销学位授予单位及其授权学科进行评议，提出审核意见；参加评估、质量检查和监督，对本学科领域学位授予和人才培养的质量进行调查研究，提出意见或建议；对本学科布局、发展趋势等进行研究，指导授予单位加强学科建设、提高办学水平；接受教育部委托，指导、督导本学科领域的一流学科建设；对本学科领域研究生培养工作提出指导意见，促进本学科不断提升研究生思想政治水平和培养质量；就学位与研究生教育发展、改革的重大问题进行研究，提供咨询或提出建议；承担国际交流中学位相互认可及评价等专项咨询；承担国务院学位委员会委托的其他事项[9,10]。

目前，计算机类学科设有 3 个学科评议组：计算机科学与技术、软件工程和网络空间安全。

1. 计算机科学与技术学科评议组

1981 年国家恢复学位制度，成立首届学科评议组，共分 10 个大学科组（计算机学科在工科组）。1984 年召开国务院计算机学科评议组会议，王湘浩院士任组长，徐家福教授任副组长。2020 年成立了第八届计算机科学与技术学科评议组，委员 18 名，张尧学院士担任召集人，清华大学承担秘书处工作。

2. 软件工程学科评议组

2011 年经国务院批准，软件工程被增列为一级学科。软件工程学科评议组成立于

2015 年，共有 10 名委员，赵沁平院士和廖湘科院士担任召集人。2020 年成立了新一届软件工程学科评议组，委员数增加到 12 名，吕建院士和廖湘科院士担任召集人。

3. 网络空间安全学科评议组

2016 年经国务院批准设立网络空间安全一级学科，2015 年批准成立第一届学科评议组，吴建平院士、梅宏院士和方滨兴院士为召集人。2020 年成立了新一届网络空间安全学科评议组，委员数 12 名，方滨兴院士和吴朝晖院士担任召集人。

4. 全国工程专业学位研究生教育指导委员会

全国工程专业学位研究生教育指导委员会于 1998 年成立。2019 年 11 月成立第五届教育指导委员会，现有委员 37 名，清华大学邱勇院士任主任委员。教育指导委员会秘书处挂靠在清华大学。教育指导委员会通过调查研究、实地考察、咨询指导等方式，积极发挥专家作用，为推进工程专业学位研究生教育全面、可持续性发展献计献策。其主要职责是：指导、协调全国工程硕士教育活动，监督工程硕士教育质量，推动工程硕士教育与企业工程技术和工程管理人员队伍建设的联系与协作，指导开展工程硕士教育方面的国际交流与合作，促进我国工程硕士专业学位教育的不断完善和发展。

1.3 从外延发展转向内涵式发展

立德树人，培养德智体美劳全面发展的社会主义建设者和接班人是高校的根本任务。习近平总书记指出："高等教育发展水平是一个国家发展水平和发展潜力的重要标志"，"党和国家事业发展对高等教育的需要，对科学知识和优秀人才的需要，比以往任何时候都更为迫切"。不断提高人才培养质量，走内涵式发展道路是我国高等教育发展的必由之路。

1.3.1 促进本科教育内涵式发展

2010 年召开的全国教育工作会议昭示着我国高等教育将实现全面转型发展，由教育大国向教育强国迈进。在此外会议之后，国务院在印发的《国家中长期教育改革和发展规划纲要（2010—2020 年)》中提出："树立以提高质量为核心的教育发展观，注重教育内涵发展，鼓励学校办出特色、办出水平，出名师、育英才。"这是 21 世纪以来首次在我国的教育发展政策文件中提出"教育内涵式发展"。让"内涵式发展"逐渐确立为新时代我国高等教育发展的核心理念，对推动我国高等教育的现代化发展具有更深刻的指导意义。

2012 年教育部印发的《关于全面提高高等教育质量的若干意见》中指出，全面提高高等教育质量首要是"坚持内涵发展。……走以质量提升为核心的内涵式发展道路"。胡锦涛同志在党的十八大报告中更是明确指出"着力提高教育质量，……推动高等教育内涵式发展"，指明了"内涵式发展"是高等教育当前及今后的发展道路与发展模式。2017 年党的十九大报告中，习近平总书记明确指出："加快一流大学和一流学科建设，实现高等教育内涵式发展。"这里已将"内涵式发展"视为当前及今后我国高等教育转型发展的指导理念，为我国高等教育的发展指明了方向。2018 年习近平总书记在北京大学师生座谈会上再次强调指出："当前，我国高等教育办学规模和年毕业人数已居世界首位，但规模扩张并不意味着质量和效益增长，走内涵式发展道路是我国高等教育发展的必由之路。"

2018年9月，教育部印发《关于加快建设高水平本科教育全面提高人才培养能力的意见》（以下简称"新时代高教40条"），决定实施"六卓越一拔尖"计划2.0。"新时代高教40条"指出，办好我国高校，办出世界一流大学，人才培养是本，本科教育是根。"新时代高教40条"要求：把思想政治教育贯穿高水平本科教育全过程，坚持正确办学方向；大力推进一流专业建设，实施一流专业建设"双万计划"，提高专业建设质量，动态调整专业结构，优化区域专业布局；推进现代信息技术与教育教学深度融合，重塑教育教学形态，大力推进慕课和虚拟仿真实验建设，共享优质教育资源；构建全方位全过程深融合的协同育人新机制，完善协同育人机制，加强实践育人平台建设，强化科教协同育人，深化国际合作育人，深化协同育人重点领域改革。

为实施好"六卓越一拔尖"计划2.0，教育部与有关部门还印发了《教育部等六部门关于实施基础学科拔尖学生培养计划2.0的意见》《教育部、工业和信息化部、中国工程院关于加快建设发展新工科实施卓越工程师教育培养计划2.0的意见》等文件，对文、理、工、农、医、教等领域提高人才培养质量做出具体安排，明确了"六卓越一拔尖"计划2.0的总体思路、目标要求、改革任务和重点举措。

计算机类专业是我国办学规模最大，社会需求增长最为强劲的专业。目前，社会对计算机类专业所培养的人才的需求呈"质""量"并举之势：一是数量不足，尤其是人工智能（AI）、大数据等相关的新型需求为代表的数量的"继续扩张"；二是整体上要提升"质量和水平"，需要培养出真正能够站在学科制高点上的人才。本科教育是高端人才培养的基础，如何外延发展与内涵式发展并举，既要做好外延发展阶段的主力军又要成为内涵式发展的引领者，是时代对计算机本科教育的要求[11,12]。

1.3.2　促进研究生教育高质量发展

学科是高校最基本的元素，学科建设是高校改革发展的基础性、根本性环节。在"双一流"建设背景下，打造一流的学科群、加强队伍建设和人才培养质量、构建学科建设支撑体系、创新学科管理体制机制，推进学科内涵式发展是实现高校内涵式发展的重要组成部分，也是实现学科自身发展的必然选择。

教育部先后印发《关于全面落实研究生导师立德树人职责的意见》（教研〔2018〕1号）、《关于加强博士生导师岗位管理的意见》（教研〔2020〕11号）、《关于印发〈研究生导师指导行为准则〉的通知》（教研〔2020〕12号），明确导师岗位职责、加强导师选聘制度、健全导师考核评价体系，全面提高导师育人能力，提高人才培养质量。

教育部办公厅印发《关于进一步规范和加强研究生培养管理的通知》（教研厅〔2019〕1号），要求培养单位：①狠抓学位论文和学位授予管理。严格执行学位授予全方位全流程管理，进一步强化研究生导师、学位论文答辩委员会和学位评定委员会责任。对不适合继续攻读学位的研究生要落实及早分流，加大分流力度。②切实加强导师队伍建设。要把落实立德树人根本任务、增强导师培养人才的责任心和事业心作为着力点，筑牢质量第一关口。加强师德师风建设，对违反师德、行为失范的导师，实行一票否决，并依法依规坚决给予相应处理。健全导师评价机制，对于未能切实履行职责的导师，视情况采取约谈、限招、停招、取消导师资格等处理措施。③健全预防和处置学术不端的机制。突出学术诚信审核把关，加大对学术不端、学位论文作假行为的查处力度，强化日常监督。对学术不端行为坚决露头即查、一查到底、有责必究、绝不姑息，实现"零容忍"，依法依规从快从严查处。对当事人视情节给予纪律处分和学术惩戒。④强化学位论文抽检结果使用。教育部对连续或多次出现"存在问题学位论文"的学位授予单位和学位授权点，将加大对涉事单位主要负责人约谈力度，视情况开展专项检查、核减招生计划、暂停直至撤销相关学位授权。

国务院学位委员会、教育部印发《关于进一步严格规范学位与研究生教育质量管理的若干意见》（学位〔2020〕19号），意见要求学位授予单位要强化落实质量保证主体责任、严抓规范研究生考试招生工作、严抓培养全过程监控与质量保证、加强学位论文和学位授予管理、强化指导教师质量管控责任、健全处置学术不端有效机制、加强教育行政部门督导监管。意见从进一步规范管理入手，强化底线意识和质量意识，加强制度建设和制度执行，严格执行研究生培养全过程质量控制，促进研究生教育质量提高。

教育部、国家发展改革委、财政部印发《关于加快新时代研究生教育改革发展的意见》（教研〔2020〕9号），意见指出：发挥导师言传身教作用，激励导师做研究生成长成才的引路人；建立国家典型示范、省级重点保障、培养单位全覆盖的三级导师培训体系；加强导师团队建设，明确导师权责，规范导师指导行为；加强博士生导师岗位管理；鼓励各地各培养单位评选优秀导师和团队，提升导师队伍水平。

国务院学位委员会、教育部印发《专业学位研究生教育发展方案（2020—2025）》（学位〔2020〕20号），从类别设置、招生规模、培养模式、机制环境、质量水平、体系建设等角度，提出到2025年，以国家重大战略、关键领域和社会重大需求为重点，增设一批硕士、博士专业学位类别，将硕士专业学位研究生招生规模扩大到硕士研究生招生总规模的三分之二左右，大幅增加博士专业学位研究生招生数量，进一步创新专业学位研究生培养模式，产教融合培养机制更加健全，专业学位与职业资格衔接更加紧密，发展机制和环境更加优化，教育质量水平显著提升，建成灵活规范、产教融合、优质高效、符合规律的专业学位研究生教育体系。

2 计算机类专业教育

2.1 依据"标准"培养人才

党的十八大以来，习近平总书记对高等教育发展做出了一系列重要指示，提出高等教育要做好"四个服务"，强调"办好我国高校，办出世界一流大学，必须牢牢抓住全面提高人才培养能力这个核心点"。

2013 年 4 月，教育部委托 92 个专业类教学指导委员会启动了《普通高等学校本科专业类教学质量国家标准》的研制工作。2018 年 1 月 30 日，教育部召开了例行新闻发布会，正式发布了《普通高等学校本科专业类教学质量国家标准》。发言人指出："当前我们国家高等教育的发展已经进入到了提高质量、内涵发展的新阶段，如何提高人才培养质量，是高校的核心任务。专业是高校人才培养的基本单位，也是基础平台，要提高教学质量，专业标准是基础。"2018 年 3 月，高等教育出版社正式出版了《普通高等学校本科专业类教学质量国家标准》（ISBN 978-7-04-049532-4）。以此为标志，我国高等教育步入按"标准"培养人才的新阶段。

在此之前，2006 年，为进一步推进工程教育的国际接轨，我国开始研究和实施工程教育专业认证，至 2013 年 6 月我国成为《华盛顿协议》预备成员，2016 年成为正式成员，标志着我国高等教育对外开放向前迈出了一大步，我国工程教育质量标准实现了国际实质等效，工程教育质量保障体系得到了国际认可，工程教育质量达到了国际标准。

2.1.1 计算机类专业教学质量国家标准

《普通高等学校本科专业类教学质量国家标准》包括教育部高等学校计算机类专业教学指导委员会制定的《计算机类专业教学质量国家标准》，标志着我国的计算机类专业教育进入到依据国家标准开展人才培养的阶段。该标准的研制从 2013 年开始，2015 年 12 月基本完成。其间蒋宗礼参加了普通高等学校本科专业类教学质量国家标准框架的研制，负责了《计算机类专业教学质量国家标准》的起草，应教育部的邀请在全体教学指导委员会主任、秘书长会上介绍其制定思想、架构等[13,14]。

《计算机类专业教学质量国家标准》包括概述、适用专业范围、培养目标、培养规格、师资队伍、教学条件和质量保障体系 7 部分和附录。该标准是基于《高等学校计算机科学与技术专业发展战略研究报告暨专业规范（试行)》《高等学校计算机科学与技术专业公共核心知识体系与课程》《高等学校物联网工程专业发展战略报告暨专业规范（试行)》《高等学校网络工程专业发展战略报告暨专业规范（试行)》《高等学校计算机科学与技术专业信息系统方向规范》《高等学校计算机科学与技术专业核心课程教学实施方案》《工程教育认证标准——通用标准》《工程教育认证标准计算机类专业补充标准》等，面向计算机专业类、按照教育部指定的统一框架制定的，体现了计算机类专业教育的基本要求，保证了标准与专业规范和工程教育认证标准的相容，积极引导专业改革，落实学生为中心、面向产出、持续改进三大理念。

《计算机类专业教学质量国家标准》发布后，计算机类专业教学指导委员会、全国高等学校计算机教育研究会、中国计算机学会教育专业委员会等通过举办多种计算机教育教学会议，开展了针对该标准的宣讲和推广应用。目前，《计算机类专业教学质量国家标准》在计算机类专业申报、专业建设和专业评估/认证等环节发挥着积极的重要作用。

2.1.2 工程教育认证通用标准与计算机类专业补充标准

工程教育认证标准由通用标准[15,16]和专业补充标准[17]两部分组成。目前执行的是

2017 版的通用标准和 2020 版的专业补充标准。

1. 通用标准

通用标准包括学生、培养目标、毕业要求、持续改进、课程体系、师资队伍和支持条件 7 个方面的要求。

学生部分要求贯彻以学生为中心的理念，具有吸引优秀生源的制度和措施。包括具有完善的学生学习指导、职业规划、就业指导、心理辅导等方面的措施并能很好地执行落实；对学生在整个学习过程中的表现进行跟踪与评估，并通过形成性评价保证学生毕业时达到毕业要求；有明确的规定和相应认定过程，认可转专业、转学学生的原有学分。

培养目标部分是对该专业毕业生在毕业后 5 年左右能够达到的职业和专业成就的总体描述，应体现德智体美劳全面发展的社会主义事业合格建设者和可靠接班人的培养目标。要求有公开的、符合学校定位的、适应社会经济发展需要的培养目标；定期评价培养目标的合理性并根据评价结果对培养目标进行修订，评价与修订过程有行业或企业专家参与。

毕业要求部分规定专业必须有明确、公开、可衡量的毕业要求，毕业要求应能支撑培养目标的达成。专业制定的毕业要求应完全覆盖工程知识、问题分析、设计/开发解决方案、研究、使用现代化工具、工程与社会、环境和可持续发展、职业规范、个人和团队、沟通、项目管理、终身学习等通用标准中 12 条毕业要求所涉及的内容，描述的学生能力和素养在程度上应不低于 12 项标准的基本要求。

持续改进部分要求专业建立教学过程质量监控机制，各主要教学环节有明确的质量要求，定期开展课程体系设置和课程质量评价；建立毕业要求达成情况评价机制，定期开展毕业要求达成情况评价。同时，还要求建立毕业生跟踪反馈机制以及有高等教育系统以外有关各方参与的社会评价机制，对培养目标的达成情况进行定期分析。能证明评价的结果被用于专业的持续改进。

课程体系部分要求课程设置能支持毕业要求的达成，课程体系设计有企业或行业专家参与。课程体系设置中各类课程的学分比例与《计算机类专业教学质量国家标准》对课程体系的设置比例要求相同，但对各类课程的能力培养目标提出了较为明确的要求。

师资队伍部分对专业教师的数量、能力、教育教学时间投入和教师在教学质量提升等方面提出了基本要求。

支持条件部分对支持毕业要求达成的基础设施，教学经费，教室、实验室及设备，实习和实训基地，以及计算机、网络和图书资料资源等都提出了基本要求，同时也要求学校的教学管理与服务规范能有效地支持专业毕业要求的达成。

2. 计算机类专业补充标准

计算机类专业的补充标准自建立以来，主要经历了三个版本。最早的是 2009 年的版本，该版本在 2012 年进行了修订（共 1 622 字），这两个版本对各专业课程设置、实践环节、毕业设计（论文）、师资队伍的专业与工程背景、专业条件给出了具体规定；2019—2020 年做了第二次修订，形成了目前的版本，该版本共 405 个字，对课程体系和师资队伍提出基本要求，自 2021 年起执行。

《工程教育认证通用标准》和《计算机类专业补充标准》对规范计算机类专业建设发挥着积极的重要作用。《计算机类专业补充标准》的建设在所有专业类补充标准的建设中起到了示范作用。

2.2 校企协同提高人才培养质量和水平

2.2.1 卓越与拔尖人才培养

1. 卓越工程师教育培养计划

卓越工程师教育培养计划（以下简称卓越计划）是为贯彻落实党的十七大提出的走中国特色新型工业化道路、建设创新型国家、建设人力资源强国等战略部署，贯彻落实《国家中长期教育改革和发展规划纲要（2010—2020 年）》实施的高等教育重大计划，2010 年，由教育部联合 22 个部门和 7 个行业协会共同实施。

卓越计划的主要目标是面向工业界、面向世界、面向未来，培养造就一大批创新能力强、适应经济社会发展需要的高质量各类型工程技术人才，为建设创新型国家、实现工业化和现代化奠定坚实的人力资源优势，增强我国的核心竞争力和综合国力。以实施卓越计划为突破口，促进工程教育改革和创新，全面提高我国工程教育人才培养质量，努力建设具有世界先进水平、中国特色的社会主义现代高等工程教育体系，促进我国从工程教育大国走向工程教育强国。实施的专业包括传统产业和战略性新兴产业的相关专业，特别重视国家产业结构调整和发展战略性新兴产业的人才需求，适度超前培养人才。实施的层次包括工科的本科生、硕士研究生、博士研究生三个层次，培养现场工程师、设计开发工程师和研究型工程师等多种类型的工程师后备人才。

为保证卓越计划的顺利实施，教育部成立卓越工程师教育培养计划专家工作组，负责卓越计划实施工作的研究、规划、指导、评价，负责参与高校工作方案和专业培养方案的论证。自 2010 年卓越计划启动以来，教育部共分三批启动了卓越计划的申报。各批次获批的卓越计划学校和专业信息见表 2[18-20]。

表 2 获批卓越计划学校和专业

批次	本科专业点数	硕士专业点数	博士专业点数
第一批	462（56）	214（28）	80（4）
第二批	362（23）	88（9）	7（0）
第三批	433（70）	124（17）	2（0）

注：括号内的数据表示计算机类专业点数。

为满足工业界对工程人员的职业资格要求，遵循工程型人才培养规律，需要制定"卓越计划"人才培养标准。培养标准分为通用标准和行业专业标准。其中，通用标准规定各类工程型人才培养都应达到的基本要求，行业专业标准依据通用标准的要求制定，规定行业领域内具体专业的工程型人才培养应达到的基本要求。

2013 年 11 月，教育部、中国工程院联合发布了卓越计划通用标准，包括本科、工程硕士和工程博士三个层次。

卓越计划遵循"行业指导、校企合作、分类实施、形式多样"的原则，核心是校企联合培养人才，重点是提升高校学生工程实践能力。为此，2012 年，教育部联合国务院有关部门负责管理，高校依托企业建立了 626 个国家级工程实践教育中心，鼓励参与卓越计划的企业建立工程实践教育中心，承担学生到企业学习阶段的培养任务。626 家国家工程实践教育中心中，与计算机类专业相关的国家级工程实践教学中心约 20 个，参与计算机类专业相关国家工程实践教育中心建设的企业包括阿里巴巴网络技术有限公司、腾讯科技有限公司、用友软件股份有限公司、金蝶软件（中国）有限公司、北京中软国际信息技术有限公司等一批信息行业领先企业[21]。

2. 拔尖人才培养的探索与实践

教育部基础学科拔尖学生培养计划 2.0 基地是国家一流人才培养的高地，计划于 2019—2021 年分年度在不同领域建设一批拔尖 2.0 基地，建立健全符合不同领域基础学科拔尖学生重点培养的体制机制，引导优秀学生投身基础科学研究，形成有利于基础学科拔尖人才成长的良好氛围，实现教育理念与模式、教学内容与方法的改革创新，不断探索积累可推广的先进经验与优秀案例，初步形成具有中国特色、世界水平的基础学科拔尖人才培养体系，促进一批勇攀科学高峰、推动科学文化发展的优秀拔尖人才崭露头角。

教育部基础学科拔尖学生培养计划 2.0 基地包括计算机科学。2019 年入选该计划的学校包括北京大学、清华大学、北京航空航天大学、北京理工大学、哈尔滨工业大学、上海交通大学、南京大学、浙江大学、华中科技大学、电子科技大学、西安交通大学、国防科技大学 12 所高校[22]。2020 年又增加了北京邮电大学、中国科学院大学、吉林大学、同济大学、中国科学技术大学、武汉大学、中南大学、西北工业大学、西安电子科技大学 9 所学校[23]。

根据基础学科拔尖学生培养计划 2.0 基地建设原则，在原有基础拔尖学生培养探索的"一制三化"（导师制、小班化、个性化、国际化）等有效模式基础上，进一步推动制度创新、模式创新、机制创新，探索基础学科拔尖人才培养的中国方案。坚持国际标准，推动国内外双向合作，注重学科交叉、科教融合，促进学生中西融汇、古今贯通、文理渗透；培养模式上将实施本、硕、博贯通培养。

2.2.2　新工科建设

为主动应对新一轮科技革命与产业变革，支撑服务创新驱动发展、"中国制造 2025"等一系列国家战略，教育部积极推进新工科建设，形成了"复旦共识""天大行动""北京指南"。

2017 年 2 月 18 日，教育部在复旦大学召开高等工程教育发展战略研讨会，共同探讨了新工科的内涵特征和建设与发展的路径，形成"复旦共识"：①我国高等工程教育改革发展已经站在新的历史起点；②世界高等工程教育面临新机遇、新挑战；③我国高校要加快建设和发展新工科；④工科优势高校要对工程科技创新和产业创新发挥主体作用；⑤综合性高校要对催生新技术和孕育新产业发挥引领作用；⑥地方高校要对区域经济发展和产业转型升级发挥支撑作用；⑦新工科建设需要政府部门大力支持；⑧新工科建设需要社会力量积极参与；⑨新工科建设需要借鉴国际经验，加强国际合作；⑩新工科建设需要加强研究和实践。

2017 年 4 月 8 日，教育部在天津大学召开新工科建设研讨会，共商新工科建设的愿景与行动，被称为"天大行动"，行动内容包括：①探索建立工科发展新范式；②问产业需求建专业，构建工科专业新结构；③问技术发展改内容，更新工程人才知识体系；④问学生志趣变方法，创新工程教育方式与手段；⑤问学校主体推改革，探索新工科自主发展、自我激励机制；⑥问内外资源创条件，打造工程教育开放融合新生态；⑦问国际前沿立标准，增强工程教育国际竞争力。

2017 年 6 月 9 日，教育部在北京召开新工科研究与实践专家组成立暨第一次工作会议，全面启动、系统部署新工科建设。审议通过《新工科研究与实践项目指南》，提出新工科建设指导意见，被称为"北京指南"：①明确目标要求；②更加注重理念引领；③更加注重结构优化；④更加注重模式创新；⑤更加注重质量保障；⑥更加注重分类发展；⑦形成一批示范成果。

"复旦共识""天大行动""北京指南"构成了新工科建设的"三部曲"，开拓了工程教育改革新路径。教育部也借助新工科建设，拓展实施"卓越工程师教育培养计划"（2.0 版），适时增加"新工科"专业点；在产学合作协同育人项目中设置"新工科建设专题"，汇聚企业资源。为此，教育部发布了《关于开展新工科研究与实践的通知》《关于推荐新工科研究与实践项目的通知》。

2017 年教育部启动了第一批新工科建设项目，共设项目 612 个，包括"新工科"综合改革类项目 202 个和"新工科"专业改革类项目 410 个，其中由计算机类专业教学指导委员会指导的项目包括人工智能类项目群 16 项、大数据类项目群 20 项、计算机和软件工程类项目群 40 项，占专业改革类项目总数的 18.5%。2020 年，第一批新工科项目中589 个项目通过验收，其中 96 个项目结题验收为优秀，包括 8 个计算机类专业及其相关的项目，由国防科技大学王志英教授主持，10 多个高校参与的"新工科计算机类专业系统能力培养的改革与实践"项目名列其中[24]。

2020 年，教育部启动了第二批新工科项目立项，共立项 845 个，其中，包括人工智能类项目群 48 个、大数据类项目群 18 个、计算机和软件工程类项目群 49 个，占专业改革类项目总数的 20.1%[25]。

与此同时，新工科类相关专业申报量迅速增加，以智能科学与技术、数据科学与大数据技术等专业最为明显，表 3 给出了近四年上述两专业增长情况。

表 3 近四年智能科学与技术、数据科学与大数据技术专业增长情况

年份	智能科学与技术	数据科学与大数据技术
2016/2017	38	35
2019	153	481
2020	189	619
2021	197	681

新工科"天大行动"为新工科人才培养提供了多种形式的探索与实践路径。信息产业自主可控的国家战略急需培养大批 IT 生态创新人才。走产教融合的新工科建设之路是计算机专业培养 IT 生态创新型人才的有效途径之一。为建设"以产业集聚人才，以人才引领产业"的生态，华为与教育部合作，共同成立"智能基座"产教融合协同育人基地，以鲲鹏、昇腾和华为云为技术底座，建立高校人才培养体系，持续为鲲鹏、昇腾及华为云产业链输送高质量人才，首批与国内 72 所优秀高校的计算机学院签订协议，建立"智能基座"产教融合协同育人基地。遴选 20 门专业核心课程，在联合课程开发与教学、课外实践活动、认证考试等方面展开持续探索和合作，进一步深化产教融合，共同培养高素质的拔尖创新人才[26]。

2.2.3 一流专业建设

专业是人才培养的基本单元，为进一步提高专业建设质量，教育部 2019 年发布《关于实施一流本科专业建设"双万计划"的通知》，计划 2019—2021 年，建设 10 000 个左右国家级一流本科专业点和 10 000 个左右省级一流本科专业点。其中拟建 577 个计算机类专业国家一流本科专业点。截至目前，已经有 174 个经中央赛道入选，294 个经地方赛道入选。按计划，2021 年将还有 109 个专业入选[27-29]。

一流专业"双万计划"建设原则有五项。①面向各类高校。在不同类型的普通本科高校建设一流本科专业，鼓励分类发展、特色发展。②面向全部专业。覆盖全部 92 个本科专业类，分年度开展一流本科专业点建设。③突出示范领跑。建设新工科、新医科、新农科、新文科示范性本科专业，引领带动高校优化专业结构、促进专业建设质量提升，推动形成高水平人才培养体系。④分"赛道"建设。中央部门所属高校、地方高校名额分列，向地方高校倾斜；鼓励支持高校在服务国家和区域经济社会发展中建设一流本科专业。⑤"两步走"实施。报送的专业第一步被确定为国家级一流本科专业建设点；教育部组织开展专业认证，通过后再确定为国家级一流本科专业。

按照"两步走"实施，2021 年之后，一流专业将进入专业建设和验收阶段，只有通过验收的国家一流本科专业建设点才能最后被确定为国家级一流本科专业。

2.3 依据认证培养学生能力

2.3.1 工程教育专业认证

工程教育专业认证是国际通行的工程教育质量保障制度，也是实现工程教育国际互认和工程师资格国际互认的重要基础。目前，我国工程教育专业认证已覆盖 21 个专业类，未来将实现所有专业大类全覆盖。

"学生中心、产出导向、持续改进"是工程教育认证的三大理念。通过认证专业的毕业生在《华盛顿协议》相关国家和地区申请工程师执业资格或申请研究生学位时，将享有当地毕业生同等待遇，为我国工科学生走向世界提供了国际统一的"通行证"。

十多年来，我国以申请加入《华盛顿协议》为契机，以推进工程教育认证为抓手，全面深化工程教育改革，实施了"卓越工程师教育培养计划"等一系列改革举措，有力支撑了"中国制造2025""网络强国""一带一路"等国家战略。目前，中国工程教育已站在新的历史起点上，从全球工程教育改革发展的参与者向贡献者、引领者转变。

据中国工程认证协会网站公布的数据，截至2020年底，全国共有257所普通高等学校1 600个专业通过了工程教育认证，涉及机械、仪器等22个工科专业类。截至2021年6月，国内已通过认证的计算机科学与技术专业119个、软件工程专业32个、网络工程专业8个、物联网工程专业2个、信息安全专业6个。由于工程认证结论具有时效性，根据中国工程认证协会网站数据，目前通过的上述计算机类专业中，认证结论仍处于有效期内的高校数分别为：计算机科学与技术专业58个、软件工程专业26个、网络工程专业6个、物联网工程专业2个、信息安全专业6个，共计98个（未包括2020通过认证结论审核专业点数）。

相关专业对参与工程教育认证表现出空前的热情。2021年申请受理专业中，计算机科学与技术专业49个、软件工程专业35个、数字媒体技术专业2个、空间信息与数字技术专业1个、网络工程专业6个、网络空间安全专业1个、物联网工程专业7个、信息安全专业8个、智能科学与技术专业3个，共计112个专业点，占受理总专业比例为17.4%[30]。

2.3.2　培养学生解决复杂工程问题能力

培养学生解决复杂工程问题的能力是工程教育认证通用标准毕业要求的重要内容，理解复杂工程问题内涵是执行通用标准和判定毕业要求是否达成的前提。

工程教育认证通用标准中所指的"复杂工程问题"有7个特征[15]。其中第1个是必备的，它指出了复杂工程问题的本质；第2~7个是可选的，它们可以看作复杂工程问题的表象。这7个特征是：①必须运用深入的工程原理，经过分析才可能得到解决；②涉及多方面技术、工程和其他因素，并可能相互有一定冲突；③需要通过建立合适的抽象模型才能解决，在建模过程中需要体现出创造性；④不是仅靠常用方法就可以完全解决的；⑤问题中涉及的因素可能没有完全包含在专业工程实践的标准和规范中；⑥问题相关各方的利益不完全一致；⑦具有较高的综合性，包含多个相互关联的子问题。

工程教育认证通用标准所给出的12条毕业要求，明确体现了这一基本定位，12条毕业要求是明确的、具体的，需要将"动手能力""实践能力"定位在"基于基本原理"的层面上，也就是"理论指导下的实践""理论与实践的结合"，而不是简单的动手和实践。这不仅要在相应的教学大纲中明确给出，更要通过教学活动落实，并有效评价落实的程度。此外，它们所透出来的对"基本原理"的要求等与"复杂工程问题"以及"解决复杂工程问题能力"的要求是一致的。

学生解决复杂工程问题能力的培养必须通过整个"培养体系"实现，要将此进行分解，落实到培养的各个环节中。特别需要指出的是，"复杂工程问题"和"解决复杂工程问题的能力"是两个不同的概念，不能将培养学生"解决复杂工程问题的能力"狭义化为参加一个具体复杂工程的开发，甚至仅仅依靠毕业设计、综合实践等一两个实践环节。

总之，本科教育面向未来，包括未来的世界、未来的问题求解、学生未来的发展，最终体现在面向社会未来的发展。这些"未来"与"解决复杂工程问题""创新能力培养"的追求也是一致的。明确聚焦学生解决复杂工程问题能力的培养的基本要求，掌握其内涵，并将其分解到人才培养的各个环节中落实，只有这样才能培养学生解决复杂工程问题的能力。这是计算机类专业人才培养落实高等教育内涵式发展的必经之路[31]。

2.3.3 系统能力培养的实践与成效

计算机学会教育专业委员会研制的《中国计算机科学与技术学科教程 2002》[32] 将系统能力作为计算机类专业人才的四大能力之一提出，包括系统的认知、设计、开发和应用能力，其核心是系统观的建立。包括三个方面：一是对一定规模的系统的"全局掌控能力"；二是在构建系统时，系统地考虑问题的求解；三是在进行子系统设计时具有胸怀全局的能力。

教育部计算机专业教学指导委员会是国内推进系统能力培养的主力军。教学指导委员会围绕系统能力培养开展的工作大致分为四个阶段：①2000—2005 年提出系统能力培养并作为研究和教学改革重点；②2006—2010 年组织进行系统能力培养的研究和示范，组织专家组深入研究；③2011—2017 年通过立项全面推进系统能力培养的试点和推广，并实施了一系列有效措施和规划；④2018 年新一届教学指导委员会继续将系统能力培养作为首批确认的工作重点[33-38]。

经过十年的研究、应用和推广，在计算机类专业教学指导委员会指导下，计算机系统能力培养取得了系列成效。

1. 形成了系统能力培养的模式

开展系统能力培养以来，构建了面向系统能力培养的课程体系、实践体系，形成了四种系统能力培养的模式：

1）引进并开设 Randal E. Bryant、David R. O' Hallaron 的《深入理解计算机系统》。

2）引进并开设 Yale N. Patt、Sanjay J. Patel 的《计算系统概论》。

3）使用南京大学袁春风教授主编的《计算机系统基础》。

4）开展系统实践，强化并打通数字逻辑、计算机组成、操作系统、编译技术等计算机类专业核心课程，学生设计并实现一个功能简单的中央处理器（CPU）、操作系统（OS）和编译器，并将其集成构成一个简单的计算机系统。

2. 取得了一批标志性成果

形成了系统能力培养的代表性培养方案；引进和出版了一批面向系统能力培养的教材；发表了系列面向系统能力培养的高水平教学研究论文；多个系统能力培养的教学成果获得省和国家教学成果奖。

3. 计算机系统能力培养全面普及，人才培养质量明显提高

除 127 所高校加入系统能力培养试点，全面推进系统能力培养外，系统能力培养的理念已经被广为接受，所取得的成果已在全国所有本科学院计算机专业应用或部分应用。

2.4　教材建设

教材是体现高校教学内容和教学方法的载体，是高校教学的基本工具，是创新型人才培养的基础，对稳定教学秩序、保证教学质量、创新教学内容、主导教学方向起到举足轻重的作用。我国历来重视教材建设工作，形成了以提高高等教育质量为核心的教材建设长效机制，评选出系列国家级规划教材，如"十一五""十二五"国家级规划教材。仅以"十二五"国家规划级教材为例，教育部分两批共确定2790种教材入选"十二五"普通高等教育本科国家级规划教材，据不完全统计，其中计算机类相关教材为230余种，涵盖了计算机类专业及基础课。

2.4.1　教材体系

"十三五"期间，教材建设在党和国家事业全局中的地位凸显。党中央和国务院明确教材建设是国家事权，习近平总书记作出一系列重要指示批示，强调要从维护国家意识形态安全、培养社会主义建设者和接班人的高度来抓好。教育部牢牢把握正确方向，紧密围绕以习近平新时代中国特色社会主义思想铸魂育人这一重大主题，聚焦加快推进教材治理体系和治理能力现代化这一重大任务，创新教材工作体制机制，推动教材体系建设取得重大突破，教材工作格局发生历史性的变化，站在新的起点上，进入了全新的发展阶段[39]。

1. 新的教材领导体制和工作体系初步确立

加强党对教材工作的全面领导，建立健全集决策、执行、研究和咨询多位一体的教材工作体系，推动形成统筹为主、统分结合、分类指导、分层负责、上下联动的工作体制，党中央、国务院对教材建设领导体制进行了新的顶层设计，国家教材委员会正式成立，从国家层面确立了教材建设的领导体制，是健全国家教材制度的重大举措，是加强党对教材工作领导的重要制度设计。教育部组建了教材局，牵头负责教材建设和管理，承担国家教材委员会办公室工作。同时，教育部成立了课程教材研究所，建设国家级高水平课程教材研究和决策支撑平台，启动国家教材重点研究基地建设，打造服务教材建设的专业智库。

2. 新的教材规划和管理制度体系系统构建

国家教材委员会颁布《普通高等学校教材管理办法》和《学校选用境外教材管理办法》，明确教材编写、修订、审核、出版发行、选用使用等各环节管理要求。研制数字化教材，进一步织密制度网格，全面提升教材管理的精细化水平。

设立全国教材建设奖，由国家教材委员会主办、教育部承办，每四年评选一次，对各级各类优秀教材和做出突出贡献的先进集体、先进个人予以表彰。2020年已经部署开展首届全国教材建设奖的评选，这是新中国成立以来首次设立全面覆盖教材建设各领域的专门奖励项目，也是全国教材建设领域的最高奖。

3. 新的教材把关体系有效运行

执行教材"凡编必审""凡选必审"，建立全流程的把关机制。把好教材编写关，严格各级各类教材编写要求、人员条件等。提高资质门槛，突出教材编写人员的思想政治素质和学术专业水平要求，在教材编写要求上，突出正确的政治方向和价值导向，全面落实立德树人根本任务，推进"五育"并举。明确教材选用主体、选用原则、选用程序。加大教材选用使用的检查力度，严肃查处违规选用教材行为，严肃查处在价值导向、科学性等方面存在问题的教材和读物，坚决把住教材选用关。

4. 新的课程教材体系基本形成

聚焦打造培根铸魂、启智增慧的精品教材，加强系统谋划，整体推进教材建设，教材的时代性、适应性和育人功能不断增强。全面推进习近平新时代中国特色社会主义思想进课程、进教材。研制《习近平新时代中国特色社会主义思想进课程教材指南》《新时代学校思想政治理论课改革创新实施方案》，修订颁布包括普通高等学校专业类教学质量国家标准、研究生核心课程指南等。

2.4.2　阶段成效

扎根中国大地、紧跟学术前沿的高等教育教材加快建设。加快高校工程重点教材编写和修订，深入推进党的理论创新成果有机融入学科专业教材中。高等教育专业教材建设与高校人才培养定位、学科专业建设、课程建设紧密结合，推出了一大批反映新学科、新知识、新方法，具有中国特色、适应时代需求的多种类型、多种形态的高质量教材。

"十三五"时期，在以习近平同志为核心的党中央坚强领导下，高校教材建设坚持价值引领、坚守质量为本、推进改革创新、完善监督保障，持续推进教材建设创新发展。

1. 教材数量持续增长，类型更加丰富

一是门类齐全、种类丰富。二是类型多样、适用性强。"一课多纲、一纲多本"是高校教材最显著的特点，适应高校分类发展的需求，满足不同类型高校和学科专业人才培养的需要。三是精品引领、推陈出新。坚持以科技进步和学科发展为驱动，以优秀教材、精品教材、规划教材作为示范引领，高质量的教材层出不穷。

2. 价值导向全面树立，育人功能持续增强

强化教材育人功能，把教材作为加强高校思想政治工作的重要载体。一是强化价值引领，助推专业教育与思政教育相融合。全面推进习近平新时代中国特色社会主义思想进教材、进课堂、进头脑，将课程思政落实到教材编审选用全过程。二是立足中国实践，反映国情民情。大批扎根中国大地、立足中国实践、总结中国经验、彰显中国特色的教材不断涌现。三是紧跟时代步伐，服务国家需求。与"新工科""新医科""新农科""新文科"建设相适应，陆续部署新兴、交叉学科专业相关教材及资源的研发与建设。

3. 抢抓新技术带来的历史机遇，新形态教材创新发展

适应现代信息技术发展，推出了一大批纸质+数字化资源教材，新形态教材打破了纸质教材的局限，增加可视性强的动态图例，补充更新实践案例，增强了教材表现力和吸引力。新形态教材不仅解决了教材内容更新不及时的老大难问题，而且有效服务于线上教学、混合式教学等新型教学模式。在新冠疫情期间实施的大规模在线教学实践中，这些新形态教材发挥了重要的作用。

4. 教材建设与专业、课程改革同向同行，有效保障培养质量

随着本科一流专业、一流课程建设的全面推进，教材与专业、课程一体化建设与改革成为"十三五"期间高等教育深化教学改革、提高教学质量的重要特点。一是将教材建设与选用纳入本科教学质量国家标准。2018 年，教育部发布《普通高等学校本科专业类教学质量国家标准》，针对专业基础课和专业核心课，制定了教材及参考书目的建设与选用规范，鼓励高校选用规划教材、精品教材等优秀教材。二是将教材编写与选用纳入一流专业和一流课程建设指标。自 2019 年起，教育部把优秀教材建设作为一流专业、一流课程建设的"硬指标"，形成了"一流专业""一流课程""一流教材"相互支撑的良好发展局面。三是将教材建设与选用纳入质量监控系统。陆续将教材建设与选用纳入高校本科教学工作合格评估、审核评估以及"双一流"建设高校的考察范围。

未来将继续深化高等学校教材与专业、课程一体化建设与改革，加快构建高水平本科教育的教材体系。

2.5　课程建设

2.5.1　慕课

进入 21 世纪以来，信息技术飞速发展，深刻地改变了人们的工作和生活方式。大规模在线开放课程 MOOC（Massive Open Online Courses）的萌芽与兴起也是如此。其核心理念"让知识成为人类的共同财富"已逐渐成为信息文明社会的共识，在线学习、终身学习已从现代人类的生存需求层面上升至文化自觉层面，以中青年人为主体的一大批数字时代"原住民"成为开放教育资源的主要使用群体。

MOOC 这一术语由加拿大爱德华王子岛大学（University of Prince Edward Island）的戴夫·科米尔（Dave Cormier）和国家人文教育技术应用研究院高级研究院的布赖恩·亚历山大（Bryan Alexander）根据网络课程的教学创新实践，于 2008 年提出。2011 年底，斯坦福大学试探性地将 3 门课程免费发布到网上，其中一门是吴恩达（AndrewNg）教授的"机器学习"（Machine Learning），超过 10 万名来自世界各地的学生注册了这门课。网络学习者对试探性课程的广泛认可和参与促使达芙妮·科勒（Daphne Koller）和吴恩达共同创办了 Coursera（意为课程的时代）。Coursera 旨在同世界顶尖大学进行合作，在线提供免费的网络公开课程。

2012 年被《纽约时报》称为"慕课元年"，这一年，美国的顶尖大学陆续设立网络学习平台，Coursera、Udacity 和 edX 三大在线教育平台出现，迅速在全世界范围内刮起了 MOOC 风潮，给传统高等教育带来了巨大的震撼。MOOC 的大规模、在线和开放，意味着不仅全球范围内优质学习资源能够得以共享，不同国家的不同人群也都有机会在网络接受等同高等教育学历的教学，给更多学生提供了系统学习的可能。

2013 年，MOOC 在国内集中爆发。5 月，清华大学、北京大学相继宣布加盟 edX，两校把部分课程搬上 edx；清华大学于 10 月上线在线教育平台——"学堂在线"，面向全球提供在线课程。10 月，海峡两岸 5 所交通大学共同推出"育网开放教育平台（ewant）"。

与此同时，网络媒体也相继推出了在线教育平台，如网易视频公开课和网易云课堂、淘宝同学等。在线数字资源提供商超星集团推出"超星尔雅"慕课；卓越睿新数码公司与东西部高校课程共享联盟合作，推出"智慧树"。

2014 年 4 月，"学堂在线"与 edX 签约，引进哈佛、MIT、加州伯克利、斯坦福等世界一流大学的优秀 MOOC 课程。

2014 年 5 月，由网易云课堂承接教育部国家精品开放课程任务，与爱课程网合作推出的"中国大学 MOOC"项目正式上线。2015 年 4 月，上海交通大学上线中文慕课平台"好大学在线"。到 2015 年，国内已建立起五大 MOOC 平台。

我国慕课自 2013 年起步，从"建、用、学、管"等多个层面全面推进，目前上线慕课数量超过 3.4 万门，学习人数达 5.4 亿人次，我国慕课数量和应用规模已位居世界第一，已逐步建立独具特色的发展模式、科学合理的课程标准和共建共享的开放合作机制，探索形成了坚持质量为王、公平为要、学生中心、教师主体、开放共享、合作共赢等六大宝贵经验[40]。

2.5.2 精品课

从 2003 年到现在，我国精品课程的建设先后经历过国家精品课、精品资源共享课、精品视频公开课、精品在线开放课程和一流本科课程等五个阶段。

1. 国家精品课

2003—2010 年，教育部在"高等学校教学质量与教学改革工程"中开展了精品课程建设工作，共组织建设了 3 909 门国家精品课程，750 余所高校教师参与了课程建设。在国家精品课程建设的带动下，省级、校级精品课程数量已达 2 万多门[41-44]。

2. 国家精品资源共享课

2011 年，教育部发布了《教育部关于国家精品开放课程建设的实施意见》，作为国家精品开放课程建设的一部分，2012 年起，教育部将原国家精品课程择优升级改造为精品资源共享课，旨在进一步促进教育教学观念转变，引领教学内容和教学方法改革，推动高等学校优质课程教学资源通过现代信息技术手段共建共享，提高人才培养质量，服务学习型社会建设。

2012 年和 2013 年重点开展原国家精品课程转型升级为国家级精品资源共享课的建设，采取遴选准入方式选拔课程；同时，从 2013 年起，适应新需求，结合高等教育发展趋势和教学改革成果，采取招标建设和遴选准入两种方式建设一批新的课程。

2016 年，教育部分两批共认定了 2 688 门国家精品资源共享课，其中本科 1 767 门、高职高专 761 门、网络教育 160 门，三类精品资源共享课中，计算机类课程约为 110 门[45]。

3. 精品视频公开课

根据《教育部　财政部关于"十二五"期间实施"高等学校本科教学质量与教学改革工程"的意见》（教高〔2011〕6号）和《教育部关于国家精品开放课程建设的实施意见》（教高〔2011〕8号），教育部于2011年组织"985工程"高校先行启动了视频公开课建设试点工作。第一批43门课程在"爱课程"网、中国网络电视台及网易等三个网站免费向社会开放。从2012年开始，教育部将"精品视频公开课"建设学校范围扩大至"211工程"高校及少量具有鲜明学科特色优势的非"211工程"高校。2011—2016年，教育部先后立项了8批精品视频公开课，共计立项1 078门精品视频公开课。与过去建设的国家精品课和同期建设的精品资源共享课不同，精品视频公开课不是建设专业课，主要建设的是人文、哲学、艺术、科普和专业概论等方面的通识课程[46]。

4. 精品在线开放课程

根据《教育部关于加强高等学校在线开放课程建设应用与管理的意见》（教高〔2015〕3号）精神，教育部决定开展国家精品在线开放课程认定工作。认定范围为高等学校在全国性公开课程平台面向高校和社会学习者完成两期及以上教学活动的全日制本科和专科层次大规模在线开放课程（慕课），以受众面广量大的公共课、专业基础课、专业核心课程以及大学生文化素质教育课、创新创业教育课、教师教育课程等为重点。此外，境内高校在国际知名课程平台开设，对传播中华优秀传统文化具有积极促进作用的慕课也纳入认定范围。

教育部于2017年和2018年进行了两次国家级精品在线开放课程的认定，先后分别认定了468门和801门，两次认定的课程中计算机类课程约90门[47,48]。

5. 一流本科课程

为全面振兴本科教育，教育部印发《关于一流本科课程建设的实施意见》（教高〔2019〕8号）提出，实施一流本科课程"双万计划"，从2019年开始，经过三年左右时间，建成万门左右国家级和万门左右省级一流本科课程。

实施一流本科课程"双万计划"也称金课建设，该实施意见还提出了"两性一度"的金课建设标准，即高阶性、创新性、挑战度。所谓"高阶性"，就是知识能力素质的有机融合，是要培养学生解决复杂问题的综合能力和高级思维。所谓"创新性"，是指课程内容要反映前沿性和时代性，教学形式呈现先进性和互动性，学习结果具有探究性和个性化。所谓"挑战度"，是指课程有一定难度，需要"跳一跳"才能够得着，对老师备课和学生课下有较高要求。相反，"水课"是低阶性、陈旧性和不用心的课。

按照《"双万计划"国家级一流本科课程推荐认定办法》的有关要求，将原国家精品在线开放课程纳入现国家级线上一流课程，将原国家虚拟仿真实验教学项目纳入现国家级虚拟仿真实验教学一流课程，在此基础上，开展国家级线下一流课程、国家级线上线下混合式一流课程和国家级社会实践一流课程的申报推荐工作。

2020年11月，教育部官网正式公布首批国家级一流本科课程，共5类5 118门。其中，线上一流课程1 875门，这类课程面向高校和社会学习者开放；虚拟仿真实验教学一流课程 728 门；线下一流课程 1 463 门；线上线下混合式一流课程 868 门；社会实践一流课程 184 门。首批国家级一流本科课程中，含 1 559 门在促进信息技术与教育教学深度融合，特别是在应对新冠肺炎期间实施的大规模在线教学中做出重要贡献的原 2017 年、2018 年国家精品在线开放课程和国家虚拟仿真实验教学项目[49]。

2.5.3　立德树人与课程思政

为深入贯彻落实习近平总书记关于教育的重要论述和全国教育工作会议精神，贯彻落实中共中央办公厅、国务院办公厅《关于深化新时代学校思想政治理论课改革创新的若干意见》，把思想政治教育贯穿人才培养体系，全面推进高校课程思政建设，发挥好每门课程的育人作用，提高高校人才培养质量，教育部印发了《高等学校课程思政建设指导纲要》，全面推进高校课程思政建设。

1. 全面推进课程思政建设是落实立德树人根本任务的战略举措

培养什么人、怎样培养人、为谁培养人是教育的根本问题，立德树人成效是检验高校一切工作的根本标准。落实立德树人根本任务，必须将价值塑造、知识传授和能力培养三者融为一体、不可割裂。全面推进课程思政建设，就是要寓价值观引导于知识传授和能力培养之中，帮助学生塑造正确的世界观、人生观、价值观，这是人才培养的应有之义，更是必备内容。这一战略举措，影响甚至决定着接班人问题，影响甚至决定着国家长治久安，影响甚至决定着民族复兴和国家崛起。要紧紧抓住教师队伍"主力军"、课程建设"主战场"、课堂教学"主渠道"，让所有高校、所有教师、所有课程都承担好育人责任，守好一段渠、种好责任田，使各类课程与思政课程同向同行，将显性教育和隐性教育相统一，形成协同效应，构建全员全程全方位育人大格局。

2. 课程思政建设是全面提高人才培养质量的重要任务

高等学校人才培养是育人和育才相统一的过程。建设高水平人才培养体系，必须将思想政治工作体系贯通其中，必须抓好课程思政建设，解决好专业教育和思政教育"两张皮"问题。要牢固确立人才培养的中心地位，围绕构建高水平人才培养体系，不断完善课程思政工作体系、教学体系和内容体系。高校主要负责同志要直接抓人才培养工作，统筹做好各学科专业、各类课程的课程思政建设。要紧紧围绕国家和区域发展需求，结合学校发展定位和人才培养目标，构建全面覆盖、类型丰富、层次递进、相互支撑的课程思政体系。要切实把教育教学作为最基础最根本的工作，深入挖掘各类课程和教学方式中蕴含的思想政治教育资源，让学生通过学习，掌握事物发展规律，通晓天下道理，丰富学识，增长见识，塑造品格，努力成为德智体美劳全面发展的社会主义建设者和接班人。

3. 明确课程思政建设目标要求和内容重点

课程思政建设工作要围绕全面提高人才培养能力这个核心点，课程思政建设内容要紧紧围绕坚定学生理想信念，以爱党、爱国、爱社会主义、爱人民、爱集体为主线，围绕政治认同、家国情怀、文化素养、宪法法治意识、道德修养等重点优化课程思政内容供给，系统进行中国特色社会主义和中国梦教育、社会主义核心价值观教育、法治教育、劳动教育、心理健康教育、中华优秀传统文化教育。推进习近平新时代中国特色社会主义思想进教材进课堂进头脑、培育和践行社会主义核心价值观、加强中华优秀传统文化教育、深入开展宪法法治教育、深化职业理想和职业道德教育。

4. 科学设计课程思政教学体系

高校要有针对性地修订人才培养方案，切实落实计算机类专业教学质量国家标准和一级学科、专业学位类别（领域）博士硕士学位基本要求，构建科学合理的课程思政教学体系。要坚持学生中心、产出导向、持续改进，不断提升学生的课程学习体验、学习效果，坚决防止"贴标签""两张皮"。

要根据计算机学科专业的特色和优势，深入研究、深度挖掘提炼计算类专业知识体系中所蕴含的思想价值和精神内涵，科学合理拓展专业课程的广度、深度和温度，从课程所涉专业、行业、国家、国际、文化、历史等角度，增加课程的知识性、人文性，提升引领性、时代性和开放性。

计算机类专业实验实践课程，要注重学思结合、知行统一，增强学生勇于探索的创新精神、善于解决问题的实践能力。创新创业教育课程，要注重让学生"敢闯会创"，在亲身参与中增强创新精神、创造意识和创业能力。社会实践类课程，要注重教育和引导学生弘扬劳动精神，将"读万卷书"与"行万里路"相结合，扎根中国大地了解国情、民情和信息产业自主可控的发展现状，在实践中增长智慧才干，在艰苦奋斗中锤炼意志品质。

同时，本专业的实践环节还要注重强化学生工程伦理教育，培养学生精益求精的大国工匠精神，激发学生科技报国、主动服务信息产业自主可控国家战略的家国情怀和使命担当。

5. 将课程思政融入课堂教学建设全过程

课程思政应融入计算机类专业课堂教学建设，作为课程设置、教学大纲核准和教案评价的重要内容，落实到课程目标设计、教学大纲修订、教材编审选用、教案课件编写各方面，贯穿于课堂授课、教学研讨、实验实训、作业论文各环节。

要创新课堂教学模式，推进现代信息技术在课程思政教学中的应用，激发学生学习兴趣，引导学生深入思考。要健全课堂教学管理体系，改进课堂教学过程管理，提高课程思政内涵融入课堂教学的水平。要综合运用第一课堂和第二课堂，深入开展"青年红色筑梦之旅""百万师生大实践"等社会实践、志愿服务、实习实训活动，不断拓展课程思政建设方法和途径。

6. 提升教师课程思政建设的意识和能力

全面推进课程思政建设，教师是关键。要推动广大教师进一步强化育人意识，找准育人角度，提升育人能力，确保课程思政建设落地落实、见功见效。要加强教师课程思政能力建设，建立健全优质资源共享机制，支持各地各高校利用与信息产业自主可控 IT 生态企业建立的校企联合实习实训基地、国家工程实践教育中心等搭建课程思政建设交流平台，开展经常性的典型经验交流、现场教学观摩、教师教学培训等活动，充分利用现代信息技术手段，促进优质资源在各区域、层次、类型的高校间共享共用。

2.5.4 教学方法改革

以学生发展为中心、以学生学习为中心、以学生学习效果为中心，成为高等教育变革的基调。构建师生学习共同体，产出"有意义的学习"成为教学方法改革的重要内容。信息革命爆发更进一步引发了大学教学方法创新，方法大体可以归为五类：以真实为基础类、积极学习类、合作学习类、E-Learning 类，以及兼有各类方法特点的混合类[50,51]。

1. 以真实为基础类

此类教学设计强调教学内容、环境、过程、任务、方法、评价等要素尽可能接近真实。这里的真实一般包括物理真实、社会真实、内容真实、过程真实、结果真实。希望达到的效果是通过学习解决真问题、学到真知识、培养真本领。基于问题的学习（Problem-Based Learning，PBL）、基于案例的学习（Case-Based Learning，CBL）、基于行业的学习（Industry Based Learning，IBL）以及 CDIO（Conceive、Design、Implement、Operate）等都属于这一类。

2. 积极学习类

实践表明动机与情绪影响学习，因此创造条件激发学生积极动机与情绪，使学生可以主动持久地学习。内容的有用性、学习的真实性、任务的挑战性、环境的社会性、过程的互动性等，都可以促使学生积极学习和主动学习。因此，有用性、真实性、挑战性、社会性、互动性，是积极学习类方法的要点。

3. 合作学习类

该教学设计基于学习的社会性和互动性，强调通过教学设计来促进同伴间的合作、师生间的合作，以及这两种合作的互动和互补，以到达学生会说、会做、会教的课堂学习目标。

4. E-Learning 类

E-Learning 指通过应用信息科技和互联网技术进行内容传播和快速学习的方法，不仅丰富了学习资源的表征形态，还能满足所有设备之间的无缝对接、相互协作，为自主学习、泛在学习和个性化学习奠定了环境基础。在技术赋能环境下，新型空间中每时每刻的教学实践活动过程和实现效果还可以数据化，基于新型空间掌握的教与学过程和行为数据，使教学过程的各个环节都可在以数据为驱动的评价中得到及时反馈与修正。

除信息技术与教育教学过程的深度融合带来上述教学模式和方法的变化外，为促进学习效果的达成，课程论专家还提出了优秀本科教学七原则：鼓励师生互动、鼓励学生之间的合作、鼓励主动学习、及时反馈、强调有效利用时间、传递高期望、强调因材施教。

在上述教学设计理论的指导下，随着智慧教室的普及、在线学习资源和虚拟仿真资源的不断丰富，计算机教育教学实践中也正在进行教学改革手段的探索和研究，采用比较多的教学改革手段，如翻转课堂、线上线下混合教学、对分课堂等。

3　计算机学科建设与研究生教育

3.1　基本情况

我国计算机学科教育起步于 1956 年，随着科学的进步和社会需求的发展，计算机类学科包括计算机科学与技术、软件工程和网络空间安全 3 个一级学科，为社会持续稳定输出全面而高质量的专业人才。根据有关统计数据，不难看出，拥有计算机学科硕士或博士学位授权的高校不少于 300 所，高校教师 1 万余名，以及 64 个国家级科研教学平台、基地、实验室、国际合作教学研究平台。面向学科内容与社会需求，严格设定培养目标、学位授予条件、培养基本环节、课程建设以及质量保证措施等人才培养模式；承接纵向项目 11 100 余项，共承担纵向科研经费 73 余亿，发表论文共计 4.7 万余篇，承担横向科研项目约 7 000 项，共获国家发明专利与国际发明专利授权 7 000 余项，产生了大量科研成果持续推动社会进步与发展。

3.1.1　计算机学科划分

大体上讲，目前计算机科学与技术学科主要有 5 个学科方向：计算机系统结构、计算机软件与理论、计算机应用技术、网络与信息安全、人工智能。

1. 计算机系统结构

该学科方向研究计算机系统设计和实现技术，主要内容包括计算机系统各组成部分功能、结构以及相互协作方式，计算机系统的物理实现方法，计算机系统软件与硬件功能的匹配与交接，计算机系统软硬件协同优化技术，片上系统与系统级芯片的设计技术及方法，高效能计算系统的基本原理和关键技术[52,53]。目标是合理地将各种部件和设备组成计算机系统，与计算机软件配合，满足应用对计算机系统性能、功耗、可靠性和价格等方面的要求。

2. 计算机软件与理论

该学科方向研究计算系统的基本理论、程序理论与方法及基础软件[54]。其中，计算系统的基本理论主要研究求解问题的可计算性和计算复杂性，研究可求解问题的建模、表示及到物理计算系统的映射；目标是为问题求解提供基本理论和方法。计算系统的程序理论与方法主要研究如何构造程序、形成计算系统并完成计算任务；目标是为问题求解提供程序实现。计算系统的基础软件主要研究计算系统资源（硬件、软件和数据）的高效管理方法和机制，研究方便用户使用计算系统资源的模式和机制；目标是为用户高效便捷地使用计算系统资源提供基础软件支持。

3. 计算机应用技术

该学科方向研究计算机应用于各领域信息系统中所涉及的基本原理、共性技术和方法[55]。主要内容包括：计算机对数值、文字、声音、图形、图像、视频等信息在测量、获取、表示、转换、处理、表现和管理等环境中所采用的原理和方法；智能机器与知识生成的方法与实现技术；计算机在各领域中的应用方法，形成交叉学科或领域的新方法与新技术。主要目标是在应用领域充分发挥计算机存储、处理和管理信息的能力，提高应用领域的相关运行效率和品质，促进社会进步与发展。

4. 网络与信息安全

该学科方向研究计算机网络、物联网、移动互联网、工业互联网等各类网络系统的设计与实现、保障网络环境下的信息系统与信息的安全[56]。主要内容包括：各类网络的体系结构；计算机网络传输、交换和路由技术，计算机网络管理与优化技术，以网络为平台的计算技术，网络环境下保持信息保密性、完整性、可用性和可追溯性的理论、方法与技术，信息的安全传输、访问控制和信任管理。主要目标是合理地将传感设备、网络设备、安全设备、计算机系统、应用系统等组成安全的计算机网络系统，满足应用对网络性能、可靠性和安全性的要求。

5. 人工智能

该学科方向研究和开发用于模拟、延伸和扩展人类智能的理论、方法、技术及应用系统[57]。主要内容包括：知识表示、自动推理和搜索方法、机器学习和知识获取、知识处理系统、自然语言理解、计算机视觉、智能机器人、自动程序设计等[58]。主要目标是理解智能的实质，让计算机能够模拟人的某些思维过程和智能行为（如学习、推理、思考、规划等），使计算机实现更高层次的应用。

3.1.2 建设成效

1. 学科点

在学科点数量方面，全国275所高校研究机构获批计算机科学与技术一级学科，具有"博士学位授权"的高校共83所，具有"硕士学位授权"的高校共192所。2021年7月，国家又公布了一批新批准的硕士和博士学位授权点。

根据教育部第四轮学科评估，参评高校共168所，参评高校中，获得A+（位列全国前2%）等级的高校分别为北京大学、清华大学、浙江大学和国防科技大学；华北地区还有北京航空航天大学、北京邮电大学等高水平高校，整体情况优势较大。华东地区整体高校数量较多，实力梯度排布均匀合理。华南、华中、东北等地区整体教育资源处于中游。

2. 支撑条件

经过这些年的努力，计算机类学科的导师队伍在规模上有了很大的发展，基本上是与当前计算机类学科的研究生教育规模相适应的。

教师结构上，顶尖高校由于其平台优势和人才优势能够吸引汇聚更多的优秀人才。根据不完全统计，目前计算机学科有院士34名，主要分布在北京大学、清华大学、中国科学院大学、浙江大学、北京航空航天大学等知名高校。有43%的高级职称教师分布在B+级别以上高校，C级别高校中高级职称教师占所有高校高级职称教师的30%。

目前，依托计算机科学与技术学科建立的国家级科研教学平台、基地、实验室、国际合作教学研究平台共 64 个，其中，国家重点实验室 11 个、国家工程技术研究中心 20 个、国家实验教学师范中心 8 个、国家国际科技合作基地 1 个。支撑平台的建设对于加强学科建设和教学质量，实现人才培养对科研成果吸收利用，提高实验室投资效益均具有十分重要的意义。

3.2 研究生教育的整体情况

3.2.1 社会需求

近年来，计算机产业广泛渗透到社会各行各业，并与其他学科密切交叉、相互渗透。随着国家"互联网+"行动计划、国家大数据战略、网络强国战略、区块链国家战略、《新一代人工智能发展规划》等国家战略与规划的实施，社会经济发展对计算机专业人才需求日益旺盛。

新领域和新学科方向的出现，需要大量高素质的创新型人才。计算机学科领域的各行各业同样需要大量专业人才。随着产业互联网的高速发展，科技在全行业的渗透重塑了产业链和价值分配方式，以人工智能、大数据、云计算（合称 ABC）为代表的技术发展正在对各行各业赋能。行业类型的变化也催生出人才需求井喷，拉大相关岗位人才缺口。艾瑞咨询集团的数据显示，在 2018 年网络招聘人才最紧缺的 10 个岗位中，有 9 个岗位与 ABC 领域相关。到 2020 年，以 ABC 为代表的新一代信息技术产业，人才缺口达到 750 万，到 2025 年将达到 950 万。猎聘发布的《2019 年中国 AI & 大数据人才就业趋势报告》显示，当前 AI & 大数据人才需求呈现爆发式增长态势，出现人才荒。该报告认为中国人工智能人才缺口超过 500 万，大数据人才缺口高达 150 万。

3.2.2 培养模式

在培养模式方面，计算机类学科对学生的培养目标、学位授予条件、培养基本环节、课程建设以及质量保证措施都有着详细的设定。具体内容详见下文博士教育、工学硕士教育以及工程硕士教育章节。

3.2.3 培养规模

据不完全统计，近年来，计算机类学科每年招收硕士研究生近 3 万人、在学硕士研究生规模约 8 万人；每年招收博士研究生 1 700 余人、在学博士研究生规模 9 000 余人。

同时，为提高研究生培养质量，丰富和拓展研究生到国外一流学科进行访问与合作的经验和能力，部分高校要求每位博士研究生在学期间至少有一次出境学术交流。近 5 年，研究生出国交流主要参加国际会议或开展合作研究，出访费用大多由各单位专项经费或导师经费支付，部分由国家留学基金委资助。经不完全统计，近 5 年，博士联合培养逾 600 人，硕士联合培养人数与博士联合培养人数基本持平，而出国交流则较为频繁，超过 14 000 人次。

3.2.4　培养成效

计算机学科研究生在学期间广泛参与国家重大重点研究计划、国家自然科学基金、产学研基金等科研项目，对学科发展以及研究生培养起到很好的支撑作用。同时，通过参与科研项目夯实学科基础理论，提高解决问题的能力。

据不完全统计，近 5 年来计算机科学与技术一级学科博士点平均承担科研项目约为262 项，其中国家级科研项目为 115 项，约 90% 的研究生参与相关研究。另外部分学位授予单位通过设立研究生自主创新项目，鼓励研究生从事创新性研究。计算机科学与技术一级学科硕士点 2013—2017 年平均承担科研项目约 66 项，其中国家级科技项目为 17项，约 95% 的研究生参与其中；研究生发表论文年平均为 142 篇，年平均参与国内外学术交流为 96 次。

计算机学科研究生就业形势良好，就业率高。博士研究生就职于高校或科研单位的人数较多，而硕士研究生大部分就职于互联网企业。据不完全统计，计算机学科博士点就业率为 100%。其中，博士毕业生选择高校、科研院所占比约为 47%，互联网企业约占21%，继续深造人数比例占 11%。

计算机科学与技术一级学科硕士毕业生就业率约为 100%。其中，约 40% 的硕士毕业生选择国企以及事业单位，约 40% 的硕士毕业生选择互联网企业。

从反馈信息来看，计算机学科毕业生具有积极主动、工作能力强以及团队合作精神好等优良品质，并得到了各企事业单位的认可。

3.3　博士教育

3.3.1　博士教育背景

随着 1977 年下半年高等教育入学考试的恢复，"文革"后的第一批本科生（77 级）在 1978 年 3 月份入学，计算机科学与技术学科的教育才逐步地发展起来。随后，在 1978年恢复研究生教育，1981 年恢复学位制度。自此，研究生教育逐步走向正规化。

恢复学位制，开展研究生的规范化培养时，计算机科学与技术学科（0810）被划分成为 5 个二级学科：计算机科学理论（081001）、计算机软件（081002）、计算机组织与系统结构（081003）、计算机外部设备（081004）和计算机应用（081005）。从那时起，该学科的硕士研究生和博士研究生的培养都是按照这 5 个二级学科进行的。一直到 1990年，国务院学位办和国家教育委员会颁布的《授予博士、硕士学位和培养研究生的学科、专业目录》仍然是这样的布局。

学科的发展使得仍然按照 5 个二级学科来进行研究生的教育和组织科学研究已经不太适应。各二级学科间的互相渗透、互相交叉，也越来越需要学生具有比原来设置的二级学科更宽的知识面。1997 年，国务院学位办和国家教育委员会颁布了新的《授予博士、硕士学位和培养研究生的学科、专业目录》，按照这个学科目录，计算机科学与技术学科的学科代码改为0812，新的二级学科合并为计算机系统结构（081201）、计算机软件与理论（081202）和计算机应用技术（081203）。

1981年，国家建立学位制，在一些学校和研究机构设立了博士点，如：清华大学、北京大学、哈尔滨工业大学、南京大学、国防科技大学、吉林大学等设立了二级学科博士点。在很长一段时间，所有培养单位所有学科的博士生导师均由国务院学位委员会相应的学科组评审，后来博士生导师的评审权才放在相应的培养单位。

1996年开始设立一级学科博士点。清华大学、国防科技大学、北京大学的计算机科学与技术学科第一批入选；1998年，哈尔滨工业大学、南京大学、北京航空航天大学、浙江大学、中国科学院计算技术研究所的计算机科学与技术学科第二批入选；2000年，东北大学、上海交通大学、华中科技大学、西北工业大学、复旦大学、吉林大学、中科院软件所的计算机科学与技术学科第三批入选；2011年，北京工业大学等34所学校的计算机科学与技术学科第四批入选；2018年有7所学校的计算机科学与技术学科第五批入选。至此，拥有计算机科学与技术学科一级学科博士学位授予权的高校达到66个。

2011年，软件工程成为一级学科，首批入选博士点47个，2018年又增加了6个。2018年，在进行学科评估时，各校自行撤销软件工程博士点11个。后续又增加6个，该学科博士点数为48个。

2015年设立网络空间安全一级学科，首批入选博士点30个，2018年又增加了8个。该学科博士点数达到38个。

截至2021年6月，按照二级学科统计，计算机系统结构博士点有29个，计算机软件与理论博士点有36个，计算机应用技术博士点有63个。

2018年5月24日，国务院学位委员会公布了2018年动态调整撤销和增列的学位授权点名单。经统计，8个省市的11所高校共撤销了13个博士学位点，其中燕山大学、山西大学、上海交通大学以及西安交通大学被撤销软件工程博士学位授予权一级学科。

2021年7月26日，教育部对拟增设的博士硕士学位授权点进行公示，公示期为2021年7月27日—8月6日。其中计算机科学与技术学科博士点4个，硕士点10个；软件工程博士点2个，硕士点2个，网络空间安全博士点2个，硕士点5个。

3.3.2 博士培养模式

1. 培养目标

本学科旨在培养拥护中国共产党领导和我国社会主义制度、立志为中国特色社会主义伟大事业奋斗终身、德智体美劳全面发展的有用人才，要求本专业的博士/硕士学位获得者较好地学习与掌握马列主义、毛泽东思想、邓小平理论、"三个代表"重要思想、科学发展观、习近平新时代中国特色社会主义思想，热爱祖国，遵纪守法，品德良好。

具体地讲，对于博士学位，培养目标为：掌握坚实宽广的计算机科学与技术的基础理论和系统深入的专门知识，深入了解学科的发展现状、趋势及研究前沿，熟练掌握一门外国语；具有严谨求实的科学态度和作风，对本学科相关领域的重要理论、方法与技术有透彻了解和把握，有学术研究的感悟力，善于发现学科的前沿性问题，并能对之进行深入研究和探索；能够运用计算机科学与技术学科的方法、技术与工具从事该领域高水平基础研究和应用基础研究、进行关键技术创新，开展大型复杂系统的设计、开发与管理工作，做出创造性成果；在本学科和相关学科领域具有独立从事科学研究的能力。

2. 学位授予条件

本学科的学位授予条件按照上述人才培养目标设定。在具体实施上，要求在学期间完成各学位授予单位所制定博士/硕士研究生培养方案的各项要求，修满规定的课程和学分（不同人才培养单位在具体的学分规定上略有区别，如清华大学要求普博生在攻读博士学位期间获得不少于 19 学分，直博生要获得不少于 34 学分；而北京大学则要求普博生在攻读博士学位期间获得不少于 18 学分，直博生和硕博连读生要获得不少于 40 学分）、提交博士/硕士学位论文并通过学位论文答辩。为达成培养目标，通常要求学生学习"自然辩证法""中国特色社会主义理论与实践"等思政课程，一门外国语和若干门基础理论课程。同时，提交的博士/硕士学位论文应该由研究生在导师的指导下独立完成，并能够表明作者达到了博士/硕士学位培养目标所要求具备的能力。

3. 培养基本环节

为达成本学科的培养目标，各学位授予单位均制定了博士培养方案，规定了培养博士的基本环节。

对博士研究生而言，一般包含制订个人培养计划、课程学习、选题报告与资格考试、学术论文发表、提交博士学位论文、博士学位论文评阅、博士学位论文答辩等环节。根据各学位授予单位的实际情况，有的单位要求博士生每年撰写年度进展报告、参加社会实践与学术活动，并做公开学术报告。

4. 课程建设

为了达成本学科的人才培养目标，各学位授予单位均制定了相应的研究生课程体系，一般包括：公共必修课、学科基础课程、学科专业课程、必修环节（如：文献综述与选题报告、资格考试、学术活动与学术报告、社会实践、研究生学术与职业素养等）、公共选修课等。公共基础课一般包含马克思主义理论课程、第一外国语等；每个学位授予单位根据自身特色与优势设置了相应的学科基础课程和学科专业课程，例如：算法与算法复杂性理论、计算几何、随机过程、高等计算机系统结构、分布式与并行计算、高等计算机网络、高级机器学习等。

5. 学习实践

为了提高博士研究生培养质量，绝大多数学位授予单位都要求研究生参与导师承担的各类科研课题，在实践过程中培养研究生发现问题、分析问题和解决问题的能力。同时，部分学位授予单位还要求博士生参与社会实践，了解经济社会发展对计算机科学与技术学科的需求，或用知识服务国民经济发展，加深研究生对社会的认识、增强社会适应性，有助于研究生把理论和实际、学校与社会、课内与课外有机结合起来的同时，培养研究生的创新精神、增强研究生的社会责任感、厚植爱国主义情怀，提升教育服务社会的功能。

6. 质量保证措施

除了严把研究生入口关并严格遴选博士研究生指导教师，本学科的学位授予单位都制定了比较完善的质量保证措施，切实保证学位授予质量和人才培养质量。

各学位授予单位在博士研究生入学后，要求博士研究生在导师的指导下制订个人培养计划，确定研究方向、课程学习、文献阅读、开题报告、科学研究、学术交流、学位论文及实践环节等方面的要求和进度计划等。一般在博士研究生完成课程学习后，要求提交开题报告并参加资格考试；只有通过资格考试，方能进入后续培养环节。在论文答辩前，均要求研究生提交学位论文，并组织同行专家进行评阅；为保证公平性并尽可能减少人为干扰，绝大多数学位授予单位采用了匿名送审方式。

论文通过同行专家评审后，各学位授予单位会组织专家，听取博士研究生的博士学位论文答辩，全面审查论文是否达到了博士学位论文水平。在专家遴选环节，有的学位授予单位由研究生院负责邀请，有的由博士生所在学院邀请，有的由博士生指导教师邀请。博士研究生通过学位论文答辩后，各学位授予单位会组织学位（分）委员会对每位学位申请者进行全面审查，并投票表决是否授予学位。审查内容一般包含：思想政治表现是否符合要求、申请手续是否完备合规、是否完成了培养方案规定的课程学习和各培养环节、学位论文及发表论文是否符合要求、是否通过学位论文答辩等。

所有学位授予单位都组织学位论文的抽查与后评估。有的学位授予单位还要求博士研究生每年提交年度进展报告，或者安排了中期检查。同时，绝大多数学位授予单位在博士学位论文送审前，会组织论文预答辩；只有通过预答辩，博士学位论文才能送评审专家审阅。此外，绝大多数学位授予单位都组织优秀博士学位论文评选，鼓励研究生开展高水平研究，进而提高研究生培养质量。

3.3.3　博士教育面临的新形势

1. 博士教育对计算机类学科建设具有牵动作用

《中国学位与研究生教育发展战略报告》中指出，学科建设是高等教育，特别是博士教育的基础。学科建设作为研究生教育赖以生存和发展的基石，决定着博士教育的水平和规模。因此，博士教育必须紧紧依靠学科建设。同时，我们要提高博士教育的水平，必须加强学科建设，提高学科的水平[59]。随着计算机行业的高速发展，当前高校的计算机专业的研究生规模也在不断扩大，学位点数量大幅度提高，自然而然地对计算机学科的发展提出更高的要求和更多的需求，牵动学科向着更高的水平努力。无论是什么阶段，什么状况，只要发展博士教育，就必然牵动学科建设。从博士教育和学科建设的关系上来讲，高校重视博士教育，就是重视学科建设；支持博士教育，就是支持学科建设。重视和支持博士教育的程度，直接关系到学科建设的深度和广度[59]。

2. 博士教育对科学研究具有拉动作用

博士是计算机科学研究的重要组成力量。博士研究生参与科学研究，是产生高水平研究成果的客观要求[59]。从科学研究来看，博士具有精力充沛、思想活跃、思维敏捷等特点，接受了系统的专业知识教育，具有了较为扎实的理论基础；在经过了硕士培养阶段的科研训练，能够与导师合作，已具备一定的科研能力。博士研究生作为导师的助手参与导师的科研课题，或独自承担科研项目，都会拉动科研工作的发展。加强研究生教育，一方面将导师长期积累的科研成果、科研方法传递给研究生，有利于研究生从事科学研究；另一方面促使导师进一步提高自身的科研水平以不断满足学生对科研工作的需求。博士教育是调动博士和导师两个科研主体积极性的关键。因此，加强博士教育是提高科学研究能力的重要途径。同时，研究生培养对于提高导师水平也是非常重要的，学生从论文题目确定到论文完成，都与导师水平密切相关。特别是"双肩挑"的研究生导师，由于行政事务的烦琐，往往没有较多的时间阅读最前沿的文章，而且研究生可能涉猎很多方面的问题，不一定都是导师很熟悉的，研究生可能在某个具体问题上比导师还熟悉，这就要求导师站在一个更高的层面上来指导研究生[61]。导师的指导是一个互动的过程，导师和学生的共同进步是一个必然的过程。

3. 博士教育对师资力量的推动作用

博士研究生是一支潜力很大的研究力量，是高校教师队伍的重要补充力量。加强博士教育，根据学科需要，在研究中启发他们的理论思维，锻炼他们的研究方法，培养他们的科学精神，对于增强高校的师资力量具有重要的推动作用[59]。一是研究生教育能直接促进现有师资水平的提高，因为要培养高质量的研究生，研究生导师自身必须具有很高的学术素养；二是每一个学科点要加强博士教育，必须按照培养高质量研究生的需求去汇聚高水平的教师；三是学校的有关管理部门，也会按照培养高质量研究生的要求出台一些制度，完善一些机制，稳定和吸引高水平的教师；四是通过博士教育能够培养出适合本学科发展的优秀人才，及时补充师资队伍。可见，博士已日益成为高等学校教师队伍的主要源泉。

3.4 工学硕士教育

3.4.1 工学硕士教育背景

1978 年恢复研究生教育，1981 年恢复学位制度。自此，研究生教育逐步走向正规化。那时，计算机科学与技术学科（0810）被划分成为 5 个二级学科：计算机科学理论（081001）、计算机软件（081002）、计算机组织与系统结构（081003）、计算机外部设备（081004）和计算机应用（081005）。从那时起，该学科的硕士研究生和博士研究生的培养都是按照这 5 个二级学科进行的。

1997 年，计算机科学与技术学科（0812）被划分成为 3 个二级学科：计算机系统结构（081201）、计算机软件与理论（081202）和计算机应用技术（081203）。

2012 年后研究生培养逐渐转为按照一级学科进行，到 2018 年，计算机相关的一级学科包括计算机科学与技术（0812）、软件工程（0835）、网络空间安全（0839）。

除了上面的学术型研究生教育外（授工学或理学学位），还有工程硕士专业学位研究生教育。计算机相关的学科包括计算机技术、软件工程和电子信息。

3.4.2　工学硕士培养模式

1. 培养目标

掌握坚实的计算机科学与技术的基础理论和系统的专门知识，了解学科的发展现状、趋势及研究前沿，较熟练地掌握一门外国语；具有严谨求实的科学态度和作风，能够运用计算机科学与技术学科的方法、技术与工具从事该领域的基础研究、应用基础研究、应用研究、关键技术创新及系统的设计、开发与管理工作，具有从事本学科和相关学科领域的科学研究或独立担负专门技术工作的能力。

2. 学位授予条件

本学科的学位授予条件按照上述人才培养目标设定。在具体实施上，要求在学期间完成各学位授予单位所制定硕士研究生培养方案的各项要求，修满规定的课程和学分、提交硕士学位论文并通过学位论文答辩。为达成培养目标，通常要求学生学习"自然辩证法""中国特色社会主义理论与实践"等思政课程，一门外国语和若干门基础理论课程。同时，提交的硕士学位论文应该由研究生在导师的指导下独立完成，并能够表明作者达到了硕士学位培养目标所要求具备的能力。

3. 培养基本环节

对硕士研究生而言，一般包含制订个人培养计划、课程学习、论文开题报告、提交硕士学位论文、硕士学位论文评阅、硕士学位论文答辩等环节。根据各学位授予单位的实际情况，有的单位要求硕士生发表学术论文、参加社会实践与学术活动等。

4. 课程建设

为了达成本学科的人才培养目标，各学位授予单位均制定了相应的研究生课程体系，一般包括：公共必修课、学科基础课程、学科专业课程、必修环节（如：文献综述与选题报告、资格考试、学术活动与学术报告、社会实践、研究生学术与职业素养等）、公共选修课等。公共基础课一般包含马克思主义理论课程、第一外国语等；每个学位授予单位根据自身特色与优势设置了相应的学科基础课程和学科专业课程，例如：算法与算法复杂性理论、计算几何、随机过程、高等计算机系统结构、分布式与并行计算、高等计算机网络、高级机器学习等。

5. 学习实践

为了提高研究生培养质量，绝大多数学位授予单位都要求研究生参与导师承担的各类科研课题，在实践过程中培养研究生发现问题、分析问题和解决问题的能力。同时，部分学位授予单位还要求研究生参与社会实践，了解经济社会发展对计算机科学与技术学科的需求，或用知识服务国民经济发展，加深研究生对社会的认识、增强社会适应性，有助于研究生把理论和实际、学校与社会、课内与课外有机结合起来的同时，培养研究生的创新精神、增强研究生的社会责任感、厚植爱国主义情怀，提升教育服务社会的功能。

6. 质量保证措施

除了严把研究生入口关并严格遴选硕士研究生指导教师，本学科的学位授予单位都制定了比较完善的质量保证措施，切实保证学位授予质量和人才培养质量。

各学位授予单位在硕士研究生入学后，要求硕士研究生在导师的指导下制订个人培养计划，确定研究方向、课程学习、文献阅读、开题报告、科学研究、学术交流、学位论文及实践环节等方面的要求和进度计划等。一般在硕士研究生完成课程学习后，要求提交文献综述报告和开题报告；只有开题报告通过，方能进入后续培养环节。在论文答辩前，均要求学生提交学位论文，并组织同行专家进行评阅；为保证公平性并尽可能减少人为干扰，大多数学位授予单位采用了匿名送审方式。

论文通过同行专家评审后，各学位授予单位会组织专家，听取硕士研究生的硕士学位论文答辩，全面审查论文是否达到了硕士学位论文水平。在专家遴选环节，有的学位授予单位由硕士生所在学院邀请，有的由硕士生指导教师邀请。硕士研究生通过学位论文答辩后，各学位授予单位会组织学位（分）委员会对每位学位申请者进行全面审查，并投票表决是否授予学位。审查内容一般包含：思想政治表现是否符合要求、申请手续是否完备合规、是否完成了培养方案规定的课程学习和各培养环节、学位论文是否符合要求、是否通过学位论文答辩等。

所有学位授予单位都组织研究生中期检查、学位论文的抽查与后评估。同时，绝大多数学位授予单位都组织优秀硕士学位论文评选，鼓励研究生开展高水平研究，进而提高研究生培养质量。

3.4.3 工学硕士教育面临的新形势

1. 计算机工学硕士研究生教育的培养目标与质量监控环节

以软件工程专业为例，软件工程专业工学硕士研究生的培养目标是：培养遵纪守法、品行端正，具有软件工程的基础理论和宽广的专业知识，掌握解决软件整个开发生命周期中的先进技术与方法，具有创新意识，能独立地对软件系统进行工程化分析，将系统化的、严格约束的、可量化的方法应用于软件的开发、运行和维护，即将工程化应用于软件运行和管理的研究型高层次人才[62-64]。

研究型高层次人才的培养过程是一个系统工程。导师不仅要给研究生规划个性化的职业生涯选修课程，同时要全程把关学术论文的质量；既要指导研究生撰写符合科技规范的学位论文，又要教会研究生熟悉和掌握论文发表和专利申请的基本程序；不仅要指导研究生在形式上完成硕士学业，更要培养研究生的学术创新意识和实践创新意识。只有师生双方的通力合作和密切配合，才能有效提高工学硕士研究生的培养质量。

2. 在新形势中认清工学硕士研究生培养过程"导师与学生"双方存在的问题

通过对软件工程工学硕士研究生培养过程的培养质量分析，目前硕士研究生培养质量还有待提高，"导师与研究生"双方都存在较多问题，主要体现在如下方面。导师视角下硕士研究生的共性问题是：部分研究生的心理意志比较脆弱，学习积极性和主动性不强；科学研究工作怕吃苦怕碰壁，出现问题不深究不钻研；部分研究生存在给"老板"打工的消极意识，一旦满足门槛条件就认为"毕业大吉"；更有甚者，有的研究生学术自律不够，随意修改实验数据学术不端行为时有发生，部分研究生撰写学位论文阶段，碰到个别难点，缺乏刻苦钻研精神和严谨治学的态度，存在侥幸心理，有抄袭和拼凑学位论文的现象发生。硕士研究生视角下导师责任需要加强的环节主要是：有的导师指导研究生数偏多，由于精力有限或者责任心不强，对研究生日常学习的关心不够，论文指导也缺少深度；有的导师没有担负起育人职责，只"用人"不"育人"，"育人"与"用人"主次关系颠倒；有的导师可能无意忽视研究生的身心健康发展，对研究生职业发展规划的指导还不够及时等[63]。导师既是硕士研究生学术指导的直接承担者，又是与硕士研究生接触最为频繁、关系最为密切的师长。正确建立友好融洽的"师生关系"，加强导师与硕士研究生之间的密切联系，明确和落实导师在硕士研究生培养过程的主要职责，是提升硕士研究生培养水平的关键因素。

3. 在新形势中发挥导师职责与提升硕士研究生培养质量

（1）在思想道德教育中发挥导师的引领和示范作用 立德树人是研究生导师的首要职责。导师的思想政治状况具有很强的示范性，在研究生眼里，导师是"吐辞为经、举足为法"，一言一行都给研究生以极大影响。导师的首要职责就是要重视培养硕士研究生优秀的"做人"能力，规范、优化和完善硕士研究生的世界观和人生观[60]。

导师培养研究生，首先要尊重和平等对待不同来源的研究生，要培养研究生良好的学术道德，指导研究生恪守学术道德规范，培养研究生严谨认真的治学态度和求真务实的科学精神，自觉遵守科研诚信与学术道德，加强职业伦理教育，提升学术道德涵养，培养研究生尊重他人劳动成果，提高知识产权保护意识。同时，导师要增强研究生社会责任感，支持和鼓励研究生参与各种社会实践和志愿服务活动，培养研究生的国际视野和家国情怀。另外，针对研究生成长过程中的"思想小偏差"和"成长小烦恼"，导师负有"引领和检修职责"，帮助研究生及时树立正确三观，坚持言传和身教相统一，做研究生自我成长的指导者和引路人[63]。

（2）在专业知识构建中发挥导师的规划和指导作用 一方面，有的硕士研究生的本科专业知识基础不扎实，生源质量参差不齐，个别研究生跨专业报考，欠缺本专业本科阶段的课程学习；另一方面，相比于本科生，硕士研究生将在本学科中选择某一个研究方向从事学术论文研究；但是相比于博士研究生，硕士研究生就业方向及继续深造领域都存在多种可能性。因此，指导研究生搭建扎实宽厚的专业知识体系就是导师的重要职责[65]。

（3）在科研能力培养中导师的启迪和训练作用 在培养研究生的科研意识素养、激发研究生创新潜力等方面，研究生导师负有关键的启迪和训练职责[66]。和谐学术环境和浓厚学术氛围，是激发研究生创新潜力的摇篮。按照因材施教和个性化培养理念，导师在研究生科研能力培养过程中的职责主要表现在参与制订执行研究生培养计划，参与研究生文献查阅和阅读、论文选题和实验方案的制定与修订，实验过程实施及数据分析与异常情况的合理处理等方面。同时，通过督促科研进度和组会汇报、参加学术活动的引导和导师专题学术讲座等环节的实施，引导研究生跟踪学科前沿、直面学术问题、开拓学术视野，在学术研究上开展创新性工作，提升研究生的科研能力以及独立承担科研任务的能力。另外，鼓励研究生积极参加国内外学术和专业实践活动，指导研究生发表各类研究成果，培养研究生提出问题、分析问题和解决问题的能力，强化理论与实践相结合；支持和指导研究生将科研成果转化应用，推动产学研用紧密结合，提升创新创业能力[67,68]。

3.5　工程硕士教育

3.5.1　工程硕士教育背景

1984 年 12 月 31 日，原教育部研究生司发布了《关于转发清华大学、西安交通大学等十一所高等工科院校〈关于培养工程类型硕士生的建议〉的通知》。次年，教育部批准北京钢铁学院（现北京科技大学）等 24 所高校对有实践经验的优秀在职人员组织单独入学考试、择优录取并开始进行培养工程类型硕士生的试点工作。1997 年 11 月 20 日，国务院学位委员会发布了《关于批准部分高等学校开展工程硕士培养工作的通知》（学位办〔1997〕57 号），批准清华大学等 54 所高等学校开展工程硕士培养工作并行使工程硕士专业学位授予权，同时规定了各校 1998 年在职人员攻读工程硕士专业学位研究生的录取限额，当年全国有 9 所高校招收工程硕士生 1500 多名，正式开启了我国工程硕士研究生教育的历程[69]。

2009 年 3 月 19 日，教育部发布《关于做好全日制硕士专业学位研究生培养工作的若干意见》（教研〔2009〕1 号），开展全日制硕士专业学位研究生教育，以加大应用型人才培养的力度。

至 2019 年，我国在 40 个工程领域开展了工程专业学位研究生培养工作，共有工程硕士培养单位 431 个，学位授权点 3298 个，年招生约 13 万人，工程专业学位研究生教育已成为我国高层次工程人才成长的重要途径之一[70]。

3.5.2　工程硕士教育现状

信息产业是 20 世纪以来世界关注的焦点，也是我国经济中的发展重点，其关键技术的研究开发及业务创新已经成为提高我国核心竞争力的关键环节。推进我国信息产业自主创新基础能力建设，实现我国信息产业结构的战略调整，创新计算机学科领域人才培养模式，为信息产业提供相当数量的高层次研究型人才支撑，已成为当务之急[71]。

截至 2019 年，在全国 40 个开展了工程专业学位研究生培养的工程领域，"计算机技术"领域共有工程专业学位授权点 229 个，是我国授权点数量最多的工程领域。哈尔滨工业大学被选定为教学指导委员会计算机技术领域教育协作组组长单位，蒋宗礼教授、廖明宏教授、王宽全教授和刘宏伟教授先后担任教育协作组组长[72]。

2018 年 3 月 14 日，国务院学位委员会和教育部发布《国务院学位委员会、教育部关于对工程专业学位类别进行调整的通知》（学位〔2018〕7 号），决定将工程专业学位类别调整为电子信息（代码 0854）、机械（代码 0855）、材料与化工（代码 0856）、资源与环境（代码 0857）、能源动力（代码 0858）、土木水利（代码 0859）、生物与医药（代码 0860）、交通运输（代码 0861）8 个专业学位类别。2021 年 1 月 15 日，经国务院学位委员会办公室同意，全国工程专业学位研究生教育指导委员会发布《关于电子信息等 8 种专业学位类别专业领域指导性目录的说明》（工程教指委〔2021〕1 号），批准电子信息（0854）专业学位类别涵盖的工程领域目录见表 4。

表 4　电子信息专业学位类别专业领域指导性目录

领域代码	领域名称
085401	新一代电子信息技术（含量子技术等）
085402	通信工程（含宽带网络、移动通信等）
085403	集成电路工程
085404	计算机技术
085405	软件工程
085406	控制工程
085407	仪器仪表工程
085408	光电信息工程
085409	生物医学工程
085410	人工智能
085411	大数据技术与工程
085412	网络与信息安全

3.5.3　工程硕士教育面临的新形势

　　计算机技术领域涉及的相关技术包括但不限于：微处理器设计、嵌入式系统及应用、多核技术、计算机网络与通信、网络安全、软件工程、数据采集与处理、数据库、信息检索、信息管理系统、多媒体、计算机游戏、自然语言处理、人工智能、互联网与物联网、机器人技术等。

　　进入 21 世纪，随着世界新技术革命的迅猛发展，计算机科学与技术也在不断发展，并促进了如通信、数学、物理、化学、天文、生物、制药、航天、地学、遥感、交通、医学、经济、金融、管理等诸多学科和行业的进步，在推动原始创新、促进学科交叉与融合等方面扮演着重要角色，是信息社会的主要推动力量，成为人类生活不可缺少、现代文明赖以生存的重要科学与技术领域之一[73]。

　　未来，计算机系统将进一步向着更便捷、更高效、更智能、人机交互更友好的方向发展。计算机科学与技术和通信科学与技术的融合与渗透将大大加速信息化进程，新计算原理、新型元器件和系统结构的发展将大大提高计算机系统的效能；以智能化、集成化、自动化、并行化、开放化为标志的计算机软件新技术的发展将进一步提高软件生产效率。计算机科学与技术在 21 世纪必将取得更大的进步，为开拓人类的认知空间提供更强大的手段与条件，并对科学技术和经济发展做出更大的贡献[74]。

4 社会团体及教学研究与交流

近年来，我国计算机相关的教育组织和社会团体，组织和创办了各类教育教学活动，对我国计算机教育的发展起着积极的推动作用。

4.1 主要教育组织

4.1.1 教学指导委员会

教育部高等学校教学指导会（简称教指委）[4]是教育部聘请并领导的专家组织，具有非常设学术机构的性质，接受教育部委托，开展高等学校本科教学的研究、咨询、指导、评估、服务等工作。

教学指导委员会的设立通常根据教育部本科专业目录中的专业大类分别设立不同的专业教学指导委员会和课程教学指导委员会，各委员会在教育部和有关部门的领导下开展工作，包括课程和教材建设教学改革、宏观战略研究、教育质量、监控分类指导等，对于引导高等学校学科专业教学改革与建设指导学科专业评估、促进学科专业教学改革建设与管理、提高高等学校教育教学质量和水平具有重要意义。

教学指导委员会前身是1961年成立的高等学校及中等专业学校理、工、农、医各科教材工作领导小组。1985年，国家教育委员会在昆明市召开高校工科基础课程教材编审工作会议，讨论了原工科基础课程教材编审委员会扩大工作范围并相应改名问题。1990年，高等学校各学科专业教学指导委员会成立，教学指导委员会的工作，由原来以教材编审为主要内容，转向对学科教学工作进行全面研究、咨询和指导。

由于计算机科学与技术发展很快，相应的教学指导委员会也从最初的计算机科学教学指导委员会发展为多个教学指导委员会。面向非计算机专业建设的教学指导委员会，也从多个分委会整合为一个统一的组织。自1984年以来相继成立的有：高等学校计算机软件教材编审委员会、高等学校计算机科学教学指导委员会、高等学校工科计算机基础课程教学指导委员会、高等学校文科计算机基础教学指导委员会、高等学校计算机基础教学指导委员会、高等学校信息安全类专业教学指导委员会、高等学校软件工程专业教学指导委员会、高等学校动画数字媒体专业教学指导委员会。经过多次更名以及平行的多个分委员会的合并，目前教育部设置的计算机相关的教学指导委员会有高等学校计算机类专业教学指导委员会、高等学校软件工程专业教学指导委员会、高等学校网络空间安全专业教学指导委员会、高等学校大学计算机课程教学指导委员会、高等学校动画数字媒体专业教学指导委员会5个专业委员会，工作界定更加科学清晰。

4.1.2 中国计算机学会教育专业委员会

中国计算机学会教育专业委员会是中国计算机学会（China Computer Federation，

CCF）下设的专业委员会之一，简称教育专委会（CCF TCEDU）[75]。中国计算机学会[76]是由从事计算机及相关科学技术领域的科研、教育、开发、生产、管理、应用和服务的个人及单位自愿组成，依法登记的全国性、学术性、非营利学术团体，是中国科学技术协会成员。中国计算机学会前身是 1962 年 6 月 4 日成立的中国电子学会计算机专业委员会，受"文革"影响，1966 年 6 月至 1978 年底学会停止活动。1979 年 1 月，在北京召开恢复学会活动大会，并改名为中国电子学会计算机学会。1985 年 3 月 5 日，中国计算机学会由国家经济体制改革委员会批准成立，并被中国科学技术协会接纳为团体会员。1985 年 6 月 1 日，中国计算机学会在北京科学会堂举行隆重的成立大会，下设若干工作委员会、专业委员会（专业学组）以及地方学会等，挂靠在中国科学院计算技术研究所。

1980 年 8 月 25 日，中国电子学会计算机教育专业委员会大会在吉林长春召开，会议产生了第一届专业委员会组织机构。教育专业委员会的宗旨是：对我国各种类别、各个层次的计算机教育与培训所涉及的知识结构、课程体系、教学计划、教学方式、教学方法、教学手段与工具等进行广泛的研讨与交流，以期对我国的计算机教育和培训事业的发展有所推动。教育专业委员会发展早期，设 8 个学组，即研究生学组、本科学组、基础学组、大专学组、中专学组、青少年学组、技术培训学组和继续教育学组。随着计算机教育事业的发展，基础教育学组和本科学组成为一级学会，基础教育学组发展为全国高等学校计算机基础教育研究会，本科学组发展为全国高等学校计算机教育研究会。

教育专业委员会及各学组一直致力于推进中国各类计算机人才的培养、教学研究、教材建设，并结合当时计算机教育发展的需要，召开全国和地区性学术研讨会，每两年进行一次全国性研讨会，每四年进行一次换届大会。教育专业委员会主要领导成员的产生由 CCF 常务理事会决定，并按规定举行换届选举，选举产生专委主任、副主任、秘书长及常委。

教育专业委员会的主要工作包括：①组织学术研讨会，研究制定计算机核心课程标准。随着计算机教育事业的发展，并结合国家计算机教育发展的需要，教育专业委员会与教育部计算机类教学指导委员会、全国高等学校计算机教育研究会、高等教育出版社、清华大学出版社、机械工业出版社华章分社等紧密合作，定期或不定期召开全国性学术研讨会，这些会议有：中国高校计算机教育大会、中国计算机大会（CNCC）教育技术论坛、CCF 未来计算机教育峰会、系统类课程改革研讨会、专业建设研讨会、系统能力培养研讨会、计算机核心课程标准制定研讨会等。②主办地区性学术研讨会，开展产教融合、协同育人活动。教育专业委员会和各省市计算机教育研究会、《计算机教育》杂志、《软件导刊》杂志等，以及国内外相关 IT 企业联合主办地区性学术研讨会，开展产教融合、协同育人活动，积极支持和参与"双一流""新工科""卓越工程师计划"、专业认证、"双创"、各类学科竞赛，以及地方和区域性教育建设和发展专项等项目，为推动中国计算机教育高质量发展起到积极作用。

4.1.3 全国高等学校计算机教育研究会

全国高等学校计算机教育研究会[77]（以下简称研究会）成立于 1989 年 11 月 1 日，

袁开榜教授为首任理事长。研究会的前身是中国计算机学会教育与培训专业委员会本科教育学组（1985 年 6 月 1 日成立）。研究会是全国高等学校从事计算机教育的单位和个人自愿结成的独立法人单位学术团体，其主管机关是教育部，是经民政部注册登记的全国一级法人学会，研究会挂靠在重庆大学，秘书处设立在重庆大学计算机学院。

1987 年 10 月 30 日，中国计算机学会第五届教育与培训专业委员会本科教学组召集部分成员召开了第一次工作会议。与会代表提出将本科学组组建成全国高等学校计算机本科教育研究会的动议。1989 年 10 月 30 日，中国计算机学会第五届教育与培训专业委员会在上海市委党校召开学术年会。本科学组正式向计算机学会教育与培训专委会呈送了成立全国高等学校计算机本科教育研究会的申请报告，并且中国计算机学会提出了同意本科学组成立全国高等学校计算机本科教育研究会的意见。全国高等学校计算机本科教育研究会宣布于 1989 年 11 月 1 日正式成立。1990 年 3 月更名为全国高等学校计算机教育研究会。

研究会汇集了国内知名的计算机教育界专家、学者和有深远影响的著名高校，现拥有团体会员单位为 180 余所高校，聚集全国 300 余所设有计算机专业的高校的计算机教育工作者，正在发展个人会员。

研究会下设有组织委员会、学术委员会、对外联络委员会、青年工作委员会等工作机构，以及课程与教材建设分会、师范教育分会、新科技与继续教育分会、计算机网络教育分会、软件与微电子教育分会等五个分支机构。

自成立以来，研究会团结、联系、组织国内计算机教育界的同行，研究适应各个不同时期、不同层次、不同要求、不同规格的指导性教育教学方案；开展课程研讨，制定教学大纲，研究基本教育理论、课堂教学体系、教学实施方法；联合与计算机教育有关的其他组织和企业发挥各自的优势，共同举办多种形式的国际国内学术会议、各种各样的 IT 竞赛、灵活多样的专题论坛，策划和组织产教融合协同育人项目，积极推进了计算机教育的发展。

由组织委员会和学术委员会联合组织并承办的中国高校计算机教育大会（在国内主办），由对外联络委员会每年组织并承办的国际计算机科技与教育学术会议（International Conference on Computer Science and Education，ICCSE），由课程与教育建设分会联合相关企业策划的面向全国高校发布的计算机教育教学改革项目，由青年工作委员会筹划和组织的青年计算机教育论坛，由秘书处策划并组织的计算机核心课程标准的研制等活动，已经形成研究会特色，在国内外具有一定影响力。

研究会积极贯彻"科教兴国"和"可持续发展"的战略，开展以大学本科教育为主的教育研讨活动，向上延伸到各层次的研究生教育，向下兼顾到专科教育，还注意开展远程教育，新技术及继续教育，并设立有相应的二级分会。研究会时刻关注国际计算机学科的发展动态，尤其关注美国 ACM/IEEE-CS 等国际知名学术团体的活动，并与之建立了友好联系，先后引进了其公布的 68 教程、91 教程和 2001 教程。同时，结合我国国情，与国内兄弟组织共同制订了对我国计算机教育起着促进作用的"87 计划""93 计划"以及"CCC2002 计划"，并结合这些计划组织出版了"93 计划"配套教材和面向 21 世纪的

"CCC2002 计划" 的推荐教材。

4.1.4 全国高等院校计算机基础教育研究会

全国高等院校计算机基础教育研究会 (AFCEC)[78]成立于1984年,在民政部登记注册,是在我国有重要影响的、专门从事高校计算机基础教育研究的全国一级学术团体,是全国性、专业性、非营利性的群众学术团体,由高等院校进行计算机基础教育的教学单位和教学工作者自愿结成,也吸收少数热心计算机教育的科技人员和企业家代表参加,目前已拥有500多个会员单位。

1983年9月,由天津大学和山东矿业学院(现山东科技大学)主办,在山东泰安召开了"非计算机专业计算机教学经验交流会"。在这次会议上,代表们提出成立非计算机专业教师自己的学术组织的建议,并委托天津大学许镇宇教授和清华大学谭浩强教授负责筹备。

1984年3月,在山东大学成立了山东省高等院校计算机研究会,来自全省院校的55名代表出席了会议,这是在全国研究会成立之前首先建立的一个地方研究会。1984年10月4日至9日,在安徽黄山召开了全国高校计算机基础教育研究会成立大会暨第一次学术研讨会,来自全国84所高校的126名教师,以及5个出版社和13个厂家的38位有关人员,共164位代表出席了会议。许振宇教授在开幕词中指出:当前我国正处在一个普及推广计算机的热潮,这要求我们教育部门大量培养分布在各种专业的、能迎接新技术革命的挑战、能适应信息时代的要求的人才。

从1984年10月全国高等院校计算机基础教育研究会成立开始,研究会每5年为一届执行严格的换届制度。历届会长先后为我国著名计算机教育专家谭浩强教授、北京语言大学党委书记王路江,现任会长为中国传媒大学动画与数字艺术学院院长黄心渊教授。研究会创立30多年来经历了四个重要的发展阶段,继1984—1994年的普及阶段,1994—2004年的发展阶段,2004—2014年的提高阶段,以及2014年至今的融合阶段,组织机构也有不同程度的调整和变化。

研究会内设机构分为工作委员会和专业委员会。工作委员会下设秘书处、组织委员会、学术委员会、课程建设委员会、青年工作委员会和培训部共6个组织;拥有财经、文科、农林、理工、师范、医学、高职电子信息、计算机电子商务、独立学院与民办高校、数字创意、数据科学、网络科技与智能媒体设计、教育创新与产教融合、在线教育、中小学计算机普及、智能技术应用、新工科教育、实验教学研究、电子竞技、教育信息化、青少年编程教育、青少年信息与智能教育共22个专业委员会。

4.1.5 中国高校计算机教育慕课联盟

中国高校计算机教育慕课(CMOOC)联盟(以下简称联盟)是由教育部高等学校计算机类专业教学指导委员会、软件工程专业教学指导委员会、大学计算机课程教学指导委员会共同倡议并联合组建,由相关高校自愿参加的基于"大规模开放在线课程"的计算机教育共同体,在教育部高等教育司的指导下,于2014年12月组建。联盟成立的宗旨是积极倡导、引领和推进 MOOC 建设，促进计算机教育的创新改革，提高计算机教育的质量，推动教育公平的实践，提升我国高等教育机构在国内外计算机教育领域的地位与影响。

2016 年 4 月，教育部高等学校动画、数字媒体专业教学指导委员会正式加入联盟，成为联盟的领导单位之一。到 2018 年底，联盟成员高校达到 305 所，分布于 31 个省（自治区、直辖市），吸引了 3 000 多人次教师参与，推动教师在国内外主流平台上开设计算机类慕课 200 多门，学习人数达到 500 多万人次[79]。

联盟的议事机构为理事会，由 4 个教学指导委员会的主任委员、部分副主任委员，以及在慕课建设方面卓有成效的高校代表组成。为了保障有效运转，联盟设立了一系列工作机构，包括质量规范工作委员会、课程建设工作委员会、教师培训工作委员会、企业合作工作委员会，各个机构任务明确又相互协作，致力于为成员高校提供优质的服务。

《教育部关于加强高等学校在线开放课程建设应用与管理的意见》（教高〔2015〕3号）中对慕课建设提出了总体要求、重点任务和组织管理措施。根据教育部相关文件精神，联盟主要在计算机类慕课建设方面开展工作，一方面发布建课指南，遴选"联盟建设课程"，评选"联盟优秀课程"；另一方面，考虑不同学校在办学定位、培养目标、师资状况、生源情况等方面的差异，通过课程级试点和专业级试点两种方式，组织部分高校先行先试，在总结经验的基础上推进计算机类慕课的广泛应用。

4.1.6　中国计算机实践教育联合会

中国计算机实践教育联合会（以下简称联合会）是在教育部高等学校计算机类专业教学指导委员会的指导下，由国家级实验教学示范中心联席会计算机学科组（以下简称学科组）组织成立。联合会的宗旨是响应并贯彻落实"全国教育工作会议精神"，参照《高等学校国家级实验教学示范中心联席会议章程（试行）》，在学科组的领导下，联合各成员单位，以促进大学生的全面发展和适应社会需要为目标，以培养创新精神和实践能力为核心，紧紧围绕全面提升计算机实践创新型人才培养能力这一核心点，共同研讨新工科背景下计算机实践创新型人才培养的理念、方法和机制，抓好计算机实践教育内涵建设，健全协同育人机制，深化信息技术与实践教育的融合，探索高水平的、德才兼修的计算机实践创新型人才培养体系，为建设社会主义现代化强国和实现中华民族伟大复兴的中国梦提供强有力的人才保障和智力支持。

联合会成立的主要目的是贯彻落实《教育部关于加快建设高水平本科教育全面提高人才培养能力的意见》（教高〔2018〕2号）和《教育部关于全面提高高等教育质量的若干意见》（教高〔2012〕4号）等相关文件精神，加快实施国家创新驱动发展战略，提升大学创新人才培养能力，加强实践育人工作，进一步推进实验教学改革，促进优质实践实验教学资源整合与共享，规范和加强实验教学中心建设与运行管理。

联合会于 2019 年 11 月在武汉成立，联合会的成员单位包括：普通高等学校校级实验教学中心或院（系）专业实验教学中心、军队同层次实验教学中心和相关企业。现有理事单位 49 家，高校会员单位 112 家，企业会员单位 18 家[80]。

联合会主要工作任务包括：①举办一年一度的"中国计算机实践教育学术会议暨中国计算机实践教育联合会年会"；②组织开展计算机实践教育、科技创新与实践创新型人才培养、实践类课程建设等相关的研究工作，组织开展实验教师培训工作；③组织开展实践教学案例、实践教学论文等征集工作；④为校企合作提供联系渠道与平台；为构建产教协同育人新机制提供支持，其中包括产教融合、优质教育资源共享和实验室建设等；⑤组织开展国内外计算机实践教育交流活动；⑥组织开展西部或教育欠发达地区计算机实践教育帮扶活动；⑦组织开展与促进创新、实践人才培养的其他工作。

4.2 广泛的教育教学研究与交流

4.2.1 中国高校计算机教育大会（CCEC）

中国高校计算机教育大会由中国计算机学会教育专业委员会、全国高等学校计算机教育研究会、教育部高等学校计算机类专业教学指导委员会联合主办，于1980年举办首次会议，每年召开一次。

2020年8月21—24日，CCEC在江苏南京召开，会议由南京航空航天大学、江苏省软件新技术与产业化协同创新中心承办，会议以"一流计算机专业与课程建设"为主题，采取线上线下相结合的方式，现场参会459人，在线注册130人，在线观看4031人。中国工程院院士、清华大学教授郑纬民，中国工程院院士、国防科技大学教授王怀民，北京工业大学教授蒋宗礼，南京航空航天大学教授、副校长施大宁，中国科学院计算技术研究所研究员陈云霁，作为特邀嘉宾出席大会并分享了主题报告。此外，大会还设立了5个分会场，47位从事计算机教育的专家学者分别就一流专业建设与专业认证、课程与教材建设、应用型专业建设与人才培养、青年教师发展论坛、优秀教研论文报告开展了交流和讨论[81]。

4.2.2 中国计算机教育大会（CECC）

中国计算机教育大会由教育部高等学校计算机类专业教学指导委员会、教育部高等学校软件工程专业教学指导委员会、教育部高等学校网络空间安全专业教学指导委员会、教育部高等学校大学计算机课程教学指导委员会联合主办，于2019年举办首次会议，每年召开一次，常设会址为厦门国际会议中心。

2020年12月19日，CECC2020以"新变局、新技术、新机遇"为主题，来自全国计算机学术界、教育界和产业界的100多名领导和专家，以及3000余名高校师生、200多名媒体记者汇聚一堂，共话计算机教育新思路。大会邀请了图灵奖获得者John Hopcroft教授，以及赵沁平、张尧学、吴建平、沈昌祥、高文、吾守尔·斯拉木、管晓宏、廖湘科、王怀民等计算机领域的院士，联合来自学术界和企业界的多位知名学者带来权威的报告和前沿趋势热点，共同围绕处于新变局、新技术、新机遇中的中国计算机教育展开深入的交流，探讨计算机教育发展创新的思路和举措。特别是以国际化的视角，探讨新变局下计算技术飞速发展背景下的中国计算机教育和信息产业的新机遇和新挑战，研讨教育发展、产学合作、科教协同等面临的问题和解决方案[82]。

4.2.3 中国计算机实践教育学术会议（CPEC）

中国计算机实践教育学术会议（暨全国高等学校计算机实践教学论坛）由教育部高等学校计算机类专业教学指导委员会、国家级实验教学示范中心联席会计算机学科组、清华大学出版社与《计算机教育》杂志社联合主办。

2007 年发起的全国高等学校计算机实践教学论坛，受到了全国各高校从事计算机实践教育、教学研究的专家、教师的高度重视，在高校中产生了积极影响，论坛对计算机实践教育与实验教学改革、实验课程体系与实验教材建设、实验教师学术水平的提高等方面，都起到了非常重要的推动作用。2017 年，为进一步规范会议组织形式、扩大影响、提升水平，搭建更大交流平台，经论坛发起单位讨论决定将论坛的形式定位为"计算机实践教育学术交流会"的形式，当年会议的名称为"第十届全国高等学校计算机实践教学论坛暨第一届中国计算机实践教育学术会议（CPEC2017）"。这是一个具有里程碑式的大会，它意味着已经成功举办十届的计算机实践教学论坛已经从实践教学研讨迈入到实践教育学术研究的新阶段。2019 年举行了"中国计算机实践教育联盟"成立仪式，并为联盟成员单位授牌。

2020 年 11 月 7—8 日第四届中国计算机实践教育学术会议暨第十三届全国高等学校计算机实践教学论坛（CPEC2020）在合肥市召开。会议邀请了 9 位来自国内高校和企业的专家学者围绕"人工智能与实践教育创新"这一主题做了精彩的报告，分享了在人工智能的发展背景与技术支撑下的计算机实践教育、科研、产业的发展动态、成果与经验，探讨了计算机实践教育如何更好地服务于我国的人工智能战略。来自全国 120 余所高校、科研院所、政府部门、企事业单位及媒体的近 300 位代表参加了会议。中国人工智能学会副理事长、IEEE Fellow、清华大学计算机科学与技术系孙富春教授，国家杰出青年基金获得者、中国科学技术大学计算机学院副院长、大数据学院执行院长陈恩红教授，帝国理工学院荣誉研究员、浙江大学百人计划研究员吴超教授，百度公司高校合作副总监计湘婷女士，南京云创大数据科技股份有限公司总裁刘鹏博士做了大会报告，从产、学、研不同角度分享了在国家发展战略的背景下人工智能与计算机实践教育相融合的实践与思考[83]。

4.2.4 未来计算机教育峰会（FCES）

未来计算机教育峰会（FCES）由中国计算机学会主办，旨在提升我国计算机本科教育的质量并且保持可持续发展的专业竞争力。首届峰会于 2017 年 7 月在北京召开。

2020 年 7 月 18—19 日由东莞理工学院计算机科学与技术学院线下承办、达内教育集团线下协办的 FCES2020 通过线上线下融合的方式召开。为更好探讨后疫情时代在线教育的机遇和挑战，本届峰会以"后疫情时代的在线教育"为主题，分别立足于"疫情中"和"疫情后"的在线教育展开，一起讲述后疫情时代的在线教育，总结过去，展望未来。共有来自国内外的 46 位专家学者和企业代表发表演讲,线上线下逾 4 000 人报名,峰会第一天就有 23 000 人次在线参与。峰会首日聚焦于为应对疫情危机,在线教育的实践及发展,讨论和交流疫情期间在线教育的最佳实践、教学模式与教学过程构建及质量保障建设等;第二天聚焦未来计算机在线教育,讨论和交流新时期我国在线计算机教育的发展路径和支撑技术。两天的峰会采用了线上线下融合的方式,总结了在线教育实践的点点滴滴,同时也面向未来,探讨在线教育的地位和作用,线上线下教育如何优势互补,在线教育如何成长为一种后疫情新常态[84]。

致谢

感谢刘大有、孙茂松、武永卫、王兴伟、张宏莉、吕建成、王建新等教授给予鼎力指导和帮助,并提供相关数据和材料;感谢张睿、蒋竞副教授,连小利助理研究员在报告整理编排方面给予的支持。

参考文献

[1] 计算机类专业教学质量国家标准[M]//教育部高等学校教学指导委员会. 普通高等学校本科专业类教学质量国家标准:上册. 北京. 高等教育出版社, 2018:321-329.

[2] 教育部. 关于加快建设高水平本科教育 全面提高人才培养能力的意见:教高[2018]2 号[A/OL]. [2018-10-08] [2021-08-01]. http://www. moe. gov. cn/srcsite/Ao8/s7056/201810/t20181017-351887. html.

[3] 教育部等六部门. 关于实施基础学科拔尖学生培养计划 2. 0 的意见:教高[2018]8 号[A/OL]. (2018-10-08)[2021-08-01]. http://www. moe. gov. cn/srcsite/A08/s7056/201810/t20181017-351895. html.

[4] 教育部办公厅. 关于印发《教育部高等学校教学指导委员会章程》的通知:教高厅[2018]4 号[A/OL]. (2018-12-25)[2021-08-01]. http://www. moe. gov. cn/srcsite/A08/s5653/201901/t20190102-365705. html.

[5] 李未,卢锡城,孙家广,等. 0812 计算机科学与技术[M]//国务院学位委员会第六届学科评议组. 学位授予和人才培养一级学科简介. 北京:高等教育出版社,2013:160-162.

[6] 李未,卢锡城,孙家广,等. 0835 软件工程[M]//国务院学位委员会第六届学科评议组. 学位授予和人才培养一级学科简介. 北京:高等教育出版社,2013:248-250.

[7] 方滨兴,梅宏,吴建平,等. 网络空间安全[M]//国务院学位委员会第六届学科评议组. 一级学科博士、硕士学位基本要求. 北京:高等教育出版社,2014.

[8] 教育部. 国家发展改革委,财政部. 关于加快新时代研究生教育改革发展的意见:教研[2020]9 号 [A/OL]. (2020-09-21) [2021-08-01]. http://www. moe. gov. cn/srcsite/A22/s7065/202009/t20200921. 489271. html.

[9] 国务院学位委员会,教育部. 关于印发《专业学位研究生教育发展方案(2020-2025)》的通知:学位

[2020]20 号[A/OL]. (2020-09-30)[2021-08-01]. http://www. moe. gov. cn/srcsite/A22/moe-826/202009/t20200930-492590. html.

[10] 国务院学位委员会,教育部. 关于进一步严格规范学位与研究生教育质量管理的若干意见：学位[2020]19 号[A/OL]. (2020-09-28)[2021-08-01]. http://www. moe. gov. cn/srcsite/A22/moe-826/202009/t20200928-492182. html.

[11] 崔瑞霞,谢喆平,石中英. 高等教育内涵式发展：概念来源、历史变迁与主要内涵[J]. 清华大学教育研究, 2019(6)：1-9.

[12] 蒋宗礼, 姜守旭. 走内涵发展之路 建设一流专业[J]. 中国大学教学, 2020(8).

[13] 蒋宗礼. 基于教学质量国家标准的本科计算机类专业应用型人才培养思考[J]. 中国大学教学, 2015(5)：18-21.

[14] 蒋宗礼. 关于研制计算机类专业教学质量国家标准的思考[J]. 中国大学教学, 2014(10)：52-55.

[15] 中国工程教育专业认证协会. 工程教育认证标准. 2015 版[EB/OL]. (2016-06-08)[2021-08-01]. http:/www. csm. org. cn/xshd/hdzl/2030/14653533490008951. 1. html.

[16] 中国工程教育专业认证协会. 工程教育认证标准[EB/OL]. (2017-11-01)[2021-08-01]. https://www. ceeaa. org. cn/gcjyzyrzxh/rzcxjbz/gcjyrzbz/tybz/index. html.

[17] 中国工程教育专业认证协会. 计算机类专业补充标准[EB/OL]. (2017-11-01)[2021-08-01]. https://www. ceeaa. org. cn/gcjyzyrzxh/rzcxjbz/gcjyrzbz/18gzylybcbz/jsjlzy/index. html.

[18] 教育部. 关于批准第一批"卓越工程师教育培养计划"高校的通知：教高函[2010]7 号[A/OL]. (2010-06-30)[2021-08-01]. http://www. moe. gov. cn/srcsite/A08/moe_742/s3860/201006/t20100630_109630. html.

[19] 教育部. 关于批准第二批"卓越工程师教育培养计划"高校的通知：教高函[2011]17 号[A/OL]. (2011-09-29)[2021-08-01]. http://www. moe. gov. cn/srcsite/A08/moe_742/s3860/201109/t20110929_125721. html.

[20] 教育部办公厅. 关于公布卓越工程师教育 培养计划第三批学科专业名单的通知：教高厅函[2013]38 号[A/OL]. (2013-10-21)[2021-08-01]. http://www. moe. gov. cn/srcsite/A08/moe_742/s3860/201310/t20131021_158875. html.

[21] 焦新. 教育部等23 个部门联合下发通知626 家国家级工程实践教育中心获批[N/OL]. 中国教育报,2012-07-17[2021-08-01]. http://www. moe. gov. cn/jyb_xwfb/s5147/201207/t20120717_139425. html.

[22] 教育部. 基础学科拔尖学生培养计划 2.0 基地(2019 年度)名单[EB/OL]. (2020-09-17)[2021-08-01]. http://www. moe. gov. cn/jyb_xwfb/gzdt_gzdt/s5987/202009/t20200917_488442. html.

[23] 教育部. 基础学科拔尖学生培养计划 2.0 基地(2020 年度)名单[EB/OL]. (2021-02-05)[2021-08-01]. http://news. cctv. com/2021/02/05/ARTIGMknrt2pE3QGdsjuizYp210205. shtml.

[24] 教育部. 首批新工科研究与实践项目名单[EB/OL]. (2018-03-21)[2021-08-01]. http://www. moe. gov. cn/srcsite/A08/s7056/201803/W020180329570369656911. pdf.

[25] 教育部办公厅. 关于推荐第二批新工科研究与实践项目的通知：教高厅函[2020]2 号[A/OL]. (2020-03-03)[2021-08-01]. http://www. moe. gov. cn/srcsite/A08/s7056/202003/t20200313_430668. html.

[26] 教育部. 华为联合数十所重点高校开展"智能基座"项目[EB/OL]. (2021-03-05)[2021-08-01]. https://baijiahao. baidu. com/s? id=1693304652430570681&wfr=spider&for=pc.

[27] 教育部办公厅. 关于实施一流本科专业建设"双万计划"的通知：教高厅函[2019]18 号[A/OL]. (2019-04-02)[2021-08-01]. http://www. gov. cn/zhengce/zhengceku/2019-12/03/content_5458035. htm.

[28] 教育部办公厅.关于公布 2019 年度国家级和省级一流本科专业建设点名单的通知：教高厅函[2019]46 号[A].(2019-12-24).

[29] 教育部办公厅.关于公布 2020 年度国家级和省级一流本科专业建设点名单的通知：教高厅函[2021]7 号[A].(2021-04-08).

[30] 蒋宗礼.计算机类专业人才专业能力构成与培养[J].中国大学教学,2011(10)：11-14.

[31] 蒋宗礼.本科工科教育,聚焦解决复杂工程问题能力的培养[J].中国大学教学,2016(11)：27-30+84.

[32] 计算机学会教育专业委员会.中国计算机科学与技术学科教程 2002[M].北京：清华大学出版社,2002.

[33] 蒋宗礼,姜守旭.聚焦基本定位 系统设计和实施学生能力的培养[J].中国大学教学.2019(3)：40-44.

[34] 王志英,周兴社,袁春风,等.计算机专业学生系统能力培养和系统课程体系设置研究[J].计算机教育,2013(9)：1-6.

[35] 施青松,陈文智.强化计算机课程贯通教学 深入面向系统能力培养[J].中国大学教学,2014(12)：61-65.

[36] 袁春风,王帅.大学计算机专业教育应重视"系统观"培养[J].中国大学教学,2013(12)：41-46.

[37] 高小鹏.计算机专业系统能力培养的技术途径[J].中国大学教学,2014(8)：53-57.

[38] 刘卫东,张悠慧,向勇,等.面向系统能力培养的计算机专业课程体系建设实践[J].中国大学教学,2014(8)：48-52.

[39] 微言教育.教育部举行第七场教育 2020"收官"系列新闻发布会,介绍"十三五"期间教材建设工作情况[EB/OL].(2020-12-24)[2021-08-01].https://www.thepaper.cn/newsDetail_forward_10521157.

[40] 新华网客户端.我国上线慕课数量超过 3.4 万门 学习人数达 5.4 亿人次[EB/OL].(2020-12-11)[2021-08-01].https://baijiahao.baidu.com/s?id=1685754335077431421&wfr=spider&for=pc.

[41] 教育部,财政部.关于批准 2007 年度国家精品课程建设项目的通知：教高函[2007]20 号[A/OL].(2007-11-27)[2021-08-01].http://www.moe.gov.cn/srcsite/A08/s5664/moe_1623/s3843/200711/t20071127_93857.html.

[42] 教育部,财政部.关于批准 2008 年度国家精品课程建设项目的通知：教高函[2008]22 号[A/OL].(2008-09-29)[2021-08-01].http://www.moe.gov.cn/srcsite/A08/s5664/moe_1623/s3843/200809/t20080929_93858.html.

[43] 教育部,财政部.关于批准 2009 年度国家精品课程建设项目的通知：教高函[2009]21 号[A/OL].(2009-10-17)[2021-08-01].http://www.moe.gov.cn/srcsite/A08/s5664/moe_1623/s3843/200910/t20091017_93859.html.

[44] 教育部,财政部.关于批准 2010 年度国家精品课程建设项目的通知：教高函[2010]14 号[A/OL].(2010-07-26)[2021-08-01].http://www.moe.gov.cn/srcsite/A08/s5664/moe_1623/s3843/201007/t20100726_93849.html.

[45] 教育部办公厅.关于公布第一批"国家级精品资源共享课"名单的通知.教高厅函[2016]54 号[A/OL].(2016-07-01)[2021-08-01].http://www.moe.gov.cn/srcsite/A08/s5664/s7209/s6872/201607/t20160715_271959.html.

[46] 教育部.关于公布首批"精品视频公开课"名单的通知.教高函[2012]10 号[A/OL].(2012-04-26)[2021-08-01].http://www.moe.gov.cn/srcsite/A08/s7056/201204/t20120426_135404.html.

[47] 教育部办公厅.关于公布 2017 年国家精品在线开放课程认定结果的通知.教高厅函[2017]80

号[A/OL]. (2017-12-29)[2021-08-01]. http://www. moe. gov. cn/srcsite/A08/s5664/moe_1623/s3843/201801/t20180112_324478. html.

[48] 教育部. 关于公布 2018 年国家精品在线开放课程认定结果的通知. 教高函[2019]1 号[A/OL]. (2019-01-11)[2021-08-01]. http://www. moe. gov. cn/srcsite/A08/s5664/moe_1623/s3843/201901/t20190121_367540. html.

[49] 教育部. 关于公布首批国家级一流本科课程认定结果的通知. 教高函[2020]8 号[A/OL]. (2020-11-25)[2021-08-01]. http://www. gov. cn/zhengce/zhengceku/2020-12/01/content_5566133. htm.

[50] 赵炬明. 聚焦设计：实践与方法：上[J]. 高等工程教育研究, 2018(2)：30-44.

[51] 赵炬明. 聚焦设计：实践与方法：下[J]. 高等工程教育研究, 2018(3)：29-44.

[52] 乔百友, 赵相国, 袁野. 计算机体系结构课程教学改革实践[J]. 教育教学论坛, 2019(51)：85-86.

[53] LLORENTE C. Outcome-based approach in teaching digital systems design for undergraduate computer and electronics engineering programs [J]. Journal of Telecommunication, Electronic and Computer Engineering, 2017, 9(2-8)：113-118.

[54] 廉咪咪, 张聪品, 范黎林. 敏捷开发在软件工程实践教学中的应用探索[J]. 计算机教育, 2021 (6)：155-158.

[55] 俞五炎, 张亮, 裴少婷, 等. 计算机应用技术在工程项目管理中的应用研究[J]. 科技风, 2021 (21)：78-79.

[56] 王洪亮. 高校计算机网络安全技术及其应用[J]. 无线互联科技, 2021, 18(10)：21-22.

[57] WOLLOWSKI M, SELKOWITZ R, BROWN L, et al. A survey of current practice and teaching of AI[C]. Proceedings of the AAAI Conference on Artificial Intelligence, 2016.

[58] 曾明星, 吴吉林, 徐洪智, 等. 深度学习演进机理及人工智能赋能[J]. 中国电化教育, 2021(2)：28-35.

[59] 孟胜旺. 新时期新形势下高校研究生教育的重要性[J]. 新一代(下半月), 2011(8)：67.

[60] 王李娟, 张桂民. 新时期地方高校硕士研究生教育管理问题与对策[J]. 教育现代化, 2019(67).

[61] 牛晶晶, 周文辉. 谁更愿意读博士：学术型硕士研究生读博意愿影响因素分析[J]. 中国高教研究, 2021(4)：82-88.

[62] 张燕, 蒋宗礼. 《应用型软件工程专业人才培养指导意见》研制思考[J]. 中国大学教学, 2015(6)：28-31.

[63] 闫方友, 郝庆兰, 豆宝娟, 等. 工学硕士研究生培养过程中导师职责探究[J]. 中国轻工教育, 2012 (4)：6.

[64] 李克文, 张卫山, 崔学荣. 计算机学科硕士研究生差异化培养的探索与实践[J]. 教育评论, 2014 (4)：72-74.

[65] 廖振良, 雷星晖, 黄建业. 全日制工程硕士研究生教育与工学硕士研究生教育的关系探讨[J]. 学位与研究生教育, 2014(10)：8-12.

[66] 王平, 钱瑶, 徐井芒. 浅析我国硕士研究生培养模式[J]. 教育教学论坛, 2021(4)：177-180.

[67] 王艳霞, 王妍苏, 江知航, 等. 新形势下地方高校计算机专业硕士培养现存问题与对策研究[J]. 科教文汇, 2021(8)：111-112.

[68] 兰继明, 宋国际. 我国计算机教育的现状及发展趋势分析[J]. 电子制作, 2014(23)：103-104.

[69] 黄宝印, 王顶明. 继往开来, 坚定自信, 促进研究生教育高质量发展：纪念研究生教育恢复招生 40 周年[J]. 研究生教育研究, 2019(1)：3-7.

[70] 陈燕, 铁晓锐. 我国专业学位研究生教育的研究现状及趋势：基于文献计量分析视角(2000—2020

年)[J].研究生教育研究,2021(2):61-67.

[71] 董开坤,王宽全,罗淑云,等.《计算机技术领域工程硕士专业学位基本要求》解读[J].学位与研究生教育,2017(3):59-64.

[72] 董开坤,王宽全,宋平,等.计算机技术领域工程硕士研究生课堂教学质量评价体系[J].计算机教育,2017(9):69-73.

[73] 董开坤,王宽全,宋平,等.我国工程专业学位研究生课程教学中存在的问题与对策[C]// 第九届全国工科研究生教育工作研讨会论文集,2017:298-303.

[74] 刘小洋,刘万平,刘超,等.计算机类专业学位硕士研究生教育质量协同保障体系构建[J].科学咨询,2016(1):72-73.

[75] 中国计算机学会教育专业委员会[EB/OL].[2021-08-01].https://www.ccf.org.cn/Chapters/TC/TC_Listing/TCEDU/.

[76] 中国计算机学会[EB/OL].[2021-08-01].https://www.ccf.org.cn/Intro_CCF/2021-03-16/533517.shtml.

[77] 全国高等学校计算机教育研究会[EB/OL].[2021-08-01].http://www.creacu.org.cn/#/home.

[78] 全国高等院校计算机基础教育研究会[EB/OL].[2021-08-01].http://www.afcec.com/Home/About/101.

[79] 中教新媒.欢迎各高校积极申报加入"中国高校计算机教育 MOOC 联盟"[EB/OL].(2019-01-25)[2021-08-01].https://www.sohu.com/a/291415273_414933.

[80] 书圈.第三届中国计算机实践教育学术会议(CPEC2019)丨中国计算机实践教育联盟成立通知[EB/OL].(2019-09-30)[2021-08-01].https://www.sohu.com/a/344321639_453160.

[81] 刘译善.2020中国高校计算机教育大会在南京召开[EB/OL].(2020-08-25)[2021-08-01].http://cs.nuaa.edu.cn/2020/0825/c10846a212288/page.htm.

[82] 徐潇然.2020中国计算机教育大会(CECC2020)在厦门举行[EB/OL].(2020-12-19)[2021-08-01].http://www.jyb.cn/rmtzcg/xwy/wzxw/202012/t20201219_383418.html.

[83] 中国出版传媒商报.CPEC2020会议聚焦人工智能与实践教育创新[EB/OL].(2020-11-25)[2021-08-01].http://www.cbbr.com.cn/contents/533/55047.html.

[84] 中国教育和科研计算机网.聚焦后疫情时代的在线教育:2020CCF FCES 线上线下融合举行[EB/OL].(2020-07-18)[2021-08-01].http://cernet.edu.cn/info/zt/FCES2020/202007/t20200718_1739025.shtml.

作者简介

蒋宗礼 北京工业大学教授,博士生导师,国家级教学名师,研究方向为网络信息处理、计算机教育。CCF 杰出教育奖获得者,CCF 杰出会员,历任中国计算机学会教育专业委员会、教育工作委员会主任、副主任。

魏晓辉　吉林大学教授，博士生导师，研究方向为分布式系统与高性能计算。CCF 杰出会员，教育专委会主任，高性能计算专委会常务委员、分布式计算专委会委员。

秦磊华　华中科技大学计算机学院党委副书记、副院长，教授，研究方向为计算机系统结构。CCF 计算机教育专委会常务委员，湖北省教学名师，获宝钢优秀教师奖。

张　莉　北京航空航天大学教授，博士生导师，研究方向为智能软件工程、模型驱动方法和群智制造。CCF 教育专委会副主任委员，软件工程专委会常务委员。

黄　岚　吉林大学教授，博士生导师，研究方向为大数据智能计算。CCF 杰出会员，教育专委会秘书长，计算机应用专委会常务委员。

董开坤　教授，博士，哈尔滨工业大学网络空间安全系主任。参加制定了我国《计算机技术领域工程硕士专业学位标准》《计算机技术领域工程硕士专业学位基本要求》，获得山东省高等教育省级教学成果一等奖。

Sketch 驱动的网络被动测量研究进展与趋势

CCF 网络与数据通信专业委员会

郭得科[1]　罗来龙[1]　王兴伟[2]　李尚森[1]

[1]国防科技大学，长沙

[2]东北大学，沈阳

摘　　要

网络被动测量重点关注探测网络流量不同粒度的信息，进而支持如网络管理、网络运维、网络安全等上层决策和应用。因为网络流量存在规模大、传输快以及难预测等特点，被动测量节点广泛采用 Sketch 数据摘要方法来近似记录需观测流量的基数等特征。具体而言，各个被动测量节点独立维护由多个计数器数组构成的 Sketch 数据结构，通过哈希函数实现每条数据流到计数器数组的映射，进而更新对应计数器的值。管理节点会周期性从各个测量节点汇聚 Sketch 结果，从全局层面获得数据流的统计信息。近年来，国内外大量研究工作关注重新设计和优化 Sketch 数据结构来优化网络被动测量的整体性能，在很多方面取得了重要进展，但国内外文献缺乏基于 Sketch 网络测量的系统性分析和总结。本文介绍了 Sketch 驱动的网络被动测量基本原理，以及面向网络测量的 Sketch 设计和优化策略等。在总结分析现有工作的基础上，对相关发展趋势进行了展望。

关键词：网络被动测量，Sketch，压缩型数据结构

Abstract

The passive network measurement focuses on detecting information of different granularity of network traffic, which supports superior decision-making and applications such as network management, network operations, and network security. Because of the large scale of the network, high transmission rate, and unpredictable traffic distribution, passive measurement nodes widely use the Sketch data structure to approximate the cardinality of the traffic and other statistics. Specifically, each passive measurement node independently maintains Sketch data structure consisting of multiple counter arrays and uses hash functions to map each data stream to the counter array, thus updating the value of the corresponding counter. Management nodes periodically aggregate Sketch results from each measurement node to obtain statistics on the traffic at the global level. In recent years, a lot of research work has been devoted to redesign and optimize the data structure of Sketches for the better performance of passive measurement, and significant progress has been made in many aspects. However, the existing literature lacks systematic analysis and summary for Sketch-based network measurement. This paper introduces the basic principles of Sketch-based passive measurement and the design and optimization strategy of the Sketch. Based on the summary of the current work, the future development trends of the Sketch-based network are also forecasted.

Keywords：passive network measurement, Sketch, compressed data structure

1 引言

基于网络测量的网络性能评估可为网络管理任务提供必要信息，比如负载均衡[1]、路由选择、公平调度[2]、入侵检测[3]、网内缓存[4]、流量工程[5]、性能诊断[6]、策略增强[7]。随着网络用户和网络规模的爆炸性增长，网络中的巨量流量变得不可预测，这给网络基础设施的运行和管理带来了巨大的挑战。网络测量是掌握网络基础设施态势动态变化的基础方法，高效可用的网络测量方法往往需要获知网络中大量采样数据流的统计信息，包括多个流的聚合信息以及单个流的统计信息[8,11,15,16]，例如网络中出现频次较多的数据流[9]、数据流的数量（流基数)[13]、数据流的大小（流中分组报文的数量)[16]、特定流在全体网络流中的占比等。这些统计信息从侧面反映了网络系统的某些性能指标，为大量网络应用和网络安全防护业务提供了必要的决策依据[11-14]。

Sketch[10]指的是一类近似记录集合数据的摘要型数据结构，提供了在网络被动测量中记录数据流统计信息的高效压缩型数据结构。作为业界著名的压缩型数据结构，Sketch的存储开销远小于直接存储原始数据，其写入和查询集合元素的时间开销处于常数级，同时其元素查询的准确性也较高。通过将网络数据流抽象为由源 IP、目的 IP、源端口、目的端口、协议号组成的五元组标识的数据流[17]，Sketch 可以高效地解决网络测量中面临的网络流数据信息统计问题。

通过着眼于网络测量任务的数据处理全流程，本文对 Sketch 的设计优化工作进行分类。Sketch 数据结构的核心功能在于其更新策略、Sketch 结构设计、查询策略，以及支持的使能功能。因此，本文从三个维度分析国内外代表性研究成果，包括：基于 Sketch 的网络被动测量框架、Sketch 数据结构的设计和优化，以及网络测量后处理阶段的优化。本文的总体框架如图 1 所示。

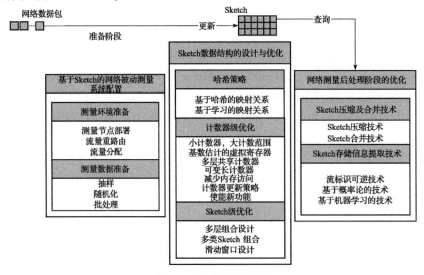

图 1　本文的总体框架

2   基于 Sketch 的网络被动测量框架

网络测量对于掌握网络基础设施运行状况并实施有效管理至关重要,有两类互补的方法,分别是主动测量方法和被动测量方法。

主动测量方法会主动发起一系列用于测量目的的探测包,进而测算探测流量的单向传输延迟、往返时间(RTT)、平均数据包丢失率、连接带宽,并调整网络负载变化时的转发策略。主动测量方法能灵活提供不同粒度的端到端 QoS 指标的测量,但频繁发送探测包会干扰网络正常业务的关键流量传输,并被网络运营商所排斥。

被动测量方法调整了设计思路,无须主动发送探测包,而是在测量节点监测通过的部分网络正常流量并收集其统计信息。被动测量能够用不同的方法评估网络流量细粒度的性能指标,如基于使用情况的收费、对流量进行汇总、估计流量/包大小分布等。

2.1   网络被动测量面临的挑战

网络被动测量面临的挑战主要来自两个方面,即网络设备有限的硬件资源和网络流量的不可预测性。因此,国内外很多团队长期研究如何在有限资源开销下获得较准确的测量结果。

1)**网络设备的资源限制。**实施被动测量任务的一个关键挑战是如何在网络设备上稀缺的高速存储上执行测量任务[19]。如今,核心路由器使用快速转发路径在网络接口之间转发大多数数据包,无须依赖 CPU 或者主存储器。为此,测量任务应该在 SRAM 中执行,然而 SRAM 的容量有限,并且被包括网络测量在内的全体网络功能共享使用,例如路由功能、安全功能等。因此,分配给测量任务的 SRAM 空间非常有限。为解决这一挑战,大量研究将测量任务适配到 SRAM、混合 SRAM-DRAM 和 DRAM 存储中。随着硬件技术的发展,国内外学者也尝试用 FPGA 和 TCAM 来执行网络测量任务。此外,随着软件定义网络(SDN)技术的推广,一些学者尝试研究如何在 P4 交换机和 Open vSwitch 中执行网络测量任务。

2)**网络流量的不可预测性。**网络流量的高速和非均匀分布特征给测量算法的设计带来了极大挑战。一方面,流量的高速特征令准确测量流量大小变得困难。另一方面,网络流量的非均匀分布进一步加剧了测量任务的难度。如图 2 所示,流量大小通常遵循 Zipf[20] 或幂律[21] 分布,其中流量由 MAWI 工作组[18] 从其取样点于 2020 年 2 月 29 日下午 2:00—2:15 收集。具体来说,大量数据流的大小很小,在学术界通常被称为老鼠流,然而其他的一些数据流非常大,通常被称为大象流。对于大多数测量任务,大象流比老鼠流更重要。因此,测量任务应能准确地追踪和记录那些大象流,但网络测量节点很难预先知道大象流的大小以及哪些流会成为大象流,这使得为 Sketch 设置恰当的参数变得非常困难。

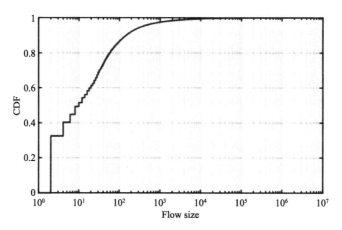

图 2　流大小累积分布图，涵盖从 WIDE 收集的 4. 26 千万 IPv4 流量

　　另外，测量任务的最优测量策略通常需要对流量特征进行预先假设。然而，流量特征以及测量目标通常会随时间动态变化，这使得测量节点的最优测量策略难以保证发挥最优效果。例如，某些数据流为了避免被测量，会采取绕路的方式绕过测量节点。此外，数据流的数据包可以从源到目的地的多条路径传输。为了使测量覆盖最大化和冗余最小化，路由路径中的交换机应该合作参与测量任务。

2. 2　网络测量任务的性能要求

　　针对网络被动测量的限制和挑战，本文进一步讨论网络测量任务的性能需求。

　　1）高精度。大多数现有的测量方法提供近似测量结果。提供了理论上的估计结果，依据 $1-\delta$ 的概率得到相对误差小于 ϵ 的结果[22,27,29]，ϵ 和 δ 是在 $[0，1]$ 区间的可配置参数。

　　2）内存效率。大量的网络数据流通过网络设备，内存空间的消耗成为一个主要问题，因此使用紧凑的数据结构执行流量测量成为核心要求[31,32]。对于硬件交换机，较高的内存开销会加剧芯片占用和散热消耗，从而增加制造成本[22]。对于软件交换机，尽管服务器有足够的内存[23]，但高内存使用会耗尽其他应用程序的内存（例如虚拟机或容器）。

　　3）实时响应。大多数测量任务都应该及时响应和处理流量异常，避免潜在的灾难性后果，但是很多 Sketch 设计只在整个测量周期之后才支持查询。例如，在查询某个数据流时，计数器 Braids[24] 必须预先获得所有流的信息，并且解码需以批处理方式脱机执行，因此查询速度明显减慢。

　　4）数据包的快速处理。高速处理数据包通过限制每个数据包的内存访问开销来提高 Sketch 更新速度。高处理速度的主要挑战来自高线速、频繁的内存访问等。为了实现数据包的更高速处理，硬件交换机通常更倾向于在 TCAM 或 SRAM（而不是 DRAM）中运行算法。对于软件交换机而言，快速计算的能力取决于数据结构是否适合硬件缓存以及是否可以固定相关内存页以避免页交换开销[8]。

　　5）可扩展性。由于单个测量节点能力的限制，部署大量合作式测量节点是一个可行的选择，每个测量节点只负责网络中的一部分数据流[30]。

6）通用性。网络被动测量涉及大量不同类型的测量任务。为每种测量任务独立设计算法不仅成本高、效率低，而且需要跨不同任务的资源分配方案以提供准确性保证[25,26,28]。业界追求的通用测量方法是指能同时支持多种测量任务，包括完全通用和部分通用两种类型。

7）可逆性。虽然传统的 Sketch 设计可以解决点查询问题，但它们无法返回相应数据流的标识符。因此，研究人员做出了许多努力，使 Sketch 具有流标识的可逆性。

2.3 基于 Sketch 的网络测量方法

基于 Sketch 的网络测量属于被动网络测量，可以测量局部流量以及全局流量的行为。因为其不需要主动发送任何探测包，所以不会占用额外的网络带宽。网络被动测量的功能实现需要一定数量的网络设备支持，如图 3 所示的路由器和交换机。通常，基于 Sketch 的网络测量可分为以下步骤：①分布式测量节点确认其任务并收集对应流量的统计信息；②收集器汇聚测量节点的测量结果并及时响应测量查询结果。

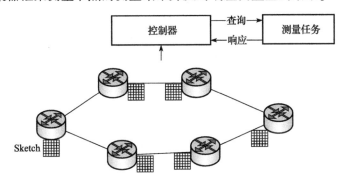

图 3 基于 Sketch 的网络测量示意图

如图 3 所示，基于 Sketch 的网络测量与流处理有着相似的数据处理流程，都关注如何在一个通道中处理流量数据包，得到有关数据流/包的统计信息。为了测量众多数据流的统计信息，将精确计数器替换为近似计数器是基于 Sketch 网络测量方法的核心思想。这种近似估计方法在测量精确度及内存开销之间达到了可接受的权衡。

Sketch 为了捕获流量的相关统计信息，会将其内容采用某种压缩型数据结构进行标识。对于较大的流标识空间，我们对在测量周期中活跃的流标识进行测量。为了记录流的大小，一种简单直接的方法是直接统计每条数据流的大小，但是必然带来巨大的存储和计算开销。与之相反，基于 Sketch 的方法通常在常数级的时间内完成数据的更新操作，因为相应的计数器或者元组会记录数据流的统计信息。基于 Sketch 的网络测量方法通常涉及两个操作：更新和查询。测量设备上的 Sketch 会对测量周期中出现的数据流不断进行更新操作，并对外提供查询接口支持上层网络分析应用。需要注意的是，不同的 Sketch 可能提供不同的更新和查询策略。此外，大多数 Sketch 都支持多测量节点的分布式协同测量，并通过合并操作实现可扩展性，也有一些 Sketch 结构嵌入了额外的信息以实现流标识的可逆性。

3　网络被动测量系统的配置优化

在实际应用中，网络测量模块会被集成为交换机的一个内部软件，也可以作为独立模块部署到某些专用网络设备。无论何种方式，在网络中建立被动测量节点需要额外成本，包括硬件/软件成本、维护成本等[33]。如图 4 所示，每条数据流的路由路径往往途经多台交换机，如果某些交换机中部署有测量模块，则任意一个测量节点都可以根据配置规则执行网络测量任务。另外，从测量系统的扩展性角度考虑，每个测量节点并不需要测量经过的全体网络流量，需要通过整体设计令整个测量系统尽可能高效地执行测量任务。在开展测量工作之前，需要完成必要的测量环境准备工作。此外，测量节点执行的实际测量操作影响其运营成本。测量节点对每个数据包的操作成本主要取决于网络流量的线速，对高速网络进行测量的资源开销巨大，因此有必要通过预处理尽可能减少数据包的计算量以及存储开销。

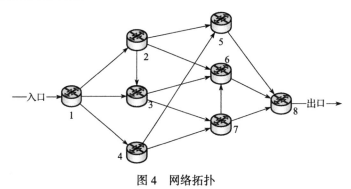

图 4　网络拓扑

3.1　测量环境准备

3.1.1　测量节点部署

在合作式网络测量场景中，一个迫切需要解决的问题是尽可能减少硬件、软件和操作开销，但保证较高的测量性能。为了保证测量的网络覆盖范围，很多研究关注测量节点在全网的优化部署进而最大化测量效用，优化的角度包括测量流量的覆盖率、测量功能的测量效率、测量成本等。

Suh 等人[33]考虑了最小测量成本约束下的流量覆盖问题，推导出一种测量节点放置策略并指定每个测量节点的采样率，以便最大化地对数据流进行采样。此外，MECF[47]解决了测量节点的分配问题，重点考虑了三个问题：①在成本约束条件下如何最大限度地捕获数据流；②最小化部署成本；③最大限度地降低测量节点的安装和运营成本。作者从组合问题求解的角度，得出了上述问题的复杂性和近似结果，并提出了高效和通用的混合整数规划解决方案。此外，还需要研究测量节点如何设置和调整数据包的采样率。

在实践中，当前运营商网络的很多设备已经配备了测量模块（如 Netflow[48]、Openflow[49]）。考虑到价格昂贵、运营成本和测量冗余较高等因素，实际运行中并不需要全体具有测量功能的网络设备启用其测量模块。为了实现大范围的网络测量，网络中往往有数百个甚至更多的测量节点可供选择。Cantieni 等人[35]关注哪些测量节点应该被激活，以及为激活的测量节点配置怎样的采样率。Sharma 和 Byers[34]提出基于空间高效数据结构存储测量结果，并利用 Gossip 协议来近似汇聚不同测量节点的测量结果。通过上述方法的一些微调，可确保网络中所有数据流会被至少一个测量节点观察到，只有一小部分流量会被冗余测量。OpenTM[36]关注如何在测量精度和测量节点最大负载之间进行权衡。

3.1.2 流量重路由

上述研究主要关注在全网中为各个测量节点寻找最佳部署位置。网络流量特征和测量任务往往随时间动态变化，这会令原有的最佳部署方案逐渐演变为次优方案。此时，如果无法自适应地重新部署或配置测量节点，一种可行的应对策略是将网络流量在全体测量节点间进行重路由优化，从而得到更好的测量性能[38]。

MeasuRouting[38]解决了测量节点之间存在能力差异的问题。通过对特定类型的流量重新路由使其穿过选定的测量节点。在 MeasuRouting 的基础上，MMPR[37]的提出不仅考虑了部署的测量节点数量受限问题，而且考虑了流量特性和测量任务持续变化的问题。MMPR 框架希望通过联合优化测量节点的部署、动态打开和关闭测量节点、部署动态路由策略等多种途径以获得最大的测量效用。作者将上述问题建模为混合整数线性规划问题，并提出了几种启发式算法来逼近最优解，减少计算复杂度。考虑到上述两种方法都需要动态估计数据流的重要性，DMR[50]进一步给出了相应的解决方案。

3.1.3 流量分配

合作式测量关注的另一个重要问题是数据流和测量节点之间的分配，并确保测量节点的负载均衡以及数据流的测量完整性。该流量分配问题旨在将每条数据流分配给一个或多个测量节点，每个测量节点只负责测量网络流的某个子集，从而节省网络设备宝贵的内存以及计算资源。到目前为止，国内外有十几项研究尝试解决这个问题。DCM[44]、OpenWatch[39]以及 LEISURE[40]侧重于测量负载均衡策略的制定，而其他基于哈希函数的方法[41,42,46]努力实现数据流分配策略的轻量化。

分布式协同测量系统（DCM）[44]利用 Bloom filter 记录哪些流应该在某个测量节点被测量。它要求每个测量点存储两个 Bloom filter，第一个对数据流子集合进行编码进而支持局部测量，第二个有助于移除第一个 Bloom filter 潜在的假阳性误判。为确保每条数据流发生查询的假阳性误判率低于 1%，则每条数据流需平均消耗 10bit，这给测量节点造成的存储开销很大。此外，Bloom filter 的每次查询会造成 k 个哈希操作和 k 个内存访问，在假阳性误判率低至 1% 时 k 的取值是 7。OpenWatch[39]设计了一种有效的卸载方法，将测量负载从入口测量节点下发给路由路径上的其他测量节点。该方法利用了网络拓扑和路由路径的全局视图信息，来计算所有测量节点的最优任务分配方案。相比之下，LEISURE[40]在分布式测量节点之间更均衡地部署网络测量任务。具体来说，它考虑了在不同目标下的各种负载均衡问题以及支持不同部署场景的扩展。

　　有几种方法利用哈希函数来降低分配数据流的计算和空间开销。cSamp[41]是一个基于哈希函数的数据流集中式分配系统，在测量节点不相互通信的条件下，允许分布式测量节点测量全局流量。cSamp 指定由 OD 标识的数据流集（起点—终点），每个测量节点依据混合测量目标记录符合条件的流数据，使得全网流量的覆盖率最大化。改进型方法cSamp-T[42]提供了与 cSamp 相似的测量效果，但无须依赖 OD 标识符。每个路由器只使用本地信息，如数据包头和本地路由表，而不是全局 OD 标识符。DECOR[43]协调网络资源，避免发生控制器瓶颈、消息延迟和单点故障等问题。DECOR 将网络分成更小的优化单元，尝试在每个优化单元中实现局部优化，然后扩展到全局优化。DECOR 可以应用于cSAMP，因为 cSAMP 也是一种资源分配策略。实验结果显示，基于 DECOR 的 cSAMP 优于其他 cSAMP。Xu 等人[46]为软件定义网络（SDN）中的流量协同测量问题提出了一种新的轻量级解决方案。提出的框架最小化了测量节点的内存/空间开销，每个测量节点设定采样概率值 p。如果数据包没有被其中一个测量节点记录，则由采样路由路径上的其他测量节点进行测量；如果在此之前已经测量了该数据包，则后续不再执行记录操作。

　　与文献［39-44］相比，文献［46］提出的方法具有一定的实用价值，是最轻量级的数据流分配策略。NSPA 通过为测量节点分配不同的哈希范围，将测量任务分配给各个测量节点。该方法的额外开销是每个数据包最多执行一个哈希操作，以及每个测量节点保存一个采样概率值 p。

　　合作式网络测量可总结为表 1。

表 1　合作式网络测量

	研究方向	提出者或方法	核心思想
合作式网络测量	测量节点部署	Suh 等[33]	最小开销，最大流覆盖
		Sharma 和 Byers[34]	介绍重复部署
		Cantieni 等[35]	决定哪些测量节点被激活
		OpenTM[36]	选择哪一个测量节点测量
	流量重路由	MMPR[37]	使得流适应于网络及需求
		MeasuRouting[38]	
	流量分配	OpenWatch[39]	计算最优均衡任务分配
		LEISURE[40]	考虑在不同目标下任务均衡
		cSamp[41]	指定每交换机每 OD-pair 哈希范围
		cSamp-T[42]	不依赖 OD-pair
		DECOR[43]	从局部到去全局最优
		DCM[44]	利用 BF[45] 来分配测量任务
		Xu 等[46]	利用哈希函数分配测量任务

3.2 测量数据准备

从理论上看，我们配置好整个测量环境后，各个测量节点就可以直接执行测量任务。在实际运行的高速网络中，针对每个数据包执行网络测量操作是一项非常繁重的工作，资源开销巨大。对数据包的抽样、批处理和随机化是减少测量节点处理开销的有效方法[51]。

3.2.1 抽样方法

NetFlow[48]和sFlow[52]等网络测量工具为了节省资源和快速处理网络数据包，测量模块始终对采样后的网络流进行处理，由于采样会遗漏很多数据流，因此测量精度会有所下降。给定采样概率p，基于流采样意味着测量节点在每条数据流中，每$1/p$个数据包中处理一个数据包；基于网络数据包采样表明，每个测量节点会在全体流量的每$1/p$数据包中处理一个数据包。线性抽样策略存在的问题是不仅仅会错过某些数据包，还可能会对相同的数据包沿着路由路径进行采样。为了克服均匀随机抽样策略的缺点，一些非线性采样 Sketch 被提出。

为了实现恒定的相对误差，值较小的统计信息将以较大概率更新，值较大的统计信息将以较小的概率更新。文献［53］建议将数据包采样率设置为流大小的递减函数。这种策略可以显著提高基于抽样的中小流量分组抽样率。通过这样做，可以保证更准确的网络数据统计信息。然而，所有流量的精确大小只有在单独记录每个流信息的情况下才可用。SGS[53]使用摘要数据结构来估计所有流的大小。自适应随机抽样[54]对抽样误差（相对估计误差）进行限制，在预先规定的公差范围内提出了一种自适应随机抽样技术，通过调整最佳采样概率以最小化样本数。自适应非线性采样 （ANLS)[55]更新抽样概率函数$p(c)$ 的摘要计数器，其中c是计数器值，$p(c)$是预定义函数。这项工作提出了一般性原则，以指导采样函数$p(c)$的选择。ANLS 实现小流量的大采样率、大流量的小采样率。作者还得出了流量大小估计无偏的结论，给出了相对误差的范围以及 ANLS 所需计数器大小。自校正 ANLS[56]根据 ANLS[55]中所提出的采样函数选择原则，设置采样函数$p(c)$ 如下：

$$p(c) = \frac{1}{(1+a)^c - 1}$$

其中，a是预定义参数，$0<a<1$。该文献重点介绍了调整参数a的方法，从而提供最佳和理想的精度与计数范围之间的折中。DISCO[6]通过将计数器值调节为实际流大小的实增凹函数来支持流量大小计数、流量计数和流字节计数。但是，为了准确估计最大计数值，上述方法损害了较小流量的精度[57]，其中采样概率函数可缩放实现更高的计数范围，但会导致更大的估计错误。ICE-Buckets[57]首先给出了最佳估计函数，用于确定这些概率并估计计数器的实际值。ICE-Bucket 将流向桶的流分开并基于每个桶的最优估计函数配置

计数范围，通过利用多个计数器大大降低了整体误差。

线性和非线性采样都可能引起某些流量被高估（采样次数超过采样概率），而有些流量估计不足（采样次数小于采样概率）。一种简单的应对方法是"为每个流提供独立的采样函数可以得到每个流的最精确估计值[51]"，对流量进行近似采样可在准确性和负载之间取得很好的折中。通过识别流的 Sketch 饱和事件，对饱和包进行采样。

一般来说，抽样是解决问题的最佳策略。从均衡采样、自适应采样[53-55,16]到分离估计桶策略[57]，估计精度持续增加。尽管采样仍然有小的误差，这些策略在基于 Sketch 的网络测量方面发挥了重要作用。

3.2.2　随机化方法

不同于采样，随机化处理是减少数据包处理的另一种方法，通过对每个数据包随机化更新数据结构来减少操作开销。RHHH[58]给出了一种用于层次 Heavy hitter 检测的常数时间复杂度的随机算法。更新复杂度确定算法与包头标识的层次结构大小 H 成比例，RHHH 仅对每个传入数据包的单个前缀进行采样，而不是更新所有前缀。这种随机化策略实现了更新时间复杂度从 $O(H)$ 到 $O(1)$ 的降低，但需要足量的数据包才能保证所需的精度。NitroSketch[59]是严格实用的 Sketch 设计，可以减少每个数据包的 CPU 和内存操作。如同 RHHH[58]，NitroSketch 只对数据包的一部分通过几何采样，而被采样的数据包需要经过一次哈希计算，随机更新到一行计数器。实验结果表明，该方法具有较好的精度，达到两个数量级幅度的加速和45%的 CPU 使用率降低。为了匹配网络的线速传输，并减少处理量，RHHH[58]和 NitroSketch[59]都采用随机化策略更新摘要数据结构中的采样计数器。尽管它们都降低了更新开销，但是为了处理不完整的记录信息，相应的查询处理起来会很复杂，且需要足量的数据包来保证所需的准确性。

3.2.3　批处理方法

与抽样策略不同，批处理方法会为相同的数据流的全体数据包进行相关聚合操作，然后将聚合结果作为一个整体进行更新，从而减少计算开销，如图5所示。

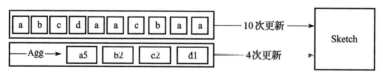

图 5　聚合-踢出策略

基于随机 DRAM 的计数器方案[60]采用了一种通过查找缓存查看是否已经有一个对同一计数器的等待更新请求。如果有，在缓存中修改该请求，而不是创建一个新的请求（例如，将请求从+1更改到+n）。Aggreexcit[61]是一个典型的网络测量工具，采用了相同的思想来充分挖掘和利用缓存机制的优势，并为网络测量的软件实现构造了一种重要的数据结构。Skimmed Sketch[62]和 Augmented Sketch[63]专注于在过滤器里聚合最频繁的元素，把不频繁的元素排到第二阶段，而 Cold filter[64]在第一个过滤器中捕获不频繁的元素，并将频繁的元素踢出到第二阶段。Skimmed Sketch 之间需要双向交流，两个阶段交换元素，因此很难准确捕捉频繁的元素，但是 Cold filter 只需要单向通信和较少的内存访问。

批处理[60-64]方法的核心思想是将特定流放入一个批次中，然后将它们作为一个整体更新到摘要数据结构中。这样会大大减少对摘要数据结构的内存访问次数，但是需要增加一个额外的缓存来维护先前数据流的信息。

4 Sketch 数据结构的设计和优化

4.1 哈希策略

Sketch 数据摘要算法需要一定的空间开销来存储计数器或者元组数组，一个流标识到计数器的映射关系使得线速到达的数据包可被实时的更新到 Sketch 数据结构中。在本小节中，我们回顾了近年来出现的重要哈希策略，包括传统的哈希策略以及学习驱动的哈希策略。Sketch 数据结构都将这些哈希策略作为流标识到计数器映射的基础。

4.1.1 基于哈希的映射关系

1. 基于哈希的频数估计

CM Sketch[27]、BF[45]、Cuckoo Filter[65] 作为频数估计的哈希映射基础。CM Sketch[27]包括 d 个数组，A_1，$\cdots$，A_d，每一个数组包含 w 个计数器。CM Sketch 将网络流映射到每个数组中的一个计数器，来更新该计数器实现网络流的频数或者流大小记录。BF[45]利用比特数组中的 k 个比特来记录集合中元素的成员关系。尽管可以支持常数级的时间和空间开销，BF 并不能支持元素的删除及记录元素的频数。为了解决这个问题，CBF[66]将 BF 中比特替换为包含多个比特的计数器。当更新新的流信息到 CBF 中时，被映射到的相应 k 个计数器会做出更新操作。删除操作可以通过直接对相应的 k 个计数器进行减操作。Cuckoo Filter 包括 b 个桶，每个桶中包含 w 个槽位，且最多可以存储 w 个元素的哈希表，采取将每个元素映射到两个可能的存储位置来提高成员查询数据结构的性能[67]。Fan 等人[65]通过在桶中存储元素的指纹值而非原始数据来优化设计 Cuckoo Filter，并进一步使用了 partial-key 的技术在元素插入及踢出重放置过程中得到元素的候选桶索引。然而，CF 因为在元素插入过程中不断地探测空桶，因此不能保证常数级的元素插入操作。

除了直接得到将流标识整体映射到计数器数组的方法，一个较新颖的策略是通过映射部分比特位的方式得到计数器的索引值。Group Testing[68]通过将元素哈希分组的方法来寻求感兴趣的网络流。它首先将元素哈希到对应分组中，并更新该分组中的计数器。第一个计数器记录所有映射到该分组的网络流元素。之后的计数器根据流标识的部分比特位来进行更新操作。大象流可以通过遍历所有的计数器来得到。Fast Sketch[69]采取了与 Group Testing[68]相似的策略。通过汇聚多个测量节点收集到的 Sketch 信息，每行的第一个计数器可以识别发生重大变化流的信息。SketchLearn[22]也采用了比特映射的策略从多层次的 Sketch 数据结构中提取大流信息，余下的小流计数器形成高斯分布。

2. 基于哈希的基数估计

基数指的一个数据集中不同数据项的数量。为了统计网络流中不同流标识的数量，许多不同的哈希策略被提出。Bitmap[70]将网络数据均匀地映射到比特数组。通过将网络标识编码为比特数组中的比特索引，网络流中的重复元素可以被自动过滤，然而该方法的空间开销与基数呈线性关系[71]。另外一个策略是将比特数组中的每个比特赋予指数下降的采样概率，每个比特记录是否有元素曾以特定的概率映射到该比特位。通过从该比特数组提取信息，PCSA[72]、LogLog[73]、HyperLogLog[74]、HLL- TailCut +[75]、Sliding HyperLogLog[76]都将该策略作为基数估计的底层技术。

最近，文献 [77] 提出了一个通用的 Sketch 框架，包括 bSketch（基于计数 Bloom Filter），cSketch（基于 Count Min）及 vSketch（基于虚拟空间共享机制），使得 Sketch 可以得到统一的设计，便于可插拔设计及各种设计的权衡折中。除此之外，为了从 Sketch 中解码流标识，很多研究侧重利用哈希流标识中的部分比特位，而不是整体的流标识来记录特定比特位的统计信息。作为 Sketch 算法的基础，数据流与计数器的映射关系即 Sketch 内部记录数据流信息的计数器索引信息。

4.1.2 基于学习的映射关系

除了传统的散列策略外，还有一种新的趋势将学习型方法，如 k- means 聚类和神经网络，和哈希表结合起来，从而减少空间开销并提高估计精度。

为了计算最优的映射机制，Bertsimas 等人[78]提出了混合整数线性规划以及一种有效的块坐标下降算法来计算近似最优的散列方案。对于未经过的网络流，基于流特征的多分类技术可将其映射到对应的计数器。Fu 等人[79]提出了一类局部敏感 Sketch(LSS)，在理论上建立 Sketch 压缩型数据结构估计误差与 k-均值聚类的等价关系。布谷哈希表（Cuckoo hash）作为预先过滤阶段来探测数据流是否被记录，聚类模型将同类的数据流聚类，LSS 可以高效地调节错误方差，优化估计结果。Hsu 等人[80]结合神经网络预测每条流的数据包计数函数。通过学习模型将大小流分离以减少相互之间的干扰，理论分析证明组合学习模型的 CM Sketch 相对于纯 Sketch 方法，在估计误差上减少了对数级因子。基于文献 [80]，Aamand[81]进一步分析得出了更紧凑的 CM 误差界，第一次提出了 CSketch 的误差界[82]。

通过这样的设计，基于学习的 Sketch 呈现出一种新的高精度流量测量的趋势。我们相信未来会有一系列这样的工作。尽管以学习为基础的映射会产生较少的空间开销，但是这样的设计需要大量的计算资源，可能导致该方案在计算量不足的情况下不可取。除此之外，学习模型的更新也存在一定的复杂度。

4.2 计数器级优化

对于大小受限的片上内存，如果每个计数器使用较多的比特位，则可以支持的计数器数量就会减少，导致估计精度下降。大多数计数器可以很好地记录网络中大量的老鼠流，但是如果计数器只占用较少的比特位，则 Sketch 无法表示大象流。因此，学术界提出了许多研究来解决这个难题。

4.2.1 小计数器，大计数范围

因为期望的误差可以被精确控制，用占用较少比特的计数器近似记录较大范围的数值是十分空间高效的。此方法在 Approximate Counting[85] 中被首次提出，之后被 Count-Min Log Sketch[86]、SAC[84] 和 SA[83] 引入到网络测量领域。

传统的 Sketch 采用二进制计数器来记录流大小。网络数据包会使得相应的计数器更新。CML Sketch[86] 将二进制计数器替换为对数进制计数器。对数进制的计数器以 x^{-c} 概率进行更新，其中 x 是对数基底，c 是当前的估计值。对数进制计数器可以使用较少的比特位，在相同空间开销下可以通过增加计数器的数量提高测量精度。然而，CML Sketch 为了更大的计数范围牺牲了元素删除的功能。

如图 6a 所示，SAC[84] 将计数器划分为两部分，包括 k 比特的估计值和 l 比特的指数部分。类似于浮点数的表示方法，SAC 的估计值为 $\hat{n} = A \cdot 2^{r \cdot mode}$，其中 r 为全局变量。大小为 c 的网络包会使得计数器 A 更新如下，如果 $c \geqslant 2^{r \cdot mode}$，SAC 计数器 A 将会增加 $\left\lfloor \dfrac{c}{2^{r \cdot mode}} \right\rfloor$，之后计数器 A 将会以归一化后的余数增加 1。如果 $c < 2^{r \cdot mode}$，计数器 A 将会以概率 $\dfrac{c}{2^{r \cdot mode}}$ 增加 1。当计数器 A 发生溢出时，$mode$ 部分将会被增加。如果 $mode$ 也发生了溢出，归一化操作将会使得全局的计数范围达到更高的水平。向上扩容的操作比较复杂，ActiveCM[87] 使用了文献［84］中压缩计数器的一种变种，使得 32bit 的计数器可以远远超过 2^{32} 的计数范围。

相比于 SAC[84]，SA[83] 是一种更通用的计数器动态调整计数范围的方案。拥有 n 比特的计数器中，s 比特作为标志位，$n-s$ 比特作为计数位。SA 附加了指数序列 $\gamma[0]$，$\gamma[1]$，$\cdots$，$\gamma[k-1]$，其中 $k = 2^s$。如图 6b 所示，SA 计数器更新 1 时，读取标志位 s_0，计数部分 c_0 以概率 $\dfrac{1}{\gamma[s_0]}$ 增加 1。如果计数部分达到 2^{n-s}，标志位部分会增加 1，计数部分会被重置为 0。最终，估计值计算如下：

$$\begin{cases} stage[0] = 0 \\ stage[i] = 2^{n-s} \times \displaystyle\sum_{j=0}^{i-1} \gamma[j], \quad i > 0 \end{cases}$$

$$estimate = c_0 \times \gamma[s_0] + stage[s_0]$$

为了提高标志位的灵活性，DSA 增加了一个区分位来动态调整标志位，如图 6c 所示。标志位初始为 0 比特，除了区分位，其他比特位均作为计数区比特。随着计数器的值变大，SA 移动区分位比特的位置，增加标志位比特。当标志位增加到 i。计算如下：

$$\begin{cases} stage[0] = 0 \\ stage[i] = \sum_{j=0}^{i-1} (\gamma[j] \times 2^{n-j-1}), & i > 0 \end{cases}$$

这样，DSA 可以在正确记录老鼠流的同时也能处理大象流。

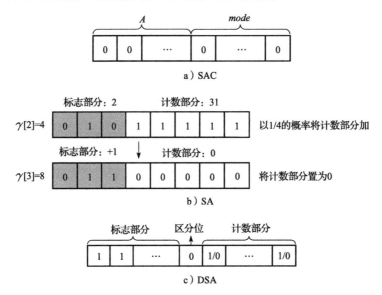

图 6   self-adaptive counter[83] 和 small active counter[84]

上述算法关注于单个计数器支持更大计算范围的优化方法。CML Sketch 利用固定的对数基底依据当前估计值更新计数器。SAC 和 DSA 采取更有弹性的方法在有限比特空间开销下动态调整计数器的计数范围。上述三种方法在引入较小误差的代价下，通过概率更新的方式扩展了计数器的计数范围。

4.2.2   基数估计的虚拟寄存器

在本小节中，我们关注基于基数估计来记录与特定主机相连链路数量的 spread 估计，来解决 DDOS 攻击、端口扫描、超级传播点探测等问题。如图 7 所示，spread 估计可以划分为寄存器共享及比特共享两种机制。

对于寄存器共享，VHC[90] 通过共享公共资源池中的 HyperLogLog 寄存器来测量流大小。VHC 包含在线实时编码模块来记录流信息，线下模块基于在线模块统计的计数器得出所有流的统计信息。虚拟寄存器共享[88] 通过从资源池中动态选择寄存器来统计大象流的基数信息。寄存器是很多方法的基本基数估计单元，包括 PCSA[72]、LogLog[73] 和 HyperLogLog[74]。如图 7a 所示，通过多个流共享寄存器的方式，寄存器的空间可以被充分利用。寄存器是物理实体，而计数单元在没有额外空间开销的情况下是逻辑上创建的。

对于比特位共享，CSE[89]从公共可用比特资源池中为每个源地址创建虚拟的比特数组。如图 7b 所示，通过计数连接到每个源地址的不同目的地址，可以抽象为多集合版本的 linear counting[91]。每个独立的源地址有它自己私有的虚拟比特数组，该数组中的比特可能与其他源地址的虚拟比特数组共享。

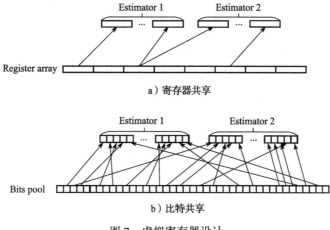

图 7 虚拟寄存器设计

寄存器共享及比特共享从公共资源池中构建虚拟的计数器。通过使用紧凑的地址空间，可以在准确性保证的前提下进行大范围的基数估计，空间高效策略使得在板卡上实现线速的网络测量功能成为可能。

4.2.3 多层共享计数器

在传统的 Sketch 数据结构中，所有的计数器被分配相同的内存空间来适应最大的数据流。然而，大象流仅仅占总流量很少的一部分。因此，计数器中大部分高阶的比特位被浪费掉了，导致了极低的空间效率。为了解决这个问题，Counter Braids[24]、Counter Tree[92]、Pyramid Sketch[93]、OM Sketch[94]和 Diamond Sketch[95]被设计为层次性计数器共享的机制来记录流大小。如图 8 所示，通过将计数器组织成层次型的方式，较高层计数器拥有较少的存储空间。底层计数器主要记录老鼠流，较高层计数器记录底层计数器溢出的次数，并作为大象流计数器的高阶比特位。而且高层的计数器可以在多个流之间共享来减少空间开销。

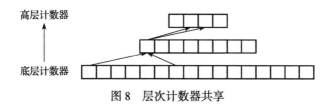

图 8 层次计数器共享

Counter Braids[24]通过随机图将计数器组织成层次性的结构。通过这种方式，多个流之间可以共享计数器以减少空间开销。随机图映射策略通过构建流标识与第一层计数器的关系及计数器层与层之间的关系。通过共享较高层的计数器，多个流共享的公共计数器作为底层计数器的溢出计数器。多层计数器共同组成一个较大的计数器来记录流量的统计信息。然而，在查询特定流量之前，所有的流信息必须事先得到，解码过程以离线的方式批处理。这样的处理方式导致较低的查询速度。

Counter tree[92]是一种两个维度计数器共享的机制，包括水平与垂直计数器共享机制。物理计数器通过组织成树状的结构来形成新的较大的虚拟计数器。垂直方向上，不同的底层计数器可能共享相同的上层计数器，虚拟计数器在水平方向上可能被多个流共享。对于特定流，虚拟计数器数组包含了从虚拟计数器中随机选择的多个计数器。然而，如文献［90］所述，基于真实网络流量的实验表明 Counter tree 不能工作在存储空间资源较紧缺的情况下。Pyramid Sketch[93]进一步设计了一个框架，可以在不需要提前预知大流大小的情况下避免计数器溢出，而且实现了较高的测量精度、更新速度、查询速度。Pyramid Sketch 包含多层计数器结构，每一层的计数器数量是上一层的两倍。第一层单纯的记录数量信息，上层计数器包含了混合计数器。不同于 Bloom Sketch[96]，Pyramid Sketch 使用标志位来记录下层的计数器发生溢出是在左子计数器，还是在右子计数器。

如 SA[83]指出，对于大象流而言，层次性的计数器需要对多层的计数器进行访问，在元素插入及元素查询时需要较多的内存访问。OM Sketch[94]为了减少内存访问开销，仅采用两层计数器的结构设计，而且采取了字节限制技术使得对于特定的流，解码到的计数器可以限制在单个或者少数几个字节中。为了提高计数器的准确性，OM Sketch 在底层的计数器中记录了发生计数器溢出流的指纹值。Cold Filter[64]也采取了两层计数器的设计。Bloom sketch[96]和 Pyramid Sketch[93]采用了标志位来标识底层计数器是否发生移除操作。相反的，当底层计数器发生溢出，Cold Filter 不会重置底层计数器，也没有标志位记录溢出。对于大象流，流大小是两层计数器值的加和。同样，Cold Filter 也采用了单次内存访问的技术来限制频繁的内存访问。

4.2.4　可变长计数器

与定长计数器设计结构不同，变长计数器用于在流分布不均衡的情况下提升空间效率和估计精度。

1. 计数器大小重置

SBF[97]将 BF[45]中的比特数组拓展为计数器数组，并通过层次索引结构加速内存访问。然而，导致计数器 i 长度变化的更新操作将会导致计数器 $i+1$，$i+2$，…发生偏移，并产生全局影响，使得计数器的更新操作成本较高[98]。尽管期望的更新代价保持在常数级别，在平均情况下全局计数器偏移的叠加影响较小，但是在最坏情况下性能不能得到保证。因此，SBF 中可变长度计数器的编码方式并不能保证高效的网络流量处理性能。BRICK[98]采用了较为复杂的计数器可变长度编码方式，通过使用固定长度的计数器及 Rank Indexing Technique[99]来支持可变长度的计数器编码方式。通过将数组中随机选取的固定数量计数器组合到桶中，给计数器只分配足够的比特位。比如，当前值为 c，则分配 $\lceil \lg(c)+1 \rceil$ 个比特给计数器。在每个桶中，Brick 将计数器重新组织成子数组队列，这样多个计数器重新组成新的可变长度的计数器。Brick 可以实现更多的计数器，因为计数器的平均长度远小于最大计数器的长度[57]。然而，随着平均计数器值的增加，编码方式会变得十分低效。

2. 桶的可扩展性

受 Rank Indexing Technique[99] 启发，TinyTable[100] 重新将空间组织为指纹和计数器的链表。通过使用相同的单元，TinyTable 依据负载变化来动态修改桶大小，如果桶中没有足够的空间，将会通过桶扩展操作从相邻的桶中借用空间。如果桶空间不够用的情况再次发生，扩展操作会继续执行。然而，元素的增加和删除复杂性随着负载的增加而增加。相比于 SBF[97]，TinyTble 仅仅需要一个哈希函数，在元素增加和删除操作时，仅仅需要线性的内存访问。CQF[101] 采用相似的思路在 Quotient Filter[102] 中增加可变长度的计数器。为了实现 CQF，一个逃离序列被引入来决定某个槽位存储的是余数或者是计数器的一部分以及计数器使用了多少个槽位。

3. 借位或比特组合

ABC[103] 采用了一种新颖的比特组织方式，用于处理不均衡分布的多集元素表示。实验数据表明映射到大象流的计数器周围的计数器通常是空的或者仅仅被老鼠流所占用。总之，未被使用的比特位可以被相邻的大流计数器所借用来组成更大计数范围的计数器。通过从相邻计数器借位或者将相邻计数器组织成更大计数范围的计数器，ABC 可以在用 3bit 作为标志位的开销下提高空间利用率。然而，ABC 的编码方式比较复杂，这在很大程度上影响了 Sketch 的编码速度。SALSA[104] 通过动态合并邻居计数器来组成更大计数范围的计数器。相比于 ABC，SALSA 仅仅需要 1bit 的标志位，因此编码效率更高。

可变长的计数器提供了更灵活、更高效的空间开销。在额外计算开销下，bit-shifting expansion[97]、rank-index-technique[98,100]、bit-borrowing/combination[103] 和 fingerprint-counter chain[100,101] 都提供了可变长计数器的技术，使得 Sketch 技术能使用较少的空间开销来适应于不均衡分布的网络流分布。变长计数器需要在空间开销与编码操作复杂性之间折中。

4.2.5　减少内存访问

Sketch 可以通过利用多个共享的计数器来提供估计值，因此不能同时实现较高的估计精度和较高的编码速度。同时访问多个计数器需要进行多次的内存访问和哈希计算。频繁的内存访问可能成为网络测量技术的瓶颈，为了解决这个问题，大量研究被提出在 Sketch 更新和查询时来减少内存访问和哈希计算开销。

OM Sketch[94] 利用字节加速的方式将相关的计数器限制在一个或少数几个字节中，在每次元素插入操作中实现较少的内存访问次数。对于较低的计数器层 L_l，相关的哈希函数为 d_l+1。第一个哈希函数用于定位机器字节，其他的函数用于在该字节中定位 d_l 个计数器的索引。对于较高层的计数器 L_h，相关的哈希函数为 d_h+2，前两个哈希函数用于在较高层的计数器中定位两个字节，其他的哈希函数用于确定机器字节中计数器的索引。Cold Filter[64] 也提出了 one-memory-access 的内存访问技术来访问较低的层 L_1。具体的，将计数器定位在长度为 W 的机器字节中来减少内存访问次数。Cold Filter 将哈希函数的结果划分为几段，每一段用于在机器字节中定位计数器。这样 OM Sketch 和 Cold Filter 可以在一个机器字节中定位多个计数器。为了减少内存访问的空间开销，RCC[105] 同样也限制了计数器的范围。为了令每个桶操作保持较少的内存访问开销，Cuckoo Counter[106] 将每个桶设置为 64bit。为了处理不均衡的网络数据流，Cuckoo Counter 在桶中利用不同长度的计数器来区分大小流。通过限制计数器在一个或者少数几个机器字节，Sketch 可以限制内存访问次数以及元素的插入及查询效率。上述 Sketch 设计在损失较低的测量准确性开销下，实现了较少的内存访问次数。

4.2.6　计数器更新策略

1. CM-Sketch 变种

Conservative update[107] 尽可能少地更新计数器。直觉上，因为点查询返回多个计数器中的最小值，CM Sketch 应该仅需更新少数的几个计数器。这个设计通过避免不必要的更新操作来缓解过估计的问题。CM-CU Sketch 采用了另外的保守更新方式，对于大小为 c 的流，Sketch 将更新为 $\max\{sk[k, h_k(f)], \hat{c}(f) + c\}$，其中 $sk[k, h_k(f)]$ 表示更新之前计数器的值，$\hat{c}(f)$ 表示更新之前 sketch 的估计值，即 $\forall 1 \leqslant k \leqslant d$, $\hat{c}(f) = \min sk[k, h_k(f)]$。CSketch[82] 为每一个计数器数组增加额外的哈希函数 $g_k(\ )$，将网络流映射为 $\{+1, -1\}$。当大小为 c 的流 f 到达时，相应的计数器将会被更新为 $c \cdot g_k(\ )$。在查询元素时，Sketch 返回计数器的中位数作为无偏估计，即 $\forall 1 \leqslant k \leqslant d$, $\mathrm{median}\, sk[k, h_k(f)] \cdot g_k(f)$，其中 $sk[k, h_k(f)]$ 表示在 k^{th} 计数器数组中对应流 f 的计数值。CSM Sketch[108] 将大流划分为小流，并将它们分别存储到小的计数器中。流被映射到 l 个计数器中，流大小的记录也被均匀地分配到这 l 个计数器中。CSM Sketch 在更新时随机更新其中一个计数器，在查询时返回去掉噪声的总和作为流频数的估计值。

2. top-k 查询

RAP[109] 和 Frequent[110] 采用一种随机的方法来更新键值表完成 top-k 元素的识别和频数估计。当存满时，RAP 将计数值最小的元素 c 以概率 $\dfrac{1}{c_m+1}$ 踢出，其中 c_m 为计数器值。Frequent 减掉所有的计数器值，踢出零值元素为新元素腾出空间。然而 Space Saving[111] 通常直接踢出最小值的元素。CountMax[112] 和 MV-Sketch[113] 应用 MJRTY[114] 在每个桶汇总追踪候选大流。当数据包已经被记录，则相应的计数器会被增加；否则，计数器将被减少。HeavyKeeper[115] 和 HeavyGuardian[116] 利用 "exponential-weakening decay" 概率方式更新计数器。当新流没有被匹配，计数器将会被以一定概率减少。大流会以很大的概率保留下来，小流被逐渐被衰减并踢出数据桶。核心在于将所有元素视为候选的大流，并更新数据桶。在数据桶溢出时，小流将会被以一定的概率踢出。然而，由于网络中小流占据了绝大多数，处理如此多的小流不仅造成了额外的开销，也造成了 top-k 探测问题中排序和频数估计的不准确。

3. 变化的哈希设计

加权 Bloom Filter[118] 依据查询的结果及 top-k 成员的可能性为每个元素 e 分配 k_e 个哈希函数。该策略可以被集成到频数估计计数器中来保持大流。FCM[119] 通过动态判别大小流，为大小流分配不同数量的哈希函数，通过增加额外的两个哈希函数来定位流标识映射到的计数器数<基准，偏移>。大流偏移值要小于小流值的偏移值，是为了减少大流计数器的更新次数。如此，小流的测量准确性提高了。

4.2.7 使能新功能

因为各种不同的测量要求，Sketch 在元组中增加其他的字段来支持一些新功能。通过增加时间戳、包头字段计数器、流标识异或字段，Sketch 可以支持延迟探测、大流检测以及流标识可逆功能。

1. 延迟探测

LDA[121] 被设计为测量流量的丢包及延迟性能，为此其保持有时戳和计数器字段。网络包依据哈希函数被划分到不同的分组。对于每个分组，时戳总和以及计数器总和会被传输到接收端，接收端在接收后应用相同的哈希函数将网络数据包分组。如果接收端的包总数与发送端的包总数相匹配，可以得到该分组的平均延迟。否则，该分组的数据将会被丢弃，LDA 只发送时间戳与包总数的统计信息，从而大大减少了测量开销。如果中间发生丢包或者重传的情况，整体的分组信息将会被丢弃，此时该分组的信息将不能被估计。

2. 大流检测

LD-Sketch[122] 在每个块 $S_{i,j}$ 中增加了 $A_{i,j}$、大流候选者的列表以及三个记录参数；$V_{i,j}$ 记录所有到达流的大小；$l_{i,j}$ 记录列表的最大长度；$e_{i,j}$ 记录散列到该块中网络流大小的最大估计误差。为了仅仅记录大流的信息，LD-Sketch 需要在列表中增加和删除相关流标识信息，其中 $l_{i,j} = \lfloor (k+1)(k+2) - 1 \rfloor$，$k = \lfloor V_{i,j}T \rfloor$。然而测量准确度在大流的频率较大时会急剧下降[123]。在探测开始时，LD-Sketch 会造成频率记录抖动，而且测量的准确性与空间开销对包到达顺序十分敏感。文献［122］提出了该问题的解决方法。RL-Sketch[123] 使用强化学习来踢出数组中的元素来保留大流的信息。MV-Sketch[113] 通过在元组中增加额外的字段来实现大流的探测准确率。Heavy Guardian[116] 在每个元组中增加多个键值对存储大流信息，以及增加几个小的计数器来存储小流的信息。键值对部分用于精确记录大流的信息，而计数器部分用于近似记录小流的信息。大流部分利用指数衰减策略来衰减误入 top-k 记录的小流频数，这样 Heavy Guardian 可以在精确记录大流信息的同时近似记录小流的统计信息。

3. 流标识可逆功能

FlowRadar[124] 扩展了 IBF 的设计，通过增加 FlowXOR、PacketCount 和 FlowCount 三个字段，在一个元组中记录了流数量、包数量以及流标识的异或字段。当数据包达到时，FlowRadar 首先用过滤器来查看该流是否已被记录。如果该数据包属于新流，所有三个字段将被更新；否则，只更新记录数据包数量的字段。当收集器收到编码之后的流信息，通过解码的方式来得到具体的流标识信息。具体的解码方式与 IBF 解码方式类似。

通过在元组中增加新的字段，Sketch 可以支持各种新的功能。随着网络的发展，新测量任务的出现可能要求在元组中增加更多的字段。

4.3 Sketch 级优化

在总结计数器级别的优化工作之后，本文将讨论整体 Sketch 设计级别的优化工作，包括多层组合设计方法、多类 Sketch 组合以及滑动窗口设计方法。通过组合多种不同的基本单元，研究者设计了多种结构来使 Sketch 支持新功能。

4.3.1 多层组合设计

1. 熵估计

Defeat[126]利用网络流特征分布的熵来探测不正常的网络流量模式，这些特征的不正常分布被认定为网络异常行为。Defeat 通过采用分类的方法[127]分别产生了 SrcIP、SrcPort、DstIP、DstPort 多个 Sketch 摘要。多个分布式节点收集的直方图摘要汇聚成一个整体的 Sketch 摘要，可以用来探测、识别以及分类流量异常。然而，由于计算直方图的过程较为复杂，较高的计算开销使得 Defeat 不适用于在线实时测量任务[135]。IMP[129]观察到 OD 流的熵可以通过两个 L_p（L_{p1}，L_{p2}，$p_1 \neq p_2$）范数[130]来估计，IMP 可以从两个流 A 和 B 的 Sketch 中得到交叉熵。网络中每个入口节点和出口节点都保留了通过它们流的具体信息。当测量入口 i 及出口 j 之间网络流的信息熵时，IMP 利用入口及出口的 Sketch 摘要信息即可。

2. 提高测量精度

Diamond Sketch[95]将元 Sketch 组合成三部分区域：增加区域、维持区域以及删除区域。增加区域负责记录流大小信息，维持区域负责记录流大小的溢出情况，而删除区域用于支持 Sketch 的删除操作。通过动态的给大小流分配适量的元 Sketch，在保证相当高吞吐的情况下也提高了测量准确性。SF Sketch[133]采用了大小 Sketch 组合的设计方法来缓解传输 Sketch 过程中需要的高带宽需求。大 Sketch 用于提高小 Sketch 的精度，相反小 Sketch 被传输到中心控制节点来响应查询。MRSCBF[128]应用多个 SCBF，但是运行在不同的采样频率之下。MRSBF 可以近似地表示多集中的元素信息。因为不同的采样概率，低频率的元素可以以更高的精度来估计，然而高频率的元素以低的精度来估计。然而，由于较多的哈希函数及内存访问，MRSCBF 运行十分慢，由于其本质上是 bitmap 的变种，在进行计数时空间效率并不是十分理想。HashPipe[134]将传统的大象流识别算法完全实现在可编程交换机上，通过组合多个〈匹配，动作〉表来提高算法的测量精度以及测量准确度。

3. 流标识可逆设计

SketchLearn[22]保持了 $l+1$ 层 Sketch，每一层 Sketch 由 r 行、c 列组成。第 0 层负责记

录所有包的信息，然而第 k 层 Sketch 记录了流标识中第 k 个比特的统计信息。$V_{i,j}[k]$ 表示第 k 层 Sketch 中记录的信息。SketchLearn 关注 $R_{i,j}[k] = \dfrac{V_{i,j}[k]}{V_{i,j}[0]}$，表示在元组 (i, j) 中 $V_{i,j}[k]$ 占所有信息的比例。通过利用高斯分布假设，SketchLearn 将大小流信息分离，使用贝叶斯推导比特层次的概率，进一步获取可能的流标识，利用最大似然估计得出第 k 个比特的频数，SketchLearn 可以推导出候选流的频率估计。

RCD Sketch[132]是识别与外界存在大量链接主机的方法。基于数论中的理论知识，给定主机的出入度可以被高精度估计。Sequential Hashing[131]通过构建多层可逆 Sketch 设计来识别大流的标识及频数估计，其核心思路在于利用流标识中的子比特位来组合出大流的流标识。

4.3.2　多类 Sketch 组合

1. 空间效率

DCF[138]扩展了 SBF[97]的概念，通过两个过滤器提高了 SBF 的空间效率。DCF 通过结合 SBF 及 CBF 的优势，充分利用 SBF 的动态计数器及 CBF 的快速内存访问策略优势，来提高速度及适应性。第一个过滤器由固定大小的计数器组成。创新性在于第二个过滤器的计数器大小可以依据第一个过滤器中的计数器的溢出次数动态调整。这两个过滤器的设计增加了 DCF 的复杂性，也降低了查询及更新速度[133]。

2. 大小流分离

PMC[140]利用 FM Sketch[72]来测量大流，改进的 HitCounting[91]来测量小流。FM Sketches 通过共享比特资源池来提高空间效率。PMC 最初是设计用于记录流大小，但是也可以修改用于估计数据流的基数，这是其他 Sketch 结构不拥有的功能。Count-Min Heap[27]通过在 CM Sketch 之外增加额外的堆栈来记录大流的信息。ActiveCM+[87]也在每个子 Sketch 中增加最小堆结构来记录 $top-k$ 流的具体信息，同时通过采样方法来减少 Univmon[137]中较大的计算开销。

3. 流过滤功能

FSS[139]在 Space Saving 的基础上增加了预过滤功能。Bitmap 用于识别流是否被记录来减少对 Space Saving 的更新操作，然而 FSS 需要在列表中查找流标识及最小的流大小记录，在最坏的情况下需要遍历整个堆栈。ASketch[63]通过增加预过滤阶段来识别大流，将小流留到 Sketch 中。基于网络数据流分布不均衡的特征，ASketch 通过预先剔除的方式提高了测量的准确率。对于存储在 Sketch 中的元素，因为没有高频元素的干扰，且存储在 Filter 中元素不会被映射到 Sketch 中，ASketch 通过这种方法大大提高了测量的准确率。Bloom Sketch[96]由多层 Sketch+BF 组合而成，底层负责记录低频元素，高层负责记录高频元素。BF 用于记录元素是否被高层计数器所记录。通过这种方法，大大提高了 Sketch 的空间利用率。

4.3.3　滑动窗口设计

基于 Sketch 的传统方法侧重于估计流从开始时刻的累积大小[141]，也可以关注从标定时刻到目前所有被记录流的信息。随着时间的推移，Sketch 的空间将被耗尽，需要进行周期性重置[142]。对于许多实时测量的应用，流数据中最近的数据才是关注的重点，这些数据的价值要远大于过时数据的价值。这个需求引出了滑动窗口 Sketch 模型。基于 Sketch 的方法，滑动窗口模型移除过时数据，引入新生数据。

1. 先进先出模型

此策略插入新数据，踢出过时数据。Sliding HLL[76]关注于估计过去 w 个时间阶段不同网络流的数量，w 要小于滑动窗口的大小 W。时间戳及基数估计计数器的数组用来记录最近 W 个时间周期内的网络流信息。当数据信息滑出时间窗口，相应的元素信息将被踢出数组。虽然准确保持时间戳信息是最精确的测量策略，但是会带来巨大的空间开销。随机老化策略可能是估计精度与开销之间很好的折中。SWAMP[143]在环形结构中存储网络流的指纹，频率信息被存储到 TinyTable[100]中。

2. 分区设计

通过应用分区来记录元素信息，Sketch 可以在旧的分区上执行随机衰减机制，在新的分区上记录新元素的信息。Hokusai[144]在不同的时间阶段使用不同的 CM Sketch。对最近的时间阶段使用较大的 Sketch，对较老的时间阶段使用较小的 Sketch。随着时间的推移，大的 Sketch 可以通过折半的方式来合并为空间开销较小的 Sketch。WCSS[145]将网络数据分为大小为 W 的帧，当数据帧不再与时间窗口重合，相应的队列记录将被删除。这个策略保证了队列长度始终保持一致。S-ACE[141]使用多个数据压缩结构来存储不同时间阶段的网络数据信息。该设计可以保证压缩数据之间的时间顺序以提高正确删除过时数据的概率。HyperSight[146]也提出了应用分块 BF 来保持粗粒度的时间信息记录包行为来探测包行为发生重大变化的情况。然而，这种策略维护了较多的 Sketch 结构，导致了较高的空间开销。

3. 随机衰减机制

ACE[141]维持了最近 W 个元素，采用了与文献［108］相似的计数器共享机制。ACE 采用了随机简单的方法，通过随机选取存储的元素，并将其计数器减 1 的机制衰减。然而，随着时间推移，滑动窗口将积累较多的过时元素，将会为流大小估计引入较大的噪声。

4. 时间适应更新

受著名的 Dolby 噪声衰减机制启发，Ada-Sketch[147]提出了时间适应的机制。当更新 Sketch 时，Ada-Sketch 采用了预加强机制，手工调整最近时间范围内的元素权重大于过时元素权重。当查询元素时，Ada-Sketch 采用去强化的机制来查询元素的频数。

5. 扫描衰减机制

Sliding Sketch[148]在同一元组中维护了多个计数器来记录多个时间周期的信息。与上述策略不同，Sliding Sketch 采用了顺序扫描全局的方式来删除过时元素。扫描的速度取决于新元素的插入速率与 Sketch 的总体空间大小。

5　网络测量后处理阶段的优化

5.1　Sketch 压缩及合并技术

尽管 Sketch 被设计为仅仅需要少量的内存访问来应对元素插入，在面对带宽限制的情况下，仍然有许多可以优化的空间。远程控制器需要高速的网络带宽来从分布式的测量节点获取测量编码之后的 Sketch 数据。因此，有两点内容至关重要：编码之后的 Sketch 需要更好的空间高效性，以及 Sketch 需要有足量的信息来响应控制器中的查询。Sketch 在响应查询过程中的准确性衡量了编码信息与真实数据之间的误差[133]。在向控制器发送 Sketch 数据时，一些 Sketch 压缩与合并技术被提出来减少测量节点与控制器之间的带宽消耗，如图 9 所示。

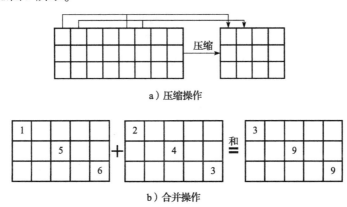

a）压缩操作

b）合并操作

图 9　Sketch 压缩与合并

5.1.1　Sketch 压缩技术

1. 面向基数测量的 Sketch 压缩方法

基于算数编码压缩[152]，应用数值编码方式将 FM sketch[72] 按位压缩，将 HLL[74] 按寄存器压缩。所提出 Sketch 压缩机制可以理解为将所表示的有用信息与冗余信息的分离。然而，此项压缩研究仅仅针对基数估计，并不适用于频数估计的 Sketch 数据结构。

2. 传输压缩机制

SF-Sketch[133] 要求在测量节点维护了一个较大的与一个较小的 Sketch 结构。较大的 Sketch 结构用于实时统计网络流情况，同时辅助较小的 Sketch 在较少的空间开销下实现较高的编码准确率。当记录流信息时，首先会更新大 Sketch 中的信息，并基于大 Sketch 中信息来更新小 Sketch 中的信息。通过这种设计，在向控制器传输 Sketch 的时候，仅仅需要传输小 Sketch 即可。Elastic Sketch[153] 首先将 CM Sketch 中的计数器分组，之后将分组中的多个计数器信息合并成单个计数器。给定大小为 $zw'\times d$ 的 Sketch S，其中宽度为 $w=w'\times z$，深度为 d，z 代表 Sketch 的压缩率。Elastic Sketch 将 S 均衡地划分为 z 个相同大小的小 Sketch，每个小 Sketch 的大小为 $w'\times d$。通过将每个小 Sketch 中相同索引的计数器 $\{S_i^k[j]\}_{k=1,\cdots,z}$ 划分为同一小组，构建新的压缩 Sketch B，将其中的计数器设置为 $B_i[j]=OP_{k=1}^z\{S_i^k[j]\}$（$1\leqslant i\leqslant d$，$1\leqslant j\leqslant z$），其中 OP 是具体的压缩操作，可以是加和或者是取最大值操作。

3. 时间敏感的更新操作

Hokusai[144]在不同时间间隔内维持了不同的 Sketch 数据结构，从而支持对不同时段元素信息的查询。为了使 Sketch 更加时间敏感，表达最近元素的 Sketch 会拥有更多的空间开销。随着时间的推移，Sketch 通过合并加和对半的 Sketch 计数器操作将空间减半，就近时间的 Sketch 将会变为较老的 Sketch。尽管这是完成 Sketch 时间敏感操作的自然操作，但是导致了不连续、不灵活、需要维护较多 Sketch 结构等不足。

5.1.2 Sketch 合并技术

对于如图 9b 所示的合作式网络测量场景，分布式的 Sketch 必须合并成较大的 Sketch，具体采用 CM-Sketch 的合并操作。同构的 Sketch 需要借助相同的哈希函数及数据结构来完成合并操作，而异构的 Sketch 需要通过不同的哈希函数及不同的 Sketch 结构找到对应的计数器。SCREAM[26]在不同的测量节点分配不同大小的 Sketch 结构，因此不同的 Sketch 有着不同的行列数，也不能直接进行加和操作。通过寻找对应流的计数器，SCREAM 加和了每个 Sketch 中的最小值来形成分布式场景下的聚合 Sketch。

top-k 数据摘要的聚合操作。Mergeable Summaries[154]表明 MG summary[120]和 Space Saving[111]是可以合并的。为了寻找 top-k 元素，两个 top-k 元素记录可以通过裁剪小于 $(k+1)^{th}$ 的 MG counters 完成合并操作。上述操作可以通过一定数量的排序及扫描操作完成。

5.2 Sketch 存储信息提取技术

5.2.1 流标识可逆技术

传统的 Sketch 方法仅仅关注于记录流的统计信息，以及提供常数级的元素插入及查询操作。挑战在于，传统方法并没有有效的方式来完成流标识的提取，除非遍历整个流空间。考虑到网络测量要求的高效率及实时响应要求，直接记录流标识以及遍历流空间会十分低效。因此，学术界提出了如下相关研究来解决这个问题。

1. 直接标识可逆技术

LD-Sketch[122]维持了二维数据桶结构，每个桶链接了列表来存储散列到该桶的候选大流。更新该列表会造成较高的内存访问开销。实际上 LD-Sketch 会扩展该列表来存储更多的候选大流，但是动态空间分配在硬件实现中仍然是开销较大的操作。MV-Sketch[113]同样在桶中增加了流标识字段来记录候选大流，以及计数器来执行 MJRTY 算法。LD-Sketch 和 MV-Sketch 都通过直接记录流标识来完成大流检测任务。然而，直接记录流标识对于 per-Flow 测量问题仍然不是可行的方案。

2. 比特可逆

Bitcount[155]通过维持每个比特的计数器,通过组合超过阈值的比特来实现大流检测。Deltoid[68]由多个计数器组成,每个计数器数组有 1+L 个计数器,其中 L 是流标识的比特长度。第一个计数器记录所有流的总数,其余的计数器记录比特出现的次数。通过将流映射到对应的计数器组子集中,增加相应比特计数器。为了恢复大流的流标识,Deltoid 首先识别计数器组中超过阈值的记录。如果每个组中仅仅包含单个大流,则大流标识可以被完全恢复。Fast Sketch[69]的思路与 Deltoid[68]相似,通过映射流标识的商,第一个计数器记录所有映射到该位置流的总数。商函数决定在每行中计数器的位置。通过遍历所有的计数器,Fast Sketch 可以利用可逆函数来恢复大流的流标识。SketchLearn[22]结合 Deltoid[68]与自动推理方法,采用与 Deltoid 相同的数据结构。基于高斯分布理论,SketchLearn 将大小流分离,Sketch 中遗留的小流满足高斯分布,然后通过概率自动推理方法恢复大流的流标识。

3. 流标识分块可逆

FlowRadar[124]通过拓展 IBF[125]完成流集合的编码过程。Sketch 中每个元组包含三个字段:FlowXOR、FlowCount 以及 PacketCount,来记录映射到元组的流信息。通过发现在元组中仅存单个元素的情况,FlowRadar 可以将该元素从 Sketch 中解码剔除。该解码过程会在没有单独元素存在的情况下失败。

Deltoid[68]、Reversible Sketches[136]、Sequential Hashing[131]、Fast Sketch[69]、Sketch Learn[22]和 Bitcount[155]都是基于比特可逆或者标识子字段可逆的方法来实现流标识的完全可逆策略。候选流标识可以通过组合比特或者子标识来得到。

5.2.2 基于概率论的技术

除了传统的计数器估计方法,其他的工作将计数器抽象为随机变量。利用概率论的知识,例如贝叶斯及最大似然估计等方法,来得到流大小的估计值。通过利用相关的变量构建概率模型,Sketch 可以推导出期望的网络流统计信息。

1. 贝叶斯理论

M-RAC[156]将计数算法与贝叶斯方法结合来得出流大小分布的估计。通过在压缩数据结构中记录网络数据流,从记录的计数器中推导出可能的流分布情况。贝叶斯概率方法可以尽可能地从结果中恢复信息。SketchLearn 是构建 Sketch 内在统计特征的首个近似方法。通过将流标识中第 k 个比特抽象为变量 K,$p[k]$ 代表了第 k 个比特等于 0 的概率。如果没有大流存在,多层次的 Sketch 结构会形成高斯分布。基于这个特征,SketchLearn 从 Sketch 中剔除大流信息之后,遗留的小流信息将会形成高斯分布的特征。

2. 最大似然估计

MLM Sketch[108]将存储数据流 f 的计数器抽象为随机变量 X,该随机变量是流 f 的频数 Y 和其他噪声流的频数 Z 总和。基于 Y 与 Z 的概率分布特征,MLM Sketch 得到了计数器的概率分布特征。数据流 f 的大小估计可以通过最大似然估计得到。PIE[157]使用测量节点的记录信息将频数估计建模为最大似然估计问题。通过将 STBF 中的 m 个元组划分为"空""单"以及"碰撞"字段，构建随机变量 Z_{i0}、Z_{i1} 和 Z_{iC}。通过最大似然函数，不同元素的数量可以被估计。

5.2.3　基于机器学习的技术

流量的概率特征随着时间而动态改变，因此依据某些特征设计的 Sketch 结构可能会随着时间的推移变得不再适用，给 Sketch 算法的设计及重新调整带来了巨大的压力。最近，相关机器学习[151]的方法被引入到网络测量中来缓解甚至消除 Sketch 设计与网络流特征绑定带来的不灵活性。通过选择特征集合，机器学习的方法可以通过这些特征重构 Sketch 设计，极大地减少了算法的设计复杂性。

1. 机器学习 Sketch 框架

MLSketch[158]提出了一个通用的 Sketch 框架来解决 Sketch 精度与网络流特征绑定的限制。MLSketch 通过网络流存储到 Sketch 的少量样本信息来持续优化机器学习模型。这样机器学习模型可以持续适应任何网络流特征变化而无须手动去预测网络数据分布。通过这样的设计，设计者无须对网络场景做出任何预估。

2. 机器学习协助参数设置

为了正确估计 top-k 数据流的频率及排序，通常需要调整阈值来适应网络流的动态变化。为了解决这个问题，SSS[117]假设网络流数据遵循 Zipfian 分布，通过机器学习方法来学习分布的参数，通过此分布函数设置阈值。利用线性回归模型来学习识别大流的阈值。iSTAMP[159]利用测量节点的智能采样算法选择最具信息量的流，渐进式地追踪和测量最具价值的网络流。为此，多臂老虎机模型被用于采样最具价值的流，从而提高网络流的测量性能。

3. 学习型基数估计

为了适应数据流大小的分布，Cohen 和 Nezri[160]提出了基于采样的适应性基数估计方法。网络流被划分为不同的批次，每一个批次被分别采样，选择的网络流特征以及统计特征从这些样本中被提取。通过样本信息来训练机器学习模型，这些框架的在线机器学习模型会以更适配的方式应用到网络测量环境。

4. 学习型频数估计

现有的频数估计方法包含两种策略。一方面，文献 [80] 和 [81] 首先学习分类器来分别记录大流和小流，进而减少它们之间的相互干扰。另一方面，文献 [78] 和 [79] 利用局部敏感哈希将相同的元素进行聚类，从而减少估计误差。

5. 学习型成员检测

尽管 BF 已经在学术界及工业界得到广泛研究和应用。Kraska 等建议神经网络方法可以与 BF 结合[149]，从而进一步提高空间效率以及查询准确率。为此，作者提出了结合预处理及后备 BF 的模型，而 Michael 进一步提出了层次结构的模型[150]。Sandwiched LBF[161]通过在学习模型两侧结合两个 BF，后备 BF 用于移除学习模型中的假阴性错误，前边的 BF 用于移除假阳性错误。PLBF[162]观察到先前的工作并没有很好地利用学习模型，通过将学习模型的打分区间划分为多个区间，并利用多个后备 BF 来移除假阴性错误，实验表明，该方法在大多数情况下可以得到接近最优的结果。基于 Stable Bloom Filter（SBF）[163]，SLBF[164]将 Sandwiched LBF[161]和 PLBF[162]中的 BF 替换为 SBF 来支持网络数据流的其他应用场景。

6　发展展望

基于 Sketch 驱动的上述网络测量研究进展，本文进一步展望该领域未来需要重点探索和关注的研究选题。

1. 更适应于网络数据流的动态特征

虽然已经有一些研究考虑结合流量的特征来优化 Sketch 结构设计，如流量大小的分布特征，但是这些假设条件在现实中并不总是正确。一条数据流的特征可能是两个不同参数的数据分布模型的综合结果，而现有的大多数方法都是根据数据流的分布假设设计而来。在大部分情况下，由于网络处于实时动态变化的情况，因此在测量之前对网络状态所做的静态假设并不能很好地刻画真实的网络情况。因此，所设计的 Sketch 可能不适用动态网络特征。在未来工作中，有必要设计更具弹性的 Sketch 结构，其能适应各种不同情况下的流量分布。

2. 更适应于互联网的演进趋势

随着 IPv6 协议部署的不断增加，互联网的应用也越来越广泛出现在 IPv6 的网络中。这导致实际承载网络中包含 IPv4 和 IPv6 不同类型的网络数据流。IPv6 通过提供 128bit 地址解决 IP 地址不足的问题。尽管 IPv6 的使用不断增加，IPv4 仍然主导着网络。因此，可以预计这种双栈网络的情况将会持续很长时间，而且 IPv4 数据流和 IPv6 数据流在网络中的分布情况并不等价。此外，IPv4 和 IPv6 的比特长度不同，而基于 Sketch 的现有网络测量方法并没有考虑到 IPv4 与 IPv6 的这些差异性。很多测量方法仅仅考虑了 IPv4 网络的情况，导致现有的 Sketch 设计如果直接应用于双栈网络会造成较差的测量结果。更为糟糕的情况是，现有的可逆 Sketch 设计将完全不能适用于双栈网络。因此，有必要设计新的 Sketch 结构来适应演化过程中存在的双栈网络。其次，互联网等网络系统仍然处在巨大变革中，各种新型网络形态和网络协议会随着技术的更新迭代层出不穷。如何适应这种趋势，应该成为设计基于 Sketch 的网络测量方法时必须要考虑的重要因素。最后，随着大规模数据中心系统的建设和全球化拓展，迫切需要研究如何在大型数据中心内充分发挥网络测量的作用。

3. 更适应于 SDN 及可编程交换机

SDN 控制单元与数据转发设备分离，并将控制平面和数据平面的可编程能力引入网络系统。管理人员在控制平面中制定网络管理和运行策略，并下发给数据平面的全体网络设备，数据平面负责执行相关运行测量来处理和转发数据流。网络被动测量任务可以天然地从控制平面获得全面支持，实现软件定义测量的愿景。此外，基于 TCAM 的流表也可用于提供数据流的测量统计信息；但是，由于 TCAM 有限而且功耗高，计数器只能提供匹配流的聚合统计信息。为实现细粒度的网络测量，研究人员进一步提出在 SRAM 中执行测量任务。但是，SRAM 的空间必须被路由、管理、安全等网络功能共享使用，此时如何适配数据流的在线测量并实现稳定的网络测量功能变得至关重要。另外，随着可编程网络设备以及白盒交换机的大力推广，基于 Sketch 的网络测量方法如何适配新兴的网络设备是值得探索的新方向。同时，基于 Sketch 的现有网络测量方法大多关注测量功能和性能的提升，并没有考虑到所收集的网络流数据对于网络的智能运维会发挥重要作用。在未来，可以将基于 Sketch 的网络测量作为网络智能运维闭环中的重要环节，令网络系统充分利用测量数据进行智能化分析与决策，为提升网络系统的智能运维能力做出贡献。

4. 与机器学习模型深度融合

为了使 Sketch 更加高效准确，可以从如下两个方面着手实现 Sketch 与机器学习模型的结合。首先，哈希映射通常需要使用经典哈希函数随机地将网络流映射到 Sketch 中。学习出一个哈希模型来代替经典哈希函数可能是一个更好的选择，其终极目的是避免过多的网络流被映射到 Sketch 中的相同位置。初步研究表明，采用机器学习的哈希模型可以得到接近甚至优于传统哈希函数的哈希结果。其次，在基于 Sketch 的网络流信息提取阶段，传统的 Sketch 算法使用基本计数器单元来获得统计信息。融合 Sketch、概率论以及机器学习的信息提取技术可以获得更加准确的测量结果。但是在实际部署中，基于机器学习的方法目前还存在严重缺陷。网络流的特征会发生动态不可预知的变化，通过机器学习所得到的模型需要不断更新迭代，从而拟合实际的网络情况，这会涉及在线学习理论方法。需要机器学习模型不断地更新迭代，在网络测量背景下需要采用批处理的方式进行学习。这会降低模型对于实际网络情况的敏感度，进而降低测量结果的精度。因此，需要设计一种可以实时更新并且可以实时响应查询的机器学习模型来适配 Sketch 的应用场景，进一步加强 Sketch 驱动的网络测量能力。

参考文献

[1]　AL-FARES M, RADHAKRISIINAN S, RACHAVAN B, et al. Hedera: Dynamic flow scheduling for data center networks[C]. Proc. of USENIX NSDI, San Jose, CA, USA, 2010: 281-296.

[2]　KABBANI A, ALIZADEH M, YASUDA M, et al. AF-QCN: approximate fairness with quantized congestion notification formulti-tenanted data centers[C]//IEEE HOTI, Google Campus, Mountain View, California, USA, August 18-20, 2010: 58-65.

[3]　GARCIA-TEODORO P, DÍAZ-VERDEJO, M G. Anomaly-based network intrusiondetection: Techniques, systems and challenges [J]. Comput. Secur. 2009, 28, (1/2): 18-28.

[4]　EINZIGER G, FRIEDMAN R, MANES B. Tinylfu: A highly efficientcache admission policy[J]. TOS, 2017 13(4): 1-31.

[5]　VASUDEVAN V, PHANISHAYEE A, SHAH H, et al. Safe and effective fine-grained TCP retransmissions

for datacenter communication[C] //ACM SIGCOMM, Barcelona, Spain, 2009: 303-314.

[6]   CURTIS A R, MOGUL J C, TOURRILHES J, et al. Devoflow: scaling flow management for high-performance networks[C]//ACM SIGCOMM, Toronto, ON, Canada, 2011.

[7]   SOMMERS J, BARFORD P, DUFFIELD N G, et al. Accurate andefficient SLA compliance monitoring[C]//ACM SIGCOMM, Kyoto, Japan, 2007: 109-120.

[8]   BEN-BASAT R, EINZIGER G, FRIEDMAN R, et al. Optimalelephant flow detection [C]//IEEE INFOCOM, Atlanta, GA, USA, 2017.

[9]   CORMODE G, HADJIELEFTHERIOU M. Methods for finding frequentitems in data streams[J]. VLDB J. , 2010, 19(1): 3-20.

[10]   CORMODE G. Sketch techniques for approximate query processing[J]// Synposes for Approximate Query Processing: Samples, Histograms, Wavelets and Sketches, Foundations and Trends in Databases. NOWpublishers, 2011.

[11]   ZHOU AP, CHENG G, GUO XJ. High-speed network traffic measurementmethod[J]. Ruan Jian Xue Bao/Journal of Software, 2014,25(1): 135-153.

[12]   YASSINE A, RAHIMI H, SHIRMOHAMMADI S, et al. Software definednetwork traffic measurement: Current trends and challenges[J]. IEEE Instrum. Meas. Mag. , 2015, 18(2): 42-50.

[13]   GIBBONS P B. Distinct-values estimation over data streams[J]. Data Stream Management-Processing High-Speed Data Streams, 2016:121-147.

[14]   YAN Q, YU F R, GONG Q, et al. Software-defined networking (SDN) and distributed denial of service (ddos) attacks in cloud computing environments: A survey, some research issues, and challenges[J]. IEEE Commun. Surv. Tutorials, 2016,18(1): 602-622.

[15]   SU Z, WANG T, XIA Y, et al. Flowcover: Low-cost flow monitoring scheme in software defined networks[C]//IEEE GLOBECOM, Austin, TX, USA, 2014.

[16]   HU C, LIU B, ZHAO H, et al. Discount counting for fast flow statistics on flow size and flow volume[J]. IEEE/ACM Trans. Netw. , 2014. 22(3): 970-981.

[17]   FOROUZAN B, SOPHIACHUNG FEGAN S C. TCP/IP PROTOCOL SUITE[M]. New York: McGraw-Hiu Higher Education, 2003.

[18]   MAWILab. Mawi working group traffic archive[EB/OL]. (2020-04-24) (2021-08-01). http://mawi. wide. ad. jp/mawi/.

[19]   XIAO Q, QIAO Y, MO Z, et al. Estimating the persistent spreads in high-speed networks[C]//IEEE ICNP, Raleigh, NC, USA, 2014.

[20]   POWERS D M W. Applications and explanations of zipf's law[C]//NeMLaP/CoNLL, Sydney, NSW, Australia, 1998.

[21]   ZENG D, HUANG C. The power law of social and economic indexes based on languages on the web[C]//Second International Conference on Intelligent Computation Technology and Automation, 2009.

[22]   HUANG Q, LEE P P C, BAO Y. Sketchlearn: relieving user burdens in approximate measurement with automated statistical inference[C]//ACM SIGCOMM, Budapest, Hungary, 2018.

[23]   ALIPOURFARD O, MOSHREF M, ZHOU Y, et al. A comparison of performance and accuracy of measurement algorithms in software[C]//SOSR, Los Angeles, CA, USA, 2018.

[24]   LU Y, MONTANARI A, PRABHAKAR B, et al. Counter braids: a novel counter architecture for per-flow measurement[C]//ACM SIGMETRICS, Annapolis, MD, USA, 2008.

[25] MOSHREF M, YU M, GOVINDAN R, et al. DREAM: dynamic resource allocation for software-defined measurement[C]//ACM SIGCOMM, Chicago, IL, USA, 2014.

[26] MOSHREF M, YU M, GOVINDAN R, et al. SCREAM: sketch resource allocation for software-defined measurement[C]//ACM CoNEXT, Heidelberg, Germany, 2015.

[27] CORMODE G, MUTHUKRISHNAN S. An improved data stream summary: The count-min sketch and its applications[C]//LATIN, Buenos Aires, Argentina, 2004.

[28] BHUVANAGIRI L, GANGULY S. Estimating entropy over data streams[C]//ESA, Zurich, Switzerland, 2006.

[29] RUSU F, DOBRA A. Statistical analysis of sketch estimators[C]//ACM SIGMOD, Beijing, China, 2007.

[30] ROUGHAN M, ZHANG Y. Secure distributed data-mining and its application to large-scale network measurements[J]. Computer Communication Review, 2006. 36(1): 7-14.

[31] SARLÓS T, BENCZ Ú R A A, CSALOGÁNY K, et al. To randomize or not to randomize: space optimal summaries for hyperlink analysis[C]//WWW, Edinburgh, Scotland, UK, 2006.

[32] CORMODE G, GAROFALAKIS M N, HAAS P J, et al. Synopses for massive data: Samples, histograms, wavelets, sketches[J]. Found. Trends Databases, 2012,4(1-3): 1-294.

[33] SUH K, GUO Y, KUROSE J F, et al. Locating network monitors: complexity, heuristics, and coverage[C]//IEEE INFOCOM CCS, Miami, FL, USA, 2005.

[34] SHARMA M R, BYERS J M. Scalable coordination techniques for distributed network monitoring[C]//PAM, Boston, MA, USA, 2005.

[35] CANTIENI G R, IANNACCONE G, BARAKAT C, et al. Reformulating the monitor placement problem: optimal network-wide sampling[C]//ACM CoNEXT, Lisboa, Portugal, 2006.

[36] TOOTOONCHIAN A, GHOBADI M, GANJALI Y. Opentm: Traffic matrix estimator for openflow networks[C]//PAM, Zurich, Switzerland, 2010.

[37] HUANG G, CHANG C, CHUAH C, et al. Measurement-aware monitor placement and routing: A joint optimization approach for network-wide measurements[J]. IEEE Trans. Network and Service Management, 2012, 9(1): 48-59.

[38] RAZA S, HUANG G, CHUAH C, et al. Measurouting: A framework for routing assisted traffic monitoring[J]. IEEE/ACM Trans. Netw. , 2012, 20(1): 45-56.

[39] ZHANG Y. An adaptive flow counting method for anomaly detection in SDN[C]//ACM CoNEXT, Santa Barbara, CA, USA, 2013.

[40] CHANG C, HUANG G, LIN B, et al. LEISURE: A framework for load-balanced network-wide traffic measurement[C]//ACM/IEEE ANCS, Brooklyn, NY, USA, 2011.

[41] SEKAR V, REITER M K, WILLINGER W, et al. csamp: A system for network-wide flow monitoring[C]//NSDI, San Francisco, CA, USA, 2008.

[42] SEKAR V, GUPTA A, REITER M K, et al. Coordinated sampling sans origin-destination identifiers: Algorithms and analysis[C]//COMSNETS, Bangalore, India, 2010.

[43] SHEN S, AKELLA A. DECOR: A distributed coordinated resource monitoring system [C]//IEEE IWQoS, Coimbra, Portugal, 2012.

[44] YU Y, QIAN C, LI X. Distributed and collaborative traffic monitoring in software defined networks[C]//HotSDN '14, Chicago, Illinois, USA, 2014.

[45] BLOOM B H. Space/time trade-offs in hash coding with allowable errors[J]. Commun. ACM, 1970, 13

(7): 422-426.

[46] XU H, CHEN S, MA Q, et al. Lightweight flow distribution for collaborative traffic measurement in software defined networks[C]//IEEE INFOCOM, Paris, France, 2019.

[47] CHAUDET C, FLEURY E, LASSOUS I G, et al. Optimal positioning of active and passive monitoring devices[C]//ACM CoNEXT, Toulouse, France, 2005: 71-82.

[48] CLAISE B. Cisco systems netflow services export version 9[J]. RFC, 2004, 3954: 1-33.

[49] MCKEOWN N, ANDERSON T, BALAKRISHNAN H, et al. Openflow: enabling innovation in campus networks[J]. ACM SIGCOMM Computer Communication Review, 2008, 38(2): 69-74.

[50] HUANG G, CHUAH C, RAZA S, et al. Dynamic measurement-aware routing in practice[J]. IEEE Netw. , 2011, 25(3): 29-34.

[51] JANG R, MIN D, MOON S, et al. Sketchflow: Per-flow systematic sampling using sketch saturation event[C]//IEEE INFOCOM 2020, Toronto, ON, Canada, July 6-9, 2020: 1339-1348.

[52] sflow. org-making the network visible[EB/OL]. (2021-02-02)[2021-08-01]. https://sflow. org/.

[53] KUMAR A, XU J J. Sketch guided sampling-using on-line estimates of flow size for adaptive data collection[C]//IEEE INFOCOM, Barcelona, Catalunya, Spain, 2006.

[54] CHOI B, PARK J, ZHANG Z. Adaptive random sampling for traffic load measurement[C]//ICC, Anchorage, Alaska, USA, 2003.

[55] HU C, WANG S, TIAN J, et al. Accurate and efficient traffic monitoring using adaptive non-linear sampling method[C]//INFOCOM, Phoenix, AZ, USA, 2008.

[56] HU C, LIU B. Self-tuning the parameter of adaptive non-linear sampling method for flow statistics[C]// IEEE CSE, Vancouver, BC, Canada, August, 2009.

[57] EINZIGER G, FELLMAN B, FRIEDMAN R, etal. Ice buckets: Improved counter estimation for network measurement[J]. IEEE/ACM Transactions on Networking, 2018, 26(3): 1165-1178.

[58] BEN-BASAT R, EINZIGER G, FRIEDMAN R, et al. Constant time updates in hierarchical heavy hitters[C]//SIGCOMM, Los Angeles, CA, USA, 2017.

[59] LIU Z, BEN-BASAT R, EINZIGER G, et al. Nitrosketch: robust and general sketch-based monitoring in software switches[C]//SIGCOMM, Beijing, China, 2019.

[60] ZHAO H C, WANG H, LIN B, et al. Design and performance analysis of a dram-based statistics counter array architecture[C]//ANCS, Princeton, New Jersey, USA, 2009.

[61] ZHOU Y, ALIPOURFARD O, YU M, et al. Accelerating network measurement in software[J]. Computer Communication Review, 2018, 48(3): 2-12.

[62] GANGULY S, GAROFALAKIS M N, RASTOGI R. Processing data-stream join aggregates using skimmed sketches[C]//EDBT, Heraklion, Crete, Greece, 2004.

[63] ROY P, KHAN A, ALONSO G. Augmented sketch: Faster and more accurate stream processing[C]// ACM SIGMOD, CA, USA, 2016.

[64] ZHOU Y, YANG T, JIANG J, et al. Cold filter: A meta-framework for faster and more accurate stream processing[C]//ACM SIGMOD, Houston, TX, USA, 2018.

[65] FAN B, ANDERSEN D G, KAMINSKY M, et al. Cuckoo filter: Practically better than bloom[C]// ACM CoNEXT, Sydney, Australia, 2014.

[66] FAN L, CAO P, ALMEIDA J M, et al. Summary cache: a scalable wide-area web cache sharing protocol[J]. IEEE/ACM Trans. Netw. , 2000, 8(3): 281-293.

[67] RICHA A W, MITZENMACHER M, SITARAMAN R. The power of two random choices: A survey of techniques and results[J]. Combinatorial Optimization, 2001, 9: 255-304.

[68] CORMODE G, MUTHUKRISHNAN S. What's new: finding significant differences in network data streams[J]. IEEE/ACM Trans. Netw., 2005, 13(6): 1219-1232.

[69] LIU Y, CHEN W, GUAN Y. A fast sketch for aggregate queries over high-speed network traffic[C]// IEEE INFOCOM, Orlando, FL, USA, 2012.

[70] ESTAN C, VARGHESE G, FISK M E. Bitmap algorithms for counting active flows on high-speed links[J]. IEEE/ACM Trans. Netw., 2006, 14(5): 925-937.

[71] METWALLY A, AGRAWAL D, ABBADI A E. Why go logarithmic if we can go linear?: Towards effective distinct counting of search traffic[C]//EDBT, Nantes, France, 2008.

[72] FLAJOLET P, MARTIN G N. Probabilistic counting algorithms for data base applications[J]. Comput. Syst. Sci. 1985, 31(2): 182-209.

[73] DURAND M, FLAJOLET P. Loglog counting of large cardinalities (extended abstract)[C]//ESA, Budapest, Hungary, 2003.

[74] HEULE S, NUNKESSER M, HALL A. Hyperloglog in practice: algorithmic engineering of a state of the art cardinality estimation algorithm[C]//EDBT'13, Genoa, Italy, 2013.

[75] XIAO Q, ZHOU Y, CHEN S. Better with fewer bits: Improving the performance of cardinality estimation of large data streams[C]//IEEE INFOCOM, Atlanta, GA, USA, May 1-4, 2017: 1-9.

[76] CHABCHOUB Y, HÉBRAIL G. Sliding hyperloglog: Estimating cardinality in a data stream over a sliding window[C]//ICDMW, Sydney, Australia, 13 December 2010: 1297-1303.

[77] ZHOU Y, ZHANG Y, MA C, et al. Generalized sketch families for network traffic measurement[J]. Proc. ACM Meas. Anal. Comput. Syst., 2019, 3(3): 51:1-51:34.

[78] BERTSIMAS D, JR V D. Frequency estimation in data streams: Learning the optimal hashing scheme[J]. CoRR, vol. abs/2007.09261, 2020.

[79] FU Y, LI D, SHEN S, et al. Clustering-preserving network flow sketching[C]//IEEE INFOCOM, Toronto, ON, Canada, July 6-9, 2020: 1309-1318.

[80] HSU C, INDYK P, KATABI D, et al. Learning-based frequency estimation algorithms[C]//ICLR, New Orleans, LA, USA, May 6-9, 2019.

[81] AAMAND A, INDYK P, VAKILIAN A. (Learned) Frequency estimation algorithms under zipfian distribution[J]. CoRR, vol. abs/1908.05198, 2019.

[82] CORMODE G, HADJIELEFTHERIOU M. Finding frequent items in data streams[J]. PVLDB, 2008, 1 (2): 1530-1541.

[83] YANG T, XU J, LIU X, et al. A generic technique for sketches to adapt to different counting ranges[C]//IEEE INFOCOM, Paris, France, 2019.

[84] STANOJEVIC R. Small active counters[C]//IEEE INFOCOM, Anchorage, Alaska, USA, 2007.

[85] SR R H M. Counting large numbers of events in small registers[J]. Commun. ACM, 1978. 21(10): 840-842.

[86] PITEL G, FOUQUIER G. Count-min-log sketch: Approximately counting with approximate counters[J]. CoRR, vol. abs/1502.04885, 2015.

[87] XIAO Q, TANG Z, CHEN S. Universal online sketch for tracking heavy hitters and estimating moments of data streams[C]//IEEE INFOCOM, Toronto, ON, Canada, July 6-9, 2020: 974-983.

［88］ XIAO Q, CHEN S, ZHOU Y, et al. Cardinality estimation for elephant flows: A compact solution based on virtual register sharing[J]. IEEE/ACM Trans. Netw. , 2017, 25(6): 3738-3752.

［89］ YOON M, LI T, CHEN S, et al. Fit a compact spread estimator in small high-speed memory[J]. IEEE/ACM Trans. Netw. , 2011, 19(5): 1253-1264.

［90］ ZHOU Y, ZHOU Y, CHEN M, et al. Highly compact virtual counters for per-flow traffic measurement through register sharing[C]//IEEE GLOBECOM, Washington, DC, USA, 2016.

［91］ WHANG K, ZANDEN B T V, TAYLOR H M. A linear-time probabilistic counting algorithm for database applications[J]. ACM Trans. Database Syst. , 1990, 15(2): 208-229.

［92］ CHEN M, CHEN S, CAI Z. Counter tree: A scalable counter architecture for per-flow traffic measurement[J]. IEEE/ACM Trans. Netw. , 2017, 25(2): 1249-1262.

［93］ YANG T, ZHOU Y, JIN H, et al. Pyramid sketch: a sketch framework for frequency estimation of data streams[J]. PVLDB, 2017, 10(11): 1442-1453.

［94］ ZHOU Y, LIU P, JIN H, et al. One memory access sketch: A more accurate and faster sketch for per-flow measurement[C]//IEEE GLOBECOM, Singapore, 2017.

［95］ YANG T, GAO S, SUN Z, et al. Diamond sketch: Accurate per-flow measurement for real IP streams[C]//IEEE INFOCOM Workshops, Honolulu, HI, USA, 2018.

［96］ ZHOU Y, JIN H, LIU P, et al. Accurate per-flow measurement with bloom sketch[C]//IEEE INFOCOM Workshops, Honolulu, HI, USA, 2018.

［97］ COHEN S, MATIAS Y. Spectral bloom filters[C]. Proc. of ACM SIGMOD, San Diego, California, USA, 2003.

［98］ HUA N, XU J J, LIN B, et al. BRICK: a novel exact active statistics counter architecture[J]. IEEE/ACM Trans. Netw. , 2011, 19 (3). 670-682.

［99］ HUA N, ZHAO H C, LIN B, et al. Rank-indexed hashing: A compact construction of bloom filters and variants[C]//IEEE ICNP, Orlando, Florida, USA, 2008.

［100］ EINZIGER G, FRIEDMAN R. Counting with tinytable: every bit counts! [C]//ICDCN, Singapore, 2016.

［101］ PANDEY P, BENDER M A, JOHNSON R, et al. A general-purpose counting filter: Making every bit count[C]//ACM SIGMOD, Chicago, IL, USA, 2017, pp. 775-787.

［102］ BENDER M A, FARACH-COLTON M, JOHNSON R, et al. Don't thrash: How to cache your hash on flash[J]. PVLDB, 2012, 5(11): 1627-1637.

［103］ GONG J, YANG T, ZHOU Y, et al. ABC: A practicable sketch framework for non-uniform multisets[C]//IEEE BigData, Boston, MA, USA, 2017.

［104］ BASAT R B, EINZIGER G, MITZENMACHER M, et al. SALSA: self-adjusting lean streaming analytics[J/OL]. CoRR, vol. abs/2102. 12531, 2021. Available: https://arxiv. org/abs/2102. 12531.

［105］ NYANG D, SHIN D. Recyclable counter with confinement for real-time per-flow measurement [J]. IEEE/ACM Trans. Netw. , 2016, 216(5): 3191-3203.

［106］ QI J, LI W, YANG W, et al. Cuckoo counter: A novel framework for accurate per-flow frequency estimation in network measurement[C]//ANCS, Cambridge, United Kingdom, 2019.

［107］ ESTAN C, VARGHESE G. New directions in traffic measurement and accounting: Focusing on the elephants, ignoring the mice[J]. ACM Trans. Comput. Syst. , 2003, 21(3): 270-313.

［108］ LI T, CHEN S, LING Y. Fast and compact per-flow traffic measurement through randomized counter sharing[C]//IEEE INFOCOM, Shanghai, China, 2011.

[109] BEN-BASAT R, EINZIGER G, FRIEDMAN R. et al. Randomized admission policy for efficient top-k and frequency estimation[C]//IEEE INFOCOM, Atlanta, GA, USA, 2017.

[110] DEMAINE E. D, LÓPEZ-ORTIZ A, MUNRO J. I. Frequency estimation of internet packet streams with limited space[C]//ESA, Rome, Italy, 2002.

[111] METWALLY A, AGRAWAL D, ABBADI A E. Efficient computation of frequent and top-k elements in data streams[C]//ICDT, Edinburgh, UK, 2005.

[112] YU X, XU H, YAO D, et al. Countmax: A lightweight and cooperative sketch measurement for software-defined networks[J]. IEEE/ACM Trans. Netw. , 2018, 26(6): 2774-2786.

[113] TANG L, HUANG Q, LEE P P C. Mv-sketch: A fast and compact invertible sketch for heavy flow detection in network data streams[C]//IEEE INFOCOM, Paris, France, 2019.

[114] BOYER R S, MOORE J. S. MJRTY: A fast majority vote algorithm[C]. Automated Reasoning: Essays in Honor of Woody Bledsoe, 1991.

[115] YANG T, ZHANG H, LI J, et al. Heavykeeper: An accurate algorithm for finding top-k elephant flows[J]. IEEE/ACM Trans. Netw. , 2019, 27(5): 1845-1858.

[116] YANG T, GONG J, ZHANG H, et al. Heavyguardian: Separate and guard hot items in data streams[C]//ACM SIGKDD, London, UK, 2018.

[117] GONG J, TIAN D, YANG D, et al. SSS: an accurate and fast algorithm for finding top-k hot items in data streams[C]//IEEE BigComp, Shanghai, China, 2018.

[118] BRUCK J, GAO J, JIANG A. Weighted bloom filter[C]//IEEE ISIT, The Westin Seattle, Seattle, Washington, USA, July 9-14, 2006: 2304-2308.

[119] THOMAS D, BORDAWEKAR R, AGGARWAL C. C. et al. On efficientquery processing of stream counts on the cell processor[C]//ICDE, Shanghai, China, 2009.

[120] MISRA J, GRIES D. Finding repeated elements[J]. Sci. Comput. Program. , 1982, 2(2): 143-152.

[121] KOMPELLA R R, LEVCHENKO K, SNOEREN A C, et al. Every microsecond counts: tracking fine-grain latencies with a lossy difference aggregator[C]//ACM SIGCOMM, Barcelona, Spain, 2009.

[122] HUANG Q, LEE P P C. A hybrid local and distributed sketching design for accurate and scalable heavy key detection in network data streams[J]. Computer Networks, 2015, 91: 298-315.

[123] ZHOU Z, ZHANG D, HONG X. Rl-sketch: Scaling reinforcement learning for adaptive and automate anomaly detection in network data streams[C]//IEEE LCN, Osnabrueck, Germany, 2019.

[124] LI Y, MIAO R, KIM C, et al. Flowradar: A better netflow for data centers[C]//NSDI, Santa Clara, CA, USA, 2016.

[125] EPPSTEIN D, GOODRICH M T, UYEDA F, et al. What's the difference? Efficient set reconciliation without prior context[C]//ACM SIGCOMM, Toronto, ON, Canada, 2011.

[126] LI X, BIAN F, CROVELLA M, et al. Detection and identification of network anomalies using sketch subspaces[C]//ACM IMC, Rio de Janeriro, Brazil, 2006.

[127] LAKHINA A, CROVELLA M, DIOT C. Mining anomalies using traffic feature distributions[C]//ACM SIGCOMM, Philadelphia, Pennsylvania, USA, 2005.

[128] KUMAR A, XU J, WANG J. Space-code bloom filter for efficient per-flow traffic measurement[J]. IEEE J. Sel. Areas Commun. , 2006, 24(12): 2327-2339.

[129] ZHAO H C, LALL A, OGIHARA M, A data streaming algorithm for estimating entropies of od flows[C]//ACM SIGCOMM, San Diego, California, USA, 2007.

[130] INDYK P. Stable distributions, pseudorandom generators, embeddings and data stream computation[C]// FOCS, Redondo Beach, California, USA, 2000.

[131] BU T, CAO J, CHEN A, et al. Sequential hashing: A flexible approach for unveiling significant patterns in high speed networks[J]. Computer Networks, 2010, 54(18): 3309-3326.

[132] GUAN X, WANG P, QIN T. A new data streaming method for locating hosts with large connection degree[C]//GLOBECOM, Honolulu, Hawaii, USA, 2009.

[133] YANG T, LIU L, YAN Y, et al. Sf-sketch: A fast, accurate, and memory efficient data structure to store frequencies of data items[C]//IEEE ICDE, San Diego, CA, USA, 2017.

[134] SIVARAMAN V, NARAYANA S, ROTTENSTREICH O, et al. Heavy-hitter detection entirely in the data plane[C]//SOSR, Santa Clara, CA, USA, 2017.

[135] KALLITSIS M G, STOEV S A, BHATTACHARYA S, et al. AMON: an open source architecture for online monitoring, statistical analysis, and forensics of multi-gigabit streams[J]. IEEE J. Sel. Areas Commun. , 2016, 34(6): 1834-1848.

[136] SCHWELLER R T, LI Z, CHEN Y. Reversible sketches: enabling monitoring and analysis over high-speed data streams[J]. IEEE/ACM Trans. Netw. , 2007, 15(5): 1059-1072.

[137] LIU Z, MANOUSIS A, VORSANGER G, et al. One sketch to rule them all: Rethinking network flow monitoring with univmon[C]//SIGCOMM, Florianopolis, Brazil, 2016.

[138] AGUILAR-SABORIT J, TRANCOSO P, MUNTÉS-MULERO V, et al. Dynamic count filters[J]. SIGMOD Record, 2006, 35(1): 26-32.

[139] HOMEM N, CARVALHO J P. Finding top-k elements in data streams[J]. Inf. Sci. , 2010, 180(24): 4958-4974.

[140] LIEVEN P, SCHEUERMANN B. High-speed per-flow traffic measurement with probabilistic multiplicity counting[C]//IEEE INFOCOM, San Diego, CA, USA, 2010.

[141] ZHOU Y, ZHOU Y, CHEN S, et al. Per-flow counting for big network data stream over sliding windows[C]//IEEE/ACM IWQoS, Vilanova i la Geltrú, Spain, 2017.

[142] GOLAB L, DEHAAN D, DEMAINE E D, et al. Identifying frequent items in sliding windows over on-line packet streams[C]//ACM IMC, Miami Beach, FL, USA, 2003.

[143] ASSAF E, BEN-BASAT R, EINZIGER G, et al. Pay for a sliding bloom filter and get counting, distinct elements, and entropy for free[C]//IEEE INFOCOM, Honolulu, HI, USA, 2018.

[144] MATUSEVYCH S, SMOLA A J, AHMED A. Hokusai-sketching streams in real time[C]//UAI, Catalina Island, CA, USA, August 14-18, 2012: 594-603.

[145] BEN-BASAT R, EINZIGER G, FRIEDMAN R, et al. Heavy hitters in streams and sliding windows[C]//IEEE INFOCOM, San Francisco, CA, USA, 2016.

[146] ZHOU Y, BI J, YANG T, et al. Hypersight: Towards scalable, high-coverage, and dynamic network monitoring queries[J]. IEEE J. Sel. Areas Commun. , 2020, 38(6): 1147-1160.

[147] SHRIVASTAVA A, KÖNIG A C, BILENKO M. Time adaptive sketches (ada-sketches) for summarizing data streams[C]//SIGMOD, San Francisco, CA, USA, June 26 -July 01, 2016: 1417-1432.

[148] GOU X, HE L, ZHANG Y, et al. Sliding sketches: A framework using time zones for data stream processing in sliding windows[C]//ACM SIGKDD, San Diego, California, USA, 2018.

[149] KRASKA T, BEUTEL A, CHI E H, The case for learned index structures[C]//SIGMOD, Houston, TX, USA, June 10-15, 2018: 489-504.

[150] MITZENMACHER M. A model for learned bloom filters and related structures[J]. CoRR, vol. abs/1802.00884, 2018.

[151] OOSTERHUIS H, CULPEPPER J S, DE RIJKE M. The potential of learned index structures for index compression[C]//ADCS, Dunedin, New Zealand, December 11-12, 2018: 7:1-7:4.

[152] SCHEUERMANN B. MAUVE M. Near-optimal compression of probabilistic counting sketches for networkingapplications[C]//International Workshop on Foundations of Mobile Computing, Portland, Oregon, USA, 2007.

[153] YANG T, JIANG J, LIU P, ct al. Elastic sketch: adaptive and fast network-wide measurements[C]//ACM SIGCOMM, Budapest, Hungary, 2018.

[154] CAFARO M, TEMPESTA P, PULIMENO M. Mergeable summaries with low total error[J]. CoRR, vol. abs/1401.0702, 2014.

[155] WANG F, GAO L. Simple and efficient identification of heavy hitters based on bitcount[C]//HPSR, Xi'an, China, 2019.

[156] KUMAR A, SUNG M, XU J J, et al. Data streaming algorithms for efficient and accurate estimation of flow size distribution[C]//SIGMETRICS, New York, NY, USA, 2004.

[157] DAI H, SHAHZAD M, LIU A X, et al. Identifying and estimating persistent items in data streams[J]. IEEE/ACM Trans. Netw., 2018, 26(6): 2429-2442.

[158] YANG T, WANG L, SHEN Y, et al. Empowering sketches with machine learning for network measurements[C]//SIGCOMM Workshop NetAI, Budapest, Hungary, 2018.

[159] MALBOUBI M, WANG L, CHUAH C, et al. Intelligent SDN based traffic (de) aggregation and measurement paradigm (istamp)[C]//IEEE INFOCOM, Toronto, Canada, 2014.

[160] COHEN R, NEZRI Y. Cardinality estimation in a virtualized network device using online machine learning[J]. IEEE/ACM Trans. Netw., 2019, 27(5): 098-2110.

[161] MITZENMACHER M. A model for learned bloom filters and optimizing by sandwiching[C]//NeurIPS: 462-471.

[162] VAIDYA K, KNORR E, KRASKA T, et al. Partitioned learned bloom filter[J]. 2020.

[163] DENG F, RAFIEI D. Approximately detecting duplicates for streaming data using stable bloom filters[C]//ACM SIGMOD, Illinois, USA, 2006: 25-36.

[164] LIU Q, ZHENG L, SHEN Y. Stable learned bloom filters for data streams[C]//VLDB Endow., 2020, 13(11): 2355-2367.

作者简介

郭得科 国防科技大学教授、博士生导师，2001 年和 2008 年分别从北京航空航天大学和国防科技大学获得学士和博士学位。入选国家第四批"万人计划"青年拔尖人才（2019）、国家优秀青年科学基金获得者（2014）、湖南省杰青获得者（2016）、教育部新世纪优秀人才（2014）。主要研究方向为网络计算与系统、分布式计算与系统、网络空间安全、大数据分析处理、移动计算等。担任"科技创新2030——国家网络空间安全"重大项目专家、CCF分布式计算与系统专业委员会副主任。

罗来龙 国防科技大学讲师，2019年从国防科技大学获得博士学位。主要研究方向为Sketch数据结构设计、集合内容同步技术、云计算与大数据处理，在相关领域发表论文20余篇，包括在TPDS、TON、TKDE、COMST等国际顶级期刊，以及INFOCOM、IWQoS、CIKM等国际顶级会议。

王兴伟 东北大学教授、博士生导师、国家杰出青年科学基金获得者、国务院政府特殊津贴获得者、教育部长江学者。担任CCF网络与数据通信专业委员会副主任委员、CCF互联网专业委员会副主任委员、中国教育和科研计算机网CERNET专家委员会委员、CCF TON编委，《计算机学报》编委、《软件学报》编委、《计算机研究与发展》编委；爱思唯尔中国高被引学者；辽宁省智能互联网理论与应用重点实验室主任，辽宁省创新团队负责人。主要研究方向为互联网、云计算和网络空间安全等。

李尚森 国防科技大学在读研究生，主要研究方向为网络测量及Sketch数据结构设计。

新一代知识图谱信息系统的研究进展与趋势

CCF 信息系统专业委员会

王昊奋[1]　王　萌[2]　李博涵[3]　赵　翔[4]　王　鑫[5]

[1]同济大学，上海

[2]东南大学，南京

[3]南京航空航天大学，南京

[4]国防科技大学，长沙

[5]天津大学，天津

摘　要

近年来，国内外在基于知识图谱的信息系统技术理论方面取得了一定进展，以信息系统为载体的知识图谱典型应用（包括智能问答、推荐系统、个人助手等），也逐渐走进各个行业领域。然而，在大数据环境和新基建背景下，数据对象和交互方式的日益丰富和变化，对新一代知识图谱信息系统在基础理论、体系架构、关键技术以及服务应用方面提出了新的需求，带来了新的挑战。本文将综述国内外知识图谱新一代信息系统的研究发展现状，对国内外研究的最新进展进行归纳、比较和分析，并结合国家发展战略和重大应用需求，选取与我国国计民生密切相关的多个领域，从微服务到典型应用分析总结新一代知识图谱信息系统的行业进展。最后，就未来的技术挑战和研究方向进行展望。

关键词：知识图谱，信息系统，存算，多模态数据，表示学习，预训练模型，认知智能，神经符号系统，系统评估，微服务，行业应用

Abstract

In recent years, some progress has been made in the technical theory of information system based on knowledge graph, and typical applications of knowledge graph based on information system have gradually entered various industries, including intelligent question answering, recommendation system, personal assistant, etc. However, in the context of big data environment and new infrastructure of China, the increasing multi-modal data and new interaction ways have raised new demands and brought new challenges to the new generation of knowledge graph information system in terms of basic theory, architecture, key technologies and service applications. This report will be reviewed the research current situation of the new generation of knowledge graph based information system. Under the national development strategy and major application requirements, we provide the analysis and summary of industry development of the new generation of knowledge graph based information systems. Finally, the future technical challenges and research directions are prospected.

Keywords: knowledge graph, information system, storage and computing, multi-modal data, representation learning, pre-training model, cognitive intelligence, neural-symbolic system, system evaluation, Micro-service, vertical application

1　引言

1.1　知识图谱新一代基本架构

伴随着过去十年人工智能的浪潮，信息系统发展方兴未艾，正处于由感知智能到认知智能转变的关键时期。知识图谱作为大数据时代的知识工程集大成者，是符号主义与连接主义相结合的产物，是实现认知智能的基石。知识图谱以其强大的语义表达能力、存储能力和推理能力，为互联网时代的数据知识化组织和智能应用提供了有效的解决方案。因此，以知识图谱为核心的新一代信息系统逐渐受到来自工业和学术界的广泛关注。

知识图谱的应用需要综合利用多方面的技术，包括知识表示、数据库、自然语言处理和机器学习等。而且，企业级的知识图谱应用的落地是一个非常繁杂的过程，因此需要完整的工程化流程作为指导。在经过大量的知识图谱研究与产业化落地实践后，业界逐步形成了行业知识图谱应用落地的全流程，称为行业知识图谱的生命周期。其主要过程包括知识建模、知识获取、知识融合、知识存储、知识计算与知识应用[1]。从确定待采集的原始数据到最终的应用开发，需要对数据背后的知识进行建模、抽取、融合、校验、补全、分析计算等一系列加工处理，每一步都是一项复杂而且困难的工作，需要专业的图谱知识和技能才能完成。因此，需要一个功能完整的知识图谱信息系统来支撑知识图谱的应用落地。通常，知识图谱的信息系统需要覆盖行业知识图谱生命周期的所有环节；同时，对于平台中对应生命周期的每个环节的相应组件，均需满足企业级应用的各种功能性与非功能性需求。

基于知识图谱信息系统的应用落地方式是当前主流的落地方式，其理论完备、流程清晰，但仍然会碰到一些问题，具体包括：从知识图谱建设到应用的周期过长，图谱构建过程难度较高，需要专业技能，跨项目、跨领域迁移成本高，数据、知识、模型、算法等可复用程度低，应用构建复杂，需要技术人员深度开发。上述问题可通过引入当前热门的平台化方案等相关技术有效地解决，即构建知识图谱信息系统。同时，企业级知识图谱信息系统是在知识图谱信息系统的基础上引入与平台化相关的理念和技术，对平台进行重构升级的结果。

在此基础上，当前微服务、容器、DevOps 及云计算技术正得到广泛采用并逐渐成为主流，信息系统平台化的知识图谱信息系统也开始采用云原生（cloud native）[2]技术体系进行建设，即采用开源堆栈（K8S+Docker）进行容器化，基于微服务架构提高灵活性和可维护性，借助敏捷方法、DevOps 支持持续迭代和运维自动化，利用云平台设施实现弹性伸缩、动态调度、优化资源利用率。这都表明新一代知识图谱信息系统在微服务和行业应用有了新的进展和解决方案。

1.2 基础理论与关键技术

知识图谱最早于 2012 年由 Google 正式提出[3]，其初衷是为了改善搜索，提升用户搜索体验。知识图谱至今没有统一的定义，在维基百科中的定义为："Google 知识图谱（英语：Google Knowledge Graph，也称 Google 知识图）是 Google 的一个知识库，其使用语义检索从多种来源收集信息，以提高 Google 搜索的质量。"从当前知识图谱的发展看来，此定义显然是不够全面的，当前知识图谱的应用俨然远超其最初的搜索场景，已经广泛应用于搜索、问答、推荐等场景中。比较普遍被接受的一种定义为："知识图谱本质上是一种语义网络（semantic network），网络中的节点代表实体（entity）或者概念（concept），边代表实体/概念之间的各种语义关系。"一种更为宽泛的定义为："使用图（graph）作为媒介来组织与利用大规模不同类型的数据，并表达明确的通用或领域知识。"从覆盖的领域来看，知识图谱可以分为通用知识图谱和行业知识图谱，前者面向开放领域，后者则面向特定行业。通用知识图谱强调的是广度，即更多的实体，但面临长尾实体多，实体属性丰富程度不均，实体关系稀疏等问题，难以形成完整且全局性的本体规范。行业知识图谱主要用于辅助各种复杂的分析应用及决策支持场景，需要考虑领域中的典型业务场景及参与人员的背景和交互方式，因而需要完备性和严格且丰富的模式定义，并保证对应的实例知识具有丰富的维度，即一定的深度。

随着知识图谱在各行业的应用落地，知识图谱技术的相关研究得到了大量研究者的关注。例如，文献［4］从知识表示学习、知识获取与知识补全、时态知识图谱和知识图谱应用等方面进行了全面的综述。近年来，国内外在基于知识图谱的信息系统技术理论方面取得了一定进展，主要围绕传统的数据存储、语义计算、知识获取、本体融合、逻辑推理等方面。以信息系统为载体的知识图谱典型应用（包括智能问答、推荐系统、个人助手、战场指挥系统等）也逐渐走进各个行业领域。然而，在大数据环境和新基建背景下，数据对象和交互方式的日益丰富与变化，对新一代知识图谱信息系统在基础理论、体系架构、关键技术以及服务应用方面提出了新的需求，带来了新的挑战。由此呈现出的新一代知识图谱信息系统技术和理论主要包括 6 个方面：

1）面向海量知识图谱的存算一体技术。
2）非结构化多模态数据组织与理解。
3）大规模动态图谱表示学习与预训练模型。
4）神经符号结合的知识更新与推理。
5）面向下游任务的知识图谱系统感知与评估。
6）新一代信息系统的微服务与行业应用。

作为阅读指导，图 1 给出了本文各部分内容之间的总体结构图。本文将综述国内外知识图谱新一代信息系统的研究现状，从基础理论、体系架构、关键技术和服务应用 4 个方面，对国内外研究的最新进展进行归纳、比较和分析，并结合国家发展战略和重大应用需求，选取与我国国计民生密切相关的教育、军事、政务、金融、工业、农业、医疗等多个领域,从微服务到典型应用分析总结新一代知识图谱信息系统的行业进展。最后,就未来的技术挑战和研究方向进行展望。

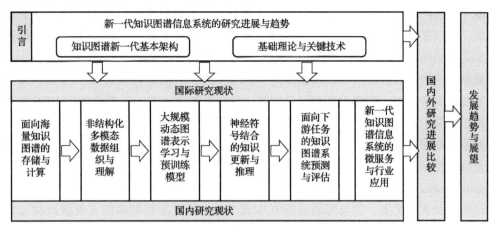

图 1　本报告各部分内容的总体结构图

2　国际研究现状

2.1　面向海量知识图谱的存储与计算

2.1.1　面向海量知识图谱的存储

目前,规模为百万顶点和上亿条边的知识图谱数据集很常见。2021 年 5 月发布的链接开放数据(Linking Open Data,LOD)云图中存在大量知识图谱数据集,规模超过 10 亿条三元组[5]。例如,维基百科知识图谱(DBpedia)大于 30 亿条,地理信息知识图谱(LinkedGeoData)大于 30 亿条,蛋白质知识图谱(UniProt)大于 130 亿条。各领域海量知识图谱的构建和发布对知识图谱存储管理提出了新的挑战[6]。

知识图谱数据模型：海量知识图谱的存储方案取决于知识图谱的数据模型。目前知识图谱的数据模型并不统一,主要有语义万维网领域采用的 RDF 图模型和图数据库领域采用的属性图模型。RDF 图模型是国际万维网联盟制定的在语义 Web 上表示和交换机器可以理解的信息的标准数据模型[7]。属性图模型是图数据库广泛采用的一种知识图谱数据模型,其对于顶点属性和边属性具备内置的支持。2019 年 9 月,国际标准化组织(ISO)已经启动了面向属性图模型的图查询语言(GQL)的标准化工作[8]。文献 [9]已经证明,就主要特性而言,RDF 图模型和属性图模型的表达能力(expressivity)是相当的。而在图数据挖掘与计算领域学术界使用较多的异构信息网络(heterogeneous information network)和有向标签图(directed labeled graph)实际上都可以看作 RDF 图和属性图的特殊形式[10]。无论是 RDF 图还是属性图，存储的主要机制分为基于关系的和原生的两种类型。

基于关系的知识图谱存储机制：优势在于有关系数据管理领域成熟的理论体系和技术方案。经过多年的发展，基于关系的知识图谱存储方案形成了兼顾关系表物理结构与图模型逻辑结构的 DB2RDF[11] 和 SQL Graph[12] 存储方案。

最新的进展包括：IBM DB2 数据库的"关系–图谱"混合存储方案，可基于关系模式灵活配置图谱视图，实现关系和图谱的统一分析查询[13]；Oracle 数据库的 RDF 图管理组件给出的关于万亿三元组 RDF 图的存储管理的评测报告[14]。

原生的知识图谱存储机制：以 Neo4j[15] 和 TigerGraph[16] 数据库为代表，其优势在于优化设计的存储和索引结构对图遍历操作的内置支持。原生图存储具有"无索引邻接（index-free adjacency）"特性，即每个顶点维护着指向其邻接顶点的直接引用，图遍历操作代价与图大小无关，仅与图的遍历范围成正比。原生图数据库能实现顶点和边快速定位的关键存储策略是以"定长记录（fixed-size record）"存储顶点和边，以及将具有定长记录的图结构与具有变长记录的属性数据分开存储。

微软公司的 A1[17] 是 Bing 搜索引擎中使用的分布式内存图数据库，其采用高速 RDMA（远程直接存储器访问）机制高效管理大容量内存，实现了分布式内存中的双向邻接链表，做到了百亿级边的毫秒级访问。

Urbani 等人设计了一种海量知识图谱自适应存储方案 Trident[18]，其通过 B+树支持快速的以顶点为中心的访问，通过一系列二元表支持以边为中心的访问，使用基于字节流的轻量级存储方案实现二元表的存储与装载，同时设计了自适应机制，根据知识图谱输入在装载时动态决定二元表的底层存储方案。

分布式知识图谱存储：支持海量知识图谱的存储管理需要多机集群组成的分布式存储机制。分布式知识图谱数据管理系统目前仍面临若干挑战性问题，包括海量知识图谱的语义划分、分布式知识图谱的物理与逻辑存储方案、分布式知识图谱的索引结构等。

JanusGraph[19] 是在原有 Titan 系统基础上继续开发的开源分布式图数据库。JanusGraph 的存储后端与查询引擎是分离的，可使用分布式 Bigtable 存储库 Cassandra 或 HBase 作为存储后端。JanusGraph 借助第三方分布式索引库 ElasticSearch、Solr 和 Lucene 实现各类型数据的快速检索功能。

DGraph[20] 是原生支持 GraphQL 的分布式图数据库，其特点是支持分布式 ACID 事务处理和高效实时查询。DGraph 集群主要包含 3 种节点：Zero 节点是集群的核心，负责调度集群服务器和平衡服务器组之间的数据；Alpha 节点保存谓词和索引；Ratel 节点部署用户界面接口，负责数据的 CRUD 操作。

TypeDB[21] 是在 Grakn 系统基础上开发的知识图谱分布式数据管理系统，其特点是具有较强的数据模式类型系统，支持知识建模、知识表示和知识推理。TypeDB 偏重于存储已有良好模式定义的知识图谱，并在其上进行自动的逻辑规则推理和分析。

Ontotext GraphDB[22] 是分布式 RDF 三元组数据库，其特点是对于 RDF 推理功能的良好支持，实现了基于规则的"前向链"（forward-chaining）推理机，由显式知识经过推理得到导出知识，对导出知识进行优化存储，导出知识会在知识库更新后相应地同步更新。

2.1.2 面向海量知识图谱的计算

面向海量知识图谱的计算包括查询和推理两个方面。目前存在多种不同风格的知识图谱查询语言，基本提供了图模式匹配和图导航两类图查询操作。另外，海量知识图谱的分析型查询目前主要由分布式图计算框架实现。在海量知识图谱存储系统上的推理研究工作相对较少，目前主要包括离线与在线推理、存储支持的推理、查询与推理的结合。

图模式匹配查询：图模式匹配查询等价于子图同构或子图同态，已经证明了它们均为 NP 完全问题。最新的研究进展是利用 GPU 硬件加速图模式匹配查询。Guo 等人[23] 设计了基于 GPU 加速的大规模划分图上的高效率子图同构方法，该方法通过图划分能够在超出 GPU 存储器的大规模图上进行 GPU 加速的子图同构查找，通过剪枝和复用中间结果实现跨分片结果的快速查找。

图模式匹配查询的另一个新方向是采用近似查询方法提高查询效率。Reza 等人[24] 提出了具有准确率和召回率保证的近似图匹配方法，该方法查找与查询图相差 k 步编辑距离的匹配子图，采用系统性的图剪枝优化方法，实现了 1.1 万亿边规模的图上的高效率近似图匹配查询。Bhutani 等人[25] 提出了一种异构开放知识图谱上的在线无模式（schemaless）近似图模式匹配查询方法，通过查询分解、事实匹配、基于文本和语义相似度的结果对齐等步骤，以完全在线的方式从开放知识图谱中查找近似匹配。

导航式查询：知识图谱上另一种重要的查询方式是导航式查询，其匹配的路径结果不能事先确定，需要按照图的拓扑结构进行导航。最简单的导航式查询是判断两个顶点之间是否存在一条路径，即可达性查询（reachability query）。在实际应用中，往往进一步要求结果路径满足某种约束，最常用的是正则路径查询，即查找的起点和终点通过路径连接，该路径上的标签连接字符串要求满足给定正则表达式。正则路径查询方面的最新成果有：Pacaci 等人[26] 提出的流式图数据上的正则路径查询算法，该算法实现了流式图数据上任意路径与简单路径语义的正则路径查询，能够到达每秒万级边速度流式图数据上的亚秒级查询响应。

分析型查询：不同于图模式匹配和导航式查询，分析型查询不关心满足条件的图结构局部实例，而是面向于度量整个知识图谱的全局聚合信息。简单的分析型查询包括求知识图谱统计聚合信息（如顶点和边计数）、顶点的度、图中的最大/最小/平均度、图的直径等。较复杂的分析型查询主要是图上计算密集型的一些分析和挖掘算法，包括：特征路径长度、连通分量、社区发现、聚集系数、PageRank 等。对于海量知识图谱，分析型查询往往计算量巨大，需要使用分布式图处理框架实现并行计算。有关图数据上分析与挖掘算法的详细介绍请参见文献 [27]。

知识图谱推理：知识图谱的推理能力是知识图谱与普通数据相比的最显著特性。例如，在 RDF 图之上有 RDF 模式（RDFS）和 Web 本体语言（OWL），可用于表示丰富的高级语义知识，同时定义了不同层面的推理功能，即从已有知识推导出隐含知识。目前，知识图谱的存储和计算还没有充分考虑到对于本体和知识推理的支持。如何在存储层和查询处理层支持知识图谱高层本体的有效管理和高效率的推理功能是非常有意义的研究方向。关于面向知识图谱的知识推理最新研究进展可参见文献［28］。

2.2　非结构化多模态数据组织与理解

2.2.1　非结构化多模态数据组织

"模态"的定义较多，可以直观地理解为不同类型的多媒体数据，也可以作为一个更加细粒度的概念，区分模态的关键点可以理解为数据是否具有异构性。例如对于某个歌手，互联网上可以找到他的照片和歌曲视频，同时也有相关的文本信息（百科、新闻等）以及具体的歌曲音频。这四种数据代表了图片、视频、文本、语音，可以被理解为该对象的多模态数据。

DBpedia[29]作为近十年来知识图谱研究领域的核心数据集，其丰富的语义信息中包含了大量的非结构化数据，如文本描述和实体图片。目前，DBpedia 包含了超过 260 万个实体，且每个实体具有唯一的全局标识符。以此为基础，越来越多的数据发布者将自己的数据通过 SameAs 关系链接到 DBpedia 资源，使 DBpedia 一定程度上成为多类型数据组织的中心。目前，围绕 DBpedia 的互联网数据源网络提供了约 47 亿条信息，涵盖地理信息、人、基因、药物、图书等多个领域。

Wikidata[30]中也存在大量的多模态数据资源，它是维基媒体基金会（Wikimedia Foundation）推出的知识图谱，也是 Wikimedia 数据组织和管理的核心项目。Wikidata 充分利用了知识图谱的图数据模型，综合了 Wikivoyage、Wiktionary、Wikisource 等各类结构化和非结构化数据，其目标是通过创造维基百科全球管理数据的新方法来克服多类数据的不一致性，已经成为 Wikimedia 最活跃的项目之一，越来越多的网站都从 Wikidata 获取内容以嵌入提供的页面浏览服务。

IMGPedia[31]是多模态知识图谱的早期尝试。相较于 DBpedia 和 Wikidata，它更关注在已有的知识图谱中补充非结构化的图片信息。IMGPedia 的核心思路是首先提取 Wikimedia Commons 中的多媒体资源（主要是图片），然后基于多媒体内容生成特征用于视觉相似性的计算，最后通过定义相似关系的方式将图片内容信息引入知识图谱中，此外它还链接了 DBPedia 和 DBPedia Commons 来提供上下文和元数据。IMGPedia 的优势在于开创性地定义了知识图谱中图像内容的"描述符"，也就是视觉实体属性（诸如灰度等），同时根据这些描述符去计算图片相似度，方便人们进行相似图片的查找，但 IMGPedia 中定义的描述符种类较少，且图片之间的关系单一。

MMKG[32]项目旨在对不同知识图谱（Freebase、YAGO、DBPedia）的实体和图片资源进行对齐，通过对三个知识图谱（Freebase15k、YAGO15k、DB15k，均为从原始的知识图谱中获得的知识图谱子集）进行实体对齐，以及将数值、图片资源与实体进行绑定，构建了一个包含三个知识图谱子集的多模态数据集合。MMKG 包含的三个知识图谱既有诸多对齐的实体，又有各自的不同拓扑结构。值得一提的是，MMKG 的目标并非是提供一个多模态知识图谱,其核心是定义一个包含多模态信息的评估知识图谱实体对齐技术的基准数据集。但是,其本质上还是以传统的知识图谱为主,且规模很小,同时也没有充分收集和挖掘互联网上多种类型的多模态数据。

KgBench[33]和 MMKG 类似,在 RDF 编码的知识图谱上引入了一组新的实体分类基准多模态数据集,对于多个知识图谱基准实体分类任务,提供至少 1 000 个实例的测试和验证集,有些实例超过 10 000 个,每个实例包含了多种模态的数据描述和特征。每个任务都能够以知识图谱结构特征进行评估,或者使用多模态信息来实验。所有数据集都以 CSV 格式打包,并提供 RDF 格式的原始源数据和源代码。

2.2.2 多模态数据理解

多模态数据理解旨在实现处理和理解不同模态信息之间共同表达语义的能力。整体上,和知识图谱相关的多模态数据的理解主要分为基于本体的多模态语义理解和基于机器学习的多模态语义理解。基于本体的多模态语义理解是比较早期的工作,均和知识图谱相关,其主要活跃于深度学习的浪潮兴起之前,代表性的工作为 LSCOM (Large-Scale Concept Ontology for Multimedia)[34]和 COMM (Core Ontology for MultiMedia)[35]。

LSCOM[34]是一个由 IBM、卡内基梅隆大学 (CMU) 和哥伦比亚大学领导开发的多模态大规模概念本体协作编辑任务。在这项工作中,CyC 公司与很多学术研究和工业团体均有参与。其整个过程包含了一系列学术研讨会,来自多个领域的专家聚集在一起,创建了描述广播新闻视频的 1 000 个概念的分类。LSCOM 中对多模态数据的实用性、覆盖率、可行性和可观察性制定了多个标准。除了对 1 000 个概念进行分类外,LSCOM 还生成了一组用例和查询,以及广播新闻视频的大型注释数据集。

COMM[35]是由德国、荷兰以及葡萄牙的研究团队联合推出的多模态本体,其诞生的主要动机在于 LSCOM 为多模态数据语义分析研究创建了一个统一的框架,但并没有一个高质量的多模态本体的正式描述,也缺乏与已有的语义 Web 的技术兼容。针对此问题,COMM 定义了一个基于 MPEG-7 的多模态本体,由多模态数据模式组成,满足了本体框架的基本要求,并且在 OWL DL 中完全形式化。基于本体的多模态语义理解要求高质量的本体编辑以及精细粒度的数据描述,因此 COMM 和 LSCOM 并没有很好地发展起来。

基于机器学习的多模态语义理解[36]是目前多模态数据理解的主流方法,和知识图谱的联系主要是利用多模态表示学习方法实现知识补全或应用到下游任务中。多模态表示学习是指通过利用不同多模态数据之间的互补性,剔除模冗余性,从而将多模态数据的语义表征为实值向量,该实值向量蕴含了不同模态数据的共同语义和各自特有特征,代表性的工作如 Srivastava 等人[37]通过深度玻尔兹曼机实现图像和文本的联合空间生成,在此基础上实现多模态数据的统一表示。

多模态知识图谱表示学习的代表性工作是 Mousselly 等人[38]将视觉特征、文本特征和知识图谱的结构特征共同学习成统一的知识嵌入,在此过程中使用了 Simple Concatation、DeViSE 和 Imagined 三种不同的方法来集成多模态信息,最终实现了知识图谱的多模态表示学习,生成了蕴含多种模态特征的知识图谱实体和关系实值向量,相较于传统的基于结构的知识图谱表示学习，其在链接预测和实体分类任务上的效果均有提升。

GAIA[39]是最近提出的一个细粒度的多模态知识抽取、理解和组织框架，旨在提取不同来源的异构多媒体数据（包括多模态、多语言等），生成连续的结构化知识，同时提供一个丰富的细粒度的多模态数据描述本体。GAIA整个系统主要有三个优势：①大量使用计算机视觉和自然语言处理的深度学习框架与其他知识图谱算法作为其底层模块，通过结合不同领域的技术实现了特别是对于图片资源的实体识别和多模态实体链接，相较于之前的IMGPedia，这样的处理保证了对图片内容细粒度识别的进一步深入，而对于文本资源，也实现了实体识别和关系抽取；②相较于粗粒度的实体，细粒度可以保证内容查询的灵活性和更强的易用性，例如对场景的理解和事件预测，故可以用于更广泛的实际应用中；③通过将图片和文本实体进行实体链接、关系抽取等处理，实现了多模态知识融合和知识推理，充分利用了多模态的优势。GAIA所提出的多模态知识图谱提取框架是当前比较全面的一种范式，有着较好的借鉴意义。

2.3　大规模动态知识图谱表示学习与预训练模型

2.3.1　大规模动态知识图谱表示学习

知识图谱的本质是一种语言网络，亦是一种特殊的图。同理，动态知识图谱是一种特殊的动态图。但是因为知识图谱的特殊性，动态知识图谱可以被分为两类：一类是时序动态知识图谱，蕴含着时间特征，知识图谱的结构、实体和关系都会随着时间的推移发生改变；另一类是非时序动态知识图谱，这类知识图谱中没有显式的时间特征，但是知识图谱会发生更新，有新的实体和关系添加到原有的知识图谱中。一般情况下，已存在于知识图谱中的实体和关系不会发生改变。

1. 时序的动态知识图谱表示学习

对于时序知识图谱，Stephen Bonner[40]提出了一种新的顶点表示模型体系结构，旨在捕获拓扑和时态信息，从而直接预测未来图谱的状态。模型利用图谱中不同深度的层次递归来探索时间邻域的变化，同时不需要额外的特征或标签。最终的顶点表示是使用变分采样创建的，并进行优化以直接预测序列中的下一个图谱。

Leblay和Chekol[41]研究了时间范围预测随时间注释的三元组，并简单地扩展了现有的静态嵌入方法，将时间信息视为时间感知信息，通过将三元组扩展到时间四元组来嵌入，其中包含了额外的时间信息来对实体关系三元组进行约束，其表示三元组所代表的事实发生的时间。

Pareja等人[42]提出了Evolve-GCN，在时间维度上采用了图卷积网络（Graph Convolutional Network，GCN）模型而没有借助节点嵌入。该方法通过使用递归神经网络（Recurrent Neural Network，RNN）演化GCN参数，以捕获图序列的动态。将RNN嵌入在不同快照采用不同参数的GCN中，RNN提供的是前序快照GCN在当前时刻的权重。

Trivedi 等人[43]提出了一个可以用于几种类型图的模型。针对一个新的观测，他通过自定义的 RNN 来更新节点的向量表示，并定义了一个时间注意力机制，用以获得每次都适用于相邻节点表示的权重。

Jin 等人[44]采用类似的框架，为了捕获节点之间的交互，定义了一个类似于 RNN 的新嵌入模型 RE-NET，用以对知识图谱的处理，通过基于 RNN 的事件编码器和邻域聚合器对事件序列进行建模。具体来说，RNN 用于捕获时态实体交互，邻域聚合器聚合并发交互。

Anderson Rossanez 等人[45]提出了利用时序知识图（Temporal Knowledge Graph，TKG）对非结构化文本语料库中时态知识演化进行建模的新方法。他们将复杂网络度量应用于 TKG 中，以确定所分析的语料库中处理的概念的相关性。该方法能有效地表示和跟踪知识随时间的演化。

2. 非时序的动态知识图谱表示学习

非时序动态知识图谱在应用和更新过程中，可以加入新的实体和关系，新实体与原有实体构成的三元组只要在现实应用场景下正确，则可将此三元组纳入原有的知识图谱中。所以，非时序动态知识图谱的规模是可以随着现实情况不断增大的，被认为是一种动态变化的知识图谱。针对非时序动态知识图谱，最初的模型是在原有 DKRL 模型[46]上进行简单的修改，直接应用于开放世界知识图谱上，其效果相比于其他静态的算法来说有所提高，成了这个任务的一个基准结果。

Shi 等人[47]提出了一种以文本为中心的表示方法 ConMask，其中头实体、关系和尾实体基于文本的向量表示是通过注意力模型在名称和描述上得出的，并且通过全卷积神经网络（Fully Convolutional Network，FCN）得到三元组的评分，最后通过评分完成实体与关系的预测。

Haseeb 等人[48]提出了区别于上述两种模型的新模型 OWE，该模型独立地训练知识图谱和文本向量，然后通过缺失实体的描述文本向量模糊代替实体的表示，在知识图谱中进行匹配，最终得到实体与关系的预测结果。该模型可以调整和选用不同的基础知识图谱表示模型，得到不同的融合模型，在不同环境任务中发挥更好的作用。

Garima Gaur 等人[49]提出了一个框架 HUKA，它使用起源多项式通过编码生成答案所涉及的边来跟踪知识图谱上查询结果的推导。

Ajarshi Das 等人[50]证明了基于案例的推理（Case-Based Reasoning，CBR）系统通过检索与给定问题相似的"案例"来解决一个新问题是可以实现动态知识库（KB）的。其通过收集知识库中相似实体的推理路径来预测实体的属性。在此基础上，采用概率模型估计路径信息在回答给定实体问题时的有效性。

2.3.2 知识图谱的预训练模型

知识广泛存在于结构化数据、文本数据或者更复杂的多模态数据中。除了通过抽取技术将知识从原始数据中提取出来以支持搜索、问答、推理、分析等应用以外，另外一种思路是利用数据中本身存在的基本信号对隐藏的知识进行预训练。预训练模型的核心思想是"预训练和微调"。预训练一般包含两个步骤：首先利用大量的通用知识数据训练一个知识模型，获取文本中包含的通用知识信息；然后在下游任务微调阶段，针对不同的下游任务，设计相应的目标函数，根据相对较少的监督数据进行微调，便可得到不错的效果。

在国际上，近两年对面向知识图谱表示、自然语言问题和基于图谱中图结构的预训练模型有所创新，下面对这些模型进行简单的介绍。

1. 面向知识图谱表示的预训练模型

在词向量表示中，预训练模型主要的任务是预训练和微调，这样的模式可以使词向量表示更适合于不同的应用环境。在面向知识表示的预训练模型中，同样先采用预训练的向量表示，然后在此基础上进行进一步的深化挖掘。

这类预训练模型，旨在通过引入新的处理方法对预训练的知识表示进行进一步的特征挖掘，得到原有表示不具备的特征。

ConvKB[51]模型先选用传统的知识图谱表示模型得到三元组的预训练表示，然后将三元组的向量拼接为一个新的三元组特征矩阵，最后引入 CNN 模型对其进行进一步编码处理，根据不同的任务选择不同的解码器。

CapsE[52]模型则选择胶囊网络处理三元组特征矩阵，利用胶囊网络的特性，可以挖掘其中隐藏的空间位置信息。

2. 面向自然语言问题的预训练模型

知识图谱在处理与自然语言相关的任务时，必然会与语言模型联系起来。这一类预训练模型，主要是将知识融合到一个词向量模型中，形成一个既包含知识又具备上下文信息的预训练词向量。近几年的相关研究主要是将知识融合到 BERT 中形成新的预训练模型。

JAKET[53]由 CMU 和微软公司提出，使用 RoBERTa 作为语言模型对文本进行编码，增加了关系信息的图注意力模型来对知识图谱进行编码；由于文本和知识图谱共有若干实体，可以采用一种交替训练的方式来帮助融合两部分的知识。语言模型得到的信息首先对输入文本以及实体和关系的描述信息进行编码，以得到对应的表示；之后语言模型得到的实体嵌入被送给 R-GAT 模型以聚合邻居节点的信息，以得到更强的实体表示；然后该部分信息被输入到语言模型继续融合并编码，以得到强化的文本表示信息；为了训练该模型，还采用嵌入记忆机制来控制训练时梯度的更新频率和优化目标的权重，并提出四种特殊的损失函数来进行预训练。

悉尼科技大学和微软公司提出了一个基于实体的遮蔽机制[54]，结合一定的负采样机制来增强模型。模型对于输入的每一句话进行实体链接工作，得到其中的实体，并从知识图谱中召回其邻接的三元组；利用一个特殊的权重，防止在遮蔽时关注句子中过于简单和过于困难的实体，这样模型在实体层的 MLM 训练时就关注较为适合学习的信息；此外还引入了基于知识图谱的负采样机制，它利用关系来选择高质量的负例，以进一步帮助训练。

3. 基于图谱中图结构的预训练模型

知识图谱是一种特殊的信息图，可以通过适用于图的方法（GNN）获取知识图谱的部分结构特征。图神经网络（Graph Neural Network，GNN）已被证明是建模图结构数据的强大工具，然而，训练 GNN 模型通常需要大量特定任务的标记数据，而获取这些数据往往非常昂贵。利用自监督 GNN 模型对未标记图谱数据进行预训练是减少标记工作的一种有效方法，预训练学习到的模型可用在只有少量标签图谱数据的下游任务。

GPT-GNN[55] 模型是自监督的生成式预训练框架，通过预训练来捕捉图谱固有的、内在的结构和语义等属性信息，可以对各种下游任务起到有效提升作用。GPT-GNN 模型通过两个生成任务（属性生成和边生成）以及构建节点属性和图结构之间的相互依赖关系，捕捉隐含的特征信息。

DGI[56] 模型是对比学习预训练框架，依赖于节点表示和图表示之间互信息最大化。之前的方法在构建图模型时大多依赖于随机游走，例如 GCN 模型，随机游走成立的一个前提假设是当前节点和邻居节点是相似的。DGI 则是从互信息作为核心指标出发，通过对比学习局部表示和全局表示的互信息最大化来进行图学习。

GraphCL[57] 模型是一个基于对比学习的自监督图谱预训练模型，对一个节点得到两个随机扰动的 L-Hop 子图，通过最大化两个子图之间的相似度来进行自监督学习。对于一个节点完整的 L-Hop 子图，通过以指定概率随机丢边的方式来生成不同的子图结构。使用简单的 GCN 模型对两个 L-Hop 子图进行表征。

2.4 神经符号结合的知识更新与推理

图灵奖获得者 Yoshua Bengio 在 NeuIPS 2019 的特邀报告中明确提到，深度学习需要从系统 1（System 1）转化到系统 2（System 2）。这里所说的 System 1 和 System 2 来源于认知科学中的双通道理论，其中 System 1 可以理解为神经（neural）系统，它表示直觉、快速、无意识的系统；System 2 可以理解为符号（symbolic）系统，它表示慢、有逻辑、有序以及可推理的系统。Yoshua Bengio 提到的 System 2 关于深度学习的想法与"神经+符号"的知识表示和推理目标基本一致。神经系统的优势在于能够轻松处理一类问题，同时模型能够允许数据噪声的存在，但缺点在于其端到端的过程缺乏可解释性，并且在模型求解答案过程中难以嵌入已有的人类知识。相反的，符号系统可以完美地定义各类专家经验规则和知识，形成对结构化数据的各类原子操作，在此基础上通过搜索和约束进行求解，整个过程的解释性和可理解性也很强。但是，符号系统的缺点在于难以处理很多拥有异常数据和噪声的场景。因此，要实现"神经+符号"的有机结合并不容易。从早期的知识库、专家系统，到 2012 年谷歌正式提出知识图谱，知识图谱的发展历程也体现了神经系统和符号系统各自发展的缩影，整体上可分为神经助力符号和符号助力神经两大类。

2.4.1 神经助力符号推理

神经助力符号推理方法的特点在于将神经系统的方法应用在传统符号系统的问题求解上，通常主要是解决浅层的推理问题，其核心在于如何将从神经系统学到的"浅层知识表示"（计算结构和连续型数值表示的知识）更新到已有的符号知识（离散、显式的符号化知识）体系中。

马尔科夫逻辑网络[58]（Markov Logic Network，MLN）是由一阶逻辑公式及其对应的权值组成的二元组集合，其基本思想是利用统计关系学习模型将马尔科夫网络与一阶逻辑相结合，进而实现对传统一阶逻辑限制的放松，在自然语言处理、复杂网络、信息抽取等领域都有重要的应用。

知识图谱表示学习技术[59]也是一种典型的神经助力符号推理的研究，其特点是采用神经系统训练的思想，设计知识图谱实体和关系在隐空间下的距离度量函数，用统计推理代替逻辑演绎。最具代表性的工作是翻译模型 TransE[60]和基于矩阵分解的 RESCAL[61]模型。在这两种模型方法的启发下，衍生了很多方法，它们的本质是对知识图谱特征有更多考虑，如时空知识图谱嵌入[62]，从表示空间上进行拓展迁移，使用奇异值分解模型生成的复数值嵌入 ComplEx[63]、ConvE[64]等。受知识图谱表示学习的启发和图神经网络技术的发展，华盛顿大学的 Chen 等人[65]尝试直接使用 GNN 等深度学习技术进行知识补全。

将表示学习技术利用到多跳智能问答场景，是将传统基于符号搜索查询的答案求解过程，转化为隐空间中的答案和问题的相似性匹配过程或答案自动生成的过程。国外典型的工作有斯坦福大学提出的 GQE、BetaE[66]以及 Query2Box[67]，它们的共同特点是将多跳问题转化为计算图，然后使用概率逻辑运算符将其嵌入不同的空间中，通过最小化计算图嵌入与答案嵌入来学习求解答案的方式。因为整个求解的过程在连续低维的向量空间中，知识图谱嵌入模型本身的链接预测性质可以缓解多跳问答中面临的数据不完整问题，而无须使用任何其他数据。此外，德国研究团队中的 Lukovnikov 等人[68]以及斯坦福大学的 Leskovec 团队[69]也探索了将图卷积神经网络等技术直接应用在知识图谱复杂问答场景。

敏捷逻辑（swift logic）[70]是牛津大学的 Gottlob 等人关于"神经+符号"的尝试，其特点是在知识图谱管理系统框架层面使用神经和符号的多种技术，该系统能够执行复杂的推理任务（以 Datalog 语言为理论基础），同时在可接受的计算复杂度下，利用神经网络在大数据上实现高效和可扩展的推理。此外，敏捷逻辑还定义了与企业数据库、网络、机器学习和分析软件包的接口，以实现与数据库和人工智能中不断出现的新技术的结合。

牛津大学和伦敦大学学院的研究团队提出了神经理论证明机[71]，他们设计了一个端到端的微分定理证明神经网络，其中的运算基于知识图谱的稠密实值向量表示，通过运算稠密向量表示来实现对知识图谱上查询的端到端可微证明。在该过程中，神经网络是受 Prolog 中的反向链算法启发递归构造而成的，同时用径向基函数核符号向量表示的可微计算来代替传统的符号统一表示，从而将符号推理与学习次符号向量表示相结合。

斯坦福大学的自然语言处理团队提出神经张量网络[72]，不同于前人在知识图谱里使用实体去预测关系，他们引入了一个损失函数为双线性的三层神经网络模型，并且对实体向量初始化的处理采用非监督模型训练得到的词向量的平均值，进而大大提高了系统准确率。

2.4.2 符号助力神经计算

符号助力神经方法的特点在于将符号的方法应用到神经网络的训练过程中。国外具有代表性的工作如下：

日本索尼公司联合英国和意大利的学者共同提出的逻辑张量网络[73,74]，其主要思想是改进神经的方法，通过引入称为多值和端到端的可微分一阶逻辑作为表示语言来支持深度学习和推理。逻辑张量网络为多种任务（例如数据聚类、多标签分类、关系学习、查询应答、半监督学习、回归和嵌入学习）提供了统一的语言。

卡内基梅隆大学团队使用逻辑规则在深度神经网络中进行数据编审（data curation）[75]，其核心是将一阶逻辑规则所代表的认知和结构化知识通过后验正则项（posterior regularization）建模成一个指导网络（teacher network），然后用知识蒸馏的方式将指导网络中的知识传授给另一个学习者神经网络（student network）的权重中，实现在测试阶段一些新样本的预测。

斯坦福大学的研究团队提出的远程监督（distant supervision）模型[76]，衍生出一系列研究工作。远程监督针对知识图谱构建过程中的核心任务关系抽取，其假设知识图谱中存在一个三元组（<实体1-关系-实体2>），那么给定非结构化的文本中任何包含实体1和实体2的句子在一定程度上都反映了该三元组中的关系。基于这个假设，远程监督算法可以利用知识图谱中已有三元组和对应的关系来启发式地标注句子。值得一提的是，远程监督这种启发式的策略可能使一些句子被错误标记，导致抽取性能下降，因而如何去噪是远程监督的关键问题。

在计算机视觉和自然语言处理领域的少样本、零样本模型和场景中，知识图谱等符号知识也被用来增强训练数据，从而扩充监督信息，实现用充足的数据和可靠的经验知识将神经系统学习得到的模型误差最小化[77,78]。

2.4.3 神经符号结合的知识表示与推理

一个完美的"神经+符号"系统的特点和优势如下：①能够轻松处理目前主流机器学习擅长的问题；②对于数据噪声有较强的鲁棒性；③系统求解过程和结果可以被人容易地理解、解释和评价；④可以很好地进行各类符号的操作；⑤可以全面地利用各种背景知识。从以上标准来看，实现神经符号知识表示的充分结合还有很长一段路要走。国外目前最具代表性的研究团队为 Google 的 William W. Cohen 等人和以 Garcez、Lamb 教授为代表的研究团队。

William W. Cohen 作为人工智能领域的重要学者，近年来发表了一系列的神经符号结合的研究工作，如 DrKIT[79]，其将语料库作用在虚拟的知识图谱上，进而实现复杂多跳问题的求解。DrKIT 采用传统知识图谱上的搜索策略进行文本数据的遍历，主要是遵循语料库中包含文本以及实体之间的关系路径。在每个步骤中，DrKIT 使用稀疏矩阵 TF/IDF 索引和最大内积搜索，并且整个模块是可微的，所以整个系统可以使用基于梯度的方法从自然语言输入到输出答案进行训练。DrKIT 非常高效，每秒比现有的多跳问答系统快 10~100 倍，同时保持了很高的精度。

Garcez 和 Lamb 等人从事神经符号结合的人工智能研究已经很多年，其最新的研究致力于探索 GNN 技术在神经符号集合的智能计算过程中扮演的关键作用[80]。值得一提的是，由其发起的神经符号国际研讨会⊖已经召开了 15 届，近些年逐渐受到越来越多的关注。

2.5　面向下游任务的知识图谱系统预测与评估

2.5.1　基于节点属性的链接预测评估

知识工程下游任务帮助机器掌握大量的常识性知识，同时以人的思维模式和知识结构来进行语言解释、视觉场景解析和决策分析。面向下游任务的知识图谱技术是由弱人工智能发展到强人工智能过程中的必然趋势。因此，基于知识图谱的知识工程下游任务能在各自的应用场景下作为知识表示的评价指标，对现有的知识表示学习模型进行细粒度的评估。链接预测作为下游任务的一种，可以用作图谱评估的一种手段。

在社交网络链接预测评估中，基于节点属性相似度的方法是使用最普遍的一类，这类方法主要通过属性来计算用户节点之间的相似度，从而预测它们之间存在链接的可能性。McPherson 等人[81]认为正是相似性孕育了人们之间的各种联系，包括婚姻、友谊、工作关系，等等。

Bhattacharyya 等人[82]通过研究社交网络中用户资料的条目来寻找用户关键词，他们提出了一个"森林模型"来对用户关键词进行分类，并在此基础上通过计算两个用户节点关键词之间的距离来定义他们的节点相似度。

Scellato 等人[83]通过利用用户的地理位置这一节点属性，挖掘出到访一些相同地点的人更倾向于成为朋友这一信息，并在此基础上计算用户的相似度，从而进行链接预测。

Akcora 等人[84]基于用户好友设置的社交账号个人信息以及多数表决的方式来弥补属性值缺失的问题，在此基础上再进行用户节点之间的相似性计算。

Anderson 等人[85]通过不同用户偏好之间的重叠程度来衡量他们的相似性，这些偏好包括对于某些问题答案的投票情况、社交网站上评论的打分情况等。

虽然节点属性的引入可以对社交网络中链接预测的准确性带来有效的提升，但是仍然存在着很多问题。互联网上个人信息泄漏的事件时有发生，社交网络用户的隐私保护意识也因此逐渐加强，这给用户相关属性信息的获取带来了很大的困难，造成了数据的缺失和不完整性。其次，即使获得了用户的授权，这些信息的真实性和可靠性也很难得到保障。因此，研究人员更多的是把节点的属性特征和其他的链接预测评估相结合来保证其效果。

⊖　https：//people. cs. ksu. edu/~hitzler/nesy/。

2.5.2 基于拓扑结构的链接预测评估

社交网络作为复杂网络的一种，其拓扑结构展现了人与人之间复杂多样的关系，是一种非常有效的用于链接预测的信息。和基于节点属性的链接预测评估一样，基于拓扑结构的链接预测评估也是通过相似度的计算来预测节点之间的链接情况。邻接点即与用户节点存在链接的其他节点，它是社交网络中的用户节点最常见的拓扑结构信息。无论是在现实生活中还是在社交网络中，人们都倾向于与自己熟悉、亲密的人建立关系，因此研究人员们提出了许多基于邻居的链接预测算法。

Newman 等人提出的 CN（Common Neighbors）算法[86]中，用户之间的节点相似性是根据其共同邻居的数量来衡量的，该方法因简单和高效而得到了广泛应用。这符合现实生活中，拥有共同好友数量越多的人越可能存在联系的情况。

Ravasz 等人在 HP（Hub Promoted）算法[87]中定义节点之间的拓扑重叠，为节点间的共同邻居数量与较低的节点度之间的比值。

Leicht、Holme 和 Newman[88]提出的 LHN（Leicht-Holme-Nerman）算法是基于拥有较多共同邻居的节点具有较高相似度的假设，与一个期望值相比较。

Adamic 和 Adar[89]提出的 AA（Adamic-Adar Coefficient）算法最初用于计算网页之间的相似度，后被广泛应用于社交网络中。它在 JC 的算法思想基础上，使邻居数量较少的共同邻居节点的权重变得更大。

Barabâsi 等人提出的 PA（Preferential Attachment）算法[90]将两个节点之间的相似度定义为其邻居节点数量的乘积，即拥有邻居数量越多的节点之间存在链接的可能性就越大。

2.5.3 基于相似度和游走的链接预测评估

Papadimitriou 等人提出的 FL 算法[91]通过遍历节点对之间所有有界长度的路径来计算它们的相似度，它假设社交网络中的用户节点可以通过所有存在的路径进行交流。

除了利用拓扑结构相似度的链接预测方法，还有基于随机游走的方法。这类方法利用一个节点移动到其邻居节点的转移概率来表示当前节点随机游走到目标节点的可能性，从而来衡量节点对之间的相似度。

Fouss 等人提出的 HT 算法[92]是通过从一个节点游走到另一个节点所需的步数，计算两个节点之间的相似程度。CT 算法可以在计算从节点 x 到节点 y 之间期望步数的同时，也计算从节点 y 到节点 x 的期望步数，从而解决了 HT 算法的不对称性问题。CST 法是在 L^+ 的基础上，利用两个向量的相似性进行计算。

2.5.4 基于特征分类的链接预测评估

Al Hasan 等人[93]首先提出将社交网络中的链接预测问题视作监督学习的分类任务进行研究，结果表明，大多数的分类算法对于链接预测是有效的，其中 SVM（Support Vector Machine）的性能表现最佳。

　　由于基于位置的社交服务不断普及，Scellato 等人[83]利用用户访问过的地理位置信息定义了一种新的特征，在一种监督学习的框架下预测社交网络可能产生的新链接。

　　Wu 等人[94]将因子图模型引入链接预测研究，构造了 RankFG+交互式的学习框架，从而使得排名模型可以根据用户节点的反馈来进行调整。

　　Ahmed 等人[95]以社交网络中的连通性、互动、社区等八个特征，使用监督学习的策略对推特中的用户关系进行链接预测，实验结果表明了无论是单独使用经典分类器还是使用集成分类器，均取得了较好的效果。

2.5.5　其他的链接预测评估

　　近些年来，部分方法将链接预测看作一个分类问题，分别利用节点属性特征、拓扑结构特征以及一些其他的附加外部特征；另外一部分方法主要是基于概率图模型和基于矩阵分解。

　　Valverde-Rebaza 等人[96]通过考虑节点所在社区的兴趣和行为等相关社区信息结合社交网络中的拓扑结构信息达到提升链接预测效果的目的，这种方法对有向及非对称大型网络中的链接预测任务尤为有效。

　　Kashima 等人[97]为诸如社交网络和生物网络等网络结构相关领域中的链接预测问题，提出了网络演化的一种参数化概率模型，主要利用了网络的拓扑结构特征，从矩阵分解的角度，为研究人员解决链接预测问题提供了新思路。Menon 等人[98]将链接预测问题看作对矩阵的补全，从而使用有监督的矩阵分解的方法来进行预测。Dunlavy 等人[99]利用矩阵和张量分解的方法解决随着时间变化的二部图中的链接预测问题，通过把时态数据分解为矩阵的方式进行加权，在单步时间链接预测中获得了比直接求和更好的效果。

2.5.6　知识图谱系统应用评估

　　对知识图谱的评估尚未形成一套统一的维度标准，并且针对不同的感知应用往往会有不同的评估标准，基于知识增强的问答系统、推荐系统以及自然语言任务是知识图谱最常见的感知应用，这三类应用可作为知识图谱嵌入的评价指标。

　　关系抽取任务是现有自然语言处理任务中的主要研究方向，从自然语言中抽取事实三元组。传统的关系抽取作为一种构建知识图谱的上游任务，从纯文本中提取新的知识并扩充至知识图谱中。

　　近年来，研究人员发现基于知识增强的关系抽取模型取得了不错的性能，知识图谱与关系抽取研究相互影响形成良性循环。已有工作将 TransE、TransH 以及 TransR 的嵌入模型与基于文本的关系抽取模型 Sm2r[100]相结合，利用关系抽取性能对知识图谱模型进行评估。采用相同的思路，将不同的知识图谱嵌入模型结合 Sm2r，对抽取的三元组进行排序检验。

2.6　新一代知识图谱信息系统的微服务与行业应用

2.6.1　微服务

如第 1 章所述，以知识图谱为核心的新一代信息系统通常采用微服务架构，但各系统在具体实现层面会有所区别。本节将针对国外主流的知识图谱产品的微服务进行分析。

IBM 开发了 Watson Discovery 服务及其相关产品所使用的知识图谱框架 Knowledge Studio[101]，在外部许多行业环境中也进行了部署应用。IBM Watson 知识图谱框架有两种典型的应用场景：一是直接用于驱动 Watson Discovery，使用结构化以及非结构化的数据来发现新的知识，为下游产品提供服务；二是允许用户以预先构建的知识图谱为基础来构建自己的知识图谱。此外，Knowledge Studio 中还包含了预构建的图谱，其他框架可以它为核心快速构建自己的图谱。

Metaphactory[102] 提供了一套从知识存储、知识管理到知识查询与应用开发的端到端的知识图谱信息系统解决方案。知识图谱存储可以使用常见的三元组存储，如 Blazegraph、Stardog、Amazon Neptune、GraphDB 和 Virtuoso 等；数据交互使用了标准的 SPARQL 作为交互协议，同时提供了搜索、可视化和知识编辑管理的 UI 接口，并为 Tabular 等 BI 工具提供了数据接口。除了底层的基础设施及中间件服务外，Metaphactory 中的微服务主要分为 3 大部分：

1）知识图谱资产管理：通过统一视图提供知识服务，包括图数据库查询及修改的 API 微服务、SPARQL 查询服务及机器学习算法微服务等。

2）面向终端用户交互：面向终端用户交互应用的微服务，包括知识发现、导航、探索和分析、语义搜索及可视化查询等。

3）知识图谱应用开发：提供面向 Web 组件的应用微服务，实现开箱即用、声明性的 Web 组件，从而构建低代码且敏捷的应用程序；同时提供"查询即服务"的动态 REST 服务，实现与第三方应用程序接口和集成。

Stardog[103] 是一个企业级知识图谱信息系统，通过把数据映射成知识，使用知识图谱进行组织，对外提供查询、检索和分析等服务，其主要工作在计算层而非存储层。Stardog 的微服务包括：

1）图谱映射微服务：实现从原始数据（通常是在关系数据库中）到知识图谱的映射，实现虚拟知识图谱（virtual knowledge graph）。

2）知识查询检索微服务：提供面向虚拟知识图谱的基础查询、检索及分析的微服务，以及 Gremlin 查询微服务。

3）推理计算微服务：提供基于 RDF 及 OWL2 的推理微服务；以及基于知识图谱的模型训练服务。

Ontotext[104] 是一个将企业知识组织成知识图谱的平台，包括数据库、机器学习算法、API 和用于构建针对特定企业需求的各种解决方案工具等部分。其体系结构基于开放的接口和标准。Ontotext 中的微服务主要包括：

1）数据层服务：提供面向复合存储的存储及查询服务，复合存储包括图数据库、Elastic Search 索引数据库、MongoDB 文档数据库。

2）服务层服务：包括语义对象建模服务、文本抽取及分析服务、语义标注服务和机器学习模型服务等。

3）应用层服务：提供基于 GraphQL 的数据查询及接口定制服务，能够从建模的本体自动生成基于 GraphQL 的数据访问，以及语义搜索服务、推荐服务等。

Palantir[105] 是用于知识图谱创建、管理、搜索、发现、挖掘和积累的可扩展的大数据分析平台。Palantir 目前拥有两大产品线——Palantir Gotham 和 Palantir Metropolis，其中基础框架中包含的微服务包括：

1）统一数据表示模型服务：Palantir 采用动态本体作为其数据基本表示模型，这种可动态扩展的模型使得 Palantir 整合不同来源的不同数据为一个整体成为可能。

2）数据管理服务：Palantir 内置了多源异构数据的集成、处理、融合和存储服务，这些服务堆栈都被设计成可扩展的；被整合的数据都存储在 Palantir Gotham 平台的版本控制数据库（revisioning database）中，并对上层应用提供开放接口。

3）数据分析能力及服务：提供了一整套的集成工具，这套工具在语义分析、时间分析、地理空间分析、全文分析方面均做了优化。用户可以将数据对象在不同应用之间拖放以获得流畅、全面的分析经验。通过可视化技术形成"人机共生"的可视化大数据交互探索分析能力，促进人脑和大数据分析互补，提升客户的决策洞察力。

2.6.2　行业应用

谷歌知识图谱是于 2012 年最早提出来的用于改善搜索的知识图谱，它是许多谷歌产品和功能在后台使用的长期、稳定的类和实体标识来源。用户进行实体有关的查询时会发现结果中还包括了知识图谱提供的事实，即使谷歌搜索可以过渡到"是实体而不是字符串"。基于知识图谱的搜索不是简单地返回传统的"10 个蓝色网页超链接"，而是帮助理解用户请求并链接到世界认知概念的指代，然后返回指代相关的结果。目前它涵盖了广泛的主题，包括超过 10 亿个实体和 700 亿条事实[106]。

微软必应（Bing）知识图谱包含物理世界的知识，如人物、地点、事物、组织、位置等类型的实体，以及用户可能采取的行为。覆盖范围、正确性和时效性是该图谱质量和实用性的关键因素[107]。学术图谱（academic graph）是微软公司的另一个知识图谱，它是实体的集合，包括人物、出版物、研究领域、会议论坛以及地点位置等。它允许用户查看研究人员与研究项目之间的联系，而这些联系若通过传统方法则可能难以确定。当用户输入搜索文本时，如果知识图谱中存在相关的知识时，必应搜索引擎将显示来自必应知识图谱的知识面板。

脸书（Facebook）公司拥有全球最大的社交图谱，该图谱以用户为中心，同时包括用户关心的其他信息如兴趣爱好、从事行业等信息[107]。脸书公司的图谱主要用于增加用户对脸书产品的体验，包括内容搜索和兴趣推荐等。脸书知识图谱通过以结构化的方式对世界进行大规模建模，脸书工程师能够"解锁"社交图谱本身无法实现的用例。即使看似简单的东西，比如音乐和歌词，检测到用户在偶然时刻通过软件使用它们，也可增进图谱对结构化知识的理解。如今，脸书产品的许多体验都由知识图谱提供支持。

领英图谱（LinkedIn graph）是微软公司的社交图谱，其中包括人员、工作、技能、公司、位置等实体。

在行业应用方面，知识图谱也被广泛地应用于医疗、金融、公安、能源等行业中。IBM Watson 最早被研发应用于医疗领域，随着产品的不断延伸也逐步应用于金融等其他领域中；Palantir 相关产品已经分别应用于国防安全与金融领域，形成了包括反欺诈、网络安全、国防安全、危机应对、保险分析、疾病控制、智能化决策等解决方案。

3　国内研究现状

3.1　面向海量知识图谱的存储与计算

3.1.1　面向海量知识图谱的存储

随着互联网上海量知识图谱管理与应用需求的不断增加，近年来国内各大互联网企业均在知识图谱存储与计算方面进行了研发投入。

百度公司的 HugeGraph[108] 是支持 Apache TinkerPop3 框架并实现了 Gremlin 查询语言的开源图数据库管理系统，其支持百亿级顶点和边的图导入，实现了毫秒级的查询处理性能，并可与 Spark 大数据平台集成进行图分析处理，其底层存储采用插件方式，支持 RocksDB、HBase 和关系数据库等。HugeGraph 已应用到百度安全事业部的反欺诈等业务需求中。

字节跳动公司研发的分布式图存储系统 ByteGraph 支持属性图模型和 Gremlin 查询语言，图数据的读写访问性能可达每秒千万级，延迟控制在毫秒级，有效支持字节跳动产品中关于用户社会网络的数据管理与挖掘分析应用需求。

腾讯公司研发的分布式图数据库 TGDB 能够实现万亿级图数据的实时查询，实现了属性图的原生存储管理，支持大规模图数据上的 PageRank、社群发现、相似度计算、模糊子图匹配等图分析计算，在公开数据集下查询速度比 Neo4j 图数据库快 20～150 倍。

阿里巴巴公司的 GDB 是阿里云研发的图数据库产品，实现了属性图的原生存储，支持 Gremlin 查询语言，同时提供事务处理 ACID 特性的支持。GDB 已应用到了阿里云平台所支持的若干在线实时图数据应用场景。

学术界也产生了若干知识图谱数据管理原型系统。由北京大学研发的 gStore 系统[109] 是支持 RDF 图的存储与查询的原生图数据库，其将 RDF 图中每个资源的属性映射为二进制位串，将所有位串按照 RDF 图结构组织成索引结构，以加速图匹配查询操作。gStoreD 是 gStore 的分布式版本。

天津大学研发的 KGDB[110] 是统一模型和查询语言的知识图谱数据库管理系统，支持 RDF 图和属性图的统一存储，满足知识图谱数据存储和查询负载的需求，基于特征集的聚类方法解决无类型三元组的存储问题，实现了 SPARQL 和 Cypher 两种查询语言的互操作。

华中科技大学研发的 RDF 图存储系统 TripleBit[111] 实现了轻量级压缩的存储方案，其采用增量压缩和变长字节整数编码降低了存储空间开销，采用数据分块的存储策略加速数据读取，提供基于启发式规则的动态查询执行计划生成方法，优化了查询中间结果的产生。

上海交通大学研发的 Wukong[112] 是基于 RDMA 硬件的高并发分布式 RDF 内存图数据存储系统。采用分布式哈希表实现面向 RDMA 访问的谓词索引和类型索引存储结构，有效支持 RDF 图上的基本读写操作，同时查询处理充分利用 RDMA 特性实现大规模 RDF 图的分布式高效内存查询操作。

LiveGraph[113] 是清华大学开发的面向实时图分析的原生图存储方案，其基于邻接表顺序扫描，利用"事务边记录"（transactional edge log）的存储结构实现了同时支持事务处理和实时图分析的图存储系统。

由国内社区主导开发的开源分布式图数据库 Nebula Graph[114] 具有水平扩展性、强数据一致性、高可用等特性，采用属性图模型，支持能够千亿个点和万亿条边的海量属性图数据，提供毫秒级查询响应。

创邻科技研发的图数据库 Galaxybase[115] 能够存储千亿节点的海量属性图，实现了分布式图数据的"存储+计算"一体化，支持海量图数据的高并发实时读写、查询、运算及分析。目前，Galaxybase 已应用于金融、电力等领域，满足关联挖掘和异常监控等需求。

3.1.2　面向海量知识图谱的计算

GSI[116] 是北京大学设计的一种利用 GPU 加速的子图同构算法，其基于面向 GPU 优化的分片压缩稀释矩阵 PCSR 数据结构，采用"预分配–组合"（prealloc-combine）策略，避免了已有 GPU 子图同构方法中的冗余二次连接问题。

Wang 等人[117] 提出了一种语义指导的响应时间有界的 top-k 近似图匹配查询方法，该方法利用知识图谱嵌入模型构建语义图，根据路径语义相似度，采用 A* 搜索算法在语义图中查找前 k 个语义相似的子图匹配结果。此方法通过 A* 语义搜索来权衡图匹配查询的近似效果与时间效率。

3.2　非结构化多模态数据组织与理解

3.2.1　非结构化多模态数据组织

东南大学的王萌、漆桂林等人和同济大学的王昊奋联合提出的多模态图谱

Richpedia[118]，是国内目前在多模态知识图谱领域的代表工作。其核心思路延续了知识图谱的基本数据模型，在 RDF 框架下，对现有的知识图谱进行扩充（主要是包含视觉信息的图片实体），使其变为多模态知识图谱。该工作的最大贡献在于收集与实体相关的图片的同时，利用图片的配文来识别图片中所包含其他实体，进而发现图片与图片之间的语义关系。

西安交通大学的郑庆华和刘均等人提出了知识森林[119,120]的概念，旨在针对智慧教育领域的多模态数据，实现基于知识森林数据模型的组织与个性化导学。知识森林的特点在于针对教育领域的垂域特点，用自然语言处理、图像识别等人工智能技术突破了教育领域给定课程科目的知识森林的自动构建，研制了知识森林 AR 交互系统，缓解了学习过程中人机可视化交互难题。

百度知识图谱近年来也逐渐向多模态知识图谱演化。基于海量互联网资源，百度公司构建了超大规模的通用知识图谱，并随着文本、语音、视觉等智能技术的不断深入，行业智能化诉求的提升，百度公司近年来一直致力于知识图谱在复杂知识表示、多模态语义理解、行业图谱的构建和应用。

3.2.2 多模态数据理解

北京大学的彭宇新等人提出了跨媒体智能[121]的概念，和多模态数据理解的思路类似，其借鉴人脑跨越视觉、听觉、语言等不同感官信息认知外部世界的特性，重点研究了跨媒体分析推理技术中的任务和目标，包括细粒度图像分类、跨媒体检索、文本生成图像、视频描述生成等。其代表性的工作为 PKU FG-Xmedia[122]，是第一个包含 4 种媒体类型（图像、文本、视频和音频）的细粒度跨媒体检索公开数据集和评测基准，并且在此基础上提出了能够同时学习 4 种媒体统一表征的深度网络模型 FGCrossNet。

中国科学院自动化研究所的张莹莹等人[123]提出了一个基于多模态知识感知注意力机制的问答方法。该模型首先学习知识图谱中实体的多模态表示，然后从多模态知识图谱中与问答对相关联的实体路径来推测出回答该问题时的逻辑，并刻画问答对之间的交互关系。此外，该模型还提出了一种注意力机制来判别连接问答对的不同路径之间的重要性。

清华大学的刘知远等人[124]在多模态知识图谱表示学习方面最早开展了研究，代表性的工作是 IKRL，其将视觉特征和知识图谱的结构特征进行联合表示学习，进而通过不同模态信息之间的约束生成质量更高的知识图谱嵌入。

华南理工大学的蔡毅等人[125]提出一种结合图像信息和文本信息的神经网络来对 Twitter 等短文本中的实体进行识别和消歧。其核心思想是将视觉和文本信息通过表示学习生成的嵌入连接起来，并且为细粒度的信息交互引入了的共同关注机制。在 Twitter 数据集上的实验结果表明，其方法优于单纯依赖文本信息的方法。

中国科学技术大学的徐童等人在多模态信息理解与关联方面探索了如何有效联合映射与建模跨模态信息，进而从视频概括性描述深入至实体间语义关系，实现视觉元素多层次、多维度语义理解与关联，以形成对视频等多模态内容更为全面的解析，有效解读其中的语义信息，进而为支撑面向多模态内容的智能应用服务奠定重要基础。其代表性的工作为 MMEA[126]，针对多模态知识图谱的实体对齐问题，设计了一种多视图知识嵌入方法，实现多模态知识图谱实体对齐效果的提升。

电子科技大学的郑凯等人[127]为了解决推荐系统中的数据稀疏和冷启动问题，通过利用有价值的外部知识作为辅助信息，提出了基于多模态知识图谱的推荐系统。不同于以往大多数工作都忽略了多模态知识图谱（MMKG）中的各种数据类型（例如，文本和图像），他们提出了多模态知识图谱注意力网络（MKGAT），以通过利用多模态知识来提高推荐系统的推荐效果。

3.3　大规模动态知识图谱表示学习与预训练模型

3.3.1　大规模动态表示学习

1. 时序的动态知识图谱表示学习

在时序知识图谱表示的研究领域中，近两年国内研究人员也有所突破，提出了基于分解的方法和历时性编码的方法，此外还在静态随机游走的方法上做出了改进，提出了适用于时序知识图谱的随机游走模型。

Xu 等人[128]定义了一个时间显式的节点表示方法，将嵌入转化为高斯分布。

田满鑫等人[129]提出一种基于实体时间敏感度的知识表示方法。该方法将时间信息以不同程度融入不同类型的实体向量表示中，然后进行实体和关系之间的语义挖掘。

Bian 等人[130]采取了一个类似 Mahdavi 等人[131]的策略。他们使用 metapath2vec 在初始知识图谱上生成随机游动，然后在每个快照中，使用 metapath2vec 为受影响的节点生成随机游动，并重新计算这些节点的嵌入。

Han 等人提出了一种未来链路预测框架 xERTE[132]，该框架能够对时序知识图谱的相关子图进行查询，并对图结构和时序前后关联信息进行联合建模。特别是他们提出了一种时序关系注意力机制和一种新的反向表示更新方案来指导周围封闭子图的提取。子图通过时间邻域的迭代采样和注意力传播进行扩展。因此，其方法为预测提供了人类可以理解的论据。

Zhu 等人提出了新的时序知识图谱的表示学习模型 CyGNet[133]。该模型基于一个新颖的时间感知生成机制，不仅可以根据全部的实体词库预测事件，还能够识别重复的事实并且相应地预测与过去已知事件相关的未来事实。该模型是一种基于聚合时间观测方法的改进，对过去发生的历史信息即时间观测的聚合，从而对未来发生的事实进行预测。

2. 非时序的动态知识图谱表示学习

对于非时序动态知识图谱，最初的模型是在国内 Xie 等人提出的 DKRL 模型[46]上进行简单的更改，直接应用于开放世界知识图谱上，其效果相比于其他静态的算法有所提高，成了这个任务的一个基准结果。

杜治娟等人提出了一种表示学习方法 TransNS[134]。其选取相关的邻居作为实体的属性来推断新实体，并在学习阶段利用实体之间的语义亲和力选择负例三元组来增强语义交互能力。

Xie 等人[135]提出了一种基于深度递归神经网络（DKGC-JSTD）的动态知识图谱补全模型。该模型学习实体名称及其部分文本描述的嵌入，将看不见的实体连接到知识图谱。为了建立文本描述信息与拓扑信息之间的相关性，DKGC-JSTD 采用深度记忆网络和关联匹配机制，从实体文本描述中提取实体与关系之间的相关语义特征信息，然后利用深度递归神经网络对拓扑结构与文本描述之间的依赖关系进行建模。

Zhou 等人提出了一种聚合器[136]，采用注意网络来获取实体描述中单词的权重，这样既不打乱词嵌入中的信息，又使聚合的单次嵌入更加高效。

Niu 等人[137]使用多重交互注意（MIA）机制来模拟头部实体描述、头部实体名称、关系名称和候选尾部实体描述之间的交互，以形成丰富的表示。此外，还利用头部实体描述的额外文本特征来增强头部实体的表示，并在候选尾部实体之间应用注意机制来增强它们的表示。

3.3.2　知识图谱的预训练模型

近两年，相比于国际的研究进展，国内研究人员在面向自然语言、基于大规模知识下游任务和基于图结构的预训练模型这三大类上有所创新，下面对这些模型进行简单的介绍。

1. 面向自然语言问题的预训练模型

近几年将知识融合到 BERT 中形成新预训练模型的国内相关研究有以下几种：

清华大学的刘知远等人和华为公司的刘群团队提出的 ERNIE[138]利用从知识库中提出的高信息量的实体信息，通过特殊的语义融合模块，来增强文本中对应的表示。首先通过实体链接算法，将 Wikipedia 文本中包含的实体与 Wikidata 中的实体库构建关联，然后采用 TransE 算法，对 Wikidata 中的实体嵌入表示进行预训练，进而得到其初始的表示，之后采用一个特殊的信息融合结构，将知识融合到 BERT 模型中，最终得到结合知识的向量表示。

北京大学和腾讯公司联合提出的模型 K-BERT[139]较早地考虑将知识图谱中的边关系引入预训练模型的模型，主要通过修改 Transformer 中的注意力机制，以及特殊的遮蔽方法将知识图谱中的相关边考虑到编码过程中，进而增强预训练模型的效果。首先利用 CN-DBpedia、HowNet 和 MedicalKG 作为领域内知识图谱，对每一个句子中包含的实体抽取其相关的三元组，这里的三元组被看作一个短句（首实体、关系、尾实体），与原始的句子合并一起输入到 Transformer 模型。

复旦大学和亚马逊公司提出的 CoLAKE[140]首先将上下文看作全连接图，并根据句子中的实体在 KG 上抽取子图，通过两个图中共现的实体将全连接图和 KG 子图融合起来；然后将该图转化为序列，使用 Transformer 进行预训练，并在训练时采用特殊的 type embedding 来表示实体、词语与其他子图信息；最终将文本上下文和知识上下文一起用 MLM 进行预训练，将遮蔽的范围推广到词语、实体和关系。为训练该模型，采用 cpu-gpu 混合训练策略结合负采样机制减少训练时间。

华为公司和中国科学技术大学关注于如何将上下文有关的知识信息加入到预训练模型里[141]。思想类似于 graph-BERT 和 K-BERT，其针对给出文本首先检索返回相关的实体三元组，再在知识图谱上搜集其相邻的节点以构成子图；然后将该子图转换成序列的形式，输入到传统的 Transformer 模型（类似 graph-BERT），通过特殊的遮蔽机制约束注意力在相邻节点上（K-BERT）；之后用类似于 ERNIE 的策略将子图中的信息加入 Transformer 中；最终该模型在下游的几个医疗相关数据集上取得了增益。

2. 面向基于大规模知识下游任务的预训练模型

复旦大学和微软公司考虑自适应的 BERT 与知识的融合[142]，通过不同的特殊下游任务帮助向预训练模型中融入任务相关的知识。首先针对不同的预训练任务，定义了对应的适配器；在针对具体的下游任务进行微调时，可以采用不同的适配器来针对性的加入特征，进而增强其效果。基于该思想，他们提出了两种特殊的适配器，针对这两种适配器，提出了针对实体之间的关系分类任务和基于依存关系的分类任务。在微调阶段，两个适配器得到的特征可以与 BERT 或 RoBERTa 得到的特征一起拼接来进行预测，该策略在三个知识驱动数据集上均取得了较大增益。

阿里巴巴实验室提出了"预训练+知识向量服务"的模式[143]，并设计了知识图谱预训练模型 PKGM，在不直接访问知识图谱中三元组数据的情况下，以知识向量的方式为下游任务提供知识图谱服务。PKGM 是基于"预训练+知识向量服务"的思路提出的，目的是在连续向量空间中提供服务，使下游任务通过嵌入计算得到必要的事实知识，而不需要访问知识图谱中的三元组。它主要包含了两个步骤，首先是知识图谱预训练，目标是使预训练后的模型具有进行完整知识图谱服务的能力，其次是以统一的方式为下游任务提供知识向量服务。

3. 基于图谱中图结构的预训练模型

在基于图结构的预训练模型方面，国内的 Qiu 等人[144]提出了 GCC 模型，这是一个自监督的对比学习预训练框架。基于对比学习的预训练方法主要利用了样本间的约束信息构造辅助任务，通过构建正样本和负样本，然后度量正负样本的距离进行自监督学习。GCC 预训练模型是利用图的结构信息对图数据进行预训练，不用依赖节点和边的信息，可以避免复杂的特征工程，更具有普适性。

3.4 神经符号结合的知识更新与推理

3.4.1 神经助力符号

近年来，清华大学自然语言处理实验室在知识图谱表示学习领域发表了一系列研究成果，同时发布了 OpenKE 平台⊖，整合了 TransE、TransH、TransR、TransD、RESCAL、DistMult、HolE、ComplEx 等算法的统一接口高效实现，以及面向 WikiData 和 Freebase 预

⊖ http：//openke. thunlp. org/。

训练知识表示模型。该项目旨在为开发者与研究人员提供便利，在平台层次是一项重要的贡献。

东南大学的王萌、漆桂林等人和西安交通大学刘均等人对知识图谱嵌入空间求解复杂问题提出了一系列方法[145,146]，首先针对知识图谱复杂查询面临的空集问题，充分利用知识图谱嵌入空间对数据不完整性的弥补以及链接预测机制，设计了一种全身的知识图谱近似查询方法[145]，并针对该方法的效率问题设计了合理的知识图谱哈希学习方法[147]。

南京大学的胡伟等人[148,149]和清华大学的李涓子等人[150]在传统的知识图谱实体对齐任务上，引入知识图谱表示学习技术，提出了一系列基于知识图谱嵌入的实体对齐模型，并充分考虑了路径等特征对于实体对齐模型的影响[151]。值得一提的是胡伟等人在基准数据集上对于知识图谱嵌入的有效性做了深入评测，为该领域提供了重要的基准数据集和方向指引[152]。

中山大学的万海和广东外语外贸大学的杜剑峰等人[153,154]针对知识图谱表示学习的更新问题，以及无法有效利用逻辑公理进行推理的缺陷，提出了一种效率较高的增量更新方法，可以在不重新进行机器学习训练的情况下对知识图谱实体和关系向量进行更新，同时对各种现有的基于翻译机制的表示学习模型对不同类型的逻辑公式的支持情况进行了理论分析，并有效嵌入逻辑规则，提升嵌入质量。

值得一提的是，异质信息网络近年来和知识图谱一样在社交网络挖掘领域也逐渐被提及，国内清华大学的崔鹏等人和北京邮电大学的石川等人在该方面进行了多项研究。崔鹏等人[155]在异质信息网络的表示学习方面从节点重要性、社团、网络距离等方面都进行了向量空间中的探索研究，同时考虑了超图等复杂的结构和嵌入的动态更新，为知识图谱领域的嵌入提供了一定的借鉴思路[156]。石川等人则立足于知识图谱和社交网络的研究交叉点，重点探索了基于图神经网络和异质信息网络表示学习技术在文本分析、知识图谱问答、推荐系统层面的作用[157,158]。

3.4.2 符号助力神经

哈尔滨工业大学的刘挺、秦兵等人近年来致力于符号助力的自然语言处理研究，在传统的自然语言处理的实体识别及其类别获取、关系抽取、文本情感分析、生物医学文献挖掘、因果推断、知识推理、事理图谱构建等方面都有一定的进展。

中科院自动化所模式识别国家重点实验室的赵军、刘康、陈玉博等人充分利用符号形式的知识，在传统的自然语言处理[163]和事件知识抽取[164]方面取得了一系列进展。在自然语言处理方面，他们探索神经网络的可解释性研究；在事件图谱构建方面，他们致力于面向垂直领域的复杂场景事件知识抽取和事件图谱构建。

复旦大学的肖仰华等人近年来提出的符号接地（symbol grounding）工作[165]，旨在为大规模知识图谱实现符号接地，实现基于大规模知识图谱的跨模态语义增强。其核心思想是以符号知识为核心的认知智能与以模式识别为核心的感知智能相结合，在大规模符号接地技术的推动下，使机器学习与符号知识充分融合与协同计算，进而赋予符号化的知识体系与形式化系统"体验"与"意义",进一步提升机器的认知水平。

3.4.3　神经符号结合的知识表示与推理

清华大学的唐杰团队所做的工作 CogQA[166] 提出了基于人类认知模式的认知图谱,来解决阅读理解上的多跳问答,属于神经符号结合较为均衡的工作。其核心思想是"知识图谱+认知推理+逻辑表达",目的是在 System 1 中做知识的扩展,在 System 2 中做逻辑推理和决策(采用图神经网络和符号知识结合的方法),进而实现用符号知识的表示、推理和决策(System 2)来解决深度学习求解过程(System 1)的黑盒问题。值得一提的是,要真正实现对 System 1 所有场景的知识和推理,需要万亿级的知识图谱支持。

近年来,浙江大学的陈华钧等人[167] 在知识图谱表示学习和规则挖掘方面的结合进行了一系列探索,核心思想是将表示学习和规则挖掘结合在一起,互相弥补各自的瓶颈,即能够通过知识图谱规则挖掘的方法提取一组可代表知识图谱语义信息的 Horn 逻辑规则,随后通过基于规则的物化推理方法将相应的隐藏语义信息注入知识图谱表示学习模型中提升嵌入效果,反之,更新后的知识图谱嵌入集合有效的生成策略可以生成候选规则。

吉林大学的杨博等人[168] 最新的研究工作充分探究了神经符号结合在图生成领域的效果,他们提出一个通用的关注成本的图生成(cost-aware graph generation)框架,把贝叶斯优化的优势带给图生成任务来解决此问题,该方法在分子发现和神经架构搜索这两个具有挑战的任务中能够找到次优甚至最优解,比当前流行的深度图生成技术类 GENTRL 方法(MIT review 评论为 2020 年十大突破技术之一)降低了 30%~95% 的评估代价。

3.5　面向下游任务的知识图谱系统预测与评估

3.5.1　基于拓扑结构的链接预测评估

Zhou 等人[169] 提出的 HD(Hub Depressed)算法与 HP 算法相似,区别在于它的值是由较高的节点度来决定。基于邻接点的算法因其简单和较低的时间复杂度而得到了广泛的应用,但是这类方法缺乏对于社交网络中的拓扑结构更全面和更深层次的利用,无法真实的反映社交网络的全貌。因此,研究人员提出了一些基于路径的方法来衡量节点之间的相似度,从而捕获更多的拓扑结构信息。

Lü 等人提出的 LP 算法[170] 利用节点对之间路径长度为 2 和 3 的路径来计算它们之间的相似度。长度为 2 的路径显然要比长度为 3 的路径具有更高的相关度。因此,LP 算法中设置了衰减因子 α 来为不同长度路径确定权重。Katz 算法考虑了节点对间所有路径的情况。类似于 LP 算法,它同样考虑到不同路径长度对相似性的影响,因此引入了衰减因子 β 来达到给较短的路径赋予较大权重的目的。

Chen 等人[171] 提出的 RSS 算法应用于加权的社交网络中,是一种非对称的算法。它根据节点对之间的关系强度 $R(x, y)$ 来衡量相邻节点之间的相似度。

除了上述的算法，还有许多其他基于随机游走的算法，比如王春磊等人[172]提出的基于 SimRank 算法优化而来的异步 SimRank 等，此处不再赘述。

3.5.2 基于社会理论的链接预测评估

近些年来，越来越多的研究人员将社会学理论应用于链接预测当中，例如社区理论、三元闭包理论、强弱联系理论、同质性理论等，形成跨学科的融合，弥补了节点属性和拓扑结构信息的不足，帮助研究人员挖掘更多社交网络中未被观测到的隐藏信息。

Qiu 等人[173]受到人们因事件而建立联系的启发，提出了一种基于事件驱动的局部性和关联性的行为进化模型，从而得以捕获社交网络中的动态增长变化，利用节点行为信息进一步提升链接预测的准确性。

Huang 等人[174]研究了社交网络中群体现象最基本的单元——闭合三元组的形成因素，正式提出对这个闭合三元组进行链接预测的定义，最后在微博数据集上验证了他们提出的概率图模型对于闭合三元祖预测的有效性。

王鑫等人[175]通过对交互意见及地位理论两个属性与节点间链接的强相关性之间的研究，提出了符号网络的链接预测的模型。

3.5.3 基于学习的链接预测评估

Kuo 等人[176]构建了一个无监督概率图框架来对异构网络中某些观点的持有者进行预测。Wu 等人[177]为解决加权网络中的链接预测问题，基于局部朴素贝叶斯模型提出了加权局部朴素贝叶斯概率框架，这个方法将加权聚类系数进行合并，可以广泛应用于几种经典的相似性指标。

总体而言，基于概率图模型的方法可以很好地利用全局的拓扑结构信息，因而适用于大规模的社交网络。

Chen 等人[178]提出了一种基于非负矩阵分解进行连接预测的方法，通过从高维向量向低维向量的映射重新对不同类型矩阵之间的相关性进行构建，最后对权重矩阵列向量之间的相似度进行链接预测，该方法可以有效地提升社交网络中链接预测的性能。

Wang 等人[179]为了克服现有方法中矩阵分解模型只能对网络中邻接矩阵进行建模，却无法对拓扑度量进行建模的不足，提出了一个统一的概率矩阵分解框架，同时考虑了对称度量和非对称度量，并将两者进行融合，最终在多个网络中的实验结果均表明了该模型的有效性。

3.5.4 知识图谱驱动的问答系统评估

对于提出的自然语言问题，基于知识增强的问答系统的目标是利用知识的表示从数据库底层自动检索答案[180]。接下来将介绍经典的利用知识增强的问答系统，这些问答系统可作为评估知识图谱的基于问答系统的评测任务。

与其他问答系统相比，Huang 等人设计的 KEQA 模型[181]完全依赖于事实三元组。

KEQA 模型针对的是最常见的简单问题，其主要思想是确保模型能够准确地识别问题中的实体和关系，从而提高答案的准确性。

在基于知识库的问答系统中，传统的研究工作没有充分利用候选答案信息来强化问题的表示。Hao Yanchao 等人[182]提出了交叉注意力机制的双向长短期记忆网络（Bi-LSTM）模型，利用候选答案的不同特征信息来训练模型的表示能力。

3.5.5　知识图谱系统应用评估

基于知识增强的推荐系统旨在引入知识图谱作为外部信息，提升系统评估和预测的准确率，而且在可解释性方面也取得了较好的效果。此外，引入知识的推荐系统还可以有效解决系统冷启动问题[183]。推荐系统的推荐任务也可作为评估知识图谱的评测任务，如 DKN、KSR 等。

Guo 等人提出的 DKN 模型[184]是一个基于内容的深度学习推荐框架，用于新闻点击预测。Jin 等人提出的 KCNN[185]是传统卷积神经网络（CNN）的扩展。通过 KCNN 模块，可以获得候选新闻和用户点击新闻的嵌入。之后再利用注意力模块将用户点击新闻转化为用户嵌入。最后，利用深度神经网络计算用户点击新闻的概率，并使用 DKN 模型的 AUC 得分作为推荐性能的指标。

在序列化推荐任务中，传统的推荐模型只考虑了用户序列偏好特征，而忽视了商品的自身属性特征。除此之外，推荐过程中的特征表示过于抽象，不具有合理的可解释性。Huang 等人提出的 KSR[186]使用了融合知识图谱信息的记忆网络（KV-MN）从顺序交互中建立用户顺序偏好模型，不仅将商品属性信息引入推荐系统，同时也增强了推荐模型的可解释性。

3.6　新一代知识图谱信息系统的微服务与行业应用

3.6.1　微服务

华为知识图谱云提供了一站式知识图谱构建平台[187]，平台具有本体设计、信息抽取、知识映射、多源融合以及增量更新等功能；同时针对下游应用，提供知识图谱发布、查询、可视化等便捷的接口及服务。华为云通过知识图谱信息系统为各类企业提供知识图谱服务，使用户通过配置化形式自动完成知识图谱的构建流程。

腾讯知识图谱（Tencent Knowledge Graph，TKG）[188]是一个集成了图数据库、图计算引擎和图可视化分析的一站式平台[25]，其功能包括：支持抽取和融合异构数据，支持千亿级节点关系的存储和计算，支持规则匹配、机器学习、图嵌入等图数据挖掘算法，拥有丰富的图数据渲染和展现的可视化方案。在应用落地方面，腾讯知识图谱为金融、安全、泛互联网、政府、企业等领域提供可靠高效的一站式解决方案。

百度 AI 开放平台[189]提供知识图谱构建一站式解决方案，从数据到知识应用的全方位服务，也提供面向金融、公安、医疗、法律等行业的知识图谱全流程解决方案。基于平台的应用落地流程如下：首先基于企业客户的数据，训练知识图谱的知识抽取、图谱构建策略模型，然后导入全量数据，系统自动进行一体化知识图谱构建，并可以实现基础的知识图谱应用。

阿里巴巴藏经阁在知识工程生命周期的知识建模、知识获取、知识管理和知识重用等阶段，研发五大通用技术模块，包括大数据知识建模、知识获取、知识融合、知识推理计算、知识赋能，建立多领域知识图谱。基于藏经阁，阿里巴巴通过研发知识引擎产品，在淘宝、天猫、盒马鲜生、飞猪旅行、天猫精灵等几十种产品上成功支持商品、旅游、智能制造等多个领域的知识服务。

明略知识图谱信息系统 SCOPA[190] 是一套基于知识图谱技术的知识管理与洞察分析平台[27]，通过数据治理、知识抽取、模型计算、知识服务等手段，结合行业 know-how，以探索式分析发现数据规律，将数据要素与业务生产、组织关系耦合，完成从客观数据汇聚向抽象知识沉淀的认知跃迁，为组织提供知识驱动的辅助决策。其中的核心服务组件包括：知识数据库"蜂巢"NEST、可视化知识分析平台 Turing、通用数据治理平台 CONA、数据标注和知识抽取工具 Raptor、智能检索数据分析平台"明察"Hippo。

星环科技提供了知识图谱全场景解决方案[191]，内置全套数据组件，使用 3D 空间图实现知识图谱的可视化，并提供了成熟的行业模板。其中的核心服务组件包括：①分布式图数据库 StellarDB，支持快速查找数据间的关联关系，并提供强大的深度分析能力；②知识图谱 Sophon KG，实现了 AI 建模-特征工程-图谱应用的全链路功能，基于 3D 空间图展现原有平面图的 10 倍以上数据量的点边结构；③全文检索数据库 New Search，实现了对海量数据的检索和分析服务；④时空数据库 GeospatialDB，通过挖掘地理位置及时间空间信息，实现了 GIS 数据实际的存储及与知识图谱结合应用。

渊亭 DataExa-Sati 认知智能平台[192] 能够帮助客户打造行业知识图谱，采用分布式服务架构和自研的分布式图计算引擎，实现行业级的知识图谱构建和分析，从可视化的知识建模、多源异构的知识提取和知识融合、万亿级别的高性能图存储计算引擎、复杂的知识推理等角度，快速、精准地从知识图谱中提取出有价值的信息，帮助企业快速生成成熟的解决方案。

PlantData 是国内知识图谱领域的创业先行者，于 2017 年发布了知识图谱管理系统（Knowledge Graph Management System，KGMS）[193]。该系统以行业知识图谱全生命周期为理论指导，形成了覆盖知识建模、知识获取、知识融合、知识存储、知识计算和知识应用全流程的一体化管理平台。在知识图谱管理系统的基础上，结合多个行业、数十个项目实战经验，提出了面向知识工作者的工作自动化平台，以信息系统平台化思想为指导，结合预训练思想形成面向知识工作者的能力服务平台。

3.6.2 行业应用

在搜索及社交应用场景中，国内与国外相同，有相应的大型互联网厂商提出的知识图谱，例如百度、搜狗的面向搜索的知识图谱，以及面向社交场景的微博图谱。与此同时，面向不同行业的知识图谱落地应用在国内得到了快速发展，包括金融、情报分析、能源电力、智能制造、医疗、教育、公安等[194]。现将就前四个行业的应用展开描述。

知识图谱在金融行业的应用广泛，主要得益于其治理良好的数据以及明确的业务需求。风险评估与欺诈是金融领域常见的应用场景。随着金融数据的爆发式增长以及欺诈手段的不断升级，传统的风控方法难以满足应用需要。应用机器学习（深度学习）算法和知识图谱的智能风控系统在风险识别能力和大规模运算方面具有突出优势，逐渐成为金融领域风控及反欺诈的主要技术手段，因而形成了以图神经网络及图嵌入技术为主流的新一代解决方案。

知识图谱通过其强大的统一知识表示能力及数据存储能力，实现了对金融领域的数据的整合；通过实体间关系形成把各维度的数据关联起来，形成一张统一的图谱，从而动态、实时地描画囊括个人基础信息、金融行为、社交网络行为等用户综合画像；在此基础上，结合业务场景，根据用户画像训练风控模型，形成具有金融业务特性的风控体系，在解决方案的决策环节，结合规则和概率的综合评价，给出最终的风险评估结果。

传统的情报分析（intelligence analysis）是指对所获取的信息进行人工分析，得出有用的信息——情报的过程，情报分析是"情报过程"的一个重要组成部分[195]。以知识图谱为代表的认知智能及相关技术给情报分析带来的巨大的优势。这主要表现为知识图谱具有强大的语义表示能力、多样的知识获取能力及智能的知识融合能力，可以为情报分析中发现潜在的情报关联提供基础。图挖掘分析与推理是在知识图谱实现各类信息进行关联组织的基础上，通过图挖掘分析和知识推理等技术与方法，为情报分析人员深度洞察数据中的隐含情报提供有力手段。可解释性情报分析是在情报分析场景中分析人员需要深入了解产生分析结果的算法和模型的逻辑、偏差、假设和推论，而常用的深度学习方法很难满足要求，因此，可利用知识图谱来加大深度学习模型的可解释性。

制造业体系庞大、场景丰富、产品类型多、定制化程度高，具有数据庞大且知识结构复杂的特性。因此，引入知识图谱技术，可以将工厂车间、人工资源、物料组件、设备制具、工艺流程、故障等制造业的基础数据进行知识分类和建模，通过对知识的抽取，对定量知识与事理知识的融合以及对实体之间复杂关系的挖掘，构建制造业知识服务平台，建立产品规划、设计、生产、试制、量产、使用、服务、营销和企业管理等全生命周期的互联，还能融合环境、焚烧、水务、模具、能源管理等多个相关行业的知识内容，通过快速搜索和推理关系中的趋势、异常和共性，更好地组织、管理和理解制造业体系的内部联系，将知识转化为决策依据，破除产品封闭式的重复研发，实现创新，进行全流程多方面的协调管控，提高制造流程中问题的预见和解决能力，提升资源管理能力、生产效率和产品质量。

随着电网信息化、智能化水平的不断提升，电气设备的功能较以往更加复杂，其日常的运行维护包括故障诊断，也更加依赖于专门的电力知识。将知识图谱技术应用于电力领域，将有望从已有电力技术文献中提取知识并建立知识库，辅助运维人员开展电力设备故障诊断，最终大幅提高其工作效率，保障电网安全。具体应用场景包括：①全息设备信息展示，展示变压器设备的三维模型、部件故障树及变压器设备的相关统计图表如故障类型、故障部件、故障原因、电压等级、运行年限等，并把相关的知识与模型进行链接关联，维修人员通过全息设备根据部件对变压器的运行历史、故障原因、故障类型等维度进行统计，并做历史案例故障推荐，从而做出更好的解决措施；②故障案例检索，为检修人员提供上传故障报告、查看解析结果以及相似案例推荐的功能，对故障案例数据列表查看、查询，自动计算相似度，推算相似案例，以图谱的方式进行动态结构化展示；③故障溯源及关联故障分析，基于电气设备故障知识图谱，利用图传播分析技术进行复杂场系统故障溯源，生成故障分析树，同时可将故障分析树信息作为经验规则存储到图谱中，辅助业务人员进行故障排查。

美团点评 NLP 中心构建了大规模的餐饮娱乐知识图谱——美团大脑[196]。美团点评作为中国最大的在线本地生活服务平台，覆盖了餐饮娱乐领域的众多生活场景，连接了数亿用户和数千万商户，积累了宝贵的业务数据，蕴含着丰富的日常生活的相关知识。在建的美团大脑知识图谱已有数十类概念、数十亿实体和数百亿三元组。目前，美团大脑已经在搜索、金融等场景中初步验证了知识图谱的有效性，包括智能搜索、商户赋能以及金融风险管理和反欺诈。

4 国内外研究进展比较

4.1 面向海量知识图谱的存储与计算

对于知识图谱存储和计算的理论研究和系统研发国外起步早于国内。RDF 图数据模型及其查询语言的主要相关标准已在十多年前由国际万维网联盟制定，国内学术和产业界鲜有参与。属性图数据模型及相关查询语言早期主要由以 Neo4j 为代表的图数据库厂商推动，国内数据库厂商参与也较少。以 Oracle 和 IBM DB2 为代表的国外商业关系数据库产品引导了基于关系的知识图谱存储与计算。以 Neo4j、TigerGraph 和 Ontotext 为代表的国外图数据库和三元组数据库公司纷纷兴起，引导了知识图谱的原生存储及计算。

近十年来，随着国内互联网企业的发展壮大，领域业务对于海量知识图谱的存算需求愈来愈高，特别是金融、医疗、教育、政务等领域，能够支撑海量知识图谱存算的基础设施尤为重要。国内各企业已经投入研发力量自研面向知识图谱存算的基础软件并取得了初步成效。以 Nebular Graph、HugeGraph、Galaxybase 为代表的分布式图数据管理系统在各项性能上已经达到或超过国外同类产品。下一步，一方面国内相关知识图谱存算基础系统提供企业与学术界应积极参与知识图谱存算相关国际标准的制定工作，与国际知识图谱领域开展广泛和深入的合作，提升战略影响力和产业国际话语权；另一方面，国内学术界与产业界应加强合作，突破目前困扰知识图谱存储和计算的技术瓶颈问题，打造提升国产知识图谱存算基础系统软件的生态体系。

4.2　非结构化多模态数据组织与理解

在非结构化多模态数据组织方面，多模态知识图谱已经成为国内外学者对于多种类型数据组织的共性思路，国内外的学者均有新的研究成果。对于国外研究团队而言，其核心思路依然是从维基百科中抽取已有知识图谱的多模态数据资源，而国内研究团队将范围扩展到了通过全域的数据资源来补充已有知识图谱中的视觉和文本信息。可以看出，对于知识图谱而言，开放域的非结构化数据资源丰富，但是如何同已有结构化的图谱融合并建立不同模态数据之间的语义关联是关键。此外，国内研究团队面向垂直领域（智慧教育）提出了系统级的研究工作，这一点要比国外的研究更具有实际落地思维，可以预见未来国内在更多垂域会出现以多模态知识图谱为基础的系统和应用。在多模态数据理解方面，受益于深度学习技术的持续发展，国内外在该领域都取得了最新的研究成果。可以看出，国内研究人员已经可以从延续他人工作转变为开辟新的研究领域，这一点说明国内在该领域走在世界学术前沿。值得一提的是，国内学者在知识图谱驱动的多模态数据理解方面同样具有较强的应用落地思维，分别面向推荐系统等垂直场景进行了探索尝试。

4.3　大规模动态知识图谱表示学习与预训练

大规模动态表示学习方面，国内外均有新的研究成果，在不同的方向有所突破。两相比较，国外在序列模型编码方法上有更多模型被提出，对 GCN、GNN 等类型的编码器进行了改进，在动态表示方面有了更好的结果。而对于国内的工作而言，主要的工作集中在基于分解、历时性编码和基于随机游走改进这三个方面，虽然与国外的方法和思路不同，但是在动态表示方面也有亮点和突出表现。在知识图谱预训练方面，是近两年的一个热点方向，国内外很多研究机构都针对此方面有所研究并做出了突破。国外在图谱表示的预训练方面有一些新的工作，并在基于知识图谱图结构的预训练方面有更多的进展。而国内，基于自然语言方面的知识预训练有更多的新模型产生，诸如北京大学、清华大学等学校，百度等企业均在这方面有新的研究成果产生。尤其是面向基于大规模知识下游任务的预训练模型，有了重大突破，对数以十亿计规模的知识进行了预训练，并应用于阿里巴巴电商平台，为商品推荐、语义搜索和智能问答等下游任务提供支持。

4.4　神经符号结合的知识表示与推理

在神经助力符号方面，国内外均有新的研究成果。通过比较可以看出，国外研究团队在知识图谱表示学习技术的初期走在该领域的前沿，提出了一系列开创性的工作，国内的研究团队主要针对各类模型和数据特点进行改进，在后期逐渐提出了创新性更高和实用性更强的工作，尤其是知识图谱表示学习技术在其他任务（如智能问答、近似搜索、推荐系统、实体对齐、社交网络等）中的有效使用。国内研究团队走在学术的前沿，可以看出国内学者更倾向于应用层级的研究。除此之外，在逻辑推理等偏理论方向的神经网络如何引入方面，国内研究工作还不多。在符号助力神经方面，尤其是自然语言处理领域，可以看出国内外都走在学术的前沿。在神经符号结合方面，可以看出谷歌公司的研究依然走在世界的最前沿，提出了一系列开创性工作，国内这方面的工作还偏少。不过，整个神经符号的有机结合还属于初期探索领域，随着越多的研究人员开始关注，未来我国研究团队还有很大的提升空间。

4.5　面向下游任务的知识图谱系统预测与评估

知识图谱因以统一的方式组织数据的特点被广泛应用于许多需要知识的下游任务中。在预测方面，国外学者更多采用了基于节点属性和拓扑结构的预测评估方式，而国内学者则更多地采用拓扑结构和社会理论的链接预测方式，而且国内的许多学者对下游任务做了更丰富的分类，例如链接预测、推荐、问答等。目前，国内一些学者提出了"预训练+知识向量服务"的模式，并设计了知识图谱预训练模型（PKGM），在不直接访问三元组数据的情况下，以知识向量的方式为下游任务提供知识图谱服务。随着 GPT、BERT、XLNET 等预训练语言模型在多项自然语言处理领域任务上取得的良好效果，预训练受到了各界更多和更广泛的关注。通过"预训练和微调"，针对不同下游任务，设计相应的目标函数，基于相对较少的监督数据进行微调，便可得到理想的效果。

4.6　新一代知识图谱信息系统的微服务与行业应用

虽然知识图谱首先由国外公司提出并应用，但国内的学术界与工业界快速跟进。经过近十年的发展，国内知识图谱的研究与互联网应用两方面的发展均与国外保持在相近水平。而随着国家发布的新一代人工智能发现规划、新一代人工智能重大项目申报指南、新基建发展战略，人工智能及其相关的知识图谱技术发展已上升为国家战略。国内人工智能及知识图谱在产业中的落地也呈现井喷的态势，知识图谱在国内的行业应用落地已经处于世界领先水平。在学术方法研究方面，虽然国内在研究人员、学术成果数量方面较国外少，但在最新的研究方向上国内外基本保持一致，主要研究方向包括：多类型数据与知识的表示、稀疏场景下的知识自动获取、超大规模知识图谱的性能。在工程应用落地方面，国内知识图谱达到了领先水平，在金融、情报、能源、医疗、工业、教育、政务、营销和客服等场景得到了广泛应用。随着知识图谱的应用深化，其应用场景呈现出如下特征：数据向多模态化、动态化方向发展，数据类型不断扩展，尤其是深度知识使用需求逐步增加。应用则由相对通用的搜索、推荐等场景向核心业务决策过程转变，专用的业务模型构建、可编排的分析流程及可配置的分析结果呈现成为最新需求；另一方面，应用所基于的多类型的数据质量也参差不齐。这使得知识图谱的应用变得越来越复杂，很难有一种方法（包括知识的表示、存储和应用）能够满足所有的应用需求。企业级的知识图谱信息系统、知识工作自动化平台等方案相继被各厂商提出，成为以知识图谱为核心的新一代信息系统发展的有力支撑。而随着智能应用场景的不断深化以及需求的日益增加，如何让业务人员更好地参与到智能应用构建过程中，从而消除技术与业务之间的鸿沟以进一步赋能核心业务，是新一代信息系统面临的新挑战；另一方面，用户同时希望最大限度地降低智能应用构建的周期与成本。在此背景下，以 PlantData 知识工作自动化平台为代表的信息系统平台化架构将成为新一代信息系统未来的发展趋势，即通过组件化及微服务化提升复用程度，基于预构建的数据、图谱和模型实现开箱即用，通过业务流程编排实现自助式智能应用开发。

5　发展趋势与展望

知识图谱对大数据智能具有重要意义，在自然语言处理、信息检索、智能推荐和智能问答等领域中发挥重要作用。

现如今，各大高校、科研机构和商业互联网络公司都已经意识到知识图谱的重要战略意义，纷纷投入精力加速对知识图谱的研究与应用。同时，知识图谱发展至今虽然已经有近十年，但是依然处在发展的初级阶段，部分知识图谱虽然已经投入使用，但是应用场景仅仅局限在商品推荐、智能搜索和医疗健康等领域，更多领域的知识图谱还处在构建和完善阶段，远远没有达到投入前沿应用并发挥显著作用的地步。

可以看到，在未来的一段时间内，知识图谱的构建、存储、表示和推理等依然是知识图谱领域内的研究热点，与此同时适用特殊场景、更多下游任务的特殊知识图谱，诸如：动态知识图谱、时序知识图谱、空间知识图谱、事理图谱、认知图谱和多模态图谱等均是研究学者们主要关注的重点，同时许多问题也需要学术界和工业界共同协力解决。在此，我们对未来知识图谱信息系统构建、存储、表示、推理和应用等方面的未来发展趋势进行简要介绍。

5.1　面向海量知识图谱的存算一体化

随着知识图谱在各领域内的不断发展和应用，知识图谱的规模在日益增加，那么海量知识图谱的存储和高效计算则成了当下的挑战。

针对海量知识图谱的存储，在未来发展中需要满足如下几个整体原则：①基础存储支撑灵活；②基础存储可扩展、高可用率；③按需要进行数据分割；④适时使用缓存和索引；⑤善于利用现有成熟存储；⑥保持图形部分数据的精简；⑦不在图中作统计分析计算；⑧在应用中进行扩充迭代。这几个原则也指明了今后几年大规模知识图谱存储技术的研究方向和重点。

基于知识图谱的计算往往与存储技术是分不开的，那么随着知识图谱规模的日益增大和需求的日益增加，对基于知识图谱的计算技术也提出了更高的要求。面临海量知识图谱，如何让计算更加便捷和高效是当前乃至未来几年关注的重点问题。

在阿里达摩院发布的科技趋势排行榜中，计算存储一体化突破算力瓶颈高居排行榜第二位。随着信息化的高速发展，人们对计算机的存储和计算需求日益增高，而传统的存储、计算隔离的框架成为当今人们突破算力障碍的一大阻力，对于存算一体化的需求不断增大。同样的，知识图谱这样对存储和计算要求更加苛刻的结构，对于存算一体化的渴求则更为强烈。因而，在未来知识图谱的存储和计算技术的发展中，存算一体化的研究将成为极为重要的一项。

5.2　非结构化多模态数据组织与理解

知识不是简单的数据，亦不是普通的信息，知识反映了客观世界中事物之间的关系，不同事物或者相同事物之间的不同关系形成了不同的知识。而在互联网上，人们往往最先接触到的是各种信息或是各种数据，而知识往往就存在于这些信息和数据中，人们可以通过对信息和数据的初步提炼和分析获得自己需要的知识。对于计算机而言，同样如此，如何从互联网上各种格式的信息和大数据中提炼出其需要的知识，是知识图谱的重要问题。目前，已经存在很多优秀的算法可以从文本、图像等格式的数据中抽取知识，部分优秀的算法也能达到比较优异的准确率。但是往往这些表现优异的算法，更多是针对格式化的数据，并且对于知识的领域有所限制。然而，随着需求的不断提高，从非结构化多模态的数据中提取特定领域的知识就愈发的重要。因此，在未来几年内，针对非结构化知识获取、多模态知识获取、长文本处理、多方式协同获取、特定领域知识获取、环境自适应增量获取等方向的研究将成为研究人员进一步深入研究的重点。

5.3　大规模动态图谱表示学习与预训练

知识图谱主要以三元组的方式进行存储，这种方法可以较好地表示更多事实性知识。然而，知识丰富多样，面对很多特殊环境时简单的三元组就束手无策，如时序知识、事件知识和模糊知识等环境。针对简单的知识图谱三元组、时序知识图谱、事件知识图谱等，研究人员已经研究出很多相关的表示模型用以对这些知识进行表示。但是，现有的研究还远远不能满足人们的需求，知识表示是知识图谱构建和后续研究的基础，而且针对不同类型的知识图谱也需要特定的知识表示方式。

因此，针对特殊的知识图谱，如时序、空间、事理、认知图谱等均需要独特的知识表示方法，这些相比于简单三元组知识而言的复杂知识所需的特殊知识表示方法将是未来几年内知识表示方法的重要研究趋势。

随着知识图谱规模的增加和适用领域的扩大，不确定的模糊知识也越来越多，人们不能再简单的将其忽略，反而需要针对这些不确定的知识提供特殊的知识表示方法。通过提供这些知识的概率、置信度或者证据来为后续的服务提供支持。

除了对知识表示新方法的研究以外，近几年，研究人员对知识表示的可解释性越发地重视，不能简简单单的将知识表示为嵌入向量表示，而是需要对表示的可解释性进行展示。因此，未来几年，知识表示可解释性方面的研究依然会是热点。

　　近年来，自然语言处理领域中，词向量表示的预训练是一项非常重要的关键性技术。同样的，随着知识图谱规模的增加，往往处在应用中的知识图谱所蕴含的知识都是数以亿计，因此人们对知识图谱的预训练也逐渐关注起来，其能极大地提高知识图谱在服务过程中的效率。而且同一领域的知识图谱在进行不同的下游任务时，知识的预训练能极大地提高效率。因此，随着应用知识图谱的场景越来越多，未来几年，有关知识图谱预训练的研究也将越发重要。

5.4　神经符号结合的知识更新与推理

　　与知识图谱表示和推理相关的研究已经近十年，有很多成熟的知识推理模型在各种应用中发挥作用。与知识表示类似，知识推理同样受到知识图谱类型的影响，基于不用的知识图谱，推理方法也有所不同。因此，随着特殊知识图谱的不断出现和应用，与之对应的新知识推理方法也不断涌现。在未来，知识推理将对以下几个问题进行主要研究：

　　1）神经符号融合推理：一种融合神经网络与符号的推理方法。它主要针对可微规则推理、本体表示学习和神经符号推理引擎等任务。此类问题的主要挑战是如何将符号知识高效编码并且以低损方式嵌入到神经网络中，以及如何将神经网络和符号知识统一表示。

　　2）事理动态推理：根据学习事件的隐含关联，预测事件间的因果、顺承等语义关系，揭示事件的演化规律。它主要针对抽象和具体事件的联合表示、已知事件的关系预测、基于推理的新事件检测及关系预测和即时冲突检测与推理等任务。此类问题的主要挑战是如何学习动态事件的表示、泛化与抽象，如何从具体时间的发展变化中抽象事理规则，如何联合预测事件及事件时间的关系。

　　3）上下文感知推理：学习文本等多模态信息中语义单元的关联，实现语义理解。它主要针对多跳推理、时空推理、数值推理和场景推理等任务。此类问题的挑战主要是如何在具有隐式、长依赖、歧义的语境下进行语义关联识别，如何对多模态数据进行统一的表征。

　　4）可溯责推理：指支持可解释、可追溯、隐私保护的推理。它主要针对溯因神经符号推理、人在回路的协同推理、联邦推理、端边云协同推理和韧性学习与推理等任务。此类问题的主要挑战是如何保证推理的结果可解释，如何支持推理的过程可追溯、可干预，如何在隐私保护环境下进行高效推理。

5.5　面向下游任务的知识图谱评估

　　随着越来越多的知识图谱被构建并在各个环境中不断被应用，如何评价一个构建好的知识图谱是一项比较重要的工作，同时很多使用者也非常关心。因此在未来，如何对构建的知识图谱建立一套标准化的评估标准是非常值得学术界和工业界共同完善的。同时，如何针对不同的下游任务、使用对象建立合适的评价标准也是研究人员在未来重点研究的问题。

5.6 新一代知识图谱信息系统的微服务与行业应用

目前大规模知识图谱的应用场景和方式比较有限，如何有效实现知识图谱的应用，利用知识图谱实现深度知识推理，提高大规模知识图谱计算效率，是当前知识图谱所面临的挑战。为此，在未来几年，研究人员应在不同的领域不断探索并提出适合知识图谱应用的方法。而且，如何对现有学术界的技术，如知识抽取、知识校验、知识查询、知识推理等实现最终的落地将是未来几年的研究趋势。

整体而言，知识图谱领域的发展将会呈现以下趋势：

1. 标准化

国内知识图谱定义的标准化工作已经在推进，未来几年的发展趋势包括对知识图谱的质量评价体系（标准化分级）与基准的标准化研究；知识图谱支撑能力的标准化研究，量化知识图谱具备何种能力，可支撑何种应用；知识图谱构建方法的标准化研究，量化其采用何种数据，可达到何种效果；领域知识图谱表示与构建的标准化研究。

2. 特色化

针对不同的领域构建符合领域特色的知识图谱，不再局限化的使用通用知识图谱，针对不同的任务需求和应用场景，定制特色的知识图谱将是未来的发展趋势。

3. 开放化

一个领域知识图谱的构建不是一时一刻靠着一个单位就能完成的，因此在保护隐私和协议规范（遵循商业规则、知识产权、数据开放许可协议等）的情况下，继续推进通过开源的方式对知识图谱进行更新和开放使用也将是未来的发展趋势。

4. 智能化

为更好发挥现有知识图谱知识表达、知识资源优势，需与其他技术（信息推荐、事理图谱、机器学习、深度学习等）融合以提升应用智能性。工业界基于大数据、知识图谱、人工智能、机器学习等技术构建机器智脑，通过知识规则或深度学习模型积累知识、经验以及模拟、抽象人类智慧，提升商业应用可行性及机器智能性。

6 结束语

本文围绕支撑新一代知识图谱信息系统的关键技术的研究进展与趋势展开系统性论述，内容包括：海量知识图谱存储与计算、非结构化多模态图谱组织与理解、大规模动态图谱表示学习与预训练模型、神经符号结合的知识表示与推理、面向下游任务的知识图谱信息系统预测与评估以及新一代知识图谱信息系统的微服务与行业应用，给出了国内与国际的当前研究现状，并对国内外研究进展进行比较。最后对这些关键技术的发展趋势进行了展望。

参考文献

[1]　王昊奋, 丁军, 胡芳槐, 等. 大规模企业级知识图谱实践综述[J]. 计算机工程, 2020, 46(7): 1-13.

[2]　云原生 (Cloud Native) 的定义 [EB/OL]. https://jimmysong. io/kubernetes-handbook/cloud-native/cloud-native-definition. html.

[3]　SINGHAL A. Introducing the knowledge graph: things, not strings[M]. Official Blog (of Google) ,2012.

[4]　JI S X, PAN S R, CAMBRIA E, et al. A survey on knowledge graphs: representation, acquisition, and applications[J]. IEEE Transactions on Neural Networks and Learning Systems, 2021(4):99.

[5]　The linked open data cloud[EB/OL]. https://lod-cloud. net/.

[6]　王鑫, 邹磊, 王朝坤, 等. 知识图谱数据管理研究综述[J]. 软件学报, 2019, 30(7): 2139-2174.

[7]　KLYNE G. Resource deccription framework (RDF): concepts and abstract syntax: W3C recommendation[J]. http://www w3. org/TR/rdf-concepts/, 2004.

[8]　ISO/IEC WD 39075 information technology-database languages-GQL. [EB/OL].

[9]　ANGLES R, THAKKAR H, TOMASZUK D. Mapping RDF databases to property graph databases[J]. IEEE Access, 2020, 8 (5): 86091-86110.

[10]　王鑫, 陈蔚雪, 杨雅君, 等. 知识图谱划分算法研究综述[J]. 计算机学报, 2021, 44(1): 235-260.

[11]　BORNEA M A, DOLBY J, KEMENTSIETSIDIS A, et al. Building an efficient RDF store over a relational database[C]//Proc of the Proceedings of the 2013 ACM SIGMOD International Conference on Management of Data.

[12]　SUN W, FOKOUE A, SRINIVAS K, et al. SQLGraph: An efficient relational-based property graph store[C]//Proc of the Proceedings of the 2015 ACM SIGMOD International Conference on Management of Data.

[13]　TIAN Y Y, XU E L, ZHAO W, et al. IBM Db2 Graph: supporting synergistic and retrofittable graph queries inside IBM Db2[C]//Proc of the Proceedings of the 2020 ACM SIGMOD International Conference on Management of Data.

[14]　BEAUREGARD B, DAS S, PERRY M, et al. Oracle spatial and graph: benchmarking a trillion edges RDF graph[M]. IEEE, 2016.

[15]　Neo4j[EB/OL]. https://neo4j. com/.

[16]　TigerGraph[EB/OL]. https://www. tigergraph. com/.

[17]　BURAGOHAIN C, RISVIK K M, BRETT P, et al. A1: A distributed in-memory graph database[C]// Proc of the Proceedings of the 2020 ACM SIGMOD International Conference on Management of Data.

[18]　URBANI J, JACOBS C. Adaptive low-level storage of very large knowledge graphs [C]//Proc of the Proceedings of The Web Conference 2020.

[19]　JanusGraph-distributed graph database[EB/OL]. http://janusgraph. org/.

[20]　DGraph[EB/OL]. https://github. com/dgraph-io/dgraph.

[21]　TypeDB[EB/OL]. https://github. com/vaticle/typedb.

[22]　Ontotext GraphDB[EB/OL]. https://www. ontotext. com/products/graphdb/.

[23]　GUO W T, LI Y U, SHA M, et al. GPU-accelerated subgraph enumeration on partitioned graphs[C]//

Proc of the Proceedings of the 2020 ACM SIGMOD International Conference on Management of Data.

[24] REZA T, RIPEANU M, SANDERS G, et al. Approximate pattern matching in massive graphs with precision and recall guarantees[C]//Proc of the Proceedings of the 2020 ACM SIGMOD International Conference on Management of Data.

[25] BHUTANI N, JAGADISH H V. Online schemaless querying of heterogeneous open knowledge bases[C]//Proc of the Proceedings of the 28th ACM International Conference on Information and Knowledge Management.

[26] PACACI A, BONIFATI A, ÖZSU M T. Regular path query evaluation on streaming graphs[C]//Proc of the Proceedings of the 2020 ACM SIGMOD International Conference on Management of Data.

[27] AGGARWAL C C, WANG H X. Managing and mining graph data[M]. Springer, 2010.

[28] 官赛萍, 靳小龙, 贾岩涛, 等. 面向知识图谱的知识推理研究进展[J]. 软件学报, 2018, 29(10): 2966-2994.

[29] AUER S, BIZER C, KOBILAROV G, et al. DBpedia: A nucleus for a web of open data[M]. The Semantic Web. Springer, 2007: 722-735.

[30] VRANDEČIĆ D, KRÖTZSCH M. Wikidata: a free collaborative knowledgebase[J]. Communications of the ACM, 2014, 57(10): 78-85.

[31] FERRADA S, BUSTOS B, HOGAN A. IMGpedia: a linked dataset with content-based analysis of Wikimedia images[C]//Proc of the International Semantic Web Conference. Springer.

[32] LIU Y, LI H, GARCIA-DURAN A, et al. MMKG: multi-modal knowledge graphs[C]//Proc of the European Semantic Web Conference. Springer.

[33] BLOEM P, WILCKE X, BERKEL L V, et al. Kgbench: A collection of knowledge graph datasets for evaluating relational and multimodal machine learning[C]//Proc of the European Semantic Web Conference. Springer.

[34] NAPHADE M, SMITH J R, TESIC J, et al. Large-scale concept ontology for multimedia[J]. IEEE multimedia, 2006, 13(3): 86-91.

[35] ARNDT R, TRONCY R, STAAB S, et al. COMM: designing a well-founded multimedia ontology for the web[J]. The semantic web. Springer, 2007: 30-43.

[36] BALTRUŠAITIS T, AHUJA C, MORENCY L. Multimodal machine learning: A survey and taxonomy[J]. IEEE transactions on pattern analysis and machine intelligence, 2018, 41(2): 423-443.

[37] SRIVASTAVA N, SALAKHUTDINOV R. Multimodal learning with deep boltzmann Machines[C]//Proc of the NIPS. Citeseer.

[38] MOUSSELLY-SERGIEH H, BOTSCHEN T, GUREVYCH I, et al. A multimodal translation-based approach for knowledge graph representation learning[C]//Proc of the Proceedings of the Seventh Joint Conference on Lexical and Computational Semantics.

[39] LI M L, ZAREIAN A, LIN Y, et al. GAIA: A fine-grained multimedia knowledge extraction system[C]//Proc of the Proceedings of the 58th Annual Meeting of the Association for Computational Linguistics: System Demonstrations.

[40] BONNER S, ATAPOUR-ABARGHOUEI A, JACKSON P T, et al. Temporal neighbourhood aggregation: Predicting future links in temporal graphs via recurrent variational graph convolutions[C]//Proc of the 2019 IEEE International Conference on Big Data. IEEE.

[41] LEBLAY J, CHEKOL M W. Deriving validity time in knowledge graph[C]//Proc of the Companion

Proceedings of the The Web Conference 2018.

[42] PAREJA A, DOMENICONI G, CHEN J, et al. EvolveGCN: Evolving graph convolutional networks for dynamic graphs[C]//Proc of the Proceedings of the AAAI Conference on Artificial Intelligence.

[43] TRIVEDI R, FARAJTABAR M, BISWAL P, et al. DYREP: Learning representations over dynamic graphs[C]//Proc of the International Conference on Learning Representations.

[44] JIN W, JIANG H, QU M, et al. Recurrent event network: Global structure inference over temporal knowledge graph[J]. arXiv preprint arXiv:190405530, 2019.

[45] ROSSANEZ A, REIS J C D, SILVA T R D. Representing scientific literature evolution via temporal knowledge graphs[C]//Proc of the MEPDaW.

[46] XIE R B, LIU Z Y, JIA J, et al. Representation learning of knowledge graphs with entity descriptions[C]//Proc of the Proceedings of the AAAI Conference on Artificial Intelligence.

[47] SHI B X, WENINGER T. Open-world knowledge graph completion[C]//Proc of the Proceedings of the AAAI Conference on Artificial Intelligence.

[48] SHAH H, VILLMOW J, ULGES A, et al. An open-world extension to knowledge graph completion models[C]//Proc of the Proceedings of the AAAI Conference on Artificial Intelligence.

[49] GAUR G, BHATTACHARYA A, BEDATHUR S. How and why is an answer (still) correct? maintaining provenance in dynamic knowledge graphs[C]//Proc of the Proceedings of the 29th ACM International Conference on Information & Knowledge Management.

[50] DAS R, GODBOLE A, MONATH N, et al. Probabilistic case-based reasoning for open-world knowledge graph completion[J]. arXiv preprint arXiv:201003548, 2020.

[51] NGUYEN D Q, NGUYEN T D, NGUYEN D Q, et al. A novel embedding model for knowledge base completion based on convolutional neural network[J]. arXiv preprint arXiv:171202121, 2017.

[52] VU T, NGUYEN T D, NGUYEN D Q, et al. A capsule network-based embedding model for knowledge graph completion and search personalization[C]//Proc of the Proceedings of the 2019 Conference of the North American Chapter of the Association for Computational Linguistics: Human Language Technologies, Volume 1 (Long and Short Papers).

[53] YU D H, ZHU C G, YANG Y M, et al. Jaket: Joint pre-training of knowledge graph and language understanding[J]. arXiv preprint arXiv:201000796, 2020.

[54] SHEN T, MAO Y, HE P C, et al. Exploiting structured knowledge in text via graph-guided representation learning[J]. arXiv preprint arXiv:200414224, 2020.

[55] HU Z U, DONG Y X, WANG K S, et al. Gpt-gnn: Generative pre-training of graph neural networks[C]//Proc of the Proceedings of the 26th ACM SIGKDD International Conference on Knowledge Discovery & Data Mining.

[56] VELICKOVIC P, FEDUS W, HAMILTON W L, et al. Deep graph infomax[C]//Proc of the ICLR (Poster).

[57] HAFIDI H, GHOGHO M, CIBLAT P, et al. GraphCL: Contrastive self-supervised learning of graph Representations[J]. arXiv preprint arXiv:200708025, 2020.

[58] RICHARDSON M, DOMINGOS P. Markov logic networks[J]. Machine learning, 2006, 62(1-2): 107-136.

[59] WANG Q, MAO Z D, WANG B, et al. Knowledge graph embedding: a survey of approaches and applications[J]. IEEE Transactions on Knowledge and Data Engineering, 2017, 29(12): 2724-2743.

[60] BORDES A, USUNIER N, GARCIA-DURAN A, et al. Translating embeddings for modeling multi-

relational data[C]//Proc of the Neural Information Processing Systems (NIPS).

[61] NICKEL M, TRESP V, KRIEGEL H. A three-way model for collective learning on multi-relational data[C]//Proc of the Icml.

[62] GOEL R, KAZEMI S M, BRUBAKER M, et al. Diachronic embedding for temporal knowledge graph completion[C]//Proc of the Proceedings of the AAAI Conference on Artificial Intelligence.

[63] TROUILLON T, WELBL J, RIEDEL S, et al. Complex embeddings for simple link prediction[C]//Proc of the International Conference on Machine Learning. PMLR.

[64] DETTMERS T, MINERVINI P, STENETORP P, et al. Convolutional 2d knowledge graph embeddings [C]//Proc of the Proceedings of the AAAI Conference on Artificial Intelligence.

[65] ZHANG M H, CHEN Y X. Link prediction based on graph neural networks[C]//Proc of the Advances in Neural Information Processing Systems.

[66] REN H Y, LESKOVEC J. Beta embeddings for multi-hop logical reasoning in knowledge graphs[J]. Advances in Neural Information Processing Systems, 2020, 33(10).

[67] REN H, HU W, LESKOVEC J. Query2box: Reasoning over knowledge graphs in vector space using box embeddings[C]//Proc of the International Conference on Learning Representations (ICLR).

[68] LUKOVNIKOV D, FISCHER A, LEHMANN J, et al. Neural network-based question answering over knowledge graphs on word and character level[C]//Proc of the Proceedings of the 26th international conference on World Wide Web.

[69] YASUNAGA M, REN H Y, BOSSELUT A, et al. QA-GNN: Reasoning with language models and knowledge graphs for question answering[C]//Proc of the Proceedings of the 2021 Conference of the North American Chapter of the Association for Computational Linguistics: Human Language Technologies.

[70] JAIN S. Question answering over knowledge base using factual memory networks[C]//Proc of the Proceedings of the NAACL student research workshop.

[71] ROCKTÄSCHEL T, RIEDEL S. End-to-end differentiable proving[C]//Proc of the Advances in Neural Information Processing Systems.

[72] SOCHER R, CHEN D Q, MANNING C D, et al. Reasoning with neural tensor networks for knowledge base completion[C]//Proc of the Advances in Neural Information Processing Systems.

[73] SERAFINI L, GARCEZ A D. Logic tensor networks: Deep learning and logical reasoning from data and knowledge[J]. arXiv preprint arXiv:160604422, 2016.

[74] BADREDDINE S, GARCEZ A D, SERAFINI L, et al. Logic tensor networks[J]. arXiv preprint arXiv: 201213635, 2020.

[75] HU Z T, MA X Z, LIU Z Z, et al. Harnessing deep neural networks with logic rules[C]//Proc of the Proceedings of the 54th Annual Meeting of the Association for Computational Linguistics (Volume 1: Long Papers).

[76] MINTZ M, BILLS S, SNOW R, et al. Distant supervision for relation extraction without labeled data[C]//Proc of the Proceedings of the Joint Conference of the 47th Annual Meeting of the ACL and the 4th International Joint Conference on Natural Language Processing of the AFNLP.

[77] ZENG D J, LIU K, CHEN Y B, et al. Distant supervision for relation extraction via piecewise convolutional neural networks[C]//Proc of the Proceedings of the 2015 conference on empirical methods in natural language processing.

[78] CHANG X J, ZHU F D, BI X R, et al. Mining knowledge graphs for vision tasks[C]//Proc of the

Database Systems for Advanced Applications 2019. Springer.

[79] DHINGRA B, ZAHEER M, BALACHANDRAN V, et al. Differentiable reasoning over a virtual knowledge base[C]//Proc of the International Conference on Learning Representations.

[80] LAMB L C, GARCEZ A, GORI M, et al. Graph neural networks meet neural-symbolic computing: A survey and perspective[C]//Proc of the Proceedings of IJCAI-PRICAI 2020.

[81] MCPHERSON M, SMITH-LOVIN L, COOK J M. Birds of a feather: Homophily in social networks[J]. Annual review of sociology, 2001, 27(1): 415-444.

[82] BHATTACHARYYA P, GARG A, WU S F. Analysis of user keyword similarity in online social networks[J]. Social Network Analysis and Mining, 2011, 1(3): 143-158.

[83] SCELLATO S, NOULAS A, MASCOLO C. Exploiting place features in link prediction on location-based social networks[C]//Proc of the Proceedings of the 17th ACM SIGKDD International Conference on Knowledge Discovery and Data Mining.

[84] AKCORA C G, CARMINATI B, FERRARI E. User similarities on social networks[J]. Social Network Analysis and Mining, 2013, 3(3): 475-495.

[85] ANDERSON A, HUTTENLOCHER D, KLEINBERG J, et al. Effects of user similarity in social media[C]//Proc of the Proceedings of the fifth ACM International Conference on Web Search and Data mining.

[86] NEWMAN M E J. Clustering and preferential attachment in growing networks[J]. Physical review E, 2001, 64(2): 025102.

[87] RAVASZ E, SOMERA A L, MONGRU D A, et al. Hierarchical organization of modularity in metabolic networks[J]. Science, 2002, 297(5586): 1551-1555.

[88] LEICHT E A, HOLME P, NEWMAN M E J. Vertex similarity in networks[J]. Physical Review E, 2006, 73(2): 026120.

[89] ADAMIC L A, ADAR E. Friends and neighbors on the web[J]. Social networks, 2003, 25(3): 211-230.

[90] BARABÂSI A, JEONG H, NÉDA Z, et al. Evolution of the social network of scientific collaborations[J]. Physica A: Statistical Mechanics and its Applications, 2002, 311(3-4): 590-614.

[91] PAPADIMITRIOU A, SYMEONIDIS P, MANOLOPOULOS Y. Fast and accurate link prediction in social networking systems[J]. Journal of Systems and Software, 2012, 85(9): 2119-2132.

[92] FOUSS F, PIROTTE A, RENDERS J, et al. Random-walk computation of similarities between nodes of a graph with application to collaborative recommendation[J]. IEEE Transactions on knowledge and data engineering, 2007, 19(3): 355-369.

[93] AL H M, CHAOJI V, SALEM S, et al. Link prediction using supervised learning[C]//Proc of the SDM06: workshop on link analysis, counter-terrorism and security.

[94] WU S, SUN J M, TANG J. Patent partner recommendation in enterprise social networks[C]//Proc of the Proceedings of the sixth ACM International Conference on Web Search and Data Mining.

[95] AHMED C, ELKORANY A, BAHGAT R. A supervised learning approach to link prediction in Twitter[J]. Social Network Analysis and Mining, 2016, 6(1): 24.

[96] VALVERDE-REBAZA J, ANDRADED L A. Exploiting behaviors of communities of twitter users for link prediction[J]. Social Network Analysis and Mining, 2013, 3(4): 1063-1074.

[97] BARBIERI N, BONCHI F, MANCO G. Topic-aware social influence propagation models[J]. Knowledge

and Information Systems, 2013, 37(3): 555-584.

［98］ MENON A K, ELKAN C. Link prediction via matrix factorization[C]//Proc of the Joint European Conference on Machine Learning and Knowledge Discovery in Databases. Springer.

［99］ DUNLAVY D M, KOLDA T G, ACAR E. Temporal link prediction using matrix and tensor factorizations[J]. ACM Transactions on Knowledge Discovery from Data (TKDD), 2011, 5(2): 1-27.

［100］ WESTON J, BORDES A, YAKHNENKO O, et al. Connecting language and knowledge bases with embedding models for relation extraction[C]//Proc of the Conference on Empirical Methods in Natural Language Processing.

［101］ IBM Watson Knowledge Studio. https://www. ibm. com/cloud/watson-knowledge-studio[EB/OL].

［102］ Metaphactory[EB/OL]. https://metaphacts. com/product.

［103］ Stardog: The Enterprise Knowledge Graph Platform[EB/OL]. https://www. stardog. com/.

［104］ Ontotext[EB/OL]. https://www. ontotext. com/.

［105］ Palantir[EB/OL]. https://www. palantir. com/.

［106］ GUTIERREZ C, SEQUEDA J F. Knowledge graphs[J]. Communications of the ACM, 2021, 64(3): 96-104.

［107］ NOY N, GAO Y Q, JAIN A, et al. Industry-scale knowledge graphs: lessons and challenges[J]. Communications of the ACM, 2019, 62(8): 36-43.

［108］ HugeGraph[EB/OL]. https://hugegraph. github. io/hugegraph-doc/.

［109］ ZOU L, ÖZSU M T, CHEN L, et al. gStore: a graph-based SPARQL query engine[J]. The VLDB journal, 2014, 23(4): 565-590.

［110］ 刘宝珠, 王鑫, 柳鹏凯, 等. KGDB: 统一模型和语言的知识图谱数据库管理系统[J]. 软件学报, 2021, 32(3): 781-804.

［111］ YUAN P P, LIU P, WU B W, et al. TripleBit: a fast and compact system for large scale RDF data[J]. Proceedings of the VLDB Endowment, 2013, 6(7): 517-528.

［112］ SHI J X, YAO Y Y, CHEN R, et al. Fast and concurrent RDF queries with RDMA-based distributed graph exploration[C]//Proc of the 12th USENIX Symposium on Operating Systems Design and Implementation.

［113］ ZHU X W, FENG G Y, SERAFINI M, et al. LiveGraph: A transactional graph storage system with purely sequential adjacency list scans[J]. arXiv preprint arXiv:191005773, 2019.

［114］ Nebula Graph[EB/OL]. https://nebula-graph. com. cn/.

［115］ Galaxybase[EB/OL]. https://www. galaxybase. com/.

［116］ ZENG L, ZOU L, ÖZSU M T, et al. Gsi: Gpu-friendly subgraph isomorphism[C]//Proc of the 2020 IEEE 36th International Conference on Data Engineering (ICDE).

［117］ WANG Y X, KHAN A, WU T X, et al. Semantic guided and response times Bounded top-k similarity search over knowledge graphs[C]//Proc of the 2020 IEEE 36th International Conference on Data Engineering (ICDE).

［118］ WANG M, WANG H F, QI G L, et al. Richpedia: A large-scale, comprehensive multi-modal knowledge graph[J]. Big Data Research, 2020, 22(10):100159.

［119］ ZHENG Q H, LIU J, ZENG H W, et al. Knowledge forest: A novel model to organize knowledge fragments[J]. arXiv preprint arXiv:191206825, 2019.

［120］ 郑庆华,刘均,魏笔凡. 等. 知识森林:理论、方法与实践[B].科学出版社,2021.

[121]　PENG Y X, ZHU W W, ZHAO Y, et al. Cross-media analysis and reasoning: advances and directions[J]. Frontiers of Information Technology & Electronic Engineering, 2017, 18(1): 44-57.

[122]　HE X T, PENG Y X, XIE L. A new benchmark and approach for fine-grained cross-media retrieval[C]//Proc of the Proceedings of the 27th ACM International Conference on Multimedia.

[123]　张莹莹, 钱胜胜, 方全, 等. 基于多模态知识感知注意力机制的问答方法[J]. 计算机研究与发展, 2020, 57(5): 1037-1045.

[124]　XIE R B, LIU Z Y, LUAN H B, et al. Image-embodied knowledge representation learning[C]//Proc of the Proceedings of the 26th International Joint Conference on Artificial Intelligence.

[125]　WU Z W, ZHENG C M, CAI Y, et al. Multimodal representation with embedded visual guiding objects for named entity recognition in social media posts[C]//Proc of the Proceedings of the 28th ACM International Conference on Multimedia.

[126]　CHEN L Y, LI Z, WANG Y J, et al. MMEA: Entity alignment for multi-modal knowledge graph[C]// Proc of the International Conference on Knowledge Science, Engineering and Management. Springer.

[127]　SUN R, CAO X Z, ZHAO Y, et al. Multi-modal knowledge graphs for recommender systems[C]//Proc of the Proceedings of the 29th ACM International Conference on Information & Knowledge Management.

[128]　XU C J, NAYYERI M, ALKHOURY F, et al. Temporal knowledge graph embedding model based on additive time series decomposition[J]. arXiv preprint arXiv:191107893, 2019.

[129]　田满鑫, 寿黎但, 陈珂, 等. 一种基于实体时间敏感度的知识表示方法[J]. 软件工程, 2020, 23 (1): 1-6.

[130]　BIAN R R, KOH Y S, DOBBIE G, et al. Network embedding and change modeling in dynamic heterogeneous networks[C]//Proc of the Proceedings of the 42nd International ACM SIGIR Conference on Research and Development in Information Retrieval.

[131]　MAHDAVI S, KHOSHRAFTAR S, AN A J. dynnode2vec: Scalable dynamic network embedding[C]// Proc of the 2018 IEEE International Conference on Big Data.

[132]　HAN Z, CHEN P, MA Y P, et al. xERTE: Explainable reasoning on temporal Knowledge graphs for forecasting future links[J]. arXiv preprint arXiv:201215537, 2020.

[133]　ZHU C C, CHEN M H, FAN C J, et al. Learning from history: modeling temporal knowledge graphs with sequential copy-generation networks[J]. arXiv preprint arXiv:201208492, 2020.

[134]　杜治娟, 杜治蓉, 王璐. 基于相邻和语义亲和力的开放知识图谱表示学习[J]. 计算机研究与发展, 2019, 56(12): 2549-2561.

[135]　XIE W H, WANG S X, WEI Y Z, et al. Dynamic knowledge graph completion with jointly structural and textual dependency[C]//Proc of the International Conference on Algorithms and Architectures for Parallel Processing. Springer.

[136]　ZHOU Y Y, SHI S M, HUANG H Y. Weighted aggregator for the open-world knowledge graph completion[C]//Proc of the International Conference of Pioneering Computer Scientists, Engineers and Educators. Springer.

[137]　NIU L, FU C P, YANG Q, et al. Open-world knowledge graph completion with multiple interaction attention[J]. World Wide Web, 2021, 24(1): 419-439.

[138]　ZHANG Z Y, HAN X, LIU Z Y, et al. ERNIE: Enhanced language representation with informative entities[J]. arXiv preprint arXiv:190507129, 2019.

[139]　LIU W J, ZHOU P, ZHAO Z, et al. K-bert: Enabling language representation with knowledge

graph[C]//Proc of the Proceedings of the AAAI Conference on Artificial Intelligence.

[140] SUN T X, SHAO Y F, QIU X P, et al. CoLAKE: Contextualized language and knowledge embedding[J]. arXiv preprint arXiv:201000309, 2020.

[141] HE B, ZHOU D, XIAO J H, et al. Integrating graph contextualized knowledge into pre-trained language models[J]. arXiv preprint arXiv:191200147, 2019.

[142] WANG R Z, TANG D Y, DUAN N, et al. K-adapter: Infusing knowledge into pre-trained models with adapters[J]. arXiv preprint arXiv:200201808, 2020.

[143] ZHANG W, WONG C M, YE G Q, et al. Billion-scale Pre-trained E-commerce product knowledge graph model[J]. arXiv preprint arXiv:210500388, 2021.

[144] QIU J Z, CHEN Q B, DONG Y X, et al. Gcc: Graph contrastive coding for graph neural network pre-training[C]//Proc of the Proceedings of the 26th ACM SIGKDD International Conference on Knowledge Discovery & Data Mining.

[145] WANG M, WANG R J, LIU J, et al. Towards empty answers in SPARQL: approximating querying with RDF embedding[C]//Proc of the International Semantic Web Conference. Springer.

[146] WANG R J, WANG M, LIU J, et al. Leveraging knowledge graph embeddings for natural language question answering [C]//Proc of the International Conference on Database Systems for Advanced Applications. Springer.

[147] WANG M, CHEN W T, WANG S, et al. Efficient search over incomplete knowledge graphs in binarized embedding space[J]. Future Generation Computer Systems, 2021, 123(10):24-34.

[148] SUN Z Q, HU W, ZHANG Q H, et al. Bootstrapping entity alignment with knowledge graph embedding[C]//Proc of the IJCAI.

[149] SUN Z Q, HU W, LI C K. Cross-lingual entity alignment via joint attribute-preserving embedding[C]// Proc of the International Semantic Web Conference. Springer.

[150] LI C J, CAO Y X, HOU L, et al. Semi-supervised entity alignment via joint knowledge embedding model and cross-graph model[C]//Proc of the Proceedings of the 2019 Conference on Empirical Methods in Natural Language Processing and the 9th International Joint Conference on Natural Language Processing (EMNLP-IJCNLP).

[151] SUN Z Q, HUANG J C, HU W, et al. Transedge: Translating relation-contextualized embeddings for knowledge graphs[C]//Proc of the International Semantic Web Conference. Springer.

[152] SUN Z Q, ZHANG Q H, HU W, et al. A benchmarking study of embedding-based entity alignment for knowledge graphs[J]. Proceedings of the VLDB Endowment, 2020, 13(12): 2326-2340.

[153] DU J F, QI K X, WAN H, et al. Enhancing knowledge graph embedding from a logical perspective[C]//Proc of the Joint International Semantic Technology Conference. Springer.

[154] ZHONG H P, ZHANG J W, WANG Z, et al. Aligning knowledge and text embeddings by entity descriptions[C]//Proc of the Proceedings of the 2015 Conference on Empirical Methods in Natural Language Processing.

[155] CUI P, WANG X, PEI J, et al. A survey on network embedding[J]. IEEE Transactions on Knowledge and Data Engineering, 2018, 31(5): 833-852.

[156] BO D Y, WANG X, SHI C, et al. Structural deep clustering network[C]//Proc of the Proceedings of The Web Conference 2020.

[157] SHI C, HU B B, ZHAO X, et al. Heterogeneous information network embedding for recommendation[J].

IEEE Transactions on Knowledge and Data Engineering, 2018, 31(2): 357-370.

[158] HU L M, LI C, SHI C, et al. Graph neural news recommendation with long-term and short-term interest modeling[J]. Information Processing & Management, 2020, 57(2): 102142.

[159] ZHU H C, DONG L, WEI F R, et al. Learning to ask unanswerable questions for machine reading comprehension[C]//Proc of the Proceedings of the 57th Annual Meeting of the Association for Computational Linguistics.

[160] CUI Y M, CHE W X, LIU T, et al. Revisiting pre-trained models for chinese natural language processing[C]//Proc of the Proceedings of the 2020 Conference on Empirical Methods in Natural Language Processing: Findings.

[161] JIANG T W, ZENG Q K, ZHAO T, et al. Biomedical knowledge graphs construction from conditional statements[J]. IEEE/ACM Transactions on Computational Biology and Bioinformatics, 2020, 18(3): 823-835.

[162] LI Z Y, DING X, LIU T. TransBERT: A three-stage pre-training technology for story-ending prediction[J]. ACM Transactions on Asian and Low-Resource Language Information Processing (TALLIP), 2021, 20(1): 1-20.

[163] LIU K. A survey on neural relation extraction[J]. Science China Technological Sciences, 2020(10): 1971-1989.

[164] ZHOU Y, CHEN Y B, ZHAO J, et al. What the role is vs. What plays the role: Semi-supervised event argument extraction via dual question answering[C]//Proc of the Proceedings of the AAAI Conference on Artificial Intelligence.

[165] CUI L, YANG D Q, CHENG J Y, et al. Incorporating syntactic information into relation representations for enhanced relation extraction[C]//Proc of the PAKDD (3).

[166] DING M, ZHOU C, CHEN Q B, et al. Cognitive graph for multi-hop reading comprehension at scale[C]//Proc of the Proceedings of the 57th Annual Meeting of the Association for Computational Linguistics.

[167] ZHANG W, PAUDEL B, ZHANG W, et al. Interaction embeddings for prediction and explanation in knowledge graphs[C]//Proc of the Proceedings of the Twelfth ACM International Conference on Web Search and Data Mining.

[168] CUI J X, YANG B, SUN B Y, et al. Cost-aware graph generation: A deep bayesian optimization approach[C]//Proc of the Proceedings of the AAAI Conference on Artificial Intelligence.

[169] ZHOU T, LÜ L Y, Zhang Y C. Predicting missing links via local information[J]. The European Physical Journal B, 2009, 71(4): 623-630.

[170] LÜ L Y, JIN C H, ZHOU T. Similarity index based on local paths for link prediction of complex networks[J]. Physical Review E, 2009, 80(4): 046122.

[171] CHEN H H, GOU L, ZHANG X L, et al. Discovering missing links in networks using vertex similarity measures[C]//Proc of the Proceedings of the 27th annual ACM symposium on applied computing.

[172] 王春磊, 张岩峰, 鲍玉斌, 等. Asyn-SimRank: 一种可异步执行的大规模 SimRank 算法[J]. 计算机研究与发展, 2015, 52(7): 1567-1579.

[173] QIU B J, IVANOVA K, YEN J, et al. Behavior evolution and event-driven growth dynamics in social networks[C]//Proc of the 2010 IEEE Second International Conference on Social Computing. IEEE.

[174] HUANG H, TANG J, WU S, et al. Mining triadic closure patterns in social networks[C]//Proc of the

Proceedings of the 23rd International Conference on World Wide Web.

[175] 王鑫, 王英, 左万利. 基于交互意见和地位理论的符号网络链接预测模型[J]. 计算机研究与发展, 2016, 53(4): 764-775.

[176] KUO T T, YAN R, HUANG Y Y, et al. Unsupervised link prediction using aggregative statistics on heterogeneous social networks[C]//Proc of the Proceedings of the 19th ACM SIGKDD International Conference on Knowledge Discovery and Data Mining.

[177] WU J H, ZHANG G J, REN Y Z, et al. Weighted local naive bayes link prediction[J]. Journal of Information Processing Systems, 2017, 13(4): 914-927.

[178] CHEN B L, LI F F, CHEN S B, et al. Link prediction based on non-negative matrix factorization[J]. PloS one, 2017, 12(8): e0182968.

[179] WANG Z Q, LIANG J Y, LI R. A fusion probability matrix factorization framework for link prediction[J]. Knowledge-Based Systems, 2018, 159(1): 72-85.

[180] BAO J W, DUAN N, YAN Z, et al. Constraint-based question answering with knowledge graph[C]// Proc of the Proceedings of COLING 2016, the 26th International Conference on Computational Linguistics: Technical Papers.

[181] HUANG X, ZHANG J Y, LI D C, et al. Knowledge graph embedding based question answering[C]// Proc of the Proceedings of the Twelfth ACM International Conference on Web Search and Data Mining.

[182] HAO Y C, ZHANG Y Z, LIU K, et al. An end-to-end model for question answering over knowledge base with cross-attention combining global knowledge[C]//Proc of the Proceedings of the 55th Annual Meeting of the Association for Computational Linguistics (Volume 1: Long Papers).

[183] GUO Q Y, ZHUANG F Z, QIN C, et al. A survey on knowledge graph-based recommender systems[J]. IEEE Transactions on Knowledge and Data Engineering, 2020(10): 99.

[184] WANG H W, ZHANG F Z, XIE X, et al. DKN: Deep knowledge-aware network for news recommendation[C]//Proc of the Proceedings of the 2018 World Wide Web Conference.

[185] WANG J, WANG Z Y, ZHANG D W, et al. Combining knowledge with deep convolutional neural networks for short text classification[C]//Proc of the IJCAI.

[186] HUANG J, ZHAO X, DOU H J, et al. Improving sequential recommendation with knowledge-enhanced memory networks[C]//Proc of the The 41st International ACM SIGIR Conference on Research & Development in Information Retrieval.

[187] 华为云知识图谱 KG[EB/OL]. https://www.huaweicloud.com/product/nlpkg.html.

[188] 腾讯知识图谱 TKG[EB/OL]. https://cloud.tencent.com/product/tkg.

[189] 百度 AI 开放平台知识图谱构建与应用[EB/OL]. https://ai.baidu.com/solution/kgaas.

[190] 明略科技知识图谱平台 SCOPA[EB/OL]. https://www.mininglamp.com/productdetail/18.

[191] 星环科技知识图谱全场景解决方案[EB/OL]. https://www.transwarp.cn/plan-atlas.html.

[192] DataExa-Sati 知识图谱[EB/OL]. http://www.dataexa.com/product/sati.

[193] PlantData 认知智能平台[EB/OL]. https://www.plantdata.cn/portal/home.

[194] 2020 年中国面向人工智能"新基建"的知识图谱行业研究报告[EB/OL].

[195] 情报分析[EB/OL]. https://zh.wikipedia.org/wiki/%E6%83%85%E6%8A%A5%E5%88%86 E6%9E%90.

[196] 美团餐饮娱乐知识图谱——美团大脑揭秘[EB/OL]. https://tech.meituan.com/2018/11/22/ meituan-brain-nlp-01.html.

作者简介

王昊奋　同济大学特聘研究员，博士生导师。2013 年毕业自上海交通大学并获得计算机博士学位，研究方向为知识图谱及语义搜索，其博士论文《面向大规模 RDF 数据的语义搜索》荣获 2015 年度上海市优秀博士学位论文奖。著有专著《知识图谱：方法、实践与应用》与《自然语言处理实践：聊天机器人技术原理与应用》。全球最大中文开放知识图谱联盟 OpenKG 发起人之一。担任 CCF 信息系统专业委员会委员、中国中文信息学会语言与知识计算专业委员会副秘书长、上海市计算机学会青年工作委员会副主任、上海交通大学 AI 校友会秘书长等社会职位。

王　萌　东南大学计算机科学与工程学院助理教授；东南大学至善青年学者奖励计划获得者；西安交通大学-澳大利亚昆士兰大学联合培养博士；CCF-百度松果基金、CCF-腾讯犀牛鸟基金获得者；在 ISWC、AAAI、IJCAI、CIKM、ICSE 等国际会议、国际期刊发表论文 40 余篇，同时担任多个国际会议程序委员会委员和期刊审稿人。曾获国际语义网大会 ISWC 2018 最佳学生论文提名，IEEE ICBK 2018 最佳论文奖。研究方向为知识图谱、语义搜索、多模态数据。

李博涵　南京航空航天大学计算机科学与技术学院/人工智能学院副教授。研究方向包括：时空数据库、GIS、知识图谱、区块链等。CCF 数据库、CCF 信息系统、CAAI 智能传媒专业委员会委员。主持完成国家自然科学基金、江苏省自然科学基金、中国学位与研究生教育课题等。江苏省计算机教育专业委员会委员，曾获省双创博士、绿杨金凤人才等称号。*WWWJ*、*HISC*、*DSE* 等期刊客座编辑。已发表论文 80 余篇，授权发明专利 2 项，申请国际专利 3 项。NDBC2017、2020，MLICOMM2019，ADMA2019 会议最佳论文获得者。

赵　翔　国防科技大学信息系统工程重点实验室知识系统工程技术研究室主任，副教授；博士毕业于澳大利亚新南威尔士大学。入选教育部高层次青年人才计划和中国科协青年人才托举工程，湖南省杰出青年，获 ACM SIGMOD 中国新星奖和国防科技大学青年创新一等奖、军队科技进步二等奖和湖南省科技进步三等奖。申请发明专利 30 余项，在 VLDB Journal

和 ACM TOIS 等发表论文 90 余篇,获 DASFAA 2021 和 APWeb-WAIM 2020 最佳论文奖、KSEM 2020 和 ADC 2016 最佳学生论文奖。担任 CCF 信息系统专业委员会、数据库专业委员会和中国中文信息学会语言与知识计算专业委员会、网络空间大搜索专业委委员。

王 鑫 天津大学智能与计算学部教授、博士生导师,人工智能学院副院长。CCF 杰出会员、信息系统专业委员会秘书长、数据库专业委员会委员。研究方向包括:知识图谱、图数据库、大数据处理等。主持国家重点研发计划项目、国家自然科学基金项目等。在 *IEEE TKDE*、*IEEE TPDS*、ICDE、IJCAI、AAAI、WWW、CIKM、ISWC、《计算机学报》《软件学报》等国内外学术期刊和会议上发表论文 100 余篇。《计算机科学与探索》《计算机工程与应用》《计算机工程》编委,国际期刊 *Knowledge-Based Systems* 副主编、*Big Data Research* 编委。

虚拟形象合成的研究进展与趋势

CCF语音对话与听觉专业委员会

吴昊哲[1]　吴志勇[2]　孟凡博[3]　叶梓杰[1]　梁翔宇[2]　陈　伟[3]　贾　珈[1]

[1]清华大学，北京
[2]清华大学深圳国际研究生院，深圳
[3]北京搜狗科技发展有限公司，北京

摘　　要

虚拟形象合成技术旨在对特定人物合成拟人化、真实感、多模态的音视频。因其广泛的应用前景，虚拟形象合成技术近年来得到了学术界与工业界的广泛关注。本文将从工业应用与学术研究两个视角，介绍虚拟形象合成的技术路线，调研国内外研究进展，分析虚拟形象合成所蕴含的科学问题，对目前研究的难点与瓶颈做出总结，并对该项技术的未来方向做出展望。虚拟形象合成技术作为计算机视觉、计算机图形学、语音信号处理等多个方向的交叉学科，技术路线庞杂，合成方法多样。整体而言，我们将虚拟形象合成的技术路线拆解为4个不同的科学问题：①人脸与人体动作的低维表征；②虚拟形象的真实感渲染；③语音驱动的面部动作合成；④拟人化的跨模态肢体动作合成。本文将系统性地总结这4个科学问题的研究现状，剖析已有方法的特点，分析这些问题目前所面临的挑战。以此为基础，从不同的应用场景，对虚拟形象合成技术做出展望。虚拟形象合成技术在人机交互、影视娱乐、远程办公等领域有着强大的应用前景，希望本文所提出的展望和建议，能够对未来虚拟形象合成技术提供一些指导和参考。

关键词：虚拟形象，跨模态，人脸与人体表征，脸像合成，动作合成

Abstract

The technology of virtual avatar synthesis aims to synthesize anthropomorphic, photo-realistic and cross-modality videos and audios of particular identity. In recent years, the virtual avatar synthesis has received much attention from both academia and industry due to its prospects of wide application. This review will introduce the technical routes of virtual avatar synthesis from perspectives of both academia and industry. we will analyze the scientific problems reside in the virtual avatar synthesis, summarize the difficulties and bottlenecks of current researches, and prospects for the future development of the virtual avatar synthesis. The technology of virtual avatar synthesis is an interdiscipline of computer vision, computer graphics and audio processing, which has complex technical routes. Overall, we subdivide the technical routes of virtual avatar synthesis into four different scientific problems：①The low dimensional representation of face and body, ②The photo-realistic render of virtual avatar, ③The audio-driven facial motion synthesis, ④ the anthropomorphic gesture synthesis. This review will systematically categorizes current approaches, analyze the characteristics of existing methods from various aspects, and analyze the challenges of these problems. Based on these challenges, we prospect for the development of virtual avatar synthesis from the perspective of different application scenarios. The virtual avatar synthesis has strong application prospects in human-computer interaction, studio entertainment, telecommuting and some other fields. We hope that the prospects and suggestions put forward in this article can provide some guidance and reference for the future development of virtual avatar synthesis.

Keywords: virtual avatar, cross modality, human face and body representation, face synthesis, gesture synthesis

1 引言

虚拟形象合成技术旨在对特定人物合成拟人化、真实感、多模态的音视频。良好的虚拟形象可以提升人机交互的沉浸感,降低影视行业的制作成本,提高娱乐行业的制作水平与生产效率。由于其广泛的应用前景,虚拟形象合成技术近年来受到了学术界和工业界的广泛关注。随着深度生成、神经渲染、语音信号处理、跨模态学习等技术的快速发展,近年来虚拟形象合成技术也取得了长足的进步,现有的虚拟形象合成技术已经一定程度上跨越了 Mori 等人提出的恐怖谷[1],达到了以假乱真的效果。

虚拟形象合成技术作为计算机视觉、计算机图形学、语音信号处理等多个方向的交叉学科,技术路线庞杂,合成方法多样,不同的技术路线也往往对应着不同的应用场景。在这些技术路线中,有以端到端学习[2]为代表的音视频联合建模方法,这一类技术较为轻量,模型制作成本低,可以方便地在端侧部署,但可控性较差,常用于需要快速适配的交互应用中。与之相对的则是在动画影视工业中常用的 3D 模型 blendshape 制作、模型绑定、动作捕捉与驱动的技术路线,这一类技术路线渲染效果好,模型可控性高,但是模型的制作需要大量人力成本,制作周期较长。作为两类技术路线的折中,近几年出现了很多将人脸/人体模型驱动、纹理生成、blendshape 生成以及渲染与深度学习相结合的方法[3-5],这些方法在不断地提升虚拟形象的制作效率,同时逼近传统动画行业的制作效果。

整体而言,我们将虚拟形象合成的技术路线拆解为 4 个不同的科学问题:①人脸与人体动作的低维表征;②虚拟形象的真实感渲染;③语音驱动的面部动作合成;④拟人化的跨模态肢体动作合成。其中,①面部动作、姿态、手势的表征是虚拟人合成技术的根基,动作、表情的合成均以这些表征为驱动目标,动作粒度是否细致,动作参数能否表达各类复杂运动,决定了最终的合成结果是否拟人;②影视级的人脸与人体渲染往往需要细微到毛孔级别,需要在不同的光照条件下产生不同的高光、阴影,渲染结果的好坏决定了最终合成结果是否真实;③语音驱动的真实感脸像合成是虚拟形象合成的关键瓶颈,语音驱动的虚拟形象能否合成多表情、多风格的面部动作,决定了最终合成结果的表现力;④拟人化的跨模态肢体动作合成旨在合成虚拟人说话时的伴生动作以及有明确语义的手语,这些伴生动作对虚拟人有着至关重要的作用,平滑、流畅的肢体动作会使得虚拟人更加自然。

近年来，随着深度学习的快速发展，上述 4 个科学问题均得到长足发展。

1）对于面部动作、姿态、手势的表征，目前的工作已提出多种解决方案。在基于图像的面部动作表征方面，有 68 个关键点表征[6]，有基于解耦表示学习与对抗训练的隐层表征[7,8]，有基于光流的一阶参数表征[9]；在基于 3D 模型的面部动作表征方面，有 3D 可变模型（3DMM）的表情参数表征[10]、表现力更丰富的 FLAME 表情参数[11]，以及结合 Pix2pixHD 图像迁移技术[12]的动态人脸 blendshape 生成技术[4]。对于姿态、手势的表征，马克思-普朗克研究所提出了 SMPL[13]、SMPL-H[14]、SMPL-X[15]、STAR[16]等人体 3D 模型参数化方法，一些研究则利用了人体关节点的四元数表示[17]，避免立体角的万向锁问题。

2）对于人脸与人体的渲染，在目前的工业生产中，虚幻 3D 引擎已经可以通过次表面散射[18]模拟人体皮肤的半透明材质，同时通过高光、法线、反射率贴图的使用，以及 groom 毛发系统应用，人脸与人体渲染已经可以达到以假乱真的效果。然而，工业制作中，毛发系统、材质系统的设计时间长，人力成本高，因此很多研究工作便着手将人脸与人体的渲染与深度学习结合，实现具有真实感、可扩展性强、便于部署的渲染方法。一些方法利用图像迁移算法，将初步、粗糙的光栅化结果或者关键点信息迁移到真实的 RGB 图像域[6,19]；一些方法则使用了体渲染技术[20]，可以渲染各视角的视频，并对头发等细节做出建模；一些方法将预测的 3D 光流展开，并利用对抗生成网络进行后续修复[21]；一些方法使用了延迟神经渲染[22]方法，利用神经纹理使得渲染结果更真实；一些方法则生成了人脸的动态纹理、高光、延展等贴图，使得渲染结果更逼真[4,23]。

3）对于语音驱动的虚拟人脸合成，现有的方法通常会利用梅尔倒谱、Deepspeech[24]、音素后验概率（PPG）[25]、语音转换（voice conversion）[26]等方法对输入的音频进行个体无关化的处理，利用卷积神经网络、Transformer[27]等模型，将音频特征映射到人脸动作参数，合成语音驱动的虚拟形象。针对音频到动作的单一化映射，一些方法利用额外的控制编码[28,29]生成多样化的唇形动作。部分研究也探索了带情感的虚拟形象合成[30,31]。

4）对于拟人化的跨模态动作合成，现有的工作聚焦在 3 个领域：说话手势合成[32-35]、音乐舞蹈合成[36-39]和乐器演奏动作合成[40]。在实际应用中，拟人化的跨模态动作合成也已经有了非常多的落地场景。如在搜狗公司近年来推出的虚拟新闻主播应用中，虚拟形象已经能够根据一些预先定义好的规则，在适当的位置做出相应的动作，并且能够保持动作之间的连贯性。

从理论和实际应用的角度来讲，上述 4 个科学问题仍面临以下的挑战：

1）对于低维的人脸/人体动作表征，目前如 3DMM、Flame 这样的通用人脸与人体模型动作表征粒度较粗，对于皱眉、噘嘴等有表现力的动作难以进行建模。尽管目前已经有一些方法利用神经网络[4,41]对人脸与人体动作做出个性化建模，但是这些方法往往对采集设备和数据有着严格的要求，使得大规模数据难以采集。因此，如何在提升人脸与人体表现力的同时，降低对数据、设备的严苛限制，是下一步需要探索的问题。与此同时，3D 网格在表征人脸与人体时有其局限性，研究人员目前已经对体素、隐式曲面，甚至肌肉表征展开了初步研究，表征方式仍有待进一步探索。

2）对于虚拟形象的真实感渲染，为了生成较好的渲染视频，影视行业往往需要较长时间制作反射、高光、法线贴图，而一些深度学习模型则需要同一个人物较长时间的训练视频，这都使得一个人的形象制作很难扩展到其他人。部分研究人员探索了基于单张图像的端到端渲染，然而清晰度较低，很难渲染精细的细节。在未来的研究中，在提升个体快速适配能力的同时，保障虚拟形象的渲染结果仍将是研究的重点。

3）对于语音驱动的面部动作合成：在语音与面部动作的跨模态建模中，唇形、下颚与语音有着强相关性，但是眉毛、眼睛、额头等多个部位传达出的副语言信息与语音是弱相关的，且不同的形象传达的副语言信息有着不同的风格，同时，虚拟形象讲话时多种多样的情感也会影响面部动作的分布。因此，如何在情感、副语言信息、唇形三者互相耦合的情况下建模面部动作的多样性，如何根据语音生成多样化的动作，将是未来一段时间内研究的重点。

4）拟人化的跨模态人体动作合成中的关键问题是如何建模人类动作与输入模态之间的弱关联性。现有的模型往往过度拟合输入模态的琐碎细节，在切换到一段新的语音或音乐时往往会生成不自然的结果。因此，设计合适的跨模态运动合成模型，使得模型能够正确捕捉人体动作和输入模态之间的弱相关性将会是未来研究的一个挑战。针对这些挑战，我们将在文末做出总结和展望。

本文整体的组织结构如下：第 2 节，总结现有虚拟形象合成的技术路线，并将其归纳为 4 个科学问题；第 3 节，对人脸与人体动作表征的研究现状进行分析；第 4 节，总结和分析虚拟形象的真实感渲染方法；第 5 节，分析语音驱动的面部动作合成方法的研究现状；第 6 节，分析拟人化的跨模态肢体动作合成方法；第 7 节，对虚拟人合成技术做出展望；最后，对本文做出总结。

2 虚拟形象合成的技术路线

虚拟形象合成技术是计算机视觉、计算机图形学、语音信号处理等多个方向的交叉学科，技术路线庞杂，合成方法多样。通常来讲，虚拟形象合成以音频、文本，或是动作捕捉设备得到的动捕数据为输入，以渲染得到的视频为最终输出。不同的技术路线在建立输入与输出的映射关系时，有着很大的差异，这种差异使得不同的技术路线有着不同的应用场景。

图 1 简要概括了目前虚拟形象合成的技术路线，主要分为 4 个模块：模型制作与动作表征定义、真实感渲染、面部动作合成和肢体动作合成。根据技术路线的不同，不同的模块会有合并，部分模块也会有人工参与。图 1 中的每一行代表了不同的技术路线，不同技术路线有着不同的渲染效果、模型可扩展性以及人力成本。下面对每一行的技术路线做简要的介绍。

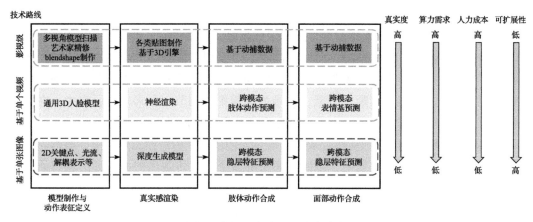

图 1　虚拟形象合成的技术路线

图 1 的第一行展示了目前影视、动画常用的虚拟形象合成方法。该方法以 EPIC Games 公司开发的 Siren 1、MetaHuman Creator 2 为代表，渲染可达到毛孔级精度，有丰富的光照、阴影等细节，模型可控性强。这一类模型的制作通常需要以下步骤：

1）模型制作与动作表征定义阶段，需要通过多视角重建（multi view stereo）[42] 得到目标人物的 3D 模型，随后艺术家对 3D 模型进行修正，并根据人脸动作单元制作人物模型的 blendshape，该模型的动作表征则定义为 blendshape 的参数。

2）真实感渲染阶段，艺术家需要根据 3D 模型以及原始的 RGB 贴图，绘制模型的 albedo 贴图、高光贴图、粗糙度贴图、法线贴图，以及次表面散射的颜色贴图，利用这些贴图，3D 引擎会渲染得到逼真的图像。

3）面部动作合成阶段，根据动作捕捉设备得到的面部动作数据得到 blendshape 参数，或是根据输入的音频预测得到 blendshape 参数，合成相应的面部 3D 动画。

4）肢体动作合成阶段，根据动作捕捉设备得到的关节点位置与方向，或是根据输入的音频、文本预测得到的关节点位置与方向，合成相应的肢体动作。

这一技术路线已在动画、影视、游戏产业得到了广泛的应用，但是人力成本高，制作周期长，难以在一些轻量级的应用上普及。

图 1 的第二行展示了根据一段视频合成虚拟形象的技术路线。这类方法中，比较典型的有 Deep Video Portraits[19]、Neural Voice Puppetry[22]、AD-Nerf[20] 等。这些方法可以得到渲染效果较好、细节较多、唇形较为准确的视频，但是很难解决光照、阴影的建模。这一类技术路线与第一行技术路线的差异主要在模型制作与动作表征定义阶段和真实感渲染阶段。在模型制作与动作表征定义阶段，该类技术路线通常会使用通用的人脸、人体模型，如 3DMM[10]、SMPL[13] 等，利用主成分分析（PCA）得到的表情参数作为动作表征的定义。在真实感渲染阶段，该类技术路线通常会使用图像迁移算法[43]，将光栅化的渲染结果，或人工定义的归一化平均脸部坐标（NMFC）等迁移到真实的图像域，得到逼真的渲染结果。这一类技术路线的人工成本低，对于一个虚拟形象，只需采集 5~20min 的视频即可，但是对每一个个体，这类方法需要重新训练深度学习模型，这一缺

陷使其很难在端侧的应用部署。

图 1 的第三行展示了根据单张图片合成虚拟形象的技术路线。这类方法中，比较典型的有 First Order Motion Model（FOMM）[9]、Disentangled Audio-Visual System（DAVS）[8] 等。这些方法对新的个体无须做适配即可直接得到渲染视频，便于在端侧应用部署。然而，这些方法合成的效果有限，一些不自然的抖动使其与真实视频仍有较大的差异。这一类技术路线通常将 4 个技术模块合并，用解耦表示学习（disentangled representation learning）端到端地根据语音合成视频[44]，也有部分方法用人脸关键点[6]、光流[9]等信息作为显式的先验，辅助视频的生成。

近年来，研究人员在不同的研究路线上有着不同的研究目标。对影视级的虚拟形象合成，研究重点在于贴图绘制、blendshape 制作的自动化；对基于单个视频的合成方法，研究重点在于降低数据量的要求，增强合成结果的可控性，以及动作、模型表征的探索；对基于单张图像的合成方法，研究重点则是提升合成的视觉效果，减少合成结果的不自然抖动、噪点。我们将这些研究目标背后的科学问题归纳为 4 类：①人脸与人体动作的低维表征；②虚拟形象的真实感渲染；③语音驱动的面部动作合成；④拟人化的跨模态肢体动作合成。在下面的几节中，我们将对各个科学问题的研究现状做出总结，分析这些问题目前所面临的挑战。

3 人脸与人体动作的低维表征

3.1 研究现状总结

由于脸像以及面部动作高维、复杂的特点，在虚拟形象合成中，音频/文本信号通常难以端到端地驱动 2D 图像/3D 网格的运动，研究人员通常会把人脸与人体的形变建模为维度较低的（通常为 50~500 维）表征，利用音频/文本到低维表征的映射，驱动虚拟人的表情与姿态。因此，低维动作表征效果的好坏，极大地影响着最终虚拟形象的呈现结果。根据虚拟人形象设置的不同，人脸与人体的表征也有较大的差异。在实际应用中，虚拟形象可以是 2D 的写实人脸形象，也可以是通过参数特征建模的 3D 人脸模型，各具有不同的应用场景，例如娱乐行业可以使用 3D 模型渲染卡通风格的形象，而新闻播报则可使用写实的人物形象。

对于人脸而言，在 2D 场景下，动作表征有以下数类：特定的人脸标记（facial landmark）[45]、主动外观模型（Active Appearance Model，AAM）[46]，以及基于解耦（disentangle）表示学习的隐层表情参数[7,8]，基于唇形判别器的唇形生成[47]，基于对比学习的唇形参数[48]，基于光流的表征[9,49]等。整体而言，2D 场景下的人脸动作表征可以分为两类：①以人脸标记、AAM 为代表的有很强先验知识的动作表征；②以解耦表示学习为代表的基于深度学习的动作表征。这两类表征各有优劣，具有强先验的方法设计简洁，模型鲁棒，但是人脸的表征能力较弱，基于深度学习的方法表征能力较强，但是通常需要冗杂的损失函数设计和耗时的训练流程。这些基于 2D 的工作虽然一定程度上实现了人脸合成的可控性，并且对新的人物有较强的适配能力，但视觉质量却非常有限[2,8,50-53]，通常用于基于单张图像的虚拟形象合成。一个具有影响力的早期工作[54]虽然实现了高视觉质量的视频生成，可以根据语音内容更改美国前总统 Obama 的演讲视频的嘴部动作，却需要大量的特定人物的视频数据和极其复杂的方法流程。

在 3D 场景下，动作表征主要以控制 3D 人脸模型的形变为主。在学术研究中，现有的研究大多使用通用 3D 人脸模型驱动表情的生成，如 3D 可变形人脸模型（3D Morphable Face Model，3DMM）[3,19,29,55-58]、Flame Face Model[11]、i3DMM[59] 等。图 2 中展示了 Flame Face Model，该模型可以通过低维的参数控制各种表情与姿态，并且参数空间平滑，为音频到人脸表情的跨模态映射提供了极大地便利。然而，在相同表情下，不同的个体所做出的形变是有些许差异的，通用的 3D 人脸模型很难建模这些差异，而且面部的皱纹、眼睑等细节，通用的 3D 人脸模型也很难建模。为此，开始探索了 3D 模型 displacement map 的生成[60]，也有些工作从人脸表情控制的精细化适配着手[61,62]。

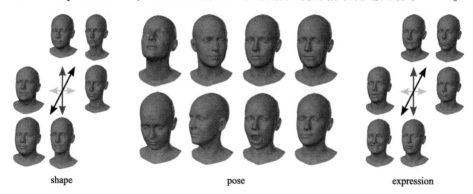

shape   pose   expression

图 2　Flame Face Model 包含形状参数、表情参数、关节点旋转参数三组控制参数

在影视、动画工业的工业生产中，由于通用人脸模型的表达粒度粗，尚难以满足生产需求，通常是由艺术家根据模型的基础形象制作人脸的 blendshape。然而，电影制作中的 blendshape 通常有几百个，其数量之大，使得每个模型的制作要花费大量时间。为此，一些研究人员开始着手研究 blendshape 的自动生成[4]。与此同时，由于 blendshape 是各组基的线性叠加，很难模拟肌肉抖动时的果冻效果，为此 Ziva Dynamics ⊖公司从肌肉驱动的角度，定义了一套面部肌肉基，实现了更精细、更真实的面部驱动。

对于人体而言，动作表征主要分为骨架表征以及参数化的人体模型表征。骨架表征通常在固定骨架长度的情况下，控制关节点的位置、旋转角，实现树形骨架的驱动。在关节点控制的过程中，由于三维欧拉角的万向锁（gimbal lock）问题，部分研究也利用四元数规避了万向锁带来的梯度消失与梯度爆炸问题[17]。人体的骨架表征力度较粗，与之相比，参数化的人体模型表征则实现了较为细粒度的动作控制，一些模型在加入软组

⊖　https://zivadynamics.com/。

织动力学后, 可以实现对肌肉的控制。马克思-普朗克研究所提出了 SMPL[13]、SMPL-H[14]、SMPL-X[15]、STAR[16] 等多种人体 3D 模型参数化方法, 这些方法可以控制个体形状, 姿态, 并且规避了传统蒙皮算法的诸多问题, 目前也涌现出一些基于这类参数模型的动作迁移[63] 方法。

3.2 问题与挑战

对于低维的 3D 人脸与人体动作表征而言, 目前诸如 3DMM、Flame 这样的通用人脸、人体模型动作表征粒度较粗, 对于皱眉、嘟嘴等有表现力的动作以及头发、毛孔等高频信息难以进行建模。尽管目前已经有一些方法利用神经网络[4,41] 对人脸与人体动作做出个性化建模, 但是这些方法往往对采集设备和数据有着严格的要求, 要求多视角重建设备对每个人采样大量标准的模板表情, 给数据的规模化带来了困难。因此, 如何在提升人脸与人体表现力的同时, 降低对数据、设备严苛的限制, 是下一步需要探索的问题。与此同时, 3D 网格在表征人脸与人体时有其局限性, 研究人员目前已经对体素、隐式曲面, 甚至肌肉表征展开了初步研究, 表征方式仍有待进一步探索。

对于 2D 的人脸与人体动作表征而言, 目前最大的挑战仍是提升表征的可控性与表达能力。无论是解耦表示学习, 还是关键点、光流得到的 2D 表征表达能力都较弱, 很难对一些高频细节做出建模, 往往只能建模唇形的开闭、上扬, 对更细微的动作则无能为力。同时, 2D 方法得到的特征在转头、点头等头部剧烈运动, 以及吃惊、沮丧等面部有丰富表情的情况下, 往往不可控, 因此如何让 2D 表征同时控制更多耦合的因素, 也有待进一步探索。

4 虚拟形象的真实感渲染

4.1 研究现状总结

基于虚拟形象的 2D 动作参数或 3D 人脸模型, 需要渲染出每一帧的图像。渲染因其需求的不同也有多种不同的方法: 对于卡通风格的虚拟形象, 通常利用图形学方法做出稳定的渲染; 对于写实的虚拟形象, 渲染方法则更具挑战性, 渲染结果需要有逼真的视觉表现, 流畅自然的帧间过渡。在本文中, 我们主要介绍真实感渲染方法。

很多研究人员探索了基于 2D 表征的渲染方法[2,6,8,50-53], 大多数都使用了图像迁移的思路, 将 2D 表征转换到图像, 然后用以 Pix2Pix[43] 为代表的图像迁移算法将输入信号迁移到真实图像域。也有些方法使用了光流预测与展开的方式[9], 得到更鲁棒地渲染结果。在视觉质量方面, 大多数较早的研究工作生成的效果并不理想, 如分辨率低、生成人脸纹理模糊等。而关于面部动作的可控性, 大多数方法也较为有限, 例如 Chung[50]、Chen[2]、Song[51]、Zhou[8] 和 Vougioukas[52] 等人均仅实现了嘴唇部分动作对语音内容的匹配，Vougioukas 等人[52] 额外实现了眼睛的随机眨动，仅极少的方法实现了整个头部的运动可控[53]。

在影视、游戏等行业中，渲染则会借助 3D 引擎，以及艺术家后期大量的设计，得到逼真的毛孔、光影等细节。以当下较为普及的虚幻引擎为例，在虚幻引擎中，渲染一个真实感形象需要绘制 albedo 贴图反映皮肤本身的颜色，绘制次表面散射贴图表达皮肤的半透明材质，绘制高光贴图表达面部反射、折射的差异，绘制法线贴图以雕刻毛孔等细节。在这一套流程中，有大量的参数需要凭借经验调整以达到最真实的效果。这一流程的制作时间长，人力成本高，为此研究人员开始着手将 3DMM 与神经渲染的方法结合，得到与 3D 引擎渲染相近的结果。

借助于 3DMMs 作为中间人脸表征，使用神经网络渲染（neural rendering）方法来合成说话人脸[3,19,29,55-58] 是近期研究的热点，也取得了巨大的成功。通过对人脸的外形、表情、姿势等不同的属性进行解耦化的表征，3DMM 可以准确地设置和改变这些参数，进而使渲染后的说话人脸视频具有很高的可控性。3DMM 作为一种对人脸的 3D 几何属性进行表示的模型，能够建模人脸 3D 到 2D 的映射关系，为神经网络渲染器提供准确且信息丰富的 2D 人脸输入中间表示，进而提升最终的渲染效果。3DMM 与人脸标记和 AAM 相比，它提供的信息更加丰富，对人脸形状细节的可控性更强。然而，获取特定人脸的 3D 参数需要借助 3D 人脸扫描，因此实现困难。三维人脸重建（3D face reconstruction）任务[64] 则被用于从 2D 图像中提取 3DMM 参数以此描述某个人脸。3DMM 提供了多个解耦后的描述人脸的系数，如外形（shape）系数、表情（expression）系数和头部姿势（pose）系数等，从而可以实现对 3D 渲染人脸的某些具体特征的精确修改。然而，基于原始 3DMM 的包含纹理信息的反射（albedo）参数来渲染人脸得到的颜色渲染（color rendering）[19] 图像结果通常因为过于平滑而质量不高。为了生成更逼真的图像，大多数方法都会搭配神经网络渲染过程。Wen 等人[55] 使用颜色渲染结果作为神经网络渲染器的输入。Kim 等人[19] 使用了颜色渲染结果以及映射关系图像（correspondence image）和眼睛注视图（eye gaze image）共同作为神经网络渲染器输入。Koujan 等人[57] 和 Doukas 等人[58] 则使用归一化平均脸部坐标（Normalised Mean Face Coordinate，NMFC）图像和眼睛注视图共同作为神经网络渲染器输入。Thies 等人[3] 使用延迟神经网络渲染方法（deferred neural rendering）[65] 将 3DMM 渲染的 UV 坐标图作为神经网络渲染器输入。

输入神经网络渲染器的内容会直接决定最终模型的可控性。头部重现（head reenactment）方法[19,57,58] 是以整个 3D 头部位置对应关系图像和眼睛注视图像为条件，因此除了表情以外还可以控制头部运动、眼睛眨动，但这些工作均不是语音驱动的。相比之下，语音驱动的工作[3,55,56] 只使用 3D 模型的下半脸的渲染内容作为神经网络渲染器输入，拼接上原始视频除下半脸之外的背景。这里对应的 3DMM 参数中表情参数是从语音预测而来的，合成结果只能控制下半脸的动作，特别是口型的变化。选择只对下半脸进行合成并保留原始视频，其余背景内容可以降低视频合成难度，避免引入不够真实的合成内容，这样操作可以产生高分辨率的具有高视觉真实性的结果。

4.2　问题与挑战

目前，虚拟形象的真实感渲染仍然有大量值得进一步研究的内容。第一，写实说话人脸视频生成的图像质量如面部纹理细节仍然有提升空间，如何通过数据驱动的方法，制作影视级别的高光、反射与法线，在高可控性的前提下进行高质量图像及视频生成依然值得研究。第二，基于 3D 渲染的方法在个体之间的迁移能力差，需要训练数据多，这有待后续研究解决。第三，如何在缺少重光照设备的情况下，无监督、弱监督地建模虚拟形象在不同的光照环境下的光影，也是未来的研究重点。第四，基于 3D 网格的渲染方法仍有其局限性，头发等细节很难通过网格表征，为了解决这一问题，近期体渲染方法快速发展。AD-Nerf[20]、4D-Facial Avatar[66]等方法利用神经辐射场做出了较为精细的渲染，但是这些方法所需数据量较大，个体之间无法迁移，仍有待后续研究的改进。

5　语音驱动的面部动作合成

语音驱动的虚拟说话人合成包含了两个模态的内容：音频及视频。该任务的目标为对指定的人物形象和作为驱动源的语音音频，生成一个与该形象和音频相对应的说话人脸视频。一般此合成任务可以概括为两个子任务：语音到表情参数预测和说话人脸视频渲染，如图 3所示，其中 1 为描述说话内容的特征抽取过程，2 为语音到人脸表情参数预测过程，3 为人脸的具体渲染过程。渲染部分我们已在第 4 节做了介绍，在这一节中，我们主要介绍语音到表情参数预测的相关方法。

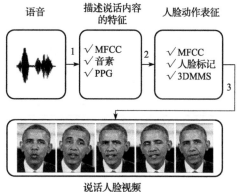

图 3　语音驱动的虚拟说话人合成流程图

5.1　描述说话内容的特征抽取

语音信号波形复杂，神经网络很难直接将语音的波形映射到人脸的表情动作上。要驱动说话人脸视频产生表情动作，需要抽取描述说话内容的特征。现有研究中出现了大量各种形式的说话内容特征，例如梅尔倒谱系数（Mel-Frequency Cepstral Coefficient，MFCC）、音素（phoneme）和音素后验概率（Phonetic Posteriorgram，PPG）等。

在说话内容特征 MFCC、音素、PPG 中，MFCC 是绝大多数相关工作采用的特征。但是与 MFCC 相比，其他两种特征均和语言学相关，相关研究表明使用这些特征进行说话人脸生成可以消除模型对语音信号中存在的一些额外信息的敏感性，包括与说话人身份相关的声学信息（如音色）、与录音环境相关的声学信息（如噪声、混响）等。Taylor 等人[68]使用音素作为说话内容特征，实现了一个不受具体说话人、说话风格、语言语种限制的语音动画系统。Cudeiro[28]、Thies[3]和 Huang[25]等人则使用 PPGs 作为说话内容特征，均使得生成的动画可以对不同水平的噪声鲁棒，并可以应用于来自不同身份的说话人或语言语种的音频。然而，当考虑原始输入为语音音频时，语言学相关特征的提取需要一个辅助的自动语音识别（Automatic Speech Recognition，ASR）系统。例如，Cudeiro[28]和 Thies[3]等人均采用了单语种英语语音识别系统 DeepSpeech[24]。

5.2 语音到表情参数预测

语音到表情参数预测旨在实现从说话内容特征到表情参数预测的过程，表 1 归纳总结了不同方法所使用的语音说话特征与人脸动作表征。在表情特征中，口型动作相关的参数尤为重要，其预测的正确与否会较大程度影响生成的说话人脸视频的观感。不少相关工作甚至只专注于口型的预测和生成[50,54]，而语音-口型的匹配度也被作为衡量说话人脸视频生成质量的一种关键评价指标[3,69]。语音-口型的匹配对于协同发音效应的建模尤为重要。所谓协同发音，就是指语音中某个片段对应文本单元的发音在实际的句子当中会受到其上下文不同文本单元的影响而导致它的发音发生变化，不再是它原本的发音[70]。这个现象产生的原因主要是在连续的语句中对于连续的两个文本单元发声器官需要在中间进行过渡，因此造成了一个文本单元在不同的上下文影响下，其前段与后段的发音都会受到对应文本单元的影响而改变发声，甚至可能会影响到其发声时长。

表 1 已有研究工作所使用的人脸驱动方式

说话内容特征		人脸动作表征			相关工作
MFCC	语言学相关	AAM	人脸标记	3DMM	
√					[50-52]
			√		[53]
√			√		[2,54]
√		√			[67]
	√	√			[68]
				√	[19,57,58]
√				√	[29,55,56]
	√			√	[3,25,28]

早期的语音到表情参数预测方法包括专注于口型生成的基于规则的模型[71-73]和基于隐马尔可夫模型（Hidden Markov Model，HMM）[74]的方法[75-78]。目前，最常用的模型基于深度神经网络，主要使用包括对序列建模的循环神经网络（Recurrent Neural Network，RNN）结构和非序列建模的卷积神经网络（Convolution Neural Network，CNN）结构。

近年来，大部分的相关工作以 RNN 结构作为主体对表情参数进行预测。Fan 等人[67]使用双向的长短期记忆网络（Long Short-Term Memory，LSTM）[79,80]来建模预测过程，可以同时捕捉两个方向的信息以建模协同发音效应。Suwajanakorn[54]、Kumar[81]等人采用时延 LSTM 结构，时延的操作既可以扩大输出帧的视野，也考虑了下文的信息。此外，基于 CNN 这一类非长序列建模结构预测表情参数的方法也很常见，主要的策略是将输入信息按照一定的窗长截取一个窗口信息，每个窗口信息只预测窗的中间一帧或多帧的表情参数。整个序列的表情参数通过滑动该窗口做多次预测获得，最后可以在使用参数后平滑处理。由于协同发音效应只涉及相邻的音素，CNN 只要选取大小合适的窗口理论上就足够用来对表情动作进行建模。Chung 等人[50]通过对语音片段与人脸静态图片进行深度卷积并解码，再添加上残差连接来保证人脸特征的保留，预测窗口的中间帧。[68]采用类似于一维卷积的方式但是对整个窗口帧预测参数，之后在输出序列上的每一帧处取所有对应预测结果的均值，这样既间接扩大了输出的每一帧获取的上下文信息，又使结果序列更加平滑。

值得一提的是，除了表情参数预测，人在说话的时候仍有其他动作和语音具有相关性，如头部的姿势变化动作等，而对这些动作的预测任务又具有一定的特殊性。与表情动作尤其是口型的变化相比，语音和头部动作之间的联系不那么清晰。目前有相关工作针对此内容展开研究，如 Lu 等人[82]使用典型相关性约束自动编码器（Canonical-Correlation-Constrained Autoencoder，CCCAE）直接从音频波形（waveform）对头部动作进行预测，也有 Yi 等人[29]提出的基于 memory augmented GAN 的个性化头动生成方法，Chen 等人[83]也提出了语音驱动的头部动作生成方法。

5.3 问题与挑战

在音频与面部动作的跨模态建模中，目前的方法大多能预测唇形、下颚等部位的动作，这些动作与音频有着强相关性。但是，眉毛、眼睛、额头等部位传达出的副语言信息与语音是弱相关的，无法用现有的一对一映射的方法进行建模。与此同时，不同个体在表达此类副语言信息时，有着显著的风格，并且虚拟形象讲话时多种多样的情感也会对面部动作造成影响。另一方面，面部动作也与说话者的上下文、周围环境有密切的关系。因此，如何用概率模型建模情感、副语言信息、唇形三者互相耦合的情况下面部动作的多样性，如何根据语音生成多样化的面部动作，如何将这一跨模态模型与预训练模型相结合，会是未来一段时间的研究重点。

6 拟人化的跨模态肢体动作合成

6.1 研究现状总结

在现实世界中，人类的动作往往伴随着其他模态的信息，如音乐或语言。一方面，人类的动作有其固有的结构，另一方面，人类的运动模态和其他模态的信息有着非常紧密的联系。例如，根据 McNeill 等人的研究[84]，人们在说话时有 4 类手势，包括标志性手势、隐喻性手势、描述性手势和节拍手势。每一类手势都与不同的语境有关。人类动作的这一特点激发了研究人员对多种跨模态运动合成任务的探索，包括说话手势合成[32-35]、音乐舞蹈合成[36-39]、乐器演奏动作合成[40]等。图 4 展示了 3 种跨模态动作合成任务场景。

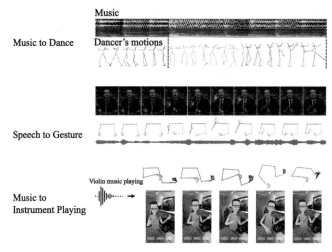

图 4　3 种跨模态动作生成任务场景

由于肢体语言在面对面交流时能够传达许多含义，因此说话手势合成对于合成高自然度的虚拟形象非常重要。Ginosar 等人[32]收集了一个大规模的说话人手势数据集，并提出了一个基于 CNN 的模型来从音频频谱中生成人体骨骼关键点序列。然而，他们的方法仅限于从单一的输入模态（语音音频）生成肢体动作，并且只能学习单一说话人的手势风格。Alexanderson 等人[35]提出了一个风格可控的语音驱动的说话人手势合成模型，该模型使用归一化流模型对说话人手势进行建模。最近，也有研究人员提出从多个输入模态中生成说话人手势。Kucherenko 等人[33]提出了一个具有语义内容感知能力的说话人手势生成模型，该模型在生成肢体动作时将语音内容对应的文本语义考虑在内。Yoon 等人[34]则进一步提出了一个使用说话文本、音频和说话人身份的多模态手势生成框架。近期有关跨模态肢体动作合成的工作见表 2。

表 2　近期有关跨模态肢体动作合成的工作

作者	方法	缺点
Lee 等人[39]	基于分解-组合的舞蹈合成框架	只能用于 2D 动作的合成
Ye 等人[36]	基于舞蹈动作单元的舞蹈综合框架	只能合成特定流派的舞蹈
Ginosar 等人[32]	基于 CNN 的说话手势合成模型	只能合成单个说话人的 2D 动作
Shlizerman 等人[40]	通过一个"目标延迟"长短时记忆网络来生成乐器演奏动作	生成的动作受限于给定数据集
Kucherenko 等人[33]	语义感知的说话手势生成模型	生成的长手势序列效果不佳
Yoon 等人[34]	使用语音文本、音频和说话人身份的多模态手势生成框架	生成的手势表现力有限

舞蹈和音乐是两种高度相关的艺术形式，根据输入的音乐为虚拟形象合成恰当的舞蹈动作，也是最近研究人员关注的焦点。Ren 等人[37]提出利用姿势感知损失来提高舞蹈合成质量。Lee 等人设计了一个基于分解-组合模型的舞蹈动作合成框架，使用这个框架根据音乐合成舞蹈动作。Zhuang 等人[38]提出了一个基于 WaveNet 的模型，将音乐风格、节奏和旋律作为控制信号来控制舞蹈动作的合成。Ye 等人[36]则设计了一个基于舞蹈动作单元的两阶段舞蹈合成框架，进一步在音乐-舞蹈合成中引入了人类编舞经验。

在实际应用中，拟人化的跨模态动作合成也已经有了非常多的落地场景。如在搜狗公司近年来推出的虚拟新闻主播应用中，虚拟形象已经能够根据一些预先定义好的规则，在适当的位置做出相应的动作，并且能够保持动作之间的连贯性。除此之外，为了通过技术创新实现聋人真正可懂的手语播报能力，帮助听障人群克服语言沟通障碍，更好地融入社会，搜狗公司还推出了手语数字人，如图 5 所示，该虚拟形象能够自动根据输入的文本，生成由虚拟形象播报的手语视频。如图 6 所示，该手语数字人完整实现了手控信息和非手控信息的表达，首先通过机器翻译生成手语表征信息，覆盖了手部动作、面部表情、唇动等维度，之后基于多模态端到端生成模型进行联合建模及预测，生成高准确率的动作、表情、唇动等序列，从而达到了自然、接受度更高的手语表达效果。

图 5　搜狗公司推出的手语数字人

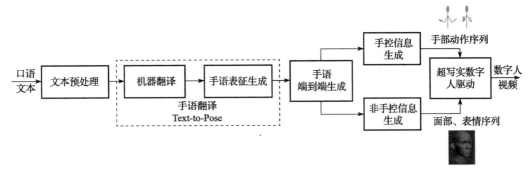

图 6　手语数字人技术原理图

6.2　问题与挑战

拟人化的跨模态肢体动作合成中的关键问题是如何建模人类动作与输入模态之间的弱关联性。现有的模型往往过度拟合输入模态的琐碎细节，在切换到一个新的演讲者或不同的音乐类型时往往会生成非常不自然的结果。因此，设计合适的跨模态运动合成模型，使模型能够正确捕捉人体动作和输入模态之间的弱相关性将会是未来研究的一个挑战。

7　虚拟形象合成技术的展望

从实际应用的角度来讲，在未来一段时间，虚拟人合成方法需要有如下的探索与发展。

从影视级应用的角度来讲，目前国内在虚拟人模型制作、模型绑定、动画精修的一整套流程上，仍处于需要大量艺术家进行人工设计的阶段。在未来一段时间内，诸多虚拟人制作的流程都需要数据驱动方法的优化，包括从扫描模型到精修模型的迁移，精修模型的自动绑定，blendshape 的自动生成，法线、高光、反射率贴图的自动生成，不同拓扑结构人脸模型的高性能、细粒度 correspondence 建立方法。

截至目前，南加利福尼亚大学、Epicsgame 公司等机构已经对此类流程的数据驱动方法有了初步的探索，但是这些方法对数据的一致性有较高的要求，因此如何在放松数据采集限制的情况下，用无监督的方法驱动深度学习模型仍达到以上目的，也需要后续进一步的探索。

从云服务应用的角度来讲，针对一段视频快速合成逼真、有光影效果的虚拟形象，在网络直播、远程会议、虚拟助手、赛事解说等场景均有其应用价值。在未来一段时间内，如何降低对视频长度的要求，如何实现虚拟形象的重光照，如何合成多风格的、带有情感的、带有丰富肢体语言的虚拟形象，均需要进一步探索。

从端侧应用的角度来讲，针对单张图像合成唇形正确、真实、姿态可控的虚拟形象，在人机交互、娱乐、游戏等行业均有其应用价值。在未来一段时间内，针对单张图像的虚拟形象合成仍需在高频的细节动作合成、表情和姿态控制、语音驱动的多样化动作合成等方向进一步探索。

8　结束语

虚拟形象合成在人机交互、影视娱乐、远程办公等领域有着广泛的应用前景，近年来也得到了学界和工业界的广泛关注。本文首先总结了虚拟形象合成的 4 个不同技术路线，并归纳了4个技术路线中蕴含的科学问题：人脸与人体动作的低维表征、虚拟形象的真实感渲染、语音驱动的面部动作合成、拟人化的跨模态肢体动作合成。本文系统性地梳理了相关方法，剖析了已有方法的特点，分析了各个问题所面临的挑战。在文末，本文从应用的角度对该方向的未来发展做出展望。希望本文所提出的展望和建议，能够对未来虚拟形象合成技术提供一些指导和参考。

参考文献

[1]　MORI M, MACDORMAN K F, KAGEKI N. The uncanny valley [from the field][J]. IEEE Robotics & Automation Magazine, 2012, 19(2):98-100.

[2]　CHEN L, MADDOX R K, DUAN Z, et al. Hierarchical cross-modal talking face generation with dynamic pixel-wise loss[C]//Proceedings of the IEEE Conference on Computer Vision and Pattern Recognition, CVPR. [S. l.]:[s. n.], 2019:7832-7841.

[3]　THIES J, ELGHARIB M, TEWARI A, et al. Neural voice puppetry: Audio-driven facial reenactment [C]//European Conference on Computer Vision, ECCV. [S. l.]: Springer, 2020: 716-731.

[4]　LI J, KUANG Z, ZHAO Y, et al. Dynamic facial asset and rig generation from a single scan[J]. ACM Transactions on Graphics (TOG), 2020, 39 (6):1-18.

[5]　MILDENHALL B, SRINIVASAN P P, TANCIK M, et al. NeRF: Representing scenes as neural radiance fields for view synthesis[C]//European Conference on Computer Vision. [S. l.]: Springer, 2020: 405-421.

[6]　ZHOU Y, HAN X, SHECHTMAN E, et al. Makelttalk: speaker-aware talking-head animation[J]. ACM Transactions on Graphics (TOG), 2020, 39(6):1-15.

[7]　ZHOU H, SUN Y, WU W, et al. Pose-controllable talking face generation by implicitly modularized audio-visual representation[J]. arXiv preprint arXiv:2104. 11116, 2021.

[8]　ZHOU H, LIU Y, LIU Z, et al. Talking face generation by adversarially disentangled audio-visual representation[C]//Proceedings of the AAAI Conference on Artificial Intelligence: volume 33. [S. l.]:[s. n.], 2019:9299-9306.

[9]　SIAROHIN A, LATHUILIÈRE S, TULYAKOV S, et al. First order motion model for image animation[J]. Advances in Neural Information Processing Systems, 2019, 32:7137-7147.

[10]　BLANZ V, VETTER T. A morphable model for the synthesis of 3D faces [C]//Proceedings of the 26th Annual Conference on Computer Graphics and Interactive Techniques. [S. l.]:[s. n.], 1999: 187-194.

[11]　LI T, BOLKART T, BLACK M J, et al. Learning a model of facial shape and expression from 4D scans[J/OL]. ACM Transactions on Graphics, (Proc. SIGGRAPH Asia), 2017, 36(6):194. https://doi. org/10. 1145/3130800. 3130813.

[12]　WANG T C, LIU M Y, ZHU J Y, et al. High-resolution image synthesis and semantic manipulation with conditional gans [C]//Proceedings of the IEEE Conference on Computer Vision and Pattern Recognition. [S. l.]: [s. n.], 2018:8798-8807.

[13] LOPER M, MAHMOOD N, ROMERO J, et al. SMPL: A skinned multi-person linear model[J]. ACM Trans. Graphics (Proc. SIGGRAPH Asia), 2015, 34(6):248.

[14] ROMERO J, TZIONAS D, BLACK M J. Embodied hands: Modeling and capturing hands and bodies together[J]. ACM Transactions on Graphics, (Proc. SIGGRAPH Asia), 2017, 36(6).

[15] PAVLAKOS G, CHOUTAS V, GHORBANI N, et al. Expressive body capture: 3D hands, face, and body from a single image[C]//Proceedings IEEE Conf. on Computer Vision and Pattern Recognition (CVPR). [S.l.]: [s.n.], 2019: 10975-10985.

[16] OSMAN A A A, BOLKART T, BLACK M J. STAR: A sparse trained articulated human body regressor[C/OL]//European Conference on Computer Vision (ECCV). 2020: 598-613. https://star. is. tue. mpg. de.

[17] PAVLLO D, FEICHTENHOFER C, AULI M, et al. Modeling human motion with quaternion-based neural networks[J]. International Journal of Computer Vision, 2019:1-18.

[18] KRISHNASWAMY A, BARANOSKI G V. A biophysically-based spectral model of light interaction with human skin [C]//Computer Graphics Forum: volume 23. [S. l.]: Wiley Online Library, 2004: 331-340.

[19] KIM H, GARRIDO P, TEWARI A, et al. Deep video portraits[J]. ACM Transactions on Graphics (TOG), 2018, 37(4):1-14.

[20] GUO Y, CHEN K, LIANG S, et al. AD-NeRF: Audio driven neural radiance fields for talking head synthesis[J]. arXiv preprint arXiv:2103. 11078, 2021.

[21] WANG T, MALLYA A, LIU M. One-shot free-view neural talking-head synthesis for video conferencing[J/OL]. CoRR, 2020, abs/2011. 15126. https://arxiv. org/abs/2011. 15126.

[22] THIES J, ELGHARIB M, TEWARI A, et al. Neural voice puppetry: Audio-driven facial reenactment[C/OL]//VEDALDI A, BISCHOF H, BROX T, et al. Lecture Notes in Computer Science: volume 12361 Computer Vision-ECCV 2020-16th European Conference, Glasgow, UK, August 23-28, 2020, Proceedings, Part XVI. Springer, 2020: 716-731. https://doi. org/10. 1007/978-3-030-58517-4_42.

[23] NAGANO K, SEO J, XING J, et al. PaGAN: Real-time avatars using dynamic textures[J]. ACM Transactions on Graphics (TOG), 2018, 37 (6):1-12.

[24] HANNUN A, CASE C, CASPER J, et al. Deep speech: Scaling up end-to-end speech recognition[J]. arXiv preprint arXiv:1412. 5567, 2014.

[25] HUANG H, WU Z, KANG S, et al. Speaker independent and multilin-gual/mixlingual speech-driven talking head generation using phonetic posteriorgrams[J]. arXiv preprint arXiv:2006. 11610, 2020.

[26] QIAN K, ZHANG Y, CHANG S, et al. Autovc: Zero-shot voice style transfer with only autoencoder loss[C]//International Conference on Machine Learning. [S. l.]: PMLR, 2019: 5210-5219.

[27] VASWANI A, SHAZEER N, PARMAR N, et al. Attention is all you need[J]. arXiv preprint arXiv: 1706. 03762, 2017.

[28] CUDEIRO D, BOLKART T, LAIDLAW C, et al. Capture, learning, and synthesis of 3D speaking styles[C]//Proceedings of the IEEE/CVF Conference on Computer Vision and Pattern Recognition. [S. l.]: [s.n.], 2019: 10101-10111.

[29] YI R, YE Z, ZHANG J, et al. Audio-driven talking face video generation with learning-based personalized head pose[J]. arXiv e-prints, 2020: arXiv-2002.

[30] JI X, ZHOU H, WANG K, et al. Audio-driven emotional video portraits [J]. arXiv preprint arXiv:

2104. 07452, 2021.

[31] WANG K, WU Q, SONG L, et al. Mead: A large-scale audio-visual dataset for emotional talking-face generation[C]//European Conference on Computer Vision. [S. l.]: Springer, 2020: 700-717.

[32] GINOSAR S, BAR A, KOHAVI G, et al. Learning individual styles of conversational gesture[C]// Proceedings of the IEEE Conference on Computer Vision and Pattern Recognition. [S. l.]: [s. n.], 2019: 3497-3506.

[33] KUCHERENKO T, JONELL P, VAN WAVEREN S, et al. Gesticulator: A framework for semantically-aware speech-driven gesture generation [C/OL]//TRUONG K P, HEYLEN D, CZERWINSKI M, et al. ICMI'20: International Conference on Multimodal Interaction, Virtual Event, The Netherlands, October 25-29, 2020. ACM, 2020: 242-250. https://doi. org/10. 1145/3382507. 3418815.

[34] YOON Y, CHA B, LEE J H, et al. Speech gesture generation from the trimodal context of text, audio, and speaker identity[J]. ACM Transactions on Graphics (TOG), 2020, 39(6):1-16.

[35] ALEXANDERSON S, HENTER G E, KUCHERENKO T, et al. Style-controllable speech-driven gesture synthesisusing normalising flows [C]//EUROGRAPHICS 2020. [S. l.]: [s. n.], 2020.

[36] YE Z, WU H, JIA J, et al. Choreonet: Towards music to dance synthesis with choreographic action unit[C]//Proceedings of the 28th ACM International Conference on Multimedia. [S. l.]: [s. n.], 2020: 744-752.

[37] REN X, LI H, HUANG Z, et al. Music-oriented dance video synthesis with pose perceptual loss[J]. arXiv preprint arXiv:1912. 06606, 2019.

[38] ZHUANG W, WANG C, XIA S, et al. Music2dance: Music-driven dance generation using wavenet[J]. arXiv preprint arXiv:2002. 03761, 2020.

[39] LEE H Y, YANG X, LIU M Y, et al. Dancing to music[C]//Advances in Neural Information Processing Systems. [S. l.]: [s. n.], 2019: 3586-3596.

[40] SHLIZERMAN E, DERY L, SCHOEN H, et al. Audio to body dynamics[C]//Proceedings of the IEEE Conference on Computer Vision and Pattern Recognition. [S. l.]: [s. n.], 2018: 7574-7583.

[41] XU H, BAZAVAN E G, ZANFIR A, et al. Ghum & ghuml: Generative 3D human shape and articulated pose models[C]//Proceedings of the IEEE/CVF Conference on Computer Vision and Pattern Recognition. [S. l.]: [s. n.], 2020: 6184-6193.

[42] BEELER T, BICKEL B, BEARDSLEY P, et al. High-quality single-shot capture of facial geometry[M]//ACM SIGGRAPH 2010 papers. [S. l.]: [s. n.], 2010: 1-9.

[43] ISOLA P, ZHU J Y, ZHOU T, et al. Image-to-image translation with conditional adversarial networks[C]//Proceedings of the IEEE Conference on Computer Vision and Pattern Recognition. [S. l.]: [s. n.], 2017: 1125-1134.

[44] WILES O, KOEPKE A, ZISSERMAN A. X2face: A network for controlling face generation using images, audio, and pose codes[C]// Proceedings of the European conference on computer vision (ECCV). [S. l.]: [s. n.], 2018: 670-686.

[45] WU Y, JI Q. Facial landmark detection: A literature survey[J]. International Journal of Computer Vision, 2019, 127(2):115-142.

[46] COOTES T F, EDWARDS G J, TAYLOR C J. Active appearance models[C]//European Conference on Computer Vision, ECCV. [S. l.]: Springer, 1998: 484-498.

[47] PRAJWAL K, MUKHOPADHYAY R, NAMBOODIRI V P, et al. A lip sync expert is all you need for

speech to lip generation in the wild[C]// Proceedings of the 28th ACM International Conference on Multimedia. [S. l.]: [s. n.], 2020: 484-492.

[48] CHEN L, LI Z, MADDOX R K, et al. Lip movements generation at a glance[C]//Proceedings of the European Conference on Computer Vision (ECCV). [S. l.]: [s. n.], 2018: 520-535.

[49] SIAROHIN A, LATHUILIÈRE S, TULYAKOV S, et al. Animating arbitrary objects via deep motion transfer [C]//Proceedings of the IEEE/CVF Conference on Computer Vision and Pattern Recognition. [S. l.]: [s. n.], 2019: 2377-2386.

[50] CHUNG J S, JAMALUDIN A, ZISSERMAN A. You said that? [C]// British Machine Vision Conference 2017, BMVC. [S. l.]: BMVA Press, 2017.

[51] SONG Y, ZHU J, LI D, et al. Talking face generation by conditional recurrent adversarial network[C]// Proceedings of the Twenty-Eighth International Joint Conference on Artificial Intelligence, IJCAI. [S. l.]: ijcai. org, 2019: 919-925.

[52] VOUGIOUKAS K, PETRIDIS S, PANTIC M. Realistic speech-driven facial animation with GANs[J]. International Journal of Computer Vision, 2019:1-16.

[53] ZAKHAROV E, SHYSHEYA A, BURKOV E, et al. Few-shot adversarial learning of realistic neural talking head models [C]//Proceedings of the IEEE International Conference on Computer Vision, ICCV. [S. l.]: [s. n.], 2019: 9459-9468.

[54] SUWAJANAKORN S, SEITZ S M, KEMELMACHER-SHLIZERMAN I. Synthesizing Obama: Learning lip sync from audio[J]. ACM Transactions on Graphics, 2017, 36(4):95.

[55] WEN X, WANG M, RICHARDT C, et al. Photorealistic audio-driven video portraits [J]. IEEE Transactions on Visualization and Computer Graphics, 2020, 26(12):3457-3466.

[56] FRIED O, TEWARI A, ZOLLHÖFER M, et al. Text-based editing of talking-head video[J]. ACM Transactions on Graphics, TOG, 2019, 38 (4):1-14.

[57] KOUJAN M R, DOUKAS M C, ROUSSOS A, et al. Head2head: Video-based neural head synthesis[C]//15th IEEE International Conference on Automatic Face and Gesture Recognition, FG. [S. l.]: IEEE, 2020: 16-23.

[58] DOUKAS M C, KOUJAN M R, SHARMANSKA V, et al. Head2head++: Deep facial attributes re-targeting[J]. IEEE Transtions on Biometrice, Behavior, and Identity Science, 2021, 3(1):31-43.

[59] YENAMANDRA T, TEWARI A, BERNARD F, et al. i3DMM: Deep implicit 3D morphable model of human heads[J]. arXiv preprint arXiv:2011. 14143, 2020.

[60] YANG H, ZHU H, WANG Y, et al. Facescape: a large-scale high quality 3D face dataset and detailed riggable 3D face prediction[C]//Proceedings of the IEEE/CVF Conference on Computer Vision and Pattern Recognition. [S. l.]: [s. n.], 2020: 601-610.

[61] LOMBARDI S, SARAGIH J, SIMON T, et al. Deep appearance models for face rendering[J]. ACM Transactions on Graphics (TOG), 2018, 37 (4):1-13.

[62] WEI S E, SARAGIH J, SIMON T, et al. Vr facial animation via multiview image translation[J]. ACM Transactions on Graphics (TOG), 2019, 38(4):1-16.

[63] SARKAR K, MEHTA D, XU W, et al. Neural re-rendering of humans from a single image [C]// European Conference on Computer Vision. [S. l.]: Springer, 2020: 596-613.

[64] DENG Y, YANG J, XU S, et al. Accurate 3D face reconstruction with weakly-supervised learning: From single image to image set [C]// Proceedings of the IEEE Conference on Computer Vision and Pattern

Recognition Workshops. [S. l.]: [s. n.], 2019.

[65] THIES J, ZOLLHÖFER M, NIESSNER M. Deferred neural rendering: Image synthesis using neural textures[J]. ACM Transactions on Graphics, TOG, 2019, 38(4):1-12.

[66] GAFNI G, THIES J, ZOLLHÖFER M, et al. Dynamic neural radiance fields for monocular 4D facial avatar reconstruction[J]. arXiv preprint arXiv:2012. 03065, 2020.

[67] FAN B, XIE L, YANG S, et al. A deep bidirectional LSTM approach for video-realistic talking head[J]. Multimedia Tools and Applications, 2016, 75(9):5287-5309.

[68] TAYLOR S, KIM T, YUE Y, et al. A deep learning approach for generalized speech animation[J]. ACM Transactions on Graphics, TOG, 2017, 36(4):1-11.

[69] CHUNG J S, ZISSERMAN A. Out of time: automated lip sync in the wild[C]//Asian conference on computer vision. [S. l.]: Springer, 2016: 251-263.

[70] HARDCASTLE W J, HEWLETT N. Coarticulation: Theory, data and techniques: volume 24[M]. [S. l.]: Cambridge University Press, 1999.

[71] GUIARD-MARIGNY T, TSINGOS N, ADJOUDANI A, et al. 3D models of the lips for realistic speech animation[C]//Proceedings Computer Animation'96. [S. l.]: IEEE, 1996: 80-89.

[72] WATERS K, LEVERGOOD T M. Decface: An automatic lip-synchronization algorithm for synthetic faces[M]. [S. l.]: Citeseer, 1993.

[73] KING S A, PARENT R E. Creating speech-synchronized animation [J]. IEEE Transactions on visualization and computer graphics, 2005, 11(3):341-352.

[74] RABINER L, JUANG B. An introduction to hidden markov models[J]. IEEE assp magazine, 1986, 3 (1):4-16.

[75] TAMURA M, MASUKO T, KOBAYASHI T, et al. Visual speech synthesis based on parameter generation from hmm: Speech-driven and text-and-speech-driven approaches[C]//AVSP International Conference on Auditory-Visual Speech Processing. [S.1]. : [s. n.], 1998.

[76] ŽELEZNÝM, KRŇOUL Z, CÍSAŘP, et al. Design, implementation and evaluation of the czech realistic audio-visual speech synthesis[J]. Signal Processing, 2006, 86(12):3657-3673.

[77] GOVOKHINA O, BAILLY G, BRETON G, et al. TDA: A new trainable trajectory formation system for facial animation[C]//Interspeech. [S. l.]: [s. n.], 2006: 2474-2477.

[78] ANDERSON R, STENGER B, WAN V, et al. Expressive visual text-to-speech using active appearance models [C]//Proceedings of the IEEE Conference on Computer Vision and Pattern Recognition (CVPR). [S. l.]: [s. n.], 2013: 3382-3389.

[79] HOCHREITER S, SCHMIDHUBER J. Long short-term memory[J]. Neural computation, 1997, 9(8): 1735-1780.

[80] SCHUSTER M, PALIWAL K K. Bidirectional recurrent neural networks[J]. IEEE transactions on Signal Processing, 1997, 45(11):2673-2681.

[81] KUMAR R, SOTELO J, KUMAR K, et al. Obamanet: Photo-realistic lip-sync from text[J]. arXiv preprint arXiv:1801. 01442, 2017.

[82] LU J, SHIMODAIRA H. Prediction of head motion from speech waveforms with a canonical-correlation-constrained autoencoder [C]//21st Annual Conference of the International Speech Communication Association, Interspeech. [S. l.]: ISCA, 2020: 1301-1305.

[83] CHEN L, CUI G, LIU C, et al. Talking-head generation with rhythmic head motion[C]//European

Conference on Computer Vision．［S. l.］：Springer，2020：35-51.

［84］ MCNEILL D. Hand and mind：What gestures reveal about thought［M］．［S. l.］：University of Chicago press，1992.

作者简介

吴昊哲 清华大学 2019 级博士研究生，研究方向为数字人生成。

吴志勇 清华大学深圳国际研究生院副研究员、博士生导师，研究方向为智能语音交互。CCF 会员，语音对话与听觉专委会委员。

孟凡博 北京搜狗科技发展有限公司 AI 交互资深专家研究员，研究方向为多模态合成声学模型、声码器。CCF 会员，语音对话与听觉专委会委员。

叶梓杰 清华大学计算机系博士研究生，研究方向为人体建模与跨模态人体动作生成。

梁翔宇 清华大学 2018 级硕士研究生，研究方向为语音交互、虚拟说话人视频生成。

陈 伟 北京搜狗科技发展有限公司 AI 交互首席科学家，研究方向为智能语音交互。CCF 会员，语音对话与听觉专委会委员。

贾 珈 清华大学计算机系博士生导师、长聘副教授，研究方向为情感计算。CCF 高级会员，语音对话与听觉专委会秘书长。

卫星互联网的研究进展与趋势

CCF 互联网专业委员会

赵宝康[1]　李贺武[2]　赖泽祺[2]　李元杰[2]　毕远国[3]　许昱玮[4]

[1]国防科技大学，长沙
[2]清华大学，北京
[3]东北大学，沈阳
[4]东南大学，南京

摘　　要

卫星互联网是指利用大量中低轨道卫星构成的卫星星座、用户接入终端及其配套地面网络基础设施等构成的一种新的网络形态，主要用于为陆海空天各类用户提供全球全时全域的网络接入服务，被广泛认为是未来 6G 网络的重要组成部分。近年来，卫星互联网技术与产业蓬勃发展，美国 SpaceX 星链、欧洲 OneWeb 等新一代卫星互联网星座已进入部署试用阶段，我国也首次将卫星互联网建设纳入新基建，卫星互联网已成为国际网络领域竞争的焦点。本文将对卫星互联网的星座路由、传输优化、编址寻址、移动性管理、网络安全等核心关键技术进行梳理总结，并对未来发展进行展望。

关键词：卫星互联网，星座路由，传输优化，编址寻址，移动性管理，网络安全

Abstract

Space Internet refers to a new type of network, which consists of satellite constellations, user Internet access terminals and their supporting ground network infrastructure. Space Internet is mainly used to provide global full-time network access services for all domains of users in land, sea and air, and thus it is widely regarded as an important part of the future 6G network. In recent years, the emerging Space Internet has become the focus of international network competition. While United States SpaceX starlink, Europe OneWeb and other new generation of satellite Internet constellations have entered the deployment stage, China has also conducted some space on-orbit experiments and included the construction of Space Internet satellite constellation into the "new infrastructure" policy for the first time. This technical report will summarize several core key technologies of space internet, including satellite constellation routing, transmission optimization, addressing, mobility management and network security, and look forward to the future development directions.

Keywords：space internet, satellite constellation routing, transmission optimization, addressing, mobility management and network security

1 引言

卫星互联网一般由卫星星座及其配套地面网络基础设施、用户接入终端等构成，通过充分利用卫星通信天然的广域覆盖、全时空互联、大容量通信等优势，为地球上的陆海空天各类用户提供全球全时全域的网络服务。现有的互联网主要以光纤网络、4G/5G 移动通信和 Wi-Fi 等地面接入方式作为接入手段，覆盖范围非常有限，目前主要覆盖人口与通信业务比较密集的地区，难以实现对海洋、高山、沙漠及地广人稀、相对穷困等区域的覆盖。根据国际电联（ITU）的统计，目前地球上 70% 以上的地区、30 亿以上人口尚未被地面网络覆盖，而卫星互联网被广泛认为是解决这一问题的有效手段。

依据卫星轨道的不同，卫星通信主要包含高轨和中低轨卫星两类，传统宽带互联网接入主要通过高轨卫星实施，受轨位、频率限制，其时延较长、链路衰减较大，难以覆盖高纬度地区，无法提供全时、全域、全球的网络覆盖；由中低轨卫星构成的卫星星座能提供覆盖全球的低时延、低链路损耗的网络服务，但覆盖地球需要部署大量卫星构成星座，卫星高速移动导致的动态网络拓扑、星地链路切换等对卫星网络技术提出了巨大挑战。目前，业界谈到的卫星互联网主要是指新兴的大量中低轨卫星构成的宽带星座，以提供低轨互联网宽带接入服务为主，同时也为遥感探测、定位导航、窄带物联、在轨处理等天基服务提供基础网络支撑。

近几年来，随着卫星互联网与地面通信深度融合发展，卫星互联网技术受到国际上的高度重视与广泛关注，已经成为国际竞争的焦点。以 Starlink、OneWeb 等为代表的中低轨卫星星座正在引领卫星互联网的发展潮流；其中截至 2021 年 5 月，美国 SpaceX 公司已经发射了 1600 多颗卫星，并于 2020 年 8 月开放北美用户进行公测；英国 OneWeb 公司已发射了 218 颗卫星，也开展了测试。我国对卫星互联网发展也高度重视，虽然在 2020 年的新基建中已将卫星互联网列为信息基础设施，但目前主要处于技术试验验证阶段，离部署应用还有较长的一段距离。

总体上，卫星互联网的发展还处于早期阶段，在星座路由、传输优化、编址寻址、移动性管理、网络安全等方面都面临巨大挑战，本文将围绕星座路由、传输优化、编址寻址、移动性管理、网络安全等卫星互联网核心关键技术，介绍近年研究进展，并对相关领域的未来发展进行展望。

2 星座路由

卫星网络路由技术是主要研究卫星与卫星之间、卫星与地面之间通过激光、微波等链路所构建的卫星网络的路由技术，主要包括空间段路由、星地边界路由和上下行链路接入路由三部分。空间段路由主要负责卫星与卫星之间的路由和数据转发，星地边界路由主要负责地面网络的各个自治域和卫星网络之间的路由转发，上下行链路接入路由则可以根据单颗卫星的覆盖时长适时进行星间切换以选择更优的路由。其中，空间段路由是决定卫星网络性能的最关键因素。

由于卫星网络路由会受到卫星网络拓扑动态性、周期性和可预测性及空间特定传输环境等特性的影响，因此卫星网络路由算法是构建卫星网络，实现高速、可靠通信所需要解决的关键问题，传统地面网络的路由算法和机制无法满足其要求。目前，RIP、OSPF、IS-IS、BGP 是地面网络中较常用的路由协议，但它们主要针对拓扑较为固定的地面有线网络，不能很好地适应拓扑不断变化的卫星网络。而地面自组织网络路由算法的移动模型通常未考虑节点移动的可预测性，所以其路由算法中也未能提供对可预测节点移动的支持。

同时，除了卫星网络的特性外，空间路由器也与地面网络的路由器有着较大的差异。相比之下，太空环境复杂恶劣，导致卫星的星上处理和存储能力都十分有限，且必须考虑辐照效应对器件、电路和单机的影响，这就要求路由协议要尽可能简单。

结合卫星网络的特性和卫星的硬件能力可知，地面网络的路由协议不能直接在卫星网络中使用，需要设计专门的路由协议来实现卫星网络通信。

2.1 路由协议分类

以路由算法是否对拓扑的动态性进行屏蔽为依据，可以将卫星网络空间段路由分为三类，分别是静态路由算法、动态路由算法和动静结合路由算法。静态路由算法屏蔽网络拓扑的动态性，将动态的网络拓扑基于时间或空间进行划分，把连续变化的网络拓扑离散化为静态网络拓扑，再根据静态的网络拓扑计算路由。动态路由算法不屏蔽网络拓扑的动态性，利用节点自身的信息获取和处理能力，实时地获取全局网络中的节点和链路的状态信息，并利用这些信息计算路由。动静结合路由算法结合了网络拓扑的动态性和可预测性的特点，在动态路由计算的过程中引入静态的可预测的拓扑信息来降低动态路由计算的开销，从而提高网络的路由性能。

静态路由算法按照屏蔽网络拓扑动态性的方式，可分成三类：虚拟拓扑路由、虚拟节点路由和地理路由。

现有的卫星网络动态路由方法大多基于地面固定网络路由技术，如距离矢量路由算法和链路状态路由算法，以及地面无线通信网络路由技术，如 Ad Hoc 网络和传感器网络。动态路由算法按照优化网络性能的方式可被分为按需路由、多路径自适应路由、链路信息动态交互路由、历史信息预测路由、基于 Agent 路由和多播路由等。

近年来，已经有学者提出了动静结合的路由算法。动静结合路由算法是在动态路由算法的基础上进行改进，并结合静态的拓扑信息的一种方法。

2.2 静态路由

针对 LEO 卫星网络的时变拓扑、用户与卫星节点间接入关系的不断变化、星上处理能力严重受限和节点硬件不可升级等问题,文献 [1] 对移动管理、单播和组播等关键技术开展了深入研究,提出了一种地球静止轨道(Geostationary Orbit,GEO)卫星辅助的移动管理协议——GSAMM(GEO-Satellites-Aided Mobility Management)。GSAMM 利用 GEO 卫星具有覆盖范围广的特点,借助 GEO 卫星完成 LEO 卫星网络移动管理的主要工作,从而降低了定位用户节点过程的复杂性和开销;同时,采用本地基于距离的位置更新方法,降低了网络中绑定更新事件出现的频率和开销。此外,还提出了一种基于用户节点相对不变属性的分布式路由协议——RBRUAU(Routing Based on Relatively-Unchanged Attributes of Users),解决了 LEO 卫星网络拓扑的时变特性和用户节点与卫星节点间接入关系的动态性给点到点路由协议的实现所带来的难以维持路由信息与网络拓扑、与接入关系一致的问题。最后,提出了一种基于组播用户地理位置的组播路由协议——GMPBMR(Group-Members Position Based Multicast Routing),解决了组播状态信息难以维护的问题。

为了提高快照的分布质量、降低平均端到端路径延时,文献 [2] 针对卫星网络快照路由算法进行了优化。通过分析卫星网络集中控制的特点,并结合现有软件定义网络的思想,提出了软件定义卫星网络体系结构;分析卫星网络中由卫星周期性的运动所导致的可预测拓扑变化,首次发现了快照路由算法中路由表同时更新导致的回退流量(回流)现象,并提出了基于路由表优化的离线回流避免方法;针对快照路由算法提出了基于源路由多播的环路避免路由更新方法。

LEO 卫星网络和 GEO 卫星网络各有优势,GEO 卫星覆盖范围大,而 LEO 卫星适合实时传输数据。因此,为了兼顾 LEO 和 GEO 卫星的优点,文献 [3] 建立了一种由 LEO 卫星网络和 GEO 卫星网络组成的双层卫星网络模型,并提出了一种基于拓扑控制的路由算法(TCRA)。该算法采用了虚拟节点策略和卫星分组的思想,将下层 LEO 卫星的覆盖区域作为网络的虚拟节点,使上层用于管理的 GEO 卫星能够准确获取下层 LEO 卫星的拓扑。上层的 GEO 卫星负责计算路由,下层的 LEO 卫星负责转发数据包。

为了减少不必要的时延、提高网络吞吐量等,文献 [4] 针对资源受限的 LEO 卫星网络中传统单路径路由协议数据传输速率较低的问题,基于 GEO/LEO 双层卫星网络模型提出一种基于网络编码(NC)的双层卫星网络多径路由协议(N-NCMR),主要通过 GEO 卫星为 LEO 卫星网络计算路由减轻 LEO 卫星的负担,结合 NC 技术动态地沿着多个不相交路径传输数据流的不同部分。文献 [5] 设计了一种基于检测和自学习的多层卫星网络路由算法,通过直连信息的获取、直连信息的扩展和网络路由信息的获取,使用路由自学习的方法根据用户 QoS 为数据选择最优的下一跳。文献 [6] 基于网络编码提出了具有非停止等待机制的多径协作路由协议(Network Coding Based Multipath Cooperative Routing,NCMCR),并从理论上分析了成功解码一批分组所需发送的编码包的个数和每批的传输次数。基于源和基于目的的多径路由算法可以使数据流中沿着多条链路不相交的路径协同传输不同的编码分组,No-Stop-Wait ACK 机制可以减少等待 ACK 消息带来的开销。文献 [7] 提出了基于多径调度的卫星网络 QoS 准入控制机制,在地面网络中设置了基于区分服务排队系统的准入控制,根据当前的负载带宽和队列长度对业务流进行实时调节和区分,以减少卫星数据处理的工作量。

卫星网络业务需要能提供服务质量（Quality of Service，QoS）保障的路由算法。不同的业务对 QoS 有不同的需求，一些业务需要对多个 QoS 参数进行联合优化，同时必须考虑求解算法的复杂度和收敛速度。诸如人工神经网络、遗传算法和蚁群算法等智能算法，在求解多目标优化问题上表现出了良好的性能。因此，文献 [8] 提出了一种基于卫星网络的多 QoS 约束蚁群优化路由算法。该方法基于卫星网络的多 QoS 约束蚁群优化路由算法，改进了蚁群算法的启发函数，根据包含了链路时延、可用带宽和丢包率等 QoS 信息的链路状态信息来选择下一跳节点，结合排序思想，调整链路信息素浓度，得到满足业务要求的最优 QoS 路径。

在解决负载均衡问题方面，文献 [9] 将卫星节点的流量分为来自地面节点的流量和来自邻居节点的流量，通过分析卫星覆盖区域内流量分布的时空特性，提出任意两颗卫星节点之间的流量预测方法，并根据流量比例为每条链路分配缓存资源。文献 [10] 提出了一种基于混合流量绕行的负载均衡路由方案（Hybrid-Traffic-Detour Based Load Balancing Routing，HLBR），在确定高业务量区域后，使长距离流通过业务量区域绕行，短距离流在高业务量区域内绕行分流，从而提供自适应的流量分配，缓解级联拥塞。文献 [11] 提出了一种基于极限学习机（ELM）的分布式路由（ELMDR）策略。ELMDR 策略考虑地球表面的流量分布密度，基于流量预测进行路由决策。在流量预测方面，采用了一种快速高效的机器学习算法 ELM 对卫星节点的流量进行预测。在路由决策方面，引入移动代理（MAs），同时独立地搜索 LEO 卫星网络，确定路由信息。文献 [12] 提出了全局-局部混合负载均衡路由方案（Hybrid Global-Local Load Balancing Routing，HGL），其将流量分为可预测部分和突发部分，首先分析了地面流量分布的空间和时间变化并采用全局策略进行流量初分配，然后采用改进的 ELB 方法，对突发流量引进的拥塞进行多跳分流。文献 [13] 提出了基于拥塞预测的负载均衡路由算法（Load Balancing Routing Algorithm Based on Congestion Prediction，LBRA-CP），设计了一个多目标优化模型，并采用修正因子来调整链路代价，在拥塞发生之前将流量引导到非热点区域并限制流量在链路上的集中。

为了提高空间信息传输的有效性和可靠性，针对传统蚁群优化（Ant Colony Optimization，ACO）容易造成最优路径负载过重而发生拥塞的问题，文献 [14] 提出了一种基于蚁群优化的概率路由算法（Ant Colony Optimization Based Probabilistic Routing Algorithm，ACO-PRA）。该方法根据卫星网络拓扑动态周期时变的固有特点，将拓扑周期均匀分为若干个时间片，形成基于不同时间片的卫星网络拓扑连通图；根据网络拓扑连通图，将星间链路带宽和链路容量引入目标函数中，建立时延最小的优化模型；根据蚁群算法的节点概率函数选择下一跳节点，进而找到一条能同时满足时延带宽和链路容量要求的最佳信号传输路径。

2.3 动态路由

空间信息网络具有通信环境复杂、节点动态性强、星上处理能力有限和业务种类繁多等特点，导致传输时延大和丢包率高等问题。为此，文献 [15] 提出了一种基于软件定义网络（SDN）架构的空间信息网络路由策略设计。在 SDN 架构下，控制平面记录某一时刻整个卫星网络的链路状态，获取"源-宿"卫星节点间的路由集，并计算各类业务路由的时延、带宽和丢包率所占的权重，求三者加权和作为路由代价，之后采用改进的遗传算法求得路由代价最小的解，作为业务数据流转发的路由。

在空间延迟容忍网络（DTN）中，卫星节点运行轨道的限制，造成节点运动并不具有典型随机性。节点间历史接触时间的长短和未来接触的概率往往存在正相关性，并且根据卫星运行轨道的异同，接触的可能也存在较大差异。针对以上特点，结合现有 DTN 路由算法的优势，文献［16］设计了一种基于历史信息统计的 DTN 分组路由策略，通过将卫星节点按运行轨道分组，并结合历史接触时长计算接触概率，以适应卫星网络节点运动场景，使接触概率预测更加准确，进而提高信息下一跳选择的准确性。

文献［17］针对小卫星星群自组织组网这一关键性问题，分析了单点故障问题以及编队飞行的特殊应用场景，提出了一种分布式的、基于心跳报文的、具有主从异构特性的异步自组网 MAC 协议——3D-MAC 协议，该协议提出了簇首可变机制、分轮选举机制和基于预约分时的随机访问机制，解决了主从异构型模块在自组织组网过程中存在的问题，如网络自主形成问题、主节点失效时的网络重构问题以及介质访问的调度分配问题。

文献［18］基于软件定义网络的卫星网络架构，提出了一种能够满足多种 QoS 需求的自适应路由算法，通过建立软件定义卫星网络多约束条件路由选择优化模型，进行松弛处理和迭代求解，可搜索出满足带宽、时延、丢包率等多种 QoS 的最优路径。

对单层卫星网络的研究中，文献［19］提出了一种自适应路由算法（Adaptive Routing Algorithm，ARA），该算法提出了基于 SDN 软件定义的三层卫星网络模型：GEO 卫星负责链路和资源调度，MEO 卫星负责收集 GEO 地面目标和近目标 LEO 卫星的信息，LEO 卫星作为底层的转发卫星，只负责接收 GEO 的命令和数据的转发。

2.4 动静结合路由

目前已提出的动静结合的路由算法是上述静态或动态路由算法中的一种或多种的结合。例如带有地理位置信息的改进型 OSPF 算法 S-OSPF[20]，该方法以地面网络中通用的 OSPF 算法为主体算法，同时结合了地理路由的思想进行改进，将地面划分为不同的区域，并给每个区域分配固定的逻辑地址，同时扩展链路状态通告 LSA 以包含卫星所覆盖区域的地理位置信息，这样整个网络的 IP 数据包均可根据其源、目的卫星的位置进行路由。

文献［21］提出的可预测链路状态路由 PLSR（Predictable Link-State Routing）算法将动态的链路状态路由算法和卫星网络快照路由算法相结合，在卫星节点上预置各个快照的链路状态数据库，当目前的快照时间结束时，算法切换快照链路状态数据库以计算下一快照的路由表。同时，链路状态算法可以感知拓扑的变化，因而算法还可对可预测拓扑变化和不可预测拓扑变化分别设计处理方法。除此之外，基于快照路由优化的路由算法中大多数采用的也是动静结合的思想。

当前卫星网络中主要使用静态路由算法，而地面网络使用的路由算法主要是动态路由算法。相比于静态路由算法无法很好地适应突发的链路变化问题，如链路故障和链路拥塞等问题，动态路由算法的路由性能、鲁棒性和可靠性都明显更优。但是动态路由算法会占用大量的网络带宽，不能很好地适应卫星受限的计算和存储能力，且收敛过程会导致丢包现象。针对这个问题，文献［22］提出了一种结合了静态路由算法和动态路由算法的基于动静结合的卫星网络路由算法。

2.5 路由机制对比分析

静态路由和动态路由有各自的优缺点和适用范围。

静态路由的优点是考虑到了卫星网络拓扑变化的规律性与周期性，可以提前在地面计算出路由信息，不需要卫星在线计算，效率高。缺点首先是灵活性较差，无法适应网络负载的变化和网络拓扑的突发变化，如节点或链路故障；其次需要一定的存储资源来存储离线计算的路由信息；此外，由于路由计算过程由地面站完成，所以卫星对地面的依赖较大，安全性降低。

动态路由的优点是能快速适应网络拓扑的变化，并实现路由的灵活规划。缺点是没有充分利用星座网络拓扑变化的规律性与周期性，导致卫星节点之间需要频繁交换网络拓扑信息，且计算复杂度高，超出卫星的计算和存储能力。

动静结合的路由能兼具两者优点，是目前受到广泛关注的路由机制之一。动静结合的路由结合静态路由和动态路由，以静态路由为主，动态路由作为静态路由的补充。用静态路由处理符合规律的网络拓扑情况，在发生节点或链路故障时，切换到动态路由，处理完突发情况后，再切换回静态路由；此外，还可以改进地面网络的动态路由算法，使之能够满足卫星网络的性能和资源要求。

3 传输优化

现有互联网体系以 TCP/IP 为基础，TCP 是面向连接的、可靠的数据传输服务，然而由于卫星网络高误码率、长时延、高丢包率、带宽不对称等特点，将 TCP 直接应用于卫星网络性能较差，所以提升卫星网络的传输性能是我们亟待解决的问题。目前提升卫星网络传输性能的方法主要分为三类。第一类是基于传统 TCP 的优化。TCP 作为地面网络中广泛应用的传输层协议，卫星网络必须能够基于 TCP 提供服务。第二类是发展专用于卫星网络的传输协议 SCPS-TP。第三类是基于 UDP 的优化。QUIC 基于 UDP 在地面网络中拥有很好的性能，并且 MPQUIC 在很多场景也大有可为。近些年，互联网用户数量激增，地面互联网设施更新并不能满足互联网用户日益增长的需要。一些高山深林地域，地面通信基础设施难以部署[23]。但同时，虚拟现实、物联网、无人机、无人驾驶、智慧城市不断融入社会生活的方方面面，都促进了卫星网络的不断发展。

3.1 基于 TCP 的传输优化

TCP 是位于传输层的面向连接的、可靠的、基于字节流的端到端协议，大多数情况下，它在网络层 IP 不可靠的传输协议的基础上提供可靠的传输服务。

为了应对网络拥塞问题，控制发送方的发送速率，TCP 拥有一系列的拥塞控制机制。拥塞控制机制包含慢启动、拥塞控制、快重传、快速恢复。拥塞控制机制中定义了一个拥塞窗口（congestion window）。在慢启动阶段，双方刚建立连接时，拥塞窗口被控制为一个最大报文段（MSS）大小，随后每收到一个 ACK 应答，拥塞窗口就增加一个 MSS 大小，当达到门限值 ssthresh 时，进入拥塞避免阶段，传统的拥塞避免算法中，拥塞窗口缓慢增长，每经过一个往返时延 RTT，就将发送方的拥塞窗口加一。TCP 中对每个报文段都设置了一个定时器，当发送端超时未接收到这个报文段的 ACK 或者一连收到三个重复确认时，就会立即重传对方尚未收到的报文段，进入快速重传阶段，并且此时会将 ssthresh 降为拥塞窗口的一半，将拥塞窗口设置为 1 进入慢启动阶段。在 TCP Reno 中还增加了快速恢复机制。当收到三个重复确认字段时，同样会认为网络出现了拥塞，但此时 Reno 会将 ssthresh 设置为发生拥塞时拥塞窗口的一半，但接下来并不执行慢启动算法，而是此时将 cwnd 设置为 ssthresh 的大小，然后执行拥塞避免算法。

TCP 的拥塞避免机制在地面网络中很好地保持了网络中各个流之间的公平性。传统的 TCP 在地面网络传输中能够很好地发挥其作用，但在长时延、高误码率、高丢包率的卫星网络中其性能不佳，如何使得卫星网络的传输性能得到提升，以进一步与地面网络相互配合，是我们亟待解决的问题。

文献［24］对目前常见的 TCP 拥塞控制算法（Vegas、Hybla、Westwood、Reno）在卫星网络中的应用做了对比实验。第一组实验两条数据流为同样的拥塞控制算法，结果显示 Reno 吞吐量最低；第二组实验以 Reno 作为第一条对照数据流，分别考察 Vegas、Hybla、Westwood 与 Reno 的竞争能力，结果显示 Hybla、Westwood 的吞吐量均有所上升，但 Vegas 吞吐量反而下降。综合表明，卫星网络中 Vegas 公平性较差，但避免拥塞性能较好，Hybla 吞吐量较好。但实验没有考虑 Vegas、Hybla、Westwood 拥塞控制算法互相竞争时的结果，还有几种常用的拥塞控制算法也没有考虑，未来可以综合这几种算法的优点提出更好的拥塞控制算法。

针对已有的 TCP 拥塞控制算法在混合网络中、特别是在卫星网络中性能表现不佳的情况，文献［25］在模拟环境中测试了误码率等因素对 TCP 传输性能的影响，参考已有的各种优化机制并将其融合起来，提出了一种具有自适应性的拥塞控制算法（Adaptive TCP，ATCP）。在 ATCP 中，通过在拥塞控制各阶段实时检测网络状态，自适应调整窗口增长策略，并将窗口增长函数和公平因子结合起来，既保持了公平性，又提高了带宽利用率。

针对卫星网络中长 RTT 对 TCP 在数据量较小的传输流中慢启动时间延长和在大数据量流中拥塞窗口不能保持问题，文献［26］提出了 ABS（Accelerate Back off and Stable）

算法，在 ABS 算法中，采用固定加速比减小慢启动时长和立方函数保持拥塞窗口的方案，针对卫星网络误码率较高和各加速技术引起网络拥塞的问题，提出了一种根据 RTT 偏移自适应调整拥塞窗口增长并减小因子的机制，并能分辨误码和拥塞，避免重复发送无效信息，有效缓解了网络拥塞问题，提高了吞吐量。而相比于传统的 TCP，TCP 加速技术使得 TCP 能够更好地适应卫星网络环境。TCP 加速技术主要包括底层处理、端到端的解决方案、分割 TCP 连接[27]、双边 TCP 加速、单边 TCP 加速[28]等方法。

文献［27］基于 Inmarsat 卫星系统实现了 TCP 通信加速，其加速技术采用了快速启动、增大发送窗口、基于拥塞控制的时延、TCP 欺骗技术及 TCP 划分技术，相比于不使用 TCP 加速软件，使用 TCP 加速软件能使文件上传速度和下载速度得到有效的提高，但是需要在用户端和地面关口站侧进行软件加载配置。

双边 TCP 加速和单边 TCP 加速的核心思想是采用透明代理，透明代理就是在发送端与接收端的一方或双方部署软件或者硬件设备，透明代理与所连接的一端进行交互，将数据优化成适合在不稳定链路上传输的报文。双边 TCP 加速就是在 TCP 连接的两端部署硬件或者软件设备，发送端和接收端的数据包被缓存在代理中，两个透明代理之间的卫星链路采用其他适应卫星链路的协议；单边 TCP 加速只需要在一端部署软件或者硬件设备。透明代理优化收到的 TCP 之后再转发出去。而优化后的 TCP，在卫星网络中将具有更高的数据传输率，单边 TCP 加速相比于双边 TCP 加速，适应性更广，常常在服务器端部署单边 TCP 透明代理，这样客户端就不需要做任何软件或者硬件的优化，但单边 TCP 受到 TCP 框架的限制，传输性能提升仍不如其他几种。

文献［28］提出了几种针对 4G 网络的 TCP 加速方案，其中双边加速方案采用"欺骗"的方式减小了时延对 TCP 算法的影响，但此方案仅适用于单个卫星 4G 基站加速，卫星网络拓展则需要更多加速器，提高了成本；其二是采用单边加速方案利用带宽卫星实现多 4G 基站加速，这种方案避免了前一种方案的缺点，既实现多基站有效降低了成本，又加速了 4G 业务。随着我国 5G 设施逐渐铺开，如何实现 5G 基站加速是另一个值得研究的方向。

针对大多数 TCP 拥塞控制算法都是在仿真环境中模拟实验，文献［29］在商业卫星真实环境中，比较了 Cubic、BBR 拥塞控制算法。主要分析稳定状态下与启动时的性能，稳定状态下，两者的吞吐量近似，但由于 BBR 在探测最小往返时间时比特率降低，Cubic 平均吞吐量高。但在启动过程中，BBR 比 Cubic 快 50% 左右。下一步可以将其他拥塞控制算法的比较加入进来，并且可以引入 PEP 进行进一步比较。

3.2 基于 SCPS-TP 的传输优化

由于传统 TCP 在卫星网络中性能不佳，为了提高卫星网络的数据传送速率，一个方向就是优化 TCP 形成一种更加适应于卫星网络的协议，同时保持与地面传统 TCP 的良好兼容性。

美国航空航天喷气动力实验室（NASA JPL）和国际空间数据系统咨询委员会

（CCSDS）组织共同制定了适用于卫星通信的协议，这套协议主要包括SCPS-FP（文件协议）、SCPS-TP（传输协议）、SCPS-SP（安全协议）、SCPS-NP（网络协议）。SCPS与标准的OSI模型比较如图1所示。

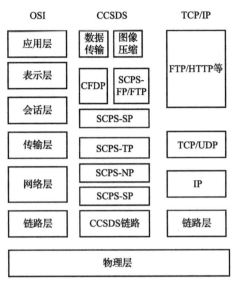

图 1 SCPS 协议与 OSI 模型比较[30]

SCPS协议是在TCP/IP模型基础上修改而来的，SCPS-TP协议是适用于卫星网络传输层的传输层协议。

相比于TCP，SCPS-TP进行了多方面的改进，使其能更好地适用于深空探索，主要的改进措施如图2所示。

制约条件	近地通信	卫星通信	提高方案
误码率	小于10^{-10}	$10^{-4} \sim 10^{-8}$	对链路丢包响应；SNACK；包头压缩
通信状态	无间断	间断	允许数据间隔传输
RTT	毫秒级	长延时	新窗口调整方案；新定时器
上下行链路带宽比	1:1	10:1~1000:1	控制速率；减少确认平均律；压缩
链路丢包原因	数据拥塞	多方面	对不同数据缺失提供SCMP信号
通信硬件性能	高性能	低性能	提前对数据处理；设置记录临界值
数据传输性能	全时段平等接入；吞吐量大；高可靠	链接时的最大吞吐量；最大的链路利用率；可选可靠性等级	新的窗口控制算法；新的调整机制；丢包较多时使用SNACK

图 2 SCPS-TP 协议改进措施[31]

从图2可以看出，针对卫星网络误码率高，SCPS-TP协议采用SNACK机制，将多个数据段的传输错误信息封装在一个 SNACK 包中，从而提升卫星网络性能；在 SCPS-TP 中常用的拥塞控制协议为 Vegas 以及 VJ(Van Jacobson) 拥塞控制算法，Vegas 拥塞控制算法相比于其他拥塞控制算法的不同之处是利用数据包的延迟来判断是否发生了拥塞，但这种算法与其他拥塞控制算法（比如 Cubic、Reno）共存时，存在比其他算法更先降低发送速率而引发的公平性问题。并且在 GEO 轨道卫星网络中，当发送方突然增大发送包的数量时，Vegas 算法的慢启动阶段会提早结束，浪费了带宽。

对于以上问题，文献［30］在 vegas 算法的基础上利用修正因子改变拥塞窗口的大小控制拥塞窗口大小，解决了慢启动过早结束的问题，但文中缺乏与 VJ 拥塞控制算法的比较。

卫星网络传输中链路不对称导致正向链路传输速率远远大于反向传输速率，当反向链路拥塞时会导致 RTT 增大，Vegas 并没有良好的机制区分不同的导致 RTT 增大的因素，Vegas 默认为正向链路拥塞，从而主动减小拥塞窗口，导致带宽浪费。文献［32］提出了一种以单向传输时延作为测算并通过多次单向时延预测链路未来变化，提前调整窗口的 Vegas_ pre 算法，实验结果表明提高了卫星网络传输速率。

文献［33］提出了一种基于 SCPS-TP 的 TCP 代理加速器的实现方案，利用了 SCPS-TP 的特性，缓解了丢包、高误码、链路不对称等问题，但实验方案中仅与标准 TCP 做了对比，结果显示优于后者，并没有与其他加速方案做比较，没有显示出使用 SCPS-TP 相比于其他加速方案更大的优势所在。

文献［34］提出了 SCPS-TP 的 ns-3 模型，证明了 SCPS-TP 采用的减少 ACK 频率机制应对卫星链路带宽不对称的有效性，但不足之处是需要针对不同场景设置不同的 ACK 频率。

3.3　基于 UDP 的传输优化

目前，基于 UDP 的传输优化研究主要集中在 QUIC 上。QUIC 协议是谷歌 2012 年提出的，基于 UDP 进行了针对性优化设计，在地面网络中拥有良好的性能，所以不断有人尝试 QUIC 部署在卫星网络中的可能性。

文献［35］通过模拟 GEO 卫星链路高时延、高丢包率的特点，以页面加载时间为指标，测量了 QUIC 在 GEO 卫星链路中的性能，由于 QUIC 的 0-RTT 和多路复用技术，使得 QUIC 有效减少了冗余连接，而传输层依赖 UDP 减少了 TCP 的三次握手和头部阻塞的开销。相比于 HTTP/2 和 HTTPS，QUIC 在大多数符合卫星链路传输特点的场景下，都取得了更优的性能。

BBR(bottleneck bandwidth and round-trip propagation time) 被设计作为 TCP 拥塞控制算法，但 QUIC 和 BBR 被许多研究者在地面网络各个场景下被研究，文献［36］在其论文中将 QUIC 和 BBR 应用于卫星网络，根据仿真实验结果，在高丢包率和长延时的情况下，与 cubic 相比，采用 BBR 的 QUIC 协议能够缩短延迟。缺点是没有与更多拥塞控制算法做比较，卫星网络环境更加复杂，实际场景中的有效性还待进一步检验。

卫星特殊的物理特性及带来的通信环境的挑战通常可以通过引入 PEP(Performance Enhancing Proxies)来解决，Abdelsalam[37]在其论文中通过引入 QUIC-proxy 增强卫星–地面回程传输性能，从实验结果来看，QUIC-proxy 对链路终端改变提供了有益的帮助，允许在不中断的情况下继续数据传输，提高了传输性能，但文中只是对比了使用 QUIC-proxy 和不使用的情况，缺乏和其他代理的对比情况，所以有关实验还需进一步完善。

另一个方案是利用多路径传输技术聚合卫星网络带宽资源，提高数据传输效率，如果将多路径协议的效能彻底发挥出来，将会取得比优化后的 TCP 更好的效能。但同时对于现有的多路径传输协议比如 MPTCP(Multipath TCP)和 MPQUIC(Multipath QUIC)，存在与 TCP 相同的问题，其是基于地面网络提出的，如果直接应用于卫星网络中，效果并不理想。

IETF 在多路径拥塞控制中提出了三点目标：

（1）可以有效改善吞吐量，多路径传输的吞吐量要大于单连接在最好的路径上所实现的吞吐量。

（2）拥塞平衡，能够将流量从拥塞的链路转移到非拥塞链路。

（3）公平性，在共享瓶颈链路处，保持对单连接的友好，不能侵占单连接的资源。

这三点目标可以作为衡量多路径协议优劣的依据。

文献［38］在其论文中对比了 MPQUIC 与 MPTCP 的性能，实验结果表明 MPQUIC 性能更优，但仍缺乏更多的 MPQUIC 应用于卫星网络的实验。

而在多路径传输中，拥塞控制策略是影响传输性能的重要因素。文献［23］将多路径拥塞控制算法依据公平性主要分为三种：非耦合的拥塞控制算法、全耦合的拥塞控制算法、动态耦合的拥塞控制算法。在其论文中，非耦合的拥塞控制算法下多路径具有更强的抢占带宽资源的能力，经过统一瓶颈链路的单路径传输因为得不到链路资源而"饿死"；而全耦合的拥塞控制算法为了保证公平性，反而限制了子流之间不存在共享瓶颈链路的多路径传输性能，因此无法充分利用多路径传输的性能；基于非耦合和全耦合的拥塞控制算法的缺陷，为了同时结合两者的优点，提出了动态耦合的拥塞控制算法。动态耦合的拥塞控制算法看似最为可取，但同时文中也提出动态耦合算法的关键在于如何检测网络的真实情况。现有的动态耦合拥塞控制算法往往忽视了卫星网络中路径时延的影响，使得检测结果不能反映真实的网络情况，所以下一步研究的重点在于提出一种能够在卫星长时延异构网络中检测真实网络环境，并以此为基础进行动态耦合的拥塞控制。

4 编址寻址

编址寻址是网络的基本问题，其核心在于如何标识与定位网络中的节点。

4.1　卫星互联网编址与地址分配

传统互联网的 IP 地址编址与分配基于网络逻辑接口，与真实空间位置无关，其寻址知识基于用户逻辑划分的 IP 地址。基于这一思想，文献［39］为卫星互联网设计了逻辑 IPv6 编址，将 16 字节 IPv6 地址划分用于全局路由、本地路由及端点标识。该模型将站点的内部与外部拓扑变化和出口策略等细节隔离开，区分了公共拓扑和私有拓扑以及系统标识和位置标识。但是在卫星互联网中，空间卫星节点高动态导致地面用户需要频繁切换卫星，其 IP 地址随之频繁更换。频繁的星地与星间链路切换会导致网络拓扑频繁变化。对于传统的基于逻辑 IP 地址的路由协议（如 OSPF），路由通告反复发生，表交换路由被迫反复路由重计算或者路由抖动，进而大幅降低网络可用性。

为此，近年来国内外研究主要探索编址与卫星移动相解耦的方法。目前的研究主要探索基于位置信息的 IP 编址，为 IP 地址赋予位置富语义，实现 IP 编址与逻辑接口解耦，降低用户 IPv6 地址切换频率，使用户地址分配与卫星切换无关，同时避免路由更新，在空天地高动态环境下保障卫星互联网的稳定、高效、可扩展。文献［40］通过 GPS 得到地面节点的经纬度信息，将其分别除以度数和分数后按照一定系数进行处理，得到 4 个 $0 \sim 255$ 之间的值，再将其连接起来即可得到对应的 IPv4 地址。此方法粗粒度地直接将地理位置信息嵌入 IP 地址中，不利于地址聚类，无法实现网络的可扩展性。文献［41］考虑分配 n 比特作为子网前缀，利用 GG-UCAR 地理栅格方式生成 $(128-89n)$ 比特的单/多播 IPv6 地址，但是此方法采用了基于随机借用的冲突避免机制，故无法满足 IP 地址距离近则实际物理距离近的局部性要求。文献［42］引入了高度区别同一经纬度不同高度的地面节点，每个节点坐标分别使用 24 比特表示经纬度、根据形状选用不同位数表示高度并引入可变子网。文献［43］考虑当 sites 连接到多个服务提供商时，通过使用基于地理位置的前缀便于可扩展的路由聚合。这些编制机制都未提供该编址机制所对应的寻址方案，故难以降低星间、星地链路频繁切换导致的路由重收敛。而将地表及卫星同时编址的机制如文献［44］，令每个节点同时拥有绝对地址和相对地址，其中绝对地址是节点的永久标识，一经生成不再改变，而相对地址是节点的当前标识，会随节点位置的变换而改变。但是此方法引入了地址类型域及卫星标号域等，不利于地址聚类，同时对于卫星和固定节点其相对地址不再变动，无法从根本上解决卫星高移动性对路由收敛造成的影响。文献［45］提出了一种 Walker 星座网络的地理分区 IP 编址方法，该方法首先进行地表大区划分，然后建立各大区 IP 地址分配规则，给出与用户分布密度相关的大区 IP 地址分配策略。此方法未定义区域内 IP 地址具体编码方案，故区内不同点的 IP 地址无法体现其地理位置的远近，不利于位置寻址。

为解决以上问题，文献［46］提出了一种基于星下点轨迹、递归可扩展的层次化 IP 编址方案 F-Rosette，利用空间卫星的运动特征对全球地表位置进行层次化分区和编码。具体而言，通过递归连接星间链路，形成层次化卫星网络拓扑。每迭代一层，上一层的每个区块会被划分为 N^2 个不相交的子区块（N 为卫星的数量），因此可用以构造层次化的 IPv6 空间位置编址，利用此语义信息实现空天地统一寻址，打破异构网络之间的壁垒，化异构互联为同构融合，在高动态空天地环境下确保卫星互联网的稳定、高效、可扩展。在此基础上，文献［47］［48］进一步提出无状态地址自动配置及其重复地址检测，基于网络地址前缀信息、卫星轨道编号、用户位置信息以及接口地址生成稳定的 IPv6 地址，进而基于地理位置和卫星信息进行地址分配，针对卫星的高动态性优化重复地址检测，有效降低卫星高动态带来的地址分配信令开销。

4.2　卫星互联网寻址

对于卫星互联网寻址，早期的卫星网络主要利用基于虚拟拓扑的快照技术[49,50]实现星间路由。随着近年来卫星星座规模的迅速膨胀，使得卫星网络内以及其与地面网络间的连接关系变化愈发频繁。快照机制在链路连接关系更加高动态变化的场景中，寻求静态离散场景难度加大，星上需要存储和维护的路由表数目正比于链路切换次数增长，这对星上资源有限的卫星网络造成极大冲击。与此同时，快照机制在与地面路由机制融合时难度较大。因为前者是利用卫星标识和星间连接关系生成路由信息，在与基于 IP 路由的地面网络融合时，需要两种路由机制配合，且需要前者能根据当前地面用户连接情况及时更新星上路由存储信息，这会引起极大的星上维护开销，加剧星上资源压力。

考虑到卫星网络内部星间相对位置相对固定，一部分工作提出基于虚拟节点的分布式路由机制[51-53]。基于已知的星间相对位置信息，根据星上存储的预先计算生成的映射表选择转发接口、提出终端 IP 地址基于地理区块编址，终端在区块内切换接入卫星时不会引起 IP 地址改变，这使得绑定更新与切换无关，只跟终端的移动有关。IP 生成规则的修改，需要新的高效的星间路由方案的支持，然而，现有相关路由算法假定发送方知道接收方落地卫星标识，在连接关系高动态变化的场景中，维护落地卫星标识会产生大量的位置更新开销，不适合应用在地理区块编址场景中。

地面互联网通过 TCP/IP 实现了异构网络互联且发展成熟，将地面基于 IP 的分布式路由协议迁移应用能充分发挥地面互联网的优势，用较低的开销实现一体化网络建设。然而现有分布式 IP 路由协议主要是针对地面互联网设计，其拓扑基本稳定，这导致协议对一体化网络链路连接关系高动态变化，路由频繁更新使得协议可用性受到极大影响。为此，已有研究尝试利用卫星周期运行规律，引入预测信息，优化一体化网络路由机制设计，如 OSPF+[54]、BGP+[55]等。然而，卫星星座规模的增加导致星上环境愈加复杂，需要的预测指标增多，对卫星存储能力和计算能力提出了更高要求，频繁的消息交换也给卫星能耗带来更大挑战。

为解决以上问题，文献［56］提出了一种基于位置的天地一体化网络路由寻址机制 LA-ISTN。不同于上述提及的若干通过获取邻居信息计算下一跳的位置路由机制，LA-ISTN 不需要获取邻居卫星的位置信息，仅需要从 IP 地址中获取目的地址的位置信息来计算其方位，由选择算法计算得到的卫星自身最优的接口直接进行数据分组转发。LA-ISTN 结合传统路由表查找机制的优势，提出临时星上路由表的概念，将分布式计算结果存储到路由表中，当卫星与目的地址相对位置发生变化时，更新临时路由表，临时路由表使 LA-ISTN 对于数据传输支持度更高，极大地提升了机制性能。

5　移动性管理

移动性管理的概念已经在蜂窝移动网络中出现很多年了，是地面蜂窝移动通信系统比较成熟的技术之一。在移动网络中，用户的位置需要通报给网络，想要与该用户通信的通信对端才能找到该用户且网络需要随时能为用户提供服务。这样，才能正常保证系统中用户的通信，才能保证运动过程中移动用户间、移动用户与固定用户间的通信得到维持。为了使移动用户在网络覆盖范围内可以维持通信并且接受服务，网络需要采用移动性管理技术。

近年来，移动用户对高数据速率和实时应用的需求不断增长，加速了移动通信的发展，对网络的容量和连通性提出了更高的要求。在未来的移动通信系统中，低轨（LEO）卫星网络将提供覆盖全球的高质量服务已被广泛认可。与地球静止轨道卫星通信相比，低轨卫星通信具有传播延迟小、能耗低等显著优点。

然而，在低地球轨道上的快速移动是以与地面站和用户、空中网络实体和其他低轨卫星通信中非常频繁的切换/断开为代价的。例如，一颗 500km 高度的 LEO 卫星以 7.6km/s 的速度运行，绕地球一周大约需要 95min，大约每 5min 就会有一次交接。因此，迫切需要高效的移动性管理协议来提供互联网和卫星网络之间的无缝通信。

卫星网络的移动性管理和地面蜂窝移动通信系统一样，主要包含两个不同并且相互联系的部分：位置管理和切换管理。位置管理是指网络跟踪用户的位置并及时更新用户的位置信息。切换管理是指用户的接入点变化后，可以及时接入新的接入点，并使用新的接入点提供的服务。

5.1　位置管理

位置管理的目的是快速并且准确地定位一个移动用户，并且将通信数据传递给移动用户。为了能实现对移动用户的有效跟踪，由于移动节点会因为移动而改变其网络位置，网络中就存在一个位置数据库来存储这个移动用户的位置信息。位置管理包含两个基本处理过程：第一个是位置更新，位置更新是识别和更新移动节点在网络中的逻辑位置的过程，移动用户告知网络它当前的位置，网络对这个用户进行鉴权和更新它在数据库中的位置信息；第二个是数据传递，它将定向到移动节点的数据包转发到它的新位置，当有用户需要与移动用户进行通信时，就需要在网络中查找用户的准确位置。

由于地面网络和卫星网络在拓扑结构、处理能力和通信链路等方面的差异，标准 IP 移动性管理协议，特别是其位置管理技术在卫星网络中的应用存在一定的缺陷。IETF 基于 IP 的位置管理技术旨在管理移动节点的逻辑位置，并将其数据传送到它们移动的任何地方。然而，在 LEO 卫星网中，移动节点和卫星都在移动，这产生了新的挑战，不能完全使用现有 IETF 的位置管理技术来解决。此外，IETF 位置管理技术旨在在管理控制和数据流量（即路由）的集中单元中工作。因此，IETF 位置管理技术具有较差的可伸缩性，可能在核心网络设备中造成处理过载。此外，即使在地面网络中，这些标准也因为其低粒度的移动性管理和未优化的路由而带来了一些问题。为了克服 IETF 基于 IP 的位置管理的局限性，现有的 LEO 卫星位置管理研究通常采用三种方法。第一种方法是去试图增强或扩展基于 IETF IP 的位置管理技术[57,58]。第二种方法是基于 IP 地址的定位器/标识符拆分[59,60]。第三种方法侧重于利用软件定义网络（SDN）达到位置管理[61,62]的目的。文献［63］从传输的信令数量角度出发，研究位置管理方案，提出一种基于群位置的管理方案，将地面若干用户在逻辑上组成一个群，用群内一个用户即群首的位置更新取代群内多个用户的位置更新，减少需要发送的信令数量，从而达到降低位置管理开销的目的。

5.1.1 基于 IP 的标准化位置管理技术

位置管理的目的是定位移动节点，保证数据交付。组成位置管理的两个过程是位置更新和数据传递。为了解决 Internet 网络的移动性，IETF 移动互联网协议在移动节点位置变化时将移动节点绑定到相应的新 IP 地址。绑定更新只在切换发生时执行（即移动节点更改其网络接入点时）。电信的 IPv6 移动管理标准的网络架构主要有四种，分别是 MIPv6[64]、FMIPv6[65]、HMIPv6[66] 和 PMIPv6[67]。MIPv6 是一个基于主机的移动管理协议，移动节点通过使用 IPv6 邻居发现机制来检测它从家乡网络（以前的网络）到外部网络的移动。家乡网络中，移动节点获得一个永久地址，称为家乡地址。该地址在家乡网络中的家乡代理上注册，用于识别和路由目的。在 MIPv6 中，切换和位置管理过程紧密耦合，每次切换都会更新家乡代理和对端节点的转交地址，这导致了高切换延迟并增加了分组丢失率。对此，已经提出了一些改进的协议。

为了减少数据包丢失和切换延迟，IETF 提出了 FMIPv6，它使移动网络能够在移动到新的增强现实覆盖范围之前配置一个转交地址。FMIPv6 协议允许移动网络请求关于相邻接入点的信息。

HMIPv6 也是一种对 MIPv6 的增强，具有针对移动节点 S 的本地化移动性管理特性。为了支持本地化的移动性管理，它引入了一个新的网络实体，称为移动锚点（MAP）。在 HMIPv6 中，移动节点具有两种类型的地址：区域转交地址（RCoA）和链路转交地址（LCoA）。RCoA 是一个全局地址，指定了 Internet 的特定域。LCoA 是域内的本地地址。当移动节点在 MAP 域内的本地网络之间移动时，仅在 MAP 处改变和更新其 LCoA。然而，从一个 MAP 域移动到新的 MAP 域，移动节点必须通过在新的 MAP 处注册新的本地 LCoA 和新的 RCoA 来改变两个地址。在这种情况下，新 MAP 向移动节点的 HA 注册新的 RCoA。

为了提供减少信令和延迟的移动性管理解决方案来支持移动节点在 IPv6 域内移动，IETF 引入了 PMIPv6。PMIPv6 作为一种基于网络的移动性管理协议，引入了两个新的网络实体：移动接入网关（MAG）和本地移动锚点（LMA）。LMA 连接到多个 MAG，并且在一个 PMIPv6 域中，可以有多个 LMA 管理不同移动节点组的移动性。

改进的一些典型位置管理策略，包括基于卫星的分层位置管理方案[68]，基于地面站的位置管理方案[69]以及基于指针的位置管理方案[70]。

基于卫星的分层位置管理策略是基于卫星的位置区划分，将卫星作为锚点。移动用户在特定的移动次数内，不需要向归属位置寄存器发送消息，执行位置更新操作，而是跟距离自己较近的一个锚点发送消息，进行位置更新。只有切换次数大于某一个阈值时，才需要更换锚点并且重新跟归属位置寄存器进行位置绑定。移动用户用初始的接入卫星作为它的临时锚点 MAP。

在基于地面站的位置管理策略中，以地面站来划分位置区，地面基于地面站（Fixed Earth Station，FES）的覆盖范围分成多个位置区。只要移动节点在地面站的覆盖区域内，移动节点和地面站的连接就存在，可能会通过不同的卫星。地面站相当于它覆盖范围内的锚点。仅当移动节点移动到了不同 FES 的覆盖范围内，才需要将更新告知家乡代理。移动用户在同一个 FES 内，只需要跟离自己近的 FES 进行位置更新。只有移出了当前 FES 的覆盖范围，才需要重新跟 HLR 进行位置更新[71]。对于锚点内的位置更新，只有地面站本地区域内的信令开销，没有地面站区域外的信令开销。

在基于指针的位置管理方案中，当移动节点进入一个新 VLR 的位置区时，移动节点只需要发送注册消息到旧位置区的旧 VLR，进行位置更新，在旧 VLR 中创建指向新 VLR 的指针，将当前的位置信息写到旧 VLR 中。当需要呼叫移动节点时，数据通过指针链表传递。因为只包含两个 VLR，所以，叫作一步指针转发策略。因为旧的 VLR 一般离新的 VLR 比较近，向新 VLR 进行注册，比跟 HLR 进行注册距离近，能有效地降低位置管理的开销。

Zhang 等人[72]提出了一种虚拟移动性管理方案 VMIPv6，该方案是对 MIPv6 协议的改进。VMIPv6 采用了位置管理的无锚点概念和 IETF 的 DMM 需求文档（RFC 7333）中引入的分布式架构。为了减少位置管理的开销和延迟，作者创建了虚拟代理集群（Virtual Agent Cluster，VAC）来共同管理相应的虚拟代理域（Virtual Agent Domain，VAD）中用户的移动性。

Dai 等人[73]指出了将家乡代理实体放置在地面站的两个主要缺点：①地面站是固定的，不随卫星移动，这使得当卫星不在视线范围内时很难与 home 代理通信；②地面站部署受地球地理限制。因此建议在 LEO 卫星上使用一个灵活的代理，其中主代理的功能以灵活的方式从一个卫星中转到另一个卫星（即更接近移动节点的卫星）。一旦在对应节点上完成绑定更新的过程，主代理的功能将从先前的灵活代理中继到当前的访问卫星。虽然这种解决方案减少了与主代理通信的延迟，但是频繁地将主代理记录从一个卫星传输到另一个卫星将消耗资源。

5.1.2　基于 IP 地址的定位器/标识符拆分

IP 具有双重角色，即定位器和标识符，这也被认为是导致位置管理效率低下的主要原因。在地面网络中，许多研究工作正在研究 IP 的定位和标识角色的分离，如标识定位网络协议（ILNP）[72]。在卫星网络中，位置管理的设计本质上应该考虑到网络的拓扑结构，以避免可伸缩性问题。一些新兴的移动网络架构（例如 MobilityFirst[73,74]）认为标识符和位置的分离有助于增强移动管理。传统的移动性管理包括两个主要程序：位置管理和切换管理。而在位置/身份分割方法中，移动管理是通过位置（绑定）更新和位置分辨率两个相关步骤实现的。

SAT-GRD 是一种建议的识别/位置分离网络架构，用于整合卫星和地面网络[59]。它将网络和主机的身份与其位置分开。它引入了分层映射和解析系统，使得 SAT-GRD 中的控制平面和数据平面分离，域内路由策略和域间路由策略解耦。每个边缘网络都有自己的边缘映射系统，有两个核心映射系统，一个在空间（使用 GEO 和 MEO 卫星），另一个在地面（用于地面网络）。在卫星和地面网络之间，有许多边界路由器处理两个网络之间主机 ID 和位置的映射。

Feng 等人[75]提出了一种异构卫星-地面网络体系结构——HetNet。HetNet 综合了定位/身份分离和以信息为中心的联网。作者假设每个边缘网络都有一个网络管理节点来处理位置注册和位置到 ID 的解析。此外，核心网中还存在网管节点，与边缘网管节点形成层次化结构。对于卫星网络，其网络管理节点放置在地面网关中。当移动节点在同一网络内移动时，则在本地网络管理节点中更新其位置，而上层网络管理节点在其从一个网络移动到另一个网络时需要更新移动节点位置。然而，作者没有澄清卫星从一个网关移动到另一个网关是否会导致本地或更高级别的位置更新。此外，该体系结构没有考虑卫星与移动节点之间的直接通信，而是假设移动节点只能通过地面网关与卫星通信。

为了减轻频繁的卫星切换对绑定更新率的影响，Zhang 等人[76,77]提出了虚拟附着点（Virtual Attach Point，VAP）的概念，使绑定更新独立于卫星的运动。ICOCN 2017[78]上提出了一个基于空间的分布式快速映射解析系统（RMRS）以及一个动态副本放置算法。RMRS 的目标是实现低查找延迟、低更新成本和高系统可用性（故障恢复能力）。文献［79］提出了基于地面网关的分布式位置管理，各自的位置管理区由各地面网关管理，同时在各网关之间实现全局的位置信息同步。针对位置信息同步策略，提出了三种方法，其中采用分组位置管理方法可以使得整体开销达到最小。文献［80］中，基于地面分布式网关和卫星代理集群的思想，提出了动态虚拟化分布式移动管理（DV-DMM）模型，主要用于解决传统移动管理扩展性差、单点故障的问题。同时，利用卫星建立虚拟网关，解决了地面建立卫星地面站的问题。文献［81］中针对卫星网络特点，基于分层和分布式网络的思想设计了一种新型的 LEO 卫星网络移动性管理机制。针对 LEO 网络的高动态特性，提出了一种基于虚拟代理簇的低轨卫星网络移动性管理机制。该机制利用动态分层的逻辑架构，在域内以分布式信息存储并转发的方式分散数据流量，减轻移动锚节点的负担，优化了域内的数据传输路由，也降低了系统移动性管理机制的开销。

文献［82］中突破传统移动性管理的瓶颈，提出了一种基于虚拟代理簇的 LEO 卫星网络移动性管理方案。该方案将同一位置区域内的 LEO 卫星集合到虚拟代理簇中，并将虚拟代理簇中卫星节点覆盖的区域定义为虚拟代理域。通过虚拟代理域内的信息交换，构建了两个逻辑功能实体：归属移动代理锚点和本地移动代理锚点。通过这种方式，MN仅在归属移动代理锚点丢失的时候才会触发对家乡代理的绑定更新过程，并且 MN 在虚拟代理域内的切换仅仅更新其域内的缓存关系信息即可。这样，大大减少了系统移动性管理机制的信令开销和切换时延。

5.1.3　基于 SDN 的 LEO 卫星网络位置管理

引入 SDN 是为了增加网络管理的可编程性和灵活性[57]。由于 SDN 网络的集中化特性限制了网络的可扩展性，一些研究已经将 SDN 网络与分布式移动管理（DMM）体系结构集成起来，以适应大规模的 LEO 卫星网络。

Bao 等人[83]提出了一种简单的软件定义卫星网络（SDSN）体系结构。它包括三个平面：数据平面（卫星基础设施、终端路由器）、控制平面（一组 GEO 卫星）和管理平面（网络运行控制中心（NOCC））。类似地，Li 等人[84]提出了一种 SDSN，其中控制器位于 GEO 卫星上，交换机部署在 MEO 和 LEO 卫星上。同时，也提出了一种基于超时策略的启发式移动管理（TSMM）算法，旨在减少切换过程中的 drop-flow。TSMM 算法在考虑有限的流表空间和卫星链路切换两个关键点的同时，动态调整表项超时。这样做的目的是在切换发生时立即清除属于前一个连接的流入口。这项工作在 SDSN 的多策略流表管理方法 SAT-FLOW[85]中得到了扩展。Boero 等人[86]提出了一种时间估计模型，用来估计完成 SDN 控制（即发现或创建必要的流量）并将第一个包发送到目的地所需的平均时间。作者考虑了一个由三颗 GEO 卫星担任 SDN 控制器，数据平面分布在 LEO 卫星之间的体系结构。

为了克服固定配置问题，Papa 等人[87]考虑了动态 SDN 控制器配置，开发了一个数学模型，并将其表述为整数线性规划（ILP），以找到最优的控制器布局和卫星的数量，将作为控制器工作。Wu 等人[62]提出了 SDSN 的框架，定义了动态控制器配置问题（DCPP）和静态控制器配置问题（SCPP），并用加速粒子群算法（APSO）解决了 DCPP和 SCPP 中的问题，考虑了传播时延、可靠性、控制器负载、信令开销以及卫星网络的动态特性等参数。

5.2　切换管理研究现状

当终端离开卫星覆盖区域时，必须切换到另一颗卫星，以避免正在进行的通信中断。具体地说，由于卫星的旋转速度远远高于典型的用户速度，地面用户必须在一个通话时长内多次切换到其他卫星。当服务卫星相对于相应用户的最小仰角低于最小仰角时，就需要执行卫星切换，将用户转移到另一可见卫星，由于 LEO 卫星的高速运动，这种切换非常频繁。由于低轨卫星星座规模庞大，切换管理对通信质量有很重要的影响，切换策略也变得更加重要和复杂。

5.2.1　基于多属性决策的切换管理

对于卫星网络的切换管理，人们直接的想法是将地面通信网络（4G/5G）中已经较为成熟的切换方案迁移到太空中。文献［58］中针对地面网络与卫星-地面综合网络的核心区别，即非静止网络基础设施（卫星），提出了两种主要机制：柔性代理和聚合切换。灵活代理的目的是减轻固定家园卫星移动的负担，将家园代理类似的功能以灵活的方式传递给距离较近的卫星。聚合切换是针对卫星移动性引起的被动运动的规律性，对同一颗卫星下的用户共同进行预切换。

已有的对卫星网络中的访问和切换算法的研究通常是选择接收的信号强度（RSS）作为决策标准。但是，传统的基于 RSS 的算法无法保证服务质量（QoS），并且通常会导致网络的负载不平衡。更为重要的是，由于节点的动态移动性，低地球轨道（LEO）卫星和移动终端之间往往需要频繁连接切换，这样的切换方案将对低地球轨道（LEO）移动卫星网络中的数据流稳定性和信令交换成本造成显著影响。

J. Miao 等人[88]提出了一种多属性决策切换方案，以减少切换频率并增强数据流稳定性。该方案综合考虑接收的信号强度，剩余的服务时间和卫星的空闲通道三个影响因素，并通过多属性决策算法进行切换决定。对典型移动卫星网络铱星执行的数值模拟显示新方案可以减少切换频率，并且具有较低的平均信道利用方差和更高的平均信号强度。Song. H 等人提出了一种基于参数自适应的多属性决策（PASMAD）接入切换算法[89]，该算法综合考虑了信干噪比、用户所需带宽、业务传输成本和卫星负载等状况来保证多媒体业务的服务质量。在预测流量分布的基础上，PASMAD 算法定义了一个自动调整的参数来进一步均衡网络负载。仿真结果表明，与传统的基于 RSS 的判决算法相比，提出的 PASMAD 算法在保证多媒体业务所需 QoS 的同时，为用户提供了最大的数据速率。同时，与固定参数 SMAD 算法相比，PASMAD 算法可以在更高的吞吐量和更低的连接阻塞率（CBP）方面改善系统性能。

Dai. C 等人将多属性和图结合起来，提出了一种具有多属性动态图（MADG)[90]的新型切换方案，以减少切换延迟和不必要的切换。作者首先通过建立由低轨卫星和具有不同移动特性的移动终端组成的卫星-地面综合网络（STIN）模型，分析链路连通性，得到可用的切换路径信息。接着，由于切换过程可以被建模为从可用的切换路径中找到最优路径，通过考虑仰角、覆盖时间和空闲信道状态，作者给出了一个名为 MADG 的动态图来表示所有可能的切换路径。同时，作者分析了 STIN 多业务数据传输问题，以满足多属性决策的不同业务需求。然后，提出了一种基于 MADG 和多属性决策的动态切换方案，该方案通过弗洛伊德算法根据边缘权重选择最优切换路径。仿真结果表明，所提出的切换方案能够有效地最小化总切换延迟，减少不必要的切换。

白卫岗等人分析了双移动、广域覆盖以及需求非均匀等因素对卫星物联网移动性管理的挑战，阐述了卫星网络移动性管理技术，讨论了应对上述挑战的移动性管理关键技术，包括面向卫星物联网的移动性管理架构、基于预测的移动性切换以及移动性管理增强技术等[91]。

5.2.2 基于分层处理的切换管理

以往的研究焦点往往集中在单层卫星网络上，然而，由于卫星载荷能力有限，很难只靠单层卫星满足所有需求。因此，高海拔平台（HAP）就成了低地球轨道移动卫星系统（Leo-MS）的重要补充设施，以提高超出地面网络覆盖范围的热点区域的容量。Li. K等人基于 5G 协议设计了适用于 Leo-HAP 系统的不同切换过程[92]，并分析了它们在时延和信令开销方面的性能。同时，利用结合拉格朗日对偶和亚梯度算法的动态切换策略来优化切换时刻和资源分配。其仿真结果表明，与传统协议相比，论文提出的切换过程在时延和信令开销方面具有更好的性能，而且在丢包率和功耗方面有很好的表现。

Li. Y 等人更进一步地提出了一个可扩展的多层网络架构[93]，以通过向该系统引入高空平台（HAPS）和地面继电器（TRS）来降低切换率，尤其是组切换率。文章提出了一种多层切换管理框架，并根据所提出的架构和框架根据不同种类的切换的切换预测来设计不同的切换程序，以减少切换延迟和信令成本。此外，提出了动态切换优化，以降低丢弃概率并保证移动终端的 QoS。数值结果表明，所提出的架构显著减少了组切片。与传统的切换协议相比，所提出的切换程序还可以对延迟和信令成本提供更好的性能。通过提出的动态切换优化，所提出的切换程序在降低概率和吞吐量方面提供了更好的性能，且在保证移动终端的 QoS 时具有出色的概率性能。

5.2.3　基于分布式处理的切换管理

低轨卫星的高速移动导致了卫星网络的网络拓扑也随之频繁变化，与此同时，陆地用户只能从个人视图获取卫星系统的部分信息，以此来竞争卫星频道。因此，传统的集中式处理很难满足天基网络高动态变化的特点，这就需要分布式卫星切换策略来平衡卫星负载以避免网络拥塞，同时保持低信令开销。Duan 等人[94]在深入研究低轨卫星运动和星间可见性的基础上，针对星间链路的 Walker Star 星座，提出了一种基于位置的最小时延策略（PMDS）。该策略是一种分布式处理方法，它基于两个用户的位置信息，在发生切换时选择最近的卫星作为接入卫星。该策略充分利用了 Walker Star 星座的特点，并考虑了路由的影响，有效地解决了不同卫星之间的切换问题。利用网络模拟器第 2 版（NS2）对不同切换策略下的传播时延进行了仿真。结果表明，该策略在保证切换次数可接受的同时，能够降低传播时延，并保持较低的复杂度。

韩维等人针对移动切换转发存在的次优路由问题，提出了一种基于最小父节点的移动切换转发管理优化方法[79]，其基本思想是：从源端接入卫星到目的端新、旧接入卫星间，构造一棵最短路径树，并在树中计算目的端新、旧接入卫星的最小父节点，并以此作为移动切换中的转发节点。该方法能够有效降低次优路由，并保证移动切换前后的会话路径均为最优。同时，最小父节点距离移动节点的源、目的接入卫星距离更近，因此在路径切换上具有更快的响应速度，也在很大程度上避免了因移动切换产生的报文乱序问题。仿真分析表明，该方法对次优路由开销的改善显著，会产生一定的控制开销但增幅相对较小。在不考虑星上处理能力限制的情况下，其产生的控制开销同基于新旧接入点转发方法的开销相等。

X. Zhan 等人针对低轨道卫星网络的高动态特性，频繁的用户切换导致了较大的移动管理负载和切换时延这些问题，提出了一种基于虚拟代理域（VAD）的移动管理机制[57]。在该机制中，设计了一个虚拟代理集群（VAC）来共同管理相应 VAD 中用户的网络体系结构。该系统采用分布式移动管理机制架构，具有星载处理和交换能力，支持各卫星间的信息共享，降低了单卫星的性能要求，提高了系统的可扩展性。

此外，由于近些年人工智能的火热发展，文献［95］提出了一种新的基于多智能体强化学习的卫星切换策略，该策略的目标是在满足每个卫星负载约束的情况下最小化平均卫星切换次数。仿真结果表明，该策略在平均卫星切换和用户阻塞率方面优于基于基本准则的本地切换策略。

5.2.4　基于加权二分图的切换管理

在软件定义的卫星网络（SDSN）体系结构中，卫星切换可以看作一个二分图。文献［96］提出了基于低地球轨道（LEO）卫星网络中的加权二分图的卫星和网关站之间的链接的切换策略。为了最大限度地提高整体通信质量和平衡卫星网络的负载，作者通过使用 Kuhn-Munkres(KM) 算法来研究最大重量匹配。同时，文章增强了 KM 算法，使其更适合卫星切换场景，采用多输入多输出（MIMO）技术来进一步提高通信质量。文献［97］基于 Leo 卫星网络中的加权二分图，提出了用于卫星和用户之间的链接的访问和切换策略。卫星可以为用户提供的服务质量被认为是双面图中边缘的重量，由于多目标问题无法同时使所有目标都是最佳的，因此作者使用熵方法来重量每个目标并将其转换为单个客观优化问题。仿真结果表明，该方法对用户和系统的性能均优于现有方法。

5.2.5　以用户为中心的切换管理

不断地提高用户体验是通信技术研究的最终目标，也是近年来研究较多的一个方向，J. Li 等人[98]提出了一种以用户为中心的超密集卫星网络切换方案。其基本思想是利用卫星的存储能力来提高用户的通信质量。通过在多颗卫星上同时缓存用户的下行数据，地面用户可以实现无缝切换，始终以最好的链路质量接入卫星。仿真结果表明，文章提出的以用户为中心的切换方案在吞吐量、切换时延和端到端时延方面均优于传统的切换方案。Y. Wu 等人[99]提出了一种新的基于潜在博弈的移动终端的卫星切换策略。同时，为了均衡卫星网络的负载，提出了一种基于用户空间最大化目标的终端随机接入算法。在典型的低轨卫星网络 Iridium 上进行的仿真切换证实了所提出的切换策略的有效性。

6　网络安全

卫星互联网的安全可信主要解决如何将空间网络、近地网络和地面互联网进行安全有效融合的问题，目前主要面临节点暴露、信道开放、传输时延高、拓扑结构变化快、星上处理能力受限等挑战。传统卫星网络研究主要面向卫星抗毁技术、信号抗干扰技术等，现有研究则主要集中在接入认证、安全切换、路由安全、传输安全等方面。本章节将对卫星互联网可能存在的安全问题以及该领域的研究进展和趋势进行综述，并展望相关技术和产业的发展。

6.1　卫星互联网安全问题分析

6.1.1　终端接入过程安全

卫星终端是卫星互联网中提供各类服务的重要载体，在终端接入的过程中，如果攻击者冒充成合法终端接入网络将会给合法终端和用户造成巨大的损失。因此终端在接入网络的过程中和卫星、地面站、其他终端之间安全认证是保证整个卫星互联网安全通信的基础。

6.1.2　信道安全

在卫星互联网中，卫星与卫星之间、卫星与地面站/客户终端之间的通信多是采用无线信道进行信息传输的。由于无线信道的开放性，攻击者可以直接窃听、拦截和干扰信号，从而破坏数据的完整性和可用性。正是由于无线信道的脆弱性，使得卫星互联网中的数据安全传输受到严重威胁。

6.1.3　业务信息系统安全

卫星互联网的目的是作为互联网的延伸，真正意义上实现全球互联。互联网上层的业务信息系统历来是攻击者的重点攻击目标。同传统互联网一样，基于卫星互联网运行的各类业务系统，其后台数据库存有大量用户信息和业务数据，一旦业务信息系统的身份鉴别信息被攻击者截获、假冒和重用，系统内部数据可能就会被非法获取和破坏，造成重大损失。

6.2　国内外研究现状

早期的国内外研究受限于卫星规模数量有限，尚不能形成大规模网络，因此主要研究单个卫星的物理安全和通信链路安全。卫星由于其节点暴露、信道开放、传输高时延、时延大方差及星上处理能力受限等特征，存在以下两大安全隐患：

1）卫星、地面站等基础设施的物理破坏：卫星自身的硬件系统发生的故障可能造成网络通信的瘫痪。卫星等设施还可能遭受反卫星武器的打击，特别是在军事领域，卫星等设施极有可能成为敌方首要打击的对象。为此研究卫星抗毁技术，通过优化卫星与地站结构[101]、多站备份[107]等方式，提高卫星基础设施的抗毁特性。

2）信号干扰：传输链路信号受到人为或自然的电磁干扰。由于卫星处于复杂的电磁环境下，极易遭受恶意电磁信号干扰，导致正常的数据传输受到影响甚至发生中断。目前，信号干扰技术主要包括欺骗干扰、压制干扰等。欺骗干扰技术指通过卫星信号转发、模拟伪造等方式使用户做出错误判断的干扰技术[102,103]。这类攻击可通过鉴别、认证加密等方式进行防御。压制干扰技术指卫星信号被同频段大功率噪声干扰，导致信噪比降低从而使可用性降低或失去的干扰技术[104-106]。这类攻击可以通过抗噪信道编码[107]、异常检测[108]、多径通信[109]等方式防御。

近年来，伴随着 Starlink、Kuiper、OneWeb、虹云、鸿雁、行云等新型低轨卫星巨型星座的飞速发展与部署，依托多维轨道、巨型星座来实现覆盖全球的卫星互联网正逐步变成现实，卫星安全的研究正在逐渐从物理/通信安全拓展至网络安全。目前，卫星互联网安全的研究正处在早期阶段，国内外相关研究尚不完善。与地面互联网相比，卫星互联网组成更多样异构、运行环境更加复杂动态，因此面临立体化、全方位的全新安全威胁。具体而言，卫星互联网安全面临三大全新挑战[110]：

1）网络复杂异构，涵盖天基、空基、海基等异构网络节点，面临真实物理空间和虚拟网络空间的双重安全威胁，受到陆海空立体化、全方位的安全挑战。

2）网络高度动态，卫星在大时空尺度下高速运动，长期暴露于境外恶劣环境中，导致国内数据频繁出境，易遭受敌对势力的恶意干扰、窃听和攻击。

3）网络安全成本高，空天地网络节点能力高度不均衡，卫星计算、存储、网络资源高度受限，新老卫星代际差距极大，且军民共用，易攻难守。卫星频繁出境不易管控，面临全新威胁时难以及时防御、威慑与反制。

为了应对全新的安全威胁，近年来国内外许多研究机构和学者对如何提高卫星互联网的安全性提出了许多见解和方法。在这其中，提高卫星互联网的安全通信是一个重要的课题，主要聚焦于五个方面，一些学者针对这五个方面给出了自己的解决方案。

6.2.1 安全可靠的卫星网络系统架构设计

卫星网络的封闭性，导致无法快速、及时地引入新的通信和网络技术，并且严重阻碍了包含卫星网络的空天地一体化异构网络空间中各异构网络的互操作性，这使得安全可靠的卫星网络系统架构在卫星网络安全中起到了至关重要的作用。为了使得卫星网络能够作为重要的一环构建未来空天地一体化通信网络，许多研究学者提出了一系列关于卫星网络的安全系统架构。

2017 年，文献［111］针对现有安全防护思路的被动性，安全部署模式严重依赖于边界且静态化导致卫星网络技术和安全技术难以实现共生演进的问题，探讨了内生安全防御技术在天地网络架构、关键信息系统中的应用设想，创造性地提出了基于拟态防御的天地一体化信息网络内生安全机制，将拟态防御的内生安全机制叠加到网络和系统层面，从而形成内生安全的天地一体化网络安全防护架构，进而提高卫星网络在高度暴露环境下的系统安全。

2020 年，文献［112］针对卫星网络中的安全威胁，提出了融合安全支撑层、接入安全层、网络安全层、安全服务层及安全态势预警、统一安全管理等的天地网络安全保障架构，设计统一安全管理与安全态势预警、实体认证与接入防护、多域网络互联安全控制、密码按需服务、安全服务动态重构等的实现机制，为卫星网络安全提供有效支撑。

2020 年，文献［113］针对目前卫星网络在服务质量、安全性与移动性上的天生不足，提出了天地一体化多标识网络体系架构，该体系的内生安全机制包括三个方面：面向联盟链的可信计算主动免疫安全技术、信任内嵌的身份认证机制和多标识网络智能威胁感知。

6.2.2　卫星网络的安全接入与身份认证

卫星网络的信道开放性与节点暴露性使得攻击者可以利用这种安全问题，伪造、仿冒成合法节点对卫星网络进行攻击，从而对网络通信进行窃听、拦截与篡改，从而实现对星地/星间通信的欺骗、干扰和压制，这使得卫星网络中亟需安全可信的身份认证。同时，由于卫星网络节点相对位置的动态变化，使得节点与地面基站之间存在频繁切换问题，使得卫星网络存在跨域、跨网通信的安全接入与认证问题。针对卫星网络中的身份认证与安全接入问题，许多研究学者提出了一系列安全有效的解决方案。

2018 年，文献［114］针对卫星网络中的漫游认证问题，提出了一种基于令牌的双向认证方案，该方案通过基于单向累加器的令牌机制，对用户的接入进行控制，同时使用 Bloom Filter 对恶意用户进行撤销以保护网络的安全可靠。基于大整数分解的困难问题，该方案证明攻击者无法伪造已知的 FLEO 身份，可以实现抗重放攻击、抗中间人攻击、密钥协商与隐私保护，同时在时间开销方面，该方案的认证时延仅为 23.074ms。

2019 年，文献［115］针对卫星网络中的链路切换与用户跨域漫游问题，提出了一种适用于天地一体化网络无缝切换和跨域漫游场景下的安全认证增强方案。该方案基于安全凭证与散列链的结合，实现了用户与拜访域的双向快速认证，同时还提出了两种无缝切换机制以确保用户通信的连续性。

2019 年，文献［116］针对卫星网络中无线链路存在被劫持风险，导致身份被追踪、假冒及欺骗等问题，提出了一种防追踪的可信身份匿名认证机制，实现身份匿名、前向保密、双向认证及安全链路协商，该机制私有链的可信身份构造及存储方法，通过哈希函数及私有链中上一区块部分信息构造唯一可信身份，防篡改且易证明，无须维护映射关系，存储轻量且查询高效。同时，针对拓扑动态易变导致节点、域切换带来重新认证额外开销的问题，提出一种基于身份信任传递的跨域动态认证方法，提升认证互通与互操作性，简化频繁认证过程。提出一种多方信任模型，通过三方基本信任传递在可信域内构建身份互信网络。跨域访问实体在基于广播式身份信任传递和基于主动式身份信任传递之间动态模式切换，实现基于身份信任的跨域双向认证，简化频繁的重新认证过程。

2019 年，文献［117］针对高度暴露环境下的消息窃听与未经授权的非法访问问题以及卫星高速运动导致的频繁切换下的身份验证问题，提出了一种新的认证系统模型和物联网认证协议。在该方案中，用户和卫星接入点（SAP）之间进行相互身份验证。基于该系统模型的认证方案减少了实现认证过程的延迟，提高了切换时的 QoS，可以实现一组用户同时切换到另一颗卫星时的批量切换认证。

2019 年，文献［118］针对现存的漫游认证方案存在隐私泄露或无法忍受的身份验证延迟的问题以及由于 SIN 的脆弱性导致的安全问题，设计了一种针对 SIN（Space Information Network）的匿名快速漫游认证方案，通过预协商机制，提高了认证速度。在方案中利用群签名为漫游用户提供匿名性,并假设卫星的计算能力有限,使其具有定义的认证功能,以避免家庭网络控制中心在对漫游用户进行认证时的实时参与。

2020 年,文献[119]针对卫星网络复杂、动态的网络环境下传统网络资源分配与服务编排优化方法效率低下、响应速度慢等问题,提出了基于强化学习的网络控制、资源分配、网络接入选择和移动缓存更新技术。该方案中分布式架构可以无缝匹配异构网络切片,为每个切片甚至具体网络节点配置本地控制智能,从而减少控制信令瓶颈和响应时间;优化低轨卫星网络接入和切换机制;并且可以定制动态的资源分配策略;以极低的计算复杂度得出复杂环境下的资源分配策略。该方案提供一种基于"观察和试错"的方式来学习未知网络环境,而不必预设任何先验模型,充分发挥移动边缘存储的优势,为用户提供全天候无缝衔接的内容服务,同时大幅度降低骨干网内容传输的压力,为卫星网络频繁切换与接入提供安全保障。

6.2.3 星载轻量级密码算法设计

目前地面的通信协议与其所涉及的密码技术常需要使用公钥基础设施,若直接将地面方案套用在卫星网络中将产生巨大的通信开销,从而导致网络性能下降[125]。所以针对资源有限型的卫星网络节点,研究者们提出了一些轻量级的密码算法,在保证加密强度的基础上提高计算效率,降低时间开销和运算负担。

2019 年,文献[116]提出了一种适应天地一体化网络的轻量级基于身份的密码算法,其中包含了在椭圆曲线上的双线性配对的域参数初始化、基于可信身份的私钥生成算法、双线加解密算法、双线签名与验签算法,通过以上设计的算法来保证保密性、可用性。通过形式化证明算法的可靠性与安全性,同时通过实验对比了三种 IBOOE 算法,证明所提出的算法的各个阶段均拥有较高的性能与较低的资源开销。

2020 年,文献[120]提出了一种全新的卫星图像加密算法,这个算法结合了 AES 的 CTR 模式和混沌密码学,使用 2D-LAS Map 作为一种混沌选择器,来混乱地分配密文块和密钥的位置从而来提高安全性。通过对该算法的密钥空间、信息熵、局部香农熵、相关系数等指标的分析,证明该密码算法可以抗穷举、选择明文、已知明文攻击和差分攻击,并且可以有效容忍单一事件扰动(Single Event Upsets, SEU)。同时作者在 FPGA 板上进行了算法部署,进一步证明所提出的算法效率较高,计算开销较小,可以有效应用于低轨道卫星。

2021 年,文献[121]提出一种基于线性反馈移位寄存器生成器、SHA-512、超混沌系统和约瑟夫斯问题的新型卫星图像加密算法。超混沌系统的使用是为了获得更好的扩散过程,约瑟夫斯问题可以在混淆过程中提高密码系统的安全级别,同时又不丧失超混沌系统的优点。实验和分析结果表明,该算法具有较高的安全性,拥有足够大的密钥空间,对 SEU 的容忍度较高,能够以较低的时间复杂度完成卫星图像加密。

6.2.4 卫星网络 DDoS 攻击防御策略

由于带宽资源的限制,与地面网络相比,卫星网络更有可能成为 DDoS 攻击的受害者。资源受限卫星节点对于 DDoS 攻击具有较低的容忍度，攻击可以使用高通量的 DDoS 攻击来迅速耗尽卫星网络的资源从而使区域服务陷入瘫痪。因此，研究者们提出了各种方案用于检测和阻止或减轻各类 DDoS 攻击，其中部分技术侧重于使用深度学习的方案以区分正常流量和恶意流量。

2019 年，文献［122］认为任务控制中心负责控制卫星与航天器的运行，因此任务控制中心网络必须保持可用性并能够抵抗 DDoS 攻击。文中提出使用卷积神经网络来分类正确流量和恶意流量，其中这些流量信息一部分是通过 Wireshark 在任务控制中心网络中模拟攻击状态与正常状态并抓取的，另一部分来源于开源数据集 NSL KDD。最终文章所提模型的检测成功率达到了 99%。

2020 年，文献［129］提出了一种 DDoS 缓解技术，该技术可用于卫星网络的地面基站端。作者在卫星网络中模拟了 Ping 洪泛攻击，并证明提出的解决方案可以主动预防 DoS 和 DDoS 攻击。在方案中，卫星网络会受到持续监控，并观察流经地面基站网络的 ICMP 回显请求的平均数量。如果请求数量开始偏离观察到的平均值，则会采取预防措施在网络操作中心阻止这些请求。模拟结果表明，该方案可以轻松减轻 DDoS 攻击，而不会在通信和数据处理能力方面对卫星网络中实体造成太大负担。

2020 年，文献［124］针对卫星-地面综合网络中的入侵检测系统（Network Intrusion Detection Systems，NIDS）展开了研究，提出了一种基于联邦学习的分布式 NIDS 和一种卫星网络拓扑优化算法，并基于 Linux 系统进行实现。该 NIDS 通过合理分配来自各个域的资源来分析和阻止恶意攻击，尤其是 DDoS 攻击。在仿真中作者设置了 40 个节点，并对这些节点随机发起 DDoS 攻击用以评估模型性能，实验仿真结果表明，与传统方法相比，使用 FL 的分布式 NIDS 具有更高的恶意流量识别率、更低的丢包率和更低的 CPU 利用率。

6.2.5 星间安全路由与节点故障恢复

卫星间链路较为复杂，卫星节点易受复杂空间环境的影响产生故障，传统的路由协议如 RIP、OSRF，由于路由控制报文过大、报文交换频率过高，如果运行在卫星网络中会导致路由收敛缓慢从而使卫星节点陷入瘫痪[131]，也更易受到攻击者的觊觎，因此必须结合卫星网络的特点提出新的路由协议。另一方面，若卫星发生故障不仅会使通过它的路由无效，而且还会影响其移动所覆盖的地理区域的服务。因此，卫星网络链路的故障实时监测能力、有效的冗余容错能力、合适的路出选择能力、快速的故障恢复能力也是卫星网络安全研究的重点。

2006 年，文献［125］提出了一种具有安全机制的动态路由协议，它综合了卫星的静态配置与动态配置策略实现了对路由的动态调整，并引入了卫星节点的信誉值度量，使网络可以对内部与外部的恶意攻击做出检测与反应。作者通过实验证明提出的协议可以很好地应对网络故障并建立合适的备用路径，对网络吞吐率影响较低。在安全性方面，该协议可以抵抗路由表溢出攻击和黑洞攻击，当攻击发生时协议可以迅速将恶意节点屏蔽，具有良好的安全性能。

2020 年，文献［126］提出了一种星间安全路由的协议设计——基于拓扑可预测的卫星网络星间路由协议 Sat-OSRF，它利用了卫星网络可预测和变化周期性的优点避免了传统 OSRF 使用大量报文来描述网络拓扑变化的缺点。因为卫星的运行轨迹在发射前就会提前规划好，所以可对网络拓扑变化做出预测和主动反应。仿真表明该方案可以大幅降低路由控制报文的开销，加快路由收敛速度。作者也提出了一种基于 ECC 的无证书签名的安全增强方案来解决 Sat-OSRF 协议中面临的安全威胁，方案保证了路由节点身份的真实性和协议报文的真实性，避免了 Sat-OSRF 受到恶意攻击，实验也表明安全增强方案对路由收敛速度的影响较小。

2018 年，文献［127］提出了一种用于下一代卫星网络的软件定义的新架构，作者称其为 SoftSpace。在 SoftSpace 中利用了网络功能虚拟化和软件定义的无线电的方法，以促进新应用程序、服务和卫星通信技术的整合。这不仅可以减少资本支出和运营支出，而且可以将卫星网络与地面网络无缝集成，并且可以改善卫星网络设备的互操作性。本文也为 SoftSpace 提出了一种混合故障恢复机制，它结合了主动故障恢复机制和被动反应机制的优点，减少了故障恢复时间，并保证了最佳的恢复路径。具体来说，在本文故障方案的设计中工作路径和恢复路径由网络控制器计算，并同时安装到 Software-defined LEO 卫星中，从而在故障发生时由网络控制器进行路由选择。

7 卫星应用与支撑平台

当今卫星互联网的建设，仍然面临着"卫星数量多，应用与服务模式少"的发展困境。由于应用需求、服务模式的研究不充分，星载支撑类基础架构平台尚不完备，导致卫星资源利用率不高，综合效益偏低，制约了卫星互联网新兴应用服务的演进与发展。为充分理解新的应用与服务需求，发挥需求的牵引作用，了解新兴应用模式，进而合理利用相关资源，发挥网络最优效能，本章节针对卫星互联网的新兴应用与业务模式及相关星载平台支撑技术的国内外发展现状进行介绍。最后总结并探讨与展望了在面向未来的卫星互联网新兴应用服务和支撑平台技术方向上的重要发展趋势。

目前卫星互联网应用服务与支撑平台相关前沿工作主要包括星载软硬件平台研究、星云服务平台研究、基于巨型星座的全球内容分发等研究方向。

7.1 星载软硬件平台

服务器领域的业界巨头 HPE 公司已经与 NASA、SpaceX 等机构合作，向太空发射星载高性能计算机 Spaceborne[128]，使得在星上执行复杂计算任务成为可能[129-131]。HPE 新推出的 Spaceborne Computer-2 国际空间站边缘运算系统，可以大幅提高空间站的运算能力，而这也是第一次在太空中，引入商业边缘运算系统即时处理资料。国际空间站中的宇航员，将使用 Spaceborne Computer-2 处理医学成像和 DNA 定序等运算，也会分析来自太空传感器和卫星的资料，大幅缩短各种太空实验的时间。Spaceborne Computer-2 还会搭载 GPU，以更快的速度处理如地球极地冰冠的图片，或是医疗 X 光图片等高分辨率图像，而且 GPU 也能用于人工智能和机器学习的项目。HPE 表示，Spaceborne Computer-2 系统可以大幅减少资料从太空到地球的收送延迟，并且立刻取得分析结果，还可以处理 X 光图片、超音波检查和其他医学资料，即时监控宇航员的生理状况，加速在太空的诊断时间。此外，BAE 系统和波音公司目前正在积极研制其下一代高性能多核星上专用 CPU[132]，能够适应复杂多变的空间环境，对航天数据进行本地处理。美国卡内基梅隆（CMU）的 Brandon Lucia 团队提出了"星轨边缘计算（Orbit Edge Computing）"的软件系统架构[133]，利用小型卫星上搭载的计算能力对地球观测卫星采集到的数据进行预处理和压缩，提高对观测数据的采集和处理效率，相关研究成果获得高性能计算领域顶级会议 ASPLOS2020 的最佳论文奖。星载平台相关支撑技术的发展，为卫星互联网在未来提供更加复杂多样的差异化服务奠定了重要的软硬件基础。

7.2　基于卫星与地面站网络的云服务扩展

现有云计算、云存储平台是地面互联网中至关重要的基础设施。然而，由于地缘条件、区域策略等复杂因素的影响，地面云平台的服务范围和服务能力主要集中在发达的地面热点区域，难以支持未来天地融合网络中泛在接入、按需服务的应用需求。为扩展现有云服务平台的服务范围与服务能力，面向偏远陆地、海洋、天空甚至太空站的多样化应用提供网络接入与服务支撑，国际上以亚马逊、微软、谷歌为代表的云巨头公司正在积极规划、部署和建设星地互联的网络基础设施，促进地面云数据中心向卫星网络的互联与融合。2020 年亚马逊推出了地面站托管服务 AWS Ground Station[134]，通过"地站即服务（Ground-Station-as-a-Service）"，允许用户按需使用遍布全球的地面站托管网络，更加高效地下载、处理和存储卫星数据，同时无须考虑如何构建和管理自己的地面站基础设施，节省大量运营成本。微软也推出了类似的 Azure Orbital 服务，允许卫星通过租赁全球分布的地面站和微软云计算数据中心互联，进行数据采集和处理。基于全球分布的地面站网络，微软的 Deepak Vasisht 等人提出了 DGS[135]，一种分布式的空间数据采集方法，利用 GSaaS 服务实现航空数据的高效率采集。

7.3　基于卫星网络的星载缓存与内容分发

随着星载存储能力的不断增强，国际上一些前沿研究开始探讨利用星上缓存实现低延迟内容访问与内容推送服务。目前全球内容推送机制主要依托于地面内容分发网络，仅依靠地面 CDN 系统会耗费巨量的带宽以及大量的时间。利用卫星广播来改善地面网络推送服务的性能是未来卫星互联网发展的重要趋势之一。卫星内容分发系统，按照其用户终端类型可分为三类。第一类仅考虑地网接入终端，用户通过地面网络向设立在地面站的卫星缓存接收节点请求内容。第二类仅考虑卫星接入终端，用户直连卫星请求内容。第三类同时考虑卫星、地面多接入终端，用户既可以分别向卫星、地面请求内容，也可以利用多借口,通过天地协作的方式同时获取内容。Adrien Thibaud 等人[136]研究了地面移动边缘计算节点通过卫星链路回源时,提前获取内容片断对于用户内容获取的时延优化,并探讨了缓存分别放在卫星落地网关和卫星家庭终端上对访问时延、视频质量的优化。Michele Luglio 等人[137]将地面的卫星缓存站作为地面 CDN 的延伸,设计了缓存站与地面 CDN 之间的两种数据获取方式(拉取式和推送式)。Christopher G. Brinton 研究团队[138]提出了基于卫星中继的 CDN 组播视频分发结构,并分析了适用于视频点播和蜂窝网场景的缓存策略。Hao 等人[139]研究了缓存结构中,卫星上下行带宽最低优化目标下的联合缓存策略。Liu[140]所在的团队研究了卫星缓存服务器向地面缓存节点的内容分发方式,设计了卫星组播与单播结合的内容部署策略。最后,Di 等人[141]提出了低轨小型卫星星座场景下的天地双缓存策略,同时给出了其物理层的框架设计。

7.4 发展趋势与展望

未来天地一体化信息网络中,承载着大量需求高度差异化的业务与应用。随着星载计算、网络、存储能力的增强及地面站网络的部署,可以预见,地面云服务平台会向太空延伸,扩展成为"星云"服务平台,支撑未来陆基、天基、海基、空基中多样化应用与需求的泛在接入、按需服务,将成为未来卫星互联网应用与服务支撑技术的重要发展方向。围绕星云服务平台,其系统架构和资源调度机制将成为重要的未来研究方向。

7.4.1 天地融合的卫星云服务平台系统架构与互联机理研究

云计算平台是当今互联网中重要的基础设施,它利用计算机网络、分布式计算与存储、虚拟化等关键技术,将云数据中心中共享的软硬件资源按需提供给各种终端与应用。然而,由于受到部署与运维成本、地理约束、网络策略等因素的影响,地面云设施主要聚集部署在热点区域。在全球范围内,云计算平台的可用性与服务性能受限于地面云数据中心的非均匀部署,难以满足未来天地一体化信息网络中"随时随地,按需访问,高效服务"的要求。随着星上平台和载荷能力的发展与演进,未来新兴卫星将能够搭载通用的计算、传输、存储设备,运行复杂软件系统。卫星不仅能够执行特定业务,还有潜力借助传统云计算领域的相关技术,成为新的"卫星云服务"平台,并依托地面站网络等基础设施和现有的云计算、边缘计算等平台进行高效融合,提升全球范围内的服务能力。未来研究亟须克服新兴卫星网络的拓扑高动态特征对云服务平台架构带来的重大挑战,实现"动(卫星云)""静(地面云数据中心)"结合拓扑环境下稳定可扩展的天地融合星云服务平台架构。

7.4.2 天地协作的全球内容分发与高效推送算法研究

内容分发是未来天地一体化网络中重要的业务场景之一。所需要分发的海量数据,既包括互联网中的常见业务(如网页、音视频内容等),也包括其他异构网络中的典型应用数据(如卫星网络中的空间观测大数据、工业互联网中的设备监控信息、海洋网络中的远洋探测数据等)。未来研究可基于天地协作的卫星云服务平台,进一步研究星地协作的全球内容分发与推送机制。充分利用星地计算、存储、传输能力和覆盖范围的互补性，依据差异化分发业务在时效性、可靠性等方面的差异化需求，动态自适应在星地节点上按需进行内容分发；并研究适应动态时变拓扑网络环境的传输机制，实现各种业务场景下分发内容的高效推送。

8　卫星互联网试验验证平台

卫星互联网的建设目前仍处于探索和发展阶段。一方面，许多相关的关键技术，如天地融合网络中的组网、路由等技术，仍处于研究和探索阶段，尚未形成统一公认的技术方案；另一方面，空间星座和地面站仍然在不断规划和部署中，且海量卫星的部署和更新是一项成本高昂、耗时巨大的工作。上述两点现状，使得理解和评估未来卫星网络的网络性能充满挑战：由于空间网络的时空大尺度、高度动态性等特征，传统地面网络的网络建模与评估方案无法直接运用于天地融合网络。巨型星座的部署和更新成本开销巨大，现在难以直接从完全部署的卫星网络中直接测量其网络性能。此外，卫星节点的休眠或故障等突发事件，同样会对天地网络的网络性能产生影响。以上关键挑战，使得现有的网络建模和评估方案，难以探究不同的网络关键技术、星座架构设计、用户流量分布、故障事件等因素对于整个天地融合网络的网络性能的影响。如何在地面实验环境中构建低成本、可扩展、真实可信的卫星互联网试验验证平台，实现"星未上天而网络性能先知"，是卫星网络协议与体系结构研究方向所面临的重要问题。

8.1　卫星仿真平台

卫星仿真平台允许研究与开发人员方便地对不同星座设计下的卫星与轨道特征进行复杂分析并实现可视化。通过软件模拟，使用者可通过图形或 3D 动画得到卫星的在轨运动过程、星地连接、可见关系等结果。常见的卫星仿真与分析工具包括 STK（Systems Tool Kit）卫星工具包以及 NASA 的 GMAT（General Mission Analysis Tools）。STK 可用于模拟地面和太空各类场景，还支持模拟国家、城市、海洋、卫星等。对于卫星建模，它提供了现有中轨卫星（LEO）、中高轨卫星的参数和数据，也支持自定义卫星星座。通过配置地站和卫星星座的经纬度、轨道倾角、高度、数量等信息，从而可以得到在运行周期内每个卫星的地理位置信息、轨迹以及端到端距离。STK 的 GUI 显示也可与自定义的地图和 3D 动画一起使用，方便用户对卫星轨迹仿真结果进行可视化查看。同时，STK 还提供了一个 Connect 接口，该接口将 STK 连接到外部平台，使得通过客户端/服务端环境（TCP/IP）来操作 STK，并且与语言无关，从而还可以将数据导出进行后续分析。借助 STK，使用者可以模拟出铱星、Starlink 等卫星星座的轨迹数据、可见与连接关系等重要信息。GMAT 是 NASA 戈达德太空飞行中心以及工业界投资伙伴开发的任务分析软件，包含对航天器、推进器和中继器的仿真，从而用于空间轨迹仿真、分析和优化。GMAT 包含各类仿真资源，主要分为物理模型和分析资源。物理模型包括了航天器、地面站、行星、月亮、脉冲燃烧、有限燃烧等，而分析资源包括了报告文件、星历文件、3D 图形、$x-y$ 图、微分校正器等。进一步借助 GMAT，用户可以在对地探测、星际轨道等深空任务中优化和估算飞船的轨迹。GMAT 已被用到多项航空航天任务的设计中，比如：美国宇航局的月球坑观测与遥感卫星（LCROSS）任务、月球勘测轨道飞行器任务（LRO）。GMAT 是 STK 的开源替代品，还处于不断更新迭代中。

8.2 计算机网络仿真与模拟试验平台

面向拓扑差异化的各类地面网络环境，许多现有工作设计了大规模仿真/模拟试验平台。目前常用的网络仿真/模拟平台主要包括：Mininet、NS-3/SNS-3、OMNeT++ 和 OPNET 等。Mininet 允许在单台计算机上模拟主机、交换机、链接等动作来构建完整网络。在 Mininet 中，每个主机被模拟为单个 bash 进程，因此在 Linux 系统上能够运行的代码也可以在 Mininet 中正常运行。同时，Mininet 利用软件仿真交换机，例如 Open vSwitch 或 OpenFlow。Mininet 的链路是虚拟以太网链路，运行在 Linux 内核中，将仿真的交换机与仿真主机的进程进行连接。Mininet 有如下特点：Python API 库，有助于创建拓扑各异的网络；命令行界面（CLI 类），通过 Linux 系统的命令可以向节点进程执行命令；可多人共享或者部署在真实的硬件上，移植性较强。Mininet 也支持 OpenFlow、Open vSwitch 等软件定义网络中的标准部件。另外，Mininet 支持对数据流的仿真，可以为用户提供从下到上的协议到数据流的仿真，从而得到更为全面真实的网络仿真。NS-3/SNS-3 是事件驱动的网络仿真软件，支持对有线和无线通信网络的仿真。NS-3 常被用于 Wi-Fi、LTE 的网络仿真。NS-3 的开发完全基于 C++语言，因此在 TCP/IP 协议栈中，NS-3 封装了多种类，各类和各模块能自主地实现不同协议，层与层之间进行调度、数据交互也更加容易。和 Mininet 一样，NS-3 作为一种开源工具，提供 API 接口，利于用户进行进一步的扩展和建模。但是，NS-3 能提供的仿真功能还比较有限，并不能提供完整的协议栈功能。OMNeT++也是一款开源的离散事件驱动的仿真软件。它本身并不提供针对 IP、TCP 等协议的模型，而是提供各类仿真框架，用户可利用其离散特性来进行网络仿真，它同样包含各类由 C++编写的库。OMNeT++的应用方式灵活，只需要通过网络描述语言来进行编程即可。相较于其他网络仿真软件，OMNeT++的 GUI 界面，简化了用户优化模型、调参的过程。此外，OMNeT++也支持从其他仿真软件进行仿真代码的移植。

8.3 天地融合网络仿真工具

天地融合网络仿真工具，是指能够模拟天地融合网络中卫星行为并对网络协议进行数据包或数据流级别测试的仿真工具。它不仅包含了网络仿真工具对各类协议的基本仿真，也考虑了天地融合网络的高动态等特性，是上面两类工具的结合。HYPATIA 作为了一个包级别的仿真系统，能够仿真低轨卫星行为及各类拥塞控制算法。它结合了 NS-3 的包仿真模块,同时将卫星轨迹、覆盖范围、星地连接情况考虑到网络拓扑中,在此基础上,使用者可以对各类卫星轨迹进行设计和测试、对不同路由算法以及拥塞控制算法进行仿真测试。通过可视化界面,使用者可以查看卫星轨迹、地面站连接情况、端到端路由、链路使用情况以及带宽使用情况。HYPATIA 能够在 Kuiper 的 K1 层的 1156 颗卫星加上 100 个城市作为地面站的规模下,同时测试 UDP、TCP 的流量在不同场景下的 RTT 波动。HYPATIA 进行的另一个案例是讨论不同拥塞控制算法如何在不断变化的卫星路径上工作。不足的是,HYPATIA 的整个系统以及案例分析都是基于 NS-3 以及 Cesium 可视化框架进行的全仿真,并没有真实的流量。换句话说,其真实性只是停留在纯仿真层面,借助网络仿真平台进行数据流和数据包的仿真,并没有三层以上的真实数据流,真实性不及真实的卫星环境。StarPerf 是一款基于 STK 和 MATLAB 的卫星行为仿真平台,可以用于分析大型卫星星座网络的结构变化、动态性以及相关网络策略。StarPerf 可以仿真出 Starlink、OneWeb、Kuiper 三大星座不同层的卫星连接关系。

8.4　发展趋势与展望

针对空间卫星网络的仿真与性能分析,已有工作主要考虑搭建网络验证平台,直接进行性能分析。主流的网络验证平台是数值仿真平台,包括 NS2、Qualnet、OMNeT++、Opnet 等。然而,该类工具的验证是将网络协议的行为转化为一系列离散事件,这会严重损耗验证的真实性。而在轨运行卫星验证系统和地面实验验证系统,如思科在轨验证路由器等由于卫星发射周期长、耗费大、实验场景单一,使在轨卫星验证系统难以满足系统建设前期复杂多变的实验验证,以及难以开展大规模网络场景的实验验证。此外,现有研究工作主要考虑多个用户子网络接入单颗卫星的情景,如船、飞机接入高轨卫星场景;另外,其实验场景中的用户移动规律是随机设置的,缺少网络真实动态性的考虑。

在卫星互联网仿真与试验平台方面,可以预见,由于空天地一体化融合网络构成复杂,结构动态、业态多变,面向未来的下一步发展趋势是解决"现有网络与卫星系统仿真平台功能单一"与"卫星互联网真实有效的验证需求"的矛盾,通过采用仿真、模拟、实物相结合的方式,研究可重构的空天地一体化融合网络试验平台,研究真实可信的空天地一体化融合网络的拓扑和连接关系的建立;在此基础上,构建半实物、可重构、虚实结合的空天地一体化融合网络试验环境,并开展相关协议体系、应用与服务平台相关关键技术的试验与验证。另一方面,在面向卫星互联网的网络协议测试与评估方法上,也亟需统一的试验评估标准,通过科学可发展的功能、性能指标与试验评估方法,指导未来天地融合网络中各种网络协议的设计、演进、部署与优化。

9　国内外发展对比分析

卫星互联网是当前国际竞争的焦点之一,国际国内对卫星互联网的发展均高度重视。

9.1 国外发展现状

比较典型的星座包括美国 SpaceX 公司的 Starlink "星链"星座和 OneWeb 公司的星座。

SpaceX "星链"是"星上处理型"星座的典型代表，是目前规划的全球最大规模的星座，也是发展最迅猛的星座。整个星座规模高达 4.2 万颗，其中第一期 1.2 万颗，第二期 3 万颗，从 2018 年开始发射，截至 2021 年 3 月底，已发射 23 批，共 1 385 颗卫星，1 次发射可达 60 多颗。SpaceX 的 1.0 版本卫星单星重量约 260kg，成本在 150 万至 200 万美元之间，星地链路采用 Ku/Ka 频段，星间链路采用激光，预计年产在 1 500~2 000 颗之间。其地面端终端采用相控阵天线技术，首批批量成本在 2499 美元/个，目前成本大概下降到 1 500 美元/个左右，对用户收费 499 美元/个，每个月资费 99 美元。在用户网络带宽方面，2020 年 8 月开放普通用户进行公测，用户上行带宽为 5~18Mbit/s，下行带宽为 11~60Mbit/s，时延为 31~94ms，后期带宽在逐步扩展中；对于用户带宽的峰值速率，美国空军作为用户曾经测试达到 610Mbit/s 的速率。

OneWeb 是弯管转发型星座的典型代表，到 2021 年一季度，没有向国际无线电委员会提出星间链路频率申请。OneWeb 计划是 2014 年提出，先后获得了 Google 和 WorldWu 投资建设，2015 年改为 OneWeb。2018 年已累计融资 35 亿美元。2020 年 3 月，公司破产后被英国政府和 Bharti 收购。OneWeb 星座一期规划了 648 颗卫星，工作在 1 200km 轨道高度，工作于 87°的极轨道，星间/星地链路频率为 Ku/Ka 频段，2020 年获得 FCC 新授权 1280 颗卫星，工作于 8 500km 的中轨，采用 V 频段；OneWeb 二期一度规划 4.78 万颗卫星，覆盖倾斜轨道。截至 2021 年 5 月 28 日，该星座实际已发射 218 颗卫星。卫星重量为 150kg，星上有两个指向信关站的馈电波束和 16 个用户波束，单星吞吐量为 7.5Gbit/s，整个星座容量约为 3.84Tbit/s，用户站的口径为 30~70cm，规划速率 50Mbit/s，延迟 50ms；实测最高峰值速率为 400Mbit/s，延迟 32ms。

9.2 国内发展现状

我国高度重视卫星互联网的发展，但与国际先进水平相比，目前发展尚处于早期阶段。早在"十三五"初期，我国就提出了天地一体化信息网络、卫星互联网等国家重大专项，将其列为我国《国家创新驱动发展战略纲要》《国家民用空间基础设施中长期发展规划》等确定的国家科技创新的重大战略领域。

在技术方面，清华大学、国防科技大学、东北大学、东南大学、北京邮电大学、电子科技大学、中科院、中国电科等高校和科研院所在路由、传输、移动性管理、编址、安全等方面取得了重要研究成果，清华大学在基于 IPv6 的大规模天地一体化网络体系结构、编址路由、安全、传输方面取得了重要研究成果，国防科技大学、东北大学、东南大学在软件定义卫星网络体系结构、路由、安全等方面开展了深入研究。

在产业方面，以航天科技集团、航天科工集团等为代表的企业开展了一些工作。航天科技集团公司提出了鸿雁星座，由 54 颗卫星构成的基本型星座和 270 颗卫星构成的扩展型星座构成，轨道高度 1100km，采用近极轨道，倾角 86.4°，规划采用 Ka 频段；航天科工集团公司提出了虹云工程，规划基本型 156 颗，轨道高度约 1000km，倾角 80°，单星覆盖半径约为 1800km。

在技术验证方面，虹云、鸿雁星座都于 2018 年年底发射了技术验证卫星，由单颗卫星构成，采用弯管转发模式。同时，在关键技术验证方面，2018 年 10 月，国防科技大学研制成功了我国首台空间路由器，并顺利开展了在轨验证工作；2019 年 12 月，国防科技大学领衔研制的我国天基网络低轨试验双星发射成功，并顺利开展了相关天基互联网科学试验。天基网络低轨试验双星的空间段由玉衡号、顺天号两颗空间路由器试验卫星组成，卫星采用以空间路由器为核心的全新设计理念，具备在轨路由组网、万兆位级星载高性能交换、在轨智能处理等功能。

由于国际竞争激烈，我国卫星互联网迫切需要进行创新和整合发展。我国卫星互联网技术创新能力亟待加强，特别是针对海外布站困难难题，需要采用星上路由交换和星间链路。虽然我国已研制成功了空间路由器等为代表的星上载荷，并开展了低轨网络试验，但在大规模星座上如何部署星上处理机制、开展空间路由交换等还需要进一步深化研究；其次，与国际相比，卫星制造和发射成本高昂、研制周期长、缺乏大批量生产的经验，如何通过更充分的市场竞争，克服卫星成本高昂、研制周期长等问题，也是我国卫星互联网面临的重要难题。好消息是：近期，国家层面正在进行卫星互联网的整合工作，预期我国卫星互联网产业将会迎来大发展。

10　发展趋势与展望

从总体来看，卫星互联网的发展将进入高速发展期。一方面，从网络接入角度来看，卫星是覆盖偏远地区、海洋、沙漠等地区的重要手段，能作为光纤和移动无线通信方式的有效补充，为用户终端经由基站/无线路由器等方式连接卫星提供了有效的互联网接入手段。另一方面，从军事和商业角度来看，卫星互联网能实现任意时间、任意地点的全时空覆盖，为各类终端经由卫星连接网络提供了有效的联网方式。

伴随着卫星互联网的进一步发展，我们认为核心关键技术还将出现如下新的发展趋势：

1）路由优化。路由将往巨型星座、天地融合、综合优化方向发展。随着全球在轨星座数目的不断增加，星座规模趋于巨型化发展，例如美国 SpaceX 公司的星链（Starlink）计划建造一个由 4 425 颗近地轨道通信卫星组成的星座。巨型星座网络近年来在建设、组网、服务等多个方面取得快速进展[23]。像星链这样的网络提出了许多研究问题，因此研究在巨型星座网络上的路由问题是未来的重要方向之一。同时，如何充分发挥天地网络的优势，开展天地一体的融合路由，将是未来发展面临的重要问题。例如文献［24］提出可将用户终端作为中继,以星地一体化路由的方式实现巨型星座中的低延迟广域路由。此外,综合优化是路由的重点发展方向,可以研究在现有卫星网络路由方法的基础上,进一步优化网络性能,如 QoS、重路由、负载均衡等。

2)传输优化。传输优化将往特定场景优化和应用优化等方向发展。在特定场景优化方面,将充分发挥卫星互联网的多路径、高可靠等场景开展研究,QUIC 已经在地面网络很多场景下取得了很好的性能,QUIC 在卫星网络的不同场景下也做了一些测试,但距离QUIC 在卫星网络大规模部署还有很长的路要走,未来可以在 IETF 文档提出的场景中对不同的 QUIC 实现进行交叉测试,并评估提出的解决方案的相关性,推动 QUIC 在卫星网络中部署。在应用优化方面,视频流传输、直播、话务语音在社会生活中得到越来越广泛的应用,如何充分利用卫星的天然广播特性,优化卫星网络传输性能,将卫星网络大规模应用于视频流、话务语音传输中,也是一个值得探索的方向。

3)编址寻址。现有的地面 IP 编址和寻址应用于卫星互联网时,在空天地异构互联、连接时空高动态环境下,面临高效融合、稳定性和可扩展性的全新挑战。面向未来空天地一体的卫星互联网,虚拟的网络环境必然与真实的物理世界融合为一体,需要解决真实世界与虚拟网络的统一时空基准与定位和寻址问题。因此,未来的研究需要结合用户与卫星的空间位置信息的 IPv6 地址编址和分配方法,从根本上构建真实世界和虚拟网络中的统一定位和寻址基准。对卫星拓扑动态变化、链路频繁切换、高误码、非对称等特性,结合地理位置编码方法对全球地表位置进行层次化分区和编码,为网络地址增加语义,实现 IP 编址的天地全网统一、唯一与兼容,降低用户 IP 地址切换频率,使用户地址分配与切换无关,同时避免路由更新,增加网络稳定性。

4)移动性管理。移动性管理将往地理信息融合、星地混合、多重覆盖等方向发展。以位置信息融合为例,现今提出的位置信息管理策略普遍将地面网关进行分组,并以地理距离作为分组标准,以保证各组内地面网关均匀分布,使得在整体上具有更均匀的查询性能,该策略中的分组标准其实可以有更多内涵,选取不同的分组标准可以实现不同的目的,比如可以考虑将卫星网络连接拓扑相关的跳数距离作为标准,或者移动终端的分布及地面网关的分布,各个位置区网络当前的负载状态等。比如,按照查询延时作为分组标准,使得终端的位置信息在给定的延时上限内保证被定位查询到。同时,位置信息管理还可以考虑在星上进行缓存,用以降低对特定位置信息需求频繁的覆盖区卫星位置查询开销。因此,对位置信息管理,仍有很多值得探索优化的工作。以卫星网络的多重覆盖问题为例,随着卫星成本的不断降低,越来越多的卫星公司提出星座计划,如SpaceX 公司的 4 000 颗卫星的星座计划;或者现有的卫星一体化组网中,都会面临的一个问题就是多重覆盖问题,多重覆盖在移动性管理领域主要涉及终端在移动切换时的接入选择问题,在选择标准上就要考虑很多因素,如服务时间、信号强度、移动切换中的路由效率、网络负载、频谱资源等,在这些考虑因素下,如何进行接入以实现特定的服务目标,值得深入研究。最后,在基于新网络架构的移动性管理技术方面,传统 IP 互联网的最初设计思想和移动性管理架构限制了网络层移动性管理技术的发展,使其目前存在许多缺陷,而低轨卫星网络的结构与传统 IP 互联网的结构有着明显的区别。随着网络架构研究的发展，在新的网络架构中如何改善移动性管理成为新的研究方向。结合新的网络结构特征，尤其是高动态变化的网络拓扑结构，研究新的移动性支持架构，有助于从根源上解决低轨卫星网络移动性管理所面临的问题。

5）网络安全。卫星互联网的安全将往内生安全、统一管控等方向发展。在内生安全方向，传统 TCP/IP 体系对拓扑结构变化较快、星上处理能力严重受限的卫星互联网体系并不友好，将个人、组织和设备所有者的真实身份信息与网络通信标识绑定的内生安全机制研究不失为一个突破方向。在统一管控方面，卫星互联网将打破传统卫星的运控、测控和网络管理、网络应用相互分离、互不相关的现状，采用统一的安全机制、安全策略标准，为构建天地统一的安全管控机制奠定坚实的基础。

卫星互联网是目前网络技术发展的前沿焦点，也是当今国际竞争的热点。随着在路由、传输、编址、安全等网络核心关键技术的创新和突破，一个为全球陆海空天各类用户提供全球覆盖、随遇接入、万物互联、安全可信网络服务能力的网络新世界将出现在人类面前！

参考文献

[1] 马延鹏. 低轨卫星网络路由关键技术研究[D]. 长沙:国防科技大学, 2013.

[2] 唐竹.卫星网络快照路由优化技术研究[D]. 长沙:国防科技大学, 2015.

[3] 齐小刚, 马久龙, 刘立芳. 基于拓扑控制的卫星网络路由优化[J]. 通信学报, 2018, 39(2):11-20.

[4] 孙伟超, 梁俊, 肖楠, 等. 具有高效确认机制的双层卫星网络多径路由协议[J]. 计算机应用研究, 2020, 037(4):1183-1187.

[5] FANG F, ZHANG R, LI M,et al. Research on Multi-Orbit Hybrid Satellite Network Routing Algorithm Based on Detection and Self-Learning[C]// 2018 Eighth International Conference on Instrumentation & Measurement, Computer, Communication and Control (IMCCC), 2018：575-580.

[6] TANG F, ZHANG H, YANG L T. Multipath Cooperative Routing with Efficient Acknowledgement for LEO Satellite Networks[J]. IEEE Transactions on Mobile Computing, 2019,18(1)：179-192.

[7] CHEN Q, GUO J, YANG L, et al. Topology Virtualization and Dynamics Shielding Method for LEO Satellite Networks[J]. IEEE Communications Letters, 2020, 24(2)：433-437.

[8] 魏德宾, 刘健, 潘成胜, 等. 卫星网络中基于多 QoS 约束的蚁群优化路由算法[J]. 计算机工程, 2019, 45(07):114-120.

[9] 王卫东, 王程, 王慧文, 等.基于流量预测的物联网卫星节点动态缓存分配路由策略[J]. 通信学报, 2020, v.41;No.394(2):29-39.

[10] LIU P, CHEN H, WEI S, et al. Hybrid-Traffic-Detour based load balancing for onboard routing in LEO satellite networks[J]. China Communications, 2018.

[11] NA Z Y, PAN Z, LIU X, et al. Distributed Routing Strategy Based on Machine Learning for LEO Satellite Network[J]. Wireless Communications and Mobile Computing, 2018.

[12] 刘子鸾. 卫星网络路由与流量控制关键技术研究[D]. 北京:北京邮电大学, 2018.

[13] WANG H, WEN G, LIU N, et al. A load balanced routing algorithm based on congestion prediction for

LEO satellite networks[J]. Cluster Computing, 2017.

[14] 戴翠琴, 尹小盼. 卫星网络中基于蚁群优化的概率路由算法[J]. 重庆邮电大学学报(自然科学版), 2018, 30(3):346-353.

[15] 杨力, 滕奇秀, 孔志翔, 等. 基于SDN架构的空间信息网络路由策略设计[J]. 航天器工程, 2019, 28(5):54-61.

[16] 毛一丁, 田洲, 赵雨, 等. 一种适应卫星网络的DTN分组路由策略[J]. 西北工业大学学报, 2020, 38(S1):113-119.

[17] 唐竹. 小卫星星群自组网MAC协议研究[D]. 长沙:国防科技大学, 2011.

[18] 石晓东, 李勇军, 赵尚弘, 等. 基于SDN的卫星网络多QoS目标优化路由算法[J]. 系统工程与电子技术, 2020, 42(6):1395-1401.

[19] WANG F, JIANG D D, QI S. An Adaptive Routing Algorithm for Integrated Information Networks[J]. 中国通信, 2019, 16(7):195-206.

[20] 宋娜. 卫星网络路由协议研究[D]. 哈尔滨:哈尔滨工程大学, 2005.

[21] FISCHER D, BASIN D, ECKSTEIN K, et al. Predictable Mobile Routing for Spacecraft Networks[J]. IEEE transactions on mobile computing, 2013, 12(6):1174-1187.

[22] 邢川, 陈二虎, 韩笑冬. 基于动静结合方法的卫星网络路由方法研究[J]. 空间控制技术与应用, 2020, 46(3):55-59.

[23] 谢超. 卫星网络中多路径传输技术应用研究[D]. 北京:北京邮电大学. 2020.

[24] 李连强, 朱杰, 杨宇涛, 等. 卫星IP网络的TCP拥塞控制算法性能分析[J]. 上海航天, 2016, 33(6): 109-114.

[25] 殷齐鹏. 面向异构混合网络的自适应拥塞控制算法研究与实现[D]. 长沙:国防科技大学. 2011.

[26] 陈庭平. 卫星—地面混合网络TCP拥塞控制机制优化研究[D]. 长沙:国防科技大学. 2015.

[27] 谢永锋, 赵吉英, 胡俊. TCP加速技术在Inmarsat卫星通信系统的应用研究[J]. 通信技术, 2020, 53(12):2922-2926.

[28] 岳鹏, 李时和. 卫星链路传输4G网络问题研究[C]// 中国通信学会卫星通信委员会,中国宇航学会卫星应用专业委员会.第十六届卫星通信学术年会论文集. 北京:中国通信学会卫星通信委员会,中国宇航学会卫星应用专业委员会,中国通信学会,2020:14.

[29] CLAYPOOL S, CHUNG J, CLAYPOOL M. Measurements Comparing TCP Cubic and TCP BBR over a Satellite Network [C]//2021 IEEE 18th Annual Consumer Communications & Networking Conference (CCNC). IEEE, 2021:1-4.

[30] 宋振健, 王春梅, 张明. 卫星通信网络中SCPS-TP分析与研究[J]. 电子设计工程,2018, 26(4):56-59+65.

[31] 郭秦超. 卫星通信网络的SCPS-TP拥塞控制研究[D]. 沈阳:沈阳理工大学, 2018.

[32] 姜月秋, 郭秦超, 关世杰, 等. 卫星网络中SCPS-TP协议拥塞控制算法改进[J]. 计算机应用与软件, 2018, 35(6): 134-137.

[33] 杜龙海, 吴雄君. 基于SCPS-TP的TCP协议加速器的研究与实现[J]. 无线电工程, 2017, 9: 12-15.

[34] NGUYEN T A N, STERBENZ J P G. An Implementation and Analysis of SCPS-TP in ns-3[C]// Proceedings of the Workshop on ns-3. 2017:17-23.

[35] ZHANG H, WANG T, TU Y, et al. How QUICk is QUIC in satellite networks[C]// International Conference in Communications, Signal Processing, and Systems. Springer, Singapore, 2017:387-394.

[36] WANG Y, ZHAO K, LI W, et al. Performance evaluation of QUIC with BBR in satellite internet[C]// 6th IEEE International Conference on Wireless for Space and Extreme Environments (WiSEE). IEEE, 2018: 195-199.

[37] ABDELSALAM A, LUGLIO M, QUADRINI M, et al. QUIC-proxy based architecture for satellite communication to enhance a 5G scenario[C]//International Symposium on Networks, Computers and Communications (ISNCC). IEEE, 2019: 1-6.

[38] CONINCK Q De, BONAVENTURE O. Multipath QUIC: Design and evaluation[C]//Proceedings of the 13th international conference on emerging Networking experiments and technologies. 2017: 160-166.

[39] MIKE O' Dell. GSE: An Alternate Addressing Architecture for IPv6[Z] Internet Draft draft-ipng-gseaddr-00. txt, IETF Secretariat, 1997.

[40] 综合数据通信公司. 地球空间网际协议编址: CN99810014. 5[P]. 2001-10-02.

[41] 侯惠峰. 利用地理位置信息的无线传感器网络路由和编址技术研究[D]. 郑州: 中国人民解放军信息工程大学, 2007.

[42] MEGEN F, MULLER P. Mapping universal geographical area description (GAD) to IPv6 geo based unicast addresses[J]. Internet Draft, 2001.

[43] HAIN T. An IPv6 Provider-Independent Global Unicast Address Format[J]. Internet Draft, 2002.

[44] 中国科学技术大学. 一种基于地理位置信息的天地网络混合编址方法: CN201110021195. 4[P]. 2011-07-05.

[45] 中国空间技术研究院. 一种 Walker 星座网络的地理分区 IP 编址方法: CN201810400999. 7[P]. 2018-10-15.

[46] LI Y J, LI H W, LIU L X, et al. Fractal Rosette: A Stable Space-Ground Network Structure in Mega-Constellation[D]. arXiv preprint arXiv: 2105. 05560 (2021).

[47] 陈雅正, 李贺武. 天地一体化网络中无状态地址自动配置及其重复地址检测研究[J], 天地一体化信息网络, 2021.

[48] CHEN Y Z, LI H W, LIU J, et al. GAMS: an IP address management mechanism in satellite mega-constellation networks [C]//17th Int. Wireless Communications & Mobile Computing Conference (IWCMC), Harbin, China, 2021.

[49] CHANG H S, KIM B W, LEE C G, et al. Topological design and routing for low-earth orbit satellite networks[C]//Proceedings of GLOBECOM' 95. IEEE, 1995, 1: 529-535.

[50] WERNER M, DELUCCHI C, VOGEL H J, et al. ATM-based routing in LEO/MEO satellite networks with intersatellite links[J]. IEEE Journal on Selected areas in Communications, 1997, 15(1): 69-82.

[51] EKICI E, AKYILDIZ I F, BENDER M D. A distributed routing algorithm for datagram traffic in LEO satellite networks[J]. IEEE/ACM Transactions on networking, 2001, 9(2): 137-147.

[52] LIU X, YAN X, JIANG Z, et al. A low-complexity routing algorithm based on load balancing for LEO satellite networks[C]//2015 IEEE 82nd Vehicular Technology Conference (VTC2015-Fall). IEEE, 2015: 1-5.

[53] JI X, LIU L, ZHAO P, et al. A destruction-resistant on-demand routing protocol for LEO satellite network based on local repair [C]//2015 12th International Conference on Fuzzy Systems and Knowledge Discovery (FSKD). IEEE, 2015: 2013-2018.

[54] XU M, XIA A, YANG Y, et al. Intra-domain routing protocol OSPF+ for integrated terrestrial and space networks[J]. Journal of Tsinghua University (Science and Technology), 2017, 57(1): 12-17.

[55] YANG Z, LI H, WU Q, et al. Analyzing and optimizing BGP stability in future space-based internet[C]//2017 IEEE 36th International Performance Computing and Communications Conference (IPCCC). IEEE, 2017: 1-8.

[56] 李贺武, 刘李鑫, 刘君, 等. 基于位置的天地一体化网络路由寻址机制研究[J]. 通信学报, 2020, 41, (8): 120.

[57] ZHANG X, SHI K, ZHANG S, et al. Virtual Agent Clustering Based Mobility Management Over the Satellite Networks[J]. IEEE Access, 2019, 7: 89 544-89 555.

[58] DAI W, LI H, WU Q, et al. Flexible and Aggregated Mobility Management in Integrated Satellite-Terrestrial Networks [J]. International Wireless Communications and Mobile Computing (IWCMC), 2020: 982-987.

[59] FENG B, ZHOU H, LI G, et al. SA T-GRD: An ID/Loc Split Network Architecture Interconnecting Satellite and Ground Networks[J]. IEEE International Conference on Communications (ICC), 2016: 1-6.

[60] FENG B, ZHANG H, ZHOU H, et al. Locator/Identifier Split Networking: A Promising Future Internet Architecture[J]. IEEE Communications Surveys Tutorials, 2017, 19 (4): 2927-2948.

[61] XU S, WANG X, GAO B, et al. Controller Placement in Software-Defined Satellite Networks[C]//14th International Conference on Mobile Ad-Hoc and Sensor Networks (MSN), 2018: 146-151.

[62] WU S, CHEN X, YANG L, et al. Dynamic and Static Controller Placement in Software-Defined Satellite Networking[J]. Acta Astronautica, 2018, 152: 49-58.

[63] 蔡冬桃. IP/LEO 卫星网络的移动性管理研究[D]. 西安: 西安电子科技大学, 2019.

[64] JOHNSON D, PERKINS C, ARKKO J. Mobility Support in IPv6, Document RFC 3775[J]. IETF, Tech. Rep., 2004.

[65] KOODLI G. Fast Handovers for Mobile IPv6, Document IEEE RFC 4068[J]. IETF, Tech. Rep., 2005.

[66] SOLIMAN K E M H, CASTELLUCCIA C, BELLIER L. Hierarchical Mobile IPv6 (HMIPv6) Mobility Management, Document IEEE RFC4140[J]. IETF, Tech. Rep., 2005.

[67] GUNDAVELLI S, LEUNG E K, DEVARAPALLI V, et al. Proxy Mobile IPv6, Document IEEE RFC 5213[J]. IETF, Tech. Rep., 2008.

[68] WANG J L, GAO Z G. Research on hierarchical location management scheme in LEO satellite networks[C]//2010 2nd International Conference on Future Computer and Communication. IEEE, 2010, 1: V1-127-V1-131.

[69] GUO X, ZHANG J, ZHANG T. Low cost IP mobility management for IP/LEO satellite network[C]// 2007 International Conference on Wireless Communications, Networking and Mobile Computing. IEEE, 2007: 1884-1887.

[70] 杨怡, 董永强. 面向分层移动 IPv6 网络的动态指针推进机制[J]. 软件学报, 2011, 1: 164-176.

[71] HAN W, WANG B, FENG Z, et al. GRIMM: A Locator/Identifier Split-Based Mobility Management Architecture for LEO Satellite Network[C]//2016 Sixth International Conference on Instrumentation & Measurement, Computer, Communication and Control (IMCCC). IEEE, 2016: 605-608.

[72] ATKINSON R, BHATTI S. Identifier-Locator Network Protocol (ILNP) Engineering Considerations[J]. IRTF, RFC 6741 (E), 2012.

[73] ENKATARAMANI A V, KUROSE J F, RAYCHAUDHURI D, et al. MobilityFirst: A Mobility-Centric and Trustworthy Internet Architecture[J]. ACM SIGCOMM Computer Communication Review, 2014, 44

(3)：74-80.

[74] KARIMI P, SHERMAN M, BRONZINO F, et al. Evaluating 5G Multihoming Services in the Mobility First Future Internet Architecture[C]// IEEE 85th Vehicular Technology Conference (VTC Spring), 2017：1-5.

[75] FENG B, ZHOU H, ZHANG H, et al. HetNet: A Flexible Architecture for Heterogeneous Satellite-Terrestrial Networks[J]. IEEE Network, 2017,31(6)：86-92.

[76] ZHANG Z, ZHAO B, YU W, et al. Supporting Location/Identity Separation in Mobility-Enhanced Satellite Networks by Virtual Attachment Point[J]. Pervasive and Mobile Computing, 2017, 42：1-14.

[77] ZHANG Z, ZHAO B, FENG Z, et al. MSN: A Mobility-Enhanced Satellite Network Architecture: Poster[C]// 22nd Annual International Conference on Mobile Computing and Networking, 2016：465-466.

[78] ZHEN Z. Design Overview of a Rapid Mapping Resolution System for Enabling Identifier/Location Separation in Satellite Network[C]// 16th International Conference on Optical Communications and Networks(ICOCN), 2017：1-3.

[79] 韩维. 卫星网络分布式移动性管理关键技术研究[D]. 长沙：国防科技大学, 2017.

[80] 朱洪涛, 郭庆. 面向低轨卫星网络的动态虚拟化分布式移动性管理方法研究[J]. 天地一体化系网络, 2020, 1(1)：78-84.

[81] RAGHAVENDRA M S, CHAWLA M P, RANA A, A Survey of Optimization Algorithms for Fog Computing Service Placement[C]// 2020 8th International Conference on Reliability, Infocom Technologies and Optimization. IEEE, Sept. 2020：259-262.

[82] 李东昂. 低轨星座的移动性管理技术[D]. 西安：西安电子科技大学,2019-06.

[83] BAO J, ZHAO B, YU W, et al. OpenSAN: A Software-Defined Satellite Network Architecture[J]. ACM SIGCOMM Computer Communication Review, 2014, 44 (4)：347-348.

[84] LI T, ZHOU H, LUO H, et al. Timeout strategy-based Mobility Management for Software Defined Satellite Networks[C]// IEEE International Conference on Computer Communications Workshops (INFOCOM WKSHPS), 2017：319-324.

[85] LI T, ZHOU H, LUO H, et al. SA T-FLOW: Multi-Strategy

[86] BOERO L, MARCHESE M, PATRONE F. The Impact of Delay in Software-Defined Integrated Terrestrial-Satellite Networks[J]. China Communications, 2018, 15 (8)：11-21.

[87] PAPA A, COLA T D, VIZARRETA P, et al. Dynamic SDN Controller Placement in a LEO Constellation Satellite Network[C]. in IEEE Global Communications Conference(GLOBECOM), 2018：206-212.

[88] J MIAO, P WANG, H YIN, et al. A Multi-attribute Decision Handover Scheme for LEO Mobile Satellite Networks[J]. ：938-942.

[89] H SONG, S LIU, X HU, et al. Load Balancing and QoS Supporting Access and Handover Decision Algorithm for GEO/LEO Heterogeneous Satellite Networks[J]. ：640-645.

[90] C DAI, Y LIU, S FU, et al. Dynamic Handover in Satellite-Terrestrial Integrated Networks[J]. ：1-6.

[91] 白卫岗, 盛敏, 杜盼盼. 6G 卫星物联网移动性管理：挑战与关键技术[J]. 物联网学报, 2020, 4(1)：23-30.

[92] K LI, Y LI, Z QIU, et al. Handover Procedure Design and Performance Optimization Strategy in LEO-HAP System[J]. ：1-7.

[93] LI Y, ZHOU W, ZHOU S. Forecast Based Handover in an Extensible Multi-Layer LEO Mobile Satellite

System[J]. IEEE Access, 2020, 8: 42768-42783.

[94] DUAN C, FENG J, CHANG H, et al. A Novel Handover Control Strategy Combined with Multi-hop Routing in LEO Satellite Networks[J]. : 845-851.

[95] HE S, WANG T, WANG S. Load-Aware Satellite Handover Strategy Based on Multi-Agent Reinforcement Learning[J]. : 1-6.

[96] FENG L, LIU Y, WU L, et al. A Satellite Handover Strategy Based on MIMO Technology in LEO Satellite Networks[J]. IEEE Communications Letters, 2020, 24 (7): 1505-1509.

[97] ZHANG S, LIU A, LIANG X. A Multi-objective Satellite Handover Strategy Based on Entropy in LEO Satellite Communications[J]. : 723-728.

[98] LI J, XUE K, LIU J, et al. A User-Centric Handover Scheme for Ultra-Dense LEO Satellite Networks[J]. IEEE Wireless Communications Letters, 2020, 9 (11): 1904-1908.

[99] WU Y, HU G, JIN F, et al. A Satellite Handover Strategy Based on the Potential Game in LEO Satellite Networks[J]. IEEE Access, 2019, 7: 133641-133652.

[100] 陈爱国. 卫星通信系统安全防护[J]. 网络安全技术与应用, 2019,9.

[101] 张旺勋, 范鹏, 吴卓亮, 等. 军用卫星系统安全防护体系结构研究[C]// 第六届中国指挥控制大会论文集: 下册,2018.

[102] DRIESSEN B, HUND R, WILLEMS C, et al. Don't trust satellite phones: A security analysis of two satphone standards[J]. In 2012 IEEE Symposium on Security and Privacy, IEEE, 2012: 128-142.

[103] TIPPENHAUER N O, PÖPPER C, RASMUSSEN K B, et al. On the requirements for successful GPS spoofing attacks[C]. In Proceedings of the 18th ACM conference on Computer and communications security, 2011: 75-86.

[104] NIGHSWANDER T, LEDVINA B, DIAMOND J, et al. GPS software attacks[C]. In Proceedings of the 2012 ACM conference on Computer and communications security, 2012: 450-461.

[105] ZENG K X, LIU S N, SHU Y C, et al. All your GPS are belong to us: Towards stealthy manipulation of road navigation systems[J]. In 27th USENIX Security Symposium, 2018: 1527-1544.

[106] NARAIN S, RANGANATHAN A, NOUBIR G. Security of GPS/INS based on-road location tracking systems[J]. In 2019 IEEE Symposium on Security and Privacy, IEEE, 2019, 587-601.

[107] 孟薇. 天地一体化信息网络安全接入认证机制研究[D]. 合肥: 中国科学技术大学, 2019.

[108] KAR G, MUSTAFA H, WANG Y, et al. Detection of on-road vehicles emanating GPS interference[C]. In Proceedings of the 2014 ACM SIGSAC conference on computer and communications security, 2014: 621-632.

[109] ZHANG K, PAPADIMITRATOS P. Secure multi-constellation GNSS receivers with clustering-based solution separation algorithm[C]. In 2019 IEEE Aerospace Conference, IEEE, 2019: 1-9.

[110] 刘谱光. 天基物联网高效安全认证关键技术研究[D]. 长沙: 国防科技大学, 2018.

[111] 季新生, 梁浩, 扈红超. 天地一体化信息网络安全防护技术的新思考[J]. 电信科学, 2017, 33 (12): 24-35.

[112] 李凤华, 张林杰, 陆月明, 等. 天地网络安全保障技术研究[J]. 天地一体化信息网络, 2020, 1 (1): 17-25.

[113] 韦国华, 李挥, 白永杰, 等. 天地一体化内生安全多标识网络体系[J]. 天地一体化信息网络, 2020, 1(2): 66-72.

[114] 薛开平, 马永金, 洪佳楠, 等. 天地一体化网络中基于令牌的安全高效漫游认证方案[J]. 通信学

报, 2018, 39(5): 48-58.

[115] 薛开平, 周焕城, 孟薇, 等. 天地一体化网络无缝切换和跨域漫游场景下的安全认证增强方案[J]. 通信学报, 2019, 6.

[116] 许晋. 天地一体化网络可信身份认证机制研究[D]. 北京:北京邮电大学, 2019.

[117] XUE K, MENG W, LI S, et al. A secure and efficient access and handover authentication protocol for Internet of Things in space information networks[J]. IEEE Internet of Things Journal, 2019, 6(3): 5485-5499.

[118] YANG Q, XUE K, XU J, et al. AnFRA: Anonymous and fast roaming authentication for space information network[J]. IEEE Transactions on Information Forensics and Security, 2018, 14(2): 486-497.

[119] 沈学民, 承楠, 周海波, 等. 空天地一体化网络技术: 探索与展望[J]. 物联网学报, 2020, 4(3): 3-19.

[120] BENTOUTOU Y, BENSIKADDOUR E H, TALEB N, et al. An improved image encryption algorithm for satellite applications[J]. Advances in Space Research, 2020, 66(1): 176-192.

[121] NAIM M, PACHA A A, SERIEF C. A novel satellite image encryption algorithm based on hyperchaotic systems and Josephus problem[J]. Advances in Space Research, 2021, 67(7): 2077-2103.

[122] SHAABAN A R, ABD-ELWANIS E, HUSSEIN M. DDoS attack detection and classification via Convolutional Neural Network (CNN)[C]//2019 Ninth International Conference on Intelligent Computing and Information Systems (ICICIS). IEEE, 2019: 233-238.

[123] USMAN M, QARAQE M, ASGHAR M R, et al. Mitigating distributed denial of service attacks in satellite networks[J]. Transactions on Emerging Telecommunications Technologies, 2020, 31(6): e3936.

[124] LI K, ZHOU H, TU Z, et al. Distributed Network Intrusion Detection System in Satellite-Terrestrial Integrated Networks Using Federated Learning[J]. IEEE Access, 2020, 8: 214852-214865.

[125] 李喆, 刘军. 卫星网络安全路由研究[J]. 通信学报, 2006(08):113-118+128.

[126] 周洋洋. 星间安全路由协议设计与仿真验证[D]. 重庆:重庆邮电大学, 2020.

[127] XU S, WANG X W, HUANG M. Software-defined next-generation satellite networks: Architecture, challenges, and solutions[J]. IEEE Access, 2018, 6: 4027-4041.

[128] BRINTON C G, ARYAFAR E, CORDA S, et al. An Intelligent Satellite Multicast and Caching Overlay for CDNs to Improve Performance in Video Applications[C]. 31st AIAA International Communications Satellite Systems Conference, 2013.

[129] SOBCHAK T, SHINNERS D W, SHAW H. Nasa space network project operations management: Past, present and future for the tracking and data relay satellite constellation[C]. In 2018 SpaceOps Conference, page 2358, 2018.

[130] DU J, JIANG C, GUO Q, et al. Cooperative earth observation through complex space information networks[J]. IEEE Wireless Communications, 23(2):136-144, 2016.

[131] HAURI Y, BHATTACHERJEE D, GROSSMANN M, et al. "Internet from space" without inter-satellite links[J]. In Proceedings of the 19th ACM Workshop on Hot Topics in Networks, 2020: 205-211.

[132] VASISHT D, CHANDRA R. A distributed and hybrid ground station network for low earth orbit satellites[C]. In Proceedings of the 19th ACM Workshop on Hot Topics in Networks, HotNets' 20,

2020：190-196.

[133] KOTHARI V, LIBERIS E, LANE N D. The final frontier: Deep learning in space[C]// In HotMobile'20: The 21st International Workshop on Mobile Computing Systems and Applications, Austin, TX, USA, March 3-4, 2020, pages 45-49. ACM, 2020.

[134] LUGLIO M, ROMANO S P, ROSETI C, et al. Service Delivery Models for Converged Satellite-Terrestrial 5G Network Deployment: A Satellite-Assisted CDN Use-Case[J]. IEEE Netw. 2018, 33 (1): 142-150.

[135] PINGREE P J. Advancing NASA's on-board processing capabilities with reconfigurable FPGA technologies[J]. Aerospace Technologies Advancements, 2010: 69.

[136] WU H, LI J, LU H C, et al. A Two-Layer Caching Model for Content Delivery Services in Satellite-Terrestrial Networks[C]. GLOBECOM 2016.

[137] LIU L J, ZHANG J X, ZHANG X, et al. Design and Analysis of Cooperative Multicast-Unicast Transmission Scheme in Hybrid Satellite-Terrestrial Networks[J]. ICCS 2018: 309-314.

[138] DI B, SONG L Y, LI Y H, et al. Ultra-Dense LEO: Integration of Satellite Access Networks into 5G and Beyond[J]. IEEE Wirel. Commun, 2019: 26(2): 62-69.

[139] 李贺武, 吴茜, 徐恪, 等. 天地融合网络研究进展与趋势[J]. 科技导报, 2016, 34(14): 95-106.

[140] 卢勇, 赵有健, 孙富春, 等. 天地融合网络路由技术[J]. 软件学报, 2014, 25(5): 1085-1100.

[141] SpaceX. SpaceX Non-Geostationary Satellite System[EB/OL]. https://fcc. report/IBFS/SAT-LOA-20161115-00118/1158350. pdf. 2016.

作者简介

赵宝康 男, 博士, 国防科技大学计算机学院副教授。中国计算机学会 (CCF) 高级会员、互联网专委会秘书长。主要从事网络体系结构与协议、天地一体化信息网络、高性能网络、网络安全等方面学术研究。作为负责人或主要完成人, 先后承担国家自然科学基金、863 等国家级科研课题十余项, 研制成功我国首台空间路由器并实现在轨验证。发表论文 100 余篇, 合作出版著作 2 部。授权国家发明专利 20 余项。获省部级科技进步一等奖 1 项、二等奖 2 项。

李贺武 男, 博士, 副研究员, 清华大学网络科学与网络空间研究院院长助理, 网络应用支撑研究室主任, 无线与移动网络技术研究室主任; 2009 年亚洲未来互联网协会 AsiaFI (Asia Future Internet), 无线与移动工作组主席。主要从事未来移动互联网体系结构、天地一体化网络体系结构以及移动互联网应用等方面研究。作为负责人或主要完成人, 先后承担重点研发计划、重大专项、科技支撑计划、863 等 20 余项国家重大课题。在国内外学术会议及国内核心刊物上发表论文 60 余篇。申请国家发明专利 21 项。并获得中国电子协会 (部级) 特等奖 1 项、二等奖 1 项、中国通信标准化协会 (部级) 一等奖 1 项。

赖泽祺 男，博士，清华大学网络科学与网络空间研究院助理教授。
2018 年博士毕业于清华大学计算机系。曾经以联合培养博士生身份在美国
普渡大学电子与计算机工程系进行移动云计算相关研究。入职清华大学网
络科学与网络空间研究院前，工作于腾讯公司音视频实验室任高级研究

员，负责腾讯会议中实时传输协议、拥塞控制算法的设计与优化，相关研发成果现已应
用于腾讯会议的实时端云通信中。2019 年入选清华大学"水木学者"培养计划。目前主
要研究领域包括天地一体化信息网络、移动网络与无线计算、实时流媒体传输优化。研
究成果发表于 ACM MOBICOM、IEEE INFOCOM、IEEE ICNP、IEEE ToN、IEEE TMC 等
计算机网络领域高水平会议及期刊。以子课题负责人身份参与国家重点研发计划：基于
空间智能计算的卫星网络架构与组网体制验证。曾获得清华大学优秀毕业生等荣誉。

李元杰 男，博士，清华大学网络研究院助理教授。2018—2020 年于
美国惠普实验室（HP Labs）担任研究员，2017 至 2018 年为美国初创企
业 MobIQ Technologies 的共同创办人。2012 年本科毕业于清华大学电子工
程系，2017 年于加州大学洛杉矶分校（UCLA）计算机系获得博士学位。

研究方向为天地一体化网络、移动通信网、智能边缘计算和网络安全，主
要研究成果已发表在 SIGCOMM、MobiCom、NSDI、INFOCOM、CCS、SIGMETRICS、ToN
等国际顶级会议和期刊 30 余篇，两次获得移动网络国际顶级会议 MobiCom Best
Community Paper Award。相关成果促成了开源 4G/5G 移动网络大数据平台 MobileInsight,
目前已被学术界和工业界广泛使用。部分成果已通过初创企业 MobIQ Technologies 实现成
果转化。2018 年获得 UCLA－思科优秀博士生奖，2016 年和 2017 年两次获得 ACM
MobiCom 最佳研究社群论文奖，2016 年获国家优秀自费留学生奖学金。

毕远国 男，教授，博士生导师，计算机科学与工程学院党委副书
记兼纪委书记、复杂网络系统安全保障技术教育部工程研究中心副主任。
2007 年 9 月—2009 年 9 月在加拿大滑铁卢大学做联合培养博士生，2010
年 7 月作为东北大学引进人才就职于东北大学计算机科学与工程学院。研
究领域包括车联网、网络安全、边缘计算、人工智能、自动驾驶等。作

为负责人主持国家重点研发计划项目课题/子课题、国家自然科学基金重
点项目课题、国家自然科学基金面上项目、国家自然科学基金青年基金项目、教育部基
本科研业务费重点项目等国家级、省部级项目 10 余项。在 JSAC、TWC 等国际顶级 SCI
期刊以及 ICC、GLOBECOM 等知名国际会议发表学术论文 50 余篇、高被引论文 1 篇，主
编英文学术专著、英文会议论文集各 1 部，参与制定《物联网　感知控制设备接入　数
据管理要求》国家标准，获得 2013 年全国优秀博士学位论文提名奖。

许昱玮 男，博士，东南大学网络空间安全学院副教授，中国计算机学会（CCF）会员、ACM 会员、IEEE 会员，国家级计算机实验教学示范中心（东南大学）副主任，网络空间国际治理研究基地（东南大学）主任助理。长期从事计算机网络安全领域的研究工作，研究兴趣主要包括区块链监管与应用、网络加密流量识别与检测等。先后主持与参与国家重点研发计划、国家自然科学基金、教育部重点实验室基金、天津市自然科学基金等国家级、省部级科研项目，发表论文 30 余篇，出版著作 6 部，是计算机网络经典教材《TCP/IP 详解 卷 1：协议》的译者。

边缘计算的研究进展与发展趋势

CCF 分布式计算与系统专业委员会

郭得科[1]　曾德泽[2]　徐子川[3]　屈志昊[4]　彭晓晖[5]
周　知[6]　张星洲[5]　唐国明[1]　陈　旭[6]　叶保留[7]

[1]国防科技大学，长沙
[2]中国地质大学（武汉），武汉
[3]大连理工大学，大连
[4]河海大学，南京
[5]中国科学院计算技术研究所，北京
[6]中山大学，广州
[7]南京大学，南京

摘　要

边缘计算利用网络边缘的算力设备承载各类服务，相较于传统云计算，在时延与带宽等方面均具有显著优势，因而可与云计算形成差异化优势互补。然而，由于边缘设备广分布、高异构、弱算力等特征，如何将其与云计算、终端设备有机构成"云-边-端"融合系统，高效协同地提供算力支撑成为学术界和产业界广泛关注的热点。在此基础上，边缘应用的开发运维以及相应的资源分配与任务编排调度也是边缘计算发展面临的关键瓶颈。特别地，具有强计算、高带宽、低时延需求的大量智能应用将被部署于边缘计算基础设施上。然而，与之相对的是边缘计算设备相对有限的算力，因此，机器学习技术与边缘计算的适应性融合也是近年来国内外广泛关注的热点。与此同时，边缘设备的算力资源受限、所处网络环境复杂等特点也为边缘计算安全带来了全新挑战。为此，本文系统地从计算架构、资源调度、边缘智能、边缘安全等角度梳理了边缘计算发展所面临的主要挑战以及国内外的研究现状。在综合分析现有工作的基础上，对边缘计算的未来重要发展趋势进行了展望。

关键词：边缘计算，计算架构，资源调度，边缘智能，边缘安全

Abstract

Aided by the pervasive computing resources at the network edge, edge computing has significant complementary advantages over traditional cloud computing in terms of bandwidth and latency. Nevertheless, considering the features of wide-spreading, high-heterogeneity and weak computing capability of edge devices, how to corporate edge devices with the cloud and form a united cloud-edge-device system for efficient and cooperative computing have become hot topics for academia and industry. Additionally, the development and operation of edge applications, as well as corresponding resource dispatching and task scheduling, are bottlenecks in the growth of edge computing. Particularly, a large number of AI applications with requests of intensive computing, high bandwidth and low latency will be deployed at the edge computing facilities, whereas the edge devices can only supply very limited computing capabilities. This makes it a popular problem to accommodate machine learning techniques with the edge computing paradigm. Meanwhile, the limited computing capability of edge devices and the complex condition of edge networks bring new challenges to edge security. To this end, the report systematically summarizes the state-of-the-art and major challenges in edge computing, from computing architecture, resource scheduling, edge intelligence, and edge security, respectively. Based on existing work, the report also looks into the future of edge computing and proposes some key issues.

Keywords：edge computing, computing architecture, resource scheduling, edge intelligence, edge security

1　引言

自 20 世纪末互联网大规模普及以来，分布式计算系统历经了客户端/服务器模式、网格计算模式、云计算模式的重大变革，极大地推动了政府和行业的信息化建设进程。上述计算模式的共性理念是不断建设与强化网络后端的资源和服务能力，支持多样化客户端设备的发展，互联网成为衔接客户端和网络服务端的通道和输入输出接口。

分布式计算系统发展到云计算时代后，网络后端的大型数据中心成为国家和 IT 企业的核心信息基础设施，形成计算、存储、网络等资源的规模效应和整体优势，面向各类上层应用提供网络化存储、网络化计算等弹性服务。数据中心为各行各业的上云业务提供了基础的资源平台，可对来自网络终端的庞大数据进行分析处理，并提供大量不同类型的网络服务，创造了显著规模的经济效益，但也面临一系列挑战。

首先是扩展性问题。近年来，网络前端出现了大量网联异构设备，不仅规模越来越大，而且产生的数据规模呈指数级增长。与之相比，网络后端的数据中心和网络基础设施的能力增长相对缓慢，通常呈现出线性增长的趋势。需求和能力间的这一巨大矛盾给云计算模式带来了严重的扩展性挑战。

其次是低时延响应问题。云计算模式要求终端数据通过接入网络、城域网络、骨干网络等不断存储转发，最后接入到后端的云数据中心进行处理。如果终端侧产生的海量数据都要远程传输至云数据中心中进行存储和处理，则不仅会极大地消耗宝贵的网络带宽，而且会显著增加整个交互环节的延迟。另外，云计算依托数据中心提供的网络服务，无法就近满足前端用户的快速访问需求，很多时延敏感的应用无法得到很好的支撑。

为此，边缘计算模式应运而生，其旨在依托靠近前端和用户的边缘网络，将传统通信管道建设为泛在分布式的边缘计算环境，承接下行的云服务以及上行的终端计算任务，显著地降低数据交互时延，减小网络传输开销等。在边缘计算模式支持下，终端产生的大部分数据到达边缘层就会被截获和响应处理，少量数据才会被进一步传递到云数据中心处理。边缘计算可与现有的云计算模式形成差异化优势互补，共同满足大众应用和行业应用对算力与服务等资源的多样化需求。边缘计算被视为分布式计算领域的重要发展方向之一，也被广泛认为是赋能 5G/6G，推动算网融合和万物互联的关键使能技术。

鉴于边缘计算重要的学术研究价值和社会经济效益，目前世界重要国家均对边缘计算展开了重要科研立项、产业规划以及标准布局。例如，在美国国家科学基金会的资助下，边缘计算重大挑战研讨会于 2016 年 10 月召开，亚马逊、微软、英特尔、AT&T 也快速在边缘计算领域展开布局。欧盟连续资助了 FogGuru、DECENTER 和 Far-Edge 等多个边缘计算项目，并成立欧盟边缘计算联盟以开发标准边缘计算平台。在标准化方面，欧洲电信标准化协会、IEEE 等机构已经开展边缘计算标准化方面的工作。我国 2021 年发布的"十四五"规划纲要明确了"协同发展云服务与边缘计算服务"。我国的"新基建"行动方案也提出要推动边缘计算基础设施建设。此外，我国科技部和国家自然科学基金委员会也立项支持了边缘计算领域的多个重要项目。未来，作为 5G/6G 通信、工业互联网和智慧城市等新型应用的关键使能技术与赋能手段，边缘计算将担负起服务国家新基建和"数字中国"战略的重要使命，促进国家经济与社会的数字转型、智能升级和融合创新。

综上所述，边缘计算是计算机科学与技术领域极具重要意义的研究方向，是云计算、计算机网络、新一代通信技术等领域深度交叉融合的发展前沿。边缘计算模式的应用和发展面临基础设施提供商多元化、边缘设备分布广泛、边缘计算软硬件平台多样化、边缘设备资源受限、边缘服务模式不统一等重大挑战性难题。为此，近年来国内外科研人员从很多角度开展了广泛的基础研究和关键技术攻关。当前，边缘计算尚未形成完整的技术体系，在基础理论、关键核心技术、行业应用等方面均方兴未艾。值此之际，本文将系统性地梳理近年来边缘计算的研究进展与发展趋势，重点从边缘计算架构、资源和服务管理、边缘智能计算、边缘计算安全、典型应用等维度进行深度剖析。最后，本文将展望边缘计算的重要发展方向与潜在挑战，包括：边缘计算操作系统、算网融合系统、空天地一体化边缘计算、多边缘设施提供商构成的边缘计算联盟、边缘计算生态构建与发展、边缘应用的开发与运维、边缘应用的编程模型和框架、边缘智能神经网络模型的协同设计等。

在边缘计算架构方面，学术界和工业界针对云边端纵向融合的理念达成了基本共识，但是还缺乏对动态演化系统架构的全面探索。这面临如下方面的困难和挑战：终端设备的移动性和任务需求动态变化带来的不确定性，边缘节点的资源异构性和任务负载的动态变化，不同供应商建设的边缘节点难以协作和互助，云数据中心的数据和服务存在向边缘层迁移的需求。为此，本文首先梳理国内外在边缘计算架构方面的研究现状，重点关注：纵向融合横向协同计算架构、算网融合架构、边缘计算软硬件平台架构以及边缘层应用开发架构。

边缘层的资源和服务管理面临两个方面的挑战，分别是：边缘计算节点具有鲜明的分布式特征，大量广域分布的终端用户对边缘层资源进行竞争性使用。为此，需要通过边缘节点的横向协同甚至边缘节点和云数据中心的协同来保障终端用户的多样化资源请求，提升边缘层的基础服务能力，屏蔽底层网络系统的复杂技术细节，为承载更多网络应用提供基础。为此，本文首先梳理国内外在边缘计算资源和服务管理方面的研究现状，重点关注：

边缘层资源管理方法、边缘层计算服务、边缘层存储服务以及边缘层任务调度等。

　　边缘智能是边缘计算和人工智能的深度融合模式，被誉为打通人工智能落地最后一公里的关键使能技术。但其面临两个方面的挑战，分别是：边缘节点的算力和数据支持能力同云数据中心存在巨大差距，并且参与人工智能应用的数据在边缘层具有天然的分散性。如何在资源和能耗受限的边缘设备上高效流畅地训练和部署资源密集型的深度学习模型，同时有效利用"云-边-端"协同，从而满足新兴智能应用对低延迟和高精度的迫切需求，已经引起了学术界与工业界的高度关注。为此，本文将从边缘智能计算框架、边缘智能模型部署、边缘智能模型训练等方面凝练国内外的相关研究进展。

　　边缘计算模式引发的数据安全和隐私保护等问题是制约边缘计算发展的基础性问题。边缘节点的安全能力和安全服务同云数据中心相比差异显著，而且给恶意用户提供了攻击低算力边缘设备、破解安全防护手段、窃取用户隐私的机会。为此，本文将整理国内外在边缘计算安全方面的研究现状，重点关注：边缘数据接入与传输安全、边缘数据计算安全、边缘数据存储安全、边缘层的身份认证与信任管理等。

2　边缘计算架构研究现状

　　边缘计算架构的发展是边缘计算提供低延迟、高带宽和可靠服务的基础。由于边缘层资源高度分散、单点资源受限，往往需要与云侧资源共同满足端侧各类应用的资源需求。上述需求推动了云边端融合协同架构、算网融合架构的蓬勃发展，进而保障了各类边缘层应用的性能需求。此外，边缘计算应用的发展亟需与之配套的软硬件平台架构和应用开发架构。因此，本文从云边端融合协同架构、算网融合架构、边缘层软硬件平台架构以及边缘层应用开发架构四个方面入手，详细分析边缘计算架构的国内外研究现状。

2.1　云边端融合协同架构的发展现状

　　2009 年出现的 Cloudlet 架构[19]体现了边缘计算的思想。近年来，边缘计算理念得到快速推广，学术界和工业界提出了雾计算[20]、多接入边缘计算（MEC）[25]以及边缘计算参考构架[22]等。此外，国内三大运营商也积极布局边缘计算，提出了运营商视角的边缘计算架构，并开展了不同规模的边缘计算系统建设和应用推广。上述边缘计算框架专注于单个边缘计算环境的建设需求，也不同程度地兼顾了和云计算平台的纵向融合需求，但是尚未考虑不同边缘计算环境之间的横向协同需求，更没有考虑多云多边缘的融合协同架构。

2.1.1　边缘联盟计算架构

　　边缘计算模式希望将云数据中心的网络服务优势向网络边缘延伸，使得服务更贴近用户、计算更贴近数据源头，从而提供更快的服务响应。为此，边缘基础设施提供商（Edge Infrastructure Provider，EIP）需要在接入网络的恰当位置部署计算和存储资源，并允许边缘服务提供商（Edge Service Provider，ESP）基于 EIP 所提供的边缘层资源为用户提供关键服务。与云计算模式相比，边缘节点面临计算、存储和带宽等资源受限的问题，而大规模建设边缘节点也会带来高昂的建设和维护成本。因此，EIP 更倾向于建立一系列小规模、私有的边缘计算环境来满足特定用户的需求。在 EIP 之间缺乏信息共享的情况下，这种边缘服务方式将导致不同 EIP 建设的边缘节点资源和服务之间存在互通壁垒，这大大限制了边缘计算的发展空间。除此之外，这种 EIP "各自为战"的情况显著降低了边缘层资源和服务的有效利用率，进一步限制了边缘计算生态的发展和繁荣。

为此，文献 [1] 提出了一种基于动态资源配置的边缘联盟计算架构，将以往"烟囱式"的独立信息环境转化为网络式的纵横联接环境，以便在不同的边缘计算提供商甚至云数据中心之间无缝地实现资源协作和服务供应。从功能上来说，边缘联盟架构旨在实现从边缘到云的纵向融合，以及不同 EIP 之间的横向协同，通过这种纵横联接的方式充分共享云-边环境下的资源和服务。从组成上来说，边缘联盟架构主要包括流量分析、集中优化和任务调度三个模块，分别负责纵横联接方式下的边缘任务分析预测、基于时空特性的流量重定向以及服务请求在不同资源间的调度。为有效调度和利用多个 EIP 的资源，作者将资源配置和服务供给过程建模为大规模线性规划问题，然后通过变量维度缩减方法将其转换为易于求解的形式，并设计了一种动态求解算法来适应动态变化的服务需求。实验结果表明，基于边缘联盟架构的服务供给方式可以显著降低 EIP 的总体成本（23.3%~24.5%），并明显提高边缘层服务供给的水平（15.5%~16.3%）。

当前的信息基础设施是在美国 20 世纪 90 年代提出了"信息高速公路"建设的基础上建设起来的，而未来信息基础设施应该像高铁一样，提供高通量、高品质的信息服务，满足 IT3.0 时代信息的获取、传输、处理的需求。为此，中国科学院计算技术研究所提出了"信息高铁"项目，其是端边云一体的高通量、低熵、无缝智能的万物互联基础设施，将计算、通信和感控融于一体，为万物智联时代的数字经济打造"可测、可调、可控、可信"的新型信息基础设施。

2.1.2　移动辅助边缘计算架构

边缘联盟计算架构的实施需要预先开展需求预判和资源规划。然而，固定边缘节点的资源供给能力与终端用户的需求之间往往存在供需不匹配问题，而这种不匹配会对延迟敏感的边缘服务的质量造成很大负面影响。以终端用户请求的时序到达过程为例，在有些时间段内的请求会低于边缘层的资源供给，但是在某些情况下请求往往会超出资源供给。如果突然发生了峰值请求，边缘联盟系统必须拥有足够强的服务弹性能力。传统的应对方式往往是动态迭代重新做规划、调整边缘层的资源供给，从而增强整个边缘联盟的服务能力。

为此，文献 [2] 提出了一种与众不同的解决思路，其充分利用潜在的移动边缘节点（即具有空闲资源的无人驾驶系统、电动汽车、无人机等移动平台），并尝试将其整合到现有的边缘联盟计算环境中，以利用其移动性优势更有效地解决当前固定边缘计算节点资源供需不匹配的问题。作者构建了移动辅助边缘计算架构，利用移动边缘节点来提高固定边缘节点的资源能力以及服务质量。该框架主要可以灵活地扩展整个边缘联盟架构的服务能力，避免固定边缘节点的过度建设，同时也实现了资源按需分配和使用的设计准则。在此基础上，该文献设计了一种满足可信、互惠、激励等性质的拍卖机制 CRI，从而激励更多移动边缘节点愿意参与到边缘联盟系统，并通过服务更多用户请求从中获益。该机制能够有效实现移动边缘节点空闲资源的有偿调用，并能够满足市场机制的基本要求。综合各项实验评估表明，相较于只考虑固定边缘节点的方法，移动辅助边缘计算框架更能够获得较高的任务完成率、利润率和计算效率。同时，CRI 拍卖机制相较于贪婪算法，在满足一定的经济性质（即个体理性、真实性和利益最大化）的同时，也能够保持较高的服务质量、经济效益和计算效率。

文献［3］提出面向智能万物互联的云边端体系结构 T-REST，以提升在边缘和物端的应用开发效率。与互联网架构风格 REST 相比，T-REST 在使用时呈现两个特点。第一，T-REST 兼容 REST，第二，T-REST 支持边缘设备间的 RESTful Web 访问，边缘和物端设备间可通过 Web 协议直接交互。在开发阶段，开发者根据应用逻辑完成含脚本函数及资源配置文件；在部署阶段，计算引擎将资源配置文件部署为 T-REST 资源，并建立 T-REST 资源到资源配置文件中脚本函数的映射；在执行阶段，cht 引擎接收客户端对 T-REST 资源的访问请求，执行脚本函数并返回执行结果。为了更好地使用 T-REST，文献［4］提出了面向边缘和物端的轻量级编程语言 Everylite，目前该体系结构和编程语言已经在智慧家庭和智能网联车等多场景中进行应用。

2.1.3 公有/私有混合边缘计算架构

借助边缘计算理念可以将很多云服务卸载到某些边缘节点上，以获得更好的用户体验。这些下行到边缘的服务通常要通过开放 API 等方式为大量用户提供公共服务。这种常见的服务类型可称为公有边缘服务，与之相对应的是面向特定用户定制化需求的私有边缘服务，例如某些更高性能的服务和更高安全级别的服务等。提供私有边缘服务的节点往往利用率不高，而提供公有边缘服务的节点则面临服务过载的情况。由此，如何合理应对并存的公有和私有边缘服务请求成为非常值得探索的研究课题。

为此，文献［5］提出了一种混合边缘计算架构，旨在针对不同的用户需求提供公有或私有边缘服务。该架构体现了边缘端资源的异构性以及用户请求的多样性。作者发现，为私有请求而建的边缘节点的资源往往会出现空闲，而大量的公有服务请求又时常会出现无法被及时处理的情况，因此设计一种可以临时租借边缘层私有服务器空闲资源的架构十分必要，并且可以在一定程度上提升边缘层整体的服务质量。设计满足条件的混合边缘计算架构存在一定的难点，例如私有服务器对于请求的处理优先级问题、有限带宽分配问题、资源利用效率最大化问题等。为充分体现文献中所设计的混合架构优势，作者研究了以最小化响应延迟为目标、基于服务供给的最优请求调度问题，并将其建模为一个混合整数非线性规划（MINLP）问题。基于一种划分的优化求解思想，作者进一步提出分解和分枝定界策略，为该 NP 难问题提供逼近最优解的解决方案。

基于开放数据集，作者进行了大量实验评估。实验通过分析算法性能以及混合边缘计算框架中边缘服务器设置等因素的影响，表明所提出的算法具有较低的时间复杂度，能够快速获得调度算法的近似最优解；在大规模调度情况下，算法仍然表现出较高的计算效率。此外，该架构和方法也在实验中体现出良好的鲁棒性，在实验参数设置发生变动的情况下仍然可以得到问题的近似最优解。

2.2　算网融合架构研究现状

目前，数字化和智能化正在加快推进全球 ICT 产业的创新，在催生海量场景和应用的同时，爆炸式数据增长带来的算力供需问题面临严峻挑战。未来的边缘基础设施可以同原有的云数据中心基础设施通过强大的网络基础设施互联，逐渐融合为算网一体的基础设施。但是，面临着网络中业务需求复杂、资源需求各异、业务动态变化和资源随需调度的诉求。算网融合利用"联接+计算"的新型网络技术，实现网络、存储、算力等多维度资源的统一协同调度编排和全局优化，全面重构网络服务方式和计算模式，提供服务的灵活动态部署和一致的用户体验。

发展算网融合是机遇与挑战共存。国内产、学、研等多方都已全面启动针对算网融合的需求、架构、技术等方面的研究，本节将从体系架构、使能技术发展现状、标准发展现状三方面对算网融合的研究现状进行详细阐述。

2.2.1　算网融合体系架构

算网融合体系架构由联网、云网到算网演变而来。其中联网是基础，打造无损和确定性的网络连接；云网是网络化和云化的进一步推进；算网则实现了可信、高效、随需、低成本、灵活的计算服务。以下从算网融合的发展历程以及常见的算网融合体系架构两个方面来进行阐述。

算网融合的发展可以归纳为从数据中心内算网融合，到云网融合，再到云-边-端算网融合三个重要阶段[6]。首先，第一个阶段的数据中心内算网融合主要在全球数据总量持续增长的背景下进行。具体来说，传统集约化的数据中心算力和智能终端算力可增长的空间面临极大挑战。根据 CBRE 相关报告，全球数据中心热点区域的 IT 容量增长率在14%～40%之间，未来 10 年还需要从千兆到百吉超宽带来支撑海量数据的接入。第二个阶段是云网融合阶段。其中，云数据中心将取代传统数据中心，通过在云端部署大规模计算集群为用户提供快速且安全的数据存储与计算服务。第三个阶段是云-边-端算网融合，随着 5G 的发展与普及，集中式的云数据中心无法满足用户终端日益增长的服务质量需求，因此将计算和存储从云端迁移到边缘端十分必要。云端与边缘端算力的统一协调与调度大大降低了用户端的服务延迟。为满足现场业务级的计算需求，计算能力进一步下沉，以移动设备和 IoT 设备为主的端侧计算应运而生。新的 ICT 格局也将向着云-边-端泛在联接与泛在计算紧密结合的算网融合方向演进。

在以上三个阶段的算网融合发展过程中涌现出了众多优秀的算网融合架构。其中包括自顶向下、服务启动融合、算力感知等架构。具体来说，文献［6］将算力网络自下而上分为基础设施层、平台资源层和业务应用层。文献［7］分析了算网融合下计算服务架构演进趋势，从计算与网络深度融合的算力网络架构，到核心云、区域云与边缘云协同调度的分布式云架构，再到由算力+网络基础设施层、算网管理调度层、计费运营组成的泛在计算网络架构。泛在计算网络架构从云计算出发，通过集中化、分级化管理提供算力+网络的一体化服务。用户无须单独购买网络服务，借助区块链实现全社会算网资源可信共享交易模式。文献［8］提出了算力感知网络总体架构，架构中包括入口节点、出口节点和算力感知网络节点，讨论了算力服务感知协议与流程交互、边云协同调度机制、边云协同的数据通信等。文献［9］提出了融合边缘计算的新型科研云服务架构，能满足科学计算在数据传输优化、虚拟组网、5G融合接入、边云协同算力网络和边缘云科研应用等多场景需求。文献［10］关注于网络基本架构中节点状态实时感知和分布式协同处理调度两个设计约束，介绍了算力网络架构下的工作流程，并对软件定义算力网络、命名算力网络、可信算力网络、超低时延算力网络和绿色算力网络的发展方向做出展望。

2.2.2　相关使能技术

随着算力与网络的结合日益紧密，构建算力感知的全新算网融合基础设施需要通过网络对算力进行衡量、建模与标识、调度与管理，构建一体化算力服务体系，优化算力资源需求结构，真正实现服务的自动化最优路由与负载均衡。具体使能技术包括：算力统一建模与标识、算力统一编排与管理。

1. 算力统一建模与标识

算网融合架构中的基础设施层所包含的算力资源各不相同，包含不同类型的指令集、硬件架构（CPU、GPU、FPGA等）。算力作为资源服务进一步开放和共享的基础，如何在异构基础设施中建立统一的算力模型与抽象是算网融合架构持续发展的基础问题。针对新型算网融合架构中的泛在异构资源及分布式计算形态，需通过模型函数将不同类型算力资源进行统一抽象建模，映射到统一的量纲维度，构建算力统一标识和度量体系，使其具备通用性且定义灵活。通过在软件层面提供跨硬件、跨厂家的标准，提供开放的编程环境和编程接口，使开发者无须了解底层硬件信息，方便快捷地执行自己的代码。建立统一的数据模型与算力资源统一标识，可以进一步为后续网络中的算力编排与路由、算力设备管理和算力交易等提供底层的技术基础。

文献［11］指出新型网络架构需要向以融合感知、传输、存储、计算、处理为一体的智能化信息基础设施发生转变，应基于新型IP网络体系，支持协同管理与控制、函数能力寻址、网络可编程、确定性网络传输、泛在智能，实现"泛在连接+计算+智能"网络的全局优化、算力的灵活调度、业务的合理分布。文献［12］讨论了算力的衡量与建模问题，针对异构的IT算力资源进行归一化建模，并提出算力分级的标准，同时阐述了为保障业务体验的算力、存储、网络等的联合服务能力，从业务的角度归纳了不同类型业务的服务能力需求。

2. 算力统一编排与管理

通过网络、存储、算力等多维度资源的统一编排与管理，可以将业务灵活地按需调度到不同的计算节点中，实现连接和算力的全局网络优化，因此资源的有效编排与管理是算网融合的关键所在。算网融合编排管理方案目前主要有集中式和分布式两种。集中式编排管理方案主要由云数据中心中的多个服务器集群分担业务计算和存储请求，同时利用 VxLAN+EVPN 技术向边缘层延伸，再由集中式的 SDN 控制器实现算网融合架构的统一管理与协同调度。分布式编排管理方案需要考虑网络的全局状况，基于运营商承载网的分布式控制能力，结合承载网网元自身的控制协议扩展，复用现有 IP 网络控制平面分布式协议的方式实现算力信息的分发与基于算力寻址的路由。对于异构算力资源，算力网络架构通常采用基于 "K8S+轻量化 K8S" 的两级联动的架构来实现统一的算力资源调度纳管。K8S 是为容器服务而生的一个可移植容器的编排管理工具，K8S 主要负责在中心资源调度平台对整体资源进行统一管理与调度，而轻量化 K8S 主要应用于边缘层，负责对边缘计算集群进行调度和管理，从而实现异构算力资源的共享及业务代码的快速开发和部署。

文献［13］从算力网络架构出发，采取基于云原生的资源调度机制和轻量级的云原生平台，阐述了轻量化、多集群的分级边缘资源调度方案，实现了前端海量边缘设备的统一纳管，并能够在多种架构的嵌入式平台进行部署。文献［14］分析了算力网络中网络编排、网络承载和网络转发技术，并提出相关发展建议，包括：结合算力需求量化与建模研究，积极推动国际国内标准化工作；大力推进 IPv6+系列技术研发等工作，以实现统一的网络配置；加强顶层设计，弥补计算芯片单体的自主可控短板等。文献［15］针对在多级计算节点之间按需部署与灵活调度算力的需求，提出基于云、网、边深度融合的算力网络方案，可有效应对不同类型业务需求。多层次算力网络中的任务调度或计算卸载的研究愈得到人们的关注。文献［16］研究了以最小化时延为目标的任务调度问题，提出了基于匹配理论的分布式任务调度算法。文献［17］研究了边云融合架构中工作负载分配的问题，目的是权衡计算功耗与传输延迟。文献［18］提出了云雾混合多层次算力网络及计算卸载系统，定义了由时延、能耗及付费组成的加权代价函数，并建立了代价感知任务调度问题，根据云和雾的不同特性提出了基于计算量的静态付费和动态付费模型，采取势博弈分析框架解决此问题。

2.2.3 相关技术标准

算力网络涉及 3GPP、IETF、ETSI、ITU、BBF 等多个国际标准组织，涵盖无线网络、光传输、数据通信、云核心网等相关技术和架构。例如，国际互联网工程任务组 IETF 在 2019 年 2 月成立了网内计算研究组 COINRG，专注于建立新的网络服务模型和计算方法，提供灵活动态的服务部署，以及用户体验为主的计算和网络的深度融合。3GPP 定义了 5G 大带宽、低时延、核心网 C/U 分离架构的标准，为算力网络奠定了基础；IETF 正在讨论智简网络和计算优先网络的相关标准和协议、ETSI 定义了与 MEC 相关的电信架构和接口标准；ITU 定义了全光网络和电信可信区块链领域的相关标准。

在国内方面，网络 5.0 产业和技术创新联盟于 2020 年成立了 "算力网络特别任务组"，先后发布《网络 5.0 技术白皮书》和《运营商边缘计算网络技术白皮书》，旨在依托联盟的平台和资源，聚集与联合多方力量，构建算力网络生态圈。中国移动、中国电信与中国联通三大运营商在电信标准化部门（ITU-T）分别立项了 Y. CPN、Y. CAN 和 Q. CPN 等系列标准，在 IETF 开展了 Computing First Network Framework 等系列研究，其提出的算网融合架构标准 "Framework and architecture of Computing Power Network" 于 2019 年 10 月在 ITU SG13 全会上成功立项，积极推动了算力感知网络的场景、需求、架构和关键技术研究与标准化工作。

作为新时代下的新兴技术，算网融合体系架构的发展无疑需要产业之间开放协同，标准引领，共筑生态。可以看出，目前业界已经对算网融合达成共识。自 2019 年至今，中国联通先后发布《算力网络白皮书》《算力网络架构与技术体系白皮书》《异构算力统一标识与服务白皮书》《中国联通 CUBE-Net 3.0 网络创新体系白皮书》，阐述了未来算力业务形态、平台经营方式、网络关键技术、典型应用场景等方面的观点，并表明算网融合成为云网融合演进的新趋势。算网融合融合云原生、边缘计算、人工智能、内生安全等新的技术元素，旨在推动网络与计算深度融合，构建支撑经济社会数字化转型的未来算网融合服务新格局。此外，中国联通也建立了算力创新开放实验室，对算力能力进行评测。2019 年 12 月，中国移动研究院发布了《算力感知网络技术白皮书》，指出算力感知网络有望成为运营商 B5G/6G 网络技术演进趋势的新型基础网络架构之一，并向业界介绍了算力感知网络的背景与需求、体系架构、关键技术、应用场景部署及关键技术验证等内容。目前，中国移动已经建成了 x86 和 ARM 多样性算力的信息基础设施，拥有海量云计算资源。华为联合国内运营商在 ETSI 和宽带论坛（BBF）也启动了包括 NWI、城域算网在内的多个项目。在 IETF 华为公司主导了 Compute First Networking（CFN）Scenarios and Requirements 立项。中国通信标准化协会（CCSA）的 "算力网络需求与架构" "算力感知网络关键技术研究" "算力网络前沿报告" 三项研究也在有序开展。CCSA 指出，新的 ICT 格局将向着泛在联接与泛在计算紧密结合的方向演进。

面向未来 6G 时代，算力网络已经成为国内 IMT-2030 6G 网络组的研究课题之一，正在开展算力网络与 6G 通信技术的融合研究。此外，还有安谋中国、中国信科、飞腾、麒麟软件等在底层硬件开放、算力供给、软件开源等算网融合生态发展方面做出贡献。可以看出，算力网络的愿景已在业界得到广泛的认可，并且生态构建、标准制定、平台研发等领域均取得了一定进展。然而算网融合的标准化工作尚处于初级阶段，目前还缺乏一个全面、系统的组织来定义算网融合的体系结构和需求。业界还需要结合标准研究和应用实践，与国内运营商和设备商共同推进标准国际化，进一步推动算网融合技术的标准化程度，重点推进算力网络架构及接口，应用及算例感知研究，算力需求量化与建模研究及算网资源可信与协同等标准化工作。

2.3 边缘层应用开发架构的研究现状

面对复杂的多样化边缘计算场景和不断增长的网络需求，传统的边缘应用开发模式难以满足业务需求。云原生技术的发展帮助云应用应对大规模弹性动态环境，以充分利用云的原生特性提高应用开发运维的效率。而边缘计算相较于云计算环境和场景更为复杂，边缘原生概念的提出为边缘应用的开发引入了全新范式。

2.3.1 边缘原生的理念

云原生（Cloud Native）是指应用在架构设计之初便以部署在云上为目标，充分考虑云的原生特性进行开发及后续运维，并非将传统应用简单迁移上云[30]。云原生技术有利于各个组织在公有云、私有云和混合云等新型动态环境中，构建和运行可弹性扩展的应用。云原生的代表技术包括容器、服务网格、微服务、不可变基础设施和声明式 API。这些技术能够构建容错性好、易于管理和便于观察的松耦合系统。结合可靠的自动化手段，云原生技术使工程师能够轻松地对系统做出频繁和可预测的重大变更[31]。云原生为云应用带来了隐藏底层实现的弹性、分布式、快速部署、敏捷开发等特性。

随着边缘计算的概念普及和务实部署，MEC 产业演化出了工业制造、自动驾驶、智慧城市等多种典型应用场景[32]。随着创新场景的不断提出和落地，在边缘应用开发方面，面对复杂的多样化边缘计算场景和不断增长的网络需求，传统的长周期、粗粒度的瀑布式开发模型难以满足业务需求，开发者对业务灵活性、开发运维敏捷性提出了更高的要求。相较于云计算，MEC 场景需要支持更丰富的异构设备及组网形态，且开发过程更依赖对网络和设备的测试与模拟，需要与行业应用、运营商网络进行高效协同。结合行业实践所暴露出的开发技术的不足，开发者和运营商需要一套充分考虑 MEC 独特特征的开发运维架构，以加速产业实现价值。

边缘原生（Edge Native）概念的提出，为边缘层应用带来了更敏捷的开发架构、更简化的运维配置和全新的价值。边缘原生即以部署于边缘网络为目标进行应用的架构设计，以充分利用边缘能力。其与云原生是一体两面，体现了 ICT 产业的重心不断向边缘转移[32]。相较于云原生，边缘原生同样考虑快速部署、持续交付、屏蔽底层实现的弹性、分布式等特性，而针对边缘计算所独有的复杂组网形态、受限资源和计算通信硬件异构多样性，边缘原生更加侧重于联接计算并重、轻量化、异构设备支持、离线边缘自治等特性。目前国内外已有多家机构对边缘原生进行了初步研究。

2021 年 2 月，中国信息通信研究院、中国移动等组织联合发布了《Edge Native 技术架构白皮书》[32]，指出目前 5G MEC 仍面临软件开发方面的挑战，并提出边缘原生的产业理念。通过为边缘层提供边缘基础设施、边缘编排器、边缘协同、边缘智能、边缘安全、边缘网格、边缘存储等边缘原生平台架构能力实现边缘原生。其指出，边缘安全敏捷开发将成为能够有效面对边缘层应用的安全要求、高效构建、运行和管理等需求，需要端到端的模拟开发环境体验、流水线的安全流程全介入、边缘定制化的工具链/SDK 等全环境功能及开发工具链的打通。文献［33］综合软件定义网络、网络功能虚拟化和服务网格等技术，提出了全栈式云原生边缘计算架构，旨在面向广分布、高异构和多碎片的边缘计算平台实现统一的算网协同的资源调度。

在面向边缘原生应用的开发运维中，潜在关键技术包括：微服务技术、无服务器计算以及 FaaS 等。这些关键技术的应用极大地影响了开发边缘应用的形态和开发流程。

1. 微服务

微服务是面向服务架构（SOA）的一种变体，基于轻量级协议与细粒度服务进行应用程序构造与软件开发设计，可凭借其扩展性优势进行开放平台的部署，实现降低成本、缩短开发周期的应用效果[35]。微服务将传统的单体应用程序解耦为一系列小型服务，使得每个微服务专注于单个具体小任务。微服务将系统组件化为可独立更换、可升级和可部署的服务，微服务之间通过服务接口进行交互，从而限制了微服务间的耦合[35]。

通过应用微服务架构，复杂的单体应用得以被拆分，从而降低了代码的复杂程度，使得业务代码更易开发和修改，并得以部署于轻量级边缘计算资源。每个微服务能够独立被部署并运行在单个进程内，使得边缘层快速交付和敏捷开发成为可能。

文献［36］设计了一种使用边缘计算和 Docker 进行持续集成和持续交付的框架，以搭建实现自动检查、自动构建和自动部署的边缘应用开发运维环境。文献［37］搭建了一种多站点边缘原生计算测试平台，将物理资源、虚拟资源与容器资源从资源池中映射为用户定义的基础架构，以支持研究和开发人员灵活设计边缘原生平台并进行实验床验证。文献［38］总结了设备供应商、网络运营商、软件公司和大学在基于 NFV 的微服务平台——SONATA 使用持续集成、持续交付等 DevOps 理念开发流程时所遇到的挑战、见解和实践经验，并为开发和集成 NFV 服务平台提供了一般性建议。

2. 无服务器计算（serverless computing）与功能即服务（FaaS）

FaaS 是一种云计算模型，允许开发者以函数的形式构建、编译、运行、管理应用而无须维护自己的基础设施[39]。使用 FaaS 平台，开发人员不再关注具体的底层接口，也不再关注计算能力的供应、维护、伸缩，而专注于应用的业务逻辑。通过使用 FaaS 平台提供的触发器，编写无状态的 FaaS 函数以实现细粒度的业务逻辑单元，并自动获得伸缩等能力，而具体的服务器维护操作交由平台自动管理。

开发边缘层应用则面临更多挑战。在边缘计算中，资源受限且广泛分布、应用场景复杂丰富等特性令开发者需要开展很多层面的全局统筹工作，例如全局的数据收集、面向特定任务的调度算法、兼具计算和通信优化的资源池，这会带来额外的开发代价和潜在资源浪费。使用面向边缘计算的 FaaS 平台可以统一自动提供资源调度能力，提高调度水平，减少资源浪费，同时大大降低应用开发者的工作量。此外，使用函数作为开发单元更利于计算平台实现细粒度的敏捷开发、快速部署、持续交付、性能监控等特性。

目前，针对无服务器计算开发应用的研究还处于起步阶段，大部分研究只考虑传统边缘云环境，未特别针对无服务器架构带来的挑战开展研究。现有研究主要关注无服务器计算架构设计。文献［40］面向虚拟网络功能提出了基于无服务器架构的高性能状态数据架构 Serpens，通过将函数实例的周期和其状态周期解耦实现了高效的状态管理方法。文献［41］对主流无服务器计算平台进行了实验评估，发现基于计算资源或计算负载的自动伸缩功能不足以有效应对无服务器计算平台的敏捷灵活需求。文献［42］提出了一种新颖的成本感知资源分配方法，解决基于深度神经网络的训练在无服务器平台中的性能不可预知性问题。文献［43］提出了一种针对无服务器计算的轻量级云函数资源隔离与共享机制。文献［44］提出了一种针对微服务的作业调度与资源管理技术。

2.3.2　边缘原生的演进路线

目前边缘计算应用的开发主要采用瀑布型开发模式，严格遵循需求分析、设计、编码、集成、测试、交付的整体流程，流程自由度较低，产品交付周期常以月为单位[30]。另外，边缘计算应用的传统运维模式需要服务提供商、网络运营商、基础设施提供商等多方参与，随着边缘计算场景对资源利用率、应用性能和可靠性的要求日益增高，传统运维模式面临处理流程复杂、跨多部门、耗时长等问题。

为了满足业务需求，需要逐步推进边缘原生演进，为边缘层开发运维注入敏捷性，提升业务开发、交付、运维的效率，加速边缘网络实现价值。边缘计算向边缘原生演进、重构的过程大致可分为三个阶段：

1）虚拟化阶段对边缘层各类计算、存储、通信等设备进行全局资源管理，将传统硬件计算能力和网络功能进行虚拟化和软件化，使网络功能和计算能力的供应与具体硬件解耦。使用 NFV、容器等技术进行边缘网络的资源共享和动态分配，为边缘计算带来计算和网络能力的弹性、统一调度和编排能力。在这一阶段，边缘应用的开发者不再面向具体硬件进行开发，而使用虚拟化基础设施资源接口，实现所需的网络功能和计算任务并进行动态编排。

2）敏捷赋能阶段为边缘层应用的开发和运维带来敏捷性。通过 CI/CD 平台功能集成、DevOps 工具链引入和支持、端到端测试环境模拟，打通边缘应用的敏捷开发、自动化集成和测试、自动运维管理全流程，对边缘应用全生命周期提供统一管理能力。边缘应用的开发者不再使用传统的开发运维方式或自行开发对应敏捷性工具，即可利用平台提供的统一工具链实现敏捷开发和运维，保证应用高可靠性的同时，利用各类自动化能力降低应用全生命周期管理的工作量。

3）生态构建阶段为边缘基础应用平台带来完善和统一的边缘原生特性，并提供开放编程接口和组件市场以构建应用开发生态。通过对公共中间件服务、组件编排服务、自动化集成测试、自动化运维管理等基础能力的统一与集成，支撑应用开发测试交付运维全流程，打造一站式敏捷开发体验，并支撑边缘自治等边缘原生特性。通过提供组件市场进行共享，可构建第三方开放的完善边缘生态链，加速边缘计算的价值实现。

2.3.3　边缘应用的开发框架

目前已有诸多边缘应用开发的开源框架，如欧盟委员会/FP7 项目资助的 T-NOVA、华为和信通院等组织发起的 EdgeGallery、Linux 基金会发布的 EdgeX Foundry、Linux Foundation Edge 旗下的 Baetyl 等框架，从不同角度为边缘层应用的开发进行了优化。边缘计算层的软件平台包括诸多开源框架和商业产品。开源类框架中较为成功的有开放网络基金会 ONF 的 CORD 和华为的 KubeEdge。在商用领域，亚马逊的 AWS 和阿里的 Link IoT Edge 等也是较为成熟的方案。

1. T-NOVA

T-NOVA 项目的目标是开发一种框架，用于通过集成网络计算基础结构来提供、管理、监控和优化 VNF，以提供复杂的服务链[45]。T-NOVA 的基础架构管理层协调数据中心基础架构和数据中心间网络连接的管理。编排层包括服务编排器和资源编排器，用于跨网络和计算的跨域的端到端服务供应。T-NOVA 实现了网络功能即服务（NFaaS）范式，使得 VNF 可以作为服务的组件发布，供市场选择和组合。经纪平台允许通过组成 VNF 服务组件来提供端到端服务。同时 T-NOVA 通过对异构基础架构资源的统一纳管、跨域代理和业务流有效支持了云边融合。另外，T-NOVA 在 NFV 框架中提供了市场功能，通过直观的 UI 界面帮助电信运营商和 VNF 开发人员发布 VNF 产品，允许客户通过选择 VNF 服务组件来提供端到端服务[45]。

2. EdgeGallery

EdgeGallery 是由华为、信通院等组织发起的一个 MEC 边缘计算开源项目，目的是打造一个符合 5G 边缘 "联接+计算" 特点的边缘计算公共平台，实现网络能力（尤其是 5G 网络）开放的标准化和 MEC 应用开发、测试、迁移和运行等生命周期流程的通用化[46]，提供面向应用和开发者的端到端解决方案。EdgeGallery 包含应用开发集成平台、应用仓库、MEC 应用编排和管理器、MEC 平台等模块，面向应用开发全流程，提供应用设计、分发、运行时的所有必要条件和开放能力。另外，EdgeGallery 通过提出应用开发集成过程中涉及的一系列规范，降低了应用开发者在不同平台之间适配的难度[32]。

3. EdgeX Foundry

EdgeX Foundry[27] 是面向工业物联网边缘计算开发的标准化互操作性框架，所有微服务都被部署成彼此之间相互隔离的轻量级容器，通过动态创建和销毁容器来保证整体框架的缩放能力和可维护性。EdgeX 的架构设计遵循技术中立原则，与具体硬件、操作系统、南向协议无关。边缘计算硬件 OEM 商可以将 EdgeX 边缘计算软件进行移植并与云服务对接，以提供端到端的 IoT 解决方案。EdgeX 提供了应用市场，帮助设备制造商开发并发布设备服务以促进设备销售，而独立软件开发商基于 EdgeX 的安全、规则或数据存储引擎开发产品，而无须关心底层细节。

4. Baetyl

Baetyl[47] 是 Linux Foundation Edge 旗下项目，旨在将云计算能力拓展至网络边缘，提供临时离线、低延时的计算服务，包括设备接入、消息路由、消息远程同步、函数计算、设备信息上报、配置下发等功能。Baetyl 提供各类运行时转换服务，可以运行基于任意语言编写、基于任意框架训练的函数或模型。Baetyl 采用云端管理、边缘运行的方案，可在云端管理所有资源，比如节点、应用、配置等，自动部署应用到边缘节点。

5. CORD

ONF（Open Networking Foundation，开放网络基金会）是全球运营商主导的一个开放网络技术联盟。CORD[28]（Central Office Re-architected as a Data Center）是 ONF 推进的重点项目，其目的是运用通用硬件、开源软件和 SDN/NFV 技术实现将电信网向 IP 化和虚拟化方向进行重构，借助云计算的灵活性和通用硬件的规模性构建更加灵活和经济的未来网络。CORD 的软件架构包含 OpenStack、ONOS 和 XOS 三部分。CORD 通过 OpenStack/Kubernetes 管理计算和存储资源，通过 ONOS 控制器来控制底层网络硬件设备为上层提供网络服务。

6. AWS IoT Greengrass

亚马逊的边缘平台通过 AWS IoT Greengrass[29] 提供，其通过将云功能扩展到本地设备的软件，使设备靠近信息源来收集和分析数据并自主响应本地事件，同时实现本地网络中的安全通信。本地设备可以与 AWS IoT 通信并将 IoT 数据上传到 AWS 云。开发人员可以使用 AWS Lambda 函数和预构建的连接器来创建无服务器应用程序。利用 AWS IoT Greengrass，开发人员可以使用熟悉的语言和编程模型在云中创建和测试应用，并将其部署到设备中。还可对 AWS IoT Greengrass 进行编程、管理设备上的数据的生命周期，使之可筛选设备数据，仅将必要信息回传到 AWS 中。AWS IoT Greengrass 可以连接到第三方应用程序、本地软件和即时可用的 AWS 服务，并用预先构建的协议适配器集成快速启动设备。

7. Link IoT Edge

Link Edge 将阿里云的计算能力扩展至边缘，提供安全可靠、低延时、低成本、易扩展的边缘计算服务，大大提升处理效率，减轻云端的负荷，提供更快的响应。Link Edge 专为物联网开发者推出，产品继承了阿里云安全、存储、计算、人工智能的能力，可部署于不同量级的智能设备和计算节点中，提供稳定、安全、多样的边缘到 IoT 设备的通信连接，同时可以结合阿里云的大数据、AI 学习、语音、视频等能力，打造出云边端三位一体的计算体系。此外，Link Edge 还支持设备接入、函数计算、规则引擎、路由转发、断网续传等功能。

3 边缘层资源和服务管理的发展现状

边缘设备的发展和移动智能终端的普及使得边缘计算基础设施环境发生了深刻的变化。为了实现边缘资源和服务的高效管控，国内外研究者首先拓展云计算中容器和服务架构等技术体系，研究边缘设施虚拟化技术，实现边缘分散资源的高效整合，为资源按需分配和任务调度提供基础支撑。在此基础上，研究者从边缘层如何提供计算服务和存储服务这两类基础服务入手，提出了一系列终端用户透明的解决方案。最后，针对边缘节点服务编排与任务部署、任务调度与迁移等相关技术也取得了很大进展。

3.1 边缘层的资源管理方法

随着边缘节点数量迅速增长，边缘环境中的海量异构节点在计算、存储、能耗等性能方面具有差异性。为了实现边缘资源高效管理，首先需要面对底层的基础硬件，实现计算、网络、存储设备的虚拟化，包括 CPU、内存、网卡、磁盘、GPU、FPGA 等多样性异构设备。此外，针对边缘计算服务和用户的资源请求，需要建立面向跨平台计算、存储、通信资源的虚拟容器技术，实现对多样性硬件资源的异构性屏蔽，在保证数据安全性和资源隔离性的前提下，提高虚拟化容器的提供速度和灵活性。基于虚拟化和容器技术，可以通过搭建运维管理平台对边缘计算节点进行统一管理，从资源、数据、应用、安全等多方面实现节点间的高效管控与协同。

3.1.1 边缘环境的虚拟化技术

虚拟化技术是指对硬件平台、操作系统、存储设备与计算机网络资源的抽象、定义与资源的重新整合，通过对物理机上的 CPU、内存、I/O 设备进行虚拟化，以实现多个虚拟机各自独立、相互隔离地运行于一台物理机之上。从广义角度看，虚拟化也包括对网络基础设施、内存、I/O 设备等资源的整合、抽象和虚拟化。由于边缘环境中资源呈现出分布式、碎片化的特征，面向云计算中心的 Xen 和 KVM 等虚拟化技术难以适应日益丰富的边缘层及终端侧节点，无法完全屏蔽这些设备的底层硬件异构性。近年来，国内外研究团队开展了针对传输、存储、计算等多维度资源的建模与管理机制研究。针对不同硬件资源做合理的功能划分和粒度抽象，研究针对硬件资源的访问接口灵活管控机制，为实现节点间的硬件资源协同提供基础保证。针对异构的传输、存储、计算资源等进行抽象描述，虚拟化成统一的资源环境，屏蔽底层细节，做到统一编程。

在工业界，微软在 2017 年发布 Azure IoT Edge 平台[48]，对计算任务、数据流、功能模块进行容器化，可以直接在跨平台 IoT 设备上部署和运行智能化服务。阿里云推出物联网边缘计算平台[49]，支持在设备上运行本地计算、消息通信、数据缓存等功能的软件，它可部署于不同量级的智能设备和计算节点中，让其具备存储、计算、智能化等能力。在学术界，考虑边缘设备异构的接入方式，Li 等人构建个性化的移动云平台，提供屏蔽异构软硬件的移动操作系统接口，设计实现异构设备间数据共享的中间件架构[50]。针对移动设备资源受限的场景，Rodrigues 等人提出了通过虚拟机迁移来控制处理延迟并通过传输功率控制来改善传输延迟的问题，从而使用户可以将本地无法运行的任务卸载到网络边缘的服务器上[51]。

3.1.2 边缘环境的容器技术

容器技术是一种轻量级的虚拟化解决方案。相较于虚拟机，容器的抽象发生在操作系统级别，利用操作系统提供的特性创建多个隔离的用户空间实例，以允许多个容器在单个操作系统内运行，从而实现快速部署，并在 CPU、内存、磁盘和网络方面具有接近本机的性能[52]。容器通常执行一个应用程序或服务，由于其轻量级的性质而提供了易于实例化和快速迁移的优点。但与虚拟机相比，容器的隔离性由操作系统保证，安全性更低。在边缘计算中，容器技术提供的轻量级特性非常适用于边缘网络的特性，相较于虚拟机提供了更小的服务镜像、更低的额外资源占用和毫秒级的实例化速度[52]。

边缘层应用通过标准打包流程封装整个程序的运行时，形成可重用、便于分发和多处部署的应用/组件镜像。容器技术还可以同时将应用配置一同打包，解决配置和异构设备中环境部署一致的问题，实现一次打包处处运行，实现对边缘计算异构硬件的支持，降低了边缘应用开发运维的复杂性。针对不同计算服务和用户的资源请求，建立面向跨平台计算、存储、通信资源的虚拟容器技术，实现对多样性硬件资源的异构性屏蔽，在保证数据安全性和资源隔离性的前提下，提高虚拟化容器的提供速度和灵活性。同时针对边缘计算中复杂多样的任务，构建具有统一语义的信息空间。语义是数据的含义及相互关系，通过语义关联实现对任务所需资源和任务间依赖关系的描述，实现任务的移植和复用，同时上层只需提出对资源要求而不必关心资源的获取方式，为实现资源高效调度提供依据。

3.1.3　边缘资源统一管控平台

国内外研究人员以及各大厂商发展 Docker 等容器化技术以及 Kubernetes 等容器编排技术，利用轻量灵活的容器技术来应对边缘资源受限和资源严重异构等挑战。以此为基础，还需要构建边缘资源统一管理平台，实现全体资源的池化管理和高效调度。管理平台通常以容器为基础封装各类应用和运行环境，以统一接口、资源控制、资源调度为核心实现容器资源的分布式调度与协调。

云边协同边缘计算框架 KubeEdge[53] 是由华为云开源的边缘项目。KubeEdge 的名字来源于 Kube+Edge，顾名思义就是依托 Kubernetes 的容器编排和调度能力，实现云边协同、计算下沉、海量终端接入等，将 Kubernetes 的优势和云原生应用管理标准延伸到边缘，解决当前边缘计算应用所面临的挑战。KubeEdge 通过 Kubernetes 将容器化应用程序编排功能扩展到 Edge 的主机，并为网络应用程序提供基础架构支持，实现云和边缘之间的部署和元数据同步，完整地打通了边缘计算中云、边、设备协同的场景。

3.2　边缘层的计算基础服务

边缘计算作为一种重要使能技术在网络边缘对终端服务地上行数据及云服务的下行数据进行计算，其核心理念之一是提供更加靠近数据源的计算基础服务。据此，计算任务可以从云中心向边缘节点迁移下沉，以节省网络流量、提高响应速度和保护用户隐私，同时终端难以执行的任务会被卸载到边缘节点。边缘计算服务的核心问题是计算服务部署和计算任务迁移。

国内外学者在边缘服务部署方面展开了卓有成效的研究，并取得了一批重要的研究成果。比如，针对边缘计算服务放置问题，Pasteris 等人[54] 提出了一种具有性能保障的服务放置方法；Ouyang 等人[55] 提出了高效的服务优化与部署方法。Tassiulas 等人[57] 在服务放置和请求路由等方面提出了高效的近似算法。Wang 等人对深度学习在边缘计算中的训练、推理提出了全面的部署、优化和系统设计方法[57,58]。针对多级网络协同，Guo 等人提出了边缘计算中横向和纵向的协同资源调度与分配机制以及边缘层数据共享机制[1,59]。Liu 等人提出了基于无服务器计算的深度神经网络训练模型、高效服务放置策略以及服务链部署方法[60-62]。Wang 等人[64] 探索了边缘节点之间的合作，以优化服务缓存和工作负载调度，以最小化服务响应时间和外包业务量。在大规模扩展协同方面，Xu 等人针对智能服务的高服务质量要求提出了基于博弈理论和用户需求不确定的云边服务缓存机制和资源共享方案[64-66]、针对多服务提供商的大协作[67]和针对物联网服务链的云边协同服务运营工作[68]。面向边缘原生，文献［69］针对微服务冷启动延迟大的现状，基于以层为基础单位的容器拉取和镜像存储，将具有相同基础层的微服务部署在同一本地服务器，实现共有层的共享并降低容器拉取和镜像存储的开销。文献［70］针对边缘计算的广分布特征，设计了面向分布式容器仓库的镜像拉取和微服务部署的分布式协同优化方法，实现了微服务的冷启动加速和总存储消耗的降低。

边缘计算为计算密集型和延迟敏感型物联网应用提供了范式，其中一项挑战是如何在边缘端最大化物联网服务请求的响应数量。先前的工作考虑用单一服务来响应用户请求并提供联合服务供给和请求调度，这种做法无法满足用户请求一组（而非单一）服务的实际物联网场景。为了应对这一挑战，文献［71］首先提出了一种基于链的服务请求模型，研究边缘计算中联合服务供给和请求调度的问题。针对这一模型，作者提出了一种新型的两阶段优化方案 TSO，试验结果验证了 TSO 的可行性，并表明其能够有效提升服务用户的能力。

计算卸载是边缘计算服务的关键问题之一，其核心思想是将计算任务提交给存储和计算能力更强的设备远程执行，等处理完毕后再将计算结果返回到移动终端，从而解决移动终端资源不足和电量受限等问题。计算服务卸载的核心是卸载决策方案，具体包含三个层面：①是否进行计算卸载；②计算任务的哪些部分需要卸载；③卸载到哪个计算节点。将计算任务卸载到边缘服务器或者云服务器处理加大了网络的负担，增加了计算任务的传输延时。因此，从响应时间作为服务质量指标的角度，计算卸载优化的本质是数据传输和任务计算时间上的折中。

为了缓解云计算中心的负载并提升用户的服务质量，通常采用将计算任务下行到距离用户位置更近的边缘节点甚至移动终端设备上执行。计算任务卸载通常需要考虑计算任务的可切分性、计算任务卸载选择策略以及承载节点的选择策略等问题。Du 等人研究雾计算与云计算协同场景中的计算卸载问题，基于对资源的合理分配实现用户间的公平性保证[72]。Mao 等人研究将密集型计算卸载到移动边缘服务器的问题，考虑带有能量收集系统的移动边缘服务器场景，通过决定是否卸载、边缘服务器 CPU 执行频率以及无线传输的发射功率，以尽可能降低计算的执行等待时间[73]。基于雾节点能量和计算性能的限制，Josilo 等人研究去中心化的计算任务卸载策略[74]。Wang 等人研究基于无线接入点供电的计算卸载场景，以最小化能量开销为驱动，在计算延迟约束下给出最佳的资源分配方案[75]。Keshtkarjahromi 等人研究基于计算任务切分的终端侧节点上的卸载策略[76]。此外，研究者也考虑基于网络编码和计算冗余的计算卸载机制，保证最终计算结果能够从任意足够数目的计算结果获得，在一定程度上缓解落后或失效节点对计算性能的影响[77]。

针对边缘计算环境下 AI 计算任务的高效卸载问题，现有工作大多从服务质量（QoS）的角度设计优化算法，如优化任务平均完成时间、提高任务完成率等。Guo 等人[78]发现，任务完成延迟对用户体验质量（QoE）的影响有异构性，这导致传统 QoS 驱动的卸载方法并不能有效反映用户的实际服务体验。为此，作者从提升用户服务体验的角度设计了 QoE 感知的调度策略，从而优化 AI 计算卸载服务过程中用户的 QoE 水平。实验结果表明，该模型能有效提高用户的服务体验，同时能够实现较高的任务完成率。

面向网络功能服务链应用，Xu 等人针对边缘层智能服务运维不够智能的问题，从任务卸载和数据路由两个角度出发，提出了融合传统组合优化方法和在线学习的新思路新方法[79-82]。针对任务卸载，通过考虑复杂边缘智能环境中无线有线资源双限制的条件，提出了具有性能保障的近似算法，提升了任务卸载解的质量；另一方面，面向智能服务最常见的单播与多播任务形式，提出了计算和带宽资源协同分配方法，首次针对智能服务链多播过程中资源共享，在提升了资源分配效率的同时保障了算法的最优性，保障了资源利用率。

3.3 边缘层的存储基础服务

相比于云数据中心存储模式，边缘存储在带宽开销、响应延迟等方面具有更加显著的优势。为了实现安全灵活的数据存储和共享，Xia 等人[83]提出了一种安全、基于信任机制的边缘存储模型。通过在传统纠删码的基础上设计了完全局部重构码 TLRC，作者提出并设计了健壮安全边缘存储模型 RoSES。此外，利用第三方信誉管理机构，作者设计了信任驱动的数据访问控制策略 TODA，实现对边缘存储数据灵活的访问和授权管理。实验结果表明，以上模型能有效地实现网络边缘的数据存储、数据恢复和数据共享，同时数据泄露的概率也显著降低。

针对软件定义边缘计算环境下的边缘数据共享问题，Xie 等人[84,85]提出了结构化边缘数据共享的路由机制（GRED），为边缘数据共享提供了边缘数据存储和取回的基础服务。针对非结构化的边缘数据共享问题，作者进一步设计了一种基于坐标的索引（COIN）机制[86]，用于支持非结构化边缘数据共享机制的实现。COIN 机制包含两个方面的创新：①来自终端设备的任何数据查询请求都可以得到及时的响应；②与其他索引机制相比，COIN 机制获取数据索引的搜索路径长度最短，且在交换机中所需的转发条目最少。最后，针对混合场景下的边缘数据共享，Guo 等人[61-87]提出了层次化的边缘数据共享机制（HDS），实现了"云-边-端"架构下的有效数据共享。HDS 将数据共享分为区域内和区域间两部分，设计的布谷鸟摘要（Cuckoo Summary）协议可实现区域内高效的数据共享，不仅可以获得更高的查询吞吐量，而且可以减少查询误报率。

3.4 边缘层的任务调度

边缘计算任务调度的核心是通过任务执行部署和资源合理分配实现分散节点间的高效协同，提高有限的边缘资源利用效率，保证计算结果和服务请求的及时响应。为此，针对数据流调度、边缘智能任务调度、多任务调度等问题，国内外研究者从资源敏感型任务调度、异构性能感知的任务调度、面向边缘智能任务的调度优化等方面开展了深入研究。

资源敏感型任务调度：由于边缘设备上的计算、存储、通信等资源具有分散和有限的特点，并且大量的边缘计算任务针对瓶颈资源存在竞争关系，任务调度机制和相应的资源分配策略直接影响到响应时延、资源利用率、公平性等性能指标。基于此，国内外研究者主要从瓶颈资源感知的任务调度、分布式协同通信优化、多元资源融合调度优化等角度开展研究。

从瓶颈资源感知的任务调度角度，在云计算集中式服务架构中，研究者针对多个云中心的协作调度和资源调度的负载均衡问题展开研究，基于对计算任务特征刻画和网络性能感知，实现资源的高效协同分配[88]。在边缘环境中，由于计算、存储、通信等资源具有高度的动态性，并且大量的计算任务针对瓶颈资源存在竞争关系，研究者分别从边缘设备移动性导致的资源动态变化和资源瓶颈[89]、多任务场景中瓶颈资源竞争[93]的角度研究边缘环境中的资源优化分配和计算任务调度机制。Yi 等人考虑无线网络的信道容量限制，优化任务调度中的计算处理时延问题[91]。针对边缘智能终端上执行机器学习模型训练这类计算密集型任务，Zhou 等人[92]将训练过程的矩阵计算抽象为基于 INT8 的定点数运算，充分适应边缘设备端的硬件特性，实现计算和存储等瓶颈资源的优化配置，在不降低模型质量的条件下加速任务的执行速度。

从分布式协同通信优化的角度，由于边缘环境中的任务通常由多个分散的节点协同完成，数据分发与中间结果的聚合涉及大量的数据流调度。为了提升协同效率，Mao 等人[93]通过在线的无线信道分配算法和传输功率控制，提升移动边缘环境中任务协同时的通信效率。进一步，在边缘协同模式下，通过网络编码可有效提升多路径数据传输吞吐量，且可降低时延。针对"基于网络编码的数据可靠传输由于依赖接收端反馈、形成高额调度开销"的难题，Tang 等人结合前向纠错码建立了分段网络编码传输机制，将链路状态对吞吐量影响从"指数级"下降至"对数级"[97]。Huang 等人[98]还面向主流联邦学习模型，设计和实现了与商用 802.11 设备兼容的全数字化聚合加速中间件，消除"解码聚合"对专用设备的依赖，极大提升中间结果聚合时的通信效率。

从多元资源融合调度优化角度，在边缘层服务资源有限的情况下，任务到达的动态不确定性会导致整体资源利用率不均衡，而且单节点在处理多任务时存在资源分配不公平问题。针对以上两方面问题，Guo 等人[95]提出一种基于在线学习和深度强化学习的边缘层任务分派和资源调度机制。对于多边缘节点间的任务分派，利用多臂老虎机模型（Multi-Armed Bandit）对分派过程进行刻画，并通过策略性地选择"手臂"最小化任务的平均响应时间；对于单节点内的资源调度，提出根据当前环境动态分派资源，在保证公平性的基础上最大化资源调度的效率。此外，Tran 等人基于移动边缘服务器上的计算资源分配和蜂窝网基站上的链路传输功率分配，通过组合优化的方式实现用户任务卸载增益的最大化，即任务完成时间和本地能量开销最小[94]。

异构性能感知的任务调度：边缘环境中各层次节点的计算、存储、通信、能量等资源能力不同，且随着时间动态变化，此外各节点的软硬件属性差异导致其擅长不同类型的计算任务。一方面，国内外研究者结合具体计算任务不同模块的计算特征、节点的资源状态和软硬件属性，研究边缘计算任务切分、任务协同调度以及异构硬件适配性等关键问题。Feng 等人结合任务的计算特征，考虑性能受限的移动设备上执行机器学习模型训练时的资源协同调度问题[106]；在硬件适配和加速方面，Subramanya 等人通过通用化计算硬件加速模块和数据访存模块提高大规模机器学习的训练效率[107]。另一方面，针对性能异构节点的资源优化，在异构分布式机器学习场景下，Zhou 等人[108]针对掉队节点制约任务处理速度的瓶颈问题，通过对掉队节点的延迟时间进行分析与预测，得出当前最适宜的任务并行度，以此调节各节点的任务负载，缓解因算力异构性而产生的掉队问题。Wang 等人则利用冗余编码的思想，将梯度计算任务进行编码，聚合节点仅需部分边缘节点即可恢复出完整的梯度结果，因而避免了对滞后节点的依赖，极大地提高了性能[109]。

面向边缘智能任务的调度优化：对边缘环境中的智能计算任务，如机器学习模型的训练与推断，国内外研究者考虑其特有的计算特征，开展相关的资源分配和调度优化方面相关的研究。在参数服务器架构中，Jiang 等人针对不同同步模式下的每一轮更新提出灵活选择学习率的方案，以提高大规模机器学习的鲁棒性[99]。此外，在多层参数服务器场景下，针对分布式模型训练的收敛效率进行改进，Zhou 等人提出了基于分组的多层级混合同步机制，在保障工作节点模型参数一致性的同时，有效减少服务器节点更新全局模型所需的等待时间，进而显著改善分布式机器学习任务的模型同步效率[100]。针对分布式环境下的负载平衡，Moritz 等人提出了一个通用的集群计算框架 Ray，可为强化学习应用程序提供仿真、训练及推断。该动态计算框架可以每秒处理数百万个异构任务[101]。Kakaraparthy 等人设计了一种以 OneAccess 命名的统一数据访问体系结构以支持多个机器学习作业，并设计基于各个作业之间的随机采样和数据预处理的高效调度[102]。考虑到边缘节点性能受限，针对智能模型训练这类通信密集型任务，Wang 等人[103,104]通过将模型训练算法的每轮通信数据压缩以降低通信量，从而减小对带宽的需求，同时通过对计算和通信过程的并行执行与协同调度进一步提高模型的训练效率[53]。在边缘多层无线网络场景中，Qu 等人[105]利用无线基站的广播机制，实现中继基站仅需广播一次即可达到与聚合基站和边缘节点的中间结果，设计高效的无线资源分配和传输调度机制，提高训练效率。

4 边缘智能理论方法的发展现状

作为边缘计算和人工智能深度融合的新兴计算范式，边缘智能被认为是赋能 5G/6G 通信、推动智能万物互联、打通人工智能落地最后一公里的关键使能技术，同时也是国民经济、现代社会以及国家安全的重要基础设施。鉴于其重要的社会经济和学术研究价值，目前各国均对边缘智能展开政策规划和科研布局。欧盟"地平线 2020"（Horizon 2020）研究及创新计划资助了实施边缘智能项目 DECENTER，用于研发可以实现无缝部署智能应用的云边一体化计算平台。美国国家科学基金会（NSF）发布的 2020~2022 年 MLWiNS 专项，重点支持智能边缘计算研究项目。在中国，工信部 67 号文提出推动人工智能和边缘计算等前沿技术的融合；北京、上海和广东等地发布的"新基建"行动方案均提出要推动边缘计算基础设施建设，来支撑各类新兴智能应用。

而对于新兴的基于深度神经网络的人工智能应用如实时视频分析、机器人自主导航和无人驾驶而言，其数据量大，计算密集，实时性、功耗和隐私保护需求高。然而，这些特征和需求与边缘计算通常高度受限的算力和能源供给形成了尖锐的矛盾。因此，对于边缘智能这一新兴计算范式而言，其亟须解决的关键难题即为如何以高性能、低功耗和隐私保护的方式在边缘侧训练和部署以深度神经网络为代表的人工智能模型。那么针对这一难题，国内外学术界和工业界均已涌现出大量的研究与探索，接下来本文将从边缘智能计算框架、边缘智能模型训练和边缘智能模型部署三个方面来阐述边缘智能理论方法的国内外发展现状。

4.1 边缘智能计算框架的发展现状

在云计算时代，为了在数据中心内以分布式的方式高效训练具有高精度的深度神经网络模型，深度学习框架诸如 TensorFlow、PyTorch、MxNet、PaddlePaddle（飞桨）和 Caffe 等先后被谷歌、脸书、亚马逊、百度和加州大学伯克利分校等业界巨头和知名高校开发并开源。对于这些深度学习框架，由于其考虑云计算场景并且以最大化深度学习模型精度为主要目标，因此其训练得到的深度学习模型均比较庞大，并且对算法和能源供给具有较高的要求。然而，随着智能物联网（AIoT）将越来越多的人工智能应用场景下沉到网络边缘侧，以及边缘计算这一新型计算范式的涌现，上述深度学习框架自身以及其训练产生的深度学习模型因为过于庞大而无法满足边缘场景对低时延、低资源消耗和低功耗的迫切需求。

针对上述难题，面向边缘环境模型训练和部署的轻量级深度学习框架先后被提出，这些框架的基本思路为，通过模型压缩方法训练轻量级的深度神经网络模型，从而降低其资源消耗，更好地满足边缘场景对低时延、低资源消耗和低功耗的迫切需求。谷歌 TensorFlow 团队于 2017 年年度开源了面向边缘场景的深度学习开发框架 TensorFlow Lite，其具有轻量、快速、兼容度高的特点，降低了边缘侧深度学习技术的门槛。通过缩小运行库和模型大小，减少内存消耗，TensorFlow Lite 适用于更多设备。具体而言，在 32bit 安卓平台下，TensorFlow Lite 核心运行时的库大小只有 100KB 左右，加上支持基本的视觉模型（比如 InceptionV3 和 MobileNet）所需算子时，总共 300KB 左右。即使使用全套算子库时，也仅有 1MB 左右。此外，为了加速模型推理过程，TensorFlow Lite 提供了一个模型优化工具包 MOT，其目前主要支持两类优化：模型量化和模型剪枝。从开发者使用体验来看，又可以分为：训练后压缩和训练中压缩。其中，训练后压缩，例如训练后量化实现简单，无须改变模型训练过程；而训练中压缩需要改动模型，在模型训练的时候进行优化。因此，在满足需求的前提下，TensorFlow Lite 官方推荐训练后量化，因其足够简单。目前，TensorFlow Lite 已在业界得到了广泛使用。例如，网易使用其做 OCR 处理；爱奇艺使用其来实现视频中的 AR 效果；WPS 用它来做一系列文字处理；科沃斯扫地机器人使用其在室内避开障碍物。

　　紧随 TensorFlow Lite 其后，百度公司于 2018 年底发布了飞桨轻量化推理框架 Paddle Lite，其支持基于多种深度学习框架、网络结构的图像识别模型，并同时使用量化训练和训练后量化两种模型压缩方法将 FP32 模型量化成 Int8 模型，从而加速模型在边缘侧推理过程。2019 年 8 月，华为公司推出了端边云全场景按需协同的 AI 计算框架 MindSpore，提供全场景统一 API，为全场景 AI 的模型开发、模型运行、模型部署提供端到端能力。其中，在端侧推理场景中，MindSpore 首先对云侧模型进行模型压缩并转换为端侧推理模型，进而使用端侧推理框架加载模型并对本地数据进行推理。其采用的模型压缩方法包含模型剪枝、模型蒸馏和模型量化三种方法。此外，苹果公司于 2019 年底发布了面向边缘侧深度学习模型部署的开发框架 PyTorch Mobile，其支持两种模型量化模式：基于张量的 Qnnpack 模式和基于通道的 Fbgemm 模式。

　　随着边缘计算的日益发展，越来越多的数据正以分布式方式产生在网络边缘侧，而非集中在大型云计算数据中心。这一趋势也为深度学习模型的训练带来了新的挑战：若将数据汇总到云数据中心进行训练，那么将会带来严峻的数据传输开销和数据隐私保护问题。针对这一挑战，谷歌公司于 2016 年提出了联邦学习这一概念。联邦学习采取“局部训练+全局聚合”这一分布式训练模式，即各个边缘节点基于本地数据训练对应的局部机器学习模型，然后将局部参数上传至中心节点；中心节点聚合所有局部参数，从而产生全局模型对应的参数，并将该全局参数广播至所有的边缘节点；边缘节点接收到全局参数后，进一步根据该全局参数更新本地模型对应的局部参数并上传至中心节点。该“局部训练+全局聚合”迭代进行，直至全局模型收敛到预设的精度水平。在上述过程中，由于原始数据始终保留在了边缘节点本地，因此联邦学习在降低数据传输开销的同时保护了数据隐私。

　　谷歌公司作为联邦学习这一概念的提出者和积极推动者，于 2019 年 2 月发布了开源的联邦学习开源框架 TensorFlow Federated（TFF）。TFF 运行于谷歌的开源深度学习框架 TensorFlow 之上，提供的构建块也可用于实现非学习计算，例如对分布式数据进行聚合分析。TFF 的接口可以分成两层：Federated Learning（FL）API，该层提供了一组高阶接口，使开发者能够将包含的联邦学习和评估实现应用于现有的 TensorFlow 模型；Federated Core（FC）API，该系统的核心是一组较低阶接口，可以通过在强类型函数式编程环境中结合使用 TensorFlow 与分布式通信运算符，简洁地表达新的联邦学习算法，这一层也是构建联邦学习的基础。借助 TFF，开发者能够以声明方式表达联合计算，从而将它们部署到不同的运行环境中。

　　在谷歌公司发布 TFF 的同一时期，微众银行 AI 团队发布了开源的联邦学习开源框架 FATE（Federated AI Technology Enabler），旨在提供安全的计算框架来支持联邦学习生态。FATE 框架包含六大模块：可扩展的联邦机器学习库 FederatedML，可扩展的、高性能的联邦学习模型服务系统 FATE Serving，为用户构建端到端的联邦学习流水线生产服务的联邦学习建模、流水线调度和生命周期管理工具 FATEFlow，联邦学习建模可视化工具 FATEBoard，联邦学习多方通信网络模块 Federated Network 和使用云本地技术管理联邦学习工作负载的管理模块 KubeFATE。相比于 TensorFlow Federated，FATE 框架进一步使用多方安全计算（MPC）以及同态加密（HE）技术构建底层安全计算协议，以此支持不同种类的机器学习的安全计算。值得注意的是，无论是 TFF 还是 FATE，它们当前仅支持本地模拟联邦学习，无法基于其开发实际系统。

4.2　边缘智能模型部署的发展现状

近年来，针对不断涌现的新兴智能移动与物联网应用，如何在算力和能耗受限的条件下，满足这些智能应用对低延迟和高精度的需求成为边缘智能亟须解决的关键难题。针对这一挑战，国内外研究者分别从神经网络模型设计和边缘计算系统设计这两个不同的方面来解决上述难题。

首先，在面向边缘智能的神经网络模型设计方面，模型压缩是目前应用得最为广泛的方法。通过压缩架构复杂、资源开销巨大的深度学习模型，可以使模型从大变小，从复杂变简单，从而降低模型的复杂度和资源需求，有效地在资源和能耗受限的边缘设备上实现低延迟和低能耗的模型推理。在这方面，美国斯坦福大学 William Dally 等人提出了 Deep Compression 这一模型压缩方法[110]，该方法综合使用权重剪枝、数据量化和哈夫曼编码等三种手段最大限度压缩复杂的深度学习模型。其中，权重剪枝通过去除冗余或对模型精度贡献低的权重参数来降低模型资源开销，权重量化通过使用低精度的数值表示权重参数（例如从 64 比特降低到 8 比特、4 比特甚至 1 比特）来降低模型资源开销，哈夫曼编码则通过对模型整体进行编码来进一步降低模型的内存开销。瑞士苏黎世联邦理工大学 Antonio Polino 等人提出了基于知识蒸馏（Knowledge Distillation）和权重量化的量化蒸馏方法[111]，该方法将相对于教师网络的蒸馏损失纳入到经过权重量化的小型学生网络的模型训练过程。传统的模型压缩方法均基于人工确定的模型特征并要求专业知识。美国麻省理工学院的 Song Han 等人提出了基于强化学习（Reinforcement Learning）的模型压缩方法 AMC[112]，高效自动地从海量设计空间中采样，从而优化模型压缩资源消耗与精度。针对主流的模型压缩方法往往追求模型精度而忽视用户在性能和能耗方面的需求，我国西安电子科技大学杜军朝等人提出了用户需求驱动的模型压缩方法 AdaDeep[113]，该方法使用深度强化学习 DRL 方法来优化不同模型压缩技术的选择与组合，从而在满足用户定制化的性能、能耗和资源约束的条件下最大化模型精度。

由于模型压缩通常以离线的方式进行（即在模型部署前），因此其难以高效自适应地应对模型部署过程中边缘设备资源的动态性与异构性。针对这一不足，英国兰卡斯特大学 Zheng Wang[114] 和美国芝加哥大学 Junchen Jiang[115] 等人先后提出了"模型包"方法，这一方法的基本思想是，面向相同任务的网络模型（例如 MobileNet，ResNet_v1_50，Inception_v2，ResNet_v2_152 等均面向物体识别的任务）通常具有不同资源消耗和精度，因此可以同时加载多个网络模型。然后，在运行时基于延迟需求和资源供给选择最优的模型执行推理任务。"模型包"方法虽然能够应对边缘设备资源动态性与异构性，但是边缘设备内存通常有限，因此难以同时加载足够数量的模型，使得其应对动态异构资源的灵活性有限。与"模型包"方法相比,多容量网络模型在应对动态异构受限资源方面具有更好的灵活性。其基本原理为,训练一个具有多种容量的网络模型,每种容量对应一种资源消耗和精度,并且不同容量的模型共享一个基础网络,从而以较小的内存消耗提供较大的"资源-精度"选择空间。分支网络模型 BranchyNet[116] 是多容量网络模型的一种,其最早由美国哈佛大学 H. T. Kung 等人提出。通过在原始高精度网络(即基础网络)从输入层到输出层依次插入多个提前退出点,从而形成不同的分支推理路径,并且不同的分支推理路径具有不同的网络层数、资源消耗和精度。美国伊利诺伊州立大学香槟分校黄煦涛等人[117] 提出的可瘦身网络(Slimmable NN)是另一种多容量网络模型。不同于 BranchyNet 通过改变长短来实现多容量,Slimmable NN 则是通过改变"胖瘦"来实现多容量,即针对从小到大不同的模型宽度渐进式训练各自对应的模型参数,并且较大的宽度可共享较小宽度模型的所有参数,因此不同的宽度可以提供不同的"资源-精度"选择。最近,美国麻省理工学院韩松等人[118] 进一步提出了多容量"万金油"网络模型(Once-For-All Network,OFA),该方法首先训练一个高精度的基础网络,然后使用渐进式收缩来对基础网络进行裁剪,从而得到海量的子网络,并且子网络与基础网络共享参数。类似于"万金油"网络 OFA,我国西北工业大学郭斌和於志文等人[119] 提出的 AdaSpring 方法首先离线训练高精度基础网络,然后在运行时基于自演进方法动态自适应地对网络模型进行收缩或放大,从而灵活应对资源的异构性、动态性和受限性。

其次,在面向边缘智能的边缘计算系统优化设计方面,现有研究主要基于网络模型和计算系统的运行时资源特性来优化任务调度和资源分配,从而提升模型推理服务系统的效能。例如,针对给定的推理任务,美国密歇根州立大学 Lingjia Tang 等人[120] 提出了基于模型分割的云边协同推理加速方法 NeuroSurgeon,将网络模型横向切分成两部分,并以较小的传输代价将计算量较大的一部分卸载到云端计算,从而突破边缘端资源约束,实现云边协同加速。在 NeuroSurgeon 基础上,中山大学陈旭等人进一步提出了基于模型分割与模型提前推出的协同推理加速方法 Edgent[121],通过协同优化模型切割点和退出点的选择来进一步加速云边协同的模型推理。此外,香港理工大学王丹[122]、中南大学张士庚[123]、南京大学张胜[124]、中山大学陈旭[125] 等人则先后将 NeuroSurgeon 扩展到了跨边缘节点场景,即将网络模型切分成多部分,并分别卸载到不同的边缘节点分布式计算,从而通过模型并行的方式实现推理加速。边缘设备的资源能力相对受限,而边缘智能应用的算力需求多样化,为了匹配设备计算能力和算法算力需求,边缘智能数据处理框架 OpenEI[126] 被提出,其设计了边缘协同系统,包括包管理器、模型选择器和开放库,通过寻找设备算力和应用需求的最佳匹配,以提升边缘应用执行效率和系统性能。

除了通过分布式协同实现模型推理加速和效能提升外,基于边缘缓存[142-145]、输入过滤[146-149]、请求批处理[150] 和硬件加速[153,154] 的方法也先后被提出。其中,在边缘缓存方面,Cloudlet 概念的发明人、微软研究院 Victor Bahl 等人提出了 Glimpse[142] 方法,该方法利用推理请求的时间局部性,将重复性推理请求的识别结果缓存在边缘节点,从而避免重复性计算,降低时延与资源消耗。在输入过滤方面,Apache Spark 发明人、斯坦福大学 Matei Zaharia 等人提出了面向视频推理的加速方法 NoScope[146],其基本思路为,在视频分析中，大量的视频帧为对查询结果无意义的非目标帧。例如在安防监控中，摄像头中的大量输入为非目标的视频背景。通过提前识别并去除这些非目标帧，可以有效避免模型推理的冗余计算，从而显著降低模型推理的资源消耗与延迟。在推理请求批处理方面，美国圣母大学 Dong Wang 等人提出了 EdgeBatch[150] 方法，该方法将多个随机到达的推理请求组合成一个"请求批"并在空闲的边缘 GPU 上执行，从而充分发挥 GPU 的并行计算能力，避免 GPU 内核与内存之间的频繁数据拷贝，以达到降低推理延迟和能耗的目的。在硬件加速方面，北京大学许辰人等人[153] 提出了基于 FPGA 动态重构的移动视觉加速方法 SCYLLA，通过协同优化软件配置（选择合适的模型配置）与硬件配置（即 FPGA 的并行度）来提升推理效能。

4.3　边缘智能模型训练的发展现状

在边缘模型被部署之前，边缘智能应用需要首先基于大量的特征数据（即训练样本）来训练边缘智能模型（如深度神经网络）。由于物联网场景下的训练数据通常以分布式的形式产生和存储在不同的用户设备中，因此，如何以较低的通信开销、较好的收敛性和隐私保护来训练边缘智能模型这一问题已经引起了国内外研究者的高度关注。

作为由谷歌公司最先提出的一种分布式机器学习方法，联邦学习是目前最受关注的边缘智能模型训练方法，其基本出发点是训练数据的隐私保护。与传统的以云数据中心为核心的训练方法不同，联邦学习并不直接收集用户终端的数据，相反，联邦学习收集各用户终端上最新的模型训练更新，从而避免用户隐私问题。联邦学习在云数据中心和用户终端上均部署深度学习模型，云数据中心的模型由所有用户共享，其训练与更新依赖于各用户端模型的训练和更新。具体而言，当某一用户产生最新数据时，其数据用于训练本地模型，并在训练完成后将模型梯度更新上传至云数据中心，从而更新云端的共享模型。在实际应用中，联邦学习技术的主要挑战之一在于梯度更新的方法与更新聚合的通信开销。针对梯度更新问题，德州大学奥斯汀分校 Reza Shokri 等人[127] 提出 SSGD 协议，该协议允许各用户有选择性地上传本地的训练梯度更新，同时尽可能地减少共享模型训练的损失。在 SSGD 协议的基础上，谷歌公司 H. Brendan McMahan 等人[128] 进一步提出了 FedAvg 方法，解决了联邦学习中潜在的用户端梯度更新不平衡的问题。针对通信开销的优化问题，FedAvg 的解决方法是延长每一轮用户更新的训练时间，增加用户端的计算量，从而减少更新上传的次数。

联邦学习技术中共享模型的更新依赖于分布在各用户端的本地模型，如何聚合来自各用户的更新、如何设定聚合的频率、如何确定聚合的内容，这些问题都是深度学习模型在分布式训练中必须考虑的问题。针对这些问题，Hsieh 等人[129] 提出了近似同步并行模型（ASP 模型），并基于此开发了 Gaia 系统。Gaia 的基本思路是将数据中心内的通信与数据中心之间的通信解耦，从而根据聚合内容的重要性来控制聚合频率。Wang 等人[130] 则基于梯度收敛的分析，开发了一套用于在本地更新与全局更新中实现最佳权衡的算法。Nishio 等人[131] 研究了资源约束下用户端的更新选择问题，开发了 FedCS 协议，用于聚合尽可能多的用户更新，从而加速云端共享模型的训练速度。此外，为了降低用户端与服务器端频繁的参数交换所造成的巨大的广域网络流量开销，中山大学陈旭等人[132]提出了基于端边云协同的分层联邦学习架构 HEFL。在该架构中，具体而言，边缘节点首先对邻近多个终端的本地参数进行局部模型汇聚，从而得到共享的边缘局部参数（端边协同训练阶段）。然后边缘节点再把局部模型通过广域网发送到云端进行全局汇聚平均得到全局模型，之后下发给参与训练的边缘节点与终端设备（云边协同训练阶段）。由于众多终端设备通过边缘节点进行局部模型汇总，避免了海量终端直接与云端进行通信，大大减少了广域网流量开销。

为了减少梯度更新传输造成的通信开销，对梯度进行压缩是其中一种常规思路。梯度压缩技术主要指两种方法：梯度稀疏化和梯度量化。其中，在梯度稀疏化方面，Lin 等人[133]发现，在分布式 SGD 训练中，99.9% 的梯度交换都是冗余的。基于此观察，Lin 等人提出了深度梯度压缩方法（DGC 方法），通过梯度稀疏化等技术在常见深度学习模型上实现了 270～600 倍的压缩率。在此基础上，Tao 等人[134]进一步提出了 eSGD 方法。eSGD 主要包含两个设计要点：①确定梯度参数中较为重要的部分且仅传输该部分参数；②设计势能残差累积机制以避免稀疏更新造成的低收敛率。梯度量化的思路则是通过降低梯度的精度来减少梯度数据的大小。在这方面，Tang 等人[135]提出了外推压缩算法和差分压缩算法，并证明了这两个算法在分布式训练中能达到 $O(1/\sqrt{nT})$ 的收敛速率。此外，香港理工大学郭嵩等人[95]进一步提出了基于精度补偿和后推量化的损失感知量化训练方法 Octo，该方法采用 INT 8 格式进行梯度训练，通过在神经网络中加入补偿层来抵消梯度量化带来的精度损失，从而在加速训练过程的同时保持高精度。

深度神经网络切分的思路是将深度神经网络模型切分成若干部分，其中某些部分部署在边缘端，剩余部分则部署在云端。由于切分前后没有丢弃任何数据，因此深度神经网络切分不会造成训练精度损失。深度神经网络切分的关键问题是在网络的哪些位置做切分。针对这一问题，Mao 等人[137]选择在卷积神经网络第一个卷积层后做切分，目的是最小化边缘端的计算负载。Wang 等人[138]提出 Arden 算法，该算法将神经网络切分成多个部分并部署在不同的设备上。此外，通过随机丢弃某些数据以及加入随机噪声，Arden 算法还将差分隐私技术与神经网络切分结合，从而更好地保护用户隐私。

迁移学习的思路是首先在基础数据集上训练一个基础网络（导师网络），随后将学习到的特征迁移到目标网络（学生网络）并以目标数据集进行训练。迁移学习训练效果的关键是基础网络的泛化能力，某种程度上要求基础网络模型规模更大，基础数据集覆盖面更广。Sharma 等人[139]和 Chen 等人[140]的研究表明，迁移学习具备在边缘端广泛应用的潜力，因为目标网络的规模可以远小于基础网络。Osia 等人[141]利用迁移学习来确定隐私特征的一般性和特殊性。

5　边缘计算安全的发展现状

数据安全是计算安全保障的基础，其根本在于确保数据的完整性和保密性。边缘计算具有参与节点众多、分布广域、资源受限、安全能力异构等特点，加之边缘应用需求的多样性和边缘计算的发生泛在性等特征，给数据安全带来了新的威胁和挑战。以数据为中心，从数据的生命周期看，数据在接入、传输、计算、存储与访问控制等各个流程都面临着诸多安全挑战和机遇，均已经得到了国内外的广泛关注。从数据接入开始，边缘设备将成为数据接入链上的首要设备，承载数据的转发、预处理甚至处理全过程，但其广分布、高动态、非稳定、弱算力的特征对接入数据的安全与隐私均带来了挑战。边缘计算与云计算相同，均是资源共享型的基础设施，而边缘计算的设施提供商更加灵活多样。因此，不仅共享设备的其他租户，设施提供商自身也可能成为数据的窃取者或者计算的污染者，保障边缘设备上的计算与存储安全同样非常重要。与此同时，边缘计算所涉及的多个实体（包括租户和基础设施提供商），相互间的信任管理也须贯穿整个数据生命周期，实现全实体、全访问和全过程的可信与安全保障。

5.1　边缘层的身份认证与信任管理发展现状

边缘计算是一种多信任域共存的分布式交互计算系统，通常存在多个实体。在这样的系统特点下，用户要想使用边缘计算提供的计算服务，首先需要进行身份认证。为了保证安全性，系统不仅需要为每一个实体分配一个身份，还需要允许不同信任域之间的实体可相互验证。身份认证主要包含单一域内身份认证、跨域认证和切换认证等多种认证方式。

单一域内身份认证主要用于解决实体的身份分配问题，实体需要实现通过授权中心的安全认证才能获取存储和计算等服务。然而由于边缘环境的复杂性和异构性，传统的单一身份认证方案往往无法满足异构边缘服务器的安全需求。为此，Kong 等人[184]提出了一种基于边缘计算的物联网环境下的身份认证框架，采用多因素身份认证解决边缘设备安全认证的不足，并利用软件定义网络技术，实现对大量边缘设备的部署和应用的全局管理。

跨域身份认证适用于不同信任域实体间的认证，尤其是在物联网场景（如智能电网）中，不同通信代理之间的安全信息共享成为一个重要的问题。要实现智能电表和服务提供商之间的安全通信，认证之前的密钥管理是关键。针对这一问题，Dariush 等人[185]提出了一种基于匿名椭圆曲线密码的自认证密钥分发方案，保证数据通信安全的同时，避免了智能电网中的证书管理和密钥托管开销。此外，Khalid 等人[176]提出了一种基于身份签名的智能电网基础设施密钥匿名协议，使智能电表能够与服务提供商进行匿名连接，以提供更加安全的服务。

由于边缘计算中终端设备具有高移动性，其地理位置常发生变化，传统的集中式身份认证便不再适用。切换认证能够为边缘计算中边缘设备的实时准确认证提供有力保障。针对交通移动性和车辆间无线通信所带来的动态环境，使用切换认证方案能够满足车联网中身份认证和信任管理需求。Liu 等人[187] 提出了一种基于秘密共享和动态代理机制的分布式车辆身份识别授权认证方案。该方案通过在防篡改区块链中存储有较高信誉的边缘计算节点，将最终聚合的认证结果上传到中央服务器，实现去中心化认证，在降低通信开销和计算开销的同时，实现车辆的协同隐私保护。

除了上述认证方式外，诸多不同的身份认证基础方案（如射频指纹认证、嵌入水印认证和信道特征认证等）也在边缘环境中发挥重要的安全保证作用，得到了广泛关注。

射频指纹认证：射频指纹认证方案不依赖于加解密方法，能够通过快速有效的设备进行身份验证。然而，针对边缘环境中的海量边缘设备，其认证仍是一个亟待解决的问题。为此，Chen 等人[188] 提出了一种基于两层模型的轻量级射频指纹识别方案，在移动边缘计算场景下实现对大量资源受限终端的身份认证。第一层是由边缘设备进行信号采集、射频指纹特征提取、动态特征数据库存储和接入认证决策。在第二层，学习特征，生成决策模型，并实现机器学习算法的识别由远程云执行。利用云的机器学习训练方法和计算资源支持以提高认证率。在边缘环境中使用射频指纹认证往往需要大量的额外设备辅助，为降低设备成本，Xie 等人[189] 提出了一种用于物联网的卷积神经网络增强射频指纹认证方案，利用在边缘服务器上处理接收到的射频信号，通过射频瞬态信号的波形来识别设备，从而满足物联网实时接入认证的需求。边缘环境中海量的设备认证操作往往会对认证服务器带来很高的压力，针对这一问题，Xu 等人[190] 提出了一种基于边缘计算的多标签认证算法，将 RFID 阅读器和标签作为边缘计算节点，利用标签和阅读器的计算能力处理和简化安全认证信息。认证服务器可以对多个标签进行认证，识别假标签，有效降低了认证服务器的压力，避免了无线信道中大量的信号冲突。

嵌入水印认证：在边缘计算环境中，一般由固定边缘设备为相邻物联网设备提供计算服务，因此该设备容易遭受位置泄露的安全风险。针对这一问题，Zeng 等人[191] 构造了一个有效的基于二用户环签名的可否认认证，防止物联网设备连接到边缘节点时位置泄露。认证的健壮性使得固定边缘设备能够接受合法的终端设备。此外，否认身份验证不能使任何第三方相信，由于通信记录的存在，该身份验证的事实不再是这种联系的证据，解决了边缘计算中固有的位置风险。

信道特征认证：在能量受限的智能设备中使用传统的公钥基础设施认证方案会受到限制，迫切需要轻量级的安全认证方案。Yi 等人[192] 提出了一种边缘计算支持的新型的非对称资源跨层安全认证的轻量级互认证方案，方案结合了轻量级对称密码和物理层信道状态信息（CSI），提供了终端和边缘设备之间的双向认证。除安全性外，如何快速进行身份认证是快速、安全使用边缘环境中海量设备的前提。为提高边缘环境中的身份认证效率，Liu 等人[193] 结合非加密数据包物理层信道信息接入认证技术快速、轻量化的特点，提出了一种适用于基于边缘环境的智能电网的认证方案，进而实现实时响应认证请求。

在认证的基础上，信任管理在边缘计算中也扮演着极其重要的角色。例如，智慧城市物联网边缘计算系统中设备感知层面临的主要挑战是选择可信的参与者。由于物联网的智能设备并非都是可信的，部分物联网智能设备可能会恶意破坏网络或服务，影响系统的服务质量。针对该问题，Wang 等人[194]提出了一种基于动态黑白列表的智能设备选择性推荐机制，解决了选择可信参与者的问题，提高了智慧城市物联网边缘计算系统的服务质量。该机制通过使用进化博弈理论对所提出的信任管理机制的有效性和稳定性进行了理论定性研究，并运用李亚普诺夫理论验证了信任管理机制的有效性和稳定性。通过智慧城市环境中个人健康监测管理系统和空气质量监测分析系统的实际场景验证了信任管理机制的有效性。

此外，系统需要允许实现动态访问控制，以应对由被破坏的节点进行的内部攻击。但动态访问控制中的信任管理需收集并交换大量的消息（如信誉分数等），造成相当大的能耗。为此，Cinque 等人[195]利用区块链的最终一致性和安全保证，提出了一种合适的信任管理。物联网和移动边缘计算要求通信所涉及的设备具有很强的可靠性和可信赖性。然而，现有信任机制严重依赖可信任的第三方，如果第三方被破坏，可能会导致严重的安全问题。此外，对所涉及设备的恶意评估，也可能会使设备的信任产生偏差。针对这个问题，Li 等人[196]将风险管理的概念和区块链技术引入信任机制，提出了一种基于区块链的分布式物联网设备信任机制。该机制通过规范的信任和风险度量对 Trust Rank 进行量化，并设计了一种新的存储结构用于域管理员识别和删除设备的恶意评估，能够抵御对物联网设备的恶意攻击，同时确保数据的共享性和完整性。

5.2 边缘数据接入与传输安全的发展现状

网络边缘数据通常包含终端设备的隐私信息，传统云计算中需要将隐私数据上传到云计算中心，增加了隐私数据泄露的风险。区别于云计算，边缘计算作为一种新的计算模式，将数据或任务卸载到靠近终端设备的边缘服务器上进行计算和执行，降低了隐私数据传输过程中的泄露风险。然而边缘计算下的边缘服务器存在资源受限、安全手段缺失等问题，数据更加会面临被窃取或被破坏的可能。为在资源受限的边缘服务器上高效验证数据的完整性，Li 等人[156]提出了一种轻量级的基于采样的概率方法（EDI-V），用于帮助应用程序供应商审计其在资源有限的边缘服务器上数据的完整性。此外，边缘计算环境中往往需要接入海量的数据，一般轻量级算法难以高效地对海量数据进行验证。基于聚合验证思想，EDI-S[157]利用椭圆曲线密码的方法为每个副本生成一个数字签名作为完整性证明，通过将多个完整性证明聚合在一起进行检验，从而实现大量数据的高效完整性验证。由于各式应用的多元需求，其上传至边缘服务器上的数据通常呈现多样性和高复杂性，大大增加了数据的完整性验证的难度。针对这一问题，Liu 等人[158]提出了一种针对多样性数据的完整性审计方案。该方案采用同态认证器技术，将不同格式类型的数据备份到远程云中，并采用单向链接信息表的数据存储结构，提供了高效的数据恢复。

除数据完整性外，数据传输过程中的保密性是另一个需要着重考虑的方面。现有的数据保密性通常采用加密技术来保障，其主要流程是本地设备或用户将采集的大量数据批量加密后上传至边缘节点，数据使用者根据待完成计算任务对数据进行解密，从而完成后续的计算和处理。目前较为常用的数据加密算法有基于属性加密、代理重加密和同态加密算法等。

基于属性加密算法（ABE）实现了一对多的加解密，不需要像身份加密一样，每一次解密都必须知道接收者的身份信息。当用户拥有的属性超过加密者所设置的门槛时即可对密文进行解密。该技术主要分为密文策略的属性加密（CP-ABE）和密钥策略的属性加密（KP-ABE）。CP-ABE 允许属性与访问策略匹配的对应用户对密文进行解密，实现细粒度的数据访问控制，但现有的 CP-ABE 方案在密钥生成阶段会泄露用户属性值，从而对用户的隐私构成了威胁。为了解决这个问题，Qi Han 等人[159]提出了一种新的基于 1-out-N 不经意传输技术的 CP-ABE 方案，保护用户的属性值不被外泄，并利用属性布鲁隆过滤器来保护密文访问策略的属性类型。此外，现有 KP-ABE 方案在处理不同原因造成的用户密钥泄露时仍存在不足。为此，Shengmin Xu 等人[160]设计了一种高效的可撤销 ABE 方案，允许数据所有者有效地管理数据用户的凭证，从而处理损坏用户的密钥撤销和诚实用户的密钥意外暴露。

代理重加密（PRE）是密文间的一种密钥转换机制，在 PRE 中存在半可信代理人，通过代理人产生的转换密钥可以将用授权人公钥加密的密文转化为用被授权人公钥加密的密文。在此过程中，代理人不会得到数据的明文信息，降低了数据泄露的风险。为了更加有效地使用代理重加密方案，Obour 等人[161]将 PRE 技术与内积加密方法结合使用，提供了一个更加安全、高效的代理重加密方案。该方案使用区块链网络的处理节点充当代理服务器对数据进行重加密，保证数据保密性和防止共谋攻击。此外，针对数据使用过程中的隐私泄露问题，关巍等人[162]利用多领域不同信任机构的属性代理重加密，将基于属性的加密与代理重加密结合，改进密钥生成过程中的相位移动处理，有效降低了算法的计算量和通信量。

5.3　边缘数据计算安全的发展现状

相较于云计算中心，边缘服务器处于靠近用户一侧，被攻击者入侵的可能性更高，其自身的安全保障成为一个不可忽略的问题。传统计算系统所面临的安全问题，例如，应用安全、网络安全、信息安全和系统安全等在边缘环境中将更加严峻。尽管边缘计算环境下，仍可以采用传统安全方案来进行防护，但其较高的资源开销和计算复杂度很难适应资源有限的边缘计算环境。近年来也有一些新兴的安全技术，如硬件协助的可信执行环境等应用到边缘计算中，增强边缘计算的安全性。

可信执行环境（TEE）指在设备中存在一个可信隔离且独立的执行环境，该环境独立于不可信操作系统，为不可信环境中的隐私数据和敏感计算提供安全保密的环境。TEE 的安全性通常采用硬件机制来保障，其常见的技术有 Intel 软件防护扩展（Safe

Guard Extensions，SGX）和 ARM TrustZone 技术等[164]。SGX[165-166]是一种新加入到 Intel 处理器上的一系列扩展指令和内存访问机制。基于这一机制，应用程序可创建一个受保护的执行区域，每一个受保护执行区域可视为一个单独的可信执行环境，该环境的保密性和完整性由加密的内存来保护。由于用户越来越信任提供"软件即服务"的提供商，进而导致大量的用户个人数据存储在提供商处。通过管理和分析这些个人数据，提供商可为用户提供个性化应用体验和针对性广告。为保障个人数据隐私和安全，同时减少安全保障成本，Anders T. Gjerdrum 等人[168]利用 SGX 可信计算技术，通过远程计算认证，在管理域之外的硬件上建立信任来保障用户的个人数据在计算操作上的安全性。此外，在多用户环境中，Arnautov 等人[169]提出了一种基于 Intel SGX 的安全 Linux 容器来满足现有基于容器的微服务架构的计算安全性。该安全容器通过使用 Intel SGX 技术为容器提供了一个拥有较低性能开销的可信计算基础。该安全容器还提供了一个安全的 C 标准库接口，可以透明地加解密数据。ARM TrustZone 技术是 ARM 公司在 2002 年前后基于 ARMv6 架构提出的一种硬件新特性，通过特殊的 CPU 模式提供一个独立的运行环境。TrustZone 将整个系统的运行环境分为可信执行环境和富运行环境，并通过硬件的安全扩展来确保两个运行环境在处理器、内存和外设上的完全隔离[170]。Yuepeng 等人[171]通过在传统任务卸载流程中引入数据加解密操作来重新设计任务卸载流程，进而保障任务在基于 TrustZone 的边缘环境中卸载计算的安全性。同时提出了基于列表调度的卸载算法，实现在考虑终端设备能量有限条件下达到最小化所有任务的总完成时间的目的。

除硬件层面提供计算与数据安全保障外，通过软件方法，如多方计算、同态加密、差分隐私、联邦学习等，保障边缘计算安全近年来也被提出并得到了广泛关注。然而，现有的多方学习系统在边缘环境中存在几个主要问题。首先，大多数现有系统是分布式的，需要一个中央服务器来协调学习过程。然而，中央服务器很容易成为单点故障，且也可能存在信任问题。其次，虽然已有相当多针对拜占庭攻击的方案，但通常需要考虑学习全局模型的场景。但事实上，多方学习的各方通常都有自己的局部模式。为解决这些问题，Wang 等人[172]提出了一种新的区块链授权的分散安全多方学习系统，该系统具有异构的局部模型，针对两种类型的拜占庭攻击，精心设计了样本的链下挖掘和链上挖掘方案来保护系统的计算安全性。无独有偶，Yan 等人[173]结合区块链和边缘计算的优点，构建了基于区块链的边缘计算的关键技术解决方案。一方面实现了云数据的安全保护和完整性检查，另一方面也实现了更广泛的安全多方计算。此外，该方案还引入了支持加性同态的 Paillier 密码，进而在保证区块链的运行效率的同时减轻客户端的计算负担。

同态加密技术除了能够保障数据安全外，由于其允许直接使用密文进行计算的特性，能够为计算操作提供较高的安全保障。在边缘环境中，使用同态加密技术可以同时保障任务的计算安全和数据安全。Rahman 等人[174]基于完全同态加密技术，提出了一种基于人工智能的边缘服务组合的隐私保护框架。该框架利用同态加密技术保护数据在边缘环境中传输和计算的安全性，进而保障服务组合部署的过程中不会受到攻击者的干扰。杨桢栋等人[163]提出一种基于混合云的安全高可用云数据存储模型，以达到在密文上执行数据查询的操作, 进而保证加密数据库的高可用性。

除同态加密技术外, 差分隐私技术也是保障边缘环境中计算安全的重要手段之一。该技术通过在数据中添加随机化噪声来防止用户个人信息在使用过程中被推断出来。基于该技术, Guo 等人[175]提出了一种在线多物品双拍卖机制来保障区块链物联网在不可信的边缘环境中应用的安全性。其中物联网设备是买家, 边缘服务器是卖家。该拍卖方法通过使用差异隐私的 MIDA 机制, 以保护敏感信息不被泄露, 从而实现高度的隐私保护。此外, 边缘计算中, 对边缘节点进行实时数据预处理具有提高计算效率和数据精度的潜力。特别地, 基于位置的服务中, 私有数据的公开是一个较大的挑战。通过使用差分隐私技术, Miao 等人[176]提出了一种移动边缘计算隐私感知框架 MEPA, 将边缘节点视为一个匿名中心服务器来保护位置隐私。该框架可以提供计算服务, 而无须部署特殊的基础设施。边缘环境中的分布式设备往往难以进行集中控制, 特别是当边缘节点受到攻击时, 攻击者可以继续入侵其连接的节点, 从而挖掘和窃取用户的私有数据。一旦边缘层通信链路受到攻击或意外中断, 用户的隐私信息很可能被泄露。针对这一现象, Jing 等人[177]提出了利用差分隐私保护用户隐私的方法。首先, 根据边缘计算的三层通信链路结构, 提出了数据查询模型来查询边缘节点与客户端之间的连接关系。其次, 将边缘节点作为中心服务器, 利用差分隐私理论实现位置隐私保护。最后, 为了减少位置保护过程中造成的数据丢失, 采用线性规划实现最优位置模糊矩阵的选择, 利用数据丢失和重构方法最小化数据的不确定性。

联邦学习技术通过交换训练模型来代替敏感数据的交换。由于将数据永远保留在本地, 无须数据交换, 大大降低了数据泄露的风险, 可以有效保障边缘智能应用的安全性。因此, Sada 等人[178]提出了一种基于边缘计算和新兴的联邦学习的分布式视频分析框架。该框架可以实现针对实时视频流的分布式目标检测, 同时利用联邦学习技术, 可以保障检测模型更新的隐私安全。然而, 在联邦学习模型交换过程中, 与模型相关的数据可能会泄露参与者的敏感信息。针对该问题, Li 等人[179]提出了一种基于链式安全多方计算技术的保护隐私的联邦学习框架。该框架利用了单屏蔽机制和链式通信机制, 分别保护参与者之间的信息交换, 和屏蔽信息能够在具有串行链帧的参与者之间传输。此外, 联邦学习框架算法通常需要长时间的训练并消耗大量的通信资源, 对于资源稀缺的边缘环境是极其不友好的。针对这一问题, 中国科技大学徐宏力等人[180]提出了一种更加适用于边缘环境的联邦学习算法框架。基于分层聚合的思路, 通过结合局部的同步更新策略和全局异步更新策略来充分利用边缘环境中的计算资源, 进而提升训练速度, 降低网络资源消耗。除通信与计算资源外, 数据资源也是联邦学习需考虑的一个重要因素。由于边缘设备上的数据是有限的, 在训练过程中容易陷入局部最优, 而联邦学习中节点的学习梯度间接反映了悬链样本的信息, 攻击者能有效地从梯度信息中心反推样本数据。为此, 芦效峰等人[181]提出了一种面向边缘环境的异步联邦学习机制。该机制通过使用阈值自适应的梯度压缩算法, 有效地降低梯度通信次数, 同时采用了双重权重的方法解决了异步更新所带来的性能降低的问题。

5.4 边缘数据存储安全的发展现状

边缘计算将一些云计算过程卸载到更接近终端设备的算力设备上，最大限度利用了网络边缘未被充分使用的计算能力。各终端设备都有自己的数据，从 GB 到 TB 不等，本地存储无法单独满足大量数据的存储需要，将数据上传至边缘服务器进行存储是更加高效的解决方案。然而，由于边缘服务器本身较低的安全保障，数据存储往往面临着很高的安全风险[182]。

物联网的快速发展导致大量数据产生，特别是视频数据，然而物联网设备由于其轻量化的设计远不能满足存储需求。此外，云计算无法有效支持无线传感器网络等异构分布式物联网环境，为了有效地为视频数据等物联网数据存储提供智能隐私保护，Xiao 等人[182]充分利用边缘计算的三种模式，即多接入边缘计算、Cloudlets 和雾计算设计了分层边缘计算体系结构，并在这一基础上，提出了一种低复杂度、高安全性的存储方案。该方案下视频数据被分为三个部分，存储在完全不同的设施中。关键帧的最重要有效位，直接存储在本地传感器设备中；关键帧的次要有效位则被加密发送到半可信的 Cloudlets；非关键帧进行压缩和加密传输到云端。这种基于分层边缘计算的大视频数据存储提供智能隐私保护，避免了增加额外的计算负担和存储压力。边缘计算赋予大量物联网设备海量的异构计算和存储能力。但来源于多个边缘设备的数据存在也带来了新的隐私挑战。针对这一问题，Duan 等人[183]通过将多个来源的数据映射为 DIKW 体系结构中的数据、信息和知识类型资源，重点对多个源的隐私数据进行建模。该方法根据数据和信息在 DIKW 体系结构中建模搜索空间中的存在情况，将目标隐私数据分为显式和隐式，并提出相应的保护方案。

6 发展趋势与展望

"十四五"规划建议提出，要加快壮大新一代信息技术，推动互联网、大数据、人工智能等同各产业深度融合，抓住数字产业化、产业数字化机遇、坚定不移建设网络强国。边缘计算的发展与这些新一代信息技术、互联网、大数据以及人工智能等发展高度耦合。具体来说，边缘计算离不来操作系统、算网融合、6G、应用开发运维、人工智能等方面的强劲发展驱动。因此，本章从边缘计算操作系统、算网融合系统、空天地一体化边缘计算、边缘应用开发与运维、边缘智能等方面来阐述边缘计算的发展趋势与展望。

6.1 边缘计算操作系统

未来的边缘计算和通信基础设施会逐渐演化成为一个统一的、功能强大的边缘服务平台，而边缘操作系统（Edge Operating System，EOS）作为一个新的软件架构将为该服务平台提供基本的功能支持。具体地，边缘操作系统向下管理异构的边缘侧资源，向上处理异构数据和多样化的应用负载，并负责计算任务在边缘计算节点间的部署、调度及迁移，保证边缘计算任务的可靠性以及资源的高效利用。对于 EOS 的设计原则，有学者提出可参考机器人操作系统（Robot Operating System，ROS）[164]。ROS 最开始被设计用于异构机器人机群的消息通信管理，现逐渐发展成一套开源的机器人开发及管理工具，提供硬件抽象和驱动、消息通信标准、软件包管理等一系列工具，被广泛应用于工业机器人、自动驾驶车辆即无人机等边缘计算场景。根据目前的研究现状来看，ROS 及基于 ROS 实现的操作系统将为 EOS 的设计和实现提供重要的参考和借鉴。然而，ROS 与 EOS 在应用场景上具有显著性的区别，ROS 面向的是单个机器人的任务处理，而 EOS 面对的是一系列异构边缘终端的多对象、多任务处理。面对庞大的边缘终端和任务请求，EOS 或许可以尝试"分区而治"的设计思路，设定分区"簇头"对特定区域或者特定类型的任务群进行管理。此外，深度学习、强化学习等人工智能技术可广泛应用于 EOS 的任务管理和调度之中，为 EOS 引擎动力的提升发挥关键作用，实现边缘智能自治。

6.2 边缘应用的高效开发和运维

边缘应用已经在多个行业得到了落地，例如智能网联车、智慧城市、智慧家庭和智慧交通等，其推广需要更加完备的开发时和运维时环境，从而构建边缘应用生态，推动边缘计算在多领域的发展。

在云计算模型下，云原生通过容器化、微服务化和松耦合化服务，实现基于服务的快速按需应用编排构建，满足快速迭代的需求驱动应用开发模式，成为软件开发的主导力量。边缘计算作为云计算的拓展，也享有了类似的发展思路。然而，由于边缘计算区别于云计算的设备高异构、拓扑非规则、资源分布广、环境高动态等固有特性，将云原生拓展至边缘计算时也面临诸多挑战。与此同时，云原生也具有一些新特性，如容器的分层结构、镜像拉取时延高、冷启动时间长等。云原生与边缘计算二者相融合，亟须考虑二者的特征，发展云原生边缘计算的基础理论，突破部署规划与运行时调度关键技术。此外，云计算模式的开发环境和部署环境基本一致，而边缘计算模型下，部署环境包括"云-边-端"等协同计算环境，需要针对不同的计算环境做针对性部署，难以做到开发和部署环境的一致性，传统的编程模型并不适合边缘计算。因此，针对边缘计算应用场景下的编程模型的研究具有非常大的空间，也十分紧迫。

6.3 边缘智能系统设计

当前面向实时边缘智能的研究主要分为两类：神经网络模型优化设计和边缘计算系统优化设计。其中，神经网络模型优化设计主要包括模型压缩和多容量模型设计，这里多容量模型即可以提供多组不同的资源消耗-精度折中组合的神经网络模型。常见的多容量模型包括多分枝网络模型（branchy network）和可瘦身网络模型（slimmable network）

等等。边缘计算系统优化设计则是指基于模型的运行时资源消耗和性能特性,优化计算和通信系统设计,从而加速模型推理。例如,云边协同推理加速方法将网络模型横向切分成两部分,并以较小的传输代价将计算量较大的一部分卸载到云端计算,从而突破边缘端资源约束,实现云边协同推理加速。此外,边缘缓存、输入过滤、请求批处理和硬件加速等方法也均为常见的面向推理加速的系统方法。上述神经网络模型设计或边缘计算系统设计方法虽然均能取得较为理想的推理加速效果,但是考虑到边缘环境和边缘智能应用具有异构性显著、动态性强、资源稀缺和实时性要求高等特点,上述两类研究在动态自适应能力和效能与精度优化空间这两个方面仍存在较大的提升空间。这是因为神经网络架构设计是从资源需求侧通过调控资源需求来提升模型的灵活性与效能,而边缘计算系统设计则是从资源供给侧通过任务调度和资源管理等方式提升系统的灵活性与效能。不难发现,如果能够协同资源的需求与供给这两个互补的维度,那么我们将能够最大限度提升模型推理服务系统的动态自适应能力以及效能与精度优化空间。

6.4 算网智能融合系统

随着通信和 IT 技术的不断发展,云网融合已逐步演进为算网融合架构。网络新业务对计算资源的迫切需求及计算资源的异构泛在部署使得算网融合一体化在不远的将来必将成为数字化信息社会的重要基石。在 5G 建设的指引下,算网融合架构成为未来推进 6G 时代不断发展的要求。从技术方面来看,未来还将结合物联网、工业互联网、人工智能、大数据、区块链、无服务器计算、边缘计算、SDN、ICN 等技术,利用人工智能技术,促进多方多维、高度动态、互联异构的网络资源感知、资源整合、任务调度及计算与内容深度智能化融合,构建可信算力网络、绿色算力网络和超低时延算力网络,降低云边端协同的智能业务对算法和算力的需求,形成灵活敏捷的新型服务方式。同时结合未来新趋势、新应用和新场景,构建创新的边缘计算业务形态、解决方案和智能应用,达到统一化应用平台,推动边缘计算的开发者生态,加速产业发展,突破创新。

从产业生态来看,产学研多方也将联合致力于将算网融合标准和政策的制定推向国际化,将算网融合的需求、场景和技术向国外积极输出,争取培育新技术、新产品、新业态、新模式,在不同产业角色的切入下加速算网融合一体化架构的形成,在全球范围内共享算网融合生态,共推商业落地,共享转型成果,促进算网融合的可持续发展。可以预见,未来算网融合将影响更为广阔的生产与生活领域,如云游戏、高性能计算、电力生产管理、泛在感知领域等,将更大程度地提高生活品质、提高生产效率、促进社会算力流通交易,为构建全球智能社会做出巨大贡献。

6.5 空天地一体化边缘计算系统

随着 5G 的发展普及,6G 也被提上日程。6G 区别于 5G 的一个显著特点是空天地一体化，通过卫星、无人机、飞艇等各种手段，实现通信的全覆盖，通信无死角。空天地一体化边缘计算系统同时由传统互联网和卫星互联网构成。卫星互联网的广覆盖优势能够有效弥补传统互联网的覆盖局限，但相较于传统互联网又具有高时延、高移动、高异构、高封闭、弱算力的特征。现有边缘计算相关研究大都考虑以传统互联网为通信系统支撑，卫星互联网的上述特征为空天地一体化边缘计算带来了新的挑战。

传统的资源管理、任务调度、通信协议等在空天地一体化这一新场景中均需重新定义。如上所述，算网融合，是边缘计算的重要发展理念。尽管 6G 自身主要关注通信，基于算网融合的发展思想，承载网上的数据传输将从传统"存储–转发"演变为"存储–计算–转发"的新模式。然而，卫星互联网一般采取高封闭、紧耦合的协议设计，阻碍了卫星互联网部分的节点协同，亟需松耦合、开放式的弹性协议。在保障安全性的同时，网络通信协议能够根据系统需要进行定制，平稳按需实现从"存储–转发"到"存储–计算–转发"的转变。

从封闭到开放又同时引入了安全性的问题，如何保障空间设备的安全与可信，有效权衡开放与安全，使得空间设备在通信与计算两方面形成协作，构成空间边缘计算联盟，是有效发挥空间计算与通信资源的又一挑战。此外，空间互联网中的算力设备也将供给算力资源，且在时延敏感类应用中具有重要的作用。与传统互联网连通的算力设备不同，卫星互联网中的算力设备不仅自身算力弱，且相互间通信时延长、不稳定。针对算力弱的问题，需对操作系统、中间件和应用软件进行重新定制，与之相适应；针对通信时延长、不稳定的问题，需对任务调度与资源分配管理重新设计，使之能够有效利用空天地的各类计算资源匹配多样性的资源需求。然而，卫星互联网设备的广分散和高移动又给任务调度与资源分配带来了新的挑战。如何在由高时延网络互联网的海量分散异构设备中有效发现算力资源并进行高效的任务调度是发展空天地一体化边缘计算系统所面临的又一挑战。

6.6 零碳边缘计算

边缘数据中心和 5G 基站等均为能耗密集型边缘基础设施，随着其数量的快速增长和规模的持续扩张，所带来的巨大能量消耗将成为工业界和学术界关注的焦点问题。一方面，过高的能耗制约了边缘基础设施的高效可持续发展，为边缘服务供应商带来沉重的运营成本开销。另一方面，边缘基础设施巨大的能耗也造成大量的碳排放，与当下全球和我国绿色新发展理念形成尖锐的矛盾。目前，全球近 200 个国家已签署《巴黎协定》，承诺通过减少二氧化碳排放来应对气候的变化。我国提出在 2030 年之前实现"碳达峰"、2060 年之前实现"碳中和"的目标。由此，社会各行业的双碳目标被逐步提上日程，能耗密集型边缘基础设施的节能减排迫在眉睫。本文提出"零碳边缘计算"（Carbon-Neutral Edge Computing 或 Net-Zero Edge Computing）的概念，旨在通过提高绿色供能比例、采用高效节能手段以及提升设备能效等去碳排放方法和技术，将边缘基础设施在一定周期（如一年）的碳排放当量削减为零或负数。伴随着碳达峰和碳中和的呼声日益高涨, 零碳边缘计算将受到国内外越来越多的关注, 或将成为未来边缘计算的发展趋势和终极目标。

从传统边缘计算向零碳边缘计算发展过程中, 以下三个问题值得深入研究和探讨。首先, 如何高效利用绿色能源、提升绿色能源的供给能力? 当前国内外对于绿色清洁能源的使用普及率正在逐步提升, 在不确定性、间歇性绿色能源 (如太阳能和风能) 产出条件下, 如何充分利用绿色能源而同时又确保边缘计算业务免受不稳定性因素带来的影响是一个亟待解决的问题。其次, 如何减少冗余配置带来的能源浪费、充分释放配电设备的潜力? 当前边缘基础设施的配电容量远高于其在实际运行过程中的平均能量需求, 电源系统存在大量冗余配置, 带来严重的配电设备闲置和能源预算浪费问题。如何有效利用配电容量, 提升配电设备的能量效率和减少冗余浪费, 是另一个需要解决的关键问题。再次, 如何准确刻画边缘负载的能耗特性、提升对时变能源需求的应对能力? 目前针对边缘基础设施内部运行负载的功耗特性分析还不充足, 缺乏负载功耗特性刻画模型, 导致能量管理策略和负载调度对于能源需求的预测和反应能力十分有限, 使得现有能量管理方法和系统的效率大打折扣。以上问题的研究和解决将为未来边缘基础设施的能源供配和能量管理提供关键理论和技术支撑, 对实现零碳边缘计算具有重要的参考价值和实践意义。

7 结束语

边缘计算利用网络边缘泛在的计算资源提供算力, 作为云计算的重要补充, 甚至替代, 是伴随5G乃至6G发展的重要支撑基础技术。作为一种新兴的分布式计算系统架构, 与云计算具有诸多类似之处, 但同时也具有其独特特征。本文首先从边缘计算的架构角度探讨了云边端协同、算网融合的发展理念、软硬协同架构以及边缘应用开发框架。进一步地, 从资源管理优化角度, 介绍了适用于边缘计算的各类虚拟化技术、计算服务技术、存储技术以及任务编排调度技术。与此同时, 边缘计算也成为支撑人工智能实践落地的重要平台, 本文从计算架构、模型部署和训练的角度讨论了当前国内外的前沿技术与发展趋势。另外, 本文通过介绍数据生命周期, 包括数据接入、计算与存储等阶段, 探讨了边缘计算的安全与隐私保护。最后, 本文分析展望了边缘计算在边缘操作系统、应用高效开发运维、边缘智能系统设计、算网智能融合系统、空天地一体化边缘计算系统、零碳边缘计算等方面的未来发展趋势与潜在挑战。

参考文献

[1] CAO X F, TANG G M, GUO D K, et al. Edge federation: Towards an integrated service provisioning model[J]. IEEE/ACM Transactions on Networking (ToN), 2020, 28(3):1116-1129.

［2］ GUO D K, GU S Y, XIE J J, et al. A Mobile-Assisted Edge Computing Framework for Emerging IoT Applications［J］. Accepted to appear at ACM Transactions on Sensor Networks（TOSN）, 2021.

［3］ XU Z W, CHAO L, PENG X H, et al. T-REST: An Open-Enabled Architectural Style for the Internet of Things［J］. IEEE Internet of Things Journal, 2018.

［4］ LI Z Y, PENG X H, CHAO L, et al. EveryLite: A Lightweight Scripting Language for Micro Tasks in IoT Systems［C］//Proc of HoTWoT' 18 co-located with SEC 2018.

［5］ GU S Y, GUO D K, TANG G M, et al. HyEdge: A Cooperative Edge Computing Framework for Provisioning Private and Public Services. Submitted to ACM Transactions on Sensor Networks（TOSN）.

［6］ 何涛, 曹畅, 唐雄燕, 等. 面向6G需求的算力网络技术［J］. 移动通信, 2020, 44(6):131-135.

［7］ 张婷婷, 王升, 李莹, 等. 算网融合的泛在计算服务发展和演进趋势分析［J］. 信息通信技术与政策, 2021, 47(3):19-25.

［8］ 面向敏捷边云协同的算力感知网络解决方案［J］. 自动化博览, 2020(7):44-47.

［9］ 周旭, 王浩宇, 覃毅芳, 等. 融合边缘计算的新型科研云服务架构［J］. 数据与计算发展前沿, 2020, 2(4):3-15.

［10］ 贾庆民, 丁瑞, 刘辉, 等. 算力网络研究进展综述［J/OL］. 网络与信息安全学报:1-12［2021-08-03］. http://kns. cnki. net/kcms/detail/10. 1366. TP. 20210324. 1157. 004. html.

［11］ 姚惠娟, 耿亮. 面向计算网络融合的下一代网络架构［J］. 电信科学, 2019, 35(9):38-43.

［12］ 李建飞, 曹畅, 李奥, 等. 算力网络中面向业务体验的算力建模［J］. 中兴通讯技术, 2020, 26(5):34-38+52.

［13］ 李铭轩, 曹畅, 唐雄燕, 等. 面向算力网络的边缘资源调度解决方案研究［J］. 数据与计算发展前沿, 2020, 2(4):80-91.

［14］ 曹畅, 唐雄燕. 算力网络关键技术及发展挑战分析［J］. 信息通信技术与政策, 2021, 47(3):6-11.

［15］ 雷波, 刘增义, 王旭亮, 等. 基于云、网、边融合的边缘计算新方案:算力网络［J］. 电信科学, 2019, 35(9):44-51.

［16］ LIU Z, YANG X, YANG Y, et al. DATS: Dispersive stable task scheduling in heterogeneous fog networks［J］. IEEE Internet of Things Journal, 2018, 6(2): 3423-3436.

［17］ DENG R, LU R, LAI C, et al. Optimal workload allocation in fog-cloud computing toward balanced delay and power consumption［J］. IEEE Internet of Things Journal, 2016, 3(6): 1171-1181.

［18］ 刘泽宁, 李凯, 吴连涛, 等. 多层次算力网络中代价感知任务调度算法［J］. 计算机研究与发展, 2020, 57(09):1810-1822.

［19］ SATYANARAYANAN M, BAHL P, CACERES R, et al, The case for VM-based cloudlets in mobile computing［J］. IEEE Pervasive Comput. , 2009, (8): 14-23.

［20］ BONOMI F, MILITO R, ZHU J et al. Fog Computing and Its Role in the Internet of Things［J］. Proc. first Ed. MCC Work. Mob. cloud Comput. , 2012: 13-16.

［21］ HU Y C, PATEL M, SABELLA D, et al. Mobile Edge Computing A key technology towards 5G［J］. ETSI White Pap. , 2015(11).

［22］ 边缘计算参考架构3. 0(2018年)［EB/OL］. http://www. ecconsortium. org/Lists/show/id/334. html.

［23］ Open Fog Consortium［EB/OL］. https://www. openfogconsortium. org/.

［24］ LOPEZ P G, MONTRESOR A, EPEMA D, et al. Edge-centric computing: vision and challenges［J］. ACM SIGCOMM Comput. Commun. Rev. 2015, 45(5),37-42.

［25］ Mobile Edge Computing (MEC) Framework and Reference Architecture V1. 1. 1［S］. 2016.

［26］ WANG J, HU Y, LI H, et al. A Lightweight Edge Computing Platform Integration Video Services［C］. 2018 International Conference on Network Infrastructure and Digital Content (IC-NIDC), 2018：183-187, doi：10. 1109/ICNIDC. 2018. 8525808.

［27］ EdgeX Foundry［EB/OL］. https://www. edgexfoundry. org/.

［28］ CORD［EB/OL］. https://opencord. org/.

［29］ AWS IoT Greengrass［EB/OL］. https://docs. aws. amazon. com/zh_cn/greengrass/latest/developerguide/what-is-gg. html.

［30］ 电信行业云原生白皮书［EB/OL］. https://www-file. huawei. com/-/media/corporate/pdf/news/telecom-industry-cloud-native-white-paper. pdf.

［31］ Cloud Native definition［EB/OL］. https://github. com/cncf/toc/blob/main/DEFINITION. md.

［32］ Edge Native 技术架构白皮书［EB/OL］. https://www-file. huawei. com/-/media/corporate/pdf/news/edge-native-technical-architecture-white-paper. pdf.

［33］ 曾德泽, 陈律昊, 顾琳, 等. 云原生边缘计算:探索与展望, 2021, 5(2)：7-17.

［34］ 张志国. 面向微服务软件开发方法研究［J］. 电子技术与软件工程, 2021(12)：34-35.

［35］ KRYLOVSKIY A, JAHN M, PATTI E, et al. Designing a smart city internet of things platform with microservice architecture［C］// 2015 International Conference on Future Internet of Things and Cloud. IEEE, 2015.

［36］ BISHT S, SHUKLA P. Edge Computing Approach to DEVOPS［M］//ICCCE 2020. Springer, Singapore, 2021：23-30.

［37］ SHIN J S, KIM J W. K-ONE Playground：Reconfigurable Clusters for a Cloud-Native Testbed［J］. Electronics, 2020, 9(5)：844.

［38］ SOENEN T, VAN R S, TAVERNIER W, et al. Insights from SONATA：Implementing and integrating a microservice-based NFV service platform with a DevOps methodology［C］//NOMS 2018-2018 IEEE/IFIP Network Operations and Management Symposium. IEEE, 2018：1-6.

［39］ RedHat. What is Function-as-a-Service (FaaS)？［EB/OL］. ［2020-01-03］.

［40］ SHEN J, YU H, ZHENG Z, et al. Serpens：A high-performance serverless platform for NFV［C］// The 2020 IEEE/ACM 28th International Symposium on Quality of Service (IWQoS), 2020.

［41］ LI J, KULKARNI S, RAMAKRISHNAN K K, et al. Understanding Open Source Serverless Platforms：Design Considerations and Performance［C］// The 5th International Workshop on Serverless Computing (WOSC 2019), 2019.

［42］ XU F, QIN Y, CHEN L, et al. λDNN：Achieving Predictable Distributed DNN Training with Serverless Architectures［J］. To appear in IEEE Transactions on Computers, 2021.

［43］ 吴绍岭, 田春岐, 万兴, 等. 一种面向云函数的超轻量运行时环境构建方法［J］. 计算机科学与应用, 2020, 10(11)：1993-2005.

［44］ 王康瑾, 贾统, 李影. 在离线混部作业调度与资源管理技术研究综述［J］. 软件学报, 2020, 31(10)：3100-3119.

［45］ KOURTIS M A, MCGRATH M J, GARDIKIS G, et al. T-nova：An open-source mano stack for nfv infrastructures［J］. IEEE Transactions on Network and Service Management, 2017, 14(3)：586-602.

［46］ EdgeGallery［CP/OL］. https://www. edgegallery. org/project/.

[47] Baetyl[EB/OL]. [2021-08-03]. https://baetyl. io/zh/.

[48] Azure IoT Edge[EB/OL]. https://azure. microsoft. com/zh-cn/services/iot-edge/.

[49] 阿里云物联网边缘计算平台[EB/OL]. https://iot. aliyun. com/products/linkedge.

[50] LI Y, Gao W. Interconnecting Heterogeneous Devices in The Personal Mobile Cloud[C]. Proc. of IEEE Conference on Computer Communications(INFOCOM), 2017: 1-9.

[51] RODRIGUES T G, SUTO K, NISHIYAMA H, et al. Hybrid method for minimizing service delay in edge cloud computing through VM migration and transmission power control[J]. IEEE Transactions on Computers, 2017,66(5): 810-819.

[52] WANG H Z,QU Z H, GUO S, et al. LOSP: Overlap Synchronization Parallel with Local Compensation for Fast Distributed Training[J]. IEEE Journal of Selected Areas in Communications, IEEE Journal on Selected Areas in Communications, 2021, 39(8): 2541-2557.

[53] KubeEdge[CP/OL]. https://kubeedge. io.

[54] PASTERIS S, WANG S, HERBSTER M, et al. Service Placement with Provable Guarantees in Heterogeneous Edge Computing Systems[C]//IEEE INFOCOM 2019 - IEEE Conference on Computer Communications, Paris, France, 2019: 514-522, doi: 10. 1109/INFOCOM. 2019. 8737449.

[55] OUYANG T, ZHOU Z, CHEN X. Follow Me at the Edge: Mobility-Aware Dynamic Service Placement for Mobile Edge Computing[J]. IEEE Journal on Selected Areas in Communications, 2018,36(10): 2333-2345, doi: 10. 1109/JSAC. 2018. 2869954.

[56] POULARAKIS K, LLORCA J, TULINO A M, et al. Joint service placement and request routing in multi-cell mobile edge computing networks[C]. Proc. of INFOCOM, IEEE, 2019.

[57] WANG X, HAN Y, LEUNG V C M, et al. Convergence of Edge Computing and Deep Learning: A Comprehensive Survey[J]. IEEE Communications Surveys & Tutorials, 2020, 22(2): 869-904, doi: 10. 1109/COMST. 2020. 2970550.

[58] WANG X, LI R, WANG C, et al. Attention-Weighted Federated Deep Reinforcement Learning for Device-to-Device Assisted Heterogeneous Collaborative Edge Caching[J]. IEEE Journal on Selected Areas in Communications, 2021, 39(1): 154-169, doi: 10. 1109/JSAC. 2020. 3036946.

[59] XIE J, GUO D, SHI X,et al A Fast Hybrid Data Sharing Framework for Hierarchical Mobile Edge Computing[C]// IEEE INFOCOM 2020-IEEE Conference on Computer Communications, Toronto, Canada, 2020: 2609-2618, doi: 10. 1109/INFOCOM41043. 2020. 9155502.

[60] GAO B, ZHOU Z, LIU F, et al. Winning at the starting line: Joint network selection and service placement for mobile edge computing[C]// The IEEE Conference on Computer Communications (INFOCOM 2019), 2019.

[61] XIAO Y, ZHANG Q, LIU F, et al. NFVdeep: Adaptive online service function chain deployment with deep reinforcement learning[C]//Proceedings of the International Symposium on Quality of Service. 2019: 1-10.

[62] XU F, QIN Y, CHEN L, et al. λDNN: Achieving Predictable Distributed DNN Training with Serverless Architectures[J]. To appear in IEEE Transactions on Computers, 2021.

[63] MA X, ZHOU A, ZHANG S, et al. Cooperative service caching and workload scheduling in mobile edge computing[C]. The IEEE Conference on Computer Communications (INFOCOM 2020), 2020.

[64] XU Z C, ZHOU L Z, CHAU S, et al. Collaborate or separate? Distributed service caching in mobile edge

clouds[J]. Proc of INFOCOM, IEEE, 2020.

[65] XU Z C, QIN Y G, ZHOU P, et al. To cache or not to cache: Stable service caching in mobile edge-clouds of a service market[J]. Proc of ICDCS, IEEE, 2020.

[66] XU Z C, WANG S N, LIU S P, et al. Learning for exception: Dynamic service caching in 5G-enabled MECs with bursty user demands[J]. Proc of ICDCS, IEEE, 2020.

[67] XU Z C, REN H Z, LIANG W F, et al. Near optimal and dynamic mechanisms towards a stable NFV market in multi-tier cloud networks[J]. Proc of INFOCOM'21, IEEE, 2021.

[68] XU Z C, GONG W L, XIA Q F, et al. NFV-enabled IoT service provisioning in mobile edge clouds[J]. Transactions on Mobile Computing, IEEE, 2020.

[69] GU L, et al. Exploring Layered Container Structure for Cost Efficient Microservice Deployment[C]. IEEE International Conference on Computer Communications (INFOCOM). IEEE, 2021.

[70] GU L, et al. Layer Aware Microservice Placement and Request Scheduling at the Edge[C]. IEEE International Conference on Computer Communications (INFOCOM). IEEE, 2021.

[71] GU S Y, LUO X S, GUO D K, et al. Joint Chain-Based Service Provisioning and Request Scheduling for Blockchain-Powered Edge Computing[J]. IEEE Internet of Things Journal (IoT-J), 2021, 8(4): 2135-2149.

[72] DU J, ZHAO L, FENG J, et al. Computation offloading and resource allocation in mixed fog/cloud computing systems with min-max fairness guarantee[J]. IEEE Transactions on Communications, 2018, 66(4): 1594-1608.

[73] MAO Y, ZHANG J, LETAIEF B K. Dynamic computation offloading for mobile-edge computing with energy harvesting devices[J]. IEEE Journal on Selected Areas in Communications, 2016, 34(12): 3590-3605.

[74] JOSILO S, DAN G. Decentralized algorithm for randomized task allocation in fog computing systems[J]. IEEE/ACM Transactions on Networking, 2019, 27(1): 85-97.

[75] WANG F, XU J, WANG X, et al. Joint offloading and computing optimization in wireless powered mobile-edge computing systems[J]. IEEE Transactions on Wireless Communications, 2018, 17(3), 1784-1797.

[76] KESHTKARJAHROMI Y, XING Y, SEFEROGLU H. Dynamic heterogeneity-aware coded cooperative computation at the edge[C]. in Proc. of IEEE 26th International Conference on Network Protocols (ICNP), 2018.

[77] LEE K, LAM M, PEDARSANI R, et al. Speeding up distributed machine learning using codes[J]. IEEE Transactions on Information Theory, 2018, 64(3). 1514-1529.

[78] XIA J X, CHENG G, GUO D. et al. A QoE-Aware Service-Enhancement Strategy for Edge Artificial Intelligence Applications[J]. IEEE Internet of Things Journal (IoT-J), 2020, 7(10): 9494-9506.

[79] XU Z C, ZHAO L Q, LIANG W F, et al. Energy-aware inference offloading for DNN-driven applications in mobile edge clouds[J]. IEEE Transactions on Parallel and Distributed Systems, 2020, 32(4): 799-814.

[80] XU Z C, ZHANG Z H, LUI J C S, et al. Affinity-aware VNF placement in mobile edge clouds via leveraging GPUs[J]. IEEE Transactions on Computers, 2020.

[81] REN H Z, XU Z C, LIANG W F, et al. Efficient algorithms for delay-aware NFV-enabled multicasting in mobile edge clouds with resource sharing[J]. IEEE Transactions on Parallel and Distributed Systems,

2020, 31(9):2050-2066.

[82] XU Z C, LIANG W F, JIA M, et al. Task offloading with network function services in a mobile edge-cloud network[J]. IEEE Transactions on Mobile Computing, 2019, 18(11): 2672-2685.

[83] XIA J X, CHENG G Y, GU S Y, et al. Secure and Trust-Oriented Edge Storage for Internet of Things[J]. IEEE Internet of Things Journal (IoT-J), 2020, 7(5). 4049-4060.

[84] XIE J J, QIAN C, GUO D K, et al. A Novel Data Placement and Retrieval Service for Cooperative Edge Clouds[J]. Accepted to appear at IEEE Transactions on Cloud Computing (TCC), 2021.

[85] XIE J J, QIAN C, GUO D K, et al. Efficient Data Placement and Retrieval Services in Edge Computing[J]. In Proc. of IEEE ICDCS, 2019.

[86] XIE J J, QIAN C, GUO D K, et al. Efficient Indexing Mechanism for Unstructured Data Sharing Systems in Edge Computing[J]. In Proc. of IEEE INFOCOM, 2019.

[87] GUO D K, XIE J J, SHI X F, et al. HDS: A Fast Hybrid Data Location Service for Hierarchical Mobile Edge Computing[J]. Accepted to appear at ACM/IEEE Transactions on Networking (TON), 2021.

[88] COADY Y, HOHLFELD O, KEMPF J, et al. Distributed Cloud Computing: Applications, Status Quo, And Challenges[J]. in ACM SIGCOMM Computer Communication Review, 2015, 45(2): 38-43.

[89] WANG L, JIAO L, LI J, et al. Online Resource Allocation for Arbitrary User Mobility in Distributed Edge Clouds[C]. in Proc. of IEEE 37th International Conference on Distributed Computing Systems (ICDCS), 2017.

[90] LAREDO J L J, GUINAND F, OLIVIER D, et al. Load balancing at The Edge of Chaos: How Self-Organized Criticality Can Lead to Energy-Efficient Computing[J]. IEEE Transactions on Parallel and Distributed Systems, 2017, 28(2): 517-529.

[91] YI C, CAI J, SU Z. A multi-user mobile computation offloading and transmission scheduling mechanism for delay-sensitive applications[J]. IEEE Transactions on Mobile Computing, published online, 2019.

[92] ZHOU Q H, GUO S, QU Z H, et al. Octo: INT8 Training with Loss-aware Compensation and Backward Quantization for Tiny On-device Learning[C]. in Proc. of USENIX Annual Technical Conference (USENIX ATC), 2021.

[93] MAO Y, ZHANG J, SONG S H, et al. Stochastic Joint Radio And Computational Resource Management for Multi-user Mobile-Edge Computing Systems[J]. IEEE Transactions on Wireless Communications, 2017, 16(9): 5994-6009.

[94] TRAN T X, POMPILI D. Joint task offloading and resource allocation for multi-server mobile-edge computing networks[J]. IEEE Transactions on Vehicular Technology, 2019, 68(1): 856-868.

[95] YUAN H, TANG G M, LI X Y, et al. Online Dispatching and Fair Scheduling of Edge Computing Tasks: A Learning-Based Approach[J]. IEEE Internet of Things Journal (IoT-J), 2021, doi: 10.1109/JIOT. 2021.3073034.

[96] TANG B, YE B L, LU S L, et al. Coding-Aware Proportional-Fair Scheduling in OFDMA Relay Networks[J]. IEEE Trans. Parallel Distributed Syst. 2013,24(9): 1727-1740.

[97] TANG B, YANG S H, YE B L, et al. Near-Optimal One-Sided Scheduling for Coded Segmented Network Coding[J]. IEEE Trans. Computers, 2016, 65(3): 929-939.

[98] HUANG T, YE B L, QU Z H, et al. Physical-Layer Arithmetic for Federated Learning in Uplink MU-MIMO Enabled Wireless Networks. INFOCOM, 2020: 1221-1230.

[99] JIANG J, CUI B, ZHANG C, et al. Heterogeneity-aware distributed parameter servers[C]. in Proc. of the ACM International Conference on Management of Data (SIGMOD), 2017.

[100] ZHOU Q H, GUO S, QU Z H, et al. Heterogeneity-aware Distributed Deep Learning via Hybrid Synchronization[J]. IEEE Transactions on Parallel and Distributed Computing, 2021, 32 (5): 1030-1043.

[101] MORITZ P, NISHIHARA R, WANG S, et al. Ray: A distributed framework for emerging AI applications[J]. in Proc. of 13th USENIX Symposium on Operating Systems Design and Implementation (OSDI), 2018.

[102] KAKARAPARTHY A, VENKATESH A, PHANISHAYEE A, et al. The case for unifying data loading in machine learning clusters[J]. in Proc. of 11th USENIX Workshop on Hot Topics in Cloud Computing (HotCloud), 2019.

[103] WANG H Z, GUO S, QU Z H, et al. Error-Compensated Sparsification for Communication-Efficient Decentralized Training in Edge Environment[J]. IEEE Transactions on Parallel and Distributed Systems, 2021, 33(1): 14-25.

[104] WANG H Z, QU Z H, GUO S, et al. Intermittent Pulling with Local Compensation for Communication-Efficient Distributed Learning [J]. IEEE Transactions on Emerging Topics in Computing, Preprint, 2021.

[105] QU Z H, GUO S, WANG H Z, et al. Partial Synchronization to Accelerate Federated Learning over Relay-Assisted Edge Networks[J]. IEEE Transactions on Mobile Computing, Preprint, 2021.

[106] FENG B, ZENG X, ZHANG M. NestDNN: Resource-aware multi-tenant on-device deep learning for continuous mobile vision [C]. in Proc. of the 25th Annual International Conference on Mobile Computing and Networking (MobiCom), 2018.

[107] SUBRAMANYA S J, SIMHADRI H V, GARG S, et al. BLAS-on-flash: An efficient alternative for large scale ML training and inference[J]. in Proc. of USENIX Symposium on Operating System Design and Implementation (OSDI), 2019.

[108] ZHOU Q H, GUO S, LU H D, et al. Falcon: Addressing Stragglers in Heterogeneous Parameter Server via Multiple Parallelism[J]. IEEE Transactions on Computers, 2020,70(1): 139-155.

[109] WANG H Z, GUO S, TANG B, et al. Heterogeneity-aware Gradient Coding for Tolerating and Leveraging Stragglers[J]. IEEE Transactions on Computers, 2021.

[110] HAN S, MAO H Z, DALLY W J. Deep compression: Compressing deep neural networks with pruning, trained quantization and huffman coding[C]. In Proceedings of the International Conference on Learning Representations (ICLR), 2016.

[111] POLINO A, PASCANU R, ALISTARH D. Model compression via distillation and quantization[J]. arXiv preprint arXiv:1802.05668 (2018).

[112] HE Y H, LIN J, LIU Z J, et al. Amc: Automl for model compression and acceleration on mobile devices. [C]// In Proceedings of the European Conference on Computer Vision (ECCV), 2018: 784-800.

[113] LIU S C, LIN Y Y, ZHOU Z M, et al. On-Demand Deep Model Compression for Mobile Devices: A Usage-Driven Model Selection Framework. MobiSys 2018: 389-400.

[114] TAYLOR B, MARCO V S, WOLFF W, et al. Adaptive deep learning model selection on embedded

systems[J]. in Proc. ACM LCTES, 2018: 31-43.

[115] JIANG J, ANANTHANARAYANAN G, BODIK P, et al. Chameleon: Scalable adaptation of video analytics[J]. in Proc. ACM SIGCOMM, 2018: 253-266.

[116] TEERAPITTAYANON S, MCDANEL B, KUNG H. BranchyNet: Fast inference via early exiting from deep neural networks[J]. in Proc. 23rd Int. Conf. Pattern Recognit. (ICPR), 2016: 2464-2469.

[117] YU J H, HUANG T S. Universally slimmable networks and improved training techniques[C]. Proc. of the IEEE/CVF International Conference on Computer Vision (CVPR), 2019.

[118] CAI H, GAN C, HAN S. Once for all: Train one network and specialize it for efficient deployment[C]. in Proc. of International Conference on Learning Representations (ICLR), 2020.

[119] LIU S C, GUO B, MA K, et al. AdaSpring: Context-adaptive and Runtime-evolutionary Deep Model Compression for Mobile Applications[J]. Proc. ACM Interact. Mob. Wearable Ubiquitous Technol. 5, 1, Article 24 (March 2021).

[120] KANG Y, et al. Neurosurgeon: Collaborative intelligence between the cloud and mobile edge[J]. ACM SIGPLAN Notices, 2017, 52(4): 615-629.

[121] LI E, ZHOU Z, CHEN X. Edge intelligence: On-demand deep learning model co-inference with device-edge synergy [J]. in Proc. of ACM SIGCOMM Workshop on Mobile Edge Communications (MECOMM), 2018.

[122] HU C, BAO W, WANG D, et al. Dynamic Adaptive DNN Surgery for Inference Acceleration on the Edge[J]. in Proc. IEEE INFOCOM, Paris, France, Apr. 2019.

[123] WANG J X, WANG W P, GUO S, et al. Towards Real-time Cooperative Deep Inference over the Cloud and Edge End Devices[J]. Proceedings of the ACM IMWUT (Ubicomp), 2020:1-23.

[124] ZHANG S, ZHANG S, QIAN Z Z, et al. DeepSlicing: Collaborative and Adaptive CNN Inference with Low Latency[J]. IEEE Transactions on Parallel and Distributed Systems (TPDS), 2021.

[125] ZENG L K, CHEN X, ZHOU Z, et al. CoEdge: Cooperative DNN Inference with Adaptive Workload Partitioning over Heterogeneous Edge Devices[J]. accepted by IEEE/ACM Transactions on Networking (ToN), 2020.

[126] ZHANG X, WANG Y, LU S, et al. OpenEI: An Open Framework for Edge Intelligence[C]. in Proceedings of the 39th IEEE International Conference on Distributed Computing Systems (ICDCS), July 7-10, 2019, Dallas, USA.

[127] SHOKRI R and SHMATIKOV V. Privacy-preserving deep learning[J]. in Proc. 22nd ACM SIGSAC Conf. Comput. Commun. Secur., 2015, pp. 1310-1321.

[128] MCMAHAN H B, MOORE E, RAMAGE D, et al. Communication-efficient learning of deep networks from decentralized data[C/OL]. 2016, arXiv:1602. 05629. https://arxiv. org/abs/1602. 05629.

[129] HSIEH K, Harlap A, VIJAYKUMAR N et al. Gaia: Geo-distributed machine learning approaching LAN speeds[C]. in Proc. NSDI, 2017, pp. 629-647.

[130] WANG et al. Adaptive federated learning in resource constrained edge computing systems [J]. IEEE J. Sel. Areas Commun. , vol. 37, no. 3, pp. 1205-1221, Jun. 2019.

[131] NISHIO T and YONETANI R. Client selection for federated learning with heterogeneous resources in mobile edge[C/OL]. 2018, arXiv:1804. 08333. https://arxiv. org/abs/1804. 08333.

[132] LUO S, CHEN X, WU Q, ZHOU Z, YU S. Hfel: Joint edge association and resource allocation for cost-efficient hierarchical federated edge learning[J]. IEEE Transactions on Wireless Communications. 2020

Jun 26;19(10):6535-48.

[133] LIN Y, HAN S, MAO H, et al. Deep gradient compression: Reducing the communication bandwidth for distributed training[C/OL]. 2017, arXiv:1712.01887. https://arxiv.org/abs/1712.01887.

[134] TAO Z AND LI Q, eSGD: Communication efficient distributed deep learning on the edge[J]. in Proc. USENIX Workshop Hot Topics Edge Comput. (HotEdge), Boston, MA, USA, 2018.

[135] TANG H, Gan S, Zhang C, Zhang T et al. Communication compression for decentralized training[C]. in Proc. Adv. Neural Inf. Process. Syst., 2018, pp. 7663-7673. https://arxiv.org/abs/1901.00844.

[136] ZHOU Q, GUO S, QU Z et al. Octo: INT8 Training with Loss-aware Compensation and Backward Quantization for Tiny On-device Learning [C]. In2021 {USENIX} Annual Technical Conference ({USENIX}{ATC} 21) 2021 Jul 14 (pp. 177-191).

[137] MAO Y, YI S, LI Q et al. A privacy-preserving deep learning approach for face recognition with edge computing[C]. in Proc. USENIX HotEdge, 2018.

[138] WANG J, ZHANG J, BAO W, et al. Not just privacy: Improving performance of private deep learning in mobile cloud[C]. in Proc. 24th ACM SIGKDD Int. Conf. Knowl. Discovery Data Mining, 2018, pp. 2407-2416.

[139] SHARMA R, BIOOKAGHAZADEH S, LI B et al. Are existing knowledge transfer techniques effective for deep learning with edge devices[C]. in Proc. IEEE Int. Conf. Edge Comput. (EDGE), Jul. 2018, pp. 42-49.

[140] CHEN Q, ZHENG Z, HU C, et al. Data-driven task allocation for multi-task transfer learning on the edge[C]. in Proc. IEEE 39th Int. Conf. Distrib. Comput. Syst. (ICDCS), 2019.

[141] OSIA S A et al. A hybrid deep learning architecture for privacy-preserving mobile analytics[C/OL]. 2017, arXiv:1703.02952. https://arxiv.org/abs/1703.02952

[142] CHEN T Y-H, RAVINDRANATH L, DENG S, et al. Glimpse: Continuous, real-time object recognition on mobile devices[C]. in Proc. ACM Sensys, 2015.

[143] DROLIA U, GUO K, et al. Precog: Prefetching for image recognition applications at the edge[C]//in Proc. ACM/IEEE Symp. Edge Comput. (SEC), Oct. 2017, p. 17.

[144] GUO P, HU B, LI R, et al. FoggyCache: Cross-device approximate computation reuse[C]. in Proc. ACM Mobicom, 2018: 19-34.

[145] DROLIA U, GUO K, TAN J, et al. Cachier: Edge-caching for recognition applications[C]. in Proc. IEEE ICDCS, Jun. 2017: 276-286.

[146] KANG D, EMMONS J, ABUZAID F, et al. Noscope: Optimizing neural network queries over video at scale[J]. Proc. VLDB Endowment, 2017, 10(11): 1586-1597.

[147] LUO S, CHEN X, WU Q, et al. Hfel: Joint edge association and resource allocation for cost-efficient hierarchical federated edge learning[J]. IEEE Transactions on Wireless Communications. 2020, 19 (10):6535-6548.

[148] WANG J, et al. Bandwidth-efficient live video analytics for drones via edge computing[C]. in Proc. IEEE/ACM Symp. Edge Comput. (SEC), Oct. 2018: 159-173.

[149] JAIN S, JIANG J, SHU Y, et al. ReXCam: Resource-efficient, cross-camera video analytics at enterprise scale [C]. 2018, arXiv: 1811.01268. [Online]. Available: https://arxiv.org/abs/1811.01268.

[150] ZHANG D, VANCE N, ZHANG Y, et al. Edgebatch: Towards ai-empowered optimal task batching in

intelligent edge systems[J]. in 2019 IEEE Real-Time Systems Symposium (RTSS), 2019: 366-379.

[151]　DHAKAL A, KULKARNI S, RAMAKRISHNAN K K. ECML: Improving Efficiency of Machine Learning in Edge Clouds[C]. IEEE International Conference on Cloud Networking (CloudNet 2020).

[152]　FANG Z, LIN J, SRIVASTAVA M, et al. Multi-tenant mobile offloading systems for real-time computer vision applications[C]. Proceedings of the 20th International Conference on Distributed Computing and Networking, 2019.

[153]　JIANG S, MA Z Y, ZENG X, et al. SCYLLA: QoE-aware Continuous Mobile Vision with FPGA-based Dynamic Deep Neural Network Reconfiguration[C]//. in Proc. of IEEE International Conference on Computer Communications (INFOCOM), Toronto (Virtual), Canada, July 2020.

[154]　CHEN Q, ZHENG Z, HU C, et al. On-edge multi-task transfer learning: Model and practice with data-driven task allocation[J]. IEEE Transactions on Parallel and Distributed Systems, 2019, 31(6): 1357-1371.

[155]　OSIA S A, SHAMSABADI A S, SAJADMANESH S, et al. A hybrid deep learning architecture for privacy-preserving mobile analytics[J]. IEEE Internet of Things Journal, 2020, 7(5): 4505-4518.

[156]　LI B, CHEN F, JIN H, et al. Auditing Cache Data Integrity in the Edge Computing Environment[J]. IEEE Transactions on Parallel and Distributed Systems, 2020, PP(99).

[157]　LI B, HE Q, CHEN F, et al. Inspecting Edge Data Integrity with Aggregated Signature in Distributed Edge Computing Environment[J]. IEEE Transactions on Cloud Computing, 2021, PP(99):1-1.

[158]　LIU D, SHEN J, VIJAYAKUMAR P, et al. Efficient data integrity auditing with corrupted data recovery for edge computing in enterprise multimedia security[J]. Multimedia Tools and Applications, 2020, 79 (4).

[159]　HAN Q, ZHANG Y, LI H. Efficient and robust attribute based encryption supporting access policy hiding in internet of things[J]. Future Generation Computer Systems, 2018, 83.

[160]　XU S, YANG G, MU Y, et al. A secure IoT cloud storage system with fine grained access control and decryption key exposure resistance[J]. Future Generation Computer Systems, 2019, 97.

[161]　OBOUR A K, XIA Q, SIFAH E, et al. A secured proxy based data sharing module in IoT environments using blockchain[J]. Sensors, 2019, 19:1235.

[162]　关巍, 张磊. 属性基代理重加密的大数据隐私保护方法[J]. 计算机工程与设计, 2018, 39(11): 3356-3361, 3424.

[163]　杨桢栋. 面向边缘计算的分层安全数据存储和应用模型研究[D]. 镇江:江苏大学, 2019.

[164]　施巍松, 张星洲, 王一帆, 等. 边缘计算:现状与展望[J]. 计算机研究与发展, 2019, 56(01): 69-89.

[165]　ANATI I, GUERON S, JOHNSON S P, et al. Innovative Technology for CPU Based Attestation and Sealing[Z]. 2013.

[166]　HOEKSTRA M, LAL R, PAPPACHAN P, et al. Using innovative instructions to create trustworthy software solutions[C]// Proceedings of the 2nd International Workshop on Hardware and Architectural Support for Security and Privacy. ACM, 2013.

[167]　MCKEEN F, ALEXANDROVICH I, BERENZON, A, et al. Innovative instructions and software model for isolated execution[D]. 10. 1145/2487726. 2488368.

[168]　GJERDRUM A T, PETTERSEN R, JOHANSEN H D, et al. Performance Principles for Trusted Computing with Intel SGX[C]// International Conference on Cloud Computing and Services Science.

Springer, Cham, 2017.

[169] ARNAUTOV S, TRACH B, GREGOR F, et al. SCONE：Secure Linux containers with Intel SGX［C］Proc of the 12th USENIX Symp on Operating Systems Design and Implementation. Berkeley, CA：USENIX Association, 2016：689-703.

[170] 宁振宇, 张锋巍, 施巍松. 基于边缘计算的可信执行环境研究［J］. 计算机研究与发展, 2019, 56 (7)：1441-1453.

[171] LI Y P, et al. Task Offloading in Trusted Execution Environment empowered Edge Computing［C］. 2020 IEEE 26th International Conference on Parallel and Distributed Systems (ICPADS). IEEE, 2020.

[172] WANG Q, GUO Y, WANG X, et al. AI at the Edge：Blockchain-Empowered Secure Multiparty Learning With Heterogeneous Models［J］. IEEE Internet of Things Journal, 2020, PP(99)：1-1.

[173] YAN X, WU Q, SUN Y. A Homomorphic Encryption and Privacy Protection Method Based on Blockchain and Edge Computing［J］. Wireless Communications and Mobile Computing, 2020, 2020 (3)：1-9.

[174] RAHMAN M S, KHALIL I, ATIQUZZAMAN M, et al. Towards privacy preserving AI based composition framework in edge networks using fully homomorphic encryption［J］. Engineering Applications of Artificial Intelligence, 2020, 94：103737.

[175] GUO J, WU W. Differential Privacy-Based Online Allocations towards Integrating Blockchain and Edge Computing［J］. Cryptography and Security, 2021.

[176] MIAO Q, JING W, SONG H. Differential privacy-based location privacy enhancing in edge computing［J］. Concurrency and Computation：Practice and Experience, 2019, 31.

[177] JING W, MIAO Q, SONG H, et al. Data Loss and Reconstruction of Location Differential Privacy Protection Based on Edge Computing［J］. IEEE Access, 2019.

[178] SADA A B, BOURAS M A, MA J, et al. A Distributed Video Analytics Architecture Based on Edge-Computing and Federated Learning［C］// 2019 IEEE Intl Conf on Dependable, Autonomic and Secure Computing, Intl Conf on Pervasive Intelligence and Computing, Intl Conf on Cloud and Big Data Computing, Intl Conf on Cyber Science and Technology Congress (DASC/PiCom/CBDCom/CyberSciTech). IEEE, 2019.

[179] LI Y, ZHOU Y, JOLFAEI A, et al. Privacy-Preserving Federated Learning Framework Based on Chained Secure Multi-party Computing［J］. IEEE Internet of Things Journal, 2020, PP(99)：1-1.

[180] WANG Z Y, et al. Resource-Efficient Federated Learning with Hierarchical Aggregation in Edge Computing［C］. IEEE INFOCOM 2021-IEEE Conference on Computer Communications. IEEE, 2021.

[181] 芦效峰, 廖钰盈, 等. 一种面向边缘计算的高效异步联邦学习机制［J］. 计算机研究与发展, 2020, 57(12)：2571-2582.

[182] XIAO D, LI M, ZHENG H. Smart Privacy Protection for Big Video Data Storage Based on Hierarchical Edge Computing［J］. Sensors (Basel, Switzerland), 2020, 20(5).

[183] DUAN Y, LU Z, ZHOU Z, et al. Data Privacy Protection for Edge Computing of Smart City in a DIKW Architecture［J］. Engineering Applications of Artificial Intelligence, 2019, 81(MAY)：323-335.

[184] KONG Z, XUE J, WANG Y, et al. Identity Authentication Under Internet of Everything Based on Edge Computing［C］// Chinese Conference on Trusted Computing and Information Security. Springer, Singapore, 2019.

[185] MOOD D A, NIKOOGHADAM M, et al. An Anonymous ECC-Based Self-Certified Key Distribution

Scheme for the Smart Grid[J]. IEEE Transactions on Industrial Electronics, 2018.

[186] KHALID M, LI X, ASHRAF C S, et al. Pairing based anonymous and secure key agreement protocol for smart grid edge computing infrastructure[J]. Future Generation Computer Systems, 2018, 88(NOV.): 491-500.

[187] LIU H, ZHANG P, PU G, et al. Blockchain Empowered Cooperative Authentication With Data Traceability in Vehicular Edge Computing[J]. IEEE Transactions on Vehicular Technology, 2020, PP (99):1-1.

[188] CHEN G H, WEN X Y, WU K Q, et al. Radio Frequency Fingerprint-Based Intelligent Mobile Edge Computing for Internet of Things Authentication[J]. Sensors, 2019, 19(16):3610.

[189] XIE F, WEN H, WU J, et al. Convolution Based Feature Extraction for Edge Computing Access Authentication[J]. IEEE Transactions on Network Science and Engineering, 2019, PP(99):1-1.

[190] XU H, DING J, LI P, et al. Edge computing-based security authentication algorithm for multiple RFID tags[J]. International journal of intelligent information and database systems, 2018, 11(2-3):132-152.

[191] ZENG S, ZHANG H, HAO F, et al. Deniable-Based Privacy-Preserving Authentication Against Location Leakage in Edge Computing[J]. IEEE Systems Journal, 2021, PP(99):1-10.

[192] CHEN Y, XU A D, et al. A Lightweight Mutual Authentication Scheme for Power Edge Computing System[C]//DEStech Transactions on Environment Energy, 2019.

[193] LIU W, SONG J, WU H, et al. Non-Crypto Authentication for Smart Grid Based on Edge Computing[J]. Journal of Physics: Conference Series, 2020, 1646(1):012060 (6pp).

[194] WANG B, LI M, JIN X, et al. A Reliable IoT Edge Computing Trust Management Mechanism for Smart Cities[J]. IEEE Access, 2020, 8:46373-46399.

[195] CINQUE M, ESPOSITO C, RUSSO S. Trust Management in Fog/Edge Computing by Means of Blockchain Technologies. IEEE, 2019.

[196] LI F, WANG D, WANG Y, et al. Wireless Communications and Mobile Computing Blockchain-Based Trust Management in Distributed Internet of Things [J]. Wireless Communications and Mobile Computing, 2020, 2020(5):1-12.

作者简介

郭得科 国防科技大学教授、博士生导师，2001 年和 2008 年分别从北京航空航天大学和国防科技大学获得学士和博士学位。入选国家第四批"万人计划"青年拔尖人才（2019）、国家优秀青年科学基金获得者（2014）、湖南省杰青获得者（2016）、教育部新世纪优秀人才（2014）。研究网络计算与系统、分布式计算与系统、网络空间安全、大数据分析处理、移动计算等方向。担任科技创新 2030-"国家网络空间安全"重大项目专家、中国计算机学会分布式计算与系统专委会副主任。

曾德泽 中国地质大学（武汉）教授、博士生导师，计算机科学系主任，智能地学信息处理湖北省重点实验室副主任。2013 年于日本会津大学获得博士学位。入选湖北省"楚天学子"（2013）。主要从事边缘计算、物联网、未来网络等方向的研究工作。担任 JNCA、FCS、TSUSC、OJ-CS 等期刊编委。中国计算机学会分布式计算与系统专委会副秘书长。

徐子川 大连理工大学副教授、博士生导师。分别于 2008 年和 2011 年在大连理工大学获得学士和硕士学位，于 2016 年获得澳大利亚国立大学博士学位。入选大连市海外高层次人才、青年科技之星、留创计划、大连理工大学星海优青、大连市"本地全职高层次人才（青年才俊）"。研究方向包括边缘计算、大数据、网络虚拟化、无服务器计算等。

屈志昊 河海大学助理研究员，CCF 会员。主要研究方向包括分布式机器学习、联邦学习、移动边缘计算等，主持中国博士后面上项目、江苏省青年基金等项目，在包括 IEEE Trans. 系列汇刊（TMC、JSAC、TPDS、TC、TETC 等）以及 INFOCOM、ATC、ICPP、ICPADS 等国际知名会议上发表论文 20 余篇，担任 IEEE ICPADS 2020 出版主席，IEEE ICFC 2020、WASA 2021 程序委员会成员。

彭晓晖 中国科学院计算技术研究所副研究员。入选中国科学院 BR 计划青年俊才。2016 年 5 月毕业于东京大学，获得工学博士学位，主要从事分布式计算系统、边缘计算等方向的研究工作，提出了面向万物互联的控域架构理论和 T-REST 分布式系统架构方法。主持了国家某委重点项目子课题和领域前沿项目，国家基金委重点项目子课题和面上项目等。在  《计算机研究与发展》、IEEE Internet of Things、Proceedings of The IEEE 等国内外著名刊物上发表相关论文 20 余篇。兼任中国计算机学会分布式计算与系统专委会委员，边缘计算国际旗舰会议 Publicity Co-Chair 和 TPC 成员，IEEE Internet Computing 编委，是 PIEEE、IEEE TSC、JCST 等多个著名期刊的审稿人。

周　知 中山大学计算机学院副教授，分别于 2012 年、2014 年和 2017 年在华中科技大学计算机学院取得本科、硕士和博士学位，2017 年 10 月加入中山大学计算机学院。近年来的主要研究方向包括云计算与边缘计算、边缘智能、分布式计算系统等，在 PIEEE、IEEE/ACM ToN、IEEE JSAC、IEEE TPDS、IEEE TMC、IEEE TC 等国际学术期刊以及 IEEE  INFOCOM、IEEE RTSS、IEEE ICDCS、ACM MobiHoc、ICPP 等国际学术会议发表论文 60 余篇，其中 2 篇论文入选 ESI 热点论文。曾获得 2019 年中国计算机学会优秀博士学位论文奖提名、2018 年 ACM 武汉暨湖北省计算机学会优秀博士学位论文奖（唯一获奖者）。

张星洲　中国科学院计算技术研究所助理研究员，2014 年和 2020 年分别从山东大学和中国科学院计算技术研究所获得学士和博士学位。获得中国博士后科学基金面上基金（2021）和 CCF-百度松果基金（2020）支持。研究方向为分布式计算系统、边缘计算系统、边缘智能、人机物编程等。在 *PIEEE*、*JCST*、ICDCS、SEC 等相关领域的重要期刊/会议上发表论文 10 余篇，论文入选中国精品科技期刊顶尖学术论文 F5000、《计算机研究与发展》2019 年论文高被引 TOP10 等。担任中国计算机学会分布式计算与系统专委会委员。

唐国明　国防科技大学副教授、硕士生导师，分别于 2006 年和 2010 年获国防科技大学学士和硕士学位，2017 年获加拿大维多利亚大学博士学位。入选海德堡大师论坛全球 200 位青年学者（2016）、首届湖南省自然科学优秀青年基金获得者（湖南省优青，2019）、首届国防科技大学高层次创新人才培养对象（卓越青年，2019）。研究方向为绿色计算、云/边缘计算、智能能量系统等。主持国家自然科学基金、中国博士后科学基金、湖南省自然科学基金、CCF-腾讯犀牛鸟基金等多个项目，在本领域高水平期刊和会议上发表论文 50 余篇（含 CCF A/B 类 26 篇），授权发明专利 7 项（含美国专利 1 项）。

陈　旭　中山大学教授、博士生导师，担任先进网络与计算系统研究所所长、国家地方联合工程实验室副主任。入选国家海外高层次人才青年项目、德国洪堡学者、珠江人才计划创新团队带头人。研究方向为边缘计算、边缘智能、联邦学习等，获邀担任 *IEEE Open Journal of Communications Society* 领域编辑、*IEEE Transactions on Wireless Communications* 和 *IEEE Internet of Things Journal* 副编辑。

叶保留　南京大学教授、博士生导师，兼任河海大学信息学部部长、CCF 理事、分布式计算与系统专委会秘书长。主要研究领域包括分布式计算与系统、无线网络、云计算、边缘计算，近 5 年来先后主持包括国家重点研发计划课题、国家自然科学基金重点项目等国家级重要科研项目的研究工作，作为第一、第三完成人分别获得 2019 及 2016 年江苏省科学技术奖一等奖。

跨媒体智能关联分析与语义理解理论和技术的研究进展

CCF 多媒体专业委员会

于俊清[1] 王 鑫[2] 刘 偲[3] 况 琨[4] 张新峰[5] 宋子恺[1]

[1]华中科技大学，武汉
[2]清华大学，北京
[3]北京航空航天大学，北京
[4]浙江大学，杭州
[5]中国科学院大学，北京

摘 要

报告深入分析了跨媒体智能关联分析与语义理解理论与技术最新的研究进展，包括多模态数据的统一表达、知识引导的数据融合、跨媒体关联分析、基于知识图谱的跨媒体表征技术以及面向多模态的智能应用。多模态数据的统一表达和知识引导的数据融合是对跨媒体信息进行分析推理的先决条件，利用多模态信息间的语义一致性，剔除模态间的冗余信息，通过跨模态相互转换来实现跨媒体信息的统一表达，融合来自不同模态的信息，从而使多模态分析的方法能够优于原来的仅利用单个模态信息的方法，以学习更全面的特征表示。跨媒体关联分析立足于图像语言、视频语言以及音视频语言的跨模态关联分析与理解技术，旨在弥合视觉、听觉以及语言之间的语义鸿沟，充分建立不同模态间的语义关联。基于知识图谱的跨媒体表征技术，通过引入构建跨媒体的知识图谱，从跨媒体知识图谱构建、跨媒体知识图谱嵌入以及跨媒体知识推理三个方面展开研究，增强跨媒体数据表征的可靠性，并提升后续推理任务的分析效率和准确性。随着跨模态分析技术的快速发展，面向多模态的智能应用得到了更多技术支撑，报告依据智能应用所需要的领域知识，选取了多模态视觉问答、多模式视频摘要、多模式视觉模式挖掘、多模式推荐、跨模态智能推理和跨模态医学图像预测等跨模态应用实例，梳理了它们在多模态数据融合以及跨媒体分析推理方面的研究进展。依据现有理论和技术的现状，对未来跨媒体领域的发展趋势和研究方向进行了展望。

关键词：跨媒体信息统一表达，知识引导的数据融合，跨媒体关联分析，跨媒体知识图谱，跨媒体分析与推理，多模态智能应用

Abstract

This report provides an analysis of the latest research trends of theories and technologies in cross-media intelligent correlation analysis and semantic understanding. The main content of this report includes Uni-fied representation of cross- media information, knowledge- guided data fusion, cross-media correlation analysis, cross-media knowledge graph, and intelligent applications for multi-modal.

Unified representa-tion and knowledge-guided fusion are preconditions for analyzing and inference about multi-modal in-formation. The semantic consistency between multi-modal information is utilized to eliminate redundant information and achieve unified representation through cross-modal interconversion to learn more com-prehensive feature representation. The cross-media association analysis focuses on image-language, vid-eo-language, and audio-video-language, aiming to bridge the semantic gap between visual, auditory, and language, and fully establish the semantic association between different modalities. By introducing the construction of cross-media knowledge graph, cross-media knowledge graph construction, cross-media knowledge graph embedding, and cross-media knowledge inference, the cross-media representation based on knowledge graph enhances the reliability and improves the efficiency and accuracy of subsequent in-ference tasks. With the rapid development of cross-modal analysis, intelligent applications for multi-modal are supported by more technologies. According to the required domain knowledge, this report selects cross-modal applications such as multi-modal visual question answering, multi-modal video summariza-tion, multi-modal visual pattern mining, multi-modal recommendation, cross-modal intelligent inference, and cross-modal medical image prediction, their research progress is compared and reviewed in terms of multi-modal fusion and cross-media inference. According to the current situation of the existing theory and technology, the development trend and research direction of the cross media field in the future are prospected.

Keywords: unified representation of cross-media information, knowledge-guided data fusion, cross-media correlation analysis, cross-media knowledge graph, cross-media analysis and inference, multi-modal intelligent applications

1　引言

认知科学的前沿发现[1]告诉我们，人类能够融合来自多个感官的反馈来感知周围的环境。我们能获取到的信息已经从一种媒体形式逐渐转变为文本、图像、视频、音频等数据结合在一起的跨媒体数据。跨媒体数据大多体现出形式异构、内容多样、分布复杂等特点，如何有效处理这些跨媒体信息成了亟待解决的问题。本文深入分析了跨媒体智能关联分析与语义理解理论与技术最新的研究进展，从国际研究现状和国内研究现状介绍了多模态数据的统一表达、知识引导的数据融合、跨媒体关联分析、基于知识图谱的跨媒体表征技术以及面向多模态的智能应用。

多模态数据的统一表达和知识引导的数据融合是对跨媒体信息进行分析推理的先决条件。要对跨媒体信息进行分析与推理，首先要进行的就是利用多模态信息间的语义一致性，剔除模态间的冗余信息，通过跨模态相互转换来实现跨媒体信息的统一表达，以学习更全面的特征表示。多模态数据融合通过融合来自不同模态的信息从而使多模态分析的方法能够优于原来的仅利用单个模态信息的方法，传统的数据融合方法可以分为两类：特征融合和语义融合。特征融合（见图 1a）是对于来自不同模型的特征进行拼接，但由于这一方法通常是手动实现的，导致了效率低下。语义融合（见图 1b）在语义层面对多模态数据进行融合，这种方法能保证语义融合后的可解释性，但是不能充分地利用多模态数据的全部信息。伴随着深度神经网络的成功，一种新方法（见图1c）在中间层融合不同模态的隐藏空间信息，以数据驱动的方式学习不同模态的相关表示，可以充分利用多模态数据。

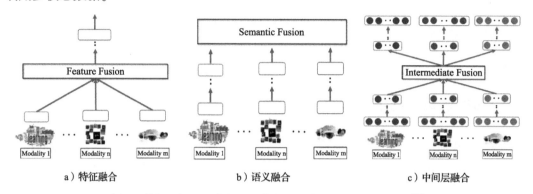

a）特征融合　　　　　　　　　b）语义融合　　　　　　　　c）中间层融合

图 1　特征、语义、中间层融合方法示意图，原图来自论文[2]

　　跨媒体关联分析与理解技术旨在弥合模态间的语义鸿沟，充分建立不同模态间的语义关联。跨媒体关联分析重点介绍了图像语言、视频语言以及音视频语言的跨模态关联分析与理解技术。图像与自然语言的跨媒体关联分析与理解由指代表达理解、指代表达分割以及短语定位这三个主要的研究方向组成。视频与自然语言的跨媒体关联分析与理解基于自然语言描述从视频中提取出感兴趣的信息，主要聚焦由语言指导的对视频的事件定位、目标定位和目标分割三个研究方向，从不同的细粒度层次获取自然语言指代的对象，从而理解视频内容。视频与音频的跨媒体关联分析与理解主要聚焦在视听定位以及视听关联学习上，解决视频与音频的跨媒体关联问题，需要让模型充分考虑这两种模态的交互和互相作用，使新模型可以提高之前单模态任务的性能并解决新的挑战性问题。

　　基于知识图谱的跨媒体表征技术，通过引入构建跨媒体知识图谱，为跨媒体数据的表征提供可靠性，并提升后续推理任务的准确性。为实现基于知识图谱的跨媒体表征学习，主要从跨媒体知识图谱构建、跨媒体知识图谱嵌入以及跨媒体知识推理三个方面展开研究。在跨媒体知识图谱构建过程中，需要处理以特定数据结构展示和存储的结构化数据，由于不具备结构的非结构化数据在跨媒体数据中占有较大比重，因此需要借助知识图谱补全、实体识别与链接以及实体关系学习等技术来保证跨媒体知识图谱的完备性。基于跨模态知识图谱的嵌入技术能够更好地建模跨模态数据中广泛存在的多样性，有效提升跨模态数据的表征能力。

　　面向多模态的智能应用，随着跨模态分析技术的快速发展，得到了更多技术支撑，为了对现有的知识引导的跨模态数据融合思想以及跨媒体信息的统一表达进行清晰的阐述，本文依据所需要的领域知识，选取了多模态视觉问答、多模式视频摘要、多模式视觉模式挖掘、多模式推荐、跨模态智能推理和跨模态医学图像预测等跨模态应用实例，讨论了它们在知识引导的多模态数据融合和跨媒体分析与推理方面的研究方向。

　　本文的章节安排如下：第2部分和第3部分分别介绍了多模态数据的统一表达和知识引导的数据融合、跨媒体关联分析、基于知识图谱的跨媒体表征以及面向多模态的智能应用的国际和国内研究现状；第 4 部分对国际和国内研究进展做了对比；第 5 部分分析目前的研究趋势，并对未来的研究方向进行展望。

2　国际研究现状

2.1　多模态数据的统一表达和知识引导的数据融合

跨媒体数据承载着不同种类的信息，需要利用多模态信息间的语义一致性剔除模态间的冗余信息，从而学习更全面的特征表示。一个基本的研究问题是如何学习跨媒体数据的统一表示。主要包含两大研究方向：联合表征和协同表征。联合表征尝试构建一个公共空间，将数据映射到该空间，使用常见的距离度量（如欧几里得距离和余弦距离等）直接计算异构数据对象之间的相似性。通过这种方式来减少来自不同模态的数据之间的异构差距。第一个经典模型是典型相关性分析（CCA)[3]。它通过最大化成对异构数据之间的相关性来学习公共空间，并通过线性函数执行投影。在 CCA 的基础上又有许多后续研究。核典型相关性分析（KCCA)[4] 在 CCA 的基础上使用较低阶的核函数提高模型的描述能力。Andrew 等人[5] 使用深度学习技术扩展 CCA，将传统 CCA 拓展为深度典型相关分析（DCCA)，利用深度神经网络学习更具判别性的语义表征比使用 CCA 和 KCCA 的方法可更全面地学习相关性。考虑到在不同模态数据维度较高时在优化 DCCA 巨大的存储以及时间开销，Yan 与 Mikolajczyk 提出了一种端到端 DCCA 算法[6]，该算法详细阐述了 DCCA 的优化方式，进一步提高了实现效率。多视角分析方法（GMA)[7] 则通过拓展线性判别分析和边缘 Fisher 分析，引入语义信息丰富的标签。协同表征使用成对匹配方法，利用多模态数据之间的相似性度量反映匹配程度。Srivastava 等人提出了深度玻尔兹曼机[8]。该方法先对不同模态分别学习底层表示，进而利用高层语义将不同模态表示融合来建立不同模态间的关联。Karpathy 等人提出深度视觉语义对齐算法（DVSA)[9]，使用 R- CNN 检测和编码图像区域，计算所有可能的图像区域–单词对相似性分数。Castrejon 等人提出了正则化跨模态深度学习网络[10]，旨在模态差异很大的情况下学习不同模态的共同表示。Socher 等人引入了依赖树递归神经网络（DT- RNNs)[11]，使用依赖树将句子嵌入向量空间以检索这些句子描述的图像。

知识引导的跨模态融合方法主要有三类，即贝叶斯推理、师生网络和强化学习。贝叶斯理论[12] 是统计学中非常流行的工具。贝叶斯推理[13-15] 的目的是通过将一些"先验"知识编码到模型中来模拟人类的推理能力。因此，利用贝叶斯先验知识融合领域知识是知识引导的多模态融合的一个很好的选择。师生网络[16] 最初是在训练有素的网络（教师网络）的指导下，提出对复杂的深层模型（学生网络）进行压缩。它还被应用于图像集[17]、RGB 图像和深度图[18] 以及视频集[19] 之间的信息与知识传递。因此，通过教师网络提取有用的领域知识，并以此作为跨模态数据融合的指导，也是一个合适的方向。强化学习[20,21]旨在采取适当的行动，在某些情况下使奖励最大化。在过去的几十年里，它一直是一个成熟的机器学习研究课题，有广泛的应用，特别是在机器人领域[22]。因此，利用领域知识来指导强化框架中的奖励和反馈是处理知识引导的多模态融合的一种很有前途的方法。

2.2　跨媒体关联分析

2.2.1　图像与自然语言的跨媒体关联分析

图像与自然语言的跨媒体关联分析与理解主要由指代表达理解（REC）、指代表达分割（RES）以及短语定位（Phrase Grounding）等研究方向组成。其中，指代表达的任务要求为：根据给定语言表达，在图像的区域提案集合（Region Proposal Set）中选出最相关的一个。这些模型需要首先使用目标检测器提取区域提案，然后计算指代表达和每个目标之间的相似性。这种两阶段方法不仅带来了巨大的计算量，而且限制了第二阶段计算的准确度。为了解决这些问题，腾讯 AI 实验室和美国罗切斯特大学基于 YOLOv3[23]联合提出了单阶段指代表达理解方法 FAOA[24]。该方法使用 Darknet[25]和 BERT[26]分别提取语言特征和视觉图像金字塔特征，然后将语言特征与视觉图像金字塔的各层特征拼接起来，用于预测目标物体的边界框坐标。为了提高模型对位置的感知能力，预测过程还使用了像素正则坐标构成的空间特征。Sun 等人认为，上述单阶段方法不能有效利用目标物体和相关物体的上下文关系，而且推理过程缺乏可解释性。为了解决这些问题，他们提出了基于深度强化学习的迭代收缩算法[27]。通过顺序观察收缩过程，模型的迭代推理过程可以更好地得到解释。如图 2 所示，粗箭头表示收缩方向，虚线框表示收缩结果。第一次迭代关注到架子，第二次迭代定位到架子上的猫。该方法创新性地将强化学习引入指代表达理解任务，增强了模型的可解释性。

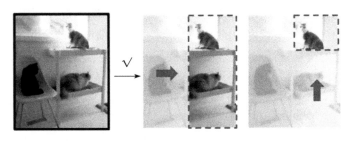

图 2　迭代收缩方法，相应指代表达为"架子上的猫（The cat above the shelf）"

对于指代表达分割任务，Huang 等人提出了渐进式跨模态理解（CMPC）模型[28]。先前方法通常在视觉和语言模态之间进行隐式的特征交互与融合，无法有效感知指代表达中的关键词语，因此两种模态的特征对齐程度较低，限制了目标物体的定位准确度。而渐进式跨模态理解模型首先在视觉和语言模态搜索可能的实体，然后使用指代表达中的关系词定位目标物体，从而准确定位所指代的目标。更进一步，印度海得拉巴研究所提出了综合多模态交互方法[29]。该方法主要由一个联合推理（JRM）模块和一个跨模态多层融合（CMMLF）模块组成，能够对多种关系同时实现跨模态联合推理，从而消除解析单个关系时可能引入的歧义。联合推理模块可以对目标物体的多模态上下文进行有效建模，跨模态多层融合模块负责在图像金字塔的各层之间交换信息，以进一步优化语义分割结果。

在短语定位方面，美国伊利诺伊大学香槟分校、以色列巴伊兰大学以及英伟达共同发布了一种基于弱监督对比学习方法[30]。研究人员创新性地使用语言模型指导的词替换机制，在已有指代表达的基础上构建人量难负样本。该方法证明了最大化跨模态互信息下界，从而学习优化词语-区域注意力的可行性。来自上海交通大学、北卡罗来纳大学教堂山分校以及加利福尼亚大学伯克利分校的 Wang 等人针对弱监督短语定位任务提出了多模态对齐框架（MAF）[31]。该框架首先使用细粒度视觉特征和视觉感知的语言特征对短语-物体关联程度进行建模，然后使用对比学习方法，将大量图像-描述数据集引入训练过程，进一步提高模型性能。总的来说，上述方法从不同角度出发，实现了短语定位任务的弱监督训练，避免了大规模标注短语定位数据集的成本，对于该领域的落地应用具有推动作用。

2.2.2 视频与自然语言的跨媒体关联分析

视频与自然语言的跨媒体关联分析与理解由语言指导的事件定位、目标定位以及目标分割组成。输入一段视频和自然语言描述，事件定位需要确定该语言描述的事件在该视频中的起止时间点，目标定位或分割任务则需要确定该语言描述的目标在视频帧图像中的边界框或者像素级别的二值掩码。

对于语言指导的视频事件定位任务，先前的方法多为首先提取若干个预选视频子片段，然后基于各个视频子片段与自然语言的融合特征来选择某个子片段并对其起止时间进行更精细的调整。澳洲国立大学的 Rodriguez 等人[32]提出了一种端到端且无须预选子片段的方法，该方法通过基于注意力机制的动态转化器将语言信息迁移到视觉信息域中，并且在训练中引入新的损失函数来指导模型自适应地注意到视频中与语言最相关的部分，而软标签则可以建模监督标注的不确定性来增加模型的鲁棒性。韩国浦项工科大学的 Mun 等人[33]提出了利用文本查询中的语义短语来进行更细粒度的交互的方法，除了采用整句自然语言描述的全局特征和视频的视觉特征的交互外，该方法还引入了句子中的重要语义实体与视频对应片段的交互。牛津大学的 Varol 等人[34]将 Transformer[35]模型引入了该任务中，实现了手语视频与其文本含义的对齐，Transformer 具有强大的序列建模能力，可以更好地编码文本和视频序列特征。

对于由语言指导的视频目标定位任务，大多数方法直接应用基于视频帧图像的目标定位方法。南加州大学的 Sadhu 等人[36]引入了多帧视频中目标之间的关系信息，通过具有相对位置编码的自注意力机制对多对象关系建模来消除歧义，从而保证自然语言描述定位目标的准确性和唯一性，并且提出了一种新颖的对比采样方法以生成更具挑战性的数据集。新加坡国立大学的 Yang 等人[37]针对视频时空结构复杂和缺乏细粒度标注的特点提出了弱监督框架，首先通过时间定位模块对查询对象和视频帧之间的潜在关系进行建模，从而定位到关键帧，然后通过空间交互模块捕获视觉区域之间的相关性以学习上下文感知的目标特征表示。

　　由语言指导的视频目标分割任务，中佛罗里达大学的 McIntosh 等人[38]首次将动态路由胶囊网络[39]引入了该任务当中，首先通过胶囊网络对视频和文本输入进行编码来提供更有效的特征表示，然后通过视觉文本路由机制实现视频和文本胶囊的融合，多个胶囊按协议路由程序来学习不同实体之间的关系，实现文本描述对象的像素级定位。首尔大学的 Seo 等人[40]提出了联合图像指代分割和视频目标分割的框架，通过指代自然语言和先前帧中的分割掩码预测来估计当前帧中的对象掩码，以此迭代逐帧处理视频，直到所有帧中的掩码预测都收敛。该框架包含了跨模态注意力模块和记忆注意模块，前者保证指代的正确性，后者则保证帧间的连续性。

2.2.3　音频与视频的跨媒体关联分析

　　音频与视频的跨媒体关联分析与理解包括视听定位和视听关联学习。视听定位的目标是根据输入音频对视频中的音频信号进行定位，其难点在于需要分离不同物体发出的特定声音，并在视觉环境中定位每个声音信号。在视听定位任务中，目标说话人的视觉信息可以辅助声音分离，如嘴唇的动作、音调和空间位置等。基于此，Gu 等人[41]通过基于因子化注意力的融合方法获得每个模态的语义信息，利用说话人的信息辅助定位。Zhu 等人[42]则通过引入外观注意模块来增加额外的信息（外观），以分离不同的语义表征。基于视频中运动信息的重要性，Zhao 等人[43]提出了端到端的深稠密轨迹网络来学习视频中的运动信息，实现了音视频分离。先前的研究方法只能应用于有同步音频的视频，而 Rouditchenko 等人[44]通过对神经网络学习的解耦，可以实现只使用视频帧或声音来实现定位和分离的任务。给定一个视频帧或一个声音，该方法使用类别到特征通道的对应关系来选择一个特定类型的源或物体进行分离或定位。

　　视听关联学习的重点是发现音频和视觉模态之间的语义关系。它的下游任务包括视听检索匹配和视听语音识别任务。前者使用音频或视觉信息来搜索其在另一种模态中的对应部分，而后者则源于传统的语音识别任务，通过视觉信息提供更多的语义先决条件来提高识别性能。针对视听关联学习任务，Surís 等人[45]提出了新的联合嵌入模型，将两种模态映射到一个联合嵌入空间，直接计算它们之间的欧氏距离。此外，还利用余弦相似性来确保同一空间中的两个模态尽可能接近，同时不重叠。但由于存在大量的全连接层，其网络结构的参数量十分巨大。Nagrani 等人[46]提出了跨模态的自监督方法来学习视频中嵌入的音视频信息，大大降低了网络的复杂度。Nagrani 等人[46]设计了新的课程学习时间表来进行样本选择，以进一步提高网络的性能。其训练所得到的联合嵌入也可以有效地应用于下游任务中。

2.3　基于知识图谱的跨媒体表征

2.3.1　跨媒体知识图谱构建

　　2012 年，谷歌提出了知识图谱这一技术概念，有效地刻画了异构实体及关系，成为学术界和工业界共同关注的前沿方向。目前知识图谱主要分为两类：通用知识图谱，通常用于辅助问答系统、推荐系统和信息检索系统，例如由 IBM 公司开发的沃森问答系统[47]和 Cortana、Siri 等对话机器人；领域知识图谱，通常解决医疗、教育和金融等特定领域的具体问题，例如微软的学术图谱[48]、Facebook 的社交图谱搜索。

　　传统知识图谱通常仅采用单一模态描述语义信息。然而，大量人类知识与网络信息以跨模态的形式存在，因此跨媒体知识图谱的构建成为近几年知识图谱相关研究的热点。代表性开源跨媒体知识图谱包括 MovieGraph[49]、Visual Genome[50]、IMGpedia[51]、MMKG[52]等。跨模态知识图谱或基于单模态知识图谱进行扩充，如 IMGpedia 是基于 Wikimedia Commons 数据集中的图像进行扩建的；或以单一模态数据为中心进行构建，如 Visual Genome 通过区域、物体、属性、关系、区域图结构、场景图结构以及问答七个层面的标注来实现对目标图像的深度理解。

　　在跨媒体知识图谱构建过程中，获取到的原始知识数据的结构可以划分为以下三类：

　　1）以特定数据结构展示和存储的结构化数据，如 CSV、JSON 等。该类数据可以直接通过基于规则的数据清洗方法提取三元组。

　　2）基于特定存储方式的半结构化数据，如 HTML 等。该类数据可以通过基于规则的方法提取部分实体，但关系的抽取则更加依赖数据挖掘相关技术。

　　3）不具备结构的非结构化数据，也是目前最常见的数据类型，例如不含超链接的文本、缺乏标注的网络视频和图片等。

　　为从上述类型的数据中获取丰富的知识信息，从而构建知识完备的跨媒体知识图谱，通常需要采用以下技术：

　　1）知识图谱补全。该领域工作主要分为面向三元组的单步补全方法和面向路径的多步补全方法两类。在单步补全中，基于嵌入的补全方法聚焦于学习实体和关系在低维空间中的嵌入：得分函数计算每个新的实体替换原有三元组头、尾实体后的得分，取得分最高的若干个实体生成新的三元组并加入知识图谱中实现补全。国际上的经典方法包括 TransE[53]、HolE[54]以及 R-GCN[55]。单步算法均基于实体间的二元关系对知识图谱进行补全，未能全面考虑社会媒体信息中存在的复杂关系。多步补全方法主要针对知识图谱中存在的路径信息，期望获得非直接邻接实体之间的关系，从而有效提升知识图谱对事件的推理能力。Gardener 等人[56]在路径排序算法的基础上引入向量空间相似性的启发式算法，缓解了路径排序算法中的特征稀疏问题。

　　2）实体识别与链接。命名实体识别是指识别数据中的命名性实体，并将其划分到指定类别的任务[57]。以影片知识图谱为例，常见的实体类别包括演员名、影片名、公司名、奖项名、地点、日期等。实体链接主要解决具有不同实体名的同一实体的对齐问题，是指将数据中的实体名指向其所代表的真实实体的任务，通常也被称为实体消歧[58]。由于能够对海量数据进行分析，命名实体识别与链接是跨媒体知识图谱构建的核心技术。

　　在命名实体识别领域，近期工作采用诸如 LSTM-CNN 的序列到序列神经网络架构以学习字符、单词级别的特征。NN-CRF[59]为一种典型的堆叠式神经网络架构，包含数个 LSTM 层和 CRF 层以学习每个词位置处的词向量及最佳的分类标签。为减少实体分类过程中的标签噪声，PLE[60]提出了一种带有异构图的局部标签嵌入模型以表示实体名、文本特征、实体类型及其关系。为了应对类型数量的增长，Ma 等人[61]提出了一种带有层级信息的原型驱动的标签嵌入方法以解决细粒度零次学习命名实体分类。

在实体链接领域，当前主流的端到端方法采用表示学习度量实体和实体名的距离。Ganea 和 Hofmann[62]提出了局部内容窗口上的注意力机制神经网络和可微的消息传递机制以分别学习实体嵌入和推断模糊实体。Le 和 Titov[63]将实体间的关系视为隐变量，并进一步提出了一种带有逐关系和逐实体名归一化的端到端神经架构。Adjali 等人[64]率先实现了基于多模态数据的实体链接算法，并由此构建了 Twitter 跨媒体知识图谱。

3）实体关系学习。实体关系学习的目标是从非结构化数据中提取出未知的关系事实三元组，用于自动构建大规模知识图谱，又称为关系抽取。由于缺少标注好的关系数据，研究者常用远程监督（即弱监督）方法对知识和非结构化数据进行启发式对齐，构建大量训练数据。该方法的主要假设为：给定已有知识库中的一个事实三元组，若某条外部数据中同时包含了其中两个实体，则该数据在一定程度上表达了该关系事实，即可对其进行自动标注。深度神经网络已经成为实体关系学习的主流方法。Nguyen 等人[65]使用带有多尺寸卷积核的多窗口卷积神经网络将已有的关系分类方法拓展至关系抽取任务。Miwa 等人[66]基于依赖树堆叠序列和树结构的 LSTM 来实现关系抽取。在此基础上，多种深度学习范式的引入进一步提高了实体关系学习的准确率。注意力机制方面，Soares 等人[67]提出使用变换器模型（Transformer）的预训练关系表征实现实体关系学习。图卷积网络方面，C-GCN[68]是一种建立在语句依存树的上下文图神经网络。AGGCN[69]同样建立在依存树上，然而使用多头注意力（Multi-head Attention）通过软加权实现边的选择。Wu 等人[70]提出在关系抽取的词向量中加入对抗噪声以增加算法鲁棒性。Takanobu 等人[71]提出了一种多层次策略学习框架以同时实现高阶关系检测和低阶关系抽取。

2.3.2 跨模态知识图谱嵌入

在跨模态场景下，不同模态的实体特征通常呈现异质性。将不同模态的实体映射到统一的表示空间，是跨模态表征学习的常见做法。该问题通常被称为嵌入。基于跨模态数据构建知识图谱能够更好地建模数据多样性，因而基于跨模态知识图谱的嵌入技术可以有效提升跨模态数据的表征能力。

1）面向文本的跨模态知识图谱嵌入。该任务通过文本主题分类器使语言模型适应特定领域或任务，以提高语音识别或机器翻译系统性能。常见的文本分类任务中所利用的特征通常是局部的词汇特征，未能充分利用词汇所在句子的结构信息。在情感分类或空位填充等更复杂的问题中需要引入上下文信息。基于语法特征需在评估阶段运行代价昂贵的解析模型，或者使用专家设计的正则表达式，但这需要大量人工标注。鉴于此，Zhen 等人[72]研究了从大型知识图谱和文本语料库中推理新关系事实的嵌入方法。该方法在嵌入过程中兼顾知识图谱中的实体关系以及文本语料库单词，同时定义了描述知识和文本一致性的概率模型。Marin 等人[73]基于跨模态知识图谱探索了一种利用短语模式特征实现文本分类的新方法。将每个句子拆分成多个短语，分别和知识图谱中的实体或者关系做匹配。这个过程忽略了原有句子的顺序，但是为了限制搜索空间，加以语义顺序上的限制。查询匹配得到一个可以构成句子的完整短语集合，同时，检测此集合中语义和距离跨度比较大的短语，在后续的评分机制中加以关注和约束。为建立拆分出的短语到知识图谱的映射，令 e_{sk} 表示句子 s 的第 k 个短语中包含的知识特征，I 为指示函数，对于给定句子 s 中的词 w_i，研究者定义 w_i 和属性 a_j 之间边的权重如公式 1 所示。

$$c_s(w_i, \ a_j) = \sum_k I(e_{sk}, \ a_j) \qquad \text{（公式 1）}$$

该过程可充分利用知识图谱中丰富的外部信息，有利于提高在文本分类任务中的性能。

2）面向图像的跨模态知识图谱嵌入。对于包含图像的多模态表征问题，Pezeshkpou 等人[74]提出基于不同神经编码器的跨模态数据多峰知识库嵌入（MKBE）方法。该方法通过不同的神经编码器对不同模态知识进行建模，并将神经编码器与关系模型结合，引入补全模型从知识图谱中生成对应的属性信息对跨模态知识的嵌入进行补全。Zhu 等人[75]提出了一个基于知识库的框架来处理各种视觉查询，而无须为新任务训练新的分类器，他们将大型 MRF（马尔可夫随机场）转换为知识表示形式，并结合视觉信息、文本、结构化数据以及它们之间的多种关系。与其他针对标准识别和检索任务的专用模型相比，此系统在回答更丰富的多模态视觉查询方面表现出更大的灵活性。

3）面向语音对话系统的跨模态知识图谱嵌入。在面向任务的对话系统（SDS）中，跟踪用户目标问题受到了广泛关注。Yi 等人[76]提出了推理知识图谱，将现有的大规模语义知识图谱映射到 MRF，创建基于口语对话系统的用户目标跟踪模型。由于语义知识图谱包含实体和其他多模态知识，作者首先在原始知识图谱的实体和关系上引入势因子，将语义知识图谱转换成 MRF 因子图。对于知识图谱中的每个实体，根据 MRF 因子图得到其与用户目标的符合程度。选取符合程度高的实体，生成证据实体，计算其条件概率以表示符合用户问题的程度。最后，对所有实体进行排序，选取条件概率最高的实体，即推理系统对输入对话的回答。

4）面向复杂网络的跨模态知识图谱嵌入。随着在线社交网络的快速发展，了解用户行为和网络动态成为社交网络挖掘中重要且具有挑战性的问题。为了弥合社交网络和知识图谱之间的鸿沟，Yang 等人[77]定义了面向社交的知识图谱嵌入学习问题。对于给定的一个社交网络，包括对应的知识图谱以及用户在社交网络上发布的文本和视觉等多模态信息，研究者旨在将每个社交网络用户链接到给定的概念知识。社交知识图谱嵌入学习在用户建模、推荐和基于知识的搜索中都具有潜在的应用，并可实现将大型社交网络与开放式知识图谱连接起来。研究者通过形式化以上社交知识图谱嵌入学习的问题，提出了一种新颖的多模态贝叶斯嵌入模型 GenVector，可以使用共享的潜在嵌入空间对多模态知识进行建模。

2.4   面向多模态的智能应用

2.4.1   多模态视觉问答

给定一张图像和一个相关的文本问题，VQA 系统应该基于图像正确地回答问题，使得 VQA 本质上是跨模态的。VQA 不仅对视觉和文本模式的衔接要求非常高，对从目标识别和定位到高级推理和常识知识学习等多方面的能力要求也非常高。我们将简要介绍 VQA 系统的传统跨媒体架构，以及几种连接视觉和文本模式的先进技术，讨论 VQA 系统中的一些问题和可能引导未来研究的开创性工作。

传统的 VQA 方法通过端到端的方式训练一个神经网络，使用（图像、问题、答案）三元组作为监督，建立从给定图像和问题输入到一个候选答案的映射。其核心思想是学习图像和问题的统一嵌入。输入图像将通过预训练用于图像分类的卷积神经网络（例如 ResNet）来获得图像表示，即固定长度向量。同时，文本问题中的每一个单词都将首先通过一些成熟的方法嵌入一个连续的空间中（例如，一个热编码，或者在预先训练好的单词嵌入矩阵中查找），然后通过单词包或递归神经网络将单词序列编码成一个固定长度的向量，以获取单词之间的序列关系。在获得图像和问题的特征表示后，将图像和问题分别嵌入一个公共空间中来进行图像和问题的组合表示。嵌入函数通常作为神经网络的附加层来实现，并且用于组合嵌入特征的直接选项包括公共空间中的级联和 Hadamard（元素）乘法。这一系列的工作可以看作最简单的跨模态融合方法。图 3 中提供了一个图解[78]。

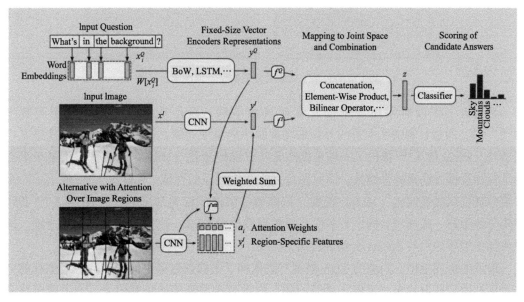

图 3　一种传统 VQA 方法的图解，原图来自论文[78]

在视觉世界，人类有能力专注于特定的区域，而不是整个场景。在此启发下，注意力机制[79]被广泛应用于解决"看哪里"的问题。注意力的核心思想是通过对相关区域的内容和边信息之间的相互作用进行建模，使神经网络能够了解要关注的区域。作为多数 VQA 模型的重要组成部分，文献中提出了许多不同的注意机制来模拟文本和视觉模式之间的相互作用[80]~[83]。Yang 等人[80]提出了一种堆叠式注意网络（Stacked Attention Network，SAN），它利用文本问题的语义特征作为查询，通过多层结构搜索相关的视觉区域。Lu 等人[81]提出了一个层次共注意（HieCoAtt）模型，通过对图像进行问题引导注意和对问题进行图像引导注意，将"视觉注意"和"问题注意"结合起来。Anderson 等人[83]引入了一种自底向上的视觉注意机制，该机制基于更快的 R-CNN 获得的图像区域，从而实现针对对象的注意力[84]，如图 4 所示，而不是像过去工作（如 7×7 ResNet101[85]）一样关注空间特征图。

图 4　基于空间和基于对象的视觉特征，原图来自论文[84]

另一组工作没有采用简单的元素生成或串联，而是采用双线性池模型及其变体[86]~[90]，通过计算两个向量的外积来实现两个向量中元素之间的交互，进而获得了巨大成功。Fukui 等人[86]提出了一种多模态紧凑双线性池化（MCB）算法，采用基于采样的计算和投影方法来降低维数，同时保持完全双线性池的性能。Kim 等人[87]提出了一个多模态低秩双线性池化（MLB）模型，该模型能够降低权重张量的秩。Yu 等人[89]利用矩阵分解中的一些技巧，提出了多模态分解双线性（MFB）池化，以提高收敛速度。通过将低秩矩阵约束与 Tucker 分解相结合。

最近的研究指出，当前的 VQA 模型严重依赖于不同数据集中的偏差，许多现有的方法过度利用这些偏差来"正确"回答问题，而没有考虑真实的视觉信息。为了缓解这个问题，提出了平衡的数据集[90]、[91]和强制执行更透明的模型设计的尝试。

2.4.2　多模态视频摘要

视频摘要的目标是生成一个包含一部分视频片段的短视频摘要。为了解决视频摘要问题，提出了大量的单峰方法，其中无监督方法[92-95]通常采用人工设计的视觉准则和监督方法从视频中提取帧或镜头[96,97]，倾向于直接利用人工编辑的摘要示例来学习视频摘要模式和挖掘视频摘要的特定视觉模式。除了视觉特征外，视频还与来自其他形式的丰富信息相结合，如音频信号、文本描述等。所有形式信息彼此对齐或互补，在不同方面反映视频内容。同时考虑视频的不同模态信息，可以提供更全面的视频摘要模型。基于这一思想提出了多种多模态视频摘要方法，并指出视频摘要也可以作为多模态融合的一种应用。

　　传统的多模态视频摘要方法主要对电影或音乐视频进行摘要，从视频中检测和合成低水平的视觉、音频和文本线索，以评估不同视频部分的显著性、代表性或质量，然后提取这些信息部分，生成最终的视频摘要。Xu 等人[98]提出了基于视听文本分析和对齐的音乐视频摘要方法。如图 5 所示，首先将音乐视频分为一个音乐曲目和一个视频曲目。对于音乐轨迹，基于音乐结构分析检测出合唱。对于视频轨迹，将视频镜头分割并分为近距离人脸镜头和非人脸镜头，从这些镜头中提取歌词并检测重复次数最多的歌词。最后将上述检测到的合唱部分、镜头类型和重复次数最多的歌词的边界对齐，以生成音乐视频摘要。Pan 等人[99]通过编码文本和场景信息，将故事镜头链接为图形的徽标，介绍了一种多模式面向故事的视频摘要（MMSS）模型。Evangelopoulos 等人[100]基于视频流中传输的音频、视频和文本信息的显著性模型，制定了感知重要视频事件的检测。音频显著性 S_a 通过量化多频率波形调制的线索来评估。视觉显著性 S_v 通过强度、颜色和运动驱动的时空注意模型来测量。文本显著性 S_t 则通过对视频字幕信息进行词性标注和提取来测量。通过音频、视频和文本的加权线性组合，将各种模态曲线整合成一条单一的注意力曲线，如公式 2 所示。

$$S_{avt} = w_a S_a + w_v S_v + w_t S_t \qquad (公式 2)$$

　　其中，事件的存在可以在一个或多个域中被标识。这种多模态显著性曲线是自底向上的视频摘要算法的基础，该算法可以对单峰或基于视听的略读结果进行细化。

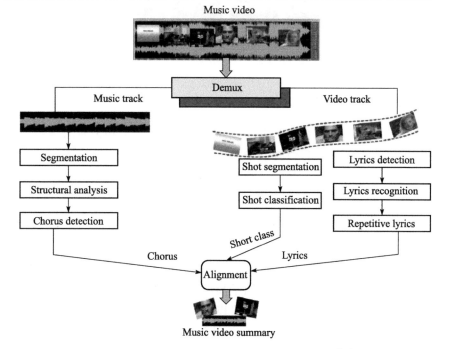

图 5　音乐视频摘要的工作流程，原图来自论文[98]

　　随着视频网站和社交网络的大规模发展，网络视频摘要问题受到人们和研究人员越来越多的关注。与传统的离线视频不同，在线网络视频中充斥着标签、标题、描述等各种辅助信息，承载着丰富的领域知识。这些领域知识往往突出人们关注的关键视频内容，因此提高视频摘要算法的性能至关重要。几种多模式视频摘要方法将 Web 视频与其领域知识联系起来，分析视频内容，生成视频摘要。

　　Song 等人[101]观察到，视频标题通常被精心选择，以最大限度地描述其主要主题，因此与标题相关的图像可以作为主要主题重要视觉概念的代理。如图 6 所示，他们利用视频标题通过图像搜索引擎检索 Web 图像，并开发一种共同原型分析技术，学习视频和 Web 图像之间共享的规范视觉概念。

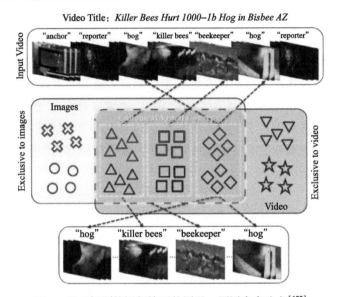

图 6　基于标题的视频摘要的图示，原图来自论文[100]

2.4.3　多模态视觉模式挖掘

　　知识库是实体、属性及其相互关系的集合。知识库模式是知识库的结构，用于指导知识库的建立。它通常由具有特定领域知识的专家手动构建。许多像自动内容抽取这样的任务对知识库的依赖性很强。然而，目前的方法忽略了可用于构建或填充这些结构化本体的可视信息。可视化知识库构建的前期工作只探索了有限的基本对象和场景关系。文献［102］~［106］中提出了几种新的多模态模式挖掘方法，旨在半自动地构造一个高级的"事件"模式，这种模式能够扩展纯文本模式构造方法。利用一个大型无约束的弱监督图像对语料库来发现事件的视觉特征，并自动命名这些视觉成分。

　　为了找到与事件相关的多模态模式用于知识库的构建，我们定义了两个准则，即代表性准则和区别性准则，来寻找高质量的多模态视觉模式。代表性意味着发现的模式应该是该类别中常见的。区别性是指从一个类别中发现的模式不应该在其他类别中发现。代表性由事务的支持率定义，如公式 3 所示，区别性由置信率定义，如公式 4 所示。

$$s(t^*) = \frac{\left| \{ T_a \mid t^* \subseteq T_a,\ T_a \in S \} \right|}{m} \qquad \text{(公式 3)}$$

$$c(t^* \to y) = \frac{s(t^* \cup y)}{s(t^*)} \qquad \text{(公式 4)}$$

T_a 是一个事务，t^* 是物品的集合，y 是目标的类别。文章[102]中可以将发现的关联规则转换为多模态视觉模式。两种模式挖掘需求可以定义为公式 5。

$$
\begin{aligned}
&c(t^* \to y) \geqslant c_{\min} \\
&s(t^*) \geqslant s_{\min} \\
&t^* \cap I \neq \varnothing \\
&t^* \cap C \neq \varnothing
\end{aligned}
\qquad \text{(公式 5)}
$$

其中，y 是事件类别，$c_{\min}$ 是最小置信度阈值，$s_{\min}$ 是最小支持度阈值，I 是可视事务，C 是文本事务。每个多模态模式 t^* 都有一组视觉项目和文本模式。端到端多模态模式发现和命名框架如图 7 所示。

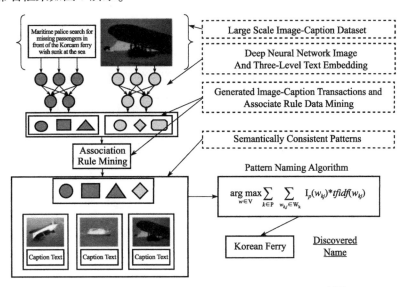

图 7   从多模态模式发现和生成管道，原图来自论文[102]

多模态模式挖掘方法可以作为填补文本分析和视觉分析之间空白的桥梁。Zhang 等人[104]、[106]利用文章[102]、[107]中提出的多模态视觉模式挖掘框架来改进自然语言处理领域中的知识和事件抽取问题。与传统的纯文本事件抽取方法相比，多模态方法引入了从视觉领域发现的领域知识，取得了显著的效果。

2.4.4   多模态推荐

随着各种在线社交网络和多媒体网站的爆炸式增长，人们现在已经习惯于同时使用不同的媒体来满足他们多样化的信息需求[108]。据报道，每个用户平均拥有 5.54 个社交媒体账号，并积极使用 2.82 个社交平台或媒体。跨模式信息共同反映了每个人的兴趣和偏好。因此，有机地传递或关联跨模态信息对于智能地为人们服务具有重要意义[109]。

现有的多模式推荐工作可以从两个角度进行分组，即根据关联知识进行分类和根据整个模型结构进行分类。其中，国外的工作主要集中在根据关联知识进行分类。Yan 等人[110]提出了一种基于潜在属性稀疏编码的主题关联框架。他们表示，桥接信息在不同的媒体中在共同的潜在空间优于显式矩阵定向转移。上述关联框架的目标函数如公式 6 所示。

$$\min_{D^1,\, D^2,\, S} \|U^1 - D^1 S\|_F^2 + \|U^2 - D^2 S\|_F^2 + \lambda \|S\|_1$$
$$\text{s.t. } \|d_i^Y\|_2^2 \leq 1, \quad \|d_j^T\|_2^2 \leq 1, \ \forall\, i,\, j,$$

（公式 6）

其中，D^i 包括用户因素，S 包括用户属性表示。约束 $\|d\|_2^2 \leq 1$ 的目的是防止 D 变得任意大。采用 $L1$ 范数惩罚，为用户提供一个紧凑、稀疏的属性分布空间。文献［111］提出的稀疏编码算法经过多次变换后，可以有效地解决这一问题。如图 8 所示，Maaten 和 Hinton[112]提出了一个嵌入和映射框架 EMCDR，首先通过矩阵分解得到不同平台上的用户表示，然后通过线性映射或多层感知器（MLP）进行映射。优化问题可以形式化为公式 7：

$$\min_{\theta} \sum_{u \in U} \|f_{\mathrm{mlp}}(u^1;\ \theta) - u^2\|_2^2$$

（公式 7）

其中，$f_{\mathrm{mlp}}(\cdot;\ \theta)$ 是 MLP 映射函数，θ 是其参数集。Abel 等人[113]在 Flickr、Twitter、Delicious 上聚合用户配置文件，并针对推荐中的冷启动问题提出解决方案。

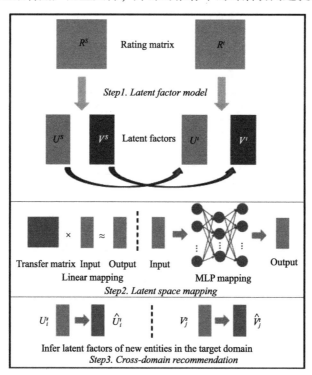

图 8　采用线性转移和 MLP 作为映射函数的 EMCDR 框架示意图（根据
　　　实验结果证明 MLP 映射的性能更好），原图来自论文[112]

2.4.5　跨模态智能推理

跨模态检索通过对一种模态的查询，返回与之相关的其他不同模态的检索结果。不同模态数据之间呈现底层特征异构、高层语义相关的特点。跨模态检索的主流方法大致可以分为四类：子空间的方法、深度学习的方法、哈希变换的方法和主题模型的方法。子空间基本与上文联合表征部分相同，如 Rasiwasia 等提出将典型相关分析（CCA）[3]方法应用到文本与图像间的跨模态检索中，即将文本特征和视觉特征分别看作不同的特征空间，通过最大化投影向量的相关性学习投影子空间。从多模态降维的角度，Maha-devan 等人[114]提出在学习低维嵌入的同时保持不同模态内的局部几何结构，有效提高了嵌入的稳定性。上述方法都是无监督的跨模态子空间学习方法。在有类标信息的条件下，Sharma 等人[7]将无监督 CCA 推广到广义多视角判别分析，使得同类样本在潜在子空间的投影尽量接近而非同类样本的投影尽量分离。基于深度学习的跨模态检索方法则更类似于协同表征，如 Ngiam 等人[115]提出了基于深度网络的跨模态学习方法。该模型考虑了多模态融合学习、跨模态学习和共享表示学习，通过视频、语音识别证实了方法的有效性。哈希变换的跨模态方法是通过学习不同模态的哈希变换，将不同模态特征映射到一个汉明（Hamming）二值空间，然后在汉明空间实现快速的跨模态检索。Kumar 等人[116]将传统的单模态谱哈希进行推广，提出了跨模态的哈希变换法。主题模型则是假设包含相同语义的异构数据共享一些潜在主题。Blei[117]首先将隐狄里克雷模型推广到跨模态检索，通过将主题看作共同的潜变量来关联不同的模态。Putthividhy 等人[118]提出了主题回归的多模态隐狄里克雷主题模型，该方法对每个模态分别学习一个潜在主题模型，然后在不同模态间运用回归的方法建模不同模态间的关系。

2.4.6　跨模态医学图像预测

跨模态医学图像预测，即由一种模态图像预测另一种模态图像则是另一大研究领域。常用医学模态包括 CT、MRI、PET 和包括超声成像在内的各类声学、光学成像模态等[119]。其中，CT 对密度差异较大的组织成像效果较好，但具有电离辐射；MRI 图像中诊断信息丰富，成像过程不产生电离辐射，但其空间分辨率不及 CT，容易产生伪影；PET 检查成本高，价格昂贵；超声成像虽然空间分辨率较差，但是方便易用、成本低廉。不同模态的图像各有特点，若能利用已有医学图像通过跨模态预测得到不同模态图像，将能更好地帮助医生获得跨模态图像信息来提高诊断效率。Burgos 等人提出基于多图集的预测方法[120]，并基于形态学相似性对不同的图集分配不同的权值，目标 MRI 与图集越相似则合成 CT 预测时该图集的权重越大。Wolterink 等人直接采用非配对且未校准的 MRI-CT 数据用于 GAN 网络训练[121]，其借鉴了合成自然图像的 CycleGAN 模型[122]用于 CT 预测。Bahrami 等人于 2015 年提出并实现基于多级 CCA 的仿 7TMRI 重构[123]，其使用基于实例[124]和组稀疏的方法由低分辨率图像（3TMRI）重构高分辨率图像（仿 7TMRI），并借鉴了将低分辨率图像与高分辨率图像映射到 CCA 空间的方法[125]，提升两者的相关性。2016 年，他们又提出基于 CNN 的仿 7T 图像预测方法[126]。CNN 通过建立成对的低分辨率图像与高分辨率图像的非线性映射，完成高分辨率图像的重建[127,128]。Boaz Arad 等人提出一种快速的从 RGB 图像重建多光谱图像的方法[129]，该方法通过使用高光谱的先验信息构建稀疏的高光谱字典，其投影映射到 RGB 空间，提供 RGB 空间到高光谱图像之间的原子映射。GallianiS 等人通过多层卷积网络实现自然场景的 RGB 图像预测多光谱图像[130]。

3　国内研究现状

3.1　多模态数据的统一表达和知识引导的数据融合

跨媒体信息统一表达基于 CCA，Song 等通过构造非参数映射[131]和线性交叉模态投影[132]进行进一步拓展。Xia 等人[133]采用莱文贝格-马夸特方法来结合高斯-牛顿方法与随机梯度方法的各自优势，DCCA 框架的参数更容易学习且学习步长可自动控制，来缓解陷入局部最优解的情况。Wang 等使用双分支神经网络[134]学习跨模态信息联合嵌入；Liu 等构建了基于循环残差融合模块（RRF）[135]的公共空间。Liang 等人[136]提出了群组不变跨模态子空间学习方法，在学习投影子空间的同时，学习不同模态间的群组共生关系。在协同表征方面，Wu 等使用图像-文本和文本-图像双向语义相似性学习双线性相似度[137]；Ma 等提出多模态卷积神经网络（m-CNN）[138]，使用不同的句子片段与多层次图像特征交互，削弱了单词对句子的依赖；Huang 等提出的 SCO 模型[139]首次使用多区域多标签的卷积神经网络预测图像语义特征，用自注意力机制的长短期记忆网络显式地学习语义顺序，实现了匹配和生成的联合学习；Wang 等用注意力机制学习单词和词语间的语义关系，提出了联合全局共注意力表示学习方法[140]；Wu 等通过引入生成对抗网络的思想，使用对抗训练方式实现语义一致的跨模态数据对齐[141]。除了上述模型外，Mao 等人[142]提出了一种称为并行场对齐检索（PFAR）的基于流形的模型，该模型将跨媒体检索视为使用并行场的流形对齐问题。

知识引导的跨媒体数据融合与国外研究现状一样，适合知识引导的跨模态融合方法还是主要有三大类：贝叶斯推理、师生网络和强化学习。

3.2　跨媒体关联分析

3.2.1　图像与自然语言的跨媒体关联分析

对于指代表达理解任务，Liao 等人[143]首次在精度不下降的条件下实现了实时推理。该方法将指代表达理解任务重述为一个相关性过滤过程。具体来说，指代表达首先从语言模态映射到视觉模态，然后作为模板对视觉特征图进行相关性过滤。相关性热力图的峰值即为目标物体边界框的中心。另一方面，模型对二维物体大小和偏移进行预测，从而得到目标物体边界框的坐标。该方法在多个数据集上达到了最优水平，同时推理速度达到了40FPS，极大地推动了指代表达理解任务的研究边界。Yang 等人[144]从结构化推理的角度出发，提出了基于图的指代表达理解模型。从任务本身的角度出发，要想在指代表达中避免歧义，不能仅描述目标物体，还要对相关物体及其关系进行说明。因此，如果只分析指代表达中有关目标物体的描述，对于较为复杂的表达是不适用的。图结构模型可以较好地解决这一问题，其中节点表示相关物体，边表示物体之间的关系。

考虑到指代表达理解与指代表达分割具有高度相关性，Luo 等人提出了多任务协作网络（MCN）[145]。具体来说，指代表达分割可以帮助指代表达理解更准确地对齐视觉和语言特征，而指代表达理解则可以帮助指代表达分割定位目标。在此过程中，研究者使用一致性能量最大化（CEM）和自适应软非定位抑制（ASNLS）方法，解决了多任务训练中预测结果冲突的问题。一致性能量最大化方法通过最大化指代表达理解与指代表达分割任务的一致性能量，迫使二者关注相似的视觉区域；而自适应软非定位抑制方法可以根据指代表达理解的预测结果，抑制指代表达分割中的不相关区域。该方法首次实现了上述任务的联合学习，为指代表达理解与指代表达分割任务提供了新的解决思路。

短语定位方面，Mu 等人提出了解耦的介入式图网络（DIGN）[146]，将场景图上下文中的不同图案加入分布式表示。同时，模型采用介入式策略对特征和结构表示进行增强和增广。最后，跨模态注意力网络对所有特征进行融合，并计算每个视觉区域的相似度评分，得到最终结果。该方法细化了跨模态上下文信息的理解粒度，打破了模型理解复杂信息的限制。

3.2.2 视频与自然语言的跨媒体关联分析

对于由语言指导的对视频的事件定位任务，国内的研究人员也提出了众多新方法。不同于之前多用简单注意力机制来建模跨模态交互，华中科技大学的 Liu 等人[147]引入了图网络，通过自模态交互图建立视频帧或者句子单词之间的关联，通过跨模态交互图建模句子和视频之间的相关实例，二者构成联合图能更有效地捕捉两种模态之间的交互。华南理工大学的 Zeng 等人[148]针对训练过程中带注释的起始结束帧和其他帧的不平衡问题，提出了一种新的密集回归网络，预测每帧到语言所描述的视频片段的开始帧或结束帧的距离。中国科学院大学的 Wang[149]和哈尔滨工业大学的 He[150]等人提出了使用强化学习来解决该任务的方法，前者首先基于一个初始的时间边界，对时间边界内的视频片段进行观察后决定边界应该如何移动，然后逐步迭代地调整时间边界直到找到最佳匹配的视频片段。后者提出了一种基于递归神经网络的强化学习模型，该模型选择性地观察帧序列，并以基于匹配的方式将给定的句子与视频的语义概念相关联。

对于由语言指导的视频目标定位任务，浙江大学的 Zhang 等人[151]引入图网络来增强模型的推理能力，从而可以处理更多表述形式的自然语言（例如带有显式宾语的陈述句和带有未知宾语的疑问句）。该方法基于视频每个帧图像中的空间子图和跨帧的时间子图来建立时空区域图，然后将文本线索合并到图中进行多步跨模态图推理。北京工业大学的 Wang 等人[152]针对该任务缺乏细粒度标注的特点同样提出了一种弱监督的方法，之前的方法多通过应用不同的帧加权策略将监督信息从视频传播到单帧中，该方法进一步关注了视频中不同对象区域之间的时空相关性，通过自注意机制捕获多对象特征之间的潜在时空相关性，并且设计了多模态交互模块来进行建模句子中的语义查询与视频中的对象区域之间的相似性。

对于由语言指导的视频目标分割任务，动态卷积良好的感受野自适应性很好地匹配了分割任务的细粒度要求，西安电子科技大学的 Wang 等人[153]针对该任务常用的动态卷积模块进行了改进，提出了一种包含上下文信息的动态卷积网络，根据自然语言和上下文特征生成特定区域的卷积核。Wang 等人[154]还针对之前工作多只用语言来指导视觉特征而忽略语言描述的多样性这一问题，提出了非对称的交叉引导注意力网络，由视觉引导的语言注意力来理解多样的描述和语言引导的视觉注意力来建模全局视觉上下文。此外，为了准确地表示目标对象，给定的自然语言描述中通常含有与目标具有空间相对关系的附近对象，浙江大学的 Ning 等人[155]针对此特性在视觉语言特征融合中引入了基于极坐标的相对位置编码，使得句子特征可以更直接的方式与位置编码进行交互，以提取自然语言中隐含的相对位置关系，同时还为该位置编码提供了参数化函数，以自适应地估计方向和范围。

3.2.3　音频与视频的跨媒体关联分析

对于在视觉背景下对声音进行定位的视听定位任务中，国内的研究人员也提出了众多新方法。受人类听觉系统选择性地接收信息的启发，中国科学院自动化研究所的 Sun 等人[156]提出了一种基于超材料的单麦克风监听系统（MSLS）来定位和分离 3D 空间中的固定声音信号。系统的核心部分是由多个二阶滤波器组成的超材料外壳，用来决定不同方向的频率响应，有效地提升了识别的性能。清华大学的 Lu 等人[157]的模型由多个视频流和一个音频流组成，将来自不同流的特征连接成一个联合的音频-视频特征表示。Lu 等人[157]同时提出了一个视听匹配网络来建立语音和人类嘴唇运动之间的对应关系，从而使得模型获得更好的效果。

在利用音频与视觉信息的跨媒体分析理解的视听关联学习任务中，国内最近的研究引入了注意机制来突出音频或视频表征中包含的一些重要信息。清华大学的 Zhou 等人[158]通过多模态注意机制来融合不同模态的特征，利用两种模态的相对重要性来获得融合后的特征表达。中科大的 Zhang 等人[159]提出了一种分解双线性池化，通过嵌入的注意力机制来学习各个模态的特征，之后将音频和视频之间的关联关系整合到音频-视频情感识别任务中。通过注意力机制的运用，可以使得音频和视频两个模态的信息更好地交互和整合，以达到提升下游任务性能的目的。

3.3　基于知识图谱的跨媒体表征

3.3.1　跨媒体知识图谱构建

国内知识图谱的构建起步较晚，但发展迅速。通用知识图谱方面，有百度等互联网公司构建的面向搜索引擎的通用知识图谱、东南大学维护开发的 Zhishi. me 图谱，以及由复旦大学知识工厂实验室研发的大规模通用领域结构化百科 CN-DBPedia[160]。Zhishi. me 从百科数据中抽取结构化数据，融合了包括百度百科、互动百科、中文维基三大百科数据，拥有 1000 万个实体和一亿两千万个三元组；CN-DBPedia 则从百科类网站非结构化数据中提取信息，通过数据挖掘方法提取高质量的结构化数据。领域知识图谱方面，则呈现百花齐放的势态。在电商领域，阿里巴巴于 2017 年 8 月发布了包含百亿核心商品数据的知识图谱，整合至该公司旗下各类人工智能产品。医疗领域，中国中医科学院研发了中医药知识服务平台，集成了包括中医药学语言系统、中医特色疗法知识图谱、中医临床知识图谱、中医学术传承知识图谱在内的多个领域知识图谱[161]。教育领域，百度发布了基础教育图谱，整合了中小学全阶段全学科的知识体系，构建专业基础教育网状知识图谱。

跨媒体知识图谱构建方面，国内尚处于起步阶段。Richpedia[162]以从搜索引擎中得到的图像和检索词作为跨模态知识图谱的核心内容，侧重于跨模态数据的分类任务。该图谱构建者认为已有跨模态知识图谱虽然融合了多模态知识，但是均基于已有的文本知识图谱构建，没有考虑到图像的多样性，图像没有作为单独的知识实体存在。而 Richpedia 的实体集合则包含文本知识图谱实体和图像实体。

1) 知识图谱补全。在单步补全方法中，国内研究者在 TransE 的基础上发展出 TransR[163]、TransH[164]等方法。这类改进聚焦于低维嵌入空间和评分函数的选择，通过采用表征能力更强的嵌入空间和评分函数以捕获更为复杂的结构信息。然而，这些基于单一空间的嵌入方法受限于嵌入空间及其度量的性质，补全得到的三元组不能有效提升知识图谱的推理能力。为解决上述问题，SENN[165]引入共享网络结构和自适应加权的损失函数，在不同空间中分别获得头尾实体和关系的隐式特征。但该方法依赖于知识图谱中的已有连接，无法捕获具有少量连接的知识或实体的演变。在多步补全方法中，随机游走算法受限于知识图谱的图结构，难以发现没有直接连接的路径。为解决该问题，Neelakamtan 等人[166]将路径递归地分解为若干个关系的嵌入，而 DIVA[167]则分解为路径发现和路径推理两个子步骤。

2) 实体识别与链接。在命名实体识别领域，国内研究者提出了多种创新框架。MGNER[168]提出一种集成框架，包含多种粒度的实体位置检测与适用于嵌套和非重叠命名实体的基于注意力机制的实体分类。Hu 等人[169]通过多任务学习框架区分多标记实体和单标记实体。最近，Li 等人[170]通过参考注释准则构造查询问题，从而将普通和嵌套命名实体识别任务统一为机器阅读理解框架。ConnectE[171]使用局部类别和全局三元组知识以强化统一表征。同时，诸如 ERNIE[172]和 K-BERT[173]等基于知识图谱的预训练语言模型也被应用于命名实体识别，并取得一定的性能提升。针对多模态命名实体识别，Yu 等人[174]提出同时学习对图片感知的文本表示和对文本感知的视觉表示，同时单独使用文本模态减少视觉信息中的偏见信息。

在实体链接领域，部分国内研究者致力于对知识及内容上下文进行联合建模，例如 Fang 等人[175]首先建立了联合特征学习与链接模型，而 Cao 等人[176]进一步提出一种多原型实体名嵌入模块，学习包含同一实体名的多个含义的嵌入，据此判断实体名所属的实体。Fang 等人[177]将任务转化为序列学习问题，并提出一种强化学习方法从全局角度对实体进行链接。Chen 等人[178]则在模型中引入了潜在的实体类型信息，以减少对不同类型实体的误链接。

3) 实体关系学习。国内研究者在深度实体关系学习领域做出了开创性工作，Zeng 等人[179]将相对于实体的距离作为特征输入卷积神经网络进行关系分类，并进一步提出PCNN[180]以更好地捕捉实体对间的结构信息。在此基础上，Jiang 等人[181]将其扩展至多标签学习，通过跨语句池化算子进行特征选择。此外，循环神经网络也被引入该领域，例如 SDP-LSTM[182]使用了多通道 LSTM；BRCNN[183]则通过双通道双向 LSTM 和 CNN 同时捕捉序列依赖关系和局部语义信息。

进一步，国内研究者同样引入其他深度学习范式以提高实体关系学习的准确率：

1) 注意力机制，包括捕捉单词语义信息的单词级注意力[184]、消除噪声实例影响的多实例注意力[185]、基于实体描述的语句级注意力[186]、捕获关系层次结构的多层次注意力[187]等。与基于 CNN 的语句编码器不同，Att-BLSTM[188]提出了带有单词级注意力机制的双向 LSTM。

2) Zhang 等人[189]使用图神经网络学习知识图谱的关系嵌入，并将之应用于基于语句的关系抽取。

3) DSGAN[190]使用生成式对抗网络（GAN）减少弱监督关系抽取中噪声带来的影响。

4) Qin 等人[191]采用基于策略的强化学习方法将假阳性样本转化为负样本以消除噪声数据的影响。该方法采用 F1 值作为策略网络的奖励，类似地，Zeng 等人[192]和 Feng 等人[193]采用了不同的奖励。由于基于强化学习的实体关系识别方法与关系抽取器的模型选择无关，因此已有方法同样适用于其他高效的关系抽取器。

3.3.2　跨模态知识图谱嵌入

在跨模态知识图谱嵌入方面，国内研究者取得了一系列相关的研究成果。中国科学院自动化研究所徐常胜等人[194]注意到大多数知识表征学习关注于单一模态的知识表示，忽略了其他模态数据蕴含的补充信息，因此提出了一种跨模态知识表示学习方法，可以有效地从网页中挖掘结构化的文本和视觉关系；同时通过独立于任务的方式将不同模态知识投影到统一的公共知识向量空间中，文本和视觉信息彼此增强，从而得到多模态知识表示。作者团队同时将多模态知识图谱应用在了谣言检测任务中[195]，不局限从媒体内容和社交环境中推断线索，同时从外部的多模态知识图谱中获取文本背后的丰富知识信息，辅助高度精炼的文本的语义表达。在后续的研究中，作者提出了多模态知识层次注意网络 MKHAN[196]和多模态多关系特征聚合网络 MMRFAN[197]来对医疗多模态知识图谱中的实体和关系进行建模。输入是一个多模态医疗知识图谱，通过对抗特征学习将药物实体的文本知识和图像知识融合，得到一个多模态的通用表示，使用广度优先搜索采样，通过不同关系连接的邻居节点，得到多个派生图，每个派生图都对应着不同关系下的邻居节点。不同的派生图内部都有一个特征聚合网络，以通过图卷积网络来聚合相同关系的邻居节点；同时派生图之间有一个多关系特征聚合网络，将上述所有的特征融合得到最后的多模态特征表示。

中国科学技术大学的徐童等人[198]发现传统方法在探索不同关系嵌入的关联上进行了大量的努力，但是仍不能有效地描述实际场景中的多模态知识。为此，作者设计了一种新的多模态知识嵌入方法 MMEA 来解决多模态知识图谱中的实体对齐问题。具体来说，MMEA 分别学习关系知识、视觉知识、数字知识的实体表示，得到同一实体的多种模态下的表示，通过多模态知识融合模块集成不同类型知识的多种表示，使用集成得到多模态表示来对齐两个知识图谱中的实体。

清华大学智能技术与系统国家重点实验室的刘知远等人[199]注意到大多数常规知识表示学习，仅从结构化的三元组中学习知识表示，而忽略了从实体图像中提取丰富的视觉信息。作者提出了体现图像的知识表示学习 IKRL，同时学习事实关系三元组和图像特征。如图 9 所示，该方法使用自动编解码器构造所有实体图像的特征表示，通过注意力机制在实体空间中构造图像表示 h_I，同时仍然学习基于结构的实体表示 h_S。最后，在总体能量函数（公式 8）的指导下，将基于图像的表示形式和基于结构的表示形式进行联合学习得到实体嵌入。

$$E(h,\ r,\ t) = E_{SS} + E_{SI} + E_{IS} + E_{II}$$
$$E_{SS} = \|\, h_S + r - t_S \,\|$$
$$E_{SI} = \|\, h_S + r - t_I \,\|$$
$$E_{IS} = \|\, h_I + r - t_S \,\|$$
$$E_{II} = \|\, h_I + r - t_I \,\|$$

（公式 8）

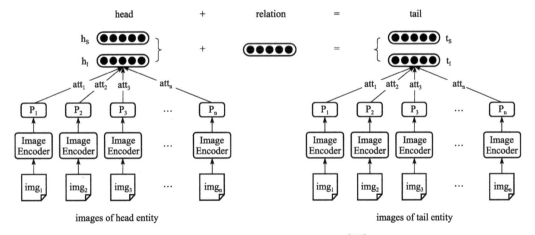

图 9　IKRL 框架图，原图来自论文[199]

电子科技大学和美团的研究人员[200]发现大多数基于知识图谱解决数据稀疏和冷启动问题的推荐方法都忽略了跨模态知识图谱中包含的多种数据模态（如文本和图像）之间的关系，提出了多模态知识图谱注意网络 MKGAT。MKGAT 分为嵌入模块和推荐模块。嵌入层主要包括多模态图谱实体编码器和多模态图谱注意力层。多模态图谱实体编码器对不同模态的数据分开学习，最后通过一个全连接层将学到概念嵌入、图片嵌入、文本嵌入连接成一个实体嵌入表示。多模态图谱注意力层通过传播层和融合层挖掘融合知识图谱中邻居的特征。最后将嵌入表示应用于推荐系统中，得到了比基于单一模态知识图谱的方法更好的推荐效果。

3.4 面向多模态的智能应用

3.4.1 多模态视觉问答

与国外研究的侧重点不同，国内研究花了更多精力放在结合领域知识上。要正确回答视觉问题，可能需要从常识到专家领域知识的额外信息，这远远超出了训练数据集所能提供的范围。因此，将从其他来源检索到的有用领域知识整合到 VQA 系统中是很有吸引力的。Li 等人[201]提出了一种知识融合的动态记忆网络（KDMN）框架，该框架将海量领域知识转化为语义空间来回答视觉问题。图 10 提供了 KDMN 框架的总体情况，该框架由三个主要模块组成，即检索、融合和推理。在检索模块中，通过对视觉内容和文本问题的分析，从外部大规模知识库中检索出合适数量的候选知识"三胞胎"。通过将检索到的知识三元组作为融合模块中的 SVO 短语，作者利用 LSTM 捕捉语义并将知识嵌入记忆槽中，如公式 9 所示。

$$C_i^{(t)} = \mathrm{LSTM}\left(\boldsymbol{L}\left[w_i^t\right], C_i^{(t)}\right), \ t = \{1, 2, 3\}$$
$$M = \left[C_i^{(3)}\right]$$
（公式 9）

其中，w_i^t 是第 i 个 SVO 短语的第 t 个单词，$\boldsymbol{L}$ 是单词嵌入矩阵，C_i 是在向前传递第 i 个 SVO 短语时 LSTM 单元的内部状态。内存库 M 用来存储大量的知识嵌入。在视觉和文本特征的指导下，这些嵌入的知识三元组被送入动态记忆网络，根据公式 10 提供的迭代方式获得提取的情景记忆向量。

$$\boldsymbol{q} = \mathrm{Query}\left(f^{(I)}, f^{(Q)}, f^{(A)}\right)$$
$$c^{(t)} = \mathrm{Attention}\left(M; \boldsymbol{m}^{(t-1)}, \boldsymbol{q}\right)$$
$$\boldsymbol{m}^{(t)} = \mathrm{Update}\left(\boldsymbol{m}^{(t-1)}, c^{(t)}, \boldsymbol{q}\right)$$
（公式 10）

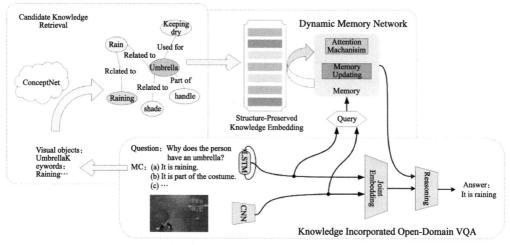

图 10　知识整合 VQA 系统的架构，原图来自论文[201]

其中，Query 创建了一个上下文感知的查询向量 $\boldsymbol{q}$，Attention 在第 t 次迭代中将知识浓缩成上下文向量，Update 则间接地将信息提取成一个情景记忆向量 $\boldsymbol{m}^{(t)}$。最后的情景记忆向量 $\boldsymbol{m}^{(T)}$ 可以与视觉特征联合使用来推断答案。与基于简单显式推理的方法相比，引入外部离散知识的方法不仅保持了深层模型的优越性，而且具有利用外部知识进行更复杂推理的能力。

3.4.2　多模态视频摘要

在具有各种辅助信息的在线视频的多模式视频摘要领域里，Wang 等人[202] 提出了一种基于标记定位和关键镜头挖掘的事件驱动视频摘要方法。如图 11 所示，它们首先将与每个视频相关联的标记定位到其快照中，其中，将快照包含标记 t_k 的条件概率定义为公式 11。

$$v_{ij}^k = P_t(y_{ij} \mid \boldsymbol{f}_{ij}) = \frac{1}{1 + \exp(-(w_k \boldsymbol{f}_{ij} + b_k))} \qquad \text{（公式 11）}$$

其中，$\boldsymbol{f}_{ij}$ 是第 i 个视频的第 j 个镜头的特征向量。w_k 和 b_k 是多实例学习需要学习的参数。在获得镜头相对于所有标签的相关性得分之后，可以估计每个镜头相对于事件查询的相关性得分。设 v_k 表示镜头相对于第 k 个标签的相关性得分，则该镜头相对于事件查询的相关性得分可定义为公式 12。

$$y = \frac{1}{K} \sum_k \mathrm{sim}(q, t_k) v^k \qquad \text{（公式 12）}$$

其中，q 为每次查询的内容，$\mathrm{sim}(q, t_k)$ 是查询 q 和标记 t_k 之间的相似性。通过探索关键子事件的重复发生特征，识别出一组具有较高关联度的关键镜头。

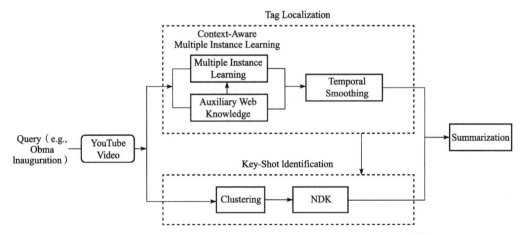

图 11　事件驱动的网络视频摘要方法的示意图，原图来自论文[202]

Yuan 等人[203] 提出了一个深层语义嵌入（DSSE）模型，通过利用从在线视频的侧面信息（如标题、描述、查询）获得的领域知识来生成视频摘要。DSSE 的基本思想是构造一个能直接比较领域知识和视频帧的潜在子空间。在这个潜在子空间中，作者希望能够更全面地学习视频与领域知识之间的公共信息，并有效地度量它们之间的语义相关性。

3.4.3 多模态推荐

现有的多模态推荐工作可以从两个角度进行分类，即根据关联知识进行分类和根据整个模型结构进行分类，其中，国内的工作两方面都有涉猎。

从关联知识的角度研究现有的多模态模型时，有一组遵循以用户为中心的方法，主要关注重叠用户的跨模态信息。一个直接的解决方案是将交叉模态关联作为一个线性传递问题，并寻求一个基于回归的显式传递矩阵[110]、[204]、[205]，可表示为公式 13。

$$\min_{W} \|WU^1 - U^2\|_F^2 + \lambda \|W\|_2 \qquad \text{（公式 13）}$$

其中，$U^i = [u_1^i, u_2^i, \cdots, u_{|U|}^i]$。相应的列是相同用户在两个平台或媒体上的表示。$\lambda$ 是加权参数，而上面的岭回归问题有一个解析解。

TLRec[206]利用重叠的用户和项目作为跨越不同媒体的桥梁，对潜在向量引入平滑约束和正则化。后来，Jiang 等人通过提出 XPTrans 模型[109]引入了一个对齐的跨模态用户行为相似性约束，该模型利用少量重叠人群来优化桥接不同媒体。

XPTrans 模型的目标函数如公式 14 所示。

$$
\begin{aligned}
J = & \|W^1 \odot (R^1 - U^1 V^1)\|_F^2 + \lambda \|W^2 \odot (R^2 - U^2 V^2)\|_F^2 + \\
& \mu (\|W^{1,2^{\mathrm{T}}} 1^2 W^{1,2^{\mathrm{T}}} \odot U^1 U^{1^{\mathrm{T}}} \odot U^1 U^{1^{\mathrm{T}}} \| + \\
& \|W^{1,2^{\mathrm{T}}} 1^1 W^{1,2} \odot U^2 U^{2^{\mathrm{T}}} \odot U^2 U^{2^{\mathrm{T}}} \| - \\
& 2 \|U^1 U^{1^{\mathrm{T}}} W^{1,2} U^2 U^{2^{\mathrm{T}}} W^{1,2^{\mathrm{T}}} \|) \\
& \text{s.t. } U^1 > 0, \ V^1 > 0, \ U^2 > 0, \ V^2 > 0
\end{aligned}
\qquad \text{（公式 14）}
$$

其中，前两行是两个平台上的传统损失矩阵分解，后三行是导出的相似性约束。

另一组方法则致力于利用不同的媒体特性进行协作应用。CODEBOOK[207]研究了 Netflix 和 MovieLens 之间的行为预测，没有考虑重叠用户，前提是他们共享相同的用户项目评级模式。TPCF[208]在协作过滤的迁移学习中集成了三种类型的数据，即对齐的用户、对齐的项目和用户项目评级。Qian 等人[209]提出了一个基于非参数贝叶斯字典学习的通用跨领域协作学习（CDCL）框架，用于跨模态数据分析。Min 等人[210]开发了一个能够区分不同模态主题的多模态主题模型。

在按整个结构分组方面，一些工作在查阅有关整个结构的现有文献时，设计了一组方法来构建一个统一的框架[109]、[206]，其中，前两个工作使用基于矩阵分解的技术，后三个工作使用基于概率模型的策略。另外一些工作采用两步程序[110]、[205]、[211]，首先将来自不同媒体的用户表示在他们自己的潜在空间中，然后将这些表示联合起来。

上述方法的核心思想相同，即所有跨模态信息都是一致的，应该对齐。然而，少数文献[211,212]发现了跨媒体关联表示过程中存在的数据不一致现象，并试图通过数据选择来解决这一问题。Lu 等人[211]发现，选择媒体一致的辅助数据对于跨模态协同过滤非常重要，提出了一种基于经验预测误差和方差的一致性评价准则，并将该准则引入 boosting 框架中，实现了知识的选择性转移。Yan 等人[212]将用户分为三组，并提出了一个预定义的微观用户特定度量，以自适应地加权数据，同时集成不同媒体上的异构数据。

特别地，Yu 等人[213]利用数据不一致的领域知识分析了 Twitter 和 YouTube 中用户的不一致行为模式，并发现这种不一致性主要是由特定媒体的差异造成的，即由于用户在不同媒体上的关注点不同，每个个体的固有个人偏好由一个共享媒体部分和一个特定媒体部分组成。为了解决特定媒体差异和粒度差异的问题，他们提出了一个视差保持的深度跨平台关联模型，其核心思想如图 12 所示。他们提出的模型包含一个部分连接的多模态自动编码器，该编码器在潜在表示中显式地捕获和保持媒体特定的视差。他们将隐藏层划分为 $h = [h^T, h^C, h^Y]$，其中 h^T 与 h^Y 分别是 Twitter 与 YouTube 的媒体独有部分，h^C 是媒体共有部分。他们还引入了非线性映射函数来关联跨模态信息，这有利于处理粒度差异。多模态自动编码器的详细结构如公式 15 所示。

$$h = g\left[\left(\sum_i \boldsymbol{W}_1^i x^i \right) + b_1 \right]$$

$$\hat{x}^i = g(\boldsymbol{W}_2^i h + b_2^i) \qquad\qquad \text{（公式 15）}$$

其中，$i \in \{T, Y\}$ 表示是 Twitter 还是 YouTube，不必要链接的权重都设为零。权重矩阵 $\boldsymbol{W}$ 和偏差单位 b 作为多模态自动编码器的参数，同表示为 θ。$g(\cdot)$ 是 Sigmoid 激活函数。总损失由重建误差、参数正则化器和稀疏性约束组成，如公式 16 所示。

$$L(x^i; \theta) = \sum_i \| \hat{x}^i - x^i \|_2^2 + \lambda \sum_{W \in \theta} \| W \|_F^2 + \mu \| h \|_1 \qquad \text{（公式 16）}$$

视差感知跨模态视频推荐的整个框架如图 12 所示。

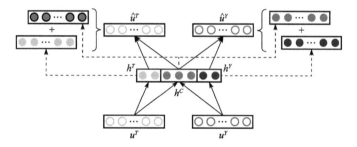

图 12　视差保持的深度跨平台关联模型。Twitter 和 YouTube 上的重叠用户分别用 u^T 和 u^Y 表示。在潜在表征中，h^T 与 h^Y 分别是保持差异的媒体特定部分，而 h^C 则是媒体共享不同媒体中关联表征的部分。估计的表示形式 $\hat{u}^T$ 和 $\hat{u}^Y$ 分别由媒体共享部分和媒体特定部分派生而来，原图来自论文[213]

3.4.4　跨模态智能推理

Feng 等人[214]提出了一种基于一致自编码器的图像文本跨模态检索框架。不同模态数据采用各自的自编码网络进行编码层表示的学习，且其一一对应关系通过对应跨模态数据的编码层的距离最小化实现保持。更进一步，通过自编码器模态间的重构约束，跨模态学习得到的编码表达将更有效表达不同模态的语义一致性。在基于哈希变换的跨模态方法上，国内也进行了许多研究。Ding 等人[215]假设不同模态的同一个样本对映射到同一哈希编码，提出了基于集合矩阵分解的哈希算法。Wang 等人[216]通过给权重矩阵施加正交正则化，提出了基于哈希的正交深度神经网络模型，增加了哈希编码的紧凑性。

Song[217]提出中间模态哈希变换，该方法同时考虑了模态内和模态间的一致性。在字典学习框架下，Wu 等人[218]提出了稀疏多模态哈希算法，通过超图表达模态内和模态间的相似关系，然后联合学习不同模态的字典。结合深度学习，Wang 等人[219]提出了基于堆叠式自动编码器的深度神经网络。对每个模态都学习训练一个堆叠式自动编码器以挖掘模态内的语义相关性；然后固定一个模态，调整另外一个模态对应的堆叠编码器参数，从而学习不同模态间的相关性。Cao 等人[220]提出了相关自动编码器。上述方法基于两阶段的思路，Jiang 等人[221]提出了一个端对端的学习框架，即将特征学习和哈希编码学习统一到同一个框架下，从而增强特征学习和哈希编码学习的一致性。主题模型方面，Zhen[222]利用类标信息，推广了此方法。liao[223]提出了非参数贝叶斯监督主题模型，能有效学习模态内和模态间的主题相关性结构。Wang[224]提出了主题增强模型，通过建立联合跨模态概率图模型来挖掘不同模态间的语义一致性，从而实现跨模态检索。Huang等人[225]提出了一种可以利用普遍存在的无标注图像进行有效的跨模态图像–文本检索弱监督学习框架。采用快速区域卷积神经网络（FasterRCNN）框架进行无标注图像检测任务，进而产生一系列的图像–文本对。基于上述的共同表示学习、共同表示判别对抗框架，作者构建了已标注图像、真实文本、无标注图像以及生成文本的共同表示学习目标，进而实现利用无标注图像进行共同表示学习的有效增强。He 等人[226]借鉴传统生成对抗（GAN）的思想提出了一种基于生成对抗的跨模态共同表示学习框架，用于图像–文本检索，不同模态基于神经网络非线性映射进行共同表示学习的过程被看作生成器，判别器用于区分不同模态数据的共同表示。当达到收敛，不同模态的共同表示将统计不可分，实现跨模态共同表示学习。LXMERT[227]则使用关系对象编码器、语言编码器和多模态编码器进行多任务预训练。

3.4.5　跨模态医学图像预测

对于跨模态医学图像预测领域，国内也进行了一定的研究。Dong 等人[228]利用 3D-FCN 实现从 MRI 图像预测对应的 CT 图像，以 MRI 和 CT 的图像块作为输入和输出，在一定程度上解决了将 2D-CNN 架构直接作用于三维医学影像预测时切片与切片间不连续的问题。Shin 等人利用了迁移学习[229]以及使用预训练模型进行权重初始化来搭建网络，使用 DCNN 实现从 MRI 预测 CT 的工作[230]，相较于基于图集的传统方法提高了预测准确度，且预测实时性更强。Lei 等人[231]通过 CT 图像和将肺癌病灶区域分割好的 PET 图像进行训练，构建多通道 GAN 对抗生成网络预测虚拟的 PET 图像。

4　国内外研究进展比较

4.1　跨媒体信息统一表达

在跨媒体信息统一表达领域，国外起步较早，如将典型相关分析（CCA）[3]方法应用到文本与图像间的跨模态检索中，即将文本特征和视觉特征分别看作不同的特征空间，通过最大化投影向量的相关性学习投影子空间。国内后续则尝试了具有更多媒体类型的场景开发数据集和方法，如北京大学多媒体信息处理研究室彭宇新教授课题组采集并发布的 XMedia 数据集是第一个包含五种媒体类型（文本、图像、视频、音频和 3D 模型）的数据集。之后他们又在该数据集上尝试了在统一框架中对数据集上五种媒体类型的图正则化联合建模相关性和语义信息[232]等方法。总体而言，在跨媒体信息统一表达方面，国内外研究进展相差不多。

4.2 跨媒体关联分析

4.2.1 图像与自然语言的跨媒体关联分析

指代表达理解领域，国内外研究进展基本一致。在单阶段指代表达理解模型中，国内研究率先实现了实时高精度检测，极大地推动了研究前沿。指代表达分割方面，国内研究进展显著超过了国际研究进展。多数有影响力的工作都出自国内研究机构，说明国内研究团队已经在该领域取得了一定的领先地位。与此同时，Zhou 等人[233]率先对中文指代表达分割做出了尝试。该工作对现有指代表达分割数据集进行了扩充，加入了中文指代表达和中文预处理工具。为了解决以往模型中跨模态对齐效果不好的问题，该工作使用语言激活（LE）模块和语言聚合（LA）模块实现了通道维度和空间维度的跨模态注意力。实验表明，由于中英文语言之间存在差异，以往方法不能很好地应用于中文指代分割数据集，而该工作提出的方法有效克服了语言差异带来的影响，为中文指代表达分割应用提供了可能性。短语定位领域，国内研究稍落后于国际水平。由于短语定位数据集的标注成本较高，国际研究团队近两年主要针对弱监督学习发表了一些工作。国内研究则着眼于模型结构和训练策略的创新。

4.2.2 视频与自然语言的跨媒体关联分析

视频与自然语言的跨媒体关联分析与理解相关的国内外研究，一方面集中在跨模态特征的提取与交互机制方面，国内外的研究人员引入了众多新的网络结构来探究更好的跨模态特征提取方式，例如尝试了包含上下文信息的动态卷积网络[153]，引入了动态路由胶囊网络[38]。国内外的研究人员也尝试更充分地利用视觉和语言的信息来进行更细粒度的特征交互，例如尝试引入图像与语言中的空间相对位置信息之间的对应[154]，尝试引入图像与语言中定位目标的参考实体之间的对应[33]。除了更细粒度的特征交互，国内外的研究人员还在探索更好的跨模态交互机制，除了之前方法中最常见的注意力机制外，还尝试了将 Transformer 结构和图神经网络进行跨模态的交互[34,147,151]，验证了 Transformer 模型对文本和视频这种序列型数据更好的建模能力以及图神经网络的强大推理能力对定位目标的帮助。另一方面则集中在对解决该任务的框架的创新上，由于视频本身的稀疏标注特性，国内外研究人员将弱监督学习模式在多种任务上均进行了尝试并取得了一定的成功[37,152]。除此以外，国内的研究人员还将强化学习模型引入了该领域[149,150]，为解决问题提供了一种全新的思路。

4.2.3 音频与视频的跨媒体关联分析

在视听定位任务上，国内的研究人员在其具体的任务上基于任务本身的性质提出了新颖的解决方法。例如中国科学院自动化研究所的 Sun 等人[156]基于人类听觉系统设计的基于超材料的单麦克风监听系统，清华大学的 Lu 等人[157]建立了语音和人类嘴唇运动之间的对应关系。针对视频中运动信息的重要性，Zhao 等人[43]提出了一种端到端的深度稠密轨迹网络来学习视频中的运动信息，实现了音视频分离。国外研究人员如 Rouditchenko 等人[44]更多地探索了通过对神经网络学习的解耦来实现弱监督学习。在视听关联学习任务上，国内的研究人员引入了新的网络结构和各式的注意力机制来提升模型的性能。例如 Zhang 等人[159]提出了通过嵌入的注意机制来学习各个模式的特征，Zhou 等人[158]通过多模态注意机制研究了不同模态的特征，利用两种模态的重要性来获得融合特征。国外的研究人员则更多地探索了音频和视觉特征的表示学习与特征对齐，如 Oh 等人[234]将语音的特征空间与预先训练的人脸编码器和解码器对齐，Surís 等人[45]提出将两种模态映射到一个联合嵌入空间以直接计算它们之间的欧氏距离。

4.3 基于知识图谱的跨媒体表征

4.3.1 跨媒体知识图谱构建

在跨媒体知识图谱构建方面，国外知识库构建起步较早，诞生了多个成熟的英文知识库，并进一步发展出沃森问答系统[47]、Cortana、Siri 等通用知识图谱，以及微软的学术图谱[48]、Facebook 的社交图谱搜索等领域知识图谱。国内知识图谱的构建起步较晚，但是发展迅速，尤其在领域知识图谱方面呈现百花齐放的态势：电商领域，阿里巴巴、京东等电商平台均构建其商品知识图谱；医疗领域，中国中医科学院研发了中医药知识服务平台，集成了多个领域知识图谱[161]；教育领域，百度发布了基础教育图谱。而跨媒体知识图谱的构建成为近几年知识图谱相关研究的热点，国内外研究处于并驾齐驱的势态。国外在已有传统知识图谱的基础上构建了包含 MovieGraph[49]、Visual Genome[50]、IMGpedia[51]、MMKG[52]在内的跨媒体知识图谱。国内提出的多模态知识图谱 Richpedia[162]，克服了国外多模态知识图谱的短板，并提出了基于规则的构建方法，提高了知识图谱中图片实体和关系的质量。

跨媒体知识图谱构建中的关键技术：（1）知识图谱补全方面，国外由于知识图谱构建的先发优势，提出了包括 TransE[53]、HolE[54]以及 R-GCN[55]在内的经典算法。国内则在此基础上发展出 TransR[163]、TransH[164]等高效方法，并针对知识图谱补全中的关键科学问题提出了一系列解决方案[165-167]。

2）实体识别与链接方面，国外提出了 NN-CRF[59]、PLE[60]等命名实体识别框架，并率先实现了基于多模态数据的实体链接算法[64]。国内研究者同样提出了多种创新框架[168-173]，同时完成了跨模态命名实体识别的早期工作[174]。总体而言，国内外研究基本处于齐头并进的势态。

3）实体关系学习方面，国内在深度学习时代取得了领先地位，CNN及RNN在实体关系学习领域的初次应用均由国内学者完成[179]、[182]、[183]。同时，国内研究者引入其他深度学习范式以提高实体关系学习的准确率，取得了一系列的研究成果[184]、[188~191]。与此同时，国外的研究成果并未成体系，且多数工作由华人完成。

4.3.2　跨媒体知识图谱嵌入

在跨媒体知识图谱嵌入方面，多模态知识图谱中最常见的模态是概念知识（关系知识）、文本知识、图像视觉知识等。国内外的多模态知识图谱嵌入研究多是文本知识和图像视觉知识辅助概念知识的建模。国外的MKBE[74]在考虑三元组关系建模的时候，将实体对应的文本知识、数值知识（年龄、身高、体重等）、视觉知识分别嵌入低维空间，串接所有的嵌入得到对应的向量表示，通过一个全连接层得到一个相对稠密的表示。MKBE将学习得到的嵌入当作上下文信息并用于特定属性的解码器，以生成实体的缺少丢失的值，从而完成知识图谱的补全任务。国内的MMEA[198]着眼的任务是两个知识图谱之间的实体对齐，考虑到同一种实体的不同模态特征，将实体的多个表示集成为一个嵌入，而且在关系建模完成后，得到实体的概念嵌入，从而完成多种模态的连接。国内的MKGAT[200]将多模态知识图谱嵌入引入推荐系统中，在嵌入学习时将多个模态的嵌入通过全连接层链接。国内外研究者普遍关注到视觉知识信息和文本知识信息在多模态知识嵌入学习中的重要作用，但是着眼的任务不尽相同。国外的研究集中在实体信息补全等任务；而国内的研究大都集中在多个知识图谱之间的实体对齐、基于知识图谱的应用等方面。

4.4　面向多模态的智能应用

4.4.1　多模态视觉问答

多模态视觉问答是一个在计算机视觉与自然语言处理领域都发展到一定程度的产物，随着近几年深度学习领域突破性的进展才逐渐走入研究者的视野。传统的VQA方法是基于端到端的方式训练神经网络的，这些工作大部分由国外的研究者完成。较为新兴的VQA方法，如结合领域知识方面，清华大学的研究者[201]提出了知识融合的动态记忆网络（KDMN）框架。

多模态视觉问答也算是一个非常经典也是非常自然的多模态任务了，从图片上获得信息，并回答文本的问题，这也是多模态学习未来的方向之一。

4.4.2　多模态视频摘要

在深度学习还没有被广泛应用时，多模态视频摘要通常就是一项重要而具有挑战性的计算机视觉领域的研究方向。较为传统的方法就是使用监督学习的手段，人为地提出一项判断视频帧是否重要的指标，随后挑选最重要的视频帧。最初，国内还少有相关的研究，但是随着深度学习的发展，国内也涌现出了很多研究。例如合肥工业大学[202]与清华大学[203]的研究团队分别在具有各种辅助信息的在线视频的多模式视频摘要领域提出了基于标记定位和关键镜头挖掘的事件驱动视频摘要方法与深层语义嵌入（DSSE）模型。

总的来说，深度学习为多模态视频摘要提供了新的生命力，国内外越来越多的研究者开始注意到这一问题。在这一方面虽然国内起步稍晚，但进行了不少的应用和优化，并取得了相当的研究成果。

4.4.3　多模态视觉模式挖掘

知识库是实体、属性及其相互关系的集合，通常是由具有特定领域知识的专家手动构建的。模式挖掘主要是挖掘知识库的模式，也就是其结构。现在的多模态视觉模式挖掘，在传统方法的基础上引入了视觉领域发现的领域知识，进而跨模态地传递知识，抽取和挖掘模式，取得了较好的成效。

在这一领域，国外具有较大的先发优势，大部分相关的研究都是在国外进行的。

在国内，香港城市大学[107]的研究团队提出了一种新型的多模态视觉模式挖掘框架，跨模态的知识融合较之单纯的文本知识而言，效果提升了很多。

4.4.4　多模态推荐

现有的多模态推荐工作主要分为两类，根据关联知识进行分类和根据整个模型结构进行分类。这是唯一国内相较于国外占有优势的应用方向。

国外的研究主要集中在前一类，而国内的研究，两类都有涉猎。针对推荐算法用户重叠的情况，清华大学[109]的研究团队提出利用 XPTrans 模型引入了一个对齐的跨模式用户行为相似性约束。中科院[211]的研究团队针对不同媒体上的异构数据，提出了一个预定义的微观用户特定度量，从而自适应地加权数据。

4.4.5　跨模态智能推理

跨模态检索方面，随着 BERT 在文本领域的广泛应用，基于 BERT 的预训练模型也被用于解决跨模态检索任务，这方面国内外的研究都有涉及。该类方法包括单流和双流两种模型。代表性的单流模型有 VideoBERT[235]、Visual-BERT[236]、VLBERT[237]。VideoBERT[235]将视频信息注入预训练语言模型进行训练，在视频动作分类、视频字幕等任务上都取得了较好结果；Visual-BERT[236]将输入文本中的单词与输入图像中的局部区域进行隐式对齐，实现局部匹配；VLBERT[237]将图像中的感兴趣区域和文本中单词的嵌入特征同时作为输入，可捕捉更细节的视觉线索。ViLBERT[238]是典型的双流网络模型，使用两个 BERT 流分别预处理视觉、文本输入，并在 Transformer 层中进行交互，实现特征的相互提取与优化。同时，国内还有许多研究者在寻找可迁移/可扩展/零样本的跨模态检索方法[239,240]，该思路聚焦利用源域中标注类别的数据进行目标域无标注/有标注且类别与源域部分重叠或者完全不重叠的跨模态数据间检索,期望可以有效蒸馏源域中标注数据的信息,提升目标域跨模态检索性能。上述研究不同于一般跨模态检索默认要求源域与目标域具有相同的语义标注类别,因此更贴近真实的跨模态检索应用场景。这个方向国内研究工作更多一些。

4.4.6　跨模态医学图像预测

在跨媒体网络内容监控方面,许多国家都建立了智能系统,比如,美国的 PRISM 系统、英国的 ANPR 系统[241]、俄罗斯的 SORM 系统[242]等。这方面国外进展较快。而跨模态医疗分析方面,许多 IT 巨头都加入了医疗分析社区,例如,IBM 的沃森医疗、谷歌的 DeepMind、百度的医学脑[243]等。跨模态医学图像预测领域在 MRI 预测 CT、3TMRI 预测仿 7TMRI、彩色图像预测多光谱图像以及由 CT 或 MRI 预测 PET 图像等诸多研究中,基于深度学习的预测方法在预测精度及预测时间两方面更具优势,生成的图像相较于传统方法可以获得更高的图像分辨率和更高的信噪比。目前,国内外都有众多对该领域的研究。

5　发展趋势与展望

本文总结了跨媒体分析技术,并讨论了多模态数据的统一表达和知识引导的数据融合、跨媒体关联分析、基于知识图谱的跨媒体表征技术以及面向多模态的智能应用。然而,多媒体的跨模态智能关联分析与语义理解仍面临着巨大的挑战。本部分分享对未来多模态研究方向的见解。

(1)跨模态集体智能　集体智慧的概念最初来源于昆虫学家惠勒的观察。从表面上看,独立的个体可以非常紧密地协同工作,使他们看起来像一个单一的有机体。1911年,惠勒观察到这样一个协作过程确实对蚂蚁有效。蚂蚁的行为就像动物的细胞,具有集体思考的能力。他把这些集体蚂蚁称为一种更大的生物,即蚁群。在外界看来,蚁群似乎形成了一种"超有机体"。在人类社会中,则考虑到单个个体做出的决定与大多数人做出的决定相比往往不准确。集体智慧是一种共享的智慧,也是一种汇集意见并将其转化为决策过程的过程。所有这些现象或事例都证实了一件事,即集体智慧可以产生更强大的"超有机体"或拥有更多智慧的大脑。基于丰富的跨模态信息,我们认为集体智能可以用于人类的规划,这是人类所共有的另一个独特而复杂的特征。

此外,跨媒体情报的进步确实可以为人类社会做出一些贡献,这也是值得期待的。现有的方法在模态自适应方面做得很好,但在跨模态生成方面却很少取得好的效果。我们以视力受损的人为例,视力残疾的人通常会戴一顶特制的头盔,头盔上有距离传感器。这种头盔在与佩戴者一定距离内有障碍物时会产生噪声。如果头盔能够通过描述距离视力受损者多远以及在哪个方向有什么障碍物来充当"假眼",将对视力受损者有很大帮助。这可以通过理解感官数据生成逻辑语言来实现。总的来说,跨媒体情报在方法和应用上仍有很大的改进空间。

(2) 跨模态分析推理 如果我们从相应的方法或模型与人类一样的真实智力有多接近的角度来重新审视知识引导的多模态融合这一研究方向,结果很可能是"还有很长的路要走",因为人类总是可以利用相关领域的知识来帮助决策。此外,如果我们更深入地思考是什么使当前的算法向人类智能迈出了进一步的一步,那么答案将是"推理"。推理能力使人区别于动物。推理的一个代表性体现于人与人之间的交流过程。当阅读成为相互理解的必要条件时,在对话中推理口语的意义或书面文章的主要思想的能力便显得至关重要。在这种情况下,基于知识进化的跨模态智能推理是缩小当前机器学习算法与人类智能之间差距的关键解决方案。这将导致跨模态智能的认知更加人性化。因此,能够对跨模态分析中的各种知识进行类人推理,可能是人工智能下一步突破的重大机遇。

跨媒体分析与推理方面的研究虽然已经取得了一系列进展,但仍有很大的发挥空间。一方面是需要更大规模的多种模态数据集的采集。当前已有的跨模态数据集大多只有两种模态,如 Wiki 数据集只有文字与图像。国内的 Xmedia 有所进步,但仍需要更大体量的跨模态数据集用于验证后续算法。另一方面,目前许多算法在提取单模态特征时较为粗糙,不利于进一步挖掘不同媒体之间的相关性。近年来,一些更细粒度的跨模态检索方法更有助于挖掘不同媒体间更小片段级的对应关系、更好的跨模态相关性建模效果。因此如何针对不同模态类型提取片段级别表征并构建更复杂的片段级别关系也是未来的一个研究方向。近两年,BERT 模型出现后,凭借 Transformer 的强大特征学习能力提高了各项 NLP 领域的表现。由于其强大的学习能力,在跨媒体检索领域也有许多人逐渐将目光转移到 BERT 相关模型。目前已经有部分将 BERT 模型迁移到多模态领域的尝试,并表明此类架构在该领域依然具有较强的学习能力。相信后续还会有更多在该领域使用 BERT 模型的研究。

(3) 跨模态认知 让我们考虑这样一个问题:人类(尤其是婴儿)是如何学习的。认识世界的能力可能是这个问题的主要答案之一。人类不断学习不同的技能(任务),获得新技能(学习新任务)很少会损害我们对旧技能(学习旧任务)的掌握。大多数现有的机器学习算法只能处理一种类型的任务。例如,虽然人类可以很容易地处理图像分类和轨迹预测,机器学习算法也可以较容易地处理图像分类或轨迹预测,但是很少有一种算法能够很好地同时处理图像分类和轨迹预测。这就是人类和机器的一大本质差别。学习解决新任务的能力,同时保持处理先前任务的能力(认知过程的反映)在生成类人跨模态分析算法中起着关键作用。

我们认为,作为认知的另一种反映,常识学习将是实现接触人类真实智力的目标的有效途径。在人类看到"拿起包出去了"时,脑海里会出现这样的场景:张伟可能是一个正在工作的人,他伸出胳膊抓住包,站起来走到门口,打开门就出去了。他既不会爬或者飞到门口,也不会穿墙而出。这种对人类而言很简单的知识,或者说常识,对于现有的模型而言都无从获知。我们把这种常识性知识的学习过程称为常识性学习,这可能导致跨模态智能研究的另一个突破。

多模态联合学习 随着多模态联合学习技术的发展，对大规模标签数据集的依赖性问题逐渐显露。无监督学习可以利用大量廉价数据进行学习，如何改进无监督多模态联合学习模型的效果可能是未来的一个研究热点。零样本学习也可以在一定程度上减轻数据集标注的压力。目前，零样本学习模型大多基于两个同构模态建立，未来可以尝试引入更多模态，或者使用异构模态来提升零样本学习模型的预测能力。在多模态特征对齐方面，针对多模态注意力的特征融合目前仍面临不小的困难，目前的注意力机制在细尺度上面的表现仍有改进的空间。注意力机制有着不小的计算消耗，如何将现有的高准确度模型进行压缩，使其能够植入便携设备是一个潜在的机遇和挑战。在多模态特征融合方面还有众多可以探索的方向，例如如何有效学习包含不精确数据、不正确数据和冗余数据的融合特征，如何平衡模态交互的丰富性与算法的复杂性，以及如何解决融合模型泛化能力不足的问题。同时，对多模态信息之间关系的通用建模方法也是一大难题。

（4）跨媒体关联分析 图像和自然语言模态的关联分析与理解对众多跨模态应用具有重要作用。以视觉问答（VQA）和视觉对话（Visual Dialogue）为例，通常需要首先根据自然语言描述或问题定位目标物体。由于语言具有多样性，所以基于预定义标签的目标检测模型不能很好地应用，而是需要提出新的模型来理解和分析不同模态中的物体及其关系。从目前的国内外研究现状来看，指代表达理解的主要研究方向是提高精度的同时加快推理速度；指代表达分割则注重推理过程及其解释；短语定位受其数据标注成本影响，研究热点集中于弱监督对比学习。同时注意到，国内已有相关研究尝试将指代表达相关任务联合起来。随着更多的模型结构被提出，相信未来会出现统一的模型来解决指代表达理解、指代表达分割以及短语定位等任务。

在视频与自然语言的跨媒体关联分析与理解相关方向，更加准确地理解自然语言描述和视频图像内容是目前研究的重点。对自然语言的理解，从简单地利用整个句子的特征到更细粒度地对齐句子中的每个实体和图像实例，从注重名词到同样注意表达空间关系的介词，从基本的注意力机制到多次迭代的图神经网络推理，模型更加注重更细粒度的建模和更强大的推理能力，这都是为了更加准确地识别自然语言的指代对象。在未来的研究中，更高效的建模跨模态交互的机制将成为研究的重点，例如进一步挖掘Transformer 模型对文本和视频此类序列数据强大的建模能力，此外，由于视频本身的数据密集性与标注稀疏性的矛盾，弱监督学习会成为更具有实际价值的范式，如何用有限的标注训练更具泛化性能的模型将是未来研究的重点。

音频与视觉的跨媒体关联分析与理解相关方向是一个活跃的研究领域，对人机交互和社交媒体领域有着重要的意义。现有的工作一方面集中在使用多模态注意机制研究不同模态的特征，利用不同模态的重要性来获得融合特征，另一方面也尝试通过对不同模态进行解耦并单独设计模块来进行处理。从目前的国内外研究进展来看，在未来的发展趋势中，除了使用注意力机制让不同模态的信息进行交互之外，将不同模态进行表示学习并在同一特征空间中对齐也将是一个重要的研究方向。同时，针对音频/视频数据标注成本高但获取成本低的特点，弱监督和无监督学习也将成为更具有实际应用价值的模式。

在拥有大规模但缺少监督信息的数据情况下，如何充分利用音频和视频模态的对应性来切实提升多模态任务的性能，将是重要且具有实际意义的研究方向。

（5）多媒体特征提取和表达　传统的技术和方法都主要注重算法和模型的高效性。基于海量数据，很多深度学习算法与模型被提出用于充分挖掘数据中的关联知识，高效提取特征和学习表征。但是，这些方法未能考虑到数据偏差问题，数据偏差会导致数据中存在虚假关联。虚假关联一方面会导致提取的特征或表征不能准确地用于下游任务，另一方面带来特征学习的不可解释性。相对于虚假关联来说，因果关联更有效且可解释。因果推理是甄别数据关联中虚假关联和因果关联的关键技术。如何利用因果推理技术来实现多媒体特征提取和表达的无偏性、稳定性和可解释性是亟待解决的核心问题。

（6）多模态特征编码　手工特征编码和深度特征编码目前已经取得了不错的压缩效率，可以支持大规模多媒体数据分析等的应用。随着未来跨媒体推理和分析需求的发展，面向跨媒体的多种特征联合压缩有可能成为未来研究的重点。相同的语义信息可以通过不同的多媒体信号进行表示，那么从不同媒体中提取的特征信号必然也会存在冗余，这种冗余通过生成网络可以比较直观地展现，比如我们通过文字可以生成想要的图像或者视频，同样也可以通过从图像或者视频中提取的边缘等特征来生成想要的图像或者视频，因此如何实现跨媒体特征的紧凑表示和联合的高效压缩是一个崭新的研究课题。

参考文献

[1]　MCGURK H, MACDONALD J. Hearing lips and seeing voices[J]. Nature, 1976, 264(5588):746.

[2]　ZHU W, WANG X, LI H. Multi-modal deep analysis for multimedia[J]. IEEE Transactions on Circuits and Systems for Video Technology. 2019.

[3]　RASIWASIA N, et al. A new approach to cross-modal multimedia retrieval[C]. Proceedings of the 18th ACM international conference on Multimedia. 2010.

[4]　SHAWE-TAYLOR J, NELLO C. Kernel methods for pattern analysis [M]. Cambridge: Cambridge university press, 2004.

[5]　ANDREW G, et al. Deep canonical correlation analysis [C]. International conference on machine learning. PMLR, 2013.

[6]　YAN F, MIKOLAJCZYK K. Deep correlation for matching images and text[C]. Proceedings of the IEEE conference on computer vision and pattern recognition. 2015.

[7]　SHARMA A, et al. Generalized multiview analysis: A discriminative latent space [C]. 2012 IEEE conference on computer vision and pattern recognition. Piscataway: IEEE Press, 2012.

[8]　SRIVASTAVA N, SALAKHUTDINOV R. Multimodal learning with deep boltzmann machines [C]. NIPS. 2012.

[9]　KARPATHY A, AND FEI-FE L. Deep visual-semantic alignments for generating image descriptions[C].

Proceedings of the IEEE conference on computer vision and pattern recognition. 2015.

[10] CASTREJON L, et al. Learning aligned cross-modal representations from weakly aligned data [C]. Proceedings of the IEEE conference on computer vision and pattern recognition. 2016.

[11] SOCHER R, et al. Grounded compositional semantics for finding and describing images with sentences. Transactions of the Association for Computational Linguistics. 2014 (2): 207-218.

[12] BERNARDO J M, SMITH A F. Bayesian theory, vol. 405[C]. Hoboken: Wiley, 2009.

[13] DEMPSTER A P. A generalization of Bayesian inference[J]. J. Roy. Stat. Soc. B (Methodol.), 1968, 30 (2): 205-232.

[14] JENSEN F V. An introduction to bayesian networks: vol. 210[M]. London: UCL Press, 1996.

[15] BOX G E TIAO G C. Bayesian inference in Statistical Analysis: vol. 40[M]. Hoboken: Wiley, 2011.

[16] HINTON G, VINYALS O, DEAN J. Distilling the knowledge in a neural network[C/OL]. https://arxiv. org/abs/1503. 02531.

[17] LUO Z, et al. Graph distillation for action detection with privileged modalities[C]. in Proc. Eur. Conf. Comput. Vis. (ECCV), 2018, pp. 166-183.

[18] GUPTA S, HOFFMAN J, MALIK J. Cross modal distillation for super-vision transfer[C]. in Proc. IEEE Conf. Comput. Vis. Pattern Recognit., Jun. 2016, pp. 2827-2836.

[19] ZHANG C, PENG Y. Better and faster: Knowledge transfer from multiple self-supervised learning tasks via graph distillation for video classification[C/OL]. 2018, arXiv: 1804. 10069. Available: https://arxiv. org/abs/1804. 10069.

[20] SUTTON R S, BARTO A G. Introduction to reinforcement learning: vol. 135[C]. Cambridge, MA, USA: MIT Press, 1998.

[21] KAELBLING L P, LITTMAN M L, MOORE A W. Reinforcement learning: A survey[C]. J. Artif. Intell. Res., vol. 4, no. 1, pp. 237-285, Jan. 1996.

[22] KOBER J, BAGNELL J A, PETERS J. Reinforcement learning in robotics: A survey[C]. Int. J. Robot. Res., vol. 32, no. 11, pp. 1238-1274, 2013.

[23] REDMON J, FARHADI A. YOLOv3: An incremental improvement[J]. arXiv preprint arXiv: 1804. 02767, 2018.

[24] YANG Z, GONG B, WANG L, et al. A fast and accurate one-stage approach to visual grounding[C]. International Conference on Computer Vision. 2019: 4683-4693.

[25] REDMON J. Darknet: open source neural networks in c[J]. 2013.

[26] DEVLIN J, CHANG M W, LEE K, et al. BERT: pre-training of deep bidirectional transformers for language understanding[C]. The Annual Conference of the North American Chapter of the Association for Computational Linguistics. 2018, 1: 4171-4186.

[27] SUN M, XIAO J, LIM E G. Iterative shrinking for referring expression grounding using deep reinforcement learning[J]. arXiv preprint arXiv:2103. 05187, 2021.

[28] HUANG S, HUI T, LIU S, et al. Referring image segmentation via cross-modal progressive comprehension[C]//IEEE Conference on Computer Vision and Pattern Recognition. IEEE, 2020: 10485-10494.

[29] JAIN K, GANDHI V. Comprehensive multi-modal interactions for referring image segmentation[J]. arXiv preprint arXiv:2104. 10412, 2021.

[30] GUPTA T, VAHDAT A, CHECHIK G, et al. Contrastive learning for weakly supervised phrase

grounding[C]. European Conference on Computer Vision. 2020, 12348 LNCS: 752-768.

[31] WANG Q, TAN H, SHEN S, et al. MAF: multimodal alignment framework for weakly-supervised phrase grounding[C]//Conference on Empirical Methods in Natural Language Processing. Stroudsburg, PA, USA: Association for Computational Linguistics, 2020: 2030-2038.

[32] RODRIGUEZ C, MARRESE-TAYLOR E, SALEH F S, et al. Proposal-free temporal moment localization of a natural-language query in video using guided attention[C]//Proceedings of the IEEE/CVF Winter.

[33] MUN J, CHO M, HAN B. Local-global video-text interactions for temporal grounding[C]. Proceedings of the IEEE/CVF Conference on Computer Vision and Pattern Recognition. 2020: 10810-10819.

[34] VAROL G, MOMENI L, ALBANIE S, et al. Read and attend: Temporal localisation in sign language videos[J]. arXiv preprint arXiv:2103.16481, 2021.

[35] VASWANI A, SHAZEER N, PARMAR N, et al. Attention is all you need[J]. arXiv preprint arXiv: 1706.03762, 2017.

[36] SADHU A, CHEN K, NEVATIA R. Video object grounding using semantic roles in language Description [C]. Proceedings of the IEEE/CVF Conference on Computer Vision and Pattern Recognition. 2020: 10417-10427.

[37] YANG X, LIU X, JIAN M, et al. Weakly-supervised video object grounding by exploring spatio-temporal contexts[C]. Proceedings of the 28th ACM International Conference on Multimedia. 2020: 1939-1947.

[38] MCINTOSH B, DUARTE K, RAWAT Y S, et al. Visual-textual capsule routing for text-based video segmentation [C]. Proceedings of the IEEE/CVF Conference on Computer Vision and Pattern Recognition. 2020: 9942-9951.

[39] SABOUR S, FROSST N, HINTON G E. Dynamic routing between capsules[J]. arXiv preprint arXiv: 1710.09829, 2017.

[40] SEO S, LEE J Y, HAN B. URVOS: Unified referring video object segmentation network with a large-scale benchmark[C]. Proceedings of the European Conference on Computer Vision (ECCV). 2020.

[41] GU R, ZHANG S X, XU Y, et al. Multi-modal multi-channel target speech separation[J]. IEEE Journal of Selected Topics in Signal Processing, 2020, 14(3): 530-541.

[42] ZHU L, RAHTU E. Separating sounds from a single image[J]. arXiv preprint arXiv:2007.07984, 2020.

[43] ZHAO H, GAN C, MA W C, et al. The sound of motions [C]. Proceedings of the IEEE/CVF International Conference on Computer Vision. 2019: 1735-1744.

[44] ROUDITCHENKO A, ZHAO H, GAN C, et al. Self-supervised audio-visual co-segmentation[C]. ICASSP 2019-2019 IEEE International Conference on Acoustics, Speech and Signal Processing (ICASSP). 2019: 2357-2361.

[45] SURÍS D, DUARTE A, SALVADOR A, et al. Cross-modal embeddings for video and audio retrieval[C]. Proceedings of the European Conference on Computer Vision (ECCV) Workshops. 2019.

[46] NAGRANI A, ALBANIE S, ZISSERMAN A. Learnable pins: Cross-modal embeddings for person identity[C]. Proceedings of the European Conference on Computer Vision (ECCV). 2018: 71-88.

[47] FERRUCCI D, BROWN E, CHU-CARROLL J, et al. Building watson: An overview of the DeepQA project[J]. AI magazine, 2010, 31(3): 59-79.

[48] SINHA A, SHEN Z, SONG Y, et al. An overview of microsoft academic service (mas) and applications [C]. Proceedings of the 24th international conference on world wide web. 2015: 243-246.

[49] VICOL P, TAPASWI M, Castrejon L, et al. Moviegraphs: Towards understanding human-centric

situations from videos [C]. Proceedings of the IEEE Conference on Computer Vision and Pattern Recognition. 2018: 8581-8590.

[50] KRISHNA R, ZHU Y, GROTH O, et al. Visual genome: Connecting language and vision using crowdsourced dense image annotations[J]. International journal of computer vision, 2017, 123(1): 32-73.

[51] FERRADA S, BUSTOS B, HOGAN A. IMGpedia: a linked dataset with content-based analysis of Wikimedia images[C]. International Semantic Web Conference. Springer, Cham, 2017: 84-93.

[52] LIU Y, LI H, GARCIA-DURAN A, et al. MMKG: multi-modal knowledge graphs [C]. European Semantic Web Conference. Springer, Cham, 2019: 459-474.

[53] BORDES A, USUNIER N, GARCIA-DURAN A, et al. Translating embeddings for modeling multi-relational data[C]. Neural Information Processing Systems (NIPS). 2013: 1-9.

[54] NICKEL M, ROSASCO L, POGGIO T. Holographic embeddings of knowledge graphs[C]. Proceedings of the AAAI Conference on Artificial Intelligence. 2016, 30(1).

[55] SCHLICHTKRULL M, KIPF T N, BLOEM P, et al. Modeling relational data with graph convolutional networks[C]. European semantic web conference. Springer, Cham, 2018: 593-607.

[56] GARDNER M, TALUKDAR P, KRISHNAMURTHY J, et al. Incorporating vector space similarity in random walk inference over knowledge bases [C]. Proceedings of the 2014 conference on empirical methods in natural language processing (EMNLP). 2014: 397-406.

[57] CHINCHOR N, ROBINSON P. MUC-7 named entity task definition [C]. Proceedings of the 7th Conference on Message Understanding. 1997, 29: 1-21.

[58] JI H, GRISHMAN R, DANG H T, et al. Overview of the TAC 2010 knowledge base population track[C]. Third text analysis conference (TAC 2010). 2010, 3(2): 3-3.

[59] LAMPLE G, BALLESTEROS M, SUBRAMANIAN S, et al. Neural architectures for named entity recognition[C]. Proceedings of NAACL-HLT. 2016: 260-270.

[60] REN X, HE W, QU M, et al. Label noise reduction in entity typing by heterogeneous partial-label embedding[C]. Proceedings of the 22nd ACM SIGKDD international conference on Knowledge discovery and data mining. 2016: 1825-1834.

[61] MA Y, CAMBRIA E, GAO S. Label embedding for zero-shot fine-grained named entity typing[C]. Proceedings of COLING 2016, the 26th International Conference on Computational Linguistics: Technical Papers. 2016: 171-180.

[62] GANEA O E, HOFMANN T. Deep joint entity disambiguation with local neural attention (EMNLP 2017)[C]. Proceedings of the 2017 Conference on Empirical Methods in Natural Language Processing. Association for Computational Linguistics, 2017: 2619-2629.

[63] LE P, TITOV I. Improving entity linking by modeling latent relations between mentions[C]. Proceedings of the 56th Annual Meeting of the Association for Computational Linguistics (Volume 1: Long Papers). 2018: 1595-1604.

[64] ADJALI O, BESANÇON R, FERRET O, et al. Multimodal entity linking for tweets [C]. European Conference on Information Retrieval. Springer, Cham, 2020: 463-478.

[65] NGUYEN T H, GRISHMAN R. Relation extraction: Perspective from convolutional neural networks[C]. Proceedings of the 1st Workshop on Vector Space Modeling for Natural Language Processing. 2015: 39-48.

［66］ MIWA M, BANSAL M. End-to-end relation extraction using LSTMs on sequences and tree structures ［C］. Proceedings of the 54th Annual Meeting of the Association for Computational Linguistics. 2016: 1105-1116.

［67］ SOARES L B, FITZGERALD N, LING J, et al. Matching the blanks: Distributional similarity for relation learning［C］. Proceedings of the 57th Annual Meeting of the Association for Computational Linguistics. 2019: 2895-2905.

［68］ ZHANG Y, QI P, MANNING C D. Graph convolution over pruned dependency trees improves relation extraction［C］. Proceedings of the 2018 Conference on Empirical Methods in Natural Language Processing. 2018: 2205-2215.

［69］ GUO Z, ZHANG Y, LU W. Attention guided graph convolutional networks for relation extraction［C］. Proceedings of the 57th Annual Meeting of the Association for Computational Linguistics. 2019: 241-251.

［70］ WU Y, BAMMAN D, RUSSELL S. Adversarial training for relation extraction［C］. Proceedings of the 2017 Conference on Empirical Methods in Natural Language Processing. 2017: 1778-1783.

［71］ TAKANOBU R, ZHANG T, LIU J, et al. A hierarchical framework for relation extraction with reinforcement learning［C］. Proceedings of the AAAI Conference on Artificial Intelligence. 2019, 33 (01): 7072-7079.

［72］ ZHEN W, ZHANG J, FENG J, et al. Knowledge graph and text jointly embedding［C］. Proceedings of the 2014 Conference on Empirical Methods in Natural Language Processing (EMNLP). 2014.

［73］ MARIN A, HOLENSTEIN R, SARIKAYA R, et al. Learning phrase patterns for text classification using a knowledge graph and unlabeled data［J］. ISCA-International Speech Communication Association, 2014.

［74］ PEZESHKPOUR P, CHEN L, SINGH S. Embedding multimodal relational data for knowledge base completion［C］. In Empirical Methods in Natural Language Processing (EMNLP), 2018.

［75］ ZHU Y, ZHANG C, RÉ C, et al. Building a large-scale multimodal knowledge base system for answering visual queries［C］. arXiv e-prints, pp. arXiv-1507, 2015.

［76］ YI M, CROOK P A, SARIKAYA R, et al. Knowledge graph inference for spoken dialog systems［C］. ICASSP 2015-2015 IEEE International Conference on Acoustics, Speech and Signal Processing (ICASSP). Piscataway: IEEE Press, 2015.

［77］ YANG Z, TANG J, COHEN W. Multi-modal bayesian embeddings for learning social knowledge graphs［J］. Computer ence, 2016:2287-2293.

［78］ TENEY D, WU Q, HENGEL A. Visual question answering: A tutorial［J］. IEEE Signal Process, 2017, 34(6): 63-75.

［79］ XU K, et al. Show, attend and tell: Neural image caption generation with visual attention［C］. in Proc. Int. Conf. Mach. Learn. , 2015: 2048-2057.

［80］ YANG Z, HE X, GAO J, et al. Stacked attention networks for image question answering［C］. in Proc. IEEE Conf. Comput. Vis. Pattern Recognit. , Jun. 2016, pp. 21-29.

［81］ LU J, YANG J, BATRA D, et al. Hierarchical question-image co-attention for visual question answering［C］. in Proc. Adv. Neural Inf. Process. Syst. , 2016: 289-297.

［82］ YU D, FU J, MEI T, et al. Multi-level attention networks for visual question answering［C］. in Proc. Conf. Comput. Vis. Pattern Recognit. , Jun. 2017, pp. 4709-4717.

［83］ ANDERSON P, et al. Bottom-up and top-down attention for image captioning and visual question answering［C］. in Proc. CVPR. 2018, 3(5): 1-6.

[84] REN S, HE K, GIRSHICK R, et al. Faster R-CNN: Towards real-time object detection with region proposal networks[C]. in Proc. Adv. Neural Inf. Process. Syst. , 2015: 91-99.

[85] HE K, ZHANG X, REN S, et al. Deep residual learning for image recognition[C]. in Proc. IEEE Conf. Comput. Vis. Pattern Recognit. , Jul. 2016, pp. 770-778.

[86] FUKUI A, et al. Multimodal compact bilinear pooling for visual question answering and visual grounding[C/OL]. 2016, arXiv:1606. 01847. Available: https://arxiv. org/abs/1606. 01847.

[87] KIM J H, et al. Hadamard product for low-rank bilinear pooling[C/OL]. 2016, arXiv:1610. 04325. Available: https://arxiv. org/abs/1610. 04325

[88] BEN-YOUNES H, CADENE R, CORD M, et al. Mutan: Multi-modal tucker fusion for visual question answering[C]. in Proc. IEEE Int. Conf. Comput. Vis. , vol. 3, Oct. 2017, pp. 2612-2620.

[89] YU Z, YU J, FAN J, et al. Multi-modal factorized bilinear pooling with co-attention learning for visual question answering[C]. in Proc. IEEE Int. Conf. Comput. Vis. , Oct. 2017, 3(10): 1821-1830.

[90] GOYAL Y, KHOT T, SUMMERS-STAY D, et al. Making the V in VQA matter: Elevating the role of image understanding in visual question answering[C]. in Proc. Conf. Comput. Vis. Pattern Recognit. (CVPR), Jul. 2017: 6904-6913.

[91] AGRAWAL A, BATRA D, PARIKH D, et al. Don't just assume; look and answer: Overcoming priors for visual question answering[C]. in Proc. IEEE Conf. Comput. Vis. Pattern Recognit. , Jun. 2018: 4971-4980.

[92] CONG Y, YUAN J, LUO J. Towards scalable summarization of consumer videos via sparse dictionary selection[C]. IEEE Trans. Multimedia, vol. 14, no. 1, pp. 66-75, Feb. 2012.

[93] LU S, WANG Z, MEI T, et al. A bag-of-importance model with locality-constrained coding-based feature learning for video summarization[C]. IEEE Trans. Multimedia, vol. 16, no. 6, pp. 1497-1509, Oct. 2014.

[94] LEE Y J, GHOSH J, GRAUMAN K. Discovering important people and objects for egocentric video summarization[C]. in Proc. IEEE Conf. Comput. Vis. Pattern Recognit. , Jun. 2012: 1346-1353.

[95] YAO T, MEI T, RUI Y. Highlight detection with pairwise deep ranking for first-person video summarization [C]. in Proc. IEEE Conf. Comput. Vis. Pattern Recognit. , Jun. 2016: 982-990.

[96] ZHANG K, CHAO W L, SHA F, et al. Video summarization with long short-term memory[C]. in Proc. Eur. Conf. Comput. Vis. , 2016, pp. 766-782.

[97] SHARGHI A, GONG B, SHAH M. Query-focused extractive video summarization[C]. in Proc. Eur. Conf. Comput. Vis. , 2016, pp. 3-19.

[98] XU C, SHAO X, MADDAGE N C, et al. Automatic music video summarization based on audio-visual-text analysis and alignment[C]. in Proc. 28th Annu. Int. ACM SIGIR Conf. Res. Develop. Inf. Retr. , 2005: 361-368.

[99] PAN J Y, YANG H, FALOUTSOS C. MMSS: Multi-modal story-oriented video summarization[C]. in Proc. IEEE Int. Conf. Data Mining, Nov. 2004: 491-494.

[100] EVANGELOPOULOS G, et al. Video event detection and summarization using audio, visual and text saliency[C]. in Proc. IEEE Int. Conf. Acoust. , Speech Signal Process. , Apr. 2009, pp. 3553-3556.

[101] SONG Y, VALLMITJANA J, STENT A, et al. TVSum: Summarizing web videos using titles[C]. in Proc. Comput. Vis. Pattern Recognit. , Jun. 2015, pp. 5179-5187.

[102] LI H, ELLIS J G, JI H, et al. Event specific multimodal pattern mining for knowledge base construction

[C]. in Proc. ACM Multimedia Conf. , 2016: 821-830.

[103] LI H, ELLIS J G, ZHANG L, et al. PatternNet: Visual pattern mining with deep neural network. in Proc. ACM Int. Conf. Multimedia Retr. , 2018: 291-299.

[104] ZHANG T, LI H, JI H, et al. Cross-document event coreference resolution based on cross-media features[C]. in Proc. Conf. Empirical Methods Natural Lang. Process. , 2015: 201-206.

[105] LU D, et al. Cross-media event extraction and recommendation[C]. in Proc. Conf. North Amer. Chapter Assoc. Comput. Linguistics, Demonstrations, 2016: 72-76.

[106] ZHANG T, et al. Improving event extraction via multimodal integration[C]. in Proc. ACM Multimedia Conf. , 2017: 270-278.

[107] ZHANG W, LI H, NGO C W, et al. Chang. Scalable visual instance mining with threads of features[C]. in Proc. 22nd ACM Int. Conf. Multimedia, 2014: 297-306.

[108] CHEN T, KAAFAR M A, FRIEDMAN A, et al. Is more always merrier?: A deep dive into online social footprints[C]. in Proc. ACM Workshop Online Social Netw. , 2012: 67-72.

[109] JIANG M, CUI P, YUAN N J, et al. Little is much: Bridging cross-platform behaviors through overlapped crowds[C]. in Proc. AAAI, 2016: 13-19.

[110] YAN M, SANG J, XU C. Mining cross-network association for youtube video promotion[C]. in Proc. 22nd ACM Int. Conf. Multimedia, 2014: 557-566.

[111] LEE H, BATTLE A, RAINA R, et al. Efficient sparse coding algorithms[C]. in Proc. Adv. Neural Inf. Process. Syst. , 2007: 801-808.

[112] MAATEN L V D, HINTON G. Visualizing data using t-SNE[C]. J. Mach. Learn. Res. , vol. 9, pp. 2579-2605, Nov. 2008.

[113] ABEL F, ARAÚJO S, GAO Q, et al. Analyzing cross-system user modeling on the social Web[C]. in Proc. Int. Conf. Web Eng. Berlin, Germany: Springer, 2011: 28-43.

[114] MAHADEVAN V, et al. Maximum covariance unfolding: Manifold learning for bimodal data[C]. Advances in Neural Information Processing Systems. 2011 (24): 918-926.

[115] NGIAM J, et al. Multimodal deep learning[C]. ICML. 2011.

[116] KUMAR S, UDUPA R. Learning hash functions for cross-view similarity search[C]. Twenty-second international joint conference on artificial intelligence. 2011.

[117] BLEI D M, JORDAN M I. Modeling annotated data[C]. Proceedings of the 26th annual international ACM SIGIR conference on Research and development in informaion retrieval. 2003.

[118] PUTTHIVIDHY D, ATTIAS H T, NAGARAJAN S S. Topic regression multi-modal latent dirichlet allocation for image annotation[C]. 2010 IEEE Computer Society Conference on Computer Vision and Pattern Recognition. Piscataway: IEEE Press, 2010.

[119] 石立兴, 张继武. 光学分子影像学及其应用[C]. 2008.

[120] BURGOS N, et al. Attenuation correction synthesis for hybrid PET-MR scanners: application to brain studies[C]. IEEE transactions on medical imaging 33. 2014 (12): 2332-2341.

[121] WOLTERINK J M, et al. Deep MR to CT synthesis using unpaired data[C]. International workshop on simulation and synthesis in medical imaging. Springer, Cham, 2017.

[122] ZHU J Y, et al. Unpaired image-to-image translation using cycle-consistent adversarial networks[C]. Proceedings of the IEEE international conference on computer vision. 2017.

[123] BAHRAMI K, et al. Hierarchical reconstruction of 7t-like images from 3t mri using multi-level cca and

group sparsity[C]. International Conference on Medical Image Computing and Computer-Assisted Intervention. Springer, Cham, 2015.

[124] SHILLING R Z, et al. A super-resolution framework for 3-D high-resolution and high-contrast imaging using 2-D multislice MRI[C]. IEEE transactions on medical imaging 28. 2008 (5): 633-644.

[125] HUANG H, et al. Super-resolution of human face image using canonical correlation analysis[C]. Pattern Recognition 43. 2010 (7): 2532-2543.

[126] BAHRAMI K, et al. Convolutional neural network for reconstruction of 7T-like images from 3T MRI using appearance and anatomical features[C]. Deep Learning and Data Labeling for Medical Applications. Springer, Cham, 2016: 39-47.

[127] DONG C, et al. Image super-resolution using deep convolutional networks[C]. IEEE transactions on pattern analysis and machine intelligence 38. 2015 (2): 295-307.

[128] KULKARNI K, et al. Reconnet: Non-iterative reconstruction of images from compressively sensed measurements[C]. Proceedings of the IEEE Conference on Computer Vision and Pattern Recognition. 2016.

[129] ARAD B, Ben-Shahar O. Sparse recovery of hyperspectral signal from natural rgb images[C]. European Conference on Computer Vision. Springer, Cham, 2016.

[130] GALLIANI S, et al. Learned spectral super-resolution. arXiv preprint arXiv:1703. 09470 (2017).

[131] SONG G, et al. Multimodal similarity gaussian process latent variable model[C]. IEEE Transactions on Image Processing 26. 2017 (9): 4168-4181.

[132] HUA Y, et al. Cross-modal correlation learning by adaptive hierarchical semantic aggregation[C]. IEEE Transactions on Multimedia 18. 6 (2016): 1201-1216.

[133] XIA D, MIAO L, FAN A. A cross-modal multimedia retrieval method using depth correlation mining in big data environment[C]. Multimedia Tools and Applications 79. 2020 (1): 1339-1354.

[134] WANG L, LI Y, LAZEBNIK S. Learning deep structure-preserving image-text embeddings[C]. Proceedings of the IEEE conference on computer vision and pattern recognition. 2016.

[135] LIU Y, et al. Learning a recurrent residual fusion network for multimodal matching[C]. Proceedings of the IEEE International Conference on Computer Vision. 2017.

[136] LIANG J, et al. Group-invariant cross-modal subspace learning[C]. IJCAI. 2016.

[137] WU Y, WANG S, HUANG Q. Online asymmetric similarity learning for cross-modal retrieval[C]. Proceedings of the IEEE Conference on Computer Vision and Pattern Recognition. 2017.

[138] MA L, et al. Multimodal convolutional neural networks for matching image and sentence[C]. Proceedings of the IEEE international conference on computer vision. 2015.

[139] HUANG Y, et al. Image and sentence matching via semantic concepts and order learning[C]. IEEE transactions on pattern analysis and machine intelligence 42. 2018 (3): 636-650.

[140] WANG S, et al. Joint global and co-attentive representation learning for image-sentence retrieval[C]. Proceedings of the 26th ACM international conference on Multimedia. 2018.

[141] WU Y, et al. Augmented adversarial training for cross-modal retrieval[C]. IEEE Transactions on Multimedia. 2020.

[142] MAO X, et al. Parallel field alignment for cross media retrieval[C]. Proceedings of the 21st ACM international conference on multimedia. 2013.

[143] LIAO Y, LIU S, LI G, et al. A real-time cross-modality correlation filtering method for referring expression comprehension[C]. IEEE Conference on Computer Vision and Pattern Recognition.

Piscataway: IEEE Press, 2020: 10877-10886.

[144] YANG S, LI G, YU Y. Graph-structured referring expression reasoning in the wild [C]. IEEE Conference on Computer Vision and Pattern Recognition. Piscataway: IEEE Press, 2020: 9949-9958.

[145] LUO G, ZHOU Y, SUN X, et al. Multi-task collaborative network for joint referring expression comprehension and segmentation[C]. IEEE Conference on Computer Vision and Pattern Recognition. Piscataway: IEEE Press, 2020: 10031-10040.

[146] MU Z, TANG S, TAN J, et al. Disentangled motif-aware graph learning for phrase grounding [C]. AAAI Conference on Artificial Intelligence. 2021, 35.

[147] LIU D, QU X, LIU X Y, et al. Jointly cross-and self-modal graph attention network for query-based moment localization[C]. Proceedings of the 28th ACM International Conference on Multimedia. 2020: 4070-4078.

[148] ZENG R, XU H, HUANG W, et al. Dense regression network for video grounding[C]. Proceedings of the IEEE/CVF Conference on Computer Vision and Pattern Recognition. 2020: 10287-10296.

[149] WANG W, HUANG Y, Wang L. Language-driven temporal activity localization: A semantic matching reinforcement learning model[C]. Proceedings of the IEEE/CVF Conference on Computer Vision and Pattern Recognition. 2019: 334-343.

[150] HE D, ZHAO X, HUANG J, et al. Read, watch, and move: Reinforcement learning for temporally grounding natural language descriptions in videos[C]. Proceedings of the AAAI Conference on Artificial Intelligence. 2019, 33(1): 8393-8400.

[151] ZHANG Z, ZHAO Z, ZHAO Y, et al. Where does it exist: Spatio-temporal video grounding for multi-form sentences [C]. Proceedings of the IEEE/CVF Conference on Computer Vision and Pattern Recognition. 2020: 10668-10677.

[152] WANG M, CUI D, WU L, et al. Weakly-supervised video object localization with attentive spatio-temporal correlation[J]. Pattern Recognition Letters, 2021, 145: 232-239.

[153] WANG H, DENG C, MA F, et al. Context modulated dynamic networks for actor and action video segmentation with language queries[C]. Proceedings of the AAAI Conference on Artificial Intelligence. 2020, 34(7): 12152-12159.

[154] WANG H, DENG C, YAN J, et al. Asymmetric cross-guided attention network for actor and action video segmentation from natural language query [C]. Proceedings of the IEEE/CVF International Conference on Computer Vision. 2019: 3939-3948.

[155] NING K, XIE L, WU F, et al. Polar relative positional encoding for video-language segmentation[J].

[156] SUN X, JIA H, ZHANG Z, et al. Sound localization and separation in three-dimensional space using a single microphone with a metamaterial enclosure[J]. arXiv preprint arXiv:1908.08160, 2019.

[157] LU R, DUAN Z, ZHANG C. Listen and look: Audio-visual matching assisted speech source separation[J]. IEEE Signal Processing Letters, 2018, 25(9): 1315-1319.

[158] ZHOU P, YANG W, CHEN W, et al. Modality attention for end-to-end audio-visual speech recognition[C]. ICASSP 2019-2019 IEEE International Conference on Acoustics, Speech and Signal Processing (ICASSP). Piscataway: IEEE Press, 2019: 6565-6569.

[159] ZHANG Y, WANG Z R, DU J. Deep fusion: An attention guided factorized bilinear pooling for audio-video emotion recognition [C]. 2019 International Joint Conference on Neural Networks (IJCNN). Piscataway: IEEE Press, 2019: 1-8.

[160] XU B, XU Y, LIANG J, et al. CN-DBpedia: A never-ending Chinese knowledge extraction system[C]. International Conference on Industrial, Engineering and Other Applications of Applied Intelligent Systems. Springer, Cham, 2017: 428-438.

[161] 吴朝晖, 姜晓红, 陈华钧, 等. 知识服务:大数据时代下的中医药信息化发展趋势[J]. 中国中医药图书情报杂志, 2013, 37(2):2-5.

[162] WANG M, QI G, WANG H F, et al. Richpedia: A comprehensive multi-modal knowledge graph[C]. Joint International Semantic Technology Conference. Springer, Cham, 2019: 130-145.

[163] LIN Y, LIU Z, SUN M, et al. Learning entity and relation embeddings for knowledge graph completion[C]. Proceedings of the AAAI Conference on Artificial Intelligence. 2015, 29(1).

[164] WANG Z, ZHANG J, FENG J, et al. Knowledge graph embedding by translating on hyperplanes[C]. Proceedings of the AAAI Conference on Artificial Intelligence. 2014, 28(1).

[165] GUAN S, JIN X, WANG Y, et al. Shared embedding based neural networks for knowledge graph completion[C]. Proceedings of the 27th ACM International Conference on Information and Knowledge Management. 2018: 247-256.

[166] NEELAKANTAN A, ROTH B, MCCALLUM A. Compositional vector space models for knowledge base completion[C]. ACL (1). 2015.

[167] CHEN W, XIONG W, YAN X, et al. Variational knowledge graph reasoning[C]. Proceedings of NAACL-HLT. 2018: 1823-1832.

[168] XIA C, ZHANG C, YANG T, et al. Multi-grained named entity recognition[C]. Proceedings of the 57th Annual Meeting of the Association for Computational Linguistics. 2019: 1430-1440.

[169] HU A, DOU Z, NIE J Y, et al. Leveraging multi-token entities in document-level named entity recognition[C]. Proceedings of the AAAI Conference on Artificial Intelligence. 2020, 34(5): 7961-7968.

[170] LI X, FENG J, MENG Y, et al. A unified MRC framework for named entity recognition[C]. Proceedings of the 58th Annual Meeting of the Association for Computational Linguistics. 2020: 5849-5859.

[171] ZHAO Y, XIE R, LIU K, et al. Connecting embeddings for knowledge graph entity typing[C]. Proceedings of the 58th Annual Meeting of the Association for Computational Linguistics. 2020: 6419-6428.

[172] SUN Y, WANG S, LI Y, et al. Ernie 2.0: A continual pre-training framework for language understanding[C]. Proceedings of the AAAI Conference on Artificial Intelligence. 2020, 34(5): 8968-8975.

[173] LIU W, ZHOU P, ZHAO Z, et al. K-bert: Enabling language representation with knowledge graph[C]. Proceedings of the AAAI Conference on Artificial Intelligence. 2020, 34(3): 2901-2908.

[174] YU J, JIANG J, YANG L, et al. Improving multimodal named entity recognition via entity span detection with unified multimodal transformer[C]. Proceedings of the 58th Annual Meeting of the Association for Computational Linguistics. 2020: 3342-3352.

[175] FANG W, ZHANG J, WANG D, et al. Entity disambiguation by knowledge and text jointly embedding[C]. Proceedings of the 20th SIGNLL conference on computational natural language learning. 2016: 260-269.

[176] CAO Y, HUANG L, JI H, et al. Bridge text and knowledge by learning multi-prototype entity mention

embedding[C]. Proceedings of the 55th Annual Meeting of the Association for Computational Linguistics. 2017: 1623-1633.

[177] FANG Z, CAO Y, LI Q, et al. Joint entity linking with deep reinforcement learning[C]. The World Wide Web Conference. 2019: 438-447.

[178] CHEN S, WANG J, JIANG F, et al. Improving entity linking by modeling latent entity type information[C]. Proceedings of the AAAI Conference on Artificial Intelligence. 2020, 34(5): 7529-7537.

[179] ZENG D, LIU K, LAI S, et al. Relation classification via convolutional deep neural network[C]. Proceedings of COLING 2014, the 25th international conference on computational linguistics: technical papers. 2014: 2335-2344.

[180] ZENG D, LIU K, CHEN Y, et al. Distant supervision for relation extraction via piecewise convolutional neural networks[C]. Proceedings of the 2015 Conference on Empirical Methods in Natural Language Processing. 2015: 1753-1762.

[181] JIANG X, WANG Q, LI P, et al. Relation extraction with multi-instance multi-label convolutional neural networks[C]. Proceedings of COLING 2016, the 26th International Conference on Computational Linguistics: Technical Papers. 2016: 1471-1480.

[182] XU Y, MOU L, LI G, et al. Classifying relations via long short term memory networks along shortest dependency paths[C]. Proceedings of the 2015 conference on empirical methods in natural language processing. 2015: 1785-1794.

[183] CAI R, ZHANG X, WANG H. Bidirectional recurrent convolutional neural network for relation classification[C]. Proceedings of the 54th Annual Meeting of the Association for Computational Linguistics. 2016: 756-765.

[184] SHEN Y, HUANG X J. Attention-based convolutional neural network for semantic relation extraction[C]. Proceedings of COLING 2016, the 26th International Conference on Computational Linguistics: Technical Papers. 2016: 2526-2536.

[185] LIN Y, SHEN S, LIU Z, et al. Neural relation extraction with selective attention over instances[C]. Proceedings of the 54th Annual Meeting of the Association for Computational Linguistics (Volume 1: Long Papers). 2016: 2124-2133.

[186] JI G, LIU K, HE S, et al. Distant supervision for relation extraction with sentence-level attention and entity descriptions[C]. Proceedings of the AAAI Conference on Artificial Intelligence. 2017, 31(1).

[187] HAN X, YU P, LIU Z, et al. Hierarchical relation extraction with coarse-to-fine grained attention[C]. Proceedings of the 2018 Conference on Empirical Methods in Natural Language Processing. 2018: 2236-2245.

[188] ZHOU P, SHI W, TIAN J, et al. Attention-based bidirectional long short-term memory networks for relation classification[C]. Proceedings of the 54th annual meeting of the association for computational linguistics (volume 2: Short papers). 2016: 207-212.

[189] ZHANG N, DENG S, SUN Z, et al. Long-tail relation extraction via knowledge graph embeddings and graph convolution networks[C]. Proceedings of the 2019 Conference of the North American Chapter of the Association for Computational Linguistics: Human Language Technologies, Volume 1 (Long and Short Papers). 2019: 3016-3025.

[190] QIN P, XU W, WANG W Y. DSGAN: Generative adversarial training for distant supervision relation extraction[C]. Proceedings of the 56th Annual Meeting of the Association for Computational Linguistics

（Volume 1：Long Papers）. 2018：496-505.

[191] QIN P, XU W, WANG W Y. Robust distant supervision relation extraction via deep reinforcement learning[C]. Proceedings of the 56th Annual Meeting of the Association for Computational Linguistics （Volume 1：Long Papers）. 2018：2137-2147.

[192] ZENG X, HE S, LIU K, et al. Large scaled relation extraction with reinforcement learning[C]. Proceedings of the AAAI Conference on Artificial Intelligence. 2018, 32(1).

[193] FENG J, HUANG M, ZHAO L, et al. Reinforcement learning for relation classification from noisy data[C]. Proceedings of the AAAI Conference on Artificial Intelligence. 2018, 32(1).

[194] NIAN F, BAO B K, LI T, et al. Multi-modal knowledge representation learning via webly-supervised relationships mining[C]. ACM International Conference on Multimedia (MM), 2017：411-419.

[195] ZHANG H W, FANG Q, QIAN S S, et al. Multi-modal knowledge-aware event memory network for social media rumor detection[C]. ACM International Conference on Multimedia (MM), 2019.

[196] ZHANG Y, QIAN S, FANG Q, et al. Multi-modal knowledge-aware hierarchical attention network for explainable medical question answering[C]. ACM International Conference on Multimedia (MM), 2019.

[197] ZHANG Y, FANG Q, QIAN S, et al. Multi-modal multi-relational feature aggregation network for medical knowledge representation learning[C]. ACM International Conference on Multimedia (MM), 2020.

[198] CHEN L Y, LI Z, WANG Y J, et al. MMEA：Entity alignment for multi-modal knowledge graph[C]. Knowledge Science, Engineering and Management (KSEM), 2020.

[199] XIE R, LIU Z, LUAN H, et al. Image-embodied knowledge representation learning [J]. AAAI Press, 2016.

[200] SUN R, CAO X Z, ZHAO Y, et al. Multi-modal knowledge graphs for recommender systems[C]. ACM International Conference on Information & Knowledge Management (CIKM), 2020.

[201] LI G, SU H, ZHU W. Incorporating external knowledge to answer open-domain visual questions with dynamic memory networks [C/OL]. 2017, arXiv：1712. 00733. Available：https://arxiv. org/abs/ 1712. 00733.

[202] WANG M, HONG R, LI G, et al. Event driven web video summarization by tag localization and key-shot identification[C]. IEEE Trans. Multimedia, vol. 14, no. 4, pp. 975-985, Aug. 2012.

[203] YUAN Y, MEI T, CUI P, et al, Video summarization by learning deep side semantic embedding [C]. IEEE Trans. Circuits Syst. Video Technol. , vol. 29, no. 1, pp. 226-237, Nov. 2017.

[204] JIANG M, et al. Social recommendation with cross-domain transferable knowledge[C] IEEE Trans. Knowl. Data Eng. , vol. 27, no. 11, pp. 3084-3097, Nov. 2015.

[205] MAN T, SHEN H, JIN X, et al. Cross-domain recommendation：An embedding and mapping approach[C]. in Proc. 26th Int. Joint Conf. Artif. Intell. , 2017, pp. 2464-2470.

[206] CHEN L, ZHENG J, GAO M, et al. TLRec：Transfer learning for cross-domain recommendation[C]. in Proc. Int. Conf. Big Knowl. , Aug. 2012, pp. 167-172.

[207] LI B, YANG Q, XUE X. Can movies and books collaborate? Cross-domain collaborative filtering for sparsity reduction[C]. in Proc. IJCAI, vol. 9, 2009, pp. 2052-2057.

[208] JING H, LIANG A C, LIN S D, et al. A transfer probabilistic collective factorization model to handle sparse data in collaborative filtering[C] in Proc. IEEE Int. Conf. Data Mining (ICDM), Dec. 2014, pp. 250-259.

[209] QIAN S, ZHANG T, HONG R, et al. Cross-domain collaborative learning in social multimedia [C]. in

Proc. 23rd ACM Int. Conf. Multimedia, 2015, pp. 99-108.

[210] MIN W, BAO B K, XU C, et al. Cross-platform multi-modal topic modeling for personalized inter-platform recommendation [C]. IEEE Trans. Multimedia, vol. 17, no. 10, pp. 1787-1801, Oct. 2015.

[211] LU Z, ZHONG E, ZHAO L, et al. Selective transfer learning for cross domain recommendation [C]. in Proc. SIAM Int. Conf. Data Mining, 2013, pp. 641-649.

[212] YAN M, SANG J, XU C. Unified youtube video recommendation via cross-network collaboration [C]. in Proc. 5th ACM Int. Conf. Multimedia Retr. , 2015, pp. 19-26.

[213] YU S, WANG X, ZHU W, et al. Disparity-preserved deep cross-platform association for cross-platform video recommendation [C/OL]. 2018, arXiv: 1712. 00733. Available: https://arxiv. org/abs/ 1712. 00733.

[214] FENG F X, WANG X J, LI R F. Cross-modal retrieval with correspondence autoencoder [C]. Proceedings of the 22nd ACM international conference on Multimedia. 2014.

[215] DING G G, Guo Y C, ZHOU J L. Collective matrix factorization hashing for multimodal data[C]. Proceedings of the IEEE conference on computer vision and pattern recognition. 2014.

[216] WANG D X, et al. Learning compact hash codes for multimodal representations using orthogonal deep structure [C]. IEEE Transactions on Multimedia 17. 2015(9): 1404-1416.

[217] SONG J K, et al. Inter-media hashing for large-scale retrieval from heterogeneous data sources[C] Proceedings of the 2013 ACM SIGMOD International Conference on Management of Data. 2013.

[218] WU F, et al. Sparse multi-modal hashing [C]. IEEE Transactions on Multimedia 16. 2013(2): 427-439.

[219] WANG W, et al. Effective multi-modal retrieval based on stacked auto-encoders [C]. Proceedings of the VLDB Endowment 7. 2014 (8): 649-660.

[220] CAO Y, et al. Correlation autoencoder hashing for supervised cross-modal search[C]. Proceedings of the 2016 ACM on International Conference on Multimedia Retrieval. 2016.

[221] JIANG Q Y, LI W J. Deep cross-modal hashing [C]. Proceedings of the IEEE conference on computer vision and pattern recognition. 2017.

[222] ZHENG YIN, ZHANG Y J, LAROCHELLE H. Topic modeling of multimodal data: an autoregressive approach [C]. Proceedings of the IEEE conference on computer vision and pattern recognition. 2014.

[223] LIAO R J, ZHU J, QIN Z C. Nonparametric bayesian upstream supervised multi-modal topic models [C]. Proceedings of the 7th ACM international conference on Web search and data mining. 2014.

[224] WANG Y F, et al. Multi-modal mutual topic reinforce modeling for cross-media retrieval [C]. Proceedings of the 22nd ACM international conference on Multimedia. 2014.

[225] HUANG Y, LONG Y, WANG L. Few-shot image and sentence matching via gated visual-semantic embedding [C]. Proceedings of the AAAI Conference on Artificial Intelligence. Vol. 33. No. 01. 2019.

[226] LI H, et al. Unsupervised cross-modal retrieval through adversarial learning [C]. 2017 IEEE International Conference on Multimedia and Expo (ICME). Piscataway: IEEE Press, 2017.

[227] TAN H, BANSAL M. Lxmert: Learning cross-modality encoder representations from transformers[C]. arXiv preprint arXiv:1908. 07490 (2019).

[228] NIE D, et al. Estimating CT image from MRI data using 3D fully convolutional networks [C]. Deep Learning and Data Labeling for Medical Applications. Springer, Cham, 2016: 170-178.

[229] SHIN H C, et al. Deep convolutional neural networks for computer-aided detection: CNN architectures,

dataset characteristics and transfer learning[C]. IEEE transactions on medical imaging 35. 2016 (5): 1285-1298.

[230] HAN X. MR-based synthetic CT generation using a deep convolutional neural network method[C]. Medical physics 44. 2017 (4): 1408-1419.

[231] BI L, et al. Synthesis of positron emission tomography (PET) images via multi-channel generative adversarial networks (GANs) [C]. molecular imaging, reconstruction and analysis of moving body organs, and stroke imaging and treatment. Springer, Cham, 2017: 43-51.

[232] PENG Y X, et al. Semi-supervised cross-media feature learning with unified patch graph regularization [C]. IEEE transactions on circuits and systems for video technology 26. 2015 (3): 583-596.

[233] ZHOU Q, HUI T, WANG R, et al. Attentive excitation and aggregation for bilingual referring image segmentation[J]. ACM Transactions on Intelligent Systems and Technology, 2021, 12(2): 1-17.

[234] OH T H, DEKEL T, KIM C, et al. Speech2face: Learning the face behind a voice[C]. Proceedings of the IEEE/CVF Conference on Computer Vision and Pattern Recognition. 2019: 7539-7548.

[235] SUN C, et al. "Videobert: A joint model for video and language representation learning [C]. Proceedings of the IEEE/CVF International Conference on Computer Vision. 2019.

[236] LI L N H, et al. Visualbert: A simple and performant baseline for vision and language[C]. arXiv preprint arXiv:1908. 03557 (2019).

[237] SU W, ZHU X, CAO Y. Vl-bert: Pre-training of generic visual-linguistic representations[C]. arXiv preprint arXiv:1908. 08530 (2019).

[238] LU J S, et al. Vilbert: Pretraining task-agnostic visiolinguistic representations for vision-and-language tasks[C]. arXiv preprint arXiv:1908. 02265 (2019).

[239] ZHEN L L, et al. Deep multimodal transfer learning for cross-modal retrieval [C]. IEEE Transactions on Neural Networks and Learning Systems (2020).

[240] LIU X W, et al. Cross-modal zero-shot hashing [C]. 2019 IEEE International Conference on Data Mining (ICDM). Piscataway: IEEE Press, 2019.

[241] PATEL C, SHAH D, PATEL A. Automatic number plate recognition system (anpr): A survey[C]. International Journal of Computer Applications 69. 9 (2013).

[242] PARK J W, LEE I. A study on computational efficiency improvement of novel SORM using the convolution integration[C]. Journal of Mechanical Design 140. 2 (2018).

[243] PENG Y X, et al. Cross-media analysis and reasoning: advances and directions [C]. Frontiers of Information Technology & Electronic Engineering 18. 2017 (1): 44-57.

作者简介

本文的跨媒体信息统一表达、跨媒体智能推理与分析由况琨撰写，知识指导的跨模态分析由王鑫撰写，跨媒体知识图谱由张新峰撰写，跨媒体关联分析由刘偲撰写，于俊清负责报告策划和统稿，博士研究生宋子恺负责报告的编辑、修改、排版和校对工作。以下以姓氏笔画排序。

于俊清　华中科技大学计算机科学与技术学院，教授，博士生导师，智能媒体计算与网络安全实验室主任，主要研究方向为数字视频分析与检索、多核计算与流编译、网络安全大数据处理。中国计算机学会多媒体专业委员会常务委员。

王　鑫　清华大学计算机科学与技术系助理研究员，主要研究方向为媒体大数据，跨媒体智能，机器学习及其在多媒体分析、推理方面的应用。中国计算机学会多媒体技术专业委员会秘书处副秘书长。

刘　偲　北航计算机学院副教授、博士生导师，主要研究方向为跨模态多媒体智能分析，包括自然语言处理（NLP）和计算机视觉（CV）。

况　琨　浙江大学计算机学院，助理教授，主要研究方向包括因果推理、稳定学习、可解释性机器学习，以及 Explainable AI 在医学和法学的相关应用。

宋子恺　华中科技大学计算机科学与技术学院在读博士，主要研究方向为单目标视觉跟踪和特征编码。

张新峰　中国科学院大学计算机科学与技术学院助理教授，博士生导师，主要研究方向是视频和图像编码、处理和质量评价。

群智建模仿真与演化计算的研究进展和趋势

CCF 协同计算专业委员会、CCF 计算机辅助设计与图形学专业委员会

陈伟能[1]　卢　曦[2]　蒋嶷川[3]　汤　庸[4]　王　华[5]　李超超[5]　徐明亮[5]

[1]华南理工大学，广州

[2]复旦大学，上海

[3]东南大学，南京

[4]华南师范大学，广州

[5]郑州大学，郑州

摘　　要

群体智能指的是群体聚集产生的各种智慧，其思想最初源于对自然界中社会性生物群体智能行为的模拟。群体生物通过分工合作、相互协调、协同演化等行为，可涌现出整体性的智能行为，完成复杂任务，具有高度的自组织、自适应、自学习能力。受此启发，国内外学者运用数学和计算机等工具对群体智能行为进行模拟，从不同角度发展出了一系列群体智能涌现与演化的机理和模型。近年来，随着互联网的发展，人类社会基于物联网的群智协同和演化现象进一步拓宽了群智演化计算的范畴，呈现出广阔的应用前景，也对群智演化的理论模型和应用提出了新挑战。2017 年，我国《新一代人工智能发展规划》明确将群体智能列为需重点发展的人工智能理论与技术方向之一。本文将从简单生物个体以及人类社会群体等不同视角，从群智演化协作的模型和机理、群智演化协作的组织结构、群智演化协同决策及群智演化协同计算的应用等角度，总结群智演化计算的主要研究问题，对国内外的最新研究进展进行综述和对比分析，并对该方向未来的发展趋势和主要科学问题进行展望。

关键词：人工智能，群体智能，群智建模仿真，群智涌现，演化计算，群智管控

Abstract

Crowd intelligence refers to various forms of intelligence produced by the gathering of crowds or swarms. Its ideas originated from the simulation of the intelligent behavior of social biological swarms in nature. Through labor division, coordination, co-evolution, and other collaborative behaviors, swarms can emerge integrated intelligent behaviors to complete complex tasks. Moreover, these swarms have a high degree of self-organization, self-adaptation, and self-learning capabilities. Inspired by this, scholars used mathematics and computers to simulate swarm intelligence behaviors, and developed a series of mechanisms and models for the emergence and evolution of swarm intelligence from different perspectives. In recent years, with the development of the Internet, human society collaborative behavior based on the Internet and the Internet of things has further broadened the scope of crowd intelligence and evolutionary computing, showing broad application prospects, and also raises new challenges to the theoretical and application of crowd intelligence and evolutionary computing. In

2017, the "New Generation Artificial Intelligence Development Plan" of China clearly listed crowd intelligence as one of the artificial intelligence theories and technical directions that need to be developed. In this paper, we aim to summarize the main research issues of crowd intelligence and evolutionary computing, analyze the latest research progress in this area, and further look forward to the future trend of crowd intelligence, from various aspects, including the models from both simple biological swarms and human social crowds, from the perspectives of swarm coevolutionary mechanism, crowd organization structure, coevolutionary decision-making, and applications of crowd intelligence.

Keywords: artificial intelligence, crowd intelligence, modeling and simulation of crowd intelligence, emergence of crowd intelligence, evolutionary computation, management and control of crowd intelligence

1　引言

广义上来看，群体智能（群智）指昆虫、鸟类、人群等各类群体内部通过竞争、对抗、分化、合作、共享等分布/耦合系列作用所表现出来的高度自组织、自适应、自学习等智能行为以及汇聚群体智慧协同求解大规模复杂问题的智能方法[1]~[5]。早在 1911 年，生物学家 Wheeler[6]就提出超有机体（Superorganism）的概念，指出一些昆虫群体通过相互协作可以使群体整体具备适应复杂多变的环境的能力，因此可以将昆虫群体的整体看作一个有机体，即超有机体。随后，人们在越来越多的领域中观察到群体的智能涌现与演化现象。例如在生物界中，蜂群中的蜂王、工蜂和雄蜂具有不同的形态和职能，它们分工合作且相互依存来维系蜂群的生存和繁衍；蚁群以"信息素"为媒介相互协作，可以发现到达食物的最短路径；鸟群和鱼群根据邻近个体的行进路线来调节自身的行进路线，从而呈现出特殊的飞行队形或者成团游动；植物的根系分支在特殊的通信协作机制下不断生长，分支间可保持适当距离，从而达到最大化覆盖范围和最大化吸收土壤养分的效果；此外，自然界中如分子等微小粒子的运动、细菌的群落运动、进化论中生物基因的演化与自然选择过程等，乃至人类社会中的社会分工、信息传播、文化传承、集体决策等行为，都是群智的体现。随着计算机科学与技术的不断发展，研究人员运用数学和计算机工具对群智的涌现与演化行为进行模拟，从不同角度发展出一系列群智优化管控模型和方法。

2017 年，国家《新一代人工智能发展规划》明确将群体智能列为需重点发展的人工智能理论与技术方向之一，并指出须"重点突破群体智能的组织、涌现、学习的理论与方法"，同时指出须发展"支撑覆盖全国的千万级规模群体感知、协同与演化"技术。事实上，无论是简单个体汇聚涌现出来的群体智能，还是人类群体行为涌现出来的群体智能，都是在一定的通信与协作规则下通过协同和演化涌现出来的。因此，探索群智演化的模型和机理，对预知和调控群智涌现行为起着至关重要的作用。当前，从群体构成角度，已有的群智演化模型包括面向生物群体的进化计算、面向智能体的多智能体系统、面向人类群体的社会计算等；从群体结构角度，已有的群智演化或针对行为简单、功能同构的个体所组成的群体，或针对具有一定智力、行为复杂、功能异构的个体所组成的群体；从群智演化过程角度，已有模型或将群体智能视作一个整体系统，通过生物学、社会学、复杂系统动力学等角度诠释群智涌现演化现象，或将参与群体智能的个体看成理性的独立个体，通过博弈、强化学习等机制训练出高效的群智涌现行为模式；从群智演化决策角度，现有的群智模型可用于求解复杂的全局优化问题、分布式决策问题、基于互联网的超大规模复杂问题等。

为进一步理清群智的主要研究方向，本文参考上述提及的不同研究视角，按照图 1 所示的整体思路，分析当前群智计算涉及的主要模型、理论和方法，对该方向未来的发展趋势和主要科学问题进行展望，从而促进跨学科合作创新。

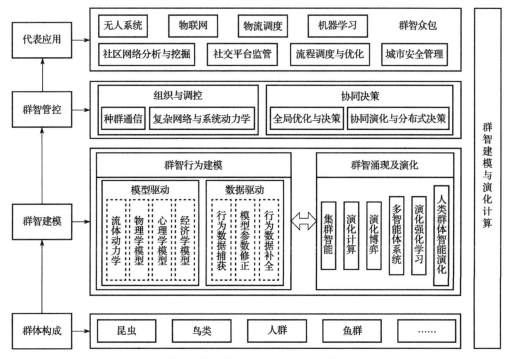

图 1　群智建模计算的研究视角及主流模型与方法

基于以上思路，本文将从如下几个方面对群智建模计算进行综述和分析，具体包括：

（1）群智建模理论和机理　重点研究群体如何涌现出智能行为，如何伴随环境的变化而逐渐演化。如前所述，现有研究工作尝试从截然不同的角度诠释群智的涌现与演化行为。例如，进化计算和群集智能方法以自然界中的群体智能现象为依据，通过模拟自然界的群智现象使得所设计的算法或系统具备群智涌现与演化能力；多智能体系统领域既通过复杂系统动力学理论分析多智能体的智能涌现与演化行为，又通过博弈和强化学习机制进一步完善群智系统中个体的行为模式；面向人类社会协同的社会计算和集体智能方法则通过任务分配、激励机制和知识汇聚等策略实现人群的智能涌现和高效协作。本文将从生物群体、智能体和人类群体等不同的角度，介绍群智涌现演化的主要理论及模型。

（2）群智管控机制 重点研究群智的组织调控和协同决策。在组织调控方面，重点研究如何干预和调控群体的组织结构，进一步促进群智的涌现与演化行为。在群智系统中，个体之间的组织形式、通信方式和拓扑结构对群智的涌现与演化行为有着重要的影响。在传统生物启发的群体智能模型中，个体之间往往通过称为 Stimergy 的间接通信机制来实现协同，个体之间的通信拓扑结构对群智系统的全局探索（Exploration）和局部开发（Exploitation）能力起着决定性的影响；在更复杂的群智系统中，尤其是在基于互联网的群智系统中，个体之间的连接和通信关系更加复杂，复杂网络（Complex Network）成为探索和分析群智系统中个体组织结构的重要理论工具。本文将从简单的间接通信机制，到复杂的网络拓扑组织结构，分析群智涌现演化的主要群体组织结构和调控机制。在群智协同决策方面，重点研究如何利用群智的涌现与演化行为来实现协同决策，从而实现对超大规模复杂问题的协同求解。针对传统的全局优化与决策问题，群智协同决策的关键在于如何挖掘群体已有信息来获取值得群体探索的方向，使得群体可以在全局探索和局部开发之间取得平衡，从而提升群体搜索的性能；对于复杂的大规模分布式决策问题，群体智能协同决策则涉及群智任务设计与分配、群智协同决策机制与隐私保护、群智结果汇聚与整合等多个层面的研究内容。本文将分别面向全局决策优化问题和分布式决策优化问题，介绍群智协同决策的主要策略和方法。

（3）群智演化协同计算的代表性应用 近年来，随着信息技术的发展，尤其是计算能力的快速提升和互联网技术的飞速发展，群智演化协同计算方法得到了广泛的应用。基于生物启发的群智方法已成为求解复杂大规模搜索与优化问题的重要工具；基于多智能体的群智方法已成为分布式计算和数据处理的重要方法，并广泛应用于公共安全、商业决策等领域；面向互联网和人类社会协作的群智方法孵化出一系列互联网上的众包平台，促进了互联网上的群智应用快速发展。本文将概述上述的群智演化协同计算的代表性应用，为进一步完善相关理论方法和关键技术提供支持，并为推进群智演化协同计算的应用转化提供参考。

本文的组织结构如下：第 2 部分将从群智行为建模仿真、群智涌现与演化、群智管控以及群智的代表性应用这四个方面来介绍国际研究现状；第 3 部分将介绍国内在群智建模与演化计算方向上的代表性工作；第 4 部分通过对比国内外研究工作，指出国内研究存在的不足和面临的重要发展机遇；第 5 部分将结合当前人工智能、复杂系统科学、物联网、边云融合计算等领域的前沿发展趋势，探索群智建模与演化计算的发展趋势和关键问题；第 6 部分对本文进行总结。

2 国际研究现状

群智已经吸引了众多国际研究者的研究兴趣，并从多个不同角度展开研究。本部分将从四个方面介绍群智方面的相关研究进展，包括群智行为建模仿真、群智涌现及演化、群智管控以及群智相关代表性应用。其中，群智行为建模仿真为研究群智涌现及演化提供重要依据，群智管控研究又受益于群智行为建模仿真和群智涌现机理的启发，群智管控部分是基于群智从微观视角、宏观视角两个方面分析群智系统内部以及群智系统的可扩展性和全局优化能力。最后结合不同的应用场景，介绍群智研究在实际问题中的应用。

2.1 群智行为建模仿真

群智行为建模主要模拟大规模群体中由于个体之间相互影响而表现出的复杂、协调的行为，广泛应用于人群、车辆、鸟群、昆虫群、无人机群等行为的模拟和仿真[8,9]。总的来说，群体智能行为建模仿真研究大体可以分为模型驱动方法的研究和数据驱动方法的研究两种。

2.1.1 模型驱动的群智行为建模仿真

模型驱动的方法根据群体的行为规则建立物理动力学模型，相关领域的经典工作包括 Reynolds[7] 于 1986 年提出的描述飞鸟群体行为的 Boids 模型、Helbing[5] 提出的用于描述人群行为的基于物理力和个体相互作用的社会力模型等。模型驱动的群智建模是一个需要深度综合、融汇、应用多学科理论与方法的系统课题，具有非常显著的多学科交叉特点，蕴含着丰富深刻的科学问题。流体动力学、物理学、心理学、经济学等相关学科学者从不同研究视角构建数学模型，对其进行仿真模拟。表 1 所示为几种方法功能对比，接下来将对这些方法展开介绍。

表 1 模型驱动方法功能对比

方法	基本思想	优势	劣势	应用场景
流体动力学模型	群体运动简化为可压缩连续介质	效率高	精度低	超大规模群体流动趋势模拟
物理学模型	牛顿力学	个体行为逼真	缺乏个性化、社会化等特征	大规模群体行为模拟
心理学模型	认知-决策过程模拟	个性化特征明显	效率低	智能管控
经济学模型	优化经济成本	社会化特征明显	效率低	智能管控、政府决策

（1）流体动力学模型

将群体看作连续的介质，以群体流动密度、速度等宏观量来刻画群体的运动。2000年，Dupont 等人[10] 提出了一种基于气体动力学理论的行人运动模型，采用粒子离散化方法描述人群的运动。Hughes 等人[11,12] 提出了基于流体动力学的行人运动模型，采用连续介质理论，用密度场描述人群运动，通过 Navier-Stokes 方程设计势能函数刻画人群运动。Treuille 等人[13] 采用势能场驱动人群的全局路径规划，将人群划分群组，在路径规划时结合了局部碰撞避免方法。Narain 等人[14] 将行人视为离散个体和连续整体的统一体，当人群密度较高时，将人群描述为用流速和密度表示的连续流体。Sewall 等人[15] 将换道模型融入 ARZ 模型（Aw 等的模型[16] 和 Zhang 等的模型[17]）中，用于城市大规模交通仿真，并给出了车流中每辆车的三维可视化表示方法。

（2）物理学模型

以单个个体为研究单元，构建描述群体内部时空行为的物理学模型。Helbing 等人[18]根据牛顿力学第二定律提出社会力模型，利用社会心理力和物理力描述行人的运动行为。Morini 和 Yersin[19]提出了一种可伸缩的运动规划方法，并对大规模运动场景进行仿真，实现了大规模场景的碰撞避免。Shen 等人[20]提出了改进的 IDM 模型，通过区分畅通时车辆加速行为和接近前车时车辆减速行为的不同，实现了不同场景下车辆运动行为的建模。Dorado 等人[21]将 IDM 模型用于自动构建的三维城市交通场景模拟中。Wang 等人[22]将一体化的换道模型和 IDM 模型相结合，实现了各种复杂路口下的车辆运动模拟。Best 等人[23]提出了一种支持动态策略设置以及融合交通约束的无人车自动导航技术。Xu 等人[24]提出了一种雾天情况下的车辆运动模拟方法。Wang 等人[25]通过引入影子车辆的概念，实现了各种异常交通场景下的车辆群组运动模拟。Kolivand 等人[26]将人的性别、运动速度、朝向、群组划分四个特性融入经典的社会力模型，使得仿真结果更加真实，而且着重刻画了高密度人群中的个体意外停止运动等突发行为。

（3）心理学模型

人群、车流等群体行为是由人类控制的，心理学中情绪的概念在群体智能行为建模有非常广泛的应用，以情绪为代表的心理学因素对群体的行为有非常重要的影响。Ortony 等人[27]建立的 OCC 情绪理论，从人工智能角度对人类情绪的产生过程进行了建模，但其并未给出具体的情绪计算方法，仅指出情绪是智能体对外部世界认知评价的结果。Picard 等人[28]系统地阐述了人类情感计算的问题。此后，人们在智能机器人和人机交互领域展开了进一步的情感计算研究。Gratch 等人[29]提出了一种情绪认知框架 EMA，尝试构造一种对情绪环境进行认知评价的方法，从而能够解释情绪的持续变化过程。Su 等人[30]利用模糊逻辑，提出了一种虚拟人 OCEAN 个性模型，模型中不包括角色感知部分，并且角色个性仍通过脚本驱动。Bosse 和 Paiva 等人在可计算情绪感染方面做了大量的研究工作[31,32]，这些研究采用 NetLogo 多智能体工具，主要关注情绪在个体之间的吸收方面的研究。Bosse 等人[31]提出了一种采用物理学中的散热过程刻画情绪传播过程的模型，实现了从传递者到接收者的情绪计算。Dodds 等人[33]建立了一种基于传染病机制的情绪感染模型，将人群分为易感人群和感染人群，易感人群接收附近的感染人群产生的恐慌情绪感染增量，通过感染阈值判断易感人群是否感染情绪。Zoumpoulaki 等人[34]提出了一个 EP-BDI 模型框架，考虑性格对情绪的影响，并对获得的信息、行为决策进行评价。Baig 等人[35]提出了一种基于生物启发概率模型的情绪感知方法，个体基于线上、线下两种方式感知群体行为和动态，用于计算情绪。Funda 等人[36]提出了一种模拟不同性格特征引起行为变化的方法，Kim 等人[37]提出了一种动态心理影响下的群组建模方法，既考虑个体稳定性格，又考虑外部环境变化引起的群组行为变化。情绪建模在紧急疏散情况下的人群运动行为预测中起着至关重要的作用，Durupınar 等人[38]基于流行病学的 Durupinar 模型，将 OCEAN 性格模型和群体运动结合，并构建两者的映射关系，从而提升了群体仿真的真实性。Dickinson 等人[39]研究了人群密度变化对用户体验和行为的影响，并着重刻画了人群密度与情感状态和行为之间的关系。

（4）经济学模型

实际生活中，群体博弈、出行成本等经济学因素也制约着人群、车流的各种行为。Ahmad 等人[40]将博弈论的方法应用于基于智能体的人群仿真模型中，使得仿真模型更加灵活，可以实现仿真结果的动态实时编辑。Littman 等人[41]采用 Minimax 算法求解两个智能体之间零和博弈的最优化问题。Hu 等人[42]通过引入纳什 Q 学习算法，将上述 Minima 算法从零和博弈扩展到多人常和博弈的求解优化。Bowling 等人[43]通过改变学习的速度加速了均衡解的收敛速度。上述方法最多同时处理几十个智能体的纳什均衡解。为实现大规模群体行为的模拟，Yang 等人[44]提出了平均场强化学习算法，将群体规模扩展到了上千数量级。Xu 等人[45]从能量利用率出发，采用根据功耗最小推导出来的建立在 Frenet 标架下的五次多项式函数来描述车辆的运动轨迹，从而得到一组车辆运行轨迹集合，然后对所有可行的轨迹根据功耗进行排序，选取功耗最小的轨迹作为车辆下一步长内的运动方式。Adam 等人提出通过征收道路拥堵费来引导和调节城市交通，以达到缓解交通拥挤的目的[46,47]，该类方法增加了驾驶出行的经济负担，并且收费的收入再分配问题也是公众质疑的主要方面[46-48]。为了做到既抵消拥挤收费产生的负面效果，又维持出行者继续出行的动力，Kockelman 等人[49]提出了一种基于信用机制的拥堵收费计划，根据边际成本收取的拥挤费以类似于出行津贴的形式均匀地返还给所有符合条件的出行者。Verhoef 等人[50]对是否可以采用可交易许可制管理交通外部性进行了探索性评估。Akamatsu 等人[51]进一步提出了可交易瓶颈许可制的概念。在前面工作的基础上，Yang 等人[52]提出了可交易行驶信用券计划，并证明其能够以收入中性的方式复制传统道路拥挤收费的问题。

模型驱动的群体建模方法，能够从原理上实现群体行为的有效模拟，充分解决"为什么"的问题。然而，由于其主要基于数学或物理等模型的方法，对群体行为做了过多简化和理想假设处理，相关行为特征的控制参数选取和设置大多基于主观经验，可靠性缺乏真实数据支撑，成为其先天性缺陷。

2.1.2 数据驱动的群智行为建模仿真

数据驱动的方法是通过捕获群体的行为数据，从数据中学习群体的智能涌现机制，从而可以对复杂的群智行为进行建模、仿真和预测。与模型驱动的方法不同，数据驱动的方法不依赖领域知识，因而在对复杂群体的建模仿真时有更强的适用性和鲁棒性，然而也对数据行为的获取方法及建模算法提出了更高的要求。

（1）群体行为数据捕获　视频数据作为当前最重要、最便于采集的真实数据来源，有效分析利用其中蕴含的群体行为演化规律，是提升群体行为建模真实性的重要途径。提取视频中的群体运动轨迹数据属于典型的多目标跟踪技术。现有的多目标跟踪技术根据处理方式不同，分为离线跟踪方法和在线跟踪方法两类。

离线跟踪方法主要指的是使用整个视频时间段内的信息来预测当前帧中目标个体的运动轨迹。Bertinetto 等人[53]将端到端的全卷积 Siamese 网络用于目标个体检测，并将其嵌入跟踪算法，实现了超实时的目标跟踪。Braso 等人[54]提出了一种基于图神经网络的离线多目标跟踪方法，利用图结构来执行特征学习和结果预测。Dai 等人[55]提出了一种离线训练元更新器，可以按顺序有效集成几何、判别和外观信息，挖掘序列信息，学习二进制输出，从而指导跟踪器的更新。Yang 等人[56]采用基于跟踪目标的热图响应和边界框回归的方法来跟踪目标，采用离线训练递归神经优化器，并采用元学习更新跟踪模型，使模型能够迅速收敛。

在线跟踪方法主要是指使用当前帧及之前帧的信息来预测当前帧中目标个体的运动轨迹。Bewley 等人[57]引入线性速度模型与卡尔曼滤波进行位置预测，并采用匈牙利算法进行逐帧数据关联，利用 CNN 检测器的结果来进行目标跟踪。Wojke 等人[58]在卡尔曼滤波预测结果的基础上，使用匈牙利算法进行目标分配，并加入了运动信息和外观特征，得到了较好的跟踪效果。Wang 等人[59]提出了一种联合检测和嵌入向量的模型，将外观嵌入模型和单发检测器结合，允许同时输出检测结果和相应的嵌入，提升了跟踪精度。Zhang 等人[60]采用基于目标中心点检测的 anchor-free 方法，选择 Deep Layer Aggregation 网络进行特征提取，平衡检测和再识别。Jiang 等人[61]根据观测目标与当前目标轨迹的表观相似度和运动相似度构建二部图，以目标和观测信息作为节点，以相似度作为边权，通过 GNN 网络框架对节点特征进行更新。在线跟踪技术可以对部分遮挡情况下的车辆运动轨迹实现较好的跟踪。但是，由于缺乏全局信息，对于目标遮挡比较严重的车辆运动轨迹跟踪效果通常比较差。

（2）数据驱动的群体行为建模 数据驱动的群体行为建模主要指的是从大量真实数据中学习提取样本或实例数据的特征，实现对群体行为的建模。其大体可以分为两类：一类主要是利用真实数据对模型参数进行调节和矫正；另一类主要是通过样本学习来指导群体行为，也即利用现有数据定义群体行为。

基于捕获数据对现有模型进行参数矫正的方法：此类方法中，模型参数的确定是最重要的环节之一。为了避免模型参数调节不当带来的建模结果可信度降低问题，研究人员对此展开了深入研究。Helbing 等人[62]通过对大量朝觐人群运动视频数据进行分析，发现群体拥挤混乱的发生往往是由组织变化引起的，并基于此对所提出的模型参数进行了校正，从而确保朝觐者们的安全。Petter 等人[63]提出了一种新的虚拟人相互作用模型，其参数数量比已有自动校准方法更少，并且可扩展到更复杂情况下的人群避障。Lerner 等人[64]引入一个新的算法框架进行人群仿真视觉分析，通过与真实数据进行比较，该框架具备更好的实用性。Wilkie 等人[65]采用卡尔曼滤波将传感器采集的数据用于车辆运动行为模拟参数校正中，并取得了不错的仿真效果。

基于捕获数据对群体行为进行模型定义的方法：此类方法直接基于捕获数据对群体行为模型进行定义。Lee 等人[66]运用无人机从人群运动视频中提取二维运动轨迹，然后进行训练、合成群组运动行为。Lerner 等人[67]在样本中寻找相似的结果并将样本轨迹应用于个体运动合成。Chao 等人[68]借助纹理合成技术将输入的离散轨迹数据用于车辆动画仿真。Chen 等人[69]将采集的视频数据和传感器数据相结合，采用深度学习技术实现了车辆驾驶行为的仿真。Sewall 等人[70]根据车辆进入场景的先后顺序，借用 A* 算法对车辆在场景中的运动轨迹进行事先规划，实现了复杂路网中车辆运动的模拟。Hsieh 等人[71]给出了一种基于实例的交通可视化方法，方法根据路面车辆检测器检测到的车流量、流速等信息重构现场交通情况。Chao 等人[72]根据输入车辆轨迹数据，采用自适应遗传算法对车辆仿真跟车模型参数进行离线学习，并驱动模型重构交通场景。此外 Chao 等人[68]提出了一种基于二维纹理合成技术的交通流仿真方法以及 Qianwen 等人基于自适应词典学习算法的交通模式词典构建方法[73]，实现了常见交通行为的模拟。Ren 等人[74]将实测轨迹数据作为约束条件，给出了一种数据驱动的交互式群组仿真方法。Bi 等人[75]基于航拍视频数据，采用卷积网络和递归网络组合，实现了交叉路口处的车辆运动仿真。Yao 等人[76]提出了一种基于强化学习的数据驱动的人群疏散框架，提升了人群疏散仿真结果的真实性。

2.2 群智涌现及演化

由于不同群体的行为千差万别，因此不同领域的学者一直尝试从截然不同的角度来探索群体智能的涌现和演化机制。总的来说，我们可以将当前群智涌现及演化的研究工作划分为如下的若干分支：

1）生物启发的群智涌现及演化，即模拟自然界中的群智现象来建立群智模型，包括模拟生物进化机制的进化计算（Evolutionary Computation）[77]方法，如遗传算法（Genetic Algorithm），以及模拟社会学生物群体行为的集群智能（Swarm Intelligence）方法，如蚁群优化（Ant Colony Optimization）[78]和粒子群优化（Particle Swarm Optimization）[79]等；

2）基于群体动力学的群智涌现及演化，即从物理学的角度将群体看作一个复杂系统，将群体智能视为集体动力学的呈现，由此可以采用群体的动力学系统来阐述和刻画群体的智能涌现和演化行为，如基于复杂网络的网络群体智能理论[80]；

3）多智能体系统（Multi-Agent System）[81]，即从机器人与自动化控制的角度探索通过多个独立自治的智能体相互协同来处理复杂的大规模任务；

4）以人为核心的群智涌现演化，即以互联网为载体，将大规模的互联网用户群体视为网络空间数据和服务的贡献者，涌现出来了基于互联网的群体智能协作新形态，衍生出了人计算（Human Computation）[82]、以人为中心的计算（Human-Centered Computing）[83]、社会计算（Social Computing）[84]、集体智能（Collective Intelligence）[85]等概念，并在众包计算、开源软件开发、互联网百科全书等领域呈现出广泛的应用。

尽管上述研究领域各有侧重，但其本质都是通过群体协作涌现出智能行为来求解复杂问题。一般而言，我们把基于简单生物或非生物个体汇聚而涌现出的群体智能行为称为 Swarm Intelligence（SI），这一称呼最早在 1989 年由 Gerardo 及 J. Wang 在描述细胞机器人群智现象时提出；把面向人类社会的群体智能行为称为 Crowd Intelligence（CI）。由于 Swarm 和 Crowd 都可以翻译为"群体"，为区分 SI 与 CI，在本文中我们把 SI 称为群集智能。

2.2.1 演化计算与群集智能

演化计算和群集智能是一类受自然界的群体智能现象启发而设计的智能优化方法。其中，演化计算以种群为基础，以"优胜劣汰"的自然选择为演化机制，利用程序迭代模拟演化过程，通过繁殖、竞争、再繁殖、再竞争的演化规律寻求最优解；群集智能则通过模拟自然界中群体社会性生物的智能行为（例如蚁群的觅食行为、鱼群和鸟群的协同行为等）来实现整个种群的协作和寻优[77]。演化计算和群集智能方法具有良好的全局搜索能力、较快的收敛速度、较强的鲁棒性、简单的实现方式、易于理解的演化机理等特点，已成为求解复杂优化问题的重要、常用的方法。

演化计算方法在 20 世纪 60 年代被提出并逐渐发展，其核心思想是将待解的问题看成"环境"，每个个体都对应一个问题的可能解，一组个体组成的种群通过"优胜劣汰"的自然选择机制和特定的遗传信息传递规律来促使群体对环境的适应值不断提高[86]。在演化计算中，群体的协作机制包括自然选择和基因交叉、变异等进化操作，其协作的目标是不断提高种群对环境的适应能力，从而可以不断地逼近待解问题的近似最优解，代表性算法包括遗传算法（Genetic Algorithm）[87]、遗传编程（Genetic Programming）[88]、进化策略（Evolutionary Strategy）[89]、进化编程（Evolutionary Programming）[90]、差分进化算法（Differential Evolution）[91]等。在此基础上，近年来，一些学者提出了基于模型的演化算法（Model-Based Evolutionary Computation），该方法采用统计学习方法取代了原有的进化操作，借助模型来对搜索空间进行采样，利用统计学习的方法来预测搜索的最佳区域，从而产生优秀的子代，其代表算法是分布估计算法（Estimation of Distribution Algorithm）[92]。

群集智能方法的概念源于 20 世纪 90 年代，其代表性算法包括由 Dorigo 等学者于 1992 年提出的蚁群优化算法（Ant Colony Optimization）[78-93]，以及 Kennedy 和 Eberhart 于 1995 年提出的粒子群优化算法（Particle Swarm Optimization）[79]等。与演化计算方法不同，群集智能优化方法模拟社会性群体生物的智能行为来逐渐寻优。例如，在蚁群优化算法中，人工蚂蚁会在经过的路径上释放一定量的化学物质，称为信息素。以信息素为媒介，人工蚂蚁通过感知路径上信息素的浓度来实现通信和协作，并依托这一机制所蕴含的正反馈现象来实现蚂蚁群体的协同寻优。在粒子群优化算法中，每个个体都会以社会交互（Social Interaction）和自我认知（Self-Cognition）作为自身的行动准则，通过不断学习群体和个体的历史最优解来调节个体的搜索方向和速度，从而使整个种群可以协作寻优。

目前，演化计算和群集智能方法已成为求解复杂优化问题的重要方法，近十多年来吸引了国内外学者在理论基础、算法设计等方面开展大量研究，并被广泛应用于求解工业复杂优化问题。

在理论基础方面，演化计算和群集智能的基本思想源于自然界，其数学基础相对薄弱，近年来，部分学者致力于构建和完善演化计算和群集智能优化方法的基础理论体系。从目前的研究来看，演化计算的理论基础主要包括数学基础、生物学基础和社会学基础等方面。在数学基础方面，已有工作尝试从随机过程及马尔可夫链[94]、统计学习过程[95]、动力学建模、收敛性分析[96]及稳定性分析[97,98]等角度，希望明确演化计算和群集智能优化算法的智能涌现、演化与自组织规律和特性；在生物学基础方面，借鉴自然界中蕴含的各类群体演化现象和机理，学者们从优胜劣汰、适者生存、自然选择、生物进化、遗传规律、人脑模拟、生物迷失、免疫演化等角度探索演化计算的新理论和新模型；在社会学基础方面，学者们借鉴社会学生物乃至人类社会中涌现的各类群智现象，如个体认知、集体智慧、个体竞争、群体博弈、群体协作等，为理解、分析和调控群智涌现与演化行为提供新理论和新途径。然而，由于演化计算和群集智能算法的随机性、多样性和复杂性，现有的理论往往需面向特定的算法、特定的待解问题和特定的约简条件，亟须进一步构建系统、通用的演化计算和群集智能理论体系。

在算法设计方面，大量研究工作尝试设计和改进演化计算和群体智能算法，从而使算法可高效地求解一些复杂的优化问题，比如多目标优化问题、多峰优化问题、约束优化问题、大规模优化问题、昂贵优化问题等。例如，针对多目标优化问题，算法设计的核心思想是使种群兼顾多个优化目标之间的信息，在演化过程中加入支配准则信息使种群快速收敛到帕累托前沿（Pareto Front），其中具有代表性的算法有基于支配排序的多目标优化算法 NSGA-II[99]、NSGA-III[100]等，基于分解的多目标优化进化算法 MOEA/D[101]等，以及基于指标的多目标优化进化算法 FV-MOEA[102]等。针对多峰问题，如何使种群保持充足的探索能力和搜索多样性，并且能在搜索过程中保留不同峰域的信息是关键所在，常用的方法是引入小生境（Niching）策略，如多峰差分进化算法 MEDA[103]、自适应多峰蚁群优化算法 AM-ACO[104]等。针对约束优化问题，演化计算方法在求解优化问题的过程中需要考虑所得解是否在可行域内，通过约束处理技术找到有效可行域，并且收敛到可行域内的最优解。常用的约束处理技术有基于惩罚函数的方法[105]、基于可行解支配的方法[106-108]及基于多目标优化处理的方法[109]。随着问题维度的增大，搜索空间呈指数型增长，传统的演化算法在面对如此广阔的样本空间的难以达到高效的搜索，同时增加了群体的搜索时间。现有求解大规模问题的演化算法主要有两种途径：

1）协同演化（Cooperative Coevolution），即将大规模问题解耦为若干弱关联性的小规模问题，每个子种群专注求解一个子问题，子种群之间协同演化以实现全局寻优，如大规模协同进化方法[110]、双层分布式协同进化方法[111]等；

2）整体演化，即通过设计更高效的群体进化和学习算子，使得群体搜索过程具备优秀的全局探索（Exploration）和局部开发（Exploitation）能力，如基于竞争的大规模粒子群优化算法[112]、基于分层学习的大规模粒子群优化算法[113]等。针对昂贵优化问题，即目标函数的计算代价非常昂贵，由于难以承受传统演化算法所需的上万甚至几十万次的适应值评估代价，有学者提出基于代理模型辅助的演化计算方法来求解此类昂贵优化问题，即借助统计学习和机器学习方法构建适应值评估模型并用于取代目标函数评价，从而克服求解昂贵优化问题的效率瓶颈[114-116]。

由于优越的求解效率和质量，演化计算和群集智能不仅在计算智能领域得到了发展，与其他研究领域也逐渐交融，并且在求解复杂的工业优化问题中得到较好的结果，有较为广泛的应用前景。

2.2.2 演化博弈

演化博弈论是基于有限理性假设和生物演化思想提出的研究个体行为方式发生、转化、扩散以及稳定的理论,该理论在生物学、经济学、管理学与计算机领域发挥着重大的作用。最早是由 Maynard Smith 和 Price(于 1973 年)将生物进化的思想引入博弈论,提出了演化博弈的思想。不同于传统博弈论假设参与博弈的个体是完全理性的,演化博弈中的参与个体是有限理性的并且能够根据当前博弈局势不断调整自己的策略,通过每个参与个体的不断学习与调整,最终整个群体达到一个演化稳定状态。演化博弈与演化计算都是借鉴生物进化理论与生物行为规律得到的研究方法,但不同的是演化计算大多采用同质的个体与全局的目标函数进行演化,而演化博弈采用的是异质的个体与个体的目标函数进行演化,个体之间通过不断博弈与竞争使得整体的目标得到改进。演化博弈的全局目标是所有个体目标的整体涌现。

演化博弈已在各类现实问题中得到广泛的应用。Khan 等人[117]提出了一种演化博弈的框架,用于实现车联网(VANETs)系统中数据传输节点的自动聚类与簇头题名功能。该方法能够提高簇的稳定性,降低簇的频繁重组开销。Tian 等人[118]利用演化博弈理论对车联网信誉管理系统中的恶意用户攻击行为进行建模,模型的仿真结果可用于评估信誉管理系统防御恶意攻击的性能。Alam 等人[119]基于演化博弈与流行病传播动力学建立了一个分析框架,分析结果表明除了进行接种疫苗这一主动预防措施之外,洗手、戴口罩等中度防御措施在某种程度上有利于遏制传染病的大规模蔓延。复杂网络上的演化博弈也引起了广泛的关注。Chica 等人[120]对网络结构上的多人信任博弈与其演化动态进行了研究,研究表明低密度的异构网络结构有利于保持较高的信任度并促进社会财富的积累。Fang 等人[121]基于演化博弈的思想研究了小世界网络结构下政府的激励措施与用户偏好对新能源充电设施建设的影响,研究结果表明动态的政府补贴与税收措施有利于充电站的普及,新能源汽车的普及率与充电价格也是充电站建设的主要推动因素之一。

2.2.3 多智能体系统

多智能体系统是多个智能体组成的集合,它通过多个小的智能体之间的交互通信与协调合作解决大型和复杂的现实问题。多智能体系统具有自主性、分布性、协调性,并具有自组织能力、学习能力和推理能力。多智能体系统能高效地解决实际应用问题且具有很强的鲁棒性和可靠性,因此该研究领域已经成为人工智能发展的热点。研究者主要研究智能体之间的交互通信、协调合作、冲突消解等方面,强调多个智能体之间的紧密群体合作,而非个体能力的自治和发挥,主要说明如何分析、设计和集成多个智能体构成相互协作的系统。

多智能体之间的通信问题一直是研究的关键。Wang 等人[122]提出了一种基于观测器的控制策略,该策略可以解决离散时间下网络化多智能体系统的编码解码通信协议(CDCP)的控制一致性问题。Liu 等人[123]定义了一种滑模流形向量,将分数阶多智能体系统转化为整数阶多智能体系统，并设计了一种一阶多智能体系统控制协议，可以解决有限时间内的通信一致性问题。Lv 等人[124]研究了异构线性多智能体系统的控制一致性问题，他们提出了一种分布式比例积分（PI）协议，可以保证一致性误差的一致极限有界性。

多智能体系统可能具有不同的拓扑结构，这对系统的可控性带来了更大的挑战。Su 等人[125]研究了双尺度离散时间下多智能体系统的可控性问题，利用矩阵理论给出了系统可控的一些充分必要条件，并在三种网络拓扑结构下利用图论给出了可控性的必要判定依据。Tian 等人[126]研究了具有异构性和切换拓扑结构下的多智能体系统的可控性与可观测性，其中，系统一阶与二阶信息交互的拓扑结构是不同的并且是相互切换的。作者从图论的角度考虑了系统的可控性，即如果所有可能的拓扑结构的并集图都是可控的，则系统是可控的。

多智能体系统在实际运行过程中很可能会面临输入扰动与未知干扰的问题。Chen 等人[127]应用模糊逻辑系统解决带有不确定性输入扰动的未知非线性多智能体系统的全局一致性问题。Zhang 等人[128]研究了具有未知干扰的非线性多智能体系统的事件触发跟踪控制问题，在控制器更新中考虑了事件触发机制，在实际应用中能有效减少通信量和控制器更新的频率。

多智能体技术能有效解决分布式网络与智能机器人群体中的协调性问题。Zhao 等人[129]提出了一种基于多智能体强化学习的分布式优化方法，该方法能在保证异构蜂窝网络设备服务质量要求的同时，最大化网络的长期整体效用。Liu 等人[130]提出了一种分布式鲁棒性控制器，用于解决四翼飞行器的鲁棒性编队控制问题。多智能体系统的安全性也引起研究者的关注。Xu 等人[131]设计了一种基于事件触发和隐私保护的算法以保障多智能体系统在拒绝服务攻击（DoS）下能维持安全一致性。

2.2.4 演化强化学习

演化强化学习（Evolutionary Reinforcement Learning）是结合演化计算和强化学习的一种混合型学习算法[132]。其中，演化计算的原理是通过个体的检索行为、个体之间的协作、种群内部的信息共享来不断更新最优解，并通过迭代学习实现适应度最大化。强化学习的目标是通过智能体感知环境变化并借助内部学习策略找出能获得最佳激励期望的行动方案，通过改变自己在环境中的状态来与环境交互并得到反馈，通过持续的调优来实现激励最大化或达成目标。二者的共同之处在于它们都是优化方法，都通过智能体与环境的反馈来实现全局寻优。不同之处在于：强化学习中的优化对象是激励函数，是对单个智能体行为的模拟奖励，真正的系统反馈发生在智能体行为改变之后，有滞后性，但是适合探索陌生环境；演化计算的优化对象通常是目标函数，是对多个智能体生成的多个解的直接系统反馈，有助于求解非凸优化问题，不适合目标函数未知或目标函数有滞后性的情形。

针对演化算法和强化学习的特点，现有的演化强化学习的研究目标可分为两类：

1) 通过演化算法提升强化学习性能，特别是强化学习在解决现实中的复杂优化问题时面临的初始化困难、效率低、不稳定等缺点。例如，Whiteson 等人[133]提出通过在线演化计算方法来选择智能体学习的近似函数，从而改善强化学习的学习效率和效果；Heidrich-Meisner 等人[134]通过 CMA-ES 选择合适的搜索策略来降低强化学习的不确定性；Girgin 等人[135]所提的 GP 算法用一个种群的智能个体来表示一组特征集，每个个体的适应度值都通过短期强化学习的平均性能来评价；Liu 等人[136]于 2015 年总结了多目标强化学习问题，该问题属于典型的适合多目标演化算法来求解的问题范畴。此外，通过利用演化算法本身的并行性，也能够提高传统强化学习算法的效率以及全局搜索能力。

2）通过强化学习的局部策略来改进演化算法，如实现自适应参数调整、自适应算子选择、跳出局部最优等。强化学习中用到的部分策略和方法也已经被证实能改进演化算法的性能，例如，层次老虎机（Hierarchical Bandits）策略被用于平衡 EC 算法在搜索解空间时的探索性和开发性[137,138]；带反馈的自适应选择概率分布被用于自适应 GA 算法等[139,140]。然而，由于强化学习所解决的问题和演化算法解决的问题具有较大差异，大多数研究仍局限于借鉴强化学习的局部搜索策略来改进演化算法，而很少有纯粹的"强化演化学习"算法。工程实际中，是否存在既符合强化学习问题特征又具备演化学习问题特征的案例，是研究"强化演化学习"前首先要思考的问题。

2.2.5　以人为核心的群智涌现演化

长期以来，研究者在许多群居昆虫身上观察到构成群体的每一个体都不具有智能或仅具有有限的智能，但整个群体却表现出远超任一个体的智能行为。如果将群体智能所体现的机制应用于一大批通过网络空间互联的人群，则将对个体智能产生放大效应并释放出人类社会的强大力量[141]。群体智能是群智协同的一个典型案例。另外，知识整合也被运用到群智协同的在线协作中。知识整合是外部化和综合分散在团队成员之间的互补未共享信息并最终协同做出知情的联合决策。成功的知识整合，即非共享信息的系统合成，是成功的关键。此外，利用用户数据来个性化系统行为以满足个人需求的智能代理是快速发展起来的新型群智协同工作模式。这里主要从群体智能、知识整合和智能代理三个方面来阐述群智协同最近的发展动态。

群体智能很大程度上可以从社会互动中获益，但社会互动却会带来社会偏见。在集体决策问题上，一个小组必须在若干备选办法中确定正确答案，广泛的辩论和审议可能不会产生很高的准确性。群体思维、两极分化和巴尔干化是社会制度中有害影响最明显的例子[142]。同样地，盲目地从一组个体中收集信息可能不是最优的，因为反应的分布可能会有很大的偏差。为了提高群体智能，应该认真利用社会信息。群体智能描述了个体间的聚合判断往往比一个典型个体的判断更准确，甚至可能比任何单个个体的判断更准确[143]。理论上，最大限度提高综合判断准确度的最优聚合方法是个体判断的加权平均，其中最优权重由个体判断的准确性、可靠性和依赖性决定。然而，单个判断的简单平均法可能比加权平均法更好，因为判断偏差、方差和相关性是未知的，从经验数据进行估计会产生不稳定的权重。文献[144]研究了需要多少判断才能使估计的最佳权重比简单的平均法更可靠。实验表明，如果拥有足够大的数据集，最佳权重法将会超过简单平均法。另外，该文献开发了一种算法来量化研究人员的信心。在给定现有的判断样本的情况下，最佳权重法比简单的平均法更可靠。

知识整合对于拥有分布式知识的在线协作团队来说，是一个具有挑战性的冒险。例如，拥有异质知识的团队对于谁知道什么往往只有模糊甚至错误的想法。如果合作伙伴彼此不认识，只是在线交流，情况就会更加复杂。先前的研究发现，元知识是一种很有前途但尚未得到充分研究的促进知识整合的方法。Osinski 等人[145]模拟了具有异构知识的伙伴之间基于聊天的协作，分配特定的信息给在一个隐藏配置文件任务中协作的学生。为了达到这个任务的正确联合解决方案目标，协作伙伴必须共享他们的信息。研究结果显示元知识操作对协作的两个关键因素（知识整合和交互记忆系统的建构）有正向影响。Hadfi 等人[146]通过使用知识整合不仅可以测量群体互动，而且可以提高个体间的互动和表现。该方法可以识别出关键的群体成员，他们的互动会极大地改变整个群体的表现。

利用用户数据来个性化系统行为以满足个人需求的智能代理在日常 IT 产品和服务中越来越流行。例如，用于邮件优先排序、新闻过滤和内容推荐的智能代理已被广泛应用于移动服务，以有效管理信息超载。另外，智能恒温器和可穿戴设备可以为用户日常生活中的各种活动提供个性化支持。为了提高代理商对用户的了解和个性化服务体验的质量，代理商与用户的合作是很重要的。Kim 等人[147]设计了"合作代理"，这是一种基于 Wizard-of-Oz 的研究探针，通过帮助用户建立伙伴关系的思维方式来与用户合作学习。Hwang 等人[148]在维基百科上检查了跨社区的本地化、异构治理的流行程度。

以上研究表明，随着互联网的发展，协同的场景、成分、约束逐渐复杂，群智协同技术在协同计算的基础上逐步融合了大数据、统计机器学习等人工智能技术，基于群智协同的理论以及模型逐步完善，能够处理更多现实场景中的复杂问题。

2.3 群智管控

2.3.1 群智的组织结构与调控

在群体演化的过程中，个体为了将自身的演化信息传播到整个群体，亦或个体为了获取群体内其他个体的信息，群体内部的个体之间需要频繁地进行信息交流、交互，实现有组织、有结构的智能群体。早期的群智算法研究认为群体内部的个体是相对简单的同构组织，即每个个体赋予统一的功能，解决同一任务。随着问题和环境的复杂化，研究者进一步研究异构群体结构，即每个个体允许有不同的功能，从而不同的个体可以解决与之匹配的任务。基于现实问题中普遍存在的复杂网络特征，研究者基于复杂网络结构，构建群体系统的组织架构，实现群体结构的有机组织[149,150]。

（1）演化计算群体拓扑　传统演化算法考虑的是群体内部可以随时无差别地共享信息，即个体之间的交互拓扑是全联通网络。随着问题的规模和复杂度日益增长，全联通的拓扑结构导致群智系统信息交互过于迅速，使得群体存在早熟收敛等问题，例如在优化问题中，群体极易被精英个体带入局部最优区域。针对群体的拓扑结构有较多的研究工作，可大致分为细粒度的元胞模型和粗粒度的分布式模型[151]。

元胞模型也称为扩散模型。在细胞模型中，种群分布在一个网格中，每个个体在网格中都有一个唯一的坐标。元胞模型中的个体只能与其领域个体产生信息交互。因此，由于信息通过网格从邻域到邻域的扩散较为缓慢，元胞模型下的种群早熟收敛的风险较低，可较好保持群体多样性。代表性的元胞模型有环状拓扑[152]、冯诺依曼拓扑[153]、随机拓扑、星状拓扑等。分布式/粗粒度模型也称为孤岛模型或多种群模型。在分布式模型中，一个大群体被划分为几个较小的子群体（岛屿）。不同的子群体可以采取不同的演化规则，个体可以根据既定的迁移政策在岛屿之间迁移。这样子群体可以探索搜索空间的不同区域，同时通过个体迁移和协同来共享信息，从而可以保持种群多样性[154]。

（2）基于复杂网络的群智拓扑　复杂网络是介于传统规则网络和完全随机网络之间的一种网络，是对真实世界网络复杂性的模拟，具有自组织、自相似、小世界、无标度等特性。复杂网络为群智系统中多智能体之间的连接和通信提供了多样化的选择。从网络科学的角度看，种群中的个体可被视作节点，个体之间的通信被视作边，整个种群则构成网络化的系统[155]。现有的基于复杂网络的群智拓扑研究可分为两类：基于复杂网络结构的群智拓扑和基于复杂网络特性的群智拓扑。

第一类研究直接将复杂网络的拓扑结构引入种群结构设计中，作为个体之间通信和交互的基础。例如，无标度网络[156,157]和小世界网络[158]都曾被用作个体之间的连接模式。Kirley 等人[159,160]还尝试将种群个体映射到包括规则网络、小世界网络、无标度网络、随机网络等的复杂网络结构上，用来解决扩展多目标优化问题。但总体来看，早期的基于复杂网络拓扑结构的群智算法过于侧重种群结构设计，忽略了解空间特性，因而对算法性能的提升有限[156]。Wu 等人[161]提出让个体在复杂网络中移动，动态改变个体之间的联系和搜索模式，使得算法呈现出良好的灵活性和多样性，是有潜力的研究方向。Korosh 等人[162]提出了 LT 算法，该算法在没有明确的网络结构且没有明确意识到其他结果的情况下解决利他主义悖论。

第二类研究是将复杂网络的特性引入种群设计中，通过网络相关的测量指标筛选节点邻居，构建新网络。例如，通过网络中的节点重要性和影响力评估可以选出精英个体和淘汰最差个体；通过调整邻居密度来改进小生境演化算法；考虑节点的局部特征，在替换最差节点的同时通过连锁反应替换邻居节点来改进种群局部生态等[163]。此外，Whitacre 等人[164]总结了常见的测量指标，并利用复杂网络的自组织特性，设计出了一种具有自组织拓扑结构的演化算法 SOTEA，是该方向的典型算法。Krömer 等人[165]引入无标度复杂网络中的优先连接特性来改进差分进化算法，并在 benchmark 上取得不错效果。Kuśmierz 等人[166]基于无标度随机概率设计出一种新颖的随机搜索算法。这些最新成果表明，参考复杂网络特性比直接引入拓扑结构设计的搜索策略更具研究潜力。

在人类群体中，团队成员往往扮演着不同的角色，Sun 等人[167]通过利用会员的借贷行为、社交网络行为和交流行为在三个级别上对他们的社会角色进行建模，从而了解贡献者在小额贷款平台中扮演的角色，对于维持成员的动力和协调他们的共同努力在心理上和社会上具有重要意义。Polidoro 等人[168]研究了开源社区中人群贡献者合作所产生的对于新企业的经济影响，该研究发展了众包在下游产品市场竞争中的价值，使得外部贡献者可以熟悉功能、基本逻辑和沟通模式，从而使公司更容易锁定在下游产品市场兴起的关键用户中。

2.3.2　群智协同决策

在动态、开放的现实环境中，传统的孤岛式决策架构难以满足日益复杂的任务需求，需要以协同决策的组织方式系统性提升群智系统的有效性。近年来在群智协同决策方面的研究，整体上朝着集中式决策—分布式决策—动态、开放环境决策的趋势发展。该领域的研究可大致分为全局优化与决策和协同演化与决策两部分。

（1）全局优化与决策　针对单目标优化问题，较多的演化算法研究关注如何利用群体的信息去指引群体搜索的方向。Zhan 等人提出了自适应粒子群算法（APSO）[169]，将群体演化状态分为探索、挖掘、收敛和跳出四个群体阶段，利用群体的状态信息自适应调整演化算法的各项参数，使得算法在不同的搜索区域和演化状态调整到合适的参数控制。Chen 等人[170]将寿命机制引入粒子群算法，挖掘出群体里具有潜力的精英个体，并赋予更多引导种群的机会。同时借助寿命机制，避免局部最优的个体持续性的引导群体在局部最优区域搜索。Cheng 等人[112]和 Liang 等人[171]分别提出了竞争粒子群算法和综合学习粒子群算法，这些方法摒弃了全局学习因子，引入了种群竞争机制和局部学习因子，利用更多群体的局部协作信息引导全局搜索，更多的局部信息有利于保持群体的多样性，因此适用于多峰优化、大规模优化等存在多个局部最优的环境。

在多目标优化领域，由于多个目标之间存在着冲突和矛盾，研究者关注如何协同和平衡多个冲突目标的关系。基于分解的多目标算法（MOEA/D）[101]是经典的多目标算法之一。其基本思想是用切比雪夫分解将多目标问题分解为多个不同权重下的单目标问题，其协同思想体现在：具有相似权重的子问题，对应的优化信息具有共享和借鉴意义，即相似权重的子问题可以通过协作优化来提升对多目标问题的求解。另一种经典的基于支配的多目标算法（NSGA）[99,100]，用群体内部的支配关系实现个体之间的协作。候选解质量的评估不是单一的目标值，而是用帕累托支配关系表示个体间的优劣。通过不断筛选出群体内具有更多非支配关系的优质个体，使整体种群往全局帕累托前沿推进。

在人类群体的决策过程中，信息量低的个体更容易受到社会的影响和操纵。跟随群体的个体如何影响集体决策一直是许多领域的研究热点。在政治学方面，研究人员发现，很大一部分选民不了解与选举有关的事实，并认为这种政治无知威胁到民主的基础[172]。在管理科学中，羊群效应是一个影响团队绩效的问题[173]。一小群知情的个体就足以引导一大群无知的个体，但知情人士的数量是否有任何限制尚不清楚。由于这些研究分散在各个领域，为了有效地加以利用，Yang 等人利用简洁的数学模型提出了用以协调这些发现的总体理论框架[174]，并且能够处理各领域中相互冲突的结果。

（2）协同演化与决策　全局优化主要以集中式决策的思想指导群智优化算法设计，随着问题规模和数据量的增加，研究者们结合去中心化的分布式思想，进一步研究可以和分布式框架融合的群体协作方法。其中具有代表性的是协同演化与决策、小生境策略和多种群策略。

协同演化（Cooperative Coevolution，CC）基于分而治之的思想，将一个大规模的复杂优化问题，解耦成多个小规模子问题，通过对子问题的协同求解来获得原始问题求解。由于子问题的求解具有相对独立性，在问题解耦时需尽量弱化子问题之间的关联性，同时保持子问题内部的相对完整性[175]。针对问题解耦策略，有较多研究工作。Omidvar 等人[176,177]引入差分的思想，量化待解问题元素间的关联性，Chen 等人[178]利用随机采样和扰动的方式，实验性地分析元素间的关联性，Yang 等人[179]和 Song 等人[180]利用问题相关的启发式信息对问题元素随机动态分组。协同演化对子问题求解时，往往需要联合其他相关子问题中的优化信息对当前的子问题优化状态综合评估。在对多个子问题求解时，不仅可以协同群体的全局信息，并且分治思想融合分布式框架，提高问题求解可扩展性。Jia 等人[111]将协同演化和分布式计算结合，提出资源自适应分配的分布式协同演化框架，表现出协同演化具有分布式决策的潜力。

协同演化是在目标函数层面对问题的分解，与之相反，小生境策略是在决策层面对群体的分割。小生境策略是充分利用群体智能的局部信息，通过不同个体间的协作淘汰群体内的相似个体，或将群体扩散到更多的不同区域，从而持续维持群体内部的多样性。小生境策略可提高群智算法在多个不同局部区域的深度探索，适合处理多峰、多模态优化问题。经典的小生境策略包括适应值共享（Fitness Sharing）和排挤（Crowding）策略[181]。适应值共享策略的基本思想是主动削弱拥挤在同一局部空间的个体目标值，个体之间越是靠近，其目标值被削弱得越多，这样的机制会排斥个体拥挤在相似的局部区域探索，鼓励更多的个体保持距离和多样性，探索更多不同的搜索空间。排挤策略的基本思想是评估不同个体之间的差异性（如海明距离），利用算法中产生的新个体排挤老种群中随机选择的个体，从而保持群体的多样性。类似的，基于多种群的群智算法[182]将种群分割为若干个子种群，各个子种群之间通过移民算子进行联系，实现多种群的协同进化，因此最优解的获取是多个种群协同进化的综合结果。

协同演化在人类群体决策中也起到重要作用。在团体工作中，往往需要通过每个成员带来的不同知识和观点得到更好的决策，然而团队往往无法利用他们的多样性。Askay 等人[183]描述了一种基于蜜蜂群体决策过程的新型协同智能技术——蜂群人工智能（Swarm AI），利用 Swarm AI 能使得人类群体更有效地利用每个成员的综合意见。Venkatagiri 等人[184]提出了一种将专家的深层次知识和经验与群体的速度和规模相结合的方法，重点讨论了由专业记者和人权调查人员完成的图像地理定位这一复杂的感官任务。Gupta 等人提出了任何一个有限理性的主体意识到自己的局限性[185]后都会依赖于他们的同龄人，从而共同达到比孤立个体更高的理性程度。这些集体认知能力和协调能力使他们能够在相互依赖的环境中正确地进行决策。

2.4 代表性应用

群智演化协同计算受益于群体之间的信息交流、环境选择等因素，在解决传统优化算法难以解决的非线性、非凸性、不连续性、不可微性、无梯度信息的优化问题，特别是离散组合优化问题有天然的优势。群智演化协同计算经过多年的发展不断改进和完善，已经广泛运用于社会生活和工业生产的多个领域，包括物联网[186,187]、物流调度[188,189]、路径规划[190]、社区划分[191,192]、社交平台监管[193,194]、流程调度与优化[195-197]、机器学习[198,199]、金融计算[200]、电子电力系统[201]等领域。

（1）无人系统　将群智研究成果用于无人系统管控，是群智研究最直接的应用[202]。Dorigo 等人[203]将群体智能同步机制用于地面机器人的行为控制，实现了复杂场景的自动构建。Augugliaro 等人[204]采用多架无人机协同完成了房屋模型的搭建。随着智能化装备在战争中的大量出现，无人机集群作战作为智能作战的重要形式正在崭露头角。美国更是明确地指出要将无人集群作战作为未来战争的重要发展方向，并提出了多种无人集群实战方法。例如 2015 年启动的 LOCUST 项目，旨在通过对无人机集群进行自适应组网及自治协调，实现特定区域的全面侦察并对关键目标进行攻击破坏等；2017 年启动的 OFFSET 项目，旨在通过一个或多个集群基元，构建集群自主方案和人机编队方案，实现开放环境下自主无人系统集群的协同作战。此外，无人集群还在航母舰船编队方面具有重要的应用。通过融合单船高自主性和群智优势，可极大程度地解决单船的局限性，具有更强的鲁棒性、灵活性，以及通信、自主巡航、协同环境感知和协助作业等功能，可极大地扩展无人系统的应用范围，在情报侦察与监视、反恐、精确打击和武力保护等方面具有重要的应用价值。

（2）物联网　近年来，随着各类数据采集设备的广泛应用，人类社会逐渐进入了物联网万物互联的群智感知和服务模式，并在车联网、智慧水务、智慧医疗等方面得到了推广。这些应用通过物联网将各个分散、独立的个体有机连接在一起，搜集个体时空相关信息并进行汇聚整理，然后借鉴群智理论对分散个体进行管控，属于典型的群智感知与协同优化应用。以车联网为例，其利用传感器等数据采集设备将车辆、行人、环境整合成一个有机整体，实现人-车-路闭环系统之间的信息交互、交通控制等功能，通过最优化通行效率、油耗、安全等指标，使道路服务能力提高、事故发生概率降低[205,206]。虽然从应用上来看，车联网技术还处于起始阶段，但是该领域的研究工作已经比较成熟。Kamal 等人[207]借助模型预测控制框架，提出了一种车联网条件下交叉口处的车辆协调管控方法，最大限度减少了无信号灯路口处车辆的碰撞风险。Ehsan 等人[208]采用动力学模型对小规模联网车辆进行建模，然后采用马尔科夫链耦合上述动力学模型，实现大规模联网车辆的协同自适应巡航控制。这些技术对于提高路网通行能力、减轻"拥堵→新修道路→缓解→诱发新的需求→再拥堵"的恶性循环具有重要的现实意义。

（3）物流调度　物流调度是供应链管理中的基础问题，包括了仓库选址、车辆路由问题[209]等典型物流调度问题。车辆路由问题[188]是最典型的物流调度问题。车辆路由需规划车辆行进路线，在满足顾客需求等的约束条件下使得车辆开销最小。车辆路由问题可以看成旅行商问题的一个变体。近年随着经济快速发展，车辆路由问题由于各种实际情况的限制出现了很多变体，包括周期车辆路由问题、多仓库车辆路由问题、时间限制车辆路由问题、容量限制车辆路由问题[210]、有时间窗的车辆路由问题[211]等。其中，多仓库的车辆路由问题是近年的研究热点。群智演化协同计算在解决车辆路由问题特别是多仓库的车辆路由问题有显著优势，它将每一种路由方案作为一个群体的个体。个体直接通过交叉变异等演化操作实现协同演化。遗传算法[189]、粒子群优化算法[212]等都被人改进并用于解决车辆调度问题。Tofighi 等人将差分进化算法应用于具有不确定性的人道主义物流调度网络设计[213]，通过第一阶段的供求信息不确定性和地震后运输网络路线可用性水平等不确定因素制订第二阶段的救灾分配计划。该群智演化协同算法还考虑了最小化总配送时间、关键物资的最大加权配送时间、未使用库存的总成本和为满足需求的加权短缺成本四个目标的平衡，成功将群智协同计算应用于德黑兰现实的救灾网络设计中。随着经济全球化和电商平台的高速发展，我国的物流系统中存在着许多物流调度问题，群智演化协同计算不仅仅局限于车辆调度问题，而且期待在共享汽车路由、底层的人工配送分工等具有不确定的应用发挥出成效。

　　（4）社区网络分析挖掘　现今社会中实体之间的相互连接关系可以看成一个网络，而社会实体可以基于智能体进行建模。因此，人们将智能体建模和演化博弈方法应用于社区网络分析挖掘中[214,215]。网络中不同的实体群可以形成多个社区。社区内的网络节点密集联系，社区之间的节点稀疏关联。现实生活和工业界中普遍存在社区结构，如交通网络、生物联系、网络社区等。对社区的划分可以得到不同社区，企业可以根据不同的社区特征进行针对性的决策。近年来，群智演化协同计算在社区划分领域做出了许多贡献。群智演化协同算法需要根据社区特征对种群的编码方式和变异操作进行针对性的改进来解决社区划分问题。文献［191］、［192］中综述了演化计算在包括动态网络、多层网络等不同类型的网络结构中进行社区划分的群智演化协同优化算法。基于最大团图的多目标优化算法（MCMOEA）[216]是一个群智演化协同计算解决社区划分问题的典型例子。MCMOEA 提出了一种基于团的种群编码表示方式，将重叠网络中的节点进行最大团检测后，转化为以最大团为节点的更简单的网络，并提出针对基于团的表示下种群的交叉和变异操作，使用 MOEA/D 进行多目标优化。

　　（5）社交平台监管　群智协同与社交平台中内容监管与治理的结合十分紧密。在社交平台采用人工调节的方式，协调使用人类智能来调整用户发布的内容。其中，内容删除作为在线社区一种常见的监管方式，不仅可以使用户免受不良内容的侵扰，也会对被删除内容作者的行为产生一定的警告和修正作用。一项针对 ChangeMyView 在线社区生成内容和用户行为演化的研究[193]发现，设置删除内容的操作，不仅会减少社区内不合规范的内容，也会诱发更多良性的用户交流行为。基于人工的内容删除方式通常呈现出两种形式：集中式方法和分布式方法[194]。在集中式方法中，社交平台雇佣外部工作者和部分较高影响力的用户组成小组团队，以协同工作的方式来浏览网站中的公开内容，并清除其中不规范的信息。在分布式方法中，社交平台的用户通过投票机制对网站中内容的质量进行控制，即由多个用户对同一个内容进行分类处理，选择多数人选择的结果为其类别标签，此后由社交网站采取数据的清理行动。

　　随着深度学习的发展，社交平台的监管方式也发生了变化，越来越多的社交平台将群智模式与计算机软件技术结合起来，由此演化出了多种多样的应用，并在实践中产生了良好的效果。Crossmod 是一个部署在 Reddit 上的新型社会技术监管系统。它首先将对跨社区的人工监管者进行访谈，实时性地了解当前自动化监管工具的局限性，并及时地在系统中扩展所需功能[217]。在 Wikipedia 中，人们开发各种漫游机器人[218]，使其执行诸如监管网站内容、合并相似知识条目、拆分复杂工作以及关闭故障之类的任务[219]。随着时间的推移，这些漫游机器人还可以获取新功能。因此，他们在知识编辑的过程中扮演着越来越重要的角色。研究[220]表明，机器人行为在编辑过程中呈现出变化的趋势，包括其进行编辑的频率，其需要的工作空间和所涉及的软件开发等。特别值得注意的是，漫游机器人的存在会对新注册用户的行为产生影响。例如，用于质量控制的漫游机器人（如防破坏机器人）在无意中会降低社交网络中新注册用户的留存率，而由 HostBot 邀请新注册的用户进入社区门户网站（Wikipedia Tea House）以提高其保留率。

（6）流程调度与优化　流程调度与优化是工业生产中常见的组合优化问题[221]。群智演化协同计算是流程调度与优化问题的主要解决方法。Branke 等人[222]在综述生产调度的自动化设计时提到了许多群智演化协同算法。此外，随着云计算的发展，研究群智演化协同计算来解决云平台上的流程调度问题的热度越来越高[223,224]。Zhu 等人[225]为了解决多目标云调度问题，同时优化最大完工时间和最小化代价，在 NSGA-II、SPEA2 和 MOEA/D 算法的基础上提出了新的个体编码方式、遗传操作、评估函数和种群初始化机制。此外，Chen 等人[195]提出了采用具有双种群的双目标蚁群优化算法用于解决云调度问题，算法中将双种群的各自目标作为启发式信息；采用精英策略将优势个体存储于缓存种群中，以获得最终的全局帕累托前沿；根据种群个体与缓存个体的非支配关系定义了新的信息素更新策略，来指导种群中不同的个体协同演化。Fard 等人[226]将 SPEA2 和 NSGA-II 运用于多个云平台上的工作流调度。除了云工作流调度问题外，Han 等人[227]针对存在机器故障的块批量流处理的流程调度问题提出了多目标演化调度算法，算法中引入单目标启发策略来初始化种群，并提出两个新的交叉策略和局部重调度策略来消除机器故障影响。

（7）机器学习　机器学习是近年来人工智能领域的一大研究热点。机器学习旨在研究机器如何模拟或实现人类的学习行为。群智演化协同计算已经成功应用于关联关系挖掘[198]、特征选择[199,228]、聚类[229]、神经网络训练[230,231]等机器学习任务中。关联关系用于寻找大数据集的项目之间的紧密关联关系。关联关系挖掘已经被成功应用于医学、经济市场分析、推荐系统等多个领域[198]。特征选择是数据挖掘和机器学习中的一个重要任务，广泛存在于图像信号处理、生物医学任务、业务财务问题、网络垃圾邮件检测、电力系统优化等领域，用于降低数据的维度，提高算法性能。特征选择的挑战在于巨大的搜索空间[199]。聚类的目标是确定一些特定的类集合来根据对象之间的相似性描述数据库中的对象。聚类被广泛应用于图像处理、生物信息学、计算金融学、径向基函数（RBF）神经网络设计[229]等。神经网络的设计与训练是深度学习应用于实际问题解决时关键、耗时的任务。群智演化算法在机器学习任务中的应用，不仅解决了传统优化方法的条件限制，而且种群个体之间通过交叉等操作协同演化使得结果更为精确、高效。群智演化协同计算在机器学习领域的应用推动了机器学习算法的多元发展。而近年来，机器学习算法也与群智演化协同计算相结合以提高解决黑箱高昂优化问题、数据驱动优化问题的能力[115]。例如，Sun 等人[230]将随机森林与群智演化协同计算相结合以用于优化卷积神经网络，极大地提高了卷积神经网络的训练精度，并降低了训练时间。

（8）城市安全管理　信息化和移动互联的普及使得城市公共安全对整个社会的影响更为广泛和迅速。城市安全问题涉及安全破坏者（即违法分子）和安全保护者（即警察）两方博弈实体，安全演化博弈与协同是解决城市安全问题的主要方法之一。利用斯塔克伯格博弈（Stackelberg-game）模型，建立违法分子和警察决策模型，通过计算纳什均衡解（Nash Equilibirum）最大化城市安全保护[232]。与此同时，Brown 等人[233]将违法分子建模为完全理性实体（即他们只攻击没有警察保护的区域），在有限警察资源限制下，为了尽可能全天候地覆盖整个城市区域，基于马尔科夫决策过程（Markov Decision Process，MDP）的警察巡逻模型可以有效缓解城市时空安全隐患。此外，意识到警察巡逻局部时效性（即在某个时刻，区域的巡逻对相邻时刻和区域同样有保护效果），基于线性规划（Linear Programming，LP）的警察巡逻方法[234]可以进一步提高城市安全指数。考虑到违法分子行为的动态性，Zhang 等人[235]提出演化安全博弈模型，通过城市监控基础设施实时观测违法分子的位置信息，动态调整保护策略。针对多对一的安全保护场景（即多个警察同时保护整个城市区域），在群体成员通信可靠的前提下，团队最大最小均衡解（Team Maxmin Equilibria，TMEs）能够最大化城市保护成功率[236]。

（9）群智众包　众包应用的自主性和开发性使得群智贡献者可以根据自身技能策略性地执行群智任务，并且以最大化自身收益为最终目标。演化博弈，通过与贡献者迭代交互，可以激励贡献者客观真实地完成任务，提高众包任务完成质量。针对贡献者技能、成本等信息确定场景，Zhang 等人[237]提出了一种基于斯塔克伯格博弈（Stackelberg-game）模型的按劳收益分配准则：每个贡献者获得的收益与其技能贡献率正相关，从而激励贡献者最大限度地贡献其技能资源。针对贡献者技能不确定的场景，Hu 等人[238]提出了基于强化学习的演化机制：每一次迭代演化，通过贡献者任务完成情况评估任务质量。根据上一轮迭代的评估结果，在下一轮迭代中，通过强化学习设置报酬，揭示贡献者任务执行策略。信誉机制可以有效地刻画贡献者历史行为演化，当工作者高质量地完成任务时，该信誉值会相应增加。通过将贡献者分配到的任务数与其信誉值进行正向关联，能够激励工作者提供高质量的任务执行结果[239]。理论分析表明，当贡献者只存在两种任务完成策略时，即高质量和低质量任务完成策略，采用合适的信誉设置机制以及任务分配机制，贡献者最终都会倾向于采取高质量任务完成策略[240]。Xiao 等人[241]利用信誉值推测贡献者历史任务完成质量，进而将任务分配给合适的贡献者，进一步提高任务完成质量。

除此以外，群智演化协同计算方法还在经济金融[200,242]、电子电力系统[201]、航天航空[243,244]、生物医疗[245]、多人在线游戏[246]等领域得到了成功应用。

3　国内研究进展

国内学术界对群体智能研究一直十分关注，并得到了国家的高度重视。早于 20 世纪 80 年代及 90 年代，我国著名科学家钱学森提出了复杂巨系统智能求解的综合集成研讨厅体系[247]，其核心思想是汇聚专家群体、信息知识、计算机软硬件等构建智能化的人机交互系统来求解复杂巨系统问题，为基于互联网的群体智能研究提供了重要的方法论基础[248]。近年来，北京航空航天大学的李未院士等人[249]提出了随着互联网的发展，网络空间与人工智能相融合，人工智能进入了 2.0 时代，基于互联网的群体智能已成为解决复杂科学问题的重要途径，也在交通、物流等日常生活中发挥着越来越重要的作用。在此背景下，2017 年国务院印发的《新一代人工智能发展规划》，将群体智能列为重点发展的人工智能理论与技术方向之一，并对群体智能的研究进行了明确规划。依据这一规划，科技部启动了"科技创新 2030 新一代人工智能重大项目"，其中对群体智能的理论与技术研究进行了明确的部署。瞄准国家的发展需求，国内学者重点围绕自然界中生物群体的智能行为建模，以及基于互联网环境的人类社会群体智能行为进行了深入研究，提出了若干具国际影响力的群智理论和方法，形成了"基于多学科交叉的自然群体智能行为建模""自然启发的群智演化协同计算"及"面向互联网的演化协同计算"等特色学科方向。

3.1　多学科模型驱动的群智建模与仿真的国内研究进展

浙江大学的金小刚研究员团队近年来将实测数据和物理模型深度耦合，用于人群、车流、昆虫以及异质群体行为的分析、模拟、评价和校正等[68,72,76,250-266]。其提出了基于少量样本数据的复杂交通场景自动生成方法和一种通用的基于字典的虚拟交通真实性度量方法，给出了城市级混合交通仿真框架；提出了基于生物群体内部信息传递机制的鸟群行为模拟，并通过分析鸟类在空中的受力情况，陆续提出了基于物理模型的仿真方法和基于实测数据的模型参数修正方法，让用户可以借助简单的交互控制工具来生成真实且令人震撼的集群视觉效果。相关成果已被用于电视剧《贞观之治》中影视特效群组动画特效的自动生成，为制片方节约了拍摄成本。

中国科学院计算技术研究所的王兆及其研究员团队将机器学习技术用于人群、车流等群体行为的仿真、预测和三维重建等[74,267-271]，陆续提出了复杂交通流中基于反向传播神经网络的车辆换道行为建模方法、基于多任务学习体系结构的车辆-行人混合运动轨迹预测方法、基于卷积网络和递归网络组合建模的交叉路口车辆-行人混合群组运动建模方法。为了实现城市级大规模人群行为的高效建模，提出了基于幂法则的并行人群仿真框架。相关成果被用于上海世博会人流量的实时管控、核电周边人员应急撤离等实际需求中。

郑州大学的徐明亮教授团队将信息论、心理学以及物理学等理论相结合，用于人群、车流的行为检测、学习和仿真推演[8,24,25,272-280]，设计了一种运动集群时空轨迹描述算子，提出了运动集群聚集态势演化实时分析预测方法；提出了基于情绪感染机制的人群智能行为建模研究方法，构建了高风险、高心理负荷、行为受约束场景下复杂人群行为演化过程的智能仿真框架；提出基于众包机制的"人本自治交通"科学假想，建立了一种经济成本约束下基于驾驶人性格与情绪特征的驾驶行为建模及仿真方法。相关成果已用于新冠疫情风险下复产复工复学管控方案制订以及航空保障作业调度能力评估等。

山东师范大学的刘弘教授团队将流体动力学和机器学习等理论相结合，用于高密度人群疏散建模、行为控制、路径导航等[186,281-285]，提出了一种基于行人动力学模型的运动多尺度约束建模方法，描述人群运动特征与拥挤之间的关系，并基于此给出了建筑场景的设计优化方案；提出了基于流体动力学理论的大规模人群社会行为建模方法和用于群体运动路径导航及碰撞避免的双层路径规划算法。此外，在群体视频数据采集、群体分组等方面也取得了不错的成果。

此外，清华大学[286]、北京航空航天大学[287]、北京交通大学[288]、吉林大学[289]、东南大学、中国科学院遥感与数字地球研究所[290]等的研究人员从交通、公共安全、GIS等领域出发，在群体建模仿真领域也取得了不错的成果。

3.2 生物启发的群智演化协同计算的国内研究进展

西安电子科技大学的焦李成教授团队围绕基于自然智能的学习与优化理论进行了深入研究，提出了免疫进化优化理论框架与协同进化优化框架、组织协同进化算法和多智能体进化算法等[291-294]；提出了能够高效处理上千万海量数据的进化学习模型——组织协同进化模型，该模型突破了千万级海量数据分类、万维以上大规模优化计算等关键技术，成功应用于海量数据挖掘、超大规模集成电路布图优化等问题；将复杂网络概念与进化计算相结合，进一步发展了进化计算的数学基础，同时也为求解复杂网络中的优化难题提供了自然启发的群智演化计算的新途径[295]，相关成果荣获国家自然科学奖二等奖。

北京航空航天大学的段海滨教授团队在专著[296]中系统、深入地介绍了仿生智能计算的起源、原理、模型、理论及其应用，在仿生智能计算领域受到了广泛的关注；该团队围绕仿生群体智能计算对无人机自主控制进行了系统的研究[297-299]，将鸽群优化算法（EGPIO）和人工蜂群优化算法（ABC）等仿生智能计算算法应用于无人机的控制器参数优化，提高了无人机的控制性能；将头脑风暴优化算法（QBSO）与捕食模型、量子行为等理论相结合[300,301]，解决了电机建模的一系列优化问题；相关的研究成果获得了中国航空学会科学技术一等奖等奖励。

华南理工大学的陈伟能教授团队长期围绕自适应群体智能和大规模分布式群体智能方法开展研究，提出了集合型群体智能方法[302,303]，以集合和概率论为理论基础实现了对连续和离散空间的群智演化过程的统一描述；将群智演化计算和机器学习方法相结合[169]，实现了对群智演化过程控制参数的自适应调整，依托这一思路设计的自适应粒子群算法被欧航局科学家应用于彗星探测器质谱仪参数设计；针对大规模问题提出了自适应资源分配的协同演化方法和基于层次学习的群体演化机制，提升了群智演化的全局探索和局部开发能力[111,112]；团队目前牵头承担科技创新 2030 新一代人工智能项目"群智涌现机理与演化计算方法"，联合西安电子科技大学、香港理工大学深圳研究院、阿里云计算有限公司核心团队，围绕群智的主体涌现、客体调控、协同决策等问题开展攻关。

南方科技大学的姚新教授团队近年来汇聚了进化计算领域的多位国际知名学者，在进化计算的复杂性分析、进化学习理论、动态进化计算方法、多目标进化计算方法等领域取得了突出进展[304-306]。

国防科技大学的邢立宁团队在现有智能优化方法的基础上，从演化学习视角创新设计了多种学习型智能优化方法，通过将智能优化方法和知识模型有效地结合起来，为现有优化方法改进提供了一种有益的借鉴[210,307-309]。

此外，中国矿业大学[310,311]、中南大学[312]、清华大学[313]等团队均在人机互动的演化计算、约束优化的演化计算和基于进化计算的工业流程优化等领域取得了重要成果。

3.3　以人为中心的演化协同计算的国内研究进展

复旦大学的顾宁教授团队针对群智在线社区的行为演化进行了大量深入的研究。其利用定量定性相结合的用户行为分析方法，对在线问答社区中用户群智协同编辑行为及其演化特征进行了分析理解[314]，发现用户协同编辑行为可以显著地提高内容的质量，而对用户贡献产生的负面影响较小，并且识别了用户进行协同编辑的行为模式及动态运行机制，为分析和设计群智问答系统提供了参考。针对群智在线社区中的冲突行为采用生存分析和扎根理论等研究方法，对开放式协作项目中各类冲突的生成和演化过程及各种管理策略的有效性进行了分析、理解和解释[315]，揭示了群智在线社区中冲突产生和演化的潜在机理，为构建有效的冲突管理机制提出了建议。针对跨社会媒体的用户交互行为，结合断点回归设计、面板数据分析与负二项回归等分析了不同社会媒体中用户交互频率的变化趋势及其之间的相互影响，同时探究了演化交互行为鲁棒性的影响因素[316]，为促进群智社区中的用户和关系留存提供了建议。针对群智众包，对国内的行动障碍者借助众包平台参与在线工作的偏好、演化行为特征及影响持续参与积极性的因素等进行了定性分析[317]。研究发现轮椅使用者参与在线众包工作的积极性很大程度上取决于在线众包工作能否为其实现目标感、自我价值、自我效能和自主权。

西北工业大学的於志文、郭斌教授研究团队针对移动群智感知的大众广泛分布性、灵活移动性和即时连接性等特征，开展了移动群智感知理论与方法研究。构建了移动群智感知的概念模型空间，提出了效率–质量协同驱动的移动群智感知参考体系架构，为移动群智感知的发展奠定了重要的模型和理论基础[318]。针对参与者多侧面感知能力发现与准确评估问题，提出了基于时空移动情境的参与者感知能力发现与评估理论，将群智参与者的感知能力表示从静态扩展到动态、从单维扩展到多维，为异质化感知任务与参与者差异化感知能力之间的高效适配提供有效支撑[319-321]。在数据质量驱动的移动群智感知任务优化分配方面，面向参与者认知偏离性、采集低可信等原因，提出了面向多侧面语义覆盖的数据质量评估模型，构建了数据质量驱动的移动群智感知任务优化分配理论，实现感知资源的高效利用与任务的高质量执行[322]。

东南大学的蒋嶷川团队将多智能体演化博弈与机制设计等理论有效地应用于城市安全和群智众包中，取得了一系列具有创新意义的成果。首先，将演化博弈应用于城市安全中，为了提高城市居民安全感，提出了面向城市规模的警察日常巡逻规划方案[323]；另一方面，为了尽可能提高城市居民见警率，提出了一种基于子问题分割和巡逻路径嫁接的多项式时间算法[324]。此外，团队与南京财经大学、南洋理工大学等合作，将演化博弈与机制设计应用于众包中，在面向复杂任务的群智众包方面取得了突破性的进展[325]，研究了社会网络环境下的群组众包问题[326]，提出面向任务发布者和群智工人的双边协商机制[327]，提出基于 VCG（Victory-Clarke-Groves）的诚实机制[328]，并提出了可提高众包系统鲁棒性的任务分配机制[329]和面向批量任务的众包分配机制[330]，可以有效地降低批量任务完成所需要支付的报酬，并且还能提高工人的平均收益。

华南师范大学的汤庸教授及其研究团队在学术社交网络、人本计算与群智协同等研究领域进行了深入研究。该团队创建的学者网与"学者网+"协同平台为 13 万用户、四千多门课程提供了科研、社交、教学服务，已经累积了数亿条学术信息，为群智演化、协同计算等领域提供了新的研究视野。针对现有的学术资讯个性化推荐少、推荐单一、缺乏科研和学术属性挖掘等问题，构建学者用户画像以及基于主题模型和用户关系的资讯推送技术，为学者准确推荐个性化的学术资讯[331]；针对资讯日益增长带来的信息赘述、信息过载问题，将单词注意与多层卷积神经网络（CNNs）相结合，扩展了标准 seq2seq 模型以用于生成可解释的、连贯的和信息丰富的摘要，有助于学者简捷高效地获取学术信息[332]；提出一种利用图卷积网络的同时利用实体的局部和全局信息的半监督模型，将知识图谱的实体与关系处理为连续的低维向量空间，以完成各种机器学习任务[333]。为了更好地理解 DKT 问题，利用一种有限状态机（FSA）的数学计算模型来解释 DKT 在接收输入时的隐藏状态转化，提出一个有效的基于注意力的模型，通过直接捕捉输入项之间的关系而不考虑输入序列的长度来解决 DKT 无法在 FSA 的帮助下处理长序列输入的问题[334]。

北京航空航天大学的孙海龙副教授所带领的团队围绕互联网人类群体所形成的群体智能开展研究，重点从基于众包的群智实现模式出发，研究了群智汇聚理论与算法、众包工人个体能力演化、群体恶意行为防控，并面向众包软件开发和众包数据标注研究了众包应用中的关键技术与系统。第一，在群智汇聚理论与算法方面，首次提出了众包汇聚算法的复杂性模型（即众包代价复杂性[335]），建立了众包代价与质量之间的理论表达，进一步提出了一系列结果汇聚算法（也称真值推断算法）[336-340]。第二，针对众包工人个体能力的演化，通过实证研究分析了著名软件众包社区 Topcode 中软件开发者的能力变化[341]，揭示了 Topcoder 开发者的软件开发能力符合负指数学习曲线的演化规律，进一步针对众包标注者表现的动态性设计了自适应的汇聚算法[342]。第三，针对众包中的群体恶意行为，提出了串谋行为的检测以及串谋感知的结果汇聚算法[343,344]。第四，在应用方面，研究了大规模软件开发者群体智能协作技术与系统，提出了众包软件开发中的开发者推荐算法[345]、开发团队推荐算法[346]和资源推荐算法[347]，研制了基于人机协作的群智协同标注平台[348]。

4 国内外研究进展比较

从上面的国内外研究现状和进展的分析来看，群智计算主要起源于欧美，其主流计算模型和范例，如进化计算、群集智能、多智能体系统、演化博弈论、社会计算、集体智能等，均由外国学者提出并引领着群智演化协同计算领域的发展。随着互联网技术的快速发展，群智演化协同计算呈现出了新的特点和趋势，并展现出了广阔的前景，这为群智演化协同计算的全方位发展提供了契机。近年来，国内的学者围绕多学科交叉的群体智能行为建模、自然启发的群智演化协同计算、面向互联网的演化协同计算、参与式群智协同计算和群智感知等相关领域开展了开拓性的研究工作，取得了一系列突破性成果。

但相比国外研究来说，国内研究在以下几个方面与国外研究有明显差异和侧重。

（1）在群体智能行为建模方面，目前国内学者在基于多学科交叉的建模模型构建方面处于较为领先的地位。但是诸如 Pathfinder、SUMO 等具有国际影响力的群体建模软件皆非国产。因此，亟须集成已有研究成果，研发具有自主知识产权的群体智能建模平台，为深入研究应用群智理论提供坚实基础。

（2）在群智演化协同计算原始创新成果方面，国内研究应进一步把握大规模、不确定、动态、多场景融合等新趋势下对群智演化协同计算创新模型、机理和方法的新需求，持续产生突破基础性的原创成果。

（3）在群智演化协同计算视角方面，目前国内学者在群体智能演化协同计算的多个分支均有较好的研究进展，但是研究视角相对单一，未能充分发挥该领域研究多学科交叉的优势。因此亟待瞄准群体智能演化协同计算多个分支，推动跨学科的协同交叉研究，构建出整体性和包容性的理论研究框架，深化群智协同演化计算的体系化发展。

（4）在群智演化协同计算平台方面，国内虽研发了不少群智的软件、工具和应用，但仍缺乏有国际影响力的大型、通用的群智应用平台。国内学者应把握互联网和人工智能技术的快速聚合发展的新机遇，聚焦进化计算和群集智能方法求解群智众包、群智感知、群智优化、群智决策等重要问题，面向国家重大战略和需求构建大规模、多用途和强适应性的典型群智演化协同计算平台。

（5）在群智演化协同计算国家战略方面，国家对人工智能相关科研和产业的支持力度不断加大，《新一代人工智能发展规划》中明确将群体智能列为需重点发展的人工智能理论与技术方向之一。在此契机之下，国内已组建了多个具有国际竞争力的群体智能研究团队，并吸引了众多国际知名学者回国开展相关研究，这为我国推进群智演化协同计算研究、占领国际学术前沿提供了充足的人才储备。

5　发展趋势与展望

随着互联网、物联网、边云计算等技术的发展，人、机、物高度融合，为群智演化协同计算的发展创造了重要的机遇，有着广阔的应用前景和发展空间，同时也对群智理论体系建立提出了新挑战。我们认为，群智演化协同计算将呈现如下的发展趋势。

（1）探索全局态势实时感知的集群动态自主协同优化管控机制　现有集群管控技术对复杂系统进行了过度抽象简化，使得系统优化能力非常有限。随着无线通信和传感器技术的飞速发展，实现场景态势实时感知成为可能。将智能感知、智能认知以及智能行动融为一体，构建全局态势实时感知的集群动态自主协同优化管控方法，是提升系统性能的重要途径，是真正实现虚实孪生互演化必须解决的问题。

（2）构建统一群智演化协同计算理论体系　在现有的主要群智演化与协同计算模型中，群智的涌现与演化理论往往都是针对具体的群智系统、具体的群智应用来构造和刻画的，尚缺乏统一的数学理论模型对群体智能系统的智能涌现行为进行刻画。给定某类任务、一类以特定规则进行通信与协作的群体，如何构造通用的模型对群智系统的演化过程和任务执行结果进行预测和分析，如何设计统一的方法调控干预群智系统的组织结构和激励机制，从而促进任务的执行，仍是亟须解决的关键问题。

（3）以跨领域研究促进群智演化协同计算的模型与方法创新　现有的群智演化协同计算研究往往都从单一的角度展开，或聚焦于生物启发的群体智能系统，或聚焦于多智能体系统，或聚焦于面向互联网的社会计算系统。这些模型和方法各有优势，但缺乏联系。随着群智演化协同计算理论的发展，综合多个视角开展群智协同演化模型和方法的研究，将有助于取长补短，例如可借鉴生物启发的群智系统的涌现演化理论来完善社会群智系统的涌现演化理论，或结合互联网群智平台拓展生物启发的群智系统在动态、开放环境中的协同决策能力，从而促进群智协同演化计算的模型和方法创新。

（4）发展动态、开放环境的可持续、可扩展群智协同决策方法　随着网络技术的快速发展，尤其是区块链、共享经济等技术的不断成熟，群智平台将会在更加动态、开放的环境中运行。由于组成群智系统的群智资源，以及需要群智系统求解的任务都是动态持续变化的，这对群智决策在动态、开放环境中的可持续性和可扩展性都提出了新挑战。

（5）完善群智演化与协同计算的隐私保护和安全保障机制　群智计算的核心是贡献与协作，因此在开放、复杂的互联网环境下，群智系统也难免会受到恶意攻击，同时也面临着复杂的隐私保护等问题。目前，已有一些先行学者开始探索群智演化与协同计算的隐私保护和安全保障机制。如何构建更完善的群智安全理论体系，实现动态、开放环境下安全、可靠的群智演化与协同计算，仍是值得关注的重要课题。

（6）打造新型的群智演化协同计算公共平台　在互联网技术和新一代人工智能技术急速发展的浪潮下，亟须面向科学研究、工业制造、交通物流、经济金融、软件开发等领域打造群智演化协同计算公共平台，发展新型的群智协同平台与应用模式，推动群智演化与协同计算研究成果的应用转化，助力相关产业的升级和变革。

6 结束语

群体智能通过聚集群体智慧协同求解大规模复杂问题，已经广泛运用于社会生活和工业生产的多个领域。其核心是利用群体间的协同与合作，涌现出智能行为和机理。从技术路线上看，群智演化协同计算融合了演化计算、群集智能、多智能体系统、社会计算等多领域科学，包含了对生物群体、社会群体等不同角度的群体行为研究，是当前学术研究的热点。本文从生物群体、智能体群体和人类社会群体等不同视角，从群智演化协作的模型和机理、群智演化协作的组织结构、群智演化协同决策及群智演化协同计算的应用等角度分析了国内外相关研究现状，并进行了对比。我们认为尽管国际上在多数主流群智演化协同计算模型、算法上处于领跑地位，但近年来国家高度重视并投入群智相关理论、技术的研究，因此国内在群智演化协同计算方向有望占领国际学术前沿。

参考文献

[1] WERFEL J, PETERSEN K, NAGPAL R. Designing collective behavior in a termite-inspired robot construction team[J]. Science (80-.)., vol. 343, no. 6172, p. 754, Feb. 2014, doi: 10. 1126/science. 1245842.

[2] STRANDBURG-PESHKIN A, FARINE D R, COUZIN I D, et al. Shared decision-making drives collective movement in wild baboons[J]. Science (80-.)., vol. 348, no. 6241, p. 1358, Jun. 2015, doi: 10. 1126/science. aaa5099.

[3] WRAY K B. The wisdom of baboon decisions[J]. Science (80-.)., vol. 349, no. 6251, p. 935, Aug. 2015, doi: 10. 1126/science. 349. 6251. 935-b.

[4] RUBENSTEIN M, CORNEJD A, NAGPAL R, Programmable self-assembly in a thousand-robot swarm [J]. Science (80-.)., vol. 345, no. 6198, p. 795, Aug. 2014, doi: 10. 1126/science. 1254295.

[5] HELBING D, FARKAS I, VICSEK T, Simulating dynamical features of escape panic[J]. Nature, vol. 407, no. 6803, pp. 487-490, 2000, doi: 10. 1038/35035023.

[6] WHEELER W M. The ant-colony as an organism[J]. J. Morphol., vol. 22, no. 2, pp. 307-325, 1911, doi: 10. 1002/jmor. 1050220206.

[7] REYNOLDS C W. Flocks, herds and schools: A distributed behavioral model[J]. in international conference on computer graphics and interactive techniques, 1987, vol. 21, no. 4, pp. 25-34, doi: 10. 1145/37401. 37406.

[8] XU M L, JIANG H, JIN X G, et al. Crowd simulation and its applications: Recent advances[J]. J. Comput. Sci. Technol., vol. 29, no. 5, pp. 799-811, 2014.

［9］ 王华, 康星辰, 毛天露, 等. 针对车辆群组动画仿真的路网语义模型［J］. 计算机辅助设计与图形学学报, vol. 26, no. 010, pp. 001818-001826, 2014.

［10］ DUPONT B S, ALLEN D L. Transportation research record: Journal of the transportation research board, No. 1977［C］. 2000.

［11］ HUGHES R L. The flow of human crowds［J］. Annu. Rev. Fluid Mech., vol. 35, no. 1, pp. 169-182, Jan. 2003, doi: 10. 1146/annurev. fluid. 35. 101101. 161136.

［12］ HUGHES R L. A continuum theory for the flow of pedestrians［J］. Transp. Res. Part B, vol. 36, no. 6, pp. 507-535, 2002.

［13］ TREUILLE A, COOPER S, POPOVIĆ Z. Continuum crowds［J］. in ACM SIGGRAPH 2006 Papers, 2006, pp. 1160-1168, doi: 10. 1145/1179352. 1142008.

［14］ NARAIN R, GOLAS A, CURTIS S, et al. Aggregate dynamics for dense crowd simulation［J］. ACM Trans. Graph., vol. 28, no. 5, 2009.

［15］ SEWALL J, WILKIE D, MERRELL P, et al. Continuum traffic simulation［J］. Comput. Graph. Forum, vol. 29, no. 2, pp. 439-448, 2010.

［16］ AW A, RASCLE M. Resurrection of 'second order' models of traffic flow［J］. SIAM J. Appl. Math., vol. 60, no. 3, pp. 916-938, Jan. 2000, doi: 10. 1137/S0036139997332099.

［17］ ZHANG H M. A non-equilibrium traffic model devoid of gas-like behavior［J］. Transp. Res. Part B Methodol., vol. 36, no. 3, pp. 275-290, 2002.

［18］ HELBING D, MOLNAR P. Social force model for pedestrian dynamics［J］. Phys. rev. e, vol. 51, no. 5, p. 4282, 1995.

［19］ MORINI F, YERSIN B, MAYM J, et al. Real-time scalable motion planning for crowds［C］. Proceedings of the 2007 International Conference on Cyberworlds, 2007: 144-151.

［20］ SHEN J J, JIN X G. Detailed traffic animation for urban road networks［J］. Graph. Models, vol. 74, no. 5, pp. 265-282, 2012.

［21］ GARCIA-DORADO I, ALIAGA D G, UKKUSURI S V. Designing large-scale interactive traffic animations for urban modeling［J］. Comput. Graph. Forum, 2014.

［22］ WANG H, MAO T, KANG X, et al. An all-in-one efficient lane-changing model for virtual traffic［J］. Comput. Animat. Virtual Worlds, vol. 25, May 2014, doi: 10. 1002/cav. 1576.

［23］ BEST A, NARANG S, BARBER D, et al. AutonoVi: Autonomous vehicle planning with dynamic maneuvers and traffic constraints［C］. 2017 IEEE/RSJ International Conference on Intelligent Robots and Systems (IROS), 2017, pp. 2629-2636, doi: 10. 1109/IROS. 2017. 8206087.

［24］ XU M, et al. Traffic simulation and visual verification in smog［J］. ACM Trans. Intell. Syst. Technol., vol. 10, pp. 1-17, Nov. 2018, doi: 10. 1145/3200491.

［25］ WANG H, XU M, ZHU F, et al. Shadow traffic: a unified model for abnormal traffic behavior simulation［J］. Comput. Graph., vol. 70, Jul. 2017, doi: 10. 1016/j. cag. 2017. 07. 004.

［26］ KOLIVAND H, RAHIM M, SUNAR M S, et al. An integration of enhanced social force and crowd control models for high-density crowd simulation［J］. Neural Comput. Appl., vol. 33, pp. 1-23, Jun. 2021, doi: 10. 1007/s00521-020-05385-6.

［27］ ORTONY A, The cognitive structure of emotions［J］. J Intell Decis Technol, vol. 4, pp. 51-74, Jul. 1988, doi: 10. 1017/CBO9780511571299.

［28］ PICARD R. Affective computing: Challenges［J］. Int. J. Hum. Comput. Stud., vol. 59, pp. 55-64,

Jul. 2003, doi: 10. 1016/S1071-5819(03)00052-1.

[29] MARSELLA S, GRATCH J. EMA: A process model of appraisal dynamics[J]. Cogn. Syst. Res. , vol. 10, pp. 70-90, Mar. 2009, doi: 10. 1016/j. cogsys. 2008. 03. 005.

[30] SU W P, PHAM B, WARDHANI A Personality and emotion-based high-level control of affective story characters[J]. IEEE Trans. Vis. Comput. Graph. , vol. 13, pp. 281-293, Mar. 2007, doi: 10. 1109/TVCG. 2007. 44.

[31] BOSSE T, HOOGENDOORN M, KLEIN M, et al. Modelling collective decision making in groups and crowds: Integrating social contagion and interacting emotions, beliefs and intentions[J]. Auton. Agent. Multi. Agent. Syst. , vol. 27, Jul. 2012, doi: 10. 1007/s10458-012-9201-1.

[32] BISPO B, PAIVA A. A model for emotional contagion based on the emotional contagion scale[C]. 2009.

[33] DODDS P, WATTS D. Universal behavior in a generalized model of contagion[C]. Phys. Rev. Lett. , vol. 92, p. 218701, Jun. 2004, doi: 10. 1103/PhysRevLett. 92. 218701.

[34] PAN X, HAN C, DAUBER K, et al. A multi-agent based framework for the simulation of human and social behaviors during emergency evacuations[J]. AI Soc. , vol. 22, pp. 113-132, Oct. 2007, doi: 10. 1007/s00146-007-0126-1.

[35] BAIG M W, et al. Perception of emotions from crowd dynamics[C]. 2015 IEEE International Conference on Digital Signal Processing (DSP), 2015, pp. 703-707, doi: 10. 1109/ICDSP. 2015. 7251966.

[36] DURUPINAR F, PELECHANO N, ALLBECK J, et al. How the ocean personality model affects the perception of crowds[J]. IEEE Comput. Graph. Appl. , vol. 31, pp. 22-31, May 2011, doi: 10. 1109/MCG. 2009. 105.

[37] KIM M, HYUN K, KIM J, et al. Synchronized multi-character motion editing[J]. ACM Trans. Graph. , vol. 28, Jul. 2009, doi: 10. 1145/1576246. 1531385.

[38] DURUPINAR F, PELECHANO N, ALLBECK J M, et al. The impact of the ocean personality model on the perception of crowds[J]. Electron. Commun. Japan, vol. 73, no. 6, pp. 105-114, 2011.

[39] DICKINSON P, GERLING, HICKS K, et al. Virtual reality crowd simulation: effects of agent density on user experience and behaviour[J]. Virtual Real. , vol. 23, Mar. 2019, doi: 10. 1007/s10055-018-0365-0.

[40] AHMAD I S, SUN S, BOUFAMA B. Agent-based crowd simulation modeling in a gaming environment[C]. 2018 6th International Conference on Multimedia Computing and Systems (ICMCS), 2018, pp. 1-6, doi: 10. 1109/ICMCS. 2018. 8525969.

[41] LITTMAN M L. Markov games as a framework for multi-agent reinforcement learning [C]. Morgan Kauffman Publishers, Inc. , 1994.

[42] HU J, WELLMAN M P. Nash q-learning for general-sum stochastic games[J]. J. Mach. Learn. Res. , vol. 4, no. 4, pp. 1039--1069, 2003.

[43] BOWLING M, VELOSO M. Multiagent learning using a variable learning rate[J]. Artif. Intell. - AMSTERDAM- ELSEVIER-, 2002.

[44] YANG Y, RUI L, LI M, et al. Mean field multi-agent reinforcement learning[C]. 2018.

[45] XU W, WEN Y, ZHAO H, et al. A vehicle model for micro-traffic simulation in dynamic urban scenarios[C]. 2011.

[46] Adam, David. London gears up for road congestion charge[J]. Nature, vol. 421, no. 6924, p. 679, 2003.

［47］ FOSGERAU M, PALMA A D. The dynamics of urban traffic congestion and the price of parking［J］. J. Public Econ., vol. 105, no. sep., pp. 106-115, 2013.

［48］ SMALL K A. Using the revenues from congestion pricing［J］. Transportation (Amst)., vol. 19, no. 4, pp. 359-381, 1992, doi: 10.1007/BF01098639.

［49］ KOCKELMAN K M, KALMANJE S. Credit-based congestion pricing: a policy proposal and the public's response［J］. Transp. Res. Part A, vol. 39, no. 7/9, pp. 671-690, 2005.

［50］ Verhoef, E, Nijkamp, P. Tradeable permits: Their potential in the regulation of road transport externalities. ［J］. Environ. Plan. B Plan. Des., 1997.

［51］ AKAMATSU T, WADA K. Tradable network permits: A new scheme for the most efficient use of network capacity［J］. Transp. Res. Part C Emerg. Technol., vol. 79, pp. 178-195, 2017.

［52］ HAI Y, WANG X. Managing network mobility with tradable credits［J］. Transp. Res. Part B Methodol., vol. 45, no. 3, pp. 580-594, 2011.

［53］ BERTINETTO L, VALMADRE J, HENRIQUES J F, et al. Fully-convolutional siamese networks for object tracking［C］. 2016.

［54］ BRASÓ G, LEAL-TAIXÉ L. Learning a neural solver for multiple object tracking［C］. 2019.

［55］ DAI K, ZHANG Y, WANG D, et al. High-performance long-term tracking with meta-updater［C］. 2020.

［56］ YANG T, XU P, HU R, et al. ROAM: Recurrently optimizing tracking model［C］. 2020.

［57］ BEWLEY A, GE Z, OTT L, et al. Simple online and realtime tracking［C］. 2016.

［58］ WOJKE N, BEWLEY A, PAULUS D. Simple online and realtime tracking with a deep association metric［C］. IEEE, 2017:3645-3649.

［59］ WANG Z, ZHENG L, LIU Y, et al. Towards real-time multi-object tracking［J］. Computer Vision - ECCV 2020, 2020, pp. 107-122.

［60］ ZHANG Y, WANG C, WANG X, et al. FairMOT: On the fairness of detection and re-identification in multiple object tracking［C］. 2020.

［61］ JIANG X, LI P, LI Y, et al. Graph neural based end-to-end data association framework for online multiple-object tracking［C］. 2019.

［62］ HELBING D, JOHANSSON A, AL-ABIDEEN H Z. The dynamics of crowd disasters: An empirical study［J］. Phys. Rev. E, vol. 75, no. 4 Pt 2, p. 046109, 2007.

［63］ PETTRÉ J, EJ J O, OLIVIER A H, et al. Experiment-based modeling, simulation and validation of interactions between virtual walkers ［C］. Acm Siggraph/eurographics Symposium on Computer Animation, 2009, p. 189.

［64］ LERNER A, CHRYSANTHOU Y, SHAMIR A, et al. Data driven evaluation of crowds［C］. 2009.

［65］ WILKIE D, SEWALL J, LIN M. Flow Reconstruction for Data-Driven Traffic Animation［J］. ACM Trans. Graph., vol. 32, Jul. 2013, doi: 10.1145/2461912.2462021.

［66］ KANG H L, CHOI M C, HONG Q, et al. Group behavior from video: A data-driven approach to crowd simulation［C］. 2007.

［67］ LERNER A, CHRYSANTHOU Y, Lischinski D. Crowds by example［C］. 2007.

［68］ CHAO Q, DENG Z, REN J, et al. Realistic data-driven traffic flow animation using texture synthesis［J］. IEEE Trans. Vis. Comput. Graph., pp. 1-1, 2018.

［69］ WANG J, CHEN Y, LI J, et al. LiDAR-video driving dataset: learning driving policies effectively ［C］. 2018.

[70] SEWALL J, van den BERG , LIN M, et al. Virtualized traffic: Reconstructing traffic flows from discrete spatiotemporal data[J]. IEEE Trans. Vis. Comput. Graph. , vol. 17, no. 1, pp. 26-37, 2011, doi: 10. 1109/TVCG. 2010. 27.

[71] HSIEH C Y, WANG Y S. Traffic situation visualization based on video composition [J]. Comput. Graph. , vol. 54, pp. 1-7, 2016.

[72] CHAO Q, SHEN J, JIN X. Video-based personalized traffic learning[J]. Graph. Models, vol. 75, pp. 305-317, 2013.

[73] CHCO QIANWEN W, et al. Dictionary-based fidelity measure for virtual traffic. [J]. IEEE Trans. Vis. Comput. Graph. , 2018.

[74] REN J, XIANG W, XIAO Y, et al. Heter-sim: heterogeneous multi-agent systems simulation by interactive data-driven optimization[J]. IEEE Trans. Vis. Comput. Graph. , vol. PP, no. 99, pp. 1-1, 2019.

[75] BI H K,et al. A Deep learning-based framework for intersectional traffic simulation and editing[J]. IEEE Trans. Vis. Comput. Graph. , 2019.

[76] YAO Z, ZHANG G, LU D, et al. Data-driven crowd evacuation: A reinforcement learning method[J]. Neurocomputing, vol. 366, Aug. 2019, doi: 10. 1016/j. neucom. 2019. 08. 021.

[77] BAECK T, FOGEL D B, MICHALEWICZ Z, Handbook of evolutionary computation[C]. IOP Publishing Ltd. , 1997.

[78] DORIGO M, GAMBARDELLA L M. Ant colony system: A cooperative learning approach to the traveling salesman problem[J]. IEEE Trans. Evol. Comput. , vol. 1, no. 1, pp. 53-66, 1997, doi: 10. 1109/ 4235. 585892.

[79] KENNEDY J, R. B. T. -I. C. on N. N. Eberhart. Particle swarm optimization[C]. 2002.

[80] ZHENG Z, Emergence dynamics in complex systems: From synchronization to collective transport (Vol. 2)[C]. 2019.

[81] DA SILVA F L D, COSTA A H R . A Survey on transfer learning for multiagent reinforcement learning systems[J]. J. Artif. Intell. Res. , vol. 64, pp. 645-703, 2019, doi: 10. 1613/jair. 1. 11396.

[82] L. V. B. T. -I. D. A. C. Ahn. Human computation[C]. 2009.

[83] JAIMES A. Human-centered computing: A multimedia perspectives[J]. Acm Multimed. , 2006.

[84] Schuler, Doug. Social computing[J]. Commun. Acm, vol. 37, no. 1, pp. 28-29, 1994.

[85] BONABEAU E. Decisions 2. 0: the power of collective intelligence[J]. MIT Sloan Manag. Rev. , vol. 50, no. 2, pp. 45-52, 2009.

[86] Bèack T. Evolutionary algorithms in theory and practice[C]. Oxford Univ. Pr, 1998.

[87] GOLDBERG D E. Genetic algorithm in search optimization and machine learning[J]. Addison Wesley, vol. xiii, no. 7, pp. 2104-2116, 1989.

[88] Koza, JohnR. Genetic programming: on the programming of computers by means of natural selection[C]. MIT Press, 1992.

[89] RECHENBERG I. Evolutionary strategy[J]. Comput. Intell. Imitating Life, 1994.

[90] FOGEL D B. Applying evolutionary programming to selected traveling salesman problems[J]. Cybern. Syst. , vol. 24, no. 1, pp. 27-36, 1993, doi: 10. 1080/01969729308961697.

[91] STORN R, PRICE K. Differential evolution - a simple and efficient heuristic for global Optimization over Continuous Spaces [J]. J. Glob. Optim. , vol. 11, pp. 341-359, Dec. 1997, doi: 10. 1023/

A%3A1008202821328.

[92] LARRANGA P, LOZANO J A. Estimation of distribution algorithms: A new tool for evolutionary computation[C]. Kluwer Academic Publishers, 2001.

[93] DORIGO M, BLUM C. Ant colony optimization theory: a survey[J]. Theor. Comput. Sci., vol. 344, no. 2, pp. 243-278, 2005, doi: 10.1016/j.tcs.2005.05.020.

[94] Rudolphgunter. Finite markov chain results in evolutionary computation[J]. Fundam. Informaticae, 1998.

[95] WINEBERG[M], S. B. T.-C. C. on G., CHRISTENSEN E C. An introduction to statistical analysis for evolutionary computation[C]. 2008.

[96] CLERC M, KENNEDY J. The particle swarm-explosion, stability, and convergence in a multidimensional complex space[J]. IEEE Trans. Evol. Comput., vol. 6, no. 1, pp. 58-73, 2002.

[97] KADIRKAMANATHAN V, SELVARAJAH K, FLEMING D J. Stability analysis of the particle dynamics in particle swarm optimizer[J]. IEEE Trans. Evol. Comput., vol. 10, no. 3, pp. 245-255, 2006, doi: 10.1109/TEVC.2005.857077.

[98] LIU Q. Order-2 stability analysis of particle swarm optimization[J]. Evol. Comput., vol. 23, no. 2, pp. 187-216, 2015, doi: 10.1162/EVCO_a_00129.

[99] DEB K, PRATAP A, AGARWAL S, et al. A fast and elitist multiobjective genetic algorithm: NSGA-II[J]. IEEE Trans. Evol. Comput., vol. 6, no. 2, pp. 182-197, 2002, doi: 10.1109/4235.996017.

[100] DEB K, JAIN H. An evolutionary many-objective optimization algorithm using reference-point-based nondominated sorting approach, part i: solving problems with box constraints[J]. IEEE Trans. Evol. Comput., vol. 18, no. 4, pp. 577-601, 2014, doi: 10.1109/TEVC.2013.2281535.

[101] ZHANG Q, LI H. MOEA/D: A multiobjective evolutionary algorithm based on decomposition[J]. IEEE Trans. Evol. Comput., vol. 11, no. 6, pp. 712-731, 2007, doi: 10.1109/TEVC.2007.892759.

[102] JIANG S, ZHANG J, ONG Y, et al. A simple and fast hypervolume indicator-based multiobjective evolutionary algorithm[J]. IEEE Trans. Syst. Man. Cybern., vol. 45, no. 10, pp. 2202-2213, 2015, doi: 10.1109/TCYB.2014.2367526.

[103] YANG Q, CHEN W, LI Y, et al. Multimodal estimation of distribution algorithms[J]. IEEE Trans. Syst. Man. Cybern., vol. 47, no. 3, pp. 636-650, 2017, doi: 10.1109/TCYB.2016.2523000.

[104] YANG Q, et al. Adaptive multimodal continuous ant colony optimization[J]. IEEE Trans. Evol. Comput., vol. 21, no. 2, pp. 191-205, 2017, doi: 10.1109/TEVC.2016.2591064.

[105] WOLDESENBET Y G, YEN G G, TESSEMA B. Constraint handling in multiobjective evolutionary optimization[J]. IEEE Trans. Evol. Comput., vol. 13, no. 3, pp. 514-525, 2009, doi: 10.1109/TEVC.2008.2009032.

[106] WANG Y, WANG B, LI H, et al. Incorporating objective function information into the feasibility rule for constrained evolutionary optimization[J]. IEEE Trans. Syst. Man. Cybern., vol. 46, no. 12, pp. 2938-2952, 2016, doi: 10.1109/TCYB.2015.2493239.

[107] WANG B, LI H, LI J, et al. Composite differential evolution for constrained evolutionary optimization[J]. in systems man and cybernetics, 2019, vol. 49, no. 7, pp. 1482-1495, doi: 10.1109/TSMC.2018.2807785.

[108] WANG Y, LI J, XUE X, et al. Utilizing the correlation between constraints and objective function for constrained evolutionary optimization[J]. IEEE Trans. Evol. Comput., vol. 24, no. 1, pp. 29-43, 2020, doi: 10.1109/TEVC.2019.2904900.

[109] WANG Y, CAI Z. Combining multiobjective optimization with differential evolution to solve constrained optimization problems[J]. IEEE Trans. Evol. Comput. , vol. 16, no. 1, pp. 117-134, 2012, doi: 10. 1109/TEVC. 2010. 2093582.

[110] CHEN W, JIA Y, ZHAO F, et al. A cooperative co-evolutionary approach to large-scale multisource water distribution network optimization[J]. IEEE Trans. Evol. Comput. , vol. 23, no. 5, pp. 842- 857, 2019, doi: 10. 1109/TEVC. 2019. 2893447.

[111] JIA Y, et al. Distributed cooperative co-evolution with adaptive computing resource allocation for large scale optimization[J]. IEEE Trans. Evol. Comput. , vol. 23, no. 2, pp. 188-202, 2019, doi: 10. 1109/tevc. 2018. 2817889.

[112] CHENG R, JIN Y. A competitive swarm optimizer for large scale optimization[J]. IEEE Trans. Syst. Man. Cybern. , vol. 45, no. 2, pp. 191-204, 2015, doi: 10. 1109/TCYB. 2014. 2322602.

[113] YANG Q, CHEN W, DENG J D, et al. A level-based learning swarm optimizer for large-scale optimization[J]. IEEE Trans. Evol. Comput. , vol. 22, no. 4, pp. 578-594, 2018, doi: 10. 1109/ TEVC. 2017. 2743016.

[114] LIU B, ZHANG Q, GIELEN G. A gaussian process surrogate model assisted evolutionary algorithm for medium scale expensive optimization problems[J]. IEEE Trans. Evol. Comput. , vol. 18, no. 2, pp. 180-192, 2014, doi: 10. 1109/TEVC. 2013. 2248012.

[115] JIN Y, WANG H, CHUGH T, et al. Data-driven evolutionary optimization: an overview and case studies[J]. IEEE Trans. Evol. Comput. , vol. 23, no. 3, pp. 442-458, 2019, doi: 10. 1109/TEVC. 2018. 2869001.

[116] WANG H, JIN Y. A random forest-assisted evolutionary algorithm for data-driven constrained multiobjective combinatorial optimization of trauma systems[J]. IEEE Trans. Syst. Man. Cybern. , vol. 50, no. 2, pp. 536-549, 2020, doi: 10. 1109/TCYB. 2018. 2869674.

[117] KHAN A A, ABOLHASAN M, NI W. An evolutionary game theoretic approach for stable and optimized clustering in VANETs[J]. IEEE Trans. Veh. Technol. , vol. PP, no. 99, p. 1, 2017.

[118] TIAN Z, GAO X, SU S, et al. Evaluating reputation management schemes of internet of vehicles based on evolutionary game theory[J]. IEEE Trans. Veh. Technol. , vol. 68, no. 6, pp. 5971-5980, 2019, doi: 10. 1109/TVT. 2019. 2910217.

[119] ALAM M, KUGA K, TANIMOTO J. Three-strategy and four-strategy model of vaccination game introducing an intermediate protecting measure[J]. Appl. Math. Comput. , vol. 346, pp. 408-422, 2019, doi: 10. 1016/j. amc. 2018. 10. 015.

[120] CHICA M, CHIONG R, KIRLEY M, et al. A networked n-player trust game and its evolutionary dynamics[J]. IEEE Trans. Evol. Comput. , p. 1, 2017.

[121] FANG Y, WEI W, MEI S, et al. Promoting electric vehicle charging infrastructure considering policy incentives and user preferences: An evolutionary game model in a small-world network[J]. J. Clean. Prod. , vol. 258, p. 120753, 2020, doi: 10. 1016/j. jclepro. 2020. 120753.

[122] WANG L, WANG Z, WEI G, et al. Observer-based consensus control for discrete-time multiagent systems with coding-decoding communication protocol[J]. IEEE Trans. Cybern. , vol. 49, no. 12, pp. 4335-4345, 2019.

[123] LIU H, CHENG L, TAN M, et al. Exponential finite-time consensus of fractional-order multiagent systems[J]. IEEE Trans. Syst. Man, Cybern. Syst. , pp. 1-10, 2020.

[124] LV Y, LI Z, DUAN Z. Distributed PI control for consensus of heterogeneous multiagent systems over directed graphs [J]. IEEE Trans. Syst. Man. Cybern. , pp. 1-8, 2018, doi: 10. 1109/TSMC. 2018. 2792472.

[125] SU H, LONG M, ZENG Z. Controllability of two-time-scale discrete-time multiagent systems[J]. IEEE Trans. Syst. Man. Cybern. , vol. 50, no. 4, pp. 1440-1449, 2020, doi: 10. 1109/TCYB. 2018. 2884498.

[126] TIAN L, GUAN Y, WANG L. Controllability and observability of multi-agent systems with heterogeneous and switching topologies[J]. Int. J. Control, vol. 93, no. 3, pp. 437-448, 2020, doi: 10. 1080/ 00207179. 2018. 1475751.

[127] CHEN J, LI J, YUAN X. Global fuzzy adaptive consensus control of unknown nonlinear multiagent systems[J]. IEEE Trans. Fuzzy Syst. , vol. 28, no. 3, pp. 510-522, 2020, doi: 10. 1109/TFUZZ. 2019. 2908771.

[128] ZHANG Y, SUN J, LIANG H, et al. Event-triggered adaptive tracking control for multiagent systems with unknown disturbances[J]. IEEE Trans. Syst. Man. Cybern. , vol. 50, no. 3, pp. 890-901, 2020, doi: 10. 1109/TCYB. 2018. 2869084.

[129] ZHAO N, LIANG Y, NIYATOD, et al. Deep reinforcement learning for user association and resource allocation in heterogeneous cellular networks[J]. IEEE Trans. Wirel. Commun. , vol. 18, no. 11, pp. 5141-5152, 2019, doi: 10. 1109/TWC. 2019. 2933417.

[130] LIU H, MA T, LEWIS F L, et al. Robust formation control for multiple quadrotors with nonlinearities and disturbances[J]. IEEE Trans. Cybern. , vol. 50, no. 4, pp. 1362-1371, 2020.

[131] XU Y, FANG M, WU Z, et al. Input-based event-triggering consensus of multiagent systems under denial-of-service attacks[J]. IEEE Trans. Syst. Man. Cybern. , vol. 50, no. 4, pp. 1455-1464, 2020, doi: 10. 1109/TSMC. 2018. 2875250.

[132] DRUGAN M M. Reinforcement learning versus evolutionary computation: A survey on hybrid algorithms[J]. Swarm Evol. Comput. , vol. 44, pp. 228-246, 2019, doi: 10. 1016/j. swevo. 2018. 03. 011.

[133] WHITESON S, STONE P. Evolutionary function approximation for reinforcement learning[J]. J. Mach. Learn. Res. , vol. 7, pp. 877-917, 2006.

[134] HEIDRICH-MEISNER V, IGEL C. Uncertainty handling CMA-ES for reinforcement learning[C]. in Proceedings of the 11th Annual conference on Genetic and evolutionary computation, 2009: 1211-1218.

[135] GIRGIN S, PREUX P. Feature discovery in reinforcement learning using genetic programming[C]. european conference on genetic programming, 2008, vol. 4971, pp. 218-229, doi: 10. 1007/978-3- 540-78671-9_19.

[136] LIU C, XU X, HU D. Multiobjective reinforcement learning: A comprehensive overview[J]. in systems man and cybernetics, 2015, vol. 45, no. 3, pp. 385-398, doi: 10. 1109/TSMC. 2014. 2358639.

[137] PREUX P, MUNOS R, VALKO M. Bandits attack function optimization[C]. congress on evolutionary computation, 2014, pp. 2245-2252, doi: 10. 1109/CEC. 2014. 6900558.

[138] DRUGAN M M. Efficient real-parameter single objective optimizer using hierarchical CMA-ES solvers [C]. EVOLVE-A Bridge between Probability, Set Oriented Numerics, and Evolutionary Computation VI, Springer, 2018: 131-145.

[139] FIALHO A, DA COSTA L, SCHOENAUER M, et al. Extreme value based adaptive operator

selection[J]. International Conference on Parallel Problem Solving from Nature, 2008: 175-184.

[140] THIERENS D. An adaptive pursuit strategy for allocating operator probabilities[J]. Proceedings of the 7th annual conference on Genetic and evolutionary computation, 2005: 1539-1546.

[141] ZHANG W, MEI H. A constructive model for collective intelligence[J]. Natl. Sci. Rev. , 2020.

[142] BANG D, FRITH C D. Making better decisions in groups[J]. R. Soc. Open Sci. , vol. 4, no. 8, p. 170193, 2017, doi: 10. 1098/rsos. 170193.

[143] DAVISSTOBER C P, BUDESCU D V, BROOMELL S B, et al. The composition of optimally wise crowds[J]. Decis. Anal. , vol. 12, no. 3, pp. 130-143, 2015, doi: 10. 1287/deca. 2015. 0315.

[144] Getting more wisdom from the crowd: when weighting individual judgments reliably improves accuracy or just adds noise[C]. 2019.

[145] OSINSKI M, RUMMEL N. Towards successful knowledge integration in online collaboration: An experiment on the role of meta-knowledge[J]. Proc. ACM Human-Computer Interact. , vol. 3, no. CSCW, pp. 1-17, 2019.

[146] HADFI R, ITO T. Exploring interaction hierarchies in collaborative editing using integrated information[C].

[147] KIM D, LIM Y. Co-performing agent: Design for building user-agent partnership in learning and adaptive services [C]. Proceedings of the 2019 CHI Conference on Human Factors in Computing Systems, 2019, pp. 1-14.

[148] HWANG S, SHAW A. Heterogeneous practices in collective governance[C].

[149] ZHAO T, et al. Evolutionary divide-and-conquer algorithm for virus spreading control over networks[J]. IEEE Trans. Cybern. , vol. PP, pp. 1-15, Mar. 2020, doi: 10. 1109/TCYB. 2020. 2975530.

[150] CHEN W, TAN D Z, YANG Q, et al. Ant colony optimization for the control of pollutant spreading on social networks[J]. IEEE Trans. Cybern. , vol. PP, pp. 1-13, Jul. 2019, doi: 10. 1109/TCYB. 2019. 2922266.

[151] LYNN N, ALI M Z, SUGANTHAN P N. Population topologies for particle swarm optimization and differential evolution[J]. Swarm Evol. Comput. , vol. 39, pp. 24-35, 2018.

[152] J. B. T. -C. on E. C. Kennedy. Small worlds and mega-minds: effects of neighborhood topology on particle swarm performance[C]. 1999.

[153] TOMASSINI M. Spatially structured evolutionary algorithms: Artificial evolution in space and time[C]. Springer, 2006.

[154] KENNEDY J and R. B. T. -C. on E. C. Mendes. Population structure and particle swarm performance[C]. 2002.

[155] ZELINKA I, DAVENDRA D, ROMAN S, et al. Do evolutionary algorithm dynamics create complex network structures[J]. Complex Syst. , vol. 20, no. 2, pp. 127-140, 2011.

[156] PAYNE J L, EPPSTEIN M J. Emergent mating topologies in spatially structured genetic algorithms[C]. genetic and evolutionary computation conference, 2006, pp. 207-214, doi: 10. 1145/1143997. 1144032.

[157] PAYNE J L, EPPSTEIN M J. Evolutionary dynamics on scale-free interaction networks[J]. IEEE Trans. Evol. Comput. , vol. 13, no. 4, pp. 895-912, 2009, doi: 10. 1109/TEVC. 2009. 2019825.

[158] GIACOBINI M, TOMASSINI M, TETTAMANZI A. Takeover time curves in random and small-world structured populations [C]. Proceedings of the 7th annual conference on Genetic and evolutionary

computation, 2005, pp. 1333-1340.

[159] KIRLEY M, STEWART R. An analysis of the effects of population structure on scalable multiobjective optimization problems [C]. Proceedings of the 9th annual conference on Genetic and evolutionary computation, 2007, pp. 845-852.

[160] KIRLEY M, STEWART R. Multiobjective evolutionary algorithms on complex networks [C]. international conference on evolutionary multi criterion optimization, 2007, pp. 81-95, doi: 10.1007/ 978-3-540-70928-2_10.

[161] WU D, JIANG N, DU W, et al. Particle swarm optimization with moving particles on scale-free networks[J]. IEEE Trans. Netw. Sci. Eng. , 2018.

[162] Korosh, Mahmoodi, Cleotilde, et al. Selfishness drives collective cooperation and network formation[C]. 2019.

[163] TINÓS R, YANG S. A self-organizing random immigrants genetic algorithm for dynamic optimization problems[J]. Genet. Program. Evolvable Mach. , vol. 8, no. 3, pp. 255-286, 2007.

[164] WHITACRE J M, SARKER R A, PHAM Q T. The self-organization of interaction networks for nature-inspired optimization[J]. IEEE Trans. Evol. Comput. , vol. 12, no. 2, pp. 220-230, 2008.

[165] KRÖMER P, KUDEÉLKA M, SENKERIK R, et al. Differential evolution with preferential interaction network[C]. 2017 IEEE Congress on Evolutionary Computation (CEC), 2017: 1916-1923.

[166] KUŚ MIERZ Ł, TOYOIZUMI T. Robust random search with scale-free stochastic resetting[J]. Phys. Rev. E, vol. 100, no. 3, p. 32110, 2019.

[167] SUN L, KRAUT R E, YANG D. Multi-level modeling of social roles in online micro-lending platforms[C]. Proc. ACM Human-Computer Interact. , vol. 3, no. CSCW, pp. 1-25, 2019.

[168] Francisco, Polidoro, Wei, YANG. Can free resources create economic value? the impact of crowd contributors on venture capital investment to opensource technologies[C]. 2019.

[169] ZHAN Z H, ZHANG J, LI Y, et al. Adaptive particle swarm optimization[J]. IEEE Trans. Syst. Man, Cybern. Part B, vol. 39, no. 6, pp. 1362-1381, 2009.

[170] CHEN W N. et al. Particle swarm optimization with an aging leader and challengers[J]. IEEE Trans. Evol. Comput. , vol. 17, no. 2, pp. 241-258, 2012.

[171] LIANG J J, QIN A K, SUGANTHAN P N, et al. Comprehensive learning particle swarm optimizer for global optimization of multimodal functions[J]. IEEE Trans. Evol. Comput. , vol. 10, no. 3, pp. 281-295, 2006.

[172] SOMIN I. Deliberative democracy and political ignorance[J]. Crit. Rev. , vol. 22, no. 2-3, pp. 253-279, 2010.

[173] BAINBRIDGE S M. Why a board-group decisionmaking in corporate governance[J]. Vand. L. Rev. , vol. 55, p. 1, 2002.

[174] YANG V C. A dynamical model for collective decisions in population with mixed decision-making types[C]. 2020.

[175] SONG A, CHEN W N, GONG Y J, et al. A divide-and-conquer evolutionary algorithm for large-scale virtual network embedding[J]. IEEE Trans. Evol. Comput. , vol. 24, no. 3, pp. 566-580, 2019.

[176] OMIDVAR M N, YANG M, MEI Y, et al. DG2: A faster and more accurate differential grouping for large-scale black-box optimization [J]. IEEE Trans. Evol. Comput. , vol. 21, no. 6, pp. 929-942, 2017.

[177] OMIDVAR M N, LI X, MEI Y, et al. Cooperative co-evolution with differential grouping for large scale optimization[J]. IEEE Trans. Evol. Comput. , vol. 18, no. 3, pp. 378-393, 2013.

[178] CHEN W, WEISE T, YANG Z, et al. Large-scale global optimization using cooperative coevolution with variable interaction learning[C]. International Conference on Parallel Problem Solving from Nature, 2010, pp. 300-309.

[179] YANG Z, TANG K, YAO X. Multilevel cooperative coevolution for large scale optimization[C]. 2008 IEEE Congress on Evolutionary Computation (IEEE World Congress on Computational Intelligence), 2008, pp. 1663-1670.

[180] SONG A, YANG Q, CHEN W N, et al. A random-based dynamic grouping strategy for large scale multi-objective optimization[C]. 2016 IEEE Congress on Evolutionary Computation (CEC), 2016, pp. 468-475.

[181] LI X, EPITROPAKIS M G, DEB K, et al. Seeking multiple solutions: an updated survey on niching methods and their applications[J]. IEEE Trans. Evol. Comput. , vol. 21, no. 4, pp. 518-538, 2016.

[182] BRANKE J, KAUßLER T, SMIDT C, et al. A multi-population approach to dynamic optimization problems[J]. Evolutionary design and manufacture, Springer, 2000, pp. 299-307.

[183] ASKAY D, METCALF L, ROSENBERG L B, et al. Amplifying the collective intelligence of teams with swarm AI[C]. 2019.

[184] VENKATAGIRI S, THEBAULT-SPIEKER J, KOHLER R, et al. GroundTruth: Augmenting expert image geolocation with crowdsourcing and shared representations[J]. Proc. ACM Human-Computer Interact. , vol. 3, no. CSCW, pp. 1-30, 2019.

[185] GUPTA P, WOOLLEY A W. The emergence of collective intelligence behavior[C]. 2020.

[186] YAO Z, ZHANG G, LU D, et al. Data-driven crowd evacuation: A reinforcement learning method[J]. Neurocomputing, vol. 366, pp. 314-327, 2019.

[187] GUERRERO-IBANEZ J, ZEADALLY S, CONTRERAS CASTILLO J. Sensor technologies for intelligent transportation systems[J]. Sensors, vol. 18, p. 1212, Apr. 2018, doi: 10.3390/s18041212.

[188] MONTOYA-TORRES J R, FRANCO J L, ISAZA S N et al. A literature review on the vehicle routing problem with multiple depots[J]. Comput. Ind. Eng. , vol. 79, pp. 115-129, 2015.

[189] KARAKATIč S, PODGORELEC V. A survey of genetic algorithms for solving multi depot vehicle routing problem[J]. Appl. Soft Comput. , vol. 27, pp. 519-532, 2015.

[190] YU X, CHEN W N, GU T, et al. ACO-A*: Ant colony optimization plus A* for 3-D traveling in environments with dense obstacles[J]. IEEE Trans. Evol. Comput. , vol. 23, no. 4, pp. 617-631, 2018.

[191] PIZZUTI C. A multiobjective genetic algorithm to find communities in complex networks[J]. IEEE Trans. Evol. Comput. , vol. 16, no. 3, pp. 418-430, 2011.

[192] PIZZUTI C. Evolutionary computation for community detection in networks: a review[J]. IEEE Trans. Evol. Comput. , vol. 22, no. 3, pp. 464-483, 2017.

[193] SRINIVASAN K B, DANESCU-NICULESCU-MIZIL C, LEE L, et al. Content removal as a moderation strategy: Compliance and other outcomes in the changemyview community[J]. Proc. ACM Human-Computer Interact. , vol. 3, no. CSCW, pp. 1-21, 2019.

[194] ROBERTS S T. Commercial content moderation: Digital laborers' dirty work[C]. The Intersectional Internet: Race, Sex, Class and Culture Online, 2016.

[195] CHEN Z G, et al. Multiobjective cloud workflow scheduling: A multiple populations ant colony system

approach[J]. IEEE Trans. Cybern. , vol. 49, no. 8, pp. 2912-2926, 2018.

[196] WU Q, ZHOU M, ZHU Q, et al. Moels: Multiobjective evolutionary list scheduling for cloud workflows[J]. IEEE Trans. Autom. Sci. Eng. , vol. 17, no. 1, pp. 166-176, 2019.

[197] SONG A, CHEN W N, LUO X N, et al. Scheduling workflows with composite tasks: a nested particle swarm optimization approach[J]. IEEE Trans. Serv. Comput. , 2020.

[198] TELIKANI A, GANDOMI A H, SHAHBAHRAMI A. A survey of evolutionary computation for association rule mining[J]. Inf. Sci. (Ny). , 2020.

[199] XUE B, ZHANG M, BROWNE W N, et al. A survey on evolutionary computation approaches to feature selection[J]. IEEE Trans. Evol. Comput. , vol. 20, no. 4, pp. 606-626, 2015.

[200] PONSICH A, JAIMES A L, COELLO C A C. A survey on multiobjective evolutionary algorithms for the solution of the portfolio optimization problem and other finance and economics applications[J]. IEEE Trans. Evol. Comput. , vol. 17, no. 3, pp. 321-344, 2013, doi: 10. 1109/TEVC. 2012. 2196800.

[201] ALRASHIDI M R. EL-HAWARY M E. A survey of particle swarm optimization applications in electric power systems[J]. IEEE Trans. Evol. Comput. , vol. 13, no. 4, pp. 913-918, 2008.

[202] HEINRICH M K, et al. Constructing living buildings: A review of relevant technologies for a novel application of biohybrid robotics[J]. J. R. Soc. Interface, vol. 16, Jul. 2019, doi: 10. 1098/rsif. 2019. 0238.

[203] SOLEYMANI T, TRIANNI V, BONANI M, et al. Autonomous construction with compliant building material[C]. vol. 302, pp. 1371-1388, Sep. 2016, doi: 10. 1007/978-3-319-08338-4_99.

[204] AUGUGLIARO F, et al. The flight assembled architecture installation: cooperative contruction with flying machines[J]. Control Syst. IEEE, vol. 34, pp. 46-64, Aug. 2014, doi: 10. 1109/MCS. 2014. 2320359.

[205] ZOHDY I. Intersection management via vehicle connectivity: The intersection cooperative adaptive cruise control system concept[J]. J. Intell. Transp. Syst. , vol. 20, pp. 1-16, Jun. 2014, doi: 10. 1080/ 15472450. 2014. 889918.

[206] Jiang H, HU J, AN S, et al. Eco approaching at an isolated signalized intersection under partially connected and automated vehicles environment[J]. Transp. Res. Part C Emerg. Technol. , vol. 79, Jun. 2017, doi: 10. 1016/j. trc. 2017. 04. 001.

[207] KAMAL M A S, IMURA J, HAYAKAWA T, et al. A vehicle-intersection coordination scheme for smooth flows of traffic without using traffic lights[J]. IEEE Trans. Intell. Transp. Syst. , vol. 16, pp. 1136-1147, Jun. 2015, doi: 10. 1109/TITS. 2014. 2354380.

[208] MORADI-PARI E, NOURKHIZ MAHJOUB H, KAZEMI H, et al. Utilizing model-based communication and control for cooperative automated vehicle applications[J]. IEEE Trans. Intell. Veh. , vol. PP, p. 1, May 2017, doi: 10. 1109/TIV. 2017. 2708605.

[209] MONTOYATORRES J R, FRANCO J L, ISAZA S N, et al. A literature review on the vehicle routing problem with multiple depots[J]. Comput. Ind. Eng. , vol. 79, pp. 115-129, 2015, doi: 10. 1016/j. cie. 2014. 10. 029.

[210] XING L, ROHLFSHAGEN P, CHEN Y et al. An evolutionary approach to the multidepot capacitated arc routing problem[J]. IEEE Trans. Evol. Comput. , vol. 14, no. 3, pp. 356-374, 2009.

[211] VIDAL T, CRAINIC T G, GENDREAU M, et al. A hybrid genetic algorithm with adaptive diversity management for a large class of vehicle routing problems with time-windows[J]. Comput. Oper. Res. ,

vol. 40, no. 1, pp. 475-489, 2013, doi: 10. 1016/j. cor. 2012. 07. 018.

[212] JIA Y, et al. A dynamic logistic dispatching system with set-based particle swarm optimization[J]. Syst. man Cybern. , vol. 48, no. 9, pp. 1607-1621, 2018, doi: 10. 1109/TSMC. 2017. 2682264.

[213] TOFIGHI S, TORABI S A, MANSOURI S A. Humanitarian logistics network design under mixed uncertainty[J]. Eur. J. Oper. Res. , vol. 250, no. 1, pp. 239-250, 2016, doi: 10. 1016/j. ejor. 2015. 08. 059.

[214] JIANG Y, JIANG J. Understanding social networks from a multiagent perspective[J]. IEEE Trans. Parallel Distrib. Syst. , vol. 25, no. 10, pp. 2743-2759, 2014, doi: 10. 1109/TPDS. 2013. 254.

[215] CHEN W, LIU Z, SUN X, et al. Community detection in social networks through community formation games[C]. in international joint conference on artificial intelligence, 2011, pp. 2576-2581, doi: 10. 5591/978-1-57735-516-8/IJCAI11-429.

[216] Wen X, et al. A maximal clique based multiobjective evolutionary algorithm for overlapping community detection[J]. IEEE Trans. Evol. Comput. , vol. 21, no. 3, pp. 363-377, 2017, doi: 10. 1109/ TEVC. 2016. 2605501.

[217] CHANDRASEKHARAN E, GANDHI C, MUSTELIER M W, et al. Crossmod: A cross-community learning-based system to assist reddit moderators[C]. 2019.

[218] SUMMERS E, PUNZALAN R L. Bots, seeds and people: web archives as infrastructure[C]. in conference on computer supported cooperative work, 2017, pp. 821-834, doi: 10. 1145/ 2998181. 2998345.

[219] SEIDEL S, BERENTE N, LINDBERG A, et al. Autonomous tools and design: a triple-loop approach to human-machine learning [J]. Commun. ACM, vol. 62, no. 1, pp. 50-57, 2018, doi: 10. 1145/3210753.

[220] ZHENG L N, ALBANO C M, VORA N M, et al. The roles bots play in wikipedia[J]. Proc. ACM Human-Computer Interact. , 2019.

[221] ZHANG Z, CHEN W, JIN H, et al. A preference biobjective evolutionary algorithm for the payment scheduling negotiation problem[J]. IEEE Trans. Syst. Man. Cybern. , pp. 1-14, 2020, doi: 10. 1109/tcyb. 2020. 2966492.

[222] Branke J, Nguyen S, Pickardt C W, et al. Automated design of production scheduling heuristics: A review[J]. IEEE Trans. Evol. Comput. , vol. 20, no. 1, pp. 110-124, 2016, doi: 10. 1109/TEVC. 2015. 2429314.

[223] Song A, Chen W, GU T, et al. Distributed virtual network embedding system with historical archives and set-based particle swarm optimization[J]. IEEE Trans. Syst. Man. Cybern. , pp. 1-16, 2019, doi: 10. 1109/tsmc. 2018. 2884523.

[224] JIA Y, et al. An intelligent cloud workflow scheduling system with time estimation and adaptive ant colony optimization[J]. IEEE Trans. Syst. Man. Cybern. , pp. 1-16, 2019, doi: 10. 1109/tsmc. 2018. 2881018.

[225] ZHU Z, ZHANG G, LI M, et al. Evolutionary multi-objective workflow scheduling in cloud[J]. IEEE Trans. Parallel Distrib. Syst. , vol. 27, no. 5, pp. 1344-1357, 2016.

[226] FARD H M, PRODAN R, FAHRINGER T. A truthful dynamic workflow scheduling mechanism for commercial multicloud environments[J]. IEEE Trans. Parallel Distrib. Syst. , vol. 24, no. 6, pp. 1203-1212, 2013.

［227］ Han Y, Gong D, Jin Y et al. Evolutionary multiobjective blocking lot-streaming flow shop scheduling with machine breakdowns［J］. IEEE Trans. Cybern. , vol. PP, no. 99, pp. 1-14, 2017.

［228］ MISTRY K, ZHANG L, NEOH S C, et al. A Micro-GA embedded PSO feature selection approach to intelligent facial emotion recognition［J］. IEEE Trans. Syst. Man. Cybern. , vol. 47, no. 6, pp. 1496-1509, 2017, doi: 10. 1109/TCYB. 2016. 2549639.

［229］ HRUSCHKA E R, CAMPELLO R J G B, FREITAS A A, et al. A survey of evolutionary algorithms for clustering［J］. systems man and cybernetics, 2009, vol. 39, no. 2, pp. 133-155, doi: 10. 1109/TSMCC. 2008. 2007252.

［230］ SUN Y, WANG H, XUE B, et al. Surrogate-assisted evolutionary deep learning using an end-to-end random forest-based performance predictor［J］. IEEE Trans. Evol. Comput. , p. 1, 2019, doi: 10. 1109/TEVC. 2019. 2924461.

［231］ SUN Y, XUE B, ZHANG M, et al. Automatically designing cnn architectures using the genetic algorithm for image classification［J］. IEEE Trans. Cybern. , vol. PP, no. 99, pp. 1-15, 2020.

［232］ TSAI J, YIN Z, KWAK J, et al. Urban security: game-theoretic resource allocation in networked physical domains［C］. national conference on artificial intelligence, 2010, pp. 881-886.

［233］ BROWN M, SAISUBRAMANIAN S, VARAKANTHAM P, et al. STREETS: game-theoretic traffic patrolling with exploration and exploitation［C］. national conference on artificial intelligence, 2014, pp. 2966-2971.

［234］ ROSENFELD A, KRAUS S. When security games hit traffic: optimal traffic enforcement under one sided uncertainty［C］. international joint conference on artificial intelligence, 2017, pp. 3814-3822, doi: 10. 24963/ijcai. 2017/533.

［235］ ZHANG Y, GUO Q, AN B, et al. Optimal interdiction of urban criminals with the aid of real-time information［L］. national conference on artificial intelligence, 2019, vol. 33, no. 01, pp. 1262-1269, doi: 10. 1609/aaai. v33i01. 33011262.

［236］ ZHANG Y, AN B. Computing team-maxmin equilibria in zero-sum multiplayer extensive-form games［C］. 2020.

［237］ ZHANG Y, JIANG C, SONG L, et al. incentive mechanism for mobile crowdsourcing using an optimized tournament model［J］. IEEE J. Sel. Areas Commun. , vol. 35, no. 4, pp. 880-892, 2017, doi: 10. 1109/JSAC. 2017. 2680798.

［238］ HU Z, LIANG Y, ZHANG J, et al. Inference aided reinforcement learning for incentive mechanism design in crowdsourcing［J］. neural information processing systems, 2018, pp. 5507-5517.

［239］ JAGABATHULA S, SUBRAMANIAN L, VENKATARAMAN A. Reputation-based worker filtering in crowdsourcing［J］. neural information processing systems, 2014, pp. 2492-2500.

［240］ TARABLE A, NORDIO A, LEONARDI E, et al. The importance of worker reputation information in microtask-based crowd work systems［J］. IEEE Trans. Parallel Distrib. Syst. , vol. 28, no. 2, pp. 558-571, 2017, doi: 10. 1109/TPDS. 2016. 2572078.

［241］ XIAO Y, DORFLER F, VAN DER SCHAAR M, incentive design in peer review: rating and repeated endogenous matching［J］. IEEE Trans. Netw. Sci. Eng. , vol. 6, no. 4, pp. 898-908, 2019, doi: 10. 1109/TNSE. 2018. 2877578.

［242］ SHI W, CHEN W N, LIN Y, et al. An adaptive estimation of distribution algorithm for multipolicy insurance investment planning［J］. IEEE Trans. Evol. Comput. , vol. 23, no. 1, pp. 1-14, 2019.

[243] ASAFUDDOULA M, RAY T, SARKER R A. A decomposition-based evolutionary algorithm for many objective optimization[J]. IEEE Trans. Evol. Comput. , vol. 19, no. 3, pp. 445-460, 2015, doi: 10. 1109/TEVC. 2014. 2339823.

[244] WANG H, JIN Y, DOHERTY J. Committee-based active learning for surrogate-assisted particle swarm optimization of expensive problems[J]. IEEE Trans. Syst. Man. Cybern. , vol. 47, no. 9, pp. 2664-2677, 2017, doi: 10. 1109/TCYB. 2017. 2710978.

[245] FJELL C D, JENSSEN H, CHEUNG W A, et al. Optimization of antibacterial peptides by genetic algorithms and cheminformatics[J]. Chem. Biol. Drug Des. , vol. 77, no. 1, pp. 48-56, 2011, doi: 10. 1111/j. 1747-0285. 2010. 01044. x.

[246] PESCETELLI N, CEBRIAN M, RAHWAN I. Real-time internet control of situated human agents [C]. 2020.

[247] XUESEN Q, JINGYUAN Y, RUWEI D, et al. A new discipline of science — The study of open complex giant system and its methodology [J]. J. Syst. Eng. Electron. , vol. 4, no. 2, pp. 2-12, 1993.

[248] Bohu L I, et al. A swarm intelligence design based on a workshop of meta-synthetic engineering[J]. J. Zhejiang Univ. Sci. C, vol. 18, no. 1, pp. 149-152, 2017, doi: 10. 1631/FITEE. 1700002.

[249] WEI L I, et al. Crowd intelligence in AI 2. 0 era[J]. J. Zhejiang Univ. Sci. C, vol. 18, no. 1, pp. 15-43, 2017, doi: 10. 1631/FITEE. 1601859.

[250] CHAO Q, JIN X, HUANG H, et al. Force-based heterogeneous traffic simulation for autonomous vehicle testing[C]. 2019.

[251] CHAO Q, XIAO Y, HE D, et al. Dictionary-based fidelity measure for virtual traffic[J]. IEEE Trans. Vis. Comput. Graph. , vol. PP, p. 1, Oct. 2018, doi: 10. 1109/TVCG. 2018. 2873695.

[252] JIN X, XU J, WANG C C L, et al. Interactive control of large-crowd navigation in virtual environments using vector fields[J]. IEEE Comput. Graph. Appl. , vol. 28, no. 6, pp. 37-46, 2008, doi: 10. 1109/MCG. 2008. 117.

[253] XU J, JIN X, YU Y, et al. Shape-constrained flock animation[J]. Comput. Animat. Virtual Worlds, vol. 19, no. 3-4, pp. 319-330, 2008.

[254] CHEN Q, LUO G, TONG Y, et al. Shape-constrained flying insects animation[J]. Comput. Animat. Virtual Worlds, vol. 30, no. 3-4, p. e1902, 2019.

[255] XIANG W, REN J, WANG K, et al. Biologically inspired ant colony simulation[J]. Comput. Animat. Virtual Worlds, vol. 30, no. 5, p. e1867, 2019.

[256] XIANG W, YAO X, WANG H, et al. FA STSWARM: A data-driven framework for real-time flying insect swarm simulation[J]. Comput. Animat. Virtual Worlds, vol. 31, no. 4-5, p. e1957, 2020.

[257] WANG X, JIN X, DENG Z, et al. Inherent noise-aware insect swarm simulation [J]. Computer Graphics Forum, 2014, vol. 33, no. 6, pp. 51-62.

[258] REN J, SUN W, MANOCHA D, et al. Stable information transfer network facilitates the emergence of collective behavior of bird flocks[J]. Phys. Rev. E, vol. 98, no. 5, p. 052309, 2018.

[259] CHEN Q, LUO G, TONG Y, et al. A linear wave propagation-based simulation model for dense and polarized crowds[J]. Comput. Animat. Virtual Worlds, vol. 32, Nov. 2020, doi: 10. 1002/cav. 1977.

[260] HAN Y, CHAO Q, JIN X. A simplified force model for mixed traffic simulation[J]. Comput. Animat. Virtual Worlds, vol. 32, Nov. 2020, doi: 10. 1002/cav. 1974.

[261] WANG X, REN J, JIN X, et al. BSwarm: biologically-plausible dynamics model of insect swarms. [C]. ACM, 2015.

[262] SHEN J, JIN X. Detailed traffic animation for urban road networks[J]. Graph. Models, vol. 74, pp. 265-282, Sep. 2012, doi: 10.1016/j. gmod. 2012. 04. 002.

[263] YANG X, SU W, DENG J, et al. Real-virtual fusion model for traffic animation[J]. Comput. Animat. Virtual Worlds, vol. 28, Oct. 2016, doi: 10.1002/cav. 1740.

[264] CHAO Q, JIN X. Vehicle-pedestrian interaction for mixed traffic simulation[J]. Comput. Animat. Virtual Worlds, vol. 26, Apr. 2015, doi: 10.1002/cav. 1654.

[265] Chao Q, et al. Steering micro-robotic swarm by dynamic actuating fields[C]. 2016.

[266] REN J, WANG X, JIN X, et al. Simulating flying insects using dynamics and data-driven noise modeling to generate diverse collective behaviors[J]. PLoS One, vol. 11, p. e0155698, May 2016, doi: 10.1371/journal. pone. 0155698.

[267] BI H, FANG Z, MAO T, et al. Joint prediction for kinematic trajectories in vehicle-pedestrian-mixed scenes[C]. Proceedings of the IEEE/CVF International Conference on Computer Vision, 2019, pp. 10383-10392.

[268] HUANG Y, BI H, LI Z, et al. Stgat: Modeling spatial-temporal interactions for human trajectory prediction[C]. in Proceedings of the IEEE/CVF International Conference on Computer Vision, 2019, pp. 6272-6281.

[269] Bi H, MAO T, WANG Z, et al. A data-driven model for lane-changing in traffic simulation. [C]. Symposium on Computer Animation, 2016, pp. 149-158.

[270] JIANG H, DENG Z, XU M, et al. An emotion evolution based model for collective behavior simulation[C]. Proceedings of the ACM SIGGRAPH Symposium on Interactive 3D Graphics and Games, 2018, pp. 1-6.

[271] WANG J, MAO T, SONG X, et al. Parallel crowd simulation based on power law[C]. in 2018 International Conference on Virtual Reality and Visualization (ICVRV), 2018, pp. 78-81.

[272] XU M, WU Y, YE Y, et al. Collective crowd formation transform with mutual information-based runtime feedback[J]. Computer Graphics Forum, 2015, vol. 34, no. 1, pp. 60-73.

[273] XU M, WU Y, LV P, et al. miSFM: on combination of mutual information and social force model towards simulating crowd evacuation[J]. Neurocomputing, vol. 168, pp. 529-537, 2015.

[274] XU M, LI C, LV P, et al. An efficient method of crowd aggregation computation in public areas[J]. IEEE Trans. Circuits Syst. Video Technol. , vol. 28, no. 10, pp. 2814-2825, 2017.

[275] JIANG X, et al. Density-aware multi-task learning for crowd counting[J]. IEEE Trans. Multimed. , vol. 23, pp. 443-453, 2020.

[276] WANG H, et al. Cognition-driven traffic simulation for unstructured road networks[J]. J. Comput. Sci. Technol. , vol. 35, no. 4, pp. 875-888, 2020.

[277] LI C, et al. ACSEE: Antagonistic crowd simulation model with emotional contagion and evolutionary game theory[J]. IEEE Trans. Affect. Comput. , 2019.

[278] XU M, et al. Crowd behavior simulation with emotional contagion in unexpected multihazard situations[J]. IEEE Trans. Syst. Man, Cybern. Syst. , 2019.

[279] XU M, et al. Emotion-based crowd simulation model based on physical strength consumption for emergency scenarios[J]. IEEE Trans. Intell. Transp. Syst. , 2020.

［280］ PEI L, ZHANG Z, LI C, et al. Crowd behavior evolution with emotional contagion in political rallies［J］. IEEE Trans. Comput. Soc. Syst. , vol. 6, no. 2, pp. 377-386, 2019.

［281］ LI L, LIU H, HAN Y. An approach to congestion analysis in crowd dynamics models［J］. Math. Model. Methods Appl. Sci. , vol. 30, no. 5, 2020.

［282］ LIANG L, HONG L, YHA C. Arch formation-based congestion alleviation for crowd evacuation - ScienceDirect［J］. Transp. Res. Part C Emerg. Technol. , vol. 100, pp. 88-106, 2019.

［283］ YAO Z, ZHANG G, LU D, et al. Learning crowd behavior from real data: A Residual Network Method for Crowd Simulation［J］. Neurocomputing, vol. 404, 2020.

［284］ HAN Y, LIU H. Modified social force model based on information transmission toward crowd evacuation simulation［J］. Phys. A Stat. Mech. Its Appl. , vol. 469, pp. 499-509, 2016.

［285］ LV Y, LIU H, ZHANG G, et al. TP-ABC: A two-layer path planning method for crowd simulation［J］. J. Comput. Inf. Syst. , vol. 11, no. 11, pp. 4053-4063, 2015.

［286］ FANG J, ZHENG Q, HAO H, et al. The fundamental diagram of pedestrian model with slow reaction［J］. Phys. A Stat. Mech. Its Appl. , vol. 391, no. 23, pp. 6112-6120, 2012.

［287］ LENG B, WANG J, ZHAO W, et al. An extended floor field model based on regular hexagonal cells for pedestrian simulation［J］. Phys. A Stat. Mech. Its Appl. , vol. 402, pp. 119-133, 2014.

［288］ GAO Y, CHEN F, WANG Z. Hybrid dynamic route planning model for pedestrian microscopic simulation at subway station［J］. J. Adv. Transp. , vol. 2019, no. PT. 2, pp. 1-17, 2019.

［289］ LI W, ZHU J, LI H, et al. A game theory based on monte carlo analysis for optimizing evacuation routing in complex scenes［J］. Math. Probl. Eng. , vol. 2015, no. PT. 9, pp. 1-11, 2015.

［290］ ZHU X, et al. Fuzzy logic-based model that incorporates personality traits for heterogeneous pedestrians［J］. Symmetry (Basel). , vol. 9, no. 10, pp. 239-239, 2017.

［291］ JIAO L, LIU J, ZHONG W. Coevolutionary computational and multiagent systems［C］. WIT Press / Computational Mechanics, 2012.

［292］ ZHONG W, LIU J, XUE M, et al. A multiagent genetic algorithm for global numerical optimization［J］. in systems man and cybernetics, 2004, vol. 34, no. 2, pp. 1128-1141, doi: 10.1109/TSMCB.2003.821456.

［293］ LIU J, LI J, ZHONG W, et al. Minimum span frequency assignment based on a multiagent evolutionary algorithm［J］. Int. J. Swarm Intell. Res. , vol. 2, no. 3, pp. 29-42, 2011.

［294］ LIU J, ZHONG W, JIAO L. A multiagent evolutionary algorithm for combinatorial optimization problems［J］. IEEE Trans. Syst. Man, Cybern. Part B, vol. 40, no. 1, pp. 229-240, 2009.

［295］ LIU J, ABBASS H A, GREEN D G, et al. Motif difficulty (MD): A predictive measure of problem difficulty for evolutionary algorithms using network motifs［J］. Evol. Comput. , vol. 20, no. 3, pp. 321-347, 2012.

［296］ 段海滨, 张祥银, 徐春芳. 仿生智能计算［C］. 科学出版社, 2011.

［297］ HAI X, et al. Mobile robot ADRC with an automatic parameter tuning mechanism via modified pigeon-inspired optimization［J］. IEEE/ASME Trans. Mechatronics, vol. 24, no. 6, pp. 2616-2626, 2019.

［298］ DUAN H, HUO M, YANG Z, et al. Predator-prey pigeon-inspired optimization for UAV ALS longitudinal parameters tuning［J］. IEEE Trans. Aerosp. Electron. Syst. , vol. 55, no. 5, pp. 2347-2358, 2018.

［299］ DUAN H, LI S. Artificial bee colony-based direct collocation for reentry trajectory optimization of hypersonic vehicle[J]. IEEE Trans. Aerosp. Electron. Syst. , vol. 51, no. 1, pp. 615-626, 2015.

[300] DUAN H, LI S, SHI Y. Predator-prey brain storm optimization for DC brushless motor[J]. IEEE Trans. Magn. , vol. 49, no. 10, pp. 5336-5340, 2013.

[301] DUAN H, LI C. Quantum-behaved brain storm optimization approach to solving Loney's solenoid problem[J]. IEEE Trans. Magn. , vol. 51, no. 1, pp. 1-7, 2014.

[302] CHEN W N, TAN D Z. Set-based discrete particle swarm optimization and its applications: a survey[J]. Front. Comput. Sci. , vol. 12, no. 2, pp. 203-216, 2018.

[303] CHEN W N, ZHANG J, CHUNG H S H, et al. A novel set-based particle swarm optimization method for discrete optimization problems[J]. IEEE Trans. Evol. Comput. , vol. 14, no. 2, pp. 278-300, 2009.

[304] HE C, et al. Accelerating large-scale multiobjective optimization via problem reformulation[J]. IEEE Trans. Evol. Comput. , vol. 23, no. 6, pp. 949-961, 2019.

[305] LI K, CHEN R, FU G, et al. Two-archive evolutionary algorithm for constrained multiobjective optimization[J]. IEEE Trans. Evol. Comput. , vol. 23, no. 2, pp. 303-315, 2018.

[306] QIN Q, CHENG S, ZHANG Q, et al. Particle swarm optimization with interswarm interactive learning strategy[J]. IEEE Trans. Cybern. , vol. 46, no. 10, pp. 2238-2251, 2015.

[307] 陈英武, 姚锋, 李菊芳, 等. 求解多星任务规划问题的演化学习型蚁群算法[J]. 系统工程理论与实践, vol. 33, no. 3, pp. 791-801, 2013.

[308] 姚锋, 邢立宁. 求解卫星地面站调度问题的演化学习型蚁群算法[J]. 系统工程与电子技术, vol. 34, no. 11, pp. 2270-2274, 2010.

[309] 邢立宁, 姚锋. 求解双层 CARP 优化问题的演化学习型遗传算法[J]. 系统工程与电子技术, vol. 34, no. 6, pp. 1187-1192, 2012.

[310] SUN J, MIAO Z, GONG D, et al. Wang. Interval multiobjective optimization with memetic algorithms[J]. IEEE Trans. Cybern. , 2019.

[311] CHEN Y, SUN X, GONG D, et al. Personalized search inspired fast interactive estimation of distribution algorithm and its application[J]. IEEE Trans. Evol. Comput. , vol. 21, no. 4, pp. 588-600, 2017.

[312] LIU Z Z, WANG Y. Handling constrained multiobjective optimization problems with constraints in both the decision and objective spaces[J]. IEEE Trans. Evol. Comput. , vol. 23, no. 5, pp. 870-884, 2019.

[313] DU Y, WANG T, XIN B, et al. A data-driven parallel scheduling approach for multiple agile Earth observation satellites[J]. IEEE Trans. Evol. Comput. , 2019.

[314] LI G, ZHU H, LU T, et al. Is it good to be like wikipedia? exploring the trade-offs of introducing collaborative editing model to Q&A sites[C]. in Proceedings of the 18th ACM Conference on Computer Supported Cooperative Work & Social Computing, 2015, pp. 1080-1091.

[315] HUANG W, LU T, ZHU H, et al. Effectiveness of conflict management strategies in peer review process of online collaboration projects[C]. in Proceedings of the 19th ACM Conference on Computer-Supported Cooperative Work & Social Computing, 2016, pp. 717-728.

[316] ZHANG P, ZHU H, LU T, et al. Understanding relationship overlapping on social network sites: a case study of Weibo and Douban[C]. Proc. ACM Human-Computer Interact. , vol. 1, no. CSCW, pp. 1-18, 2017.

[317] DING X, SHIH P C, GU N. Socially embedded work: A study of wheelchair users performing online

crowd work in china[C]. Proceedings of the 2017 ACM Conference on Computer Supported Cooperative Work and Social Computing, 2017, pp. 642-654.

[318] GUO B, et al. Mobile crowd sensing and computing: The review of an emerging human-powered sensing paradigm[J]. ACM Comput. Surv. , vol. 48, no. 1, pp. 1-31, 2015.

[319] YU Z, XU H, YANG Z, et al. Personalized travel package with multi-point-of-interest recommendation based on crowdsourced user footprints[J]. IEEE Trans. Human-Machine Syst. , vol. 46, no. 1, pp. 151-158, 2015.

[320] GUO B, LIU Y, WU W, et al. Activecrowd: A framework for optimized multitask allocation in mobile crowdsensing systems[J]. IEEE Trans. Human-Machine Syst. , vol. 47, no. 3, pp. 392-403, 2016.

[321] WANG L, YU Z, ZHANG D, et al. Heterogeneous multi-task assignment in mobile crowdsensing using spatiotemporal correlation[J]. IEEE Trans. Mob. Comput. , vol. 18, no. 1, pp. 84-97, 2018.

[322] GUO B, CHEN H, YU Z, et al. FlierMeet: a mobile crowdsensing system for cross-space public information reposting, tagging, and sharing[J]. IEEE Trans. Mob. Comput. , vol. 14, no. 10, pp. 2020-2033, 2014.

[323] WANYUAN W, HANSI T, YICHUAN J. Efficient online city-scale patrolling by exploiting offlinemodel-based coordination policy[J]. IEEE Trans. Intell. Transp. , 2020.

[324] WANG W, DONG Z, AN B, et al. Efficient city-scale patrolling using decomposition and grafting[C]. Proceedings of the 18th International Conference on Autonomous Agents and MultiAgent Systems, 2019, pp. 2259-2261.

[325] JIANG J, et al. Understanding crowdsourcing systems from a multiagent perspective and approach[J]. ACM Trans. Auton. Adapt. Syst. , vol. 13, no. 2, pp. 1-32, 2018.

[326] JIANG J, AN B, JIANG Y, et al. Group-oriented task allocation for crowdsourcing in social networks[J]. IEEE Trans. Syst. Man, Cybern. Syst. , 2019.

[327] WANG W, JIANG J, AN B, et al. Toward efficient team formation for crowdsourcing in noncooperative social networks[J]. IEEE Trans. Cybern. , vol. 47, no. 12, pp. 4208-4222, 2016.

[328] WANG W et al. Strategic social team crowdsourcing: Forming a team of truthful workers for crowdsourcing in social networks [J]. IEEE Trans. Mob. Comput. , vol. 18, no. 6, pp. 1419-1432, 2018.

[329] JIANG J, AN B, JIANG Y, et al. Context-aware reliable crowdsourcing in social networks[J]. IEEE Trans. Syst. Man, Cybern. Syst. , 2017.

[330] JIANG J, AN B, JIANG Y, et al. Batch allocation for tasks with overlapping skill requirements in crowdsourcing[J]. IEEE Trans. Parallel Distrib. Syst. , vol. 30, no. 8, pp. 1722-1737, 2019.

[331] HUANG X, et al. Course recommendation model in academic social networks based on association rules and multi-similarity[C]. 2018 IEEE 22nd International Conference on Computer Supported Cooperative Work in Design ((CSCWD)), 2018, pp. 277-282.

[332] YUAN C, BAO Z, SANDERSON M, et al. Incorporating word attention with convolutional neural networks for abstractive summarization[J]. World Wide Web, vol. 23, no. 1, pp. 267-287, 2020.

[333] ZHU J, ZHENG Z, YANG M, et al. A semi-supervised model for knowledge graph embedding[J]. Data Min. Knowl. Discov. , vol. 34, no. 1, pp. 1-20, 2020.

[334] ZHU J, YU W, ZHENG Z, et al. Learning from Interpretable Analysis: Attention-Based Knowledge Tracing[C]. International Conference on Artificial Intelligence in Education, 2020, pp. 364-368.

［335］ FANG Y, SUN H, CHEN P, et al. On the cost complexity of crowdsourcing. ［J］. IJCAI, 2018, pp. 1531-1537.

［336］ HAN T, SUN H, SONG Y, et al. Incorporating external knowledge into crowd intelligence for more specific knowledge acquisition. ［J］. IJCAI, 2016, vol. 2016, pp. 1541-1547.

［337］ CHEN Z et al. Structured probabilistic end-to-end learning from crowds［C］.

［338］ FANG Y, SUN H, LI G, et al. Context-aware result inference in crowdsourcing［J］. Inf. Sci. (Ny)., vol. 460, pp. 346-363, 2018.

［339］ FANG Y L, SUN H L, CHEN P P, et al. Improving the quality of crowdsourced image labeling via label similarity［J］. J. Comput. Sci. Technol., vol. 32, no. 5, pp. 877-889, 2017.

［340］ HAN T, SUN H, SONG Y, et al. Budgeted task scheduling for crowdsourced knowledge acquisition［C］. in Proceedings of the 2017 ACM on Conference on Information and Knowledge Management, 2017, pp. 1059-1068.

［341］ WANG Z, SUN H, FU Y, et al. Recommending crowdsourced software developers in consideration of skill improvement ［C］. 2017 32nd IEEE/ACM International Conference on Automated Software Engineering (ASE), 2017, pp. 717-722.

［342］ SUN H, HU K, FANG Y, et al. Adaptive result inference for collecting quantitative data with crowdsourcing［J］. IEEE Internet Things J., vol. 4, no. 5, pp. 1389-1398, 2017.

［343］ CHEN P, SUN H, FANG Y, et al. CONAN: A framework for detecting and handling collusion in crowdsourcing［J］. Inf. Sci. (Ny)., vol. 515, pp. 44-63, 2020.

［344］ CHEN P P, SUN H L, FANG Y L, et al. Collusion-proof result inference in crowdsourcing［J］. J. Comput. Sci. Technol., vol. 33, no. 2, pp. 351-365, 2018.

［345］ ZHANG Z, SUN H, ZHANG H. Developer recommendation for Topcoder through a meta-learning based policy model［J］. Empir. Softw. Eng., vol. 25, no. 1, pp. 859-889, 2020.

［346］ YE L, SUN H, WANG X, et al. Personalized teammate recommendation for crowdsourced software developers［C］. Proceedings of the 33rd ACM/IEEE International Conference on Automated Software Engineering, 2018, pp. 808-813.

［347］ SUN H, ZHANG W, YAN M, et al. Recommending web services using crowdsourced testing data［J］. Crowdsourcing, Springer, 2015, pp. 219-241.

［348］ WU S, SUN H, CHEN P, et al. Service4Crowd: A service oriented process management platform for crowdsourcing［C］. Companion of the 2018 ACM Conference on Computer Supported Cooperative Work and Social Computing, 2018, pp. 37-40.

作者简介

陈伟能　华南理工大学计算机科学与工程学院教授、副院长，研究方向为群体智能、演化计算、社会网络分析与挖掘。CCF 高级会员。

卢　曦　复旦大学计算机科学技术学院教授，研究方向为计算机支持的协同工作（CSCW）、协同与社会计算、群智协同计算和人机交互。CCF高级会员，CCF协同计算专委秘书长。

蒋嶷川　东南大学计算机科学与工程学院教授，研究方向为多智能体系统、群智协同与众包、社会网络与社会计算。CCF杰出会员，CCF协同计算专委常务委员。

汤　庸　华南师范大学计算机学院教授，研究方向为协同计算与社交网络。CCF杰出会员、CCF理事、CCF协同计算专业委员会主任。

王　华　郑州大学信息工程学院、计算机与人工智能学院博士后，研究方向为计算机图形学、群体仿真。

李超超　郑州大学信息工程学院、计算机与人工智能学院助理研究员，研究方向为群体行为仿真、群体智能。CCF会员。

徐明亮　郑州大学信息工程学院、计算机与人工智能学院教授，副院长，研究方向为智能仿真、群体智能。CCF高级会员，CCF CAD&CG专委会委员。

生物信息学组合问题算法及其计算复杂性

CCF 理论计算机科学专业委员会

朱大铭[1] 李昂生[2] 王建新[3] 姜海涛[1] 冯启龙[3]

[1]山东大学，济南

[2]北京航空航天大学，北京

[3]中南大学，长沙

摘　　要

随着基因组测序技术、蛋白质鉴定技术等生物信息获取技术的进步，组学数据类型越来越多，规模也在急速增长。生物信息学研究面临越来越严峻的挑战。在生物信息学发生发展过程中，算法始终扮演着支撑该学科发展进步的角色。以组合问题模型表达生物信息学的计算需求，设计解答生物信息学组合问题的算法，论证生物信息学组合问题的计算复杂性，逐渐成为理论计算机科学的一个代表性分支。本文介绍生物信息学发生发展过程中出现的典型组合优化问题，解答它们的典型算法，以及这些问题的计算复杂性研究进展。组合优化问题求解，从组学数据中发现或辅助发现生命科学规律，对于提高人们的健康水平，改善生活质量，具有重要作用。生物信息学组合优化问题的算法和计算复杂性新进展，也推动了并会继续推动理论计算机科学研究的进步。

关键词：组学数据，生物信息学，算法，复杂性，组合问题

Abstract

As the technologies such as genome sequencing and protein identification of getting bio-information step forward, people have run into more types and dramatic increasing scales of omics data. There is no doubt that bioinformatics is facing more and fiercer a challenge for omics data analysis. In the course from occurrence to development of bioinformatics, algorithms have been playing a role of supporting this discipline primarily. Using combinatorial problem to reflect the computational requirement of bio-research, designing algorithms to solve combinatorial bioinformatics problems and arguing the complexity of these problems, have evolved into a representative branch of theoretical computer science. In this report, we present some typical combinatorial problems that were given birth from bioinformatics progresses, together with which, we present algorithms that were designed for these problems and the progresses in terms of the complexity of these problems. Solving a combinatorial problem is intended to find or help find science principles of life, can affect positively to raise the health condition level and improve the living quality of people. In turn, the algorithm and complexity progresses of combinatorial bioinformatics problems have promoted and, will promote theoretical computer science to go forward insistently in the future.

Keywords：omics data, bioinformatics, algorithm, complexity, combinatorial problems

1 引言

蛋白质是生命体中调节生命活动的重要组成部分，DNA/RNA 携带着生命的遗传信息。人们可以通过某些手段测出了组成某些蛋白质的氨基酸序列或组成 DNA 的脱氧核糖核苷酸序列、特定蛋白质的物理化学性质、序列抗原性等。生物信息学最初是为不同国家、不同研究组织间的数据信息交流服务的[119]。目前人们提到的生物信息学，更倾向于表达的含义是"用计算机科学解决生物学问题"。

生物信息学其实是计算科学，算法是生物信息学的核心[120]。人们得到一个蛋白质的氨基酸序列，想知道具有相似序列的蛋白质的相关信息，就可以利用搜索引擎 Entrez（http：//www. ncbi. nlm. nih. gov/Entrez），搜索 PDB（Protein Data Bank）数据库实现。支撑该软件的序列相似性比较功能的算法，被称为序列"比对"算法。序列比对是生物信息学，也是理论计算机科学的一个基本问题。分析基因序列异同时需要序列比对，为推测某种蛋白质性质或功能而寻找与已知氨基酸序列相似的蛋白质时需要序列比对，从已有的蛋白质数据库中查找相关蛋白也需要序列比对。这样的问题在生物信息学中普遍存在，要理性地认识这些生物信息学问题，寻找有效的解答问题的算法，理论计算机计算科学工作者的参与是必不可少的。

在生物信息学发生发展过程中，人们建立了丰富的组合问题模型，设计了解答这些组合问题的算法，论证了这些问题的计算复杂性。本文主要介绍基因组学数据和蛋白质组学数据分析中的组合问题，以及解答它们的典型算法以及其计算复杂性的研究进展。随着生物信息学的研究深入，生物信息学要求人们更快、更准确地计算得到反映生命科学规律的结果。组合问题的算法与计算复杂性进展能够帮助生物信息学软件设计者更加充分地认识组学数据的内在性质，是设计实现更快、更准确地计算出生命科学规律结果的软件的基础。

本文第 2 节介绍什么是组学数据。第 3 节通过介绍序列比对算法和基于后缀树的序列分析算法，证实算法在生物信息学中发挥的重要作用。第 4 节介绍关于组学数据分析中典型的组合优化问题，解答这些典型问题的算法和关于它们计算复杂性的研究进展。第 5 节介绍若干早期从事生物信息学算法研究的先驱和他们所研究的问题。第 6 节展望理论计算机科学在生物信息学中能够发挥作用的新兴领域和发展趋势。

2 组学数据

生物信息学被认为是组学数据收集整理服务和分析利用的科学。组学数据泛指基因组学数据和蛋白质组学数据等反映生物物质组成、结构、形状以及相互作用信息的数据或数据集。

1. 基因组学数据

基因组学数据泛指生物体基因组的高通量测序数据和转录组数据，以及根据测序数据组装成的基因组序列或序列框架。高通量测序数据通常是一个基因组中染色体碱基符号序列片段的集合。人们发明了各种测序技术，致力于以简单的计算，获得更为准确的生物体基因组。各种类型高通量测序数据分别来自根据不断改进的基因组测序技术研发的测序仪器。目前的高通量测序数据主要包括短读数据和长读数据，另外还有单细胞测序数据、高维测序数据等。

高通量测序数据的去噪和纠错，根据高通量测序数据实现基因组组装，以及基因组组装后基因组序列的验证和存储等，都是基因组数据收集整理与服务的重要内容。其中基因组组装，即根据测序数据恢复原始基因组的计算要求，一直是计算机科学家面临的挑战。

基因组组装得到基因组染色体集合，即表示基因组染色体的 DNA 序列集合。基因组中染色体序列的结构和功能分析，是基因组数据分析和利用的重点。随着生物体基因组组装得到的序列越来越多，基因组序列的结构和功能分析，逐渐成为基因组组学数据分析的主要内容。如基因注释，即解释某个基因组序列片段的功能，始终是生命科学关心的内容。为了注释某些基因组序列片段的功能，人们需要比较基因组的序列结构，包括比较基因组中某些序列片段改变的模式和改变次数，基因组中某些序列片段的相邻关系和排列次序等。

2. 蛋白质组学数据

蛋白质组学以蛋白质组为研究对象，研究细胞、组织或生物体蛋白质的组成及其变化规律。蛋白质组学数据，泛指用于确定蛋白质组成的高通量质谱数据、已知的蛋白质序列数据、蛋白质序列的翻译后修饰数据、已知的蛋白质结构数据等。

蛋白质鉴定是蛋白质组学的基础内容，目的是确定蛋白质的核酸序列。蛋白质翻译后修饰是蛋白质调节功能的重要方式，对蛋白质翻译后修饰的研究对阐明蛋白质的功能具有重要作用。这些研究均为蛋白质组学数据分析的重要内容。

组学数据收集整理服务和分析利用，给计算机科学工作者带来挑战。这些挑战以前人们未曾遇到过。以组合优化问题描述这些计算挑战的实际需求，理性分析它们的计算复杂性，给出算法和计算复杂性研究成果，将为生物信息学研究进一步提供基础理论支撑。

3   组学数据分析组合问题算法的作用

算法是生物信息学的基础内容，在组学数据分析中所发挥的作用是难以估量的。这里仅给出两个广泛应用的算法，说明算法在生物信息学中所发挥的重要作用。

1. 序列比对算法

序列比对问题给定两个符号序列，要求输出这两个序列的比对距离，和达到该比对距离的序列符号对应关系。Smith-Waterman 算法是最早解答序列比对问题的算法[121]，该算法和它的变种普遍应用于根据测序数据实现基因组组装的各个环节，以及基因组序列分析的各个环节。例如，判定两个序列是否重叠，需要利用序列比对算法；判定基因组组装得到的某条染色体是否与实际相符，需要利用序列比对算法将读数比对到染色体序列上，通过图示人为地观察。判定两个序列是否重叠和将读数数据比对到组装成的 DNA 序列，是最基本的基因组组装计算，其中最能体现重要性的就是序列比对算法。

2. 寻找最长公共子串的后缀树算法

最长公共子串问题给定两个或多个符号序列，要求找到这些给定序列的最长公共子串。在基因组组装和蛋白质鉴定计算中，利用后缀树或后缀数组[122,123]作为数据结构，最长公共子串问题可以在线性时间解答。因为组学数据常在数十 GB 的规模，以线性时间实现寻找多个序列最长公共子串的计算，能够十分明显地提高计算的运行速度。

基本的后缀树问题描述为：给定字符串 S，要求寻找 S 中最长重复子串。对 S 建立后缀树，后缀树的每个叶子记录了从根节点到该叶子的字符数，而从根节点到任意叶子的路径串即对应着 S 的唯一后缀，且叶子个数即后缀个数，后缀树可线性时间建立，线性时间遍历叶子可得到深度最大的叶子，该叶子的父节点所对应的字符串即 S 的最长重复子串，该问题可用 $O(n)$ 时间解决，n 表示 S 的长度。后缀树和后缀数组即使在那些变种的基因组序列分析问题中仍然发挥着不可替代的作用。

算法与计算复杂性是理论计算机科学的重要分支。组学数据分析组合问题的算法与计算复杂性研究成果，除了在认识生命科学规律的研究和实践活动中得到应用并发挥作用外，还具有一般基础研究成果所具有的作用和意义。

4　生物信息学中的典型组合问题

针对组学数据收集整理服务和分析利用的实际需求，人们建立了组合优化问题模型以诠释实际计算需求，针对问题模型论证了这些问题的计算复杂性，设计了解答这些问题不同性能指标的算法，解决了实际的生物信息学计算需求。这些组合问题的算法和计算复杂性结果，逐渐形成了理论计算机科学的一个典型分支，吸引了许多从事理论计算机科学的研究者参与。这些问题的算法与计算复杂性进展不仅在基因组组装与分析、蛋白质鉴定实践中发挥了巨大作用，也推动了理论计算机科学本身的发展。下面选择几个典型领域的生物信息学问题给以具体论证。

4.1　基因组组装组合优化问题

一个二代测序数据是一个短读数（read）的集合，其中每个读数是一条含有 50~100 个碱基符号的 DNA 序列，也是某个基因组染色体的一段连续子序列。基因组组装是将读数集合中的读数拼接为表示测序基因组染色体的 DNA 序列集合。一个基本的思路是根据读数集合中的读数构造一个重叠图，然后在图上寻找路径集合，得到目标基因组中的染色体或染色体的序列片段。在重叠图上寻找最长路径集合的问题，即最大路径集合问题是以基因组组装为目的的一个典型组合优化问题。重叠图的顶点数目随着测序数据中含有的读数数目增大而增大，当顶点数目过大时，重叠图的构建其实是有实际困难的。另外，最大路径集合问题是 NP-Hard，因此在重叠图上寻找最大路径集合以实现基因组组装的方法并未得到广泛应用。尽管如此，最大路径集合问题的算法和计算复杂性，仍得到了许多理论计算机科学工作者的青睐。人们设计出该问题具有不同性能指标的求解算法，并充分论证了该问题的计算复杂性。

为使二代测序数据基因组组装实用化，人们发明了德布鲁因图（de Bruijn graph）来表示测序数据中读数之间的重叠关系[1]。德布鲁因图首先将读数分解为多个长度为 k 的子序列，并称这样的子序列为 k-mer。设一个 k-mer 为 $a_1 a_2 \cdots a_{k-1} a_k (a_i \in \{A, T, G, C\}$，$1 \leq i \leq k)$，德布鲁因图为这个 k-mer 定义两个顶点 u 和 v，u 表示序列 $a_1 a_2 \cdots a_{k-1}$，v 表示序列 $a_2 \cdots a_{k-1} a_k$，并构造一条由顶点 u 指向顶点 v 的边，有向边 $u \rightarrow v$ 表示这个 k-mer 序列。相同序列在德布鲁因图中只对应一个顶点，因此德布鲁因图表示的测序数据，实际上压缩了测序数据的规模，同时丢失了测序数据中读数的信息。德布鲁因图存在圈，圈结构主要是由基因组中的重复片段导致的。k 的取值越小，德布鲁因图中的圈越多。当 k 的取值较大时，图中圈的数目变小，图的规模增大，会导致计算机内存难以存储整个德布鲁因图。人们可以通过寻找德布鲁因图上的欧拉路集合，获得测序基因组中染色体的集合。德布鲁因图方法计算简单，图的规模可以控制，因此在二代测序数据的基因组组装计算中得到广泛应用。

第三代高通量测序技术使得测序数据中每个读数的长度可以达到 10KB，最长的读数长度可以达到 35KB。这化解了原来在二代测序数据基因组组装中存在的困扰，例如难以处理德布鲁因图中存在的复杂圈结构的问题。但因三代测序技术导致测序数据错误率较高，约为 15%~40%，三代测序数据的纠错也成为三代测序数据基因组组装必须解决的问题。近年来，学者们开始尝试直接利用三代数据进行基因组组装，重叠图在其中又开始发挥作用。其中，CANU 算法[2]和 Flye 算法[3]是利用三代测序数据进行基因组组装的一个典型代表。

无论二代还是三代测序数据的基因组组装，现有的组合优化问题模型都是不完美的。在人们寻找更加有效的基因组测序技术的同时，利用现有的测序数据，寻找更好的组合优化问题模型，设计更有效的问题求解算法，论证基因组组装中存在的计算需求的计算复杂性，仍然是计算机科学工作者面临的挑战。

传统意义上的基因组组装问题，通常只需要拼接出一套基因组即可。然而，对于多倍体生物，不同倍体的基因组序列之间存在明显差异。传统的基因组组装问题忽略了这些差异，直接利用一套基因组序列来代表所有倍体的基因组序列。

转录组组装类似于基因组组装。转录组是指转录后的所有 mRNA（转录本，transcript）的集合。利用基因组组装的算法来解决转录组组装问题，似乎很难行得通。首先，基因组是线性的 DNA 序列，转录组则是上万条甚至几十万条 mRNA 序列，属于同一个基因的 mRNA 序列通常会共享一些公共片段（外显子）。另外，读数在同一个基因组上的厚度几乎是处处均匀的，但是它在转录组上的厚度却是极不均匀的。同一个转录组的不同 mRNA 的表达值往往可以相差几个数量级，这使测序片段在这些 mRNA 上的厚度极不相同。基因组组装算法总是假设测序数据在基因组上均匀分布，是根据基因组的线性结构特点开发的，并不适用于转录组组装问题。Cufflinks[4] 与 Bridger[5] 算法均是将转录组组装建模为一个最小路径覆盖问题，BinPacker[6] 算法则是将转录组组装建模为一个装箱问题，StringTie[7] 等算法则将转录组组装建模为一个流分解问题。对于这些问题的算法与计算复杂性，尽管已有一定的认识，仍然需要更加深入研究。

宏基因组组装逐渐向我们走来。宏基因组是指特定环境下所有生物体的遗传物质（DNA 或 RNA）的总和。宏基因组中不仅包含不同菌种的遗传物质，还包含同一菌种的不同菌株的遗传物质。现有的宏基因组组装算法往往忽略了这些菌株的存在。研究表明，同一病毒的不同菌株通常具有不同的特性。因此，具体到菌株水平的宏基因组组装工作至关重要。Serghei Mangul 等人开发的宏基因组组装软件工具 VGA[8] 以及 Armin Töpfer 等人开发的软件工具 HaploClique[9] 就是专门针对病毒菌株组装的。VGA 首先把读数比对到一条参考序列，随后根据比对结果计算单位点突变（Single Nucleotide Variant，SNV）并构造冲突图（conflict graph）。VGA 将病毒菌株组装问题建模为冲突图上的图着色问题。对于无参考序列的菌株序列组装问题，目前已知的软件工具主要有 SAVAGE[10]、Virus-VG[11] 以及 VG-Flow[12] 等。其中，SAVAGE 算法首先利用测序数据进行构图，随后在图上求取最大团来代表菌株序列。SAVAGE 构造的是重叠图（overlap graph），图中的每个顶点表示一个读数或者一段序列（contig），若两个顶点满足一定的重叠信息约束，则在二者之间连一条边。SAVAGE 认为属于同一个团的顶点来自同一种菌株。因此，SAVAGE 通过对重叠图求取最大团来组装出原始的菌株序列。人们开发的软件工具通常利用了启发式算法，然而对于人们设计的启发式算法的性能定量分析，仍是理论计算机科学工作者要做的。

4.2 基因组片段框架构建和填充

仅用读数，通常不能组装出生物体基因组中的染色体或染色体集合。由读数（read）仅能组装成若干 DNA 序列片段，每个由读数组装成的 DNA 序列片段，被称为片段重叠群（contig）。确认哪些片段重叠群是属于一条染色体的子序列，仍然是基因组组装计算中的困扰。人们发现，利用双末端读数获取两个末端的距离信息，可将片段重叠群排列为若干条不连续的 DNA 序列，使每条片段重叠群序列表示一个染色体序列框架（scaffold）[13]。排列片段重叠群为基因组的染色体框架，也是基因组组装必不可少的步骤，这一步骤被称为片段框架构建。基因组的片段框架仍是不完整的，填充基因组片段框架中片段重叠群之间的空隙并不容易，仍然需要人们付出努力。

4.2.1 片段框架构建

片段框架构建使序列组装结果更连续和完整，是后续基因组分析利用如基因注释、基因组比较、结构变异检测等研究的前提。需要使用额外的数据信息来确定片段重叠群之间的先后次序和间隔距离，从而将片段重叠群按照正确的次序、方向和距离排列成更长的片段框架。片段框架构建问题一般可用如下组合优化问题模型描述。

片段框架构建问题

输入：片段重叠群集合 $C = \{C_1, C_2, \cdots, C_{n-1}, C_n\}$，其他信息 ∂。

输出：最大限度满足 ∂ 的片段框架 S。

给定一组片段重叠群与链接两个片段重叠群的双末端读数，片段框架构建问题的目的是对给定的片段重叠群进行排序和定向，使得尽量多的双末端读数与它们给定的方向和长度保持一致。片段框架构建问题被形式化为带权重的有向无环图上的路径合并问题，并被证明为 NP-Hard[14]。尽管该问题是 NP-Hard，但是该问题的启发式算法仍然能够在基因组的片段框架构建中发挥重要作用。

人们开发了多个利用双末端短读数实现片段框架构建的软件工具，如 OPERA[15]、SSPACE[16]、BESST[17]、ScaffMatch[18]、SCARPA[19]、ScaffoldScaffolder[20] 和 BOSS[21] 等，这些软件工具采用了各自的启发式算法构建基因组的染色体框架。它们在片段框架构建实践中得到检验，被证明是有效的。但这些软件工具中采纳的启发式算法性能的定量分析，十分欠缺且是必要的，仍然需要理论计算机工作者的努力。另外，利用双末端读数的长度信息作为标准来构建基因组的染色体框架，也是在目前人们认识水平上的权宜之计。找到更为合理的量化指标，衡量片段重叠群如何排列才是正确的，也需要人们付出更多的辛勤劳动和思考。

利用长读数实现片段框架构建，通常需要找到那些跨越两个片段重叠群的长读数，利用这种长读数即可推断片段重叠群的全局顺序和方向。人们根据各自的启发式算法开发了片段框架构建软件工具，常用软件工具有 SSPACE-LongRead[22]、BLASR[23]、LINKS[24]、SMSC[25]、Nucmer[26] 等。其中，Nucmer 和 BLASR 都是将长读数比对到片段重叠群，构造一个断点图，其中一个顶点表示一个片段重叠群，一条边表示连接两个顶点的读数。于是，片段框架构建的计算需求相当于在断点图中寻找最大交替路径覆盖的问题。人们可以找到一个近似性能比为 2 的多项式时间近似算法，寻找断点图的最大交替路径覆盖，更好的算法与该问题的计算复杂性则有待进一步研究。

片段框架构建的另一种尝试，是先构造一个被称作 scaffold 图的拓扑图，这样片段框架构建计算需求就转换为在图中寻求满足特定条件的路径或圈的问题。设 $G = (V, E, w)$ 是一个 scaffold 图，其中每个片段重叠群由两个顶点表示，在这两个点之间连一条边，并赋予它无穷大的权值。如果存在一个读数能够连接两个片段重叠群，则在这两个片段重叠群对应顶点之间连一条边，称为内部边，并且给这条内部边赋权，权重为可以与这两个片段重叠群重叠的读数个数。因此，找到足够多连接片段重叠群的读数，成为片段框架构建问题的目标。该问题又被称为最大权重无环二分匹配问题。

最大权重无环二分匹配问题

输入：scaffold 图 $G = (V, E, w)$。

输出：最大权重无环边集 $M \subseteq E$，满足对任意 $v \in V$，v 最多关联 M 中的两条边。

根据 scaffold 图的构造方法,用于诠释利用 scaffold 图构建片段框架的另一个组合优化问题[3],被称为片段框架构建问题。

scaffold 图是二分图,片段框架构建问题是 NP-Hard。片段框架构建问题的优化形式存在近似性能比为 2 的多项式时间近似算法[27]。其他具有定量性能指标的算法进展可见参考文献 [28,29]。这是目前仅有的片段框架构建问题带有定量性能指标的正面结果,更多片段框架构建问题的算法和计算复杂性结果,仍等待理论计算机科学工作者的参与。

4.2.2 片段填充

目前公开发布的生物体基因组,都是以片段框架的形式出现。基因组的片段框架还存在缺失基因或缺失片段,缺失的基因携带着重要生物信息。如果把片段框架直接用于生化分析,可能因信息丢失,导致分析结果不准确或者出现错误。将缺失基因填充到片段框架,使填充后的片段框架更接近原始基因组,仍是必要且非常重要的。

如果某物种已知有完整的基因组,则该基因组可用来作为参考基因组,确定某片段框架的缺失基因,去填充这个片段框架,得到能够代替完整基因组的基因组,由此建立的组合优化问题模型被称为单面片段填充问题。

单面片段填充问题
输入:符号集 Σ,参考基因组 A,片段框架 B,B 的缺失基因集 X。
输出:将 X 中的基因插入 B 中得到 B',使 A 与 B' 越相似越好。

如果没有完整基因组作为参考,人们尝试了用两个片段框架互相填充,得到代替完整基因组的基因组,由此建立的组合优化问题模型被称为双面片段填充问题。

双面片段填充问题
输入:符号集 Σ,片段框架 A,片段框架 B,B 的缺失基因集 X,A 的缺失基因集 Y。
输出:将 X 中的基因插入 B 中得到 B',Y 中的基因插入 A 中得到 A',使 A' 与 B' 越相似越好。

若一个测度两个基因序列相似性的量化标准是容易计算的,这个标准就可以拿来作为单面或双面片段填充问题的求解目标。事实上,人们已经定义了若干衡量序列相似性的定量标准,如重组距离[30]、样本距离[31,32]、最小公共划分距离[33]和最大公共邻接距离[34]等。

Munoz 和 Sankoff 最早研究了片段填充问题。他们设计出以断点距离和二次切割再连接距离最小化为片段填充目标时,输入数据为无重复基因序列的单面片段填充问题的多项式时间算法[35]。若输入数据为不含重复基因的基因序列,以断点距离和二次切割再连接的双面片段填充问题,也存在多项式时间精确算法[32]。

重复基因出现在基因组中是常见的。两个带有重复基因的基因组的公共邻接数是一个非常容易计算的量化指标,以最大化公共邻接数为目标的基因组框架填充问题成为算法研究者关心的重点。

最大化公共邻接数的单面片段填充问题

输入：符号集Σ，参考基因组A，片段框架B，B的缺失基因集X。

输出：将X中的基因插入B中得到B'，使A'与B'之间的公共邻接数最多。

以最大化公共邻接数为目标，双面片段填充问题形式为：

最大化公共邻接数的双面片段填充问题

输入：符号集Σ，片段框架A，片段框架B，B的缺失基因集X，A的缺失基因集Y。

输出：将X中的基因插入B中得到B'，Y中的基因插入A中得到A'，使A'与B'之间的公共邻接数最多。

单面和双面片段框架填充都是NP-hard，单面和双面片段填充问题都存在常数近似算法[36-38]，双面片段填充问题的近似性能比目前已被改进到1.4[39]。研究人员还对该问题模型进行了参数算法的研究。以填充后两个序列之间的公共邻接数k为参数，Bulteau等为单面框架填充设计了时间复杂度为$2^{O(k)}\mathrm{poly}(m+n)$的参数算法，为双面框架填充设计了时间复杂度为$2^{O(k\log k)}\mathrm{poly}(n)$的参数算法，其中$n$与$m$分别是$A$与$B$的长度[40]。

如果在片段重叠群内部不允许填充缺失基因[41]，则当基因组框架中不含重复基因时，该问题是多项式可解的[42]；当基因组框架存在重复基因时，该问题是NP-complete的[37]。该问题的近似算法和参数算法进展见参考文献[43，44]。其他片段框架填充的问题变种及其算法与计算复杂性进展见参考文献[45]。

片段框架填充也可从另一个角度去做组合优化问题建模。Bulteau提出缺失基因集X中不仅含有字符，还有字符串。将公共k-mer数最大化作为单面片段填充的求解目标，建立了单面片段框架填充的另一类问题模型。

最大化公共k-mer数的单面片段填充问题

输入：符号集Σ，参考基因组A，片段框架B，B的缺失基因或片段集X。

输出：将X中的部分或全部基因插入B中得到B'，使A'与B'之间的公共k-mer数最多。

Bulteau等证明了该问题的参数复杂性，并给出一个多项式内核。以k-mer数最大化为目标和以断点数最小化为目标的单面片段填充问题，均能以参数算法解答[46]。

根据填充方式、缺失基因集的组成、序列相似性标准的不同，人们分别建立了基因组片段框架填充的组合优化问题，并论证了这些问题的计算复杂性，设计了这些问题不同性能指标的算法。

4.3　全基因组数据分析

基因组比较是基因组分析利用的基本手段。基因组功能比较可能需要从基因组的结构比较开始。比较基因组的结构，就需要有衡量基因组结构相似性的量化标准。常用的基因组相似性度量标准包括断点数、公共邻接数、保守区间数、公共区间数以及公共子序列等。

4.3.1 断点距离

可以假设基因组不包含重复基因，这种假设对于病毒和线粒体的基因组成立，但是对于哺乳动物和植物，这种假设并不成立。人类的基因组中有 15% 的基因是含有重复基因的[47]。当基因组包含重复基因时，样本断点距离可能是衡量两个基因组结构差异的量化标准。基因组的一个样本是原基因组的一条子序列，在这条子序列中每个基因家族恰好出现一次。

由 Sankoff[30] 提出的样本断点距离问题（记为 EBD）可以用于寻找两个线性基因组中的保守基因子序列。

样本断点距离问题

输入：给定的两个基因组。

输出：两个基因组各自的样本，满足两个样本之间的断点距离最小。

样本断点距离问题可由启发式搜索算法解答[30,48]。该问题的计算复杂性结果较多，近似计算复杂性结果也较多[31,49-52]。样本断点距离问题的参数计算复杂性结果来自 Zhu[53]，该结果指出，当问题实例的两个基因组中的每个基因最多允许重复 2 次时，样本断点距离问题仍不存在任何 FPT 算法。

Blin 等人[50] 通过颜色编码技术设计了一个解答零样本断点距离问题的时间复杂度为 $O(n2^n)$ 的算法，其中 n 是基因组中出现的基因家族的数目。同时，他们也给出零样本断点距离问题一个时间复杂度为 $O(n2^{2s}s^3)$ 的参数算法，其中 n 是输入基因组的长度，s 是一条基因组中任意两个来自同一基因家族的基因的最大距离。解答该问题或该问题子问题的算法研究进展可查阅参考文献 [54-57]。在设计样本断点距离问题求解算法研究中，一个常用的参数是两个相同基因家族的基因在基因组中出现的位置距离。一般这个距离越大，该问题的求解难度越大。能否找到不依赖于这一参数的有效算法解答样本断点距离问题，仍有待计算机科学工作者的努力。

出现在同族基因组中次序保持一致的基因序列更倾向于是保守的。根据这样的假设，Bonizzoni 等人[58] 提出了样本最长公共子序列问题（记为 ELCS）。

样本最长公共子序列问题

输入：符号集 $A_o \cup A_m$ 上的序列的集合 S，其中 A_o 是可选符号集合，A_m 是必选符号集合，并且 A_o 和 A_m 互不相交。

输出：集合 S 里面所有序列的一个最长公共子序列，并且符号集 A_m 里面的每个必选符号必须在这个最长公共子序列中出现一次。

因为零样本断点距离问题是该问题的一种特殊情况，所以这个问题是 NP-Hard 的，并且当给定的两个线性基因组中每个强制基因家族最多出现三次时，Bonizzoni 等人[58] 还针对这个问题提出了一个多项式时间的算法。

基因重组和突变是导致基因组不稳定的重要因素[59,60]。重复区域是发生基因重组和突变的热点区域，如果一个基因序列中包含重复基因，那么我们认为它保守的可能性很小。因此，Adi 等人[61]提出来的无重复的最长公共子序列问题（记为 RFLCS），实际上是 ELCS 的一个特殊版本。

无重复的最长公共子序列问题

输入：符号集 Σ 上的两条序列 A 和 B。

输出：A 和 B 的一个最长公共子序列，并且符号集 Σ 中的每个符号在这个最长公共子序列中最多出现一次。

这个问题仍然是 NP-Hard 的，因为 ZEBD 也是这一问题的特殊版本。对于一个基因符号集 Σ 以及 A 和 B 两个线性基因组，其中 A 和 B 中的基因都来自 Σ 中的基因家族，当问题的实例为 A 和 B 时，这个问题存在一个近似比不大于 $\max\{\min\{|A[\gamma]|, |B[\gamma]|\} \mid \gamma \in \Sigma\}$ 的近似算法[61]，其中 $A[\gamma]$（$B[\gamma]$）为 $A(B)$ 中来自基因家族 γ 的基因的个数。Zhang 等人[62]设计出解答这一问题时间复杂度为 $O(mns4^s)$ 的动态规划算法，其中 s 为给定的一个基因组中两个相等基因间的最大距离，m 和 n 为给定的两个基因组的长度。

其他解答该问题的实用算法研究进展见参考文献 [61，63，64]，通常这些算法的有效性得到了实验验证，但算法学的性能缺少定量的理性分析。

到目前为止，无重复的最长公共子序列问题仍没有近似比为常数的近似算法，能否为这一问题设计出一个常数近似比的近似算法便成为一个值得研究的问题。

此外，如果给定基因组中所有的基因都有一个权重，那么该如何求出两个给定基因组的一个权重最大的公共样本子序列？对于带索引的最长公共子序列问题，Zhang 等人给出的动态规划算法要求两条索引基因序列相等，如果给定的两个索引基因子序列不相等，那么又该如何解决带索引的最长公共子序列问题？

4.3.2 基因组重排中的组合优化问题

瓦登伯格综合征是一种导致失聪和色素异常的遗传疾病。20 世纪 90 年代早期，该疾病的基因被确定在 2 号染色体上，但确切位置未知。小鼠的斑点病类似于人类瓦登伯格综合征。后来研究发现，小鼠的一组基因以同样的次序出现在人类的染色体上。有理由相信，这些基因以同样的次序出现在人类和小鼠的共同祖先——远古哺乳动物的基因组里。例如：人的 2 号染色体是由位于小鼠的 1、2、3、5、6、7、10、11、12、14、17 号染色体上的 DNA 相似片段组成。简单来说，人类基因组只是将小鼠的基因组划分成大约 300 个大的基因组片段，称之为同线性区，它们以不同的次序连接在一起。

每一次基因组的基因重排会导致基因次序的改变。1984 年，Nadeau 和 Taylor 估计人与老鼠的基因组间只相差 178±39 次的重组操作，该估计已经在 1993 年被 Copeland 等人根据新绘的人和老鼠基因组连接图所验证。

1992 年，David Sankoff 等在 PNAS 发表论文，总结出基因组重排的基本操作，包括

翻转 (reversal)、移位 (translocation)、转位 (transposition)、插入 (insertion)、删除 (deletion) 等[68]。后来衍生出二次切割并连接 (Double Cut and Join, DCJ)[69]、切割再粘贴[70] (cut and paste) 等综合性操作，以及以短块移动 (short block move) 和短翻转 (short swap)[71]为代表的局部性操作。基因组重排的全部研究都涉及求解组合问题。

基因组重排问题

给定两个排列 (无重复元素)，指定重排操作，寻找最少的基因组重排的操作将一个排列变换为另一个排列。

输入：排列 π 和 σ，指定重排操作 ρ。

输出：将 π 变换为 σ 的一系列重排操作 ρ_1, ρ_2, $\cdots\rho_t$，并使 t 是最小的。

将 σ 设定为恒等排列，即 $[1, 2, 3, \cdots, n]$，因此基因组重排问题实际上就是用指定重排操作对排列进行排序的问题。

1. 翻转排序

有向基因组 Reversal 排序：Bafna、Pevzner 给出近似性能比为 3/2 的多项式时间近似算法[72]。Hannenhalli、Pevzner 设计出多项式精确算法，时间复杂性为 $O(n^4)$[73]。这是基因组重排问题的经典算法之一。Kaplan、Shamir、Tarjan 将算法时间复杂性改进为 $O(n^2)$[74]，n 为基因组中的基因数目。

无向基因组 Reversal 排序：Caprara 证明该问题是 NP-Hard[75]。Kececioglu 和 Sankoff 最先设计了该问题分支定界搜索算法，又给出近似性能比为 2、时间复杂性为 $O(n^2)$ 的启发近似算法[76]，Berman 又将算法近似性能比改进为 1.375[77]，这是目前翻转排序近似性能比最好的多项式时间算法。更好的近似算法成果值得期待。

2. 移位排序

有向基因组 Translocation 排序：Hannenhalli 首先给出 $O(n^3)$ 时间复杂性精确算法[78]，该算法时间复杂性可以改进为 $O(n^2)$[79]。该时间复杂性还有进一步提升的空间。

无向基因组 Translocation 排序：Kececioglu 与 Ravi 给出近似性能比为 2 的多项式算法[80]，蒲莲蓉、朱大铭、姜海涛设计了近似性能比为 1.375 的多项式时间近似算法[81]。更好的近似算法成果仍值得研究。

3. 转位排序

Bafna 和 Pevzner 设计了该问题第一个近似性能比为 1.5 的多项式算法，时间复杂性为 $O(n^2)$[82]。Hartman 与 Shamir 简化了该算法[83]。Elias 与 Hartman 将算法近似性能比改进为 1.375[84]。该问题近似算法的时间复杂性可以由 $O(n^2)$ 改进为 $O(n\log n)$[85,86]。Bulteau 等人证明转位排序是 NP-Hard[87]，使得该问题的近似算法研究更有意义。

4. 二次切割并连接排序

二次切割并连接 (DCJ) 由 Yancopoulos 等人于 2005 年提出，平凡有向基因组 DCJ 问题的线性时间精确算法[69]。Bergeron 等人用不同的模型简化了 Yancopoulos 等人的算法[88]。

平凡无向基因组 DCJ 问题难度较大。Chen 发现，该问题的关键在于计算"断点图"

的最大圈分解[89]。遗憾的是，早在 1998 年，Caprara 已经证明"断点图"的最大圈分解是 NP-Hard[75]。该问题的第一个正面结果是由 Chen 设计的近似性能比为 1.416 的多项式时间近似算法，但是该算法只适用于单染色体线性基因组[89]。Jiang、Zhu 和 Zhu 设计了普遍适用的近似性能比为 1.5 的多项式时间算法；并从参数计算的角度，证明该问题存在大小为 2K 的亚核，进而设计了时间复杂度为 $O(n^2 2^K)$ 的参数算法，其中 K 为 DCJ 距离[90]。最近，Chen、Sun 和 Yu 又将该问题的近似性能比改进至 1.4082[91]，这是目前最好的近似算法结果。更好近似性能的多项式时间算法值得研究。

5. 组合排序

组合排序为允许几种基本重组操作的基因组排序问题。因一次操作可能是多种重组形式的一种，其算法设计难于单一操作的重组排序问题，目前研究结果尚不丰富，其复杂性证明一般容易利用单一操作的排序问题而获得。

有向基因组组合排序：Hannenhalli 与 Pevzner 最先给出有向基因组 Reversal/Translocation/Fusion/Fission 组合排序算法，时间复杂性为 $O(n^3)$[92]，其中 Fusion 和 Fission 为 Translocation 的特殊形式。Lin 和 Xue 给出有向基因组 Cut-And-Paste 排序近似性能比为 2 的多项式近似算法[93]。其中三种操作 Reversal、Transposition 和 Transreversal 统称为 Cut-And-Paste。Hartman 等人则设计出 Transposition 和 Transreversal 排序近似性能比为 1.5 的多项式近似算法[94]。

无向基因组组合排序：Medians、Walter、Dias 给出无向基因组 Reversal/Transposition 排序近似性能比为 3 的多项式近似算法[95]。Cranston 等人证明无向基因组 Cut-And-Paste 排序的直径满足：$\frac{n}{2} \leqslant D(n) \leqslant \frac{2n}{3}$，$n$ 为基因组中的基因数目[70]。无向环排列的 Cut-And-Paste 排序接受近似性能比为 2.25 的多项式近似算法[96]。

4.3.3　基因组重排问题的研究前景分析

基因重排问题历经近 30 年的研究，取得了若干令人印象深刻的成果，但仍有很多亟待解决的问题。比如，短块移动排序、短交换排序的计算复杂性依然未知，有向基因组的翻转排序、移位排序的多项式时间算法的时间复杂度有待改进，无向基因组的翻转排序、移位排序、转位排序、DCJ 排序的近似性能比和不可近似下界之间尚存在明显的差距，更好近似性能的算法值得研究。

多项式时间一直是近似算法的标签，同时也成为近似算法的"紧箍咒"，限制了近似性能比的改进。如果将近似算法时间复杂度的要求降低为参数时间（$O(f(K) \times \mathrm{poly}(n))$，$K$ 为重排次数，当作参数，f 为可计算函数，$\mathrm{poly}(n)$ 为 n 的多项式），即设计参数时间近似算法，其性能会不会比多项式时间近似算法有质的飞跃？这是理论计算机领域近几年特别关注的问题。然而，关于基因组重排问题的参数时间近似算法的正面结果目前还是凤毛麟角，需要通过代表性的正面结果证明其存在的价值。

基因组重排问题源于早期对于相近物种的基因顺序比对，但随着对 DNA 序列越来越深刻的研究，对重排问题的模型又有了新的发现。不管是翻转、移位还是转位，在 DNA

序列上发生时，断点的位置都存在相同的一段保守序列，也就是说，只有存在保守序列的位置才可能发生重排事件，这无疑颠覆了传统的基因组重排模型，带来了新的基因组重排问题。另一方面，以前的基因组重排问题都是研究排列的即没有重复元素的字符串，而实际上，若干物种基因组是存在重复基因片段的，这导致基因组重排问题的难度剧烈增加。对于有重复基因组，其重排问题的组合算法成果并不显著。Shao、Lin、Moret 将此有重复基因组的 DCJ 重排问题写成整数线性规划的形式[25]。Rubert、Feijão、Braga 等人设计了近似性能比为 $O(K)$ 的多项式时间近似算法，其中 K 为元素重复的次数[26]。寻找新的有重复基因组的重排问题模型，诠释有重复基因组之间的结构差异，或是基因组重排研究非常值得期待的方向。

4.4 蛋白质组学数据分析问题

很少人记得在 DNA 测序被正式提出以前，科学家已常规地测定了蛋白质[106]。Frederick Sanger 由于确定了胰岛素的氨基酸序列被授予诺贝尔奖[107]，胰岛素是糖尿病患者所需要的蛋白质。在 20 世纪 40 年代后期，测定 52 个氨基酸的牛胰岛素看上去要比现在测定全基因组更具挑战性。那时蛋白质测序所面临的计算问题与现在 DNA 测序所面临的计算问题相同，主要的差别是测序片段的长度。生物学家发现了如何应用 Edman 降解反应（Edman degradation reaction）从一个蛋白质的末端一次截去一个末端氨基酸并读出它。不幸的是，在结果不可能解释之前，这仅仅对少量末端氨基酸起作用。为了回避这一问题，Sanger 用蛋白酶消化胰岛素成为肽（短的蛋白质片段），同时独立地测定每个所得到的片段（肽），然后利用这些交叠的片段来构建完整的序列，这恰好像现在的 DNA 测序"断裂-读片段-装配"方法，如图 1 所示。

Edman 降解反应在下一个 20 年中成了主要的蛋白质测序方法。同时自 20 世纪 60 年代后期以来，蛋白质测序仪也进入了市场[108]。尽管有这些优势，蛋白质测序还是中止了，因为在 20 世纪 70 年代后期，DNA 测序技术经历了快速的发展。在 DNA 测序中获得读出片段相对容易，但其装配却相对困难。在蛋白质测序中获得读出片段是主要问题，而装配则比较容易。

我们还不知道细胞产生的全部蛋白质集合，所以需要一种方法来发现以前不知道的蛋白质序列。另一方面，鉴定哪些特定的蛋白质在生物系统中是相互作用的也非常重要。在一个有机体中，不同的细胞对蛋白质表达有着不同的指令系统。与肝细胞相比，脑细胞行使功能需要不同的蛋白质，而且，一个重要的问题是鉴定每个生物组织在不同条件下存在什么蛋白质。

蛋白质测序产生了两种形式的计算问题：当一个生物样品包含一种蛋白质，但已知数据库中却不存在，或与数据库中的一种标准形式不同时，蛋白质从头测序（de novo protein sequencing）是在这种情形下蛋白质序列的阐明方法[109]；另一个问题是数据库中已有蛋白质的鉴定，这通常归类为蛋白质鉴定。蛋白质测序算法和蛋白质鉴定算法之间的主要区别是潜在的计算问题的难度。

```
                GIVE
                GIVEECCA
                GIVEECCASV
                GIVEECCASVC
                GIVEECCASVCSL
                GIVEECCASVCSLY
                        SVC
                          SLY
                          SLYELEDYC
                           YE
                           YEL
                           YELE
                            ELEDY
                            ELEDYCD
                             LE
                             LEDYCD
                             EDYCD
                             DYCD
                             CD

                            FVDEHLCG
                            FVDEHLCGSHL
                             HLCGSHL
                                 SHLVEA
                                 VEAL
                                 VEALY
                                  AL
                                  ALY
                                    YLVCG
                                    LVCGERGF
                                    LVCGERGFF
                                     GERG
                                       GF
                                       GFFYTPK
                                        YTPKA
                                        TPKA
```

图 1　Frederick Sanger 通过多种方法从胰岛素获得的肽段 ⊖

　　说明蛋白质鉴定与测序区别最容易的方法也许是用一个想象实验。设想一位生物学家想要确定大鼠中 DNA 聚合酶复合物的蛋白质形式，即使有了完整的大鼠基因组序列并知道所有大鼠基因的定位，仍然不能确定 DNA 复制过程中发生了什么化学反应。然而，分离大鼠的 DNA 聚合酶复合体，将其断裂成碎片，测定形成复合体碎片的蛋白质，将对研究者的问题产生一个清楚而又直接的答案。当然，如果我们假设生物学家有完整的大鼠基因组序列和所有大鼠基因的产物，实际上不必测定 DNA 聚合酶复合体中每个蛋白质的每个氨基酸，只要足以断定哪些蛋白质是存在的就可以了，这就是蛋白质鉴定。另一方面，如果研究人员决定研究某种尚无可利用的全基因组数据的有机体（可能是一种未知的蚂蚁种类），那么研究人员将需要使用蛋白质从头测序方法。

　　蛋白质测序和鉴定仍然是一种探查生物学过程的方法。例如，基因剪接是由称为剪接体（spliceosome）的大分子复合物执行的复杂过程，这种大分子复合物由超过 100 种不同

⊖　作为酶消化处理的结果，蛋白质被分离成两部分：A 链（展示在左边）和 B 链（展示在右边）。Sanger 关于二硫键连接各个半胱氨酸残基的进一步说明是多年艰苦的实验室工作的结果。序列分三部分发表：A 链，B 链，然后是二硫键连接，胰岛素不是特别大的蛋白质，所以更好的技术将会提高效率。

的蛋白质与一些功能 RNA 组成。生物学家希望确定剪接体的"零件列表"(parts List),也就是鉴定形成复合体的蛋白质。DNA 测序不可能直接解决这个问题,即使基因组中的所有蛋白质都已知,但它们中的哪些是剪接体的组成部分还是不清楚的。另一方面,蛋白质测序和鉴定却非常有助于发现这个零件列表。最近,Matthias Mann 和他的合作者纯化了剪接体复合物,并利用蛋白质测序和蛋白质鉴定技术查明了剪接体复合物详细的零件列表。

这些技术的另一种应用是对涉及程序性细胞死亡(programmed cell death)有关的蛋白质的研究。在许多生物体的发育过程中,细胞在某一特定时间必须死亡。如果一个细胞未能获得某些生存要素,那么它将死亡,而且死亡的过程可以由某些基因的表达而启动。例如,在一个生长着的线虫中,神经系统中个别细胞的死亡可以通过个别基因的突变来预防,这就是活性研究的课题。单独的 DNA 序列数据不足以发现与程序性细胞死亡有关的基因。而且直到最近,仍无人知道这些蛋白质的特征。通过质谱法(mass spectrometry)进行蛋白质分析允许对程序性细胞死亡有关的蛋白质进行测序,并发现一些与诱导死亡信号传递复合物(death-inducing signaling complex)有关的蛋白质。

质谱法优越的敏感性为蛋白质研究开启了新的实验和计算的可能性。像胰岛素一样,一个蛋白质可以通过蛋白酶消化成肽。第二件事是一个串联质谱仪(tandem mass spectrometer)将肽断裂成更小的片段并测量每个片段的质量。一个肽的质谱是这些片段的质量的样本集。蛋白质测序问题成了在已知肽的质谱情形下推导肽的序列的问题。对于一个理想的断裂处理方法,即肽的每个片段都被生成,而且在一台理想的质谱仪中,肽测序问题是简单的。然而,断裂处理过程不可能是理想的,同时质谱仪测得的质量也不太精确。这些细节问题使得肽测序变得困难。

质谱仪像电荷筛一样工作。一个大的分子(肽)被断裂成有一个电荷的更小片段。这些片段在一个磁场中被旋转和加速,直到它们撞到一个探测器。因为大的片段要比小的片段难以旋转,所以可以根据抛出不同片段所需能量的数值来区分不同质量的片段。大多数分子(肽)可在几个位置上断裂,生成几种不同的离子类型。问题是如何根据这些断裂的碎片的质量来重构肽的氨基酸序列。

4.4.1 肽测序问题

设 $A=\{a_1, a_2, \cdots, a_{20}\}$ 为氨基酸集合,氨基酸 $a \in A$ 的分子质量记为 $m(a)$。肽 $P=p_1, p_2, \cdots, p_n$,表示一个氨基酸序列,其(母体)分子质量为 $m(P) = \sum_{i=1}^{n} m(p_i)$。设 $P_i=p_1, p_2, \cdots, p_i$(N-端肽段),$P_i$ 的质量为 $m(P_i) = \sum_{j=1}^{i} m(p_j)$。又设 $P_i^-=p_{i+1}, \cdots, p_n$ 为 P 的 C-端肽段,$1 \leqslant i \leqslant n$,则 P_i^- 的质量为 $m(P_i^-) = \sum_{j=i+1}^{n} m(p_j)$。

一台质谱仪在不同肽键处典型地把一个肽打断为 $p_1, p_2, \cdots, p_n$,并且检测获得的单个 N-端肽段和 C-端肽段的质量。在串联质谱仪中,肽碎片可以用一组代表不同离子类型的数 $\Delta=\{\delta_1, \cdots, \delta_k\}$ 来表示。我们称 Δ 为离子类型的集合。一个 N-端肽段 P_i 的

δ-离子是质量为 $m_i-\delta$ 的 P_i 的一个修饰，对应于当 P 断裂成 P_i 时质量 δ 的一个（典型小的）化学基团的失去。C-端肽段的 δ-离子可以同样定义。最常见的 N-端离子称为 b-离子（离子 y_i 对应于有 $\delta=-1$ 的 P_i），最常见的 C-端离子被称为 y-离子（离子 y_i 对应于有 $\delta=19$ 的 P_i），如图 2a 所示。其他 N-端离子的例子由 b-H_2O（一个失去一个水分子的 b 片段）或者 y-NH_3 和一些其他的像 b-H_2O-NH_3 来表示。

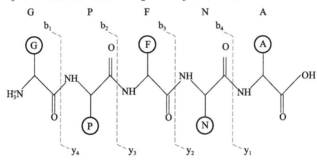

a）肽GPFNA的断裂模式

	序列	质量	丢失H₂O	丢失NH₃	丢失两者
	GPFNA	498	480	481	463
b_1	G	58	40	41	23
y_4	PFNA	442	424	425	405
b_2	GP	149	131	132	114
y_3	FNA	351	333	334	316
b3	GPF	296	278	279	261
y_2	NA	204	186	187	169
b_4	GPFN	410	392	393	375
y_1	A	90	72	73	55

b）GPFNA的理论质谱质量

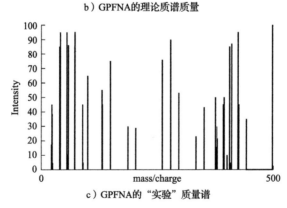

c）GPFNA的"实验"质量谱

图 2　肽 GPFNA 的串联质谱$^{\ominus}$

$\ominus$　当 C—N 键在质谱仪中断裂时，碎片离子的两种不同类型 b-离子和 y-离子被产生了图 2a 所示的断裂模式。这些离子类型的每一种也可缺失 H_2O 或 NH_3，或者两个都缺失。所得的质量列于图 2b。许多其他的离子类型在典型的实验中也被看到。如果是测量这个肽的质谱，我们将看到其结果与图 2c 相似，这里有些波峰缺失了且出现了其他噪声波峰。

对于串联质谱法，肽 P 的理论谱 $T(P)$ 可以通过从 P 的所有肽段质量（在理论谱中每个肽段产生 k 质量）中减去所有可能的离子类型 δ_1，…，δ_k 来计算，如图 2b 所示。

一个实验谱 $S=\{s_1,\ \cdots,\ s_q\}$ 是一组在质谱法实验中获得的数，质谱法实验包含一些碎片离子的质量及化学噪声。注意到理论谱 $T(P)$ 与实验谱 S 之间的区别在于理论谱 $T(P)$ 可以在已知肽序列 P 的情况下计算产生，但是实验谱 S 是在不知道是什么肽序列的情况下产生的。根据实验测定的谱 S 与肽 P 之间的匹配就是 S 中的质量总数，等于 $T(P)$ 中的质量。以下简单介绍肽测序问题。

肽测序问题

寻找一条肽，其理论谱与检测到的实验谱有最大的匹配。

输入：实验谱 S，可能的离子类型 Δ 的集合，以及母体质量 m。

输出：质量为 m 的肽 P，其理论谱与 S 相匹配的程度要好于任何其他质量为 m 的肽。

质谱仪同时测量质量和强度，这反映出已知质量的碎片离子在质谱仪中被检测到的数目。质谱仪经常用二维实数向量表示谱，谱中的质量当作"波峰"。

4.4.2　谱图

解答肽测序问题，直观的方法是在某一长度的所有氨基酸序列中穷举搜索，看哪一个数据库中存储的序列的标准谱与测序得到的质谱一致。由于可能的序列个数随着肽的长度呈指数型增长，各种不同的分支定界技术被用来限制这些方法中的组合爆炸。前缀剪切（prefix pruning）对那些前缀与实验谱匹配很好的序列的计算空间做了限制。前缀剪切法的难点在于剪切往往丢失了一些前缀在谱中表达很低的正确序列。

谱图方法能够避免产生所有的氨基酸序列，从而导致一个更快的肽测序算法。假设一个实验谱 $S=\{s_1,\ \cdots,\ s_q\}$，主要由 N-端离子构成，暂时忽略 C-端离子。每一质量 $s\in S$ 可以通过 k 种不同离子类型中的一种从一个肽段中产生。由于不知道哪一种离子类型在实验谱 S 中产生质量 s，在实验谱中对于每个质量，我们产生 k 种不同的"猜测"。每种猜测对应于一种假设，即 $s=x-\delta_j$，x 是某个肽段的质量，$1\leqslant j\leqslant k$。因此，对于实验谱中的每一个质量 s，存在某个肽段的质量为 s 的 k 种猜测：$s+\delta_1$，$s+\delta_2$，…，$s+\delta_k$。实验谱中的每个质量被变换成谱图中的一个由 k 个顶点组成的集合，与每个可能的离子类型一一对应。对于质量为 s 而离子类型为 δ_i 的顶点用质量 $s+\delta_i$ 标记。在谱图中，如果按单个氨基酸的质量而言 v 的质量比 u 的质量大，我们用有向边 (u, v) 连接任意两个顶点 u 和 v。如果我们在 0 处和母体质量 m 处各加入一个顶点，那么就可以把肽测序问题转变成在作为结果的 DAG 中寻找一条从 0 到 m 的路径。

谱图的顶点集合是一组数字 $s_i+\delta_i$ 的集合，代表了由离子类型 δ_i 修饰的 N-端肽的可能质量。谱 S 的每个质量 s_i 产生 k 个不同的顶点 $V_i=\{s_i+\delta_1,\ s_i+\delta_2,\ \cdots,\ s_i+\delta_k\}$，即使在 s_i 和 s_j 相近时集合 V_i 和 V_j 可以交叠。因此，谱图中的顶点集合是 $\{s_{\text{initial}}\}\cup V_1\cup\cdots\cup V_q\cup\{s_{\text{final}}\}$，这里 $s_{\text{initial}}=0$ 和 $s_{\text{final}}=m$。谱图最多可以有 q^k+2 个顶点。用质量等于两个顶点质量差的氨基酸来标识谱图的边。如果把顶点看成假定的 N-端肽，从 u 到 v 的边记为 (u, v)，意味着对应于顶点 v 的 N-端肽可以通过延伸对应于 u 的 N-端肽而获得。

如果对于每个 i（$1 \leqslant i \leqslant n$），$S$ 至少包含一种对应于每个 N–端肽段 P_i 的离子类型，则一条肽 $P = p_1, p_2, \cdots, p_n$ 的谱 S 被称为是完全的。对于一个完全谱，在谱图中存在一条从 s_{initial} 到 s_{final} 的长度为 $n+1$ 的路径。这样，肽测序问题转变成在一个有向无圈图中的两顶点之间的所有路径集合中寻找一条"正确"路径的问题。如果谱是完全的，那么所寻找的正确路径通常是有着最大边数的路径，即在 DAG 问题中的最长路径。

实验谱往往是不完全的。即使实验谱是完全的，在谱图中存在许多路径可供选择，这妨碍我们明确地重构这条肽。选择一条有着最大边数路径的问题，没有反映出不同顶点的"重要性"。为找到更恰当的肽，谱图模型仍需去改进。

4.4.3　基于数据库搜索的蛋白质鉴定

从头肽测序算法通常对于较低质量的质谱会产生模棱两可的解。目前人们已经建立了较完善的蛋白质数据库，也可以通过查询数据库确认蛋白质[110,111]。

实验谱可以与质谱数据库中每条肽的理论谱进行比较。而数据库中与观测谱匹配最好的条目通常提供了实验肽的序列。简要陈述蛋白质鉴定问题如下。

蛋白质鉴定问题

输入：一个蛋白质数据库，实验谱 S，离子类型集 Δ 和母体质量 m。

输出：数据库中与谱 S 最匹配的质量为 m 的蛋白质。

由 John Yates 等提出的 SEQUEST 算法，是目前最常用的质谱数据库查询算法。这一算法能够实现遍历数据库的线性搜索。在数据库搜索中，常会遇到细胞中肽与数据库中的"标准"肽稍有不同的情况。这是因为许多蛋白质会受到进一步的修饰以调节蛋白质的活性，这些修饰要么是永久性的，要么是可逆的。

几乎所有的蛋白质序列在根据它们的 mRNA 模板构建出来后都被修饰过，且已知有超过 200 种不同类型的氨基酸残基的修饰。由于不能预测这些根据 DNA 序列的翻译后修饰，于是寻找发生在蛋白质上的修饰，自然成了一个重要的任务。蛋白质 $p_1 p_2 \cdots p_i \cdots p_n$ 在 i 位置上的化学修饰导致增加 N–端肽 P_i，P_{i+1}，$\cdots$，P_n 的质量和 C–端肽 P_1^-，P_2^-，$\cdots$，P_{i-1}^- 的质量。

John Yates 最先提出一种数据库搜索方法，根据实验谱确认带修饰的肽[112]（即使对于一个修饰类型的小集合）。下面的修饰蛋白质鉴定问题也描述了这一计算需求。

修饰蛋白质鉴定问题

在数据库中寻找一条肽，使其与不超过 k 处修饰的实验谱最佳匹配。

输入：一个蛋白质数据库，实验谱 S，离子类型集 Δ，母体质量 m 及封顶修饰个数的参数 k。

输出：一个质量为 m 的蛋白质，其与谱 S 最佳匹配，且与数据库中的条目相比有不超过 k 处的修饰。

很相似的两个肽也会有两个非常不同的谱，这就需要一个与序列相似性相关的谱相似性定量标准。共有波峰的计数是谱相似性的一种直觉定量标准。这种度量效果随着突

变数量的增加而迅速下降，从而导致数据库搜索中的谱相似性检测带有局限性。肽和肽的谱之间还有很多相关性，只有一小部分可以被蕴含在"共有波峰"计数方法中。

　　谱的卷积算法允许不必穷举搜索，因而可在不需要产生修饰肽的虚拟数据库的情形下揭示可能的肽修饰。

4.4.4　谱卷积问题合算法

　　设 S_1 和 S_2 是两个谱，谱的卷积为多重集 $S_2 \ominus S_1 = \{ s_2 - s_1 : s_1 \in S_1,\ s_2 \in S_2 \}$，令 $(S_2 \ominus S_1)(x)$ 为此多重集中的元素 x 的重数，$(S_2 \ominus S_1)(x)$ 是使 $s_2 - s_1 = x$ 成立的数对 $(s_1 \in S_1,\ s_2 \in S_2)$ 个数（见图 3）。

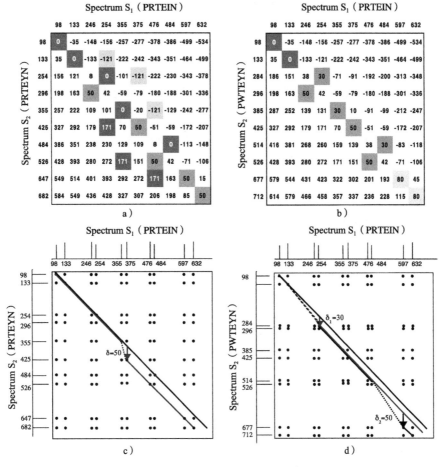

图 3　检测肽 PRTEIN 的修饰$^{\ominus}$

$\ominus$　在图 3a 中，谱卷积 $S_2 \ominus S_1$ 的元素表示为一个差分矩阵的元素。S_1 和 S_2 分别为肽 PRTEIN 和 PRTEYN 的理论谱。在谱卷积中的重数大于 2 的元素被涂上阴影，而重数严格为 2 的被显示成圆圈。高重数元素 0 对应于两谱间所有涂阴影的质量，而另外的高重数元素（50）对应于 $\delta = 50$ 的质量的移位，这是由于 PRTEIN 中 I 到 Y 的突变（在 Y 和 I 之间的质量也相差 50）。在图 3b 中，发生在 PRTEIN 中的两个突变：$R \to W$ 有 $\delta' = 30$，而 $I \to Y$ 有 $\delta'' = 50$。图 3a 及图 3b 的谱联配分别显示在图 3c 和图 3d 中。主对角线表示 $k = 0$ 的路径。平行于主对角线的直线表示 $k > 0$ 的路径。在对角线之间的每一个跳跃对应于 k 的增加。肽的突变和修饰如同对角线间的跳跃一样可被检测到。

共有波峰计数是 S_1 和 S_2 两者共有的质量的数目，即 $(S_2 \ominus S_1)(0)$。当修饰的数目增加时，共有波峰计数法鉴别两个相似肽的能力迅速下降。

谱卷积中的波峰也可让我们探测到突变和修饰。如果肽 P_1 和 P_2（对应于谱 S_1 和 S_2）仅仅相差一个突变（$k=1$），氨基酸质量的差异为 $\delta = m(P_2) - m(P_1)$，那么在 $x=0$ 或 $x = \delta$ 处预期 $S_2 \ominus S_1$ 会有两个近似相等的波峰，如果突变发生在肽中位置 t 处，那么在 $(S_2 \ominus S_1)(0)$ 处的波峰对应于 N-端肽 $P_i(i<t)$ 和 C-端肽 $P_i^-(i \geqslant t)$。在 $(S_2 \ominus S_1)(\delta)$ 处的波峰对应于 N-端肽 $P_i(i \geqslant t)$ 和 C-端肽 $P_i^-(i<t)$。

假设 P_1 和 P_2 是两个不同的修饰肽，其中一个质量相差 δ'，另一个质量相差 $\delta - \delta'$，这里 δ 指 P_1 和 P_2 母体质量差。这些修饰会在谱卷积 $(S_2 \ominus S_1)(\delta')$ 和 $(S_2 \ominus S_1)(\delta - \delta')$ 处产生两个新的波峰。因此，人们将谱 S_1 和 S_2 之间的相似性定义为在 $S_2 \ominus S_1$ 中 k 个最高波峰的总高度。

4.4.5　谱联配问题合算法

设 $A = \{a_1, a_2, \cdots, a_n\}$ 是整数 $a_1 < a_2 < \cdots < a_n$ 的一个有序集。位移 Δ_i 则将 A 变为 $\{a_1, \cdots, a_{i-1}, a_i + \Delta_i, \cdots, a_n + \Delta_i\}$。也就是说，$\Delta_i$ 改变序列中除前 $i-1$ 个元素外的所有元素。例如，位移 $\Delta_6 = -5$ 将 $S = \{10, 20, 30, 40, 50, 60, 70, 80, 90, 100\}$ 变为 $S' = \{10, 20, 30, 40, 50, 55, 65, 75, 85, 95\}$。

仅考虑那些不改变元素顺序的移位，即移位 $\Delta_i \geqslant a_{i-1} - a_i$。集合 A 和 B 之间的 k-相似性（k-similarity）$D(k)$ 定义为经过 k 步移位后两个集合之间具有共同元素的最大数目。谱联配问题就是需要计算两个谱的 k 相似性。

谱联配问题

查明两个集合间的 k 相似性。

输入：代表两个谱的 A 和 B 集合，一个数 k（移位数）。

输出：集合 A、B 之间的 k 相似性 $D(k)$。

谱联配问题可以由运行时间为 $O(n^4k)$ 动态规划算法解答[113]。该算法的时间复杂性可以被改进到 $O(n^2k)$。

4.5　后缀树在组学数据分析中的应用

后缀树是字符串处理问题中的常用数据结构，后缀树也广泛应用于生物信息学组合问题的算法设计中。后缀树以树的形式存储字符串[114]，可以在线性时间、空间被构造，能够高效处理众多字符串结构分析问题。例如最长前缀重复问题在未利用后缀树时最好的处理时间是 $O(n\log n)$，而利用后缀树可以在线性时间完成。后缀树的经典应用是子串相关问题，如确定字符串 S 是否是字符串 T 的子串，求字符串集合的公共子串等。另外，常数时间求最小公共祖先的算法充分扩充了后缀树的使用范围。后缀树也提供了精确匹配问题和不精确匹配问题之间的桥梁。现有组学数据库包含许多先前已经测序并组装成型的 DNA 序列，当新测到一个 DNA 串时，判定它是否为数据库中某个已知序列的子串的问题描述为：

模式数据库的子串问题

输入：字符串集合 S，总长度为 n，给定长度为 $m<n$ 的字符串 x。

输出：x 在 S 中所属的字符串，或者给出 x 与 S 中字符串的最长公共前缀。

借助后缀树，该问题可以在线性时间内解答。许多组学数据的规模是巨大的，因此线性形式解答该问题，能够实质性加快各种组学数据分析的计算速度。在两个物种分离后，有重要功能的蛋白质对应的 DNA 序列必须保守的，因为这些部分的突变可能是致命的。寻找基因组共有的 DNA 序列有助于找到生物序列中具有关键功能或结构的区域。因此，多个序列的公共子序列问题也是组学数据分析中经常遇到的问题。

最长公共子串问题

输入：字符串集合 S，总长度为 n。

输出：出现在 S 中所有字符串中的最长子串 x。

一个序列上的保守子序列具有特别的含义，那些保守的子序列总是出现在不同的生命体基因组里的。基序经常被用来描述不同生物序列（DNA、RNA、蛋白质）可能具有的相似功能组件[115]。在 DNA 序列中基序可能代表非编码重复元件、启动子序列、调控位点或增强子等。在很多情况下基序是复合的，如启动子序列或调控位点，即这些基序所代表的功能成分由两个或两个以上严格（近似）保守的部分组成，这些部分被不同长度的随机区域分隔开来。目前最好的算法是借助后缀树实现的，可以在 $O(n\log n)$ 时间计算长度为 n 的字符串中所有最长的 k-重复子串。

最长 k-重复问题

输入：长度为 n 生物序列（字符串）S，常数 $0<k<n$。

输出：S 上重复出现的形如 $u*v$ 的最长连续子串，其中 u、v 均为 S 的子串，$*$ 表示长度为 k 的任意子串。

最长公共前缀数组（LCP）给出了字符串内在的重复性信息[116]，在语言文本和生物序列分析中十分有用。而像 DNA 序列在复制过程中或者测序过程中可能人为的造成替代等错误，因此获取允许错误匹配情况的 LCP 是有意义的。

LCP_k 问题

输入：给定序列 $t[0\cdots n]$，常数 $0<k<n$。

输出：LCP_k 数组，其中 $LCP_k[i]$ 表示后缀 $t[i\cdots n]$ 最多 k 个误配下重复出现在序列 t 中的最长前缀的长度。

对于 $k=1$ 情况，LCP_1 问题可在 $O(n\log n)$ 时间内解答[117]；若视 k 为常数，LCP_k 问题可在 $O(n\log^k n)$ 时间内解答。这是目前最优的算法且均是借助后缀树实现的。寻找生物序列中的重复性结构，比较多条串的相似性等均可借助后缀树来获得更优的算法。

5　生物信息学研究先驱和他们研究的问题

加利福尼亚大学伯克利分校教授、图灵奖获得者 Richard Karp 是最早从事生物信息学组合问题算法与计算复杂性研究的学者之一，他从上大学开始，就迷恋组合算法。这些谜题一样的问题一般都需要从有限的，但是大量的数据中搜索一个模式或者一个结构，使其满足一定要求或者花费最少。这在生物信息学中有很多例子，包括序列组装、多序列比对、系统发育结构、基因组重排分析和基因调控建模。有一些组合问题存在精致而有效的算法，它们可以正确无误地运行来寻找需要的解，但是大部分还是比较难处理的，而且需要很长的计算时间，或者仅能得到一个不是最优的解。

生物信息学/计算生物学渗透在分子生物学、医学的各个领域。每一个领域的计算需求，都可以利用组合优化问题建模，并经过设计解答组合优化问题的算法去解决。从事生物信息学/计算生物学组合算法研究的先驱，和他们所从事的生物信息学领域如下：

Russell F Doolittle：加利福尼亚大学圣地亚哥分校教授，是最早通过计算从事蛋白质结构和功能研究的先驱。

Gary Stormo：华盛顿大学圣路易斯分校教授，是最早从事利用矩阵计算得到基因调控位点研究的先驱。

David Sankoff：加拿大皇家科学院院士，渥太华大学教授，是最早从事基因组多重联配，RNA 折叠、比较基因组学研究的先驱。

Michael Waterman：美国国家科学院院士，生物信息学创始人之一，加利福尼亚大学圣地亚哥分校教授，是序列比对算法的设计者，最早从事序列联配和 RNA 折叠计算的研究者。

Webb Miller：宾夕法尼亚大学教授，代表性工作是序列联配算法。他认为与其寻找与求解方法有关的生物学问题，倒不如寻找与生物学问题有关的求解方法。他预见了生物信息学的发展。

Gene Myers：加利福尼亚大学伯克利分校教授，提出同人类基因组测序的短枪测序法，开发了短枪测序法的基因组组装软件。

Ron Shamir：以色列特拉维夫大学教授，是最早从事基因芯片聚类分析计算的先驱。

David Haussler：加利福尼亚大学圣克鲁兹分校教授，是最早利用机器学习和隐式马尔可夫模型从事在 DNA 序列数据中挖掘信息的研究先驱。

尽管目前的生物信息学领域已经比最早人们从事的领域有了更细致的划分，新的面向具体应用需求的组合优化问题和关于生物信息学组合优化问题的算法与计算复杂性结果也不断出现，但最早从事生物信息学研究的先驱们所面对的重大科学挑战，仍是目前生物信息学研究人员所面临的。人们期待通过生物信息学研究进展，推动人类认识生命现象的水平，迈上新台阶。人们相信，来自组学数据分析的组合算法，将有力推动人类认识并解释生命现象背后的原理，对于提高人类的健康水平有重要意义。

6 理论计算机科学在生物信息学中面临的新挑战

尽管可以听到很多生命现象的朴素哲学解释，但隐藏在生命现象背后的生化原理应该从组学数据分析开始才能被揭示出来。生物信息学组合优化问题的算法与计算复杂性研究已经经历了发生发展的阶段，原有问题的算法与计算复杂性研究实际上还不够深入，期待更多的算法与计算复杂性科学家从事这方面的研究。另一方面，人们利用组学数据认识生命科学规律的实践才刚开始。生物医学信息学不断面对新的计算需求，随着生命科学日新月异的发展，新的组学数据分析的组合优化问题模型也会不断被人们提出来。生物信息学中的组合问题与计算复杂性的特有性质，也应有足够大的魅力，吸引更多的理论计算机科学家。

1) 三代测序数据的产生，使得以德布鲁因图为基础的序列拼接不再非用不可。怎样估计根据三代测序数据组装得到的基因组的质量，成为人们面临的新难题。怎样填补三代测序数据组装而成的序列空缺，也是目前人们遇到的困难。怎样建立组合优化问题模型，描述该类型的计算需求，要求人们去寻找新的线索。设计算法实现三代测序数据精度更高的基因组组装，成为目前人们正在思考的热门话题。

2) 单细胞测序数据和带有空间作用信息的测序数据相继问世。怎样利用这些数据，以组合优化问题算法实现基因组更加精确的组装，是人们正面临也必须迎接的挑战。这些实际的计算需求，给理论计算工作者带来新的难题，同时也带来新的机遇。

3) 从组学数据中挖掘信息，一直是组学数据分析的重要内容。信息理论本身也在实践、认识、再实践、再认识中不断充实发展。新的信息论进展或能更客观地反映组学数据中信息的质和量[118]。利用信息论新概念、新方法去认识生命发生发展规律，或许能取得更好的成果。另一方面，组学数据中的新信息理论进展，也必然带来新的组合优化问题，这些新问题的算法与计算复杂性，必然成为理论计算机科学的新课题。

4) 组学数据安全，近年来成为人们关注的焦点。关于组学数据安全的组合优化问题算法与计算复杂性，将是一个颇具挑战的研究内容。

参考文献

[1] PEVZNER P A, TANG H, WATERMAN M S. An Eulerian path approach to DNA fragment assembly[J]. 2001, 98(17): 9748-9753.

[2] KOREN S, WALENZ B P, BERLIN K, et al. Canu: scalable and accurate long-read assembly via adaptive k-mer weighting and repeat separation[J]. Genome research, 2017, 27(5): 722-736.

[3] KOLMOGOROV M, YUAN J, LIN Y, et al. Assembly of long, error-prone reads using repeat graphs[J]. Nature Biotechnology, 2019, 37(5): 540-546.

［4］　TRAPNELL C, WILLIAMS B A, PERTEA G, et al. Transcript assembly and quantification by RNA-Seq reveals unannotated transcripts and isoform switching during cell differentiation［J］. Nature biotechnology, 2010, 28(5): 511-515.

［5］　CHANG Z, LI G, LIU J, et al. Bridger: a new framework for de novo transcriptome assembly using RNA-seq data［J］. Genome Biology, 2015, 16(1): 1-10.

［6］　LIU J, LI G, CHANG Z, et al. BinPacker: packing-based de novo transcriptome assembly from RNA-seq data［J］. PLOS Computational Biology, 2016, 12(2): e1004772.

［7］　PERTEA M, PERTEA G M, ANTONESCU C M, et al. StringTie enables improved reconstruction of a transcriptome from RNA-seq reads［J］. Nature Biotechnology, 2015, 33(3): 290-295.

［8］　MANGUL S, WU N C, MANCUSO N, et al. VGA: A method for viral quasispecies assembly from ultra-deep sequencing data［J］. IEEE, 2014.

［9］　TÖPFER A, MARSCHALL T, BULL R A, et al. Viral quasispecies assembly via maximal clique enumeration［J］. PLOS Computational Biology, 2014, 10(3): e1003515.

［10］　BAAIJENS J A, EL AABIDINE A Z, RIVALS E, et al. De novo assembly of viral quasispecies using overlap graphs［J］. Genome Biology, 2017, 27(5): 835-848.

［11］　BAAIJENS J A, DER ROEST B V, KÖSTER J, et al. Full-length de novo viral quasispecies assembly through variation graph construction［J］. Bioinformatics, 2019, 35(24): 5086-5094.

［12］　BAAIJENS J A, STOUGIE L, SCHÖNHUTH A. Strain-aware assembly of genomes from mixed samples using flow variation graphs［C］. International Conference on Research in Computational Molecular Biology, 2020: 221-222.

［13］　SEDLAZECK F J, LEE H, DARBY C A, et al. Piercing the dark matter: bioinformatics of long-range sequencing and mapping［J］. Nature Reviews Genetics, 2018, 19(6): 329-346.

［14］　HUSON D H, REINERT K, MYERS E W. The greedy path-merging algorithm for contig scaffolding［J］. Journal of the ACM, 2002, 49(5): 603-615.

［15］　GAO S, SUNG W K, NAGARAJAN N. Opera: reconstructing optimal genomic scaffolds with high-throughput paired-end sequences［J］. Journal of computational biology, 2011, 18(11): 1681-1691.

［16］　BOETZER M, HENKEL C V, JANSEN H J, et al. Scaffolding pre-assembled contigs using SSPACE［J］. Bioinformatics, 2011, 27(4): 578-579.

［17］　SAHLIN K, VEZZI F, NYSTEDT B, et al. BESST-efficient scaffolding of large fragmented assemblies［J］. BMC Bioinformatics, 2014, 15(1): 1-11.

［18］　MANDRIC I, ZELIKOVSKY A. ScaffMatch: scaffolding algorithm based on maximum weight matching［J］. Bioinformatics, 2015, 31(16): 2632-2638.

［19］　DONMEZ N, BRUDNO M. SCARPA: scaffolding reads with practical algorithms［J］. Bioinformatics, 2013, 29(4): 428-434.

［20］　BODILY P M, FUJIMOTO M S, SNELL Q, et al. ScaffoldScaffolder: solving contig orientation via bidirected to directed graph reduction［J］. Bioinformatics, 2016, 32(1): 17-24.

［21］　LUO J, WANG J, ZHANG Z, et al. BOSS: a novel scaffolding algorithm based on an optimized scaffold graph［J］. Bioinformatics, 2016, 33(2): 169-176.

［22］　BOETZER M, PIROVANO W. SSPACE-LongRead: scaffolding bacterial draft genomes using long read sequence information［J］. BMC Bioinformatics, 2014, 15(1): 1-9.

［23］　CHAISSON M J, TESLER G. Mapping single molecule sequencing reads using basic local alignment with successive refinement (BLASR): application and theory[J]. BMC Bioinformatics, 2012, 13(1): 1-18.

[24] WARREN R L, YANG C, VANDERVALK B P, et al. LINKS: Scalable, alignment-free scaffolding of draft genomes with long reads[J]. GigaSCience, 2015, 4(1): s13742-015-0076-3.

[25] ZHU S, CHEN D Z, EMRICH S J. Single molecule sequencing-guided scaffolding and correction of draft assemblies[J]. 2017, 18(10): 51-59.

[26] KURTZ S, PHILLIPPY A, DELCHER A L, et al. Versatile and open software for comparing large genomes[J]. Genome Biololgy, 2004, 5(2): 1-9.

[27] CHATEAU A, GIROUDEAU R. Complexity and polynomial-time approximation algorithms around the scaffolding problem[C]. International Conference on Algorithms for Computational Biology, 2014: 47-58.

[28] DAVOT T, CHATEAU A, GIROUDEAU R, et al. New polynomial-time algorithm around the scaffolding problem[C]. International Conference on Algorithms for Computational Biology, 2019: 25-38.

[29] WELLER M, CHATEAU A, DALLARD C, et al. Scaffolding problems revisited: complexity, approximation and fixed parameter tractable algorithms, and some special cases[J]. Algorithmica, 2018, 80(6): 1771-1803.

[30] SANKOFF D. Genome rearrangement with gene families[J]. Bioinformatics, 1999, 15(11): 909-917.

[31] BRYANT D. The complexity of calculating exemplar distances [J]. Comparative Genomics, 2000: 207-211.

[32] JIANG H, ZHENG C, SANKOFF D, et al. Scaffold filling under the breakpoint distance[C]. RECOMB International Workshop on Comparative Genomics, 2010: 83-92.

[33] GOLDSTEIN A, KOLMAN P, ZHENG J. Minimum common string partition problem: Hardness and approximations[C]// Algorithms and Computation, 2004: 484-495.

[34] LIU N, JIANG H, ZHU D, et al. An improved approximation algorithm for scaffold filling to maximize the common adjacencies[J]. IEEE/ACM Transactions on Computational Biology & Bioinformatics, 2013, 10 (4): 905-913.

[35] MUÑOZ A, ZHENG C, ZHU Q, et al. Scaffold filling, contig fusion and comparative gene order inference[J]. BMC Bioinformatics, 2010, 11(1): 1-15.

[36] JIANG H, ZHENG C, SANKOFF D, et al. Scaffold filling under the breakpoint and related distances[J]. IEEE/ACM Transactions on Computational Biology & Bioinformatics, 2012, 9(4): 1220-1229.

[37] JIANG H, ZHONG F, ZHU B. Filling scaffolds with gene repetitions: maximizing the number of adjacencies[C]. Annual Symposium on Combinatorial Pattern Matching, 2011: 55-64.

[38] MA J, JIANG H. Notes on the rac {6}{5} -approximation algorithm for one-sided scaffold filling[C]. International Workshop on Frontiers in Algorithmics, 2016: 145-157.

[39] MA J, JIANG H, ZHU D, et al. A 1.4-approximation algorithm for two-sided scaffold filling[C]. International Workshop on Frontiers in Algorithmics, 2017: 196-208.

[40] BULTEAU L, CARRIERI A P, DONDI R. Fixed-parameter algorithms for scaffold filling [J]. International Symposium on Combinatorial Optimization, 2015, 568: 72-83.

[41] JIANG H, FAN C, YANG B, et al. Genomic scaffold filling revisited[C]. 27th Annual Symposium on Combinatorial Pattern Matching (CPM 2016), 2016.

[42] LIU N, ZOU P, ZHU B. A polynomial time solution for permutation scaffold filling[C]. International Conference on Combinatorial Optimization and Applications, 2016: 782-789.

[43] FENG Q, MENG X, TAN G, et al. A 2.57-approximation algorithm for contig-based genomic scaffold

filling[C]. International Conference on Algorithmic Applications in Management, 2019: 95-107.

[44] JIANG H, QINGGE L, ZHU D, et al. A 2-approximation algorithm for the contig-based genomic scaffold filling problem[J]. Journal of Bioinformatics and Computational Biology, 2018, 16(06): 1850022.

[45] MA J, JIANG H, ZHU D, et al. Algorithms and Hardness for Scaffold Filling to Maximize Increased Duo-preservations[J]. IEEE/ACM transactions on computational biology and bioinformatics, 2021: 99.

[46] BULTEAU L, FERTIN G, KOMUSIEWICZ C. Beyond adjacency maximization: Scaffold filling for new string distances[C]. 28th Annual Symposium on Combinatorial Pattern Matching, 2017.

[47] LI W H, GU Z, WANG H, et al. Evolutionary analyses of the human genome[J]. Nature, 2001, 409 (6822): 847-849.

[48] NGUYEN C T, TAY Y, ZHANG L. Divide-and-conquer approach for the exemplar breakpoint distance[J]. Bioinformatics, 2005, 21(10): 2171-2176.

[49] CHEN Z, FU B, ZHU B. The approximability of the exemplar breakpoint distance problem [C]. International Conference on Algorithmic Applications in Management, 2006: 291-302.

[50] BLIN G, FERTIN G, SIKORA F, et al. The exemplar breakpoint distance for non-trivial genomes cannot be approximated[C]. International Workshop on Algorithms and Computation, 2009: 357-368.

[51] ANGIBAUD S, FERTIN G, RUSU I, et al. On the approximability of comparing genomes with duplicates[J]. 2009, 13(1): 19-53.

[52] BULTEAU L, JIANG M J. Inapproximability of (1, 2)-exemplar distance[J]. IEEE/ACM Transactions on Computational Biology & Bioinformatics, 2012, 10(6): 1384-1390.

[53] ZHU B. Approximability and fixed-parameter tractability for the exemplar genomic distance problems[C]. International Conference on Theory and Applications of Models of Computation, 2009: 71-80.

[54] FU B, ZHANG L. A polynomial algebra method for computing exemplar breakpoint distance [C]. International Symposium on Bioinformatics Research and Applications, 2011: 297-305.

[55] JIANG M. The zero exemplar distance problem[J]. 2011, 18(9): 1077-1086.

[56] ZHU D, WANG L. An exact algorithm for the zero exemplar breakpoint distance problem[J]. IEEE/ ACM Transactions on Computational Biology & Bioinformatics, 2013, 10(6): 1469-1477.

[57] WEI Z, ZHU D, WANG L. A dynamic programming algorithm for (1, 2)-exemplar breakpoint distance[J]. Journal of Computational Biology A Journal of Computational Molecular Cell Biology, 2015, 22(7): 666-676.

[58] BONIZZONI P, VEDOVA G D, DONDI R, et al. Exemplar longest common subsequence[J]. IEEE/ ACM Transactions on Computational Biology & Bioinformatics, 2007, 4(4): 535-543.

[59] MARQUES-BONET T, KIDD J M, VENTURA M, et al. A burst of segmental duplications in the genome of the African great ape ancestor[J]. Nature, 2009, 457(7231): 877-881.

[60] BAILEY J A, BAERTSCH R, KENT W J, et al. Hotspots of mammalian chromosomal evolution[J]. Genome Biology, 2004, 5(4): 1-7.

[61] ADI S S, BRAGA M D, FERNANDES C G, et al. Repetition-free longest common subsequence[J]. Electronic Notes in Discrete Mathematics, 2008, 158(12): 1315-1324.

[62] ZHANG S, WANG R, ZHU D, et al. The longest common exemplar subsequence problem[C]. 2018 IEEE International Conference on Bioinformatics and Biomedicine (BIBM), 2018: 92-95.

[63] FERREIRA C E, TJANDRAATMADJA C. A branch-and-cut approach to the repetition-free longest common subsequence problem[J]. Electronic Notes in Discrete Mathematics, 2010, 36: 527-534.

[64] BLIN G, BONIZZONI P, DONDI R, et al. On the parameterized complexity of the repetition free longest common subsequence problem[J]. Information Processing Letters, 2012, 112(7): 272-276.

[65] BLUM C, BLESA M J. Construct, merge, solve and adapt: application to the repetition-free longest common subsequence problem [C]. Evolutionary Computation in Combinatorial Optimization, 2016: 46-57.

[66] BLUM C, BLESA M J, CALVO B. Beam-ACO for the repetition-free longest common subsequence problem[C]. International Conference on Artificial Evolution (Evolution Artificielle), 2013: 79-90.

[67] CASTELLI M, BERETTA S, VANNESCHI L. A hybrid genetic algorithm for the repetition free longest common subsequence problem[J]. Operations Research Letter, 2013, 41(6): 644-649.

[68] SANKOFF D, LEDUC G, ANTOINE N, et al. Gene order comparisons for phylogenetic inference: evolution of the mitochondrial genome[J]. Proceedings of the National Academy of Sciences of the United States of America, 1992, 89(14): 6575-6579.

[69] YANCOPOULOS S, ATTIE O, FRIEDBERG R. Efficient sorting of genomic permutations by translocation, inversion and block interchange[J]. 2005, 21(16): 3340-3346.

[70] CRANSTON D W, SUDBOROUGH I H, WEST D B. Short proofs for cut-and-paste sorting of permutations[J]. Discrete Mathematics, 2007, 307(22): 2866-2870.

[71] HEATH L S, VERGARA J P. Sorting by bounded block-moves[J]. Virginia Polytechnic Institute & State University, 1997, 88(1-3): 181-206.

[72] BAFNA V, PEVZNER P A. Genome rearrangements and sorting by reversals[J]. SIAM Journal on Computing, 1996, 25(2): 272-289.

[73] HANNENHALLI S, PEVZNER P. Transforming cabbage into turnip: polynomial algorithm for sorting signed permutations by reversals[J]. Journal of the Acm, 1999, 46(1): 1-27.

[74] KAPLAN H, SHAMIR R, TARJAN R E. A faster and simpler algorithm for sorting signed permutations by reversals[J]. 2000, 29(3): 880-892.

[75] CAPRARA A. Sorting permutations by reversals and Eulerian cycle decompositions[J]. SIAM Journal on Discrete Mathematics, 1999, 12(1): 91-110.

[76] KECECIOGLU J, SANKOFF D. Exact and approximation algorithms for sorting by reversals, with application to genome rearrangement[J]. Algorithmica, 1995, 13(1): 180-210.

[77] BERMAN P, HANNENHALLI S, KARPINSKI M. 1. 375-Approximation algorithm for sorting by reversals[C]. European Symposium on Algorithms, 2002: 200-210.

[78] HANNENHALLI S. Polynomial-time algorithm for computing translocation distance between genomes[J]. Discrete Applied Mathematics, 1996, 71(1-3): 137-151.

[79] WANG L, ZHU D, LIU X, et al. An O(n2) algorithm for signed translocation[J]. 2005, 70(3): 284-299.

[80] KECECIOGLUY J D, RAVIZ R. Of mice and men: Algorithms for evolutionary distances between genomes with translocation[C]. Symposium on discrete algorithms, 1995: 613.

[81] PU L, ZHU D, JIANG H, et al. A 1. 375-approximation algorithm for unsigned translocation sorting[J]. Journal of Computer and System Sciences, 2020, 113: 163-178.

[82] BAFNA V, PEVZNER P A. Sorting by transpositions[J]. SIAM Journal on Discrete Mathematics, 1998, 11(2): 224-240.

[83] HARTMAN T, SHAMIR R J I, COMPUTATION. A simpler and faster 1. 5-approximation algorithm for

sorting by transpositions[J]. IEEE/ACM Transactions on Computational Biology & Bioinformatics, 2006, 204(2): 275-290.

[84] ELIAS I, HARTMAN T J I A T O C B, BIOINFORMATICS. A 1.375-approximation algorithm for sorting by transpositions[J]. IEEE/ACM Transactions on Computational Biology & Bioinformatics, 2006, 3(4): 369-379.

[85] FENG J, ZHU D. Faster algorithms for sorting by transpositions and sorting by block interchanges[J]. Springer-Verlag, 2007, 3(3): 25-es.

[86] FIROZ J S, HASAN M, KHAN A Z, et al. The 1.375 approximation algorithm for sorting by transpositions can run in O (nlogn) time [J]. Journal of Computational Biology, 2011, 18(8): 1007-1011.

[87] BULTEAU L, FERTIN G, RUSU I. Sorting by transpositions is difficult[J]. Lecture Notes in Computer Science, 2012, 26(3): 1148-1180.

[88] BERGERON A, MIXTACKI J, STOYE J. A unifying view of genome rearrangements[C]. International Workshop on Algorithms in Bioinformatics, 2006: 163-173.

[89] CHEN X. On sorting permutations by double-cut-and-joins [C]. International Computing and Combinatorics Conference, 2010: 439-448.

[90] JIANG H, ZHU B, ZHU D. Algorithms for sorting unsigned linear genomes by the DCJ operations[J]. Bioinformatics, 2011, 27(3): 311-316.

[91] CHEN X, SUN R, YU J. Approximating the double-cut-and-join distance between unsigned genomes[C]. BMC bioinformatics, 2011: 1-8.

[92] HANNENHALLI S, PEVZNER P A. Transforming men into mice (polynomial algorithm for genomic distance problem) [C]. Proceedings of IEEE 36th annual foundations of computer science, 1995: 581-592.

[93] LIN G H, XUE G. Signed genome rearrangement by reversals and transpositions: models and approximations[J]. 2001, 259(1-2): 513-531.

[94] HARTMAN T, SHARAN R. A 1.5-approximation algorithm for sorting by transpositions and transreversals[J]. Journal of Computer & System Sciences, 2005, 70(3): 300-320.

[95] MEIDANIS J, WALTER M, DIAS Z. Transposition distance between a permutation and its reverse[C]. Proceedings of the 4th South American Workshop on String Processing (WSP'97), 1997: 70-79.

[96] LOU X, ZHU D. A 2.25-approximation algorithm for cut-and-paste sorting of unsigned circular permutations[C]. International Computing and Combinatorics Conference, 2008: 331-341.

[97] HEATH L S, VERGARA J P C. Sorting by short block-moves [J]. Algorithmica, 2000, 28(3): 323-352.

[98] MAHAJAN M, RAMA R, VIJAYAKUMAR S. On sorting by 3-bounded transpositions [J]. Electroic Notes in Discrete Mathematics, 2006, 306(14): 1569-1585.

[99] JIANG H, ZHU D. A (1+ε)-approximation algorithm for sorting by short block-moves[J]. Science China Information Science, 2012, 439: 1-8.

[100] JIANG H, FENG H, ZHU D. An 5/4-approximation algorithm for sorting permutations by short block moves[C]. International Symposium on Algorithms and Computation, 2014: 491-503.

[101] GALVÃO G R, LEE O, DIAS Z. Sorting signed permutations by short operations[J]. Algorithms for Molecular Biology, 2015, 10(1): 1-17.

[102] JERRUM M R. The complexity of finding minimum-length generator sequences [J]. Theoretical Computer Science, 1985, 36: 265-289.

[103] FENG X, MENG Z, SUDBOROUGH I H. Improved upper bound for sorting by short swaps[C]. 7th International Symposium on Parallel Architectures, Algorithms and Networks, 2004. Proceedings. , 2004: 98-103.

[104] FENG X, SUDBOROUGH I H, LU E. A fast algorithm for sorting by short swap[C]. Proceeding of the 10th IASTED International Conference on Computational and Systems Biology, 2006: 62-67.

[105] ZHANG S, ZHU D, JIANG H, et al. Sorting a permutation by best Short Swaps[J]. Algorithmica, 2021: 1-27.

[106] HOPPER S, JOHNSON R, VATH J, et al. Glutaredoxin from rabbit bone marrow: purification, characterization, and amino acid sequence determined by tandem mass spectrometry[J]. Journal of Biological Chemisty, 1989, 264(34): 20438-20447.

[107] SANGER F. Chemistry of insulin[J]. Science, 1959, 129(3359): 1340-1344.

[108] NIALL H D. Automated edman degradation: The protein sequenator[J]. Methods in Enzymology, 1973, 27 (27): 942-1010.

[109] DANČÍK V, ADDONA T A, CLAUSER K R, et al. De novo peptide sequencing via tandem mass spectrometry[J]. 1999, 6(3-4): 327-342.

[110] ENG J K, MCCORMACK A L, YATES J R. An approach to correlate tandem mass spectral data of peptides with amino acid sequences in a protein database[J]. Journal of the American Society for Mass Spectrometg, 1994, 5(11): 976-989.

[111] MANN M, WILM M. Error-tolerant identification of peptides in sequence databases by peptide sequence tags[J]. Analytical Chemisty, 1994, 66(24): 4390-4399.

[112] YATES J R, ENG J K, MCCORMACK A L, et al. Method to correlate tandem mass spectra of modified peptides to amino acid sequences in the protein database[J]. Analytical Chemisty, 1995, 67(8): 1426-1436.

[113] PEVZNER P A, DANČÍK V, TANG C. Mutation-tolerant protein identification by mass spectrometry[J]. Journal of Computational Biology, 2000, 7(6): 777-787.

[114] GUSSFIELD D J C S, BIOLOGY C. Algorithms on strings, trees, and sequences [M]. Cambridge University Press, 1997.

[115] CROCHEMORE M, ILIOPOULOS C S, MOHAMED M, et al. Longest repeats with a block of k don't cares[J]. Theoretical Computer Science, 2006, 362(1-3): 248-254.

[116] MANZINI G. Longest common prefix with mismatches [C]. International Symposium on String Processing and Information Retrieval, 2015: 299-310.

[117] THANKACHAN S V, APOSTOLICO A, ALURU S. A provably efficient algorithm for the k-mismatch average common substring problem[J]. Journal of Computational Biology, 2016, 23(6): 472-482.

[118] LI A, PAN Y, structural information and dynamical complexity of networks[J]. IEEE Transaction on Information Theory,2016, 62(6): 3290-3339, 2016.

[119] 王哲. 生物信息学概论[M]. 西安, 第四军医大学出版社, 2002.

[120] JONES N C , PEVZNER P A. 生物信息学算法导论[M]. 王翼飞,等译. 北京, 化学工业出版社, 2007.

[121] GOTOH O. An improved algorithm for matching biological sequences[J]. Journal of Molecular Biology, 162(3):705-8, 1982.

[122] HAREL D, TARJAN R E, Fast algorithms for finding nearest common ancestors[J]. SIAM Journal on Computing, 1984, 13(2): 338-355.

[123] MANBER U, MYERS, G. Suffix arrays: A new method for on-line string searches[J]. SIAM Journal on Computing, 1990, 22(5): 935-948.

作者简介

朱大铭 山东大学教授、博士生导师。CCF 理论计算机科学专委会常务委员，生物信息学专委会委员。长期从事生物信息学/计算生物学组合优化问题建模，算法与近似算法设计，组合问题的计算复杂性论证研究。设计的排列树数据结构是人们用于全基因组比较计算的基本数据结构，设计的断点图 2-圈分解的线性算法是用于全基因组的翻转和移位排序近似算法设计的基本算法。著有《算法设计与分析》，被我国多所高校选用为计算机科学与技术研究生和本科生算法课程教材。获得 10 余项国家自然课基金重点项目和面上项目资助，发表学术论文 150 余篇，获得省部级奖励 4 次。

李昂生 北京航空航天大学教授，国家杰出青年基金获得者，中国科学院百人计划入选者。主要研究方向为网络空间的信息与计算理论，结构信息论与网络算法，并取得一系列原始创新成果。2016 年，提出结构信息的度量，创立结构信息论，创建信息处理的数学理论。成功解决 Brooks2003 提出的计算机科学重大挑战性问题，并同时解决 Shannon 于 1953 年提出的建立信息的结构理论的重大科学问题。在 *IEEE TIT*、*Nature Communication*、*Algorithmica* 等国际期刊发表一系列论文。国家自然科学基金重点项目主持人。

王建新 中南大学计算机学院院长、教授、博士生导师，医疗大数据应用技术国家工程实验室副主任，国务院学位委员会第七届学科评议组（计算机科学与技术）成员，国务院政府特殊津贴获得者，生物信息学湖南省重点实验室主任，ACM Sigbio China 主席。从事生物信息学、医疗大数据、计算机优化算法等相关的研究工作。近年来，主持国家自然科学基金重点项目等科研课题 10 余项，获授权发明专利 25 项，在 *Nature Communications*、*Genome Research*、*Information and Computation* 等刊物和国际会议上发表论文 200 多篇，出版专著 3 部，获得省部级科技奖励 4 项。

姜海涛 山东大学计算机科学与技术学院教授、博士生导师。从事计算生物学中组合优化问题的建模、计算复杂性分析和算法设计。主持国家自然科学基金面上项目、重大研发计划子课题等项目 7 项。在 *Information and Computation*、*Journal of Computer and System Sciences*、*Algorithmica*、*Bioinformatics*、*IEEE/ACM TCBB* 等发表学术论文 40 余篇。山东省一流本科课程"算法设计与分析"负责人。

冯启龙 中南大学计算机学院教授、博士生导师。一直从事于计算机算法设计与分析、机器学习算法优化、数据聚类分析等方面的研究。近年来，主持国家自然科学基金面上项目等课题 6 项。在 *Information and Computation*、*Algorithmica*、ISAAC、WADS、MFCS 等著名国内外期刊和国际学术年会上发表论文 40 多篇，出版专著《参数计算导论》，获省部级奖励 2 项。担任期刊 *Frontier Computer Science* 编委，国际会议 TAMC2020 大会主席。

关键词索引

作者索引